Controlling

Von
Prof. Dr. Klaus Ziegenbein

10., überarbeitete und aktualisierte Auflage

kiehl

Herausgeber:

Prof. Dipl.-Kfm. Klaus Olfert
Postfach 13 26
69141 Neckargemünd

ISBN 978-3-470-**70590**-3 · 10., überarbeitete und aktualisierte Auflage 2012

© NWB Verlag GmbH & Co. KG, Herne 1984

Kiehl ist eine Marke des NWB Verlags

Satz: Röser MEDIA GmbH & Co. KG, Karlsruhe
Druck: Beltz Druckpartner GmbH & Co. KG, Hemsbach

Kompendium der praktischen Betriebswirtschaft

Das Kompendium der praktischen Betriebswirtschaft soll dazu dienen, das allgemein anerkannte und praktisch verwertbare Grundlagenwissen der modernen Betriebswirtschaftslehre praxisgerecht, übersichtlich und einprägsam zu vermitteln.

Dieser Zielsetzung gerecht zu werden, ist gemeinsames Anliegen des Herausgebers und der Autoren, die durch ihr Wirken an Hochschulen, als leitende Mitarbeiter von Unternehmen und in der betriebswirtschaftlichen Unternehmensberatung vielfältige Kenntnisse und Erfahrungen sammeln konnten.

Das Kompendium der praktischen Betriebswirtschaft umfasst mehrere Bände, die einheitlich gestaltet sind und jeweils aus zwei Teilen bestehen:

► Dem Textteil, der systematisch gegliedert sowie mit vielen Beispielen und Abbildungen versehen ist, welche die Wissensvermittlung erleichtern. Zahlreiche Kontrollfragen mit Lösungshinweisen dienen der Wissensüberprüfung. Umfassende Literaturverzeichnisse zu jedem Kapitel verweisen auf die verwendete und weiterführende Literatur.

► Dem Übungsteil, der eine Vielzahl von Aufgaben und Fällen enthält, denen sich ausführliche Lösungen anschließen, die schrittweise und in verständlicher Form in die betriebswirtschaftlichen Fragestellungen einführen.

Als praxisorientierte Fachbuchreihe wendet sich das Kompendium der praktischen Betriebswirtschaft vor allem an:

► Studierende der Fachhochschulen und Universitäten, Akademien und sonstigen Institutionen, denen eine systematische Einführung in die betriebswirtschaftlichen Teilgebiete vermittelt werden soll, die eine praktische Umsetzbarkeit gewährleistet.

► Praktiker in den Unternehmen, die sich innerhalb ihres Tätigkeitsfeldes weiterbilden, sich einen fundierten Einblick in benachbarte Bereiche verschaffen oder sich eines umfassenden betrieblichen Handbuches bedienen wollen.

Für Anregungen, die der weiteren Verbesserung der Fachbuchreihe dienen, bin ich dankbar.

Prof. Klaus Olfert
Herausgeber

Feedbackhinweis

Kein Produkt ist so gut, dass es nicht noch verbessert werden könnte. Ihre Meinung ist uns wichtig. Was gefällt Ihnen gut? Was können wir in Ihren Augen verbessern? Bitte schreiben Sie einfach eine E-Mail an: **c.ziegler@kiehl.de**

Als kleines Dankeschön verlosen wir unter allen Teilnehmern einmal pro Monat ein Buchgeschenk!

Vorwort zur 10. Auflage

In Wirtschaftsunternehmen geschieht nichts, was sich nicht rechnen lässt bzw. nicht rechnet. Um das zu gewährleisten, werden viele Zahlen und Ergebnisse („facts and figures") benötigt, mithilfe derer gemessen, bewertet, klassifiziert, analysiert und verglichen wird, bevor sich aus den auf Stimmigkeit (Plausibilität) hin überprüften Resultaten die entsprechenden Schlüsse ziehen lassen. Die zur Navigation im Unternehmen erforderliche Beschaffung objektiver Daten und subjektiver Schätz- bzw. Prognosewerte, die mit Wahrscheinlichkeiten unterlegt sind, sowie deren Aufbereitung, Portionierung, Fortschreibung, Verdichtung, Zusammenstellung und maßgeschneiderte Bereitstellung im Sinne des Management-Reportings sind Schwerpunkte des Controllings (als Aufgabenbereich) bzw. der Controller (als Mitglieder dieses Bereichs).

Zu den Aufgaben von Controllern (m/w) gehört es auch, herauszufinden, was an Zahlen für die eigene Arbeit und die Arbeit anderer Unternehmensbeteiligter aktuell und künftig von Bedeutung ist, und wie das relevante Zahlenmaterial unter Einsatz moderner Anlagen der Datenverarbeitung und -speicherung strukturiert, aufbereitet und ausgewertet sowie den wirtschaftlich Handelnden geliefert und präsentiert werden kann bzw. soll. Diese Aufgaben ändern sich genauso schnell, wie die globalisierte Welt der Realwirtschaft mit all ihren Vor- und Nachteilen sich fortentwickelt und über die Jahre immer komplexer und komplizierter wird. Darüber müssen sich Controller untereinander und zusammen mit ihren Klienten, vornehmlich den Managern und Mitarbeitern des Unternehmens, kritisch austauschen, was eine intensive und offene Kommunikation erforderlich macht.

Wer sich als Berufsein- oder -aufsteiger für das Controlling in wirtschaftenden Unternehmen interessiert, muss bereit sein, nach Hintergründen und Zusammenhängen zu suchen und mit Vielfalt umzugehen, denn ganzheitliches Controlling im Unternehmen ist ein riesiges Mosaik steuerungsrelevanter Themen und Sachverhalte. Zentrale Bedeutung für das Controlling haben die in diesem Buch ausführlich behandelten Kapitel der strategischen und operativen Planung und Kontrolle. Ergänzend dazu betreffen ein vorlaufendes Kapitel die Grundlagen des Controllings und ein abschließendes Kapitel das Interne Berichtswesen. Zu all diesen Kapiteln gibt es zahlreiche Kontrollfragen und Übungsaufgaben (letztere mit Antworten), mit denen sowohl neu erworbenes als auch vertiefendes Wissen getestet werden kann.

Wie jeder andere Bereich in Wirtschaftsunternehmen hat auch das Controlling seine eigene Terminologie, die es ermöglicht, selbst schwierige Sachverhalte auch Nicht-Controllern zu vermitteln. Deshalb wird in diesem Buch großer Wert auf klare Definitonen gelegt, die über das Stichwortregister auffindbar sind. Ferner wird darauf geachtet, Möglichkeiten und Grenzen quantitativer Messungen und Analysen zu erläutern sowie Verbindungen zwischen den Steuerungsgrößen aufzuzeigen. Weil es aus Platzgründen nicht immer möglich ist, eine größere Tiefe der Beschreibungen zu bieten, wird auf die Quellen innerhalb des aktualisierten Literaturverzeichnisses verwiesen.

Klaus Ziegenbein
Trier, im Mai 2012

Benutzerhinweise

Kontrollfragen

Die Kontrollfragen dienen der Wissenskontrolle. Sie finden sich am Ende eines jeden Kapitels.

Aufgaben/Fälle

Die Aufgaben/Fälle im Übungsteil dienen der Wissens- und Verständniskontrolle. Auf sie wird jeweils im Textteil hingewiesen:

Aufgabe 1 > Seite 123

Der Übungsteil befindet sich als „blauer Teil" am Ende des Buches. Es wird empfohlen, die Aufgaben/Fälle unmittelbar nach Bearbeitung der entsprechenden Textstellen zu lösen.

Diese Symbole erleichtern Ihnen die Arbeit mit diesem Buch:

 TIPP

Hier finden Sie nützliche Hinweise zum Thema.

 MERKE

Das X macht auf wichtige Merksätze oder Definitionen aufmerksam.

 ACHTUNG

Das Ausrufezeichen steht für Beachtenswertes, wie z. B. Fehler, die immer wieder vorkommen, typische Stolpersteine oder wichtige Ausnahmen.

 INFO

Hier erhalten Sie nützliche Zusatz- und Hintergrundinformationen zum Thema.

 RECHTSGRUNDLAGEN

Das Paragrafenzeichen verweist auf rechtliche Grundlagen, wie z. B. Gesetzestexte.

 MEDIEN

Das Maus-Symbol weist Sie auf andere Medien hin. Sie finden hier Hinweise z. B. auf Download-Möglichkeiten von Zusatzmaterialien, auf Audio-Medien oder auf die Website von Kiehl.

Aus Gründen der Praktikabilität und besserer Lesbarkeit wird darauf verzichtet, jeweils männliche und weibliche Personenbezeichnungen zu verwenden. So können z. B. Mitarbeiter, Arbeitnehmer, Vorgesetzte grundsätzlich sowohl männliche als auch weibliche Personen sein.

ABC	Activity Based Costing	ERP	Enterprise Resource
ABL	Asset Based Lending		Planning
AG	Aktiengesellschaft (auch SE)	EU	Europäische Union
AktG	Aktiengesetz	EVA	Economic Value Added
BaFin	Bundesanstalt für Finanz-	FCF	Free Cashflow
	dienstleistungsaufsicht	FIS	Führungsinformations-
bAV	Betriebliche Altersversorung		system
BFuP	Zeitschrift Betriebswirt-	FLE	Finanzwirtschaftlicher Leve-
	schaftliche Forschung und		rage-Effekt
	Praxis	FM	Facility Management
BI	Business Intelligence	FuE	Forschung und Entwicklung
BIP	Bruttoinlandsprodukt	GE	Geldeinheiten
BSC	Balanced Scorecard	GuV	Gewinn und Verlust
B2B	Business-to-Business	H	Heft
B2C	Business-to-Consumer	HCM	Human Capital Manage-
CAPM	Capital Asset Pricing Model		ment
CEO	Chief Executive Officer	HGB	Handelsgesetzbuch
CFaR	Cashflow at Risk	HRM	Human Resource Manage-
CFO	Chief Financial Officer		ment
CGU	Cash Generating Unit	IAS	International Accounting
COSO	Committee of Sponsoring		Standards
	Organizations	IDW	Institut der Wirtschafts-
CRA	Credit Rating Agency		prüfer
CREM	Corporate Real Estate	IFRS	International Financial
	Management		Reporting Standards
CRM	Consumer Relationship	IGC	International Group of
	Management		Controlling
CSR	Corporate Social Responsibi-	IKS	Internes Kontrollsystem
	lity	InsO	Insolvenzordnung
CTA	Contractual Trust Arrange-	IT	Informationstechnik bzw.
	ment		-technologie
CTQ	Critical to Quality	IuK	Information und Kommuni-
CxO	Chief ... Officer		kation
DAX	Deutscher Aktienindex	JÜ	Jahresüberschuss
DBMS	Data Base Management	KMU	Kleine und mittlere Unter-
	System		nehmen
DCF	Discounted Cashflow	KOR	Zeitschrift für internationale
D&O	Directors & Officers		und kapitalmarktorientierte
EAI	Enterprise Application Inte-		Rechnungslegung
	gration	KPI	Key Performance Indicators
EBIT	Earnings before Interest and	LTI	Long Term Incentives
	Taxes	MbE	Management by Exceptions
ECM	Enterprise Content	MbO	Management by Objectives
	Management	MES	Manufacturing Execution
EDV	Elektronische Datenverar-		System
	beitung	Mio	Millionen
ERM	Enterprise Risk Management	M&A	Mergers and Acquisitions

OLAP	On-Line Analytical Processing	SOX	Sarbanes Oxley Act
OLE	Operativer Leverage-Effekt	SSC	Shared Service Center
PIMS	Profit Impact of Market Strategies	SVA	Shareholder Value-Ansatz
PLM	Product Lifecycle Management	TQM	Total Quality Management
		Tsd	Tausend
PLZ	Produktlebenszyklus	USP	Unique Selling Proposition
PR	Pensionsrückstellungen	VaR	Value at Risk
PSV	Pensionssicherungsverein	WACC	Weighted Average Cost of Capital
QS	Qualitätssicherung	WiSt	Zeitschrift Wirtschaftswissenschaftliches Studium
RFID	Radio Frequence Identification	wisu	Zeitschrift das wirtschaftsstudium
RHB	Roh-, Hilfs- und Betriebsstoffe	WWW	World Wide Web
RMS	Risikomanagementsystem	ZfB	Zeitschrift für Betriebswirtschaft
ROI	Return on Investment	ZfbF	Zeitschrift für betriebswirtschaftliche Forschung
SCM	Supply Chain Management		
SE	Societas Europae (Europa AG)	ZfCM	Zeitschrift für Controlling & Management
SEC	Securities and Exchange Commision	ZfM	Zeitschrift für Management
		zfo	Zeitschrift Führung + Organisation
SEM	Strategic Enterprise Management		
SGE	Strategische Geschäftseinheit	ZG	Zweckgesellschaft
		ZV	Zweckvermögen

A. Grundlagen

Betrachtet wird ein **Wirtschaftsunternehmen**, auch Betrieb oder Firma genannt, das Leistungen erstellt und vermarktet, um **Gewinn** (engl. Profit) zu erzielen. Gewinn erzielen zu wollen, bedeutet in Zeiten der Globalisierung der Wirtschaft, bei der alles mit allem zu tun hat, **Risiken** einzugehen und für diese haften zu müssen.

Die im Unternehmen (engl. Business, Company, Enterprise) relevanten **Steuerungsobjekte** sind dem betrieblichen **Geschäftsmodell** (engl. Business Model) zu entnehmen, das vom **Ablauf** her erkennen lässt, welche knappen Mittel (= Ressourcen, engl. Resources) in das Unternehmen fließen (= Input), wie diese Ressourcen im Rahmen der innerbetrieblichen Leistungserstellung transformiert werden (= Throughput), und zwar in vermarktungsfähige Produkte (= Output). Subtrahiert man vom wertmäßigen Output (= Ertrag) den wertmäßigen Input (= Aufwand), verbleibt als Rest der Gewinn pro Periode, das operative Ziel unternehmerischer Betätigung (*Wirtz, 2010*).

1. Leistungserstellung

Bezüglich der **Leistungserstellung** gibt es als **Teilnehmer der Realwirtschaft** (= realer Sektor der Gesamtwirtschaft) u. a. die Industrie- und Handelsbetriebe. Beiden Betriebstypen gemeinsam sind die als **Produktion** (lat. producere = leisten, schaffen) zu bezeichnenden betrieblichen Umwandlungs- oder Transformationsprozesse. Eine besondere Form der Produktion ist die **industrielle Fertigung**, die üblicherweise in einer hochautomatisierten Fabrik stattfindet und bei der technische Aspekte im Vordergrund stehen, weil Roh-, Hilfs- und Betriebsstoffe zu Halb- und Fertigfabrikaten „verarbeitet" werden. Außer Industriebetrieben machen das allenfalls noch Handwerksbetriebe, die grundsätzlich kleiner dimensioniert sind und in einer geringer automatisierten Werkstatt etwas herstellen. Weitere Kennzeichen für Industriebetriebe sind: Hoher Kapitaleinsatz zur Finanzierung von Fertigungsanlagen und Entwicklungsvorhaben, als Kapitalgesellschaft betriebene Großbetriebe sowie eine hohe Spezialisierung der Arbeitskräfte entsprechend der Arbeitsteilung.

Neben der Realwirtschaft gibt es noch die **Finanzwirtschaft** (= monetärer Sektor der Gesamtwirtschaft), deren Teilnehmer, wie etwa Banken, andere Geldhäuser und Versicherungen, die Aufgabe haben, jeweils kleinere, aber regelmäßig anfallende Geldbeträge einzusammeln und als verzinsliches Fremdkapital zeitlich befristet u. a. an industrielle Unternehmen auszuleihen. Diese Versorgungsfunktion der „Kapitalsammelstellen" wurde nach dem Zusammenbruch des US-amerikanischen Immobiliensektors genau am 15.09.2008 (Stichwort „Lehman Brothers"), flankiert durch das damit im Zusammenhang stehende Fehlverhalten von Finanzinstituten (insbesondere Banken), eine bis heute andauernde Krise an den **Finanzmärkten** weltweit ausgelöst. Weil diese Finanzmarktkrise so gewaltig war, dass sie von ihren Verursachern nicht alleine bewältigt werden konnte, griffen notgedrungen westliche Industrieländer bzw. deren Noten- bzw. Zentralbanken mit entsprechenden Rettungs- und Förderprogrammen sowohl helfend als auch marktregulierend ein. Das ließ nicht nur die Staatsverschuldung dieser Länder in bis dahin unbekannte Höhen ansteigen, sondern hatte bzw. hat immer noch negative

Auswirkungen auf die Realwirtschaft. Das Ausmaß dieser Auswirkungen formulierte ein Spitzenmanager so: *„Da können sie in der Realwirtschaft schuften und machen was sie wollen, gegen diese Spekulation [in der Finanzwelt] kommen sie nicht an".* Dazu die Antwort eines Experten: *„Die Finanzwirtschaft muss wieder zum Diener der Realwirtschaft werden".*

2. Leistungsarten

Ein **Produkt** ist eine Leistung mit bestimmten Eigenschaften, die es den Kunden (Nachfragern, Abnehmern) erlauben, ihre aktuellen bzw. latenten Bedürfnisse zu befriedigen. In Industrieunternehmen wird dabei zwischen Sach- und Dienstleistungen unterschieden.

2.1 Sachleistungen

Als **Sachleistungen** bezeichnet man Leistungen materieller (= physischer) Art. Nach dem Verwendungszweck lassen sich diese unterteilen in

► **Konsumgüter**, die private Haushalte kaufen, um sie über die Zeit zu gebrauchen bzw. zu nutzen (z. B. Kühlschränke als Gebrauchsgüter) oder zu verbrauchen (wie Lebensmittel als Verbrauchsgüter).

► **Produktionsgüter**, die von anderen Industrieunternehmen gekauft werden und der Herstellung von Konsum- oder anderen Produktionsgütern dienen. Die Spanne reicht dabei von Einzelteilen (z. B. Schrauben), über Geräte (etwa Werkzeuge) und Bauteile bis hin zu Investitionsgütern, insbesondere Maschinen und maschinellen Anlagen.

Die Bezeichnung **Original Equipment Manufacturer** (OEM) steht in der Industrie für Erstausrüster, deren Erzeugnisse als Baugruppen oder Komponenten in Geräte oder Maschinen anderer Hersteller eingebaut werden.

► **Waren**, wie etwa Roh-, Hilfs- und Betriebsstoffe (einschließlich Energie), wiederverwertbare Abfälle sowie Handelswaren, wobei letztere von Unternehmen gekauft und unverändert weiter verkauft werden. Zur Abrundung des Sortiments werden Handelswaren auch von Industrieunternehmen gekauft.

► **Erzeugnisse** (Artikel), als Output eines integrierten Fertigungsprozesses, die je nach Nähe zur Vermarktung entweder funktionsfähige Enderzeugnisse (= Endleistungen) oder Zwischenerzeugnisse (= Vorleistungen, auch Halbfabrikate genannt) sind, die mindestens noch eine weitere Fertigungsstufe durchlaufen müssen.

2.2 Dienstleistungen

Kennzeichen von **Dienstleistungen**, kurz auch Dienste oder Service genannt, sind folgende **Merkmale**:

► Dienstleistungen sind stets **immaterieller Art**, d. h. sie sind physisch weder greifbar noch lagerfähig, d. h. sie lassen sich nicht auf Vorrat produzieren, und werden deshalb erst an dem Zeitpunkt erbracht, der mit dem Kunde vereinbart wurde.

▶ Die **Überprüfung der Qualität** (lat. qualitas = Eigenschaft, Zustand, Beschaffenheit, Güte oder Merkmal) vor der „Produktion" einer Dienstleistung ist nicht möglich. Hilfreich kann dem Kunden allerdings der Nachweis (Referenz) bzw. die Begutachtung bei anderen Kunden erstellte Dienstleistungen sein.

▶ Dienen und leisten setzt **Vertrauen** in der Beziehung zwischen Anbieter und Kunde voraus. Garantieversprechen stellen ein gewünschtes Leistungsergebnis in Aussicht.

Die von hauptberuflichen Dienstleistern erbrachten (produzierten) **immateriellen Kernleistungen** werden auch als **Primärdienstleistungen** bezeichnet.

Von den Primärdienstleistungen abzugrenzen sind **Sekundärdienstleistungen**, mit denen Industriebetriebe die von ihnen hergestellten Sachleistungen ergänzen. Dabei gibt es **funktionale Dienste**, wie z. B. Transport, Installation, Wartung, Reparatur, Versorgung mit Ersatzteilen oder Recycling, und **personale Dienste**, darunter Beratung, Bereitstellung von Bedienungsanleitungen, Schulung und Training.

Als industrielle **Hybridprodukte** bezeichnet man ein aus Sach- und Dienstleistungen bestehendes **gemischtes Leistungsbündel**, das geeignet ist, den Kunden einen hohen **Nutzen** durch nur einen Anbieter zu bieten. Der Anbieter von „Leistungen aus einer Hand" hat in der Regel einen **Wettbewerbsvorteil**, etwa wegen der dadurch erreichbaren Alleinstellung am bedienten Markt, und wegen des über den Warenliefertermin hinausgehenden **Ergänzungszyklus** (engl. After-Sales-Service), eine relativ beständige Einnahmequelle (*Reiss/Günther, 2010*).

3. Leistungsvermarktung

Der **Markt** ist ein Ort, an dem Angebot und Nachfrage über den Preis zum Ausgleich gebracht werden. Im Zuge der anhaltenden **Globalisierung der Wirtschaft** verändern sich Märkte und deren Abgrenzungen. Dabei verleiht der Wechsel von Auf- und Abschwung dem Markt eine häufig unterschätzte **Dynamik**.

Der Mechanismus, der eine **dezentrale Steuerung** von Anbieter- und Käufergruppen auf Märkten erlaubt, wird als **Marktwirtschaft** bezeichnet. Grundlegende Merkmale und Eigenschaften aller Formen der Marktwirtschaft sind das Recht an Eigentum, die Vertragsfreiheit und die Wettbewerbsordnung. Die **kapitalistische Marktwirtschaft** betont das Privateigentum der Produktionsmittel. Bei der **freien Marktwirtschaft** ist es Aufgabe des Staates, eine Rechtsordnung zu schaffen und öffentliche Güter (= Kollektivgüter, wie Schulen oder Straßen) bereitzustellen. Die **soziale Marktwirtschaft** schließlich baut auf Elementen der freien Marktwirtschaft auf, wird aber durch wettbewerbspolitische und in bestimmten Fällen, darunter bei kollektiven Krisen, auch regulierende Maßnahmen des Staates ergänzt.

Merkmale einer entwickelten Marktwirtschaft sind – neben Risiko und Haftung – ein funktionierendes **Tauschmittel**, Geld, das den Austausch von Waren und Diensten nach dem Muster „Ware gegen Geld, Geld gegen andere Ware" ermöglicht. Zudem ist Geld ein Instrument der **Ansammlung (= Akkumulation) von Kapital**.

Die **Attraktivität eines Absatzmarkts** lässt sich anhand von Kriterien bewerten, wie etwa dem Marktvolumen oder -wachstum, der bestehenden Marktrisiken, der erzielbaren Renditen sowie der erwarteten Zukunftsaussichten. Ein Markt wird dann als offen bezeichnet, wenn er keine oder nur schwache Markteintrittsbarrieren aufweist, sodass der Neueintritt von Anbietern relativ ungehindert erfolgen kann.

Eine Sammelbezeichnung für eine Vielzahl wirtschaftender Unternehmen, die auf gleichen oder ähnlichen Absatzmärkten tätig sind und für die der Grundsatz „Same Business, Same Risk, Same Rules" gilt, ist die **Branche** (= Wirtschaftszweig). Mittels einer Branchenanalyse lassen sich das Reifestadium und die Attraktivität der Märkte bzw. deren Segmente beurteilen, in denen das Unternehmen tätig ist oder die Absicht hat, dort tätig zu werden. Anzunehmen ist, dass die Grenzen zwischen den heute bekannten Branchen in Zukunft mehr oder weniger deutlich verschwimmen und verschiedene der jetzt boomenden Branchen irgendwann schrumpfen werden. Dafür wird die Bedeutung von Dienstleistungen rund um die industriell gefertigten Güter wohl zunehmen.

4. Verhalten der Marktteilnehmer

Von den Vertretern der traditionellen Wirtschaftstheorie wird mehrheitlich der **neoklassische Denkansatz** verfolgt, der nicht nur von einer Aufteilung der Gesamtwirtschaft in je einen realen und monetären Sektor ausgeht, sondern auch das Menschenbild des „Homo oeconomicus" in den Mittelpunkt aller Überlegungen stellt. Der **Homo oeconomicus** ist ein an sich selbst denkendes, egoistisches Individuum, das über einen vollkommenen Informationsstand verfügt, den eigenen Nutzen maximiert, und rational (lat. ratio = Vernunft, oder rationalitas = Denkvermögen) handelt. Das schließt mit ein, dass bestehende Anreize jeder wirtschaftlich Handelnde (= Akteur) für sich einfordert, auch wenn er weiss, dass das dem Unternehmen schadet. Eigennutz, so wird argumentiert, sei moralisch, denn dieser bewirke die Entstehung von öffentlichem Wohl. Gefühle und Mitgefühle (Empathie) als Störvariable werden einfach ausgeblendet.

Die Befürworter des neoklassischen Ansatz verfügen über ein großes Maß an **Marktgläubigkeit**, denn bei ihnen herrscht die Ansicht vor, dass die freien, unregulierten Märkte von sich aus perfekt und effizient seien und deren Preise gerecht. Spötter sehen das anders: *„Wenn jeder an sich selbst denkt, ist an jeden gedacht"*. Und sollte das mal nicht so sein, werden die **Selbstreinigungskräfte der Märkte**, vom Nationalökonomen Adam Smith in seinem Hauptwerk „Wohlstand der Nationen" als **unsichtbare Hand** bezeichnet, schon dafür sorgen, dass sich das Gleichgewicht wieder von alleine herstellen werde. Nach vielen der seit dem Jahre 2008 stattgefundenen Turbulenzen, Katastrophen, Spekulationen, Krisen, Blasen und Crashs an den Märkten, insbesondere denen der internationalen Finanzwirtschaft, ist nunmehr aber die Zeit gekommen, umzudenken und Abschied zu nehmen von einem weit verbreiteten **Irrglauben** (*Buhse, 2010*).

Den Blickwickel weg vom neoklassischen und hin zum **verhaltensorientierten Denkansatz** zu richten, empfehlen immer mehr Wirtschaftswissenschaftler. Der Ansatz der **Behavioral Economics** wird gestützt durch die neuesten Ergebnisse aus der Psychologie, Biochemie und Hirnforschung, die davon ausgehen, dass die Bemühungen von Menschen, sich rational zu verhalten, nicht immer funktionieren, weil Gefühle und Emotionen, wie etwa Freude, Sympathie, Überschwang, Respekt und Engagement, aber auch Irritation, Vorbehalt, Empörung, Wut, Angst und Widerstand, sich nicht einfach per Knopfdruck abschalten lassen. Der **Mensch als soziales Wesen** lässt sich vielmehr leicht verwirren, belohnt Vertrauen, erwidert Gefallen und Respekt, bestraft Gier und Korruption, legt großen Wert auf Fairness und vergleicht seinen Status häufig mit dem seiner Mitmenschen (*Dueck, 2008; Ruckriegel, 2011*).

Durch die Übertragung verhaltenswissenschaftlicher Erkenntnisse auf das Controlling ergibt sich das **Behavioral Controlling**. In dessen Mittelpunkt stehen die Unternehmensbeteiligten (engl. Stakeholder) mit ihren vorhandenen, zuweilen aber auch widersprüchlichen Ethik- und Moralvorstellungen. Im Gegensatz zu den Annahmen der vollkommenen Information und der zur Verarbeitung notwendiger Informationen beliebig vorhandenen kognitiven Fähigkeiten geht es zwar auch um die Rationalität, aber darüber hinaus um die Vernunft, das Bemühen und die Bereitschaft der wirtschaftlich Handelnden, innerhalb der durch Gesetze, Vorgaben, Richtlinien und Regeln festgelegten Verhaltenskorridore sich zu bewegen.

Sehr nahe an der Realität ist der aus der Philosophie her bekannte **Utilitarismus** (lat. utilitas = Nutzen), dessen Leitspruch *„Das größte Glück der größten Zahl"* soviel bedeutet, wie: Das Wohl vieler ist wichtiger als das Wohl des Einzelnen. Der Forderung, jede Aussage oder Empfehlung verlange ein klares **Werturteil** (Begründung), ist nicht immer leicht nachzukommen, und zwar wegen der **menschlichen Eigenarten**, darunter folgende: *„Der Hang zur Manipulation steigt, je mehr die anderen dasselbe tun"*, *„Nachweislich manipulieren Menschen weniger, wenn sie wissen, dass sie überwacht (kontrolliert) werden"* oder *„Einschätzungen aus dem Bauch heraus verhindern, dass im Unternehmen vernünftig entschieden wird"*. Ansonsten gilt für Handlungen, die unter Zeitdruck und auf der Grundlage einfach zu handhabender Methoden und Heuristiken erfolgen, was der Psychologe und Verhaltensökonom *Dan Ariely* so formuliert: *„Wer irrationales Verhalten erwartet und vorhersieht, kann lernen gegenzusteuern und verheerende Ergebnisse verhindern"*.

Ähnlich äußert sich der Wissenschaftler *Jürgen Habermas*: *„In einer globalisierten Welt müssen alle lernen die Perspektive der anderen in ihre eigene einzubeziehen".* Im Unternehmen erfordert das - mehr als je zuvor - ein **effizientes Controlling**.

5. Unternehmen als System

Zu den Aufgaben der **Systemtheorie** als eine andere Theorien überlagernde und einende **Metatheorie** gehört es, nicht nur aufzuzeigen, wie ein dynamisches Ganzes in viele kleine, transparente und funktionstüchtige Teile zerlegt werden kann, sondern auch deren Gemeinsamkeiten herauszufinden und die Prinzipien zu durchdringen, die sich allgemein auf funktionsfähige Teile anwenden lassen. Nach dieser Theorie ergeben die in Wechselwirkung zueinander stehenden Teile ein **System**, das eine **Struktur** (= Ordnung oder Konstruktion) benötigt.

Die **Komplexität eines Systems** steigt mit der Anzahl seiner Teile (= Komponenten) sowie deren Beziehungen (= Relationen) untereinander.

Ein System ist dann komplex, kompliziert und nur schwierig zu handhaben, wenn der Umgang mit diesem eine Herausforderung bedeutet und es in Anbetracht von Vielfalt, Vielzahl, Vieldeutigkeit sowie Veränderlichkeit nur schwer zu verstehen, zu verändern und zu überwachen ist.

Als „systematisch" werden Probleme und Störungen eines vorhandenen Systems bezeichnet, deren Ursachen nicht bei den Teilen, sondern in der Konstruktion des Systems liegen. So sind beispielsweise Veränderungen oder Fortschritte lebendiger bzw. lernender Systeme „systematische Bewegungen". Im Unterschied dazu wird ein Vorgehen als „systematisch" bezeichnet, wenn dieses einem jeweils gewählten System entspricht sowie sich planmäßig und konsequent gibt.

Merkmale bzw. Eigenschaften des Unternehmens als **sozio-technisches System** sind:

▶ **Modularisierung** im Sinne der Zerlegung einer Gesamtheit in mehrere voneinander unabhängige, jedoch durch Schnittstellen miteinander verbundene Komponenten bzw. Module

▶ **Regelungsstrukturen**, die hierarchisch aufgebaut sind und der Koordination der Komponenten bzw. Module dienen

▶ **Diversifität** als das Zulassen von Vielfalt, Unterschiedlichkeit sowie Asymmetrien. Das Gegenteil dazu wäre die Fokussierung (= Konzentration).

Weit verbreitet ist die Modularisierung der Unternehmen nach ihren **Stakeholdern**. Darunter versteht man Interessengruppen, die für ihre Beiträge (engl. Stakes) an das Unternehmen bestimmte Gegenleistungen geltend machen. Das kleinste gemeinsame Interesse aller Stakeholder ist das Fortbestehen (= Existenzsicherung) des Unternehmens. Die Beiträge der Stakeholder bilden die betrieblichen **Ressourcen** (= Produktionsfaktoren):

Interessen-gruppen (Stakeholder)	Bedingungen für die Bereitstellung von Ressourcen
Personal	leistungsgerechte Entlohnung, Arbeitsplatzsicherheit, sinnvolle Aufgaben, Aus- und Weiterbildungsmöglichkeiten, Gelegenheit zur Selbstorganisation und zu Selbstkontrollen, Karrierechancen, Erfolgsbeteiligung
Kunden	niedrige Preise, Produktqualität, längere Lebensdauer und hoher Gebrauchsnutzen der Waren, Garantie- und Kulanzleistungen, Service
Lieferanten	attraktive Preise, sichere und schnelle Zahlungen, angemessene Lieferzeiten, stabile Lieferbeziehungen
Gläubiger	angemessene Verzinsung und Rückzahlung (= Tilgung) des zur Verfügung gestellten Fremdkapitals
Eigentümer	Gewinnausschüttung und Wertsteigerung der Anteile, Mitsprache
Kooperations-partner	Einhaltung von Verträgen
Staat und Gesellschaft	Steuern, Abgaben und Gebühren, Umweltschutz, Regulierungen bei Marktversagen, Einsatz rohstoff- und energiesparender Technologien, Recycling

Im Interesse der Stakeholder sind Wertsteigerungen (engl. Value Added), vor allem die **Steigerung des Unternehmenswerts** (engl. Enterprize Value). Einige der Stakeholdergruppen werden bei der Durchsetzung ihrer Interessen unterstützt durch **externe Organisationen**, wie etwa die Mitarbeiter durch Gewerkschaften, die Kunden durch Verbraucherzentralen, die Kapitalgeber durch Finanzanalysten und die Lieferanten durch Verbände.

Bezogen auf den **Austausch von Ressourcen** zwischen dem Unternehmen und seinen Stakeholdern gelten folgende Vereinbarungen:

► Mit den Stakeholdern (außer den Eigentümern und dem Staat) schließt das Unternehmen **Verträge** bezüglich der Leistungen und Gegenleistungen, die von beiden Vertragsparteien einzuhalten sind.

► Die Gruppe der Eigentümer (= Anteilseigner, Gesellschafter) trägt mit dem unbefristet überlassenen Eigenkapital das Unternehmensrisiko und macht deshalb **Residualansprüche,** d. h. **Ansprüche am Unternehmenserfolg** geltend, denen allerdings erst dann entsprochen werden kann, wenn alle vertragsbedingten Ansprüche der übrigen Stakeholder erfüllt sind. Die Eigentümer des in der Rechtsform einer Kapitalgesellschaft betriebenen Unternehmens sind die **Shareholder** (= Aktionäre) und die von ihnen geltend gemachten Residualansprüche sind die vom Unternehmen erwirtschafteten Gewinne.

▶ Der Staat, der u. a. Infrastrukturen schafft und der Öffentlichkeit zur Verfügung stellt, erlässt Gesetze, darunter auch solche die seinen **Anteil am Unternehmenserfolg**, also die Ertragsteuern, festlegen. Das Verhalten des Staats entspricht dem eines Anpassers, da sich die Steuersätze auf den in der jeweiligen Periode realisierten Gewinn beziehen.

Die vorgenannten Vereinbarungen für den Austausch und Einsatz von Ressourcen im Unternehmen erfordern je ein **Ausführungssystem**, verstanden als Personenkreis der Mitarbeiter, die Handlungen in den betrieblichen Sachfunktionen (wie z. B. Beschaffung, Produktion und Absatz) vornehmen, und ein **Führungssystem**, verstanden als Personenkreis der „leitenden Angestellten", der Entscheidungsbefugnisse nicht nur besitzt, sondern Entscheidungen auch tatsächlich trifft. Führungskräfte als **dispositiver Faktor** sind verantwortlich für die Festlegung von Systemen, Strukturen, Strategien sowie Veranlassung, Ausgestaltung und Überwachung der betrieblichen Sachfunktionen, damit das Unternehmen als Ganzes auf lange Sicht erfolgreich ist. Eine klare Abgrenzung zwischen Führungskräften (als Manager und Entscheider) und ausführenden Personen (als Mitarbeiter) ist in der Praxis nicht immer möglich. Abzulehnen ist die von Führungskräften vielfach verwendete Aussage, dass es zu einer bestimmten Entscheidung keine **Alternative** gäbe, denn immer kann alles auch anders getan werden!

Die Führungsspitze des Unternehmens wird de jure durch die **Wahl der Rechtsform** bestimmt, d. h. die oberste Leitung steht bei personenbezogenen Rechtsformen den Eigentümern zu (= Einheit von Eigentum und Leitung), und bei Kapitalgesellschaften den Geschäftsführern (bei der Gesellschaft mit beschränkter Haftung) oder dem Vorstand (bei der Aktiengesellschaft), der nicht unbedingt Eigentümer sein muss (= Prinzip der Trennung von Eigentum und Verfügungsgewalt über das Eigentum). Unabhängig davon können de facto die Anteile einer Kapitalgesellschaft mehrheitlich oder ganz bei einer Familie bzw. Stiftung liegen, die dann über die personelle Besetzung der obersten Leitungsebene (= Unternehmensleitung) zu entscheiden hat. Auch Personengesellschaften werden häufig von Angestellten geleitet, wenn geeigneter Führungsnachwuchs aus den Reihen der Familie nicht verfügbar ist bzw. die Familie sich auf einen Nachfolger an der Führungsspitze nicht einigen kann.

Eine **oberste Kontrollinstanz** überwacht als Aufsichts- oder Verwaltungsbeirat die Unternehmensleitung dahingehend, ob bei bedeutenden Unternehmensentscheidungen die Interessen der Shareholder und – bei paritätischer Mitbestimmung auch die Interessen der Mitarbeiter – angemessen berücksichtigt werden.

Abzugrenzen von der obersten Kontrollinstanz, bei der Aktiengesellschaft wäre das der Aufsichtsrat (AR), ist das Unternehmenscontrolling (engl. Corporate Controlling), kurz nur noch **Controlling** genannt, das ein **Subsystem der Führung** ist und auf das der AR grundsätzlich keinen direkten Zu- oder Durchgriff hat.

6. Controllingbegriff und -aufgaben

Die **Bezeichnung Controlling** substantiviert das angloamerikanische Wort „control", dessen Herkunft sich bis ins Mittelalter zurückverfolgen lässt. Damals war „contra rolatus" (= Gegenrolle) eine zweite, für Kontrollzwecke vorgenommene Aufzeichnung über ein- und ausgehende Gelder. Später wurde daraus „contre rôle" (französisch) und „counter roll" (englisch) für die Aufzeichnung sämtlicher Geld- und Güterbewegungen.

Hier und heute versteht man unter **Controlling** solche Dinge wie „Steuerung" und „Beeinflussung", aber auch „Unter-Kontrolle-Halten", was bedeutet, über Sachverhalte informiert zu sein, Vorgänge und Ereignisse im Griff zu haben sowie in der Rolle als „Counterpart der Führung" empfehlen und eingreifen zu können, um die Visionen und Strategien des Topmanagements umzusetzen.

Steht eine Führungskraft vor dem Problem, nicht alle Führungsaufgaben selbst wahrnehmen zu können, kommt es meistens zu einer **Delegation von Führungsverantwortung** und entsprechend der Dezentralisation zu einem hierarchischen Aufbau des Unternehmens. Da aber bei der Delegation von Führungsverantwortung nicht davon ausgegangen werden darf, dass sich Vorgesetzte und die von ihnen geführten Mitarbeiter immer gleich verhalten, weil sie abweichende Ziele verfolgen, unterschiedliche Nutzen- und Risikopräferenzen haben und vor allem eine andere informatorische Ausgangsbasis besitzen, muss mit **Asymmetrie** gerechnet werden. Diese Asymmetrie sind es, die ein **ganzheitliches Steuerungssystem** erforderlich machen, das ein koordiniertes Verhalten auf allen Ebenen des Unternehmens gewährleistet.

Ein solches **Steuerungssystem** ist das Controlling. Durch Steuerungseingriffe wird ein mehr oder weniger geglätteter Verlauf der zu steuernden Größen (= Faktor, Variable) angestrebt, was die folgende Abbildung verdeutlichen soll.

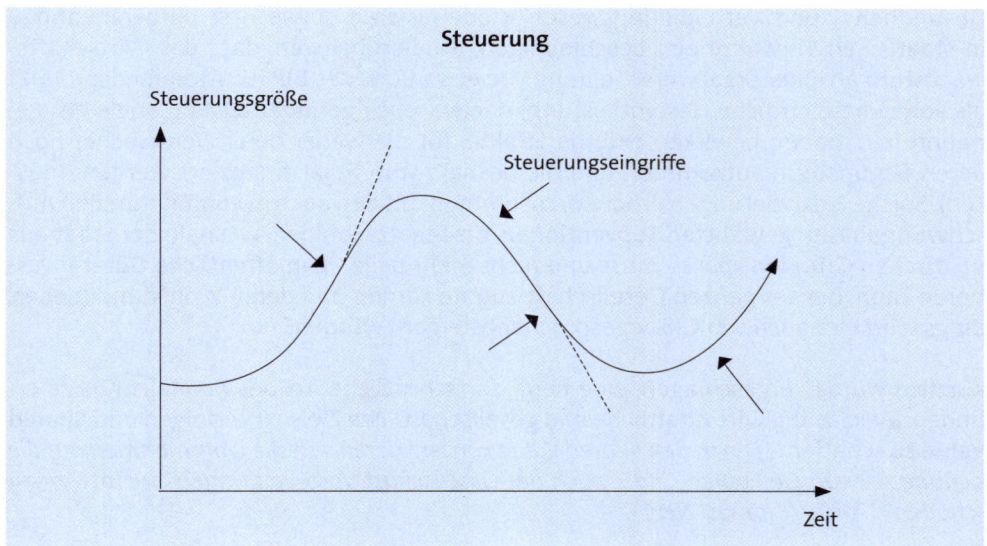

In der Abbildung geht es auch um verschiedene **Phasen des Wachstums**. Kennzeichen der Phase eines positiven Wachstums (= Wachstum im engeren Sinne, Aufschwung) ist, dass es in den meisten Fällen schnell und überzeugend beginnt, sich im weiteren Verlauf verlangsamt und im Boom zum Stillstand kommt. Dann kommt die Zwischenphase des fehlenden Wachstums (= Stillstand, Stagnation). Dieser folgt dann entweder eine Phase des negativen Wachstums (= Schrumpfung, Abschwung) oder eine neue Phase des positiven Wachstums. Diese Phasenfolge (= Zyklus) wiederholt sich überall in nahezu allen Unternehmen und Branchen der globalen Wirtschaft, wobei die Dauern jedoch unterschiedlich sind.

Grundsätzlich ist **Wachstum kein Selbstzweck**, wenngleich es sich in Phasen des positiven Wachstums leichter planen und handeln lässt, als bei Stillstand oder Schrumpfung. Ferner entsteht durch Wachstum **Größe**, die ebenfalls kein Selbstzweck ist, denn nicht nur Großunternehmen, sondern auch kleine und mittlere Unternehmen (sog. KMU) sind erfolgreich. Allerdings erfordert die Herstellung bestimmter Güter eine **Mindestgröße** („size does matter"), wie etwa die industrielle Serienfertigung.

Stellvertretend für Größe sind auch die Bezeichnungen systemisch oder systemrelevant, hinter denen sich eine Sichtweise verbirgt, die auf **Einzigartigkeit** oder **Unersetzlichkeit** abzielt. Danach darf keine als systemisch eingestufte Organisation insolvent werden („too big to fail"), weil diese als Industriebetrieb mehrere funktionierende Wertschöpfungs- bzw. Lieferketten oder als Großbank das nationale Finanzgefüge gefährden bzw. zerstören würde.

Zunehmend verweisen Experten auf die **Grenzen des Wachstums**, verursacht durch die Realisierung gesellschaftlich relevanter Vorhaben, wie etwa den Klimawandel stoppen, den demografischen Wandel bewältigen, den Ausstieg aus der Atomindustrie schultern, die zunehmende Mobilität der Gesellschaft gewährleisten, das Bildungs-,

Gesundheits- und Verteidigungswesen modernisieren sowie den Bürokratieabbau in staatlichen Verwaltungen beschleunigen. Studien belegen, dass das Wirtschaftswachstum ab einer Staatsverschuldung von etwa 90 % des **BIP (B**ruttoinlands**p**rodukt als volkswirtschaftliche Gesamtleistung) nachweislich geringer ausfällt. Viele der genannten Vorhaben bewirken **externe Effekte**, für die weder deren Verursacher noch deren Begünstigte aufkommen und die deshalb vom Staat finanziert werden (müssen). Solche Finanzierungen erhöhen, zusammen mit den auch in konjunkturellen Aufschwungphasen gewährten **Subventionen**, die Staatsschulden, weshalb der Staat aus politischen Gründen sparen muss und nicht mehr beliebig in **öffentliche Güter** investieren kann, die der ganzen Gesellschaft zugute kämen und deren Wohlstand (neuerdings wird hier auch von Glück gesprochen) steigern würden.

Kürzlich wurde vorgeschlagen, eine neue, fortschrittliche Art des Kapitalismus zu erfinden, gleichzeitig wirtschaftliche und gesellschaftliche Ziele zu verfolgen und **Shared Value** zu schaffen: *„Durch den Shared Value konzentrieren sich die Unternehmen auf die richtige Art von Gewinnen, ... die auch der Gesellschaft Vorteile bringen, anstatt ihr zu schaden"* (*Porter/Kramer, 2011*).

Ganz auf Wachstum zu verzichten ist für Unternehmen jedoch wenig ratsam. Anzustreben ist, vielmehr, dass das Unternehmen im **Durchschnitt** wächst, sei es „stetig" (= organisch) als internes Wachstum oder „sprunghaft" im Zusammenhang mit der Übernahme ganzer Unternehmen als externes Wachstum. Je nach Branche und der für diese geltende Wettbewerbsintensität kann auf lange Sicht ein **gesundes Wachstum** angestrebt werden. Wenn es dem Gewinn oder der Rentabilität des Unternehmens dient, kann das bedeuten, vorübergehend auch mal zu schrumpfen, um nach entsprechenden Sparprogrammen, Umstrukturierungen und/oder dem Verkauf unrentabler Geschäftssparten wieder neu durchzustarten (*Ferlic u. a., 2009*).

Durch den mehr oder weniger schnellen Wechsel von Phasen des positiven und negativen Wachstums einer zu steuernden Größe ergeben sich Schwankungen, die als **Volatilität** bezeichnet werden.

Die Systemzustände und -veränderungen werden mithilfe von **Kennzahlen** gemessen und den dazu vorgegebenen Adressaten bekannt gegeben. Als Teil des Führungssystems beruht Controlling außerdem auf dem **Prinzip des Regelkreises**, der – unter Rückgriff auf die Erkenntnisse der interdisziplinären Kybernetik – die Vorgänge der Planung und Entscheidung, Realisierung (= Umsetzung, Vollzug) und Überwachung (= Kontrolle) umfasst und über die Rückkopplung (engl. Feedback) von Abweichungen miteinander verbindet.

Controlling im Unternehmen setzt **Controllingbewusstsein** voraus, was bedeutet, dass alle Akteure im Unternehmen davon überzeugt sind, dass ein Unternehmen mit Controlling erfolgreicher geführt werden kann als ohne Controlling. Angesprochen wird damit auch das **Selbstcontrolling der Akteure**, das allerdings immer mit den Gefahren einer subjektiven Überbetonung der eigenen Aufgaben und Leistungen sowie eines manipulierenden und nicht abgestimmten Verhaltens verbunden ist.

Trotz vieler Versuche, Controlling über Aufgaben- bzw. Funktionskataloge und Methodenkoffer (engl. Tool Boxes) zu beschreiben, ist es bislang zu keiner verbindlichen Begriffsdefinition gekommen. Das bietet den Unternehmen zwar die Möglichkeit, Controlling firmenspezifisch zu gestalten und weiterzuentwickeln, verhindert allerdings ein einheitliches Vorgehen. Um das zu vermeiden, ist eine Definition erforderlich. Durch **Festlegung typischer Aufgaben** (engl. Basics) wird hier Controlling funktional wie folgt definiert:

Controlling ist die Auswahl und Nutzung von **Methoden** (= Verfahren, Ansätze, Werkzeuge, Techniken, Instrumente, Denkmuster) und **Informationen** für arbeitsteilig ablaufende **Planungs- und Kontrollprozesse** sowie die funktionsübergreifende **Koordination** (= Abstimmung, Synchronisation) dieser Prozesse.

Der **Zusammenhang** zwischen den Kernaufgaben des Controllings ist dabei wie folgt:

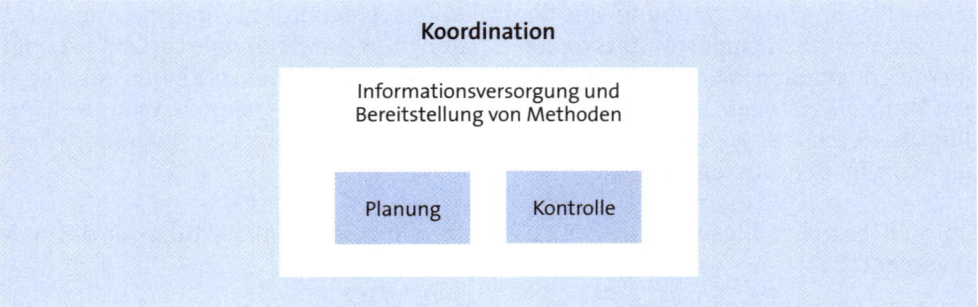

Träger dieser Kernaufgaben ist/sind der oder die **Controller**. Bei nur geringem Aufgabenumfang (z. B. in kleineren Betrieben) kann es der Unternehmer selbst oder eine von ihm bestimmte Person sein, die neben anderen Aufgaben auch die des Controllings wahrnimmt. Im Regelfall sollte Controlling aber institutionalisiert werden, um die genannten Aufgaben mit fachlichem Knowhow **neutral** und **objektiv** erfüllen zu können.

Voraussetzung für die erfolgreiche Bewältigung der genannten **Controllingaufgaben** ist **Transparenz**, die dann gegeben ist, wenn vom Unternehmen nicht unbedingt „mehr" Daten vorliegen, dafür aber solche, die dazu geeignet sind, Sachverhalte für die Handelnden und sonstige Unternehmensadressaten überschaubar, verständlich, und überprüfbar zu machen. Verbessern lässt sich die betriebliche Transparenz durch den Abbau von **Komplexität** im Sinne bewusster Vereinfachungen, Widerspruchsfreiheit sowie Vermeidung von Mehrdeutigkeit.

> Als **Heuristiken** bezeichnet man Näherungsverfahren, sei es in Form einfacher Faustregeln oder zusätzlicher Informationen in Form von (Verfahrens-)Regeln oder Bedingungen zur Eingrenzung des jeweiligen Lösungsraums.

Gelegentlich wird in der Literatur die Meinung vertreten, das der Verzicht auf eine hohe Detaillierung, also die Forderung nach Einfachheit, gleichzusetzen ist mit dem **Verzicht auf Steuerbarkeit**. Dem wird hier widersprochen, denn schließlich dient die Versorgung des Managements mit Informationen durch das Controlling als Maßnahme der Kommunikation auch der Verbesserung der Transparenz anderer Personen. Ähnlich empfiehlt der Begründer der Kybernetik, der Mathematiker *Norbert Wiener*, zur Bewältigung von Komplexität die beiden **Hebel** „Control" und „Communication" zu verwenden. Bevor Controller jedoch die Transparenz gegenüber anderen Stakeholdern des Unternehmens verbessern können, müssen sie selbst eine tiefere Kenntnis bezüglich der Strukturen, Prozesse und geeigneten Instrumente der Unternehmenssteuerung besitzen.

Ein institutionalisiertes Controlling verursacht **Transaktionskosten**, die im Zusammenhang mit der Informationsbeschaffung, -verarbeitung, -speicherung und -übermittlung zum Zweck der Koordination von Organisationseinheiten in den Steuerungsphasen der Planung (= Vorsteuerung) und Kontrolle (= Nachsteuerung) anfallen. Umgekehrt können aber auch **Opportunitätskosten** entstehen, wenn bei eingeschränktem oder gar fehlendem Controlling bestehende Chancen verpasst werden, die einen entgangenen Nutzen darstellen. In beiden Fällen sind wegen subjektiver Einschätzungen allerdings keine exakten Messungen der tatsächlichen oder entgangenen Nutzen, sondern allenfalls Tendenzaussagen möglich.

Einigkeit besteht hingegen darüber, dass **Controlling als Dienstleistung** für das Management

▶ sowohl eine **Serviceaufgabe** (wegen seiner die Führung unterstützenden Leistungen) als auch eine **Querschnittsaufgabe** (wegen der alle Bereiche und Ebenen des Unternehmens umfassenden Koordinationsfunktion) hat.

▶ zusätzlich zur schon immer vorhandenen **Innenorientierung** (= Sicht der Belegschaft, insbesondere des Managements) sich stärker der **Außenorientierung** (= Sicht der externen Stakeholder) widmen muss.

▶ **Verschwendung** von Geld, Zeit, Wissen und sonstigen Ressourcen beseitigen muss, denn Verschwendung ist eine vermeidbare Wachstumsbremse.

▶ dazu beitragen muss, die **Widerstandkraft** des Unternehmens zu erhöhen, damit dieses turbulente Phasen, Krisen und/oder äußere Schocks überstehen kann.

▶ immer und überall mit **Einzel- bzw. Gruppenrisiken** rechnen und sich damit auseinandersetzen muss. Darüber hinaus stellt sich die Frage nach dem **Metarisiko**, d. h. dem Risiko beim Risiko.

▶ Teil eines **Kompetenzpools** ist, mit dessen Hilfe vernetztes Wissen eingesetzt wird, um das Unternehmen selbst bei immer komplexer werdenden Rahmenbedingungen kontinuierlich zu verbessern.

▶ sich weniger über Hierarchien als vielmehr über **Leistung** und **Inhalte** definieren sollte.

▶ **Kommunikation** braucht, um sich im Dialog, d. h. interaktiv mit anderen Personen darüber zu verständigen, was gewollt ist und wie Lösungsansätze bzw. -konzepte aussehen bzw. aussehen sollten. Das erfordert Transparenz der Leistungs-, Mess- und Steuerungsgrößen.

▶ **wertorientiert** arbeiten muss, denn: *„Value Controlling bedeutet, dass alle Unterstüt- zungs- und Koordinationsfunktionen des Controllings zur Erhaltung oder besser noch zur Steigerung des Unternehmenswertes bzw. des Shareholder Value beitragen sollen"* (*Schierenbeck/Lister, 2002*).

Unterschiedlich sind allerdings die Auffassungen über das **Ausmaß der Koordination** durch das Controlling. Die Notwendigkeit zur Koordination bzw. Abstimmung ergibt sich aus der Arbeitsteilung und der Dezentralisation von Entscheidungen. Gemäß einer weiten Auffassung koordiniert das Controlling das vorstehend gesamte Führungs- und Ausführungssystem des Unternehmens. Da das in der Praxis aber kaum möglich ist und deshalb auch nicht so passiert, wird hier eine enge Auffassung vertreten, wonach das Controlling nur für die Koordination seiner Kernaufgaben verantwortlich ist, also der Planung, Kontrolle und Informationsversorgung (siehe dazu auch *Steven, 2001*).

Damit Controlling im Unternehmen alle ihm übertragenen Aufgaben erfüllen kann, sind **Messungen** im Sinne der Ermittlung von Zahlen erforderlich, denn: Steuern lässt sich nur das, was man zählen und messen kann! Dabei gilt: Quantitative Sachverhal- te bzw. „harte" Faktoren können unmittelbar gemessen werden, während qualitative Sachverhalte bzw. „weiche" Faktoren über Indikatoren, die maßgeblichen Einfluss auf den eigentlich zu messenden Sachverhalt bzw. Faktor haben, messbar werden. Ein wei- tes Anwendungsgebiet von Messungen ist der Vergleich von Zahlen als Teilgebiet des an späterer Stelle in diesem Buch beschriebenen „Benchmarking".

Nicht nur dieser Messungen wegen werden Controller als **Zahlenmenschen** bezeich- net, sondern auch deshalb, weil sie **Zahlenwerke**, wie etwa Berichte, bedarfsgerecht zusammenstellen und präsentieren.

Als **Gütekriterien der Messung** gelten

▶ **Zuverlässigkeit** (engl. Reliability), wenn eine wiederholte Messung das jeweils vorhe- rige Ergebnis bestätigt. Da mangelnde Objektivität Fehler erzeugt, kann die Reliabi- lität einer Messung nur so hoch sein, wie die Objektivität. Weiteren Einfluss auf die Reliabilität haben Zufallsfehler, d. h. Fehler, die bei verschiedenen Messungen dessel- ben Sachverhalts variieren.

▶ **Validität** (= Gültigkeit), wenn das gemessen wird, was gemessen werden soll. Systematische Fehler, die bei jeder Messung wiederholt auftreten, beeinträchtigen die Validität.

► **Objektivität**, wonach eine weitere Messung durch eine andere sachverständige Person zum selben Ergebnis führen sollte. Da das unproblematisch bei Zahlungen ist, versuchen Unternehmen, möglichst viele Transaktionen in Geldeinheiten (GE) auszudrücken. Schwieriger ist es jedoch, wenn dazu (Be-)Wertungen erforderlich sind, die in Abhängigkeit der meist subjektiven Sichtweisen der Personen unterschiedlich sein können und meistens auch sind. In Anbetracht möglicher Interpretationsspielräume ist Objektivität in der Wissenschaft ein nicht erreichbares Ideal, weshalb dort auch von „Intersubjektivität" gesprochen wird. Übertragen auf das wirtschaftende Unternehmen bedeutet das, die Vorgehensweise transparent zu machen, damit sie von anderen sachverständigen Personen (= Experten) nachvollzogen werden kann.

► **Wirtschaftlichkeit**, wenn der Nutzen der Messung größer ist als der dadurch verursachte Aufwand. Davon nicht betroffen sind Fluss- oder Bestandsgrößen, deren Quantifizierung genau vorgeschrieben ist (z. B. bei der Inventur oder Bilanzierung). In anderen Fällen kann vereinfachend geschätzt oder klassifiziert werden.

Im Mittelpunkt betriebswirtschaftlicher **Mess- und Bewertungssysteme** stehen u. a. der

► **Marktwert** (engl. Market Approach), bei dem der Wert einer Leistung (z. B. eines Wirtschaftsgutes) aus Preisen abgeleitet wird, die der Markt als fair ansieht (einschließlich Börsenwert). Existiert wegen der Individualität oder anderer Besonderheiten des Bewertungsobjekts kein Marktpreis, ist ein Wert zu ermitteln, den ein neutraler Dritter diesem Wirtschaftsgut beimessen würde.

► **Kostenwert** (engl. Cost Approach), bei dem als Wert eines Wirtschaftsgutes die Kosten (oder der Aufwand) angesetzt werden, die entstehen würden, wenn das Gut zu reproduzieren (= Herstellungs- oder Reproduktionswert) bzw. heute oder später wieder zu beschaffen wäre (= Tages- oder Wiederbeschaffungswert).

► **Barwert** (engl. Present Value), zu dessen Ermittlung zunächst die mit einem Bewertungsobjekt verbundenen und in der Zukunft erwarteten Überschüsse der Einnahmen über die Ausgaben zu berechnen sind. Danach werden die finanziellen Überschüsse mithilfe eines risikoadäquaten Diskontierungsfaktors auf die Gegenwart abgezinst. Die Abzinsung (= Kapitalisierung) der mehrperiodigen, d. h. bis zum Betrachtungshorizont erwarteten (prognostizierten) finanziellen Überschüsse ist erforderlich, um den **Zeitwert des Geldes** zu berücksichtigen, der darin besteht, dass eine Geldeinheit heute mehr wert ist als eine GE später, da sich die GE in der Zwischenzeit zinsbringend und damit wertsteigernd anlegen lassen würde. Der Diskontierungsfaktor wird – wie später ausführlich beschrieben – entweder autonom vom Topmanagement des Unternehmens festgelegt oder aus Marktdaten abgeleitet.

Ohne **Softwareunterstützung** ist Controlling nicht durchführbar. Deshalb gilt, dass jeder, der sich mit Controlling beschäftigen will, dasselbe auch mit den dazu geeigneten Softwareprodukten tun muss.

Das Anwendungsspektrum relevanter Software reicht von einzelnen Tools, darunter allgemeine Büroprogramme wie das lizenzfreie „Open Office", das jeweils kostenpflichtige „Office" von Microsoft, „Work" von Apple oder „Lotus Symphony" von IBM, bis hin zu integrierten Softwarepaketen, die oft mit dem Zusatz „Suite" versehen sind.

Weit verbreitet ist die universell einsetzbare **Business Suite** der weltgrößten Softwareschmiede **SAP** (**S**ystem, **A**nwendungen, **P**rodukte). Legendär war deren Hauptprodukt **R/3** (**R** für Realtime oder „Echtzeit" und die **3** für die Programmgeneration), das es unter dieser Bezeichnung nicht mehr gibt. Der technische Nachfolger ist **SAP ECC** (**E**RP **C**entral **C**omponent), das die Kernmodule von R/3 aber unverändert in **SAP ERP** (**E**nterprise **R**esource **P**lanning) einsetzt, der wohl wichtigsten **SAP Business-Suite-Anwendung**. Weitere SAP Business-Suite-Anwendungen die alle auf den Prinzipien einer offenen serviceorientierten Architektur (SOA) und der Technologieplattform SAP NetWeaver basieren, sind: CRM (= Customer Relationship Management), PLM (= Product Lifecycle Management), SCM (= Supply Chain Management) und SRM (= Supplier Relationship Management). Was diese Anwendungen verbindet, ist, dass sie mehr Transparenz im Unternehmen schaffen, effizientere Geschäftsabläufe ermöglichen sowie ein flexibles Handeln fördern (*Schulz, 2011*).

Speziell für das Controlling entwickelt ist die **CP Suite** von der Firma **CP Corporate Planning AG**. Damit lassen sich, um eine ganzheitliche Sicht aufs Unternehmen zu erreichen, das operative und strategische Controlling miteinander verbinden. Die von CP für das operative Controlling zur Verfügung gestellten Module betreffen u. a.: Planung, Budgetierung, Analyse, Liquiditätsmanagement, Konsolidierung von Daten der Buchhaltung sowie die Bereitstellung der im Controlling aufbereiteten Informationen (CP Cockpit). Das strategische Controlling wird unterstützt durch folgende Module und Werkzeuge: CP Strategy zur Entwicklung von Strategien, CP Risk für das Risikomanagement, Werkzeuge zur Optimierung der Geschäftsfeldstrategie (darunter Portfolio und SWOT-Analysen, Polardiagramme und multidimensionale OLAP-Tabellen). In Kombination mit dem operativen Controlling kann das Modul CP BSC (= Balanced Scorecard) in das Controllingsystem des Unternehmens integriert werden.

Bevor allerdings über den Einsatz einer immer leistungsstärkeren und technisch ausgereifteren Software entschieden werden kann, sollten die entsprechenden Anwendungen und konzeptionellen Lösungen bekannt sein, da nämlich gilt: „Software follows Structure". Die Struktur wird dabei durch die **Organisation** bestimmt, in der und für die das Controlling tätig ist. Die zur Gestaltung und Visualisierung von Organisationsstrukturen bzw. -abläufen verwendeten Softwaretools sind u. a. **ARIS** (= **Ar**chitektur integrierter Informationssysteme) als Instrument der Prozessmodellierung von der Software AG und **VISIO** als Visualisierungssoftware von Microsoft für Windows .

Zunehmend an Bedeutung für das Controlling ist schließlich auch das **Internet** als weltweiter Informations- und Kommunikationsverbund sowie die damit zu-sammenhängenden **Dienste** (= Services), darunter die elektronische Post (= E-Mail und E-Postbrief) und das World Wide Web (WWW) als multimedialer Teil.

7. Controllingumfeld

Da Controller als Dienstleister und Vermittler zwischen anderen Personen im Unter-nehmen tätig und stellt sich die Frage nach den Aufgaben und deren Träger innerhalb der offiziellen Organisation.

Unter **Organisation** (griech. für Werkzeug) versteht man **institutional** ein sozi-ales Gebilde im Sinne einer Gesamtheit von Personen, das auf Dauer einen be-stimmten Zweck verfolgt und durch eine formale Struktur gekennzeichnet ist, die den äußeren Rahmen für die zur Zweckerfüllung notwendigen Maßnahmen bildet sowie Vielfalt, Unterschiedlichkeit und Komplexität handhabbar machen soll. **Funktional** geht es um die Gestaltung von Arbeitsplätzen (= Stellen und In-stanzen) sowie Abläufen (= Wege des Arbeitsflusses und der Kommunikation) und deren Verbindungen untereinander. Aus **instrumentaler** Sicht ist das Ergeb-nis des Strukturierens ein System von Regelungen und Routinen, nach denen sich betriebliche Vorgänge (= Prozesse) vollziehen sollen. Wegen der zunehmen-den Globalisierung der Weltwirtschaft werden **Organisationen** nicht nur inter-nationaler, sondern auch vielfältiger.

Nach dem **Konzept der dualen Organisation** lassen sich unterscheiden:

► **Primärorganisation**, deren Gestaltung im Zusammenhang mit Antworten auf die Fragen „Wer hat was zu machen?" (= personale Zuordnung der Aufbau- oder Struk-turorganisation) und „Was ist in welcher Reihenfolge wo zu erledigen?" (= lokale Zu-ordnung der Ablauf- oder Prozessorganisation) erfolgt.

► **Sekundärorganisation**, welche die Primärorganisation um weitere für die Marktori-entierung und den Wettbewerb des Unternehmens bedeutsame Aspekte ergänzt.

Nachfolgend wird zunächst nur auf die **Primärorganisation als Koordinationsfeld** ein-gegangen, während die Sekundärorganisation erst später im Zusammenhang mit der strategischen Segmentierung des Unternehmens ausführlich beschrieben wird. Wie das institutionalisierte **Controlling** in die Aufbauorganisation des Unternehmens ein-gebunden werden kann, wird erst am Ende dieses Kapitels gezeigt, nachdem die Auf-gaben und Verantwortlichkeiten von Controllern behandelt wurden.

7.1 Aufbau- oder Strukturorganisation

Die Organisationsstruktur ist das **Ergebnis konstitutiver Entscheidungen** bezüglich der Zahl der Organisationsebenen sowie der Über-/Unterordnung von Organisationseinheiten im Unternehmen. Dabei werden folgende Grundformen unterschieden: Bei der

► **Einlinienorganisation** erhält eine untergeordnete Stelle Weisungen nur von einer übergeordneten Stelle und die Berichterstattung nimmt den umgekehrten Weg. Dem Vorteil einer klaren Kompetenzabgrenzung und Berichtsordnung steht als Nachteil die Starrheit des Systems gegenüber.

► **Stablinienorganisation** wird die Starrheit des Einliniensystems durch Schaffung und Angliederung von Stabstellen (= Stäbe) an zumeist höhere Linienstellen genommen. Stäbe, die Unterstützungsarbeit leisten und meistens keine direkte Weisungsbefugnis haben, dienen der Arbeitsentlastung der Inhaber von Linienstellen sowie der Verbesserung des Kommunikationsflusses. Der Nachteil dieser Form besteht darin, dass Stabstellen in der Regel nur temporär besetzt sind, da deren Inhaber nach einer gewissen Zeit in die Linie wechseln und dort personelle Verantwortung übernehmen.

► **Mehrlinienorganisation** sind untergeordnete Stellen mehrfach unterstellt. Das verkürzt zwar Kommunikationswege, schafft aber Unsicherheit bezüglich der Prioritäten bei Anweisungen vieler übergeordneter Stellen.

Auf der obersten Unternehmensebene wird üblicherweise zwischen **Funktionen** (Bereichen) und **Objekten** (Produkte, Regionen, Kunden) unterschieden. Werden die Funktionen bzw. Objekte vertikal nach Abteilungen bzw. Stellen untergliedert, entsteht im Unternehmen eine **Hierarchie**. Sind die hierarchisch angeordneten Organisationseinheiten rechtlich und wirtschaftlich unselbstständig, wird von einem **Einheitsunternehmen** gesprochen.

Bezüglich der **Leitung eines Unternehmens in der Rechtsform einer AG** gibt es bedeutende Länderunterschiede, auf die kurz eingegangen werden soll: Beim

► **Trennungsmodell** (= mehrstufiges oder duales System) für deutsche AGs ist der Vorstand als Leitungsorgan für die Einhaltung der Stakelholderinteressen zuständig und verantwortlich. Der Aufsichtsrat (AR) überwacht und berät den Vorstand bei der Leitung, bestellt und entlässt die Mitglieder des Vorstands, legt die Vorstandsvergütung fest, prüft den Jahres- und Konzernabschluss und berichtet der Hauptversammlung. Für das börsennotierte Unternehmen gibt es zwecks Stärkung der Unabhängigkeit der Kontrollgremien eine zweijährige „Cooling-off-Periode" (= Abkühlphase gem. § 100 Abs. 2 Satz 4 AktG), innerhalb derer ein „angestellter" Vorstand grundsätzlich nicht als Aktionärsvertreter in den AR desselben Unternehmens wechseln darf. Zusätzlich wird eine stärkere Professionalisierung der Aufsichtsräte angestrebt, wobei in jedem AR-Gremium mindestens ein Finanzfachmann vertreten sein muss, der über nachweisbare Kenntnisse auf den Gebieten des offiziellen (= externen) Rechnungswesens oder der Abschlussprüfung verfügt. Aus seiner Mitte kann der AR einen oder mehrere Ausschüsse bestellen, um seine Verhandlungen und Beschlüsse vorzubereiten bzw. die Ausführung seiner Beschlüsse zu überwachen. Die Tätigkeiten innerhalb des Aufsichtsrats koordiniert der AR-Vorsitzende. Zur Überwachung des Vorstands wird der AR auf solche Berichte zurückgreifen, die ihm der Vorstand unaufgefordert oder auf Anfrage zur Verfügung stellt. Häufig stammen diese Berichte vom Controlling, das nur dem Vorstand untersteht und auf die der AR – wie bereits ausgeführt – keinen direkten Zugriff hat.

▶ **Vereinigungsmodell** (= einstufiges oder monistisches System) für angloamerikanische Corporations gibt es das „Board of Directors" als nur den Shareholdern verpflichtetes Gremium. Besetzt ist das Board mit Topmanagern des Unternehmens (engl. Executive Directors) und unabhängigen Mandatsträgern (engl. Nonexecutive Directors). Chef der geschäftsführenden Manager im Board ist der Chief Executive Officer (CEO). Die übrigen geschäftsführenden Direktoren erhalten gemäß ihrer Verantwortung auch eine CxO-Bezeichnung, wobei der Buchstabe x stehen kann für: C (Compliance), D (Development), F (Financial), I (Informations), M (Marketing), O (Operations), R (Risk), S (Security) oder T (Technical). Darüber hinaus gibt es noch die Funktion des „President" oder „Chairman", die oft der CEO ausübt. Das Board kann Ausschüsse (engl. Committees) einrichten, um wichtige Themen zu behandeln. Typisch sind folgende drei Ausschüsse: Einer, der u. a. die Arbeit des CEO beurteilt und belohnt (engl. Compensation Committee), ein anderer, der die Board-Mitglieder vorschlägt (engl. Nomination Committee) und ein weiterer, der die Ordnungsmäßigkeit der Finanzberichterstattung überwacht (engl. Audit Committee).

Auskunft darüber, wer im Unternehmen wofür zuständig ist, gibt das **Organigramm**. Dieses ist ein Mittel zur Visualisierung der sog. „Command-and-Control"-Architektur, das in einer schaubildartigen Übersicht den pyramidenförmigen Aufbau des Stellengefüges (= Hierarchie) unter Angabe sowohl der Aufgaben als auch der Namen der derzeitigen Stelleninhaber widerspiegelt. Einem Stelleninhaber darf dabei nur soviel Verantwortung übertragen werden, wie er aufgrund seiner hierarchischen Stellung tragen soll und kann.

Durch die Neu- oder Ausgründung von Tochtergesellschaften sowie den Erwerb ganzer Unternehmen wird aus einem Einheitsunternehmen – unter bestimmten rechtlichen Voraussetzungen – ein **Konzern** (engl. Group).

Ein Problem aller Formen organisatorischer Arbeitsteilung sind **Ressortegoismen**, die – auch als „Tunnelblick" oder „Silodenken" bezeichnet – dann zu erwarten sind, wenn mit steigender Anzahl von Schnittstellen die Zurechenbarkeit von Ergebnissen auf die einzelnen Bereiche (= Ressorts) sinkt. Um dieses Problem zu lösen, wurde das **Corporate Center-Konzept** entwickelt, in dem Unternehmensbereiche entweder **kostenorientiert** als Cost Center, **erfolgsorientiert** als Profit Center oder **renditeorientiert** als Investment Center geführt werden, wobei jeder Bereich nur für die von ihm beeinflussbaren Größen (= Variablen) verantwortlich ist. Die Übergänge zwischen den Center-Formen sind in der Regel fließend.

Eine zunehmend an Bedeutung findende Variante des Corporate Center-Konzepts sind **Shared Service Center** (SSC), in denen nicht ortsgebundene bzw. nicht geschäftsspezifische Funktionen oder Abläufe gebündelt werden können, die bis dahin von mehreren Bereichen parallel bzw. nebenbei erbracht wurden. Möglich ist auch eine Aufgabenabgrenzung, bei der nur Teile von Funktionen oder Prozessen an SSC ausgegliedert werden, während die Reste als Kerngeschäft in den Bereichen verbleiben. Die **Vorteile** des internen SSC sind: Konzentration örtlicher verteilter Dienste an kostengünstigen Standorten, Senkung der Transaktionskosten durch Bewältigung großer Volumina, Realisierung von Verbundeffekten (= Synergien) sowie die Verbesserung der Arbeitsqualität, Verkürzung der Bearbeitungszeiten und Erhöhung der Transparenz durch zunehmende Automatisierung. Anfangs sind SSC wohl eher durch Kostenumlagen finanzierte **Cost Center**, nach Erreichen einer gewissen Reife können sie dann als **Profit Center** ihre intern erbrachten Leistungen zu Kosten-Plus- oder Markt-Preisen abrechnen, die Preise für Leistungen gegenüber Externen einzeln verhandeln oder marktorientiert bewerten (*Krüger/Danner, 2004; Sterzenbach, 2010; Weiser, 2009* u. a.).

Anders als die Ausgliederung von Leistungen an Inhouse-SSC ist das an späteren Stellen beschriebene **Outsourcing**, bei dem bisher zentral erbrachte Leistungen an andere Unternehmen im In- und Ausland ausgelagert und später von diesen zurückgekauft werden.

7.1.1 Funktionsstruktur

Eine **Funktion** innerhalb der Organisation ist ein zur Erledigung gleichartiger Verrichtungen spezialisierter Bereich. Um welche Bereiche oder Organisationseinheiten es sich dabei handelt, richtet sich nach dem Geschäftsmodell (= Produkt-/Markt-Konzept) des Unternehmens. Durch die Aufteilung der Unternehmensaufgabe nach gleichartigen Verrichtungen ergeben sich in der Regel mehrere Teilfunktionen, für die im internen Rechnungswesen jeweils getrennte Gruppen von Kostenstellen gebildet werden, auf deren Grundlage dann die Preisermittlung (= Kalkulation) der vom Unternehmen am Markt angebotenen Leistungen erfolgt.

Die klassischen **Teilfunktionen** industrieller Unternehmen sind:

► **Beschaffungsfunktion** mit Aufgaben zur Versorgung der Fertigung mit Material (einschließlich Teilen und Baugruppen). Ob unter diese Teilfunktion auch die Beschaffung von Betriebsmitteln (z. B. Grundstücke, Gebäude, Maschinen bzw. maschinelle Anlagen) und/oder die Beschaffung immaterieller Vermögenswerte (engl. Intangible Assets) fallen oder ob die Verwaltungsfunktion dazu besser geeignet ist, muss nach Lage der Dinge entschieden werden.

▶ **Fertigungsfunktion**, deren Zweck die Kombination der Produktionsfaktoren durch Be- und Verarbeitung von Material unter Einsatz von Arbeitsleistungen und Betriebsmitteln ist, um Halb- und Fertigerzeugnisse bzw. Dienste zu schaffen.

▶ **Absatzfunktion** im Sinne der marktlichen Verwertung der erbrachten Leistungen.

▶ **Verwaltungsfunktion** bezüglich der Administration des Unternehmens, und zwar als Bündel allgemeiner Aufgaben, wie etwa Geschäftsführung, Personal-, Finanz- und Rechnungswesen sowie Controlling und Datenverarbeitung.

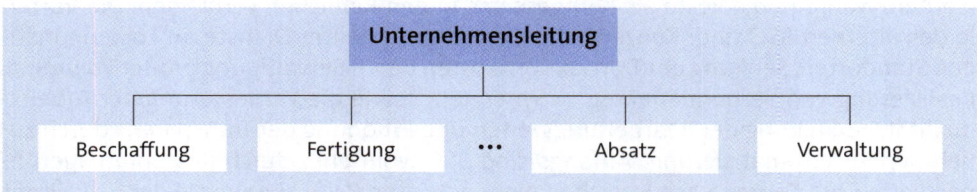

Ein mit der Funktionsbildung verbundener **Nachteil** besteht darin, dass – abgesehen vom Absatzbereich – die übrigen Funktionsbereiche von den Abnehmern der erbrachten Leistungen weit entfernt sind und deshalb nur schwach auf Marktveränderungen reagieren können. Um diesen Nachteil zu beseitigen, werden im Rahmen organisatorischer Restrukturierungen historisch gewachsene Hierarchieebenen gestrafft (verschlankt) oder aufgelöst, Überlappungen von Verantwortlichkeiten zwischen den Funktionen beseitigt und Zuständigkeiten in einer flacheren Organisation mit kurzen Entscheidungswegen und mehr Schnelligkeit neu geregelt. Dadurch nicht überwunden werden in der Regel die unterschiedlichen Interessenlagen der Funktionsbereiche. Dazu ein Beispiel: Während der Absatz durch eine kurzfristig agierende Fertigung jederzeit lieferfähig sein will, streben die Verantwortlichen der Fertigung auf die Minimierung der Produktionskosten ab und sind bereit, Mehrbestände in der Lieferkette in Kauf zu nehmen.

7.1.2 Objektstruktur

Den **objektbezogenen Einheiten**, auch Sparten, Geschäftsbereiche oder Divisions genannt, die zwar relativ autonom arbeiten können, aber rechtlich unselbstständig sind, werden jeweils verschiedenartige Verrichtungen zugeordnet.

Voraussetzung für die Objektstruktur ist, dass die jeweiligen Produktgruppen (einschließlich Dienstleistungen), Kundengruppen oder Regionen untereinander hinreichend große **Unterschiede** aufweisen, damit sie organisatorisch trennbar sind.

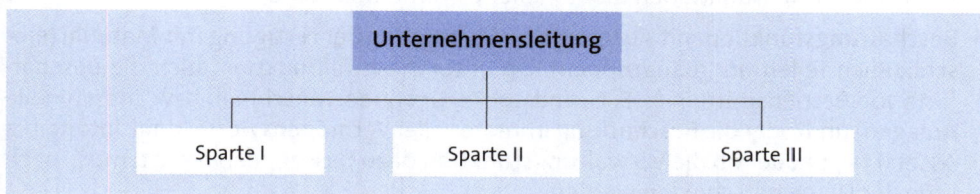

Bei der **Abgrenzung der Sparten** nach

► **Produkten** geht es um unterscheidbare Tätigkeiten des Unternehmens, deren Zweck es ist, ein individuelles Erzeugnis oder eine Dienstleistung bzw. eine Gruppe ähnlicher Erzeugnisse oder Dienstleistungen zu erstellen. Wichtig sind dabei die Besonderheit oder sogar Einzigartigkeit der Produkte, um einen Vorteil gegenüber Wettbewerbern erreichen zu können.

► **Kunden** geht es um die Bündelung ähnlicher Wünsche und Bedürfnisse von Zielgruppen innerhalb der Absatzmärkte.

► **Regionen** geht es um unterscheidbare Tätigkeiten des Unternehmens, die Güter oder Dienstleistungen innerhalb eines bestimmten wirtschaftlichen Umfelds anzubieten bzw. zu erbringen. Abgesehen von den Regionen eines Landes kann ein geografisches Segment auch ein Land oder eine Ländergruppe sein.

Der **Vorteil** der Spartentrennung ist, dass jeweils eine Sparte nur ihren eigenen Kundenkreis bedient. Dem steht als **Nachteil** gegenüber, dass die Sparten – vor allem dann, wenn sie verwandte Geschäfte betreiben – nicht unbedingt an einem Strang ziehen und nach außen hin auch nicht vereint auftreten. Dadurch gehen „Cross-Business"-Synergien verloren, die sich dann ergäben, wenn das Unternehmen mit kombinierten Leistungen als Sparten übergreifender Anbieter am Markt auftreten würde. Wie das erreicht werden kann, wird an späterer Stelle im Zusammenhang mit der bereits erwähnten **Sekundärorganisation** des Unternehmens beschrieben.

7.1.3 Projektorganisation

Diese ist in den meisten Fällen nur eine **Organisation auf Zeit**, die parallel zur Aufbau- und Strukturorganisation des Unternehmens geschaffen wird.

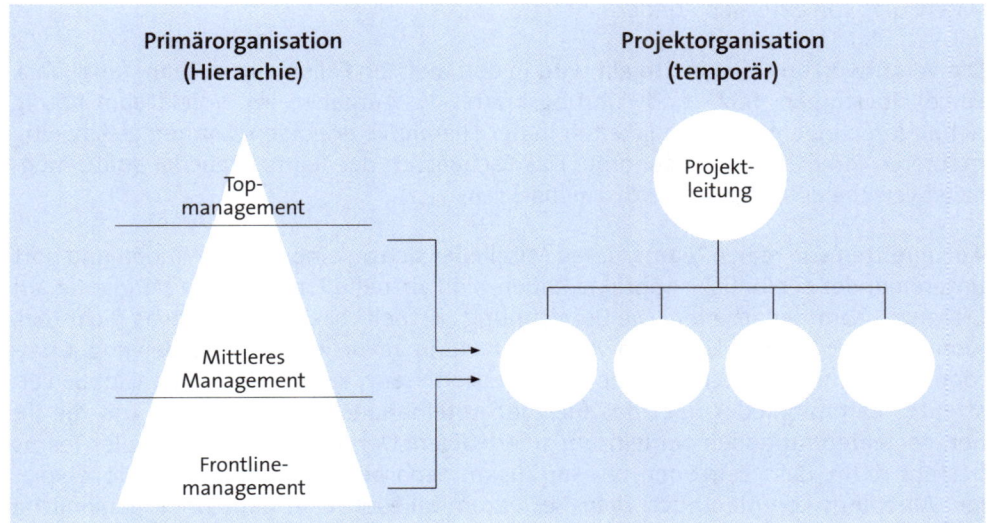

> Unter einem **Projekt** versteht man ein einmaliges, zeitlich befristetes, neuartiges und relativ komplexes Vorhaben mit klar definierter Aufgabenstellung und Zielsetzung, das sich gegenüber anderen Vorhaben abgrenzen lässt, tendenziell ein hohes Risiko aufweist und eine projektspezifische Organisation zweckmäßig erscheinen lässt (*Schelle, 2010*).

Ausgangspunkt der Projektarbeit sowie für das Projektmanagement und -controlling ist der **Projektauftrag**. Diesbezüglich werden unterschieden:

► **Interne Projekte**, deren Umsetzung im Unternehmen selbst beabsichtigt ist, darunter Vorhaben wie Steigerung des internen Wachstums, Senkung der Kosten, Verbesserung der Energieeffizienz, Wahl geeigneter Standorte und Strukturen, Einsatz innovativer Verfahrenstechniken, Entwicklung und Markteinführung neuer Produkte, Beteiligung an Messen und Ausstellungen, Anpassung standardisierter Softwareprogramme an die Besonderheiten des Unternehmens, Strukturierung oder Restrukturierung des Internen Kontrollsystems, Vorbereitung strategischer Partnerschaften oder Eingliederung des nach einer Firmenübernahme übernommenen Personals. Die Auftraggeber und -nehmer interner Projekte, die der **Bewältigung des Wandels**, d. h. der Umsetzung von Neuerungen (= Innovationen) bzw. Veränderungen dienen, sind die Fach- oder Führungskräfte des Unternehmens. Selbstverständlich können auch Abnehmer, Lieferanten, professionelle Dienstleister oder Kooperationspartner in den Phasen der Anregung und Umsetzung, etwa über Soziale Medien, an Wandelprojekten mitwirken.

► **Externe Projekte**, die vom Unternehmen vermarktet und Umsatzerlöse bringen sollen, wie z. B. Projektierung und Erstellung von Gebäuden, Anlagen, Leitungsnetzen sowie Gutachten oder Software. Auftraggeber solcher Vorhaben kommen von außen, d. h. von externen Kunden.

Die Verantwortung für ein Projekt wird in den meisten Fällen einem **Team** (engl. Task Force) übertragen. Fach- und Führungskräfte, die Aufgaben im Projektteam häufig neben ihren eigentlichen Tätigkeiten in der Hierarchie erledigen, können gleichzeitig mehreren Projektteams angehören. Das Fachwissen der Teammitglieder sollte möglichst verschiedenartig (= interdisziplinär) sein.

Abzugrenzen von **realen Teams**, deren Mitglieder sich an einem Ort befinden und dort untereinander persönliche Kontakte haben, sind **virtuelle Teams**, deren Mitglieder auf Distanz zusammenarbeiten. Die Bezeichnung „virtuell" besagt, dass etwas nicht real, wohl aber der Möglichkeit nach vorhanden ist. In virtuellen Räumen, den sog. Chatrooms, und mit den Technologien der Videokonferenz, können über den Globus verstreute Teammitglieder über das Internet miteinander kommunizieren, um die ihnen gestellten Aufgaben gemeinsam zu erledigen. Der große Vorteil virtueller Teams besteht darin, dass Zeitzonen bei der Zusammenarbeit keine besondere Rolle spielen. Allerdings kommen auch virtuelle Teammitglieder nicht ganz ohne persönliche Kontakte aus, d. h. die Kollegen sollten sich irgendwann an irgendeinem Ort treffen und persönlich kennenlernen.

Die **Teamgröße** richtet sich jeweils nach dem Projektauftrag und der vorgesehenen Projektdauer. Dabei gilt: Je größer ein Team ist, desto mehr Kontakte gibt es zwischen den Teammitgliedern. Die Anzahl der in der Gruppe ablaufenden Teilprozesse steigt mit deren Größe nicht linear, sondern exponentiell, was die Gefahr an Reibungs- und Zeitverlusten zwischen den Mitgliedern erhöht. Deshalb sollte ein Team nur in Ausnahmefällen mehr als als zehn Mitglieder umfassen.

Bei der **Teamzusammenstellung** kommt es auf die „richtige Chemie" an. Deshalb kommen **homogene Teams** mit der Zeit besser miteinander aus, und werden immer selbstzufriedener, wenn die Kollegen sich untereinander so gut kennen, dass sie die Schwächen der anderen tolerieren. Demgegenüber sollte ein Team aber auch über eine gewisse **kreative Spannung** verfügen, wenngleich das Team dadurch konfliktanfälliger wird und schwieriger zu steuern ist. Fachleute empfehlen, in einem homogenen Team mindestens einen **Antreiber**, d. h. Durchstarter, Abweichler, Querdenker oder Störenfried zu integrieren, der polarisiert und für Abwechslung sorgt, d. h. neue Ideen und Lösungswege entwickelt und vertritt, damit die übrigen Teammitglieder davon lernen und innovativer werden. Meistens werden Antreiber von Teams abgelehnt und daran gehindert, Finger auf offene Wunden zu legen, Konflikte zu thematisieren oder im einfachsten Fall nur unbequeme Fragen zu stellen. Für den Fall, dass ein Antreiber aus dem Team gemobbt wird, gilt: *„Ein Team kann dann auf ein sehr mittelmäßiges Niveau absinken, wenn es seinen Dissidenten verliert"* (*Hackman, 2009*). Im Team kann solch ein Dissident der Projektcontroller sein!

Als typische **Projektphasen** gelten: Konzeption (= Anregung), Definition (= Beschreibung), Durchführung (= Umsetzung) und Abschluss (= Beendigung). Entscheidend für den **Projekterfolg** ist die Anfangsphase, d. h. was in den ersten Minuten eines neu zusammengestellten Teams abläuft, stellt häufig die Weichen dafür, wie das Team in Zukunft funktioniert.

Für einen geordneten **Arbeitsablauf im Projektteam** sollten sich die Teammitglieder auf bestimmte Grundsätze einigen, an die sie sich dann zu halten haben:

► Jedes Team braucht einen fachlich qualifizierten Leiter mit sozialer Kompetenz und Gestaltungswillen, der die Verantwortung und Koordination übernimmt sowie auf die Einhaltung der Grundsätze achtet. Unterstützt wird der Projektleiter auf den Gebieten Qualität, Kosten, Dauern, Zwischen- und Endtermine (engl. Deadlines), Budgetierung und Dokumentation vom **Projektcontroller** als Mitglied des Teams.

► Aufgaben, die es im Team zu erledigen gilt, müssen in einem **Handbuch** klar aufgestellt und präzise formuliert sein. Das gewährleistet die Handlungsfähigkeit des Teams und schafft Geschwindigkeit.

► Jedes Teammitglied ist zuständig für seinen **Aufgabenteil** (= Arbeitspaket) und hat dafür die Verantwortung. Es gibt allerdings auch Aufgabenteile, die gemeinsam und mit Zustimmung aller gelöst werden müssen. Die dazu erforderliche Kommunikation und Moderation kann dem Projektcontroller übertragen werden, der auch

Zwischentermine (= Meilensteine engl. Milestones), an denen der Projektfortschritt gemessen wird, und die Dokumentation des gesamten Projekts übernimmt.

► Im Innenverhältnis hat jedes Mitglied die jeweils anderen darüber zu informieren, was in seinem Verantwortungsbereich vor sich geht und von gegenseitigem Interesse ist. Nach außen hin ist eine **Geschlossenheit des Auftritts** unbedingt erforderlich.

Der Vorteil jeder Teamarbeit ist, dass sie **Synergieeffekte** freisetzt, welche die Gesamtleistung gegenüber der Summe der individuellen Einzelleistungen vergrößert.

Die **Steuerung des Projektverlaufs** beruht auf den laufend zum Projektfortschritt gewonnenen Daten, wobei die Beurteilung der aufbereiteten Daten nach Richtigkeit und Vollständigkeit außerdem durch die betroffenen Stellen der Primärorganisation erfolgen kann. Geeignete Software-Tools können laufende Projektanalysen und -kontrollen unterstützen und Auswertungen für die Dokumentation bzw. das Berichtswesen liefern.

Organisatorischer Wandel ist immer mit **Veränderungen** verbunden, die bei den betroffenen Organisationsmitgliedern häufig Widerstände hervorrufen. Um den **Wandel** zu nutzen, sind im Rahmen eines **Change Managements** die Betroffenen über Richtung und Folgen der anstehenden Veränderungen zu informieren und zu überzeugen, um die Widerstände (= Barrieren) schrittweise abzubauen und Ängste in Akzeptanz zu überführen. Den idealtypischen **Veränderungsprozess** zeigt die folgende Abbildung (*Wagner, 2010*).

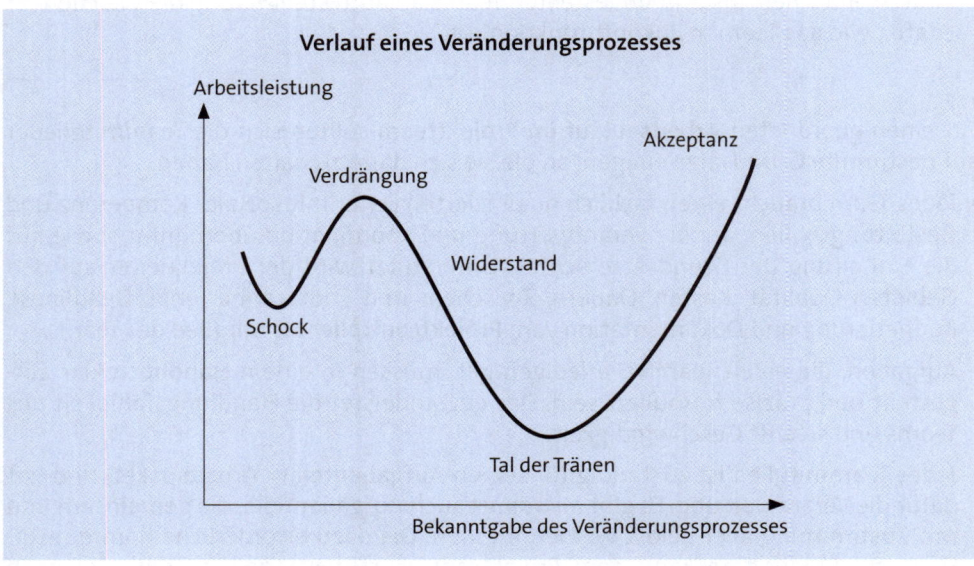

Nach **Projektabschluss** werden Projektteams aufgelöst und ihre Mitglieder können sich wieder mehr ihren eigentlichen Aufgaben widmen, sofern sie nicht neuen Projekten zugewiesen werden.

Die **Vorteile** der Projektorganisation liegen in der klaren Verantwortlichkeit überschaubarer, flexibler Teams sowie der Vermeidung umständlicher und lang dauernder Genehmigungsverfahren. Die **Nachteile** ergeben sich aus der Gefahr, dass die Projektmitglieder ihre während der Projektarbeit gesammelten Erfahrungen mitnehmen, wenn sie auseinander gehen. Um diesen **Nachteil** einzuschränken, sollten die Projektmitglieder am Ende des Projekts veranlasst werden, ihre Erfahrungen in knappen Berichten (sog. Lessons Learned) zu dokumentieren und diese in die Wissensbasis des Unternehmens einzubringen, die dort bei Bedarf, z. B. bei Folgeprojekten, abgerufen werden können.

Ähnlich der Projektorganisation lassen sich zur Überwindung von Innovationsbarrieren im Konzern die an späteren Stellen beschriebenen **Ausgründungen** (engl. Start Ups) vornehmen.

7.1.4 Konzernorganisation

Für viele Menschen gelten **Konzerne** als groß, träge, anonym, unkontrollierbar und krisenanfällig. Dagegen sehen andere Menschen Konzerne als solide, belastbar und berechenbar, auf Weltmärkten präsent und so attraktiv an, dass sie sich dort gerne bewerben würden und das auch tun. Möglicherweise resultieren die unterschiedlichen Sichtweisen und Vorurteile daher, dass beispielsweise in den Ländern der Europäischen Union (EU) weniger als ein Prozent aller Firmen Konzerne sind.

Als **Kennzeichen eines Konzerns** gelten die einheitliche Leitung und die rechtliche Selbstständigkeit der Konzerngesellschaften. Die einheitliche Leitung erfolgt durch die Zentrale, die als Spitzeninstanz (= Systemkopf) auch als Muttergesellschaft (engl. Headquarter) bezeichnet wird. Der Aufbau eines Konzernverbunds ist langfristig aber nur dann sinnvoll, wenn dadurch ein Unternehmenswert geschaffen wird, der höher ist als die Summe der Einzelwerte der zum Konzern gehörenden Gesellschaften.

Zu den Aufgaben der Konzernzentrale gehören das Halten und die Verwaltung aller Beteiligungen. Von einer **Beteiligung** wird gesprochen, wenn sich jemand mit Kapital auf Dauer und dem Ziel der Einflussnahme an einem anderen Unternehmen beteiligt.

Tritt die Zentrale eigenunternehmerisch am Markt auf, ist der Fall des **Stammhauskonzerns** gegeben. Typisch für diese Organisationsform ist neben der starken Verwandtschaft der Geschäftsgebiete, dass die rechtlich selbstständigen Konzerngesellschaften im operativen Geschäft an die Weisungen der Zentrale gebunden sind. In einem solchen Fall wird die Zentrale auch als **fokales Unternehmen** innerhalb des Konzerns bezeichnet.

Durch die rechtliche Verselbstständigung (= Dezentralisierung) des Stammhausgeschäfts entsteht eine **Holding**. Kennzeichen einer Holding ist die organisatorische Trennung zwischen der Konzernleitung (= Holdingspitze) und der Leitung der verschiedenen Geschäftsbereiche bzw. Tochtergesellschaften, wobei bestimmte **Führungsansprüche** bei der Holdingspitze liegen:

► Stehen bei der Holdingspitze die Finanzinteressen (z. B. Beteiligungsverwaltung) im Vordergrund, spricht man von einer **Finanzholding**. Diese weist den Tochtergesellschaften knappe Ressourcen zu und erwartet, dass damit die gewünschten Ziele erreicht werden. Da die strategische und operative Zuständigkeit bei den Tochtergesellschaften liegt, erhält der Konzern einerseits eine hohe Flexibilität, andererseits erschwert das aber auch die Koordination bezüglich der Nutzung gemeinsamer Ressourcen.

► Übernimmt die Holdingspitze über die finanzielle Führung hinaus noch Aufgaben der strategischen Führung der Geschäfte, liegt der Fall einer **Managementholding** vor. Die Führungsaufgaben der Spitze einer Managementholding betreffen schwerpunktmäßig solche Schlüsselfunktionen wie die strategische Ausrichtung des Konzerns, die Auswahl der oberen Führungskräfte, die Steuerung von Investitionen und Desinvestitionen, die Festlegung der Kapitalstrukturen der Zentrale, Geschäftsbereiche und Tochtergesellschaften, die Realisierung von Synergieeffekten, die Harmonisierung des Rechnungswesens und Controllings, die Steuerplanung sowie die Festlegung von Mindestanforderungen im Hinblick auf eine Reihe zentraler Sachverhalte (etwa der Kommunikation). Darüber hinaus hat die Holdingspitze in begründeten Fällen die Möglichkeit, unmittelbar auf das operative Geschäft der Bereiche und Tochtergesellschaften durchgreifen zu können.

Vereinfacht wird die Konzernbildung und -führung unter der **Rechtsform der Europa AG** (genannt Societas Europea, abgekürzt SE), deren Gründung nur durch juristische Personen erfolgen kann. **Formen der Gründung** einer Europa AG sind: Umwandlung einer nationalen AG in eine SE, Verschmelzung nationaler AGs aus mindestens zwei Mitgliedstaaten der EU, Gründung einer Holding-Gesellschaft von mehreren AGs oder Gründung einer gemeinsamen Tochtergesellschaft von Kapitalgesellschaften, die in mindestens zwei verschiedenen Mitgliedstaaten der EU ihren Sitz haben. Bezüglich der **Strukturorganisation** der Europa AG haben deren Gründer die Wahlmöglichkeit zwischen dem genannten monistischen oder dualen System vorgesehen. Da alle Unternehmensteile unter einer einheitlichen Rechtsform vereinigt werden, vereinfachen sich **Ausgründungen** in den einzelnen EU-Staaten.

Eine Konzerntochter besonderer Art ist die **Zweckgesellschaft** (engl. Special Purpose Vehicle), die als juristische Person gegründet wird, um, wie der Name vermuten lässt, einen „bestimmten Zweck" zu erfüllen. Häufiger Zweck ist die Verkürzung der eigenen Bilanz, indem das Unternehmen risikobehaftete Vermögenspositionen auf eine nur für diesen Zweck gegründeten Gesellschaft ausgliedert und dadurch den eigenen Jahresabschluss von diesen Risiken befreit. Dazu später mehr im Zusammenhang mit der Ausgliederung von Forderungen sowie der bilanziellen Konsolidierungspflicht von Tochtergesellschaften.

Ein Unternehmen (oder Konzern), das in mindestens zwei Ländern tätig ist, in den Ländern organisatorische Einheiten (= Auslandsgesellschaften) unterhält, die grenzüberschreitend zu koordinieren sind und Führungspositionen in den Auslandsgesellschaften auch mit einheimischen Managern besetzt, wird als **internationales Unternehmen** (mitunter auch als „multinationales" Unternehmen) bezeichnet.

Als **Motive für die Internationalisierung** wirtschaftender Unternehmen, die eine Folge der „globalen Arbeitsteilung" ist, gelten:

▶ **Push-Faktoren** (= Zwänge), wie etwa gesättigte Heimatmärkte, Kosten- und Wettbewerbsdruck, bürokratische Hemmnisse, mangelnde Flexibilität am Arbeitsmarkt und/oder Abhängigkeit von global agierenden Zulieferern und Abnehmern

▶ **Pull-Faktoren** (= Anreize), darunter höhere Marktpotenziale in anderen Ländern, leichtere Zugänge zu bestimmten Ressourcen (z. B. Arbeitskräfte oder Rohstoffe) sowie Kostenvorteile bzw. staatliche Zuschüsse an ausländischen Standorten.

Wegen der internationalen Bekanntheit gelangen Unternehmen mit hohen Exporten und/oder spektakulären Firmenübernahmen außerhalb des Heimatmarkts auch zunehmend ins **Blickfeld ausländischer Investoren**.

Besteht ein Konzern aus einer Vielzahl miteinander nicht oder nur schwach verwandter Geschäftsgebiete, wird von einem **diversifizierten Unternehmen** oder auch **Konglomerat** (= Mischkonzern) gesprochen. Die Frage dabei ist, ob ein sich bezüglich seiner Geschäftsgebiete öffnendes Konglomerat mehr Wert des Ganzen über seine Teile schafft als ein fokussiertes (fokales) Unternehmen, das seine Kräfte auf Kerngeschäfte konzentriert. Diese Frage wird unter Experten kontrovers diskutiert:

▶ **Konglomerate schaffen Wert**, wenn der Nutzen daraus, einem Großunternehmen mit einem breiten Betätigungsfeld (engl. Multi Business Firm) anzugehören, größer ist als die Summe der Kosten. Es existiert ein Holdingzuschlag oder **Conglomerate Premium** (2+2=5), wenn die eigenständigen Geschäftsbereiche sowohl Risikostreuung, Geschwindigkeit und Flexibilität praktizieren als auch die zwischen ihnen bestehenden Verbundvorteile (= Synergien) gezielt ausschöpfen. Um sich von Wettbewerbern durch eine Vielzahl von Geschäftsgebieten zu unterscheiden, wird regelmäßig nach attraktiven Übernahmekandidaten Ausschau gehalten, um global und zeitnah in neue Geschäftsgebiete eintreten, oder umgekehrt mit Desinvestitionskandidaten den Ausstieg aus unattraktiv gewordenen Randgebieten vornehmen zu können (*Funke, 1999*).

▶ **Konglomerate vernichten Wert**, wenn der Kapitalmarkt das Gesamtunternehmen niedriger bewertet als die Summe seiner Teile. Orientieren sich nämlich die Investoren (Kapitalanleger) und Finanzanalysten bei der Bewertung des Unternehmens an demjenigen Geschäftsbereich mit dem schlechtesten Risikoprofil, ergibt sich für die übrigen Geschäftsbereiche ein Holdingabschlag oder **Conglomerate Discount**

(2+2=3). Als Gründe dafür lassen sich anführen: Schwierigkeiten bei der Steuerung des Konzerns, Quersubventionierungen der Geschäftsbereiche durch Konzernumlagen, fehlende oder nicht ausgeschöpfte Synergien und mangelnde Kommunikation nach außen (engl. Investor Relations). Eine Möglichkeit zur Reduzierung von Conglomerate Discounts besteht in der „Zellteilung", in dem der Konzern in mehrere börsenfähige Sparten aufgespaltet wird. Die dahinterstehende Absicht ist, über die Ausgabe sog. **Tracking Stocks** einzeln bewertbare Risikoprofile der Tracking Units (= Geschäftsbereiche oder rechtlich selbstständige Töchter) zu schaffen, um einen Mehrwert für den diversifizierten Konzern zu erreichen. Das lässt sich allerdings nur erreichen, wenn zum einen die jeweiligen Tracking Units eine unterschiedliche Reife haben bzw. eine unterschiedliche Wachstumsdynamik entwickeln, und zum anderen Anteilseigner ein starkes Interesse haben, in nur einen Geschäftsbereich des Konzerns zu investieren. Da die Anteilseigner einer Tracking Unit einen Anspruch nur auf den von der Unit erzielten Gewinn haben, ist eine separate Gewinn- und Verlustrechnung zwingend erforderlich, nicht aber eine getrennte Bilanz (*Langner, 2004*).

7.2 Ablauf- oder Prozessorganisation

Für die im Unternehmen geschaffenen Organisationseinheiten ist nicht nur deren Struktur, sondern es sind auch die sachlogischen, zeitlichen, räumlichen, und personellen Aspekte der Aufgabenerfüllung zu bestimmen. Dazu werden **Prozesse** gebildet und nach dem Fließprinzip miteinander verknüpft. Dabei gilt: werthaltige Prozesse brauchen Zeit und ohne Prozessmessung gibt es keine Prozessverbesserung.

Parallel zur Gestaltung (= Modellierung) der Abläufe hat die **Prozessdokumentation** in der Weise zu erfolgen, dass die Prozesse unter Angabe jeweils einer genauen Definition, des Zwecks sowie der benötigten Teilschritte und Hilfsmittel erfasst werden. Außerdem sind die zuständigen Kostenstellen und die jeweils notwendigen Qualifikationen der Prozessverantwortlichen (engl. Process Owner) zu benennen. Schließlich ist auch festzuhalten, wie die Einordnung der Prozesse in Prozessketten (mit ihren Vorgängern und Nachfolgern) aussieht. Aus den Prozessdokumenten lässt sich dann ein **Handbuch** anfertigen, das zur Aktualisierung der Prozesse, für die Prozesskostenrechnung und/oder zu Lernzwecken (z. B. für neue Mitarbeiter und Nachwuchscontroller) genutzt werden kann.

7.2.1 Einzelprozesse

Als **Einzel- oder Teilprozess** (kurz Prozess) bezeichnet man eine elementare, d. h. organisatorisch nicht weiter unterteilbare Tätigkeit (= Vorgang, Aktivität, Transaktion), durch die Ressourcen (als Input) in messbare Leistungen (als Output) transformiert werden. Kennzeichnen lässt sich ein elementarer Prozess durch die Angabe eines Verbs, wie etwa Angebot einholen, Vertrag oder Reklamation bearbeiten, Bestellung aufgeben, Bestände verwalten, Rechnung schreiben, Buchung erledigen, Inventur durchführen, Dokumente sichern, Berichte erstellen, Beratung vornehmen oder den Ablauf überwachen. Ein weiteres Kennzeichen eines Teilprozesses ist, dass dieser in der Regel von einer Person durchgeführt wird, jedoch als Einzelleistung ohne Wert für den Kunden ist.

Prozesse lassen sich den folgenden **Gruppen** (= Klassen, Kategorien) zuordnen:

► Führungsprozesse
► Finanzprozesse
► Innovationsprozesse
► Beschaffungsprozesse
► Leistungsprozesse
► Kooperationsprozesse

Einige dieser Tätigkeiten sind kreativ, während andere standardisiert (strukturiert) werden können. Bezüglich der **Prozessabgrenzung** ist von Bedeutung (*Hall/Johnson, 2009*):

► **Kreativprozesse**, die Veränderungen im Umfeld nutzen, müssen mehr nach den Regeln der Kunst als nach denen der Wissenschaft gestaltet werden, weil deren In- und Outputs nicht genau vorhersehbar sind. Es handelt sich dabei um wertschaffende Abläufe, die Führungskräften, Projektmitgliedern und anderen kreativen Wissensarbeitern einen gewissen Handlungsspielraum bieten.

► **Routineprozesse** kennzeichnet eine geringe oder überhaupt keine Variabilität. Prozesse werden vereinheitlicht, rationalisiert, straff organisiert, geregelt und kontrolliert, um die Effizienz des Unternehmens wenigstens so stark zu verbessern wie bei der Konkurrenz. Dabei darf nicht zu früh begonnen werden, einen im Aufbau befindlichen Prozess auf einen Standard festzulegen. Auch darf die Prozessstandardisierung selbst nicht soweit betrieben werden, dass sich das Verantwortungsgefühl der in die jeweiligen Abläufe eingebundenen Personen verflüchtigt.

Eine andere **Gruppierungsmöglichkeit** von Prozessen sieht vor:

► **Primärprozesse**, die – als operative Tätigkeiten oder Kernprozesse – alle Leistungen für den Absatzmarkt erbringen. Kennzeichen dieser Tätigkeiten ist der Durchlauf durch das Unternehmen, wobei diejenigen Stationen – von der Eingangslogistik, über die Fertigung, das Marketing, den Vertrieb, die Ausgangslogistik bis hin zum Kundendienst – miteinander verbunden werden, die ein Erzeugnis und/oder eine Dienstleistung auf dem Weg zum Kunden passieren.

► **Sekundärprozesse**, die – als unterstützende Tätigkeiten (= Supportprozesse) – unregelmäßig anfallen und nur schwer zu strukturieren sind. Durch Bereitstellung von Lieferquellen, Technologien und Personal sowie Gestaltung der Infrastrukturen schaffen sie die Voraussetzungen dafür, dass Sach- und Finanzmittel sowie Informationen möglichst barrierefrei dorthin gelangen, wo diese gerade benötigt werden. Unterstützende Tätigkeiten sind auch die von einem SSC erbrachten Dienstleistungen.

Beschreiben lässt sich ein Prozess durch einen Beginn (= Quelle), ein Ende (= Senke) sowie Zielvorgaben, die so zu formulieren sind, dass sie eine spätere Kontrolle erlauben. Entsprechend sind die **Prozessparameter** zu bestimmen, und zwar durch die jeweilige Festlegung

► des **Auslösers** (engl. Trigger). Dabei kann es sich um einen externen Trigger, etwa einen Kundenauftrag, handeln, der dann einen internen Trigger auslöst, wie etwa eine

Materialbedarfsanforderung oder eine bestimmte Maschinenbelegung.

► der vom Prozess zu bewältigenden **Objektmenge** (= Durchsatz) je Zeiteinheit

► des prozessspezifischen **Ressourcenbedarfs**, getrennt nach Art und Umfang der Einsatzmittel

► der **Prozesszeit** (engl. Cycle Time), während derer Ressourcen beansprucht werden und Rückmeldungen über Engpässe oder Störungen stattfinden können.

Das wertorientierte Prozessmanagement kann bezüglich der Abschätzung ökonomischer Konsequenzen zu gestaltender Prozesse vom **Prozesscontrolling** unterstützt werden, das die Gestaltungsmöglichkeiten eines Prozesses als werthaltige Investition und die dann realisierten Prozesse als Kalkulationsobjekt behandelt. Entsprechend des innerhalb eines Vorgangs stattfindenden **Wertzuwachses** werden die jeweiligen **Kostentreiber** (engl. Cost Driver) und **Werttreiber** (engl. Value Driver) ermittelt und in Geldeinheiten ausgedrückt.

7.2.2 Prozessketten

Werden Teilprozesse horizontal miteinander verbunden, entstehen **Prozessketten**. Bei der Darstellung von Prozessketten als lineare Abfolgen von Arbeitsgängen ist von Bedeutung, dass es sich in Wirklichkeit um jeweils vereinfachte Ausschnitte aus einem komplexen Netzwerk mit vielen voneinander abhängigen Tätigkeiten handeln kann. Je detaillierter eine Prozesskette ist, desto einfacher lassen sich die erzielten Teilergebnisse messen, verbessern und dokumentieren. Hinzu kommt, dass klare Abläufe die **Lerneffekte** bei den damit befassten Personen beschleunigen.

Bezüglich der **Gestaltung von Prozessketten und -netzen** sind Kriterien wie Ordnung, Disziplin und Kontinuität von Bedeutung. Allerdings kann disziplinierte Routine in einem sich ändernden Umfeld leicht zur Erstarrung führen, weshalb bei Erreichung kritischer Grenzen eine **kreative Störung** mit anschließender Restrukturierung (engl. Reengineering) empfohlen wird. Das führt vorübergehend zu Instabilitäten, die zugleich aber auch Chancen für eine Neuordnung bieten. Empirische Untersuchungen haben gezeigt, dass in dynamischen Systemen das Risiko der Stabilität immer größer ist als das Risiko der mit einer Veränderung (= Wandel) verbundenen Instabilität (*Kruse, 2004*).

Von einem **Hauptprozess** (engl. Main Process) wird dann gesprochen, wenn Aufträge – wie nachstehend gezeigt – Kostenstellen nacheinander durchlaufen, d. h. eine Kostenstelle setzt an anderem Ort den von einer anderen Kostenstelle begonnenen Prozess fort, um gemeinsam eine Leistung zu erstellen.

Kostenstelle Einkauf	Kostenstelle Fertigung	Kostenstelle Vertrieb
Prozesse • • •	Prozesse • • •	Prozesse • • •

Hauptprozess

• • •	• • •	• • •

Zu den **Hauptprozessen des Controllings** gehören nach DIN SPEC 1086 (= Qualitäts-standards im Controlling) und dem Leitfaden der International Group of Controlling (IGC): Strategische Planung, Projektcontrolling, Investitionscontrolling, Risikomanagement, Kosten-Leistungs- und Ergebnisrechnung, Operative Planung (Budgetierung) und Forecasting (Budgetkontrolle).

Durch die Integration logisch zusammenhängender Hauptprozesse ergibt sich ein **Geschäftsprozess** (eng. Business Process), mit dem eine Leistung für bestimmte Kunden oder Märkte erbracht werden soll *(Ahlrichs/Knuppertz, 2010)*.

Werden Prozessketten über mehrere Organisationsebenen vertikal zusammengefasst, entsteht eine **Prozesshierarchie** der nachstehend gezeigten Art:

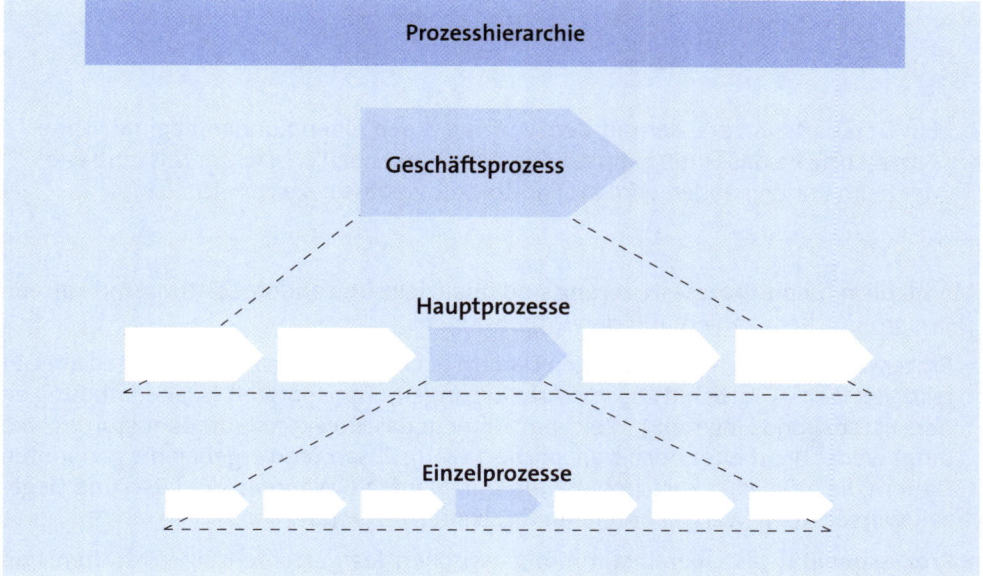

Bezüglich der **zeitlichen Gestaltung** betrieblicher Abläufe gibt es mehrere Möglichkeiten: Der Prozessablauf erfolgt ganz oder streckenweise

▶ **nacheinander** (wie aus vorstehender Abbildung ersichtlich), d. h. eine Arbeitseinheit kann erst beginnen, wenn die vorherige abgeschlossen ist

▶ **nebeneinander** (parallel), d. h. verschiedene Einheiten beginnen und enden etwa zur gleichen Zeit

▶ **gestaffelt** (zeitlich versetzt), d. h. ist eine Arbeitseinheit bis zu einem festgelegten Zeitpunkt fortgeschritten, beginnt die nächste.

Zur Unterstützung digital erfasster und miteinander verbundener Abläufe, eignet sich eine als **Business Intelligence** (BI) bezeichnete Software.

Der Ausdruck „Intelligence" steht dabei nicht für Intelligenz im Sinne der kognitiven Leistungsfähigkeit, sondern bezeichnet Erkenntnisse, die zur **systematischen Geschäftsanalyse** genutzt werden können.

BI ist nicht nur ein Instrument, um Prozessketten besser zu verstehen, anders anzuordnen und zu beschleunigen, sondern vielmehr auch ein umfassendes **Werkzeug** des an späteren Stellen beschriebenen Wissensmanagements und -controllings, der Frühwarnung sowie des Reportings (*Becker u. a., 2011; Chamoni/Linden, 2011; Gómez u. a., 2008; Kemper u. a., 2010; Seufert/Oehler, 2011*).

Ein Geschäftsprozess, der mit dem Auftrag durch einen Kunden beginnt, ohne Prozessbrüche das Unternehmen durchläuft und nach erbrachter Leistung wieder beim Kunden endet, wird als **End-to-End-Prozess** bezeichnet.

Maßgeblich für die **Prozesssteuerung** sind finanzielle und andere Leistungsindikatoren (Messgrößen, Kennzahlen) mit den Dimensionen:

▶ **Prozesszeit** bezüglich der jeweiligen **Dauern** der Ausführungszeit (= Arbeiten am Objekt), Rüstzeit (= Vorbereitung von Arbeitsgängen), Transportzeit (= Überwindung einer Distanz) und Liegezeit (= Zeitraum, in dem das Objekt ablauf- oder störungsbedingt weder bearbeitet noch transportiert wird). Zusammen ergeben die genannten Dauern die möglichst kurz zu haltende **Durchlaufzeit**. Während der Rüst- und Liegezeit werden keine wertschöpfenden Tätigkeiten ausgeübt.

▶ **Prozessqualität** als Übereinstimmung zwischen festgestellten Eigenschaften und den vorher festgelegten Forderungen einer Betrachtungseinheit. Prozessorientiert aufgebaut ist auch die das betriebliche Qualitätsmanagement betreffenden Normenreihe EN ISO 9000 ff.

► **Prozesskosten**, die in den Phasen der Durchlaufzeit eines betrachteten Objekts anfallen, zuzüglich der Kosten für die Koordination der Abläufe sowie der Kosten, die durch Fehler entstanden sind. Reduzieren lassen sich Prozesskosten durch Verkürzung der Prozesszeit und Verbesserung der Prozessqualität (*Nicolai, 2011*).

Um die **Effektivität** der Steuerung zu steigern, werden Planungs- und Kontrollprozesse soweit wie möglich in bestehende Prozessketten integriert (*Stöger, 2011*).

7.2.3 Prozessschnittstellen

Durch die Aneinanderreihung von Prozessen entstehen **Schnittstellen** (engl. Interfaces):

Prozess 1	**Schnittstelle**	Prozess 2

Schnittstellen zwischen Prozessen verschiedener Funktionen oder Sparten sind **Übergänge** (engl. Trade Offs), für die niemand verantwortlich ist, weil diese als eine Art „organisatorisches Niemandsland" oder „Raum der wechselseitigen Verantwortungslosigkeit" keinen gemeinsamen Vorgesetzten haben. Solche Übergänge – mit Auswirkungen auf das gesamte System der jeweiligen Anwendungssoftware – können **Störungen** bewirken, etwa durch Medienwechsel, Datenredundanzen, Doppelarbeiten und mehrfache Informationsarbeiten bei der Übernahme und Auswertung von Daten und Informationen.

Damit aus Schnittstellen keine dauerhaften Bruchstellen werden, die üblicherweise nur Insellösungen erlauben, können Veränderungen in kleinen Schritten erfolgen. Solches mehr weiche (= punktuelle, inkrementale) **Bottom-up-Vorgehen** ist geeignet, um Prozesse zu verbessern (z. B. zu automatisieren oder zu beschleunigen), zu verschmelzen, zu parallelisieren, auszulagern oder zu eliminieren. Das sollte weder hektisch noch unkoordiniert erfolgen, denn: „Hin und Her macht Taschen leer."

Demgegenüber kann auch die harte Vorgehensweise gewählt werden, um zu Veränderungen um Größenordnungen (Quantensprünge) zu kommen, und zwar durch fundamentales Überdenken und radikale Restrukturierung ganzer Prozessketten und -netze. Bei solchem, auch als „Business Process Reengineering" oder „Corporate Restructuring" bezeichneten **Top-down-Vorgehen**, wird zunächst danach gefragt, warum einzelne Prozesse überhaupt notwendig sind und wie diese besser als bisher gestaltet bzw. mit anderen Tätigkeiten funktionsübergreifend kombiniert werden können. Danach wird im Rahmen des Prozessmanagements für jede Prozesskette ein Verantwortlicher (engl. Case Manager) bestimmt.

Egal wie groß die Veränderungen sind, der **Wandel von Strukturen und Prozessen** scheitert weniger an fachlichen oder technischen Barrieren, als vielmehr an der Akzeptanz der betroffenen Akteure und der fehlenden Bereitschaft, Veränderungen zügig umzusetzen. Umschreiben lässt sich das mit der Feststellung des Unternehmers *Philip Ro-*

senthal: „Wer aufhört, besser zu werden, hat aufgehört, gut zu sein". Dabei hat jede Neuausrichtung unmittelbare Auswirkungen auf die Aufgabenträger bzw. Stelleninhaber im Unternehmen. Werden diese Personen von der als **Change Management** bezeichneten **Steuerung von Veränderungen** nicht mitgenommen, ist bei veränderungsresistenten bzw. unüberzeugbaren Personen mit Demotivation, Verweigerung und/oder aktivem Widerstand zu rechnen.

7.2.4 Workflow und Groupware

Eine zur Beschleunigung betrieblicher Abläufe bzw. Informationsflüsse und damit zur Überwindung von Prozessschnittstellen geeignete Technik ist der computergestützte Workflow (= Arbeitsfluss). Darunter versteht man auf operativ-technischer Ebene einen **Arbeitsauftrag** (engl. Job) mit einer vorgegebenen **Abfolge verschiedener Arbeitsschritte** (engl. Task). Ein computergestütztes Workflow-Managementsystem kann die Instanzen und Akteure des Unternehmens nach einem vorprogrammierten, im Computer abgebildeten Ablaufschema steuern.

Vor Ort lassen sich **Workflowtechniken**

► beschleunigen durch die **In-Memory-Technologie**, bei der Daten nicht mehr über Festplatten, sondern direkt aus Arbeitsspeichern abgerufen werden. Dadurch sind Daten schneller am Arbeitsplatz verfügbar.

► ergänzen durch **Apps** (engl. Kurzform für „Applications"), worunter man kleine Anwendungs- oder Zusatzprogramme versteht, die von Softwareplattformen, wie etwa Apple, Microsoft, Salesforce oder Google, auf ein mit Bildschirm bzw. Display und Betriebssystem ausgestattetes Mobilgerät, wie z. B. ein Laptop, Netbook, Tablet-PC oder Smartphone, heruntergeladen werden können. Nutzerstudien zufolge gelten Apps als **Spiegel der Persönlichkeit**.

Grundlagen des Workflows sind **Dokumente** (= Schriftstücke), die im Geschäftsverkehr anfallen (z. B. Kundenanfragen, Angebote, Verträge, Bestellungen, Rechnungen, Überweisungen, Reklamationen), in der Fertigung benötigt werden (wie Konstruktionszeichnungen, Stücklisten oder Arbeitspläne), für das Controlling von Bedeutung sind (etwa Berichte, Statistiken, Tabellenkalkulationen und Grafiken) oder sonstige Funktionsbereiche des Unternehmens betreffen (einschließlich Formulare, Korrespondenzen, E-Mails usw.).

Um Dokumente ohne Medienbrüche in eine arbeitsteilige Be- und Verarbeitung einbinden bzw. in weitere Dokumente zerlegen zu können, sollten sie möglichst in **digitalisierter Form** vorliegen. Ein Teil der intern erstellten und von außen kommenden Dokumente ist bereits digitalisiert. Andere Dokumente müssen vor der Sachbearbeitung in eine elektronische Form gebracht werden, was mithilfe von Scannern (im Sinne von Optical Character Recognition/OCR) geschehen kann.

Gegenwärtig nicht benötigte Dokumente können in einem elektronischen Archiv, d. h. einer speziellen digitalen Datenbank, abgelegt und bei Bedarf von dort wieder abgerufen werden. Dabei ist sicherzustellen, dass Dokumente nur einmal abgelegt sind, es sei denn, das Unternehmen akzeptiert Redundanzen. Mithilfe von **Workflow-Engines** lassen sich auszulesende Dokumente in Warteschlangen einsteuern, deren Prioritäten zur Abarbeitung festlegen und Termine überwachen. Im Unterschied zu den wohl noch in Unternehmen dominierenden und aus unübersehbar vielen Aktenordnern bestehenden Papierarchiven haben elektronische Archive den Vorteil der zentralen Speicherung auf einem Server und des einfachen Abrufs und Nutzung der Inhalte bei Bedarf. Das steigert die **Effizienz der Organisation**.

Wird ein Dokument geschlossen, ist dessen **Archivierung** mit allen Änderungen, Anmerkungen und Abzeichnungen auf unterschiedlichen, revisionssicheren und nicht löschbaren Speichermedien vorzunehmen, wie beispielsweise auf Mikrofilm, Magnetbändern oder optischen Platten (einschließlich CDs oder DVDs). Bei späteren Recherchen nach Dokumenten bzw. in Dokumenten kann über Arbeitsplatzrechner (engl. Workstations) auf diese Speichermedien zurückgegriffen werden, wobei ein schnelles Finden (= Retrieval) über die Deskriptoren der gespeicherten Dokumente erfolgt.

Ergänzen lässt sich das betriebliche Workflow durch **Groupware**, die jeweils eine Personengruppe in ihrer Zusammenarbeit unterstützt (= kollaborative Software) und eine Schnittstelle für eine geteilte Arbeitsumgebung bietet. Das Motto bei der zeitgleichen Zusammenarbeit ist: **W**hat **Y**ou **S**ee **I**s **W**hat **I** **S**ee (abgekürzt WYSIWIS). Dabei kann die Zusammenarbeit sowohl an einem Ort (= real/lokal, etwa in einem Büro) als auch über eine räumliche Distanz hinweg (= virtuell, etwa an verschiedenen Orten auf der Welt) erfolgen. Bekannte Werkzeuge dafür sind Microsoft Outlook oder IBM Lotus Notes.

Mithilfe von Workflow und Groupware lassen sich **bilaterale Beziehungen** der Case Worker erreichen, wenn über eine Prozessdatenbank mittels einer „elektronischen Laufmappe" die Dokumente automatisch zum Bildschirmarbeitsplatz des jeweils nächsten Bearbeiters gelangen. Nach erfolgter Vorgangsbearbeitung wird die Laufmappe wieder an die Prozessdatenbank zurückgeschickt und dort bis zur endgültigen Erledigung weiter verwaltet.

Zur Unterstützung der Formen des digitalen Dokumenten- und Archivmanagements (einschließlich Workflow und Groupware) eignet sich das computergestützte **ECM** (**E**nterprise **C**ontent **M**anagement) des größten kanadischen Softwareanbieters Open Text Corp. Kennzeichnet **Content** den Inhalt eines digitalisierten Text- oder Multimedia-Dokuments, durchläuft der **Lebenszyklus von Inhalten** gewöhnlich die **Phasen** der Erstellung, Überarbeitung, Bereitstellung, Ablage und Beendigung. Besonders verwaltungsintensiv ist die Phase der **Überarbeitung**, da nach jeder Aktualisierung, ähnlich wie bei einem neuaufgelegten Buch, automatisch vom System eine fortlaufende Nummer der neuesten **Version** vergeben wird, die vorangegangenen Versionen aber bis zu ihrer endgültigen Löschung im Langzeitarchiv des Unternehmens gespeichert werden. Zweck des ECM ist die **Kollaboration**, d. h. intern geht es darum, die Voraussetzungen dafür zu schaffen, damit das im Unternehmen tätige Personal enger zusammenarbeitet und Wissen untereinander gezielter austauschen kann, während extern der Service gegenüber Kunden, Lieferanten und sonstigen Geschäftspartnern zu verbessern ist (*Riggert, 2009*).

7.2.5 Prozessmanagement und -controlling

Um Prozesse zu standardisieren, müssen – wie oben bereits angedeutet – die hinter den Software-Tools stehenden **Referenzprozesse** im Unternehmen nach der Art („Welche Prozesse sind wozu notwendig?") und Struktur („Wie sind die Prozesse anzuordnen?") den individuellen Gegebenheiten angepasst werden, was bedeutet: „Structure follows process"! Des Weiteren ist festzulegen, wie fein die Prozesse gestaltet werden sollen und welche Anforderungen an den jeweiligen Output bestehen, um die für die Prozesssteuerung erforderliche Transparenz zu schaffen. Das alles sind typische Aufgaben des **Prozessmanagements**.

Unterstützt wird das Prozessmanagement durch das **Prozesscontrolling**, das zuständig ist für die Durchleuchtung interner Prozesse auf der Grundlage aufgabenspezifischer Sollgrößen. Dabei hat das Prozesscontrolling nach *Gerboth, 2000*

► zunächst die zur **Dokumentation der Prozesse**, d. h. für die Beschreibung und Visualisierung der Prozesse relevanten Informationen bereitzustellen, dann

► die für die Festlegung der **Sollwerte** (Zielgrößen) relevanten Kundenanforderungen (z. B. qualitative und quantitative In- und Outputs, einschließlich Benchmarks) zu spezifizieren, und schließlich

► aus der Vielzahl möglicher Kennzahlen diejenigen auszuwählen, die als **Messgrößen** bezüglich der Zeit (z. B. Durchlaufzeiten, Termintreue, Anpassungsgeschwindigkeit an sich ändernde Bedingungen), der Kosten (z. B. Kostensätze) und der Qualität (z. B. Kundenzufriedenheit, Fehler- und Reklamationsraten) geeignet sind, die festgelegten Ziele zu erreichen und zu überwachen, sowie

► regelmäßig **Prozessberichte** zu erstellen, die jeweils nach erfolgter Kontrolle darüber Auskunft geben, ob die Vergleiche von Soll- und Istwerten zu Abweichungen (engl. Deviation) geführt haben und wer dafür verantwortlich ist.

Da eigentlich immer, bezogen auf jeweils ein Objekt, mit Abweichungen zwischen der Vorgabe der quantitativ bestimmbaren Eigenschaft und den durch die Messung erhaltenen Ergebnissen gerechnet werden muss, gelten **Messabweichungen** als systematisch, wenn sie sich bei wiederholter Messung im Mittel nicht aufheben. Gleichen sich dagegen die Abweichungen bei wiederholter Messung im Mittel aus, werden sie als zufällig angesehen.

Weitere **Aufgaben des Prozesscontrollings** bestehen in der

► **Initiierung von Verbesserungsmaßnahmen**, um überflüssige oder nicht wertschöpfende Prozesse zu eliminieren bzw. Tätigkeiten zusammenzufassen oder zu parallelisieren. Die Umsetzung beschlossener Prozessverbesserungen ist dann Aufgabe des Prozessmanagements.

► **Betrugsprävention** (engl. Fraud Protection), um kriminelle Vorgänge zu unterbinden

▶ **Anpassung der Controllinginstrumente** an Änderungen der Abläufe (Prozesse)

▶ **Pflege des Dokumentationssystems**, um das später beschriebene Interne Kontrollsystem überwachen zu können.

7.3 Netzwerkorganisation

Damit Informationen und die ihnen zu Grunde liegenden Daten über räumliche Distanzen ausgetauscht (kommuniziert) werden können, sind technische Einrichtungen erforderlich, die über **Leitungen** bzw. **Funk** miteinander vernetzt werden.

Als **Kommunikation** wird die Abgabe, Übermittlung und Aufnahme gleich welcher Informationsart bezeichnet, wobei sich folgende **Kommunikationsformen** unterscheiden lassen:

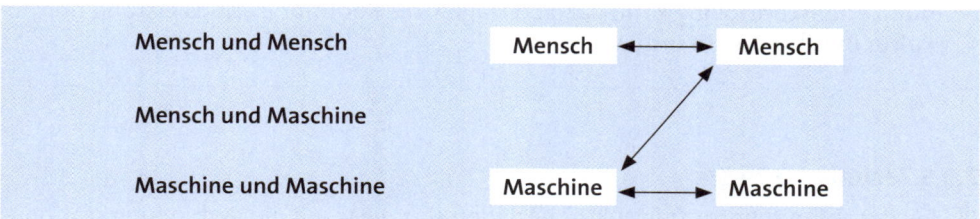

Ist eine gegenseitige Kommunikation zwischen Sender und Empfänger möglich, wird diese als interaktiv bezeichnet. Häufige Interaktionen zwischen Menschen sind Voraussetzung für den **Aufbau sozialer Beziehungen**. Je stärker die Bindung zwischen Gesprächspartnern ist, desto häufiger und intensiver wird die Interaktion zwischen ihnen sein. Dabei ist es in der Regel unerheblich, ob die Kommunikation in Face-to-Face-Situationen oder in virtuellen Räumen stattfindet.

Von **Telekommunikation** wird gesprochen, wenn sich Sender und Empfänger außerhalb der Sicht- und Hörweite befinden und sich bei der gegenseitigen Verständigung technischer Netze bedienen.

Kommunikationseinrichtungen und -dienste sind Bestandteile der betrieblichen Infrastruktur. Das Konzept der **Unified Communications**, bei dem unterschiedliche Medien in einer Anwendung zusammenlaufen, erlaubt die ständige Erreichbarkeit aller Beschäftigten im Unternehmen. Das Konzept der „gebündelten Kommunikation" bietet Vorteile, beeinträchtigt aber die **Arbeitsproduktivität**. Studien zeigen, dass beim **kommunikativen Overkill** durch digitale Dauerfeuer eine Fragmentierung des menschlichen Bewusstseins stattfindet, und die davon Betroffenen abgelenkt, reizbar, zerstreut, impulsiv und ruhelos werden. Das ist Verschwendung von Zeit und kostet das Unternehmen richtig viel Geld, wenn durch elektronisch bedingte Arbeitszeitunterbrechungen pro Mitarbeiter täglich „nur ein Stündchen" Arbeit verlorengeht. Deshalb ist der Zustand der ständigen Erreichbarkeit einzuschränken und die größten elektronische Zeitfresser sind nur zu bestimmten Zeiten zugelassen. Es ist inzwischen kein Problem, die Erreichbarkeit jedes einzelnen Beschäftigten durch Präsenzanzeigen transparent zu machen. Parallel dazu sind Engpässe in den Köpfen der Beschäftigten zu beobachten, Kontrollen über das Denken sind zurückzugewinnen und persönliche Belastbarkeitsgrenzen wieder individuell bestimmbar zu machen, was Mediziner die Wiederherstellung der **emotionalen Intelligenz** bezeichnen (*Schirrmacher, 2009*).

Der Zusammenhang zwischen Kommunikation und Controlling besteht darin, dass Kommunikation ohne Controlling keinen dauerhaften Erfolg bietet, und umgekehrt, dass Controlling ohne Kommunikation wirkungslos ist. Das **Kommunikationscontrolling** kann dazu beitragen, die Kommunikationsleistung und -kultur im Unternehmen zu verbessern.

7.3.1 Technische Netze

Als Teil der technischen Infrastruktur beziehen sich diese auf die **Verbindung** stationärer Maschinen (einschließlich Rechenzentren), fest eingebundene Geräte (darunter Arbeitsplatzrechner und Festnetztelefone) sowie mobiler Laptops, Tablet-PCs und Handys.

Von zunehmender Bedeutung bei der Schaffung elektronischer Infrastrukturen sind **Netzeffekte**. Darunter versteht man die Kompatibilität der technisch zu vernetzenden Systemelemente (= indirekter Netzeffekt) und die Anzahl der Nutzer, welche die gleichen Systemelemente verwenden (= direkter Netzeffekt).

Zum Beispiel steigt der **Nutzen** eines elektronischen Systems sowohl mit der Verbreitung der im Einsatz befindlichen Geräte (Teilnehmerzahlen) als auch mit der Kompatibilität der von verschiedenen Herstellern angebotenen Geräte (*Czichowsky, 2003*).

Da bezüglich verschiedener Leitungsnetze auch unterschiedliche Verfahren für den Zugriff auf Informationen und Konventionen für die Übermittlung von Informationen gelten, müssen **Regeln** existieren, die angeben, wie eine Nachricht abgefasst werden muss, damit sie den vorgesehenen Empfänger erreicht und von diesem auch richtig interpretiert werden kann. Solche Regeln werden auch als **Protokolle** bezeichnet.

Im Internet vorzufinden sind **elektronische Marktplätze** (= Marktplattformen oder -portale), die auf den Möglichkeiten der digitalen Informationstechnologie beruhen, zeit- bzw. standortunabhängig sind und deshalb ein unternehmerisches Handeln im Online-Betrieb über Ländergrenzen und Zeitzonen hinaus erlauben. Der Aufbau eines elektronischen Marktplatzes verursacht beim Betreiber hohe Investitionen und Fixkosten für das Erreichen einer kritischen Masse, wohingegen die variablen Kosten der Bereitstellung von Informationen, der Erstellung von Profilen und der Abwicklung von Transaktionen eher gering sind. Das heißt, je mehr Teilnehmer ein Internetmarktplatz hat, desto größer sind die Netzeffekte.

Auf der Grundlage der Internettechnologie lassen sich auch **Unternetze** schaffen: Das

▶ **Intranet** ist ein internes Netz mit Anschluss zum Internet. Den Organisationsmitgliedern als geschlossenem Benutzerkreis bietet das Intranet eine einfache und schnelle Informationsversorgung rund um die Uhr. Durch die laufend verbesserten Versionen der Pakete von Microsoft Office oder IBM Lotus Symphony können an jedem Arbeitsplatz im Unternehmen Dokumente (wie Texte, Tabellen, Formulare oder Grafiken) elektronisch erstellt und über das Intranet den Betroffenen oder Interessenten (darunter auch das Controlling) standortunabhängig verfügbar gemacht werden. Um dabei sicherzustellen, dass nur vorher zugelassene Daten in das Intranet gelangen sowie um zu verhindern, dass keine unberechtigten Zugriffe auf das Intranet stattfinden, werden sog. **Firewall-Systeme** installiert.

▶ **Extranet** entsteht durch Öffnung des Intranets für berechtigte Dritte. Über den Internetanschluss und einen Web-Browser haben ausgewählte externe Adressaten, wie z. B. Lieferanten, Dienstleister, Kunden und sonstige Geschäftspartner des Unternehmens einen Online-Zugriff auf die für sie relevanten Daten.

Den **Zusammenhang** zwischen Internet, Intranet und Extranet visualisiert die nachstehende Abbildung:

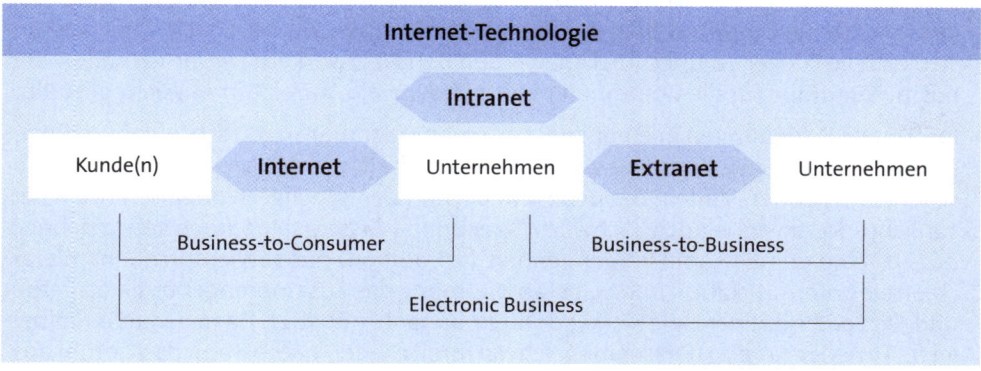

Als **Electronic Business** (abgekürzt E-Business) wird die integrierte Ausführung aller automatisierbaren Geschäftsprozesse im Unternehmen mithilfe der bestehenden und erforderlichenfalls an den globalisierten Wandel angepassten Informations- und Kommunikationstechnologie bezeichnet. Zweck dabei ist, die Arbeit mit Unterlagen in Papierform zu minimieren und die Kundenbetreuung zu optimieren. Ein Teilbereich des E-Business ist **E-Commerce**, der Onlinehandel, deren Plattformen auch als „Schaufenster im Internet" bezeichnet werden.

7.3.2 Beziehungsnetze

Aus der Kombination von Personen (als Knoten) und deren Beziehungen (als Kanten) lassen sich **Gemeinschaften** schaffen, wobei eine Person gleichzeitig Mitglied mehrerer Gemeinschaften sein kann, die nebeneinander bestehen oder sich gegenseitig überlappen. Eine reife, eingespielte Gemeinschaft zeichnet sich dadurch aus, dass sie ihre eigene Kommunikationsform entwickelt, wobei nach *Henry Ford* gilt: *„Zusammenkommen ist ein Beginn, Zusammenbleiben ein Fortschritt, Zusammenarbeiten ein Erfolg".*

Eine Gemeinschaft (engl. Community) ist ein **soziales Netzwerk**, in das mehr oder weniger viele Personen (als Experten) eingebunden werden, die sich untereinander helfen wollen und können. Die Größe eines Netzwerks richtet sich nach der Quantität und Qualität der Personen, d. h. je verlässlicher diese sind und je mehr Ausgewogenheit (= Symmetrie) zwischen Geben und Nehmen besteht, desto stärker ist das Netz. Von Bedeutung sind aber auch die Fokussierung und die Öffnung bzw. Offenheit des Netzwerks. Fokussierung bedeutet, dass die Kräfte auf das Wesentliche beschränkt werden, um an entscheidender Stelle stärker zu sein als andere. Öffnung betrifft das Ausbalancieren verschiedener Interessen, was die innere Harmonie der Community stören kann und viel Kraft erfordert, um einen Ausgleich zu erreichen (*Jenner, 2003; Küpers, 2003*). Ansonsten gilt hier, wie überhaupt für Netzwerke, die als **Metcalfe's Law** bekannte Regel: *„Der Wert eines vernetzten Systems wächst exponentiell mit dem Hinzufügen jeder Einheit zu diesem System"* (*Schütz, 2001*).

Bezüglich der **sozialen Kontakte** im Networking lassen sich unterscheiden:

▶ **Formelle Beziehungen** in einem hierarchischen Routinenetz, die sich für unterschiedliche Kontexte innerhalb der Organisation ergeben. Nachteilig ist, dass vorgeschriebene Verbindungen den Aufgabenträgern mitunter viel Zeit und Energie rauben und dadurch für die Organisation zur Bürde werden können. Als Ausgleich dafür und um strukturelle Löcher zu überbrücken, werden den Netzwerkern für ihr Verhalten und positive Beiträge für die Community häufig finanzielle Anreize in Aussicht gestellt.

▶ **Informelle Beziehungen** in einem unsichtbaren Vertrauensnetz, d. h. einer unabhängigen und sich selbst organisierenden Gemeinschaft, die sich an persönlichen Wünschen, Sympathien, Zuneigung und Freundschaft der Beteiligten orientieren. Ein persönliches Netzwerk – auch „Schwarm" genannt – lässt sich dadurch kennzeichnen, dass es eine gemeinsame Vergangenheit (= Tradition) hat sowie durch eine hierarchiefreie Kommunikation und Selbstabstimmung das Zusammengehörigkeitsgefühl und die Solidarität der Netzwerker untereinander begünstigt. Dazu bedarf es keinerlei finanzieller Anreize. Bekommen Schwarmmitglieder irgendwann das Gefühl ausgenutzt zu werden, verhalten sie sich wahrscheinlich nicht mehr kooperativ. Ansonsten gilt: Beziehungen schaden nur denen, die keine haben (*Thiel, 2010*).

Im Laufe der Zeit können sich formelle und informelle Netze einander angleichen, d. h. **Umstrukturierungen innerhalb der Organisation** sind immer wieder erforderlich: *„Umstrukturierungen bringen Mitarbeiter dazu, neue Netze zu knüpfen, was das Unternehmen insgesamt kreativer macht. Umstrukturierungen stören außerdem die festgefahrenen Gewohnheiten in einem Unternehmen, die Innovation und Anpassungsfähig-*

keit behindern. Schließlich brechen Umstrukturierungen überholte Machtstrukturen auf, die dazu führen, dass Ressourcen im Unternehmen falsch verteilt werden" (*Vermeulen u. a., 2010*).

Damit es trotz unterschiedlicher Interessen und Verhaltensweisen bzw. bei einge-schränkter Transparenz oder Objektivität zu möglichst wenig **Konflikten** zwischen den Mitgliedern einer sich selbst organisierenden Community kommt, kann das Control-ling beim Auf- und Ausbau einer kollektiven Identität, dem „Wir-Gefühl", beitragen und dafür sorgen, dass Prozesse innerhalb der Community reibungslos verlaufen.

7.3.2.1 Vernetzte Hierarchien

Innerhalb der Hierarchie des Einheitsunternehmens gibt es **vertikale Beziehungen** zwi-schen den Einheiten mit den jeweils über- und untergeordneten Einheiten der forma-len Organisation. Außerdem gibt es **horizontale Beziehungen** zwischen den Organi-sationseinheiten, die quer durch das Unternehmen verlaufen. Zusammen ergibt sich daraus formal ein **innerbetriebliches Netzwerk**.

Durch die Aus- bzw. Neugründung von Tochtergesellschaften oder den Erwerb von Un-ternehmen steigt die Komplexität der Hierarchie, deren kommunizierenden Teile nun-mehr ein **überbetriebliches Netzwerk** bilden.

Kennzeichen vernetzter Hierarchien ist die Notwendigkeit jeweils einer **Zentralinstanz**, die als Systemkopf aufgrund ihrer Weisungsbefugnis (Macht) und Sanktionsgewalt be-stimmen kann, wie die vernetzte Hierarchie zu gestalten ist, um zersplitterte Macht-potenziale im Netzwerk zu bündeln, und wer dabei welche Aufgaben zu übernehmen hat, um divergierende Interessen (insbesondere Egoismen) auszugleichen.

Dabei kann es leicht dazu kommen, dass Mitglieder der Holdingspitze aus Gründen des eigenen Machterhalts die Schlüsselpositionen im Konzern mit Vertrauten beset-zen oder die Geschäfte vorbei am Organigramm mit Zirkeln bzw. Seilschaften führen.

Die Schaffung und Sicherung von Ordnung und Kontrolle bezüglich von Abläufen in-nerhalb von Hierarchien erfolgt – wie schon angedeutet – durch **Regeln** (= Regelungen, Regularien, Vorschriften, Grundsätze) und **Routinen** (= Prozeduren).

Unter **Regeln** versteht man verhaltenssteuernde Ge- und Verbote (= Anweisun-gen, Richtlinien, Normen), an die sich die im Unternehmen einzeln oder in Grup-pen arbeitenden Personen zu halten haben. Aus der Gesamtheit aller Regeln re-sultiert eine Orientierung gebende **Struktur**.

Nach allgemeinem Verständnis sind Regeln, die von einer übergeordneten Organisationseinheit einer untergeordneten Einheit vorgegeben werden, **grenzziehend**, d. h. sie reduzieren die Anzahl der möglichen Handlungen der Betroffenen (= Einschränkung von Handlungsspielräumen), und **identitätsbildend**, d. h. sie sollen ein Bewusstsein von zuständig/nicht zuständig oder zulässig/nicht zulässig schaffen.

Regeln, die auf Dauer bestehen, werden als **generelle Regeln** (= Standardregeln) bezeichnet. Diese werden absichtsvoll gestaltet, personenunabhängig formuliert und schriftlich fixiert. Demgegenüber beziehen sich **fallweise Regeln** (= innovative oder kreative Regeln) auf erstmalige bzw. einmalige Vorgänge.

Das starre **Festhalten an Regeln, Strukturen und Gewohnheiten** ist meistens bequem, häufig aber auch kontraproduktiv, denn es macht insgesamt träge und *„hemmt auf Dauer alle Sehnsucht nach dem Außerordentlichen"* (Oetinger, 2004). Wie eingangs erwähnt, ist aus der Systemtheorie bekannt, dass die Funktionsfähigkeit eines Systems maßgeblich von seinen möglichen Zuständen, d. h. der eigenen Diversifität (= Varietät, Flexibilität) abhängt. Um diese im Unternehmen herzustellen, kann zu gegebener Zeit bzw. in bestimmten Situationen auf ein geregeltes Handeln verzichtet, mit traditionellen Verhaltensmustern bewusst gebrochen (sog. „kreative Zerstörung") und nach einer für das Unternehmen vorteilhaften Einzigartigkeit mit entsprechenden Asymmetrien geforscht werden.

Als **Routinen** werden häufiger und in immer gleicher Weise stattfindende Abläufe bezeichnet, die zwischen mindestens zwei unterschiedlichen, durch organisatorische Kriterien klar voneinander abgegrenzten und in ihrer hierarchischen Stellung gleichgeordneten Teilbereiche stattfinden.

Bezüglich der **Interaktionsbeziehungen**, die bei Routinen ein koordiniertes Zusammenspiel gewährleisten sollen, lassen sich unterscheiden:

► **Sequenzielle Routinen**, bei denen ein Teilbereich seine Leistungen an einen anderen Teilbereich weitergibt

► **Gepoolte Routinen**, bei denen mehrere Teilbereiche auf eine gemeinsame Ressource zurückgreifen (darunter auch die Shared Services)

► **Reziproke Routinen**, bei denen sich die Teilbereiche gegenseitig zuarbeiten.

Wie die Regeln sind auch Routinen immer wieder infrage zu stellen, d. h. aus Gründen der Überlebenssicherung sind **Beharrungsenergien** nach dem Motto „Das machen wir schon immer so.", in **Veränderungswillen** umzufunktionieren. Bezüglich der dazu erforderlichen **Wandelkompetenz** mehr an späterer Stelle in diesem Buch.

Um die Zahl der Regelungen und Routinen zu reduzieren, kann man die **Hierarchie verändern**, sodass deren Struktur flacher wird. Zunächst erfolgt die Auflösung von Instanzen, die sich auf eng abgegrenzte Tätigkeiten spezialisiert haben. Danach kommt
es zur Bildung neuer Organisationseinheiten, deren Angehörige in Teams vielfältigere
Aufgaben als bisher wahrnehmen (*Nicolai, 2011*).

7.3.2.2 Netzwerkpartnerschaften

Eine Netzwerkpartnerschaft (engl. Community of Choice) entsteht, wenn rechtlich und
wirtschaftlich selbstständige Unternehmen freiwillig eine abgegrenzte **zwischenbetriebliche Kooperation** (= Bündnis) bilden, aus der sie jederzeit wieder austreten können. Das gemeinsame Handeln erfolgt nach vereinbarten Regeln und dem Motto: „Wer
alleine arbeitet addiert, wer intelligent kooperiert multipliziert". Das wirtschaftende
Unternehmen kann dabei auch mehreren Kooperationen angehören und in diese seine Kompetenzen und Kapazitäten einbringen. Gegenüber den Endkunden tritt die Kooperation meistens als Einheit auf, sodass nach außen hin der Eindruck entsteht, die
Leistungen kämen aus einer Hand (*Pfohl, 2010*).

Die **Aufgaben des Netzwerkcontrollings** können dabei sein: Mitwirkung bei der Entwicklung ganzheitlicher Netzwerkstrategien und strategischer Ziele, Bewertung der
Netzwerkfähigkeit und Vertrauenskultur potenzieller Partner, Quantifizierung der
ausschöpfbaren Synergieeffekte, Formulierung operativer Maßnahmen bezüglich der
Umsetzung der vereinbarten Netzwerkstrategie sowie Überwachung des unterstützenden Verhaltens der Netzwerkmanager, der Wertbeiträge jedes einzelnen Koopera-
tionspartners und der realisierten Wettbewerbsvorteile.

Grundlage jeder zwischenbetrieblichen Kooperation ist die vertrauensvolle Zusammenarbeit (engl. Collaboration) mit einem gemeinsamen Zweck, ohne dass
einer der Partner die volle Kontrolle über das Tun hat. Angestrebt wird jeweils
eine **Win-Win-Partnerschaft** nach dem Motto: Kooperieren, um den gemeinsamen Kuchen zu vergrößern, und konkurrieren, um den Kuchen zu verteilen.

Den Kuchen vergrößern zu wollen erfordert **Wachstum**. Der traditionelle Weg internen Wachstums sieht vor, dass in kleinen Schritten (= organisch) die eigenen Erlöse
bzw. das vorhandene Vermögen immer größer werden. Davon zu unterscheiden ist das
Wachstum mit Hebelwirkung (engl. Leveraged Growth), bei dem sich das Unternehmen gleichzeitig fokussiert und nach außen hin öffnet.

Wer fokussiert kann nicht mehr alles selber machen und muss daher die Ressourcen anderer Unternehmen in Anspruch nehmen, um durch **Kooperationen** (oder den an späterer Stelle behandelten Erwerb ganzer Unternehmen) in den Genuss der Vorteile durch externes Wachstum (engl. Outgrowing) zu kommen. Das gilt auch oder gerade für mittelständische Unternehmen, die sich oft zu klein fühlen, um ein solches externes Wachstum relativieren zu können.

Besondere Kennzeichen einer zwischenbetrieblichen Kooperation als **dritter Weg zwischen Markt und Hierarchie** sind, dass

► diese selbst nur über **begrenzte Kapazitäten** verfügt, sodass anstehende Aufgaben (z. B. Kundenaufträge) von den jeweils dazu am besten geeigneten Netzwerkpartnern erledigt werden

► die unterschiedlichen **Daten- und Informationssysteme** in den Partnerunternehmen nicht immer miteinander kompatibel sind

► die **Verträge**, mit denen die Rechte und Pflichten der Partner untereinander festgeschrieben werden, unvollständig bzw. unpräzise sind

► ein regelnder Systemkopf (= Zentralinstanz) fehlt, was eine **Selbstorganisation** notwendig macht, und zwar auf der Grundlage von Vertrauen und der von den Netzwerkpartnern gemeinsam geteilten Wertvorstellungen (= Netzwerkkultur).

Nach *Burr (1999)* sind die meisten der sich **selbst organisierenden Netzwerke**

► **grenzenlos**, da sich ihre Grenzen mit dem Ein- bzw. Austritt von Partnern laufend verschieben

► **polyzentrisch**, weil alle beteiligten (Partner-)Unternehmen grundsätzlich gleichgestellt sind, was allerdings nicht ausschließt, dass sich bei einem Hauptakteur gewisse Befugnisse (z. B. Auftragsabwicklung, interne Verrechnungen oder alleiniger Zugang zum Absatzmarkt) bündeln

► **evolutionär**, denn Wandel wird u. a. bestimmt durch gegenseitiges Lernen.

In Abhängigkeit von der **Kooperationsrichtung** kann eine zwischenbetriebliche Partnerschaft erfolgen:

► **horizontal** mit Partnern derselben Branche

► **vertikal** mit Partnern aus vor- oder nachgelagerten Branchen

► **diagonal** mit Partnern aus verschiedenen Branchen.

Bezüglich der **Kooperationsform** kann unterschieden werden zwischen einem virtuellen Bündnis (als kurzfristige Kooperationsform) oder einer Strategischen Allianz als auf Dauer ausgerichtete Kooperationsform, deren Übergänge allerdings fließend sind.

Die **Probleme**, die sich in allen selbst organisierenden Netzwerken finden lassen, sind (nach *Bea/Jägle, 2002*):

▶ **Unsicherheit für die Partner,** die sich ergibt aus dem Fehlen von zuverlässigen, vertraglich festgelegten Bindungen, die eine gemeinsame Kultur gar nicht erst entstehen lässt

▶ **Risiko für die Kunden** bezüglich von Haftungsfragen, Gewährleistungspflichten und des dauerhaften Kundendienstes

▶ **Schwierigkeiten bei der Steuerung,** da es vorkommen kann, dass bei der Nutzung gemeinsamer Ressourcen einzelne Partner mehr Vorteile aus dem Netzwerk ziehen als andere. Außerdem kann der Koordinationsaufwand die Netzwerkvorteile übersteigen. Schließlich können eingeschränkte Kontrollmöglichkeiten auch dazu führen, dass Fehlentwicklungen zu spät erkannt werden.

7.3.2.2.1 Virtuelles Unternehmen

In Anlehnung an die virtuelle Speichertechnik in der Informatik besagt – wie bereits kurz erwähnt – das Adjektiv **virtuell**, dass etwas nicht physisch (real), wohl aber der Möglichkeit nach vorhanden ist. Dabei kommt es nicht so sehr darauf an, dass die zwischen den Netzwerkpartnern bestehenden Beziehungen permanent aktiviert sind, sondern es reicht aus, wenn sie latent vorhanden sind und ad hoc aktiviert werden können.

Trotz intensiver – auch interdisziplinär geführter – Diskussionen ist es bislang noch nicht zu einer einheitlichen Definition dieses Unternehmenstyps gekommen, weshalb der Begriff auch in unterschiedlicher Weise verwandt wird. Ersatzweise erfolgt eine Definition über **Merkmale** (Indikatoren), denenzufolge das virtuelle Unternehmen

▶ ein **temporärer Zusammenschluss** ist, der bei Bedarf aus einem bereits vorhandenen Beziehungsnetzwerk schnell aktiviert und nach Erledigung der Aufgaben ebenso schnell wieder deaktiviert werden kann

▶ dazu dient, **Wettbewerbsvorteile** zu realisieren und gemeinsam kurzfristig sich ergebende Markt- und Gewinnchancen zu nutzen (z. B. um einen Kundenauftrag zu bekommen)

▶ die **Kompetenzen** und verfügbaren **Ressourcen** zwischen den Partnern aufteilt. Ist eine bestimmte Kompetenz im Netzwerk nicht vorhanden oder nur zu nicht wettbewerbsfähigen Konditionen zu erhalten, wird ein neuer, bislang nicht im Netzwerk integrierter Geschäftspartner gesucht und eingebunden

► unabhängig vom Standort der Partner ist, denn mithilfe der **Telekommunikation** können Aufgaben weltweit vergeben und erledigt werden

► nach außen einen **gemeinsamen Marktauftritt** festlegt

► nach innen **Verlässlichkeit** und **gegenseitiges Vertrauen** der Kooperationspartner erfordert, um anstelle umfangreicher Vertragswerke das Prinzip der Selbstkoordination zu verwirklichen.

In Abhängigkeit von der Art der Leistungsprogramme und -beziehungen sowie dem Koordinationsbedarf lassen sich folgende **Typen virtueller Unternehmen** unterscheiden (*Teichmann u. a., 2004*): Das virtuelle

► **Generalunternehmen**, das als Hauptakteur (= fokales Unternehmen) die Führung eines temporären Firmenzusammenschlusses übernimmt und nur bestimmte nicht selbst zu erbringende Teile zur Gesamtlösung an andere Akteure auslagert. Der Koordinationsbedarf dieses Typs ist relativ gering.

► **Verteilungsnetzwerk** wird geprägt durch das Vorhandensein wechselseitiger Leistungsbeziehungen, wobei sich die Kompetenzen der Akteure überlappen können. Deshalb stehen die Bündnispartner in einem gewissen Wettbewerb zueinander, was den Koordinationsbedarf steigert. Alle Akteure sind in der Regel gleichberechtigt und kooperieren in „Augenhöhe". Übernimmt jedoch einer der Akteure die Führung, wird dieser zum Hauptakteur.

► **Unterstützungsnetzwerk** integriert in Anbetracht der Spezifität der Kundenaufträge verschiedenartige Teilleistungen der Partnerunternehmen. Wegen ihrer Spezialisierung besteht unter den beteiligten Akteuren zwar kein unmittelbarer Wettbewerb, allerdings erfordert die Breite des verfügbaren Leistungsangebots einen hohen Koordinationsbedarf. Auch bei diesem Typ kann es einen Hauptakteur geben.

Wie sich Unternehmen als Kooperationspartner in einem **Unterstützungsnetzwerk** virtuell verbünden können, soll das nachfolgende Beispiel zeigen (*Hess, 2001*):

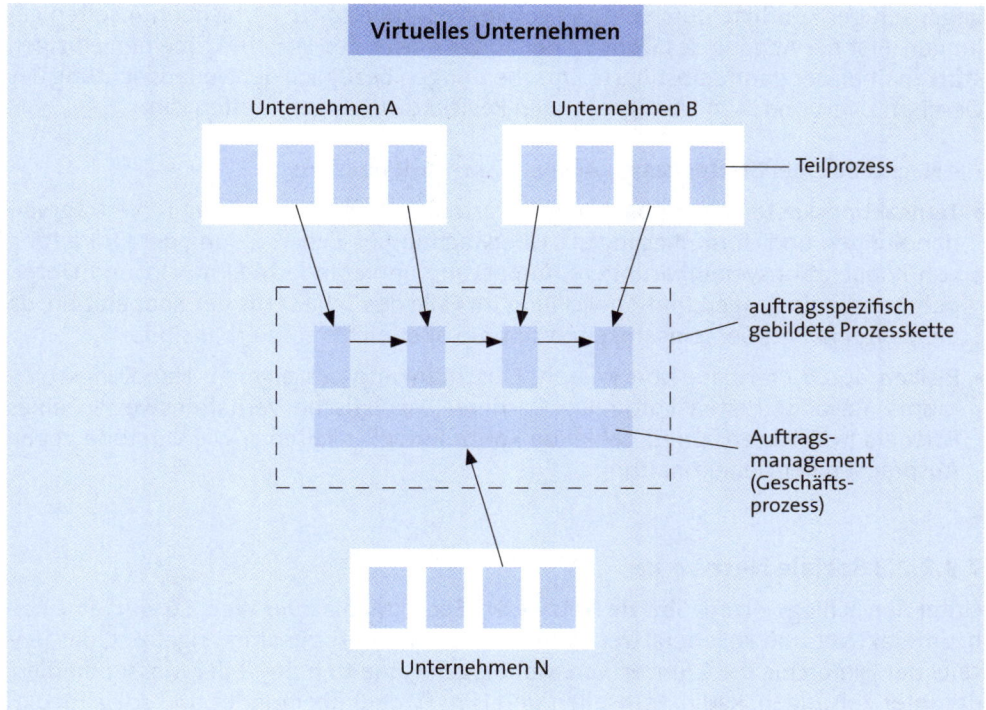

7.3.2.2.2 Strategische Allianz

Im Unterschied zum virtuellen Unternehmen sind bei einer Strategischen Allianz (strategisches Netzwerk) meistens **Direktinvestitionen** erforderlich, die mit ein Grund dafür sind, eine Kooperation so bald nicht zu beenden. Hinzu kommt, dass die Netzwerkvereinbarungen zu organisatorischen Veränderungen (Restrukturierungen) im eigenen Unternehmen führen.

Die **Motive** für das Eingehen einer Strategischen Allianz können sein (*Fink/Wamser, 2006*):

► Erwerb von Knowhow
► Verringerung der Risiken
► Größen- und Zeitvorteile
► Einfluss auf den Wettbewerb.

Die strategisch wohl wichtigste Kooperationsform ist das **Joint Venture**, das als selbstständiges Gemeinschaftsunternehmen von mindestens zwei unabhängigen Partnern auf längere Sicht gegründet wird. In das Joint Venture, an dem die Partner häufig gleich hohe Kapitalanteile halten, werden Ressourcen wie z. B. Sach- und Finanzmittel, Knowhow, Marken und/oder Patente eingebracht. Soll ein Gemeinschaftsunternehmen auf unbestimmte Zeit tätig sein, braucht es eine eigene **Identität** und **Kultur**. So ist, z. B. auf die Belegschaft bezogen, ein Gefühl der Zusammengehörigkeit zu wecken. Eine Lösung gegenseitiger Konflikte durch eine so genannte Doppelspitze ist bisher nur selten gelungen. Erst der Abgang des Duos an der Spitze macht den Weg frei für einen einzigen starken Chef, der dann selbst harte Entscheidungen bezüglich der Neuausrichtung des Geschäfts, verbunden mit tief greifenden Restrukturierungen, treffen kann.

Als **Nachteile** einer Strategischen Allianz lassen sich nennen:

► **Transaktionskosten** der Anbahnung (= Partnersuche), Vereinbarung (= Vertragsverhandlungen und -formulierungen), Überwachung (= Sicherstellung der Einhaltung von Kooperationsvereinbarungen), Anpassung an veränderte Umwelt- und Unternehmensbedingungen und Abwicklung im Falle des Scheiterns der Kooperation, da die strategischen Gemeinsamkeiten zu klein oder nicht realisierbar sind.

► **Risiken** durch Preisgabe von Wissen, Einschränkung des eigenen Handlungsspielraums, Besonderheiten kultureller Barrieren, egoistische Verhaltensweisen eines Partners (= Trittbrettfahrer), fehlende Kontrollmöglichkeiten sowie Verstöße gegen Absprachen der Geheimhaltung.

7.3.2.2.3 Soziale Netzwerke

Unter den Schlagwörtern **Soziale Netzwerke**, **Social Media** oder **Web 2.0** wird eine Reihe interaktiver und kollaborativer Elemente des Internets zusammengefasst, das jenseits der Hierarchie die Grenzen von Monologen („one to many") der Massenmedien, darunter Zeitungen, Radio, Fernsehen und Film (Video) überwindet und sozialmediale Dialoge („many to many") über digitalisierte Kommunikationskanäle gestattet. Die Angabe eines persönlichen Nutzerprofils und Verbindungen mit anderen Teilnehmern bieten die **Web-Communities** (engl. Social Network Sites). Dabei nehmen die Nutzer durch Kommentare und Werturteile aktiv Einfluss auf diskutierte Inhalte. Bekannte **Web-Werkzeuge** sind Blogs, Podcasts, Wikies und Web-Konferenzen.

Die **Vorteile** von Sozialen Medien aus Sicht des Unternehmens sind die geringen Kosten, die einfache Handhabung der Werkzeuge und die Möglichkeit, Nutzer dazu anzuhalten, sich vom medialen Konsumenten zum medialen Produzenten zu entwickeln. Der **Nachteil** solcher Internetanwendungen ergibt sich aus der häufig unterschätzten Gefahr, dass soziale Prozesse unstrukturiert ablaufen, viel Zeit benötigen und Nutzer daran beteiligt sind, deren Inkompetenz erst später festgestellt wird.

Hauptnutzer der Social Media ist die **Generation Wir**, deren Vertreter sich als Mitglieder vernetzter Gruppen bzw. Teams verstehen und sich eigenverantwortlich, solidarisch und selbstbewusst verhalten. Personen, die mit den jeweils neuesten Informations- und Kommunikationstechnologien des digitalen Zeitalters der Hochgeschwindigkeit aufgewachsen sind und sich „gläsern" geben, werden als **Digital Natives** bezeichnet. Für diese muss alles „stand-by" sein und in Echtzeit erledigt werden können. Zu dieser

Gruppe gehören auch Berufseinsteiger, die von ihren künftigen Arbeitgebern ähnliche Möglichkeiten der vernetzten Zusammenarbeit erwarten, die sie bereits aus ihrem Privatbereich kennen. Allerdings sollten Digital Natives schnell lernen, dass die Anforderungen an Sicherheit und Vertraulichkeit in wirtschaftende Unternehmen eine völlig andere Dimension haben als im Privatleben, in dem – wie man oft hört – recht sorglos mit persönlichen Daten umgegangen wird (*Palfrey/Gasser, 2008*).

7.4 Risiko

Die **Übernahme von Risiken** ist das Kernelement unternehmerischen Handelns und unabdingbar für den Geschäftserfolg. Das Riskio ist immer und überall.

Unternehmerisches Handeln erfordert Entscheidungen, und da die Zukunft immer ungewiss ist, handelt es sich um **Entscheidungen unter Unsicherheit**. Bis heute anerkannt ist die bereits im Jahre 1921 von *Frank H. Knight* erfolgte Unterscheidung von Unsicherheit in „echte Unsicherheit" (engl. Uncertainty) und „Risiko" (engl. Risk). Während das Risiko grundsätzlich als berechenbar und kalkulierbar gilt, ist das bei echter Unsicherheit bezüglich abzuschätzender Folgen nicht der Fall. Letzteres gilt insbesondere für **Krisen**, d. h. Sachverhalte, die sich aus dem griechischen Wort „krisis" ableiten lassen und den Bruch einer bis dahin kontinuierlichen Entwicklung bedeuten.

Herkömmlich wird unter **Risiko** die Gefahr eines Schadens verstanden, der aus finanzieller Sicht als Vermögensverlust oder entgangene Vermögensmehrung auftreten kann. Daher ist nach dieser engen Definition das „asymmetrische" Risiko etwas Negatives (engl. Downside Risk), dem als (positives) Pendant die Chance (Höhe eines Vorteils) gegenübersteht. Der Grundgedanke dieser Risikodefinition ist: „Wo Risiko draufsteht, sind auch Chancen drin." Umgekehrt bedeutet das, um Chancen durch unternehmerisches Handeln zu erhalten, müssen Risiken eingegangen werden.

Nach einer erweiterten Begriffsfassung ist das „symmetrische" Risiko die **Möglichkeit einer Abweichung** der tatsächlichen Folgen einer Entscheidung von erwarteten Folgen. Danach umschreibt Risiko die Möglichkeit, dass es anders kommen kann als vorgesehen, d. h. schlechter oder besser. Risiko nach dieser Definition entspricht dem Sachverhalt der **Volatilität** (= Schwankung bzw. Schwankungsbreite), womit der Tatsache Rechnung getragen wird, dass Zukunftserwartungen grundsätzlich mehrdeutig sind, was heißt, dass im voraus nicht genau festzustellen ist, ob eine Entwicklung günstig oder ungünstig verlaufen wird.

Die **Strukturierung der Risiken** im Unternehmen geschieht entweder deduktiv durch Zerlegung eines Gesamtrisikos in Einzel- und Verbundrisiken oder induktiv durch Aggregation der isoliert betrachteten, häufig aber zusammenwirkenden und sich überlagernden Einzelrisiken.

Risiken treiben Menschen an und sorgen für Fortschritt und Wachstum. Wie bereits angedeutet, weckt die positive Erwartung einer ungewissen Zukunft verborgene Energien sowie die Bereitschaft für Neues, und wird dadurch zur wohl wichtigsten Antriebskraft handelnder Menschen.

Verhaltensrisiken der schlimmen Art ergeben sich im Zusammenhang mit **kriminellen Handlungen**, die bewusst geschehen und deren Bandbreite vom einfachen Spesenbetrug, über Schein- und Insidergeschäfte, bis hin zu Bilanzmanipulationen reichen. Im Voraus lassen sich derartige Risiken durch regulatorische Maßnahmen zwar eingrenzen, nicht aber verhindern. Schließlich verursacht jeder aufgedeckte und öffentlich bekanntgewordene Betrug (engl. Fraud) einen Vertrauensschaden bzw. Reputationsverlust.

Risiken beinhalten die Gefahr, **Fehler** zu machen. Werden Fehler gemacht, dürfen diese weder vertuscht noch bestraft werden, sondern sie sind offenzulegen, zu analysieren und zu besprechen, um deren Auswirkungen zu quantifizieren, Maßnahmen der Gegensteuerung einzuleiten (soweit erforderlich) und daraus zu lernen.

Beschäftigten die Angst vor Fehlern zu nehmen und organisatorische Vorkehrungen zu treffen, damit gemachte Fehler sich nicht wiederholen, sind Teile einer guten **Unternehmenskultur**.

7.4.1 Risikoentstehung und -messung

Risiko entsteht, wenn das nachstehend gezeigte **Ursache-Wirkungs-Gefüge** von Entscheidern nicht oder nur unvollständig kontrolliert wird:

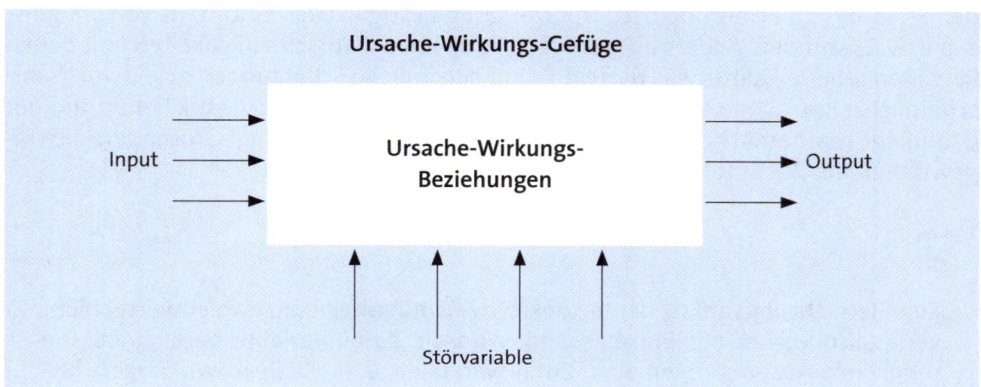

Der in der Abbildung enthaltene weisse **Kasten** (engl. Black Box) ist bei näherer Betrachtung eine Kombination mit mehr oder weniger vielen Einflussgrößen. Um diese genauer spezifizieren zu können, müssen die Art des Einflusses, die Intensität der Wirkung und der zeitliche Verlauf bekannt sein. In vielen Fällen reicht es aus, die Zusammenhänge gedanklich durchzuspielen und das Systemverhalten zu beobachten. Ist das nicht möglich, da wegen der Vielzahl der Variablen die Komplexität zu hoch ist oder nicht lineare Wirkungsbeziehungen zu berücksichtigen sind, müssen die Elemente (durch Zuordnung von Zahlenwerten) und Beziehungen (durch Angabe mathematischer Funktionen) quantifiziert werden, um eine computergestützte Simulation in der an späterer Stelle beschriebenen Weise vornehmen zu können.

Jeder Versuch der Analyse von Ursache-Wirkungs-Beziehungen hat ein **Kausalitätsproblem**. Dieses besteht darin, dass aus empirisch feststellbaren Korrelationen zwischen beobachteten Variablen nicht eindeutig auf kausale Ursache-Wirkungs-Beziehungen geschlossen werden kann, da zufällige, zeitverzögerte oder scheinbare Korrelationen existieren können, die aber unbekannt sind. Durch Verbesserung des Informationsstands lässt sich das Kausalitätsproblem zwar einschränken, aber niemals ganz ausschalten.

Grundsätzlich hat jedes Risiko zwei **Dimensionen**, und zwar die Wahrscheinlichkeit des Schadeneintritts und den Umfang des möglichen Schadens. Aus der multiplikativen Verknüpfung beider Größen ergibt sich die **Risikohöhe**, wobei formal gilt, dass eine kleine Zielverfehlung mit hoher Wahrscheinlichkeit das gleiche Resultat schaffen kann wie eine große Zielverfehlung mit vergleichsweise geringer Wahrscheinlichkeit.

Aussagen über Wahrscheinlichkeiten bestimmter Ereignisse unter Rückgriff auf Statistiken erlaubt die **Stochastik**, verstanden als „Kunst des Mutmaßens". Dabei sind die Aussagen entweder objektiv, d. h. aus Zahlenreihen der Vergangenheit abgeleitet und fortgeschrieben, oder die Aussagen sind subjektiv, d. h. sie sind Ausdruck für den Grad der persönlichen Erfahrung bzw. Überzeugung bezüglich des Eintretens von Ereignissen bzw. Zuständen. Anders ausgedrückt: Subjektive Wahrscheinlichkeiten, mit denen Personen arbeiten, die etwas riskieren, sind persönliche Schätzungen objektiver Wahrscheinlichkeiten. Ohne die Zukunft vorherzusagen kann die Stochastik helfen, auf der Grundlage mathematischer Gesetze und Annahmen über zufällige Störungen, die Ungewissheit der Zukunft abzuschätzen.

Eine Betrachtungsgröße, deren konkrete Ausprägungen (als Zahlenwerte) nicht verlässlich vorher bestimmbar sind, wird als **Zufallsvariable** bezeichnet. Die möglichen Ausprägungen einer Zufallsvariablen, d. h. die Risikowirkungen, lassen sich aus statistischer Sicht durch eine empirisch messbare **Wahrscheinlichkeitsverteilung** abbilden.

Aus der Vielzahl möglicher Wahrscheinlichkeitsverteilungen ist die **Normalverteilung** die bekannteste, die wegen ihres symmetrischen Aussehens auch als Glockenkurve, erstmals beschrieben vom Mathematiker *C. F. Gauß*, bezeichnet wird. Ohne dass die Ausprägungen von Zufallsvariablen identisch verteilt oder bereits normalverteilt sein müssen, kann nach dem **Zentralen Grenzwertsatz** nahezu jede beliebige Betrachtungsgröße, die sich additiv aus vielen kleinen und zufälligen Beiträgen zusammensetzt, die unabhängig voneinander sind, durch eine Normalverteilung beschrieben werden. Das soll an einem einfachen Beispiel gezeigt werden: Ist bei einem Würfel die Augenzahl mit einer Wahrscheinlichkeit von je einem Sechstel gleichverteilt, bildet sich mit wachsender Anzahl der Würfe die typische Gestalt der Glockenkurve heraus. Gleiches gilt für die Verteilung der Augensummen beim einmaligen Werfen mehrerer Würfel.

Die mitunter an der Glockenform der Normalverteilung geübte **Kritik** bezieht sich auf die nach außen immer flacher auslaufenden Enden (engl. Tail Risk), die zum Ausdruck bringen, dass extreme Situationen nur äußerst selten auftreten.

In der Statistik werden Ereignisse mit geringer Wahrscheinlichkeit und der Gefahr riesiger Schäden auch als **Schwarze Schwäne** bezeichnet (*Taleb, 2011*).

Die **Dichtefunktion der Normalverteilung** f(x) gibt die Wahrscheinlichkeit dafür an, dass die Zufallsvariable X genau den Ausprägungswert x annimmt.

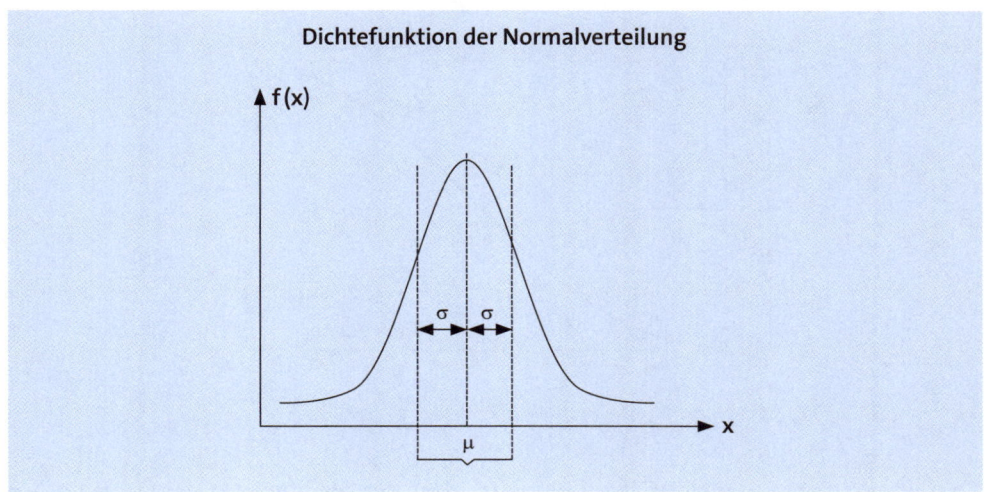

Dabei sind:

▶ Der **Erwartungswert** My (griech. μ), der sich als Lageparameter in Abhängigkeit von allen möglichen Umweltzuständen aus der Summe der mit den Eintrittswahrscheinlichkeiten p (engl. Probabilities) gewichteten Ausprägungen x der Zufallsvariablen X ergibt.

▶ Die **Standardabweichung** Sigma (griech. σ), die als Risikoparameter die Streuung (= Volatilität) um den Erwartungswert der Zufallsvariablen X ausdrückt. Sie wird berechnet, indem man aus der Varianz (σ^2) die Wurzel zieht. Die **Varianz** wiederum ist das arithmetische Mittel der quadrierten Abstände aller Ausprägungen x_i vom Erwartungswert. Gemeinsam ist der Varianz und Standardabweichung, dass sie als zweiseitige Risikomaße sowohl positive als auch negative Abweichungen vom Erwartungswert quantifizieren. Gegenüber der Varianz hat die Standardabweichung aber den Vorteil, dass sie die gleiche Einheit (Dimension) wie die Zufallsvariable X besitzt.

Die **Gesamtfläche unter der Normalverteilung** beträgt 6 σ, woher der an späterer Stelle in diesem Buch beschriebene Six Sigma-Ansatz seinen Namen hat

Die zu vorstehender Normalverteilung korrespondierende **Verteilungsfunktion** F (x), die die Wahrscheinlichkeit dafür angibt, dass die Zufallsvariable X höchstens den Ausprägungswert x annimmt, hat das in der folgenden Abbildung gezeigte Aussehen.

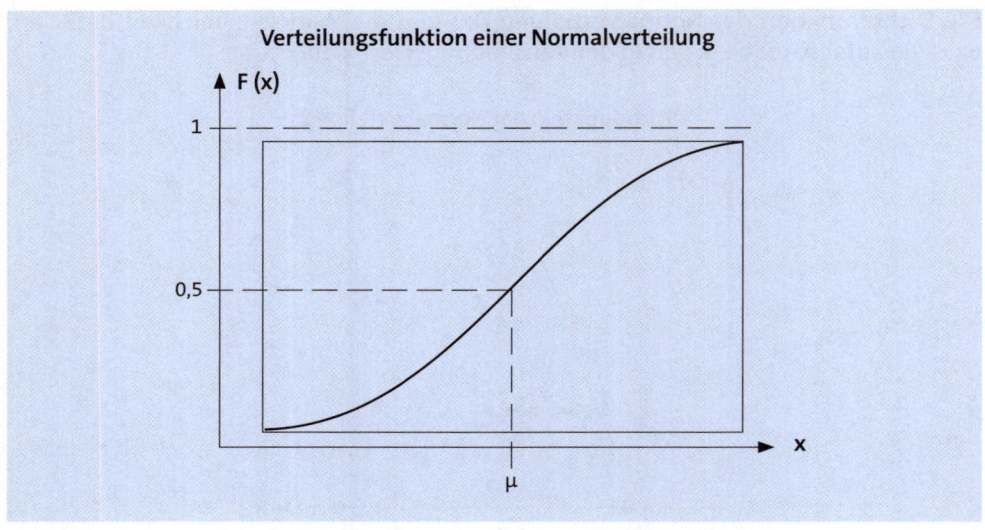

Charakteristisch an der Normalverteilung ist, dass der **Wendepunkt** der Kurve bei + σ und − σ liegt und die Kurve theoretisch zu beiden Seiten ins Unendliche reicht, praktisch aber bei + 3 σ und − 3 σ die Abszissenachse berührt. Je mehr die **Dichtefunktion** streut, desto flacher ist ihr Verlauf bzw. umso weiter gestreckt ist die dazu korrespondierende **Verteilungsfunktion**.

Wie sich eine **Normalverteilung** aus vorhandenem Datenmaterial schrittweise ableiten lässt, wird an einem Beispiel gezeigt (*Brassard u. a., 2002*):

Beispiel

1. Schritt:

Histogramm erstellen, und zwar aus Stichproben. Die Stichprobenwerte werden zu Klassen (= Intervallen) mit gleichen Breiten gruppiert und mit den Mittelwerten der Klassen in einem Histogramm (Häufigkeitstabelle) dargestellt. Das nachstehende Histogramm besteht aus den Messwerten von insgesamt n = 125 Stichproben.

Klasse	Klassen-grenzen	Mittelwert	Häufigkeit	Gesamt
1	9.00-9.19	9.1	I	1
2	9.20-9.39	9.3	ЖІ IIII	9
3	9.40-9.59	9.5	ЖІ ЖІ ЖІ I	16
4	9.60-9.79	9.7	ЖІ ЖІ ЖІ ЖІ ЖІ II	27
5	9.80-9.99	9.9	ЖІ ЖІ ЖІ ЖІ ЖІ ЖІ I	31
6	10.00-10.19	10.1	ЖІ ЖІ ЖІ ЖІ II	22
7	10.20-10.39	10.3	ЖІ ЖІ II	12
8	10.40-10.59	10.5	II	2
9	10.60-10.79	10.7	ЖІ	5
10	10.80-10.99	10.9		0

2. Schritt:

Häufigkeitsverteilung bestimmen, und zwar aus einem Histogramm.

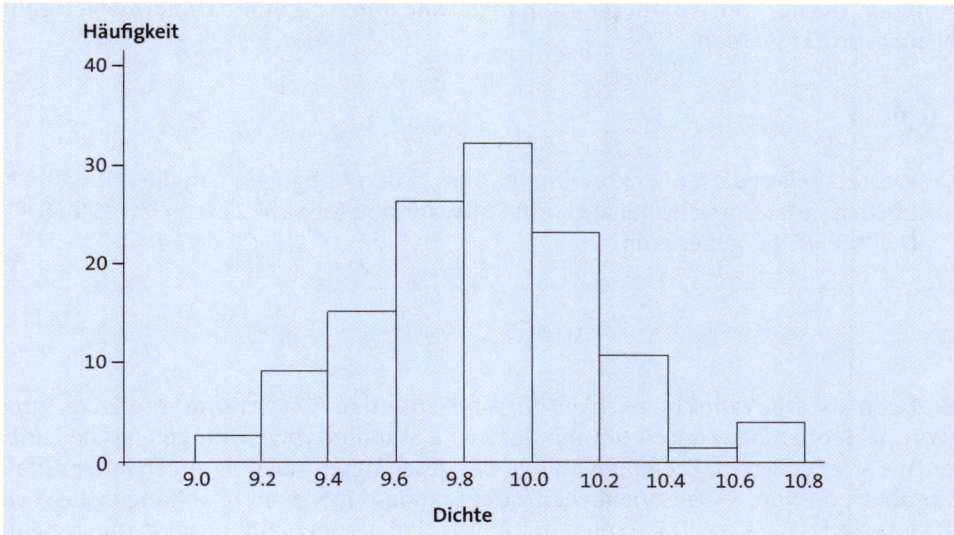

Eine Häufigkeitsverteilung muss nicht unbedingt symmetrisch sein. Möglich sind auch schiefe (= links- bzw. rechtssteile) oder mehrgipflige Verteilungen. Allerdings kommt es nach dem **Zentralen Grenzwertsatz** (unter bestimmten Bedingungen) zu einer angenäherten Normalverteilung.

3. Schritt:

Normalverteilung ableiten, und zwar aus einer eingipfligen Häufigkeitsverteilung.

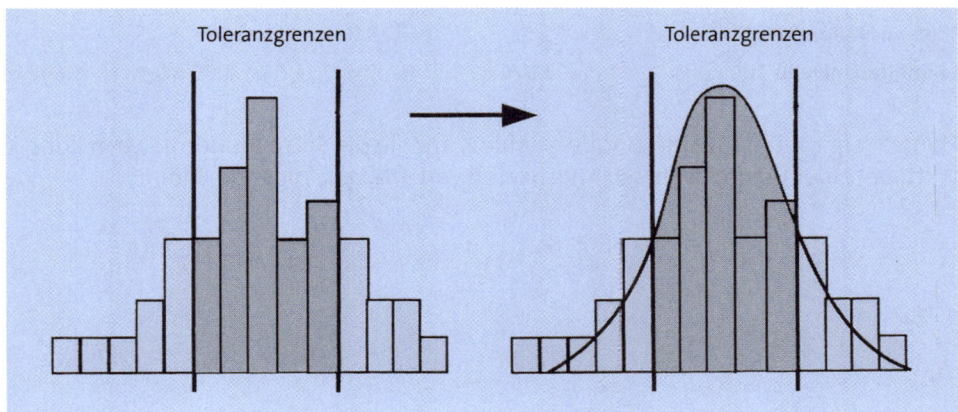

Durch **Toleranzgrenzen** (Schwellenwerte) lässt sich festlegen, innerhalb welcher Spannweite die Abweichungen vom Mittelwert zugelassen sind. Die zwischen den Toleranzgrenzen liegende Fläche, bezogen auf vorstehende Verteilungen, beträgt etwa 60 % oder 1,8 σ.

Die Wahrscheinlichkeiten dafür, dass die Realisierung x einer normalverteilten Zufallsvariablen X vom Erwartungswert nach oben oder unten um ein Vielfaches a der Standardabweichung abweicht, sind für alle Normalverteilungen gleich. Eine Verteilungsfunktion, die nur vom Parameter *a* abhängt, kann durch die **Standardnormalverteilung** N ausgedrückt werden.

Wertetabellen dieser Funktion findet man in den Anhängen gängiger Statistikbücher, sie lassen sich aber auch mit Softwaretools (etwa MS-Excel) mit „STANDNORMVERT ()" generieren.

Bezogen auf die Wahrscheinlichkeit für eine einseitige Abweichung vom Erwartungswert nach oben oder unten um mindestens a Standardabweichungen ist die **Funktion** 1 − N (a) geeignet. Diejenige Menge der geschätzten Ausprägungen einer Zufallsvariablen, die vom jeweils Vielfachen a der Standardabweichung abhängen, lässt sich als **Intervall** darstellen. Dazu muss der Anwender, bezogen auf die vorgenannte Funktion, ein Konfidenzniveau 1 − p (= Vertrauensintervall oder Sicherheitsgrad) mit zugelassener Irrtumswahrscheinlichkeit p festlegen. Die Zahl x_p, die für 0 < p < 1 die Wahrscheinlichkeitsmasse im Verhältnis p zu 1 − p teilt, heißt p-Quantil der Zufallsvariablen X. Welche Auswirkungen die **Irrtumswahrscheinlichkeit** p auf das Vielfache a der Standardabweichung hat, kann festgestellt werden mit der Funktion „NORMINV()" aus MS-Excel oder anhand der aus der Wertetabelle von N zu entnehmenden Angaben. Die nachstehende Tabelle enthält Angaben über häufig zur Risikobewertung verwendete p-Quantile.

Irrtumswahrscheinlichkeit p	1 %	2,28 %	2,5 %	5 %
Konfidenzniveau 100 - p	μ - 2,326 σ	μ - 2 σ	μ - 1,96 σ	μ - 1,645 σ

Danach ergibt sich für eine Zufallsvariable X, für die die Standardnormalverteilung zutrifft, bei einer Irrtumswahrscheinlichkeit p von 5 %, das folgende Bild:

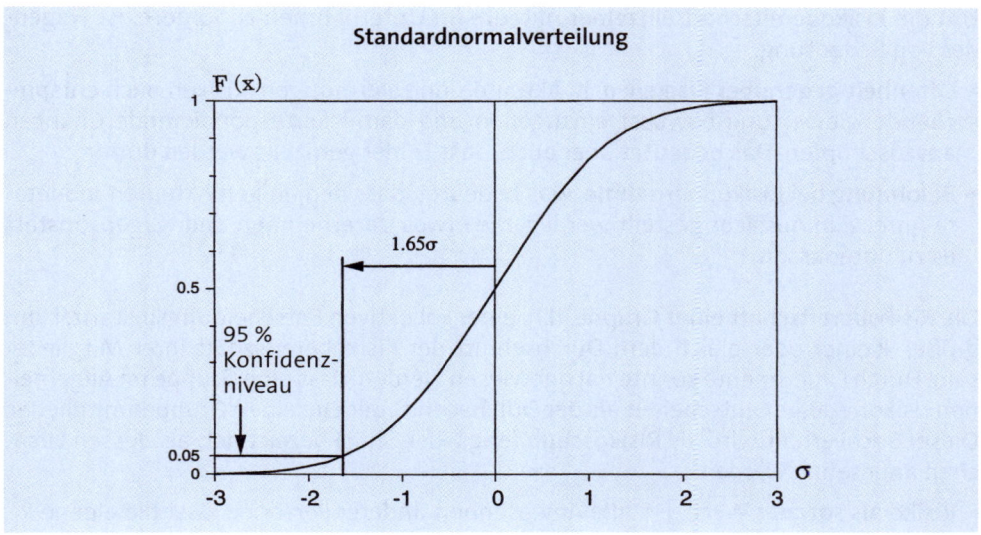

Standardnormalverteilung

7.4.2 Risikobereitschaft

Die Risikopräferenz, -neigung, oder -einstellung , d. h. eine Angabe darüber, welche Risiken ein Entscheidungsträger (Akteur) in welchem Umfang eingehen will, lässt sich am Verhalten einer Person in Bezug auf Wahrscheinlichkeitsverteilungen erkennen:

▶ Bei der Entscheidung nur nach dem **Erwartungswert** bleibt das Risiko außen vor, d. h. es liegt **Risikoneutralität** vor.

▶ Wird bei der Entscheidung außerdem die **Standardabweichung** berücksichtigt und wird bei gleichem Erwartungswert die Alternative mit der kleineren Standardabweichung gewählt, liegt **Risikoscheu** (= Risikoaversion oder Sicherheitspräferenz) vor. Andernfalls spricht man von **Risikofreude** (= Risikovorliebe).

Aus der **Lernpsychologie** ist bekannt, dass Verhaltensweisen, die angenehme Konsequenzen haben (= Belohnung), in der Folge häufiger auftreten, während solche, die keine oder unangenehme Konsequenzen haben (= Bestrafung), im Laufe der Zeit vergessen werden. Deshalb ist nach Ansicht von Verhaltensforschern eine Belohnung wirksamer als die Bestrafung.

Sind im Fall einer Entscheidung über zwei sich gegenseitig ausschließende Vorhaben z. B. einer werthaltigen Investition nicht nur die Standardabweichungen, sondern auch die Erwartungswerte des Erfolgs unterschiedlich, ist die Offenlegung der individuellen **Risikopräferenzfunktion** des Entscheiders erforderlich. Danach wird ein risikoscheuer Entscheider ein höheres Risiko wohl nur dann akzeptieren, wenn die damit verbundene Erfolgserwartung überproportional zunimmt.

Um die **Risikobereitschaft einzelner Akteure** im Unternehmen zu fördern, ist Folgendes von Bedeutung:

► **Offenheit gegenüber Risiken**, d. h. Akteure sind zu ermutigen, Risiken nach entsprechender Bewertung bewusst einzugehen und damit korrespondierende Chancen auszuschöpfen. Das bedeutet aber auch, dass Fehler gemacht werden dürfen

► **Belohnung bei Risikoübernahme**, was bedeutet, dass denjenigen Akteuren monetäre Anreize in Aussicht gestellt werden, die etwas unternehmen und wagen, anstatt es zu unterlassen.

Die **Risikobereitschaft einer Gruppe**, d.h. einer kollektiven Entscheidungsinstanz, kann größer, kleiner oder gleich dem Durchschnitt der Risikobereitschaft ihrer Mitglieder sein. Durch Experimente konnte nachgewiesen werden, dass eine Gruppe im Allgemeinen risikofreudiger entscheidet als der Durchschnitt der einzelnen Gruppenmitglieder. Dieser Sachverhalt wird als **Risikoschub** (engl. Risk Shift) bezeichnet, als dessen Ursachen angesehen werden:

► **Risiko als sozialer Wert**, d. h. die Anwesenheit anderer Personen lässt die eigene Risikobereitschaft steigen.

► **Höherer Informationsstand**, d. h. die Ungewissheit der Zukunft lässt sich reduzieren, wenn jeder Einzelne sein Wissen in die Gruppendiskussion einbringt.

► **Teilung von Verantwortung**, d. h. die einzelne Person hat das Gefühl der Anonymität und fühlt sich deshalb für eine mögliche Fehlentscheidung nicht alleine verantwortlich.

► **Führerschaft**, d. h. besonders risikofreudige Gruppenmitglieder (sog. Meinungsführer) beeinflussen den Rest der Gruppe.

7.4.3 Risikopolitik

Jede zusätzliche **Risikoübernahme** muss sich aus den zu erwartenden Beiträgen zum Erfolg rechtfertigen, wobei unter dem Gesichtspunkt der Wertorientierung zu beachten ist: Durch Risiken

► steigen die Renditeforderungen der Eigenkapitalgeber (= Shareholder) und damit auch die Eigenkapitalkosten des Unternehmens

► belasten die von den Fremdkapitalgebern (= Gläubigern) geforderten (höheren) Risikoprämien zusätzlich den finanziellen Erfolg.

Durch die Risikopolitik wird das **Niveau aller Risikopositionen** festgelegt, denen sich das Unternehmen auszusetzen bereit ist, ohne den Unternehmenswert zu gefährden. Das Risikoniveau wird maßgeblich bestimmt durch Störvariablen, die zu unerwünschten Abweichungen von Sollwerten führen. Deshalb ist dafür Sorge zu tragen, dass Abweichungen von Sollwerten mit geringerer Wahrscheinlichkeit bzw. in geringerem Ausmaß auftreten. Das erfordert

► eine **Verbesserung des Informationsstands**, um Störpotenziale sichtbar zu machen und gegebenenfalls zu verringern (ursachenbezogenen Risikopolitik)

► die **Durchführung schadenbegrenzender Maßnahmen** (wirkungsbezogene Risikopolitik).

Um im Unternehmen das **Gefährdungspotenzial** einzugrenzen, kann das Topmanagement Regeln, Grundsätze oder Handlungsanweisungen erlassen, wie etwa

► Risikoübernahme darf kein Selbstzweck sein, d. h. betriebliche Risiken sollten nur dann eingegangen werden, wenn sich dadurch der Unternehmenswert steigern lässt, ohne jedoch die Existenz des Unternehmens zu gefährden.

► Zwischen den Risiken und Chancen der Organisationseinheiten untereinander besteht ein striktes Saldierungsverbot.

► Schaffung eines Frühwarnsystems, da bislang unbekannte Risiken schnell einen für das Unternehmen gefährlichen Umfang annehmen können.

► Darstellung von Risikosituationen in Tabellen oder Grafiken, um den Verantwortlichen einen Überblick zu ermöglichen.

7.4.4 Risikomanagement und -controlling

Nach dem Deutschen Corporate Governance Kodex hat der Vorstand der AG/SE für ein von der Konjunkturlage unabhängiges **Risikomanagement und -controlling** und dessen abgestimmtes **Zusammenspiel** zu sorgen.

Als **Risikomanagement** wird der Umgang mit Risiken bezeichnet, die den künftigen Erfolg oder den Fortbestand (Existenzsicherung) des Unternehmens gefährden. Unterstützt wird das Risikomanagement im Unternehmen durch das **Risikocontrolling**, das dafür zu sorgen hat, dass unternehmensinterne Regeln und Richtlinien für ein effizientes Risikomanagement entwickelt und, ebenso wie Gesetze und Verordnungen, auch tatsächlich eingehalten werden. Die Gesamtheit der formalen Strukturen und konkreten Durchführungsausgestaltungen gehören zu den Aufgaben des **Risikomanagementsystems** (*Diederichs, 2010*).

Der idealtypische **Ablauf des Risikomanagements** stellt sich wie folgt dar:

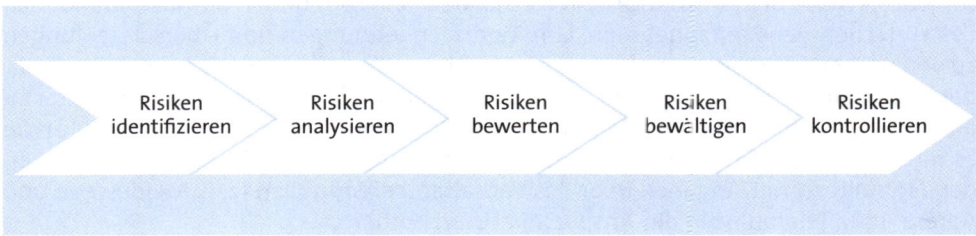

Die **Risikoübernahme** erfolgt dezentral, und zwar durch die Risikoträger (engl. Risk Owner), d. h. die Handlungs- und Entscheidungsträger in den operativen Einheiten des Unternehmens. Demgegenüber gehört die **Risikokontrolle** in den Verantwortungsbereich der Unternehmensleitung, d. h. bei der AG/SE ist das der Vorstand.

Nach § 91 Abs. 2 AktG hat der Vorstand *„geeignete Maßnahmen zu treffen, insbesondere ein Überwachungssystem einzurichten, damit den Fortbestand der Gesellschaft gefährdende Entwicklungen früh erkannt werden"*. Zu den „geeigneten Maßnahmen" gehören u. a. Kontrollen.

Die Verantwortung für eine umfassende **Dokumentation** der im Ablaufs des Risikomanagements festgestellten Risikotreiber, Bedrohungen und Systemschwächen kann dem **Risikocontrolling** übertragen werden. Unter Einbeziehung der internen Revision sowie von Wirtschafts- bzw. Abschlussprüfern kann Risikocontrolling außerdem mitverantwortlich für die **Koordination des Risikomanagementsystems** (RMS) sein.

7.4.4.1 Risikoidentifikation

Bei der Identifizierung im Sinne der Entdeckung und Wahrnehmung von Risiken (engl. Risk Awareness) geht es um die **Bestandsaufnahme** der (wichtigsten) Gefahrenquellen, Schadenursachen und Störpotenziale, denen das Unternehmen aktuell und künftig ausgesetzt ist bzw. sein wird. Dabei lassen sich Risiken umso leichter identifizieren und erfassen, je qualifizierter und erfahrener Akteure im Umgang mit Risiken sind.

Zu den **Instrumenten der Risikoidentifikation** gehören: Organigramme, Flowcharts, Checklisten, Beobachtungen, Befragungen, Besichtigungen/Begehungen, Workshops, Brainstorming, Dokumentenanalysen und Schadenstatistiken.

Die Gesamtheit aller identifizierten Risiken ergibt das **Risikoinventar**. Diesbezüglich ist für jedes Risiko nach Art und Ort ein Formblatt anzulegen und in das Risikohandbuch des Unternehmens aufzunehmen. Um Mehrfachnennungen und Überschneidungen zu vermeiden, ist in den Formblättern anzugeben, ob und wie ein Einzelrisiko mit anderen Risiken in Verbindung steht. In regelmäßigen Abständen sind die Formblätter zu aktualisieren. Treten unerwartet Gefahren auf, die außergewöhnlich sind oder für die es (noch) keine direkt erkennbaren Ursachen gibt, sollte das Risikohandbuch auch einen Notfallplan mit Angaben über das Verhalten bei Störfällen (z. B. Meldewege und Adress- bzw. Telefonlisten der Ansprechpartner) enthalten.

7.4.4.2 Risikoanalyse

Aus den Einzelrisiken, mit denen das Unternehmen rechnen muss, lassen sich u. a. folgende **Risikokategorien** bilden:

▶ **Marktrisiken** (engl. Market Risk), die sich aus Schwankungen von Marktgrößen, wie Rohstoffpreisen (einschließlich Energiepreisen), Zinssätzen oder Wechselkursen ergeben. Hinzu kommen die Wettbewerbsrisiken, verursacht durch die Abhängigkeit von wenigen Großkunden, Änderungen des Kunden- und Konkurrenzverhaltens oder das Erscheinen neuer Erzeugnisse, Dienstleistungen bzw. Wettbewerber am Markt.

▶ **Leistungsrisiken** (engl. Operational Risk), die sich ergeben, wenn der mit dem Einsatz von Produktionsfaktoren verbundene Werteverzehr nicht wieder über die Umsatzerlöse in das Unternehmen zurückfließt und dort ein Verlust entsteht. Hinzu kommen noch Risiken, die etwa durch Betriebsunterbrechungen entstehen, sei es durch Katastrophen, Streiks, fehlendes Material, zu kleine Auftragsgrößen, Qualitätsmängel infolge von Verarbeitungsfehlern, Produktrückrufe oder den Ausfall von Hauptlieferanten.

▶ **Finanzrisiken** (engl. Financial Risk), die sich ergeben, wenn das Unternehmen seinen finanziellen Verpflichtungen nicht nachkommen kann. Ist das der Fall, liegt Illiquidität (Zahlungsunfähigkeit nach § 17 InsO) vor, die immer ein Insolvenzgrund ist. Übersteigen die kumulierten Verluste des Unternehmens das risikotragende Eigenkapital, liegt Überschuldung vor. Nach § 19 Abs. 2 InsO wird dann von Überschuldung gesprochen, *„wenn das Vermögen des Schuldners die bestehenden Verbindlichkeiten nicht mehr deckt"*. Darin eingeschlossen sind Risiken aus Kapitalanforderungen von/ aus Tochtergesellschaften und Niederlassungen, Pensionsverpflichtungen, Rechtsverletzungen (= Haftungsrisiken), derivativen Finanzinstrumenten sowie Risiken nach einer Herabstufung durch eine Ratingagentur oder Bank.

▶ **Organisationsrisiken** (engl. Organizational Risk), die sich aus unklaren Aufgaben- und Kompetenzfestlegungen bzw. durch immer schärfere Corporate Governance-Regelungen ergeben oder im Zusammenhang mit Kostenstrukturen sowie Informations- und Kommunikationstechnologien stehen. Von Bedeutung sind auch Störungen, die die Arbeit des Risikomanagements und -controllings beeinträchtigen. Hinzu kommen Vertragsrisiken, durch die zunehmende Auslagerung von (Dienst-)Leistungsprozessen.

Darüber hinaus gibt es **Querschnittsrisiken** die sich mehr als einer der genannten Risikokategorien zuordnen lassen:

▶ **Projektrisiken**, weil es oft lange dauert, bis intern die **Umsetzung** eines Projekt erfolgt ist oder extern das Projekt zu **Zahlungen**, wie etwa Anzahlungen, Abschlagszahlungen oder Endzahlungen, führt. Anforderungen, die sich laufend ändern, führen zu Überschreitungen bei den Kosten und Terminen. Ferner entstehen Sunk Costs, wenn Projekte vorzeitig abgebrochen werden.

▶ **Reputationsrisiken**, wenn durch Ruf- oder Imageschädigung dem Unternehmen ein immaterieller Schaden entsteht, weil vom Management zu verantwortende Fehler, z. B. bei der Planung oder deren Umsetzung, öffentlich bekannt und diskutiert werden. Dabei kann aus einem immateriellen Reputationsschaden schnell ein monetärer Schaden entstehen, da Stakeholder abwandern und/oder neue Stakeholder in Sicht sind.

Bei den verschiedenen Interessengruppen des Unternehmens kann es zu **Konzentrationsrisiken** kommen. Beschränkt sich das Unternehmen nur auf wenige oder gar nur eine Hand voll großer Kunden, Lieferanten, Kapitalgeber oder Partner, entstehen risikoträchtige **Klumpen**. Mit abnehmender Streuung können die Klumpenrisiken bezüglich der Verwundbarkeit des Systems sowie des Schadenpotenzials so bedrohlich ansteigen, dass man sie als systemisch bezeichnen muss. Kennzeichen **systemischer Risiken** ist, dass sie im Falle ihres Eintreffens in komplexen Systemen wie Unternehmen, Staat oder Gesellschaft zu einer **Krise** führen. Beispiele dafür sind die weltweit steigenden Fertigungskapazitäten, Macht ausdrückende oder Denkmal setzende Prestigevorhaben sowie unzureichend gesicherte Netzwerke. **Katastrophen** wie terroristische Anschläge, Cyberattacken, Erdbeben, Flutwellen, Vulkanausbrüche oder Kernschmelzen steigern die Verwundbarkeit von Großsystemen. Auf den Finanz-, Rohstoff- und Internetmärkten ist auch in Zukunft mit **Blasen** zu rechnen, die nach Phasen intensiver Spekulationen mit jeweils einen **Crash** enden und hohe Wertverluste zur Folge haben.

Das alles beinhaltet der bereits erwähnte **Schwarze Schwan** als Synonym für das Undenkbare, an das man aber trotzdem denken muss: *„Der Schwarze Schwan ist der Sendbote einer neuen Zeit, in der die alten Wahrscheinlichkeiten nicht mehr gelten. Das Verlässliche unserer Zeit besteht darin, dass es keine Verlässlichkeit mehr gibt. Fast scheint es, als wolle der Schwarze Schwan das Wappentier des gerade begonnenen Jahrhunderts werden. [...] Die Wahrscheinlichkeit, dass alles anders kommt, konkurriert mit der Hoffnung, das manches bleibt, wie es war. Das lineare Leben früherer Zeiten endet mit einem Feuerwerk von Komplexität"* (Steingart, 2011).

Danach beginnt die **Suche nach Ursachen**. Ein zur Analyse von Einzelrisiken oder Risikokategorien geeignetes Instrument ist das **Ursache-Wirkungs-Diagramm** (engl./jap. Cause-and-Effect-, Fishbone- oder Ishikawa-Chart), das folgendes Aussehen hat:

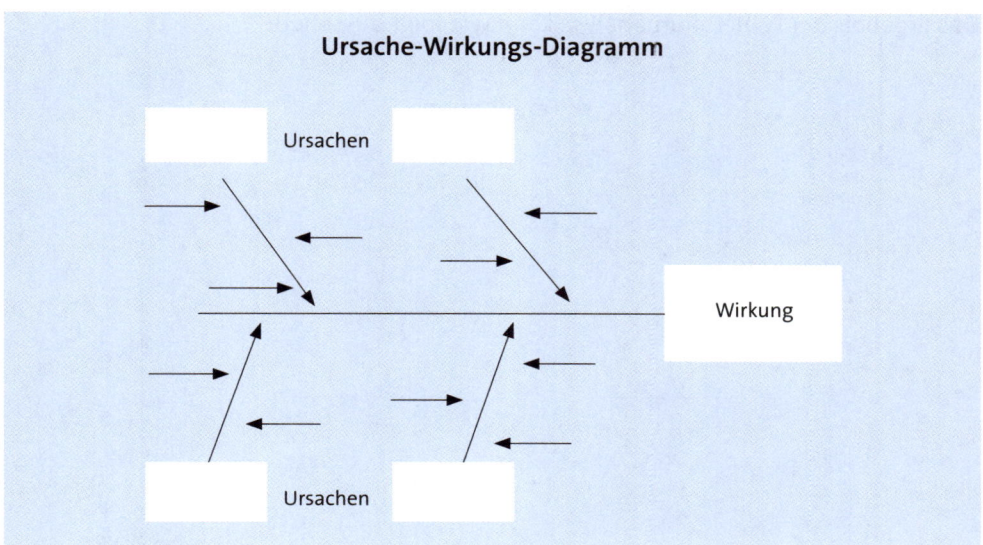

Die **Erstellung eines solchen Diagramms** ist wie folgt: Rechts am Ende einer horizontalen Linie wird das Problem (= Wirkung) eingetragen. Auf diese horizontale Linie zielen schräge Hauptpfeile (= Ursachen erster Ordnung) und auf diese zielen wiederum horizontale Unterpfeile, an denen die jeweils zutreffenden Einzelursachen (= Ursachen zweiter Ordnung) einzutragen sind. Durch immer kleiner werdende Pfeile und den Wechsel von schrägen und horizontalen Pfeilen kann nach verborgenen Fehlerursachen geforscht werden.

Ein anderes Instrument der Zerlegung von Gefahren ist die **Fehlerbaumanalyse** (engl. Fault Tree Analysis). Diese dient der Suche nach denkbaren Ursachen für einen bestimmten Fehler (= Störung). Das **Vorgehen** ist aufdeckend, d. h. ausgehend von einem unerwünschten Ereignis werden alle möglichen Kombinationen, die den Fehler verursachen können, in Form einer Baumstruktur eingetragen. Bezüglich der in einem Diagramm darzustellenden und nach unten hin erfolgenden Verzweigungen verwendet man verschiedene Symbole: **Kreise** für elementare Ereignisse, **Rechtecke** für Fehlerereignisse, die durch andere Ereignisse hervorgerufen werden und **Rauten** für Ereignisse, deren Ursachen bislang noch ungeklärt sind.

Während Kreise bei der Fehlerbaumanalyse als primäre Ursachen und Rauten als ungeklärte Ursachen einen Zweig nach unten hin beenden, werden Rechtecke als sekundäre Ursachen weiter zerlegt, und zwar so lange, bis schließlich nur noch Kreise und Rauten übrig bleiben.

Das Ergebnis der Fehlerbaumanalyse kann wie folgt aussehen:

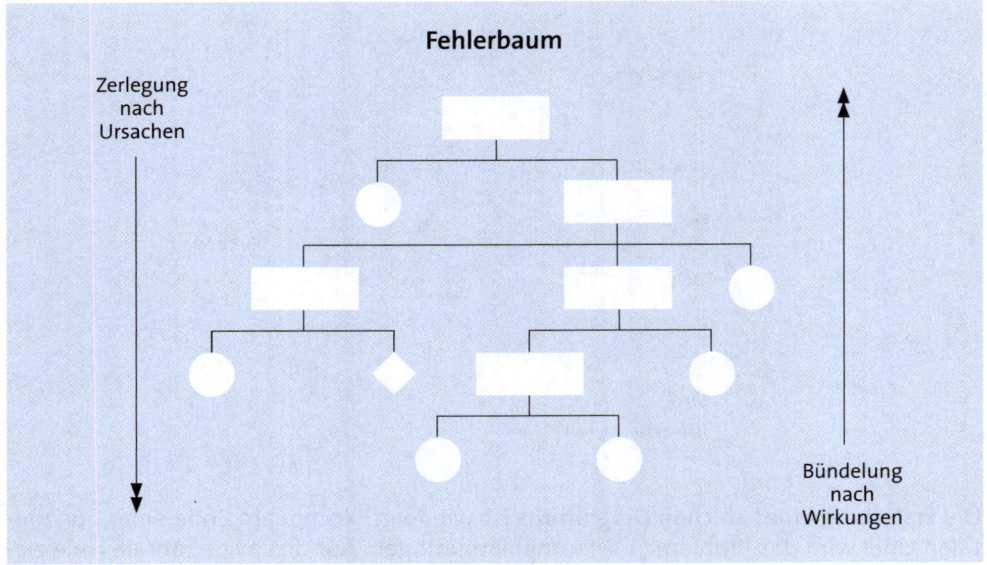

Ein fertig gestellter Fehlerbaum lässt sich dazu verwenden, Wege zur **Beseitigung von Fehlerursachen** zu erkennen und Korrekturmaßnahmen zur Verhinderung dieser Fehler zu entwickeln. Die Rauten eines Fehlerbaums werden im Rahmen der betrieblichen **Frühwarnung** gezielt beobachtet und zu klären versucht.

In den meisten Fällen ist es kein Risikofaktor allein, der ein Ziel gefährdet, sondern erst eine ungünstige Kombination mehrerer Gefahrenquellen kann ernsthafte Schäden verursachen. Die **Verbundwirkung mehrerer Risiken** visualisiert die nächste Abbildung:

Verbundwirkung von Einzelrisiken	
Fälle	Darstellung
Risiko A und B sind unabhängig voneinander	Risiko A Risiko B
Risiko B ist eine Untermenge von Risiko A	Risiko A Risiko B
Risiko A und Risiko B sind voneinander abhängig	Risiko A Risiko B

Im ersten Fall ergibt die **Addition** der Einzelrisiken ein Gesamtrisiko. In den beiden anderen Fällen ist wegen bestehender Verbundeffekte das Gesamtrisiko kleiner als die Summe der Einzelrisiken.

Berechnen lassen sich Verbundwirkungen am besten über **Korrelationen**. Als statistisches Maß drückt der Korrelationskoeffizient die Stärke des Zusammenhangs der Entwicklung von jeweils zwei Zufallsvariablen aus. Bei einem Korrelationskoeffizienten von + 1 verläuft die Entwicklung vollständig gleichgerichtet, bei einem von - 1 vollständig entgegengesetzt und bei einem von 0 ist kein Zusammenhang erkennbar. In der Regel sind Korrelationen in der Praxis nur schwer bzw. ungenau zu bestimmen.

7.4.4.3 Risikobewertung

Die identifizierten und analysierten Gefahren sind hinsichtlich ihres Zeitbezugs, der Eintrittswahrscheinlichkeiten und der **Höhe möglicher Schäden** zu messen und zu bewerten.

Risiken lassen sich nach dem **Schadenausmaß** (= Höhe möglicher Schäden unter Berücksichtigung der jeweiligen Wahrscheinlichkeiten des Schadeneintritts) und der **Schadenhäufigkeit** bewerten.

Risikobewertungen können unter Verwendung von **Skalen** erfolgen, wobei folgende **Skalentypen** unterschieden werden:

▶ **Nominalskalen**, bei der für eine Variable verschiedene Klassen definiert werden und eine Zuordnung zu einer dieser Klassen erfolgt, und zwar bezogen auf die für die Variable zutreffenden Merkmale. Gibt es für ein Merkmal nur zwei Ausprägungen, also Ja-Nein-Zustände, liegt der Fall einer Binomialverteilung vor. Die Ausprägungen der betrachteten Merkmale besitzen keine natürliche Reihenfolge, sondern bestehen gleichberechtigt nebeneinander. Einen Sachverhalt, der sich nicht nominal skalieren lässt, ist kaum vorstellbar.

▶ **Ordinalskalen**, bei denen eine Rangfolge der Ausprägungsklasse eines betrachteten Merkmals vorgenommen werden kann, ohne dass die Abstände zwischen den Klassen quantifiziert werden müssen. Für die jeweils betrachtete Variable wird dann bezüglich ihrer Merkmalsausprägung (etwa Größe, Stärke, Intensität) der zutreffende Rang bestimmt. Diese Form der Skalierung bedeutet – verglichen mit der Nominalklassifikation – einen Informationsgewinn und kann zur Bewertung von Sachverhalten verwendet werden, für die keine Maßeinheiten vorhanden sind.

▶ **Verhältnisskalen**, bei denen sich in einer Rangreihe die Abstände zwischen den Ausprägungen angeben lassen. Werden gleich große Merkmalsunterschiede durch Zahlen (z. B. Messwerte) gekennzeichnet und existiert ein absoluter Nullpunkt, handelt es sich um eine echte Rangreihe. Werden demgegenüber verschiedene aufeinander folgende Zahlen zusammengefasst (= gruppiert), wird von einer Intervallskala gesprochen, deren Nullpunkt frei wählbar ist.

Die **Unterschiede** der genannten Skalentypen soll die nachfolgende Abbildung verdeutlichen:

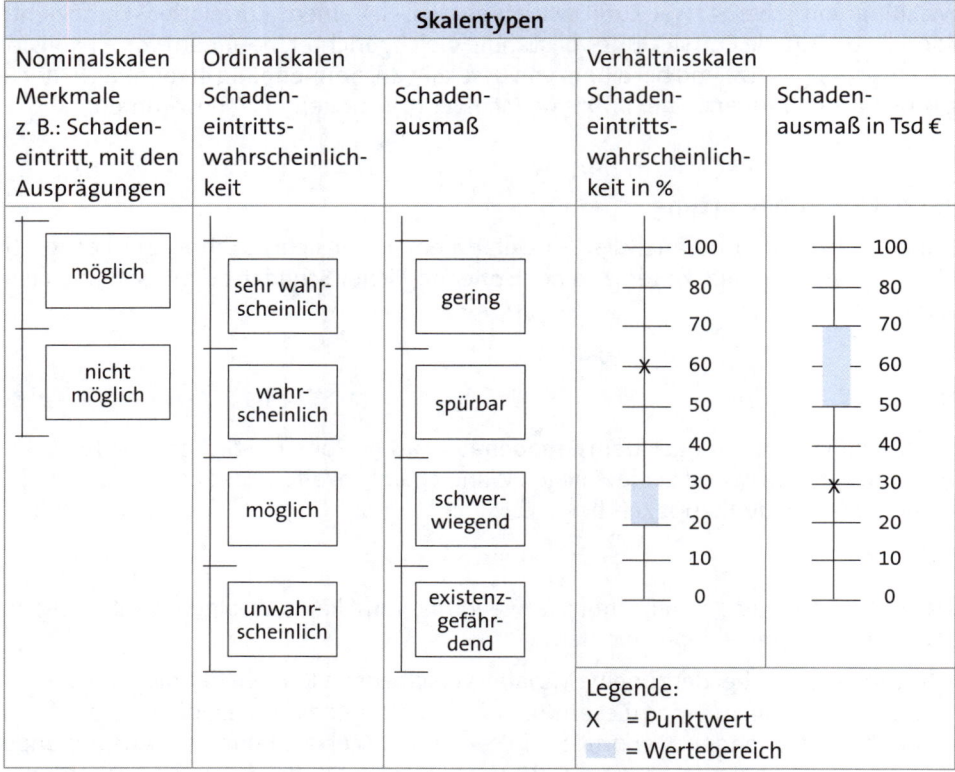

Skalentypen				
Nominalskalen	Ordinalskalen		Verhältnisskalen	
Merkmale z. B.: Schadeneintritt, mit den Ausprägungen	Schadeneintrittswahrscheinlichkeit	Schadenausmaß	Schadeneintrittswahrscheinlichkeit in %	Schadenausmaß in Tsd €

Legende:
X = Punktwert
= Wertebereich

Als wohl wichtigste Form der Skalierung erhalten Verhältnisskalen ihre Bedeutung dadurch, dass sie

► **numerische Schätzungen** visualisieren, sei es als Punktwerte oder Wertebereiche (Intervalle)

► eine **Addition von Merkmalsausprägungen** erlauben, und zwar wegen der Gleichheit der Verhältnisse (deshalb kann z. B. die Schadenhöhe eines Risikos A von 5 Tsd € und eines davon unabhängigen Risikos B von 10 Tsd € zu einem Gesamtschaden von 15 Tsd € zusammengefasst werden)

► die Darstellung des Risikos in **Wahrscheinlichkeitsverteilungen** gestatten.

Auf der Basis von Verhältniszahlen lässt sich auch das auf dem Prinzip der Vorsicht beruhende **Korrekturverfahren** anwenden. Danach erhalten üblicherweise die Inputvariablen einen subjektiv festgelegten Risikozuschlag oder die Outputvariablen einen subjektiv festgelegten Risikoabschlag. Der Nachteil dieses einfachen Vorgehens besteht in der zumeist pauschalen Berechnung der Zu- und Abschläge.

Ein anderes Vorgehen der Risikobewertung erlauben **Sensitivitätsverfahren**, für deren Anwendung keine Eintrittswahrscheinlichkeiten bekannt sein müssen. Die Sensitivität einer Zufallsvariablen, etwa einer Erfolgsgröße, eines Vermögensgegenstands, einer Verbindlichkeit oder des Unternehmenswerts, in Bezug auf bestimmte Risikofaktoren wird als **Exposure** (= offene Risikoposition) bezeichnet. Allgemein gilt eine Position dann als offen, wenn ihr keine gegenläufige Position in gleicher Höhe und/oder gleicher Fristigkeit gegenübersteht. Quantifizieren lässt sich ein Exposure durch die aufgrund einer einprozentigen Veränderung der Zufallsvariablen X verursachte Wertänderung (*Bartram, 2000*).

$$\text{Exposure} = \frac{\text{Unerwartete relative Wertänderung einer Position}}{\text{Unerwartete relative Änderung des Risikofaktors}}$$

Ein relativ unkompliziertes Verfahren zur **Bewertung von Verbundrisiken**, bei dem weder Korrelationen noch Eintrittswahrscheinlichkeiten quantifiziert werden müssen, beruht auf dem **Gesetz über die Fehlerfortpflanzung**.

Beispiel

Für einen konkreten Fall existieren die **Einzelrisiken** A, B, C und D, die für sich allein in Geldeinheiten (GE) ausgedrückt werden können.

Sind A = 40 GE, B = 20 GE, C = 50 GE und D = 30 GE, ist das unverbundene, also additiv zu berechnende Gesamtrisiko 140 GE.

Da es unwahrscheinlich ist, dass alle Einzelrisiken gleichzeitig und in jeweils voller Höhe eintreten, empfiehlt sich eine Quadrierung der Einzelwerte, deren Addition und die Wurzelberechnung der Summe. Danach ist das verbundene Gesamtrisiko hier nur $\sqrt{1.600 + 400 + 2.500 + 900}$ oder $\sqrt{5.400}$ oder 73 GE.

Anspruchsvoller ist die **Risikoaggregation auf Basis von Standardabweichungen**, bei der – bezogen auf die jeweils zu bewertende Risikoart – die Einflussfaktoren und deren Korrelationen quantifiziert sein müssen. Werden der Risikoart R die beiden Zufallsvariablen X und Y zugeordnet, erfolgt die Risikoaggregation durch Addition der Verlustwahrscheinlichkeiten dieser Zufallsvariablen. Die Berechnung der Standardabweichung σ_R geschieht nach folgender Formel, wobei k die lineare Korrelation zwischen X und Y und σ_X bzw. σ_Y die Standardabweichungen der beiden Zufallsvariablen bezeichnen:

$$\sigma_R = \sqrt{\sigma_x{}^2 + \sigma_y{}^2 + 2k\sigma_x\sigma_y}$$

Ein weiteres Verfahren der Risikoaggregation ist die unten als Planungsmodell ausführlich beschriebene **Monte-Carlo-Simulation**. Damit können, und zwar ungeachtet einschränkender Annahmen über Dichtefunktionen, alle denkbaren Ereignisse und Störfaktoren riskanter Positionen „durchgespielt" werden. Unabhängig von den Verteilungen voneinander unabhängiger Inputgrößen tendiert bei einer hinreichend großen Zahl von Simulationsläufen die Verteilung der abhängigen Outputgröße zur Normalverteilung. Aus dieser kann dann – wie oben beschrieben – mit dem Streuungsmaß der Standardabweichung das Risiko gemessen werden.

Ein zur **Bewertung der Risikotragfähigkeit** geeignetes Verfahren, das vornehmlich in Bankkreisen zur Anwendung kommt und mit historischen Daten arbeitet, ist das zur Berechnung des **Value at Risk** (VaR).

Der **Value at Risk** (VaR) als Maß für das Downside-Risiko ist die für einen Betrachtungszeitraum berechnete Kennzahl, aus der hervorgeht, wie hoch unter sonst üblichen Bedingungen der mit einer vorgegebenen Wahrscheinlichkeit maximale Verlust (= Höchstschaden) eines oder aller risikobehafteten Engagements (= Risikopositionen bzw. -kategorien) ist. Oder anders ausgedrückt: Der mit einer bestimmten Wahrscheinlichkeit ermittelte VaR ist die maximale negative Abweichung vom Erwartungswert einer normalverteilten Zufallsvariablen X.

Die den VaR einer Position bestimmenden **Faktoren** sind:

► das vorzugebende **Konfidenzniveau** 1 – N(a). In Abhängigkeit von der Risikoneigung des Managements liegt das Konfidenzniveau meistens zwischen 95 % und 99 %. Wollte man eine hundertprozentige Sicherheit erreichen, müsste man den gesamten aktuellen Wert der jeweiligen Risikoposition oder -kategorie als VaR angeben

► der festgelegte **Zeitraum** (= Haltedauer in Tagen, Wochen oder Monaten), für den der Maximalverlust berechnet werden soll

► die **Volatilität** (= Schwankungsbreite) der betrachteten Position, ausgedrückt durch die Standardabweichung.

Für mehrere Zufallsvariablen berechnete VaR-Werte lassen sich zu einem **Gesamtrisiko** zusammenfassen, wobei Verbundeffekte zu berücksichtigen sind, die sich durch Gleich- oder Gegenläufigkeiten ergeben. So können teilweise oder vollständig gegenläufige Entwicklungen durch strukturelle Maßnahmen (etwa mittels Diversifikation) bewusst angestrebt werden, weil das risikokompensierende Wirkungen hat. Sofern das nicht oder nur schwer möglich ist, sollten den Organisationseinheiten **Limitierungen** (= Grenzwerte) für einzugehende Risikopositionen vorgegeben werden, die für das Gesamtunternehmen – und zwar bezogen auf das haftende Eigenkapital – insgesamt als noch tragbar angesehen werden. Für die **Ausgestaltung von Limitsystemen** kommen folgende Ausprägungen infrage: Die den jeweils Verantwortlichen für einen Zeitraum zugeteilte Vorgabe für den maximalen VaR ist in seiner Höhe entweder konstant (= starres Limit), sinkt bei realisierten Verlusten (= Verlustbegrenzungslimit) oder steigt mit den erzielten Gewinnen (= dynamisches Limit). Nach § 92 AktG ergibt sich eine Existenzbedrohung des Unternehmens bei einem monetären Verlust in Höhe der Hälfte des Grundkapitals, wobei in einem solchen Fall der Vorstand verpflichtet ist, eine Hauptversammlung einzuberufen und diesen Sachverhalt dort anzuzeigen.

In den meisten Fällen wird der VaR-Ansatz zur **Quantifizierung von Markt- und Preisschwankungen** genutzt. Das gilt uneingeschränkt für die Bereiche der RHB-Stoffe, Währungen und Aktien (darunter auch solche zur Deckung verbindlich zugesagter Pensionsansprüche), da über die Börse arbeitstäglich aktualisierte Marktpreise verfügbar sind. Mittlerweile werden aber auch **Varianten des VaR** verwendet, die von Schwankungen der Barwerte finanzieller Größen bis hin zu Wertveränderungen von Vermögensgegenständen reichen, für die – und das ist der Hauptunterschied zum ursprünglichen VaR-Konzept – keine täglich aktualisierten Marktpreise vorliegen und darüber hinaus nur eine eingeschränkte Liquidierbarkeit der Bilanzpositionen besteht. Zunehmende Verbreitung findet der **Cashflow at Risk** (CFaR), der den Einfluss von Risikofaktoren auf die unten beschriebenen Komponenten des mit Risiken behafteten Cashflows als finanzieller Periodenüberschuss quantifiziert (*Homburg/Stephan, 2004*).

Außerhalb des Bankensektors bestehen gegenwärtig für VaR-Verfahren die wohl besten **Einsatzmöglichkeiten** in internationalen Unternehmen, da diese über hinreichend große und unterschiedliche Risikopositionen verfügen, aus denen sich die zur Berechnung des Eigenkapitalbedarfs erforderlichen Limitierungen der Risikobereiche wenigstens der Größenordnung nach bestimmen lassen. Eine völlige Sicherheit vor Verlusten bietet die VaR-Methode allerdings auch dort nicht, da in Anbetracht der **Restunsicherheit** das Risiko theoretisch grenzenlos ist. Für diejenigen Restrisiken, die außerhalb des Konfidenzintervalls einer VaR-Berechnung liegen, können ergänzend sog. Worst Case Betrachtungen (mit entsprechenden Crash- oder Stresstests) erfolgen, bei denen für extreme Verlustgefahren mit einem Vielfachen der Standardabweichung gerechnet wird.

Zur Evaluierung oder Validierung des Multiplikators a der auf die Standardnormalverteilung bezogenen Abweichungen kann ein **Stresstest** vorgesehen werden, bei dem mithilfe analytischer Verfahren untersucht wird, ob der VaR als Gefährdungspotenzial durch die tatsächlich eingetretenen Verluste übertroffen wurde. Abgesehen davon, dass der Stresstest mit Daten der Vergangenheit arbeitet, beinhaltet das Verfahren selbst **Fehlergefahren**, denn in Abhängigkeit von den Resultaten kann ein analytisches Verfahren verworfen werden, obwohl es korrekt arbeitet (= Fehler 1. Art) oder ein nicht korrekt arbeitendes Verfahren wird als korrekt anerkannt (= Fehler 2. Art).

7.4.4.4 Risikosteuerung

Der Einsatz von **Sicherungsmaßnahmen** als Mittel der Krisenprävention bzw. der Risikobewältigung kann dazu beitragen, das Ausgangsrisiko sowohl der Wahrscheinlichkeit als auch der Höhe nach zu senken. Die meisten dieser Maßnahmen verursachen allerdings Sicherungskosten, die unter sonst gleichen Bedingungen den Unternehmenserfolg mindern. Der Umfang der Sicherungsmaßnahmen sollte daher so sein, dass ein **Restrisiko** übrig bleibt, das das Unternehmen zu tragen bereit ist und dafür als Prämie den Gewinn erhält. Das soll die nachstehende Abbildung verdeutlichen.

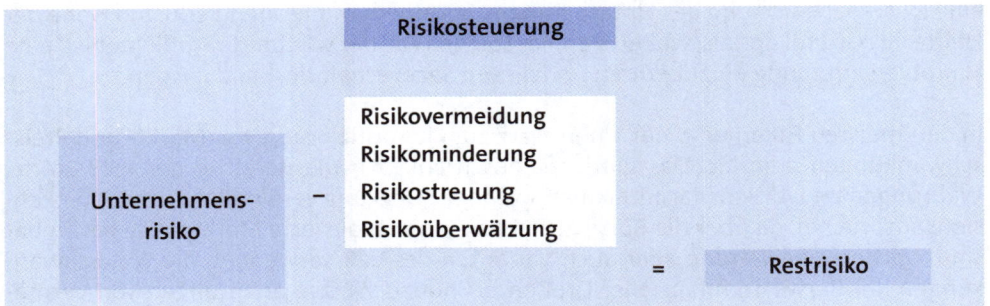

Dabei sind:

► **Risikovermeidung** durch Unterlassen besonders riskanter Handlungen. Zum Beispiel werden umstrittene Technologien gemieden oder gefährliche sowie umweltbelastende Materialien und Erzeugnisse aufgegeben oder erst gar nicht entwickelt. In Ländern mit hohen Risiken wird nicht exportiert, bonitätsmäßig schlecht dastehende Abnehmer werden nicht (weiter) beliefert, werthaltige Investitionen unterbleiben, wenn diese nicht die geforderten Mindestrenditen gewährleisten. Vereinfachend ausgedrückt handelt es sich hierbei um Risiken, die nur ein Spekulant einzugehen bereit wäre.

► **Risikominderung** durch Maßnahmen wie Abschluss langfristiger Lieferverträge, Mehrfachverwendbarkeit des Materials, frühzeitige Produktrückrufe, Einstellung nur qualifizierter Arbeitnehmer, Vorbereitung der Fach- und Führungskräfte auf geänderte Anforderungen durch umfassende Weiterbildungsmaßnahmen oder kontinuierliche Verbesserung der Prozesse bzw. der technischen Sicherheits- und Notfallsysteme.

► **Risikostreuung** zur Vermeidung von Klumpenrisiken. Die Zerlegung eines Großrisikos in jeweils viele kleine, möglichst voneinander unabhängiger Teilrisiken, erlaubt den Ausgleich nach der Regel, dass man aus Vorsichtsgründen niemals alle Eier in einen Korb legen sollte.

► **Risikoüberwälzung** durch Vertragsvereinbarungen (z. B. Allgemeine Geschäftsbedingungen), Eigentumsvorbehalte oder Garantien (etwa ökologischer Unbedenklichkeit) der Vorprodukte. Darüber hinaus lassen sich Risiken senken, und zwar durch die Auslagerung standardisierter bzw. kernferner Tätigkeiten an Dritte (= Outsourcing), durch Miete statt Kauf von Sachanlagen (= Leasing), durch den Verkauf von Forderungen vor deren Fälligkeit (= Factoring) und durch sonstige Formen der Absicherung.

Als **Absicherung** wird eine Maßnahme verstanden, die geeignet ist, entweder die Eintrittswahrscheinlichkeit des Risikos zu senken oder die daraus resultierenden Schäden zu mindern. Kennzeichnend für eine Absicherung ist, dass die entsprechende Maßnahme zeitlich vor dem Eintritt des unsicheren Risikofalls ergriffen und dabei ein sicherer Mitteleinsatz, die **Prämie**, fällig wird.

Ein Instrument zur Absicherung speziell von Marktrisiken ist der **Hedge** mittels derivater, d. h. abgeleiteter Finanzprodukte (= Derivate). Dabei wird ein Hedge genau entgegengesetzt zum bestehenden Exposure aufgebaut. Die am meisten verwendeten **Hedgeformen** sind.

► **Forwards** als Termingeschäfte, die auf einer gegenseitig verpflichtenden Vereinbarung zwischen zwei Vertragspartnern beruhen, jedoch individuell ausgestaltet werden können. Die Ausgestaltungsfreiheit erlaubt es, die Kontrakte den besonderen Bedürfnissen der Vertragsparteien anzupassen, beeinträchtigt jedoch die Handelbarkeit dieser Kontrakte.

► **Futures** als für beide Parteien gleichermaßen verpflichtende (symmetrisch) Kauf- oder Verkaufsverträge eines bestimmten Basiswerts. „Long"-gehen von Futures verpflichtet zum Kauf und „Short"-gehen zum Verkauf des Basiswerts an einem künftigen Termin.

► **Options** als asymmetrische Kontrakte, deren Käufer das Recht, aber nicht die Verpflichtung zur Erfüllung hat. Verkäufer einer Option ist der Stillhalter, der auf Verlangen des Optionskäufers zur Erfüllung des Kontrakts verpflichtet ist. Dafür zahlt der Käufer dem Verkäufer bei Vertragsabschluss eine Prämie.

► **Swaps** als Vereinbarungen, denenzufolge ein Austausch von Zinszahlungen (beim Zinsswap) oder Kapitalbeträgen (beim Währungsswap) stattfindet. Dabei zahlt eine Partei über einen vereinbarten Zeitraum in regelmäßigen Abständen und auf eine festgelegte Menge einen zuvor vereinbarten Preis, während die Gegenseite auf dieselbe Menge und zu gleichen Zeitpunkten den jeweils aktuellen Marktpreis zahlt. Effektiv ausgeglichen werden meistens nur die mit den Swapgeschäften verbundenen Zahlungsspitzen.

Wie sich der VaR für eine Risikoposition (z. B. für den Gewinn in Mio €) durch **Hedging** verringern lässt, soll die nachstehende Abbildung deutlich machen (*Jorion, 2007*):

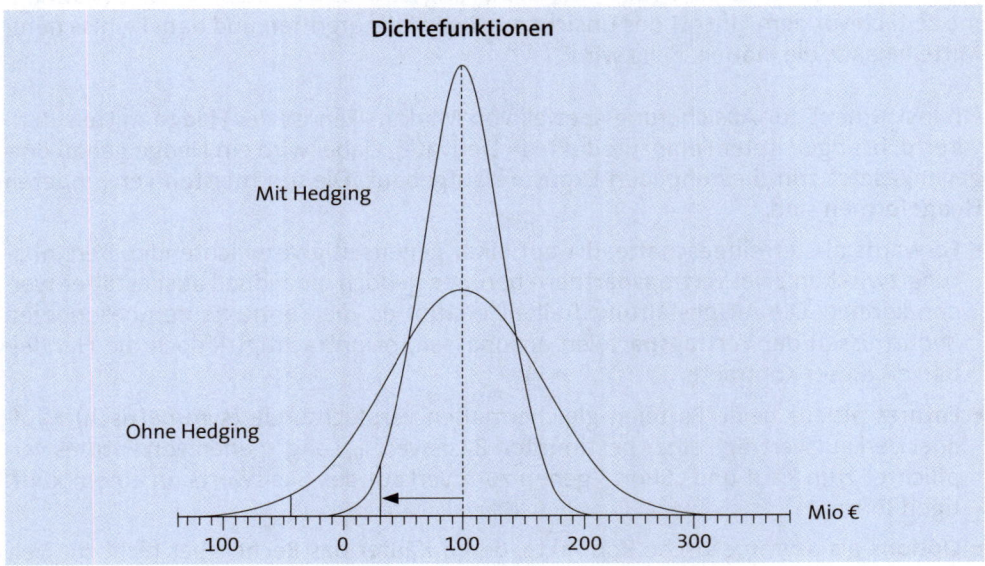

Mit jedem Derivateeinsatz ist das **Ausfallrisiko** (engl. Counterparty Risk) verbunden, das dann wirksam wird, wenn Partner ihren Zahlungsverpflichtungen nicht oder nicht termingerecht nachkommen. Im Börsenhandel übernimmt die Börse oder deren Clearingstelle das Ausfallrisiko, indem Sicherheiten nicht für den gesamten Kontraktwert, sondern nur so genannte Margins (ähnlich dem VaR) für den größtmöglichen Verlust des latent vorhandenen Risikos vorab zu hinterlegen sind, wodurch sich eine Hebelwirkung (= Leverage-Effekt) über den Kontraktmultiplikator der Derivate ergibt.

Die **Grenzen des Hedging** bestehen darin, dass sich das Unternehmen mit gängigen Sicherungsgeschäften nicht auf Dauer seiner Wettbewerbsfähigkeit entziehen kann. Spätestens dann, wenn die häufig nur bis maximal ein Jahr in die Zukunft reichenden Sicherungsmaßnahmen auslaufen, muss das Unternehmen mit den dann geltenden Werten (einschließlich der Konditionen der erst später abzuschließender Sicherungsgeschäfte) kalkulieren.

Ein anderes Instrument zur Absicherung von Risiken ist die **Versicherung**. Abgesehen von Pflichtversicherungen (etwa die Kfz-Versicherung) ist das primäre Kriterium für eine **Fremdversicherung** die voraussichtliche Schadenhöhe. Da zwischen Schadenhöhe und -wahrscheinlichkeit eine negative Korrelation besteht, sollten Groß- bzw. Katastrophenrisiken mit geringer Wahrscheinlichkeit, verursacht durch Brand, Sabotage oder sonstige Betriebsunterbrechungen, grundsätzlich fremdversichert werden.

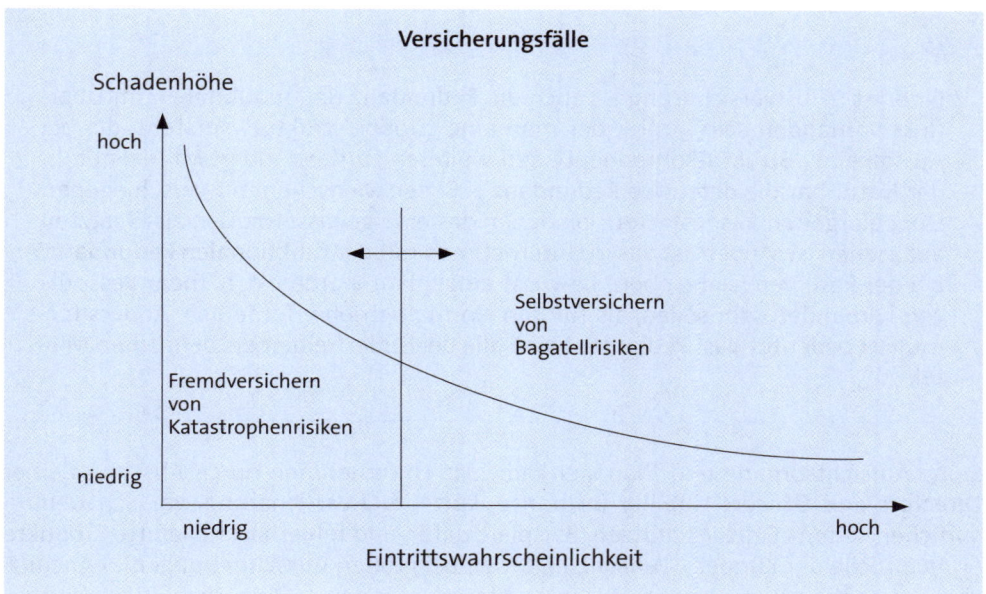

Im **Versicherungsvertrag** werden neben dem Versicherungsschutz und der dafür zu zahlenden Prämie auch die Laufzeit und das Kündigungsrecht geregelt. Aus Gründen der Risikoteilung können Selbstbehalte der Versicherungsnehmer vorgesehen werden. Nachteile der Fremdversicherung sind die Höhe und Volatilität der Prämien. Als Antwort darauf prüfen Großunternehmen die Möglichkeit, einen Teil ihrer gebündelten Risiken nicht zu versichern, sondern zu verbriefen und an Investoren zu verkaufen.

Mit steigender Schadenhäufigkeit kann der Bedarf an Fremdversicherungen sinken, weil mehr oder weniger regelmäßig eintretende Schäden ihre Zufälligkeit verlieren, kalkulierbar werden und damit eine **Selbstversicherung** erlauben. Entsprechende Risiken werden intern dann so behandelt, dass sich im Zeitablauf (etwa innerhalb eines Geschäftsjahres) die erwarteten und tatsächlichen Schadenkosten ungefähr ausgleichen. Das kann in der Weise geschehen, dass für die in der Preiskalkulation angesetzten (= kalkulatorischen) Wagniskosten intern **Reserven** gebildet werden, deren Auflösung dann in Höhe der tatsächlich eingetretenen Schäden erfolgen. Selbstversicherungen betreffen allerdings nicht nur die kalkulierbaren Wagnisse (insbesondere solche der Gewährleistung) oder sonstige Bagatellschäden, sondern auch solche Spezialrisiken, die sich zu annehmbaren Prämien nicht fremdversichern lassen oder für die überhaupt keine Möglichkeit der Fremdversicherung besteht (z. B. für FuE-Risiken oder das allgemeine Unternehmensrisiko).

Eine Art Selbstversicherung ist auch die **Redundanz** (lat. redundare = im Überfluss vorhanden sein), unter der man eine „Doppelstruktur" versteht, die bei Ausfall einer Strukturkomponente den weiteren Fortbestand gewährleistet. In der Natur hat die **defensive Redundanz** z. B. den Menschen mit verschiedenen Doppelorganen ausgestattet, von denen das eine gewissermaßen als Ersatzteil anzusehen ist. Anders ist das in Unternehmen mit der **funktionalen Redundanz**, bei der Reserven (siehe oben) bewusst eingeplant werden, d. h. mehr Ressourcen vorhanden sein sollen, als für den Normalbetrieb erforderlich. Anders formuliert bedeutet das: Redundant sind alle bei Fehlerfreiheit entbehrlichen Mittel.

Seine Aufsichtsorgane und Manager kann das Unternehmen durch Abschluss einer **Directors and Officers Liability Insurance**, kurz D&O-Versicherung, vor Schadenansprüchen seitens Dritter schützen. Beispiele dafür sind fehlerhaft gelieferte Produkte (= Ansprüche der Kunden), Fehlkalkulationen bei großen Ausschreibungen (= Ansprüche der Kooperationspartner), Patentrechtsverletzungen (= Ansprüche von Wettbewerbern), unterlassener bzw. falscher Kommunikation (= Ansprüche der Eigentümer). Keinen Schadenersatz leistet die D&O-Versicherung bei Vorsatz oder wissentlicher Pflichtverletzung im Innen- oder Außenverhältnis, d. h. bei schwerwiegenden Verstößen wie etwa Korruption, Geldwäsche, Steuerhinterziehung, Bilanzfälschung oder Datenschutzverletzung. Das Unternehmen zahlt als Versicherungsnehmer die Versicherungsprämien, deren Höhe sich nach den Selbstbehalten, Haftungsausschlüssen und Deckungssummen bemisst. Gegen den Vorstand gerichtlich festgesetzte Schadenersatzansprüche hat der Aufsichtsrat durchzusetzen und gegebenenfalls die Abberufung des Vorstands zu veranlassen (§ 93 AktG in Verbindung mit § 823 BGB).

Über die D&O-Versicherung hinaus kann das Unternehmen eine **Rechtsschutzversicherung** für seine Organe und sonstige Personen abschließen, um zumindest bei Klageverfahren, darunter auch solche, die sich gegen den D&O-Versicherer richten, einen Kostenschutz zu haben für die von Anwälten und Gutachtern erbrachten Leistungen (*Ihlas, 2009; Krieger/Schneider, 2010*).

Schließlich kann jedes vom Unternehmen versicherte Belegschaftsmitglied auf eigene Rechnung eine **Haftpflichtversicherung** abschließen, wenn im Anstellungsvertrag steht, dass die Person bei vorsätzlicher oder grob fahrlässiger Pflichtverletzung mit dem Privatvermögen haftet. Um festzustellen, ob im konkreten Fall solche Pflichten verletzt wurden, können der Versicherer bzw. der Aufsichtsrat eine unabhängige Kanzlei beauftragen, dieses zu untersuchen. Die gegenüber einem Manager geltend gemachte Haftsumme wird vom Gericht in der Regel abgelehnt, wenn der Vorgesetzte – bis hinauf zum Vorstand – nicht durch Kontrollen verhindert hat, dass der Schaden überhaupt entstehen konnte. Das ist auch von **Bedeutung für Controller**, wenn sie beim Aufbau eines Internen Kontrollsystems beteiligt werden und /oder für dessen Überwachung mitverantwortlich sind.

7.4.4.5 Risikokontrolle

Durch sie sollen nicht nur aufgetretene Gefahren aufgedeckt werden („controls after the fact"), sondern geht es auch darum, die Wahrscheinlichkeiten für das Auftreten von Fehlern in den Arbeitsabläufen zu senken („controls before the fact").

Wie schon ausgeführt, ist zur wirksamen Risikokontrolle ein **Internes Kontrollsystem** (IKS) gesetzlich vorgeschrieben. Für den Fall, dass im Unternehmen kein „funktionstüchtiges" IKS existiert, wird der Vorstand wegen Verletzung seiner Organisationspflicht zur Verantwortung gezogen und haftbar gemacht. Die Verantwortung für die Risikokontrolle verbleibt auch dann beim Vorstand, und dort speziell beim Vorstandsvorsitzenden (oder CEO) und Finanzvorstand (bzw. CFO), wenn diese Überwachungsaufgaben an das Controlling delegieren, Risikorichtlinien und -standards festlegen, im Unternehmen für eine starke Risikokultur sorgen, den operativen Einheiten jeweils Risikoprofile und Limits vorgeben, die Führungskräfte der Geschäftsbereiche zu Stresstests verpflichten und eine Infrastruktur schaffen, um zu gewährleisten, dass der Risikodialog zwischen der Spitze und Basis des Unternehmens zuverlässig, ungeschönt und zeitnah stattfinden kann (*Bungartz, 2010*).

Für das IKS, von dem anzunehmen ist, dass es eine große Ausstrahlungswirkung auch auf nicht kapitalmarktorientierte Unternehmen haben wird, gibt es eine Vielzahl von Definitionen, weshalb es sich empfiehlt, als Grundlage das geteilte Kontrollmodell COSO (Committee of Sponsoring Organizations of the Treadway Commission) zu wählen. Während das Modell COSO I sich auf die Prozesse aller zu überwachenden Bereiche bezieht und deshalb als ganzheitliches Konzept für ein IKS des Unternehmens gilt, betrifft das Modell COSO II das Enterprise Risk Management und somit das RMS des Unternehmens (*Brünger, 2009*).

Damit das IKS und das RMS möglichst fehlerfrei funktionieren, hat das Risikocontrolling dafür zu sorgen, dass allen davon betroffenen Personen – einschließlich der Unternehmensleitung – alle gängigen Bestimmungen bekannt sind und auch eingehalten werden.

Nach § 289 Abs. 5 HGB sind Kapitalgesellschaften dazu verpflichtet, Angaben zu wesentlichen Merkmalen des IKS und RMS im Lagebericht des Unternehmens *„im Hinblick auf den Rechnungslegungsprozess"* zu machen.

Unter den Prämissen, dass das IKS gemäß der Unternehmenshierarchie und Delegation von Aufgaben mehrstufig strukturiert ist, und dass bestimmte interne Kontrollen bereits in den Anwendungsprogrammen der elektronischen Datenverarbeitung (EDV) erfolgen, kann ein rechnungslegungsrelevantes, d. h. auf die Finanzberichterstattung des Unternehmens ausgerichtetes System, das in der Abbildung gezeigte Aussehen haben (*Sybon, 2011*):

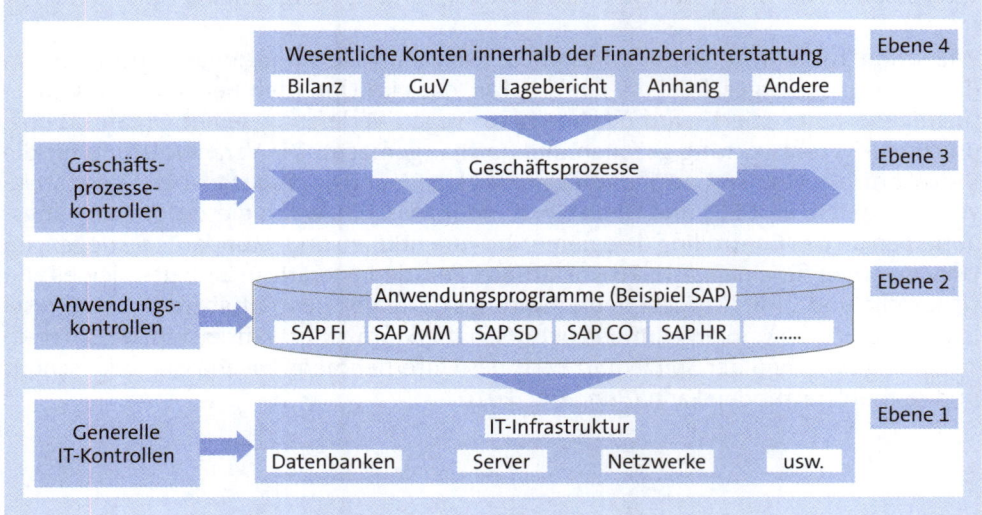

Lässt die Risikolage des Unternehmens einen Handlungsbedarf erkennen, sind als **Reaktionen** zu bezeichnende Maßnahmen erforderlich. Auf den Eintritt des Risikoereignisses selbst haben solche Maßnahmen zwar keinen Einfluss mehr, sie können aber die mit dem Risikoereignis verbundenen Schäden noch teilweise oder vielleicht ganz verhindern.

Aufgabe 1 > Seite 626, Aufgabe 2 > Seite 626

7.4.5 Six Sigma-Ansatz

Mit der vom US-amerikanischen Unternehmen Motorola entwickelten und inzwischen weit verbreiteten **Six Sigma-Methode** versuchen Unternehmen, ihre Prozesse zu verbessern und Fehler zu vermeiden (*Dahm/Haindl, 2009; Töpfer, 2007; Toutenburg, 2008*).

Als **Fehler** (engl. Defect) wird bei der Six Sigma-Methode jede Verletzung eines aus Kundensicht festgelegten **Qualitätsmerkmals CTQ** (**C**ritical **to Q**uality) verstanden.

Da es in der Praxis bei Prozessen auf Dauer keine absolute Fehlerfreiheit (engl. Zero Defects) gibt, wird – soweit das vertretbar ist – nur die Festlegung und Einhaltung einer „angemessenen" **Fehlertoleranz** gefordert, die Qualitätsabweichungen bei Prozessen in begrenztem Umfang zulässt. Weil das Spektrum der positiven und negativen Abweichungen vom Mittelwert jeweils eines Prozessmerkmals statistisch „Six Sigma" beträgt, lässt sich als Kennzahl für das angestrebte Qualitätsniveau bzw. eine akzeptierte Fehlerquote des jeweiligen Prozesses ein zwischen 1 und 6 liegender Sigma-Wert angeben. Die **Fehlermessung** kann dabei unter Verwendung spezieller Softwarepakete der Statistik, wie z. B. MINITAB vom Anbieter Additive oder STATISTICA vom Anbieter Statsoft, erfolgen.

Vertreter dieser Methode empfehlen, für jedes Six Sigma-Vorhaben ein **Projektteam** zu bilden, das in allen Phasen vom **Projektcontrolling** begleitet wird. Der Auftraggeber eines Six Sigma-Vorhabens, der auch den Projektleiter bestimmt, wird als „Champion" bezeichnet. Die übrigen Projektmitglieder sind zertifizierte Experten. Die Qualifikationsstufe der Six Sigma-Experten ist erkennbar an der Farbe des „Gürtels" (engl. Belt), der ihnen in Anlehnung an asiatische Kampfsportarten verliehen wurde. Die höchste Qualifikation haben die zum Projektleiter geeigneten „Master Black Belts", danach folgen als Experten für den Methodeneinsatz und statistische Analysen die „Black Belts" und schließlich die „Green Belts", die Mitarbeiter am Arbeitsplatz trainieren. Nach Abschluss des Six Sigma-Vorhabens wird der bearbeitete Prozess zurück an den zuständigen Prozessverantwortlichen (engl. Process Owner) übertragen.

Für zu verbessernde Prozesse ist das so genannte **DMAIC-Phasenkonzept** anzuwenden. Dabei werden in der

► **D**efine-Phase die gegenwärtigen Probleme innerhalb von Abläufen festgestellt, mit denen man sich beschäftigen muss, um eine höheres (besseres) Sigma-Niveau zu erreichen

► **M**easure-Phase die relevanten Daten über die aktuelle Situation gesammelt und so aufbereitet, dass aussagefähige Messungen bezüglich der wichtigsten zu untersuchenden Abläufe möglich sind

► **A**nalyze-Phase die Messergebnisse ausgewertet, um den Problemursachen auf die Spur zu kommen

► **I**mprove-Phase mögliche Verbesserungen getestet und Lösungen implementiert

► **C**ontrol-Phase die realisierten Verbesserungen daraufhin überwacht, ob die Ursachen für das Auftreten der Probleme wirklich beseitigt werden konnten. Außerdem wird der finanzielle Nutzen der Verbesserungen gemessen.

Bestehen Vorstellungen darüber, welche Leistungsmerkmale ein idealtypischer Prozess aufweisen sollte, kann eine **Verschiebung** (engl. Shifting) der Prozessleistung in den Akzeptanzbereich vorgesehen werden.

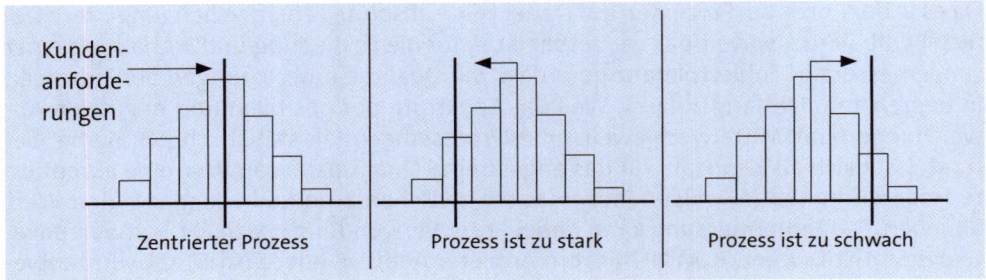

Ebenso kann eine **Reduzierung der Breite der Verteilung** durch eine Verschlankung (engl. Lean Processing) innerhalb vorgegebener Toleranzgrenzen sinnvoll sein.

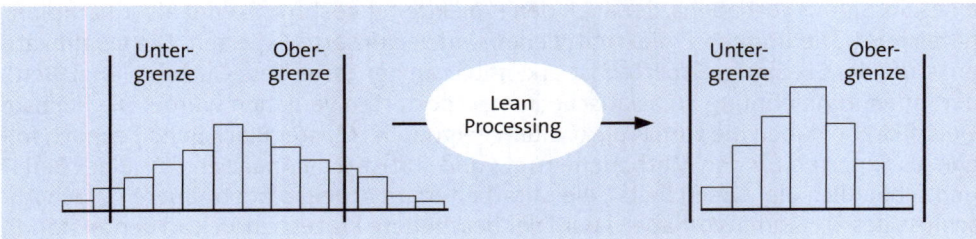

Die Messung der Leistung von Prozessen kann mithilfe von **Prozesskennzahlen** erfolgen, wie etwa:

► **N** (**N**umber of Units Processed) = Anzahl der betrachteten Vorgänge

► **O** (Number of **O**pportunities per Unit) = Anzahl der möglichen Fehlergefahren bzw. -quellen pro Vorgang. Ein hierfür häufig verwendetes Beispiel ist die Pizza mit ihren drei Fehlerquellen: Zutaten, Lieferzeit und Temperatur bei Anlieferung.

► **OFD** (**O**pportunities **f**or **D**efects) = N · O = Anzahl der Fehlermöglichkeiten

► **D** (Number of **D**efects Made) = Anzahl der tatsächlichen (gemessenen) Fehler

► **DPO** (**D**efects **p**er **O**pportunity) = D/OFD = Fehlerquote. Bei hohem OFD wird die Kennzahl DPO auch mit dem Faktor 1 Mio multipliziert, um dann mit der Kennzahl **DPMO** (**D**efects **p**er **M**illion **O**pportunities) arbeiten zu können.

► **Yield** (Prozessqualität in %) = (1 - DPO) · 100. Mit diesem Prozentsatz kann in einer Umrechnungstabelle, die sich im Anhang wohl eines jeden Six Sigma-Fachbuchs befindet, das entsprechende Sigma-Niveau bestimmt werden.

► **FPY** (**F**irst **P**assed **Y**ield) als Prozentsatz etwa der die Fertigung durchlaufenden Werkstücke, die bereits beim ersten Durchgang fehlerfrei waren. Der Rest muss nachbearbeitet werden oder ist Ausschuss, was nicht wertschöpfend ist.

Als **Maximalziel** wird die Kennzahl 6 σ erreicht, wenn nicht mehr als 3,4 Fehler aus einer Million Fehlermöglichkeiten auftreten. Dieses **Qualitätsniveau** muss in besonders kritischen Branchen, wie z. B. Fluggesellschaften, Elektrizitätsunternehmen, Herstellern von Fallschirmen oder Krankenhäusern unbedingt erreicht oder unterschritten werden. Wie sich der nachstehenden Tabelle entnehmen lässt, steigt mit abnehmendem Sigma-Niveau die zulässige Fehlerquote DPMO.

Sigma-Skala		
Sigma-Wert	Fehlerquote pro einer Million möglicher Prozessergebnisse	Fehlerfreiheit in %
2 σ	308.537	69,2
3 σ	66.807	93,32
4 σ	6.210	99,379
5 σ	233	99,9767
6 σ	3,4	99,99966

Da die meisten industriell gefertigten Produkte aus vielen Baugruppen und -teilen bestehen und innerhalb einer **Prozesskette** mit jeweils mehreren Prozessschritten (Teilprozesse) montiert werden, reicht ein Wert von etwa 3 σ pro Prozess – dem momentanen Durchschnitt in vielen Industrie- und Dienstleistungsunternehmen – kaum aus. Deshalb sollte jeder Teilprozess ein möglichst hohes Qualitätsniveau aufweisen, da sich die durch die **Kennzahl RTY** (**R**olled **T**hroughput **Y**ield) ermittelte Ausbeute durch multiplikative Verknüpfung der jeweiligen Einzelwerte innerhalb der Prozesskette ergibt. Dazu ein Beispiel mit einer Fehlerfreiheit von jeweils 95 % der Teilprozesse A bis D:

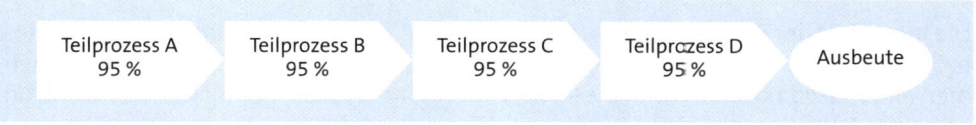

Die **Ausbeute RTY** dieser Prozesskette liegt bei $0,95^4 \cdot 100 = 81,4\,\%$ oder 2,4 σ und ist damit kaum akzeptabel. Um die Ausbeute zu steigern, müssen die Fehlerraten der Teilprozesse A bis D deutlich gesenkt werden.

Für die Modellierung neuer Prozesse gibt es als Variante das **DMADV-Phasenkonzept**. Bei diesem sind die D-M-A-Phasen ähnlich wie vorstehend beschrieben, allerdings berücksichtigen sie stärker die Anforderungen der Kunden (CTQs) sowie die im Einzelfall vorhandenen Prozessoptionen. In der **D**esign-Phase werden die Prozessmerkmale festgelegt und in der **V**erify-Phase erfolgt die Implementierung der Prozesse. Danach kommt das DMAIC-Phasenkonzept zur Anwendung.

Aufgabe 3 > Seite 626

7.5 Principal Agent-Ansatz

Die Abhängigkeit aufeinander angewiesener Wirtschaftssubjekte hat unter Berücksichtigung der Unvollkommenheit der Märkte und der daraus resultierenden Gefahren einer Fehlsteuerung von Ressourcen den Principal Agent-Ansatz, kurz auch Agency Ansatz genannt, entstehen lassen. Danach beauftragt ein **Prinzipal** (engl. Principal) durch Vertrag einen **Agenten** (= Individuum, Gruppe oder Institution) mit der Wahrnehmung bestimmter Aufgaben. Mit welcher Intensität sich der Agent diesen Aufgaben dann widmet, ist abhängig vom erforderlichen Arbeitsaufwand und der zu erwartenden finanziellen Belohnung (*Jost, 2001*).

In Unternehmen existiert eine Vielzahl von Principal Agent-Beziehungen. Typisches Beispiel sind die hier interessierenden Beziehungen zwischen den **Aktionären** als Principal (= Eigentümer, Anteilseigner, Aktionäre, Shareholder, Investoren) des Unternehmens und dem **Management** als Agent. Dabei hat das Management die Verfügungsgewalt über das Eigentum der von den Aktionären als Investoren zur Verfügung gestellte Kapital, während die Investoren das aus den Handlungen der Manager resultierende Kapitalrisiko tragen.

Die **Intensität der Einflussnahme** der Aktionäre auf das Management wird maßgeblich bestimmt durch den Anteil am Eigenkapital des Unternehmens. Gibt es im Unternehmen einen **Großaktionär**, kann dieser im Unternehmen das eigentliche Machtzentrum sein. Um Großaktionär einer Publikums-AG zu werden, kann ein Investor sich möglichst unauffällig „Anschleichen", um dann mit einer relativ kleinen Beteiligung – die meldepflichtige Schwelle liegt bei drei Prozent – zum Großaktionär zu werden.

Bezüglich der mit einer „nennenswerten" Kapitalbeteiligung im Zusammenhang stehenden Absicht lassen folgende, allerdings nicht immer klar voneinander zu trennende **Typen von Investoren** unterscheiden:

▶ **Strategische Investoren** mit in der Regel langfristigen Absichten, wie Familien, Stiftungen, Staatsfonds und sonstige Erwerber von Mehrheitsbeteiligungen, denen es als sog. **Ankerinvestoren** um die Zukunft des Unternehmens und ein profitables Wachstum geht. Ein strategisch ausgerichteter Großaktionär ist häufig in der Lage, das Unternehmen vor einer feindlichen Übernahme durch Konkurrenten oder Finanzinvestoren schützen.

▶ **Finanzinvestoren** mit eher kurzfristigen Absichten, wie Private-Equity-Gesellschaften, Investmentbanken oder Hedgefonds, die sich als **Venture-Capital-Gesellschaften** auch mit Minderheitsquoten an verschiedenen Unternehmen beteiligen, um diese jeweils zu restrukturieren und nach kurzer Zeit mit möglichst hohem Erlös wieder zu verkaufen.

Befindet sich demgegenüber das **Aktienkapital in Streubesitz**, d. h. ist das Aktienkapital des Unternehmens durch einen hohen „Free Float" gekennzeichnet, wird von einer Publikums-AG gesprochen, bei der der einzelne Aktionär kaum Einfluss (Macht) hat, was Schutzvereinigungen hat entstehen lassen, die die Rechte der Kleinaktionäre einfordern. Probleme, die bei Aktionärsschützern immer wieder auf der Tagesordnung stehen, sind die hohe Entlohnung vor allem des Topmanagements und die Tatsache, dass Führungskräfte zusätzlich gut dotierte Nebenjobs als Aufsichtsräte in anderen Unternehmen übernehmen, obwohl sie eigentlich keine Zeit dafür haben sollten.

Allgemein wird Managern nachgesagt, dass sie vorrangig **kurzfristige Ziele** und weniger die langfristigen Ziele (der strategischen Investoren) verfolgen und dass sie eine geringere **Risikobereitschaft** zeigen als von Investoren gewünscht. Hinweise auf die tatsächliche

- ▶ **Fristigkeit der verfolgten Ziele** kann der persönliche Aktienanteil einzelner Manager geben, denn bei einem hohen und steigenden Anteil an Unternehmensaktien kann es sein, dass sich die Manager als Investoren langfristig orientieren

- ▶ **Risikoeinstellung** lässt sich ableiten aus dem Verhalten einzelner Manager bezüglich der Ausübung von Aktienoptionen. Während ein eher risikoscheuer Manager seine Optionen möglichst früh ausüben dürfte, da sein Einkommen ohnehin schon eng mit den Geschicken des Unternehmens verknüpft ist, wird ein risikofreudiger Manager seine Optionen eher lange halten wollen, wenn er der Meinung ist, dass das Unternehmen aktuell unterbewertet ist und der Aktienkurs bald steigen wird.

Handlungen der Manager können die Aktionäre bzw. deren Vertreter im Aufsichtsrat weder vollständig beobachten noch genau messen, da **Informationsasymmetrien** zu Gunsten der Manager bestehen. Aus dem Informationsvorsprung seitens der Manager ergibt sich die Gefahr, dass Manager nicht nur im Interesse und zum Nutzen der Eigentümer handeln (engl. Moral Hazard), sondern in opportunistischer Weise auch eigene Interessen verfolgen, wie z. B. Arbeitsplatzsicherheit, Erhalt der Positionsmacht, hohes Gehalt und Karriere. Hinzu kommt, dass Manager bei eingeschränkter Transparenz die Möglichkeit zur Manipulation haben, d. h. Informationen bewusst vor den Investoren verbergen (engl. Hidden Information) oder profitable Handlungsalternativen, die aber wegen der damit verbundenen hohen Risiken nicht gewählt wurden, verheimlichen (engl. Hidden Action).

Um zu erreichen, dass sich Manager wieder mehr im Interesse der Aktionäre verhalten, sieht der Agency-Ansatz folgende **Varianten der Verhaltenssteuerung** vor:

- ▶ **Schaffung eines Anreizsystems**, dementsprechend werden den Managern bei Erreichung der mit ihnen vereinbarten Leistungen bzw. Ziele sowohl Bonuszahlungen (etwa Jahrestantiemen) als auch Langzeitanreize (engl. Long Term Incentives) in Aussicht gestellt. Von der experimentellen Wirtschaftsforschung konnte allerdings nachgewiesen werden, dass unter Umständen extrem hohe Leistungsanreize nicht zu einer besseren, sondern zu einer schlechteren Performance (= Leistung) führen können. Diese Ergebnisse sollten Aktionäre und Aufsichtsräte zum Nachdenken anregen, die finanziellen Anreize für das Topmanagement nicht zu groß werden zu lassen.

- ▶ **Verstärkung der Kontrolle**, vor allem des „strategischen Handelns" der Manager. Frühzeitige Gespräche zwischen aktiven Finanzinvestoren und dem Vorstand könnten auch hierzulande von Vorteil sein, finden aber empirischen Untersuchungen zufolge kaum statt. Zur Begründung wird angeführt, dass Finanzinvestoren die Unternehmensstrategie mitbestimmen und selbst das Tagesgeschäft mit beeinflussen wollen. Das mag in Einzelfällen möglich sein, generell fehlt den Finanzinvestoren dazu aber wohl die Managementkapazität. Auch im Aufsichtsrat werden aktive Finanzinvestoren künftig den Druck auf das Management erhöhen, wenn sie das Unternehmen als unterbewertet ansehen. Allerdings gelten die Aufsichtsräte hierzulande als dafür nicht sensibel genug, u. a. auch deswegen, weil an deren Spitze häufig ehemalige Vorstände des Unternehmens sitzen. Umgekehrt könnten Kontrollen aber auch reduziert werden, wenn die Selbstverpflichtung des Managements zur Einhaltung der Leitlinien der Corporate Governance nicht nur erklärt, sondern tatsächlich auch praktiziert und vorgelebt wird.

7.6 Corporate Governance

Darunter versteht man allgemein anerkannte **Leitlinien** für eine verantwortungsvolle, transparente und auf langfristige Wertsteigerung ausgerichtete **Leitung und Überwachung des Unternehmens**. Mit Blick auf einen positiven Beitrag zum Unternehmenserfolg und -wert gilt die Umsetzung der **Corporate Governance** für das Controlling als Herausforderung (*Bassen u. a., 2006; Middelmann, 2004*).

Dem Inhalt nach geht es bei dem jährlich überarbeiteten und vom Unternehmen freiwillig zu befolgenden **Deutschen Corporate Governance Kodex** um das moralische Verantwortungsbewusstsein von Führungskräften, die Offenlegung der Entlohnungskomponenten der Vorstands- und Aufsichtsratsmitglieder, die Unabhängigkeit der Aufsichtsräte und das Verhalten der beauftragten Wirtschafts- und Abschlussprüfer. Davon berührt werden werden auch Sachverhalte, die für den vorgenannten Principal Agent-Ansatz von Bedeutung sind. So müssen die Organe börsennotierter Unternehmen einmal im Jahr (meistens im Lagebericht zum Jahresabschluss) erklären, welche der im Verhaltenskodex enthaltenen Empfehlungen das Unternehmen umgesetzt hat. *„Eine überdurchschnittliche Corporate Governance stärkt das Vertrauen der Investoren und erhöht so die Attraktivität des Unternehmens als Investitionsobjekt"* (*Arnsfeld/ Stiglbauer, 2001*).

Nach vielen spektakulären Unternehmenspleiten, Bilanzfälschungen, Steuerhinterziehungen, Kartellabsprachen und Korruptionsvorgängen ist Corporate Governance weltweit zu einem viel beachteten Thema geworden. Die wohl stärkste Regulierung der Corporate Governance sieht der **Sarbanes Oxley Act** (SOX) vor, ein US-amerikanisches Gesetz, das für Konzerne und deren Tochtergesellschaften gilt, die der US-amerikanischen **Börsenaufsicht SEC** (**S**ecurities and **E**xchange **C**ommission) unterstehen. Zu den vom SOX betroffenen Unternehmen zählen alle, auch ausländischen Gesellschaften, die einen der SEC-Aufsicht unterliegenden Kapitalmarkt in Anspruch nehmen.

Die **Bestimmungen des SOX**, die dazu dienen, das Vertrauen der Investoren zu sichern und Missbrauch zu unterbinden, sehen vor:

► **Ethikrichtlinien** (engl. Code of Ethics) als Verhaltensregeln und Arbeitsordnungen, die (egoistisches) Fehlverhalten im Unternehmen unterbinden sollen. Neben Verschwiegenheitspflichten und Wettbewerbsverboten wird ein Datenmissbrauch, z. B. durch die Nutzung von Insiderinformationen zum eigenen Vorteil untersagt. Das Vorhandensein schwarzer Kassen und Schmiergeldzahlungen gelten als Erscheinungen der vollendeten Untreue. Sanktionsklauseln geben an, was bei Verstößen gegen die Ethikrichtlinien geschehen wird.

► **Verpflichtung zu rechtskonformem Verhalten** (Compliance, engl. to comply = erfüllen, einhalten) setzen allen Beschäftigten und Aufsichtsräten des Unternehmens verbindliche Richtlinien (engl. Conduct Guidelines) für Wohlverhalten, die Behandlung von Interessenskonflikten, den sorgfältigen Umgang mit Betriebsvermögen und Insidergeschäften. Bezogen auf Geschäfte mit ausländischen Partnern ist vor Ort zu prüfen, ob auch diese die Richtlinien einhalten. Darüber hinaus besteht die Pflicht, alle Sachverhalte, die die Geschäftslage und den Unternehmenswert belasten, unverzüglich aufzudecken und mittels Ad hoc-Mitteilungen den Stakeholdern bekannt zu geben. Wegen der Gefahr, für Verstöße gegen die Richtlinien oder die bewusste Inkaufnahme von Regelabweichungen (= Non Compliance) persönlich haften zu müssen, ist anzunehmen, dass der Vorstand nach außen hin nur äußerst vorsichtig kommunizieren wird.

► **Informantenschutz** (engl. Whistleblower Protection) für Personen, die an ihrem Arbeitsplatz Zeuge unethischer, illegaler oder anderer unzumutbarer Praktiken werden und sich dazu entschließen, diese der Compliance-Stelle, dem Chief Compliance-Beauftragten als Ombudsmann im Unternehmen oder einer vorbestimmten Anwaltskanzlei zu melden. Kommt im Rahmen der anonymen Weiterverfolgung gemeldeten Fehlverhaltens heraus, wer der Hinweisgeber („Singvogel") war, den schützt das Gesetz vor Sanktionen. Zunehmende Bedeutung haben Whistleblower auch als „Kronzeugen" bei Kartellverfahren, wenn sie den Wettbewerbshütern illegale Markt- oder Preisabsprachen melden, an denen sie selbst beteiligt sind.

► **Kontrollen und Verfahren** (engl. Disclosure Controls and Procedures) zwecks Sicherstellung der Richtigkeit veröffentlichungspflichtiger Informationen. Geben publizierte Ergebniszahlen die tatsächliche Finanzlage des Unternehmens nicht richtig wieder, können der Vorstandsvorsitzende (CEO) und der Finanzvorstand (CFO) persönlich haftbar gemacht werden.

► **Eidesstattliche Erklärungen** (engl. Certifications), mit denen der CEO und CFO in der Regel im Geschäftsbericht bestätigen müssen, dass ein Internes Kontrollsystem (IKS) bezüglich der offiziellen (externen) Rechnungslegung existiert, das genutzt und gewartet wird. Gegebenenfalls ist der amerikanischen Börsenaufsicht SEC jährlich ein Bericht über die Wirksamkeit des IKS einzureichen. Werden festgestellte Unregelmäßigkeiten im Sinne einer Verletzung von Kontrollregeln nicht weiter verfolgt bzw. nicht beseitigt, haben die Verantwortlichen mit strafrechtlichen Folgen zu rechnen. Außerdem muss der Abschlussprüfer im Jahresabschluss des Unternehmens bestätigen (testieren), dass das IKS vom CEO — gegebenenfalls unter Einbeziehung des Controllings — auf seine Warneffizienz hin überprüft wurde. Ferner hat der CFO die „Ordnungmäßigkeit der Finanzberichterstattung" (engl. Internal Control over Financial Reporting) gewährleistet, wonach jede Führungskraft für die internen Kontrollen zur Finanzberichterstattung seines Zuständigkeitsbereichs verantwortlich ist.

► **Unabhängigkeit des Abschlussprüfers** (engl. Auditors Independence) bedeutet, dass der Abschlussprüfer keine prüfungsfremden Dienstleistungen, wie etwa Rechts- oder Steuerberatung, für das zu prüfende Unternehmen erbringen darf. Außerdem muss der Abschlussprüfer spätestens alle fünf Jahre ausgewechselt werden.

Um keine finanzielle Belastungen zu riskieren, gibt es inzwischen auch in der **Europä- ischen Union** eine Reihe von „Best Practice"-Empfehlungen über die Funktions- und Verhaltensweisen der Unternehmensorgane. Anders als beim SOX-Regelwerk enthal- ten die EU-Richtlinien nur Mindeststandards, die durch nationale Regelungen zu kon- kretisieren sind. Dabei sieht der Maßnahmenkatalog der EU-Kommission u. a. die **Ein- führung einer Corporate Governance-Erklärung** vor, die börsennotierte Unternehmen verpflichten soll, ihrem Jahresabschluss eine Kurzbeschreibung der praktizierten und im Katalog des Deutschen Corporate Governance Kodex enthaltenen Richtlinien beizu- fügen. Einige der im SOX-Regelwerk genannten Maßnahmen wurden als vertrauens- bildende und zu Transparenz verpflichtenden Maßnahmen bereits vom **deutschen Ge- setzgeber** umgesetzt. Dazu gehören u. a. das

► **Allgemeine Gleichbehandlungsgesetz** (AGG), nach dem im Unternehmen niemand wegen Religion, Hautfarbe, Geschlecht, ethnischer Herkunft, sexueller Veranlagung sowie Weltanschauung, Behinderung und Alter diskriminiert werden darf.

► **Anlegerschutzverbesserungsgesetz** (AnSVG) mit Regelungen zur frühzeitigen Pflicht- veröffentlichung (Ad hoc-Publizität)

► **Gesetz zur Angemessenheit der Vorstandsvergütung** (VorstAG), demgemäß die Ver- gütung des Vorstands im „angemessenen" Verhältnis sowohl zu der Leistung des Vor- stands, als auch zum Lohn- und Gehaltsgefüge im Unternehmen (= vertikaler Vergleich) stehen muss. Jedes AR-Mitglied haftet dafür, dass die Vorstandsvergütung wirklich an- gemessen ist. Im Vergütungsregister als elektronisches Verzeichnis im Internet, kön- nen die bisherigen Vergütungsberichte aller börsennotierten AGs nachgeschlagen und mit anderen Vergütungsberichten desselben Wirtschaftszweigs u. a. auf „Branchenüb- lichkeit der Managergehälter" verglichen werden (= horizontaler Vergleich).

► **Gesetz über die Offenlegung der Vorstandsvergütungen** (VorstOG), das börsenno- tierte Unternehmen verpflichtet, die Vorstandsvergütung im Anhang zum Jahresab- schluss getrennt für jedes Vorstandsmitglied offen zu legen

► **Bilanzkontrollgesetz** (BilKoG), mit Auswirkungen auf §§ 342 b - 342 e HGB bezüg- lich der Prüfung auf Einhaltung bilanzrechtlicher Vorschriften der von kapitalmarkt- orientierten Unternehmen veröffentlichten Jahresabschlüssen durch die **DPR** (Deut- sche Prüfstelle für Rechnungslegung). Die DPR ist eine privatrechtliche Organisation, die über Umlagen ihrer Mitglieder, den Kapitalgesellschaften, finanziert wird. Sie soll ermitteln, wenn im Zuge stichprobeweiser Routineprüfungen der Verdacht auf feh- lerhafte Jahres- und Quartalsabschlüsse entsteht. Ergibt sich ein Verdacht, hat die DPR das der staatlichen **Bundesanstalt für Finanzdienstleistungsaufsicht** (BaFin) zu melden. Die BaFin, die sich aus Gebühren und Umlagen der beaufsichtigten Ban- ken, Finanzdienstleister, Versicherungen und Werthandelshäusern finanziert und der Rechts- und Fachaufsicht des Bundesministeriums für Finanzen untersteht, kann danach die betroffenen Unternehmen zu Korrekturen der Bilanz und deren öffentli- che Bekanntgabe verpflichten.

Die **Ethiknorm** DIN ISO 26000 gibt als „Leitfaden" Orientierung, wie Organisationen handeln sollten, um als gesellschaftlich verantwortlich angesehen zu werden, ist. Der Leitfaden ist keine Vorlage für die Zertifizierung von Unternehmen, sondern er ist nur eine **Empfehlung**, um Organisationen von „der guten Absicht zur guten Praxis" zu bewegen. Dabei stehen die Bereiche Menschen- und Arbeitnehmerrechte, Umwelt und gemeinschaftliches Engagement gleichwertig nebeneinander (*Bay, 2010*).

Durch die **Kronzeugenregelung im Kartellrecht** bewegen sich EU-Staaten auf US-amerikanische Verhältnisse hin, wo die Kartellbekämpfung eine lange Tradition hat. Bisherige Erfahrungen mit den immer mehr verfeinerten Regelungen sind: Nur wer das Kartell zuerst hochgehen lässt und nicht dessen Anführer ist, geht straffrei aus. Die übrigen Mitglieder des Kartells werden mit Bußgeldern belegt, wobei es Bußgeld-Rabatte für diejenigen gibt, die schnell und offen mit dem **Bundeskartellamt** kooperieren. Wegen dieser straffreien Selbstanzeigen bilden sich künftig vielleicht weniger Kartelle, aber die, die trotzdem entstehen, bleiben lange Zeit stabil, da es im Interesse eines jeden Mitglieds ist, sich an Absprachen zu halten und seine Partner nicht zu verärgern. Da durch Selbstanzeigen viele Kartelle auffliegen, die ohnehin bald auseinandergebrochen wären, besteht die Möglichkeit, dass die Wettbewerbshüter von sich aus weiter ermitteln.

Über ihre Erfahrungen bei der **Umsetzung der SOX-Regeln** aus Sicht des Controllings berichten *Triller u. a., 2006*. Nach Ansicht der Autoren steigen die Bedeutung und Effizienz des IKS, wenn in dieses bestimmte Controllingaufgaben und -instrumente eingebunden werden und das IKS selbst in das Risikomanagement integriert und dort zum festen Bestandteil wird. Vorteilhaft ist auch der Einsatz einer speziellen Software zur Erfüllung der Kontroll- und Dokumentationspflichten gemäß SOX. Die Vorschriften zur Corporate Governance, insbesondere die der Compliance, sind Bürokratieverstärker, bewirken Verzögerungen bei Entscheidungen bzw. Handlungen und verursachen zusätzliche Kosten. Zum Ausgleich dafür kann das Unternehmen die Qualifikation des geprüften **Certified Compliance Professional** anstreben.

8. Planungsfunktion des Controllings

Unternehmensplanung, kurz **Planung** genannt, ist ein arbeits- und wissensteiliger **Prozess der Willensbildung** im Sinne einer gedanklichen Vorwegnahme künftigen Handelns, wobei die Zukunft verstanden wird als Raum vielfältiger Entscheidungs- und Handlungsmöglichkeiten (engl. Optionen). Oder anders ausgedrückt: Planung ist gekennzeichnet durch Vorausdenken und ein methodisch-systematisches Vorgehen. Dabei spielen weniger das Ausmaß an Präzision als vielmehr die marktnahe Gestaltung der Planung eine Rolle.

Mit der Unsicherheit und Dynamik von Veränderungen im Umfeld des Unternehmens steigt die **Bedeutung der Planung**. Dabei gilt: Nicht jeder der plant, muss von einer besseren Zukunft ausgehen, selbst wenn diese erst in den nächsten ein oder zwei Jahren stattfinden soll (sog. „Hockey Stick-Effekt"). Gut zu wissen ist außerdem, dass mit zunehmender Kenntnis der Hintergründe und Zusammenhänge von Sachverhalten im Unternehmen die **Planungssicherheit** steigt. Umgekehrt gilt, dass dort, wo eine bestimmte Genauigkeit und Vollständigkeit der Planung objektiv nicht möglich ist, Vorwürfe der Oberflächlichkeit oder mangelnden Professionalität wenig hilfreich sind, weshalb – zumindest vorübergehend – darauf verzichtet werden sollte. Ebenso illusorisch ist es anzunehmen, dass es standardisierte Planungsformate oder -modelle gibt, dass sämtliche Planungsansätze und -werkzeuge wirklich effektiv sind, und dass alle Planungsträger sich rational verhalten. Maßnahmen zur jederzeitigen Korrektur von **Fehlentwicklungen** bei der Planung sind von Vorteil. Ansonsten gilt die Feststellung des Schriftstellers *Friedrich Dürrenmatt: „Je mehr ein Mensch plant, desto härter trifft ihn der Zufall"*. Als **Zufall** bezeichnet man das Eintreten unvorhersehbarer und ungeplanter Ereignisse, für das keine Ursachen bzw. Gesetzmäßigkeiten erkennbar sind.

Da es bei der Planung aber nicht nur darum geht, künftige Ereignisse und Zustände vorherzusagen, sondern vielmehr auch Entwicklungen so zu beeinflussen, dass in Zukunft solche Situationen eintreten, die der Zielsetzung entsprechen, enthält Planung immer **absichtsvolle und zielbezogene Elemente**.

Vom Ablauf her gesehen ist jede systematisch betriebene Planung ein **informationsverarbeitender Prozess**, dessen Qualität sich danach richtet, wie vollständig und gut die dazu verfügbaren Informationen sind. Durch Planung selbst entstehen wieder neue Informationen. An vielen Stellen in diesen Prozess lassen sich **Tools** und **Vorlagen der Tabellenkalkulation** einbauen, die aus dem Alltag des Controllers nicht mehr wegzudenken sind (*Heimrath, 2011; Schels/Seidel, 2010*).

Ganzheitliche Planungssysteme, die strategische und operative Planungsebenen miteinander verknüpfen, sind – um die Komplexität der zu planenden Sachverhalte zu verringern – meistens **modular strukturiert** und haben einen hierarchischen **Aufbau**. Dabei sind die Planungsmodule einer untergeordneten (kurzfristigen) Planungsebene mit den Vorgaben der übergeordneten (strategischen) Planungsebene abzustimmen.

Von der **Wirkung** her gesehen soll Planung dazu beitragen, dass alle im Unternehmen an einem Strang ziehen. Das Ergebnis der Planung soll den Handlungsträgern zeigen, welche Beiträge sie künftig im Unternehmen zu leisten haben und welche Ressourcen ihnen dabei zur Verfügung stehen.

Hilfreich bei der Planung sind **Kennzahlen**, da diese umfangreiche und nur schwer überschaubare Datenmengen zu wenigen aussagekräftigen Größen verdichten.

Das Ergebnis der Planung sind **Pläne**, die Sollgrößen (als Vorgaben) für die betrieblichen Organisationseinheiten und deren Verantwortliche enthalten. Da Pläne die Grundlage für spätere Soll-Ist-Vergleiche bilden, sind sie schriftlich zu dokumentieren. Durch die Zusammenführung mehrerer Einzel- oder Detailpläne entsteht ein integrierter **Geschäftsplan**.

Für die Unternehmensplanung ist letztendlich der Vorstand verantwortlich. Sofern dieser Hilfe und Entlastung bei der Planung sucht, empfiehlt sich das **institutionalisierte Controlling**.

Während des Planungsprozesses, der im Allgemeinen mehrstufig abläuft und immer wieder Analysen erforderlich macht, sind in den einzelnen Phasen entsprechende **Zwischenentscheidungen** notwendig. Das Controlling bereitet diese Entscheidungen vor bzw. unterstützt die Führungskräfte bei der Entscheidungsfindung. Solange der Planungsprozess noch nicht abgeschlossen ist, sollten Zwischenentscheidungen nur als vorläufig angesehen werden, die sich nach eventuell erforderlichen Rückkopplungen aus nachfolgenden Phasen revidieren lassen. Nach Abschluss des gesamten Planungsprozesses erfolgt die **Endentscheidung** (= Entschluss) im Sinne einer Genehmigung der Einzelpläne bzw. des Gesamtplans durch den Vorstand und Aufsichtsrat (oder ähnliche Gremien bei anderen Rechtsformen als der AG/SE).

Der **Planungsauftrag an das Controlling** umfasst üblicherweise eine Vielzahl der in einem „Planungshandbuch" zu dokumentierenden Aufgaben, wie z. B.

► Gestaltung, systematische Weiterentwicklung und Verzahnung des Planungssystems sowie Erstellung und Fortschreibung eines Planungshandbuchs

► Formulierung der Anforderungen an die informationslogistische Infrastruktur des Unternehmens, damit Informationen möglichst barrierefrei fließen können

► Schaffung von Transparenz bezüglich der Problemsituationen (wie z. B. Schwachpunkte, kritische Schnittstellen, Engpässe und Risiken als Ursachen späterer Planabweichungen), Handlungsoptionen und Konsequenzen

► Bereitstellung von Planungsinstrumenten und -techniken sowie persönliche Beratung bzw. Unterstützung bei deren Anwendung

► Vorbereitung von Entscheidungen in den verschiedenen Phasen der Planung, darunter auch die Festlegung der Entwicklungsrichtung und Zuteilung von Ressourcen

► Festlegung des Zeit- und Informationsbedarfs einzelner Planungs- und Entscheidungsschritte

► Koordination des Daten-, Informations- und Wissensaustauschs

► Überprüfung der Pläne auf Vollständigkeit und Plausibilität

► Präsentation der Planungsergebnisse in Berichtsform.

Eine vollständige **Delegation der Planung** an das Controlling ist allerdings nicht möglich, da an der **Planung** noch weitere Personen (Planungsträger) beteiligt sind, die aus den verschiedenen Bereichen und Ebenen des Unternehmen kommen und deren Interessen vertreten, und für die **Realisierung** geplanter Maßnahmen (Planumsetzung) anderer Personen verantwortlich sind.

Das institutionalisierte Controlling mit entsprechender Befugnis in System- und Methodenfragen (Richtlinienkompetenz) hat dafür zu sorgen, **dass** geplant wird (= Anstoß zur Planung), **wie** geplant wird (= Methodik) und **wann** geplant wird (= Timing), während die Entscheidungsträger entsprechend ihrer Handlungsverantwortung bestimmen, **was** geplant wird.

Erfahrungsgemäß besteht zwischen den am Planungsprozess beteiligten Personen (Planungsträger) eine **asymmetrische Informationsverteilung**. Deshalb kommt dem Controller die Aufgabe zu, vorhandene Informationsvorsprünge zu nutzen, opportunistische Verhaltensweisen zu verhindern und sich aus der unterschiedlichen Wahrnehmung der Realität ergebende Informationsdefizite abzubauen.

8.1 Planungsobjekte

Die Planungsmethodik hat dafür zu sorgen, dass im Planungsprozess sowohl die richtigen Dinge getan als auch die Dinge richtig getan werden. Um das zu gewährleisten, kann der Planungsprozess in der Weise zerlegt werden, dass sich folgende **Planungsobjekte** ergeben:

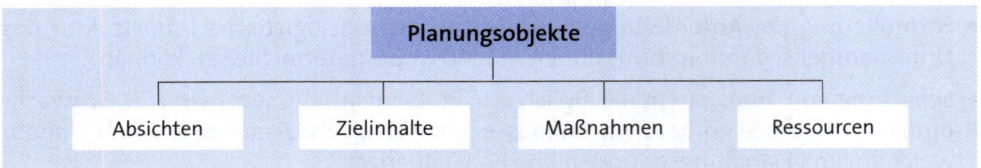

Grundsätzlich stehen die Planungsobjekte im **Spannungsfeld zwischen Bewahrung und Erneuerung**. Um beide Erfordernisse der Ruhe und Bewegung miteinander in Einklang zu bringen, wird einerseits das beibehalten bzw. wiederholt, was gut funktioniert (Business as usual), andererseits sind zur Vermeidung von Erstarrung immer wieder Anpassungen an veränderte Umfeldbedingungen vorzusehen.

8.1.1 Absichten

Wer etwas unternimmt, braucht **leitende Gedanken** (= Absichten) über die Rolle und das Profil, in der das Unternehmen auftreten kann und will.

Zu den **Absichten** (engl. Business Intentions) als langfristige Ausrichtung der Unternehmenspolitik oder „zeitlose Komponenten der Unternehmensplanung" (*Schwaninger, 1989*) zählen

▶ **Visionen** im Sinne attraktiver Storys, die Treiber des Fortschritts sind und Orientierung geben sollen über weit entfernte Zukunftsbilder (= Szenarien) von Technik, Bevölkerungsstruktur, Gesellschaftssystem und Lebensstile. Dabei sollte das Unternehmen nach Möglichkeit nicht den Ideen anderer Unternehmen folgen, sondern auf Einzigartigkeit bedacht sein.

▶ Art und Richtung der angestrebten **Unternehmensentwicklung** und damit im Zusammenhang stehende generische Wettbewerbstrategien

▶ grundsätzliche **Einstellungen** des Unternehmens gegenüber dem Personal (Human Capital), der Umwelt (Corporate Identity) und der Natur (engl. Corporate Ecology)

▶ allgemeine **Aussagen** über den Geschäftszweck (Mission) und das damit verbundene Geschäftsmodell zur Schaffung und Ausschöpfung von Wertpotenzialen in den kommenden Jahren

▶ generelle **Verhaltensweisen** (Prinzipien, Normen, Spielregeln) als Grundlage für eine vertrauensvolle Zusammenarbeit aller am Unternehmen beteiligten Interessen- und Anspruchsgruppen (Stakeholder)

▶ eine überzeugende **Kommunikationsstrategie**.

Gelegentlich werden **Absichten** auch als Unternehmensidee, Geschäftsphilosophie, Grundausrichtung, Leitbilder, oberste Geschäftsgrundsätze, Statuten oder Charta bezeichnet.

8.1.1.1 Vertrauenskultur

Ohne ein **Mindestmaß an gegenseitigem Vertrauen** im Sinne von Glaubwürdigkeit, Wahrhaftigkeit, Integrität, Respekt, Reputation, Fairness, Berechenbarkeit und Verlässlichkeit ist Handeln im Unternehmen nicht möglich (*Steinle, 2000*).

Unter **Vertrauen** (engl. Trust) versteht man die einseitige Vorleistung (Vertrauensvorschuss) einer Person gegenüber einer anderen Person oder Gruppe im Rahmen einer sozialen Beziehung, ohne dabei sicher sein zu können, dass die erwartete Gegenleistung auch tatsächlich eintritt. Deshalb ist Vertrauen eine knappe Ressource, die aber – im Unterschied zu vielen anderen Ressourcen – durch ihren Gebrauch an Wert gewinnt. Verlorenes Vertrauen gewinnt man nicht einfach zurück, sondern muss sich dieses wieder „ganz langsam" verdienen.

Vertrauen ist gekennzeichnet durch mehrere voneinander zu unterscheidende **Aspekte**, d. h. Vertrauen

► ist immer auf die **Zukunft** ausgerichtet. Dabei spielen nicht nur positive, sondern auch negative Erfahrungen (Vertrauensbrüche) eine Rolle.

► zielt darauf ab, **Komplexität** zu reduzieren und **Transparenz** zu schaffen, denn wer vertraut und loslässt, bezieht auch fremdes Verhalten mit in seine Überlegungen ein, was weniger eigene Kräfte bindet.

► ist im Zusammenhang mit **Risiken** unerlässlich. Durch Objektivität und Verzicht auf Willkür werden Konflikte und Transaktionskosten reduziert, während ein durch opportunistisches Verhalten von Vorgesetzten, Kollegen oder anderen Partnern hervorgerufenes Misstrauen, das ein kooperatives Verhalten stört, Absicherungsmechanismen verstärkt und Effizienznachteile mit sich bringt. Der Schriftsteller *J. N. N. Nestroy* stellte dazu fest: *„Zu viel Vertrauen ist häufig eine Dummheit, zu viel Misstrauen ist immer ein Unglück."*

Die Gesamtheit aller gemeinsam geteilten und offen gelebten Werte der Führungskräfte, Mitarbeiter und Partner bildet die **Vertrauenskultur** des Unternehmens (*Luhmann, 2000*). Grundlage dafür ist ein sich laufend wiederholender Vertrauensbildungsprozess der nachstehend gezeigten Art:

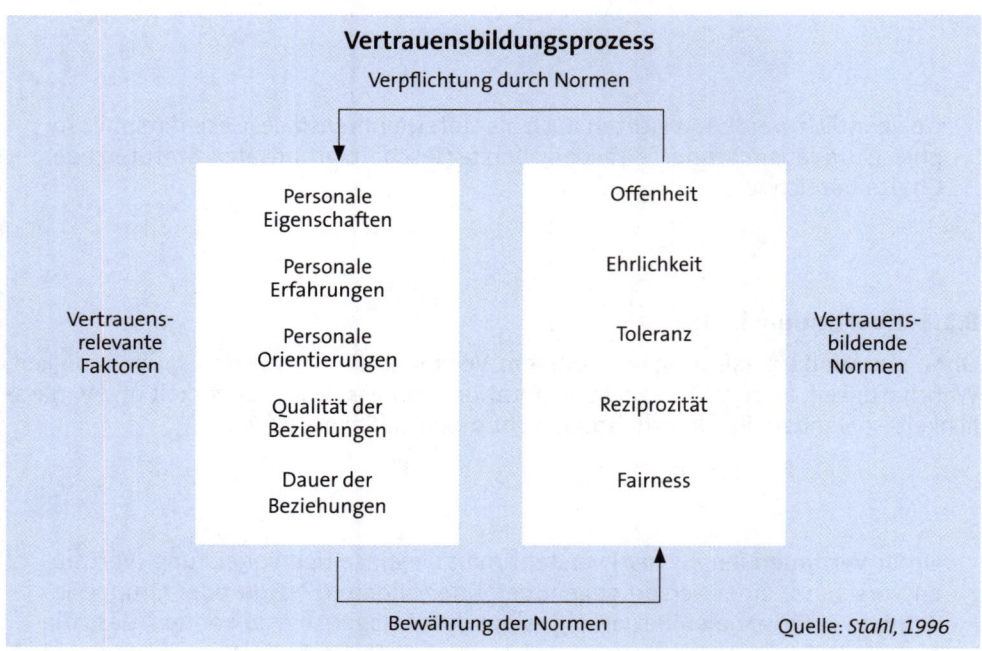

Vertrauensbildungsprozess

Verpflichtung durch Normen

Vertrauens-relevante Faktoren	Personale Eigenschaften	Offenheit	Vertrauens-bildende Normen
	Personale Erfahrungen	Ehrlichkeit	
	Personale Orientierungen	Toleranz	
	Qualität der Beziehungen	Reziprozität	
	Dauer der Beziehungen	Fairness	

Bewährung der Normen

Quelle: *Stahl, 1996*

Die in der Abbildung enthaltenen **vertrauensrelevanten Faktoren** beruhen auf Interaktionen im zwischenmenschlichen Bereich. Aufbauend auf persönlichen Beziehungen, die gegenseitige Stärken fördern, kann eine Vertrauensspirale in Gang kommen, die zu einem immer höheren Vertrauensniveau führt. *„Diesem Zweck dient zum Beispiel die bewusste Gewährung eines Vertrauensvorschusses, etwa durch Erbringungen einer einseitigen Vorleistung, wie auch die systematische Ausdehnung vertrauensorientierter Handlungen auf risikoreichere Geschäfte"* (Sydow, 1996).

Demgegenüber sind die **vertrauensbildenden Normen** zu verstehen als ethische Werte oder orientierende bzw. verpflichtende Auffassungen darüber, wie sich jemand innerhalb der Organisation und in den Beziehungen nach außen verhalten sollte (Vorbildfunktion). Je mehr dieser Normen (darunter auch die des Corporate Governance Kodex) im Unternehmen akzeptiert und bewusster oder emotional gelebt werden, desto größer ist die Vertrauensbasis, die sowohl den Beschäftigten die Einsicht vermittelt, dass es sich lohnt, für das Unternehmen hart zu arbeiten, als auch Steuerungsmechanismen entstehen lässt, die langfristig auf Wertzuwachs ausgerichtet sind.

Eines der wichtigsten Werkzeuge zur **Schaffung von Vertrauenskapital** ist die offene Kommunikation. Entsprechend kann der heimliche Umgang mit Fehlern, Affären und Gerüchten das vorhandene immaterielle Vertrauenskapital empfindlich schädigen. Dabei gelten technische Missgeschicke, wie z. B. Produkt-Rückrufaktionen, ethisches Fehlverhalten, darunter Diskriminierungen oder Kommunikationspannen als die größten **Vertrauenskiller**. Um festzustellen, wo im Unternehmen echtes Vertrauen herrscht, sind **soziale Netzwerkstudien erforderlich**. Auf deren Grundlage lassen sich informelle Beziehungen von Vertrauenspersonen feststellen und bewerten, die angstfreie Diskussionen und den freiwilligen Austausch von Wissen begünstigen sowie dem sozialen Miteinander dienen und helfen, Koordinationsdefizite zu lokalisieren und zu beseitigen (Thiel, 2010).

Die **Messung von Vertrauen** unter Verwendung von Fragebögen erfordert die Bewertung beziehungsrelevanter, d. h. weicher (qualitativer) Faktoren bzw. Indikatoren. Dabei geht es weniger um die Messgenauigkeit, als vielmehr um ein gezieltes Erkennen und Lenken vertrauensrelevanter Phänomene. Um dennoch präzise Antworten zu erhalten und damit vergleichbare Auswertungen sowohl der gegenseitigen Einschätzungen als auch von Selbsteinschätzungen zu ermöglichen, sollten Fragebögen mit geschlossenen Fragen und mehrstufigen Antwortskalen verwendet werden. Die Sicherheit vermittelnde und Komplexität reduzierende **Ressource** gegenüber den Stakeholdern des Unternehmens monetär bewerten zu wollen, dürfte sich als äußerst schwierig erweisen.

Dabei wird die **Pflege des Vertrauenskapitals** im Unternehmen nicht zuletzt wegen der durch die Globalisierung geschaffenen Wettbewerbszwänge immer schwieriger. Beispiele dafür sind der im Zusammenhang mit der globalen Finanzmarktkrise erfolgte Vertrauensverlust und die laufend steigende Zahl von D&O-Versicherungen.

8.1.1.2 Szenarien

Ein Ansatz zum **Vorausdenken der Zukunft** ist die Szenariotechnik. Kennzeichen dieser Technik ist das Zulassen verschiedener Möglichkeiten künftiger Entwicklungen (im Sinne einer multiplen Zukunft) und die Beschreibung der Zukunft in plausiblen Bildern (= Zukunftsraum-Mapping).

Anders als bei der Planung mit ihren traditionell kürzeren Zeithorizonten, werden in Szenarien aktuelle Strömungen oder Trends nicht einfach in die Zukunft fortgeschrieben (wie bei der Prognose), sondern es werden unter Einbeziehung qualitativer (weicher) Faktoren und Indikatoren alternative Zukunftsbilder und die zu diesen führenden Entwicklungspfade durch unscharfe und mehrdeutige **Projektionen** gezeichnet.

Ein **Szenario** ist ein durch langfristige Projektion ermitteltes komplexes Zukunftsbild, das auf den Entwicklungsmöglichkeiten vieler miteinander vernetzter Faktoren und Einflussgrößen beruht. Auf Basis von erarbeiteten Szenarien lassen sich Risiken erkennen und Erfolg versprechende Strategien entwickeln. Je mehr interdisziplinäres Wissen dabei in die Zukunftsprojektion einfließt, desto mehr Ausgangsgehalt haben die Szenarien.

Wegen ihres weit in die Zukunft reichenden Zeithorizonts, der nur in Ausnahmefällen unter zehn Jahren liegt, nimmt der Einfluss gegenwärtiger Positionen und Strukturen ab und die Bandbreite von Möglichkeiten öffnet sich gleichsam einem **Trichter**, auf dessen Schnittflächen die Zukunftsbilder jeweils einer Zeitstufe liegen.

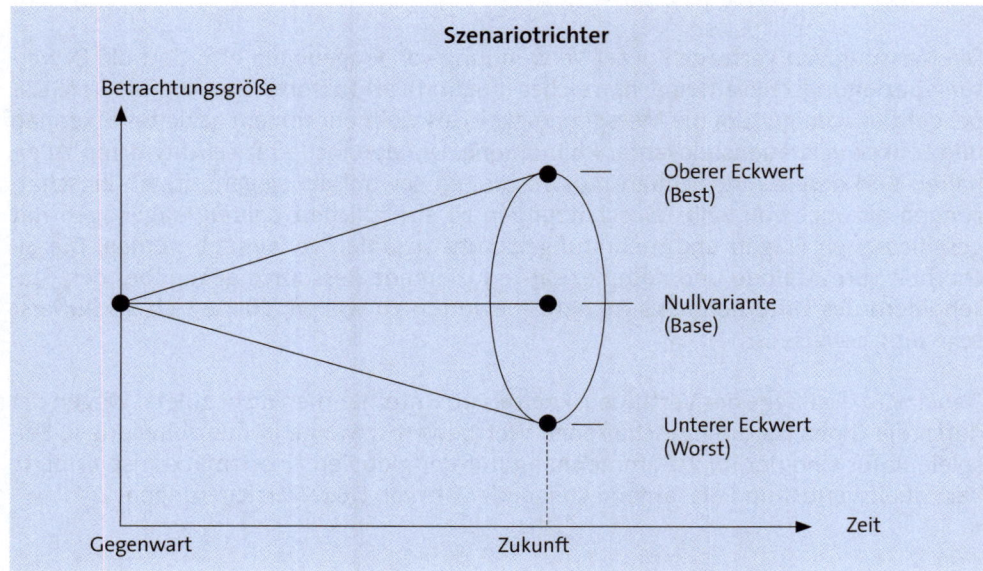

Gängige **Methoden der Szenariotechnik** sind

► der **Hypothesentest.** In einem mehrstufigen Prozess wird zunächst das jeweils zu lösende Problem (= Sachverhalt, Ereignis) erfasst und beschrieben, wobei versucht wird, an weitere Informationen zu gelangen, die möglicherweise erst bei Hinterfragen des Problems auftauchen. Danach werden (Arbeits-)Hypothesen über die Ursachen des Problems gebildet und man bemüht sich, daraus Prämissen im Sinne unbewiesener Behauptungen zur Lösung des Problems abzuleiten. Schließlich werden die Hypothesen im Detail analysiert, um sie zu verwerfen oder auch nicht. Nach dem in der Ökonomie weit verbreiteten kritischen Rationalismus lassen sich Hypothesen nicht bestätigen (= verifizieren), sondern allenfalls widerlegen (= falsifizieren). Eine Hypothese, die nicht widerlegt werden kann, ist allenfalls „vorläufig" richtig. Widerlegt ein Test die Hypothese, ist diese falsch und muss unter den getesteten Prämissen verworfen werden. Der Test kann aber mit geänderten Prämissen wiederholt werden usw.

► die **Delphi-Methode.** Hierbei handelt es sich um die Bestandsaufnahme persönlicher Meinungen zu einem bestimmten Sachverhalt. Dazu werden mehrere Spezialisten gleicher oder unterschiedlicher Fachgebiete aufgefordert, unabhängig voneinander einen bestimmten Sachverhalt einzuschätzen und die Ergebnisse schriftlich an eine bestimmte Stelle – etwa dem Controlling – schriftlich zu melden. Aus den Antworten wird ein Mittelwert gebildet, der den Spezialisten zur weiteren Diskussion, Klärung und Verfeinerung ihrer Meinungen zurückgekoppelt wird. Gleichzeitig werden die Spezialisten aufgefordert, nach Ablauf immer kürzer werdender Zeitspannen ihre veränderten Einschätzungen erneut der Stelle zu melden. Derartige Delphi-Runden werden so lange wiederholt, bis die Spezialisten nicht mehr bereit sind, ihre zuletzt gemeldeten Einschätzungen nochmals zu überdenken.

Zur Anwendung kommen diese und andere zur Szenarioerstellung geeignete Methoden in den Phasen eines mehrstufigen **Prozesses**, der idealtypisch wie folgt ablaufen kann:

► Begonnen wird mit der **Analyse** der zu lösenden Aufgaben, der zu beeinflussenden Größen (= Stellhebel), der relevanten Einflussbereiche (= Umfelder) und der möglichen externen Rahmenbedingungen, und zwar bezogen auf einen zuvor festgelegten Zukunftshorizont.

► Danach erfolgen **Einschätzungen** der quantitativen und qualitativen Zusammenhänge zwischen alternativen Ausprägungen der für die Umfelder identifizierten Schlüsselfaktoren und -indikatoren. Dabei sind ungewöhnliche und vor allem vernetzte Denkansätze sowie die Verwendung von Bandbreiten (= Toleranzgrenzen) ausdrücklich erwünscht.

► Jetzt kann die eigentliche **Zukunftsprojektion** vorgenommen werden, wobei noch Annahmen (Prämissen) über erwartete Störereignisse möglich sind, um die bis dahin festgestellten Entwicklungslinien gegebenenfalls noch zu korrigieren, wenn nicht gar umzulenken.

► Schließlich werden im Rahmen der **Ergebnisbeurteilung** die Folgen der Szenarien auf die Absichten ausgewertet und die zur Umsetzung der Szenarien erforderlichen strategischen Maßnahmen abgeleitet.

In Abhängigkeit von Zweck, Komplexität und Zeit- bzw. Sachressourcen sind über eine Grobversion hinausgehende **Vertiefungen** dadurch möglich, dass während der Szenario-Gestaltung jederzeit Rückkopplungen auf vorangegangene Phasen zulässig sind. Ebenso sind Änderungen der Sichtweise durch Methodenkombination erlaubt. Des Weiteren kann es zweckmäßig sein, zwei **Extremszenarien** oder gar drei **Alternativszenarien** mit jeweils einer wahrscheinlichen Variante, einer optimistischen Variante und einer pessimistischen Variante zu erstellen.

Eine zur Szenario-Gestaltung geeignete Softwareunterstützung bietet beispielsweise das Modul BPS (Business Planning and Simulation) des **SAP-Softwareprodukts SEM** (**S**trategic **E**nterprise **M**anagement). Das Modul verwendet sowohl einfache Algorithmen als auch komplexe Methoden des Operations Research.

Sind Szenarien erstellt, findet der **Szenario-Transfer** statt, und zwar in der Weise, dass szenariospezifische Ergebnisse zu Prämissen der strategischen Planung werden. Des Weiteren sind die erstellten Szenarien offenzuhalten gegenüber Störereignissen, sofern diese im Rahmen der strategischen Kontrolle (im Sinne der Frühwarnung) festgestellt werden. Gesteigert wird dadurch die Beweglichkeit (= Flexibilität), die das Unternehmen in die Lage versetzt, besser auf Marktschwankungen zu reagieren.

8.1.1.3 Berücksichtigung von Produkt- und Marktzyklen

Die Zeit zwischen dem erstmaligen Anbieten eines Produkts (einschließlich Service) am Markt und der Herausnahme des Produkts aus dem Markt wird als **Marktzyklus** bezeichnet, der bei enger Betrachtung dem einfachen Produktlebenszyklus (PLZ) und bei erweiterter Betrachtung einem Teil des ganzheitlichen (integrierten) Produktlebenszyklus (engl. Product Lifecycle) entspricht. Diesem liegt ein **logistisches Diffusionsmodell** zu Grunde, das in Anlehnung an die Theorie der Ausbreitung von Epidemien auch als Kontakt- oder Ansteckungsmodell interpretiert wird. Danach werden potenzielle Übernehmer (engl. Adoptoren) nach Kontakten mit bisherigen Käufern „angesteckt", das Produkt auch zu erwerben. Mit zunehmender Verbreitung des Produkts steigt die Zahl der Kontakte und damit die Übernahmewahrscheinlichkeit. Dementsprechend erhöhen sich beim klassischen Diffusionsverlauf die Absatzmengen, und zwar bis zum Wendepunkt mit steigenden, danach mit sinkenden Zuwachsraten. Werden nach Erreichen des Adoptionsmaximums nur noch Ersatzkäufe getätigt, stagniert der Absatz. Kommt es gar zu Abwanderungen von Kunden, werden die Adoptionsraten negativ, der Absatz sinkt und der Diffusionsprozess ist irgendwann beendet. Kommt es aus irgendwelchen Gründen (z. B. wegen der Unzufriedenheit des Kunden mit den Produkten von Wettbewerbern) zu einem Wiederanstieg des PLZ, wird dieser „mehrgipflig".

Die Anwendung **SAP Product Lifecycle Management** (PLM) unterstützt alle produktbezogenen Prozesse, angefangen mit der Produktidee, über die Entwicklung und Fertigung, bis hin zum Vertrieb und After-Sales-Service.

Idealtypisch durchläuft das Produkt die **Phasen** der Einführung, des Wachstums, der Reife und der Sättigung (einschließlich Rückzug aus dem Markt). Bei starkem Wachstum ist der PLZ meistens linkssteil und zyklische Nachfrageschwankungen können gar einen mehrgipfligen Verlauf bewirken. Außerdem gibt es Produkte, die überhaupt keinen Lebenszyklus zu haben scheinen, denn sie werden in meist gleicher oder verbesserter Qualität über lange Zeit am Markt erfolgreich angeboten.

Der **„eingipflige Produktlebenszyklus"** ist kein vorgegebenes Muster, an dem sich die Entscheidungen des Managements normativ ausrichten sollten, sondern ein vom Marketing des Unternehmens aktiv zu gestaltender Prozess. Dementsprechend ist bei der **Gestaltung der Zyklusphasen** (= Diffusionsmodellierung) neben der Startgrößen (= Anfangsbedingungen) auch die Diffusionsgeschwindigkeit festzulegen, die je nach Produkt durch verschiedene Faktoren erreicht werden soll. Durch die Wahl geeigneter Marketinginstrumente kann z. B. im Anfangsstadium eine schnelle Verbreitung für Produkte mit geringem Neuheitsgrad und eine eher langsame Verbreitung für Produkte mit hohem Neuheitsgrad geplant werden.

Ist ein Produkt am Markt eingeführt, können **Reaktionen von Wettbewerbern** dazu führen, dass der eigene Umsatz als multiplikative Verknüpfung der beiden Einflussgrößen Preis und Absatzmenge geschmälert wird und/oder sich der PLZ verkürzt. Um Absatzrückgängen entgegen zu wirken, kann daran gedacht werden, das Produkt zu modifizieren, um es neuen Verwendungszwecken zuzuführen oder zu differenzieren, da sich dadurch die Sättigungsphase umso weiter hinausschieben lässt, je häufiger ein Face-Lift (Relaunch) stattfindet. Allerdings kommt irgendwann für die meisten Produkte der Zeitpunkt, dass sie aus dem Markt genommen werden müssen (engl. Phase out), um vielleicht Platz zu machen für einen Nachfolger mit neuem PLZ.

Aus der **Marktposition**, die das Unternehmen erreicht hat bzw. künftig anstrebt, ergeben sich sowohl Chancen als auch Gefahren, die immer in Relation zu den Wettbewerbern und den Kunden beurteilt werden müssen. Mit wachsender Wettbewerbsintensität, sich ändernden Kundenbedürfnissen und sinkender Kundentreue erhöhen sich die Nachfrageschwankungen (= Volatilitäten) und damit das Marktrisiko. Eine Chance, sich dem zu entziehen, besteht darin, das Unternehmen zum integrierten Anbieter zu machen, der die Kompetenz hat, Problemlösungen durch auf die Kunden zugeschnittene Kombinationen von Waren und Dienstleistungen zu erreichen.

8.1.1.4 Preisgestaltung

Für die im Geschäftsmodell des Unternehmens vorgesehenen Sachgüter und Dienstleistungen sind deren **Preise** von Bedeutung.

Die **Art der Preisbildung** kann sein:

► **Kostenorientiert**, wenn die Kalkulation der Verkaufspreise auf Basis der Selbstkosten erfolgt. Zunächst erhalten die Selbstkosten einen Zuschlag (in Prozent) für den gewünschten Gewinn (genauer die Gewinnmarge), wodurch sich der Netto-Verkaufspreis ergibt. Ist dieser nicht verhandelbar, kommt noch der Zuschlag (in Prozent) für die Mehrwertsteuer hinzu und der Angebotspreis ist für alle Kunden gleich (Preisbindung). Ist demgegenüber der Verkaufs- oder Listenpreis verhandelbar, erhält der Netto-Verkaufspreis je einen prozentualen Zuschlag für Skonto und Boni (= Zielpreis), der Zielpreis einen prozentualen Zuschlag für Rabatt (= Brutto-Verkaufspreis) und der Brutto-Verkaufspreis je einen prozentualen Zuschlag für Mehrwertsteuer, wodurch sich der Listenpreis (= Preisempfehlung) ergibt. Alle genannten Zuschläge werden bei vorwärts gerichteter (= progressiver) Betrachtung „im Hundert" und bei rückwärts gerichteter (= retrograder) Betrachtung „vom Hundert" gerechnet.

► **Nutzenorientiert**, wenn die Preisbereitschaft der Kunden für den „Mehrwert" eines Erzeugnisses bzw. kundenindividuell zusammengestellten Leistungsbündels berücksichtigt wird. Relativ hoch sind „Premiumpreise", bei denen die Ware eine besonders hohe Qualität besitzt und auf Exklusivität (Luxus) ausgerichtet ist. Bei einer Dynamisierung der Verkaufspreise sind diese in der Einführungsphase des Produktlebenszyklus relativ hoch (bei geringer Absatzmenge), werden dann aber mit wachsender Kapazitätsauslastung im weiteren Verlauf des PLZ sukzessive gesenkt, um den Markt zu durchdringen. Außerdem gibt es wechselnde und zeitlich begrenzte Promotion- oder Lockvogelpreise, um Kunden für das gesamte Sortiment des Unternehmens interessant zu machen.

► **Wettbewerbsorientiert**, wenn sich das Unternehmen an einem Leitpreis orientiert, der dem Preis des Marktführers oder dem Durchschnittspreis der Branche entspricht. Der Verkaufspreis kann aber auch bewusst unter diesem Leitpreis liegen, um dem Unternehmen Marktanteile zu verschaffen.

Unter der Bedingung, dass sonst alles gleich bleibt, fließt dem Unternehmen durch **Preiserhöhungen** mehr Geld zu und die Margen der Produkte verbessern sich. Im Konjunkturaufschwung werden in der Regel erst die Erzeugerpreise, danach die Verbraucherpreise angehoben, wobei der Handel seine höheren Einkaufskosten (zumindest teilweise) an die Verbraucher weitergibt. In Zeiten der Inflation folgen Preiserhöhungen meistens den Faktor- bzw. Kostensteigerungen, was die Inflation zusätzlich befeuert, sofern die Noten- bzw. Zentralbanken nicht gegensteuern. Umgekehrt haben Unternehmen in Zeiten der Deflation nur wenig Spielraum für Preiserhöhungen, da das Wachstum stagniert oder sogar negativ ist und die Mitarbeiter sich mit geringeren Löhnen (z. B. während der Kurzarbeit) zufriedengeben. Grundsätzlich gilt, dass je besser es dem Unternehmen gelingt, die Beweggründe und Wirkungen von Preiserhöhungen den Kunden zu kommunizieren, desto höher deren Akzeptanz ist.

Werden **Preisermäßigungen** (etwa Rabatte) vorgesehen, sind Preisuntergrenzen zu beachten. Diesbezüglich lassen sich unterscheiden:

► **Liquiditätsorientierte Preisuntergrenzen**, wenn in Ausnahmesituationen die Liquidität des Unternehmens gefährdet ist, was zur Folge hat, dass vorübergehend die Aufrechterhaltung der Zahlungsfähigkeit wichtiger ist als das Streben nach Gewinn.

► **Kurzfristige Preisuntergrenzen**, die den variablen Stückkosten entsprechen und dazu dienen, Zusatzaufträge der Kunden in Abhängigkeit vom eigenen Kapazitätsauslastungsgrad zu beurteilen.

► **Langfristige Preisuntergrenzen**, um auf Dauer die Selbstkosten zu decken.

Automatische Preisanpassungen in Märkten mit langen Vertragsdauern, aber volatilen Preisen (z. B. für Rohstoffe und Energie), bieten **Preisgleitklauseln**.

Ein zunehmend an Bedeutung gewinnendes Instrument der Preispolitik ist die **Flatrate** als Festpreis pro Order oder als zeitlich gestaffelter Pauschalpreis für die Inanspruchnahme von Leistungen. Bei einer Vielzahl ähnlicher Produkte und/oder Prozesse verringert die Flatrate die Komplexität des Angebots, die es den Endkunden erlaubt, den Überblick zu behalten.

Ein weiteres Instrument der Preispolitik ist auch die **Preisdifferenzierung**. Darunter versteht man den Verkauf ein und desselben Produkts an verschiedene Käufergruppen zu unterschiedlichen Preisen. Voraussetzungen dafür sind eine strenge Marktsegmentierung und die Möglichkeit der isolierten Ansprache der jeweiligen Marktsegmente. Sind diese Voraussetzungen gegeben, kann eine Preisdifferenzierung nach Personengruppen (z. B. Kinder, Jugendliche oder Erwachsene), nach Verwendungszwecken (z. B. Weiterverarbeiter oder Endverbraucher), in räumlicher Sicht (z. B. Inlands- oder Auslandsmärkte) und in zeitlicher Sicht (z. B. Vor- oder Nachsaison sowie Tag- oder Nachttarife) und auch entlang des PLZ, wie etwa Einführungs- oder Marktdurchdringungspreise, erfolgen. Eine flankierende Maßnahme dazu kann auch die physische Differenzierung der Güter oder deren Verpackung sein.

8.1.1.5 Kapitalausstattung

Um sein Geschäftsmodell praktizieren zu können, braucht das Unternehmen Kapital. Dabei handelt es sich nach der **Kapitalherkunft** um Geldkapital (= Eigen- und/oder Fremdkapital mit getrenntem Ausweis auf der Passivseite der Bilanz) und nach der **Kapitalverwendung** um Realkapital bzw. materielle Vermögenswerte (= Anlage- und Umlaufvermögen mit getrenntem Ausweis auf der Aktivseite der Bilanz). Das Verhältnis von Eigen- zu Fremdkapital wird als **Kapitalstruktur** bezeichnet und der reziproke Wert der Kapitalstruktur ist der **Verschuldungsgrad**, der auch als Indikator für das Finanzrisiko des Unternehmens angesehen wird.

Mehrwert im Unternehmen zu schaffen erfordert **Investitionen** (engl. Investments), zu deren Realisierung Geld vorhanden sein muss, dessen Beschaffung als **Finanzierung** bezeichnet wird.

Der **risikogerechten Verwendung** des vom Unternehmen über die Finanzmärkte beschafften Eigen- und Fremdkapitals kommt eine große Bedeutung zu. Dabei gilt, dass das betriebliche

► **Investitionsrisiko** in seiner Höhe bestimmt wird durch den Grad der Unsicherheit der künftigen Rückflüsse aus dem Produktivvermögen, mit denen zwischenzeitlich andere Investitionsvorhaben finanziert werden

► **Finanzrisiko** in seiner Höhe bestimmt wird durch die Quote des Fremdkapitals an der Bilanzsumme des Unternehmens und damit durch den Anteil der vertraglich geregelten Zins- und Tilgungszahlungen an der Wertschöpfung der jeweiligen Periode. Das Finanzrisiko resultiert ferner aus den Gefahren, dass Banken ihrer eigentlichen Rolle immer weniger gerecht werden, nämlich Diener der Realwirtschaft zu sein und den Unternehmen Kredite zu gewähren.

In der **Bilanz** als Teil des gesetzlich vorgeschriebenen Jahresabschlusses sind die Kapitalrechte und die mit ihnen finanzierten Vermögenswerte zu bewerten und in Zahlen auszudrücken. Traditionell gelten für deutsche Unternehmen die Vorschriften des **HGB** (Handelsgesetzbuch), das im Laufe der Jahre mehrfach überarbeitet wurde. Im Zuge der Globalisierung der Märkte besteht für kapitalmarktorientierte Unternehmen in der Rechtsform der deutschen AG (einschließlich der KGaA) und der europäischen SE aber die Pflicht, den Konzernabschluss nach **IFRS-Norm** (International Financial Reporting Standards) aufzustellen. Für nicht kapitalmarktorientierte Unternehmen stehen die IFRS-Normen „zur Wahl". Der Einzelabschluss kann für „informatorische Zwecke" auch nach IFRS aufgestellt werden, für gesellschaftsrechtliche und steuerliche Zwecke ist aber nach wie vor ein HGB-Abschluss zu erstellen.

Die gezielte Ausnutzung von Wahlrechten und Ermessensspielräumen bezüglich der in der Bilanz zu beziffernden Kapitalrechte (auf der Passivseite) bzw. materiellen und immateriellen Vermögenswerte (auf der Aktivseite) wird als **Bilanzpolitik** bezeichnet. In welchem Umfang bilanzpolitische Spielräume im Unternehmen bestehen und tatsächlich genutzt werden, ist wegen der vielen und komplexen Wirkungszusammenhänge für Außenstehende kaum zu erkennen und deshalb nur schwer zu beurteilen.

Unternehmen, die aufgrund ihrer **Rechtsform** nur eingeschränkt haften, müssen ihren Jahresabschluss über die Internetplattform des Bundesministeriums für Justiz, dem Betreiber des e-Bundesanzeigers, einreichen. Anschließend können Außenstehende über diese Plattform Zahlen zur Vermögens- und Finanzlage der jeweiligen Unternehmen schnell, umfassend und bequem einsehen.

8.1.1.5.1 Einsatz von Eigenkapital

Das mit der Globalisierung der Wirtschaft einhergehende Zusammenwachsen der Kapitalmärkte hat in Unternehmen den **Wettbewerb um das Eigenkapital** gesteigert.

Nominal ist das **Eigenkapital** (engl. Equity) die auf der Passivseite der Bilanz ersichtliche Differenz zwischen der Bilanzsumme und dem Fremdkapital. Dabei werden unterschieden das feste Eigenkapital (Grundkapital) und das variable Eigenkapital (Offene Rücklagen). Insgesamt bilden das dem Unternehmen von außen zugeführte und intern (durch einbehaltene Gewinnanteile) gebildete Eigenkapital das betriebliche **Risikokapital**, das zur Finanzierung risikobehafteter Investitionen verwendet werden kann.

Drei **Hauptmerkmale** kennzeichnen das Eigenkapital: Die ewige Überlassung, der fehlende verbindliche Anspruch auf irgendwelche Zahlungen daraus und die Haftung beim Verlust. Als Gegenleistung gewährt die Aktie, die an der Börse das Instrument ist, um Eigenkapital handelbar zu machen, Mitsprache, Miteigentum am Unternehmen und Anspruch auf den Gewinn.

Reicht das vorhandene Eigenkapital zur Deckung monetärer Verluste nicht aus, d. h. liegt **Überschuldung** vor, wird das Eigenkapital negativ und muss als solches auf der Aktivseite der Bilanz ausgewiesen werden. Bei Kapitalgesellschaften führt Überschuldung immer zur Insolvenz und gegebenenfalls zur Liquidation des Unternehmens, während bei Unternehmen in der Rechtsform der Personengesellschaft die Überschuldung dadurch abgewendet werden kann, dass frisches Kapital aus dem Privatvermögen der Gesellschafter kurzfristig in das Gesellschaftsvermögen transferiert wird. Kommt es zur Liquidation des Unternehmens, werden erst die Ansprüche der Gläubiger bedient und die Eigentümer bekommen das, was dann noch übrig bleibt.

Häufig lässt bereits die Ankündigung einer **Kapitalerhöhung** den Aktienkurs fallen, da – wie noch zu zeigen sein wird – von außen beschafftes Eigenkapital als teuer angesehen wird und der Anteil der Altaktionäre sinkt (sog. Kapitalverwässerung), sofern diese die Kapitalerhöhung nicht mitmachen.

Der Marktwert des Eigenkapitals ist der **Unternehmenswert** im engeren Sinne (engl. Shareholder Value).

Um den Marktwert des Eigenkapitals berechnen zu können sind zwei getrennt voneinander wirkende Sachverhalte von Bedeutung: Zum einen bezieht sich der Börsenwert des Eigenkapitals nur auf das Grundkapital, schließt aber die offenen Rücklagen implizit mit ein. Zum anderen sind in der „Marktkapitalisierung", berechnet aus dem Produkt von Aktienkurs und Anzahl der Aktien, die aus der Bilanz nicht erkennbaren immateriellen Vermögenswerte, Leasingobjekte und stillen Reserven bereits enthalten. Deshalb fallen im Unternehmen Markt- und Buchwerte des Eigenkapitals mehr oder weniger stark auseinander (engl. Equity Spread). Um den positiven Equity Spread im Zeitablauf noch zu vergrößern, werden gelegentlich Kapitalerhöhungen aus Gesellschaftsmitteln (Umwandlung offener Rücklagen in Grundkapital) und Aktiensplitts (= Ausgabe zusätzlicher Aktien im Verhältnis zu den Aktien-Altbeständen) vorgenommen.

8.1.1.5.2 Einsatz von Fremdkapital

Das auf der Passivseite der Bilanz ausgewiesene Fremdkapital sind **Schulden** (engl. Liabilities), die sich aus den beiden Positionen der Verbindlichkeiten und Rückstellungen zusammensetzen und – im Gegensatz zum Eigenkapital – dem Unternehmen nur zeitlich befristet zur Verfügung stehen. Bezogen auf das Unternehmen drückt der **Verschuldungsgrad** als dimensionslose Kennzahl das Verhältnis von bilanziellem Fremd-

zu Eigenkapital aus. Als **Nettofinanzschulden** (oder Nettofinanzposition) bezeichnet man die Differenz zwischen den Finanzverbindlichkeiten und den vorhandenen liquiden Mittel. Die mit den Schulden zusammenhängenden Zins- und Tilgungsraten bilden den (periodischen) **Kapitaldienst** des Schuldners. Kann der Schuldner diesem Kapitaldienst nicht rechtzeitig nachkommen, liegt **Zahlungsunfähigkeit** (= Illiquidität) vor.

Unter **Verbindlichkeiten** versteht man zeitlich begrenzte Verpflichtungen, die das Unternehmen gegenüber Gläubigern eingeht, um wertschaffendes **Vermögen** zu bilden. Zu den Verbindlichkeiten gehören in der Regel aber auch nicht wertschaffende **Kassenkredite**, die dem Unternehmen von Banken – meistens innerhalb eines als Kreditlinie bezeichneten finanziellen Rahmens – gewährt werden, um aktuelle oder für die nahe Zukunft vorhersehbare Liquiditätsengpässe zu überbrücken. Klauseln (engl. Covenants) in Kreditverträgen, verpflichten Schuldner, während der Kreditlaufzeit bestimmte **Kennzahlen** einzuhalten. Werden diese Kennzahlen nachweislich verletzt, können Banken die von ihnen gewährten Kredite umgehend kündigen, was, sofern keine Refinanzierung möglich ist, die Zahlungsunfähigkeit des Schuldners bewirkt. Bei einem Bruch der Klauseln muss das verschuldete Unternehmen das im Jahresabschluss offenlegen.

Demgegenüber handelt es sich bei **Rückstellungen** um Verpflichtungen, die nur „dem Grunde nach", nicht aber in der Höhe und dem Zeitpunkt feststehen (das HGB spricht deshalb hier von „ungewissen" Verbindlichkeiten). Die Folge der **Bildung einer Rückstellung** ist, dass Aufwand zeitlich vorgezogen wird, d. h. es wird ein Aufwand verbucht, ohne dass Mittel bereits jetzt abfließen, weshalb Rückstellungen vorübergehend auch als **Instrument der Innenfinanzierung** angesehen werden.

Eine **Pflicht zur Bildung von Rückstellungen** besteht nach **HGB** für drohende Verluste aus schwebenden Geschäften, wie etwa die Schadenersatzpflicht aus einem Produkthaftungsprozess, unterlassene und erst später nachzuholende Aufwendungen für Instandhaltung und Abraumbeseitigung sowie Gewährleistungsverpflichtungen. Bezüglich der **Pensionsrückstellungen** (PR) – eine deutsche Besonderheit, die aber für das Controlling eine große Rolle spielt – besteht noch ein Passivierungswahlrecht für Altzusagen und mittelbare Zusagen, dagegen besteht für Neuzusagen eine Passivierungspflicht.

Nach der **IFRS-Norm** dürfen Rückstellungen nur gebildet werden, wenn eine Verpflichtung dem Grund nach gegenüber Dritten besteht, ein Geldabfluss wahrscheinlich (> 50 %) sowie die Höhe der zu bildenden Rückstellung „zuverlässig" schätzbar ist. Eventualschulden mit Eintrittswahrscheinlichkeiten von ≤ 50 % sind im Bilanzanhang zu erläutern. Im **HGB** werden passivierungsfähige Rückstellungen aufgrund des Vorsichtsprinzips auch dann gebildet, wenn die Wahrscheinlichkeit unter 50 % liegt. Eine **Auflösung von Rückstellungen** kann erst dann erfolgen, wenn der Grund dafür entfallen ist (*Aschfalk-Evertz, 2011*).

Auf Ziel bezogene Waren oder Dienste, d. h. Verbindlichkeiten aus Lieferungen und Leistungen und von Kunden erhaltene Anzahlungen, bilden zusammen das **unverzinsliche Fremdkapital** des Unternehmens.

In wirtschaftlich schwierigen Zeiten gefährdet die **Last der Schulden** das Überleben von Unternehmen. Privathaushalte sparen mehr bzw. konsumieren weniger und die Produzenten räumen, ungeachtet sinkender Einstandspreise, erst ihre Lager, bevor sie neue Waren einkaufen. Mit sinkender Kapazitätsauslastung wird es für hochverschuldete Unternehmen in der Krise immer schwieriger, Kredite zu tilgen (= Entschuldung) oder fällige Kredite zu erneuern (= Refinanzierung). Deshalb werden geplante Investitionsvorhaben auch schonmal aufgeschoben oder ganz gestrichen, was Arbeitsplätze gefährdet bzw. Löhne unter Druck setzt.

Durch den Einsatz vielfältiger, ausgeklügelter und international koordinierter Rettungs- und Konjunkturprogramme der letzten Zeit steigt mit der Ausweitung der Staatsverschuldung die Geldmenge und die **Inflation** kann steigen. Die Folge wäre, dass der Wert der Schulden sinkt, sofern die Inflation nur hoch genug ist. Das veranlasst in der Regel die jeweiligen Noten- und Zentralbanken, bei extremen Preissteigerungen gegenzusteuern, um die Inflationsraten zu begrenzen.

Zusammen ergeben die Marktwerte des Eigen- und Fremdkapitals den **Unternehmenswert** im weiteren Sinne (engl. Entity Value).

Die Differenz zwischen dem **Buch- und Marktwert des Fremdkapitals** der Unternehmen ist meistens gering, da die Tilgung des fest oder variabel verzinslichen Fremdkapitals vertraglich genau geregelt ist. Ausnahmen können sich allenfalls bei solchen Instrumenten des Fremdkapitals ergeben, die in der Zeit zwischen der Aufnahme und Rückzahlung des Fremdkapitals an der Börse gehandelt werden, wie etwa Anleihen (engl. Bonds). Da aber bei herkömmlichen Anleihen die zwischenzeitlichen Kursschwankungen meistens gering sind und das Fremdkapital am Ende seiner Laufzeit zum Nominalbetrag zurückgezahlt werden muss, kann beim Fremdkapital vereinfachend mit Buchwerten gearbeitet werden. Sofern das Unternehmen eine Null-Kupon-Anleihe (engl. Zero Bond) emittiert hat, ergibt sich eine Differenz von Nominalwert und niedrigerem (weil diskontierten) Ausgabewert, die aber wegen des im Zeitablauf steigenden Zinsanspruchs immer kleiner wird.

8.1.1.5.3 Investiertes Kapital

Die Umwandlung von Geld in anderes **Vermögen** (engl. Assets), das mehrjährig genutzt werden kann, wird als **Investition** (engl. Investment) bezeichnet. Die Wiedergeldwerdung einer Investition, d. h. die **Desinvestition** (engl. Desinvestment), geschieht durch verdiente Abschreibungen (engl. Depreciation) während der Nutzungsdauer und/oder durch den Erlös aus dem Verkauf der Vermögensobjekte bzw. -werte.

Das **Kennzeichen jeder größeren Investition** ist eine geplante Zahlungsreihe, die mit einer Ausgabe beginnt und während der Nutzungsdauer des Investitionsobjekts zu Einnahmeüberschüssen führt. Eine Investition gilt dann als vorteilhaft, wenn der Barwert der Einnahmeüberschüsse größer ist als die Anfangsausgabe (= Anschaffungs- oder Herstellungswert). Festgestellt wird die Vorteilhaftigkeit einer Investition mittels einer dynamischen Investitionsrechnung (engl. Investment Accounting). Davon abweichend kann die Berechnung der Vorteilhaftigkeit wertmäßig kleiner und regelmäßig wiederkehrender Ersatzinvestitionen auf der Grundlage von Kostenvergleichen mittels statischer Investitionsrechnungen erfolgen. Dazu mehr an späterer Stelle.

Bei der **Berechnung des investierten Kapitals** aus Buchwerten der Bilanz wird

► vom **Wert des Gesamtvermögens** (engl. Total Assets) ausgegangen, d. h. im einfachsten Fall entspricht das investierte Kapital der Summe aller auf der Aktivseite der Bilanz enthaltenen Positionen des Anlage- und Umlaufvermögens (= Bilanzsumme). Geleaste Vermögensgegenstände werden nur dann zum beizulegenden Zeitwert bzw. zum niedrigeren Barwert der Zahlungsverpflichtungen aktiviert, wenn diese dem Leasingnehmer zuzuordnen sind, d. h. wenn wirtschaftlich ein **Finanzkauf** vorliegt, bei dem alle mit dem Eigentum verbundenen Risiken und Chancen auf den Leasingnehmer übergehen.

Eher selten aktiviert werden **Geringwertige Wirtschaftsgüter** (GWGs). Besondere Abschreibungsregeln gelten für GWGs, die zum Sachanlagevermögen gehören und beweglich, abnutzbar sowie selbstständig nutzbar sind: Anschaffungs- oder Herstellungskosten (AHK) ≤ 150,00 € = Abschreibung sofort oder nach gewöhnlicher Nutzungsdauer. AHK > 150,00 € bis 410,00 € = Abschreibung sofort oder nach gewöhnlicher Nutzungsdauer oder in einem jahrgangsbezogenen Sammelposten mit linearer Abschreibung über fünf Jahre. AHK > 410,00 € bis 1.000,00 € = Abschreibung nach gewöhnlicher Nutzungsdauer oder als Sammelposten mit linearer Abschreibung über fünf Jahre.

► die Bilanzsumme um die Werte der nicht betriebsnotwendigen Vermögensobjekte (z. B. nicht betrieblich genutzte Grundstücke bzw. Gebäude, Überbestände bei den Vorräten und liquiden Mitteln sowie Wertpapiere des Umlaufvermögens) gekürzt. Überdies können die im Bau befindlichen Anlagen und die eigenen Anzahlungen als temporäre Vermögenspositionen abgezogen werden. Was übrig bleibt ist das **Betriebsnotwendige Vermögen**.

▶ das betriebsnotwendige Vermögen noch um das **Abzugskapital** gekürzt, zu dem alle unverzinslichen Verbindlichkeiten, wie Anzahlungen von Kunden, kurzfristige Rückstellungen (einschließlich passive latente Steuern als Steuerschuld) und noch nicht fällige Verbindlichkeiten aus Lieferungen und Leistung (fällig werden Verbindlichkeiten aus Lieferung und Leistung erst nach Ablauf der Skontofrist, sofern Skonto gewährt und der Zahlungspflichtige nicht darauf verzichten will). Als Restgröße verbleibt das **Investierte Kapital** (engl. Capital Invested), das auch als eingesetztes, gebundenes oder betriebsnotwendiges Kapital bezeichnet wird.

Eine Sonderstellung innerhalb des investierten Kapitals zu Buchwerten nehmen inzwischen **Immobilien** ein, die als sog. „Betongold" die Renditen der Unternehmen erfahrungsgemäß schwächen. Das gilt vor allem dann, wenn die Unternehmen über kein gutes Immobilien- oder Facilitymanagement verfügen. Empirische Untersuchungen zeigen, dass Unternehmen in angelsächsischen Ländern nur noch etwa 20 % ihrer Immobilien besitzen, während es in Deutschland etwa 60 % sind. Deshalb gehen Unternehmen immer mehr dazu über, ihren Immobilenbestand zu verkaufen und die betriebsnotwendigen Immobilien zu leasen (engl. Sale-and-Lease-Back).

Vom investierten Kapital abzugrenzen ist das **Working Capital**. Zu dessen Berechnung werden vom Umlaufvermögen, einschließlich aktiver latenter Steuern, alle kurzfristigen Verbindlichkeiten (darunter auch das unverzinsliche Abzugskapital) subtrahiert. Ähnlich wird das **Net Working Capital** (= Nettoumlaufvermögen) aus der Summe von Vorräten sowie Forderungen aus Lieferungen und Leistungen, abzüglich der Verbindlichkeiten gegenüber Lieferanten berechnet. Ein negatives Working Capital bedeutet, dass Teile des langfristig gebundenen Vermögens kurzfristig finanziert werden.

Als **Stellhebel zur Verringerung des Working Capital** kommen infrage: Geringere Warenbestände, niedrigere Losgrößen bei der Fertigung, Factoring, Aussetzung der Lieferungen an Kunden mit schlechter Bonität und/oder Vermeidung von Zahlungsverzögerungen durch kurze Bearbeitungszeiten von Kundenreklamationen.

Maßnahmen zur **Verringerung des Working Capital** erfolgen in der Regel dann, wenn es dem Unternehmen wirtschaftlich schlecht geht, z. B. im Konjunkturabschwung oder während einer Krise. Umgekehrt wird gegen Ende einer Krise das Working Capital großzügig erhöht. Daraus folgt, dass sich in Unternehmen das Working Capital in etwa proportional zur Konjunkturentwicklung verändert, und sollte das einmal nicht der Fall sein, steigt das Risiko (*Rupp, 2011*).

Bezüglich der **Bewertung von Vermögensobjekten**, in die investiert wurden, sieht die IFRS-Norm folgendes vor:

▶ **Fair Value-Bewertung**, wobei bei fortlaufender Nutzung eines Vermögensobjekts der aktuell beizulegende Zeitwert jenem Betrag entspricht, *„zu dem zwischen sachver-*

ständigen, vertragswilligen und voneinander unabhängigen Geschäftspartnern unter marktüblichen Bedingungen ein Vermögenswert getauscht [...] werden könnte". Zwischenzeitliche Erfahrungen mit der Fair Value-Bilanzierung von Vermögenswerten machen deutlich, das die Werthaltigkeit von Assets mit dem Verlauf der Konjunktur und der Aktienkurse an der Börse korreliert.

► **Impairmenttests**, mit denen die Werthaltigkeit von Vermögensobjekten mindestens einmal im Jahr zu überprüfen ist. Eine Wertminderung ist vorzunehmen, wenn der erzielbare Betrag eines Objekts geringer ist als sein Buchwert. Der erzielbare Betrag wird als der jeweils höhere Wert aus Netto-Veräußerungswert bzw. Barwert des bis zum Planungshorizont erwarteten Mittelzuflusses aus dem Vermögenswert ermittelt. Wird eine wesentliche und dauerhafte Wertminderung (engl. Impairment) festgestellt, hat eine außerplanmäßige Abschreibung zu Lasten des Gewinns zu erfolgen (bei einer nur vorübergehenden Wertminderung darf nicht abgeschrieben werden). Wird später festgestellt, dass eine in der Vergangenheit gebuchte Wertminderung nicht mehr besteht oder sich verringert hat, ist – mit Ausnahme beim derivativen Firmenwert – erfolgswirksam eine Wertaufholung vorzunehmen (engl. Reversal of Impairment).

Wegen der in der Regel vorhandenen **Off-Balance-Sheet-Effekte** ist das im Unternehmen investierte Kapital höher als aus der Bilanz ersichtlich. Die Effekte betreffen zum einen diejenigen Vermögensobjekte, die nicht gekauft, sondern gemietet oder geleast werden (wie etwa Immobilien), und Forderungen, die vor ihrer Fälligkeit verkauft werden (engl. Factoring). Zum anderen darf nur ein geringer Anteil der vom Unternehmen selbst geschaffenen immateriellen Vermögenswerte in der Bilanz ausgewiesen werden, d. h. der größere Rest gehört zu den stillen Reserven des Unternehmens.

8.1.1.5.4 Immaterielle Vermögenswerte

Durch Investitionen schaffen Unternehmen nicht nur Wertpotenziale, die sich in materiellen Gütern, sondern auch in **immateriellen Vermögenswerten** (engl. Intangible Assets) niederschlagen.

Der im Zusammenhang mit dem **Kauf** etwa eines Patents, einer Marke oder eines ganzen Unternehmens entgeltlich erworbene Goodwill (= Geschäfts- oder Firmenwert) als Differenz zwischen dem Anschaffungs- und dem Substanzwert, wird als derivativ (= abgeleitet) bezeichnet. Demgegenüber gilt ein **selbst geschaffener Goodwill** als **originär** (= ursächlich).

Der im Sachanlagevermögen der Bilanz ausgewiesene Goodwill erhöht die Bilanzsumme des Unternehmens. Unterbleibt die Aktivierung des Goodwills, da das nicht erlaubt bzw. nicht gewollt ist, sind die entsprechenden Ausgaben in der Erfolgsrechnung sofort als Aufwand zu verbuchen, während sich der daraus ergebende wirtschaftliche Nutzen (vielleicht) erst später über die Produktkalkulation in Form höherer Absatzpreise realisieren lässt. Der in der Bilanz nicht aktivierte Goodwill, der auch als **Intellectual Capital** bezeichnet wird, gilt als Hauptursache für die Differenz zwischen dem Markt- und Buchwert des Unternehmens, also der Market-to-Book-Ratio. Maßgeblich für die Höhe dieser Differenz sind folgende **Wertkategorien** (*Daum, 2005; Moser, 2011*):

▶ Das **Humankapital** (engl. Human Capital) umfasst bzw. betrifft das Wissen, die Erfahrungen, die Motivation sowie die am Arbeitsplatz und/oder durch Weiterbildung erworbenen Kompetenzen, d. h. Fähigkeiten und Fertigkeiten der Beschäftigten. Sichtbarer Ausdruck dafür sind Innovationen und kreatives Verhalten. Dieser Teil des immateriellen Vermögens gehört den Beschäftigten. Ausnahmen sind im Einzelfall zu begründen, wie etwa die Höhe des rückzahlbaren Restbetrags einer vom Unternehmen bezahlten Aus- oder Fortbildungsmaßnahme, wenn ein Mitarbeiter seinen Arbeitsvertrag vorzeitig auflöst. Nicht den Beschäftigten gehören hingegen die Ergebnisse bezahlter Arbeit, darunter auch Patente und die Daten in Sozialen Netzwerken.

▶ Das **Beziehungskapital** (engl. Relationship Capital) ist in seiner Gesamtheit ein Netzwerk sozialer Beziehungen, welches das Unternehmen bei der Leistungserbringung unterstützt. Ausdruck dafür sind die Beziehungen zu den Kunden (engl. Customer Capital), Lieferanten (engl. Supplier Capital), Kapitalgebern (engl. Investor Capital) und anderen Partnern in der Wirtschaft, Wissenschaft und Gesellschaft. Das von den Beschäftigten des Unternehmens geschaffene und gepflegte Beziehungskapital befindet sich vorübergehend in deren Eigentum.

▶ Das **Strukturkapital** (engl. Structural Capital) als Teil der nicht personenenbezogenen Systeme, Technologien und Techniken, Infrastrukturen (einschließlich Internet), Software, Datenbanken, Standortvorteile, Prozesse, Kundenlisten, Marken, Logos, Patente, geschützte Designs sowie Unternehmenskultur und Ansehen (engl. Reputation, Image). Dieser Teil des immateriellen Vermögens ist Eigentum des Unternehmens.

Angesichts der großen und weiter steigenden Bedeutung immaterieller Vermögenswerte ist deren **Bilanzierung** ein viel diskutiertes Thema. Wegen der Individualität und Spezifität sowie der Gefahren der Manipulation und Flüchtigkeit wird die Bilanzierungsfähigkeit von Intagible Assets bis jetzt allerdings sehr restriktiv gehalten:

▶ Das aktuelle **HGB** erklärt die Positionen des Human- und Beziehungskapitals für nicht aktivierungsfähig, da sich diese nicht im Eigentum des Unternehmens befinden oder das Eigentum daran nicht eindeutig nachzuweisen ist. Ebenso besteht für Forschungskosten und für selbst erstellte Marken, Patente, Software und sonstiges Knowhow ein Aktivierungsverbot. Demgegenüber sind Entwicklungskosten aktivierungsfähig, bei denen die Entstehung von Vermögenswerten im Sinne später selbstständig verwertbarer Leistungen wahrscheinlich erscheint. Ist eine Aufteilung der FuE-Kosten in je einen Forschungs- und Entwicklungsanteil nicht möglich, sind die gesamten Ausgaben als Forschungskosten anzusehen und aufwandswirksam zu verbuchen. Im Fall der Aktivierung selbstgeschaffener immaterieller Vermögenswerten des Anlagevermögens sind umfangreiche Dokumentationen erforderlich, um einerseits die Entstehungsprozesse der Intangible Assets nachvollziehen zu können und andererseits den Umfang der Kosten, und damit die Höhe der Investitionen, nachzuweisen.

► Die **IFRS-Norm** sieht vor, dass Intangible Assets dann bilanziert werden können, wenn sie folgende vier Asset-Kriterien erfüllen: Eindeutige Identifizierbarkeit, verlässliche Bewertbarkeit, wirtschaftliche Verfügungsmacht und Vorhandensein eines künftigen wirtschaftlichen Nutzens. Bilanzierungsfähig sind die aus der Entwicklungsarbeit hervorgegangenen immateriellen Vermögenswerte, sofern diese zu marktfähigen Produkten (einschließlich Software und Knowhow) oder Patenten geführt haben. Die Herstellungskosten dieser und ähnlicher Vermögenswerte sind auf Basis direkt zurechenbarer Einzelkosten sowie anteiliger Gemeinkosten zu ermitteln. Sofern Intangible Assets aktiviert werden, dürfen sie nicht planmäßig, sondern nur in Abhängigkeit vom Ergebnis eines vorherigen Impairmenttests abgeschrieben werden.

Bezüglich der **Kapitalverwendung** – darunter auch immaterielle Vermögenswerte – kann nach Gegenüberstellung der Buch- und Marktwerte das **investierte Kapital** ermittelt werden, wie im folgenden Beispiel dargestellt (die dazu korrespondierende Kapitalstruktur zeigt die Tabelle in auf S. 441.

Kapitalverwendung	Buchwert	Marktwert	Differenz, davon EK		FK
Derivativer Goodwill	20	20	-		
Originärer Goodwill	10	200	190	190	
Sach- und Finanz-anlagevermögen	970	970	-		
Working Capital	200	200	-		
Stille Reserven	0	10	10	10	
Leasingvermögen	0	100	100		100
Investiertes Kapital	1.200	1.500	300	200	100

Die in der Tabelle zwischen den Buch- und Marktwerten enthaltenen **Differenzbeträge für das investierte Kapital** kann das Unternehmen in den Anlagen zur Bilanz erläutern und/oder in der externen Berichterstattung bekanntgeben. Eine Offenlegung und Kommentierung solcher Beträge würden Außenstehende (insbesondere Investoren und Finanzanalysten) begrüßen, da sie hierdurch in der Lage wären, den Marktwert des Unternehmens realistisch beurteilen zu können. Studien lassen aber erkennen, dass Unternehmen solche Zahlen bewusst unregelmäßig, lückenhaft und unstrukturiert publizieren. Zur Begründung eines derart minimalistischen Offenlegungsverhaltens lässt sich anführen, dass es sich um Betriebsgeheimnisse handelt, die den Wettbewerbern tiefere Einblicke in die Wachstumskerne der betrieblichen Investitionspolitik verwehren sollen.

8.1.1.5.5 Erläuterungen zur Bilanz

Nach IFRS betreffen die im **Anhang zum Konzernabschluss** enthaltenen Erläuterungen u. a. den/die

▶ **Anlagenspiegel**, bezogen auf die Entwicklung des Sachanlagevermögens. Die Darstellung soll die ursprünglichen (= historischen) Anschaffungs- und Herstellungskosten, die Zu- und Abgänge, Umbuchungen (z. B. von Anlagen im Bau nach der Fertigstellung), Zu- und Abschreibungen des Geschäftsjahres sowie die gesamten Abschreibungen wiedergeben. Aus dem Anlagenspiegel können Außenstehende (zumindest näherungsweise) die Abschreibungspolitik des Unternehmens erkennen und das Alter der Sachanlagen schätzen.

▶ **Eigenkapitalspiegel**, wobei das Eigenkapital der AG in mehrere Unterpositionen (wie etwa Grundkapital, Kapitalrücklage, Gewinnrücklagen, Gewinn- bzw. Verlustvortrag sowie Jahresüberschuss bzw. -fehlbetrag) zu zerlegen und in einer gesonderten Veränderungsrechnung darzustellen ist. Als Veränderungen sind auszuweisen: Periodenergebnis, Transaktionen mit den Anteilseignern z. B. Kapitalerhöhung bzw. -herabsetzung, Aktiensplit, Gewinnausschüttung (= Dividendensumme) und Gewinneinbehaltung (= Thesaurierung im Sinne der Zuführung zu den offenen Rücklagen), Rückkauf eigener Aktien, Transaktionen mit den Gläubigern (bezogen auf hybrides Eigenkapital, darunter Genussscheine, Wandel- bzw. Optionsanleihen) sowie Transaktionen, die ohne Berührung der Erfolgsrechnung direkt gegen das Eigenkapital gebucht werden (z. B. kumulierte Währungsdifferenzen und unrealisierte Gewinne/Verluste aus aktienorientierter Vergütung bzw. aus derivativen Finanzinstrumenten).

▶ **Pensionenspiegel**, der die Pensionsrückstellungen nachvollziehbar werden lässt.

▶ **Kapitalflussrechnung** (engl. Cashflow Statement), deren Zweck es ist, Informationen über die Finanzlage des Unternehmens zum Bilanzstichtag bereitzustellen. Abgesehen von der Überleitung der Finanzsalden wird der für das Geschäftsjahr festgestellte Mittelzufluss zerlegt in solchen der laufenden Geschäftstätigkeit (vornehmlich als Veränderung des Working Capital), der Investitionstätigkeit (einschließlich der Mittelzu- und -abflüsse aus der Veräußerung oder dem Erwerb von Unternehmensteilen) und der Finanzierungstätigkeit. Der Mittelbedarf aus Investitionstätigkeit sollte nach Möglichkeit positiv sein, denn wäre er negativ, würde das auf eine Schrumpfung des Unternehmens hindeuten.

▶ **Segmentberichterstattung**, um Rückschlüsse bezüglich der Entwicklung der Segmente und deren Beiträge zum Konzernergebnis ziehen zu können. Als berichtspflichtige Segmente (engl. Tracking oder Reporting Units) kommen Sparten und Regionen infrage. Dabei sind von Interesse: Außen- und Innenumsatz, Kapitalkosten, Ergebnis, Buchwerte des investierten Kapitals sowie Investitionen und Abschreibungen.

Ob im Anhang zur Konzernbilanz auch Angaben über die Höhe und Zusammensetzung der **immateriellen Vermögenswerte** gemacht werden sollen, lässt sich nicht eindeutig sagen. Empirische Untersuchungen haben ergeben, dass bei detaillierten Angaben der Marktwert des Eigenkapitals steigt, da mehr Transparenz die Volatilität der Aktienkurse reduziert und der Kapitalmarkt die Höhe der Intangible Assets – vor allem von Unternehmen in reifen Branchen mit hoher FuE-Intensität – systematisch unterschätzt. Umgekehrt spricht gegen mehr Transparenz als notwendig, dass Wettbewerber von den Informationen über Erfolgspotenziale profitieren könnten und/oder weil die Klagewahrscheinlichkeit der Anteilseigner bei zu optimistischer Finanzberichterstattung steigt (*Lev, 2004*).

Nach der IFRS-Norm ermittelte Positionen der Quartals- und Jahresabschlüsse für **interne Steuerungszwecke** heranziehen zu wollen, ist nicht immer einfach. Von Vorteil für das Controlling ist, dass die Normierung der IFRS-Regelungen die Möglichkeiten für **Vergleiche** im Rahmen des Benchmarking verbessert. Da aber diese Normierungen nicht alle betrieblichen Besonderheiten der wirtschaftenden Unternehmen berücksichtigen können und deshalb verschiedene Bilanzierungs- und Bewertungswahlrechte vorgesehen werden müssen, wird es auch weiterhin **Sonder- und Überleitungsrechnungen** geben.

8.1.1.6 Generische Wettbewerbsstrategien

Die Absichten des Unternehmens werden konkretisiert durch Aussagen der Unternehmensleitung über Sachverhalte wie Kompetenzen (= Fähigkeiten), Vielfalt (= Diversifikation), Qualität, Grundausstattung der Geschäftsbereiche mit Ressourcen, Nutzung des Internets und Internationalisierung in Bezug auf das Geschäftsmodell. Das alles sind Elemente einer **generischen Wettbewerbsstrategie**.

Nach dem **Positionsansatz** von *Porter (2010)* sollte ein Unternehmen mit homogenen Produktgruppen zur selben Zeit immer nur eine von zwei möglichen generischen Wettbewerbsstrategien verfolgen:

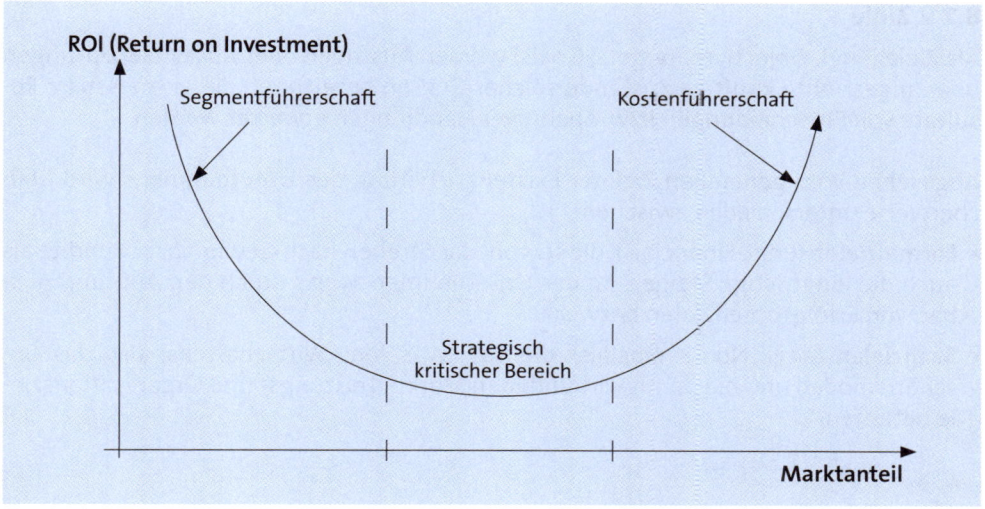

Zweck der

► **Kostenführerschaft** ist es, durch hohes Volumen (= Masse) die Stückkosten niedrig zu halten, und zwar bei angemessener Qualität der Leistung. In diesem Fall wird der aus den Stückkosten des Unternehmens abgeleitete Preis als Trigger für Kaufentscheidungen angesehen. Kennzeichen von Massenmärkten sind preissensible Kunden und ein hoher Preiswettbewerb der Anbieter untereinander. Diejenigen Anbieter, die im Preiswettbewerb nicht mithalten können, gehen vielleicht Kooperationen mit starken Partnern ein, konzentrieren sich auf eine Marktnische oder verkaufen ihr Unternehmen. Dadurch findet eine Marktbereinigung und -konzentration statt.

► **Segmentführerschaft** ist unter Berücksichtigung von Verbundeffekten die Erlangung einer einzigartigen Position in differenzierten Spezialgütermärkten (= Nischen). Da bei Premiumprodukten dem Preiswettbewerb eine eher untergeordnete Rolle zukommt, ist es dem Unternehmen möglich, innerhalb eines preispolitischen Spielraums mit der Qualität als Wettbewerbsfaktor zu arbeiten.

Ändern sich im Zeitablauf die generischen Wettbewerbsstrategien, liegt der Sachverhalt des **Outpacing** vor. Durch Outpacing erhält der Positionsansatz eine dynamische Komponente, jedoch kann der Zeitpunkt für einen **Strategiewechsel** – und damit einem Wechsel im Geschäftsmodell – im Voraus nicht genau bestimmt werden.

Nach neuerem Verständnis kann eine der beiden generischen Wettbewerbsstrategien zugleich auch Elemente der jeweils anderen Wettbewerbsstrategie enthalten. Das Ergebnis wäre dann eine **hybride Wettbewerbsstrategie** (*Corsten, 1998; Jenner, 2000*).

8.1.2 Ziele

Als **Ziele** (engl. Objectives, Targets, Goals) werden Aussagen oder Absichtserklärungen über angestrebte künftige Zustände solcher Größen bezeichnet, die als messbare Resultate von Entscheidungen bzw. operativer Handlungen erwartet werden.

Abgesehen vom generellen Ziel der Existenzsicherung des Unternehmens wird üblicherweise unterschieden zwischen

► **Formalzielen** (engl. Financials), die sowohl das Streben nach Gewinn bzw. Rendite als auch die langfristige Steigerung des Unternehmenswerts durch den Auf- und Ausbau von Erfolgspotenzialen bezwecken

► **Sachzielen** (engl. Non-Financials), die das „Was" des Wirtschaftens, also das Geschäftsmodell und die damit verbundenen Markt-, Leistungs- und Organisationsziele betreffen.

Größen, die zur Messung der jeweiligen Zielerreichung geeignet sind, werden auch unter der Bezeichnung **Performance Measurement** zusammengefasst.

8.1.2.1 Merkmale von Zielen

Die für jeweils einen bestimmten Kontext vorgenommene **Definition eines Ziels** erfolgt durch Festlegung seiner Merkmale:

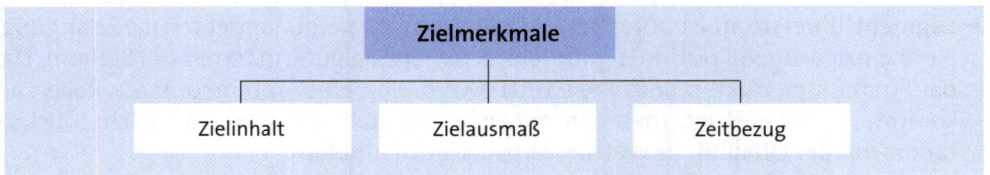

Die **Zielinhalte**, d. h. die angestrebten Größen, müssen qualitativ nach Art und Richtung so formuliert werden, dass sie als Steuerungsgrößen hinreichend konkret, dennoch aber nicht zu eng abgefasst sind, da sie sonst eine zu starke Begrenzung für die nachfolgenden Maßnahmen darstellen.

Bezogen auf das **Zielausmaß** (= Erfüllungsgrad) lassen sich folgende quantitativen Aussagen unterscheiden:

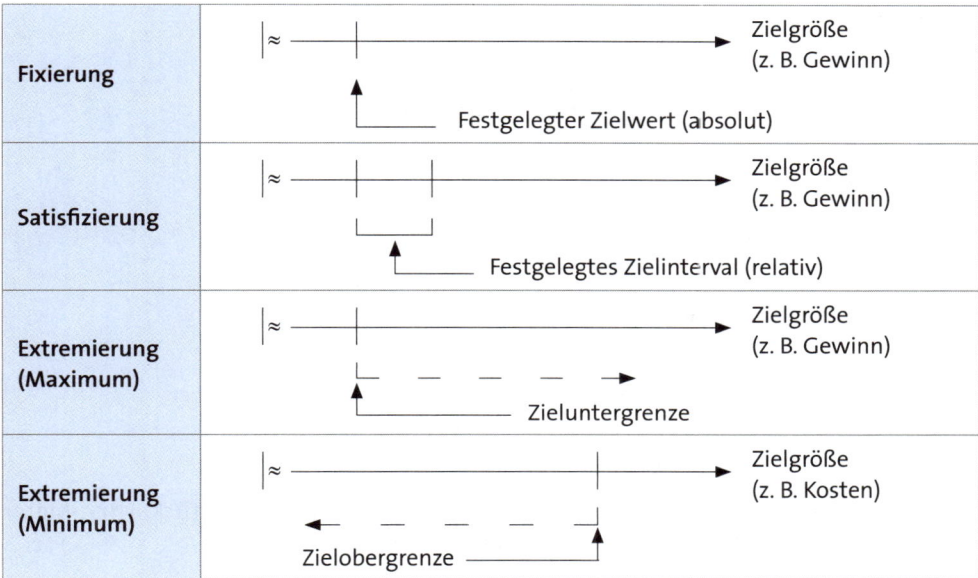

Ein Maß für die Zielerreichung ist die **Effektivität**, ermittelt aus dem jeweiligen Verhältnis der erreichten zu den vorgegebenen bzw. angestrebten Zielen. Wird ein angestrebtes Ziel nicht erreicht, werden die dahinterstehenden Maßnahmen und Handlungen als ineffektiv bezeichnet.

Nach dem **Zeitbezug** als dem Zeitpunkt oder -raum, auf den sich die Zielerreichung bezieht, können Ziele **operativ** (= kurzfristig, mit den Möglichkeiten der Anpassung) oder **strategisch** (= langfristig, mit den Möglichkeiten der Gestaltung bzw. Veränderung) sein.

Um Ziele bzw. Zielgrößen planen, kommunizieren, vorgeben und kontrollieren zu können, werden **Kennzahlen** gebildet. Dabei gelten die Kennzahlen der Sachziele als „vorlaufend", da diese bekannt sein müssen, bevor sich die Kennzahlen der Formalziele berechnen lassen. Entsprechend werden Größen der Formalziele auch als „nachlaufend" bezeichnet.

8.1.2.2 Ökonomisches Prinzip

Das **ökonomische Prinzip** als allgemeine Maxime menschlichen Handelns besagt in seiner Zweiteilung:

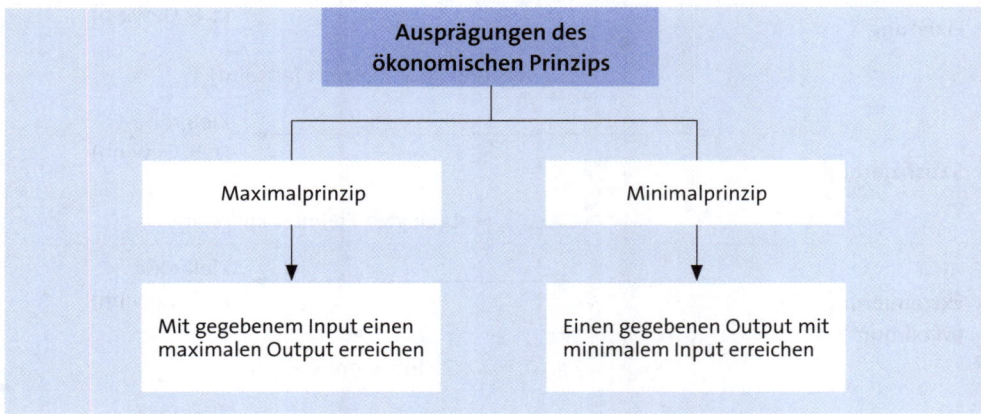

Enthält eine Input-Output-Relation nur Mengengrößen, wie z. B. Stück, Liter, Meter, Kilogramm oder Stunden, wird von **Produktivität** gesprochen:

$$\text{Produktivität} = \frac{\text{Ausbringungsmenge}}{\text{Faktoreinsatzmenge}}$$

Wird im Nenner der Input-Output-Relation nur die Menge eines einzigen Faktors berücksichtigt, ergeben sich **Teilproduktivitäten**, wie z. B.:

$$\text{Arbeitsproduktivität} = \frac{\text{Ausbringungsmenge}}{\text{Arbeitseinsatzmenge}}$$

$$\text{Kapitalproduktivität} = \frac{\text{Ausbringungsmenge}}{\text{Kapitaleinsatzmenge}}$$

Zunehmende Beachtung findet die **Zeitproduktivität**:

$$\text{Zeitproduktivität} = \frac{\text{Bearbeitungszeit}}{\text{Durchlaufzeit}}$$

Sofern bei unterschiedlichen Leistungen oder Beiträgen die Addition der Input-Output-Mengen problematisch ist, kann man auch mit Wertgrößen arbeiten. In diesen Fällen handelt es sich um die **Wirtschaftlichkeit.**

$$\text{Wirtschaftlichkeit} = \frac{\text{Leistung}}{\text{Kosten}}$$

Bezüglich der Wirtschaftlichkeit ist hervorzuheben, dass die Wertgrößen (= Menge · Preis) von Ereignissen abhängen können, die vom Unternehmen nicht beeinflussbar sind, wie etwa Inflationsraten oder Tarifabschlüsse. Wirtschaftlichkeit ist gegeben, wenn der Quotient aus Leistung und Kosten ≥ 1 ist. Ist der Quotient größer 1, liegt ein Wertzuwachs vor. Bei einem Quotienten von etwa 1 spricht man von Kostendeckung.

Ein Maß für die Wirtschaftlichkeit ist auch die **Effizienz.** Durch effizientes Verhalten lässt sich durch den Einsatz spezieller Ressourcen eine bestimmte Leistung erreichen. Der Wirkungs-, Ausbeutungs- oder Gütegrad eines Verbrauchsfaktors, wie Energie, Wasser usw., oder einer Technik, ist eine dimensionslose Größe mit dem Wert zwischen 0 und 1, oder – in Prozent ausgedrückt – zwischen 0 % und 100 %. Nach Ansicht von Wissenschaftlern ist es möglich, mit neuen Technologien die Ausbeute aus einer Kilowattstunde, einem Fass Öl oder einem Kubikmeter Wasser um den Faktor 5 (oder mehr) zu steigern. Ein gangbarer Weg dazu wäre, Ressourcen jährlich teurer zu machen, etwa im Gleichschritt mit der jeweiligen Effizienzverbesserung. Ein Vorbild dafür ist die Verfünffachung der **Arbeitsproduktivität** in den letzten 50 Jahren (*Weizsäcker u. a., 2010*).

8.1.2.3 Zielsystem

Wegen der Vielzahl an Stakeholdern ist jedes Unternehmen ein **zielpluralistisches** Gebilde. Da die multidimensionalen Ziele der Stakeholder sachlich miteinander konfligieren, kann zur Lösung des Problems wie folgt verfahren werden: Ein Ziel wird zum **Hauptziel** (= Oberziel, Zielfunktion) erklärt und die übrigen Ziele sind Nebenziele. Diese Nebenziele werden zusammen mit den Restriktionen, d. h. den nicht zu über- oder unterschreitenden Beschränkungen, zu **limitierenden Nebenbedingungen.** Die Beschränkungen können in der Form von Obergrenzen (kleiner/gleich), Untergrenzen (größer/gleich) oder als Gleichungen auftreten.

Die nachstehende Abbildung soll die Vorgehensweise der **Konfliktlösung** deutlich machen:

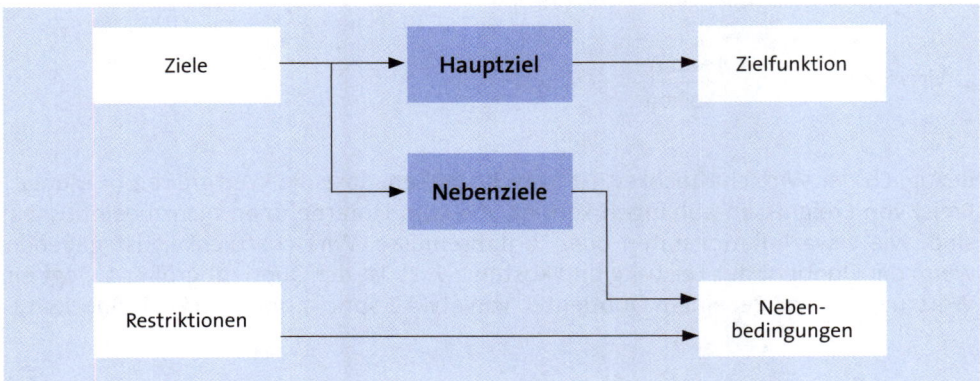

Zu den **Restriktionen** gehört – neben Gesetzen und Verordnungen sowie Vorsichts- und Sicherheitsregeln – auch die **Aufrechterhaltung der Liquidität**.

Zerlegt man das Hauptziel des Unternehmens über mehrere Ebenen der Aufbau- oder Strukturorganisation des Unternehmens, entsteht ein **mehrstufiges Zielsystem**. Danach erhalten die zur Verwirklichung jeweils eines übergeordneten Ziels erforderlichen Mittel den Charakter des Ziels für die darunter liegende Ebene (Führungsprinzip des **Management by Objectives** (MbO). Die Aufgaben der jeweils Verantwortlichen sollten dabei weniger in detaillierten Stellenbeschreibungen festgeschrieben werden als vielmehr in Rollenbeschreibungen, die Spielräume für selbstverantwortliches Denken und Handeln sowie Selbstkontrollen erlauben.

Die Möglichkeit, dass **Zielabweichungen** der einen Ebene zugleich auch Auswirkungen auf die nächst höhere Ebene haben können sowie die Notwendigkeit auf Abweichungen in irgendeiner Weise zu reagieren, haben das Führungsprinzip des **Management by Exceptions** (MbE) entstehen lassen.

Aufgabe 4 > Seite 627, Aufgabe 5 > Seite 627

8.1.2.4 Gewinn

Als Hauptziel des Unternehmens wurde das **Streben nach Gewinn** genannt, wobei die Höhe des Gewinns den finanziellen oder monetären Erfolg des Unternehmens in der Periode widerspiegelt.

Jemand hat **Erfolg**, wenn er tatsächlich das erreicht, was er sich innerhalb eines bestimmten Zeitraums (= Periode) zu erreichen vornimmt, wobei kurzfristig – als sog. Quick Wins – nur das zu erreichen ist, was zuvor an **Erfolgspotenzialen** geschaffen wurde.

Als **Erfolgspotenziale des Unternehmens** bezeichnet man in Anlehnung an *Gälweiler (1986)* das *„Gefüge aller jeweils produkt- und marktspezifischen erfolgsrelevanten Voraussetzungen, die spätestens dann bestehen müssen, wenn es um die Erfolgsrealisierung geht"*. Damit sind strategisch relevante Erfolgspotenziale die **Vorsteuerungsgrößen** für den operativen Erfolg.

Somit ist das langfristige Gewinnstreben das eigentliche **Hauptziel** des Unternehmens. Verdeutlichen soll das ein Ausspruch des Firmengründers *Werner von Siemens*: *„Für augenblickliche Gewinne verkaufe ich die Zukunft nicht"*.

In der öffentlichen Diskussion wird das Streben nach Gewinn und damit die **Steigerung des Shareholder Value** häufig als „Kapitalismus angelsächsischer Prägung" oder neuerdings auch als „Diktat der internationalen Kapitalmärkte" bezeichnet. Um diesen Vorwürfen zu entgehen, kann das Unternehmen

▶ die Interessen der Stakeholder in den Nebenbedingungen zur finanziell geprägten Zielfunktion berücksichtigen

▶ ein mehrstufiges Zielsystem bilden, bei dem in den vorlaufenden Sachziel-Ebenen die Interessen anderer Stakeholder berücksichtigt werden und in der nachlaufenden Formalziel-Ebene das Streben der Shareholder nach dem absoluten oder relativen Gewinn seine Berücksichtigung findet. Das ist die Vorgehensweise der später beschriebenen Balanced Scorecard.

Daraus folgt: Wer im Unternehmen die Interessen aller Stakeholder berücksichtigt, der schafft und bewahrt die Voraussetzungen dafür, auf Dauer den Wert für die Shareholder (= Marktwert des Unternehmens im engeren Sinne) zu steigern.

8.1.2.4.1 Gewinnermittlung

Als **Gewinn** wird die in Geldeinheiten ausgedrückte Differenz zwischen positiven und negativen Erfolgsgrößen jeweils einer Periode (z. B. Quartal, Halbjahr oder Jahr) bezeichnet.

Traditionell gibt es **zwei betriebliche Gewinnkonzeptionen** und zwar die

▶ **Interne Betriebsrechnung** (engl. Managerial Accounting), mit der durch Subtraktion der Kosten von den Leistungen der leistungswirtschaftliche (kalkulatorische) Gewinn – auch als Betriebsergebnis bezeichnet – ermittelt wird. Die Besonderheit dieses Rechenwerks ist die Verwendung kalkulatorischer Kosten für die Kostenarten „Abschreibungen", „Zinsen" und „Wagnisse" (bei Personengesellschaften gibt es zusätzlich noch die kalkulatorischen Kostenarten „Unternehmerlohn" für die mitarbeitenden Gesellschafter und „Miete" bei selbstgenutzten Gebäuden).

► **Externe Gewinn- und Verlust-Rechnung** (engl. Financial Accounting) auf der Grundlage von HGB und IFRS, mit der durch Subtraktion der Aufwendungen von den Erträgen der bilanzielle (pagatorische) Gewinn bzw. Jahresüberschuss, oder noch weitergehend, die Kennzahl Ergebnis je Aktie (engl. Earnings per Share/EPS = Jahresüberschuss dividiert durch die Anzahl der umlaufenden Aktien) ermittelt wird.

Kommen im Unternehmen beide Gewinnkonzeptionen vor, lässt sich der bereits erwähnte **Scheingewinn** (engl. Sham Profit) quantifizieren, und zwar durch den Vergleich der Abschreibungen vom Anschaffungswert (oder Herstellungswert bei selbst erstellten Sachanlagen) und den Abschreibungen vom Tageswert (oder vom Wiederbeschaffungswert). In der folgenden Abbildung wird gezeigt, dass – unter Einbeziehung der Erlöse als wichtigste Ertrags- bzw. Leistungsgröße und unter der vereinfachenden Prämisse, dass alle anderen Einflussgrößen auf den Erfolg (außer den Abschreibungen) gleich sind – der Scheingewinn die Differenz zwischen dem Nominalgewinn (der GuV-Rechnung) und dem Realgewinn (der Kosten- und Leistungsrechnung) ist.

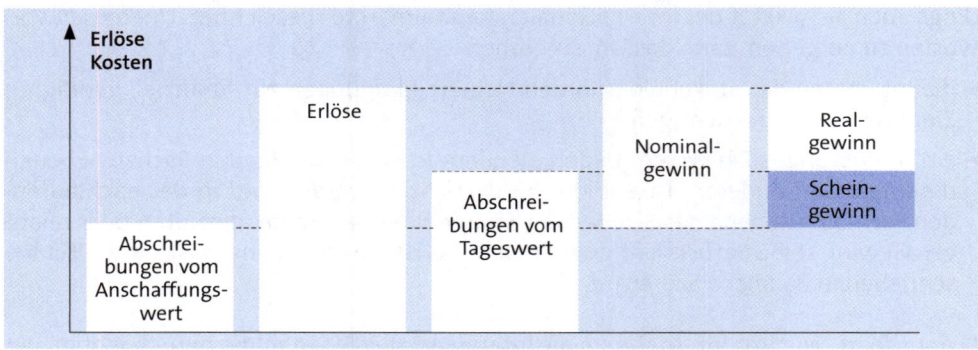

Um beide Rechenwerke miteinander verknüpfen zu können, ist als Überleitungsrechnung noch die **Neutrale Ergebnisrechnung** notwendig. Dabei ist das Neutrale Ergebnis der Saldo aus Aufwendungen und Erträgen, die betriebsfremd sind, weil sie nicht aus der „normalen" Geschäftstätigkeit stammen, in Vorperioden verursacht und damit periodenfremd sind und/oder so unregelmäßig anfallen, weshalb sie als außergewöhnlich bezeichnet werden können. Überdies werden im Neutralen Ergebnis die kalkulatorischen Kosten mit den entsprechenden Aufwendungen der GuV-Rechnung saldiert. In diesem Buch wird das im Rahmen der Budgetierung des Plangewinns ausführlich beschrieben.

Die Kernpunkte der **Erfolgsspaltung nach dem Umsatzkostenverfahren** sind:

► Das **Betriebsergebnis**, d. h. das Ergebnis aus reiner Betriebstätigkeit, ist die Differenz aus Umsatz und bestimmten Funktionskosten. Der Umsatz wird berechnet aus dem Wert der verkauften Erzeugnisse und erbrachten Dienste, jeweils ohne Erlösschmälerungen und Mehrwertsteuer. An Funktionskosten werden angesetzt: Umsatzkosten für die Herstellung der abgesetzten Produkte (das sind die Kosten der Material- und Produktionswirtschaft), Entwicklungskosten sowie nicht aktivierbare Forschungs-, Vertriebs- und Verwaltungskosten. Ferner sind im Betriebsergebnis die sonstigen betrieblichen Erträge und Aufwendungen zu berücksichtigen. Das Betriebsergebnis wird oft zur Messlatte für die Beurteilung der Leistung und variablen Entlohnung des Managements.

▶ Das **Finanzergebnis** ist die Differenz zwischen Erträgen und Aufwendungen von Finanzvorgängen. Zu den Finanzerträgen gehören erhaltene Dividenden aus Beteiligungen sowie Zinsen aus der Anlage von Wertpapieren, Zahlungsmitteln und sonstigen Ausleihungen. Die Finanzaufwendungen umfassen: Zinsaufwand aus Schulden, Abschreibungen auf Finanzanlagen und Wertpapiere des Umlaufvermögens. Ferner sind im übrigen Finanzergebnis noch die Zinskomponenten aus leistungsorientierten Pensionsplänen und sonstige finanzielle Erträge und Aufwendungen zu berücksichtigen.

▶ Das **Außerordentliche Ergebnis** betrifft Geschäftsvorfälle und Sondereffekte, die sich deutlich von der gewöhnlichen Tätigkeit des Unternehmers unterscheiden, also ungewöhnlich sind, und bei denen nicht zu erwarten ist, dass sie häufig oder regelmäßig auftreten. Beispiele dafür sind einmalige Erträge aus dem Verkauf von Sachanlagen oder Beteiligungen, Aufwendungen für Umstrukturierungen, für Abfindungen, für den Rückzug aus bislang selbstgefertigter Güter sowie für die Stilllegung eines Teilbetriebs. Über das außerordentliche Ergebnis kann durch Bildung bzw. Auflösung stiller Reserven das Gesamtergebnis des Unternehmens vor Steuern beeinflusst (manipuliert) werden.

▶ Das **Steuerergebnis** umfasst die Steuern vom Einkommen und Ertrag sowie latente Steuern,wobei letztere sich als nicht zahlungswirksame Korrekturposten zu den laufenden bzw. geschuldeten Steuern ergeben, und zwar aufgrund der voneinander abweichenden Gewinndefinition in der Handels- und Steuerbilanz.

Das **Ergebnis vor Steuern EBT (E**arnings before Taxes) einer Periode ist bei enger Sichtweise das Ergebnis der gewöhnlichen Betriebstätigkeit. Bei erweiterter Sichtweise ist außerdem das Finanzergebnis darin enthalten. Eine genaue Definition von EBT geben Unternehmen im Rahmen ihrer Finanzberichterstattung.

Bezogen auf den sowohl in der Bilanz als auch in der GuV-Rechnung veröffentlichten Gewinn betreiben Unternehmen häufig **Bilanzpolitik**. Verhaltensanreize können darin bestehen, den Gewinn und andere Erfolgskennzahlen über die Zeit zu glätten sowie durch Überbewertung von Aktiva und/oder Unterbewertung von Passiva ein fehlendes Gewinnwachstum auszugleichen, um Analystenprognosen zu erfüllen bzw. zu übertreffen.

8.1.2.4.2 Gewinnverwendung

Die **Gewinnverwendung**, die auf der Basis von Einzelabschlüssen nach HGB-Vorschriften erfolgt, ist bei der AG normalerweise wie folgt: Ausschüttung (= Dividende), Einbehaltung (= Zuführung zu den Gewinnrücklagen) und Steuerzahlung. Zusammen ergeben die ausgeschütteten und einbehaltenen Gewinnanteile, also der „Gewinn nach Steuern", den Jahresüberschuss oder Jahresfehlbetrag. Während der einbehaltene (= thesaurierte) Gewinnanteil in der Bilanz nur einen Passivtausch erfordert, belasten die Zahlungen für Dividenden und Steuern die Liquidität des Unternehmens.

Bezüglich der **Gewinnausschüttung in der AG** lassen sich grundsätzlich zwei **Formen der Dividendenpolitik** unterscheiden: Bei der in

► **deutschen Aktiengesellschaften** vorherrschenden Politik stabiler Dividenden wird im Zeitablauf ein etwa gleich bleibender (= konstanter) Dividendensatz angestrebt. Das gilt in der Regel sowohl für die mit Stimmrecht ausgestatteten Stammaktien als auch – sofern überhaupt vorhanden – die stimmrechtslosen, dafür einen geringfügig höheren Dividendensatz bietenden Vorzugsaktien. Ist der Gewinn in einem Geschäftsjahr außergewöhnlich hoch, wird der Dividendensatz meistens nicht erhöht, sondern ersatzweise wird den Aktionären oder Beschäftigten des Unternehmens ein „Bonus" gezahlt, der später wieder zurückgenommen werden kann. Reicht der Gewinn eines Jahres nicht aus, um den Eigentümern einen Dividendensatz in Höhe des Vorjahres bieten zu können, kann der Dividendensatz dennoch stabil bleiben und die Betragsdifferenz den Gewinnrücklagen entnommen werden. Eine weitere Möglichkeit, den Dividendensatz konstant zu halten, jedoch in Anbetracht der auf lange Sicht erwarteten Ertragslage die Dividendensumme zu erhöhen, ergibt sich durch „Aktiensplits", denn: Bei einem Aktiensplit erhöht sich die Zahl der Aktien, während das Grundkapital und der Wert des Unternehmens gleich bleiben. Sind die langfristigen Gewinnerwartungen des Unternehmens schlecht, werden die Dividenden für einen mehr oder weniger langen Zeitraum ganz gestrichen, und erst wieder gezahlt, wenn es dem Unternehmen wieder besser geht.

► **angloamerikanischen Aktiengesellschaften** vorherrschenden Politik variabler Dividenden wird ein Teil des Gewinns als Dividende ausgeschüttet, und zwar unabhängig davon, wie hoch der Gewinn ist. Der restliche Gewinn wird einbehalten.

Empirische Untersuchungen zeigen, dass **Unternehmen mit hohen Gewinnausschüttungen** auf längere Sicht eine bessere Entwicklung der Aktienkurse aufweisen als Unternehmen, die Gewinne verstärkt einbehalten. Mit eine Ursache dafür kann im Principal Agent-Ansatz liegen, denn die Aktionäre können über die Verwendung der an sie ausgeschütteten Gewinne selbst verfügen, während über die Verwendung der einbehaltenen Gewinne das Management des Unternehmens entscheidet.

8.1.2.4.3 Gewinnbesteuerung

Durch die **Besteuerung der Gewinne** inländischer Kapitalgesellschaften werden folgende Steuern und Abgaben fällig:

- **Gewerbeertragsteuer** (GewEst), berechnet nach der Ertragskraft des Gewerbebetriebs. Die Steuerbelastung beträgt 14 %, wobei zur Berechnung dieses Werts die einheitliche Steuermesszahl von 3,5 % verwendet und ein Hebesatz von 400 % angenommen wurde. Die tatsächliche Steuerbelastung kann je nach dem Hebesatz der Kommune abweichen. Die GewEst ist eine deutsche Besonderheit, die im Ausland in vergleichbarer Form nicht vorkommt.

- **Körperschaftsteuer** (KSt), ermittelt nach dem Gewinn von Unternehmen in der Rechtsform einer Kapitalgesellschaft. Der Steuersatz beträgt einheitlich 15 % (§ 23 Abs. 1 KStG).

- **Solidaritätszuschlag** von 5,5 %, bezogen auf die ermittelte Körperschaftssteuer.

Die **Berechnung der Steuerquote** des Unternehmens geschieht wie folgt: Gewinn vor Steuern = 100,00 €, Steuermesszahl = 3,5 % (oder 0,035 % in Dezimalschreibweise) und Hebesatz = 400 %. Somit ist der Gewinn nach Gewerbeertragsteuer = 100,00 - (0,035 · 400) = 86,00 €. Davon werden die KSt in Höhe von 15 % und der Solidaritätszuschlag von 5,5 % auf die Körperschaftssteuer abgezogen, sodass ein Gewinn nach Steuern (= Jahresüberschuss) in Höhe von (86,00 € - (0,15 · 100) - (0,15 · 5,5 =) 70,175 € für das Unternehmen beträgt. Die **Steuerquote der Kapitalgesellschaft** ist danach (100,00 - 70,175 =) 29,825 %.

8.1.2.4.4 Absolute Erfolgskennzahlen

Ausgehend vom **Vorsteuerergebnis EBT** des Unternehmens bzw. seiner Tracking Units ergeben sich durch Zusammenfassung ausgewählter Positionen der GuV-Rechnung verschiedene **Kennzahlen zum kurzfristigen Ergebnis**, wie etwa

- **EBIT** (Earnings before Interest and Taxes) als Ergebnis vor Zinsen und Steuern, das als Rest aus der Geschäftstätigkeit (engl. Total Business Profit) übrig bleibt, nachdem alle Produktionsfaktoren – mit Ausnahme des Faktors (Geld-) Kapital – vergütet wurden

- **EBDIT** = EBIT plus Abschreibungen (engl. Depreciation) auf das Sachanlagevermögen. Da sich die Erfolgsgröße EBIT durch Abschreibungen manipulieren lässt, wird durch die explizite Berücksichtigung von D der Manipulation die Grundlage entzogen. Die Ergebniskennzahl EBDIT entspricht in etwa dem unten beschriebenen (Brutto-)Cashflow der Berichtsperiode.

- **EBITA** = EBIT plus Abschreibungen auf den derivativen Firmenwert (engl. Amortization). Das ist relevant für Unternehmen mit vielen und/oder wertmäßig großen Firmenkäufen.

- **EBITDA** = EBITA plus Abschreibungen auf das Sachanlagevermögen

- **Operativer Gewinn** (engl. Operating Profit) vor Steuern, berechnet nach dem Umsatzkostenverfahren: Umsatzerlöse minus Umsatzkosten (= Bruttoergebnis vom Umsatz), minus Vertriebs-, Verwaltungs- sowie Entwicklungskosten, plus/minus Sonstige betriebliche Erträge und Aufwendungen (= Operatives Ergebnis).

8.1.2.4.5 Relative Erfolgskennzahlen

Von **Rentabilität** oder Rendite als relativer Erfolgsgröße wird gesprochen, wenn Stromgrößen wie der EBIT oder EBT (als Zählergrößen) zu anderen Strom- oder Bestandsgrößen (als Nennergrößen) in Beziehung gesetzt werden.

Bekanntes Beispiel für die Verwendung jeweils einer Stromgröße im Zähler und Nenner ist die **Umsatzrentabilität** (engl. Return on Sales).

$$\text{Umsatzrentabilität (in \%)} = \frac{\text{EBIT} \cdot 100}{\text{Umsatz}}$$

Verwendet man im Nenner dieser Kennzahl als Bestandsgröße das auf der Passivseite der Bilanz ausgewiesene Geldkapital (oder Teile davon), wird von **Kapitalrentabilität** gesprochen.

$$\text{Gesamtkapitalrentabilität (in \%)} = \frac{\text{EBIT} \cdot 100}{\text{Gesamtkapital}}$$

$$\text{Eigenkapitalrentabilität (in \%)} = \frac{\text{EBT} \cdot 100}{\text{Eigenkapital}}$$

Anstelle des Geldkapitals wird zunehmend das Realkapital (Vermögen) verwendet, wie es beispielsweise die Berechnung des **Return on Investment** (ROI) vorsieht:

$$\text{Return on Investment (in \%)} = \frac{\text{EBIT} \cdot 100}{\text{Umsatz}} \cdot \frac{\text{Umsatz}}{\text{Investiertes Kapital}}$$

Die den **ROI** bestimmenden Komponenten sind:

► **Umsatzrendite**, die angibt, welchen Anteil (= EBIT) vom Umsatz die Kapitalgeber, also Gläubiger und Eigentümer, erhalten. Gelegentlich wird anstelle des EBITs der EBT verwendet. Dies ist allerdings nur dann zutreffend, wenn das Unternehmen ohne Fremdkapital arbeitet. Üblicherweise werden Umsätze unter Einsatz eines mischfinanzierten Gesamtvermögens erwirtschaftet.

► **Kapitalumschlag**, der die am Umsatz gemessene Umschlagshäufigkeit des Investierten Kapitals ausdrückt.

Weitere im Wertdialog zwischen Kapitalmarkt und Unternehmen verwendete **Renditegrößen**, die sich ebenfalls nur auf eine Periode beziehen, sind:

► **ROCE** (**R**eturn **o**n **C**apital **E**mployed), bei der der operative Gewinn auf das in derselben Periode durchschnittlich gebundene Vermögen (= Buchwert nur des betriebsnotwendigen Sachanlagevermögens, zuzüglich des Working Capital) bezogen wird.

► **RONA** (**R**eturn **o**n **N**et **A**ssets), bei der die Erfolgsgröße EBIT auf das in derselben Periode durchschnittlich gebundene Kapital (= Gesamtvermögen minus Abzugskapital) bezogen wird. Im Unterschied zum Capital Employed ist hier die Kapitalbasis größer, da argumentiert wird, dass es den Eigentümern ziemlich egal sei, ob das Unternehmen seine Renditen durch Sach- oder Finanzinvestitionen erwirtschaften kann.

► **RORAC** (**R**eturn **o**n **R**isk **A**djusted **C**apital), die den erwarteten Gewinn in Relation zum Risikokapital setzt, das sich – in Abhängigkeit von der Risikobereitschaft des Managements – aus dem VaR ergibt. Eine Variante dieser Ertrags-Risiko-Relation ist die als RAROC (Risk Adjusted Return on Capital) bezeichnete Renditegröße, zu deren Ermittlung der um eine Risikoprämie verringerte Gewinn dem investierten Kapital übergestellt wird.

Bezüglich der **Nachteile** aller genannten Renditegrößen lässt sich feststellen: Neben Risikoaspekten fehlen auch die immateriellen Vermögenswerte, die als Werttreiber den Erfolg des Unternehmens mitbestimmen. Außerdem ist die Altersstruktur des Sachanlagevermögens nicht berücksichtigt, was insofern schlecht ist, da mit zunehmendem Alter der Betriebsmittel bei gleicher Leistung, aber sinkenden Abschreibungen, immer mehr Scheingewinne erzielt werden, durch deren Besteuerung im Unternehmen Substanz vernichtet wird. Außerdem können sich bei im Zeitablauf schwankenden Bestandswerten des Working Capital Fehler durch die Verwendung nur jeweils eines Stichtagswerts ergeben, was sich allerdings dadurch vermeiden lässt, dass Durchschnitte auf der Basis von Monats- oder Quartalswerten gebildet werden.

8.1.2.5 Wertschöpfung

Unter **Wertschöpfung** (engl. Value Added) versteht man sowohl einen Prozess der Wertentstehung (als dynamischer Wertschöpfungsbegriff) als auch das Ergebnis dieses Prozesses (als statischer Wertschöpfungsbegriff). Dabei bezieht sich die Wertschöpfung nicht nur auf die Schaffung eines Werts, sondern auch auf die Vergrößerung eines bereits bestehenden Werts wie etwa des Unternehmenswerts.

8.1.2.5.1 Entstehung von Wertschöpfung

Die **gütermäßige** oder **reale Wertschöpfung** entspricht der vom Unternehmen erbrachten Eigenleistung (= Mehrwert) durch den Einsatz von Ressourcenbündeln.

Wie aus der nachstehenden Abbildung entnommen werden kann, ist die **Eigenleistung** als die Differenz zwischen der Gesamtleistung des Unternehmens und den Vorleistungen als Wert für die von außen bezogenen, periodisierten Güter und Dienstleistungen.

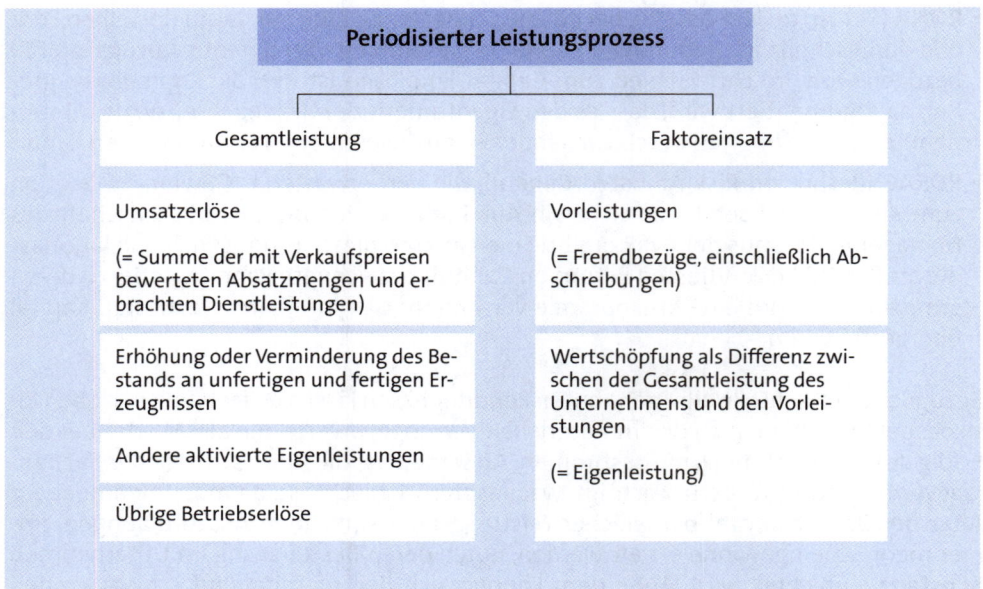

Aus Sicht des Markts und damit der Endkunden sind **Prozesse** im Unternehmen dann

► **unmittelbar** oder **direkt wertschöpfend**, wenn am Produkt bzw. an der Dienstleistung gearbeitet wird. Davon ausgenommen sind allerdings Blindleistungen. Eigenleistungen, die für oder mittels elektronische(r) Netze und Medien erfolgen, werden auch als digitale Wertschöpfung bezeichnet.

► **mittelbar** oder **indirekt wertschöpfend**, wenn sie Voraussetzung für die Durchführung der unmittelbar wertschöpfenden Tätigkeiten sind. Die mittelbar wertschöpfenden Tätigkeiten (wie z. B. Umrüstung, Transport, Aus- und Weiterbildung von Mitarbeitern, betriebliches Rechnungswesen oder Controlling) sind vom Prozessmanagement auf ein angemessenes Maß zu beschränken.

► **nicht wertschöpfend**, wenn sie keinen messbaren Kundennutzen schaffen und damit Verschwendung sind, wie z. B. jeder unerwünschte Output (etwa Ausschuss), überflüssige Tätigkeiten, unnötige Verzögerungen (z. B. Liege- bzw. Wartephasen) und Nacharbeiten. Nicht wertschöpfende Tätigkeiten sind nach ihrer Identifizierung umgehend zu beseitigen.

Das Ausmaß betrieblicher Wertschöpfung lässt sich anhand von **Kennzahlen** beurteilen, wie z. B.:

Wertschöpfungs-Kennzahlen	
Wertschöpfungsquote =	$\dfrac{\text{Wertschöpfung} \cdot 100}{\text{Umsatz}}$
Wertschöpfungstiefe =	$\dfrac{\text{Wertschöpfung} \cdot 100}{\text{Gesamtleistung}}$
Arbeitsproduktivität =	$\dfrac{\text{Wertschöpfung}}{\varnothing \text{ Personalbestand}}$
Investitionintensität =	$\dfrac{\text{Investitionen}}{\text{Wertschöpfung}}$

Die in der Entstehungsrechnung ermittelten Größen erlauben sowohl einen **Zeitvergleich** (z. B. Entwicklung der Einkommen) als auch einen **Betriebsvergleich** (z. B. Beiträge einzelner Unternehmen zur Gesamtleistung im bedienten Marktsegment).

8.1.2.5.2 Verteilung der Wertschöpfung

Die **geldmäßige** oder **personale Wertschöpfung** entspricht den Einkommen der Beteiligten am Wertschöpfungsprozess:

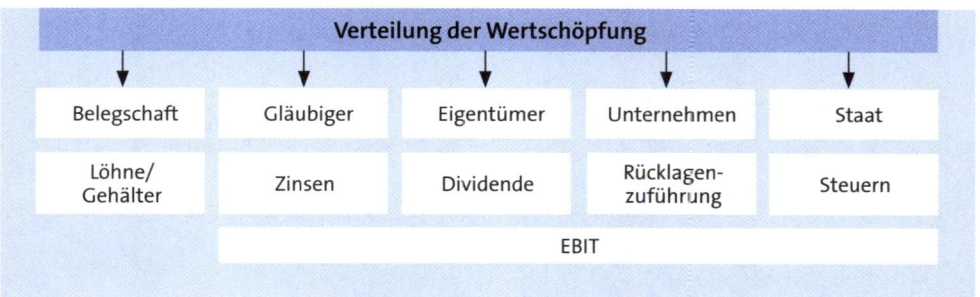

8.1.2.5.3 Outsourcing

Durch **Outsourcing** (= Auslagerung) bisheriger Eigenleistungen an fremde Firmen im In- und Ausland und anschließendem Fremdbezug dieser Leistungen sinkt die Wertschöpfungstiefe des Unternehmens. Typische, d. h. nicht zu den Kernkompetenzen des Unternehmens zählende Auslagerungsfälle sind: Logistik/Transport, IT/DV/Buchhaltung sowie Personal- und Finanzdienstleistungen. Darüber hinaus können auch ganze Geschäftsprozesse ausgelagert werden oder es wird vereinbart, dass einige bzw.

alle der durch die Auslagerungen beim bisherigen Produzenten nicht mehr benötigten Ressourcen – meistens betrifft das die Betriebsmittel und/oder das Personal – vom
jeweils neuen Produzenten übernommen werden (*Wullenkord, 2005*).

Eine Variante des Outsourcing ist das **Offshoring**. Darunter versteht man die
Verlagerung von Wertschöpfungsaktivitäten ins Ausland. Treiber des Offshoring
sind: Zugang zu den an ausländischen Standorten vorhandenen Arbeitskräften,
niedrige Lohnkosten (insbesondere für einfache Arbeiten), befristete Beschäf-
tigungsverhältnisse, günstige Flächenangebote mit hervorragenden Verkehrs-
anbindungen sowie geringe Regulierungsdichte mit weniger Verwaltung und
Bürokratie. Nach herrschender Meinung verlieren heimische Unternehmen im
internationalen Wettbewerb an Bedeutung, wenn sie – bezogen auf eine hinreichend große Verlagerungsmasse – auf die im Ausland vorhandenen Vorteile verzichten würden. Hinzu kommt, dass die Verlagerung von Kapazitäten ins
Ausland die Exportabhängigkeit des Unternehmens reduziert.

Das **Grundmodell des Outsourcing** zeigt die nachstehende Abbildung (*Arnold, 1999*):

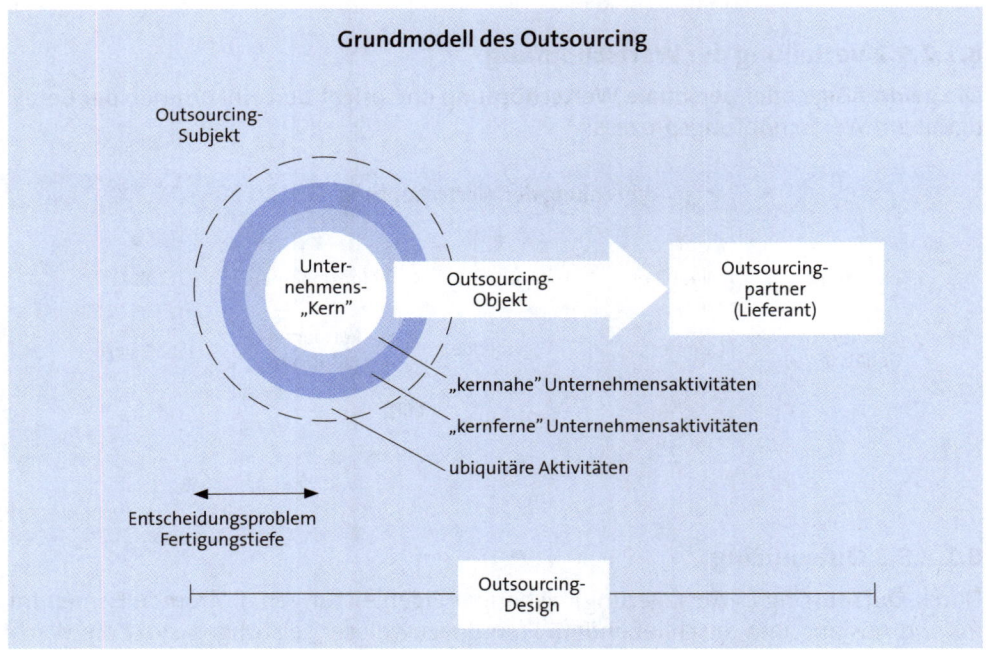

Was in der Abbildung den **Kern** des Unternehmens mit entsprechender „Unique Sel-
ling Proposition" (USP) ausmacht, wird herkömmlich über Güter, Dienstleistungen und
Märkte, zunehmend aber auch durch die im Unternehmen vorhandenen Fähigkeiten

des Führungspersonals definiert. Durch den globalen Wandel und die weltweit zunehmende Digitalisierung kann sich der Kern (und damit das Geschäftsmodell) plötzlich ändern. Unternehmen aus Branchen mit stark zyklischem Geschäft können die Folgen häufiger Konjunkturwechsel besser bewältigen, wenn sie Bauteile standardisieren, diese auslagern und selbst schlanker produzieren (engl. Lean Production). Im Extremfall stellen Unternehmen überhaupt keine Produkte mehr selbst her, sondern sind nur noch zuständig für deren Entwicklung und Vermarktung. Umgekehrt setzen andere (vor allem mittelständische) Unternehmen bewusst auf Eigenfertigung, wenn zur Fertigung technisch komplexer Produkte spezielle Produktionstechniken bzw. wichtige Maschinen aus eigener Sonderfertigung benötigt werden.

Nach erfolgtem Outsourcing kann eine **Erhöhung der Wertschöpfung** dadurch erreicht werden, dass die mit der Auslagerung verbundenen Kosteneinsparungen und Finanzmittelfreisetzungen in die Entwicklung neuer innovativer Produkte und deren geschickte Vermarktung gesteckt werden.

Durch Outsourcing können sich aber auch **Risiken** ergeben, wie etwa:

► **Kostensenkungspotenziale werden nicht ausgeschöpft**, da die Transaktionskosten bei der Anbahnung, Vertragsgestaltung, Koordination und Pflege der Beziehungen zu den Outsourcingpartnern höher als erwartet sind, der Fixkostenabbau beim nicht mehr betriebsnotwendigen Sachanlagevermögen bzw. Personal nicht oder zumindest nicht so schnell wie vorgesehen stattfindet oder der Sozialplan für ausscheidende Arbeitnehmer zu anspruchsvoll ist.

► **Asymmetrische Risikoverteilung**, d. h. die Qualität und Lieferzeiten sind gefährdet, da der Zulieferer die zu liefernden Bauteile und -komponenten nicht weiterentwickelt oder bei anziehender Konjunktur andere (vor allem große) Unternehmen vorrangig beliefert.

► **Kompetenzverlust**, denn mit der Auslagerung von Wertschöpfung gehen Handlungs- und Kontrollmöglichkeiten sowie ein eventueller Wissensvorsprung gegenüber den Mitbewerbern verloren, was eine spätere (zumindest kurzfristige) Umsteuerung erschwert oder unmöglich macht.

► **Widerstand des Personals**, wenn die durch die Auslagerung freigesetzter Arbeitnehmer von Partnern übernommen oder entlassen werden sollen, was Unruhe in die Organisation bringt, die Motivation der Beschäftigten reduziert und eine ungewollte Fluktuation begünstigt.

Die Vielzahl gescheiterter Outsourcing-Vorhaben hat inzwischen zu einer **Verschärfung der partnerschaftlichen Regelungen** geführt, insbesondere bezüglich der

► **Verträge**: Mit den Partnern werden Verträge ausgehandelt, die alles bis ins letzte Detail regeln, darunter auch das Ende der Zusammenarbeit und die eventuelle Rückübertragung von ausgelagerten Leistungen (engl. Backsourcing). Durch die „Meistbegünstigungsklausel" wird sichergestellt, dass bei kurzfristigen Leistungsänderungen nur solche Preisforderungen möglich sind, wie sie der Partner auch gegenüber Dritten geltend macht. Alternativ dazu können die Parteien auch detaillierte Preislisten für jede Art des Fremdbezugs vereinbaren.

► **Benchmarkklauseln** in den Verträgen, wobei während der Vertragslaufzeit die Leistung des Dienstleisters mit der eines anderen Dienstleisters verglichen wird.

► **Kleinaufträge**: Es werden nur Module aus einzeln abrufbaren und flexibel kombinierbaren Leistungen ausgelagert. Überdies können für gleiche Leistungen mehrere Partner beauftragt werden (engl. Multiple Sourcing), um die Gefahren des Scheiterns einer Partnerschaft zu mindern.

► **Schutzvereinbarungen**: Wegen der bestehenden Gefahr des Scheiterns von Outsourcingabkommen, muss das auslagernde Unternehmen genügend Controllingressourcen während der Laufzeit von Verträgen mit den Outsourcingpartnern vorhalten. Dabei sollte in regelmäßigen Abständen die Struktur des gesamten Outsourcinggeschäfts einschließlich der Kosten und Wertbeiträge überprüft und bei Bedarf angepasst werden. Wichtig ist auch die Überprüfung, ob überlassenes Knowhow nicht unzulässigerweise für Dritte genutzt oder gar an diese weitergegeben wurde.

► **Notfallfähigkeit**: Droht eine Outsourcingpartnerschaft zu scheitern und/oder sinkt die Auslastung eigener Kapazitäten, sollte frühzeitig ein **Backsourcing** (Rücktransfer) geprüft werden, um früher ausgelagerte Aktivitäten und deren Anwendungswissen wieder zurückzuholen. Die höhere Wertschöpfung schafft in der Regel keine neuen Arbeitsplätze, jedoch könnte sie bestehende Arbeitsplätze sichern.

Aufgabe 6 > Seite 627, Aufgabe 7 > Seite 627, Aufgabe 8 > Seite 628

8.1.2.6 Cashflow

Unter Cashflow – nachfolgend auch als Bruttocashflow bezeichnet – wird der periodische **Umsatzüberschuss der laufenden Geschäftstätigkeit** verstanden, dessen Ermittlung direkt oder indirekt erfolgen kann:

► Bei **direkter Ermittlung** ist der Cashflow die Differenz zwischen den im Zusammenhang mit der laufenden Betriebstätigkeit stehenden zahlungswirksamen Einnahmen und Ausgaben einer Periode.

► Bei **indirekter Ermittlung** ergibt sich der Cashflow aus dem operativen Ergebnis EBDIT zuzüglich der Veränderung der langfristigen Rückstellungen, insbesondere der Pensionsrückstellungen.

Ergänzend zum Cashflow aus laufender Geschäftstätigkeit können noch die **Cashflows aus Investitions- und Finanzierungstätigkeit** ermittelt und in einer Kapitalflussrechnung ausgewiesen werden. Die **Aufgaben einer Kapitalflussrechnung** bestehen darin, die gesamten Zahlungsströme, d. h. die Summe aller Ein- und Auszahlungen) des jeweils letzten Geschäftsjahres bzw. -quartals abzubilden, um die Überleitung zu den in der Bilanz ausgewiesenen liquiden Mitteln am Ende eines Berichtszeitraums nachvollziehbar zu gestalten sowie externen Adressaten einen tieferen Einblick in die Finanzlage des Unternehmens zu ermöglichen.

Ist der Cashflow annähernd normalverteilt, kann für die finanziellen Risiken des Unternehmens der **Cashflow at Risk** (CFaR) berechnet werden. Danach ist, bezogen auf einen bestimmten Zeitraum, die unerwartete (negative) Abweichung vom Barwert des erwarteten Cashflows mit der Wahrscheinlichkeit des gewählten Konfidenzniveaus (mindestens 95 %) nicht größer als der berechnete CFaR (vgl. dazu ausführlicher *Burger/Buchhart, 2002; Homburg/Stephan, 2004; Hoitsch/Winter, 2004*).

Werden vom Bruttocashflow die Ersatzinvestitionen und Ertragsteuern abgezogen, ergibt sich der **Operating Cashflow**. Bezüglich der Berechnung der Ertragsteuern ist die Kenntnis sowohl der Höhe der steuerlich abzugsfähigen Fremdkapitalzinsen als auch der Steuerquote notwendig. Auf den aus dem Steuerabzug resultierenden **Tax Shield** wird später ausführlich bei der Berechnung der Kapitalkosten nach dem WACC-Ansatz als eine Form des Discounted Cashflow-Verfahrens eingegangen.

Zum **Free Cashflow** (FCF) gelangt man, wenn vom Operating Cashflow die in der Literatur als Werttreiber bezeichneten Erweiterungsinvestitionen speziell in das Sachanlagevermögen (einschließlich derivativer Firmenwerte) abgezogen werden. In den Erweiterungsinvestitionen sind auch die Mittelabflüsse für Übernahmen anderer Unternehmen bzw. langfristiger Finanzanlagen enthalten. Erfordern die Erweiterungsinvestitionen eine Erhöhung des Working Capitals, wird dieser (Differenz-)Betrag ebenfalls subtrahiert. Der Free Cashflow als **Kennzahl** gibt einen Hinweis auf die Innenfinanzierungskraft des Unternehmens, d. h. nur wenn das Unternehmen auf Dauer einen positiven Free Cashflow erwirtschaftet, kann es seine Wachstumsstrategien umsetzen.

Zusammenhängend ergibt sich folgendes Bild:

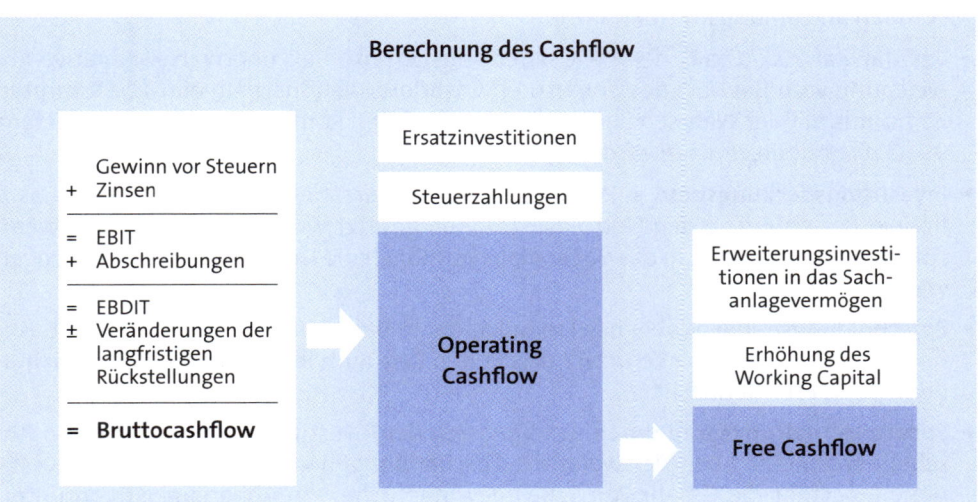

151

Diese Vorgehensweise entspricht dem **Bruttoansatz** (engl. Entity Approach), bei dem der FCF allen Kapitalgebern des Unternehmens zusteht. Anders ist das beim **Nettoansatz** (engl. Equity Approach), bei dem der FCF um die den Gläubigern zustehenden Ansprüche (= Kapitaldienst) gekürzt wird, sodass der Rest-FCF nur den Shareholdern zusteht.

Nach dem Nettoansatz wird der **Shareholder Value** wie folgt errechnet:

Entspricht der so ermittelte Wert des Eigenkapitals nicht den Erwartungen der Shareholder, ergibt sich eine **Wertlücke**, deren Gründe festzustellen und zu analysieren sind, bevor sich geeignete Maßnahmen (= Handlungsempfehlungen) zur Schließung dieser Wertlücke ableiten lassen.

Auf der Grundlage des Cashflows lassen sich auch **steuerungsrelevante Kennzahlen** ableiten:

▶ **Relativer Cashflow** als Verhältnis des Cashflow zum gesamten Umsatz oder Kapital.

▶ **Volatilität des Cashflow**, mit deren Steigerung die Wahrscheinlichkeit finanzieller Anspannungen steigt, was aus Gründen der Liquiditätssicherung zu höheren Beständen an Zahlungsmitteln führt.

▶ **Cashflow at Risk** (CFaR), der – wie bereits ausgeführt – als unerwartet negative Abweichung vom Barwert des erwarteten Cashflow, die innerhalb eines bestimmten Zeitraums mit der Wahrscheinlichkeit des gewählten Konfidenzniveaus (mindestens 95 %) nicht überschritten wird.

▶ **Investitionsdeckungsgrad** je Periode, zu dessen Berechnung ein adjustierter Cashflow in Beziehung zu den Nettoinvestitionen gesetzt wird, die sich ergeben, wenn von allen Investitionen in das Sachanlagevermögen die Desinvestitionen abgezogen werden.

▶ **Entschuldungsdauer**, wobei das Fremdkapital in Beziehung zum adjustierten Cashflow gesetzt wird. Diese Kennzahl drückt den Zeitraum in Jahren aus, der zur Schuldentilgung erforderlich ist.

▶ **Substanzerhaltungsgrad** durch den Vergleich der Investitionssummen mit den Abschreibungen. Sind beispielsweise die Abschreibungen größer als die Ersatzinvestitionen, besteht die Gefahr von Scheingewinnen, die – in Abhängigkeit von unterschiedlichen Abschreibungsverfahren in der Finanz- und Bilanzbuchhaltung – in den ersten Jahren einer Sachinvestition negativ, in den Folgejahren dann positiv sind. Durch die Besteuerung positiver Scheingewinne ergeber sich reale Substanzverluste. Um diese zu vermeiden, können auch von Außenstehenden – gegebenenfalls unter Zuhilfenahme des Anlagenspiegels – geprüft werden, ob das Unternehmen regelmäßig investiert, damit die negativen Scheingewinne neuer Investitionen mit den positiven Scheingewinnen früherer Investitionen verrechnet werden können.

8.1.2.7 Übergewinn

Sofern es gelingt, eine vorhandene Wertlücke zu schließen und den Shareholdern eine robuste und risikoadäquate Verzinsung ihres investierten Kapitals auf Dauer in Aussicht zu stellen, kann ein absoluter **Übergewinn** (= Geschäftswertbeitrag/GWB, engl. Economic Value Added/EVA) oder als relativer Übergewinn eine **Überrendite** entstehen (*Böcking/Nowak, 1999; Hostettler, 2002; Nowak/Heuser, 2005*).

Berechnet wird der **Übergewinn** wie folgt:

> Übergewinn = (Kapitalrendite - Kapitalkostensatz) · Investiertes Kapital

Dabei gilt:

► Die **Kapitalrendite** (in Prozent) ist vorzugsweise aus Größen des Cashflow zu ermitteln, um eine möglichst hohe Korrelation mit der Börsenkursentwicklung zu erreichen. Beispielsweise kann der ROI in der Weise abgeändert werden, dass zur Berechnung der Umsatzrendite im Zähler vereinfachend der EBT oder aber der Bruttocashflow verwendet wird.

► Der **Kapitalkostensatz** (in Prozent vom Nominalkapital) wird entsprechend internationaler Gepflogenheiten und – wie später im Zusammenhang mit dynamischen Investitionsrechnungen ausführlich beschrieben – aus den **Renditeerwartungen** der Eigentümer und den vertraglich geregelten Ansprüchen der Gläubiger abgeleitet. In einfach gelagerten Fällen kann als „Capital Charge" auch der aus der Kostenrechnung bekannte Kalkulationszinsfuß verwendet werden.

► Die Berechnung des **Investierten Kapitals** richtet sich nach dem Bedarf an Anlagevermögen und Working Capital.

Im Falle eines **positiven Spread** (Kapitalrendite - Kapitalkostensatz > 0) wird Wert geschaffen, d. h. das Unternehmen verdient mehr als die Kapitalkosten. Ist der Spread dagegen negativ, wird Wert im Unternehmen vernichtet. Daraus folgt, dass nur in Geschäftsgebiete mit positivem Spread investiert werden sollte.

Eine **Gegenüberstellung des Gewinns** in der GuV-Rechnung sowie aus ökonomischer Sicht ergibt folgendes Bild (*Heesen u. a., 1998*):

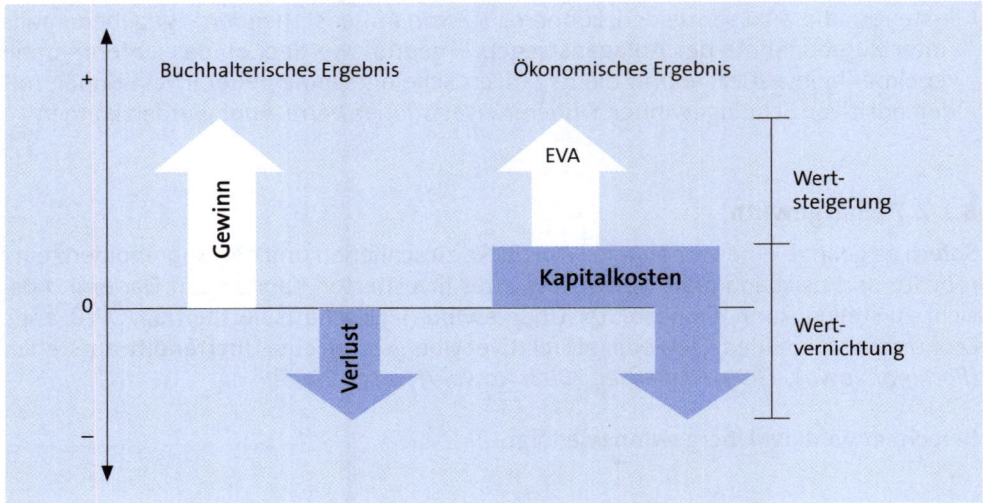

Bevor der **Übergewinn EVA** nach den viel beachteten Empfehlungen der Beratungsgesellschaft *Stern/Stewart* berechnet werden kann, sind verschiedene **Anpassungen** (= Korrekturen) sowohl in der Bilanz als auch in der GuV-Rechnung notwendig.

Nach erfolgten Anpassungen lassen sich das Investierte Kapital **NOA** (**N**et **O**perating **A**ssets als Summe aus „Net Fixed Assets" und „Net Working Capital") und der ökonomische Gewinn **NOPAT** (**N**et **O**perating **P**rofit **A**fter **T**ax) berechnen. Wird NOA mit dem in Dezimalform ausgedrückten gewogenen durchschnittlichen Kapitalkostensatz des Unternehmens multipliziert, ergeben sich die Kapitalkosten.

Die **Berechnung der Größe EVA** als Mehrwert für das Geschäftsjahr geschieht dann nach der Formel:

EVA = NOPAT - Kapitalkosten

Wird die Größe EVA in Relation zur Kapitalbasis NOA gesetzt, ergibt sich die **Überrendite** der Periode.

Der Übergewinn kann – wie bereits erwähnt – als „Bonus" an die Aktionäre ausgeschüttet werden, er kann aber auch als **Basis eines erfolgsabhängigen Entlohnungssystems** dienen, indem die variable Entlohnung der Beschäftigten durch Mitarbeiteraktien bzw.

Aktienoptionen unmittelbar an den EVA eines bestimmten Zeitraums gekoppelt wird. Dadurch lässt sich erreichen, dass Beschäftigte zu Miteigentümern werden.

8.1.2.8 Nachhaltigkeit

Der Begriff **Nachhaltigkeit** (engl. Sustainability), der nicht mit der „Langfristigkeit" verwechselt werden darf, entstand vor mehr als hundert Jahren in der deutschen Forstwirtschaft und besagt, dass nicht mehr geerntet werden darf als auf natürliche Weise nachwächst oder reproduziert werden kann. Übertragen auf Unternehmen heißt das, die (scheinbaren) **Gegensätze** wirtschaftlicher Leistung, sozialer Verantwortung und ökologischer Verträglichkeit sind in ein Gleichgewicht zu bringen, damit auch künftige Generationen von natürlichen Ressourcen leben können (*Hauff/Kleine, 2010; Lubin/Esty, 2010*).

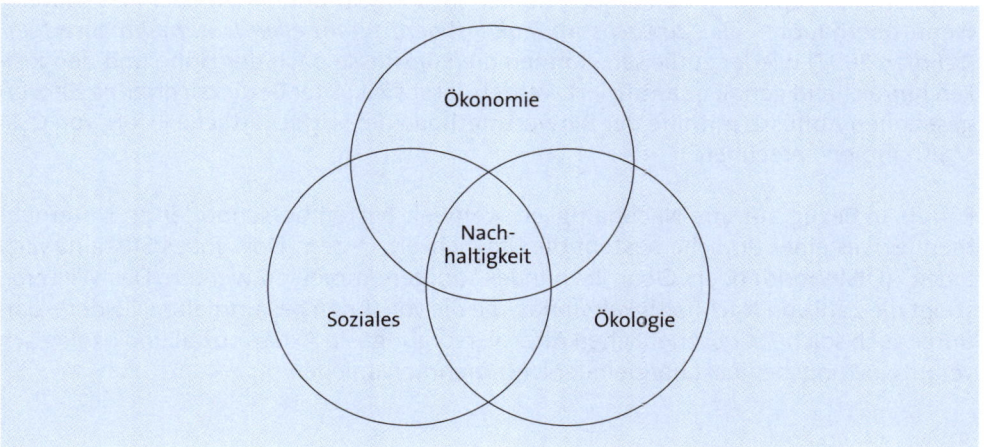

Nachhaltig wirtschaftende Unternehmen

► entwickeln in Bezug auf gesellschaftliche Herausforderungen und globale Trends ein **Verantwortungsbewusstsein**, das über Sozial- und Ökostandards hinausgeht,

► sind wichtige gesellschaftspolitische Sponsoren und

► legen zur Betonung der Glaubwürdigkeit ihre öko-sozialen Anstrengungen in jährlichen **Nachhaltigkeitsberichten** offen.

Die Erfolgs-, Sozial- und Umweltberichte des Unternehmens werden von den Stakeholdern dann als glaubwürdig angesehen, wenn sie ambitionierte Ziele und Strategie- bzw. Handlungsansätze, nachprüfbare Leistungen, Angaben über Risiken und Chancen sowie ungeschönte Gewinn- und Rentabilitätsangaben enthalten.

Unternehmen mit **sozialem Engagement** (engl. Corporate Social Responsibility/ CSR) leisten Beiträge zur Verbesserung der Lebensverhältnisse, indem sie ihrem Umfeld etwas von dem zurückzugeben, was sie als ökonomischen Erfolg realisiert haben.

Schwerpunkte betrieblicher **Wohltaten** (engl. Charity) betreffen die Umwelt, Gesundheit, Stiftungen, Kultur sowie Bildung und Wissenschaft. Viele Unternehmen betreiben dann ein sog. **Greenwashing**, wenn es positive Auswirkungen auf den Gewinn des Unternehmens hat (*Habisch, 2007*).

Nach Ansicht von Experten sollte CSR nicht nur Einzelmaßnahmen umfassen, sondern zum integrierten **Bestandteil der Unternehmensstrategie** werden, da dann die Möglichkeit der Platzierung in Ethikrankings besteht, darunter dem „Good Company Ranking" der Zeitschrift manager magazin.

Bezüglich der **Messung von Nachhaltigkeit** ist davon auszugehen, dass die für CSR-Maßnahmen geplanten Gelder jetzt abfließen, dem Unternehmen aber erst später – wenn überhaupt – als *„Zuwachs im (zukünftigen) finanziellen Unternehmenserfolg" (Schäfer, 2007)* wieder zufließen. Können die Rückflüsse nach der Höhe und den Risiken hinreichend genau quantifiziert werden, lässt sich unter Berücksichtigung der vorgesehenen Abflüsse mithilfe der **Barwertmethode** der wirtschaftliche Erfolg von CSR-Maßnahmen berechnen.

Für die in Bezug auf ihre Nachhaltigkeit weltweit besten börsennotierten Unternehmen jeweils einer Branche besteht die Möglichkeit, in den „Dow Jones Sustainability Index" (DJSI World) oder „Clean Tech Index" aufgenommen zu werden. Des Weiteren steigt die Zahl von Nachhaltigkeitsfonds, die die von ihnen gesammelten Gelder – darunter auch solche zur betrieblichen Altersversorgung – in Aktien sozial und ökologisch verantwortungsbewusst handelnder Unternehmen anlegen.

8.1.2.8.1 Sozio-kulturelle Rahmenbedingungen

Unternehmen werden erst durch **Menschen** lebendig, die in ihnen arbeiten, und dadurch, wie sie Beziehungen zu anderen Menschen aufbauen und pflegen sowie die ihnen übertragenen Aufgaben erledigen.

Als **sozial** gilt, was ehrliche Arbeit schafft, wobei Arbeit dann als „ehrlich" gilt, wenn Arbeitnehmer von der Entlohnung leben können. Darunter fallen nicht die prekären, d. h. unterbezahlten oder unsicheren Arbeitsverhältnisse, wie das vielfach bei Leiharbeitnehmern der Fall ist (*Blüm, 2011*).

Um die im Unternehmen tätigen Führungskräfte und Mitarbeiter dazu zu veranlassen, sich mit ihrer Arbeit zu identifizieren, unternehmerisch zu denken und zu handeln sowie das Streben nach finanziellem Erfolg als Voraussetzung für sichere Arbeitsplätze zum eigenen Anliegen zu machen, sind neben einer leistungsbezogenen **Entlohnung** vor allem **Motivation** und **Zufriedenheit** notwendig. Das erfordert interessante und abwechslungsreiche Aufgaben mit klaren und herausfordernden Zielen, deren Erfüllung die Personen bei entsprechender Qualifikation, Initiative, Kommunikation sowie Verantwortungs- und Risikobereitschaft erreichen können. Des Weiteren können finanzielle Anreize vorgesehen werden, um Beschäftigte an der Wertentwicklung des Unternehmens zu beteiligen.

Eine Möglichkeit zur **Durchsetzung von Zielen** bietet – wie bereits ausgeführt – die Hierarchie. Dabei kann daran gedacht werden, die Hierarchie durch den Abbau von Befehls- und Kommandostrukturen schlanker und flacher zu machen, ohne sie allerdings ganz infrage zu stellen, denn Hierarchien gehören zur menschlichen Natur und sind deshalb auch in jeder Kultur zu finden. Gute Voraussetzungen bietet die Arbeit in kleinen und sich selbst steuernden Gruppen (= Teams). Wird einer Gruppe die Verantwortung für regelmäßig wiederkehrende Aufgaben (= Routineprozesse) übertragen, spricht man von (teilautonomen) **Arbeitsgruppen**, die Teil der Hierarchie sind. Haben demgegenüber die Gruppen neue, einmalige und zeitlich begrenzte Aufgaben zu lösen, handelt es sich um die bereits erwähnten und parallel zur Hierarchie des Unternehmens tätigen **Projektgruppen**.

Die **Tendenz zur Dezentralisierung**, verbunden mit einer Übertragung von Handlungsspielraum und Verantwortung auf Stelleninhaber der jeweils nachgelagerten Arbeitsplätze, führt zu einem veränderten Rollenverständnis vor allem des Managements. An die Stelle von Verhaltenskontrollen treten bei zielorientierter Führung (= MbO) nunmehr Ergebniskontrollen, die die Erreichung zuvor vereinbarter oder vorgegebener Ziele betreffen. Dabei nimmt die Bedeutung der persönlichen Kommunikation und Moderation von Führungskräften in dem Maße zu, wie der Stellenwert von Weisungen als hierarchisches Führungsinstrument sinkt. Gefragt ist ein **Beziehungsmanagement**, das auf gegenseitigem Vertrauen beruht, glaubwürdig ist, Anstand und Teamfähigkeit erfordert, möglichst klar definierte, d. h. für alle Betroffenen verständliche und transparente Führungsgrundsätze verwendet und mit natürlicher Autorität und Verhandlungsgeschick ausgeübt bzw. vorgelebt wird.

Grundlage eines „Wir-Gefühls" der Beschäftigten ist die schon mehrfach genannte **Unternehmenskultur**. Darunter wird die Gesamtheit aller von den Organisationsmitgliedern verinnerlichten und vertretenen Werte, Spielregeln und Normen verstanden, an denen die Arbeitnehmer letztendlich ihr Verhalten ausrichten.

Als **Teile der Unternehmenskultur** gelten unter anderem: Fehler-, Führungs-, Innovations-, Kommunikations-, Konflikt-, Lern-, Netzwerk-, Qualitäts-, Risiko-, Service-, Streit-, Vertrauens- und Wertekultur.

Aus dem privaten und beruflichen Leben nicht wegzudenken ist **Kritik**, denn diese hält Wirtschaft und Gesellschaft am Laufen, und wer mit ihr nicht umgehen kann, d. h. weder Kritik austeilen noch einstecken kann, der ist über kurz oder lang am Ende. Bezogen auf die **Art der Kritik** geht es darum, ob diese positiv oder negativ formuliert wird und als solche auch tatsächlich gemeint ist. Formen der positiven Kritik sind **Lob** und **Ermunterung**, die konstruktiv sind, auf dem Wunsch und dem Willen nach gegenseitigen

Verbesserungen basieren und deshalb die Grundlage für jede Weiterentwicklung sein dürften. Als negative Kritik bezeichnet man den **Tadel**, aber auch destruktive (= vernichtende) Verhaltensweisen fallen in diese Kategorie, wenn sie versteckt den Zweck haben, Mitarbeiter „wegzuloben" oder starke Kollegen bloßzustellen.

Wer sich rechtzeitig um die Unternehmenskultur kümmert und dafür sorgt, dass sich die Qualifikation und Mobilität der Beschäftigten verbessert, Ausländer an Arbeitsplätzen leichter integriert werden können sowie Beruf und Familie sich besser vereinbaren (engl. Work Life Balance) und Risiken für die Gesundheit verringern lassen, hat in wirtschaftlich schwierigen Zeiten weniger Probleme mit Kurzarbeit, unbezahltem Urlaub oder Kürzungen variabler Entlohnung. Ebenso von Bedeutung ist, dass Vorstände und Aufsichtsräte weniger an ihr eigenes Wohl denken trotzdem aber gegenüber den übrigen Beschäftigten eine höhere Vergütung für ihre Leistungen erhalten sollten. Was dabei unter „höher" zu verstehen ist, sollte mit Blick auf das **Wohl des Unternehmens** im Corporate Governance Kodex hinterlegt werden.

Von den Beschäftigten wird umgekehrt auch eine gewisse **Opferbereitschaft** erwartet. Werden etwa Investitionen vorgenommen, um die Arbeitsproduktivität zu steigern, oder führen Desinvestitionen zum Kapazitätsabbau, sind Versetzungen oder Entlassungen meistens unvermeidbar. Außerdem gilt, dass Beschäftigte (insbesondere Führungskräfte), die bei finanziellem Erfolg des Unternehmens durch einen variablen Gehaltsanteil belohnt werden, auch grundsätzlich bereit sein sollten, sich an Misserfolgen zu beteiligen, wobei vielfach schon das Ausbleiben von Belohnungen als Opfer angesehen wird (= asymmetrische Belohnungsfunktion). Im Gegenzug für Nullrunden oder gar Lohnkürzungen, Zugeständnissen an die Arbeitszeit und Streikverzicht können **Bündnisse für Arbeit** eine meist zeitlich befristete Arbeitsplatzgarantie vorsehen.

Auf Dauer werden allerdings nur solche Unternehmen erfolgreich sein und überleben, deren Personal in der Lage ist, sich selbst zu organisieren und mindestens so schnell zu lernen, wie sich die Umwelt ändert. Das erfordert **Lernkompetenz** der Beschäftigten, die – wie die nachstehende Abbildung verdeutlichen soll – eine **Querschnittsfunktion** zu den traditionellen Formen der Fähigkeitskompetenz bildet.

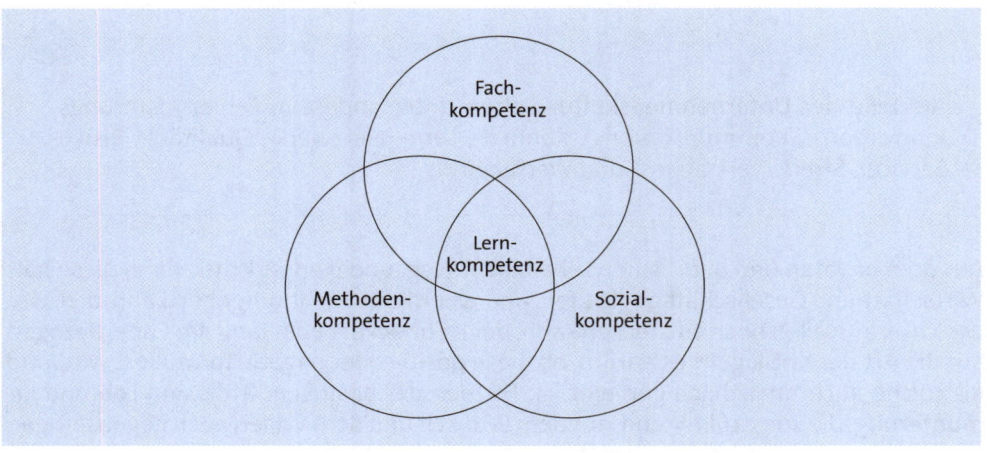

Dabei bedeuten

► **Fachkompetenz**: Kenntnisse, Erfahrungen und Fertigkeiten, um die gestellten Aufgaben und die sich dabei ergebenden Probleme zu bewältigen

► **Methodenkompetenz**: Fähigkeiten, sich mit innovativen Methoden vertraut zu machen, um neue (bessere) Lösungswege zu finden

► **Sozialkompetenz**: Fähigkeiten, mit anderen Personen (= Beziehungspartnern) innerhalb und außerhalb des Unternehmens zu kommunizieren und zu kooperieren. Das gilt im Rahmen der Internationalisierung auch im Umgang mit Ausländern, was interkulturelle Kompetenzen (einschließlich Fremdsprachenkenntnisse) erfordert. Hinzu kommt, dass neue Technologien verschiedene Arbeitsumgebungen weiter in der Weise verändern werden, dass die Beschäftigten mehr Flexibilität, Mobilität und ein höheres Maß an virtueller Kooperation brauchen.

Mit der Zeit verlieren in globalisierten Märkten bisher bewährte Methoden und Verfahren ihre Bedeutung und Krisen sowie neue Techniken lassen alte Gegebenheiten als nicht mehr zutreffend erscheinen. Die Fähigkeit des Menschen, sich dem Druck von Veränderungen anzupassen, oder mehr noch, die Chancen im Wandel besser für sich und andere zu nutzen, wird als **Wandelkompetenz** bezeichnet. Diese ist nach Möglichkeit so zu trainieren, dass das Aufeinandertreffen unterschiedlicher Charaktere im Unternehmen nicht zu Reibungsverlusten führt, sondern zu gegenseitiger Ergänzung und höherer Leistungsbereitschaft genutzt werden kann. Die vornehmlich auf **weiche Faktoren** bezogenen Voraussetzungen bzw. Folgen einer „Kompetenz der gewollten Veränderung" bezüglich der Stärkung des Unternehmens sind: Hohes Maß an Identifikation, emotionale Bindung, Motivation und höhere Teameffizienz.

Die immer kürzer werdende **Halbwertzeit des Wissens** verlangt nach lebenslangem Lernen (abgekürzt 3L). Werden individuelle Lernergebnisse innerhalb der Organisation bzw. zwischen Netzwerkpartnern kommuniziert, ist **organisationales Lernen** im Sinne einer Vergrößerung der Wissensbasis des Unternehmens möglich, deren Nutzung dem Unternehmen die oben geforderte Einzigartigkeit und Alleinstellung verspricht, die von der Konkurrenz nicht oder nur schwer nachgeahmt werden kann.

8.1.2.8.2 Ökologische Rahmenbedingungen

Ökonomie und Ökologie können **komplementäre Ziele** sein, wenn es bei der Fertigung und dem Absatz von Erzeugnissen gelingt, durch einen sparsameren Umgang mit Ressourcen und/oder einer Verringerung bzw. Vermeidung der Umweltbelastung die Produktivität des Unternehmens zu verbessern.

Aufgaben eines **ökologisch orientierten Managements** sind die Umsetzung der Umweltschutz-Thematik, wie etwa die Senkung der Treibhausemissionen oder Steigerung der Energieeffizienz, sowie die Beachtung und Einhaltung gesetzlicher Vorschriften, weltweiter Standards und interner Handlungsgrundsätze für umweltverträgliches Wirtschaften durch die Beschäftigten.

Umweltschutz auf einem durch Gesetze, Verordnungen, Richtlinien, Normen, Standards festgeschriebenen Mindestniveau betreiben zu müssen, bedeutet für das Unternehmen und seine Konkurrenten einen defensiven **Ökologie-Push**. Stellt sich das Unternehmen der ökologischen Herausforderung jedoch freiwillig, etwa als Mitglied der „Carbon Action Initiative", wird es den **Ökologie-Pull** offensiv und innovativ nutzen, um Markt-, Nutzen- und Kostenvorteile zu realisieren, und zwar bevor der Druck der Öffentlichkeit steigt, weitere staatliche oder verbandsmäßige Regulierungen erfolgen und/oder eine zunehmende Sensibilisierung der Kunden in Bezug auf umweltverträglichere Produkte zu Nachfrageverschiebungen führt. Durch ein nach innen gelebtes Bewusstsein für ökologische Belange und durch eine nach außen gerichtete Kommunikation, darunter Produkt- und Imagewerbung sowie Public Relation, lässt sich auf den Märkten eine Profilierung des Unternehmens durch Differenzierung erreichen.

8.1.3 Maßnahmen

Diese betreffen als **Strategien** und **Aktionen** das „Wie" (= Art), „Wann" (= Termin) und „Wer" (= Verantwortung) der **Zielerreichung**. Dabei dürfte gelten: Echte Werte schafft man nicht von Quartal zu Quartal, sondern vielmehr von Generation zu Generation!

8.1.3.1 Strategien

Unter einer **Strategie** (griech. strategós = Feldherr, Kommandant) versteht man ein langfristig wirksames Konzept zum Auf- und Ausbau von Strukturen, Positionen, Potenzialen und Handlungsspielräumen, um die Ziele des Unternehmens (engl. Corporate Strategy), eines Geschäftsbereichs (engl. Business Strategy) oder eines betrieblichen Funktionsbereichs (engl. Functional Area Strategy) zu erreichen.

Die Entwicklung einer aus mehreren Teilstrategien zusammengesetzten **Geschäftsstrategie** wird, in Anbetracht der Vielzahl und Bedeutung relevanter Aspekte auch als „politischer Prozess" oder „Königsdisziplin des Managements" bezeichnet. Warum ein Strategieprozess als politisch anzusehen ist, wird damit begründet, dass die Topmanager als Planungsverantwortliche und Entscheidungs- oder Handlungsträger, kein homogenes, rational handelndes Kollektiv sind. Die von einem Manager verfolgten Ziele müssen nicht unbedingt mit denen der anderen übereinstimmen. Als besonders einflussreich werden jene am Strategieprozess beteiligten Manager angesehen, die ihre Interessen trotz vorhandener Kritik und Widerständen erreichen oder anderen Organisationsmitglieder mittels Fairness, Vertrauenswürdigkeit und Beliebtheit für ihre Interessen gewinnen können (*Rank, 2008*).

Ein **Sprichwort** sagt: *„Wenn du einmal Erfolg hast, kann es Zufall sein. Wenn du zweimal Erfolg hast, kann es Glück sein. Wenn du dreimal Erfolg hast, ist es die richtige Strategie".*

Manche Unternehmen orientieren sich bei der Wahl ihrer Strategien an bekannten **Militärstrategien**, an deren Ende das „Siegen" steht. Dazu wird auf die Grundsätze der militärischen Kriegsführung verwiesen, die der preußische General *Clausewitz* in seinem Werk „Vom Kriege" formuliert hat: *„(1.) Bevor man in eine Schlacht geht, sollte man die Feindlage kennen. (2.) Keine Schlacht ist ohne Risiken zu gewinnen. (3.) Ausschlaggebend für den Erfolg in der Schlacht ist die Flexibilität des Handelns. (4.) Wenn die bisherige Strategie nicht erfolgreich war, ist ein radikaler Kurswechsel erforderlich"*. Diese und ähnliche Grundsätze des militärisch-strategischen Handeln nach dem Motto „Geschäft ist Krieg" auf die Welt des Business übertragen zu wollen, ist aber nur schwer möglich, denn der Krieg vernichtet Gegner und Werte, während das Unternehmen mit seinen Gegnern (= Wettbewerbern) leben und dabei Wert schaffen muss.

Im Prozess der strategischen Unternehmensführung weisen zielführende Strategien – was die nachstehende Abbildung verdeutlichen soll – als Leitlinien den **Weg des Unternehmens in die Zukunft** (*Gausemeier u. a., 1996*).

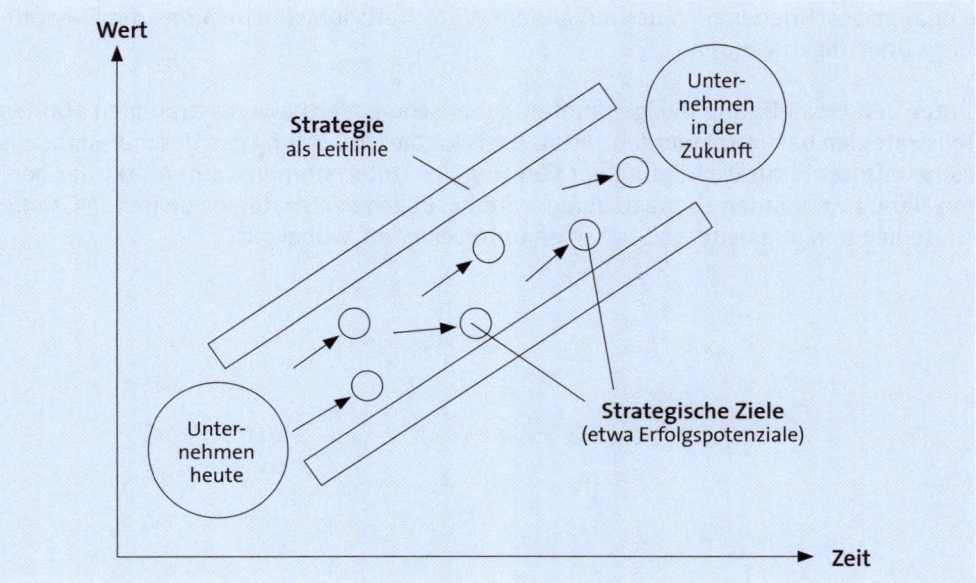

Das Vorgehen vollzieht sich innerhalb der beiden Größen „Wachstum" und „Kostensenkung". In Abhängigkeit von der Auftragslage sowie der Preis- und Risikoentwicklung auf den Faktormärkten variieren die Prioritäten dieser Größen. Mal stehen das interne (= organische) und/oder externe **Wachstum** im Focus, ein anderes Mal dominieren **Kostensenkungen** (engl. Cost Cutting) mit mehr oder weniger umfangreichen Restrukturierungen, um das Unternehmen fit zu machen für den nächsten Aufschwung. Was in einer Branche die jeweils höhere Priorität besitzt, wird u. a. durch die laufende Befragung vieler Topmanager im Auftrag der Wirtschaftszeitung Handelsblatt ermittelt und dort als **Business Monitor** in regelmäßigen Abständen veröffentlicht.

Eine Alternative zur Vorwärtsorientierung wäre ein **rückwärts gerichtetes Denken**, bei dem vom gewünschten Endresultat (= Vision) ausgegangen wird, und im Geiste alle Optionen ausscheiden, die nicht mit der gegenwärtigen Wirklichkeit und den Prämissen über die Zukunft in Einklang zu bringen sind.

Dominantes Entscheidungskriterium bei der Wahl strategischer Vorhaben und damit langfristiger Erfolgsmaßstab ist die **Erhöhung des Unternehmenswerts** durch den Auf- und Ausbau renditestarker Geschäftsbereiche und den dazu erforderlichen Investitionen. Dementsprechend muss das Management alternative Strategien nach ihrem Beitrag zur Wertsteigerung entwickeln und Ressourcen vorzugsweise in die Geschäftsbereiche mit den größten Erfolgspotenzialen lenken. Um beim Aufbau von Erfolgspotenzialen mehr **Kernrisiken** eingehen zu können, sollten – damit das Gefährdungspotenzial des Unternehmens nicht überfordert wird – die **peripheren Risiken** in der eingangs beschriebenen Weise auf andere Wirtschaftssubjekte im Sinne des Outsourcings übertragen werden.

Unter Berücksichtigung der genannten generischen Wettbewerbsstrategien können **Teilstrategien** bestimmt werden, die als Basis für die Umsetzung des Geschäftsmodells dienen. Unter Berücksichtigung der Führung des Unternehmens vom Markt her oder um Nähe zum Kunden zu praktizieren, wird bezüglich der Strategien zwischen Grundstrategien und abgeleiteten Strategien unterschieden, wobei gilt:

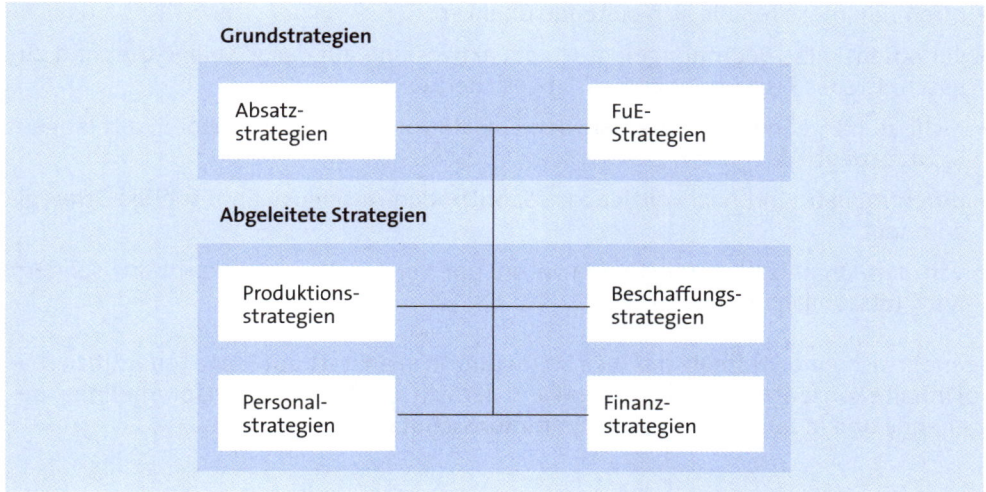

Grundsätzlich unterliegen Teilstrategien keinerlei Gesetzmäßigkeiten, denn sie werden von Managern entsprechend deren Kompetenzen formuliert und realisiert, und das auch auf die Gefahr hin, dass sie scheitern und Schaden verursachen. Hilfreich kann dabei die **Pfadforschung** sein, die dem Unternehmen neue Wege zeigen kann. Dabei ist jene Trägheit zu überwinden, die sich einstellt, wenn Manager sich zu stark an der Vergangenheit, wie Herkunft oder Tradition, bzw. der Gegenwart, d. h. dem Status quo orientieren, oder einfach nur dem Mainstream (= Trend) folgen, sodass sich im Laufe der Zeit die Branchen und deren Segmente immer mehr gleichen. Diskontinuierliche Veränderungen aufzutun, anzustoßen oder umzusetzen, erfordert im Frühstadium ein effizientes **Change Management**, das den Betroffenen nicht nur Ängste nimmt, sondern diese auch dazu bewegt, etwas auszuprobieren und zu riskieren. Ein neues Geschäftsmodell, die Neuorientierung in Krisensituationen sowie innovationsfreundlichere Strukturen ermöglichen dem Unternehmen einen in der Regel zeitlich befristeten Wettbewerbsvorsprung gegenüber der Konkurrenz (*Dievernich, 2007*).

Am besten wäre es, eine **Kombination von Teilstrategien** „simultan" zu bestimmen. Ist das nicht möglich, muss „sukzessive" (= schrittweise) vorgegangen werden, angefangen mit den oben genannten Grundstrategien. Kennzeichen der sukzessiver Vorgehensweise ist eine hoher Koordinationsbedarf, für den das **Controlling** zuständig sein kann. Verträglich mit den Teilstrategien können auch **Querschnittsstrategien** formuliert werden, die beispielsweise **Investitionen** (als Investitionsstrategien) oder **Risiken** (als Risiko- und Absicherungsstrategien) betreffen.

Die an eine **Geschäftsstrategie** gestellten Mindestanforderungen verlangen, dass sie

► auf den Stärken eines Unternehmens aufbaut

► einzigartig ist, d. h. sich von den Strategien der Wettbewerber unterscheidet, da gerade Unterschiede von Kunden besonders intensiv wahrgenommen werden

► typisch für das Unternehmen und mit dessen Leitbildern (Absichten) vereinbar ist

- ► offen sein muss für alle sich bietende Chancen

- ► vor potenziellen Bedrohungen durch ein aktives und auf das jeweilige Geschäft zugeschnittenes Risikomanagement abgesichert wird

- ► nicht zu oft geändert wird, da sie den Einsatz von Produktionsfaktoren auf längere Sicht festlegt

- ► durch robuste und nachvollziehbare Schritte den Anschluss an bisherige Strategien findet

- ► von den Organisationsmitgliedern nicht nur verstanden und akzeptiert, sondern auch tatsächlich umgesetzt wird

Je mehr sich eine Strategie auf weiche (qualitative) anstatt auf harte (quantifizierbare) Inhalte konzentriert, desto größer kann der sich auf das gesamte Unternehmen beziehende und in Jahren gemessene **Imitationsschutz** werden.

8.1.3.2 Aktionen

Ob eine Strategie erfolgreich ist, zeigt sich erst im Zusammenhang mit deren **Umsetzung** in „strategiekonforme Taten" (= Aktionen). Die dazu korrespondierenden Maßnahmen betreffen die **Realisierung von Strategien** einschließlich strategisch relevanter Projekte, einschließlich der Überwindung der dabei auftretenden Barrieren, Engpässe, Störungen, Schieflagen und sonstiger Schwachstellen, wie etwa Ängste, Versuchungen und Konflikte, die **Ausschöpfung von Synergiepotenzialen** und die **Steigerung der Effizienz und Effektivität**.

Zusammenhängende Aktionen lassen sich in Übersichten zu jeweils einem zeitlich befristeten **Aktionsprogramm** (engl. „to-do-list") ausdrücken, die regelmäßig zu aktualisieren sind.

Aktionsprogramm		
Wer?	Was?	Wann?

Nach der Festlegung wohl durchdachter Aktionen werden **Leistungen** erwartet, gemessen und kommuniziert. Ein ganzheitlicher Zyklus solcher Leistungssteuerung unter Berücksichtigung vieler Kennzahlen wird als **Performance Measurement** (PM) bezeichnet, dessen übergeordnetes (Formal-)Ziel es ist, nicht nur die einzelnen für die Wertschöpfung relevanten Faktoren, sondern auch die zwischen ihnen bestehenden Wirkungsbeziehungen zu verbessern. Zu den wichtigsten PM-Systemen gehört das bereits mehrfach genannte **Balanced Scorecard-Konzept** (*Möller u. a., 2001*).

Von der Veranlassung geplanter Aktionen abzugrenzen ist der unbedingt zu vermeidende Sachverhalt des **Aktionismus**, worunter man ein betriebsames, unreflektiertes, konzeptloses oder spielerisches Handeln versteht, um den Anschein von Untätigkeit oder Inkompetenz zu vermeiden bzw. zu vertuschen. Aktionismus kann auch bedeuten, dass viele Vorhaben und Erneuerungen begonnen, aber nicht abgeschlossen werden. Schließlich ist davon auszugehen, dass der Aktionismus von alleine zunimmt, wenn in wirtschaftlich schwierigen Zeiten der Handlungsdruck steigt.

8.1.4 Ressourceneinsatz

Die Realisierung der Ziele und Maßnahmen erfordert den **Einsatz von Ressourcen** (als Produktionsfaktoren). Die von den Interessen- bzw. Anspruchsgruppen dem Unternehmen bereitgestellten Beiträge (engl. Stakes) werden im Unternehmen in Sach- und Dienstleistungen umgewandelt, die dann wieder an das Umfeld zurück fließen.

Die **Kombination von Ressourcen** erfordert Kernkompetenz, die Teil des Intellektuellen Kapitals ist.

Als **Kernkompetenz** wird eine aufeinander bezogene Gruppe von Fähigkeiten, Fertigkeiten und Technologien (einschließlich von Produkten) bezeichnet, die dem Unternehmen auf einem oder mehreren Gebiet(en) einzigartiges Können verleiht.

Herausragende **Merkmale von Kernkompetenzen** sind, dass diese

► personenbezogen sind und Weiterentwicklungen unterliegen, die organisationales Lernen notwendig machen

► dem Unternehmen den Zugang zu einer Vielzahl von Beschaffungs- und Absatzmärkten ermöglichen

► über Leistungsattribute beim Kunden einen Wert generieren

► als immaterielle Werte schlecht sichtbar, dafür aber auch nur schwer imitierbar sind.

Dem Unternehmen bieten Kernkompetenzen die Möglichkeit der Entwicklung und/oder Umsetzung neuer, gegebenenfalls auch andersartiger Technologien, was deshalb von Bedeutung ist, da mit steigender **Innovationsgeschwindigkeit** der PLZ und Herstellungsverfahren tendenziell sinkt. Besitzt ein Unternehmen keine aus den Kernkompetenzen hervorgegangenen Technologien, hat es auch keine Wettbewerbsvorteile und seine Marktposition ist gefährdet.

Die Fähigkeit zur Erlangung von Kernkompetenzen wird als **Metakompetenz** bezeichnet, wobei folgende Optionen des Ausbaus und der Nutzung von Kernkompetenzen bestehen:

▶ **Vertiefung** (engl. Deepening), d. h. vorhandene Kernkompetenzen werden dort weiterentwickelt, wo das Unternehmen bereits erfolgreich tätig war und ist. Das kann den Einsatz personeller Ressourcen (z. B. Weiterbildung der Mitarbeiter und Führungskräfte) erforderlich machen, um Kompetenzbewusstsein zu fördern oder Kompetenzdefizite zu beseitigen. Weniger wichtige Kompetenzen (= Randkompetenzen) können zugekauft werden.

▶ **Verbreiterung** (engl. Broadening), d. h. vorhandene Kernkompetenzen werden auf andere Bereiche des Unternehmens übertragen. Voraussetzung dafür ist ein an Kunden orientiertes Transferpotenzial, das nach herrschender Meinung den eigentlichen Wert einer Kernkompetenz bestimmt. Da Kernkompetenzen aber auch mit Technologien in Verbindung stehen, wird künftig von allen Beschäftigen ein größeres Technikverständnis verlangt als bisher.

▶ **Verbesserung** (engl. Shifting), d. h. vorhandene Kernkompetenzen werden genutzt, um neue bzw. andersartige Kernkompetenzen zu entwickeln. Dieses sollte möglichst aus eigenem Antrieb geschehen und nach außen hin abgeschirmt werden.

Zum Tragen kommen Kernkompetenzen nicht allein nur durch ihr Vorhandensein, sondern vielmehr erst durch ihr Zusammenspiel. Die Voraussetzung dafür ist die Fähigkeit des Managements in Bezug auf Kooperation, Koordination und Integration. Das erfordert organisationales Lernen und die Vergrößerung der Wissensbasis des Unternehmens, denn durch Teilung und Nutzung kollektiven Wissens steigt der Unternehmenswert.

8.2 Planungszeitraum

Die Zeiträume, auf die sich die Planung im Unternehmen beziehen, werden üblicherweise in Geschäftsjahren angegeben. Während die Planung von der Gegenwart aus beginnt, wird sie nach vorne (Zukunft) durch den der jeweiligen Planungsebene entsprechenden **Planungshorizont** begrenzt (*Gälweiler, 1986*):

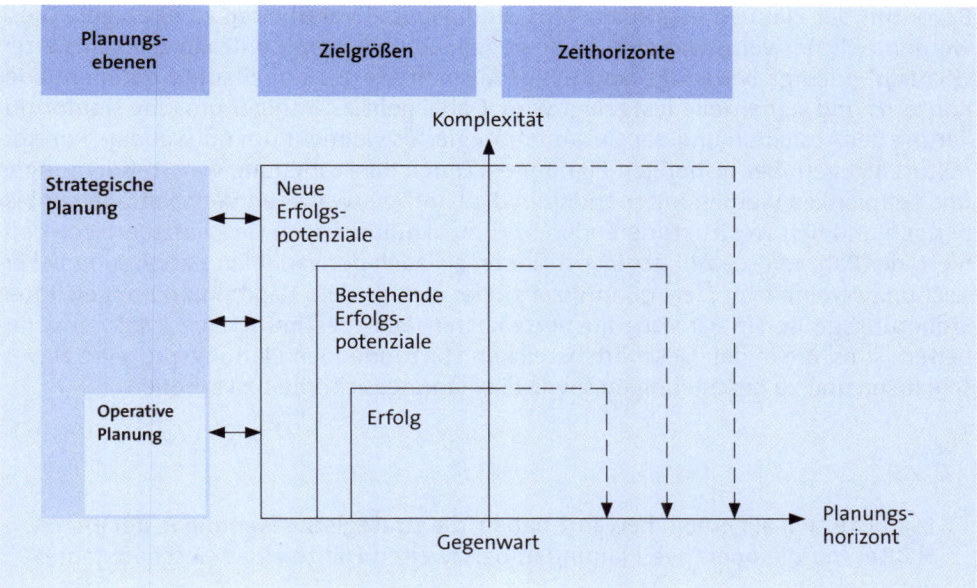

Der von der Unternehmensleitung für die strategische Planung festgelegte **Zeithorizont** beträgt in der Praxis bis zu fünf Jahre und schließt die Zeitspanne der operativen Planung (= Budgetierung) von zumeist einem Jahr mit ein. Ein strategisch relevanter Planungszeitraum von bis zu fünf Jahren erscheint deshalb zweckmäßig, da bei kürzeren Zeithorizonten der Langfristaspekt verloren gehen und bei längeren Zeithorizonten (wie z. B. in der Szenariotechnik) zu wenig Planungssicherheit bestehen würde. Zwischen der strategischen und operativen Planung kann es noch eine mittelfristige Planung geben, die präzise nach zwei Seiten abgegrenzt werden müsste, sofern es nicht zu zeitlichen Überschneidungen der strategischen Planung einerseits und der operativen Planung andererseits kommen soll.

8.3 Planungskalender

In Anbetracht sowohl der Komplexität der zu planenden Sachverhalte als auch der Vielzahl der zu koordinierenden Planungsträger sollte jede Planung systematisch und übersichtlich ablaufen. Dazu gehört auch ein regelmäßiger **Planungskalender**, demnach wiederkehrend Planungsaufgaben, verteilt auf die Monate des jeweiligen Geschäftsjahres, durchzuführen sind. Außerdem sind die Planungsprozesse bezüglich ihrer zeitlichen Reihenfolge, Anfangstermine und Dauern festzulegen. Ein dazu geeignetes Instrument ist die **Netzplantechnik**.

Bevor mit der Planung begonnen wird, sind gewisse **Vorarbeiten** zu erledigen. Diese werden üblicherweise während einer, gegebenenfalls vom Controlling organisierten „Klausur" erledigt, bei der die langfristige Ausrichtung des Einheitsunternehmens oder Konzerns und seiner Teile festgelegt wird. Dabei geht es weniger um eine Neuformulierung der Absichten und der Gesamtstrategie, als vielmehr um notwendige Kurskorrekturen gegenüber bisherigen Planungen. Durch die Festlegung von Stoßrichtungen und Leitplanken werden unter anderem die künftig erwarteten Wertbeiträge der bisherigen und neu zu strukturierenden bzw. zu akquirierenden Geschäftsbereiche definiert, der Rahmen sowohl der Investitionen als auch der variablen Entlohnung bei Erreichung vereinbarter Ziele quantifiziert oder die aus dem Kapitalmarkt abgeleiteten Steuerungsgrößen (z. B. risikoadjustierte Kostensätze) bestimmt. Zweck solcher Vorarbeiten ist es, die in den Geschäftsbereichen stattfindenden Planungsprozesse zu verschlanken und zu beschleunigen sowie die Planungssicherheit zu erhöhen.

Es dürfte sich allgemein bewährt haben, die **strategische Planung** in der ersten Hälfte und die **operative Planung** in der zweiten Hälfte eines Geschäftsjahres vorzunehmen.

Ein wesentlicher Grund, mit der operativen Planung zeitlich erst spät zu beginnen, kann darin gesehen werden, über den **aktuellen Geschäftsverlauf** noch möglichst viele fundamentale Daten zu erhalten. Organisatorische Gründe, wie etwa zeitraubende Abstimmungsvorgänge, Durchsprache der Planvorgaben mit den Betroffenen und/oder Vorbereitungen zur Umsetzung der verabschiedeten Planvorgaben in konkrete Aktionen sprechen allerdings dagegen, die operative Planung erst im letzten Monat des laufenden Geschäftsjahres vorzunehmen.

Grundsätzlich unterscheiden sich die strategische und operative Planung durch ihren **Detaillierungsgrad**. Wie aus der nachstehenden Abbildung ersichtlich, hat die operative Planung in derselben Genauigkeit zu erfolgen, in der später die Kontrollen (als Soll-Ist-Vergleiche) stattfinden. Dadurch sind auch Rückkopplungen der Kontrolle auf die Planung möglich.

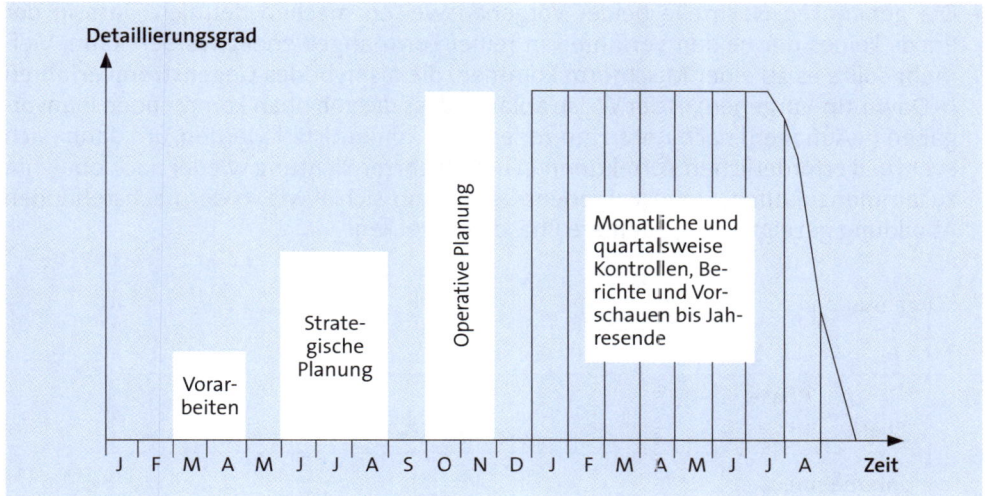

Anmerkung: Die genannten Zeitspannen bedeuten nicht, dass die jeweiligen Arbeiten so lange dauern, sondern dass sie in dieser Zeit stattfinden sollten.

Aufgabe 9 > Seite 629

8.4 Planungsrichtungen

An der strategischen und später der operativen Planung wirken meistens mehrere Personen als Planungsträger mit. Entsprechend der Herkunft der Planungsträger aus den verschiedenen Organisationseinheiten des Unternehmens lassen sich zwei entgegengesetzt verlaufende **Planungsrichtungen** unterscheiden:

► Bei der **Planung von oben** (= Top-down-Vorgehen) wird von einer ganzheitlichen, für wünschenswert gehaltenen Zielformulierung ausgegangen, aus der die Strategien und Aktionen abgeleitet werden. Da eine solche Gesamtsicht nur bei einer vergleichsweise kleinen Personengruppe im Unternehmen angenommen werden kann, sind auch nur wenige Planungsträger erforderlich und zu koordinieren, was die Geschwindigkeit der Planung deutlich steigert. Dem Vorteil der konsequenten Ausrichtung der Planung auf das Hauptziel des Unternehmens stehen aber auch Nachteile gegenüber, d. h. es wird nur das geplant, was leicht planbar ist, Widerstand aus den unteren Hierarchieebenen gegen die Planvorgaben von oben ist zu erwarten und realitätsferne Prämissen oder überzogene Ziele sind mit den zugeteilten Ressourcen nicht zu erfüllen.

► Bei der **Planung von unten** (= Bottom-up-Vorgehen) stehen weniger die Ziele, als vielmehr die Planumsetzung im Vordergrund, d. h. erst durch die schrittweise Zusammenfassung der an der Hierarchie des Unternehmens ausgerichteten Teilpläne entsteht ein integrierter Plan. Dem Vorteil einer höheren Motivation der Planungsträger bei der späteren Planrealisierung stehen allerdings die mit der Dezentralisation verbundenen Schwierigkeiten der Koordination gegenüber.

► Die genannten Nachteile beider Vorgehensweisen machen deutlich, dass in der Praxis keines der beiden Verfahren in reiner Form angewendet werden kann. Vielmehr sollte es zu einer **Mischform** kommen, die als hybrides **Gegenstromverfahren** (= Down-up-Vorgehen) in der Weise abläuft, dass die von oben kommenden Planvorgaben (= Auflagen) nach unten hin zerlegt und konkretisiert werden, um dann nach eventuell erforderlichen Korrekturen in umgekehrter Richtung wieder nach oben hin zusammenzulaufen. Diese Vorgehensweise kann sich – wie in der nachstehenden Abbildung gezeigt – über mehrere Phasen erstrecken.

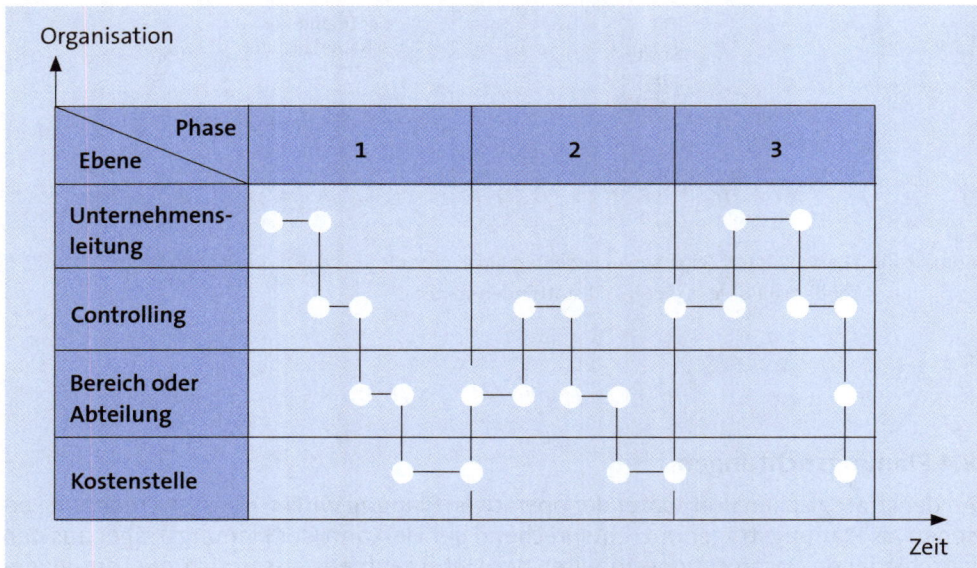

Die **Koordination der Planungsträger** beim Gegenstromverfahren übernimmt das Controlling. Dies kann in der Weise geschehen, dass die jeweils neuesten Werte einer Planungsrunde in das Intranet gestellt werden, wo sie von den Planungsträgern eingesehen und mit Kommentaren versehen werden können.

8.5 Planungsinstrumente und -techniken

Hierbei handelt es sich um **Aussagesysteme mit Zukunftsbezug**, denen systematische **Methoden** der Informationsgewinnung und -verarbeitung zu Grunde liegen. Je komplexer die anstehenden Planungsprobleme sind, desto komplizierter sind auch die Methoden. Häufig ist es erforderlich, mehrere, d. h. sich ergänzende Methoden zur Lösung eines Problems einzusetzen.

Unternehmen mit hoher Lernbereitschaft, Offenheit gegenüber Veränderungen und Freude am Experimentieren werden neue Instrumente zur Lösung von Planungsaufgaben eher anwenden als Unternehmen ohne diese kulturellen Eigenschaften. Hinzu kommt, dass Lösungen zu suchen und Lösungswege gemeinsam zu diskutieren eben-

so wichtig ist wie Lösungen zu finden. Hilfreich ist dabei ein möglichst großer **Metho-
den- oder Werkzeugkoffer** (engl. Tool Box).

Die aus der **Komplexität** einer Methode resultierende Unsicherheit verliert in dem
Maße an Bedeutung, wie die Beteiligten lernen und bereit sind, die Methode einzusetzen und damit kritisch umzugehen. Erschwert wird das allerdings durch das Auf und
Ab von Modeströmungen (= Trends), die sich Beratungsfirmen immer wieder einfallen
lassen, um ihre Klienten bei Laune zu halten. Das bedeutet aber nicht, dass **innovative
Methoden** ohne Bedeutung für das Controlling sind. Vielmehr gilt, dass jede neue Methode, selbst wenn sie noch nicht genügend ausformuliert ist und/oder hinreichend
getestet wurde, dann „richtige" Aussagen gestattet, wenn die Methode wiederholt angewendet wird, die Prämissen der Methode im Zeitverlauf nicht geändert werden und
die Aussagen auf die Ergebnisse (Werte) sich jeweils zwei aufeinanderfolgender Anwendungen beziehen. Dazu ein Beispiel: Das Bilanzrecht enthält eine Sammlung von
Bewertungsmethoden, die weder richtig noch falsch, sondern gewollt bzw. zweckmäßig sind. Bei wiederholter Anwendung dieser Methoden lässt sich aus der gemessenen Differenz von jeweils zwei Werten feststellen, ob der zweite gegenüber dem ersten Wert gestiegen, gefallen oder gleichgeblieben ist. Wird die Bewertungsmethode
geändert, müssten beim Übergang von der alten zur neuen Methode für jede Größe
konsequenterweise zwei Zahlen ermittelt werden, was aber wohl kaum jemand tut.

Die Tatsache, dass jede Methode ihre besonderen **Vor- und Nachteile** hat, darf nicht
dazu führen, aus der Kritik heraus bestimmte Methoden pauschal abzulehnen. Vielmehr ist es notwendig, mit der Kritik an den Methoden zu leben und solange mit bewährten Methoden zu arbeiten, bis bessere Methoden zur Verfügung stehen. Entsprechend muss auch akzeptiert werden, dass unterschiedliche Methoden, die sich auf ein
und denselben Sachverhalt beziehen, im Regelfall auch zu verschiedenen Ergebnissen
führen.

Kommen im Rahmen der Planung mehrere Methoden zum Einsatz, sind diese aufeinander abzustimmen. Das geschieht am besten durch eine **Simultanplanung**, bei der
sämtliche Variablen des betrieblichen Leistungssystems in einem Durchlauf berücksichtigt werden. Ist das wegen der Komplexität und Unbestimmtheit der Realität (vor
allem bei strategischen Problemen) nicht möglich, muss anders geplant werden. Die
in der Reihenfolge vorgegebener Prioritäten ablaufende **Sukzessivplanung** erlaubt
zwar wiederholte Rückkopplungen zwischen voneinander abhängigen Variablen, jedoch macht das in Anbetracht der erforderlichen Abstimmungen die Planung insgesamt träge und zeitaufwändig. Bei der **Parallelplanung** werden die Teilpläne unabhängig voneinander erstellt und erst später aufeinander abgestimmt.

Gegenstand eines systematischen Verfahrens kann ein (betriebswirtschaftliches) **Modell** sein, worunter eine durch isolierende Abstraktion gewonnene, vereinfachte Darstellung des Ausschnitts der Realität verstanden wird. Die Aufgabe von Modellen besteht
darin, das Verständnis der Modellersteller über Struktur und Verhalten der Realwelt zu
verbessern (= Erklärungsaufgabe) sowie Handlungsmöglichkeiten und -empfehlungen
aufzuzeigen (= Gestaltungsaufgabe).

Der zwischen Methoden und Modellen bestehende **Unterschied** ist, dass bei Methoden die Vorgehensweise bei der Problemlösung und bei Modellen der Abbildungscharakter dominiert.

Wird die ein Modell betreffende Menge von Aussagen über das Original (= Realität, Wirklichkeit) durch logische Beziehungen miteinander verbunden, entsteht eine **Theorie**, die durch Experimente mit dem Modell widerlegbar (= falsifizierbar) sein muss. Daraus folgt, dass die bei der Modellierung vorgenommenen **Vereinfachungen** nur soweit gehen dürfen, dass sie noch eine Strukturähnlichkeit (besser wäre eine Strukturgleichheit) zwischen der Realität und ihrem Abbild gewährleistet. Ist das der Fall, können die mit dem Modell ermittelten und auf Plausibilität geprüften Ergebnisse auf die Praxis übertragen werden, sie können aber auch in andere Modelle einfließen.

Bezüglich der **Modellherkunft** wird zwischen selbst entwickelten und extern übernommenen, standardisierten (Referenz-)Modellen unterschieden. In Anbetracht der hohen Entwicklungskosten geht der Trend in Richtung von Referenzmodellen, wobei unter Einbeziehung der

► **Zeit** zwischen statischen und dynamischen Modellen unterschieden wird. Während statische Planungsmodelle sich nur auf eine Betrachtungsperiode (z. B. das Budgetjahr) beziehen, umfassen dynamische Planungsmodelle mehrere Perioden (z. B. Nutzungs- oder Geschäftsjahre bis zum Planungshorizont).

► **Komplexität** die Modelle deterministisch oder stochastisch sind. Die meisten Planungsmodelle sind deterministisch, d. h. jede Plangröße hat nur einen Wert, wie etwa den häufigsten Wert, den Durchschnittswert (= arithmetisches Mittel) oder den Erwartungswert. Ergänzend dazu können als Ausdruck der Unsicherheit auch Best Case- oder Worst Case-Szenarien angegeben werden, oder realistische Bandbreiten, innerhalb derer die Realisationen der Plangrößen zu erwarten sind. Demgegenüber sind Planungsmodelle stochastisch (= mehrwertig), wenn zusätzlich zum Erwartungswert der Plangröße noch mindestens ein Streuungsmaß angegeben wird, das das Risiko und damit den Umfang möglicher Planabweichungen zum Ausdruck bringt.

Für alle Modelle gilt, dass selbst bei formal zutreffender Modellstruktur die **Qualität der gewonnenen Informationen** immer nur so gut sein kann wie die Qualität der in das Modell einfließenden Daten ist (nach dem Motto: Garbage in, Garbage out). Ein derartiges Modell wird auch als GiGo-Modell bezeichnet, wobei Garbage mit „Mist" zu übersetzen ist.

Planungsmodelle können der **Beschreibung** relevanter Plangrößen und ihrer Zusammenhänge dienen. Grundlage von Beschreibungsmodellen sind Definitionen, die den sprachlichen Rahmen zur Abbildung der Planung schaffen. Die Aufgabe, neue Begriffe aus vorhandenen Begriffen abzuleiten, übernehmen Definitionsgleichungen.

Lassen sich die in Definitionsgleichungen enthaltenen Größen durch Zahlen ausdrücken, wird von **Quantifizierung** gesprochen. Darunter fallen objektive **Messungen** realer Sachverhalte oder Eigenschaften auf Basis empirischer Daten (= Zeitreihen), objektive Schätzungen mithilfe mathematisch-statistischer Verfahren (z. B. durch Schließen von Werten einer Stichprobe auf die Grundgesamtheit oder Extrapolationen auf der Grundlage mathematischer Funktionen), subjektive **Bewertungen** (= Einschätzungen) gegebener oder auch künftiger Sachverhalte auf der Grundlage der von Einzelpersonen bzw. Teams gemachten Erfahrungen oder **Skalierungen** im Sinne der Abstufungen (z. B. Eigenschaften).

Zur **Klassifizierung** realer Erscheinungen und deren Abbildung in einem Planungsmodell kann es kommen, wenn das Wesentliche vom Unwesentlichen getrennt und sich auf das Wesentliche konzentriert wird.

Die **Quantifizierung** ausgewählter Planungsgrößen kann auf der Grundlage von Rechenmodellen erfolgen, deren Ergebnisse faktischer Art (= Ist-Aussagen), prognostischer Art (= Wird-Aussagen), konjunktiver Art (= Kann-Aussagen), normativer Art (= Soll-Aussagen) oder logischer Art (= Muss-Aussagen) sind. Rechenmodelle nehmen dem Anwender zwar keine Entscheidungen ab, aber sie leisten ihm eine wertvolle Hilfestellung.

8.5.1 SWOT-Analysen und Benchmarking

Bevor es zum Einsatz von Planungsinstrumenten und -techniken kommt, kann es zweckmäßig sein, eine **Analyse der Ausgangssituation** sowohl des Unternehmens als auch seiner Umwelt durchzuführen.

Durch **SWOT**-Analysen lassen sich die Stärken (engl. St**r**ength) und Schwächen (engl. **W**eakness) des Unternehmens sowie die in seiner Umwelt liegenden Gelegenheiten (engl. **O**pportunities) und Bedrohungen (engl. **T**hreats) aufdecken: Der Zweck dabei ist, als Chancen erkannte Entwicklungen zu nutzen und auf Risiken rechtzeitig reagieren zu können.

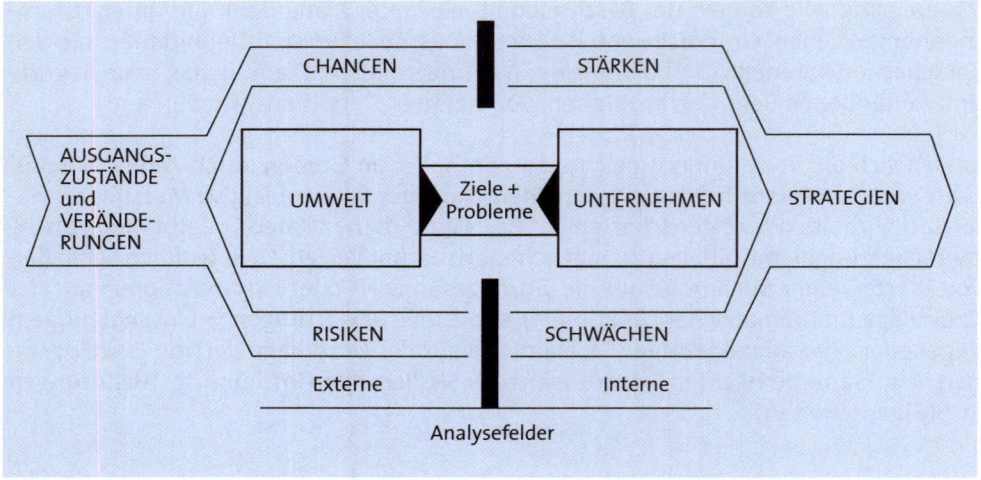

Ein in SWOT-Analysen einfach zu integrierendes Instrument ist das **Benchmarking**, verstanden als Vergleich mit anderen, um zu lernen, was in Bezug auf die betrachteten Kosten-, Qualitäts- und Zeitgrößen machbar ist. Dabei geht es weniger um den Vergleich mit der Norm (= Durchschnitt, wie beispielsweise bei Betriebsvergleichen), als vielmehr um den Vergleich mit den Besten (= Champions, Marktführer, Weltmeister, Center of Excellence). Damit wird Benchmarking zum Maßstab für **Best Practice** im Sinne der besten Art und Weise, wie eine Aktivität innerhalb einer Funktion oder Prozesskette besser und/oder schneller durchzuführen ist (*Fischer, T. u. a., 2003; Kempf u. a., 2008*).

Nach der **Art des Benchmarking** als Ist-Ist-Vergleich lassen sich in Abhängigkeit vom jeweiligen Vergleichspartner unterscheiden:

▶ **Internes Benchmarking** als Vergleich bezüglich ähnlicher oder gleichartiger Prozesse und Strukturen innerhalb des eigenen Unternehmens bzw. gegenüber verbundenen Unternehmen

▶ **Externes Benchmarking** als Vergleich bezüglich von Produkten, Dienstleistungen, Strukturen, Prozessen, Risiken, Virtualität, Prinzipien, Programmen und/oder Methoden gegenüber einzelnen Vergleichsunternehmen (z. B. Wettbewerbern oder Kooperationspartnern) bzw. einer Gruppe ähnlicher Wettbewerber (engl. Peer Group).

Vom **Ablauf** her kann ein auf der Grundlage des Performance Measurement betriebenes Benchmarking wie folgt sein:

▶ **Vorbereitung**, d. h. Bestimmung der Vergleichsobjekte, Auswahl des/der Vergleichsunternehmen, Datenbeschaffung durch Beobachtungen oder Befragungen (= Interviews) von Kunden, Lieferanten und Mitarbeitern mit häufigen Kundenkontakten sowie aus allgemein zugänglichen Veröffentlichungen und externen Datenbanken

▶ **Analyse**, d. h. Ermittlung von Daten, deren Untersuchung, Interpretation und Bewertung von Unterschieden. Das schließt auch die Zerlegung von Konkurrenzprodukten bis auf das letzte Bauteil (engl. Reverse-Engineering) mit ein. Wird festgestellt, dass die eigenen Ergebnisse gegenüber anderen Unternehmen schlechter sind, wird untersucht, ob die Ursachen hierfür im Unternehmen und/oder bei den Umweltfaktoren liegen.

► **Umsetzung**, d. h. Formulierung von Verbesserungsvorschlägen zum Auf- und Ausbau von Stärken (z. B. bei den Kernkompetenzen) und zur Beseitigung von Schwachstellen (z. B. Weglassen von Aktivitäten ohne Wertschöpfung oder Automatisierung von Routinevorgängen). Diese Verbesserungsvorschläge können den Anschluss an das/die Vergleichsunternehmen beabsichtigen, sie können aber auch bewusst anders sein, wenn sich dadurch Wettbewerbsvorteile und Einzigartigkeit schaffen lassen, die es ermöglichen, weit oben in der Vergleichsgruppe zu rangieren oder sogar „Best of Class" zu werden.

Für strategisches Handeln gilt: „Be different, or die". Übertragen auf das **Benchmarking** würde das bedeuten, dass Unternehmen nur begrenzt voneinander lernen können. Da Zukunft eine Herkunft braucht, und diese immer einmalig ist, sind erfolgreiche Unternehmen gerade deshalb erfolgreich geworden, weil sie nicht imitiert haben. Und mehr noch: Potenzielle Imitatoren sind es, die dafür sorgen, dass Unternehmen auf lange Sicht nur dann überleben, wenn sie immer wieder Leistungen hervorbringen, die ihnen ein gewisses Maß an Alleinstellung schaffen, denn: „Nur wer neue Wege geht, hinterlässt eigene Spuren".

Ein für SWOT-Analysen im Bereich „Umwelt" geeignetes Instrument ist die **STEP-Analyse** (auch PEST-Analyse genannt), wobei STEP für die vier Kategorien externer Einflussfaktoren steht: **S**ozio-kulturell, **T**echnologisch, **E**conomical (ökonomisch) und **P**olitisch. Die Bedeutung dieser Kategorien ist von Branche zu Branche verschieden. Sofern sie für die konkrete Situation von hoher Bedeutung sind, kann eine zusätzliche Behandlung von **E**cological (= ökologisch) und **L**egal (= rechtlich) in der erweiterten PESTEL-Analyse sinnvoll sein. Ist das nicht der Fall, sind E und L den anderen Kategorien zuzuordnen. Von der Anwendung her gesehen ist die STEP-Analyse eine mithilfe der Tabellenkalkulation zu erstellende Matrix, in deren Zeilen die relevanten Faktoren aufgelistet und in deren Spalten solche Sachverhalte, wie etwa Problemstellung, Entwicklungen oder Veränderungen, Auswirkungen und schließlich Beurteilungen der Chancen und Risiken enthalten sind.

8.5.2 Klassifikationsmodelle

Ein weit verbreitetes Instrument zur Dreiteilung von Massenerscheinungen ist die **ABC-Analyse**, die davon ausgeht, dass ein kleiner Anteil einer Größe X einem großen Anteil einer anderen Größe Y entspricht (= A-Klasse), oder dass es genau umgekehrt ist (= C-Klasse). Die B-Klasse liegt situativ zwischen den Klassen A und C.

Die grafische Darstellung dieser Sachverhalte führt zu einer **Konzentrationskurve**, die auch Lorenzkurve oder Pareto-Chart genannt wird und folgendes Aussehen hat:

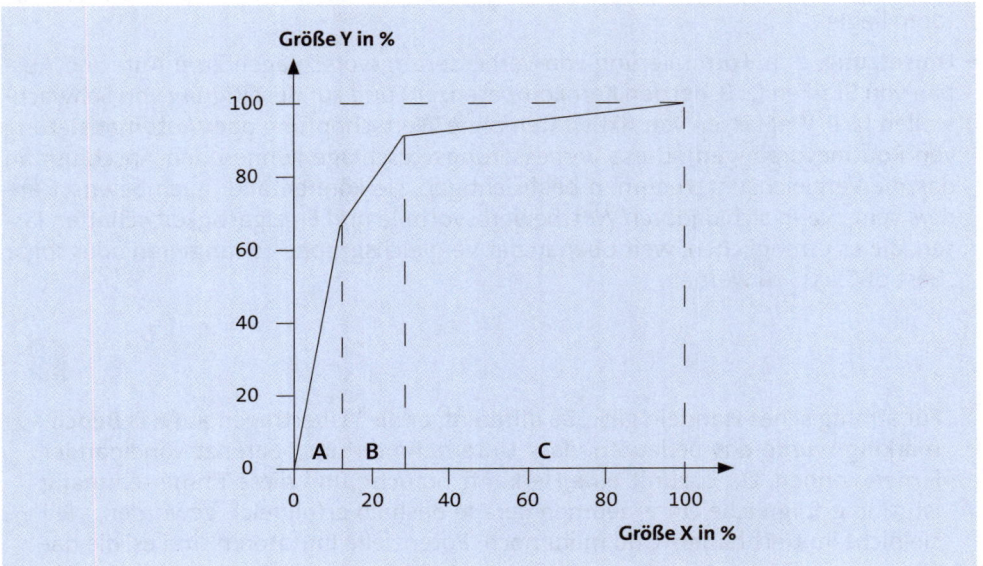

Weit verbreitet ist die **Klassifizierung** u. a.

▶ des **Materials**, da festgestellt wurde, dass häufig eine relativ kleine Anzahl der Materialpositionen den Hauptteil der kumulierten Jahresverbrauchswerte ausmacht. Der Jahresverbrauchswert jeweils einer Materialposition wird ermittelt aus der Multiplikation von Menge und Preis, wobei 1.000 Stück zu je 10 Geldeinheiten als gleichwertig angesehen werden wie 10 Stück zu je 1.000 Geldeinheiten. Die verbrauchsstarken A-Teile werden bedarfsgesteuert (etwa fertigungssynchron), d. h. sie haben kleine Bestellmengen bzw. Sicherheitsbestände und werden häufig permanenten Inventuren unterzogen. Im Gegensatz dazu werden die verbrauchsschwachen C-Teile verbrauchsgesteuert, d. h. die Bestellmengen und Sicherheitsbestände können großzügig bemessen werden. Die dazwischen liegenden B-Teile sind situativ, vornehmlich bestandsorientiert zu disponieren.

▶ der **Lieferanten**, wobei in Bezug auf das jeweilige Beschaffungsvolumen die Lieferanten nach großer, mittlerer und geringer Bedeutung klassifiziert werden. Die größten Zulieferer eignen sich als sog. Systemlieferanten für Komplettlieferungen, sie verfügen meistens über die höchsten Kostensenkungspotenziale und gelten als weitgehend krisenunanfällig. Um die Zahl der Zulieferer zu begrenzen, kann versucht werden, einige Aufgaben der C-Lieferanten den A-Lieferanten zu übertragen.

▶ der **Produkte**, unter denen die umsatzstärksten (= A-Produkte) gefördert und die umsatzschwächsten (= C-Produkte) sukzessive aus dem Sortiment genommen werden sollten. Die C-Produkte sind aber insofern schwierig zu beurteilen, da sie in Abhängigkeit von ihrer Phase im PLZ sowohl Aufsteiger als auch Absteiger sein können.

► der **Dienstleistungen**, die als Differenzierungsmerkmal im Wettbewerb einen hohen Kundennutzen bieten (= A-Services), auf speziellen Bedürfnissen der Kunden beruhen (= B-Services) oder von den Kunden nicht unbedingt erwartet werden (= C-Services).

► der externen **Kunden**, die nach dem Umsatz oder besser nach der Profitabilität als Key Accounts (= A- bzw. Großkunden oder engl. Lead User) regelmäßig und intensiv betreut werden müssen. Umgekehrt ist mit C-Kunden nur in längeren Zeitabständen und auf möglichst einfache Weise (z. B. über das Internet) zu kommunizieren.

► der **Erfolgsfaktoren**, bezüglich derer idealtypisch angenommen wird, das 20 % dieser Faktoren etwa 80 % der in einem Zeitraum generierten Werte bestimmen. Um ein Ranking dieser Faktoren zu ermöglichen, deren Beziehungen untereinander beurteilen zu können und die Ressourcenschwerpunkte abzuleiten, müssen die Erfolgsfaktoren messbar sein und regelmäßig gemessen werden.

► von **Fehlern**, wobei ein Fehler der Klasse A relativ selten auftritt, in seiner Tragweite aber einen höheren Stellenwert besitzt als ein Fehler der Klassen B und C.

8.5.3 Ermittlungsmodelle

Traditionell werden in einem Ermittlungsmodell solche Inputdaten, die jeweils einen Ausschnitt der **vergangenen oder gegenwärtigen Realität** beschreiben, nach bestimmten Regeln zu Output-Informationen umgeformt. Ein für das Controlling wichtiges Ermittlungsmodell ist der **Jahresabschluss** des Unternehmens, wobei die Abbildung des Unternehmens in quantitativ-verbal kombinierter Art geschieht.

Es gibt auch Ermittlungsmodelle mit **Zukunftsbezug**. Die Input-Daten solcher Modelle können mit anderen Methoden, insbesondere Prognosetechniken, gewonnen werden. Die Output-Informationen enthalten dann zielorientierte **Soll-Aussagen** („Was soll getan werden?"), wie z. B. bei Planbilanzen, Budgetierungs- oder Plankostensystemen sowie Projekt-Netzplänen.

Datenelemente für Ermittlungsmodelle können auch aus **Verträgen** stammen, denn: *„Die zeitlichen Merkmale der Verträge beschreiben sowohl die Höhe und Fälligkeit als auch die Disponierbarkeit der sachlichen und finanziellen Verpflichtung"* (Fischer, J., 1997).

8.5.4 Prognosemodelle

Prognose- oder Vorhersagemodelle sind Aussagesysteme über **Ereignisse und Zustände der näheren Zukunft**, die auf der Kenntnis von Wirkungszusammenhängen beruhen. Da Zukunft – wie schon festgestellt – immer eine Herkunft braucht, hat auch die **Unternehmensgeschichte** für Prognosen eine gewisse Bedeutung. Daraus folgt, dass

die Gegenwart immer nur einen die Zukunft von der Vergangenheit trennenden Zeitpunkt darstellt.

In Zeiten schneller Veränderungen und zunehmender Anfälligkeiten technischer und
ökonomischer Systeme gegenüber unerwarteten Volatilitäten, Ausfällen, Krisen und
Katastrophen, wird die **Prognoseerstellung** immer schwieriger und damit weniger verlässlich. Dabei gilt für das Auftauchen der genannten **Schwarzen Schwäne**, die beispielhaft für diese Veränderungen und Anfälligkeiten stehen: *„Wir sind nicht das Opfer
der Veränderung, wir sind ihre Quelle. Die Komplexität der heutigen Welt ist Menschen-
werk"* (Steingart, 2011).

Als **Prognose** (griech. prognosis im Sinne von Vor[aus]wissen; engl. Forecast) bezeichnet man eine **Vorhersage** oder **Voraussage**. Sofern die Vorhersage das zahlenmäßige
Ergebnis einer Aufarbeitung von Datenmaterial ist, handelt es sich um eine **quantitative Prognose**, die, sofern sie objektiv ist, ex post überprüft werden kann. Wesentlich leichter zu erstellen, aber weniger bedeutend für die Planung, sind **subjektive
Prognosen**, die auf persönlichen Einschätzungen hinreichend kompetenter Personen
(= Experten, Spezialisten) beruhen und meistens intuitiv erstellt bzw. verbal formuliert
werden. Die Wahrscheinlichkeit dafür, dass eine Prognose sich später als valide heraus-
stellt, ist umso größer, je allgemeiner oder unpräziser sie formuliert wurde. Oder anders ausgedrückt: *„Ausschließlich verbale bzw. qualitative Prognosen sind zwar relativ
sicher, indes sind sie wenig genau und dadurch – im Gegensatz zu quantitativen Prognosen, die den Adressaten eine bessere Entscheidungsgrundlage bieten – nicht besonders
aussagekräftig"* (Baetge u. a., 2011).

Herausragendes Kennzeichen von **Prognosen** ist, dass mit zunehmender Zeitferne das Prognoserisiko steigt. Im Unterschied zu Projektionen arbeiten Prognosen mit Eintrittswahrscheinlichkeiten und im Unterschied zur Planung fehlt
Prognosen das absichtsvolle Element.

Um **Prognosen** im Sinne plausibler „Wenn-Dann-Aussagen" oder „Wird-Aussagen" machen zu können, müssen folgende Voraussetzungen erfüllt sein:

- ► **Ausgangs- oder Randbedingungen** (= Datenkonstellationen) sind bekannt, wie z. B.
  Wissen um die Kräfte, die vergangenes Geschehen bestimmt haben und Kenntnis
  der gegenwärtigen Zustände

- ► **Prämissen** (= Annahmen, Hypothesen) über künftiges Geschehen, das vom Unternehmen kaum oder gar nicht beeinflusst werden kann, liegen vor.

Im Voraus können Prognosen weder richtig noch falsch sein, denn jeder künftige Zustand erscheint als **singuläres Ergebnis** eines einmaligen Zusammenwirkens einer Vielzahl von Faktoren. Deshalb haben auch **Fehlprognosen** einen Wert, da sie das Wissen über die tatsächlichen Wirkungszusammenhänge zu verbessern helfen, und beitragen, dass Prämissen realistischer werden.

Nach der Art der Prognoseergebnisse lassen sich unter anderem die folgenden **Prognosearten** unterscheiden:

▶ **Punktprognosen** beruhen auf einwertigen (sicheren) Erwartungen bezüglich der zu prognostizierenden Variable(n). Die Eintrittswahrscheinlichkeit ist in diesem Fall genau eins (= 100 %).

▶ **Strichprognosen**, bei denen eine durch die Punktwolke von Vergangenheitsdaten gezogene Linie in die Zukunft verlängert (= extrapoliert) wird. Liegen bei hoher Korrelation die Punkte einer Zeitreihe nahe an der Linie, handelt es sich um eine Trendextrapolation. Außer linearen Trends lassen sich auch logarithmische und exponentielle Trends prognostizieren.

▶ **Intervallprognosen**, die davon ausgehen, dass sich Prognosegrößen entsprechend mehrwertiger Erwartungen und unter Schätzung subjektiver Eintrittswahrscheinlichkeiten innerhalb festgelegter Grenzen (= Prognosebandbreiten) entwickeln können.

▶ **Bedingte Prognosen**, denenzufolge die Entwicklung jeweils einer Prognosegröße von anderen Größen abhängt, die aber selbst nicht Bestandteil der Prognose sind.

▶ **Rollierende Prognosen**, bei denen Vorhersagen in regelmäßigen Zeitabständen überprüft und aktualisiert werden. Dadurch lassen sich Veränderungen gegenüber vorherigen Prognosen feststellen, die Handlungen auslösen können. Wichtig dabei ist, dass die Prognose immer dieselbe Zeitspanne hat. Sollen Vorhersagen unterschiedliche Zeitspannen abdecken, gibt es für jede Prognosegröße mehrere rollierende Prognosen, beispielsweise eine Blitzprognose (etwa monatlich für das nächste Quartal), eine Jahresprognose (etwa quartalsweise für die nächsten vier Quartale) usw. In Abhängigkeit von der Volatilität können die Prognosegrößen für die jeweils ersten beiden Quartale relativ genau und für die danach folgenden Quartale mit einem reduzierten Detaillierungsgrad vorhergesagt werden.

Prognosen dienen nicht nur Planungszwecken, sondern sie sind auch Gegenstand der **externen Berichterstattung** kapitalmarktorientierter Unternehmen. Gemäß § 315 Abs. 1 Satz 5 HGB „ist im Konzernlagebericht die voraussichtliche Entwicklung mit ihren wesentlichen Chancen und Risiken zu beurteilen und zu erläutern; zu Grunde liegende Annahmen sind anzugeben". Der **Prognosebericht** sollte Wahrscheinlichkeiten und Höhe des möglichen Ausmaßes bei Eintritt der jeweiligen Ereignisse enthalten und einen Prognosezeitraum von mindestens zwei aufeinanderfolgenden Geschäftsjahren umfassen. Die **Prognosegrößen** sollten sich, und zwar aus Sicht des Managements, auf die künftige Ertrags-, Finanz- und Vermögenslage beziehen und Angaben zum Investitionsvolumen, den vorgesehenen Finanzierungsquellen, der Entwicklung von Umsatz, Aufwendungen und Ergebnis sowie der Überleitung vom operativen zum Konzernergebnis enthalten. Die **Prämissen** der Prognosen, darunter Angaben über die zu erwartende Konjunktur- und Branchenentwicklung, Trends der Rohstoffpreise, beabsichtigte Restrukturierungen und Sortimentsbereinigungen, sind so zu formulieren, dass die Berichtsadressaten die Plausibilität der Prognosen beurteilen und die Ursachen vielleicht später auftretender Abweichungen nachvollziehen können.

Problematisch erscheint die **Prognoseberichterstattung**

- **bei außergewöhnlichen Umständen**, wie etwa im Zusammenhang mit der jüngsten Wirtschaftskrise. Vor dem Hintergrund der mit außergewöhnlichen Umständen verbundenen Unsicherheiten, die die **Prognosefähigkeit** der Unternehmen deutlich über das normale Maß hinaus beeinträchtigen. Deshalb sollten in wirtschaftlich schwierigen Zeiten die Prognosen weniger konkret (verbindlich) formuliert werden, sofern die Auswirkungen der von der besonderen Situation abhängigen Einflussfaktoren im Prognosebericht erläutert werden. In Ausnahmefällen kann das Unternehmen seine Prognosen auch auf Basis **alternativer Szenarien** machen. Auf den Prognosebericht ganz verzichten ist allerdings nicht sinnvoll.

- **zum Schaden des Unternehmens**, da Prognosen den Wettbewerbern einen Rückschluss auf die Planung und Strategie des berichtenden Unternehmens gestatten. Solange der Gesetzgeber den Inhalt des Prognoseberichts nicht verbindlich festlegt, ist eine **Interessenabwägung** unumgänglich: *„Nur wenn der potenzielle Nachteil des Unternehmens als wesentlich höher einzuschätzen ist, kommt eine Einschränkung der Berichterstattung in Form einer ´Vergröberung´ der Berichterstattung – auf keinen Fall die Unterlassung der Berichterstattung – infrage, sodass die potenzielle Schädigung auf ein Minimum reduziert wird"* (Baetge u. a., 2011).

8.5.5 Scoringmodelle

Scoringmodelle sind **Nutzwertverfahren**, die dann zur Anwendung kommen können, wenn mehrere nicht quantifizierbare Kriterien, Sachverhalte oder Ziele eine Handlung bestimmen sowie wichtige subjektive Bewertungselemente und Präferenzen bei der Handlungsauswahl eine Rolle spielen.

Die **Gestaltung eines Scoringmodells** geschieht in der Regel schrittweise:

- Zunächst werden die wichtigsten (möglichst voneinander unabhängigen) **Beurteilungskriterien** unterschiedlicher Dimensionen bestimmt, die Einfluss auf den jeweils zu beurteilenden Sachverhalt haben.

- Danach wird jedem Kriterium ein **Gewicht** (in Prozent) zugeordnet, das dessen relative Bedeutung ausdrückt. Je mehr Kriterien zu gewichten sind, desto geringer sind die einzelnen Gewichte, denn die Summe aller Gewichte ist immer 100 % (oder eins, bei dezimalen Angaben).

▶ Jetzt wird eine mehrstufige **Bewertungsskala** erstellt und deren Stufen mit Punktwerten versehen. Bezüglich der Bewertungsskala gibt es folgende Möglichkeiten:

- Nominalskala, bei der die Ausprägungen eines Kriteriums gleichberechtigt nebeneinander stehen (z. B. das Kriterium ist erfüllt oder nicht)

- Ordinalskala, bei der sich die Ausprägungen eines Kriteriums in einer Rangreihe anordnen lassen (etwa ++, +, 0, - , --)

- Kardinalskala, bei der die Ausprägungen eines Kriteriums durch Zahlen (z. B. 1 bis 5) angeben, wobei hier – in Umkehrung der Ordinalskala – die Zahl 5 den höchsten Nutzenwert und die Zahl 1 den niedrigsten Nutzenwert bedeutet.

▶ Nunmehr erfolgt die eigentliche **Bewertung**, indem der jeweilige Experte die seiner Ansicht nach zutreffenden Rangordnungsplätze der aufeinander folgenden Kriterien ankreuzt. Werden die angekreuzten Rangordnungsplätze durch Linien miteinander verbunden, ergibt sich eine **Profilgrafik**.

▶ Schließlich findet die **Multiplikation** der Bewertungspunkte mit den entsprechenden Gewichten statt, was zu Teilnutzwerten führt.

▶ Die **Addition** aller Teilnutzwerte (= Summe) ergibt den (dimensionslosen) Gesamtnutzwert.

Dazu ein Beispiel mit einer **fünfstufigen Bewertungsskala**:

Scoringmodell							
Kriterien	Bewertungsskala					Gewichtung in %	Teilnutz- werte
	++	+	0	-	- -		
	5	4	3	2	1		
Kriterium 1		X				15	0,6
Kriterium 2			X			20	0,4
Kriterium 3			X			30	0,9
Kriterium 4					X	20	0,2
Kriterium 5	X					10	0,5
Kriterium 6				X		5	0,1
Nutzwert gesamt						100	2,7

Für sich allein betrachtet, sagt der Punktwert (engl. Score) von 2,7 zunächst gar nichts aus. Findet jedoch ein **Vergleich von Alternativen** statt, wird bei rationalem Verhalten die Alternative mit dem höchsten Gesamtnutzwert gewählt. Voraussetzung dafür ist, dass alle Kriterien positiv in Bezug auf den Einfluss des zu beurteilenden Sachverhalts wirken. Wäre demgegenüber ein Kriterium negativ formuliert (z. B. Risiko statt Chance), würde das bewirken, dass ein hoher Teilnutzwert den Gesamtnutzwert verfälschen würde. Eine Lösung wäre, alle Kriterien negativ (im Sinne von Gefährdungen) zu formulieren, was zur Folge hätte, dass bei rationalem Verhalten der kleinste negative Gesamtnutzwert gewählt werden müsste.

Andere fünfstufige **Bewertungsskalen** als die im Beispiel verwendete können sein:

► sehr gut, gut, befriedigend, mangelhaft, ungenügend

► unentbehrlich, notwendig, nützlich, wenig nützlich, nicht nützlich

► wesentliche Vorteile, einige Vorteile, weder/noch, einige Nachteile, viele Nachteile

► außerordentlich stark zutreffend, stark zutreffend, zutreffend, kaum zutreffend, nicht zutreffend.

Mit Scoringmodellen lassen sich auch **Risikopotenziale**, etwa von Projekten, durch jeweils eine Zahl, für den **Risikograd**, quantifizieren. Zur Berechnung dieser Zahl ist eine mehrstufige Bewertungsskala zu verwenden, bei der, wie eingangs im Zusammenhang mit der Risikosteuerung ausgeführt wurde, mit zunehmender Eintrittswahrscheinlichkeit die monetären Auswirkungen (= Schadenhöhen) sinken. Entsprechend ist der Risikograd das arithmetische Mittel aller bewerteten Risiken, wobei niedrige Risiken mit einfacher, mittlere Risiken mit zweifacher und hohe Risiken mit dreifacher Gewichtung in die Bewertung eingehen können.

Der **Vorteil** von Scoringmodellen besteht in der Einfachheit der Bewertung und der Vergleichbarkeit auch qualitativer Sachverhalte. Dem stehen als **Nachteile** der Konflikt zwischen Genauigkeit und Vollständigkeit, die subjektive Festlegung der Gewichte und die Vergabe von Punktwerten sowie die implizite Prämisse einer linearen Nutzenfunktion (Präferenzstruktur) gegenüber.

8.5.6 Simulationsmodelle

Bei schlecht definierten Planungsproblemen mit in der Regel mehrwertigen (wahrscheinlichkeitsverteilten) Koeffizienten der im Rechenmodell enthaltenen Variablen muss auf eine Optimallösung verzichtet werden. Vielmehr müssen bei der Anwendung alternative Handlungsmöglichkeiten bewertet werden, unter denen dann der Entscheider die für ihn beste Alternative auswählen kann. Dazu eignet sich die Simulation. In Anbetracht der starken Rechenleistung ist eine Simulation allerdings nur mit dem Computer und einer speziellen Software möglich.

Die Simulation ist ein **Experimentierverfahren** zur Ermittlung von Risikoprofilen. Sofern dabei Zufallseinflüsse berücksichtigt werden, handelt es sich um den Fall einer stochastischen Simulation, die in Anlehnung an das Roulettespiel auch als **Monte-Carlo-Simulation** bezeichnet wird.

Grundlage eines Monte-Carlo-Simulationsmodells ist ein **Gleichungssystem**, das entsteht, wenn für jede abhängige Variable eine lineare Gleichung definiert wird (etwa Betriebsergebnis = Umsatz minus Kosten), deren unabhängige Variablen selbst Gegenstand anderer linearer Gleichungen sein können (z. B. Umsatz = Menge mal Preis oder Kosten = Fixkosten plus variable Kosten).

Lassen sich Eintrittswahrscheinlichkeiten für die erwarteten Ausprägungen jeweils einer nicht weiter zerlegbaren unabhängigen Variablen (als Inputgröße) subjektiv bestimmen, können in Abhängigkeit von der vorgesehenen Anzahl der möglichen Ausprägungen **unstetige (diskrete) Dichtefunktionen** zur Anwendung kommen, wie beispielsweise die in nachstehender Abbildung gezeigten Typen der Ein-, Drei- oder Vielpunktverteilung. Sind demgegenüber die Werte einer Inputgröße innerhalb eines bestimmten Bereichs gleichverteilt, ist eine **stetige (kontinuierliche) Dichtefunktion** zu verwenden, wie etwa die Zweipunktverteilung. Die Einpunktverteilung stellt einen Sonderfall der Simulation dar, denn diese „Verteilung" ist eine **Konstante**, die nur unter der Annahme von Sicherheit mit einer Wahrscheinlichkeit von eins (= 100 %) gilt.

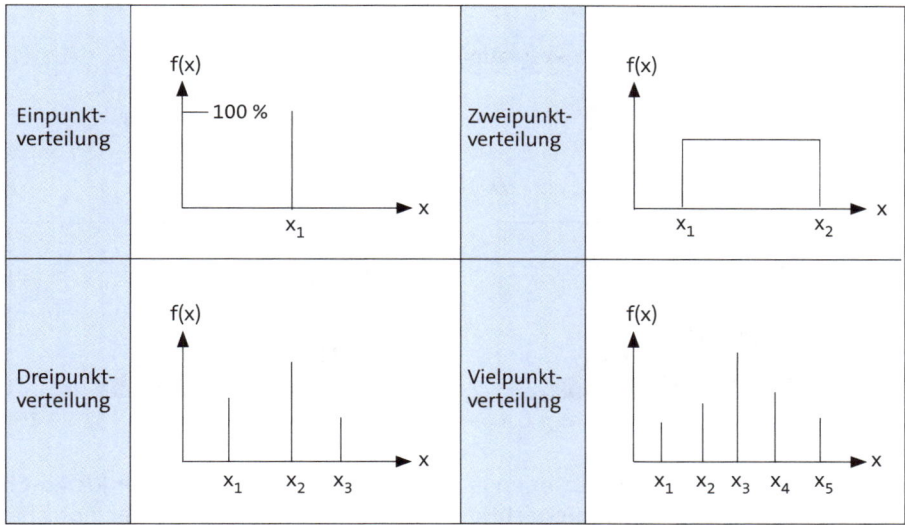

Sind die vom Anwender erwarteten und wahrscheinlichkeitsverteilten Ausprägungen der Inputgrößen bestimmt, wird pro Zufallsvariable und Simulationslauf eine **Zufallszahl** z vom Computer generiert, mit der die jeweiligen Ausprägungen der Inputgrößen formelmäßig (bei stetigen Verteilungen) oder tabellarisch (bei unstetigen Verteilungen) identifiziert werden. Wird bei der Simulation mit ganzzahligen Eintrittswahrscheinlichkeiten zwischen 1 und 100 (%) gearbeitet, müssen die gleich verteilten Zufallszahlen zweistellig sein und zwischen 00 und 99 (jeweils einschließlich) liegen.

Mit den über Zufallszahlen bestimmten Ausprägungen aller Zufallsvariablen wird – zusammen mit den Konstanten – das gesamte Gleichungssystem pro Simulationslauf durchgerechnet. Die jeweils ermittelten Werte werden in ein **Histogramm** übertragen, aus dem dann – wie im Zusammenhang mit dem Risiko beschrieben – die Dichtefunktion der Betrachtungsgröße abgeleitet wird. Aus der Dichtefunktion, die bei einer hinreichend großen Zahl von Simulationsläufen eine **Normalverteilung** sein wird, lässt sich die **Verteilungsfunktion** ableiten, die als Ergebnis sämtlicher Schätzungen die Unsicherheit widerspiegelt (vgl. dazu auch den klassischen Aufsatz von *Hertz, 1964*).

Die **Genauigkeit von Simulationsergebnissen** ist abhängig von der Anzahl der Simulationsläufe. Da die computerbezogene Rechenzeit eines Simulationslaufs gering ist, kann hier großzügig verfahren werden, weshalb 10.000 Simulationsläufe und mehr pro Anwendungsfall keine Seltenheit sind.

Wie die **Visualisierung der Simulationsergebnisse** erfolgen kann, soll an einem Beispiel für die Erwartungen der selektiven und kumulativen Rückflüsse einer Investition gezeigt werden:

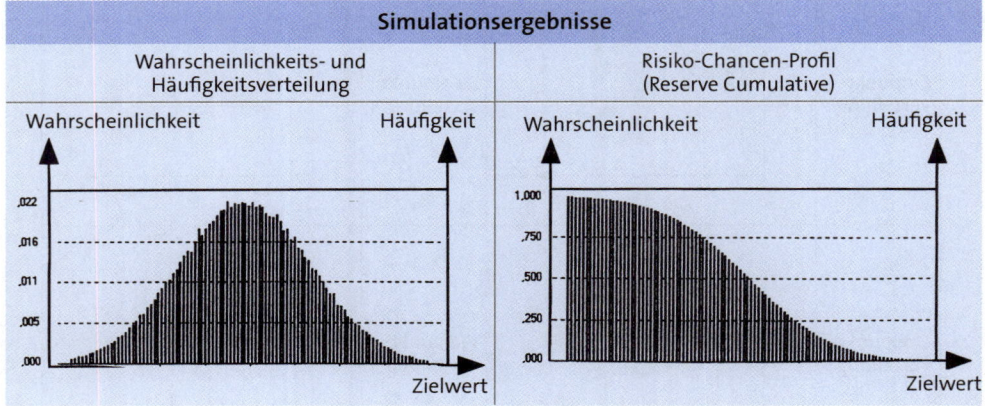

Ein Vergleich alternativer Investitionen ist durch **Gegenüberstellung der Risiko-Chancen-Profile** möglich. Unter Berücksichtigung der **Risikobereitschaft** der Entscheider kann dann die Auswahl erfolgen.

Ein generelles (methodisches) Problem der Simulation ist die computergestützte **Erzeugung gleich verteilter Zufallszahlen**, denn jede Zufallszahl muss die gleiche Wahrscheinlichkeit haben, gezogen zu werden. Bei Zahlen, deren Erzeugung nach einem vorgegebenen Computerprogramm mit entsprechendem Zufallszahlengenerator geschieht, handelt es sich aber nur um Pseudo-Zufallszahlen. Zur Lösung dieses Problems hat die Statistik mittlerweile eine Reihe von Tests entwickelt, mit deren Hilfe im Einzelfall geprüft werden kann, ob eine Folge von Pseudo-Zufallszahlen in ihren statistischen Eigenschaften mit denen echter Zufallszahlen übereinstimmt.

Ein weiteres Problem der Simulation als Instrument der Planung besteht darin, einen angemessenen **Komplexitätsgrad** für das Modell zu finden, denn ein zu grobes Modell wird aufgrund seiner Unvollständigkeit wohl nur wenig Akzeptanz bei den Anwendern finden, und ein zu detailliertes Modell wird meistens an der Vielzahl der Zufallsvariablen und der Beschaffung aussagekräftiger Inputdaten scheitern.

Eine zur Erstellung von Simulationsmodellen geeignete Softwareunterstützung bietet das Modul BPS (Business Planning and Simulation) des **SAP-Softwareprodukts SEM** (**S**trategic **E**nterprise **M**anagement). Bei der Simulation häufig kombiniert werden auch Microsoft Excel und das Zusatzprogramm „Crystal Ball" von IBM (*Bleuel, 2006*).

8.5.7 Realoptionsmodelle

Bei Realoptionsmodellen wird nicht danach gefragt, wie eine Entscheidung insgesamt ausgehen wird, sondern welchen Wert es hat, nur den jeweils nächsten Schritt zu machen. In Abhängigkeit von der Anzahl der Schritte (= Phasen) und der Länge der Zeitintervalle sind Realoptionsmodelle vorzugsweise zur **Vorbereitung strategischer Entscheidungen** geeignet (*Schöppke, 2010; Weissinger, 2004*).

Zerlegt man eine Entscheidung mit langem Zeithorizont (z. B. bei einer Investition) in mehrere aufeinander folgende Schritte, schafft man dadurch **Handlungsflexibilität**, indem man nach jedem Schritt neu entscheiden kann, wie es weitergehen soll. Die Besonderheit dieser Vorgehensweise ist: Senkt man bei jedem Schritt das Risiko, bleiben bei idealtypischer Betrachtungsweise allein (oder zumindest überwiegend) die Chancen übrig.

Eine Möglichkeit zur Erreichung von Handlungsflexibilität bietet die **Warteoption** (auch Aufschub- oder Verzögerungsoption genannt), deren Realisation der Entscheider bis zu einem bestimmten Zeitpunkt (= Optionsfrist) hinausschieben kann. Konkret handelt sich hierbei um den Fall einer aus der Optionspreistheorie bekannten **Call-Option**, bei der ein Optionsinhaber nur dann von seinem mit der Option verbundenen „Recht" Gebrauch machen wird, wenn er dadurch einen Nutzen hat.

Gemäß der **Optionspreistheorie** unternimmt man den jeweils nächsten Schritt nur dann, wenn man sich nach vorheriger Informationsbeschaffung und -auswertung über Ursachen und Wirkungen ziemlich sicher ist, dass dieser Schritt auch erfolgreich beendet werden kann. Stellt sich allerdings im Zeitablauf heraus, dass die nächste Teilentscheidung wider Erwarten nur wenig aussichtsreich sein wird, bricht man die Entscheidung nicht einfach ab, sondern man wartet, bis entweder mehr Entscheidungssicherheit nach mehr oder weniger intensiven Recherchen (= Lernen) vorliegt oder man sucht einen anderen Weg, den man anfangs vielleicht noch gar nicht gesehen hatte.

Grundlegendes Prinzip aller Realoptionsmodelle ist die **risikoneutrale Bewertung**. Diese erlaubt die Kapitalisierung der über die Phasen ermittelten Ergebniswerte (z. B. Rückflüsse einer getätigten Investition) mit einem „risikofreien" Zinssatz (da das Risiko ja vorher eliminiert wurde), was zur Folge hat, dass die Risikobereitschaft des jeweiligen Entscheiders außen vor bleiben kann.

Als Instrument zur Berechnung des Werts einer Realoption wird das (zeitdiskrete) **Binomialmodell** verwendet. Danach gibt es, bezogen auf jeweils ein Zeitintervall, zwei komplementäre Ausprägungen, und zwar eine

▸ **Aufwärtsbewegung** („upside potential" oder kurz u) für den günstigen Fall

▸ **Abwärtsbewegung** („downside risk" oder kurz d) für den ungünstigen Fall.

Die **Höhe einer Auf- und Abwärtsbewegung** in einem Zeitintervall wird durch die Unsicherheit bestimmt. Folgt einem Zeitintervall ein nächstes mit gleicher Länge (z. B. ein Jahr), wird – ausgehend von den bis dahin erreichten Ergebnissen – in formal gleicher Weise solange weiter verfahren, bis der **Zeithorizont** erreicht ist.

Grafisch darstellen lässt sich das Modell durch einen **Ereignis- oder Binomialbaum** mit folgendem Aussehen (*Rams, 2001*):

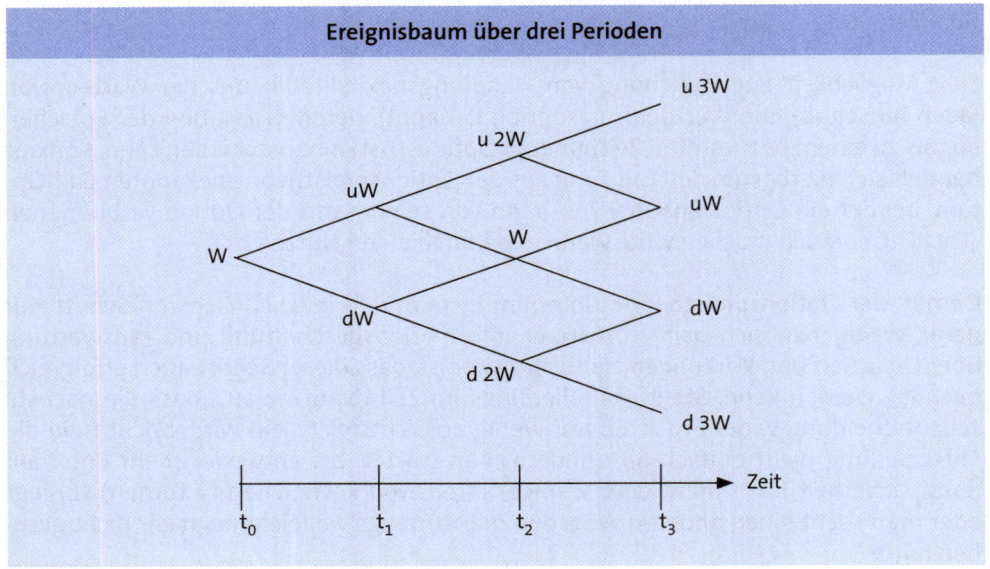

Ist W der **Wert des Bezugsobjekts** (etwa einer Investition) und wird unterstellt, dass sich die weiteren Werte dieses Bezugsobjekts nach einem multiplikativen binomialen Prozess entwickeln, hat das zur Folge, dass der Wert am Ende der ersten Periode

(also t_1) entweder uW oder dW beträgt. Für die in der Abbildung enthaltenen weiteren Perioden gilt Entsprechendes. So ist beispielsweise in t_2 der mittlere Wert gleich udW und damit wieder W.

Ähnlich dem Ereignisbaum ist der **Entscheidungsbaum**, der aus aufeinander folgenden Entscheidungs- und Zustandsknoten besteht. Während der Entscheider an den jeweiligen **Entscheidungsknoten** die Wahl zwischen unterschiedlichen (auch mehr als zwei) Handlungsalternativen hat, stellen die **Zustandsknoten** mögliche Ergebnisse dieser Handlungsalternativen in verschiedenen Umweltzuständen dar, wobei jedem Umweltzustand eine Eintrittswahrscheinlichkeit zugeordnet wird. Beginnend an den letzten Knoten lässt sich dann rückwärts die beste Handlungsstrategie berechnen, indem unter Verwendung des risikofreien Zinsfußes die an den einzelnen Teilknoten berechneten Erwartungswerte der Alternativen auf den Entscheidungszeitpunkt diskontiert werden (*Hommel u. a., 2003*).

Der **Vorteil von Binomial- und Entscheidungsbäumen** liegt in der übersichtlichen Darstellung von sequentiellen Entscheidungsproblemen. Allerdings dürfte die Übersichtlichkeit schnell verloren gehen, wenn bei vielen Zeitintervallen und einer großen Anzahl von Handlungsalternativen die Anforderungen an die Inputdaten steigen.

Neben der genannten Warteoption (engl. Option to Wait), gibt es noch **andere Formen der Realoption** als Instrumente der strategischen Planung (*Crasselt/Tomaszewski, 1999*):

► **Wechseloption** (engl. Option to Switch) bei Variation der Technologie bzw. Kapazität (in Abhängigkeit von der schwankenden Nachfrageentwicklung), der Standorte (aus Sicht der Währungs- und anderer Preisrisiken), des Investitionsvorhabens (in Bezug auf die damit verbundenen unsicheren Rückflüsse) und Ähnliches

► **Kontraktionsoption** (engl. Option to Contract), indem mit Partnern ein zwischenbetriebliches Netzwerk schrittweise aufgebaut wird, das für Geschäfte genutzt werden kann

► **Wachstumsoption** (engl. Option to Expand), bei der – ausgehend von einer Anfangs- oder Startinvestition – in einem oder mehreren Einzelschritten noch weitere Investitionen in Erwägung gezogen werden (z. B. sukzessiver Erwerb von Beteiligungen, Erweiterungen einer Produktplattform oder zusätzliche Geschäftsmodelle speziell für das Internet)

► **Abbruchsoption** (engl. Option to Exit) durch vorzeitige Beendigung eines Vorhabens oder einer Kooperation, sofern sich der erwartete Nutzen nicht realisieren lässt.

Die Berechnung der Handlungsflexibilität von Realoptionen erfordert die **Modellierung komplexer Zusammenhänge**. Das Einsetzen der Faktoren von realen Optionen in die gängigen Bewertungsformeln finanzieller Optionen wäre an sich nicht schwierig, ist aber deswegen nicht möglich, da Realoptionen – wie bereits erwähnt – nicht am Markt gehandelt werden. Deshalb werden für den praktischen Einsatz modifizierte, d. h. überschaubare und nachvollziehbare Binomialmodelle verwendet, von denen jedes allerdings mit gewissen Genauigkeitsverlusten verbunden ist. Am Beispiel einer Plattformentscheidung im Zusammenhang mit dynamischen Investitionsrechnungen wird an späterer Stelle der Ansatz von *Cox/Ross/Rubinstein (1979)* ausführlich beschrieben.

Aufgabe 10 > Seite 629, Aufgabe 11 > Seite 630

8.6 Zusammenfassung von Einzelplänen

Durch die Konsolidierung gleichartiger Einzelpläne aller Geschäftsbereiche entsteht der **Gesamtplan des Unternehmens**.

In den meisten Fällen (vor allem bei Konzernen) sind vorher aber noch einige Sachverhalte der (meist operativen) Planung zum Zwecke der Darstellung eines den tatsächlichen Verhältnissen entsprechenden Bildes der geplanten **Vermögens-, Finanz- und Ertragslage** zu klären.

8.6.1 Verrechnungspreise und Konzernumlagen

Bei Lieferungen und Leistungen, die innerhalb des Unternehmens oder zwischen Netzwerkpartnern vorkommen, sind **Verrechnungs- oder Transferpreise** anzusetzen. Die inner- und überbetrieblichen Transferleistungen können dabei sowohl materieller als auch immaterieller Art sein.

Als Bestandteil organisatorischer Regelungen haben Verrechnungspreise folgende **Funktionen** zu erfüllen (*Schreiber, 2011*):

► **Planungsfunktion**, wobei ein Verrechnungspreis für wenigstens eine Planungsperiode ein fester Preis sein sollte. Zu dessen Berechnung sind alle möglichen Preisschwankungen zu antizipieren.

► **Lenkungsfunktion**, um die Interessen der einzelnen Bereiche und Kooperationspartner untereinander so zu koordinieren, dass es zwischen den leistenden und belieferten Bereichen zur bestmöglichen Allokation der Ressourcen kommt. Ein Problem sind Interessenskonflikte (= Ressortegoismen), die bei hoher Entscheidungsautonomie der Bereiche auftreten können, weshalb sich häufig der stärkere Partner gegenüber dem schwächeren mit einem für ihn günstigeren Preis durchsetzt.

► **Motivationsfunktion**, indem über getrennte Ergebnisausweise der Bereiche die Beiträge der jeweiligen Manager am Gesamterfolg gemessen werden können. Um der Gefahr vorzubeugen, dass die Motivation der Verantwortlichen durch Konflikte kompensiert wird, lassen sich Verhandlungen vorsehen, welche die Autonomie der Bereiche oder Kooperationspartner bei unveränderter Verantwortung für das Ergebnis gewährleisten.

Als **Grundlage von Verrechnungspreisen** kommen infrage:

► **Marktpreise**, sofern es sich um homogene Güter und Dienste handelt, für die ein Markt existiert. Wo das nicht der Fall ist (z. B. bei Zwischenprodukten), kann von Verkaufspreisen an Dritte ausgegangen werden.

► **Kostenpreise**, deren Ermittlung nach Kalkulationsmethoden erfolgen kann, welche die leistende Stelle auch gegenüber Dritten verwendet (z. B. Cost-Plus-Methode der herkömmlichen Produktkalkulation). Dabei ist sicherzustellen, dass Unwirtschaftlichkeiten leistender Stellen nicht weiterverrechnet werden, was die konzerninterne Regelung des „First Request" gewährleisten kann, derzufolge Angebote für Leistungen erst innerhalb des Konzerns einzuholen sind, bevor externe Anbieter, darunter auch Partnerunternehmen, angesprochen werden.

Bezüglich der **Kostenpreise** können in Abhängigkeit von der Kapazitätsauslastung der liefernden Bereiche angesetzt werden: Bei

► **Unterbeschäftigung** die Grenzkosten mit oder ohne Fixkostenanteile. Der Lenkungseffekt eines solchen Vorgehens ist allerdings gering, denn die Fixkosten verbleiben teilweise oder ganz beim liefernden Bereich, während der Gewinn beim beziehenden Bereich anfällt.

► **Vollbeschäftigung** die Vollkosten mit oder ohne Gewinnanteile. Problematisch ist hierbei allerdings die Festlegung der Höhe eines angemessenen Gewinnanteils.

► **Überbeschäftigung** die Grenzkosten plus Opportunitätskosten. Die Höhe der Opportunitätskosten entspricht demjenigen Deckungsbeitrag, der sich bei Vollbeschäftigung ergeben würde, zuzüglich des Betrags, der durch eine zusätzliche Einheit beim stärksten Engpass erreicht werden könnte.

Werden **Verrechnungspreise im Inland** durch die Zentrale gesteuert, kann es aus finanziellen Überlegungen darum gehen, die mit Transferleistungen verbundenen Gewinne auf die Verantwortungsbereiche zu verteilen (engl. Profit Sharing). Ist demgegenüber das Unternehmen global aufgestellt, können durch **internationale Verrechnungspreise** die Gewinne aus steuerpolitischer Sicht in Länder verlagert werden, deren Steuersätze niedrig sind (engl. Profit Splitting). Sofern in Fremdwährung fakturiert wird, spielen beim Profit Splitting **Währungsrisiken** eine Rolle. Durch **Netting** kann dieses Risiko reduziert werden, indem die zu bestimmten Terminen zwischen den einzelnen Gesellschaften bestehenden Forderungen aus Exporten und Verbindlichkeiten aus Importen gegeneinander aufgerechnet werden. Relevant für das Währungsmanagement ist dann nur noch der verbleibende Saldo, der gegen Zahlung einer Prämie abgesichert werden kann oder selbst zu tragen ist.

Für Dienstleistungen, die die Zentrale oder ein **Shared Service Center** für einige oder alle Geschäftsbereiche im In- und Ausland erbringt, können die angefallenen Kosten anteilig über **Konzernumlagen** verrechnet werden. Bezüglich des dabei zu verwendeten Umlageschlüssels ist grundsätzlich dem national wie auch international anerkannten Grundsatz des Fremdvergleichs zu folgen. Danach kann sich die Umlage eines Kostenpools (z. B. für Buchhaltung, Datenverarbeitung oder auch Controlling) nach dem Nutzen bzw. den eingesparten Kosten der jeweiligen Poolmitglieder richten, sie kann sich aber auch an einer exemplarisch ausgewählten Schlüsselgröße orientieren, wie etwa dem Umsatzerlös, der Anzahl der Beschäftigten oder dem Investierten Kapital.

8.6.2 Währungs- und Inflationsrisiken

Bezüglich der im Ausland getätigten Geschäfte sind Umrechnungen unterschiedlicher Ursprungs- oder Landeswährungen in eine **gemeinsame Währung** (= Konzernwährung) erforderlich.

Ein mögliches Vorgehen besteht darin, dass Bewegungs- oder Flussdaten zu (gewogenen) Durchschnittskursen und Bestands- oder Abschlussdaten zu Stichtagskursen umgerechnet werden, wobei auftretende Differenzen in die Neutrale Ergebnisrechnung einfließen. Ein anderes Vorgehen sieht vor, dass alle Bewegungs- und Bestandsdaten mit den gleichen Wechselkursen umgerechnet werden, d. h. entweder zum Durchschnitts- oder zum Stichtagskurs. Bezüglich der Durchschnittskurse ist außerdem festzulegen, auf welchen Zeitraum (z. B. Jahr, Quartal, Monat) sich diese beziehen (*Brühl, 2006*).

Nach § 256 a HGB besteht in Bezug auf die Währungsumrechnungsmethode die Pflicht, für beide Seiten der Bilanz einen **Devisenmittelkurs** anzusetzen. Kurzfristige Fremdwährungsposten sind grundsätzlich „stichtagsbezogen" umzurechnen.

Jede Verschlechterung des Austauschverhältnisses von Geldmenge zu Gütermenge durch Steigerung des Preisniveaus bzw. Senkung der Kaufkraft des Geldes (= Inflation) bewirkt einen schleichenden Schwund des investierten Kapitals und eine Substanzvernichtung durch Besteuerung von Scheingewinnen. Die Art und Intensität inflationskorrigierender Maßnahmen im Rahmen eines **Inflation Accounting** richtet sich nach dem Ausmaß der möglichen Verzerrungen durch die Inflation. Bei moderaten Inflationsraten kann eine reale Substanzerhaltung durch Preisindizes der Domizilländer korrigiert werden. Bei hohen oder stark schwankenden Inflationsraten empfiehlt sich die Umrechnung in Hartwährungen.

8.6.3 Konsolidierung

Nach der **Einheitstheorie** (engl. Entity Concept) darf ein konsolidierter Planabschluss als *„prospektives Rechenwerk des Konzerns" (Küting, 1983)* nur solche Wertangaben enthalten, wie sie der Konzern ausweisen würde, wenn er nicht nur wirtschaftlich, sondern auch rechtlich eine Einheit wäre. Deshalb sind dezentrale Planungsrechnungen unter Berücksichtigung des Risikoverbunds zwischen den Konzernteilen über eine mengen- und wertmäßige Konsolidierung zu aggregieren.

Bezüglich der **Art der Konsolidierung** werden in Anbetracht der unterschiedlichen Periodizitäten die Mehrjahrespläne der strategischen Planung und Jahrespläne der Budgetierung getrennt behandelt. Ausgehend von den Absatzplänen werden unter Berücksichtigung der übrigen Teilpläne aufeinander abgestimmte Planbilanzen bzw. Plan-GuV-Rechnungen in mehr oder weniger hohen Detaillierungsgraden ermittelt, aus denen sich dann relevante Spitzenkennzahlen ableiten lassen.

Die **Konsolidierungsstandards der IFRS-Norm** verlangen, dass alle Firmen im Konzernabschluss zu berücksichtigen sind, die der Konzern beherrscht und über die er Kontrolle ausübt. Joint Ventures sind nach der Equity-Methode zu konsolidieren, und zwar entsprechend der jeweiligen Quote. Im Anhang zum Jahresabschluss sind die einbezogenen und nichteinbezogenen Unternehmen zu benennen. Auch das **HGB** hat nach der Weltwirtschaftskrise die Angabepflichten im Anhang verschärft, außerbilanzielle Geschäfte, wie die eingangs erwähnte Auslagerung von Risiken auf Zweckgesellschaften, aber nicht verboten.

> Besonderes Kennzeichen jeder Konsolidierung ist, dass die durch einfache Addition entstehenden **Doppelzählungen** bei den Innenumsätzen, dem Eigenkapital und den Schulden beseitigt werden müssen.

Eine zur Konsolidierung geeignete **Softwareunterstützung** bietet beispielsweise das Modul BCS (Business Consolidation) des SAP-Softwareprodukts SEM (Strategic Enterprise Management). Die Konsolidierung kann dabei nach gesetzlichen Vorschriften oder nach internen Erfordernissen des Managements erfolgen.

Aufgabe 12 > Seite 630

8.7 Planverabschiedung und -umsetzung

Da Zwischenentscheidungen während der Planungsphasen oft die eigentliche Endentscheidung vorwegnehmen, ist die **Verabschiedung des Gesamtplans** (= Genehmigung) durch die Unternehmensleitung häufig nicht mehr als nur ein formaler Akt.

Der verabschiedete Gesamtplan wird den Betroffenen zur **Realisierung** (= Umsetzung, Vollzug) übertragen, denn ohne anschließende Umsetzung ist jeder Plan wertlos.

Die Realisation verabschiedeter Pläne gehört nicht zu den **Aufgaben des Controllings**, sondern sie ist eine eigenständige Phase innerhalb des gesamten Führungsprozesses.

Da aber die Gefahr besteht, dass die Betroffenen gegen die Umsetzung von Plänen inneren oder offenen **Widerstand** leisten, ist die Realisierung der in den Plänen enthaltenen Maßnahmen durch das Controlling zu überwachen. Deshalb werden auch Kontrollpunkte fest in die vorgesehenen Handlungsabläufe eingebaut.

9. Kontrollfunktion des Controllings

Unter Kontrolle (oder Überwachung) als **Instrument der Willenssicherung** versteht man den Vergleich durch Gegenüberstellung von jeweils zwei oder mehr Größen, um Abweichungen von Plänen festzustellen.

Wie die Planung sind auch Kontrollen **informationsverarbeitende Prozesse**, die nicht unbedingt in starren Zeitabständen stattfinden und nicht immer die letzte Phase im Steuerungszyklus des Controllings bilden.

Die an das **Controlling als Kontrollinstanz** gestellten Anforderungen sind:

► **Objektivität**, was bedeutet, dass Kontrollergebnisse intersubjektiv nachvollziehbar sind, d. h. verschiedene rational handelnde Personen mit in etwa gleicher Informationsbasis kommen zum selben Ergebnis

► **Zuverlässigkeit**, was heißt, dass Kontrollen nach der Art und Durchführung nicht vollkommen standardisiert sind, sondern der jeweiligen Bedeutung des zu kontrollierenden Sachverhalts angepasst werden können und müssen

► **Validität**, die dann gegeben ist, wenn tatsächlich das kontrolliert wird, was zu kontrollieren beabsichtigt ist.

Die **Erfassung von Ist-Daten**, wie z. B. Mengen, Werte, Zeiten oder Qualitäten von Strom- bzw. Bestandsgrößen, sollte grundsätzlich durch das Rechnungswesen des Unternehmens, d. h. die Kosten- und Leistungsrechnung, die Finanz- und Liquiditätsrechnung, die Lohn- und Gehaltsrechnung sowie die Material- und Anlagenrechnung erfolgen. Mit der routinemäßigen Abrechnung von Leistungen bzw. Kosten in der Betriebsbuchhaltung und Erträgen bzw. Aufwendungen in der Finanzbuchhaltung sowie der Erstellung kurzfristiger Erfolgsrechnungen (= Kostenträgerzeitrechnungen) oder interner Plan- bzw. Zwischenbilanzen lässt sich dort am besten eine Basis schaffen, die eine Art „Primär- oder Grundinformation" bildet, die von allen Beteiligten im Unternehmen weitgehend anerkannt wird.

Das **Ergebnis eines Kontrollvorgangs** ist entweder die Bestätigung des eingeschlagenen Wegs oder die Einleitung von Korrekturen (= Nachsteuerung).

9.1 Kontrollobjekte

Überwacht werden können die tatsächlichen (gegenwärtigen) bzw. voraussichtlichen (künftigen) **Ergebnisse**, die **Verfahren**, das menschliche **Verhalten** der Handlungsträger und die Relevanz der **Prämissen**, die der Planung zu Grunde liegen.

9.1.1 Ergebniskontrollen

Die vor allem im Zusammenhang mit der operativen Planung oder einzelnen Projekten stattfindenden **Ergebniskontrollen** können während der Ausführung (= Zwischen oder Fortschrittskontrollen) und/oder nach der Ausführung (= Endergebniskontrollen) erfolgen. Aus einem Vergleich von normativen Größen (= Soll) mit faktischen Größen (= Ist) oder prognostischen Größen (= Wird) festgestellte Abweichungen werden gegebenenfalls analysiert (= Aufdeckungs- und Erklärungsfunktion) und – soweit erforderlich – durch Nachsteuerungsmaßnahmen zu beheben versucht (= Beeinflussungsfunktion).

In den Bereich der Ergebniskontrolle fällt auch die **Risikokontrolle**. Wie bereits dargestellt, sind Topmanager börsennotierter Unternehmen nach dem Aktiengesetz und den Bestimmungen des SOX dazu verpflichtet, ein **Internes Kontrollsystem** (IKS) einzurichten, auf seine Effizienz hin zu überprüfen und erforderlichenfalls zu verbessern.

Durch die Gegenüberstellung von Soll- und Ist-Daten werden **Abweichungen** sichtbar. Diese sind in der Weise zu messen, dass sie den dafür verantwortlichen Handlungsträgern direkt zugeordnet werden können, denn dort, wo sich persönlich niemand für Abweichungen zuständig fühlt, erfolgt weder eine unmittelbare Reaktion, noch ist Lernen möglich.

Bezüglich der Ergebniskontrollen lassen sich verschiedene **Arten von Abweichungen** unterscheiden: In Abhängigkeit vom

► **Zeitbezug** lassen sich „selektive" Abweichungen pro Tag, Woche, Monat, Quartal oder Jahr ermitteln. Werden selektive Abweichungen über die Zeit addiert, ergeben sich kumulierte Abweichungen.

► **Rechenverfahren** lassen sich „absolute" Abweichungen durch Subtraktion und relative (= prozentuale) Abweichungen durch Division von jeweils zwei Größen feststellen

▶ **Standort der Rechengröße** in der Bezugsgrößenhierarchie kann es sich um eine Teil- oder Gesamtabweichung handeln. So haben beispielsweise die Materialkosten eine Gesamtabweichung gegenüber allen Werkstoffen, Zukaufteilen und Handelswaren, aber nur eine Teilabweichung gegenüber den Gesamtkosten.

Der **Nachteil von Ergebniskontrollen** besteht darin, dass Soll-Ist-Abweichungen zu spät erkannt werden und man auf sie nur noch geringen Einfluss nehmen kann.

Ähnlich verhält es sich auch bei Soll-Wird-Abweichungen einer **Fortschrittskontrolle**, bei denen unter Kenntnis der bisherigen Ergebnisse aber noch prognostiziert werden kann, wie sich die Realisation bis zum Ende des Prozesses oder Projekts entwickeln wird.

9.1.2 Verfahrenskontrollen

Diese betreffen weniger die Zwischen- oder Endergebnisse von Handlungen als vielmehr die **Handlungen** selbst sowie deren Effizienz und Effektivität. Verfahrenskontrollen sind auch notwendig, um sowohl **Veränderungen in Abläufen** als auch die **Eignung von Methoden** zu überwachen.

Von großer Bedeutung sind auch die prozessbezogenen **Kontrollen der Informationstechnik bzw. -technologie** (IT). Solche Kontrollen beziehen sich auf das Betriebssystem, das Rechenzentrum, das Leitungsnetz, die Infrastruktur und die Computersicherheit. Kontrollen von IT-Anwendungen betreffen deren Effizienz und Gefahren. So ist darauf zu achten, dass festgestellte Schwachstellen des IT-Systems offengelegt, analysiert und beseitigt werden.

Die zu kontrollierenden Verfahren und die Ergebnisse der kontrollierten Verfahren sind zu dokumentieren. Überdies sind von übergeordneten Stellen oder dem Controlling (im Auftrag des Topmanagements) regelmäßig **Tests** (engl. Control Testing) vorzunehmen, deren Ergebnisse – nach Vergleichen mit früheren Kontrollergebnissen – ebenfalls dokumentiert werden müssen. Außerdem wird in Abhängigkeit von den Testergebnissen der **Metakontrollen** (= Kontrollen der Kontrolle) für alle Prozesse und Methoden zu prüfen sein, ob das Risikomanagement und Controlling entscheidungsnützlich arbeiten.

Mit der SAP-Softwarekomponente **Management of Internal Control** (MIC), das auf die Erfüllung von Corporate Governance-Anforderungen in Verbindung mit den regulatorischen Besonderheiten des COSO und SOX ausgerichtet ist, lassen sich aktuelle Statusübersichten erstellen, die u. a. Angaben darüber enthalten, wo es welche Probleme gibt und welche Verbesserungsmaßnahmen noch nicht abgeschlossen sind. Die Statusberichte werden von unten nach oben verdichtet, bei schwer wiegenden Abweichungen durch zusätzliche Kommentare ergänzt und von den Verantwortlichen der jeweiligen Organisationseinheiten bezüglich der Richtigkeit bestätigt. Die in den Statusberichten ausgewiesenen Schwächen des IKS sind vom Controlling bzw. der Internen Revision dahingehend zu überprüfen, dass Maßnahmenpläne zur Beseitigung festgestellter Kontrollschwächen auch tatsächlich umgesetzt werden. Anhand von Nachtests lassen sich die Ergebnisse von Verbesserungsmaßnahmen bewerten. Die Koordination zwischen den Beteiligten der SAP MIC-Anwendung kann das Controlling übernehmen.

9.1.3 Prämissenkontrollen

Durch Prämissenkontrollen im Rahmen eines **Wird-Ist-Vergleichs**, der sich vornehmlich auf die strategische Planung bezieht, wird bei Gelegenheit oder bei Erreichen eines Kontrollpunkts (= Meilenstein) die Frage zu beantworten versucht, ob die bisherigen Annahmen noch gelten oder zu ändern sind.

Prämissenkontrollen können aber auch der **Kontrolle des Solls** dienen, indem zu gegebener Zeit hinterfragt wird, ob die geplanten Absichten, Ziele und Strategien, an denen sich die Handlungen im Unternehmen orientieren, noch Gültigkeit haben.

9.2 Kontrollträger

Als Kontrollträger werden diejenigen **Personen** bezeichnet, die Kontrollen tatsächlich vornehmen.

Grundsätzlich existieren für jeden Kontrollträger zwei **Gefahren**, mit denen er sich auseinander setzen muss:

▶ Das **Aufdeckungsrisiko** (engl. Detection Risk) tritt auf, wenn der Kontrollträger trotz seiner Kontrollen die einem Kontrollobjekt innewohnenden Risiken nicht erkennt.

▶ Das **Kontrollrisiko** (engl. Control Risk) tritt auf, wenn sich der Kontrollträger zu Unrecht auf die Wirksamkeit seiner Kontrollen verlässt.

In einer Vertrauensorganisation werden Kontrollen durch die Handlungsträger am besten selbst durchgeführt, denn **Selbstkontrollen** ermöglichen nicht nur die schnelle Einleitung von Anpassungsmaßnahmen, sondern vielmehr auch Lernprozesse im Sinne zukunftsorientierter Informationsgewinnung und Wissensmehrung.

Da Selbstkontrollen aber stets subjektiv sind, bedarf es aufgrund der Forderung nach Neutralität und Objektivität sowie im Interesse einer über- und zwischenbetrieblichen Koordination in bestimmten Fällen auch der **Fremdkontrolle** durch andere Instanzen. Dabei sollten Fremdkontrollen möglichst erst bei Überschreitung zuvor vereinbarter Toleranzgrenzen erfolgen. Dieser Vorgehensweise liegt das **Führungsprinzip des Management by Exceptions** (MbE) zu Grunde, wonach die Handlungsträger die Verantwortung haben, „gewöhnliche" Abweichungen (= Normalfälle) selbstverantwortlich zu steuern und Vorgesetzte bzw. das institutionalisierte Controlling sich erst bei „Ausnahmefällen" einschalten werden.

9.3 Kontrollumfang

Bezüglich des **Kontrollumfangs** (= Intensität, Häufigkeit, Dichte) kann danach unterschieden werden, ob durch eine **Vollkontrolle** sämtliche Sachverhalte oder durch eine **Teilkontrolle** nur wenige ausgewählte Sachverhalte überwacht werden sollen.

Des Weiteren muss festgelegt werden, ob man sich bei der Kontrolle einer Gesamtheit aus Gründen der Wirtschaftlichkeit auf **Stichproben** beschränken kann. In diesem Fall ist anzugeben, wie Stichproben nach Art und Umfang auszuwählen sind, damit von den Stichprobenergebnissen auf die jeweils zu kontrollierende Gesamtheit geschlossen werden kann.

Geben Kontrollen die **Möglichkeit zum Lernen** (im Sinne der künftigen Fehlervermeidung), steigt mit zunehmender Kontrollintensität zunächst der Kontrollerfolg. Wird die Kontrollintensität jedoch ab einem gewissen Punkt von den Kontrollierten als störend (= demotivierend) empfunden, kann das entgegengesetzte (= dysfunktionale) Wirkungen haben, d. h. der Kontrollerfolg sinkt.

9.4 Kontrolltermine

Nach den **Zeitpunkten** lassen sich Kontrollen danach unterscheiden, ob sie vor, während oder nach der Realisation von Plänen durchgeführt werden:

► Die **ex-ante Kontrolle** hat die Aufgabe, möglichst früh die Abweichungen laufender Vorgänge aufzudecken (engl. Feedforward Control).

► Die **ex-post Kontrolle** hat die Aufgabe, abgeschlossene Vorgänge und deren Enderbgebnisse zu überwachen (engl. Feedback Control).

Je schneller auf festgestellte Abweichungen reagiert werden soll, desto kürzer muss der **Kontrollrhythmus** sein.

9.5 Kontrollablauf

Die im Rahmen von Kontrollen begründeten **Steuerungsvorgänge** lassen sich wie folgt gegenüberstellen:

Kriterien	Vorsteuerung	Nachsteuerung
1. Wirkungsprinzip	Vor(wärts)kopplung	Rück(wärts)kopplung
2. Ausrichtung	Input-orientiert = Zukunftsbezogen	Output-orientiert = Vergangenheitsbezogen
3. Zeitpunkt des Eingriffs	Vor Eintritt von Störungen	Nach Eintritt von Störungen
4. Wirkung des Eingriffs	Störungsabwehr	Störungsbeseitigung

Der Kontrollprozess hat, soweit er sich auf bereits realisierte Größen bezieht, als **kybernetischer Regelkreis** mit entsprechenden Rückkopplungen das folgende Aussehen:

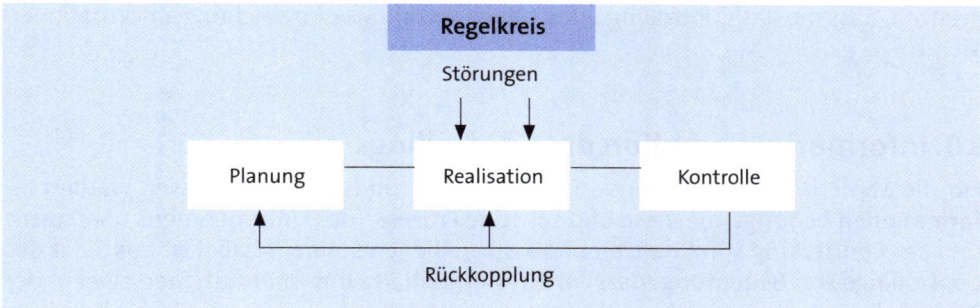

Von den Handlungsträgern selbst festgestellte Abweichungen, die eine vorgegebene Toleranzgrenze überschreiten, können zu **Rückkopplungen in einen übergeordneten Regelkreis** führen, wobei sich das (hierarchische) Über- oder Unterordnungsverhältnis der Regelkreise durch die im Rahmen des Führungsprinzips MbO vereinbarten Ziele, Mittel, Aufgaben und Handlungsspielräume ergibt. Mit der Festlegung konkreter Toleranzgrenzen wird sich später im Zusammenhang mit der Budgetkontrolle beschäftigt.

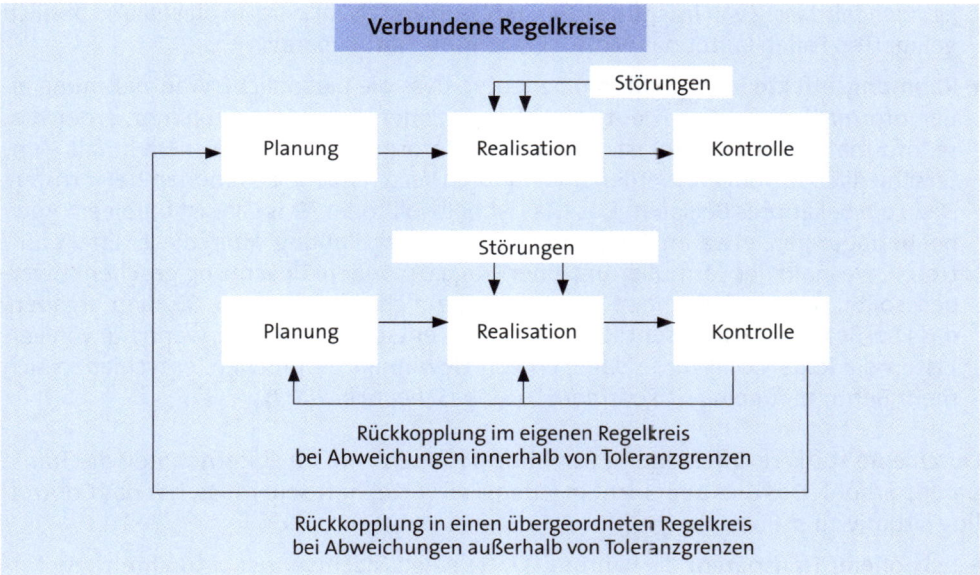

Die auf dem **Prinzip der Vorkopplung** basierenden Kontrollen beziehen sich auf noch nicht realisierte Größen. Dabei ist es erforderlich, dass die Verantwortlichen möglichst früh Informationen über vorhandene und potenzielle Störgrößen erhalten, um gegebenenfalls Maßnahmen zur Störungsabwehr ergreifen zu können. Im Mittelpunkt der Vorkopplung stehen bei zeitlich längeren Vorhaben Soll-Wird-Vergleiche und bezüglich der Planungsprämissen Wird-Ist-Vergleiche.

Vor- und Rückkopplungen können auch in den **Regelkreis des Controllings** erfolgen. Sind die festgelegten Toleranzgrenzen dabei breit, muss sich das Controlling nur mit wenigen Ausnahmefällen auseinandersetzen. Umgekehrt bedeuten enge Toleranzgrenzen, dass die das Controlling erreichende Anzahl von Abweichungsinformationen steigt.

10. Informationsfunktion des Controllings

Für die Steuerung von Planungs-, Entscheidungs- und Kontrollprozessen werden **Informationen** benötigt, die diese und sonstige Prozesse des Unternehmens überlagern und der Beurteilung von Chancen und Risiken dienen können. Dabei ist aus Sicht des Controllings von Bedeutung, dass im Zusammenhang mit Informationen zwei in der Realität beobachtbare **systematische Fehlergefahren** (= Irrtümer) nicht übersehen werden *(Ruckriegel, 2011)*:

► **Verzerrungen** (engl. Biases) die bereits bei der ursprünglichen Messung von Ergebnissen angefallen sind (= Messabweichungen) oder erst zu einem späteren Zeitpunkt eintreten können. Da eine Information objektiv aber nur dann einen Wert hat, wenn sie nicht gefälscht oder manipuliert ist, muss dafür gesorgt werden, dass Fehlergefahren bereits dort abgewehrt werden, wo sie entstehen, und das ist an der Quelle. Ferner ist sicherzustellen, dass die Information konsistent bleibt, d. h. weder mutwillig noch fahrlässig von irgendwelchen Hackern verfälscht wird. In diesen und ähnlich gelagerten Fällen lautet das Motto: Prävention statt Reparatur.

► **Rahmungseffekte** (engl. Framing) bedeutet, dass die persönliche Wahrnehmung einer Information von dem (Deutungs-)Rahmen oder Hintergrund abhängt, in den diese Information eingebettet ist. So kann eine Information – bei gleichem Inhalt – unterschiedlich formuliert werden und dadurch verschiedene Reaktionen hervorrufen. Dazu ein bekanntes Beispiel: „Das Glas ist halbvoll" oder „Das Glas ist halbleer". Auch bei Befragungen, etwa im Zusammenhang mit der Planung, kann dieser Effekt auftreten, weshalb der Formulierung einer Frage besondere Beachtung geschenkt werden sollte, um die Ergebnisse der Befragung nicht zu verzerren. Studien ergaben, dass bei Befragungen wesentlich risikoreicher entschieden wurde, wenn nur von Verlusten die Rede war. Wurde dagegen von Gewinnen gesprochen, entschieden sich mehr Befragte für eine risikoärmere Lösung *(Scheufele, 2003)*.

Durch eine stärkere **Offenlegung von Informationen** wird im Unternehmen die Transparenz erhöht. Das dies aber nicht in jedem Fall vorteilhaft sein muss, hat das Controlling situativ zu prüfen, ob

► bei höherer **Transparenz** die Führungskräfte einen Machtverlust befürchten bzw. tatsächlich erleiden oder die Ängste der Beschäftigten vor „gläsernen" Arbeitsplätzen steigen, was ein **kontraproduktives Verhalten** der Unternehmensbeteiligten zur Folge hätte

► dem durch die **Realisierung von Motivationseffekten** entgegengewirkt werden sollte, sei es durch den Ausbau vertrauensbildender Maßnahmen oder die Anpassung bzw. Neuausrichtung monetärer Anreizsysteme.

Da sich der **Wert einer Information** nicht unmittelbar quantifizieren lässt, kann versucht werden, den Verwendungsnutzen der Information an dessen Entscheidungswirkung zu ermitteln.

10.1 Informationen

Grundlage von **Informationen** sind Daten als von Menschen oder Maschinen erfasste Einzelziffern und -buchstaben, Ziffern- und Buchstabenketten sowie Zeichen und Sonderzeichen. Voraussetzung für eine **elektronische Datenverarbeitung** (EDV) und **Datenspeicherung** ist, dass Daten digitalisiert und als **Datensätze** strukturiert werden, sofern sie es nicht schon sind. Häufig werden Formulare zur Ein- und Ausgabe von Datensätzen verwendet und bei der Verwaltung von Datensätzen in Tabellenform entspricht ein Datensatz jeweils einer Tabellenzeile. Die zur Beurteilung der **Datenqualität** verwendeten Kriterien sind: Aktualität, Relevanz, Vollständigkeit, Eindeutigkeit, Konsistenz, Verständlichkeit und Verlässlichkeit (*Otto, 2001*).

Die in Leistungs- und Funktionsbereichen als „operative Vorsysteme" des Unternehmens anfallenden Transaktionsdaten werden als **originär** bezeichnet. Dazu gehören **Vorgangsdaten**, die bei der Abwicklung eines Geschäftsvorgangs oder einer Transaktion anfallen, **Bewegungsdaten**, die eine Veränderung der Bestandsdaten bewirken und als **Stamm- bzw. Grunddaten**, die der Identifikation, Klassifikation oder Charakterisierung von Sachverhalten dienen und unverändert bis zu ihrer Änderung gelten. Dazu ein Beispiel: Die Transaktion „Entnahme eines Artikels aus dem Lagerbestand" ist ein Vorgangsdatum, der Lagerbestand ist ein Bestandsdatum, die Veränderung des Lagerbestands durch die Entnahme ist ein Bewegungsdatum und die Beschreibung oder Kennzeichnung des entnommenen Artikels erfolgt mittels Stammdaten.

Werden mehrere originäre Daten verdichtet, ergeben sich **abgeleitete Daten**.

Daten werden dann zu **Informationen**, wenn sie einen **Zweckbezug** erhalten und damit für Planungs-, Entscheidungs-, Kontroll-, Leistungs-, Koordinations- und Lernprozesse verwertbar sind.

Durch die in einem bestimmten Kontext stehende Vernetzung von Informationen entsteht **Wissen**, oder anders ausgedrückt: *„Wissen entsteht als Ergebnis der Verarbeitung von Informationen durch das Bewusstsein"* (*North, 2010*). Daraus folgt, dass sich Wissen zwar auf Daten und Informationen stützt, jedoch immer an das Bewusstsein handelnder Personen gebunden ist.

Verfahren und Prozesse zur systematischen Sammlung und Verdichtung von Daten sowohl über das eigene Unternehmen als auch aus der Unternehmensumwelt, die Auswertung dieser Daten in Hinblick der Gewinnung von Erkenntnissen und die Verwendung dieser Erkenntnisse für strategische und operative Entscheidungen sind ein Teil der bereits genannten **Business Intelligence** . Ein Beispiel dafür ist die von SAP als „BusinessObjects Explorer" bezeichnete Software, die es als eine Art **Suchmaschine** erlaubt, zu bestimmten Themen oder Fragestellungen nach Daten zu suchen.

Der zwischen Daten, Informationen und Wissen bestehende **Zusammenhang** lässt sich wie folgt visualisieren *(Becker u. a., 2011)*:

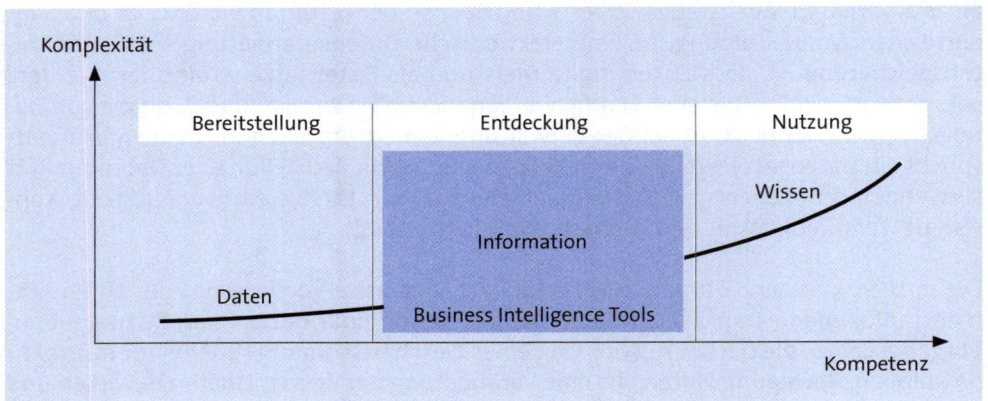

10.1.1 Informationsarten

Bezüglich der **Informationsart** kann wie folgt unterschieden werden (*Wild, 1971*):

Informationsart	Aussagen-Typ	Aussagen über …
Faktisch	Ist-Aussage	Wirklichkeit (Vergangenheit)
Prognostisch	Wird-Aussage	Zukunft
Explanatorisch	Warum-Aussage	Ursachen von Sachverhalten
Konjunktiv	Kann-Aussage	Möglichkeit(en)
Normativ	Soll-Aussage	Ziele/Werturteile/Normen
Logisch	Muss-Aussage	Notwendigkeiten
Explikativ	–	Definitionen (Sprachregelungen)
Instrumental	–	Methodologische Beziehungen

10.1.2 Kennzahlen

Als **Kennzahlen** (engl. Ratios) werden auf Grundlage von Messsystemen ermittelte Ziffern bezeichnet, die schnell, auf einfache Weise und häufig in verdichteter Form über wirtschaftlich relevante Sachverhalte informieren. Werden zwei oder mehr Kennzahlen, die in einer sachlich sinnvollen Beziehung zueinander stehen, sich gegenseitig ergänzen oder erklären und die gegebenenfalls in ihrem Zusammenhang auf ein übergeordnetes Ziel ausgerichtet sind, miteinander kombiniert, entsteht ein **Kennzahlensystem**.

In Abhängigkeit von ihrem **Erkenntniswert** sind Kennzahlen:

▸ **beschreibend**, wenn sie Sachverhalte lediglich aufzeigen

▸ **erklärend**, wenn versucht wird, Ursache-Wirkungs-Beziehungen herauszufinden, quantitativ zu erfassen und darzustellen

▸ **vorhersagend**, wenn sie sich auf künftige Sachverhalte bzw. Ereignisse beziehen.

Bezüglich ihrer **Verwendung** lassen sich Kennzahlen danach gruppieren, welchen Zwecken sie internen und externen Adressaten dienen:

▸ **Informationszwecke** stehen im Vordergrund, wenn Kennzahlen zur Analyse von Sachverhalten (= Erkenntnisgewinnung durch Vergleiche) oder ersatzweise als Indikatoren für andere (meist nicht messbare) Größen dienen.

▸ **Steuerungszwecke** stehen im Vordergrund, wenn Kennzahlen im Sinne von Messungen im Rahmen der Planung und Kontrolle erfolgen.

Für jede Kennzahl wird zweckmäßigerweise ein **Kennzahlenstammblatt** erstellt, aus dem zu entnehmen ist, was die Kennzahl ausdrückt (= Beschreibung), wie die Kennzahl errechnet wird (= Formelaufbau, gegebenenfalls mit Erläuterungen) und wofür sie zu verwenden ist. Nach Möglichkeit sollten Kennzahlen so formuliert werden, dass sie Manipulationen ausschließen und sich auch für ein externes Benchmarking verwenden lassen.

Die Bildung von Kennzahlen und Kennzahlensystemen ist stets mit der Gefahr verbunden, dass es im Unternehmen zu einer **Kennzahleninflation** kommt, wenn zu viele Kennzahlen gebildet werden, deren Aussagewert (= Nutzen) im Verhältnis zum Erstellungsaufwand (= Opfer) gering ist.

10.1.2.1 Grundzahlen

Dieses sind **absolute Mengen- oder Wertgrößen**, wie Einzelzahlen, Summen, Durchschnitte und Differenzen, deren Bedeutung alleine nicht ohne weiteres zu erkennen ist. Erst wenn diese Zahlen mit anderen Zahlen verglichen werden, erhalten sie ihre Bedeutung. Beispiele dafür sind die (auch aggregierten) Geschäftszahlen des Unternehmens.

10.1.2.2 Verhältniszahlen

Bei **relativen Kennzahlen** werden Sachverhalte in Beziehung zueinander gesetzt, zwischen denen ein Zusammenhang besteht. Zweck dieses Vorgehens ist, aus der Fülle des vorhandenen Datenmaterials die als wesentlich angesehenen Größen zu wenigen, aber aussagefähigen Schlüsselkennzahlen zu verdichten.

Unterteilen lassen sich **Verhältniszahlen** wie folgt:

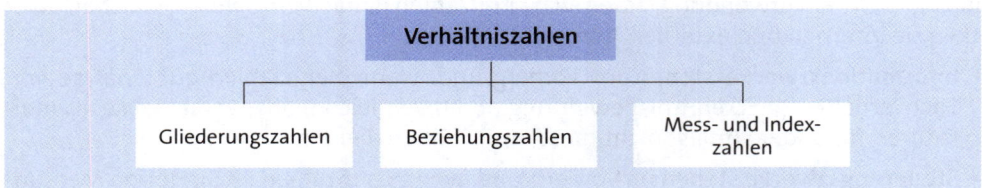

Bei **Gliederungszahlen** wird jeweils eine Teilmasse einer Gesamtmasse gegenübergestellt. Die Ergebnisse sind Anteile (= Quoten). Häufige Anwendungsfälle von Gliederungszahlen sind die

► Aufteilung, z. B. des Umsatzes nach Produkt-, Kunden- oder Ländergruppen, der Kosten nach Kostenstellen bzw. -trägern oder der Produkte, Maschinen bzw. Personen nach ihrem Alter

► ABC-Analyse (etwa für Produkte, Kunden, Material und Investitionen)

► Bilanzanalyse hinsichtlich der Vermögens-, Kapital- und Finanzstruktur.

Durch **Beziehungszahlen** wird das Verhältnis von jeweils einer Zähler- zu einer Nennermasse zum Ausdruck gebracht, die sich nach ihren Strukturmerkmalen systematisieren lassen:

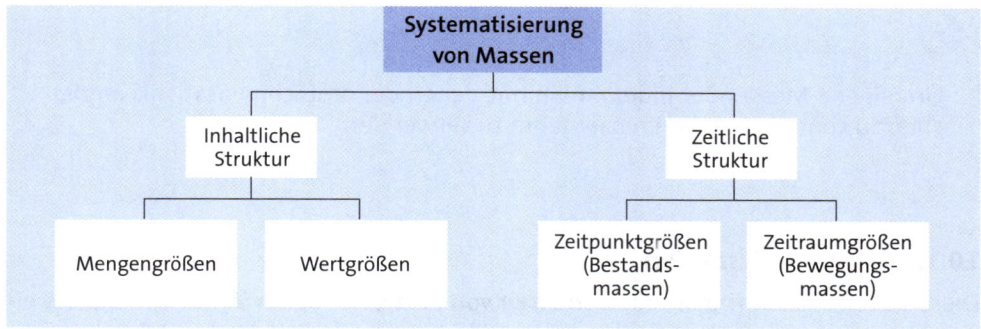

Bewegungsmassen	Bestandsmassen
Auftragseingang, Umsatz	Auftragsbestand
Einstellungen, Kündigungen	Personalbestand
Investitionen, Abschreibungen	Anlagenbestand
Lagerzu- und -abgänge	Lagerbestand
Gewinn, Cashflow	Kapital, Vermögem
Umsatz, Zahlungseingänge	Debitorenbestand

Wird eine Bewegungsmasse auf die zugehörige Bestandsmasse bezogen, liegt eine **Verursachungszahl** vor. Alle anderen Beziehungszahlen werden **Entsprechungszahlen** genannt.

Mit **Messzahlen** lassen sich zeitliche Veränderungen gleichartiger Massen beschreiben, und zwar bezogen auf eine Basismasse. Im Unterschied dazu betreffen **Indexzahlen** das Verhältnis jeweils einer Größe zu sich selbst, allerdings zu verschiedenen Zeitpunkten. Ist man bei einem Zeitreihenvergleich in der Wahl des Basisjahres frei, d. h. werden nur eigene Daten betrachtet, sollte dasjenige Jahr genommen werden, dessen Beobachtungswert dem Mittelwert der Zeitreihenwerte am ehesten entspricht. Würde nämlich das Basisjahr ein Rezessionsjahr sein, wäre die zeitliche Entwicklung übertrieben und bei einem Boomjahr untertrieben dargestellt.

Um eigene Mess- oder Indexzahlen mit denen der amtlichen Statistik vergleichen zu können, sind deren Basisjahre zu verwenden.

10.1.2.3 Fortschrittszahlen

Diese geben Auskunft über das **Verhalten von Prozessen in der Zeit**. Während die einen Prozess jeweils begrenzenden Zeitpunkte häufig auch als **Meilensteine** bezeichnet werden, bildet der dazwischen liegende Teil den **Kontrollblock** (als Zeitraum), der jeweils über einen Input und Output gemessen werden kann. Die Leistung an einem Zeitpunkt ist demnach eine Verhältniszahl, die als Bezugsgröße einen Zeitraum besitzt. Diese Kennzahl kann nicht größer sein als die Kapazität, die ebenfalls eine Verhältniszahl darstellt. Bezogen auf den Kontrollblock wird im Rahmen der Planung das „Soll" festgelegt, während die Messungen der tatsächlichen Mengen oder Werte des In- und Outputs an den vorgesehenen Zeitpunkten das „Ist" ergeben.

Werden mehrere Prozesse zu einer Prozesskette verbunden, sind beim Übergang von einem zum nächsten Kontrollblock **kumulierte Fortschrittszahlen** zu verwenden, denn der Output des Vorgängers ist gleichzeitig der Input beim Nachfolger.

10.1.3 Kennzahlensysteme

Bei der **Gestaltung eines Kennzahlensystems** als Instrument koordinierender Informationsaufbereitung ist darauf zu achten, dass dieses in der Lage ist, Kommunikationsprozesse zu fördern, was unter anderem voraussetzt, dass die im System enthaltenen Kennzahlen verständlich sind, sich auf das Wesentliche beschränken und laufend aktualisiert werden.

In Abhängigkeit von der **Herleitung der Ursache-Wirkungs-Beziehungen** für ein Kennzahlensystem bieten sich nach *Küpper (2008)* an:

► **Logische Herleitung**, bei der man an den definitorischen Beziehungen zwischen den Kennzahlen anknüpft, die dann mathematischen Transformationen unterzogen werden, um die Struktur zwischen den Kennzahlen festzulegen.

► **Empirische Herleitung** auf der Grundlage realer Sachverhalte. Das kann entweder theoretisch geschehen, und zwar durch Hypothesen über Zusammenhänge der Realität, die an der Realität (etwa mithilfe der Diskriminanzanalyse) zu überprüfen sind, oder induktiv aus dem Erfahrungswissen von Experten bzw. statistischer Datenauswertungen.

► **Hierarchische Herleitung** gemäß der jeweiligen Rangordnung zwischen den Kennzahlen.

Bezüglich der **Art der Kombination** von Kennzahlen lassen sich zwei Vorgehensweisen unterscheiden:

► Werden für die Darstellung eines Sachverhalts mehrere Kennzahlen ohne rechentechnische Verknüpfung zusammengestellt, denen sich bei Bedarf weitere Kennzahlen zuordnen lassen, spricht man von einem **Ordnungssystem**. Dazu ein Beispiel:

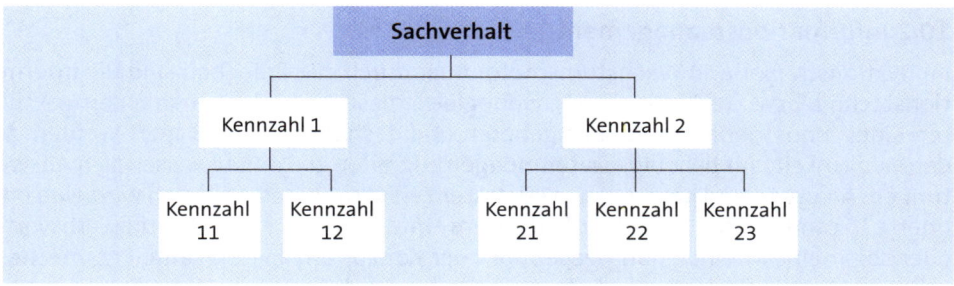

Ein bedeutendes Ordnungssystem ist die später ausführlich beschriebene **Balanced Scorecard**.

Der **Vorteil** des Ordnungssystems ist seine Flexibilität. Dabei besteht jedoch die Gefahr, dass die Auswahl der Kennzahlen durch aktuelle Probleme geprägt ist und deshalb zu häufigen Änderungen des Systems führt.

► Sind Kennzahlen in der Weise verknüpft, dass sich Veränderungen einer Kennzahl auf vor- bzw. nachgelagerte Kennzahlen auswirken, handelt es sich um ein **Rechensystem**.

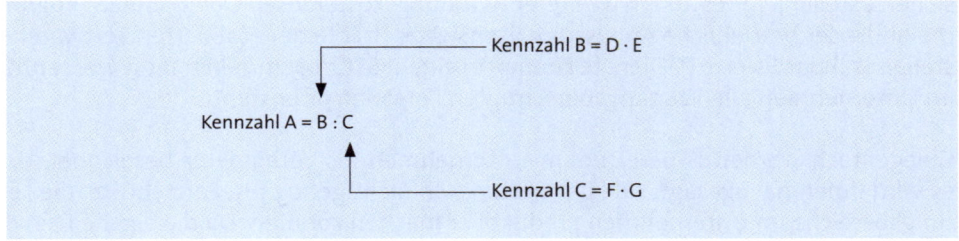

Dadurch, dass eine Spitzenkennzahl im Top-down-Vorgehen in verschiedene Komponenten zerlegt wird, entsteht eine **Kennzahlenhierarchie**, und dadurch, dass die Komponenten durch mathematische Operatoren miteinander verknüpft werden, lassen sich Ursachen und Wirkungen berücksichtigen. Ein bekanntes Rechensystem ist das bereits beschriebene **Return on Investment-Verfahren**.

Der **Vorteil** des Rechensystems ist seine Programmierbarkeit. Wegen der rechentechnischen Verknüpfungen sind derartige Kennzahlensysteme gut für Planungs- und Kontrollzwecke geeignet, wobei die Planung die zu erreichende Spitzenkennzahl (= Oberziel) im Top-down-Vorgehen in Unterziele zerlegt, während die Kontrolle den umgekehrten Weg geht. Von **Nachteil** ist allerdings, dass bei manchen Kennzahlen eine rechentechnische Verknüpfung nicht sinnvoll bzw. nicht möglich ist. Nicht möglich deshalb, da qualitative Größen oder weiche Faktoren, die mitunter wichtiger sind als direkt messbare Größen oder harte Faktoren, nicht in Zahlen ausgedrückt und deshalb auch nicht rechentechnisch verknüpft werden können.

Aufgabe 13 > Seite 630

10.2 Informationsmanagement

Innovationstreiber und Wachstumsmotor quer durch alle Branchen sind die **Informationstechnik bzw. -technologie** (IT), wenngleich diese auch nicht zu den Kerngeschäften eines Industrieunternehmens gehören und deshalb oft ausgelagert werden. Mit der Möglichkeit, auf beliebige Datenmengen zugreifen zu können, lassen sich Auswertungen, Analysen und Kontrollen in kürzester Zeit vornehmen. Dadurch wird eine integrierte **IT-Landschaft** zum Rohstoff, der dem Unternehmen einen Wettbewerbsvorteil oder sogar eine Alleinstellung gegenüber der Konkurrenz bieten kann. Entsprechend sollte weniger über Hard- und Software geredet werden, als vielmehr über deren Nutzung in Bezug auf ökonomische Anwendungen.

10.2.1 Information-Engineering

Im Vordergrund stehen hier die Gestaltung und Implementierung sowie der Betrieb und die Wartung der technischen **IT-Infrastruktur**, die wiederum alle Hardware-Einrichtungen umfasst, die Voraussetzung für die Verarbeitung, Speicherung und Übermittlung von Daten sind. Hinzu kommt das **Software-Engineering**, verstanden als der Einsatz von Softwaretools und -paketen, um einen reibungslosen Geschäftsbetrieb sicherzustellen, sei es durch Weiterentwicklung kostenloser Open-Source-Programme und/oder betriebliche Anpassung lizenzierter Pakete der etablierten Softwarehersteller. Standardisierte IT-Dienste können in einem SSC zusammengefasst werden, das im Unternehmen allen zugangsberechtigten Personen offensteht.

Gelegentlich werden IT-Bereiche im Unternehmen als Verhinderer bezeichnet, d. h. es wird ihnen nachgesagt, sie kümmerten sich nicht genug um Fortschritte, die Leistungsbereiche im Unternehmen produktiver machen könnten. Da die eigene IT in der Regel verschiedene (= heterogene) Systeme umfasst, verfügt diese auch über mehrere Schnittstellen, von denen jede einzelne ein **Sicherheitsrisiko** darstellt. Dabei ist die Datensicherheit nicht nur von außen gefährdet, sondern auch von innen, da die Gefahr besteht, dass bei anstehender Entlassung das IT-Personal sensible Betriebsdaten sammelt und zum eigenen Nutzen verwendet oder verwertet. Um das zu verhindern und zum Schutz vor Cyberattacken, gibt es abgestufte Zugriffsrechte und regelmäßige Passwortwechsel.

10.2.2 Information-Supporting

Hierbei geht es um die Nutzung von IT-Anwendungen. Bezogen auf den IT-Beitrag zur Wertschöpfung von Prozessen sind die Ergebnisse empirischer Untersuchungen unterschiedlich: Eine Hypothese besagt, IT sei eine Basisressource und biete kaum Vorteile, da letztendlich alle Unternehmen darüber verfügen. Eine andere These behauptet das Gegenteil, d. h. sie postuliert den positiven Zusammenhang zwischen IT-Innovationen bzw. -Investitionen und dem wirtschaftlichem Erfolg des Nutzers. Diesen Gegensatz aufzulösen erfordert eine ganzheitliche Betrachtung: Das reibungslose Zusammenspiel von IT-Nutzung und Controlling entscheidet mit über Markt- und Wettbewerbsvorteile des Unternehmens. Das wiederum erfordert eine ständige Verbesserung der Informationsfähigkeit innerhalb und zwischen den Unternehmensbereichen.

Die Koordination des Information-Supportings im Unternehmen kann das **Controlling** übernehmen, d. h. es wäre dann Vermittler zwischen den Produzenten und Nutzern von Informationen und weitergehend auch von Wissen.

Für das Controlling ist das **Gesetz des abnehmenden Grenznutzens** von Bedeutung, demzufolge ein Mehr an Informationen mit einem überproportionalen Mehr an Kosten verbunden ist. Deshalb kann auch hier gelten: Weniger ist manchmal mehr.

Bezüglich der **Steuerung von Informationsströmen** durch das Controlling werden die Handlungsträger des Unternehmens entweder passiv mit den für sie relevanten Informationen versorgt oder, was in Anbetracht der Fülle von Informationen (= Mengenproblem), der Problemrelevanz von Informationen (= Qualitätsproblem) und der Aktualität von Informationen (= Zeitproblem) besser wäre, die Handlungsträger in die Lage versetzt, sich die von ihnen benötigten Informationen aktiv zu beschaffen. Je fortgeschrittener die Informations- und Kommunikationstechnik im Unternehmen ist und je mehr diese von den Anwendern auch tatsächlich genutzt wird, kann das Controlling von seiner **Bringschuld** (nach dem Push-Prinzip als Datenlieferant) bezüglich der Informationsversorgung entlastet werden. Für die Handlungsträger vergrößert sich im Gegenzug ihre **Holpflicht** (nach dem Pull-Prinzip). Verdeutlichen soll das die folgende Abbildung.

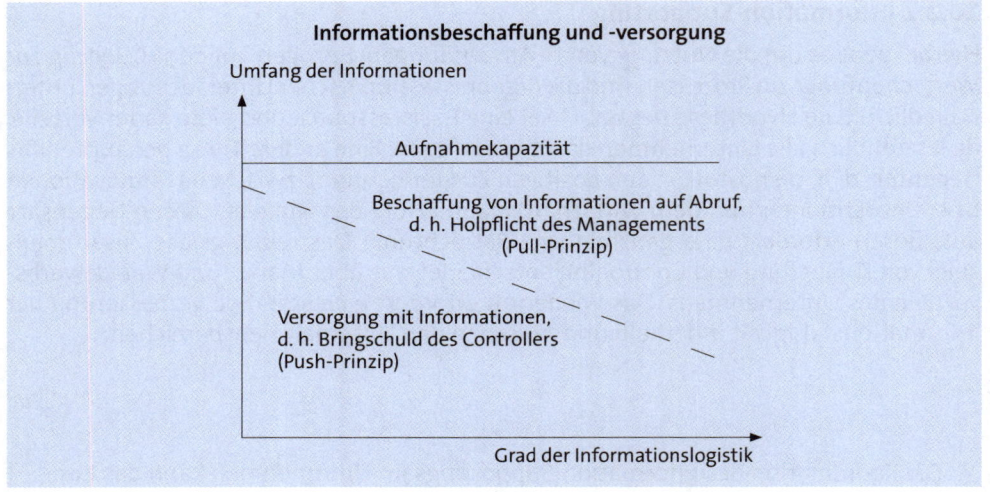

Informationsbeschaffung und -versorgung

Umfang der Informationen

Aufnahmekapazität

Beschaffung von Informationen auf Abruf,
d. h. Holpflicht des Managements
(Pull-Prinzip)

Versorgung mit Informationen,
d. h. Bringschuld des Controllers
(Push-Prinzip)

Grad der Informationslogistik

Speziell bei der **Bringschuld des Controllers** geht es nicht nur um die Bereitstellung irgendwelcher Informationen, sondern es ist vielmehr auch herauszufinden, welche Informationen jeweils wichtig sind und welche Wirkungen von den Informationen auf das Handeln der Planungs- und Entscheidungsträger ausgehen. Für das Controlling bedeutet das, weniger und dafür besser auf die Bedürfnisse des Managements abgestimmte Informationen (z. B. Kennzahlen).

10.2.3 Cloud Computing

Von zunehmender Bedeutung für Unternehmen ist der Megatrend des **Cloud Computing**. Darunter versteht man das Outsourcing der firmeneigenen und selbstverwalteten Hard- und Software in eine **Wolke** (engl. Cloud). Grundlage des Cloud Computing sind immer bessere Virtualisierungstechniken, durch die mehrere Systeme und Anwendungen „virtuell" auf nur einem physischen Rechner laufen. Professionelle **Wolkenmacher** im Businessbereich sind große Computerfirmen, die als Dienstleister (= Provider) über gewaltige Rechen- und Datenzentren verfügen. Um die Ausfallsicherheit dieser Zentren zu gewährleisten, sind verschiedene Systeme, wie etwa Wasser- und Brandschutz sowie Klimatechnik und Stromversorgung mehrfach (also redundant) vorhanden.

In Anbetracht noch fehlender Standards, und da anzunehmen ist, dass die Angebote konkurrierender Cloudanbieter sich in mehreren Punkten unterscheiden, sollten ein an Cloudlösungen interessiertes **IT-Management und -Controlling** folgende Sachverhalte genauestens prüfen: Kostensenkung, Flexibilität, Betriebssicherheit sowie Mess- und Kontrollmöglichkeiten.

An **Betriebsmodellen des Cloud Computing** werden unterschieden:

▶ **Public Clouds** als öffentliche Systeme, bei denen nicht bekannt ist, wo die einzelnen Komponenten physisch betrieben werden. Über das Internet kann am freien Markt praktisch jedermann auf die jeweils auf dem neuesten Stand befindlichen Hard- und Softwarepools zugreifen und sich mit anderen die virtualisierte Infrastruktur teilen. Während gewisse Grundfunktionen, wie z. B. das Speichern kleiner Dateien oder Applikationen (= Apps) kostenfrei sind, kann man gegen ein immer höheres Entgelt die Servicefunktionen sukzessive erweitern.

▶ **Private Clouds** als geschlossene Systeme, bei denen die Anwender bestimmen können, wo (= in welchem Land) ihre Daten verfügbar sein sollen. Kostenpflichtig sind firmeneigene Anwendungen mit unternehmenskritischen Daten, die in geschützten Bereichen abgewickelt werden. Zugang zur Wolke und Bereitstellung der Ergebnisse von Anwendungen beschränken sich auf autorisierte Mitarbeiter, Geschäftspartner, Kunden und Lieferanten, und laufen entweder über das firmeneigene Intranet, oder – sofern die Berechtigten sich außerhalb des Anwenderunternehmens befinden – über ein Virtual Private Network.

▶ **Hybrid Clouds** als Mischform der beiden vorgenannten Modelle, gegebenenfalls noch unter Einbeziehung eigener DV-Anlagen. Der Vorteil ist, dass bei Spitzenbelastungen fremde Ressourcen gewissermaßen „auf Knopfdruck" aus der Cloud einfach dazu gemietet werden können.

10.3 Datenbanksystem

Den Mittelpunkt eines Leitungsnetzwerks bildet das **Datenbanksystem**, bestehend aus
▶ einer **Datenbank**, die den auf Dauer angelegten Datenbestand, der ein realistisches Abbild der Unternehmenswirklichkeit sein soll, weiträumig, elektronisch, systematisch und möglichst redundanzfrei speichert
▶ einem **Methodenbestand**
▶ einem **Datenbankverwaltungs- bzw. -managementsystem** (engl. Data Base Management System/DBMS), das den Datenbestand sichert und einen koordinierten Zugriff darauf erlaubt.

Voraussetzungen für ein funktionierendes Datenbanksystem sind außer der vorgenannten **Datenqualität** noch der **Datenaustausch** (= Datenimport und -export) und der Datenabgleich (= Synchronisation von Datenbeständen). Stammen die Daten aus unterschiedlichen Quellen bzw. werden unstrukturierte Daten zwischen verschiedenen DV-Systemen ausgetauscht, ist eine **Konvertierung** zwischen den Daten- bzw. Dateiformaten notwendig.

10.3.1 Datenbank

Um sicherzustellen, dass zu jedem Zeitpunkt ein und derselbe Vorgang von verschiedenen Personen gleich bearbeitet werden kann und deshalb auch nicht zu voneinander abweichenden Informationen führt, ist ein **Datenbankmodell**, kurz auch Datenmodell genannt, erforderlich.

10.3.1.1 Datenmodell

Das **Datenmodell** bestimmt die Art und Weise, wie die Datenbasis inhaltlich gegliedert ist:

▶ Von der **Struktur** her sollten Daten losgelöst von ihrer Nutzung, also anwendungsneutral sein.

▶ Bezüglich der **Semantik** geht es um die Beziehungen zwischen Daten und die mit ihnen bezeichneten Sachverhalte.

Ein weit verbreitetes Datenmodell ist das universell anwendbare **Entity-Relationship-Model** (kurz Relationenmodell/ERM). Danach werden die Daten des Unternehmens durch eine Menge von Objekt- und Beziehungstypen dargestellt, wobei gilt (*Thomas, 2007*):

▶ **Objekte** (engl. Entities) kennzeichnen Funktionen, Prozesse, Sachmittel, Personen, Dokumente, abstrakte Konzepte oder Ereignisse durch Angabe von Substantiven. Objekte gleicher Art (= Klasse) bilden zusammen einen Objekttyp (wie z. B. Maschinen, Mitarbeiter, Stellen, Artikel, Teile, Aufträge, Konten, Orte, Ereignisse, Schadenfälle des Unternehmens oder des jeweils untersuchten Gegenstandsbereichs). Objekte können im Zeitverlauf verschiedene Zustände annehmen.

▶ **Beziehungen** (engl. Relations) betreffen die Art und Intensität von Verknüpfungen zwischen zwei oder mehr Objekten. Beziehungen gleicher Art bilden einen Beziehungstyp, der in der Regel mit einem Verb bezeichnet wird. Dazu ein Beispiel: Kunde X bestellt Produkt Y. Aber: Kunde X kann auch andere Produkte bestellen bzw. Bestellungen für das Produkt Y können auch von anderen Kunden kommen.

▶ **Attribute** (= Merkmale) ordnen Objekten bestimmte Eigenschaften zu, die diese charakterisieren, identifizieren oder klassifizieren. Welche Eigenschaften jeweils relevant sind, wird für alle Objekte eines Typs gemeinsam festgelegt (wie z. B. Art, Inventarnummer, Standort/Kostenstelle, Anschaffungsdatum und -preis oder Restwert einer Maschine).

Besonderes Kennzeichen des Relationenmodells ist, dass zu jedem Objekttyp eine **zweidimensionale Tabelle** angelegt werden kann, deren Zeilen die einzelnen Objekte und die Spalten deren Attribute enthalten. Beziehungstypen lassen sich entweder durch zusätzliche Attribute oder durch eigene Tabellen darstellen.

Eine Erweiterung des Relationenmodells ist das **OLAP-Datenmodell**, wobei OLAP für **O**n-**L**ine **A**nalytical **P**rocessing steht. Während das Relationenmodell mit zweidimensionalen Tabellen arbeitet, ist das OLAP-Modell **drei- und mehrdimensional** strukturiert.

Für die **Anwendung des OLAP-Datenmodells** gilt:

▶ **Dimensionen** (als Koordinaten) sind beispielsweise Märkte, Produkte, Kunden, Regionen und Zeiträume. In ihrer Wertigkeit sind die Dimensionen der zu verarbeitenden Datenobjekte grundsätzlich gleich.

▶ Innerhalb einer Dimension können die **Bezugsobjekte hierarchisch gegliedert** sein. So lassen sich durch Zerlegung der Datensicht beispielsweise die Umsätze nach Produkten, Kunden, Außendienstmitarbeitern oder Perioden unterteilen und jeweils bis hinunter auf die kleinsten Werte der Datenbasis darstellen. Umgekehrt ist auch eine Konsolidierung der Datensicht durch Verdichtung einer Betrachtungsgröße von unten nach oben möglich.

▶ Analyseprozesse, Sortierungen, Klassifizierungen, Kennzahlenberechnungen und die Tiefensuche nach interessanten Berichtsbestandteilen (z. B. Höchst-, Mindest- und Durchschnittswerte, Differenzen, Abweichungen von Vorgaben, Verhältnisse, Anteile oder Korrelationen) geschehen **interaktiv**. Daraus ergibt sich *„eine minimierte 'Time to Controlling' bei hoher Validität der Informationen"* (Kusterer, 1998).

Ein Datenmodell mit drei Dimensionen ergibt einen **Datenwürfel**, der sich mausgesteuert drehen und kippen (engl. Dicing) oder in Scheiben/Schnitte zerlegen (engl. Slicing) lässt.

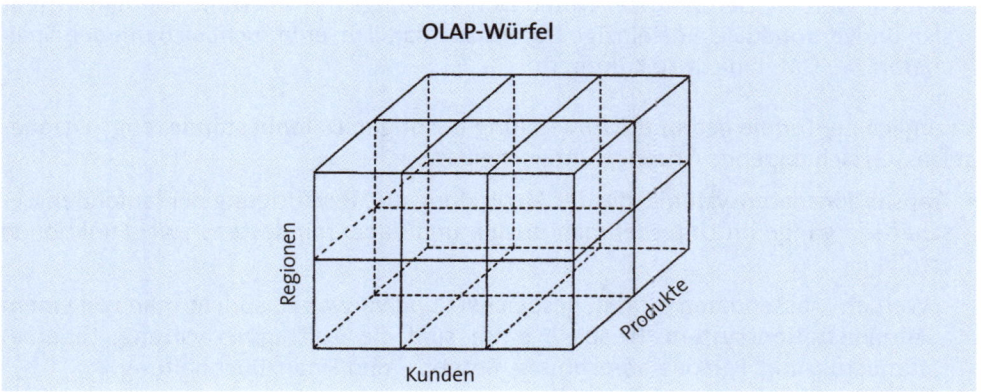

OLAP-Würfel

Bei drei oder mehr Dimensionen kann das nachstehende **Rechenschieber-Modell** zur Anwendung kommen, bei dem die Schieber so angeordnet werden, dass im Betrachtungsfenster jeweils das steht, was im Moment für die Datenanalyse von Interesse ist.

		Betrachtungs-fenster	
Datenart	Plan	Ist	Erwartung
Produkt	Sortiment	Gruppe	Artikel
Verkauf	Außendienst	Gebiet	Kunde
Periode	Jahr	Quartal	Monat

Mit **SAP BusinessObjects Analysis**, Edition für OLAP, lassen sich mehrdimensionale Daten über eine intuitive Web-Oberfläche in viele Richtungen mit allen nötigen Funktionen analysieren *(Friedl, 2003; Schulz, 2011)*.

10.3.1.2 Datenhaltung und -bestände

Hinsichtlich der **Art der Datenhaltung** unterscheidet man zentrale und verteilte Datenbanken:

► Eine **zentrale Datenbank** befindet sich auf einem Rechner (gegebenenfalls in der Cloud), an den Terminals angeschlossen sind, über die auf den Datenbestand zugegriffen werden kann. Sollen auch Workstations auf die zentrale Datenbank zugreifen können, ist diese in ein Leitungsnetz einzubinden und von einem der angeschlossenen Rechner (Server) zu verwalten.

► Von **verteilten Datenbanken** wird gesprochen, wenn der Datenbestand zwar in mehr als eine Datenbank aufgeteilt ist, aber dennoch die Möglichkeit besteht, mit jeder dieser Datenbanken auch Daten auszutauschen. Die Datenbanken sind meistens örtlich verteilt, um Daten dort verfügbar zu halten, wo sie häufig und schnell gebraucht werden. Der Benutzer wird davon allerdings nicht berührt, denn ihm stellt sich der Verbund wie eine einzige Datenbank dar, d. h. er braucht sich um den Speicherort der Daten nicht zu kümmern.

Bezüglich der für die geordnete Abwicklung benötigen **Datenbestände** (engl. Database) lassen sich folgende Gruppen unterscheiden:

► **Transaktionsdatensysteme**, die der Abwicklung und Bewältigung der laufenden Geschäftsvorgänge im Unternehmen dienen und dabei mindestens zwei Funktionen erfüllen:

  - Werden Massendaten erfasst, gespeichert und verwaltet, spricht man von einem **Administrationssystem**. Beispiele dafür sind die Auftragsverwaltung, Lagerbestandsführung, Personalabrechnung, Betriebs- und Finanzbuchhaltung.

  - Sind Routineaufgaben zu bewältigen, die in klar strukturierter Form vorliegen und deshalb teilweise oder vollständig automatisierbar sind, liegt der Fall eines **Dispositionssystems** vor. Beispiele dafür sind die Auftragsabwicklung, die Materialbeschaffung und die Fertigungssteuerung.

► **Büro-Informations- und Kommunikations-Systeme**, mit deren Hilfe administrative Tätigkeiten multifunktional verknüpft und unter einer einheitlichen Oberfläche integriert werden, um den Informationsfluss zu beschleunigen und die Arbeitsproduktivität zu steigern.

Können betriebliche Anwendungen einzelner Funktionsbereiche im Onlinebetrieb auf die im Unternehmen vorhandenen Datenbestände zugreifen, wird von **Enterprise Resource Planning** (ERP) gesprochen. *„Durch ERP-Systeme können Geschäftsprozesse automatisiert und integriert ablaufen. Integrierte Geschäftsprozesse bedeuten [...], dass zum einen Daten, die in mehreren Funktionsbereichen verwendet werden, nur einmal erfasst werden müssen [...], und zum anderen, dass die Anwendungssoftware die betriebswirtschaftliche Konsistenz prüft"* (*Gerhards, 2010*).

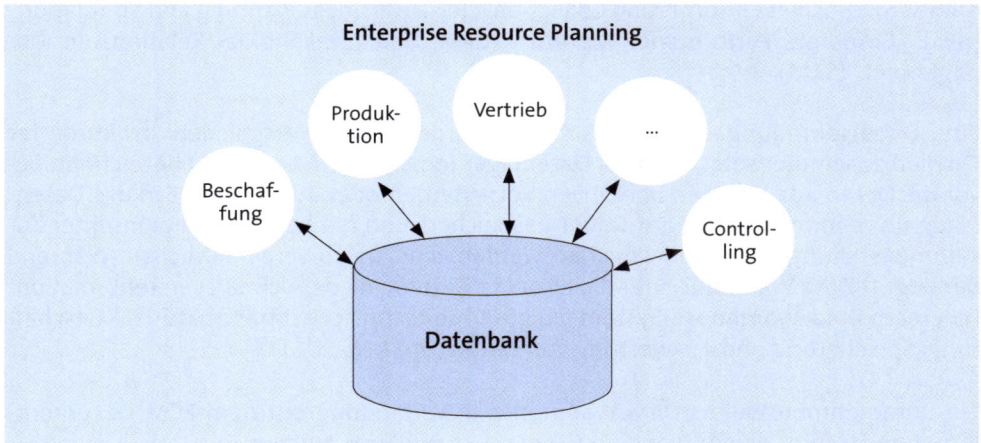

Das **Anwendungspaket SAP ERP** umfasst quasi als „Unternehmens-Informationssystem", über das alle geschäftsrelevanten Bereiche eines Unternehmens im Zusammenhang betrachtet werden können, die folgenden Lösungen:

► **Financials**, genauer Financial Accounting, integriert Buchhaltungs- und Berichtsfunktionen, Anwendungen für Finanz- und Zahlungsprozesse sowie das Treasury-, Compliance- und Performance-Management. Dazu gehören Aufgaben wie Steuerung des Cashflow, Profit-Center-Rechnung, Optimierung des Umlaufvermögens, Sicherung der Liquidität, Erstellung von Jahres- und Quartalsabschlüssen, Auswertungen sowie die Verringerung des Verwaltungsaufwand für die Einhaltung gesetzlicher Vorschriften.

► **Human Capital Management** (HCM) umfasst automatisierte Prozesse, wie z. B. in der Personalverwaltung, der Lohnbuchhaltung und im gesetzlichen Berichtswesen. Darüber hinaus geht es um Beiträge zum Business Process Outsourcing und zu Personalentwicklungsprogrammen bzw. -strategien. Ausgewählte Funktionen von SAP ERP HCM lassen sich auch in Microsoft Office „Duet" oder IBM Lotus Notes „Alloy" nutzen.

▶ **Operations** unterstützt Prozesse in der Produktentwicklung, Fertigungsplanung und -steuerung, Beschaffung, Lagerhaltung, Logistik, und -steuerung sowie im Vertrieb und dem After-Sales-Service.

▶ **Corporate Services** bezüglich des Investitions-, Immobilien-, Qualitäts- und Reise-managements sowie der Projektabwicklung und des Arbeits-, Gesundheits- und Umweltschutzes.

Anders als in der oben gezeigten Abbildung, gehört das **Controlling** (als Funktionsbereich) bei **SAP** schwerpunktmäßig zu den „Financials" (als externes Rechnungswesen), wenngleich auch in den übrigen SAP ERP-Bereichen mehrere operative Controlling-aufgaben geregelt sind. Ferner gibt es noch strategische Controlling-Module, darunter **SEM** (**S**trategic **E**nterprise **M**anagement) für die Aufgaben „Business Consolidation" (BCS), „Business Information Collection" (BIC), „Business Planning and Simulation" (BPS), „Corporate Performance Monitor" (CPM) und „Stakeholder Relationship Management" (SRM).

Eine Datensammlung, deren Inhalt sich aus den Daten verschieden strukturierter Quellen zusammensetzt, wird als **Datenlager** (engl. Data Warehouse) bezeichnet. Bevor die Daten aus internen operativen Vorsystemen oder dem Internet in das Datenlager aufgenommen, dort auf Dauer gespeichert und bei Bedarf in gewünschter Zusammenstellung wieder ausgegeben werden, sind sie zu vereinheitlichen. Während der Begriff Data Warehouse nur die einzelne Datenbank bezeichnet, versteht man unter einem **Data-Warehouse-System** die gesamte technische Infrastruktur zur Beschaffung, Speicherung und Auswertung von Daten (*Farkisch, 2011*).

Ein unternehmensweites Data Warehouse in Verbindung mit dem ECM-Document-Warehouse bietet den Anwendern einen umso größeren **Nutzen**, je

▶ mehr die laufend gesammelten Daten in ihre **Themenorientierung** (= Content) auf die Schwerpunkte der Kernbereiche des Unternehmens ausgerichtet sind

▶ stärker die **Vereinheitlichung der Daten** ist, was einen konsistenten Datenbestand entstehen lässt, der sich stimmig durch mehr oder weniger aggregierte Kennzahlen präsentiert und für Auswertungen (z. B. im Rahmen der Berichterstattung) oder in nachgelagerten Informationssystemen (etwa zur Entscheidungsunterstützung) genutzt werden kann

▶ länger der **Zeitraum** ist, über den die Bevorratung der aufbereiteten Daten stattfindet, mit denen unter anderem Zeitreihenanalysen vorgenommen werden können

▶ größer die **Vielfalt und Qualität** der verfügbaren Techniken zur Speicherung und der Instrumente zur statistischen Auswertung großer Datenmengen ist.

Ähnlich ist der Aufbau des SAP-Gesamtsystems. Dabei bietet das auf dem OLAP-Datenmodell beruhende **Business Information Warehouse** (BW) die Möglichkeit, über die im System verfügbaren operativen Transaktionen hinaus auch Daten aus anderen internen und externen Quellen zu erfassen und in sog. InfoCubes zu speichern. Auf der Ebene von SAP SEM lassen sich die Daten mit analytischen Werkzeugen (BA = Business Analytics) nach verschiedenen Merkmalen auswerten, zu relevanten Informationen verdichten und der Führung über die Präsentationsschicht, dem Business Explorer, bereitstellen.

Eine verkleinerte Form des Data Warehouse, die themenbezogene Applikationen (= Apps) als Komponenten der gesamten Anwendungssoftware verwendet, um aus Datenkategorien gezielt ausgewählte Informationen jeweils einer Anwender- bzw. Zielgruppe zur Verfügung stellen zu können, wird als **Data Mart** bezeichnet.

Werden die jeweils anfallenden Daten nach den von Anwendern bzw. Informationsempfängern festgelegten Kriterien ausgewertet und zu planungs-, entscheidungs- und kontrollrelevanten Informationen verdichtet, ergibt sich ein **Führungsinformationssystem** (FIS). Ein solches erlaubt die Darstellung relevanter Zeitreihen oder wichtiger Kennzahlen in einem computerbasierten **Management Cockpit** (engl. Executive Dashboard), das wie ein Armaturenbrett im Auto oder Flugzeug schnell erkennen lässt, wenn etwas aus dem Ruder läuft, und der Führungskraft durch Ampelfarben signalisiert, an welcher Stelle akuter Handlungsbedarf besteht. Je tiefergehend Detailanalysen durch Manager unmittelbar am Leitstand erfolgen können, desto mehr Daten müssen im Data Warehouse online vorgehalten werden.

Bleibt das vorstehend genannte ERP-System weiterhin das Daten führende System, lassen sich Data Warehouses für spezielle Anwendungen vorsehen, und findet eine Öffnung nach außen statt, ergibt sich ein **EAI-System** (**E**nterprise **A**pplication **I**ntegration) der nachstehenden Art:

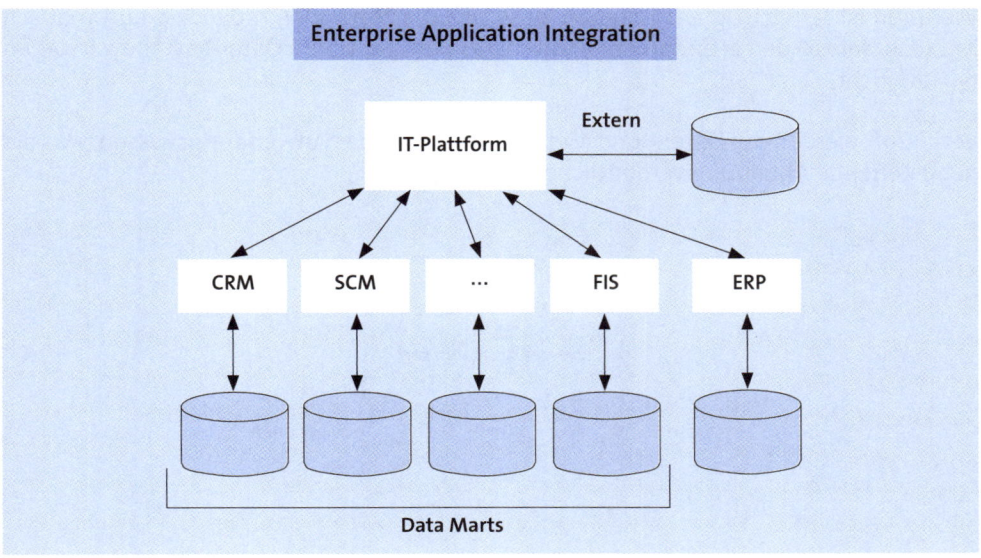

Im Mittelpunkt der modular gestalteten EAI-Anwendungen steht eine **Technologieplattform**, auf der Anwendungen wie Bausteine (= Module, Dienste) zusammengesetzt werden. Die Bausteine können von verschiedenen Softwareanbietern oder dem Anwender selbst kommen, denn das Zusammenwirken (= Synchronisation) der Dienste untereinander erfolgt über eine anwendungsneutrale Basis, die bei SAP „NetWea-ver", bei Microsoft „App-V" (= Application Virtualization, früher SoftEnd genannt), bei Oracle „11g" und bei IBM „WebSphere" heißt. Die Vorteile dieser IT-Architektur sind: Die Komplexität der Schnittstellen zu den einzelnen Anwendungen sinkt und selbst bei steigender Zahl von Anwendungen sind bei relativ stabilen Kosten schnelle Anpas-sungen möglich (*Kaib, 2002*).

Aufgabe 14 > Seite 630

10.3.2 Methodenbestand

Von den Daten getrennt zu halten sind die **Methoden,** einschließlich Modellen und diesen ähnlichen Verfahren.

Anders als der Datenbestand, der die für eine Anwendung oder die für die Lösung ei-nes Problems benötigten Daten bereitstellt, enthält der **Methodenbestand** diejenigen Prozeduren oder Werkzeuge, die erforderlich sind, um Daten durch Auswahl bzw. Ver-dichtung in Informationen umzuwandeln.

Der einheitlich aufzubauende, leicht zu erweiternde und ausführlich zu dokumentie-rende Methodenbestand ist in einer **Methodenbank** so zu organisieren, dass die un-terschiedlichen Anforderungen der Benutzer erfüllt werden können, was voraussetzt, dass einzelne Methoden oder deren Teile (= Module) beliebig kombinierbar sind. Des Weiteren ist langfristig anzustreben, dass sich die Methoden möglichst automatisch mit (d. h. selbst) den erforderlichen Daten aus dem zentralen Datenbestand versorgen (= Holpflicht).

Verknüpft werden der Daten- und Methodenteil über das **Anwendungswissen,** was die nachstehende Abbildung verdeutlichen soll:

10.3.3 Datenbankverwaltungs- bzw -managementsystem

Über das DBMS laufen alle Anforderungen der Anwendungsprogramme an die Daten-bank, d. h. kein Anwender darf an diesem System vorbei auf Daten zugreifen. Dadurch wird sichergestellt, dass nur erlaubte Operationen (darunter zuweilen auch Manipula-tionen) mit den Daten ausgeführt werden.

Damit der Überblick über die Vielzahl von Dateien nicht verloren geht, ist ein **Datenkatalog** (engl. Data Dictionary) erforderlich, der die Daten über die Daten (also Metadaten) und ihre Verwendung, nicht aber die Inhalte der beschriebenen Daten, enthält.

Um zu verhindern, dass Datenbestände in unzulässiger Weise benutzt, beschädigt oder zerstört werden, wenn ein Benutzer Daten sucht, hinzufügt, ändert oder löscht, ist der **Zugang zum Datenbanksystem** klar zu regeln.

Sind in einem **Client-Server-System** mehrere (heterogene) Rechner über ein Leitungsnetz miteinander verbunden, erfolgt die Präsentation der Ergebnisse auf den Workstations der Endnutzer (engl. Front End), während sich die Datenbasis zur Sicherstellung der Datenintegrität auf einem Server (engl. Back End) befindet. Die Verknüpfung zwischen den physischen Daten und den Anwendungen übernimmt das DBMS.

10.4 Wissensbasierte Systeme

Um bei einer steigenden Informationsflut den Überblick nicht zu verlieren und Doppelarbeiten zu vermeiden, müssen Unternehmen ihr **Wissen** organisieren, verwalten, und managen, denn Wissen und die Fähigkeit, Wissen ständig weiterzuentwickeln, sind nach dem wissensbasierten Ansatz (engl. Knowledge-based View) die treibende Kraft für Innovationen, Wachstum und den geschäftlichen Erfolg des Unternehmens.

Informationen wirken auf vorhandenes **Wissen**, d. h. das Kennen (= Kenntnisse, Erkenntnisse, Einsichten) und Können (= Fähigkeiten, Fertigkeiten) von Personen ein, verändern dieses und lassen neues Wissen mit entsprechendem **Anwendungsbezug** entstehen. Lernen ist ein Prozess und Wissen sein Ergebnis.

Ebenso wie Informationen ist auch Wissen ein **immaterielles Gut**, dessen Wert durch Nutzung gesteigert werden kann, wobei erlerntes Wissen jederzeit durch neues Wissen ergänzt (= Erweiterungslernen) oder ersetzt (= Um-, Ent- oder Verlernen) werden kann. Da es schwer ist, zu vergessen, lösen sich Menschen nur langsam von überholten Verhaltensweisen, Gewohnheiten und Vorstellungen, d. h. sie verzögern durchdachte Veränderungen und damit den geordneten Wandel.

Manchmal ist Wissen nur „gefühlt". Das liegt an der menschlichen **Intuition**, die dann entsteht, wenn sich das Gehirn bereits auf etwas festgelegt hat, bevor es mit dem Bewusstsein durchdacht wurde. Oder anders ausgedrückt: Das Ergebnis ist bewusst, die Gründe dafür aber (noch) nicht. Dabei funktioniert Intuition nicht nur über Wissen, sondern auch über intelligente Prinzipien, die mit **Halbwissen** umzugehen in der Lage sind. Entsprechende Heuristiken können lauten: *„Verteile alles gleichmäßig", „Entscheide nach dem ersten guten Grund und ignoriere den Rest" oder „Geh nach dem, was du kennst"* (*Gigerenzer, 2007*).

Früher kennzeichnete der Ausdruck „Wissen" vornehmlich das **Herrschaftswissen**, das Positionsinhabern deren Machtbestrebungen innerhalb der Hierarchie dienlich war. Das ist längst vorbei, denn der moderne Wissensbegriff geht von einer bewusst hohen **Wissensteilung** aus, mit all ihren Vor- und Nachteilen (*Seufert/Diesner, 2010*).

Durch **Wissensziele** lässt sich angeben, welchen Beitrag die immateriellen Vermögenswerte zum Erfolg des Unternehmens leisten sollen und welches Wissen langfristig für das Unternehmen von Bedeutung ist. Die Wissensziele ergänzen nicht nur die Unternehmensziele, sondern sie erleichtern auch die Umsetzung der Strategien.

Da niemand genau sagen kann, was Personen alles wissen, was mit diesem Wissen aktuell oder später anzufangen ist (die sog. „innovative Kraft" des Wissens) und welches Zuviel an Wissen vielleicht sogar eine Belastung darstellt, sollte eine Wissensmehrung im Sinne des Lernens neuen Wissens stets **fehlertolerant** sein, denn Fehlschläge und gescheiterte Versuche sind Chancen, d. h. wer etwas riskiert und dabei lernt, darf auch mal einen Fehler machen. Günstig ist deshalb eine betriebliche Lernkultur, die repetitives Lernen bis hin zum innovativen Demken fördert sowie stimuliert und Anders- bzw. Querdenken zulässt.

Beim **Wissenserwerb** über etwas oder jemanden geht es nicht nur darum, einen vorhandenen Wissensbestand zu vergrößern, sondern es geht auch darum, überholte Wissensinhalte infrage zu stellen und störendes Wissen bezüglich eher schlechter Anwendungen und Lösungen zu löschen, sodass Lernen, Umlernen und Verlernen an sich identische Vorgänge sind (*Wahren, 1996*).

Die Schaffung (= Aufbau), Pflege (= qualitative Veränderung) und Weiterentwicklung (= Ausbau) der Wissensbasis des Unternehmens gehören mit zu den Aufgaben des **Wissensmanagements**. Dessen Umsetzung hat das **Wissenscontrolling** zu unterstützen, kritisch zu begleiten und die Beiträge der Wissensträger zu messen bzw. zu bewerten.

Bezüglich der **Software für wissensbasierte Systeme** gibt es bislang erst wenig brauchbare Werkzeuge. Daher werden gegenwärtig solche Techniken genutzt, die ursprünglich für andere Zwecke entwickelt wurden, aber dennoch Unterstützung für den Aufbau und die Nutzung wissensbasierter Systeme bieten (*Frank/Schauer, 2001*).

10.4.1 Organisationales Lernen

Lernen ist eine **Eigenschaft von Individuen,** die glücklich machen und zum Weitermachen anspornen kann. Ein Individuum lernt bewusst oder beiläufig, indem es neues Wissen erwirbt oder vorhandenes Wissen durch neue Erkenntnisse (= Einsichten) verändert bzw. ergänzt. Wissen, das eingebettet ist in soziale Beziehungen, hat dabei keinen absoluten Wert, sondern immer nur einen „Wert für jemanden". Durch die Spezifität des Wissens einzelner Organisationsmitglieder ergeben sich **Informationsasymmetrien,** die im voraus nicht vollständig definierbar und im nachhinein auch nicht umfassend kontrollierbar sind (*Nothhelfer, 1999*).

Individuelles Lernen, das Fragen, Zweifel, Druck, Neugierde und Wissen-Wollen voraussetzt, kann geschehen durch

► **Anpassungs- oder Verbesserungslernen** (= Einkreislernen). In ihrem Arbeitsbereich reagieren Individuen unmittelbar auf Störungen, d. h. Abweichungen von Vorgaben werden wahrgenommen, Fehlerquellen identifiziert und analysiert sowie Handlungen in Gang gesetzt, um unerwünschte Abweichungen und deren Ursachen zu beseitigen bzw. künftig zu vermeiden. Handlungen werden an veränderte Umstände angepasst, ohne dass sich aber der gedankliche Rahmen, in dem das Handeln geschieht, verändert.

► **Veränderungs- oder Erneuerungslernen** (= Zweikreislernen). Lassen sich aufgetretene Störungen durch Lernprozesse nicht beseitigen, führt das zu einer Veränderung der Sicht- und Handlungsweisen. Verändert werden die für das Verhalten des Individuums relevanten Bedingungen, die als Regeln den Handlungsspielraum mehr oder weniger stark einschränken.

► **Problemlösungslernen.** Dieses ist die höchste Ebene (= Metaebene) des Lernens, auf der die Lernbereitschaft und -fähigkeit der Individuen selbst zum Gegenstand des Lernprozesses wird, d. h. Lernen zu lernen. Analysiert und hinterfragt werden alle bisherigen Lernvorgänge im Hinblick auf den Lernkontext, das Lernverhalten und die Lernerfolge bzw. -misserfolge, und zwar über einen unbestimmten Zeitraum hinweg („Lebenslanges Lernen", 3L).

Als **Lernzeit** bezeichnet man die Länge der für das Lernen benötigten Zeit, die für ein hinreichend begabtes Individuum erforderlich ist, um die zur selbstständigen Erfüllung einer Aufgabe erforderlichen Kenntnisse, Fertigkeiten und Erfahrungen zu erwerben. Anders ausgedrückt: Bei gegebener Zeit fürs Lernen ist die **Lernrate** in einer positiven emotionalen Umgebung, d. h. in bewegten Zeiten oder nach einem Fehler bzw. einer Niederlage, am höchsten.

Im **Lernprozess** des Individuums kommt dem Fehlermachen eine zentrale Stellung zu. Dabei geht es weniger um Fehler, die den Lernprozess behindern, wie etwa mangelnde Sorgfalt, fehlende Konzentration oder Zeitmangel, sondern vielmehr um **Fehlhandlungen**, denen lückenhaftes und/oder falsches Wissen zugrunde liegt.

Der Erfolg von Lernprozessen wird maßgeblich durch die **Lernmotivation** bestimmt, d. h. eigener Antrieb, Ausdauer und das persönliche Erleben der vorhandenen Kompetenz in der Interaktion mit der Umwelt, einschließlich der Auseinandersetzung mit und das Korrigieren von Fehlern, wirken positiv auf das Erreichen von Lernzielen.

Der durch Lernen vergrößerte Wissensstand kann auch das **Denken** des Individuums verändern. Wird verinnerlicht, dass das Leben nur selten aus einfachen Ursache-Wirkungs-Zusammenhängen besteht, steigt der Wunsch nach einer Technik, die das Denken unterstützt. Grundlage einer computergestützten **Visualisierungstechnik** ist das kognitive, nichtlineare **Mind Mapping**, bei dem – zur Erstellung einer Gedanken- bzw. Gedächtnislandkarte – wie folgt vorgegangen wird: In die Mitte eines querformatiges DIN A3-Papierblatts wird das zu überdenkende Thema in eine stilisierte Wolke geschrieben. Danach sind die Fähigkeiten des Gehirns zu nutzen und den Gedanken ist in der Weise freier Lauf zu lassen, dass die wichtigsten der zum Thema gehörenden Schlag- oder Schlüsselworte gesammelt, um die Wolke herum angeordnet und durch Striche (als Äste) mit der Wolke verbunden werden. Danach können die bisherigen Schlagworte weitere Ausgangspunkte für sich verzweigende Äste werden, an deren Ende wiederum Schlüsselwörter stehen. Unter Verwendung verschiedener Farbstifte kann das beliebig weitergehen. Bezüglich der Mind Mapping-Software gibt es sowohl kostenlose Open-Source Varianten, wie etwa FreeMind oder XMind, als auch kostenpflichtige Versionen, darunter MindManager von Mindjet, für den professionellen Einsatz.

Für das Unternehmen ist individuelles Lernen als sozialer Prozess mit **Gefahren** verbunden, wie etwa dem

► **Störrisiko**, wenn ein Individuum aus seiner Umwelt zwar Informationen erhält, die aber deswegen nicht bewusst wahrgenommen werden, da sie nicht zum Selbstverständnis passen. Und selbst wenn Informationen bewusst wahrgenommen werden, können sie mehrdeutig sein und (unbewusst) falsch interpretiert werden.

► **Verlustrisiko**, wenn lernende Individuen dem Unternehmen ihr Wissen nicht zur Verfügung stellen, und zwar aus Gründen der Machterhaltung, bei ausbleibender Belohnung (= Lob, Vergütung) oder bei innerer Kündigung. Mit der tatsächlichen Kündigung oder dem Renteneintritt eines Wissensträgers geht dem Unternehmen implizites, d. h. im Gedächtnis dieser Person gespeichertes Wissen endgültig verloren. Wegen des hohen Verlustrisikos ihres Wissens werden Mitarbeiter und Führungskräfte in Schlüsselfunktionen ironisch auch als „Unfixed Assets" bezeichnet.

Von **kollektivem Lernen** wird gesprochen, wenn das Individuum sein implizites unsichtbares Wissen einer Gruppe (= Team, Community) weitergibt, d. h. teilt (engl. Knowledge Sharing), und diese das nunmehr explizite, also sichtbare und anerkannte Wissen, übernimmt. Das gilt in Anbetracht des demografischen Wandels auch oder gerade für die Weitergabe des von Älteren in Jahrzehnten erworbenen Erfahrungswissens an die Jüngeren (*Wahren, 1996*).

Um die **Transformation** des individuellen in kollektives Wissen zu erreichen, muss das Wissen einer Person kommunizierbar, konsensfähig und integrierbar sein. Ist das der Fall und kommt es zur Übernahme, wird das Wissen vom einzelnen Wissensträger unabhängig und das oben genannte **Verlustrisiko** entfällt. Weitere Vorteile des Lernens in der Gruppe betreffen das **Störrisiko**, das sich dadurch einschränken lässt, dass Blockaden und verborgene Lücken des eigenen Denkens aufgedeckt, zeit- und kostensparende Lernbarrieren beseitigt, Konflikte und Komplexität bewältigt sowie Fehler anderer vermieden werden.

Die besonderen Charaktereigenschaften der Gruppenmitglieder begünstigen unterschiedliche **Sichtweisen** (= Paradigmen) und damit auch vielfältige Problemlösungen. Wie bereits ausgeführt ist das Lernen informeller Gruppen besonders intensiv, denn deren Beziehungen beruhen auf persönlichen Sympathien. Die Lernfähigkeit formeller Gruppen (wie z. B. Funktions-, Prozess- oder Projektteams), wird maßgeblich beeinflusst durch deren Größe und Zusammensetzung. Der Austausch individueller Kenntnisse über das firmeneigene Intranet bietet Nachwuchskräften und Vor- bzw. Querdenkern die Chance, Konzepte darzulegen, und zwar unabhängig von ihrer Funktion und Position im Unternehmen.

Gruppenlernen ist auch für **Entscheidungen in Gruppen** von Bedeutung. Erfahrungsgemäß ist die Performance von Gruppen deutlich besser als der Durchschnitt, aber nur selten so gut wie die der besten Mitglieder. Außerdem ist der Lernerfolg der Gruppenmitglieder umso größer, je unterschiedlicher (= heterogener) die Meinungsunterschiede am Anfang waren, denn Gruppenmitglieder, die gleicher Meinung sind, können in der Diskussion nicht viel voneinander lernen.

Wird das im Unternehmen vorhandene Individual- und Kollektivwissen mobilisiert, systematisiert, strukturiert und planmäßig in die interne Wissensbasis überführt, findet **organisationales Lernen** statt. Da Wissen − wie bereits klargestellt − immer subjektiv ist, kann eine organisationale Wissensbasis nie vollständig sein. Jedoch konnte festgestellt werden, dass innovative Unternehmen gegenüber konservativen Unternehmen und divisionale Strukturen gegenüber funktionalen Strukturen lernfreudlicher und -freudiger sind. Umgekehrt gilt aber auch, dass Beschäftigte auf allen Organisationsebenen ihr Wissen aus Zeitmangel, aus politischen Motiven (wie etwa Machterhalt), wegen fehlender Verhaltensanreize und/oder einfach aus Angst um den eigenen Arbeitsplatz nicht gerne offenlegen bzw. teilen.

10.4.2 Wissensbasis des Unternehmens

Die Schaffung und Erneuerung einer organisationalen **Wissensbasis** (= Wissensdatenbank) aus verteilten Wissensressourcen erfordert Feststellungen über die verfügbaren Wissensinhalte („Was?") der jeweiligen Wissensträger („Wer?" und „Wo?"), Aussagen über die Kontexte, innerhalb derer Wissen erworben und angewendet wurde („Wie?"), und die Zeitpunkte des jeweiligen Wissenserwerbs („Wann?").

Grundlage für den Auf- und Ausbau einer Wissensbasis ist eine **Prozesskette** mit folgendem Aussehen:

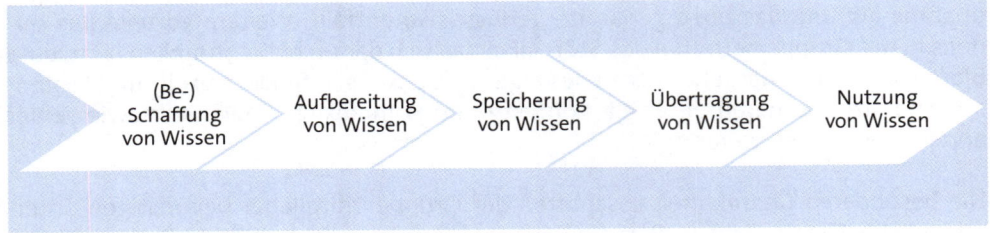

Die **(Be-)Schaffung vorhandenen Wissens** aus internen Bereichen (z. B. Beobachtung von Vorgängen oder Auswertung vorhandener Dokumente bzw. anderer Datenbestände) als auch außerhalb des Unternehmens (z. B. Berater, Gutachter, Kammern, Hochschulen, Internet) erfolgt unter Verwendung standardisierter Erhebungsbögen, die Antworten auf die vorstehend genannten W-Fragen geben.

Die erfassten Wissensinhalte sind den jeweiligen **Themengebieten** zuzuordnen, die einerseits detailliert genug sein müssen, um ein späteres Auffinden des benötigten Wissens zu ermöglichen, andererseits aber auch hinreichend flexibel sind, um ein in vorhinein (noch) unbekanntes Wissen den jeweiligen Kategorien zuordnen zu können.

Bezüglich der Aufbereitung und Systematisierung des Wissens lassen sich an **Wissensarten** unterscheiden (*Pfau/Bräuer, 2003*):

▶ **Strukturwissen** als Kenntnis über die Menge, Dauer und Richtung der zueinander in Beziehung stehenden Wissensobjekte (wie z. B. Aufgaben, Funktionen, Prozesse, Technologien und vor allem Personen mit ihren individuellen Kompetenzen, Präferenzen oder Mitgliedschaften in Beziehungsnetzwerken) innerhalb eines Systems bzw. zwischen den Systemen

▶ **Faktenwissen** als Kenntnis über Eigenschaften, Intensitäten und aktuelle Ausprägungen der Wissensobjekte eines Systems. Dazu gehört auch das rückwärtsgerichtete Entstehungswissen, mit dessen Hilfe sich Zustandsänderungen des Systems auf mögliche Ursache-Wirkungs-Beziehungen erkennen und erklären lassen.

▶ **Verhaltenswissen** als Kenntnis über die Beeinflussbarkeit (Steuerung) von Systemen zur Lösung realer Probleme. Mittels des vorwärtsgerichteten Entwicklungswissens können mögliche Veränderungen von Objekteigenschaften und -beziehungen prognostiziert sowie andersartige Verhaltensmuster oder neue Systemzustände problemspezifisch generiert werden. Bezüglich des Verhaltens von Schwärmen in betrieblichen Beziehungsnetzen oder öffentlichen Social Networks wurde festgestellt, dass ein strukturelles Gedächtnis in Fisch- und Vogelschwärmen dafür sorgt, dass auf eine aktuelle Schwarmformation immer eine ganz bestimmte nächste folgt.

Eine andere **Systematisierung von Wissensarten** sieht vor:

▶ **Ideen** als kreative (= innovative) Einfälle oder als wertvoll erachtete Anregungen und Vorschläge. Neue Ideen sind gut und notwendig, aber wertvoll werden sie erst dann, wenn sie sich in Wettbewerbsvorteile umsetzen und kapitalisieren lassen.

▶ **Best Practice** als Lösungen, die ihren Nutzen bereits bewiesen haben und woanders auf ihre Anwendbarkeit hin überprüft werden können.

Je mehr Wissen zu einem Thema verfügbar ist, desto mehr Möglichkeiten gibt es, diese zu neuen Ideen oder Anwendungen zu kombinieren.

Für die genannten Wissensarten gelten unterschiedliche **Halbwertzeiten**, worunter jeweils der Zeitraum (in Jahren) zu verstehen ist, in dem sich das verfügbare Wissen hinsichtlich Gültigkeit und Anwendbarkeit in etwa halbiert.

Erworbenes Wissen ist in eine geeignete **Repräsentationsform** zu transformieren, die nach Möglichkeit so sein sollte, dass kontextspezifisches Wissen auch in anderen Umgebungen genutzt werden kann. Das klingt einfach, ist aber nach den bisherigen Ergebnissen zur künstlichen Intelligenz außerordentlich schwierig. Bezüglich der Repräsentationsformen sind unter anderem die folgenden und miteinander kombinierbaren Instrumente von Bedeutung:

▶ **Wissensstrukturkarten**, die darüber Auskunft geben, zu welchem Wissensgebiet ein Sachverhalt gehört und wie dieser Sachverhalt dort einzuordnen ist

▶ **Wissenslandkarten**, die angeben, wo und wie bestimmte Wissensbestände gespeichert sind und wo es Wissensgemeinschaften (engl. Communities of Practice) zu welchen Themenbereichen gibt. Eine solche Wissensgemeinschaft ist **Wikipedia**, ein interaktives Lexikon im Internet, das auf Webseiten hinterlegte Inhalte, Entwürfe oder Anregungen enthält, die von jedermann gelesen und in Echtzeit bearbeitet werden können. Der Nachteil dieses Onlinelexikons ist seine Offenheit, die anfällig ist für Manipulationen und Irrtümer.

▶ **Gelbe Seiten** (engl. Yellow Pages) als Verzeichnisse von Experten und deren Profile, Tätigkeitsschwerpunkte, Wissensbestände und Kontaktmöglichkeiten

▶ **FAQ-Katalog** (**F**requently **A**sked **Q**uestions), die Antworten von Fachleuten auf häufig gestellte Fragen geben

▶ **Schwarze Bretter** (engl. Blackboards), die als virtuelle Räume (engl. Communities of Interest) interaktive Frage-/Antwort-Funktionen enthalten

▶ **Referenzlisten**, die einen Überblick über verfügbares Erfahrungswissen speziell zu Projekten und deren Abläufe, Leistungen sowie Techniken bieten, und zwar getrennt nach Branchen, Kunden und Partnern.

Nach der Transformation kommt es zur **Wissensspeicherung** in abstrakten Systemen, die insgesamt das „organisationale Gedächtnis" (engl. Organizational Memory oder Knowledge Warehouse) des Unternehmens bilden. Wichtig dabei ist, dass die Wissensdokumente in elektronischen Archiven zentral oder verteilt so abgelegt werden, dass sie (etwa über das Intranet) leicht abrufbar sind und auf einfache Weise gepflegt werden können, um deren Qualität und Aktualität zu gewährleisten bzw. Veraltetes und Überflüssiges zu entfernen.

Für die **Steuerung von Wissensinhalten**, einschließlich des **Information Retrieval** in Verbindung mit Business Intelligence-Wissen, kommt das eingangs beschriebene **Enterprise Content Managements** (ECM) infrage.

Durch Lern- und Wissensnetzwerke, darunter auch zwischenbetriebliche Lernbündnisse, entsteht im Unternehmen eine **kollektive Intelligenz** (von Verhaltensforschern auch als „Schwarmintelligenz" bezeichnet), mit deren Hilfe sich Aufgaben schneller und qualitativ höherwertig lösen lassen (*Frank/Schauer, 2001*).

Der **Wissenstransfer**, d. h. die Bereitstellung und Übertragung (= Verteilung) von den in der Wissensbasis gespeicherten Sachverhalten sollte bei einer Recherche möglichst in der Weise erfolgen, dass Nutzer über eine einfach zu bedienende Benutzeroberfläche ihrer Workstations auf die Wissensbasis zugreifen können (= Pull-Prinzip). Noch besser wäre es allerdings, wenn Nutzerprofile durch Definition von Aufgabenschwerpunkten und Themengebiete so zu bestimmen sind, dass die Versorgung mit Informationen automatisch und zeitnah über die Workstations erfolgen kann (= Push-Prinzip).

Die **Wissensnutzung** schließlich bezweckt die **Anwendung von Wissen** auf reale Sachverhalte, wobei gilt: „Besserwisser sind nicht immer auch Bessermacher". Es ist grundsätzlich anzunehmen, dass die Betroffenen das Alte loslassen und ihre ganze Kraft auf das Neue richten. Dem Wissen folgt so das Können, und Beschäftigte geraten in eine Abfolge von Handlungen, die irgendwann wieder zur Routine (= Gewohnheit) wird. Bedingt nicht nur durch organisatorische Veränderungen als Ergebnisse von Wandel-Projekten, sondern auch bei eigeninitiativem Verlangen auf Neues (= Neugier), werden Mitarbeiter Dinge tun müssen oder wollen, die sie auf diese Weise bisher noch nicht getan haben, aber durchaus lernen und dann umsetzen könnten. Bei vorhandener Wandlungskompetenz kann ein **neuer Zyklus des Lernens** beginnen.

10.4.3 Wissensmanagement

Der komplexer, dynamischer und differenzierter werdenden Ressource **Wissen** muss von der Führung die ihrer Bedeutung zukommende Aufmerksamkeit geschenkt werden, denn „entsprechend der bisherigen Entwicklung von Wissen als Produktionsfaktor hin zum Wettbewerbsfaktor wird die wissensintensive Unternehmung eine dominante Stellung gegenüber kapital- und arbeitsintensiver Unternehmen einnehmen" (*Rehäuser/Krcmar, 1996*).

Wenngleich auch noch kein allgemeingültiges Konzept für das **Wissensmanagement** im Unternehmen existiert, kann dennoch gesagt werden, dass dieses (nach *Oelsnitz, 2003*)

- ► eine **Querschnittsfunktion** ist, derzufolge jede Fach- und Führungskraft als Wissensmanager sowohl für die Voraussetzungen einer firmeninternen Wissensteilung und -kommunikation zu sorgen hat als auch die Messbarkeit eigener Beiträge zur Wissensbasis ermöglichen sollte

- ► **Wissensziele** formulieren muss, die angeben, was und wo gewusst werden sollte, d. h. welche Fähigkeiten der Organisationsmitglieder auf welchen betrieblichen Ebenen erwartet werden und entsprechend auf- und auszubauen sind

- ► eine **Infrastruktur** für Wissensnetzwerke zu schaffen hat, damit Wissensinseln (einschließlich der sich freiwillig und selbst organisierenden Communities) miteinander verbunden und Wissen zur richtigen Zeit bzw. in strukturierter Form den Suchenden zugänglich ist und von diesen genutzt und fortentwickelt werden kann

- ► für **Transparenz** sorgt, um Lernzeiten zu verkürzen und dadurch eine flexiblere Personaleinsatzplanung zu ermöglichen

- ► als **soziale Herausforderung** verstanden werden muss, um andere zu bewegen, nicht nur positives Wissen, sondern auch negatives Wissen (wie z. B. Fehlschläge oder Irrtümer) zu teilen, und zwar im Vertrauen darauf, dass sich dadurch keine persönlichen Nachteile ergeben

- ► durch ein **Change Management** flankiert werden muss, demzufolge für die Verbesserung der Anpassungsfähigkeit von Strukturen und Prozessen sowohl monetäre Anreize in Aussicht gestellt werden als auch die Kommunikation von Wissen zu einem Karrierebaustein wird. Je weiter unten in der Hierarchie, desto geringer ist die Wandelkompetenz von Personen und damit die Bereitschaft zu Veränderungen.

- ► durch **glaubwürdiges Verhalten** an der Spitze der Organisation bzw. der Organisationseinheiten auch vorgelebt wird, indem es sich aktiv an Prozessen beteiligt und sich selbst an seinen Forderungen messen lässt.

In Bezug auf das von ihm geforderte Verhalten ist der Wissensmanager ein neuer Typ von Führungskraft, und zwar ein sogenannter **T-Shaped Manager**. Dabei fordert der horizontale Teil des „T", dass der Manager sein Wissen quer durch die ganze Organisation weitergibt, während der vertikale Teil des „T" bedeutet, dass das Wissen auch nach unten in der Funktion und deren Leistung verpflichtet bleibt. *„Der erfolgreiche T-förmig agierende Manager muss lernen, mit der Spannung zu leben, die aus dieser doppelten Verpflichtung erwächst und letztlich aus ihr Nutzen ziehen"* (Hansen/Oetinger, 2001).

Hinsichtlich der **Gestaltung des Wissensmanagements**, die für jeden daran Beteiligten immer ein Geben und Nehmen bedeutet, muss jedes Unternehmen in Anbetracht der historisch gewachsenen Strukturen seinen eigenen Weg gehen. Empfehlenswert dürfte es sein, mit Pilotprojekten in kleineren Organisationseinheiten zu beginnen und später die dabei gewonnenen Erkenntnisse schrittweise auf die ganze Organisation zu übertragen.

Durch **Investitionen in das Wissensmanagement** soll das Unternehmen effektiver werden und zwar möglichst schnell. Wer bereits früh damit anfängt, kann empirischen Untersuchungen zufolge, überlegenes Wissen in nachhaltige Wettbewerbsvorteile umsetzen. Barrieren, die sich einer Wissensteilung entgegenstellen, sind aufzuspüren und durch (vereinbarte) Anreizsysteme zu überwinden (*Schütz, 2001*).

Der **Nutzen des Wissensmanagements** lässt sich leider erst dann feststellen, wenn die Wissensbasis des Unternehmens hinreichend viele Inhalte aufweist und die Organisationsmitglieder sich an deren Nutzung gewöhnt haben. Daraus folgt, dass sich Fehler und Versäumnisse des Wissensmanagements erst spät, mitunter zu spät, bemerkbar machen. Dort, wo etwas in den Köpfen von Personen nur nebulös existiert bzw. stark subjektiv geprägt ist, von diesen Personen aber nicht formalisiert in elektronischer Form abgelegt wird, muss sich das institutionalisierte Wissensmanagement darauf beschränken, die **Suche nach geeigneten Gesprächspartnern** (darunter auch Controller) und den danach jeweils stattfindenden Gedankenaustausch und Kommunikationsprozess moderierend zu unterstützen.

10.4.4 Wissenscontrolling

An der Umsetzung von Maßnahmen des Wissensmanagements ist das **Wissenscontrolling** zu beteiligen. Dabei ist damit zu rechnen, dass durch den sich laufend verbessernden Wissensstand der Organisationsmitglieder der Umfang der Fremdkontrolle und -koordination durch das Controlling tendenziell abnimmt.

Zu den **Aufgaben des Wissenscontrollings** gehören nach *Picot/Neuburger u. a. (2005)* die Strategische Analyse der Organisation aus der Wissensperspektive, Entwicklung einer Wissensstrategie und deren Einbringung in die Unternehmensstrategie, Ableitung von Wissenszielen, Aufbau eines Instrumentariums zur Wissensbewertung sowie die Gestaltung von wissensorientierten Lern- und Anreizsystemen.

Bei der **Messung und Bewertung von Beiträgen** der Beschäftigten (einschließlich der Controller) zur Erweiterung der Wissensbasis des Unternehmens hat das Controlling intersubjektiv nachprüfbar festzustellen, welche Organisationsmitglieder aus Informationen verwertbares Wissen (etwa Best Practice) generiert haben und dieses Wissen in Wettbewerbsvorteile umgesetzt werden konnte, die dann als Erfolg identifizierbar und messbar werden. Die Beurteilung dieser Erfolge auf allen Ebenen der Hierarchie hat grundsätzlich anhand der vom Management formulierten **Wissensziele** zu geschehen. Sofern das nicht möglich ist, können hilfsweise nichtfinanzielle Indikatoren definiert werden, die sich auch als Messgrößen innerhalb des Performance Measurement oder der Balanced Scorecard verwenden lassen (*Probst/Raub, 1998*).

Einfache **Messgrößen des Wissenscontrollings** sind:

► Häufigkeit der Zugriffe pro Zeitraum auf die Wissensbasis des Unternehmens

► Anzahl und Qualität der von Mitarbeitern eingereichten und umgesetzten Verbesserungsvorschläge im Rahmen des betrieblichen Vorschlagswesens

► Anteil der lernaktiven Personen im Unternehmen, jeweils bezogen auf deren Produktivität, Qualität und die Umsetzung von Lessons Learned bzw. Best Practices

► Anzahl der Patente oder patentfähigen Erfindungen im Verhältnis zu deren Wertbeiträgen.

Anspruchsvollere **Ansätze zur Messung und Bewertung von Wissen** sind der

► **deduktiv-summarische** Ansatz von *Stewart (1999)*, demzufolge sich der Gesamtwert des Wissens (= Wissenskapital) durch den als **Tobin's Q** bezeichneten Quotienten aus Markt- und Buchwert des Unternehmens bestimmen lässt. Ist der Quotient größer eins, verfügt das Unternehmen über ein Wissenskapital, das das Unternehmen befähigt, einen höheren Gewinn zu erzielen als Wettbewerber mit kleinerem Quotienten. Der Erfolg des Wissensmanagements drückt sich durch die Verbesserung dieses Quotienten in der Zeit aus (*North, 2010*).

► **induktiv-analytische** Ansatz, bei dem zunächst das Gesamtwissen in seine Bestandteile zerlegt wird, die dann in eine Bilanz integriert werden. Dabei wird der sichtbare Teil der Bilanz, der dem Aufbau der traditionellen Bilanz mit Aktiv- und Passivseite entspricht, um einen unsichtbaren Teil (engl. Tacit Knowledge) ergänzt, der den Unterschiedsbetrag zwischen dem Markt- und Buchwert des Unternehmens repräsentiert. Dadurch ergibt sich eine zukunftsorientierte Wissensbilanz der nachstehenden Art (*Günter, 2005*).

AKTIVA	PASSIVA	
Materielles Vermögen	**Sichtbare Finanzierung**	
Anlagevermögen	Ausgewiesenes Eigenkapital	Sichtbar
	Fremdkapital	
Umlaufvermögen		
Humankapital	Unsichtbares Eigenkapital	Unsichtbar
Beziehungskapital		
Strukturkapital	Verpflichtungen gegenüber der Belegschaft	
Immaterielles Vermögen	**Unsichtbare Finanzierung**	

Blickt man unter die Oberfläche dieser **Wissensbilanz**, für die es mittlerweile eine Vielzahl von Varianten gibt, kommen auf der **Aktivseite** die vom Unternehmen selbst geschaffenen immateriellen Vermögenswerte zum Vorschein (*BMWi, 2008; Bornemann/ Rheinhardt, 2008*).

Die Existenz einer ebenso unsichtbaren **Passivseite** wird damit begründet, dass die immateriellen Vermögenswerte in der Weise finanziert werden, dass der internen und externen Struktur ein unsichtbares Eigenkapital gegenüberstehen. Empirischen Untersuchungen zufolge wird der Unterschiedsbetrag zwischen Markt- und Buchwert des Eigenkapitals von wissensintensiven Unternehmen maßgeblich beeinflusst durch die Qualität der Wissensbasis und deren intensive Nutzung. Zu den Verpflichtungen gegenüber der Belegschaft gehört beispielsweise die Weiterbildung zur Verbesserung der Qualifikation der Beschäftigten, die u. a. dazu genutzt werden soll, das immaterielle Vermögen des Unternehmens weiter zu erhöhen.

Anders als herkömmliche Bilanzen enthält die Wissensbilanz auch schwer fassbare Faktoren, versucht diese aber zu quantifizieren, um Erklärungsansätze für die Differenz zwischen Markt- und Buchwerten zu liefern. Im Arbeitskreis „Wissensbilanz" eines Instituts der Fraunhofer-Gesellschaft entwickeln Unternehmer, Berater und Spezialisten dieses Berichtsverfahren fort, das intern eine umfassende Analyse des intellektuellen Kapitals erlauben und extern den Investoren und Analysten Hinweise etwa über die Wettbewerbsfähigkeit des Unternehmens bieten soll. Um den Umgang mit Wissensbilanzen zu erleichtern, hat der Arbeitskreis ein Softwarepaket (mit Lernprogramm) unter dem Namen Toolbox geschaffen.

11. Koordinationsfunktion des Controllings

Unter **Koordination** wird – wie eingangs kurz erwähnt – die absichtsvolle und zielgerichtete **Abstimmung** sowohl bei der Implementierung (= Einrichtung), Weiterentwicklung sowie Nutzung adäquater Planungs-, Kontroll- und Informationssysteme in sachlicher, personeller und zeitlicher Sicht verstanden.

Organisationale **Koordinationsmechanismen** sind Normen, die für das arbeitsteilige (= kollektive) Handeln als **Verhaltensregeln** die Form und den Umfang der Zusammenarbeit vorgeben. Regeln der Handlungskoordination, deren Einhaltung vom Controlling und/oder der Internen Revision überwacht wird, sind entweder in Handbüchern, Richtlinien oder Rollenbeschreibungen festgeschrieben und dokumentiert oder lassen sich zur situationsgerechten Bewältigung neu auftauchender Sachverhalte und Probleme vereinbaren.

Eine häufig übersehene Verhaltensregel besagt, dass wenn man ein unteilbares Problem nicht lösen kann, man lernen sollte, zumindest solange damit zu leben, bis sich eine Alternative ergibt (vgl. dazu auch die späteren Ausführungen über „Warteoptionen").

11.1 Sachbezogene Koordination

Zu den sachbezogenen **Koordinationsobjekten** des Controllings gehören das

- ► **Planungssystem** (= Feedforward-Koordination) bezüglich der strategischen und operativen Ausrichtung aller Unternehmensbereiche auf das Gesamtziel mittels dazu geeigneter Instrumente, darunter auch Kennzahlen und Verrechnungspreise

- ► **Kontrollsystem** (= Feedback-Koordination) und die dazu geeigneten Instrumente, insbesondere Regelkreise

- ► **Informationssystem**, das die für die Planungs- und Kontrollprozesse benötigten Informationen (einschließlich Wissen) verfügbar macht.

Darüber hinaus kann es situativ noch weitere Objekte geben, wie etwa die Optimierung und **Koordination sämtlicher Anreizsysteme**.

Da diese Objekte der Koordination mit Sachverhalten zu tun haben, die meistens mehrere Teilbereiche des Unternehmens gleichzeitig betreffen, sind die in der Abbildung gezeigten **Schnittstellen** zu überwinden:

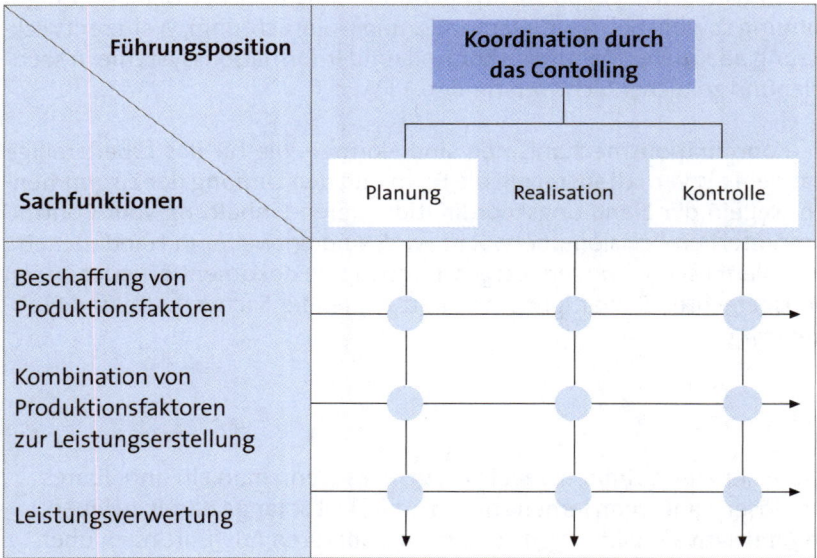

Damit die mit der Planung und Kontrolle anfallenden Steuerungsinformationen zwischen den Stellen ihrer Entstehung und Verwendung fließen können, bedarf es einer funktionierenden **informationslogistischen Infrastruktur**. Diese ist **wirksam**, wenn sie die Durchführung der Aufgaben der Informationsfunktion im Unternehmen ermöglicht bzw. unterstützt und **wirtschaftlich**, wenn der von ihr geschaffene Nutzen größer ist als die von ihr verursachten Kosten.

Die zu koordinierende Gesamtheit der durch die verschiedenen Beziehungsnetzwerke fließenden Informationen (Wissen) lässt sich, soweit sie die Steuerung des Unternehmens betreffen, auch als **Internes Berichtswesen** (engl. Management Reporting) bezeichnen. Werden dabei einzelne Berichtsteile dezentral, d. h. in den Fachabteilungen der Holding oder bei Tochtergesellschaften erstellt, übernimmt das zentrale Controlling hierfür die Abstimmung.

11.2 Personenbezogene Koordination

Das Problem der personenbezogenen Verhaltenssteuerung und Koordination lässt sich mit einer **Analogie aus dem Sport** verdeutlichen: Die einzelnen Spieler sind zwar wichtig, genauso wichtig ist aber auch die Abstimmung zwischen den Spielern, d. h. ihr Zusammenspiel. Daraus folgt, dass Einzelspieler die noch so exzellent sein mögen, nicht unbedingt eine homogene Mannschaft bilden.

Eine gängige Möglichkeit der personenbezogenen Koordination ist die **Abstimmung durch Hierarchie** auf der Grundlage der von der Zentralinstanz vorgegebenen Regeln, d. h. Programme, Verfahren, Richtlinien, Anweisungen, Kontrollmechanismen und Berichtspflichten.

Da sich mit zunehmender **Größe des Unternehmens** die personenbezogene Koordination mithilfe organisatorischer Regeln als immer schwieriger erweist, werden Hierarchien – wie bereits mehrfach erwähnt – zunehmend schlanker und flacher gestaltet (= Lean Organization). Dies erfordert die Auflösung von Instanzen, die sich auf bestimmte Tätigkeiten spezialisiert haben, und die Bildung neuer Organisationseinheiten, deren Angehörige dann vielfältigere Aufgaben (meistens im Team) erledigen. Vom Ergebnis her reduziert sich dadurch die Anzahl der Schnittstellen und damit auch der Koordinationsbedarf.

Für **zwischenbetriebliche Kooperationen von Allianzen** gilt wegen des Fehlens einer koordinierenden Zentralinstanz eher das Prinzip der Selbstkoordination, dessen Grundlage die von den Kooperationspartnern gemeinsam geteilten Wertvorstellungen (= Netzwerkkultur) sind. Obwohl es diesbezüglich noch kein schlüssiges Konzept gibt, soll auf den Koordinationsansatz von *Wildemann (1997)* hingewiesen werden, demzufolge gelten kann:

► **Grundlegende Fragen** der Koordination werden gemeinsam vom Management aller teilnehmenden Unternehmen geklärt und durch Verträge mit entsprechenden Verhaltensrichtlinien (= Spielregeln) schriftlich fixiert. Gesucht wird ein Konsens der Anfangsbedingungen durch freie und friedliche Einigung.

► **Koordinationsprozesse im laufenden Geschäft** erfolgen unmittelbar durch die Beteiligten. Dazu erforderlich ist sowohl eine Verständigung auf gemeinsame Verhaltensregeln (diese Regeln können sich auch erst im Laufe der Zusammenarbeit gleichsam als Nebenprodukt herausbilden) als auch die Akzeptanz der Argumente in Bezug auf das tatsächliche Verhalten der Partner. Auf netzwerkintern gebildeten Marktplätzen können die dezentral erstellten Pläne der Kooperationspartner abgestimmt und eventuell auftretende Konflikte einvernehmlich gelöst werden.

► **Fremdkontrollen** werden durch Vertrauen ersetzt, basierend auf einer gemeinsamen Wertebasis, wie z. B. Offenheit, Ehrlichkeit, Toleranz und Fairness und hoher Professionalität bezüglich der zu erbringenden Leistungen. Sobald aber ein Kooperationspartner das in ihn gesetzte Vertrauen nicht mehr rechtfertigt, sollte dieser den Verbund verlassen. Ob und wann das der Fall ist, wird durch das jeweilige Controlling anhand von ex-post-Beurteilungen sowohl der Leistungen der Kooperationspartner als auch der Erfüllung der vertraglichen Vereinbarungen festgestellt.

11.3 Zeitbezogene Koordination

Da jeder Vorgang im Unternehmen einen spezifischen **Zeitbedarf** hat, sind außer der Reihenfolge auch die Zeitbedingungen und zeitlichen Wirkungsdauern der Planungs- und Kontrollschritte aufeinander abzustimmen.

Die Folge einer **zeitlichen Differenzierung** sind unterschiedliche Reichweiten (= Fristigkeiten) der Bezugszeiträume, wobei davon ausgegangen wird, dass langfristige Geltungsbereiche den kurzfristigen Geltungsbereichen übergeordnet sind. Das bedeutet für die zeitliche Koordination etwa der Planung, dass die kurzfristige Planung erst dann erfolgen kann, wenn der Langfristplan bekannt ist. Bezogen auf das Controlling ist es deshalb auch zweckmäßig, von strategischen Objekten der Globalsteuerung und operativen Objekten der Feinsteuerung zu sprechen.

Das auf einen längeren Zeitraum ausgerichtete **strategische Controlling** arbeitet entsprechend seiner Potenzialorientierung mit den Instrumenten der strategischen Planung sowie der Frühwarnung im Sinne einer ex-ante-Kontrolle von Geschäftsstrategien.

Es interessieren beim **strategischen Controlling** sämtliche Größen, die für die Existenzsicherung des Unternehmens relevant sind, d. h. in strategischen Initiativen sollten möglichst viele im Umfeld des Unternehmens wirksame Faktoren und Ereignisse in ihren Auswirkungen auf die zukünftige Unternehmensentwicklung berücksichtigt werden. Der Realisierungsgrad der Strategien muss laufend gemessen und verfolgt werden.

Demgegenüber hat das auf einen kürzeren Zeitraum ausgerichtete **operative Controlling** entsprechend seiner Erfolgsorientierung dafür zu sorgen, dass sich einzelne Beschäftigte oder Kleingruppen im Rahmen der vereinbarten Ziele sowie der darauf ausgerichteten Budgets möglichst selbst im Tagesgeschäft kontrollieren können. Den Akteuren sind diejenigen Informationen zeitnah verfügbar zu machen, die sie zur Wahrnehmung ihrer Aufgaben benötigen.

Beim **operativen Controlling** kommt der Präsentation von Informationen eine große Bedeutung zu, denn zu sehr verfeinerte bzw. überladene Berichte, die vom Empfänger nicht verstanden und deshalb auch nicht angenommen werden, sind letztendlich überflüssig.

Eine Zusammenstellung der genannten **Controllingtätigkeiten** führt zu folgender Übersicht:

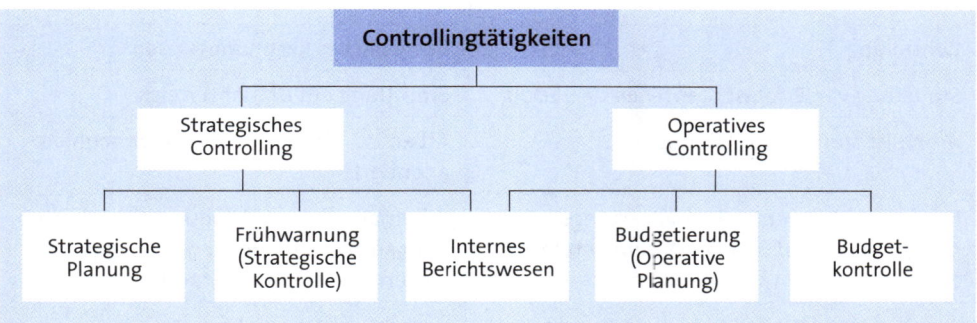

Wegen der formalen Ähnlichkeit von Berichten als Mittel zur Kommunikation und Koordination werden das strategische und operative **Berichtswesen** (engl. Reporting) im abschließenden Kapitel „Internes Berichtswesen" zusammengefasst. Zuvor werden die anderen vier Tätigkeitsbereiche in jeweils getrennten Kapiteln ausführlich behandelt.

12. Controlling in institutionaler Sicht

Damit die **Controllingorgane** die ihnen übertragenen Aufgaben neutral und objektiv erledigen können, sollte Controlling institutionalisiert und in die Organisation des Unternehmens integriert werden. Da der Controllingbereich meistens mehrere Personen umfasst, muss er auch intern organisiert werden. Ferner sind die Controllingkapazität und die **Anforderungsprofile** der Stelleninhaber zu bestimmen.

Erfahrungsgemäß nimmt die **Arbeitsbelastung** der Controller in wirtschaftlich schwierigen Zeiten, etwa in der Krise, deutlich zu.

12.1 Organisatorische Abgrenzungen

Da die Möglichkeiten zur Eingliederung des institutionalisierten Controllings (engl. Controllership) als Kompetenz- und Servicecenter vielfältig sind, ergeben sich auch mehrere **Organisationsalternativen**.

Bei der Implementierung wird Controlling häufig im **betrieblichen Rechnungswesen** organisatorisch verankert. Erfahrungsgemäß kommt es danach zu einer Verselbstständigung der Controllingfunktion im Unternehmen, wenn erkannt wird, dass die Aufgaben des betrieblichen (= internen) Rechnungswesens und Controllings verschieden sind, was die folgende Gegenüberstellung verdeutlichen soll:

Controlling	Betriebliches Rechnungswesen
Steuerung von Erfolgspotenzialen und Erfolg	Ermittlung des Betriebserfolgs
Arbeit ist stark zukunftsbezogen	Arbeit ist (überwiegend) vergangenheitsorientiert
Informationen werden in Auswertungsrechnungen analysiert, selektiert, verdichtet und auf Plausibilitäten hin überprüft.	Informationen werden durch Grundrechnungen aus vorhandenen Datenbeständen ermittelt und bereitgestellt.
Erstellung und Weiterleitung von Berichten mit Zusammenfassungen, Vorschauen, Erläuterungen und Handlungsempfehlungen in einer dem Empfänger verständlichen Aufmachung und Sprache	Vielzahl von Übersichten

Vom Controlling organisatorisch abzugrenzen ist auch die **Interne Revision**. Beiden Bereichen ist die Querschnittsfunktion gemeinsam, weshalb es auch in der Praxis bezüglich der Aufgabenzuweisungen, Instrumente, Kompetenzbestimmungen und Verantwortlichkeiten zu Überschneidungen kommt. Dieser Überschneidungen wegen, wie etwa bei der Beratungsfunktion, der Bewältigung der zunehmenden Regulierungsdichte, den Soll-Ist-Vergleichen, den Abweichungsanalysen sowie der Zuständigkeit im Umgang mit Gefahren und Bedrohungen innerhalb des RMS oder IKS, können Controlling und Interne Revision weder völlig isoliert nebeneinander stehen, noch sollten sie sich zusammenschließen, weil es doch gravierende **Unterschiede** gibt (*Albrecht*, 2007; *Eberl/Hachmeister, 2007*):

Controlling	Interne Revision
Weisungsgebunden, da Führungssubsystem	Nicht weisungsgebunden, d. h. neutral und unabhängig
Vergangenheitsbezogene Ursachenforschung und zukunftsorientierte Potenzial- sowie Schnitt- und Schwachstellenanalyse	Nachträgliche Prüfung der Einhaltung von Gesetzen, Richtlinien, Verpflichtungen und Vorgaben sowie der Ordnungsmäßigkeit von Systemen
Laufende Steuerung durch prozessabhängige Personen	Unregelmäßige (= fallweise), projektbegleitende oder periodische (= turnusmäßige) Prüfung durch prozessunabhängige Personen
Aufbau und Betreuung des Planungs-, Kontroll- und Informationssystems	Verfahrensprüfung hinsichtlich abgeschlossener Vorgänge auf Ordnungsmäßigkeit, Zweckmäßigkeit und Wirtschaftlichkeit
Entscheidungsunterstützung	Mängelbeseitgung wird veranlasst und überwacht
Management Accounting	Management Auditing
Beschaffung, Selektion, Aufbereitung und Weitergabe von Informationen	Feststellung des Einhaltungsgrads von Vorschriften und Regelungen, Dokumentation der Ergebnisse
Datenrichtigkeit wird unterstellt	Datenrichtigkeit wird festgestellt
Berichterstattung	Berichtskritik

12.2 Controllerorganisation

Für jede der nachfolgend skizzierten Organisationsvarianten ist von Vorteil, wenn im Unternehmen der Vorstandsvorsitzende (CEO) und der Finanzvorstand (CFO) als **Team** in Erscheinung treten. Das setzt voraus, dass der Finanzchef (CFO) zum Partner des Vorstandschefs (CEO) mit operativem und strategischen Rundumblick wird, der verlässlich in der Sache ist, nach innen und außen sicher auftritt und in verbindlicher Weise kommuniziert. Studien zeigen, dass seit der weltweiten Finanzmarktkrise die Ansprüche an die Kenntnisse und das Verhalten von Finanzfachleuten in Unternehmen und Banken deutlich gestiegen sind, da Aufgaben und immer komplexere (darunter auch giftige) Finanzprodukte und -instrumente hinzukommen.

Weitgehend unbestritten ist, dass die Wahrnehmung der Controllingfunktion in Unternehmen ein großes hierarchisches Potenzial erfordert, was eine hohe Einordnung in der Organisation notwendig macht. Auffassungsunterschiede bestehen allerdings darüber, ob es sich beim Controlling schwerpunktmäßig um eine **Linienstelle** handelt, deren Inhaber anordnen können, oder ob es eine **Stabstelle** ist, deren Inhaber mehr empfehlen und beraten.

12.2.1 Controlling als Linienstelle

Die Tatsache, dass ein Controller zur Wahrnehmung der ihm übertragenen Informations- und Beratungspflicht gegenüber Führungskräften in den verschiedenen Funktionsbereichen in hohem Maße auf die Daten des betrieblichen Rechnungswesens zurückgreifen muss, hat eine Organisationsvariante entstehen lassen, derzufolge Controlling in die **zweite Leitungsebene** einzuordnen ist. Dabei wird jener Funktionsbereich bevorzugt, dem auch das Treasuring angehört, und das ist traditionell der Finanzbereich.

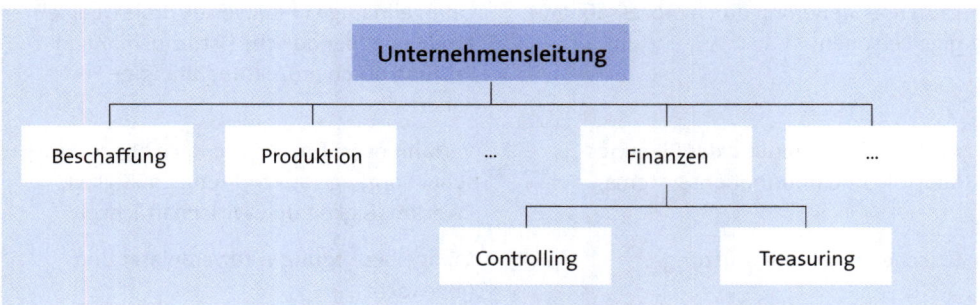

In Abgrenzung zum Controlling verantwortet als Finanzwesen i. e. S. das **Treasuring** die betrieblichen Finanzaufgaben im In- und Ausland, darunter die kurzfristige Finanzdisposition (engl. Cash Management), die Beschaffung und Bedienung des Eigen- und Fremdkapitals, die Tilgung und Refinanzierung fälliger Schuldtitel, die Pflege der Beziehungen zu den Kapitalgebern (engl. Investor Relations), die Absicherung von Risiken durch derivative Finanzinstrumente (= Hedging) und sonstige Aufgaben der Finanzverwaltung, wie etwa das Rechnungs-, Versicherungs-, Steuer-, Mahn- und Rechtswesen sowie die Betreuung von Immobilien und sonstiger Liegenschaften.

Der **Nachteil** dieser organisatorischen Lösung besteht u. a. darin, dass nicht nur der Vorgesetzte des Controllers, der Finanzchef (CFO) des Unternehmens, einen Informationsvorsprung besitzt, sondern dass allgemein die Gefahr besteht, die Gesichtspunkte des Finanzbereichs überzubetonen. Hinzu kommt die sich aus der hierarchisch untergeordneten Stellung ergebende Gefahr, dass kurzfristige Betrachtungsweisen dominieren und das Wettbewerbsumfeld des Unternehmens weitgehend unberücksichtigt bleibt, sodass Controlling bei dieser Organisationsvariante nur den Charakter eines „Zahlencenters" erhält.

Um das zu verhindern, besteht die Möglichkeit, das Controlling in der **ersten Leitungsebene** des Unternehmens organisatorisch zu verankern. Ob dabei das betriebliche Rechnungswesen und/oder die zentrale Datenverarbeitung dem Controlling zuzuordnen sind, muss situativ entschieden werden.

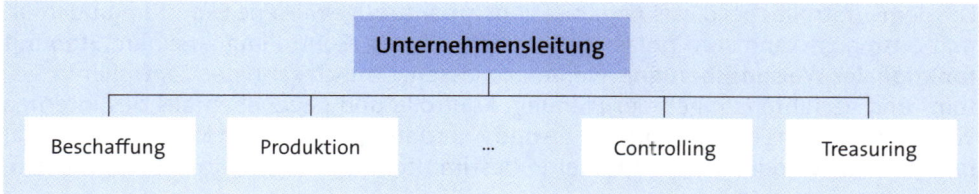

Auch diese Organisationsvariante ist insofern problematisch, da der Controller aus seiner Verantwortung gegenüber der gesamten Führung stets mehreren Personen in gleichem Maße zur Verfügung stehen sollte. Das führt zwangsläufig zu **Konflikten**, da der Controller nicht mehr nur Serviceleistungen für die Entscheider im Unternehmen zu erbringen hat, sondern dass er als Leitungsorgan selbst ein für den Vollzug verantwortlicher Entscheidungsträger ist. Zwar besteht die Möglichkeit, durch generelle Regelungen das im Zusammenhang mit der **Doppelfunktion des Controllers** bestehende Konfliktpotenzial einzuschränken, jedoch sind derartige Lösungen meistens nicht besonders stabil.

12.2.2 Controlling als Stabstelle

Um der Forderung an das Controlling nach **Neutralität** entsprechen zu können, lässt sich Controlling auch als Stabstelle (etwa in der Form eines Center of Competence) einrichten, die zweckmäßigerweise beim Vorstandsvorsitzenden (oder dem Sprecher der Geschäftsführung) angesiedelt ist:

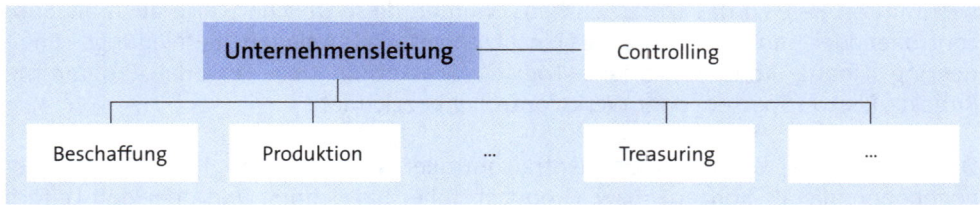

Controlling als Stabstelle erlaubt die Anwendung eines organisatorischen Konzepts, das unter der Bezeichnung **Promotorenmodell** bekannt geworden ist (*Hauschildt, 1991*). Danach bilden Vorsitzender und Controller ein Promotorengespann:

▶ Der **Vorsitzende als Machtpromotor** besitzt das höchste hierarchische Potenzial (Autorität) im Unternehmen. Er treibt als „Change Agent" Veränderungen voran, schafft Anreizsysteme, initiiert Projekte, befindet über Lösungsalternativen, stellt die notwendigen Ressourcen (darunter auch solche für das RMS und IKS) bereit und hat Sanktionsgewalt, unbegründete Forderungen von Opponenten abzuwehren.

▶ Der **Controller als Fachpromotor** ist Träger des fachspezifischen Wissens. Er kennt die Leistungspotenziale, Schnittstellen und Engpässe des Unternehmens, unterstützt werttreibende Investitionen, gestaltet und koordiniert Planungs- bzw. Kontrollprozesse und ist Berater und Informationspartner des gesamten Managements.

Die dem Controller bei dieser Organisationsvariante zugewiesene Experten- und Informationsmacht kann zum Anlass genommen werden, Controlling zu einem **Stab mit funktionaler Weisungsbefugnis** werden zu lassen. Danach kann der Controller in System- und Verfahrensfragen der Planung, Kontrolle und gegebenenfalls des internen Rechnungswesens ein Entscheidungs- und Anordnungsrecht erhalten. Ferner kann daran gedacht werden, dem Controller in bestimmten Sachfragen ein Vetorecht einzuräumen.

In der Praxis häufig vorzufinden ist das Rotationsverfahren, demzufolge Controller aus beruflichen Gründen nach einer Arbeitsdauer von wenigen Jahren vom Stab in die Linie wechseln.

12.3 Binnenstruktur der Controllerorganisation

Gehören mehrere Personen dem Controllingbereich an, ist auch seine **innere Struktur** in Bezug auf die betrieblichen Funktionen und Prozesse festzulegen.

12.3.1 Funktionsstruktur

Sofern Personen die gleichen Aufgaben ausüben wie ein Controller und zwar für einen bestimmten Bereich des Unternehmens, werden diese üblicherweise auch als **Subcontroller** oder – entsprechend ihres Einsatzgebiets – als Anlagen-, Beteiligungs-, Engineering-, Finanz-, Kommunikations-, Logistik-, Marketing-, Öko-, Personal-, Programm-, Projekt-, Risiko-, Sparten- oder Werkscontroller bezeichnet.

Die Subcontroller können einem Zentralcontroller, auch als Chef-, Head Office- oder gegebenenfalls als Konzern- bzw. Groupcontroller bezeichnet, und/oder den Leitern der einzelnen Bereiche (bei „Projekten" wären das die Projektleiter) fachlich bzw. disziplinarisch unterstellt sein. Damit ergeben sich zwei in der Praxis häufig vorzufinden-de **Varianten der organisatorischen Einordnung der Subcontroller** im Unternehmen:

Variante 1		
Vorgesetzter / Unterstellungsverhältnis	Zentral-controller	Bereichs-leiter
fachlich	●	
disziplinarisch	●	

Der Zentralcontroller erhält eine ausgesprochen starke Stellung, während die Subcontroller aufgrund ihrer relativ unabhängigen Position leicht zu „Fremdkörpern" in den Bereichen des Unternehmens werden.

Variante 2		
Vorgesetzter Unter- stellungs- verhältnis	Zentral- controller	Bereichs- leiter
fachlich	●	
disziplinarisch		●

Die Doppelunterstellung der Subcontroller kann zu Spannungen zu einem oder gar beiden Vorgesetzten führen, vor allem dann, wenn der Zentralcontroller bei der Einstellung, Leistungsbeurteilung, Gehaltsfestsetzung, Weiterbildung und Abberufung der Subcontroller ein Mitsprache- bzw. Vetorecht besitzt.

Dominierte in der Praxis früher die Variante 1, dürfte mit der Hinwendung zum **dezentralen Controlling** die Variante 2 derzeit die größere Bedeutung haben.

Bei global aufgestellten Konzernen sind außerdem die **Schnittstellen zwischen den verschiedenen nationalen Controllingbereichen** zu regeln. Die Gestaltung internationaler Planungs- und Kontrollsysteme ist dabei abhängig von Faktoren wie Größe des Konzerns (etwa gemessen an der Anzahl der Mitarbeiter), Auslandsumsatzanteil des Konzerns oder Autonomiegrad der ausländischen Konzerngesellschaften. Aus Gründen der Transparenz, Wirtschaftlichkeit und Koordination ist die Kommunikation mithilfe des internen Berichtswesens zu formalisieren und zu standardisieren.

Über das formelle Instrumentarium hinaus können aber auch noch informelle Mittel der Steuerung, wie z. B. Besuche, Telefonate oder Videokonferenzen innerhalb der Controllercommunity, eingesetzt werden, um in den Besitz erforderlicher Informationen zu kommen. Nicht komplementäre Ziele der Konzerngesellschaften, länderspezifische Kulturunterschiede und Ähnliches lassen Störungen erwarten, zu deren Beseitigung das zentrale Controlling eingreifen muss.

12.3.2 Prozessstruktur

Den **Wandel vom funktions- zum prozessorientierten Controlling** soll die folgende Abbildung deutlich machen (*Gerboth, 2000*).

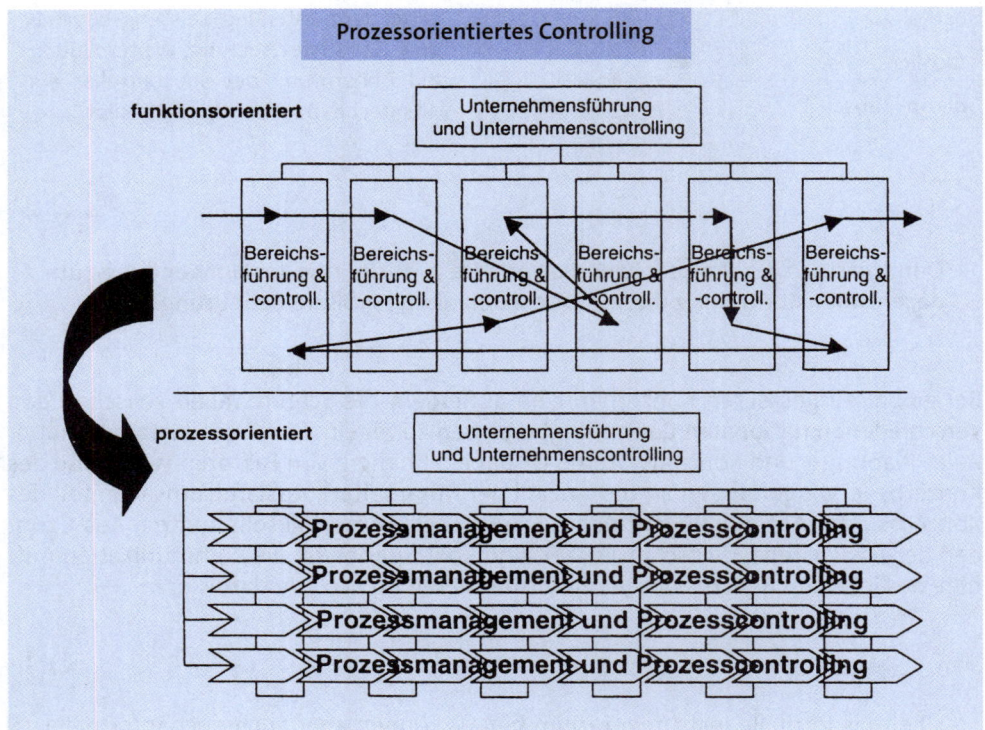

Aus der Abbildung wird ersichtlich, dass das **Prozesscontrolling** in die jeweiligen Prozessketten integriert ist, dort zu den Prozessbeteiligten wird und bereichsübergreifend wirkt.

Der Grundgedanke des prozessorientierten Controllings ist, dass die jeweiligen „Process Owner" für ihr Handeln die volle Verantwortung tragen und bereits in laufende Entscheidungen die relevanten **Controllingkriterien** mit einbeziehen, die sich nicht nur auf monetäre Größen (wie Kosten und Preise), sondern auch auf nichtmonetäre Größen beziehen (insbesondere Mengen, Qualitäten und Zeiten).

12.4 Anforderungen an Controller

Mit dem **Leitbild für den Beruf des Controllers** und dessen Weiterentwicklung beschäftigt sich die bereits genannte International Group of Controlling (IGC), ein Zusammenschluss mitteleuropäischer Verbände, Institute und Unternehmen. Danach stellt die Ausübung der Controllingfunktion im Unternehmen hohe Anforderungen an die Fähigkeiten eines Controllers. Dabei wird das **Profil des Controllers** durch eine Vielzahl von Eigenschaften geprägt.

12.4.1 Fachliche Eigenschaften

Mit den fachlichen Eigenschaften werden das **Wissen** und die **Erfahrung** angesprochen, wie es die Aufgaben des Controllers verlangen.

Das notwendige **Fach- und Methodenwissen** kann durch ein betriebswirtschaftliches Studium (auch im Fernunterricht) erworben werden, ergänzt durch Praktika und Auslandserfahrungen. Dabei besteht für die am Berufsbild des Controllers interessierten Nachwuchskräfte die Möglichkeit, neben Pflichtveranstaltungen wie Controlling, Rechnungswesen, Statistik, Unternehmensführung und Übungen am Computer (einschließlich Microsoft Office-, SAP- und Datenbankanwendungen) zu belegen, sondern auch Vertiefungsfächer wie Projektmanagement, Organisation, Informations- und Kommunikationswesen oder Wirtschaftsethik, -informatik bzw. -prüfung zu wählen. Verhaltensweisen lassen sich trainieren bei Plan- und Rollenspielen. Die Denke der Börsen vermitteln Fachzeitungen und -zeitschriften, Veranstaltungen zur betrieblichen Finanzwirtschaft und Kapitalmarkttheorie sowie zur Krisen- und Risikoforschung.

Des Weiteren kann eine **Aktualisierung bereits vorhandenen Fachwissens** durch die Teilnahme an speziellen Fort- und Weiterbildungsveranstaltungen sowie Fachkongressen erfolgen, die von Instituten, Akademien, Vereinen (wie z. B. der Internationale Controllerverein/ICV), Kammern und Hochschulen durchgeführt werden. Auch die kritische Auseinandersetzung mit nationalen und internationalen Ratingkonzepten kann hilfreich für die betriebliche Analyse sein.

Gute **Englischkenntnisse** in Wort und Schrift sind für den Controller unerlässlich, um einerseits fremdsprachliche Texte (z. B. Fachaufsätze und -bücher) lesen zu können und andererseits auf einen möglichen Einsatz in Tochtergesellschaften multinationaler Unternehmen vorbereitet zu sein, wo Englisch die Geschäftssprache ist. Deshalb wurden in diesem Buch auch die englischen Bezeichnungen der verwendeten Fachbegriffe genannt.

Bezüglich der **praktischen Erfahrungen** lassen sich, selbst unter Verwendung von Stellenanzeigen, kaum allgemeine Angaben machen. Werden von einem Stellenbewerber keine besonderen praktischen Erfahrungen gefordert, ist eine Zusatzausbildung vor Ort im Rahmen von Trainee-Programmen möglich. Empfehlenswert ist, dass der angehende Controller einige Zeit dort tätig war, wo er lernen konnte, sowohl in zahlenmäßigen Zusammenhängen zu denken als auch das Wesentliche von Zahlenreihen und mehr oder weniger abstrakten Modellen zu erkennen. Als die hierfür am besten geeigneten Abteilungen im Unternehmen gelten das Rechnungswesen und die Interne Revision.

Eine gute **Branchen- und Firmenkenntnis** erleichtert dem Controller die Kommunikation mit dem Management und den Mitarbeitern des jeweiligen Unternehmens. Außerdem ist eine **Kenntnis der Firmengeschichte** von Vorteil, denn nur derjenige, der die

Vergangenheit und Herkunft versteht, kann die Gegenwart besser interpretieren und so ein tieferes Verständnis für die Zukunft gewinnen.

12.4.2 Persönlichkeitsbedingte Eigenschaften

Zu den personenbezogenen **Eigenschaften des Controllers** gehören u. a.: Neugierde, Lernfähigkeit, Ehrgeiz, Optimismus, Selbstbewusstsein, Freude an der Leistung, Offenheit gegenüber Veränderungen, Pflichtgefühl, ausgeprägtes Risikobewusstsein, Verantwortung für das im Unternehmen investierte Kapital und die konsequente Sicherung dessen Ertragskraft. Dies alles erfordert unternehmerisches Denken, einen ausgeprägten Lern- und Gestaltungswillen (einschließlich Wandelkompetenz) sowie ein sich mehr im Hintergrund vollziehendes Handeln. Letzteres kann aber nur dann funktionieren, wenn Controller in der Lage sind, **Kritik einzustecken**. Was ein Controller aber auf keinen Fall sein darf: Introvertiert, schüchtern und voll angepasst.

Eine spezielle Eigenschaft des Controllers ist die eingangs erläuterte **Methodenkompetenz**, die voraussetzt, dass der Controller nicht nur wissen muss, wie und wo etwas funktioniert, sondern auch zu wissen hat, aus welchen Gründen es woanders nicht funktioniert. Solches Wissen erlaubt die

► **Weiterentwicklung** mit bewährten Methoden und Modellen sowie deren kreativer Umgang. Ein Irrweg wäre es, nur nach der „richtigen" Methode zu suchen.

► **Weitergabe** (= Transfer) an Betroffene bzw. andere Interessierte, wobei es von Bedeutung ist, über welche Vorkenntnisse die anderen Personen bereits verfügen und in welchen Bereichen ihr Wissen lücken- oder gar fehlerhaft ist.

Erwartet wird vom Controller auch ein **Arbeiten in (sozialen) Netzwerken**, deren Zweck es ist, den Nutzen aller Beteiligten in einem Win-Win-Umfeld zu steigern. Da solche Netzwerke immer dynamisch sind, müssen sie laufend infrage gestellt und an veränderte Bedingungen angepasst werden. Das erfordert hohe analytische Fähigkeiten und ein tiefgehendes Verständnis der Problematik sozialer Beziehungen der technischen Bedingungen zu gestaltender Systeme und Netze, der Möglichkeiten zur Überwindung von Schnittstellen, der Auflösung von Blockaden, der Bedeutung von Rückkopplungen auf Strukturen und reale bzw. virtuelle Prozesse sowie des Einsatzes von Methoden und Modellen zur Erreichung der angestrebten Ziele.

Durch die Arbeit des Controllers als „Diener vieler Herren" können sich entsprechend der Rollenerwartungen und Machtverhältnisse leicht Konfliktsituationen ergeben. Da diese Konflikte (oder Spannungen) aber mehr oder weniger gewollt sind, müssen sie vom Controller bewältigt werden, und das erfordert **Durchsetzungsvermögen, Hartnäckigkeit** und **Überzeugungsarbeit**. Dieses kann sich gegen jene Personen im Unternehmen richten, die als Bremser bzw. Opponenten dem Controller Widerstand durch aktives Tun (= Gegensteuern, Obstruktion) oder bewusstes Unterlassen (= Gleichgültigkeit, Resignation, Blockaden, Flucht) entgegenbringen, da bisherige Zustände, wie etwa Macht, Positionen oder Verhalten, vermeintlich oder tatsächlich als bedroht angesehen werden.

Werden vom Controller **Konflikte** thematisiert, d. h. auf der Grundlage sachlicher Argumente offen und fair ausgetragen, kann das nach dem Prinzip „Reibung erzeugt Energie" zu einer Effizienzsteigerung aller Beteiligten führen.

Wichtig für den Controller ist auch die **Kompetenz im Umgang mit Fehlern** bei Entscheidungen und Handlungen unter Unsicherheit. Auf die Gefahr von Fehlentscheidungen im Unternehmen wurde oben bereits mehrfach hingewiesen. So wurde beispielsweise gesagt, dass eine lernende Organisation ohne Fehler nicht vorstellbar ist. Dementsprechend sind Fehler nicht zu tabuisieren, zu vertuschen oder zu bestrafen, sondern sie sollten vielmehr antizipiert, und wenn sie tatsächlich eingetreten sind, offen und fair diskutiert werden. Dadurch ergibt sich auch für andere Organisationsmitglieder die Gelegenheit aus diesen Fehlern zu lernen, dass man damit rechnen muss und deshalb auch Fehler schneller entdecken kann und will. Konkret ergibt sich daraus für den Controller die Notwendigkeit zur Mitwirkung bei der

▶ **Fehlerprävention**, um Fehler zu verhindern bzw. die Voraussetzungen dafür zu schaffen (z. B. durch die Automatisierung von betrieblichen Systemen), dass Fehler nicht auftreten können

▶ **Minimierung der Fehlerkonsequenzen**, damit Fehler rechtzeitig aufgedeckt, transparent gemacht und schnell (am besten durch die Verursacher selbst) korrigiert werden, um die sich daraus ergebenden (negativen) Folgen möglichst klein zu halten

▶ **Schaffung einer Fehlerkultur**, derzufolge Fehler gemacht werden dürfen, die Fehlerkommunikation selbstverständlich ist und Lernen aus Fehlern erreicht werden kann.

Wie eingangs ebenfalls ausgeführt wurde, ist die Arbeit des Controllers gekennzeichnet durch Neutralität, Objektivität und Verständnis für die Probleme anderer Personen, was eine besondere **Beziehungskompetenz** erforderlich macht. Anzustreben ist eine vertrauensvolle Zusammenarbeit, die Team- und Kompromissbereitschaft der Beziehungspartner über alle Unternehmensebenen und -grenzen voraussetzt.

In ähnlicher Weise erfordert die Arbeit des Controllers neben der **Dialogbereitschaft** auch eine **kommunikative Kompetenz**. Das Spektrum der persönlichen Kommunikation reicht von Einzelgesprächen, über Besprechungen im kleinen Kreis bis hin zu großen Konferenzen. Kommunikative Elemente sind Einfachheit, Verständlichkeit und Beschränkung auf das Wesentliche. Auch aufmerksames Zuhören ist als Teil der Kommunikation zu verstehen und zu praktizieren. Interaktive Prozesse in Gruppensitzungen (engl. Meetings) sollte der Controller als Moderator unter Anwendung von Spielregeln (etwa Ausschaltung von Störmöglichkeiten durch Handys oder Redezeitbegrenzung) und durch Einsatz visueller Medien (wie Flip-Chart, Pinnwand mit Packpapier, Tafel, Overheadprojektor oder Beamer) so zu steuern versuchen, dass keine Langeweile entsteht, Folienschlachten und langatmige Präsentationen unterbleiben, jeder die gleiche Chance, aber auch die Verpflichtung zur aktiven Beteiligung erhält, damit sich am Schluss alle Gruppenmitglieder mit den gefundenen Ergebnissen identifizieren können. Wichtig ist dabei auch, dass der Controller seine Wirkung, die er bei der Gruppe (auch durch seine Körpersprache) hervorruft, für sich selbst wahrnimmt, kritisch reflektiert und bei seinem weiteren Verhalten berücksichtigt. Sind bestimmte kommunikative Elemente beim Controller nur lückenhaft vorhanden, müssen diese trainiert und verbessert werden.

Nach einer Besprechung (= Sitzung, Konferenz, Vortrag) muss der Controller in der Lage sein, aus dem Gedächtnis heraus oder aus Mitschriften ein **Protokoll** anzufertigen. Das Protokoll sollte

- ► **kurz** sein, da sich die Empfänger erfahrungsgemäß später nur wenig Zeit für das Lesen nehmen. An den Anfang gehören die Agenda und Angaben über Ort, Zeit und Teilnehmer des Zusammentreffens.

- ► **aussagekräftig** sein, denn es ist ein Dokument, das der Führung präsentiert und auf das in Bedarfs- bzw. Zweifelsfällen zurückgegriffen werden kann bzw. muss

- ► das **Ergebnis der Besprechung** wiedergeben, ohne dass die Namen derjenigen Teilnehmer (insbesondere die der Führung) genannt werden müssen, die im Verlauf etwas gesagt, empfohlen oder kritisiert haben, schlecht vorbereitet waren oder zu spät kamen. Vielmehr ist anzugeben, welche Beschlüsse gefasst wurden, welche später kontrollierbaren Konsequenzen damit verbunden sind und welche Teilnehmer konkrete Aktionsaufträge mit klarer Terminierung erhielten.

Vom Controller wird schließlich auch eine **Kompetenz zum individuellen Lernen** erwartet, und die Bereitschaft, als Dienstleister sein Wissen auch anderen zugänglich zu machen. Durch Wissensteilung (engl. Information Sharing) lässt sich Transparenz schaffen, die Gerüchten, stillen Boykotts und Geheimniskrämerei keinen Raum lässt.

Der Controller sollte lernen, mit **Enttäuschungen** und **Rückschlägen** umzugehen, wenn es mal nicht so kommt, wie es eigentlich von ihm vorgesehen war.

12.5 Controllingeffizienz

Entsprechend aller genannten Eigenschaften wird vom Controller erwartet, dass er als **Multitalent** zwischen verschiedenen Rollen zu wechseln in der Lage ist.

Gängige **Rollendefinitionen** sehen den Controller als

- ► **Wächter** über das gesamte Zahlenwerk des Unternehmens

- ► **Change Agent**, der Veränderungsprojekte und -prozesse anstößt, kritisch begleitet und mit Hand anlegt

- ► **Lotse**, der die Baustellen des Unternehmens kennt und lösungsorientiert sowie engpass- oder schnittstellenbezogen navigiert

▶ **Inhouse Consultant**, der die Zusammenhänge, Funktionen, Prozesse, Risiken und Informationsbedarfe seiner Klienten besser kennt als jeder externe Berater

▶ **Coach**, der mit seinen Dienstleistungen dann erfolgreich ist, wenn andere im Unternehmen Erfolg haben.

Hinzu kommt die Rolle, die der jeweilige Controller innerhalb der Gruppe aller Controller des Unternehmens einnimmt.

Die periodische Messung der dem Controlling zuzurechnenden Mehrwert kann durch die Beziehung zwischen Output (= Nutzen) und Input (= Kosten) erfolgen. Dabei ist zur **Steigerung der Effizienz** nach dem ökonomischen Prinzip zu verfahren, nämlich einen gegebenen Nutzen mit minimalen Kosten zu erreichen oder mit gegebenen Kosten einen maximalen Nutzen anzustreben. Auf einfache Weise lassen sich die Kosten des institutionalisierten Controllings mithilfe der **Kostenstellenrechnung** ermitteln. Ungleich schwieriger lassen sich **Feedbacks** der Klienten des Controllings bewerten, vor allem dann, wenn diese subjektiv geschönt sind. Als besonders schwierig dürfte sich erweisen, die eingangs genannten **Opportunitätskosten** zu bewerten, die dann entstehen, wenn bei einem einschränkten oder gar fehlendem Controlling vorhandene Chancen verpasst werden, die einen entgangenen Nutzen (= Opfer) darstellen (*Hartung, 2002*).

Sind Leistungen des Controllings nicht direkt messbar, müssen zur indirekten Ermittlung der Leistung geeignete **Ersatzkriterien** (= Hilfsvariable) bestimmt und angewendet werden, darunter der **Grad der Akzeptanz** des Controllings im Unternehmen. Um den zu steigern, sind u. a. folgende Aktivitäten geeignet: Leistungen der Controller stärker in das Bewusstsein ihrer Klienten zu rücken, Klienten zu veranlassen, bei der Lösung anstehender Aufgaben mitzuhelfen und mithelfende Klienten mit nützlichem Controllerwissen zu versorgen. Weitere Ersatzkriterien sind Geschwindigkeit, Schnittstellenprobleme und die Informationsqualität.

Als Ergebnis ihrer **Studien zur Controllingeffizienz** stellen *Hoffjan, u. a. (2010)* fest, *„dass Controllingeffizienz in der Praxis eine bisher geringe, wenn auch zunehmende Bedeutung zukommt"*. Positiv äußerte sich erst kürzlich der persönlich haftende Gesellschafter eines namhaften deutschen Lebensmittelkonzerns: *„Unser Controllingsystem ist Teil unseres Erfolgs"*.

Aufgabe 15 > Seite 631

Lösung

1.	Was versteht man in der Wirtschaft unter einem Geschäftsmodell?	S. 24
2.	Welche Merkmale kennzeichnen Industrie- und Handelsbetriebe sowie deren Sach- und Dienstleistungen?	S. 24 ff.
3.	Was sind Halbfabrikate? Gibt es diese auch in Handelsbetrieben?	S. 25
4.	Welche Vorteile bieten Hybridprodukte dem Industriebetrieb?	S. 26
5.	Wodurch ergibt sich die Attraktivität eines Absatzmarkts?	S. 27
6.	Nennen und begründen Sie die typischen Eigenschaften und Verhaltensweisen des Homo oeconomicus!	S.27
7.	Welche Überlegung sprechen für eine verhaltensorientierte Ausrichtung des Controllings im Unternehmen?	S. 28
8.	Was versteht man unter den Bezeichnungen „System" und „systemisch"?	S. 29
9.	Zur betrieblichen Leistungserstellung werden Produktionsfaktoren (Ressourcen) benötigt. Wer stellt dem Unternehmen welche Ressourcen zur Verfügung und verlangt dafür welche Gegenleistungen?	S. 29 f.
10.	Um beurteilen zu können, ob Controlling ein Subsystem der Unternehmensführung sein sollte, sollte Klarheit darüber bestehen, was „Führung" bedeutet und welche Teilsysteme sich diesbezüglich unterscheiden lassen! Nehmen Sie dazu Stellung!	S. 31
11.	Erläutern Sie die im angelsächsischen Sprachgebrauch verwendete Bezeichnung „Control"?	S. 32
12.	Was versteht man unter Wachstum und warum ist solches grundsätzlich kein Selbstzweck?	S. 33
13.	Beurteilen Sie kritisch den Zusammenhang zwischen externen Effekten und dem Wohlstand der Bevölkerung eines Landes!	S. 34
14.	Nennen und umschreiben Sie kurz die typischen Aufgaben des Controllings im Unternehmen!	S. 35
15.	Welche Überlegungen sprechen dafür, Controlling im Unternehmen zu institutionalisieren und dabei wertorientiert auszurichten?	S. 35
16.	Erläutern Sie die mit der Institutionalisierung des Controlling anfallenden Transaktions- und Opportunitätskosten sowie deren Unterschiede!	S. 36

Lösung

17.	Nehmen Sie Stellung zu folgender Behauptung: „Steuern lässt sich nur, was auch gemessen werden kann!"	S. 37
18.	Warum braucht jedes Unternehmen eine Organisation und was ist darunter zu verstehen?	S. 40 ff.
19.	Nennen und begründen Sie in Bezug auf die Unternehmensaufsicht bzw. -kontrolle je zwei Vor- und Nachteile des mehrstufigen (deutschen) Trennungsmodells gegenüber dem einstufigen (angelsächsischen) Board-Modell!	S. 41 f.
20.	Skizzieren Sie das Center-Konzept und grenzen Sie durch Angabe der Verantwortlichkeiten voneinander ab: Cost Center, Profit Center und Investment Center!	S. 42 f.
21.	Was versteht man unter einem Shared Service Center (SSC)? Machen Sie deutlich, wie sich ein SSC (etwa das Controlling) mit standardisierten Leistungen zu einem „Center of Competence" entwickeln kann!	S. 43
22.	Was ist ein Funktionsbereich und welche klassischen Funktionsbereiche gibt es in Industriebetrieben? Wie lässt sich auf Basis von Funktionsbereichen eine Hierarchie im Unternehmen schaffen?	S. 43 f.
23.	Beschreiben Sie, was im Unternehmen eine Sparte ist und nach welchen Kriterien sich eine Spartenorganisation aufbauen lässt!	S. 44
24.	Machen Sie deutlich, was ein Projekt ist, welche Unterarten diesbezüglich bestehen und warum von der Unternehmenshierarchie getrennte Projektorganisationen zweckmäßig sind!	S. 45 ff.
25.	Grenzen Sie die Vor- und Nachteile realer und virtueller Teams voneinander ab!	S. 46
26.	Beschreiben Sie den Fall, dass der Projektcontroller zum Antreiber innerhalb eines ansonsten homogenen Teams wird!	S. 47
27.	Auf welche Weise entsteht ein Konzern und was sind dessen besondere Kennzeichen?	S. 49 f.
28.	Was ist ein Konzernholding und welche Formen lassen sich diesbezüglich unterscheiden?	S. 49 f.
29.	Das Gegenstück zum fokussierten Unternehmen ist das Konglomerat. Kennzeichnen Sie ein solches und erläutern Sie dessen Vor- und Nachteile!	S. 51 f.

Lösung

30.	Gelegentlich werden Konglomerate in Tracking Units zerlegt. Warum geschieht das und wie ist die Vorgehensweise?	S. 52
31.	Kennzeichnen Sie einen Prozess!	S. 52
32.	Wie entstehen Prozessketten?	S. 52
33.	Durch welche Merkmale unterscheiden sich sowohl Kreativ- und Routineprozesse als Primär- und Sekundärprozesse?	S. 53
34.	Worin unterscheiden sich Haupt- und Geschäftsprozesse?	S. 55
35.	Welche Gefahren ergeben sich aus Prozessschnittstellen?	S. 57
36.	Was versteht man im Prozessmanagement unter Workflow und Groupware? Lassen Sie deren Gemeinsamkeiten und Unterschiede erkennen!	S. 58 f.
37.	Inwieweit kann das Controlling das Management bei der Verkettung von Prozessen wirkungsvoll unterstützen?	S. 60
38.	Beschreiben Sie Kommunikation im Allgemeinen und Telekommunikation im Besonderen!	S. 61
39.	Was ist ein „kommunikativer Overkill" und wie lässt sich ein solcher vermeiden?	S. 61
40.	Grenzen Sie anhand geeigneter Kriterien voneinander ab: Internet, Intranet und Extranet!	S. 62 f.
41.	Wie entsteht ein Beziehungsnetzwerk und welche Bedeutung haben dabei formelle und informelle Beziehungen zwischen den Beteiligten?	S. 64
42.	Nehmen Sie kritisch Stellung zu der Behauptung, dass Regeln und Routinen für geordnete Abläufe innerhalb der Unternehmenshierarchie unbedingt erforderlich sind!	S. 65 f.
43.	Welchen Zwecken dienen zwischenbetriebliche Kooperationen und wie geschieht deren Koordination in Anbetracht des Fehlens einer steuernden Zentralinstanz?	S. 67
44.	Arbeiten Sie Gemeinsamkeiten und Unterschiede zwischen einem Virtuellen Unternehmen und einer Strategischen Allianz heraus!	S. 69 ff.
45.	Warum gründen Unternehmen gemeinsam ein Joint Venture?	S. 71 f

46.	Was versteht man unter Risiko in seiner engen (asymmetrischen) bzw. erweiterten (symmetrischen) Ausprägung?	S. 73
47.	Erläutern Sie die Ursachen für die Entstehung von Risiken!	S. 75
48.	Beschreiben Sie am Beispiel einer zu nennenden Zufallsgröße den Weg von der Erstellung eines Histogramms bis hin zur Ableitung einer Normalverteilung!	S. 78 f.
49.	Skizzieren Sie die Bedeutung der Risikobereitschaft für das Entscheidungsverhalten von Managern!	S. 81 f.
50.	Nennen und erläutern Sie die Gründe für den Risikoschub bei Kollektiventscheidungen!	S. 82
51.	Skizzieren Sie die Aufgaben des Risikomanagements im Unternehmen und nennen Sie Möglichkeiten der Mitwirkung des Risikocontrollings!	S. 83 f.
52.	Beschreiben Sie den Sachverhalt des sog. „Schwarzen Schwans"!	S. 86
53.	Beschreiben Sie Zweck und Vorgehensweise bei der Erstellung eines Fischgräten-Diagramms (Ishikawa-Chart)!	S. 86 f.
54.	Erläutern Sie die Schwierigkeiten, wenn mittels Korrelationen die Verbundwirkungen von Einzelrisiken quantifiziert werden sollen!	S. 89
55.	Grenzen Sie voneinander ab: Nominal-, Ordinal- und Verhältnisskalen!	S. 89 f.
56.	Was versteht man unter einem Exposure?	S. 91
57.	Auf welchen Überlegungen beruht das bei Banken weit verbreitete Konzept des Value at Risk? Mit welchen Schwierigkeiten muss gerechnet werden, wenn dieses Konzept auf industrielle Unternehmen übertragen werden soll?	S. 92 f.
58.	Ist es richtig zu behaupten, dass der Gewinn die Prämie für die Übernahme von Restrisiken sei? Begründen Sie Ihre Antwort!	S. 94
59.	Geben Sie jeweils zwei typische Beispiele für Maßnahmen, durch die Risiken gemindert und gestreut werden können!	S. 94
60.	Was versteht man unter einem Hedge und welches sind seine Instrumente?	S. 95
61.	Ist es richtig zu behaupten, dass Großrisiken fremdversichert und Kleinrisiken selbst getragen werden sollten? Begründen Sie Ihre Antwort!	S. 96 f.

Lösung

62.	Warum ist Redundanz mitunter eine sinnvolle Art der Absicherung?	S. 98
63.	Nehmen Sie kritisch Stellung zur Directors & Officers-Versicherung im Unternehmen!	S. 98
64.	Was versteht man unter einem Internen Kontrollsystem?	S. 99
65.	Trifft es zu, dass zum Auf- und Ausbau sowohl eines effizienten Risikomanagements als auch eines funktionierenden Internen Kontrollsystems nicht unbedingt neue Arbeitsplätze zu schaffen sind? Begründen Sie Ihre Antwort!	S. 99
66.	Welche Rolle spielt das Controlling im Rahmen des auf die Rechnungslegung bezogenen Internen Kontrollsystems?	S. 99 f.
67.	Erläutern Sie die Kennzahl „Six Sigma" im gleichnamigen Ansatz!	S. 100 ff.
68.	Was versteht man unter den Bezeichnungen „First Passed Yield" und „Ausbeute" einer Prozesskette?	S. 102 f.
69.	Wodurch unterscheiden sich in der Wirtschaft „Strategische Investoren" und „Finanzinvestoren"?	S. 104
70.	Mit welchen Gefahren muss nach dem Principal Agent-Ansatz bei einer asymmetrischen Informationsverteilung gerechnet werden und durch welche Maßnahmen lassen sich diese Gefahren reduzieren? Lassen Sie erkennen, wer dabei Principal und Agent ist!	S. 105
71.	Worum geht es bei der Corporate Governance?	S. 106 ff.
72.	Beurteilen Sie kritisch den im Sarbanes Oxley Act vorgesehenen „Informantenschutz" aus der Sicht des Controllers, der herausgefunden hat, dass an der Unternehmensspitze ohne jeden Zweifel gegen die Corporate Governance verstoßen wird?	S. 106
73.	Ein Bekannter will von Ihnen wissen, was er unter Compliance zu verstehen habe. Wie lautet Ihre Antwort?	S. 107
74.	Wie sollte Ihrer Meinung nach der Inhalt einer Ethiknorm lauten?	S. 109
75.	Ist es richtig zu behaupten, Corporate Governance sei für das Controlling im Unternehmen eine Herausforderung?	S. 109
76.	Was versteht man unter Planung und warum wird diese von Unternehmen überhaupt betrieben?	S. 109
77.	Beschreiben Sie die Rolle des Controlling im Rahmen der integrierten Unternehmensplanung!	S. 110 ff.

Lösung

78.	Nennen und erläutern Sie mindestens vier Sachverhalte, die die Absichten des Unternehmens ausmachen!	S. 112 f.
79.	Was versteht man unter Vertrauen und aus welchen Überlegungen sollte Vertrauen die Grundlage sämtlicher Handlungen im Unternehmen sein?	S. 113 ff.
80.	Erläutern Sie die Vorgehensweise bei der Projektion von Szenarien!	S. 116 f.
81.	Was versteht man unter einem Hypothesentest?	S. 117
82.	Skizzieren Sie die Vorgehensweise einer Delphi-Runde!	S. 117
83.	Wie verläuft ein typischer Diffusionsprozess (z. B. einer ansteckenden Krankheit), aus dem sich der klassische Produktlebenszyklus ableiten lässt?	S. 118
84.	Nehmen Sie kritisch Stellung zur Vorgehensweise der kostenorientierten Preisbildung (Zuschlagskalkulation) und zeigen Sie Alternativen auf!	S. 119 f.
85.	Welche Gefahren resultieren aus Rabatten und wie lässt sich diesen Gefahren entgegenwirken?	S. 120 f.
86.	Nennen und begründen Sie jeweils drei typische Kennzeichen des Eigen- und Fremdkapitals!	S. 121 ff.
87.	Ist es richtig zu behaupten, Eigenkapital sei Risikokapital und bestimme in seiner Höhe den Shareholder Value? Begründen Sie Ihre Antwort!	S. 122
88.	Was versteht man unter Pensionsrückstellungen und welche Rolle spielen diese in den Bilanzen industrieller Unternehmen?	S. 124
89.	Worin besteht die „Last der Schulden" für das Unternehmen und welche Maßnahmen sind erforderlich, um diese Last zu mindern?	S. 125
90.	Was versteht man unter einer Investition und deren Bedeutung als Werttreiber?	S. 126
91.	Beschreiben Sie den Weg zur Berechnung des investierten Kapitals aus allgemein zugänglichen Bilanzangaben! Nehmen Sie kritisch Stellung zur Vorgehensweise und nennen Sie Verbesserungsmöglichkeiten sowie Alternativen!	S. 126 f.
92.	Aus welchen Bilanzpositionen wird das Working Capital berechnet? Begründen Sie, warum das Working Capital kein Wertreiber ist!	S. 127

Lösung

108.	Was ist ein Übergewinn und wie lässt sich dieser berechnen?	S. 153
109.	Welche Sachverhalte ergeben sich im Zusammenhang mit sozio-kulturellen Zielen?	S. 156 f.
110.	Was versteht man unter einer Geschäftsstrategie und aus welchen Gründen sollte jede Geschäftsstrategie einzigartig sein? Machen Sie deutlich, wie sich Einzigartigkeit erreichen und feststellen lässt!	S. 160 f.
111.	Wodurch unterscheiden sich Strategien und Aktionen?	S. 164
112.	Ist es richtig zu behaupten, dass Kernkompetenzen auch Ressourcen sind? Begründen Sie Ihre Antwort!	S. 165
113.	Welche Überlegungen sprechen für und gegen einen zeitlich nahen bzw. fernen Planungshorizont?	S. 166 f.
114.	Was ist ein Planungskalender und wie wird dieser üblicherweise gestaltet?	S. 167 ff.
115.	Skizzieren Sie den Prozess der Planung von und nach unten! Wer kommt dabei als Planungsträger infrage? Nennen Sie mindestens zwei Vor- und Nachteile des jeweiligen Vorgehens!	S. 169
116.	Erläutern Sie die Mitwirkung des Controllings bei der Planung nach dem Gegenstromverfahren!	S. 170
117.	Was sind und wodurch unterscheiden sich Methoden und Modelle als Instrumente der Planung?	S. 170 ff.
118.	Beschreiben Sie die SWOT-Analyse und das Benchmarking und erläutern Sie deren Gemeinsamkeiten bzw. Unterschiede!	S. 173 ff.
119.	Skizzieren Sie die Vorgehensweise bezüglich der ABC-Klassifizierung des Materials! Welche Vorteile sind damit verbunden?	S. 175 f.
120.	Welcher Unterschied besteht zwischen Planung und Prognose? Erläutern Sie, warum man Prognosen bei der Planung verwenden kann, aber nicht umgekehrt!	S. 178
121.	Von zunehmender Bedeutung für die Unternehmenssteuerung sind rollierende Prognosen. Was wird darunter verstanden und welche Vorteile bieten diese gegenüber anderen Prognosearten?	S. 179
122.	Beschreiben Sie den Ablauf der Nutzwertermittlung mithilfe eines Scoringmodells! Nennen und begründen Sie die damit verbundenen Vor- und Nachteile!	S. 180 ff.

Lösung

123.	Skizzieren sie in Bezug auf die Simulation die Dichtefunktion der jeweiligen Input- und Outputgrößen!	S. 183 f.
124.	Was versteht man unter einer Option im Allgemeinen und einer Realoption im Besonderen? Erläutern Sie am Beispiel einer Investition (als Bezugsobjekt) die Bedeutung der Realoption als Instrument zur Schaffung von „Wert durch Unsicherheit"!	S. 185 ff.
125.	Nennen und beschreiben Sie mindestens drei Arten von Realoptionen und deren jeweilige Besonderheiten!	S. 187
126.	Mit welchen Kostenpreisen lassen sich Konzernleistungen bewerten und verrechnen, wenn die leistende Organisationseinheit unterbeschäftigt, vollbeschäftigt oder überbeschäftigt ist?	S. 189
127.	Was versteht man unter Kontrolle im Allgemeinen und unter Ergebniskontrolle im Besonderen?	S. 192 ff.
128.	Skizzieren Sie einen kybernetischen Regelkreis! Verdeutlichen Sie Ihre Aussagen durch eine Zeichnung und zeigen Sie, wie zwei solcher Regelkreise vertikal (hierarchisch) miteinander verknüpft und vom Controlling zur internen Koordination verwendet werden können!	S. 197
129.	Welchen zu begründenden Einfluss haben Kontrollen auf die Planung?	S. 197
130.	Wodurch unterscheiden sich Informationen von Daten und Wissen?	S. 199 f.
131.	Skizzieren Sie die Vorgehensweise der softwaregestützten Suchmaschine „Business Intelligence"!	S. 200
132.	Was sind Kennzahlen und welche Gefahren ergeben sich aus einer Kennzahleninflation?	S. 201
133.	Wodurch unterscheiden sich beschreibende, erklärende und vorhersagende Kennzahlen?	S. 201
134.	Unter welcher Bedingung ergibt sich der Aussagegehalt einer Grundzahl?	S. 202
135.	Was sind und welche Vorteile bieten Verhältniszahlen? Geben Sie je ein Beispiel für eine Gliederungs-, Beziehungs- und Messzahl!	S. 202
136.	Für welche Zwecke lassen sich Fortschrittszahlen ermitteln und verwenden?	S. 204

Lösung

137.	Erläutern Sie die Vor- und Nachteile eines Kennzahlenordnungs-systems!	S. 205
138.	Wie lassen sich Kennzahlen zu einem Rechensystem verknüpfen? Verdeutlichen Sie Ihre Aussagen am Beispiel des Return on Investment (ROI)!	S. 205
139.	Erläutern Sie die Unterschiede bezüglich der Versorgung mit Informationen (als Bringschuld des Controllings) und der Beschaffung von Informationen (als Holpflicht des Managements)! Gehen Sie dabei auch auf die organisatorischen Voraussetzungen ein!	S. 207 f.
140.	Erläutern Sie die Chancen und Risiken des Cloud Computings aus Sicht der Nutzer!	S. 208 f.
141.	Aus welchen Komponenten besteht ein Datenbanksystem?	S. 209
142.	Beschreiben Sie die Gemeinsamkeiten und Unterschiede des Relationen- und OLAP-Datenmodells!	S. 210 f.
143.	Erläutern Sie den Aufbau und die Arbeitsweise eines ERP-Systems (Enterprise Resource Planning)!	S. 213
144.	Skizzieren Sie ein Management-Cockpit und dessen Vorteile innerhalb eines Führungsinformationssystems!	S. 215
145.	Unter Berücksichtigung des Data Warehouse-Konzepts lässt sich das ERP-System zu einem EAI-System (Enterprise Application Integration) erweitern! Wie geschieht das, welches Resultat wird angestrebt und welche Schwierigkeiten sind zu überwinden?	S. 215 f.
146.	Welche Zusammenhänge bestehen zwischen dem individuellen, kollektiven und organisationalen Lernen!	S. 218 ff.
147.	Nach welchen Kriterien lässt sich Wissen systematisieren?	S. 222 f.
148.	Nennen und erläutern Sie mindestens drei gängige Formen der Wissensrepräsentation!	S. 223
149.	Skizzieren Sie die an einen Wissensmanager gestellten Anforderungen!	S. 225
150.	Welche Merkmale kennzeichnen einen T-Shaped Manager?	S. 226
151.	Zeigen Sie, welche Rolle das Wissenscontrolling bezüglich der Schaffung wissensbasierter Wettbewerbsvorteile spielt!	S. 226 f.

Lösung

152.	Beschreiben Sie den Aufbau einer Wissensbilanz und die dazu erforderlichen Datenbestände!	S. 227 f.
153.	Was gehört zu den Koordinationsaufgaben des Controllings?	S. 230
154.	Durch welche (mindestens drei) Aufgaben unterscheidet sich Controlling vom betrieblichen Rechnungswesen?	S. 234
155.	Grenzen Sie Controlling von der Internen Revision ab und nehmen Sie kritisch Stellung zu einer solchen Abgrenzung!	S. 234 f.
156.	Warum erfordert Controlling ein hohes hierarchisches Potenzial im Unternehmen?	S. 235 ff.
157.	Beschreiben Sie mögliche Konflikte, wenn ein Controller fachlich dem Zentralcontroller und disziplinarisch einem Bereichsleiter unterstellt wird!	S. 239
158.	Nehmen Sie kritisch dazu Stellung, dass in Prozessketten integrierte Controller zu Prozessbeteiligten werden!	S. 240
159.	Welche persönlichkeitsbedingten Eigenschaften des Controllers erfordert das Arbeiten in hierarchischen bzw. polyzentrischen Netzwerken?	S. 242 f.
160.	In welchen unterschiedlichen Rollen kann der Controller je nach Sachlage seinen Klienten gegenüber auftreten?	S. 244 f.

B. Strategische Planung

Zu den Aufgaben der strategischen Planung gehören die Vorbereitung langfristiger Entscheidungen bezüglich **Strategischer Geschäftsfelder und -einheiten** des Unternehmens sowie die Schaffung und Erhaltung der damit verbundenen **Erfolgspotenziale**.

Verantwortlich für die strategische Planung ist letztendlich die Unternehmensleitung, die diese Planaufgaben aber an andere interne Planungsträger delegieren kann, die dann vom **Controlling** fachlich unterstützt und koordiniert werden (*Baum u. a., 2007*).

1. Planungshorizont

Empirische Untersuchungen haben ergeben, dass viele Unternehmen ihrer strategischen Planung einen **Fünfjahreszeitraum** zu Grunde legen, da das Wirksamwerden von Geschäftsstrategien (z. B. im Zusammenhang mit einer Produktneuerung) in etwa so lange dauert. Da aber im Wettbewerb nur der gewinnt, der schnell Ideen entwickelt und Innovationen umsetzt, kann es sein, dass der Horizont der strategischen Planung in Abhängigkeit von der konkreten Branchen- und Marktlage auch kürzer ist.

Der vielfach bestehenden Notwendigkeit einer über den Planungshorizont hinausgehenden Betrachtungsweise wird durch **Fortschreibung** der strategischen Pläne zu begegnen versucht. Erfolgt die Fortschreibung in jährlichen Abständen, wird von einer **rollenden** bzw. **rollierenden Planung** gesprochen, indem mit dem zeitlichen Näherrücken an die Gegenwart die gesamte Bezugzeit, etwa der Fünfjahreszeitraum, um ein weiteres Planjahr in die Zukunft verschoben wird.

Die strategische Planung sollte **flexibel** sein, um bezüglich der vorgesehenen Strategien auf Überraschungen zeitnah reagieren zu können. Eine Strategie gilt dann als flexibel, wenn durch sie nur ein jeweils „erster Schritt" festgelegt wird, der robust sein sollte. Ein Schritt wird dann als robust angesehen, wenn er möglichst wenig zukünftige Richtungen verbaut.

Eine **Einschränkung der Flexibilität** erfährt das Unternehmen oft durch historische Kräfte, d. h. bestehende Strukturen, traditionelle Sichtweisen und die eingeschränkte Bereitschaft des Managements in Bezug auf notwendige Änderungen. Damit werden Strategien der Gegenwart leicht zu Determinanten der Zukunft.

2. Strategische Erfolgsobjekte

Als strategische Erfolgsobjekte eines Unternehmens gelten Strategische Geschäftseinheiten (SGEs), deren Einrichtung eine **strategische Segmentierung** erforderlich macht. Diese hat grundsätzlich so zu erfolgen, dass in sich homogene und überschneidungsfreie, aber zueinander heterogene Planungseinheiten entstehen.

2.1 Außensegmentierung

Die Außen-, Markt- oder Umfeldsegmentierung dient der **Bestimmung von Strategischen Geschäftsfeldern**.

Unter einem **Strategischen Geschäftsfeld** (SGF) oder einer „Strategic Business Area" versteht man einen isolierten Ausschnitt des realen und/oder virtuellen Absatzmarkts, den das Unternehmen künftig zu bearbeiten bzw. zu bedienen beabsichtigt und für das ein spezifisches Geschäftsmodell zu entwickeln ist.

Dazu ein Beispiel *(Müller-Stewens/Lechner, 2005)*:

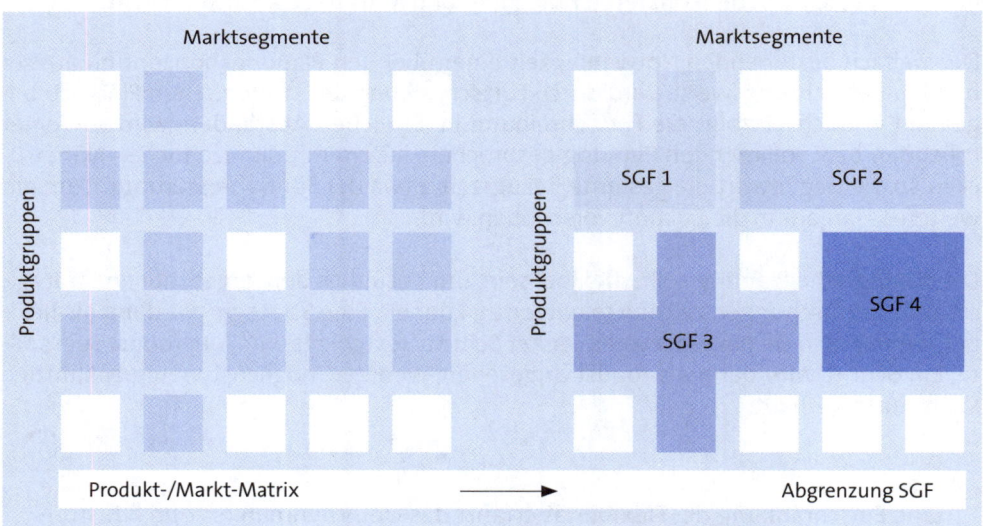

In der Abbildung kennzeichnen die dunklen Kästchen in der linken Matrix diejenigen Produkt-/Markt-Kombinationen, die aktuell bearbeitet werden und/oder künftig bearbeitet werden sollen. Diese werden in der rechten Matrix entsprechend ihrer Gemeinsamkeiten, bezogen auf Kunden, Lieferanten und Wettbewerber, bzw. Interdependenzen, im Ressourcen-, Markt- und Leistungsbereich, zu in sich **homogenen Geschäftsfeldern** zusammengefasst, die sich hinsichtlich ihrer Merkmalsausprägungen von den jeweils anderen Geschäftsfeldern unterscheiden. Das am dunkelsten markierte SGF 4 kennzeichnet das Kerngeschäft und die übrigen SGFs dienen der Erweiterung und Absicherung (= Diversifikation) des operativen Geschäfts, d. h. sie haben eine den Markierungen entsprechend geringere strategische Bedeutung.

Bei einer **Internationalisierung des Geschäfts**, wird – wie eingangs dargestellt – das Leistungsangebot über die Grenzen des Heimatmarkts hinaus erweitert. Idealtypisch beschreiben lässt sich die Internationalisierung als ein **mehrstufiger Prozess**: Angefangen wird mit dem **Export**. Übersteigt dieser eine kritische Größe und/oder sind Handelshemmnisse, wie z. B. Wechselkursschwankungen, Importquoten oder Zölle, auf Dauer nur schwer zu überwinden, kommt der Kooperation mit ausländischen Partnerunternehmen eine große Bedeutung zu. Abgesehen von **Lizenzabkommen** lassen sich **Direktinvestitionen** tätigen, indem ausländische Tochtergesellschaften (einschließlich deren Niederlassungen) gegründet oder von Dritten übernommen werden. Unter Verzicht der eigenen Selbstständigkeit im Ausland können auch **Joint Ventures** zusammen mit mindestens je einem ausländischen Partner betrieben werden. Durch die beiden letztgenannten Möglichkeiten lassen sich die als **Local-Content-Klauseln** bezeichneten Handelshemmnisse umgehen, die im jeweiligen Land sicherstellen sollen, dass ein bestimmter Prozentsatz eines Endprodukts aus heimischer Herstellung stammt.

Bezüglich des Strategiespektrums geht es im Unternehmen nicht nur um die **Erweiterung** der Produkt-/Marktaktivitäten durch Diversifikation, Internationalisierung oder Investitionen, sondern auch um die **Errichtung von Marktbarrieren** oder den **geordneten Rückzug** aus einem Markt bzw. seiner Segmente. Gründe für einen Rückzug bzw. Marktaustritt können sein: Ziele sind nicht erreichbar, zu hohe Komplexität sowie Kapital- und/oder Personalmangel *(Bamberger/Delic, 2010, Oelsnitz/Nirsberger, 2007)*.

2.2 Innensegmentierung

Bei der Innensegmentierung geht es um die Bildung von **Strategischen Geschäftseinheiten**. Damit wird im Unternehmen die eingangs erwähnte **Sekundärorganisation** mit Linien übergreifender Struktur geschaffen, die eine über den Absatz hinausgehende Wettbewerbsorientierung erlaubt. Angestrebt werden integrierte Angebotspakete, bestehend aus Gütern und diese sinnvoll ergänzenden Dienstleistungen. Gelingt es dem diversifizierten Unternehmen, bereichsübergreifendes Denken durchzusetzen und Vielfalt zu koordinieren, lässt sich der eingangs genannte Konglomeratsabschlag senken oder ganz beseitigen.

Eine **Strategische Geschäftseinheit** (SGE) bzw. „Strategic Business Unit" ist ein organisatorisches Gebilde, für das sich Strategien zum Auf- und Ausbau von Erfolgspotenzialen in einem SGF planen und realisieren lassen.

Bezüglich der **Bildung von SGEs** ist jeweils zu beachten:

► Die **Marktaufgabe** muss eigenständig, d. h. unabhängig von anderen SGEs des Unternehmens sein.

► Das **Marktpotenzial** muss vom Umfang her groß genug sein, um eine eigene strategische Vorgehensweise zur Erreichung eines relativen Wettbewerbsvorteils zu ermöglichen.

► Bezüglich der **Konkurrenzsituation** müssen die Wettbewerber eindeutig identifiziert werden können.

► Das **Management** muss unabhängig von anderen SGEs des Unternehmens über das Investitionsprogramm und den Einsatz von Ressourcen entscheiden können.

Die **Verantwortlichkeiten von SGEs** unterscheiden sich häufig von denen der Primärorganisation des Unternehmens. Wie die nachstehende Abbildung deutlich machen soll, kann eine SGE mit einer Sparte identisch sein (Fall a). Es ist aber auch denkbar, dass eine Sparte zwei oder mehr SGEs betrifft (Fall b) bzw. zwei oder mehr Sparten eine SGE bilden (Fall c). Eine Sparte kann dabei identisch sein mit einer oder mehreren der eingangs erwähnten **Tracking Units**.

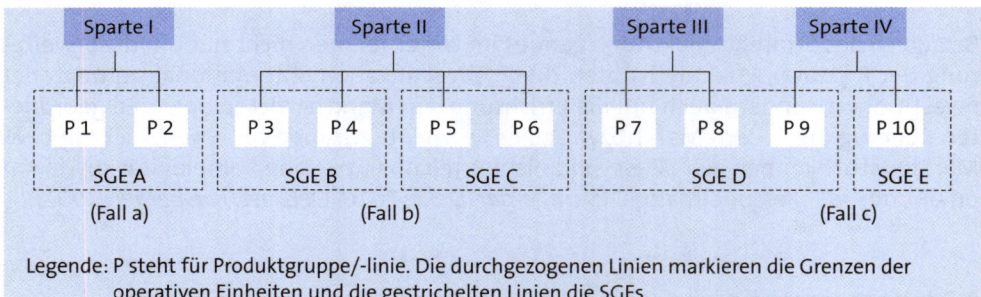

Legende: P steht für Produktgruppe/-linie. Die durchgezogenen Linien markieren die Grenzen der operativen Einheiten und die gestrichelten Linien die SGEs.

Üblicherweise hat die Sekundärorganisation eine **kollektive Struktur**. So wird für jede SGE ein Entscheidungsgremium (engl. Sector Board, übersetzt mit Lenkungsausschuss) gebildet, dem angehören können: Der zuständige Jobvorstand der Konzernspitze, die Leiter der betroffenen Linienbereiche der Primärorganisation, die Mitglieder des zentralen und dezentralen Controllings sowie in Einzelfällen zu bestimmende Führungskräfte und Experten aus den entsprechenden Linien und deren Stäbe. Dadurch entsteht ein **Matrix-Konzept**, das – wie in nachstehender Abbildung dargestellt – zu einer Doppelaufgabe des Managements führt.

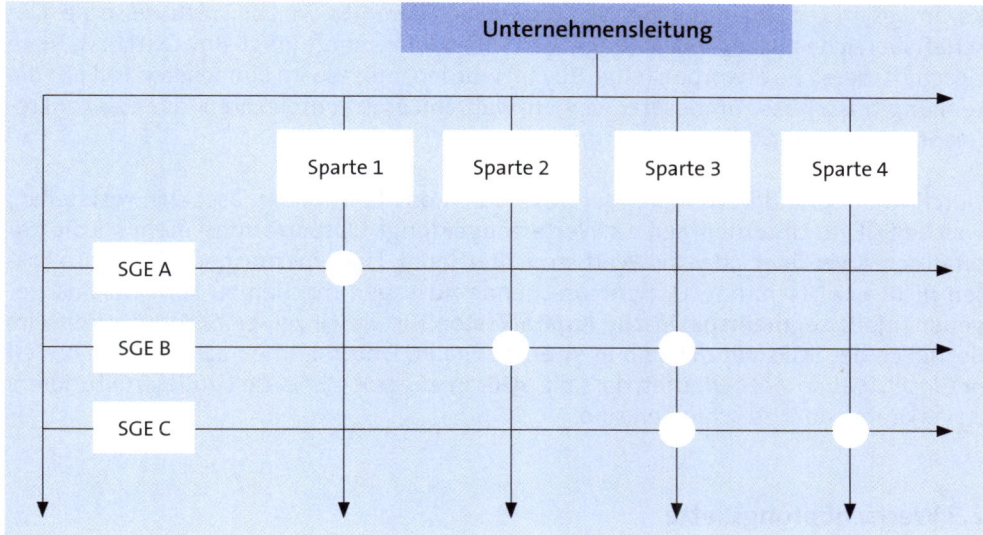

Die Aufgabe jeweils einer SGE besteht darin, **Wertbeiträge** für das Unternehmen zu generieren und im Rahmen des „Value Reporting" darüber zu berichten.

Zu gegebener Zeit kommen die Lenkungsausschüsse einzeln oder gemeinsam zu einer **Klausur** (= Strategie Workshop) zusammen, tauschen Informationen aus, behandeln anstehende Probleme und entscheiden über strategische Maßnahmen, die dann als **Führungsgrößen** von den Managern der Primärorganisation im Tagesgeschäft umzusetzen sind. Während die Verantwortung für die Schaffung und Ausschöpfung der jeweiligen Erfolgspotenziale zur Steigerung des Unternehmenswerts bei den SGEs liegt, haben die Linienmanager die Leistungs- und Kostenverantwortung. Die Umsetzung der Führungsgrößen wird vom Controlling koordiniert, überwacht und beurteilt.

Bei der Zerlegung des Unternehmens in SGEs ist zu beachten, dass sich viele Möglichkeiten für Wachstum und Erneuerung gerade an den **Prozessschnittstellen** zwischen den Geschäftsfeldern und deshalb auch zwischen den Geschäftsbereichen diversifizierter Konzerne ergeben.

Kommt es im Zeitablauf zu einer **Neuabgrenzung der SGEs**, weil beispielsweise alte Geschäftsbereiche ausgegliedert (engl. Spin Off) oder verkauft (engl. Buy Out) bzw. neue Geschäftsbereiche erworben (engl. Buy In) wurden, müssen im einfachsten Fall nur die Lenkungsausschüsse umbesetzt werden, während es in komplexeren Fällen zu konkreten Standort- und Stellenverlagerungen kommt.

Durch Analyse und Bewertung der SGEs durch das Controlling lässt sich feststellen, welche SGE im Unternehmen als **Werterzeuger** (engl. Outperformer) mehr als die Kapitalkosten verdient oder als **Wertvernichter** (engl. Underperformer) die Kapitalkosten nicht erwirtschaftet. Um entsprechende Aussagen machen zu können, sind gegebenenfalls **segmentspezifische Kapitalkosten** für die einzelnen SGEs zu ermitteln. Bezüglich der SGEs gilt deshalb in internationalen Unternehmen die Devise „Fix, Sell or Close", was so viel bedeutet, dass die SGEs in angemessener Zeit zu restrukturieren, zu verkaufen oder zu schließen sind.

2.3 Wertschöpfungskette

Für jede SGE ist die für sie relevante Wertschöpfungskette (engl. Value Chain), kurz auch Wertkette genannt, zu entwerfen, die zusammen mit anderen physischen Wertketten innerhalb des Konzerns koordiniert werden muss.

Unter der **Wert(schöpfungs)kette** versteht man die Gestaltung und Verknüpfung wertschöpfender Prozesse und zwar aus der Sicht der (externen) Kunden des Unternehmens.

Die **Wertkette** eines Unternehmens oder einer SGE hat nach *Porter* (*2010*) das folgende Aussehen:

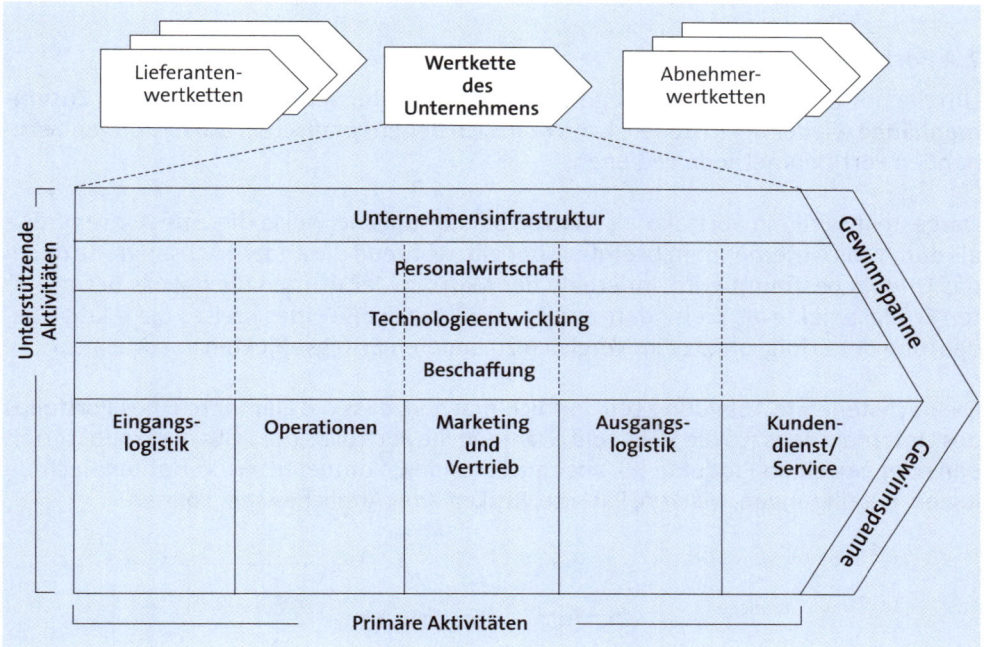

Die **Grenzen** zwischen den primären und unterstützenden (sekundären) Aktivitäten sind fließend, weshalb sie situativ vom Unternehmen bestimmt werden müssen. Außerdem sind neue Technologien in beide Aktivitätsarten angemessen zu integrieren, um auch Onlinetätigkeiten erfolgsorientiert steuern zu können. Schließlich soll die Strichelung der senkrechten Linien andeuten, dass sich die quer durch die gesamte Organisation verlaufenden Sekundäraktivitäten nur auf einige oder alle Primäraktivitäten beziehen.

Die Analyse der Wertkette des Unternehmens durch das Controlling ist kein einmaliger Vorgang. So muss immer wieder geprüft werden, ob von den Lieferanten bzw. Abnehmern vorgenommene Aktivitäten nicht besser selbst erledigt oder welche eigenen Aktivitäten künftig an Dritte ausgelagert werden sollten. Dabei wird auch die Tatsache eine Rolle spielen, dass eine zu lange Wertkette die Durchlaufzeit von Aufträgen und damit die Koordinationskosten erhöht.

Selbstverständlich muss auch die **Rolle des Controllings** als Teil der in obiger Abbildung enthaltenen Unternehmensinfrastruktur immer wieder überprüft werden. Als nur mittelbarer Wertschöpfer müssen Controller ihren Nutzen dadurch nachweisen, dass sie sich ihren internen Klienten gegenüber attraktiv darstellen, und ihre Leistungen für das Management ansprechend gestalten. Das wird umso eher gelingen, je mehr Controlling als eine Art Röntgenschirm unmittelbar in Prozesse eingebunden wird. Daraus folgt, dass ein übertriebener Planungs- und Kontrollaufwand zu vermeiden ist und das interne Berichtswesen sich nur auf wesentliche Sachverhalte zu beschränken hat.

2.4 Portfolioansatz

Um die mit der strategischen Segmentierung mitunter verloren gegangenen **Zusammenhänge** wieder herzustellen, kann man sich der auf grafischen Darstellungen beruhenden Portfoliomethode bedienen.

Dargestellt wird ein Portfolio als **Matrix**, bei der üblicherweise die eine Achsengröße als durch das Unternehmen beeinflussbar gilt, während die andere Achsengröße durch das Umfeld bestimmt wird. Innerhalb der Matrixfelder werden die jeweils betrachteten Erfolgsobjekte als Kreise dargestellt, wobei die Größe eines Kreises die relative Bedeutung des Erfolgsobjekts im Vergleich zu anderen Erfolgsobjekten ausdrückt.

Die nachstehende Abbildung soll deutlich machen, dass die **Elemente eines Portfolios** des Unternehmens (U) die SGEs sind, während die Portfolios der SGEs die Produktgruppen oder einzelnen Produkte (P), aber auch Kunden, Kompetenzen, Verfahren, Technologien, Beteiligungen, Marken, Patente, Risiken oder Ähnliches sein können:

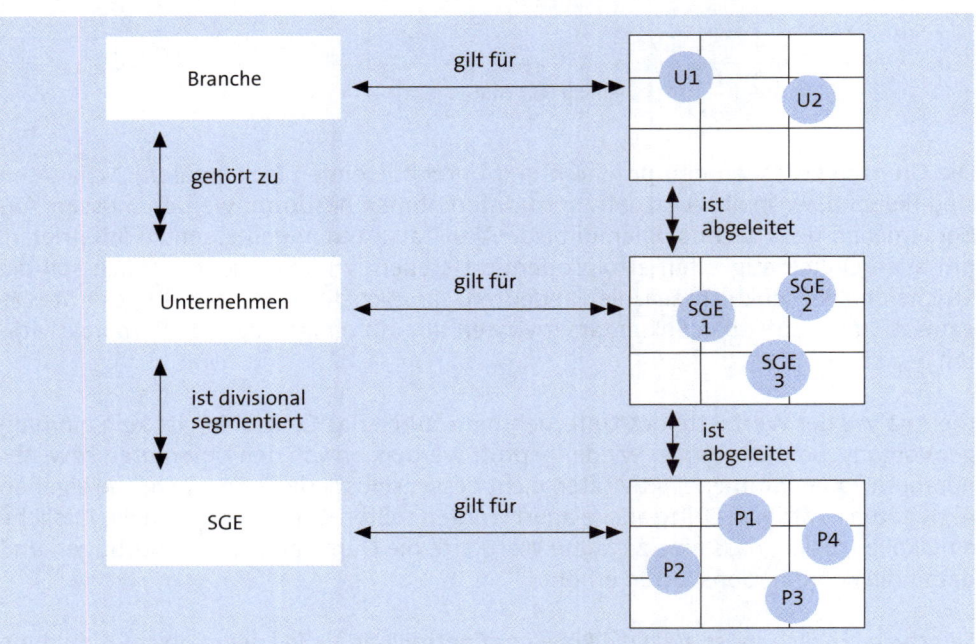

Die **Achsen der Matrix** lassen sich durch Angabe jeweils nur eines Faktors (= eindimensionales Kriterium) oder eines ganzen Faktorenbündels (= mehrdimensionales Kriterium) kennzeichnen. Durch die Unterscheidung der Faktoren jeweils in „niedrig" und „hoch" entstehen **vier Matrixfelder**, die häufig mit einprägsamen Kurzbezeichnungen versehen werden. Sofern auch mittlere Positionen im Portfolio berücksichtigt werden, gelangt man zu **neun Matrixfeldern**.

Es empfiehlt sich, zuerst ein **Soll-Portfolio** zu erstellen, das die Grundlage für die operative Umsetzung der jeweiligen Strategie bildet. Danach ist unter Berücksichtigung der aktuellen Gegebenheiten das entsprechende **Ist-Portfolio** zu erstellen. Durch einen Vergleich der beiden Portfolios wird ein eventueller Handlungsbedarf sichtbar.

Um den Ansatz übersichtlich zu halten, sollte die **Zahl der betrachteten Faktoren** begrenzt werden, d. h. es kann auf jene marginalen Faktoren verzichtet werden, die eine unschärfere Positionierung der jeweiligen Sachverhalte im Portfolio bewirken. Dieses ist, ebenso wie die Gewichtung der Faktoren, ein subjektiver Prozess, der allein noch keine strategischen Entscheidungen liefert.

Deshalb aber ganz auf den Portfolioansatz verzichten zu wollen, wäre nicht sinnvoll. Vielmehr geht es darum, die Vorteile dieses strukturierten Ansatzes zu nutzen, wie etwa:

► Verbesserung der **Kommunikation** durch einheitlichen Sprachgebrauch und Verwendung grafischer (visueller) Mittel

► Zusammenfassung von Informationen, um **Handlungsoptionen** zu entwickeln und darzustellen.

3. Strategische Erfolgsfaktoren

Um Aufschluss über jene Faktoren zu erhalten, die den finanziellen Erfolg der Unternehmen oder deren Geschäftsgebiete maßgeblich und dauerhaft beeinflussen, wird **Erfolgsfaktorenforschung** betrieben. Inzwischen gibt es eine ganze Reihe dieser Studien, darunter auch die **Insolvenzforschung**.

Unter einem strategisch relevanten **Erfolgsfaktor** versteht man eine Größe, die mit eine Ursache dafür ist, dass es in der Praxis erfolgreiche Unternehmen und weniger erfolgreiche Unternehmen gibt.

In der Literatur finden sich für Erfolgsfaktoren auch **Bezeichnungen**, wie etwa Werttreiber oder -generatoren, Enabler, Schlüsselfaktoren (engl. Critical Success Factors), Stellhebel zur Steigerung des Unternehmenswerts, Erfolgsbausteine, kritische Erfolgsdeterminanten oder strategische Erfolgspositionen (*Grabner-Kräuter, 1993; Pümpin/ Amann, 2005*).

Den **Stellenwert strategischer Erfolgsfaktoren** zum Aufbau von Erfolgspotenzialen visualisiert die folgende Abbildung (*Steinle u. a., 1995*):

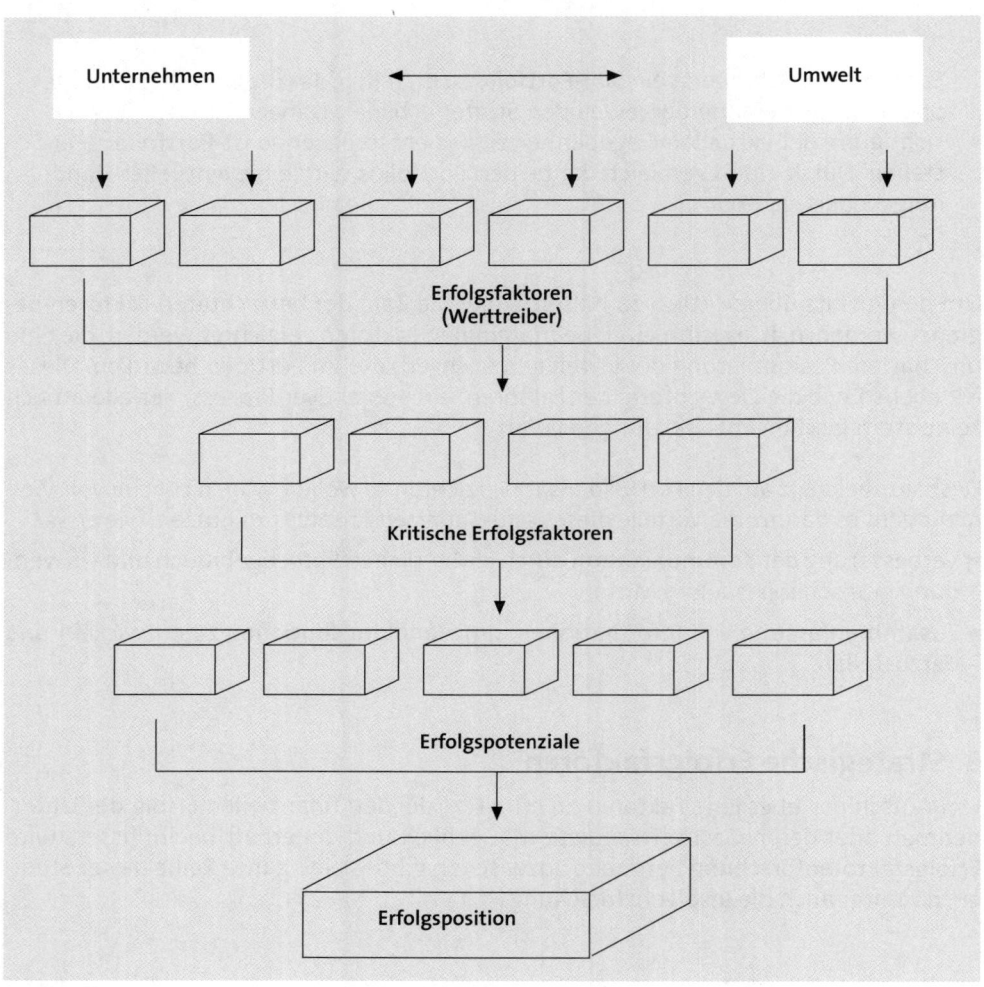

Nicht finanzielle Erfolgsfaktoren (engl. Key Performance Indicators / KPI) als Objekte des Performance Measurement werden als **kritisch** bezeichnet, wenn sie eine große Bedeutung für den Unternehmenserfolg und -wert haben. Für welche Erfolgsfaktoren dieses zutrifft, muss im konkreten Fall untersucht werden, wobei gilt: Einerseits sollten möglichst viele Erfolgsfaktoren identifiziert werden, andererseits ist aber auch eine Auswahl unter den identifizierten Erfolgsfaktoren zu treffen, um

► die **kurz- und langfristige Dimension** der Erfolgsfaktoren zu gewährleisten. Beispielsweise dürfen Erfolgsfaktoren, die den kurzfristigen Erfolg (= Gewinn bzw. EBT) positiv beeinflussen, nicht die langfristige Entwicklung des Unternehmens (und Steigerung des Unternehmenswerts) behindern.

▶ den Konflikt bezüglich der **internen und externen Wirkungen** zu begrenzen. Spricht ein interner Erfolgsfaktor etwa für die Senkung des betrieblichen Vorratsvermögens, verlangt ein externer Erfolgsfaktor einen Materialbestand in solcher Höhe, der die Anforderungen an die Lieferbereitschaft des Lagers erfüllen kann und damit einen Stock Out unwahrscheinlich werden lässt.

▶ auf den **verschiedenen Organisationsebenen** eine Transparenz zu schaffen, die es den Handlungsträgern erlaubt, selbst die Verantwortung im jeweiligen Aufgabenbereich zu übernehmen.

Für die Formulierung von Strategien ist ein **KPI-System** zu entwerfen, dessen laufende Überprüfung (etwa durch das Controlling) so zu geschehen hat, dass es entweder zu einer Konkretisierung oder Verwerfung der Erfolgsfaktoren kommt. Ferner gilt nach dem Success Resource Deployment-Ansatz, dass das effiziente Zusammenspiel (engl. Deployment) verschiedener Erfolgsfaktoren den Kern von Strategien bilden sollte.

Bei einigen Erfolgsfaktoren besteht die Gefahr, dass sich diese zu so genannten **Hygienefaktoren** entwickeln. Das sind asymmetrisch wirkende Sachverhalte, die bei Vorhandensein auf das Ergebnis neutral oder allenfalls mäßig positiv wirken, bei nicht vorhanden sein (= Fehlen) den Erfolg aber empfindlich beeinträchtigen.

In Anbetracht der sich im Zeitablauf ändernden Umweltbedingungen ist davon auszugehen, dass immer wieder **neue Erfolgsfaktoren** wirksam werden und bisher geltende Erfolgsfaktoren dann an Bedeutung verlieren, wenn alle Unternehmen sie beherrschen. Dabei lässt sich feststellen, dass die Bedeutung weicher (= qualitativer) Erfolgsfaktoren zunimmt, während harte (= quantifizierbare) Erfolgsfaktoren eher an Bedeutung verlieren.

Die Wahrnehmung und Akzeptanz strategischer Erfolgsfaktoren ist auch ein **kulturelles Phänomen**. Die Tatsache, dass die Gültigkeit bestimmter Erfolgsfaktoren für unternehmerisches Handeln in verschiedenen Ländern unterschiedlich beurteilt wird, lässt darauf schließen, dass es auch so etwas wie eine **nationale Strategiekultur** gibt. Dabei ist davon auszugehen, dass vor allem die Unternehmenskultur von zunehmender Bedeutung für den wirtschaftlichen Erfolg sein wird (*Leitl/Sackmann, 2010*).

Verlieren segmentspezifische Erfolgsfaktoren im Zeitablauf an Bedeutung, kann es zur **Restrukturierung** der Sparten kommen. Ebenso sind **Abspaltungen** denkbar, die die Möglichkeit des Börsengangs mit Tracking Stocks bieten. In beiden Fällen geht es darum, die Marktkapitalisierung des Unternehmens zu erhöhen und den eingangs für volatile „Mischlinge" (= Hybride) beschriebenen Conglomerate Discount senken oder zu beseitigen.

Die an der Erfolgsfaktorenforschung üblicherweise geäußerte **Kritik** bezieht sich darauf, dass sie meistens sehr allgemein gehalten ist, methodische Schwächen aufweist, über eine Katalogisierung relevanter Faktoren kaum hinausgeht, sich mit Modeströmungen (engl. Mainstream) nicht kritisch genug auseinandersetzt, zu widersprüchlichen Ergebnissen führt und nicht hinreichend berücksichtigt, dass der Erfolg nicht auf einzelne Faktoren, sondern vielmehr auf ein ganzes **Faktorenbündel** zurückzuführen ist (*Nicolai/Kieser, 2002*).

3.1 Erfolgsfaktoren nach der Exzellenzstudie

In ihrer Studie beschäftigen sich *Peters/Waterman* (*2007*) wohl als Erste mit den „Grundtugenden" erfolgreicher Unternehmen, indem sie ihre persönlichen Erfahrungen aus einer langjährigen Beratertätigkeit in einem **7-S-Modell** zusammenfassen. Dieses besteht aus folgenden Erfolgsfaktoren:

► **Harte Faktoren**: Struktur, Strategie, Systeme

► **Weiche Faktoren**: Selbstverständnis, Stammpersonal, Spezialkenntnisse (= Spezifität), Stil.

Der Wert der Exzellenzstudie dürfte aber wegen der fehlenden Methodik, der Art der empirischen Erhebung (nur bei Beratungskunden) und der geringen bzw. einseitigen Stichprobe (nur bei erfolgreichen Großunternehmen) eher bescheiden sein.

3.2 Erfolgsfaktoren nach der PIMS-Studie

Ein bereits seit Jahrzehnten von wechselnden Einrichtungen empirisch betriebenes Strategieforschungsprojekt ist **PIMS** (**P**rofit **I**mpact of **M**arket **S**trategies), das die „Gewinnauswirkung von Marktstrategien" untersucht. Gegenwärtig wird das Projekt von der Unternehmensberatung *Malik Management Zentrum St. Gallen* betreut, das Kennzahlen von rund 4.000 SGEs sammelt und auswertet.

Der **Vorteil** der PIMS-Studie ist, dass sie laufend aktualisiert wird, wodurch Veränderungen sichtbar werden. Dem stehen als **Nachteile** die Verwendung von Bilanzdaten und der Verzicht auf nomologische Hypothesen gegenüber. Hinzu kommt die einseitige Auswahl der Untersuchungsobjekte, denn in der PIMS-Datenbank sind nur Angaben der SGEs von Unternehmen enthalten, die sich freiwillig und gegen Zahlung einer Gebühr an der Untersuchung beteiligen.

3.2.1 Marktanteil

Unter Marktanteil versteht man bei PIMS den **Anteil an einem bestimmten Markt** (oder SGF). Nach Möglichkeit sollte die Definition des Markts oder Marktsegments ein Teil der Strategie sein.

Eine **Steigerung des eigenen Marktanteils** wird in der Regel umso leichter möglich sein, je schneller der Markt wächst und/oder je stärker sich auf solche Marktsegmente (SGFs) beschränkt wird, in denen Konkurrenten ihre Wettbewerbsvorteile nicht ausspielen können. Dabei gilt, dass die letzten Prozente des Marktanteils immer die teuersten sind.

Zur Ermittlung des **absoluten Marktanteils** werden der Absatz (= mengenmäßig) oder Umsatz (= wertmäßig) des eigenen Unternehmens dem Gesamtvolumen des (bedienten) Markts gegenübergestellt. Die Ermittlung des Marktanteils dürfte am aktuellsten sein, wenn sich das Unternehmen an einer so genannten **Notarstatistik** beteiligt, bei der mehrere Unternehmen ihre Monatsumsätze an eine neutrale Stelle (wie z. B. Kammer, Verband, Forschungsinstitut oder eben einem Notar) melden, die aus diesen Meldungen den Gesamtabsatz bzw. -umsatz berechnet und diese Zahl an die beteiligten Unternehmen zurückmeldet. Unter Kenntnis sowohl des eigenen, als auch des gesamten Periodenabsatzes bzw. -umsatzes lassen sich der eigene Marktanteil und dessen Veränderungen gegenüber Vorperioden ermitteln.

Der absolute Marktanteil einer „echten" Produktinnovation ist für den Erstanbieter (= Pionier) zunächst 100 %. Mit dem **Eintritt von Wettbewerbern** in den Markt sinkt zwangsläufig der absolute Marktanteil des Erstanbieters. Empirischen Untersuchungen zufolge sollte sich der Pionier anfangs nicht mit Kampfmaßnahmen gegen den Markteintritt anderer wehren, allerdings sollte er stets darauf achten, dass er Marktführer mit dem größten Marktanteil bleibt, um die mit den weiter unten beschriebenen Erfahrungskurveneffekten begründete Möglichkeit der Kostenführerschaft als generische Wettbewerbsstrategie nicht zu verspielen.

Durch Gegenüberstellung der absoluten Marktanteile aller Wettbewerber kann der **relative Marktanteil** ermittelt werden. Wird beispielsweise der eigene Marktanteil dem (geschätzten) Marktanteil des größten Konkurrenten gegenübergestellt, folgt daraus, dass nur der Marktführer einen relativen Marktanteil haben kann, der größer ist als eins.

Ebenso kann der **relative Marktanteil**, wie in der PIMS-Studie geschehen, in folgender Weise ermittelt werden:

$$\text{Relativer Marktanteil (in \%)} = \frac{\text{Eigener (absoluter) Marktanteil}}{\text{Summe der absoluten Marktanteile der drei größten Anbieter}} \cdot 100$$

Da im Nenner des voranstehenden Quotienten von Anbietern und nicht von Wettbewerbern gesprochen wird, geht der Zählerwert dann in den Nennerwert mit ein, wenn das betreffende Unternehmen eines der drei größten Unternehmen am Markt ist.

Mittels umfassender **Konkurrenzanalysen** kann daran gedacht werden, die Marktanteile der stärksten Wettbewerber unter Verwendung ausgewählter Kennzahlen zu untersuchen. Einige dieser **Kennzahlen**, wie z. B. Ressourceneinsatz, Investitionen, Finanzierung und Cashflow, können Pressemitteilungen, publizierten Jahresabschlüssen oder sonstigen Veröffentlichungen entnommen werden. Andere Kennzahlen, darunter die Ressourcenverfügbarkeit und Kapazitätsauslastung, lassen sich nur schätzen, oder unter Verwendung geeigneter Methoden der Größenordnung nach bestimmen (wie etwa die Stückkosten anderer Unternehmen mithilfe der später beschriebenen Erfahrungskurve). Durch die geschickte Kombination vieler unterschiedlicher Kennzahlen wird es dann möglich, die eigene Wettbewerbsposition gegenüber der von Konkurrenten zu beurteilen.

Des Weiteren kann mithilfe von Konkurrenzanalysen die **Gefahr des kollektiven Niedergangs** untersucht werden, die – wie eingangs gezeigt – mit zunehmender unternehmerischer Trägheit steigt, da sich Branchen immer ähnlicher werden. Unternehmen, die früher erfolgreich waren, haben bei einem zu erwartenden Strukturumbruch am Markt mehr Marktanteile zu verlieren als andere. Das gilt insbesondere gegenüber **Newcomern**.

3.2.2 Marktwachstum

Als **Marktwachstum**, das vom Unternehmen als kaum beeinflussbar gilt, bezeichnet PIMS die reale, d. h. inflationsbereinigte Vergrößerung des Marktvolumens im Zeitablauf.

Die **Messung des Marktwachstums** geschieht wie folgt:

$$\text{Marktwachstum (in \%)} = \frac{\text{Zusätzliches reales Marktvolumen im Betrachtungszeitraum}}{\text{Marktvolumen im vorangegangenen Zeitraum}} \cdot 100$$

Das **reale Marktvolumen** entspricht der Gesamtmenge der in einer Periode auf dem Markt abgesetzten Produke. Wird die gesamte Absatzmenge mit dem Marktpreis multipliziert, ergibt sich das **wertmäßige Marktvolumen**.

Die **Trendrate des Marktwachstums** errechnet sich aus den jährlichen Raten eines bestimmten Zeitraums. Eine konstante Wachstumsrate pro Jahr bedeutet auf längere Sicht immer ein exponentielles Wachstum. Dieses anzunehmen ist allenfalls für die frühen Phasen eines Markts realistisch. Da die Wachstumsraten in späteren Phasen meistens abnehmen, erscheint es zweckmäßiger, die Wachstumsrate nach der „Methode der gleitenden Mittelwerte" zu ermitteln.

Bei Marktsättigung ist **internes** organisches **Wachstum** aus eigener Kraft durch Ausweitung des Umsatzes über die Inflationsrate hinaus durch innovative Produkte, mehr und besseren Service und/oder die zunehmende Betätigung auf internationalen Märkten (z. B Export) möglich. Demgegenüber sind überdurchschnittliche und vor allem schnellere Umsatzsteigerungen im Sinne eines **externen Wachstums** durch Unternehmensakquisitionen erreichbar, was allerdings zu einer Umverteilung des Umsatzes zwischen den Unternehmen der Branche führen kann.

Marktwachstum sollte auch unter Aspekten der **Ökologie** beurteilt werden. So wird zu fragen sein, ob den Kunden unbedingt jedes Produkt anzubieten ist, das nachgefragt wird, oder wie hoch die Ausgaben (= externe Kosten) sind, um die durch Wachstum für die Gesellschaft entstandenen Schäden zu reparieren. Die Antworten auf diese und ähnliche Fragen enden meistens in der Forderung nach einem **nachhaltigen Wachstum** (engl. Sustainable Growth).

Vom Marktwachstum abhängig ist die **Art des Wettbewerbs**, d. h. hohe Wachstumspotenziale lassen meistens einen friedlichen Wettbewerb erwarten. Anders ist das aber in gesättigten Märkten oder in einer Wirtschaftsflaute, wo der **Verdrängungswettbewerb** dominiert, bei dem es nur wenige Gewinner, aber viele Verlierer gibt. Bezüglich der Gewinner spricht *Charles Darwin*, und zwar unter Hinweis auf die Natur, vom *„Survival of the Fittest"*, wobei er weniger die Stärksten, als vielmehr die Besten und Schnellsten im Auge hat. Übertragen auf die Wirtschaft erfordert das Wandlungskompetenz und ein offensives Handeln der Akteure, um nach außen hin Stärke zu signalisieren und die Aufmerksamkeit der Kunden verstärkt auf das Unternehmen zu lenken. Die Chance für einen Zugewinn an Marktanteilen haben jene Unternehmen, die über starke Marken verfügen, ihre Kostenstrukturen im Griff haben sowie kurzfristige Verbesserungen (engl. Quick Wins) anstreben und auch realisieren. Marktanteilsverluste haben am Ende diejenigen Unternehmen, deren Wachstum kleiner als das Marktwachstum ist.

3.3 Qualität

Um im Wettbewerb mithalten zu können, ist Produktqualität gefordert, denn diese hat nach PIMSauch dann noch Bestand, wenn der Preis bereits vergessen ist. Nicht zuletzt deshalb, sollten die Ausgaben des Unternehmens für eine verbesserte Qualität weniger als Kosten, sondern vielmehr als Investition angesehen werden.

Im Qualitätswettbewerb ist eine Verbesserung der eigenen Marktposition durch **Qualitätsdifferenzierung** möglich, denn erfahrungsgemäß interessieren sich Kunden weniger für gleiche, als vielmehr für unterschiedliche (oder zumindest für unterschiedlich wahrgenommene) Produktqualitäten. Hat ein Produkt eine bessere Qualität als der Kunde dafür zu zahlen bereit ist, wird von **Over-Engineering** gesprochen, wobei es sich genaugenommen um einen Fehler handelt, durch den vor allem ingenieurgetriebene Firmen viel Geld versenken. Um diesen Fehler abzustellen, müssen Konstrukteure und Entwickler trainiert werden, bessere Kenner und Übersetzer von Kundenwünschen zu werden. Ist das kurzfristig nicht möglich, können **Marketingcontroller** diesbezüglich Unterstützung bieten.

Bezüglich der Produktqualität kann unterschieden werden zwischen der Qualität aus Sicht des Herstellers und der Qualität aus Kundensicht.

3.3.1 Qualität aus Sicht des Herstellers

Aus **interner Sicht**, ergibt sich Qualität durch die Einhaltung bestimmter Produkteigenschaften, und zwar bezogen auf den/die

► **Gebrauchsnutzen** (= Grundeigenschaften, Basisanforderungen oder Musskriterien für ein Produkt)

► **Zusatznutzen** (= Sekundäreigenschaften der Ausstattung)

► **Zuverlässigkeit und Haltbarkeit** (= Ausfallwahrscheinlichkeiten während der üblichen Lebens- bzw. Verwendbarkeitsdauer).

Um das zu gewährleisten sind **Maßnahmen der Qualitätssicherung** (QS) erforderlich und zwar bevor das Produkt das Unternehmen verlässt. Um die Anforderungen an QS-Systeme weltweit zu vereinheitlichen, hat die „International Standardization Organization" die weltweit anerkannte Normenfamilie ISO 9000 ff. geschaffen, die unverändert auch als europäische Norm (EN) und deutsche Industrienorm (DIN) übernommen wurde. Das Normenwerk umfasst vier bedeutende Elemente, die sich auch mit der Six Sigma-Methode kombinieren lassen: 9000 (= Grundlagen und Begriffe), 9001 (= Qualitätsmanagementsysteme – Anforderungen), 9004 (= Qualitätsmanagementsysteme – Leitfaden zur Leistungsverbesserung) und 9011 (= Leitfaden für das Audit von Qualitäts- und Umweltmanagementsystemen).

Weitergehend als die ISO-Normenfamilie ist der Ansatz des ganzheitlichen **TQM** (Total-Quality-Management) – etwa entsprechend der Qualitätsmerkmale CTQ (Critical to Quality) des Six Sigma-Ansatzes –, demzufolge ein Qualitätsbewusstsein im Unternehmen nicht nur geschaffen, sondern vielmehr auch in einer **Qualitätskultur** gelebt werden sollte, was Folgendes bedeutet:

► Erzeugnis und Service haben das zu leisten, was für den Kunden wichtig ist, was ihn zufrieden macht, was er gegebenenfalls auch vom Wettbewerber bekommt und wofür er zu zahlen bereit ist.

► Lieferanten haben eine den Anforderungen entsprechend hohe und mindestens gleich bleibende Qualität zu gewährleisten. Kommt es trotzdem zum Ausfall von im Gebrauch befindlicher Erzeugnisse, sind die von Kunden beanstandeten Defekte sofort zu beseitigen, statistisch zu erfassen und auszuwerten.

► Fehlervermeidung steht vor Fehlerbeseitigung und bedeutet, dass jeder Beschäftigte für die Qualität seiner Arbeit selbst verantwortlich ist.

Von Bedeutung für TQM ist die **mitarbeiterorientierte Qualitätsförderung**. Durch Schaffung akzeptabler Rahmenbedingungen und Erweiterung der persönlichen Handlungsspielräume können die Selbstverantwortung der Akteure gesteigert werden. Eine Möglichkeit, das Qualitätsbewusstsein der Mitarbeiter zu verbessern, kann beispielsweise die Einrichtung von **Qualitätszirkeln** (= Werkstattrunden) sein.

Für die Sicherung der internen Qualität ist auch von Bedeutung, dass die Vorschriften bezüglich der **Rückverfolgbarkeit aller Waren** (engl. Traceability) vom Rohstofflieferanten bis zur Auslieferung des fertigen Erzeugnisses transparent sind, eingehalten und lückenlos dokumentiert werden. Eine durchgängige Transportverfolgung kann über das Internet, mit Telematikanwendungen oder auch durch Satellitenüberwachung erfolgen.

3.3.2 Qualität aus Sicht des Kunden

Aus externer, d. h. **kundenorientierter Sicht** ist Qualität der Maßstab für die Befriedigung individueller Bedürfnisse. Einige dieser Bedürfnisse werden vom Kunden ausdrücklich formuliert (z. B. Leistungsanforderungen einschließlich Servicefreundlichkeit), andere werden stillschweigend erwartet (z. B. Begeisterungsanforderungen, wie etwa das Design oder die leichte Handhabung eines Gebrauchsguts). Eine mindest gleich bleibende oder verbesserte Produktqualität versprechen Produktmarken.

Eine Möglichkeit, die Leistungsfähigkeit des Unternehmens dauerhaft unter Beweis zu stellen, bieten auch **Dienstleistungen**, denn wenn die Qualität von Erzeugnissen (und damit deren Nutzungsdauer) steigt, werden Ersatzbeschaffungen durch den Kunden immer seltener. Ein gängiges Verfahren zur Überwachung der externen Qualität sind auch **Routinekontrollen** des Markts und der Vertriebswege durch Testkäufe oder Stichproben am Point-of-Sale (POS).

Häufen sich die Fehler eines in Gebrauch befindlichen Erzeugnisses, kann es zu einem **Produktrückruf** kommen, um die Waren zu überprüfen und Teile oder Komponenten auszutauschen bzw. das ganze Produkt aus dem Verkehr zu ziehen. Dabei kommen auf den Hersteller, abgesehen von den finanziellen Belastungen, noch Imageschäden, Kundenverluste und Umsatzausfälle hinzu. Um die Schadenhöhe eines Produktrückrufs zu begrenzen, sollte das Risikomanagement des Herstellers dafür sorgen, dass vorsorglich ein Szenario entworfen wird, demzufolge der Rückruf frühzeitig beginnen kann, die Fehler offen kommuniziert werden und der Aufwand für den Kunden möglichst gering sein wird. Bezüglich der Kommunikation sind alle Medien zu nutzen, um die vom Rückruf betroffenen Kunden zu erreichen und über die Abwicklung vollständig zu informieren.

Die **Messung der externen Qualität** sollte nach PIMS aus Sicht der Kunden erfolgen, was bedeutet, dass die Qualität durch den Kunden nicht absolut (d. h. eindeutig) zu bestimmen ist, weshalb man auch von **relativer Qualität** spricht, ausgedrückt durch einen **Qualitätsindex**.

$$\text{Qualitätsindex} = \left(\begin{array}{l} \text{Prozent von Umsätzen mit} \\ \text{Produkten, die denjenigen} \\ \text{der Konkurrenten qualitativ} \\ \text{überlegen sind} \end{array} \right) - \left(\begin{array}{l} \text{Prozent von Umsätzen mit} \\ \text{Produkten, die denjenigen} \\ \text{der Konkurrenten qualitativ} \\ \text{unterlegen sind} \end{array} \right)$$

Beispiel

Nach einer Marktumfrage entspricht die relative Qualität der eigenen Produkte zu 50 % dem Durchschnitt, wird aber auch zu 40 % besser und zu 10 % schlechter als der Durchschnitt angesehen. Der **Qualitätsindex** beträgt somit 40 % minus 10 % = 30 %. Ein dem Durchschnitt entsprechende Qualität spielt keine Rolle, da sie sich von den Wettbewerbern nicht unterscheidet bzw. der Unterschied von den Kunden nicht wahrgenommen wird.

Für sich allein betrachtet gibt dieser Qualitätsindex noch keinen Hinweis auf einen eventuellen Handlungsbedarf. Erst durch ein externes **Benchmarking** steigt der Informationsgehalt dieser Kennzahl.

3.4 Kundenbindung

Von den Kunden und den mit ihnen getätigten Umsätzen lebt das Unternehmen. Deshalb ist es unerlässlich, dass das Unternehmen einen **Kundenstamm** schafft und diesen über die Zeit erhält bzw. steigert.

Die Stammkundschaft zu betreuen und neue Kunden zu akquirieren, erfordert die Erfüllung gewisser Schüsselfaktoren. Nach der PIMS-Studie ist der **relative Kundennutzen** solch ein Schlüsselfaktor, der definiert ist als die relativ zum Wettbewerb angebotene Güter-, Service- und Imagequalität des Unternehmens, verknüpft mit der relativen Preisposition und der Stabilität der Produktionsbedingungen. Weiter untergliedern lässt sich der Kundennutzen als erwartete Soll-Leistung vor dem Kauf und als wahrgenommene Ist-Leistung nach dem Kauf. Ein hoher Kundennutzen ergibt sich auch durch die zügige Bearbeitung von Reklamationen (engl. Complaints).

Eine aus dem Leistungsvergleich positiv resultierende Empfindung oder Emotion von Menschen (hier Kunden), wird in der Sozialforschung als **Zufriedenheit** bezeichnet, wenn realistische Erwartungen erfüllt oder übertroffen werden. Gemäß der nach einem Japaner benannten **Kano-Methode**, ist eine hohe Kundenzufriedenheit durch die Kombination folgender **Gruppen von Leistungsattributen** erreichbar (*Harms/ Dummer, 2007*):

► **Basisfaktoren** als Mindestanforderungen, die vom Kunden an die Kernleistung des Produkts vorausgesetzt werden. Werden sie erfüllt, ist der Kunde wenigstens nicht unzufrieden.

► **Leistungsfaktoren** als von Kunden erwarteten Produktkomponenten. Werden sie erfüllt, steigt die Zufriedenheit proportional mit dem Erfüllungsgrad. Werden sie nicht erfüllt, ist der Kunde unzufrieden.

► **Begeisterungsfaktoren** als vom Kunden nicht ausdrücklich verlangte Produkteigenschaften, die bei Vorhandensein den Kunden positiv überraschen und eine überdurchschnittliche Zufriedenheit bewirken.

Bezogen auf das   lassen sich unterscheiden: Das zukunftsorientierte Imagevertrauen (= vor dem Kauf eines Produkts) im Sinne von Glaubwürdigkeit und das vergangenheitsorientierte Erfahrungsvertrauen (= nach dem Kauf eines oder mehrerer Produkte) mit dem Ergebnis der Kundenbindung. Der Aufbau von Kundenvertrauen und -bindung ist ein langer und mühsamer Prozess, der, sofern er unterbleibt oder scheitert, dazu führt, dass Kunden sich für die Angebote von Wettbewerbern öffnen. Schließlich ist es für das Unternehmen teurer, neue Kunden zu gewinnen als die bestehenden zu behalten. Umgekehrt ist Kundenvertrauen sehr flüchtig, d. h. ein einziger Vorfall kann genügen, um es zu zerstören. Deshalb sollten Unternehmen nur Versprechen abgeben, die sie auch wirklich halten können.

Wie viel ein Kunde für eine Sach- oder Dienstleistung zu zahlen bereit ist, hängt – abgesehen von seiner Kaufkraft – vom individuellen Nutzen (engl. Customer Care) ab, den ihm die Leistung bietet. Aus dem Saldo aller aktuellen und potenziellen Wertbeiträge, die das Unternehmen jeweils einem Kunden oder einer Kundengruppe bietet und umgekehrt der Kunden für das Unternehmen leistet, kann versucht werden, den **Kundenwert** (engl. Customer Value) zu berechnen.

Von Bedeutung für die **Berechnung des Kundenwerts** sind aus Unternehmenssicht u. a. das

▶ **Bindungspotenzial**: Treue (= Loyalität) der Bestandskunden zum Unternehmen (engl. Retention Rate). Schließlich kann man Kunden, die nicht mehr da sind, auch nichts verkaufen.

▶ **Cross-Selling-Potenzial**: Den Kunden lassen sich auch andere als die bisher nachgefragten Produkte bzw. Produktvarianten verkaufen.

▶ **Up-Selling-Potenzial**: Gestiegene Bedürfnisse und mehr Kaufkraft der Kunden steigern den Verkauf höherwertiger Produkte bzw. Produktvarianten.

▶ **Kooperationspotenzial**: Kunden tauschen Informationen mit dem Unternehmen aus.

▶ **Referenzpotenzial**: Zufriedene Kunden empfehlen Produkte bzw. Marken an potenzielle Neukunden weiter (= Reputation als immaterieller Werttreiber).

Auf der Grundlage dieser Potenziale lassen sich die den Kunden zurechenbaren **Wertbeiträge** bestimmen. Dabei kann es sich um jenen Umsatz handeln, den das Unternehmen mit dem Kunden tätigt und der in Relation zu den Umsätzen anderer Kunden gemäß der ABC-Analyse beurteilt wird. Der Umsatz kann aber auch in Bezug zu den kundenspezifischen Kosten gesetzt werden, wodurch sich Kunden-Deckungsbeiträge ergeben, die während einer Periode anfallen. Sind nicht einzelne Transaktionen, sondern längerfristige Kundenbeziehungen zu bewerten, müssen mithilfe dynamischer Investitionsrechnungen die Barwerte der kundenbezogenen Einnahmeüberschüsse ermittelt werden.

Eine hohe Aufmerksamkeit sollte auch der **Kundenlebenszeit** (engl. Customer Lifetime) zukommen. Da auch zufriedene Kunden das Produkt oder die Marke wechseln, suchen Unternehmen im Rahmen des „Variety Seeking" nach Motiven für illoyales Kaufverhalten. Als dominantes Motiv für den Produktwechsel wird häufig das Bedürfnis nach Abwechslung (= Wandel) festgestellt, hervorgerufen durch Langeweile und Sättigung mit bisherigen Produkten sowie Neugier auf andere Produkte, insbesondere Innovationen. Um dem entgegenzuwirken und um umgekehrt Kunden von Wettbewerbern abzuwerben, kann das Controlling folgende Faktoren näher untersuchen:

► **Soziale Faktoren**, denn mit sinkendem Einkommen und zunehmenden Alter nimmt die Neigung zu Gewohnheitskäufen zu.

► **Kognitive Faktoren**, da mit steigendem Wissensstand die Gefahr von Fehlkäufen sinkt.

► **Situative Faktoren** wie Zeitmangel, Wahrnehmung oder Verwendungszwecke des Produkts.

Mit der Verhinderung von Kundenverlusten und der Rückgewinnung bereits abgewanderter Kunden beschäftigt sich im Unternehmen das **Recovery Management** (*Büttgen, 2003*).

Als problematisch erweist sich der auf „animalischen Instinkten" beruhende **Herdentrieb**, bei dem einer dem anderen folgt (= Trend), und zwar aus Sorge darüber, etwas zu verpassen. Allerdings haben Herden (ebenso wie Schwärme) die unangenehme Eigenschaft, dass sie ganz plötzlich und damit unvorhersehbar ihre Laufrichtung ändern.

3.5 Zeit

Die Zeit ist eine **physikalische Größe** mit dem Formelzeichen t bzw. T. Hoher Zeitdruck beeinträchtigt Qualitäten und ausufernde Zeitverbräuche bedeuten Verschwendung. Die Wahrnehmung der Zeitdauer hängt davon ab, was in der Zeit passiert.

Im **Konzept des Zeitwettbewerbs** (engl. Economies of Speed), das nicht nur die eigenen Handlungen, sondern auch die der Wettbewerber berücksichtigt, spielt – nach dem Motto: „Nicht der Größere, sondern der Schnellere gewinnt" – die **Geschwindigkeit** und eine herausragende Rolle, die

► **strategisch** darauf ausgerichtet ist, neue Produkte bis zur Marktreife rasch zu entwickeln und den Markt damit zügig zu durchdringen

► **operativ** zu einer Steigerung der Zeitproduktivität führen soll, und zwar durch Beschleunigung betrieblicher Prozesse.

Als Tempomacher erhöhen die modernen Informations- und Kommunikationstechniken den **zeitlichen Druck** auf die Akteure im Unternehmen, immer schneller zu handeln. Damit sinkt der für die Planung verfügbare Zeitbedarf, Entscheidungen stützen sich dann auf unvollständige Informationen und das Risiko von Fehlentscheidungen steigt.

Es gibt verschiedene **Zeitgrößen**, von denen die „Time-to-Profit" wohl am interessantesten ist. Dort, wo diese Zeitgröße nicht unmittelbar zu messen ist, muss auf einfache, messbare Indikatoren zurückgegriffen werden, wie z. B. die Dauer in Zeiteinheiten von der Entwicklung bis zur Markteinführung neuer Güter oder Dienstleistungen (engl. Time-to-Market), die Dauer, die – wie etwa die Durchlaufzeit – zwischen jeweils zwei Messpunkten liegt und die Dauer, die benötigt wird, um auf Anforderungen zu reagieren (engl. Time-to-React).

Weitere **Zeitgrößen** sind:
- ► Lieferverzug pro Periode (jeweils nach Tagen)
- ► Reaktionszeit des Reparaturservice
- ► Cash-to-Cash Zykluszeit als Kapitalbindungsdauer im Umlaufvermögen, und zwar von der Materialbeschaffung bis zur Bezahlung der Kundenrechnung
- ► Bestandsreichweiten in Tagen, getrennt für den Primärbedarf (= Endprodukte, Ersatzteile und -baugruppen), den Sekundärbedarf (= Roh- und Hilfsstoffe, Zukaufteile) und den Tertiärbedarf (= Betriebsstoffe)
- ► Amortisationsdauer, innerhalb derer die Fixkosten einer Investition gedeckt sind (= Break-Even-Time)
- ► erforderliche Zeit, um die auf die Arbeitnehmer bezogene Lücke zwischen künftigen Erfordernissen und aktuellen Kompetenzen zu schließen (engl. Skill Gap).

Auch die eingangs genannte **Zeitproduktivität** ist von Bedeutung, die sich steigern lässt durch die Ausschöpfung von Zeitreserven. Empirische Untersuchungen ergaben, dass speziell in Verwaltungen ein Drittel der Arbeitszeit aus unterschiedlichen Gründen „verschwendet" wird: Wichtige Informationen versickern im mittleren Management, die Anzahl der an der Bearbeitung von Aufträgen beteiligten Abteilungen ist zu groß, zu komplizierte Arbeitsabläufe bzw. zu viele ungeklärte Zuständigkeiten bewirken unnötige Doppelarbeiten, da Formulare nicht richtig oder unvollständig ausgefüllt sind, Warten auf klärende Rückrufe sowie unpünktlicher Beginn und zeitliches Ausufern von Besprechungen. Die Folgen davon sind: An den Schnittstellen zwischen den Abteilungen kommt es zu Zeitverlusten, die Durchlaufzeiten sind volatil und das Unternehmen liefert unpünktlich. Die Erhöhung der Transparenz erfordert eine deutliche **Verschlankung der Verwaltung** zum „Lean Office".

3.6 Umweltschutz

Nach der **Umweltverordnung DIN ISO 14000 ff.** können die Umweltziele, die Umwelt-politik und das Umweltmanagement des Unternehmens regelmäßig (mindestens alle drei Jahre), systematisch und objektiv durch unabhängige Gutachter (= Umweltbe-triebsprüfer) zertifiziert werden.

Ein mit ökologischem Gütesiegel versehenes, zertifiziertes Unternehmen verpflichtet sich zur Einhaltung einschlägiger Umweltvorschriften sowie zur kontinuierlichen Ver-besserung des gesamten betrieblichen Umweltschutzes, wie etwa

▶ Einbindung von Umweltschutzprogrammen in die Organisation durch Festlegung von Zuständigkeiten und Verantwortungen

▶ Förderung des Umweltbewusstseins und Einbindung der Beschäftigten auf allen Ebenen des Unternehmens

▶ Beurteilung der Umweltschutzauswirkungen neuer Produkte, Verfahren und Tätig-keiten

▶ Überwachung der Entsorgung, d. h. die lückenlose Verfolgung des Wegs von Abfäl-len, nachdem diese das Werkstor passiert haben

▶ Erfassung und Dokumentation umweltrelevanter Daten

▶ Information der Öffentlichkeit in Form von Umwelterklärungen über Maßnahmen der Behandlung von Abfall, der Vorsorge von Störfällen und der Vermeidung von Kon-taminierungen des Bodens.

Inzwischen gibt es große Industrieunternehmen, die in die Erzeugung von Ökostrom investieren, um die automatisierte Fertigung und gefertigte Güter (z. B. Elektroautos) „klimaneutral" erscheinen zu lassen.

Auf längere Sicht wird mit der **Ökoauditierung** eine Deregulierung angestrebt, indem behördliche Ökochecks zunehmend durch Eigenkontrolle, Selbsteinschätzung und Ver-antwortung gegenüber der Öffentlichkeit ersetzt werden. Dabei soll den Unterneh-men ein genügend großer Freiraum erhalten bleiben, um ihre Umweltschutzziele mit finanziellen Erfolgszielen verknüpfen zu können.

Die Umsetzung von Ökoaudits erfolgt auf Basis der **Ökobilanzierung**. Zunächst wird systematisch erfasst, welche Stoffe und Energien in das Unternehmen einfließen (= Input) und in welcher Menge sie als Produkte, Abfall, Abwasser oder Emissionen das Unternehmen wieder verlassen (= Output). Danach werden entlang der innerbetrieb-lichen Stoff- und Energieströme die Wirkungen auf die Umwelt bewertet und entspre-chende Ziele und Maßnahmen abgeleitet.

Werden die Daten fortgeschrieben, kann das **Ökocontrolling** über einen Kennzahlenvergleich auf ökologische Schwachstellen (einschließlich Verschmutzungskosten) und Kostensenkungspotenziale des Unternehmens hinweisen.

Die Begrenzung bzw. Verringerung der Umweltbelastung durch Unternehmen erfordert **Umweltschutzinvestitionen**, mit denen nach den Vorstellungen und Leitbildern des „World Business Council for Sustainable Development", einer Vereinigung von Großunternehmen aus mehreren Ländern, die Ökoeffizienz aus Kundensicht verbessert und nachhaltig eine zukunftsverträgliche Entwicklung des Unternehmens erreicht werden kann:

► **Ökoeffizienz** (engl. Eco Effiency) ist eine Vorgehensweise, die bei der Entwicklung neuer Produkte und Verfahren die Ökonomie und Ökologie als Einheit betrachtet. Erreichbar ist das durch Maßnahmen, die durch sparsameren Ressourcenverbrauch und Minimierung negativer Umwelteinflüsse den Wert von Gütern, Dienstleistungen und des Unternehmens erhöhen. Ökoeffizient sind Problemlösungen dann, wenn sie den Kundennutzen aus Kosten- und Umweltsicht besser erfüllen als andere. Im Unterschied zur Ökobilanz, die bezogene Stoffe und Energien auf der einen Seite und Produkte sowie Rückstände auf der anderen Seite gegenüberstellt, werden bei der Analyse der Ökoeffizenz auch prozessbezogene Daten berücksichtigt.

► **Nachhaltige Entwicklung** (engl. Sustainable Development) ist ein Leitbild, das in Visionen und Strategien des Unternehmens integriert und über entsprechende Reports kommuniziert werden soll. Eine überdurchschnittliche Erfüllung von Nachhaltigkeitskriterien gilt als Ausdruck für die Aufgeschlossenheit der Unternehmen für zukunftsfähige Entwicklungen.

Wird nachweislich die Umwelt belastet, kann eine **Umwelthaftungspflicht** entstehen. Nach dem Umwelthaftungsgesetz (UmweltHaftG) haftet ein Unternehmen für verursachte Umwelteinwirkungen auf Boden, Luft und Wasser und alle sich daraus ergebenden Schäden. Lediglich durch höhere Gewalt verursachte Schäden sind von der Ersatzpflicht ausgenommen. Eine obligatorische **Deckungsvorsorge** durch Umwelthaftpflicht-Versicherungen ist vorgesehen, wobei anzunehmen ist, dass Versicherungen denjenigen Unternehmen günstigere Prämien anbieten werden, die über ein Ökozertifikat verfügen.

3.7 Business Communication

Vertrauen und Reputation zu gewinnen sowie über die Zeit zu bewahren und auszubauen, ist ein langwieriger und langdauernder Prozess, der den „richtigen" Umgang mit Print- und Onlinemedien erfordert, und voraussetzt, dass sowohl verpflichtende, als auch freiwillige **Maßnahmen der externen Kommunikation** qualitativ anspruchsvoll, sprachlich verständlich, massentauglich und vertrauensfördernd sind. Nach dem irischen Schriftsteller *Oscar Wilde* wirkt eine authentische Kommunikation stabilisierend auf das jeweilige Umfeld: *„Wenn man etwas Unangenehmes zu sagen hat, sollte man stets ganz aufrichtig sein".* Ansonsten gilt: *„Versprich wenig und halte viel".*

Adressaten der externen Kommunikation im Sinne des **Aussenauftritts des Topmanagements** sind alle Stakeholdergruppen des Unternehmens, wobei es nicht so sehr darum geht, was an Texten, Zahlen und Charts nach außen hin bekannt gegeben wird, sondern vielmehr das, was von den Stakeholdern tatsächlich „wahrgenommen" wird.

Wer sich klar und deutlich ausdrückt, wirkt kompetent. Als wirklich kompetent gilt, wer kein einheitliches Sprachmuster verfolgt, sondern je nach Situation auch ein Einlenken oder den Rückzug wählt. Nach dem aus der Informatik stammenden **KISS-Prinzip** bedeutet das auch, eine möglichst einfache Lösung des jeweiligen Problems anzustreben und darüber offen zu berichten, also: „**K**eep **i**t **s**mart and **s**imple" (*Zimmermann, G., 2010*).

Die **Schwerpunkte der externen Kommunikation** des Unternehmens sind Maßnahmen wie Werbung, Öffentlichkeitsarbeit und Investor Relations. Die dabei geeigneten Medien sind u. a. Zeitungen, Zeitschriften, Radio, Fernsehen und soziale Netzwerke:

▶ Hauptaufgabe der **Werbung** (engl. Advertising) ist die Erziehung der Kunden zur Markentreue. Im Einzelnen geht es darum, den ersten oder wiederholten Produktkauf auszulösen, und zwar durch potenzielle Kunden oder Bestandskunden (= Stammkundschaft) des Unternehmens.

▶ Bei der **Öffentlichkeitsarbeit** (engl. Public Relations/PR) geht es vornehmlich um die Pflege von Vertrauen und Reputation des Unternehmens nach dem Motto: „Tue Gutes und rede darüber". PR-Instrumente sind u. a. Kunden-, Mitarbeiter- und Nachhaltigkeitsberichte, Sponsoring, Ausstellungen und Veröffentlichungen zu aktuellgängigen Wirtschaftsthemen. Für alles, was im Unternehmen nicht dem Corporate Governance Kodex entspricht, gilt der Grundsatz „Comply or Explain". Adressaten von PR-Maßnahmen sind sämtliche Stakeholder des Unternehmens.

▶ Die **Investor Relations** (IR) dienen der Pflege der Beziehungen zur Financial Community. Hauptadressaten der Finanzkommunikation im Rahmen der IR sind die Shareholder des Unternehmens und solche die es werden wollen sowie Gläubiger – insbesondere Banken – und Finanzanalysten. Je besser es dem Unternehmen gelingt, mithilfe vertrauensvoller Wertdialoge und einer geschickten Pressearbeit die Unsicherheiten auf den Kapital- und Finanzmärkten zu verringern, desto geringer wird im Normalfall die Volatilität des Aktienkurses an der Börse sein (*Nölte/Guttmeier, 2010*).

Zu den **Objekten der Pflichtkommunikation** des Unternehmens gehören der auf der Grundlage von Zahlen des externen Rechnungswesens jährlich verfasste Geschäftsbericht, einschließlich des Jahresabschlusses sowie der gegenwartsbezogene Lagebericht und der zukunftsbezogene Prognosebericht, und die unterjährig zu erstellenden **Quartalsberichte**. Ferner verpflichtet der Wettbewerb die Unternehmen zu **Ad-hoc-**

Mitteilungen, die u. a. über kritische Vorkommnisse informieren, vor schlechten Ereignissen und Ergebnissen warnen sowie Insidergeschäfte von Managern (engl. Directors' Dealings) zum Inhalt haben. Zu den Ad-hoc-Meldungen gehören **Gewinnwarnungen**, wobei es natürlich totaler Unsinn ist, vor Gewinnen zu „warnen". Die öffentliche Bekanntgabe solcher Pflichtmitteilungen erfolgt durch Anzeigen in ausgewählten Tages- oder Wochenzeitschriften und über die Websites des Unternehmens. Des Weiteren werden Journalisten und Analysten zu Pressekonferenzen geladen, damit sie anschließend darüber im Radio oder Fernsehen berichten. Werden Kommunikationspflichten verletzt, muss das Unternehmen damit rechnen, dass jemand rechtliche Schritte dagegen einleiten wird, was teuer werden und die Reputation des Unternehmens schädigen kann. Die Qualität publizierter Berichte, mit denen das Unternehmen seine Geschäftszahlen offenlegt, sollte umfassend, aber dennoch übersichtlich gegliedert sein (*Grüning, 2010; Quick, 2008*).

Die gedruckte Version des immer mehr designmäßig gestalteten Geschäftsberichts kann als **Visitenkarte des Unternehmens** angesehen werden, die PDF-Version im Internet dagegen mehr als Sparversion.

Das **Spektrum der freiwilligen Kommunikation** auf der Grundlage von Kann-Informationen ist vielfältig. Dazu gehören u. a. mehr oder weniger regelmäßig erscheinende Werbeanzeigen, Produktkataloge, Imagebroschüren und/oder Newsletter. Gründe einer anlassbezogenen Kommunikation sind u. a. Gewinnspiele, jährlich der Tag der offenen Tür, Mitteilungen über betriebliche CSR-Initiativen (einschließlich Sponsoring) oder Einladungen zu Fachmessen und Ausstellungen.

Die **Messung kommunikativer Leistungen und Kosten** erfordert ein mehrstufiges Vorgehen (*Zerfaß, 2010*):

► **Input** (= Kostenorientierung), der den Personaleinsatz und -aufwand zur Erstellung von Berichten, Presseinformationen, Anzeigen, Messe- und Internetauftritten usw. umfasst

► **Output** (= Leistungsorientierung), der die Wahrnehmbarkeit der veröffentlichten Botschaften oder Berichte bei den Stakeholdergruppen betrifft. Die verwendeten Methoden sind Clipping (= Medienmonitoring bezüglich der Auflage, Reichweite und Platzierung, Auswertung), Webtracking bzw. -controlling (= Erfassung und Analyse des Besucherverhaltens auf Websites, gegebenenfalls auch Auswertung von Internetstatistiken) oder Scorecarding mittels aussagekräftiger Kennzahlen.

► **Outcome** (= Nutzenorientierung), der die Wirkungen wahrgenommener Botschaften oder Berichte auf Meinung, Einstellung, Emotion bzw. Verhaltensänderung der Mitglieder von Interessengruppen betrifft. Analysen beziehen sich auf die Medienresonanz von befragten Mitgliedern der Zielgruppen.

▶ **Outflow** (= Wertorientierung) der Werbe-, PR- und IR-Arbeit. Untersucht werden sowohl finanzielle Größen wie Umsatzzuwachs, Kostensenkung oder Unternehmenswertsteigerung, als auch immaterielle Unternehmenswerte, darunter die Reputation und Marken.

Aus Sicht des Controllings ist Business Communication weniger ein notwendiges Übel oder ein Kostentreiber, sondern vielmehr eine **Investition**, die einen Beitrag zur Steigerung des Unternehmenswerts leisten kann (*Pfannenberg/Zerfaß, 2009*).

Aufgabe 16 > 631

4. Synergieeffekte durch Vielfalt

Unter **Synergie** (griech. Zusammenwirken) versteht man das, was sich gegenseitig fördert, d. h. einen daraus resultierenden gemeinsamen Nutzen bietet. Dazu passt ein Ausspruch des Philosophen *Aristoteles: „Das Ganze ist mehr als die Summe seiner Teile".*

Synergieeffekte beschreiben das Zusammenwirken von Faktoren, die eine Synergie bewirken. Dazu ein Beispiel: In dem Maße, wie das Unternehmen sein **Sortiment** an Gütern und Diensten aus eigener Kraft oder zusammen mit Partnern erweitert, kann es auch in benachbarten Geschäftsfeldern tätig werden. Ähnliches gilt für **Marken** und **Vertriebswege**.

Auch **Verbundeffekte** (engl. Economies of Scope) ermöglichen Synergien, wenn etwa zwei oder mehr Produkte gemeinsam zu niedrigeren Kosten produziert werden können als getrennt voneinander oder sich Effizienzvorteile durch die Erhöhung der Leistungsbreite oder -tiefe ergeben.

Durch **Vielfalt** (engl. Diversity) steigt die **Anpassungsfähigkeit** des Unternehmens, d. h. je mehr strategische Alternativen und Handlungsmöglichkeiten (einschließlich Risikostreuung) existieren, desto unempfindlicher wird das Unternehmen als sozio-technisches System gegenüber Störungen. Dem stehen als Nachteile gegenüber: Höhere Anforderungen an das Management durch einen **Diversity Overload** und zunehmende Komplexitätskosten.

Eine Nutzen stiftende Vielfalt darf aber nicht die Ressourcenseite, und dabei insbesondere die **Skaleneffekte** (engl. Economies of Scale), außer Acht lassen, worunter man Stückkostenvorteile im Zusammenhang mit der Ausbringungsmenge versteht, wie sie auch mit der im nächsten Abschnitt beschriebenen Erfahrungskurve begründet werden. Bezogen auf die **Synergie- bzw. Verbundeffekte** bedeutet das konkret, dass bei allen Neugeschäften (einschließlich der Geschäftsmodelle im Internet) geprüft werden muss, ob und welche **Mindestmengen** aus Gründen der Skalenersparnis erforderlich sind. Es ist aber auch zu prüfen, ob diese Mindestmengen nicht den Markteintritt, die Mobilität innerhalb des Markts und den effizienten Ressourceneinsatz beeinträchtigen.

Die Bedeutung der Synergieeffekte sind mit ein Grund dafür, dass Unternehmen ihre Geschäftätigkeit auf immer mehr Länder ausdehnen. Aus der Fähigkeit zur Ausschöpfung weltweit vorhandener Synergiepotenziale können nämlich **internationale Unternehmen** besondere Wettbewerbsvorteile erreichen, die für rein lokal bzw. national operierende Unternehmen nicht erreichbar sind.

4.1 Outside-in-Perspektive

Hinter den Synergievorteilen, soweit sich diese auf die Vielfalt des Sortiments und deren Folgen beziehen (engl. Market Based View), steht im Vordergrund die eingangs beschriebene generische **Wettbewerbsstrategie der Segmentführerschaft** mit ihren Ausprägungen der Differenzierung und Spezialisierung.

4.1.1 Sortimentsgestaltung

Das **Absatzprogramm** (= Sortiment, Produktpalette) eines Unternehmens wird bestimmt durch dessen **Sortimentsbreite** (= Anzahl der unterschiedlichen Erzeugnisse) und **Sortimentstiefe** (= Anzahl der Varianten je Erzeugnis).

Nicht alle im Sortiment enthaltenen Erzeugnisse müssen aus eigener Produktion stammen, denn – wie die nachstehende Abbildung zeigt – können fremd bezogene und unverändert weiterverkaufte **Handelswaren,** wie z. B. Komplementärartikel oder Zubehör, das Sortiment erweitern.

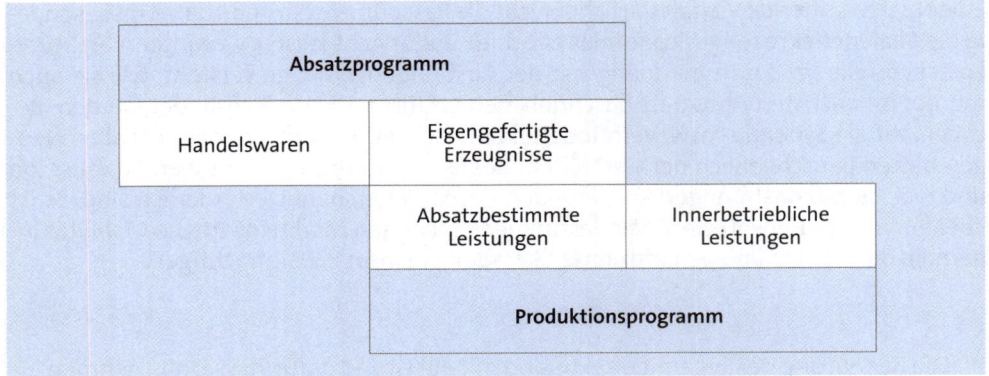

Je mehr sich die Erzeugnisse gleichen, desto eher werden sie austauschbar und umso größer kann der Zwang zur **Ausweitung des Angebotsspektrums** durch Innovationen sein, wobei es sich – bezogen auf die bereits vorhandenen Produkte – um ähnliche Produkte (= Differenzierung) oder andere Produkte (= Diversifikation) handeln kann. Damit verbunden ist allerdings das **Risiko**, dass es bei einer zu breiten bzw. schnellen Produktentwicklung oder Angebotsdifferenzierung zu einem Verlust der Kernkompetenz kommen kann, die der Markt mit einem Conglomerate Discount bestraft.

Aus Kundensicht kann sich ein **Choice Overload** ergeben, der Verwirrung bei den Kunden schafft, weil die Unterschiede zwischen den Auswahlmöglichkeiten immer kleiner werden. Studien zeigen, dass Warenvielfalt und -überfluss häufig ein abnehmendes persönlichen Wohlbefinden zur Folge hat. Nur wer genau weiß, was er will, hat mehr von der Auswahl. Umgekehrt kommt es zu einer **Sortimentsbegrenzung**, wenn das Unternehmen bisherige Erzeugnisse nicht mehr herstellt bzw. zukauft, da es keinen Bedarf mehr dafür gibt.

Da die mit jeder Segmentierung der Märkte verbundenen Marktabgrenzungen immer nur vorübergehend sind und nicht mehr als subjektive Konstrukte darstellen, müssen traditionelle SGF-Abgrenzungen immer wieder infrage gestellt werden. Durch den Auf- und Ausbau individueller Kundenbeziehungen können sich für das Unternehmen viele interessante **Geschäftsmöglichkeiten** ergeben, die es erlauben, die Enge angestammter Marktsegmente und -nischen zu überwinden und in neuen SGFs starke Marktpositionen mit entsprechenden Marktanteilen zu erreichen. Entsprechend der analysierten Kundenprofile sind die Produktmerkmale festzulegen, die für die Kunden wichtig sind, leicht wahrgenommen werden können und sich von Konkurrenzprodukten unterscheiden.

Eine Möglichkeit der Überwindung von Standardlösungen durch Annäherung des Leistungsangebots an die individuellen Präferenzen der Kunden bietet der **Ansatz des Customization**. Danach werden Produkte den Kunden in immer höherwertigen Varianten (engl. Upgrading) bis hin zu einer kaum noch überschaubaren Fülle maßgeschneiderter Produktvarianten angeboten (= Alles-aus-einer-Hand-Ansatz). Eine Individualisierung der Leistungsangebote erhöht aber nicht nur den persönlichen Nutzen für den Kunden, sondern mindert auch die Vergleichbarkeit der Preise.

Durch **Dienstleistungen**, die ergänzend zu Sachleistungen in Hybridprodukten angeboten werden, lässt sich beim Kunden der Zusatznutzen und beim Hersteller der Umsatz steigern. Auch kann der Hersteller das bei der Wartung und Instandsetzung der
Produkte gewonnene Erfahrungswissen für Verbesserungen bei neuen Produkten nutzen. Schließlich kommen Kunden für eine Serviceleistung immer wieder ins Geschäft,
was dem Unternehmen die Möglichkeit bietet, komplementäre oder auch neue Produkte vorzustellen. Umgekehrt besteht aber auch die Gefahr, dass schlecht erbrachte Dienstleistungen die Kundenzufriedenheit bezüglich des ganzen Sortiments beeinträchtigen.

Mit der Breite des Leistungsangebots (engl. Line Extension) nimmt auch die Möglichkeit einer **Verstetigung der Nachfrage** zu, d. h. Umsatzschwankungen (= Volatilität)
können insgesamt kleiner werden, da das diversifizierbare oder unsystematische Risiko des Unternehmens sinkt.

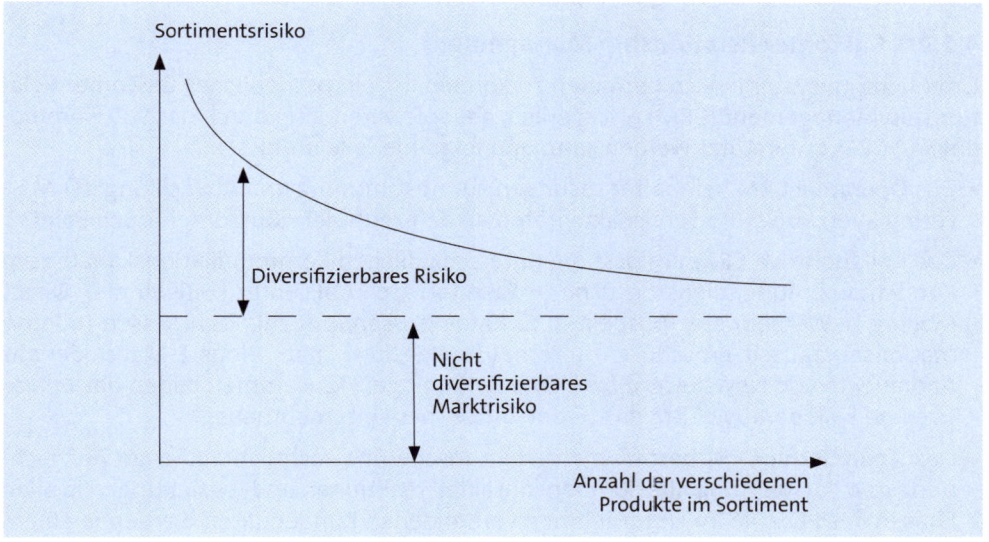

Das muss aber nicht unbedingt wertsteigernd sein. So geht beispielsweise der Principal Agency-Ansatz davon aus, dass ein risikoscheues Management durch zunehmende Betätigung in unterschiedlichen Geschäftsfeldern vornehmlich einen **finanzwirtschaftlichen Risikoausgleich** anstrebt. Dabei darf allerdings nicht übersehen werden,
dass durch die zunehmende Betätigung in Bereichen, die außerhalb der Kerngeschäfte liegen, das systematische (= nicht diversifizierbare) Risiko steigt, wodurch sich beide
Risikowirkungen gegenseitig aufheben können.

Unbestritten ist, dass Kunden zwar ein breites und über die Zeit sich zunehmend ver-
jüngendes Sortiment schätzen, aber dann mit Ablehnung reagieren, wenn sie pro-
fillose und damit austauschbare Produkte im Angebot finden, was ihren Einkauf erschwert. Die Folgen sind bezüglich der anvisierten Zielgruppen eine Abnahme der
Lernbereitschaft (= Demotivation), Kaufaufschub oder -verzicht sowie Desinteresse an

ihnen bislang unbekannten, darunter auch neuen Produkten, was die Umsatz- und Erfolgspotenziale sowohl der Hersteller als auch der Absatzmittler (= Handel) begrenzt. Mögliche Auswege sind **starke Marken** und ein **effizientes Vertriebssystem**.

4.1.2 Kundenorientierung

Clienting, d. h. die Fähigkeit und Bereitschaft, Wünsche und Bedürfnisse der Kunden (engl. Voice of the Customer) richtig zu interpretieren und zeitnah in neue, marktfähige Produkte umzusetzen, festigt die Kundenbeziehungen und steigert den **Kundenwert** (engl. Customer Value) als immateriellen Vermögenswert. Neuere Ansätze zu diesem Thema gehen davon aus, dass das einzig wahre Profit Center im Unternehmen der Kunde ist und die Summe aller Kundenwerte dem tatsächlichen Wert des Unternehmens sehr nahe kommt (*Mengen, 2011*).

4.1.2.1 Customer Relationship Management

Um Clienting systematisch betreiben zu können, ist ein betriebliches **Customer Relationship Management** (CRM) erforderlich, das softwaremäßig durch das Softwaremodul SAP CRM unterstützt werden kann und folgende Teile umfasst:

► Das **Operative CRM** beinhaltet Lösungen zur Abstimmung und Abwicklung der Marketing-, Verkaufs- und Serviceaktivitäten an den zentralen „Customer Touch Points".

► Das **Kollaborative CRM** umfasst die unterschiedlichen Kommunikationskanäle zum Kunden, wie Außendienstbesuche (= Face to Face), Callcenter (= Telefonie), Direct Mailing (= Werbebriefe, Prospekt- und Katalogzusendungen), Fachmessen (= Informationsaustausch, Broschüren), Internet (= Websites, Chats, Blogs, E-Mails oder das Abonnieren von Newslettern bzw. Online-Katalogen). Zusammen bilden das operative und kollaborative CRM das „Front Office" des Unternehmens.

► Das **Analytische CRM** betrifft die systematische und rechtlich zulässige Aufzeichnung bzw. Auswertung aller Kundenkontakte, -reaktionen und -beziehungen in allen Phasen des PLZ. Die im Unternehmen vorhandenen Kundendaten werden in einem Customer Data Warehouse zusammengeführt, verdichtet und mittels multidimensionaler OLAP-Datenwürfel nach relevanten Gesichtspunkten analysiert. Die jeweils gewonnenen Ergebnisse werden an die operative Ebene zurückgemeldet, um kundenbezogene Geschäftsprozesse zu verbessern.

Ein wirksames Instrument von CRM ist das **Beschwerdemanagement**. Firmen, die schnell und unbürokratisch auf Reklamationen ihrer Kunden reagieren und aufgetretene Probleme bereits im ersten Anlauf lösen (engl. „first time right"), schaffen zufriedene Kunden, die dem Unternehmen loyaler verbunden sind als solche, die nie ein Problem mit diesem hatten.

Mit Onlinefragebögen oder per Telefon, als Stichprobe oder Vollbefragung, können Kunden interviewt werden, was sie denken und fühlen, was sie sich wünschen, was sie tatsächlich bewegt, wie sie sich aktuell und künftig verhalten und ob sie das Unternehmen sowie seine Produkte bzw. Dienste weiterempfehlen werden. Aus den Antworten (engl. Consumer Insights) lassen sich **Kennzahlen** bilden, die es den Verantwortlichen und/oder dem Controlling erlauben, neuralgische Punkte im Umgang mit Kunden zu erkennen und interne Prozesse zu verbessern. Außerdem lassen sich kundenbezogene Indizes bilden, die als Basis für Zielvereinbarungen dienen und variable Vergütungsbestandteile beeinflussen.

Das Verhalten der **Nutzer einer Website** des Unternehmens im Internet lässt sich durch Verfahren der „E-Business Intelligence" analysieren, und zwar anhand von **Logfiles** und den damit verbundenen Kontaktmaßen als Basis für das **Webcontrolling**. Zu den Aufgaben des Webcontrollings von Onlineshops gehört es, Vertriebskollegen immer wieder daran zu erinnern, dass sie erst Vertrauen und dann Produkte verkaufen, denn: Wer etwas im Internet kauft, ohne vorher sowohl den Anbieter als auch das Produkt in Augenschein nehmen zu können, hat das Risiko, als Kunde getäuscht zu werden. So können sich etwa bei Online-Auktionshäusern die Käufer und Verkäufer gegenseitig bewerten und so nach und nach Reputation aufbauen. Die Steuerung von Internetangeboten und die Erfolgskontrolle selbst können auf der Grundlage der **Pixel-Technologie** erfolgen. Mithilfe dieser Technologie erfährt der Internetanbieter, wie sich Besucher auf seinen Websites verhalten. Kernstück der Technologie ist das „Pixel-Trecking", durch das auf den Seiten des Internetanbieters ein Pixel – ein versteckter HTML-Code – gespeichert wird. Dieses generiert immer dann, wenn die Seite aufgerufen wird, automatisch einen „Fingerabdruck" des Benutzers. Anhand dieser Kennung lässt sich jeder Nutzer der Website eindeutig identifizieren und (anonym) beobachten. Aus den erfassten und gespeicherten Basisdaten, wie etwa Besucheranzahl, Zeit, Verweildauern, Verkaufsmengen sowie der Webseite bzw. des Warenkorbs, kann eine entsprechende Analysesoftware unterschiedliche Übersichten und Kennzahlen, darunter die **Konversionsrate** (= Umwandlung von Besuchern zu Bestandskunden), erstellen. Auf die Auswertung solcher Basisdaten haben sich inzwischen mehrere Webdienstleister spezialisiert (*Hassler, 2010*).

Die Anwendung des Softwaremoduls **SAP Customer Relationship Management** ermöglicht es, Informationen aus bislang isolierten Kundenprozessen zu einem durchgängigen, bereichsübergreifenden Informationsstrom umzufunktionieren, der über das Internet bereitgestellt wird. Dabei wird auch die Schaffung von Alleinstellungsmerkmalen unterstützt, um langfristig im Markt bestehen zu können.

Da nicht alle Kunden gleich profitabel sind, ist unter Verwendung eines geeigneten Business Intelligence-Systems eine **Kundensegmentierung** zweckmäßig. Diesbezüglich werden auf der Grundlage ähnlicher Präferenzen voneinander abgrenzbare Kundengruppen, darunter mindestens auch ein Onlinesegment, und die für das Unternehmen als profitabel angesehenen Kunden bestimmt. Danach werden den jeweiligen Kundengruppen die Kunden entsprechend ihrer Profitablität zugeordnet. Schließlich werden Kunden gemäß ihrer Gruppenzugehörigkeit vom Unternehmen mit unterschiedlicher Intensität betreut. Dabei ist zu beachten, dass der Verzicht auf nicht profitabel erscheinende Kunden zu einer Umverlagerung der Kosten auch auf die bis dahin profitablen Kunden bedeutet, wodurch diese dann auch nicht profitabel werden können. Nicht dieser Vorgehensweise unterliegen Kunden, zu deren Akquise die Vertriebsleute im Unternehmen erfahrungsgemäß wenig Zeit aufbringen.

Ein für das Controlling geeignetes investitionstheoretisches Modell zur **Berechnung des Kundenwerts** (engl. Customer Lifetime Value) sollte durch folgende Bestimmungsfaktoren gekennzeichnet sein (*Reinecke/Keller, 2007*):

- ► **Cashflows**, berechnet aus der Differenz zwischen Umsatzerlösen und -kosten. Dabei werden die relevanten Kundenumsätze aus Daten der Vergangenheit in die Zukunft fortgeschrieben und mittels deskriptiver Analysen, etwa über Kundenprofile und Lebenszyklen, korrigiert, während die damit korrespondierenden Kundenkosten durch die von den Kunden mit unterschiedlicher Intensität beanspruchten Ressourcen bestimmt werden.

- ► **Diskontierungsfaktor**, in dem sich die Unsicherheit der Cashflows widerspiegelt und der darüber entscheidet, wie die künftigen Cashflows gewichtet werden.

- ► Wahrscheinlichkeit und Quote der **Kundenabwanderung** (engl. Customer Losses), bezogen auf die Dauer der bisherigen Kundenbeziehung

- ► **Betrachtungshorizont**, der mehr oder weniger weit in die Zukunft reichen kann.

4.1.2.2 Customonomics

Mit dem Kundenwert arbeitet auch der von der Boston Consulting Group (BCG) entwickelte Steuerungsansatz **Customonomics**, mit dem der immaterielle Vermögenswert „Customer Capital" aus dem Cash Value Added (CVA) auf der Grundlage folgender drei auf die Kunden bezogenen Wertgrößen berechnet werden kann (*Strack/Villis, 2001*):

- ► **Value Added per Customer** (VAC), verstanden als Wertschöpfung pro Kunde

- ► **Average Cost per Customer** (ACC), bezogen auf die Marketing-, Vertriebs- und Servicekosten, die unter anderem durch Differenzierung der Kundenbeziehungen, Koordination der Kundenschnittstellen (engl. Customer Touch Points) sowie Automatisierung der Vertriebswege und Geschäftsprozesse gesenkt werden können.

- ► **Kundenbestand** (C), der sich erhöhen lässt durch Erweiterung des Angebots (z. B. Up-Selling, Customization), Akquise neuer Abnehmer, Entwicklung von internetbasierten Geschäftsmodellen oder die Übernahme anderer Unternehmen.

Aus **Sicht der Kunden** lässt sich der immaterielle Vermögenswert CVA nach folgender Formel berechnen:

$$CVA = (VAC - ACC) \cdot C$$

Danach kann Wert erzeugt werden durch die Aktivierung folgender **drei Stellhebel**, die sich auch miteinander kombinieren lassen:

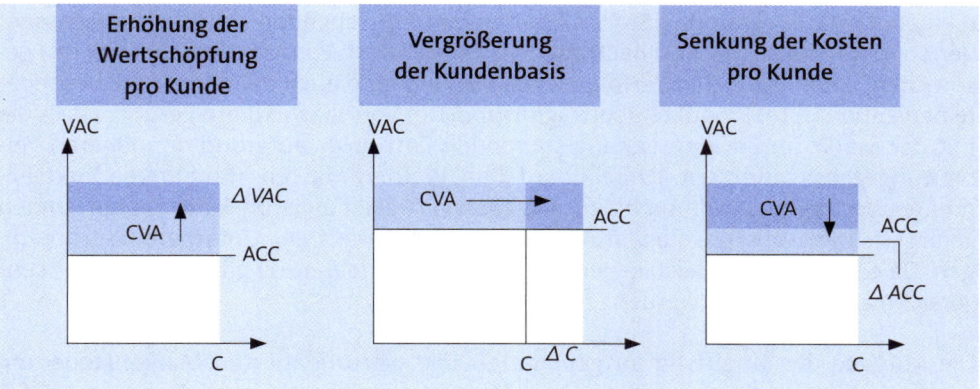

4.1.3 Markenwerte

Die **Produktmarke**, kurz nur Marke genannt, gilt als Garant für einen versprochenen bzw. erwarteten Kundennutzen, d. h. eine Marke soll Kunden in einer reizüberfluteten Umwelt als „Gütesiegel" oder „Leuchtturm" dienen. Des Weiteren soll eine Marke mit hohem Bekanntheits- und Erinnerungswert sicherstellen, dass in kritischen Phasen der Wirtschaftsentwicklung, in denen Geld nicht mehr so locker sitzt wie sonst, die Kunden weiterhin solche Produkte kaufen, denen sie vertrauen. Eng verbunden mit der Marke ist auch das **Design**, d. h. die Formgebung des Erzeugnisses.

Einen **Markennamen** zu finden, der zieht, Unverwechselbarkeit gewährleistet und im internationalen Geschäft keinen Ärger macht, ist nicht leicht, denn der Name darf noch nicht geschützt und muss in verschiedenen Sprachen leicht aussprechbar sein. Zum **Schutz von Marken** gegenüber Nachahmern kann deren Registrierung bei den zuständigen Ämtern (z. B. beim deutschen und/oder europäischen Patentamt) erfolgen.

An **Markentypen** werden unterschieden:

► **Produktmarken** (engl. Product Brands), die Aussagen über die Herkunft und Eigenschaften von Produkten machen und den Kunden gegenüber eine Leistungs- und Qualitätsversprechen geben. Eine Produktmarke gilt dann als authentisch, wenn die Produkte (insbesondere Markenartikel) das halten, was die Marke verspricht. Kann das Unternehmen mehrere bekannte Marken aus einer Hand anbieten, lässt sich – empirischen Untersuchungen zufolge – für einige dieser Marken das durchschnittliche Preisniveau anheben.

► **Firmenmarken** (engl. Corporate Brands), die Unternehmen hinsichtlich ihrer Kompetenz für eine Gruppe von Problemlösungen kennzeichnen und interkulturelle Werte, wie z. B. Ethik, Moral, Fairness und Respekt, über die Kunden hinaus auch an die übrigen Stakeholder vermitteln. Ein Firmenname muss zum Unternehmen passen, und darf nicht auf eine Produktgruppe festgelegt sein.

Der **Markenauf- und -ausbau** ist ein systematisch zu betreibender, lang dauernder und wohl nie endender Prozess, bei dem das Unternehmen seine mehr oder weniger große Leistungsvielfalt in Verbindung mit einprägsamen Namen (engl. Trademarks, Labels), die Popularität steigernden Stories oder an den herrschenden Zeitgeist anzupassenden Logos (= Markenzeichen)nach außen kommuniziert. Von **Markendehnung** wird gesprochen, wenn ein bislang erfolgreicher Markenname auch auf andere (insbesondere neu entwickelte) Produkte übertragen wird. Der Vorteil wird darin gesehen, dass die mit der Marke im Zusammenhang stehenden Cashflows aufgrund der höheren Verbreitungsgeschwindigkeit schneller anfallen. Werden Marken in mehrere Marktsegmente übertragen und damit bis zur Allgegenwärtigkeit gedehnt, kann das die Kunden verärgern, die Dachmarke beeinträchtigen und den Wert des Unternehmens schädigen. Da es nur wenige Beispiele erfolgreicher Markendehnung gibt, sollte damit sehr vorsichtig umgegangen werden.

Die Aufgabe der langfristig ausgerichteten und wertorientierten **Markensteuerung** durch die Markenverantwortlichen im Unternehmen besteht nach *Esch u. a. (2002)*, *Tropp* (2004) in der

► **Schaffung von Präferenzen** gegenüber ähnlichen Produkten, darunter auch No-Name-Produkten und Plagiaten. Um das zu erreichen, sind Marken mit Merkmalen aufzuladen, um ihnen ein unverwechselbares Profil zu geben, sie in ihrer Einzigartigkeit zu bewahren und widerstandsfähig zu machen gegen kurzfristige Trends und gezielte Angriffe seitens der Wettbewerber. Durch die Wirkung von Designqualität und Markeneffekten (darunter auch die Markentreue in wirtschaftlich schlechten Zeiten) sinken die Volatilität und damit das Risiko künftiger Cashflows. Markenartikler sollten ihre Marken in einem Markenportfolio möglichst überschneidungsfrei positionieren, um erforderliche Repositionierungen oder Lücken für Neumarken zu erkennen.

► **Pflege der Marken**, denn diese können Jahrhunderte überdauern, oder binnen kürzester Zeit große Imageschäden erleiden. Das Markenmanagement muss sich dabei schwerpunktmäßig mit weichen Konstrukten (z. B. Markenwissen und -image) beschäftigen und daraus verhaltenswissenschaftliche bzw. kundenpsychologische Größen ableiten, wie Markenvertrauen, -zufriedenheit und -treue. Haben Marken ihre Glaubwürdigkeit verloren oder werden sie von Kunden als langweilig angesehen, sind sie zu erneuern bzw. aufzugeben.

Spezielle Anforderungen ergeben sich bezüglich der **Markensteuerung im Internet** (engl. E-Branding). Wichtig bei der Einrichtung und Ausgestaltung der Websites ist, dass die Marke mit spezifischen Merkmalen versehen wird, wie z. B. leichte Auffindbarkeit (engl. Retrieval), unterhaltsame Darbietung von Inhalten und Nutzen, Aktualität markenspezifischer Maßnahmen darunter Innovationen, Promotions, Events sowie Dialogfähigkeit, um durch interaktive Kommunikation die Distanz zu den anonym im Internet navigierenden Nutzern zu verringern. Auch darf nicht übersehen werden, dass die im Internet vorhandene Angebotsfülle und die unter Zuhilfenahme von Suchmaschinen erreichbare **Transparenz** die Preisspielräume von Marken grundsätzlich einschränkt.

Unter Mitwirkung des Marketingcontrollings sind Marken als immaterielle Vermögenswerte, die in Einzelfällen gut die Hälfte des Unternehmenswerts ausmachen, zu gegebener Zeit zu bewerten. **Anlässe einer Markenbewertung** können sein: Ermittlung des Marktwerts des Eigenkapitals, Überprüfung des Fair Value der entgeltlich erworbenen und bilanzierten Marken, Steuerung des Markenportfolio, anstehende Entscheidungen über die Absatzstrategie (einschließlich der Investitionen in die Marken), Berechnung der Höhe von Lizenzgebühren für die Nutzung fremder Markenrechte (gegebenenfalls nach einem vorherigen Verkauf von eigenen Marken), Quantifizierung von Schadenersatzansprüchen (engl. Claims) bei Verletzung von Markenrechten durch Dritte (*Klein-Bölting/Maskus, 2003*).

Für die **Bewertung von Marken** gibt es verschiedene Methoden mit zum Teil stark voneinander abweichenden Ergebnissen. Internationaler Standard ist die ISO-Norm 10668:2010 (= Monetary Brand Valuation), welche die Anwendung der *"markenerlösbasierten Mehrgewinnmethode"* empfiehlt, um den Wert der Marke auf der Grundlage der im Markt erzielbaren Preis- und Mengenprämien zu ermitteln. Ansonsten gilt nach *Bentele u. a. (2003)*:

► Der **Markenerfolg** wird durch den Marktanteil ausgedrückt. Ergänzend kann dazu auch die Markenstärke unter Verwendung verhaltenswissenschaftlicher Indikatoren gemessen werden.

► Auf Basis der Methode diskontierter Cashflows wird der **Barwert der Mittelrückflüsse**, die klar im Zusammenhang mit der Marke anfallen, berechnet. Wird der Barwert dann in Beziehung zur Investition in die Marke gesetzt, ergibt sich der **Marken-ROI**.

► Unter Einbeziehung der Möglichkeit, künftige Investitionen in die Marke vom Ergebnis der bis zum jeweiligen Zeitpunkt beobachteten Entwicklung abhängig zu machen, kann mithilfe einer **Realoption** der latente Markenwert als „Wert des Handlungsspielraums der Marke" ermittelt werden. Zusammen ergeben der latente und aktuelle Markenwert dann den tatsächlichen Markenwert. Die Bereitstellung von Informationen durch das Controlling über den Einfluss von Marketingaktivitäten auf den durch die Realoption gezeigten Handlungsspielraum sensibilisiert die Markenverantwortlichen bezüglich des Ausbaus weiterer Erfolgspotenziale.

Alternativ kann der Wert einer Marke auch von darauf spezialisierte **Bewertungsagenturen**, wie etwa „BBDO", „Interbrand" oder „Nielsen", vorgenommen werden. Das hat den Vorteil, dass diese Agenturen auch die Marken anderer Unternehmen (z. B. von Champions oder Marktführern) nach den gleichen Kriterien beurteilen, was — sofern die Ergebnisse in Rankings oder Markenbarometern veröffentlicht werden — ein Benchmarking erlaubt. Nachteilig ist allerdings, dass die jeweils praktizierten Bewertungsmethoden von den Agenturen geheim gehalten werden und damit für die Auftrag gebenden Unternehmen eine „Blackbox" bilden. Das schließt Risiken mit ein, wie etwa Vorrangigkeit kurzfristiger anstelle markenstrategischer Überlegungen, Außerachtlassung der Besonderheiten einzelner Unternehmen und subjektive Spielräume bei der Beurteilung durch Börsen- und Finanzanalysten (*Esch u. a., 2002; Gerpott/Thomas, 2004; Schimansky, 2004*).

Mitunter veröffentlichen Bewertungsagenturen auch **Rankings** der von ihnen ermittelten Markenwerte. Je volatiler die Markenwerte im Zeitverlauf sind, desto geringer ist der Stellenwert solcher Rankings und damit die Planungssicherheit. Zum Ausgleich sollte sich das Management des Unternehmens bemühen, durch verantwortliches Handeln mit ethischen Marketingprogrammen in den von Bewertungsagenturen verwendeten **Social Equity Index** aufgenommen zu werden, oder an **Brand Awards** zu gelangen, um dies mit den Kunden PR-mäßig kommunizieren zu können.

4.1.4 Vertriebswege

Kunden lassen sich über **verschiedene Vertriebswege** erreichen.

Von einem **Vertriebsweg** (= Absatz- oder Distributionskanal) wird gesprochen, wenn in diesem die Anbahnung, Aushandlung und der Abschluss einer Kauftransaktion erfolgt. Die physische Distribution der Güter und Dienste kann ebenfalls auf diesem Weg erfolgen, sie ist allerdings kein spezifisches Merkmal des Vertriebswegs.

Nach ihrer **Beschaffenheit** lassen sich Vertriebswege wie folgt unterscheiden:

► **Offline-Vertriebsweg**, bei dem sich traditionell die Anbieter und Kunden persönlich gegenübertreten (= Kontaktgeschäft, wie z. B. der Außendienst des Unternehmens bzw. der Handel mit seinen physischen Geschäftslokalen/Shops), oder bei dem der Kunde auf dem Postweg die zur Bestellung erforderlichen Informationen in schriftlicher Form erhält (= Distanzgeschäft auf der Grundlage von Mails oder von Print- bzw. CD-ROM-Katalogen des Versandhandels).

► **Online-Vertriebsweg**, bei dem zur Vorbereitung oder Abwicklung eines Distanzgeschäfts die Kunden über elektronische Medien stationär (wie etwa Fernsehen, Telefon) oder mobil (mittels Handy, Smartphone, Laptop, Tablet-PC) mit dem Anbieter verbunden sind. Onlineshops haben den Vorteil, dass sie den Kunden rund um die Uhr zur Verfügung stehen und für das Unternehmen kostengünstiger sind als Offline-Vertriebswege. Für den Online-Vertrieb geeignet sind digitale, wenig erklärungsbedürftige, margenschwache Produkte und standardisierte Dienstleistungen.

Konsumbereite und zahlungsfähige Onlinekunden suchen im Internet nicht nur nach Schnäppchen, sondern sie erwarten auch Service, der sich durch die einfache Erreich- und Bedienbarkeit der Website, ein leichtes Surfen durch den Angebotskatalog und ein unkompliziertes Bestellverfahren auszeichnet. Die Bezahlung erfolgt meistens zeitgleich mit der Bestellung über gängige Paymentdienste, sodass dem Unternehmen keine (risikobelasteten) Forderungen entstehen. Unternehmen, die vorher analysiert haben, welche Produkte zu welchem Kundentyp passen, können **Social Networks** nach potenziellen Kunden durchsuchen. Produkte, die nicht auf den Bildschirmen der Kunden präsent sind, haben über einen Online-Vertriebsweg keine Chance.

Bezüglich der **Anzahl der Vertriebswege** gilt:

▶ Ist für den Absatz nur ein Vertriebsweg vorgesehen, spricht man vom **Einkanalvertrieb**, der einstufig (= direkt vom Produzenten zum Abnehmer) oder mehrstufig (= indirekt über Absatzmittler, d. h. den Handel) erfolgen kann.

▶ Entscheidet sich das Unternehmen für einen **Mehrkanalvertrieb**, ergeben sich zusätzliche Chancen und Risiken. Diese bestehen in der flächendeckenderen Marktabdeckung (= Erschließung neuer Käuferschichten) und Profilierung gegenüber der Konkurrenz durch Differenzierung. Die zusätzlichen Risiken ergeben sich durch Rivalitäten (= Kannibalisierungseffekte) zwischen den Vertriebswegen, da die Kunden optional handeln können. Häufig erfolgt die Kundennutzung eines Mehrkanals in einer als „hybrides Kaufverhalten" bezeichneten Weise, wonach Kunden, die in der physischen Welt eine Transaktion (z. B. den Kauf eines Gebrauchsguts) vorbereiten, sich vorher in der virtuellen Welt des Internets umschauen (z. B. in Katalogen, Testberichten oder anderen Dokumentationen).

Zu den Vertriebswegen gehören auch **Messen**. Diese sind entweder Hausmessen am Firmenstandort, überbetriebliche, periodisch und häufig am selben Standort wiederkehrende Marktveranstaltungen nur einer Branche (= Fachmessen) bzw. mehrerer Branchen (= Universalmessen). Mit der Globalisierung der Wirtschaft entstehen immer neue Messen – darunter auch themenbezogene Sonderschauen – im In- und Ausland, die es Messekunden ermöglichen, sich über den Leistungsstand der Marktanbieter zu informieren und nach Ideen für neue Produkte zu suchen. Die **Aufgabe von Messen** besteht darin, als Plattform oder persönliche Leistungsschauen den Ausstellern die Gelegenheit zu bieten, zum einen Produkte, Verfahren, Systeme und Lösungen zeitlich befristet in der angemessenen Breite und Tiefe zu präsentieren, zum anderen auch Geschäfte anbahnen oder abwickeln zu können. Bezüglich einer Messebeteiligung schauen Aussteller und deren Controller vornehmlich auf Zeit, Kosten und Performance. Deshalb sind Messeveranstalter mit Dienstleistungen im Vorfeld, durch Service während der Durchführung und auch in der Nachbereitung (= Messe-Nutzen-Check) darum bemüht, sich zunehmend besser aufzustellen und das eigene Profil zu schärfen, um vielleicht eine Weltleitmesse zu werden. Fehlt einer Messe der Performancenachweis, reduzieren Unternehmen ihre Messebeteiligung (z. B. durch Verkleinerung der Standflächen bzw. Beteiligung an Gemeinschaftsständen) oder verzichten ganz auf (bestimmte) Messeauftritte.

Unternehmen, die durch ihren Marktauftritt am stark wachsenden Marktvolumen auf elektronischen Märkten partizipieren wollen, erreichen **Umsätze im Internet** mit entsprechenden **Geschäftsmodellen**:

▶ **Business-to-Consumer** (B2C) als Möglichkeit von **Privatkunden** zum Onlineshopping, und zwar bei hoher Angebots- und Preistransparenz. Das Angebot an Gütern und Dienstleistungen entnimmt der Kunde den Webkatalogen der Internetanbieter, wobei virtuelle Agenten beim Füllen des Warenkorbs oder Einkaufswagens helfen. Geliefert wird direkt an die Kunden. Es ist zu erwarten, dass sich durch die elektronische Geschäftsabwicklung im Endkundengeschäft die Nachfragestruktur stark verändern wird, denn Bestellungen in bekannten Zyklen und Lieferrhythmen werden durch sporadische und spontane Kundenaufträge abgelöst, die steigende Anzahl kleinteiliger Sendungen braucht mehr Dienst- und Logistikleistungen, Callcenter ermöglichen eine individuelle Kundenkommunikation und über spezielle Hotlines können Anfragen oder Beschwerden sofort erledigt werden. Durch Clickstream-Analysen lässt sich das Verhalten von Besuchern einer Website messen und tiefer gehende Analysen geben Auskunft über die Präferenzen und Interessen der Onlinekunden.

► **Business-to-Business** (B2B), worunter man die elektronische Geschäftsabwicklung unter **Firmenkunden** versteht. Mithilfe intelligenter Softwaretools lassen sich Routinetätigkeiten wie etwa Preisvergleiche, Warenverfügbarkeitsprüfungen und Bestellabwicklungen automatisieren. Unter den Geschäftspartnern können als Branchen-Malls bezeichnete Internetplattformen geschaffen werden.

Die Umsetzung eines elektronischen Geschäftsmodells hat auch Einfluss auf die **Kostenstruktur** des Unternehmens: Während die Erstellung des Informationsangebots mit hohen Fixkosten verbunden ist, sind die mit der Verbreitung des Angebots verbundenen Kosten (z. B. Verbindungs- und Übertragungskosten) ausgesprochen gering.

4.2 Inside-out-Perspektive

Besonders bei den Verbundeffekten, die sich faktoreinsatzbezogen auf die **Ressourcen** beziehen (engl. Resource Based View), kann durch deren einzigartige Bündelung eine Kernkompetenz entstehen, die für das einzelne Unternehmen dann zu einem Wettbewerbsvorteil führt, wenn die Möglichkeit eines branchenweiten Parallelverhaltens nicht besteht, weil die Mitbewerber nichts Vergleichbares besitzen.

Kennzeichnen lassen sich **einzigartige Ressourcenbündel** dadurch, dass sie

► **wertvoll** sind, sodass sie in den SGFs eingesetzt werden, wo sie Wert für Kunden und Shareholder schaffen

► **knapp** sind und Wettbewerbern nicht in gleicher Weise zur Verfügung stehen

► zunehmend **wissensintensiv** sind, was die Bedeutung der Arbeits- und Kapitalintensität verringert

► schwer **imitierbar** sind, da sie von einem speziellen historischen Hintergrund abhängen (z. B. der Unternehmensgeschichte und -tradition) sowie von hoher Komplexität sind und sich daher einfachen Kausalanalysen entziehen

► von Wettbewerbern deshalb nicht **substituiert** werden können, da nichts Vergleichbares auf Faktormärkten erhältlich ist oder Patentschutz besteht.

Um eine einzigartige und für das betrachtete Unternehmen vorteilhafte **Ressourcenasymmetrie** zu schaffen, sind die durch das Zusammenwirken verschiedener SGFs bzw. den gegenseitigen Austausch von Knowhow entstehenden und prinzipiell in allen Funktionsbereichen des Unternehmens vorhandenen Verbund- und Synergiepotenziale zu ermitteln und auszuschöpfen. Daran ist das Controlling angemessen zu beteiligen (*Biberacher, 2004*).

5. Mengeneffekte durch Konzentration

Unter der Annahme, dass ein hoher Marktanteil mit einer hohen kumulierten Erfahrung gleichgesetzt werden kann, war es möglich, das **Mengengesetz der Erfahrungskurve** (engl. Experience Curve), kurz Erfahrungskurve genannt, zu formulieren (*Henderson, 1974*).

Die Erfahrungskurve bzw. -ökonomie, die u. a. für die industrielle Serien- und Massenfertigung gilt und in engem Zusammenhang mit der generischen **Wettbewerbsstrategie der Kostenführerschaft** steht, ist eine Weiterentwicklung der Lernkurve im Sinne der Economies of Scale, die sich schon vor langer Zeit mit sinkenden Kosten der Fertigung als Folge individuellen und kollektiven Lernens durch Wiederholung, Weiterbildung und Informationen von außen beschäftigte.

Nach dem **Konzept der Erfahrungskurve** lassen sich die auf die Wertschöpfung bezogenen, inflationsbereinigten Stückkosten eines Produkts oder seiner Komponenten potenziell um jeweils einen festen Prozentsatz senken, wenn sich die kumulierte Ausbringungsmenge verdoppelt. Diese Wirkungen werden auch **Erfahrungskurveneffekte** genannt.

Ein aktuelles Beispiel für Erfahrungskurveneffekte sind die Kostenvorteile von **Cloudanbietern** bei der IT-Infrastruktur, der EDV-Hard- und Software sowie beim IT-Personal erzielen. Ein ähnlich aktuelles Beispiel betrifft **Carbonfasern**, deren industrielle Herstellung gegenwärtig noch sehr kostenintensiv ist, was sich aber bald ändern dürfte, da dieses Material seiner Vorteile wegen von immer mehr Unternehmen aus den Bereichen Luft- und Raumfahrt, Medizintechnik, Fahrzeugbau usw. für neue Anwendungen verstärkt nachgefragt wird.

5.1 Erfahrungsraten

Der als **Erfahrungsrate** bezeichnete Prozentsatz, um den sich bei Verdopplung der kumulierten Produktionsmengen die realen Stückkosten (der Wertschöpfung) eines Produkts „potenziell" senken lassen, muss aus historischen Kosteninformationen zu bestimmen versucht werden. Eine 80 %-Erfahrungskurve bedeutet beispielsweise, dass die Stückkosten einer Periode auf 80 % der Stückkosten der jeweils vorangegangenen Periode sinken.

Als **Periode** wird derjenige Zeitraum angesehen, innerhalb dessen sich die Ausbringungsmenge, und zwar jeweils bezogen auf die Vorperiode, verdoppelt (hat).

Als **Stückkosten** eines Produkts kommen infrage: Stückkosten der letzten Produkteinheit, durchschnittliche Stückkosten einer Bezugsperiode (etwa Monat, Quartal, Jahr) oder durchschnittliche Stückkosten der gesamten bisher kumulierten Menge.

Die **Kostenzuordnung** erfordert eine möglichst scharfe Produktabgrenzung. Vielfach wird es ausreichen, solche vom Unternehmen hergestellten Produktkomponenten zusammenzufassen, die ähnlich sind in Bezug auf Entwicklung, Fertigung, Verwaltung und Vertrieb.

Das empirisch am häufigsten getestete **Funktionsgesetz der Erfahrungskurve** lautet:

$$k_x = k_1 \cdot x^{-b}$$

mit

x	=	Kumulierte Produktionsmenge
k_1	=	Stückkosten für das erste Stück (Startkosten)
k_x	=	Stückkosten für das x-te Stück
b	=	Erfahrungsrate

Nehmen die Kosten mit jeder Verdopplung der kumulierten Menge um p % ab, ergibt sich der **Degressionsfaktor** (Kostenelastizität) b als

$$b = \frac{-\log q}{\log 2} \text{, wobei } q = \frac{100 - p}{100} \text{ ist.}$$

Beispiel

Sind bei einer Erfahrungsrate von 80 % die Startkosten 100 € und ist der Degressionsfaktor b = - log 0,80 / log 2 = - 0,322, betragen rechnerisch die Stückkosten für das 200ste Stück = k_{200} = 100 · 200$^{-0,322}$ = 18,17 €.

In **grafischer Darstellung** hat eine 80 %-Erfahrungskurve im arithmetischen Maßstab einen degressiven Verlauf und im doppelt-logarithmischen Koordinatensystem einen linearen Verlauf (= Regressionsgerade):

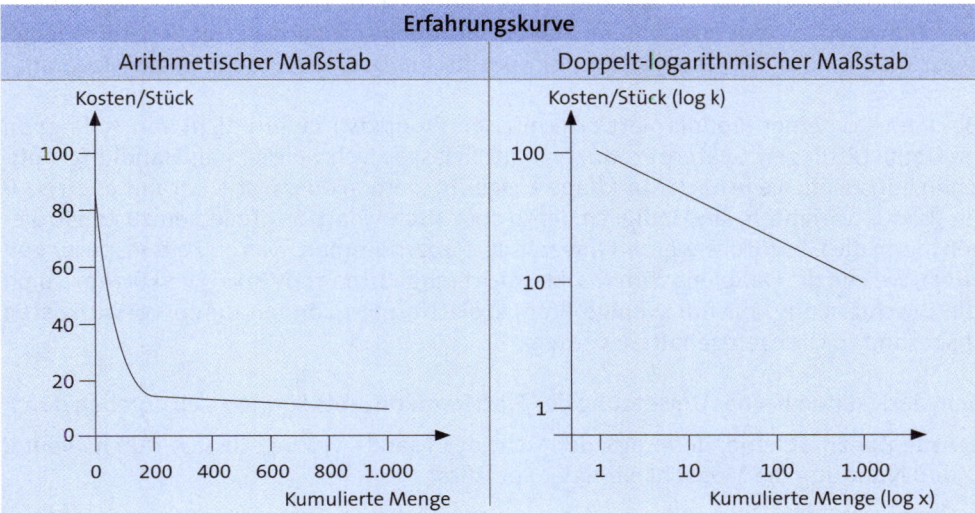

Aus dem **degressiven Verlauf** der linken Abbildung wird ersichtlich, dass die Erfahrungskurve ihre größte Wirkung in der Einführungs- und Wachstumsphase eines neuen Produkts hat und die sich danach ergebende **stationäre Phase** eher auf die Reifephase des PLZ bezieht.

Die **Gerade** ($\log k_x = \log k_1 - b \log x$) in der rechten Abbildung besagt, dass eine bestimmte prozentuale Veränderung der Menge (als unabhängige Variable) eine konstante Veränderung der durchschnittlichen Stückkosten (als abhängige Variable) mitsichbringt.

In Abhängigkeit von der jeweiligen **Fertigungstechnologie** kann man in etwa von folgenden Erfahrungskurven ausgehen:

Erfahrungskurven	
95 %	- Erfahrungskurve für flexibel automatisierte Fertigung
90 %	- Erfahrungskurve für maschinelle Fertigung
75 % - 85 %	- Erfahrungskurve für gemischte Fertigung und Montage
70 %	- Erfahrungskurve für kleine Stückzahlen bzw. Einzelfertigung

Interessant sind auch die Ergebnisse von auf der **Prozessebene** durchgeführten Untersuchungen, wonach etwa 80 % der Variation der Prozesskostensätze mit der Wiederholungshäufigkeit der Prozesse erklärt werden können. Daraus folgt, dass sich Erfahrungskurveneffekte auch auf Prozesse übertragen lassen (*Brokemper, 1998*).

5.2 Produktplattform

Eng verbunden mit der Erfahrungskurve ist das **Konzept der Produktplattform**, das von Fertigungstechnologien ausgeht, die eine Produktdifferenzierung mit vielen baugleichen Produktkomponenten bzw. -modulen gestattet. Oder anders ausgedrückt: Das Plattformkonzept erlaubt eine Massenfertigung standardisierter Bausteine (engl. Mass Production) mit einem Restanteil spezifischer Bausteine (engl. Customization).

Bei Vorliegen einer Produktplattform müssen Produktvarianten nicht von Anfang an im Detail festliegen. Spätere Produktvarianten lassen sich vielmehr als **Handlungsoptionen** auffassen, die je nach Marktlage ausgeübt werden oder nicht. Kommt es zu neuen Produktvarianten, sind lediglich deren spezifische Plattformteile neu zu konstruieren, denn die Gleichteile werden unverändert übernommen, was zu Zeiteinsparungen führt, welche die Dauer bis zum Markteintritt (engl. Time-to-Market) verkürzen. Durch die Beschränkung auf nur wenige Produktplattformen können deren **Vorlaufkosten** insgesamt in Grenzen gehalten werden.

Schwierigkeiten bei der **Umsetzung des Plattformkonzepts** können sich ergeben durch

▶ **Akzeptanzprobleme**, denn aus der Sicht des Markts verringern sich durch Typung und Normung die Möglichkeiten der Spezifität

▶ **Overdesign der Gleichteile**, diese die jeweils höchsten Anforderungen der verschiedenen Anwendungen erfüllen müssen

▶ **Festhalten an bekannten Technologien**, was die Innovationsfähigkeit des Unternehmens mindert bzw. das Risiko zu geringer Flexibilität erhöht.

Zur Überwindung dieser Schwierigkeiten kann es zweckmäßig sein, bestehende Plattformkonzepte in die systematische Innovationsplanung des Unternehmens zu integrieren, um rechtzeitig die **Entwicklung neuer Produktplattformen** in Angriff nehmen zu können, die wiederum die Basis für den Auf- oder Ausbau anderer Plattformen, wie z. B. Prozess-, Markt- oder Markenplattformen, sein kann (*Herrmanns/Huber, 2000*).

Das **Risiko einer Produktplattform** besteht u. a. darin, dass bei Qualitätsmängeln der baugleichen Teile oder Komponenten eine Vielzahl von Produktmodellen und -varianten davon betroffen sind.

5.3 Halbwertzeiten

In das Konzept der Erfahrungskurve kann auch das sog. **Half-Life-Konzept** in der Weise eingebunden werden, dass Halbwertzeiten als Vorsteuerung bei der Ermittlung der aus den Erfahrungskurven ableitbaren Kostensenkungspotenziale fungieren (*Fischer/Schmitz, 1997*).

Als **Halbwertzeit** wird ein Zeitraum (etwa in Jahren) bezeichnet, innerhalb dessen ein im Rahmen des Performance Measurement zu verbessernder Leistungsparameter auf die Hälfte seines Ausgangswerts verringert werden kann.

Im Unterschied zum Konzept der Erfahrungskurve werden beim Half-Life-Konzept die Erfahrungsraten oder Lernfortschritte nicht in Abhängigkeit von der kumulierten Ausbringungsmenge (bei gleichzeitiger Unabhängigkeit der dazu benötigten Zeit), sondern in **Abhängigkeit von der Zeit** (bei gleichzeitiger Unabhängigkeit von der kumulierten Ausbringungsmenge) erklärt.

Beiden Konzepten gemeinsam ist die **Verwendung linearer Trendfunktionen**, wobei zur grafischen Darstellung im Half-Life-Konzept nur für die vertikale Achse des jeweils betrachteten Leistungsparameters ein logarithmischer Maßstab gewählt wird, während die Zeiteinteilung arithmetisch ist.

Dazu die nachstehende Abbildung, bei der eine stärkere Degression der Trendfunktion die kürzere Halbwertzeit eines Leistungsparameters ausdrückt (umgekehrt gilt Entsprechendes).

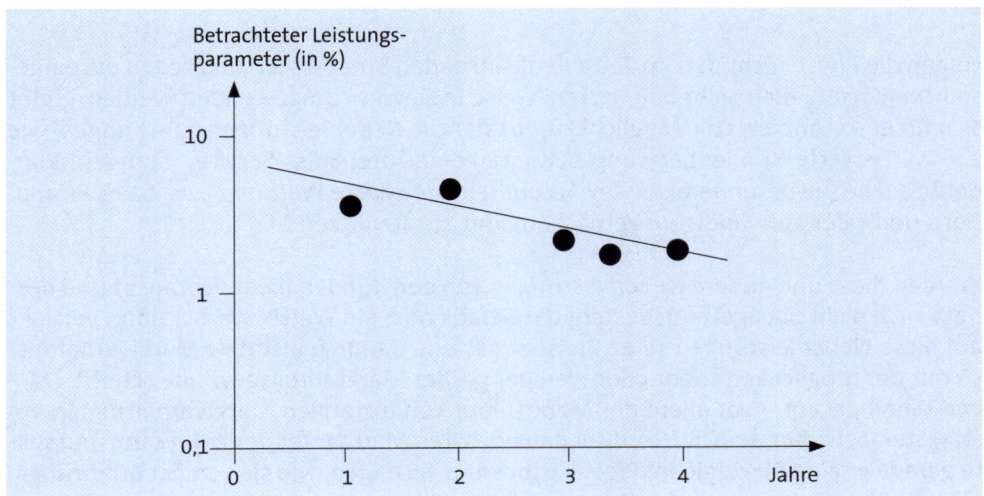

Als **Nachteile des Half-Life-Konzepts** lassen sich nennen: Bevorzugung stabiler und deterministischer Prozesse, Ausrichtung auf einzelne Prozessparameter und Verbesserungen nur in kleinen Schritten. Werden demgegenüber Prozessstrukturen etwa im

Zuge des Business Reengineering geändert, verändern sich die Verbesserungspotenziale radikal.

5.4 Preis-Absatz-Funktion

Nach dem Konzept der Erfahrungskurve können – abweichend von der traditionellen Preistheorie – **Marktdurchdringungspreise** (engl. Penetration Pricing) sinnvoll sein, wie aus der folgenden Abbildung (mit doppelt-logarithmischem Maßstab) deutlich wird.

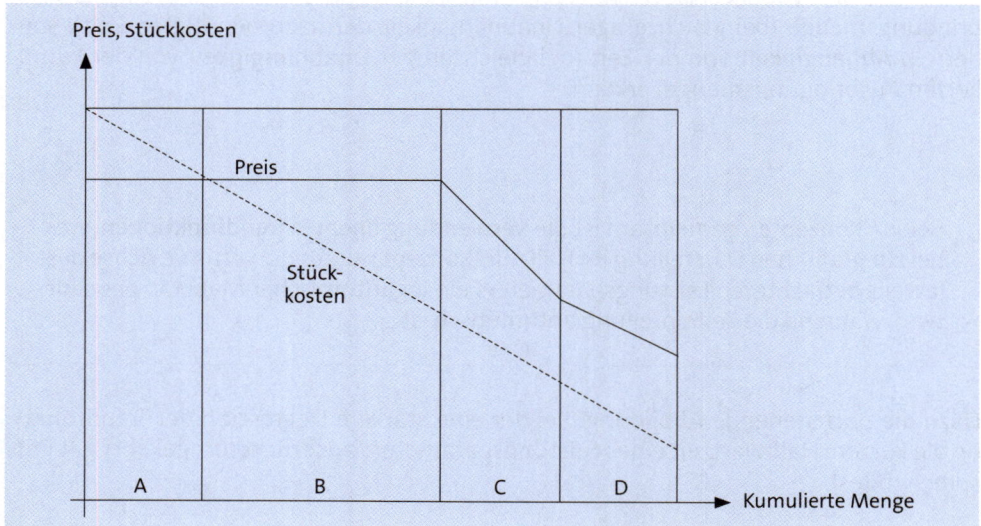

Folgen die Preise nicht den im Zeitablauf sinkenden Stückkosten und sollen die eingesparten Kosten auch nicht oder nur teilweise in Gewinn umgewandelt werden, ergibt sich für einen Anbieter die Möglichkeit, zusätzliche Nebenleistungen zu erbringen, wie z. B. verbesserte Kundenberatung bzw. stärkeren After-Sales-Service, häufigere Kundenbesuche (insbesondere der Key Accounts), intensivere Werbung bzw. Sales Promotions und/oder aufwändigere Verpackung mit Zusatznutzen.

Werden diese und andere Nebenleistungen von den Kunden nicht gebraucht und deshalb auch nicht nachgefragt, besteht die **Gefahr**, dass ein Wettbewerber unter Verzicht auf diese Nebenleistungen seine Preise senkt und dadurch instabile Marktverhältnisse mit der Möglichkeit mehr oder weniger großer Marktanteilsgewinne schafft. Da – wie schon gesagt – vor allem der Marktführer von instabilen Marktverhältnissen am stärksten betroffen sein dürfte, da er den höchsten Marktanteil verlieren kann und sollte gerade er eine **Strategie im Preiswettbewerb** verfolgen, wie sie von der Erfahrungsökonomie in den Phasen A bis D empfohlen wird.

5.5 Ursachen der Kurveneffekte

Der mit der Erfahrungskurve begründete Rückgang der Stückkosten bezieht sich auf die im Produkt enthaltenen **Kosten der Wertschöpfung**. Diese werden durch folgende Faktoren bestimmt:

▶ **Statische Erfahrungskurveneffekte**, auch Skaleneffekte genannt, die sich auf die Ausbringungsmenge eines Produkts in jeweils einer Periode (Jahr) beziehen:

- Die Kapazitäten bestimmen die eigene **Betriebsgröße**, die im Kern groß genug sein muss, um gegebenenfalls als internationaler Anbieter auftreten zu können, aber auch nicht zu groß werden sollte, wenn sich das Unternehmen auf Marktnischen bzw. spezifische Anwendungen konzentrieren will.

- Mit zunehmender Kapazitätsauslastung (= Beschäftigung) ergibt sich eine **Fixkostendegression**, d. h. der Fixkostenanteil sinkt mit jeder zusätzlichen Ausbringungseinheit.

▶ **Dynamische Erfahrungskurveneffekte**, die einen Bezug auf die über die Zeit kumulierte Ausbringungsmenge des jeweils betrachteten Produkts haben:

- Der **technische Fortschritt** ermöglicht die Herstellung und den Einsatz neuer Produkte und Verfahren. Der exogene Fortschritt beruht auf allgemein zugänglichem Wissen und dem Feedback der Vertragspartner.

- **Rationalisierungsmaßnahmen** verbessern laufend die betrieblichen Prozesse und Ressourceneinsätze.

- Durch **Lernprozesse** von Mitarbeitern, d. h. mit zunehmender Übung (engl. Learning-by-Doing) sich wiederholender Tätigkeiten sinkt der Zeitbedarf, oder anders ausgedrückt, es steigt die Arbeitsproduktivität. Ähnliches gilt für Kooperationen, wenn durch eine zunehmende Vertrautheit der Geschäftspartner untereinander die Transaktionskosten sinken.

Für das **Half-Life-Konzept** kommen nur dynamische Erfahrungskurveneffekte in Betracht, da Verbesserungen der jeweiligen Leistungsparameter im Zeitablauf stattfinden.

Da der Kostensenkungseffekt von der Verdopplung einer homogenen Ausbringungsmenge abhängt, ist der Verdopplungszeitraum, und damit die **jährliche Zuwachsrate der Ausbringungsmenge** von Bedeutung. Da aber selbst bei Produktinnovationen das Unternehmen immer über eine allgemeine Produkterfahrung verfügt, geht man vereinfachend vom **eingeschwungenen Zustand** aus, bei dem die jährliche Zuwachsrate der kumulierten Ausbringungsmenge der über einen längeren Zeitraum hinweg konstant bleibenden Wachstumsrate der Jahresproduktion entspricht. Das hat den Vorteil, dass man über die **Faustformel**

$$\frac{\text{Verdopplungszeit}}{\text{in Jahren}} \approx \frac{70}{\text{Zuwachsrate p. a. (in \%)}}$$

prognostisch näherungsweise ermitteln kann, wie in einem bestimmten Zeitpunkt die realen Stückkosten der Wettbewerber zueinander liegen werden (*Gälweiler, 1986*):

Kostensenkungspotenziale			
Mengenwachstum in % p. a.	Mengenverdopp-lungs-zeit in Jahren etwa	Mögliche Kostensenkung in % p. a. bei Erfahrungs-kurven von	
		70 %	80 %
1	70	0,5	0,3
5	14	2,0	1,5
7	10	3,4	2,0
10	7	4,8	2,7
15	5	6,9	4,0
20	4	9,0	5,3

Im Konzept der Erfahrungskurve müssen die Kosten der Wertschöpfung inflationsbereinigt werden. Die **Inflationsbereinigung** ist deshalb notwendig, um Werte verschiedener Perioden vergleichen zu können. Die in den Wertkomponenten von Kosten der Vergangenheit enthaltenen Inflationsraten werden mittels geeigneter Deflatoren neutralisiert, wobei sich Indexzahlen verwenden lassen, die, jeweils auf ein Referenzjahr bezogen, von Fachverbänden oder der amtlichen Statistik veröffentlicht werden.

Einbezogen in die Überlegungen wird auch die **sparsamere Verwendung von Material** (= geringerer Ausschuss, weniger Nacharbeit) und Energie, nicht aber die Möglichkeit reduzierter Einstandspreise, wenn Werkstoffe und Betriebsmittel von denjenigen Lieferanten bezogen werden, die über die größten Erfahrungen (Ausbringungsmengen) verfügen.

Die mit der Erfahrungskurve begründeten Kostenrückgänge bestehen potenziell, was **bewusste Anstrengungen** im Sinne einer Konzentration der Kräfte erfordert. Werden die eigenen Kostensenkungspotenziale nicht ausgenutzt, da beispielsweise die SGEs falsch abgegrenzt sind, wird dieses zu einer Verschlechterung der eigenen Wettbewerbsposition führen, da davon ausgegangen werden muss, dass sich die Wettbewerber sehr wohl im Sinne der Erfahrungsökonomie verhalten. Umgekehrt besteht aber auch die Gefahr, dass solche Anstrengungen so intensiv sein können, dass sie keinen Platz für die Beschäftigung mit aufkommenden Trends und Innovationen lassen. In der Tat werden Innovationen oft bewusst verschmäht, weil sie zur Folge hätten, dass man Ziele im Rahmen der Erfahrungskurve opfert und letztendlich auf einer völlig neuen Erfahrungskurve bei Null anfängt (*Aaker, 2010*).

Aufgabe 17 > 632

6. Strategisches Kostenmanagement

Bei der Planung von Strategien spielt das vom Markt her vertretbare **Kostenkonzept** eine große Rolle. Waren bislang Kosten und deren Erfassung bzw. Verteilung im Rahmen der traditionell auf ein Jahr beschränkten Kostenrechnung eher ein Problem des operativen Geschäfts, spricht man nunmehr vom strategischen Kostenmanagement im Sinne einer frühzeitigen und längerfristig ausgerichteten Kostenbeeinflussung (*Kremin-Buch, 2007*).

6.1 Problemstellung

Das strategische Kostenmanagement identifiziert und analysiert Einflussgrößen als **Vorsteuerungsgrößen** der operativen Kostensituation des Unternehmens. Durch die möglichst frühe Kostenbeeinflussung soll erreicht werden, dass nicht die Kosten das Preisniveau der Produkte bestimmen (engl. Technology-driven Cost Management), sondern die Preise das Niveau der im Markt durchsetzbaren Kosten (engl. Market-driven Cost Management). Oder anders ausgedrückt: Ein Unternehmen kann hohe Kosten nur dann in Kauf nehmen, wenn diesen Kosten auch höhere Erlöse gegenüberstehen, und zwar dauerhaft.

Von Bedeutung ist auch der **Aufbau relativer Kostenvorteile** gegenüber Wettbewerbern. Dabei wird die Kostenposition eines Konkurrenzunternehmens zum Maßstab genommen, wenn es um die Verbesserung der eigenen Kostensituation geht.

Grundsätzlich lassen sich im Rahmen des strategischen Kostenmanagements die folgenden **Aspekte** unterscheiden:

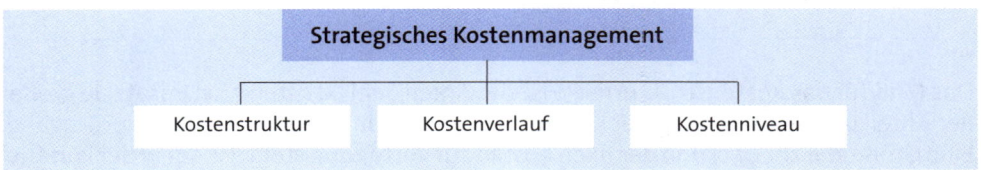

Unter dem Wettbewerbsdruck der Globalisierung bedeutet strategisches Kostenmanagement allerdings nicht, im Zeitablauf nach immer neuen **Kosteneinsparungen** zu suchen und diese dann zu realisieren. Vielmehr ist eine balancierte Strategie, bestehend aus **Kostensenkung** und **Wachstum** angesagt. Bezogen auf das Wachstum gewinnt das **Outgrowing** an Bedeutung, um die Ressourcen starker Gschäftspartner mitzunutzen.

6.1.1 Kostenstruktur

Bei der Kostenstruktur handelt es sich um die **statische Komponente** des strategischen Kostenmanagements. Von Bedeutung sind die Abgrenzung und Transparenz der fixen und variablen Kostenbestandteile, wobei grundsätzlich gilt, dass die Disponierbarkeit der fixen Kosten mit der Ferne des Planungshorizonts zunimmt.

Als **Kostentreiber** werden Ursachen der Kostenentstehung bezeichnet, welche die Kostensituation des Unternehmens bestimmen. Als strukturelle Kostentreiber gelten: Betriebsgröße (= Kapazität), Fertigungstiefe, Prozesstechnologie sowie Komplexität (etwa durch Variantenvielfalt). Davon abzugrenzen sind die operationalen Kostentreiber, wie etwa Neuentwicklungen, Kundenaufträge und die Kapazitätsauslastung (= Beschäftigungsgrad).

Mit Fixkosten werden Unternehmen belastet, die, bevor sie ihre Waren oder Dienste überhaupt am Markt anbieten können, als Vorleistung mehr oder weniger große **Investitionen** tätigen müssen. Während Investitionen in Sachanlagen üblicherweise aktiviert und über die Dauer der Nutzung abgeschrieben werden, sind die meisten Investitionen in immaterielle Vermögenswerte nicht aktivierungsfähig und werden deshalb sofort als Aufwand (und nicht als Wert) verbucht. Ob und wann dieser Aufwand als Kosten zu verrechnen ist, richtet sich nach dem während der Verfügungsdauer der immateriellen Vermögenswerte tatsächlichen Werteverzehr, der im Unterschied zu Abschreibungen wesentlich stärker schwanken kann und wegen ihrer Flüchtigkeit (da z. B. bei der Markenpflege gravierende Fehler gemacht wurden oder leistungsstarke Mitarbeiter kündigen) ein höheres Risiko bedeutet (*Stoi, 2003*).

Messen lässt sich das Kostenstrukturrisiko durch den Operating Leverage-Effekt (OLE), und zwar durch die prozentuale Veränderung des operativen Ergebnisses EBIT im Verhältnis zur relativen Umsatzänderung.

Das Maß für das Kostenstrukturrisiko ist der Anteil der Fixkosten am Umsatz. Je größer der Anteil umsatzunabhängiger Kosten ist, desto gefährlicher ist ein Umsatzrückgang. Eine Größe, die zur Deckung der fixen Kosten zur Verfügung steht, ist der in der kurzfristigen Erfolgsrechnung verwendete **Deckungsbeitrag**. Dieser wird ermittelt, indem vom Gesamtumsatz (oder Preis als Umsatz je Produkteinheit) die variablen Kosten abgezogen werden. Setzt man die Größe „Gesamtdeckungsbeitrag · 100" ins Verhältnis zu den Fixkosten, ergibt sich der **Sicherheitsgrad**, der ausdrückt, wie viel Prozent das Unternehmen mehr verdient als zur Erreichung der Gewinnschwelle (= Break-Even-Umsatz) notwendig ist.

Zur **Verbesserung der Kostenflexibilität** können Fixkosten langfristig dadurch gesenkt werden, dass die Entwicklung von Produkten, Technologien oder Infrastrukturen künftig über Strategische Allianzen, d. h. gemeinsam mit Partnern erfolgen. Außerdem können Unternehmen versuchen, Erlösmodelle zu schaffen, die den Fixkosten angemessene Fixerlöse gegenüberstellen (z. B. Abonnements oder Flatrates für Telekommunikationsdienste). Auch durch Outsourcing, d. h. die Erhöhung des Anteils an Handelswaren im Produktsortiment, lassen sich – wie bereits erwähnt – Fixkosten in variable Kosten umwandeln.

6.1.2 Kostenverlauf

Der Kostenverlauf ist die **dynamische Komponente** des strategischen Kostenmanagements. Von Interesse dabei sind die langfristigen Kostengesetzmäßigkeiten, auch strukturelle Kostentreiber (im Sinne von Stellgrößen zur Beeinflussung des Kostenniveaus) genannt. Die Kenntnis der **Kosteneinflussgrößen**, wie z. B. Betriebsgröße, Sortimentsbreite oder Fertigungstiefe, gestattet es, langfristige Kostenverläufe und deren Veränderungen zu identifizieren, zu analysieren, zu erklären und zu steuern. Beispielsweise erhöhen Rationalisierungsvorhaben die Kapitalintensität der Fertigung mit entsprechend steigenden Fixkosten, während Outsourcing das genaue Gegenteil bewirkt.

In Abhängigkeit von der jeweiligen **Einflussgröße** können Kosten einen proportionalen (= linearen), degressiven (= unterproportionalen) oder progressiven (= überproportionalen) Verlauf haben. Im Kostenverlauf können **Diskontinuitäten** bei sprungfixen Kosten (z. B. bei einer Kapazitätsanpassung in kleinen Schritten) oder Kostenknicken (z. B. bei Unstetigkeiten im Wertgerüst der Kosten) auftreten.

Wichtig ist auch die Geschwindigkeit, mit der sich Kosten an Veränderungen anpassen lassen. Von **Kostenremanenz** wird gesprochen, wenn die Kosten mit einer zeitlichen Verzögerung auf eine Veränderung reagieren. Umgekehrt können die Kosten aber auch mit einem zeitlichen Vorlauf auf eine Veränderung reagieren.

6.1.3 Kostenniveau

Bei der **Zielkomponente** des strategischen Kostenmanagements geht es um die Vermeidung und/oder frühzeitige Begrenzung künftiger Kostenzuwächse, sofern dadurch keine Erfolgspotenziale geschaffen werden, oder die Senkung aktueller Kosten, was unter sonst gleichen Bedingungen eine Erhöhung der Free Cashflows bewirkt und damit einen Beitrag zur Steigerung des Unternehmenswerts leistet.

Sowohl die Vermeidung als auch der Abbau „überflüssiger Kosten" haben sich am **Kundennutzen** zu orientieren. Senken lassen sich die fixen Kosten etwa durch den Abbau bzw. die bessere Nutzung von Potenzialfaktoren und die variablen Kosten u. a. durch geringere Verbrauchsmengen bzw. -preise.

6.1.4 Kostencontrolling

Bei der herkömmlichen, operativen Kostenrechnung dominiert meistens die **interne Sicht**, was dazu geführt hat, dass sich das Controlling schwerpunktmäßig mit den leicht messbaren „harten" Faktoren (z. B. in der Produktion oder Verwaltung) und deren Effizienz beschäftigt. Von zunehmender Bedeutung sind allerdings die aus externer Sicht nur schwer messbaren „weichen" Faktoren.

Daraus folgern *Homburg/Daum* (*1997*):

„An moderne Controllingsysteme ist die Anforderung zu stellen, dass sie die wesentlichen erfolgsrelevanten Größen beinhalten, unabhängig von der Messung. [...] Die Erhöhung der Transparenz kostenbeeinflussender Zusammenhänge ist von größerer Bedeutung als deren exakte Quantifizierung".

Für das Controlling ergibt sich daraus die **Herausforderung**, die Kosteneinflussgrößen sowohl in den marktnahen Unternehmensbereichen (z. B. Beschaffung, Marketing und Vertrieb) als auch der an Bedeutung zunehmenden immateriellen Vermögenswerte stärker zu beachten als bisher. Dies soll die folgende Abbildung deutlich machen (*Homburg/Daum, 1997*).

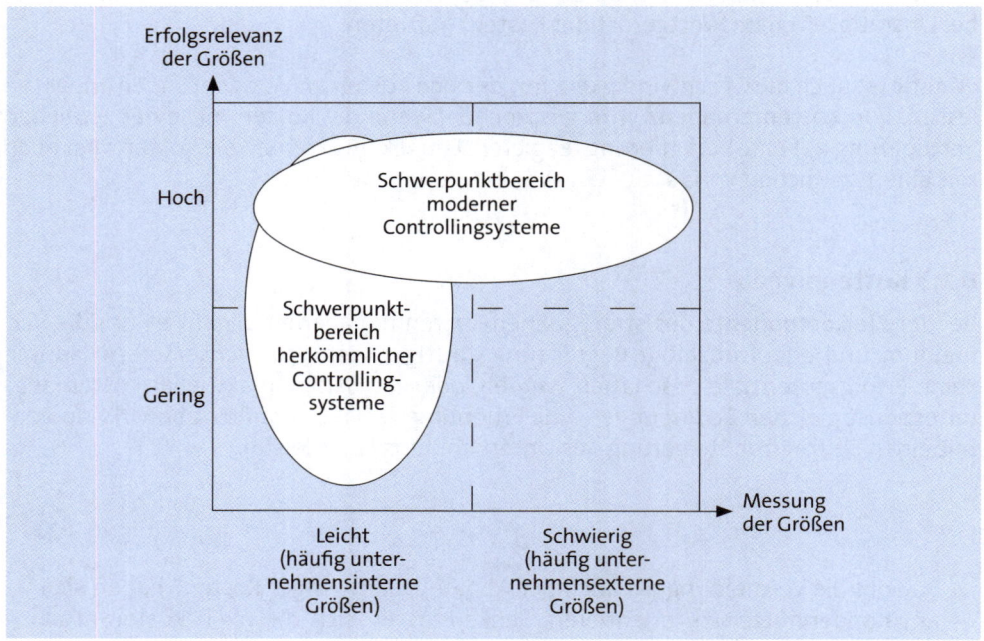

6.2 Target Costing

Bei diesem aus der japanischen Wirtschaftspraxis stammenden **Instrument des strategischen Kostenmanagements** stehen die Anforderungen der Kunden an eine Produktinnovation und der mögliche Preis des neuen Produkts im Vordergrund der Betrachtung (*Arnaout, 2001; Seidenschwarz, 2011*).

Target Costing ist die englische Übersetzung eines bestimmten japanischen Prozessbegriffs, der sich auch als **Zielkostenrechnung** bezeichnen lässt. Für den Target Costing-Prozess jeweils einer Produkt- oder Verfahrensneuentwicklung kann ein separates **Projektteam** gebildet werden.

6.2.1 Künftiger Marktpreis

Unter Berücksichtigung der im Innovationswettbewerb über den Marktzyklus des Produkts erwarteten Stückzahlen wird − unter Berücksichtigung der Vor- und Nachlaufphase sowie vergleichbarer Konkurrenzerzeugnisse − für ein **Standard- oder Basisprodukt** nicht der kalkulierte Angebotspreis, sondern der als wettbewerbsfähig angesehene Marktpreis zu bestimmen versucht.

Werden **Zielpreise** aus der Sicht des Markts abgeleitet, wird vom Ansatz des „Market-into-Company" gesprochen.

Von Bedeutung für das Target Costing ist in der Anfangsphase die **Conjoint-Mearurement-Methode**, bei der zunächst aus den Ergebnissen von Befragungen die Präferenzurteile und die Preisbereitschaft der Kunden festgestellt werden. Aus den Präferenzurteilen werden dann die Eigenschaften (= Merkmale) und deren Ausprägungen für das jeweils neue Produkt abgeleitet (*Hagenbach/Schneider, 2005; Mengen/Simon, 1996*).

Ähnlich ist die Vorgehensweise der genannten **Kano-Methode**, bei der Kunden aber nur danach befragt werden, welche Leistungsattribute (= Produktmerkmale) für sie kaufentscheidend sind. Anwendbar sind beide Methoden auch für **hybride Produkte**, wobei versucht wird, die Preisgestaltung mit individuell (= kundenspezifisch) gewünschten Produkteigenschaften in Einklang zu bringen.

Abgesehen vom Zielpreis ist außerdem noch die vom Unternehmen zu verfolgende Strategie im **Preiswettbewerb** von Bedeutung. Dabei wird beim

► **Skimming Pricing** ein hoher Eintrittspreis verlangt, um kurzfristig Gewinne zu realisieren. Falls vorgesehen ist, den Anfangspreis im Zeitverlauf zu senken, weshalb ein Durchschnittswert für den Zielpreis berechnet werden sollte.

► **Penetration Pricing** ein niedriger Eintrittspreis angestrebt, um Erfahrungskurveneffekte zu nutzen. Dieser Zielpreis sollte über längere Zeit konstant gehalten werden, um langfristig Gewinne zu realisieren.

6.2.2 Erlaubte Kosten

Wird vom künftigen Marktpreis des Produkts die vom Unternehmen und den Shareholdern erwartete **Gewinnspanne** (engl. Target Margin) abgezogen, bleiben als Restgröße für das neue Produkt die vom Markt erlaubten Stückkosten (engl. Allowable Cost oder Darfkosten) übrig.

Die **Darfkosten** („Was darf das Produkt kosten?") bilden die Obergrenze für die Zielkosten des Produkts und seiner Komponenten.

6.2.3 Produktkomponenten

Durch **Wertgestaltung** sind die funktionsbedingten Eigenschaften des neuen Produkts zu bestimmen.

Ausgehend von den Nutzen stiftenden **Funktionen** werden die **Komponenten** (= Baugruppen und -teile als Funktionsträger) des Produkts bestimmt. Um durch eine zu frühe Detaillierung nicht den Blick für das Wesentliche zu verlieren, sollten zunächst nur die Hauptfunktionen und -komponenten des Produkts betrachtet und in Zusammenarbeit mit den infrage kommenden Teile-, Baugruppen- und Systemlieferanten analysiert werden.

Das Ergebnis der Analyse sind **Funktionstabellen** der nachstehenden Art: In einer Tabelle sind in Bezug auf die Komponenten (K_i) deren absolute Teilgewichte enthalten, die, mit den Gewichtungsfaktoren der Funktionen (F_j) multipliziert, in einer anderen Tabelle als relative Teilgewichte ausgewiesen werden.

F_j	1	2	3	4	5	6	7	8	Σ		F_j	1	2	3	4	5	6	7	8	Σ
K_i	0,05	0,21	0,18	0,25	0,10	0,08	0,04	0,09	1,00		K_i	0,05	0,21	0,18	0,25	0,10	0,08	0,04	0,09	1,00
1	19,0	12,2	16,4	8,9	8,4	11,0	5,6	18,3			1	1,0	2,6	3,0	2,2	0,8	0,9	0,2	1,6	12,3
2	21,1	18,4	9,2		19,2	29,0	12,1	4,9			2	1,0	3,9	1,7		1,9	2,3	0,5	0,4	11,7
3	14,4	6,7	23,0	18,2	8,8	13,3		30,0			3	0,7	1,4	4,1	4,5	0,9	1,1		2,7	15,4
4		25,8	6,8	47,9	30,0	5,3	42,1	9,0			4		5,4	1,2	12,0	3,0	0,4	1,7	0,8	24,5
5	5,3	19,0	12,1		10,8	8,9	14,6	19,5			5	0,3	4,0	2,2		1,1	0,7	0,6	1,7	10,6
6	26,8	8,6	28,4	18,7	12,6	16,5	14,1	9,9			6	1,3	1,8	5,1	4,7	1,3	1,3	0,6	0,9	17,0
7	13,4	9,3	4,1	6,3	10,2	16,0	11,5	8,4			7	0,7	1,9	0,7	1,6	1,0	1,3	0,5	0,8	8,5
Σ	100	100	100	100	100	100	100	100			Σ									100

6.2.4 Erwartete Kosten

Unter Berücksichtigung der vom Unternehmen verfügbaren bzw. vorgesehenen Fertigungsverfahren erfolgt eine Abschätzung der auf die Produktkomponenten bezogenen Plan- oder Standardkosten (engl. Drifting Cost), um festzustellen: „Was wird das Produkt kosten?". Dabei dürfte die Sicht des **Out-of-Company** dominieren, bei der die derzeitigen Produktionsfaktoren des Unternehmens kritisch betrachtet werden. Aus anderer Sicht könnten die erwarteten Kosten auch aus den Kosten der Wettbewerber abgeleitet werden (engl. Out-of-Competitor), was ein vorheriges Benchmarking (z. B. von Erfahrungskurven der Wettbewerber) voraussetzt. Schließlich sollten unter Aspekten der **Time-to-Market** die Qualitäts- und Entwicklungskosten nicht einfach als Fertigungsgemeinkosten behandelt, sondern in einer jeweils eigenen Kostenart erfasst werden.

Die Kostenabschätzung kann mit den traditionellen Methoden der **Kostenträgerstückrechnung**, d. h. Zuschlags- und Prozesskostenkalkulation erfolgen, wobei es allerdings schwierig sein wird, bereits früh die erst während der Entwicklung anfallenden Kosten zu bewerten. Empfohlen wird hier die Verwendung der nachstehend beschriebenen Methode des **Product Lifecycle Costing**.

Aus den Kostengruppen für die über den gesamten Marktzyklus erwartete Ausbringungs- und Absatzmenge werden die Produktstückkosten ermittelt, die sich dann im Top-down-Vorgehen auf die verschiedenen Komponenten des Produkts herunterbrechen lassen. Das Ergebnis sind Kostenanteile, die sich in einem **Kostentableau** darstellen lassen. In dem folgenden Tableau stammen die Teilgewichte aus dem vorgenannten Beispiel, während die Kostenanteile angenommen wurden und hier nicht nachprüfbar sind.

Komponente	Teilgewicht	Kostenanteil	Wertindex
1	12,3	8,5	1,4
2	11,7	21,4	0,5
3	15,4	16,0	1,0
4	24,5	15,7	1,6
5	10,6	16,2	0,6
6	17,0	9,8	1,7
7	8,5	12,4	0,7
$\sum$	100 (%)	100 (%)	

Aus dem Verhältnis von „Relative Bedeutung für die Funktionserfüllung" (als Teilgewicht) zu „Kostenanteil" lässt sich für jede Produktkomponente ein **Wertindex** (auch Zielkostenindex genannt) berechnen, der im Idealfall genau eins ist. Dort wo das nicht zutrifft, sind folgende **Schlussfolgerungen** möglich: Produktkomponenten mit einem Wertindex von kleiner eins sind zu kostenintensiv bzw. mit einem Wertindex von größer eins sind zu leistungsschwach.

6.2.5 Wertsteuerungsdiagramm

Die Produktkomponenten lassen sich nach ihrer Teilgewicht-/Kostenrelation in einem **Wertsteuerungsdiagramm** (engl. Value Control Chart) positionieren. Unter Verwendung der im obenstehenden Tableau enthaltenen Zahlen ergibt sich folgendes Bild:

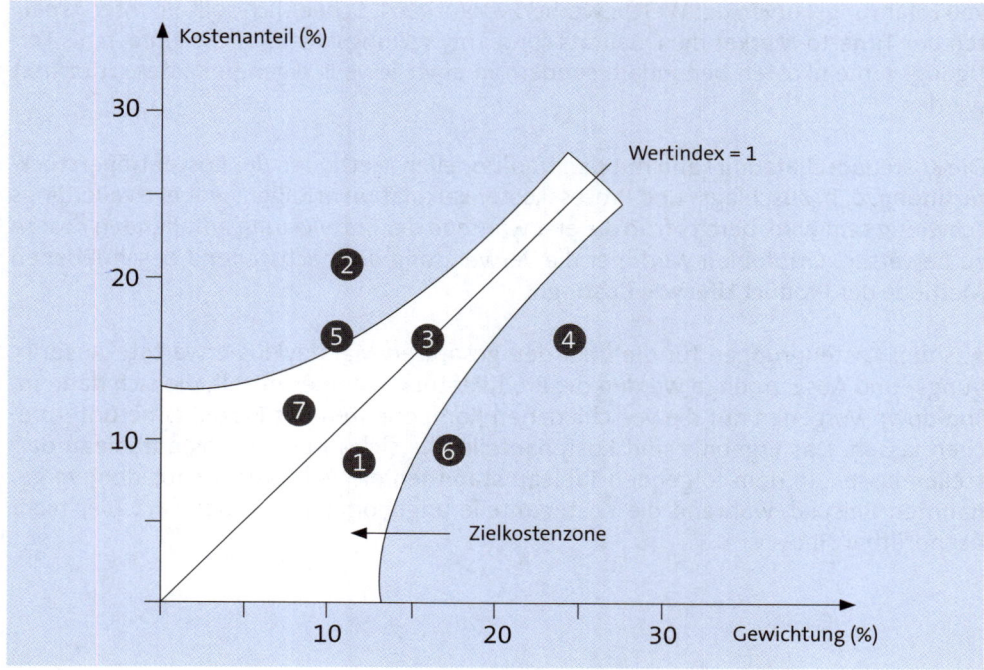

Werden Abweichungen vom Idealfall, d. h. von der 45-Grad-Linie toleriert, ist vom Top-management eine **Zielkostenzone** in der Weise festzulegen, dass die Toleranzgrenzen für Produktkomponenten mit hoher Bedeutung und hohen Kostenanteilen enger sind als diejenigen für Komponenten mit geringer Bedeutung und geringen Kostenantei-len. Zur Darstellung der meist symmetrischen Zielkostenzone werden oft die mathe-matische Funktion $y = (x^2 + q^2)^{(1/2)}$ und deren Umkehrfunktion verwendet, wobei der Parameter q den Schnittpunkt mit der Abszisse und der Ordinate markiert (*Krapp/Wot-schofsky, 2000; Lingnau, 2010*).

Lässt sich dem Wertsteuerungsdiagramm entnehmen, dass der **Wertindex** einer Pro-duktkomponente

- ► oberhalb der Zielkostenzone liegt, ist die Komponente (in der Abbildung sind es 2 und 5, siehe dazu S. 310) zu teuer, was eine **Kostenlücke** entstehen lässt, die es zu schließen gilt

- ► unterhalb der Zielkostenzone liegt, können funktionsverbessernde, d. h. auf die Stei-gerung des Produktwerts ausgerichtete **Mehrkosten** (z. B. für Qualitätsverbesserun-gen) notwendig werden, um sicherzustellen, dass diese im Moment noch leistungs-schwache Produktkomponente (in der Abbildung sind es 4 und 6, siehe dazu S. 310) ihre Funktionen zweckgerechter, dauerhafter und vom Kunden besser wahrnehm-bar erfüllt werden.

An **Maßnahmen zur Schließung einer Kostenlücke** sind geeignet: Änderung der Konst-ruktion und/oder Fertigung (engl. Design for Assembly), Verwendung günstigerer Ma-terialien bzw. standardisierter Baugruppen, Komplexitätsreduzierung bei den im Pro-dukt verborgenen Komponenten (die von den Kunden nicht wahrgenommen werden, da deren Funktionsfähigkeit vorausgesetzt wird), Realisierung von Synergie- und Erfah-rungskurveneffekten, Auslagerung von Aktivitäten sowie Änderungen der Wertgestal-tung (engl. Value Engineering) bis hin zum Business Reengineering.

Sind **Funktions- bzw. Kostenanpassungen** bei einzelnen Produktkomponenten erfor-derlich, müssen die relativen Anteile der entsprechenden Komponenten wieder in ab-solute Werte zurück überführt werden. Nach erfolgter Änderung der absoluten Wer-te müssen die Anteile (und damit auch die Wertindizes) sämtlicher Komponenten des Produkts neu berechnet werden, da die Summe aller Anteile 100 (%) ist. Mit den neu-en Wertindizes ist so lange weiter zu verfahren, bis sich alle Wertindizes innerhalb der Zielkostenzone befinden. Ist dies der Fall, sind die **Zielkosten** bestimmt.

Zeigt sich, dass die Zielkosten nur unwesentlich über den **Darfkosten** liegen, kann das Vorhaben realisiert werden. Werden die Darfkosten allerdings deutlich überschritten und gibt es keine weiteren Einsparmöglichkeiten, wird zu überlegen sein, ob die ge-wünschte Gewinnspanne gesenkt werden oder das ganze Vorhaben vorübergehend zurückgestellt bzw. ganz verworfen werden soll.

Wurde das Produkt nach Abschluss der Entwicklung gefertigt und auf den Markt ge-bracht, wechselt die Kostenverantwortung vom Projektteam zu den im operativen Tagesgeschäft tätigen Mitarbeitern, die unter Mitwirkung des Controllings die Einhaltung der Zielkosten in den Phasen des PLZ zu überwachen haben. Im Zeitablauf festgestellte Änderungen der Kundenanforderungen sowie Abweichungen vom Zielverkaufspreis und den Produktkosten, sind vom Controlling auf Ursache und Wirkung hin zu analysieren. Die Ergebnisse dieser Analysen sind den Projektteams zurückzukoppeln, damit deren Mitglieder lernen können, bei künftigen Target Costing-Vorhaben besser zu planen.

6.2.6 Weiterentwicklungen

Konzeptionelle **Weiterentwicklungen des Target Costing** empfehlen die

► Verwendung **asymmetrischer Grenzen** der Zielkostenzone, um auch dann Maßnahmen zur Kostensenkung vornehmen zu können, wenn eine Nutzen-/Kosten-Relation (scheinbar) im Gleichgewicht ist

► Berücksichtigung **unsicherer Funktionsnutzen**, da mit dem (vielleicht) zu entwickelnden Produkt verschiedene Kunden mit heterogenen Nutzenvorstellungen angesprochen und zum Kauf bewogen werden können. Das Gleiche kann auch mit den Kosten geschehen, deren weitere Kennzeichnung nach dem Kostensenkungspotenzial und dem Kostenrisiko erfolgen könnte (*Krapp/Wotschofsky, 2000*).

► **Dynamisierung** des an sich statischen Ansatzes durch Integration einer auf das Produkt bezogenen Lebenszyklusrechnung (*Wilken/Menze, 2011*)

► Ergänzung durch eine **realoptionsbasierte Komponente**, um den Ansatz zu dynamisieren. Die Folge der Berücksichtigung von im Zeitverlauf genauer werdender Informationen ist eine größere Handlungsflexibilität, die eine zwischen den erwarteten Kosten und Zielkosten bestehende Kostenlücke verringern bzw. ausgleichen kann (*Knust, 2002*).

6.3 Product Lifecycle Costing

Grundidee dieses Instruments des Product Lifecycle Managements ist ein **integrierter Produktlebenszyklus** (IPLZ), der entsteht, wenn dem eingangs beschriebenen Marktzyklus je eine Phase vorgelagert (= Entstehungsphase) und nachgelagert (= Nachsorgephase) wird. Eine ganzheitliche Lebenszyklusrechnung soll helfen, die entsprechenden Vorlauf- und Folgekosten periodenübergreifend zu steuern (*Assfalg/Zehbold, 2006*).

Die Auswirkungen von einer Phase auf die jeweils nächste Phase des IPLZ werden als **Trade Off** bezeichnet. So beeinflusst beispielsweise eine Kostensenkungsmaßnahme in einer Phase des Lebenszyklus auch die Kosten in späteren Phasen. Es ist aber auch möglich, dass in der Entstehungsphase ein umweltfreundliches Produkt entwickelt wird, welches in den Marktphasen zwar die Materialkosten erhöht, jedoch am Ende des Lebenszyklus die Nachsorgekosten um ein Mehrfaches der anfänglichen Mehrkosten reduziert.

Hauptaufgabe des Product Lifecycle Costing ist die **frühzeitige Kostenbeeinflussung**, wobei grundsätzlich davon ausgegangen wird, dass bereits in den Phasen der Entwicklung und Konstruktion bis zu 70 % der späteren Kosten eines Produkts verbindlich festgelegt werden und mit zunehmender Entwicklungsreife der Spielraum der Kostengestaltung (insbesondere der Kostensenkung) deutlich abnimmt.

Wie das Wort **Costing** in diesem Planungskonzept vermuten lässt, werden traditionell nur die **Kosten** des integrierten Lebenszyklus erfasst und in einer differenzierten Stückrechnung auf die sie verursachenden Kostenträger verteilt. Zweckmäßigerweise werden aber auch die Erlöse mit in die ganzheitliche Lebenszyklusrechnung aufgenommen, um feststellen zu können, ob es sich lohnt, das Produkt überhaupt zu entwickeln.

6.3.1 Entstehungsphase

Zu den **Vorlaufkosten** gehören üblicherweise die Kosten solcher Vorleistungen wie

► Marktforschung bezüglich des Produktkonzepts

► Produktneu- oder -weiterentwicklung, Konstruktion

► Verfahrensentwicklung, Beschaffung von Betriebsmitteln aus eigener Herstellung oder von Fremden, Anfertigung/Bau von Spezialwerkzeugen und Schulung des Personals

► Erstellung von Stücklisten (= Verzeichnisse der in das Endprodukt bzw. seine Komponenten eingehenden Teile und deren Mengen) sowie Arbeitsplänen (= Dokumentierung aller Schritte, die das Produkt in der Fertigung durchläuft)

► Nullserienfertigung, bei der probeweise mehr oder weniger viele Exemplare des geschaffenen Produkts mit den Betriebsmitteln hergestellt werden, die später in der regulären Fertigung vorgesehen sind. Diese Produkte können in ausgewählten Gebieten getestet oder in den Vertriebsniederlassungen des Unternehmens ausgestellt und dort von den Kunden angesehen bzw. ausprobiert werden

► Markterschließung, darunter der Um- und Ausbau von Vertriebswegen).

Möglich sind **Vorlauferlöse**, die im unmittelbaren Zusammenhang mit den Vorleistungen stehen, wie etwa Zuschüsse zur Forschungsförderung (einschließlich staatlicher Subventionen), Kundenanzahlungen oder Erlöse aus dem Verkauf spezieller Berechtigungen (= Lizenzen), wie etwa einmalige Zahlungen bei Vertragsabschluss (engl. Down Payments).

6.3.2 Marktphase

Die in der Fertigungs- und Marktpräsenzphase anfallenden (begleitenden) **Kosten** werden in den von der Zuschlagskalkulation traditionell betroffenen Funktionsbereichen Beschaffung, Fertigung, Vertrieb und Verwaltung erfasst. Zu den laufenden Kosten gehören auch solche für die Instandsetzung der Betriebsmitttel und der Nachentwicklung der Produkte.

Werden die erwarteten Absatzmengen mit den kalkulierten Verkaufspreisen multipliziert, ergibt sich der geplante Erlös (z. B. begleitender Umsatz) der jeweiligen Periode des Marktzyklus.

6.3.3 Nachsorgephase

In der dem Absatz nachgelagerten Phase (engl. End-of-Pipe) können **Folgekosten** entstehen durch:

► After-Sales-Service sowie Garantieleistungen und Schadenersatzzahlungen

► Bearbeitung von Kundenreklamationen, Produktrückrufe

► Ersatzteilhaltung sowie vorbeugende Instandhaltung

► Reparatur ausgefallener Produkte, Rücknahme, Recycling und Beseitigung der physischen Reste von Produkten

► Stilllegung, Desinvestition und Entsorgung von Betriebsmitteln.

Sofern die Folgekosten durch die Kunden vergütet werden, entstehen **Erlöse** für Wartung und Reparatur, Ersatzteile und Restwerte irgendwann nicht mehr genutzter Vermögensobjekte.

Die nicht von Kunden vergüteten Nachlaufkosten sind in internen Rechnungen als **Rückstellungen** zu planen, sodass die Zurechnung auf die sie verursachenden Produkte erfolgen kann, bevor die Kosten angefallen sind. Ansonsten bestehen auch hier die vorstehend genannten Schwierigkeiten der anteiligen Kostenzurechnung.

6.3.4 Lebenszyklusrechnung

Ein Nachteil der traditionellen Kostenrechnung besteht in der zeitlichen **Diskrepanz zwischen Kostenverursachung und -erfassung**. Diesen Nachteil überwindet die integrierte Lebenszyklusrechnung in der Weise, dass sie mit dem investitionsorientierten Ansatz arbeitet, bei dem die Rechengrößen Kosten und Leistungen durch Ausgaben und Einnahmen ersetzt werden.

In der Lebenszyklusrechnung werden zunächst die produkt- und potenzialbezogenen **Einnahmen und Ausgaben** bzw. deren Differenzen (= Einnahmeüberschüsse) denjenigen Perioden innerhalb der Entstehungsphase, der Produktions- und Vermarktungssowie der Nachsorgephase zugerechnet, in denen sie anfallen. Durch zwischenzeitliche Analysen kann es allerdings noch zu **Veränderungen** kommen:

► **direkte Einsparungen** durch verkürzte bzw. entgfallende Prozessschritte oder Outsourcing von Randleistungen

► **frühere Rückflüsse** durch beschleunigten Markteintritt

▶ **höhere Einnahmen** durch schnelleres Wachstum nach der Markteinführung oder Hinausschieben der Sättigungsphase im herkömmlichen PLZ.

Nach dem **investitionsorientierten Ansatz** werden die mit dem jeweiligen Produkt verbundenen periodisierten Einnahmeüberschüsse mit einem risikoangepassten Diskontierungsfaktor kapitalisiert, wodurch sich der Barwert des Erfolgsbeitrags ergibt. In Abhängigkeit von der Höhe sowohl dieses Barwerts als auch der Kapitalkosten lässt sich feststellen, ob sich Entwicklung des Produkts lohnt bzw. gelohnt hat. Der Zeitpunkt, in dem die kumulierten diskontierten Ein- und Auszahlungen gleich sind, wird als Break Even Time (= Amortisationsdauer) bezeichnet.

Eine Verrechnung der Vorlauf- und Folgekosten auf die erwarteten bzw. realisierten Absatzmengen kann auch mittels **interner Lizenzen** geschehen. Als solche lassen sich Umsatzanteile neuer Produkte bezeichnen, die zwischen dem Entwicklungs- und Marketingbereich des Unternehmens ausgehandelt werden. Sie ähneln zwar den mit externen Partnern vereinbarten Lizenzgebühren, nur werden interne Lizenzen nicht ausgezahlt, sondern im Unternehmen verrechnet.

Ein zur **Steuerung interner Lizenzen** geeignetes Instrument ist die **Projektdeckungsrechnung** (engl. Return Map), die Auskunft darüber gibt, ob und wann die Gesamtkosten über interne Lizenzen wieder hereingeholt werden. Die Ergebnisse der Projektdeckungsrechnung gelten allerdings immer nur für den **Fall des rechtzeitigen Markteintritts**. Kommt es zu einem verspäteten Markteintritt, müssen – bei unverändertem Zeitpunkt für den produktbezogenen Marktaustritt – meistens die Mengenerwartungen zurückgenommen werden, wodurch sich das Risiko ergibt, dass die Gesamtkosten durch die internen Lizenzen nicht gedeckt werden können. Wegen dieses Risikos besteht für das Controlling die Notwendigkeit, ständig auf die **Opportunitätskosten der Entwicklungszeit** hinzuweisen, die sich ergeben, wenn angestrebte Kostensenkungspotenziale infolge geringerer Marktanteile ausbleiben oder sich durch die längere Bindung von Kapazitäten die Realisierungschancen anderer Produkt-, Technologie- oder Wandelvorhaben verschlechtern.

Keine Deckung haben **abgebrochene Vorhaben**. Deren „Sunk Cost" dürfen wegen des Verursachungsprinzips nicht mit den Überschüssen anderer Projekte verrechnet werden, weshalb sie den finanziellen Erfolg des Unternehmens direkt belasten.

7. Investitionscontrolling

Zu den **Aufgaben des Investitionscontrollings**, bezogen auf alle in einen Investitionsprozess integrierten Handlungen vor, während oder nach der Realisation eines Investitionsvorhabens, gehören:

► Investitionsanregungen und Bereitstellung von Methoden (einschließlich Verfahren und Modelle) und Informationen zur Investitionsplanung

► Investitionsrechnungen zur Feststellung der jeweiligen Werthaltigkeit sowie Beurteilung der Investitionsanträge (= Antragskontrolle)

► Investitionsbegleitung während der Durchführung, wobei in Ausnahmefällen auch der vorzeitige Abbruch des Investitionsvorhabens empfohlen werden kann

► Investitionsnachrechnungen (= Wirtschaftlichkeitskontrolle) nach Abschluss des Investitionsvorhabens, um Schwachstellen bei der Planung bzw. Durchführung festzustellen und in Lerneffekte umzusetzen, die in die Wissensbasis des Unternehmens eingestellt werden können.

Da erfahrungsgemäß der richtige Anfang über den Erfolg einer Investition entscheidet, sollte die erste **Realisationskontrolle** – einschließlich der Auswertung der bis dahin eingetretenen Abweichungen hinsichtlich ihrer Ursachen – möglichst frühzeitig vorgenommen werden.

7.1 Investitionsmotive

Die **Gründe für Investitionen** lassen sich einteilen in solche

► **realwirtschaftlicher Art**, die der Erweiterung oder Erhaltung der Kapazitäten (= Betriebsgröße) dienen

► **immaterieller Art**

► **finanzwirtschaftlicher Art**, um damit ordentliche Renditen zu erwirtschaften

► **technologischer Art**, die im Zusammenhang mit dem technischen Fortschritt zu Produkt- bzw. Verfahrensinnovationen (einschließlich solcher im IT-Bereich) führen

► **politischer Art**, die vornehmlich den Arbeitsplatz- und Umweltschutz betreffen.

7.2 Investitionsobjekte

Die übliche **Klassifizierung speziell von Sachinvestitionen** ist wie folgt:

► **Ersatzinvestition**, wenn ein verbrauchtes und damit nicht mehr nutzbares Investitionsobjekt durch ein Ähnliches ersetzt wird. Liegt der Wert der Ersatzinvestitionen auf längere Sicht unter den Abschreibungen, steigen das Alter der Sachanlagen, deren Ausfallrisiko und Scheingewinne.

- **Erweiterungsinvestition**, wenn über die Ersatzbeschaffung hinaus ein zusätzliches Investitionsobjekt erworben wird, was zu einer Kapazitätserweiterung führt.

- **Rationalisierungsinvestition**, wenn Investitionsobjekte mit neuer Technologie gegen solche mit überholter Technologie ausgewechselt werden, mit der Absicht, die Kosten zu senken. Häufig besitzen auch Ersatz- und Erweiterungsinvestitionen implizit gewisse Rationalisierungspotenziale.

Bezüglich der **Art der Durchführung einer Sachinvestition** lassen sich unterscheiden ein

- **kontinuierliches Vorgehen** in vielen kleinen Schritten, sofern die Technologie beliebig teilbar und kompatibel zu bestehenden und zukünftigen Systemen ist

- **stufenweises Vorgehen** nach einem festgelegten Plan, der so flexibel sein sollte, dass sich Erfahrungen mit jeweils vorangegangenen (Teil-) Lösungen noch berücksichtigen lassen

- **sprunghaftes Vorgehen** in einem einzigen Investitionsschub (engl. Big Bang) wegen der Unteilbarkeit eines komplexen, mit unter völlig neuen Systems.

Empirische Untersuchungen haben ergeben, dass in der **Mehrzahl der Fälle** eine stufenweise und beim großen Rest eine kontinuierliche Systemanpassung erfolgt. Sprunghafte Investitionen werden wohl deshalb nur in Einzelfällen vorgenommen, da die Kompetenz im Umgang mit einer ganz neuen Technologie eher gering und die Gefahr von Widerständen seitens der Belegschaft groß ist.

Realisieren lassen sich nur solche Investitionen, die auch eine **Finanzierung** finden. Wird aus Liquiditäts- und/oder Risikogründen gefordert, dass Investitionen nur aus dem Free Cashflow bezahlt werden müssen, begrenzt man dadurch das Wachstum des Unternehmens.

Aufgabe 18 > 632, Aufgabe 19 > 632, Aufgabe 20 > 632

7.3 Dynamische Investitionsrechnungen

Für die Bewertung alternativ geplanter **Investitionen von strategischer Relevanz** sind mehrere Perioden umfassende, d. h. dynamische Investitionsrechnungen im Sinne von Bewertungsmodellen finanzmathematischer Art geeignet, die auf dem **Barwert-konzept** beruhen und mit diskonierten Einnahmeüberschüssen (einschließlich Rest-werten) arbeiten, soweit diese in unmittelbarem Zusammenhang mit der Investition stehen. Demgegenüber sind für Investitionen mit nur geringem Volumen die einperi-odigen (= statischen) Investitionsrechnungen besser geeignet, die nicht mit Einnahmen/Ausgaben arbeiten, sondern mit Kosten und Leistungen (dazu mehr an späterer Stelle).

Die wohl weiteste Verbreitung dynamischer Investitionsrechnungen hat die **Discounted Cashflow-Methode**, das, wie der Name zum Ausdruck bringt, zur Wertermittlung die künftigen Cashflows als Überschüsse der Einnahmen über die Ausgaben einer Investition auf die Gegenwart diskontiert (= abzinst).

Alle nachstehend beschriebenen **Methoden der dynamischen Investitionsrechnung** beruhen auf dem Verfahren des Discounted Cashflow (DCF), deren Vorgehensweise und Ergebnisse allgemein wie folgt visualisiert werden können (*Olfert/Reichel, 2009*):

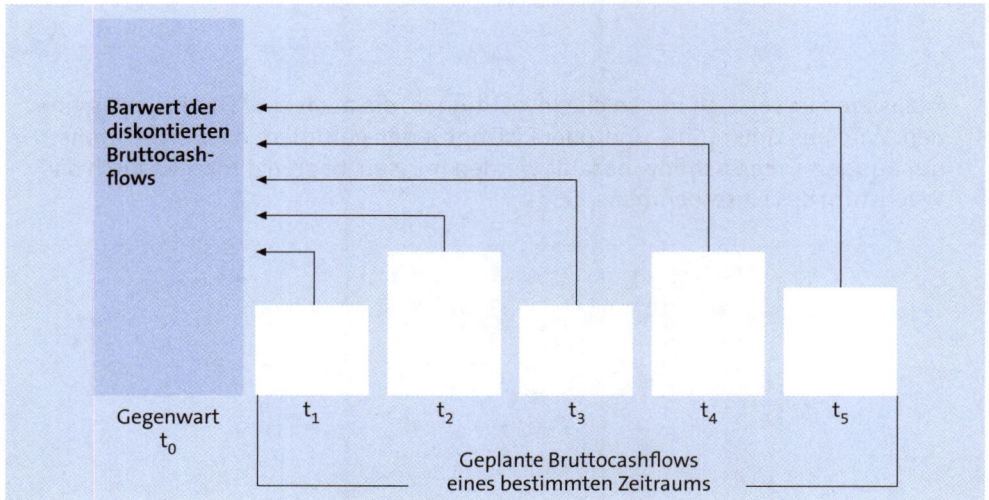

Gemeinsam ist den DCF-Methoden eine geplante **Zahlungsreihe**, wobei die Qualität der dazu verwendeten Daten die Güte der Entscheidung maßgeblich bestimmt. Unterschiede ergeben sich allerdings bei der Ermittlung der in den DCF-Methoden verwendeten **Diskontierungsfaktoren** (= Kapitalisierungszinsfüßen).

Nur wenige dieser Methoden berücksichtigen explizit die mit der Investition verbundenen **Risiken**. Dem kann aber dadurch abgeholfen werden, dass in Abhängigkeit von der Risikopräferenz der Entscheider die künftig erwarteten Cashflows vorab um jeweils einen periodischen **Risikoabschlag** auf die Cashflows verringert werden, wobei der Abschlag – wegen der Unsicherheit der Zukunft – mit größerer Zeitferne steigen kann. Eine Alternative dazu ergibt sich, wenn ein risikofreier Diskontierungsfaktor mit einem **Risikozuschlag** versehen wird, was — unter sonst gleichen Bedingungen — den Barwert der abgezinsten Cashflows reduziert. Selbstverständlich können beide Varianten miteinander kombiniert werden, was allerdings die Gefahr erhöht, dass sich keine der vorgesehenen Investitionen mehr rechnet.

Darüber hinaus lassen sich Risiken durch eine **Sensitivitätsanalyse** ermitteln, indem überprüft wird, wie die Zielgröße bei sukzessiver Variation der unsicheren Ausgangsdaten, also der künftigen Einnahmeüberschüsse, reagiert. Die gesamte Bandbreite möglicher Ausprägungen der Zielgröße gestattet zumindest Best- und Worst-Case-Betrachtungen, möglicherweise aber auch die Abschätzung von Eintrittswahrscheinlichkeiten mithilfe der Delphi-Methode.

7.3.1 Kapitalwertmethode

Der **Kapitalwert** einer Investition ist die Differenz zwischen der Anschaffungsausgabe (= Anschaffungswert) und dem Barwert der künftigen Bruttocashflows (einschließlich realisierbarer Restwerte), die mit der Anschaffungsausgabe in unmittelbarem Zusammenhang stehen. Ein errechneter Kapitalwert kann positiv oder negativ sein.

Die **Kapitalisierung** (= Abzinsung, Diskontierung) erfolgt mit dem **Kalkulationszinsfuß**, der pauschal, über die Zeit konstant und meistens ohne theoretische Fundierung festgelegt wird. Es handelt sich um eine für das Investitionsvorhaben von der Führung und den Kapitalanlegern des Unternehmens geforderte **Mindestrendite**.

Da es den „richtigen" **Kalkulationszinsfuß** nicht gibt, wird ersatzweise der durchschnittliche landesübliche Sollzins der letzten fünf Jahre verwendet, der in der Größenordnung zwischen 6 % und 10 % liegen dürfte.

Der Kalkulationszinsfuß als Diskontierungsfaktor hat den **Vorteil**, dass er einfach zu bestimmen ist, denn Mittelherkunft (= Kapitalstruktur), Steuern, Risikoprämien der Kapitalanleger und aktuelle Zinssätze des Markts bleiben außerhalb der Betrachtung.

Die beim Kauf des betrachteten Investitionsobjekts fällige (sichere) **Anschaffungsausgabe** (= Anschaffungswert) muss nicht abgezinst werden, da sie in der Gegenwart erfolgt. Anstelle der Anschaffungsausgabe können bei Selbsterstellung des Investitionsobjekts auch die von der Finanzbuchhaltung ermittelten Herstellungskosten angesetzt werden.

Die getrennt für jedes Jahr benötigten **Bruttocashflow-Werte** werden üblicherweise aus internen Planungsrechnungen übernommen. Die Abzinsung dieser Periodenwerte auf die Gegenwart erfolgt mit dem Faktor $(1 + i)^{-t}$, wobei i der gewählte Kalkulationszinsfuß (in Dezimalform) ist und t das jeweilige Jahr der Nutzung des Investitionsobjekts kennzeichnet.

Ein **Restwert** entfällt, wenn der Planungszeitraum identisch ist mit der wirschaftlichen Nutzungsdauer des Sachanlageobjekts. Sofern das nicht der Fall ist, können Restwerte in Höhe der bis dahin noch nicht erfolgten Abschreibungen angesetzt werden. Formal wird ein Restwert zum Cashflow der letzten Periode addiert und wie dieser abdiskontiert.

Visualisieren lässt sich die **Kapitalwertberechnung** eines zu kaufenden Investitionsobjekts wie folgt:

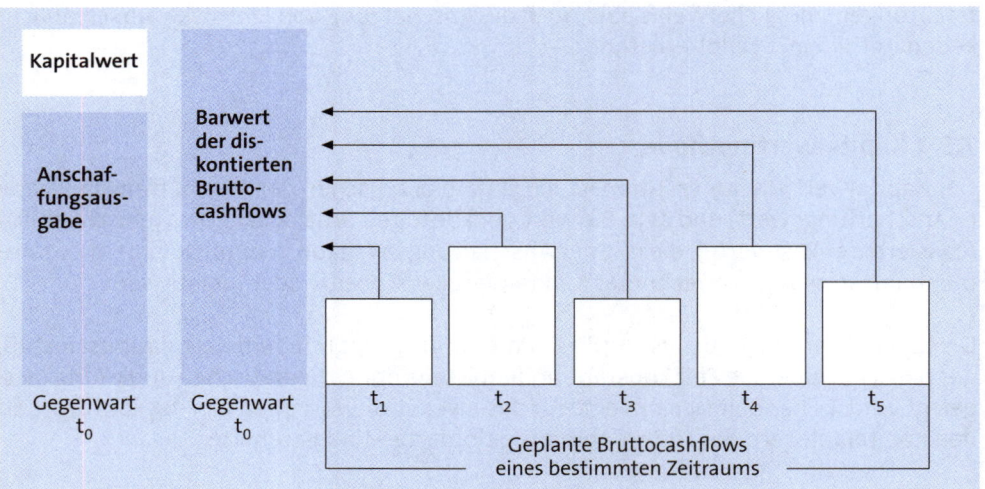

Ergibt sich aus der dynamischen Investitionsrechnung ein

► **positiver Kapitalwert**, kann die Investition getätigt werden. Bei alternativen Investitionen ist diejenige mit dem höchsten positiven Kapitalwert zu wählen.

► **negativer Kapitalwert** der Investition, wird die Investition (zunächst) abgelehnt, da die geforderte Mindestverzinsung nicht erreichbar ist.

Annahmen:
– Anschaffungsausgabe = 100
– Restwert = 0
– Kalkulationszinsfuß = 10 %
Wertangaben in Tsd €

Perioden / Größen	t_0	t_1	t_2	t_3	t_4	t_5
Bruttocashflows		28	30	32	35	30
Abzinsungsfaktoren		1,10000	1,21000	1,33100	1,46410	1,61051
Barwerte der Cashflows, abzüglich Anschaffungsausgabe	116,7 / 100,0	25,4	24,8	24,0	23,9	18,6
= Kapitalwert (C_0)	+ 16,7					

Die Ablehnung einer Investition auf der Grundlage der Kapitalwertmethode sollte aber nur vorläufig sein, denn wenn mit einer unten ausführlich beschriebenen **Realoption** weiter gerechnet wird, kann sich diese Investition unter Berücksichtigung der Handlungsflexibilität doch noch als lohnend herausstellen.

Die Berechnung des Kapitalwerts einer Investition kann mithilfe der **Tabellenkalkulation** und der Funktion „Net Present Value" (NPV) eines Standardsoftwareprogramms wie z. B. Microsoft Excel erfolgen.

7.3.2 Interne Zinsfußmethode

Die interne Zinsfußmethode ist die **Fortführung der Kapitalwertmethode**, sofern der Kapitalwert der Investition positiv war.

Als interner Zinsfuß wird ein die **Rendite der Investition** ausdrückender Diskontierungsfaktor bezeichnet, bei dem der Kapitalwert genau null ist. Konkret wird also der Renditeanteil des positiven Kapitalwerts berechnet, der zum Kalkulationszinsfuß addiert wird. Derjenige Prozentsatz, um den der interne Zinsfuß den Kalkulationszinsfuß als geforderte Mindestrendite übersteigt, kann als **Überrendite** angesehen werden.

Der für die weitere Rechnung benötigte **Versuchs- oder Probierzinsfuß** kann frei gewählt werden, vorausgesetzt er liegt bei positivem Kapitalwert über dem Kalkulationszinsfuß, denn ein höherer Zinsfuß führt zu einem niedrigeren Kapitalwert.

Beispiel

In **Fortführung des vorstehenden Rechenbeispiels** kann sich Folgendes ergeben:

Annahmen:
– Anschaffungsausgabe = 100
– Restwert = 0
– Versuchszinsfuß = 15 %
Wertangaben in Tsd €

Perioden / Größen	t_0	t_1	t_2	t_3	t_4	t_5
Bruttocashflows		28	30	32	35	30
Abzinsungsfaktoren		1,15000	1,32250	1,52087	1,74901	2,01136
Barwerte der Cashflows, abzüglich Anschaffungsausgabe	102,9 / 100,0	24,3	22,7	21,0	20,0	14,9
= Kapitalwert (C_0)	+ 2,9					

Aus der **linearen Interpolation** der beiden mit dem Kalkulations- und Versuchszinsfuß ermittelten Kapitalwerte ergibt sich näherungsweise der interne Zinsfuß. Näherungsweise deswegen, da zwischen Kapitalwert und Zinsfuß eine nicht lineare Beziehung besteht. Deshalb ist es auch schon wichtig, wie hoch der gewählte Versuchszinsfuß ist.

Beispiel

Werden die **Ergebnisse der beiden Rechnungen** gegenübergestellt, ergibt sich folgendes Bild:

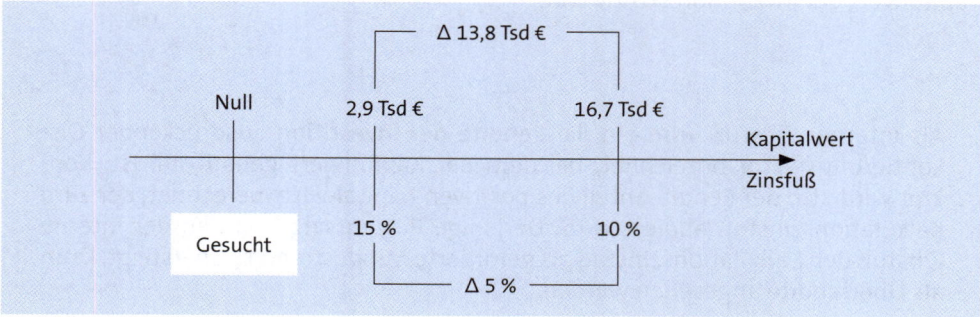

Mit dem **Dreisatz** lässt sich der interne Zinsfuß linear interpolieren. Dieser lautet hier: ? % = 2,9 Tsd €, wenn 13,8 Tsd € = 5 %. Da (2,9 / 13,8) · 5 = 1,05 (%) ist, beträgt der interne Zinsfuß 15 + 1,05 ≈ 16,05 %.

Anmerkung: Sofern der beim zweiten Rechendurchlauf ermittelte Kapitalwert negativ ist, muss der entsprechende Differenzzinssatz vom verwendeten Versuchszinsfuß (in Prozent) subtrahiert werden!

Eine exakte Berechnung des internen Zinsfußes kann mithilfe der **Tabellenkalkulation** und der Funktion „Internal Rate of Return" (IRR) eines Standard-Softwareprogramms (z. B. Microsoft Excel) erfolgen.

7.3.3 CFROI-Methode

Eine Variante der Internen Zinsfußmethode bzw. des ROI-Ansatzes ist die von der Boston Consulting Group (BCG) im Rahmen ihrer Beratungstätigkeit verwendete **CFROI-Methode** (**C**ashflow **R**eturn **o**n **I**nvestment). Der CFROI als Vermögensrendite ist in erster Linie auch für die Analyse ganzer Unternehmen oder deren Teile vorgesehen, er kann in modifizierter Weise aber trotzdem zur Bewertung von Investitionen herangezogen werden.

Bezogen auf ein **Investitionsobjekt** besteht folgender Zusammenhang:

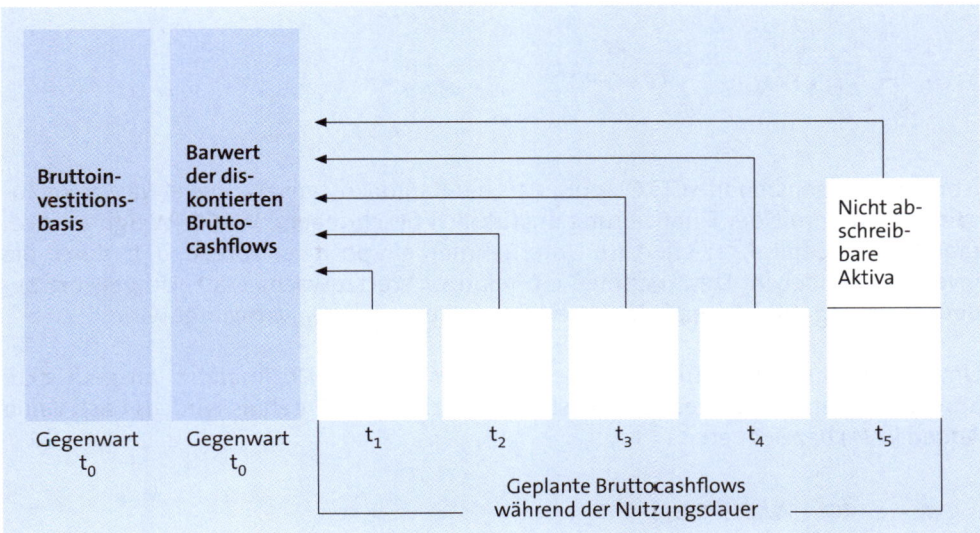

Dabei gilt:

► Die **Bruttoinvestitionsbasis** (= Bruttobetriebsvermögen) BIB0 ist die Summe des investierten Kapitals im Sinne historischer Anschaffungswerte (= Investitionsausgaben), die bei vorgesehener Miete statt Kauf von Sachgütern um die kapitalisierten Leasingraten erhöht wird.

► Die **Bruttocashflows** BCFt werden ermittelt aus den um außerordentliche sowie aperiodische Erfolgskomponenten bereinigten Gewinnen vor Zins- und Leasingausgaben, aber nach Steuern. Dazuaddiert werden die an die Inflation angepassten Abschreibungen. Die Cashflows werden wie Annuitäten behandelt, d. h. sie werden über die Nutzungsdauer des Objekts als konstant angesehen.

► Die **Nutzungsdauer** t bestimmt den Zeitraum ökonomischer Abschreibungen, bezogen auf das abnutzbare Anlagevermögen. Die ökonomische Abschreibung berücksichtigt explizit den „Zeitwert des Geldes", was Folgendes bedeutet: Um eine Ersatzinvestition nach einer Nutzungsdauer von fünf Jahren zu tätigen, ist es nicht erforderlich, jedes Jahr ein Fünftel des Anschaffungswerts anzusparen, sondern es reicht ein geringerer Betrag aus, wenn man berücksichtigt, dass sich der angesparte Wert mit dem Kapitalkostensatz verzinst. Dieser Effekt steigt mit der Nutzungsdauer der Investitionsobjekte.

► Die **nicht abschreibbare Aktiva**, wie etwa Grundstücke, bildet als Summe den Restwert RW_T, der in der Bruttoinvestitionsbasis enthalten ist. Der Restwert, der in der letzten Nutzungsperiode anfällt, wird als zusätzlicher Cashflow berücksichtigt.

Zur Berechnung des Barwerts der Bruttocashflows in t = 0, also C_0, wird der **Diskontierungsfaktor** $(1 + CFROI)^{-t}$ verwendet. Dieser wird so lange variiert, bis die Summe der Barwerte aller Cashflows (einschließlich des jeweiligen Restwerts) mit der Bruttoinvestitionsbasis übereinstimmt, d. h. bei $C_0 = 0$ sieht die Formel nach *Quick* u. a. (*2008*) wie folgt aus:

$$C_0 = \sum_{t=1}^{T} \frac{BCF_t}{(1 + CFROI)^t} + \frac{RW_t}{(1 + CFROI)^T} - BIB_0 = 0$$

Ist die Vermögensrendite CFROI größer als der Kapitalkostensatz, wie etwa der im Zusammenhang mit der Finanzierung ausführlich beschriebene **WACC** (**W**eighted **A**verage **C**ost of **C**apital), existiert im Unternehmen ein positiver **Spread**, d. h. durch die Investition findet im Unternehmen ein relativer Wertzuwachs statt. Umgekehrt bedeutet ein negativer Spread, dass Wert durch die Investition vernichtet wird.

Um den absoluten Wertzuwachs zu ermitteln, wird der in Dezimalform ausgedrückte Spread mit der Bruttoinvestitionsbasis multipliziert. Das Ergebnis wird als **Cash Value Added** (CVA) bezeichnet:

$$CVA_t = (CFROI_t - WACC) \cdot BIB_{t-1}$$

Wegen der einschränkenden Prämissen hat die CFROI-Methode erhebliche **Kritik** erfahren müssen. Die Kritik richtet sich vornehmlich gegen

► die Annahme der im Zeitablauf konstanten Bruttocashflows

► die entfallende Saldierung der ökonomischen Abschreibungsbeträge mit der Investitionsausgabe, da unterstellt wird, dass der Kapitaleinsatz der Periode t0 am Ende der Nutzungsdauer unter Berücksichtigung von Zinseszinsen wieder zur Verfügung steht. Dadurch wird vermieden, dass – wie bereits eingangs kurz erwähnt – der Erfolg unter sonst gleichen Bedingungen umso höher ausfällt, je mehr das Anlagevermögen abgeschrieben ist. Der Grund dafür sind Scheingewinne.

► die eingeschränkte Barwertkompatibilität, die nur dann gegeben ist, wenn der CFROI genau dem Kapitalkostensatz entspricht, also bei einem Spread von null.

Dieser Kritik wegen wurde die CFROI-Methode zwar in verschiedenen Punkten modifiziert, jedoch nicht grundlegend geändert. Allerdings haben **empirische Analysen** gezeigt, dass der CFROI als Rentabilitätsmaß stärker mit der Wertentwicklung der Aktienkurse am Kapitalmarkt korreliert als beispielsweise die herkömmliche Kapitalrendite ROI.

7.3.4 EVA-Methode

Die Berechnung des Übergewinns **EVA** (**E**conomic **V**alue **A**dded) geschieht auf der Grundlage nach der auf S. 154 hergeleiteten Formel:

EVA = NOPAT - (Kapitalkostensatz · Investiertes Kapital)

Wird, wie auch bei der CFROI-Methode, das Verfahren linearer Abschreibungen gewählt, sind bei ebenfalls als konstant angenommenen Bruttocashflows

► die **Abschreibungen** über die Zeit gleich hoch, die aber, und zwar anders als beim CFROI, für Ersatzinvestitionen verwendet werden können

► die aus den sinkenden Restbuchwerten des Sachanlagevermögens ermittelten **Kapitalkosten** fallend

► die **Übergewinne** (EVA) steigend.

Aus der Diskontierung zeitlich aufeinander folgender EVA-Werte resultiert der **Market Value Added** (MVA), verstanden als eine Art „Kapitalwert der Investition" (*Stewart, 1991*):

$$MVA = \sum_{t=1}^{T} \frac{EVA_t}{(1 + WACC)^t}$$

Zusammengefasst ergibt sich folgendes **Bild**:

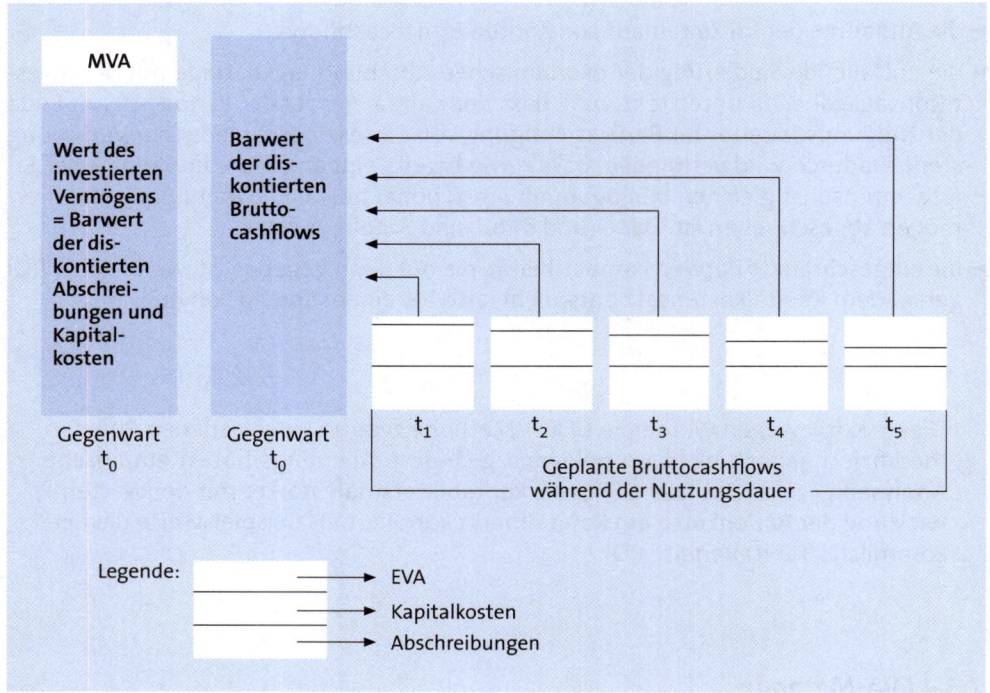

Beispiel

Annahmen:
– über die Zeit konstante Bruttocashflows (einschl. linearer Abschreibungen)
– Kapitalkostensatz = 10 %
– Anschaffungsausgabe = 100
Wertangaben in Tsd €
Die für die Kapitalbindung angegebenen Werte gelten jeweils zum Jahresende. Erst dann werden die Abschreibungen abgezogen.

Größen \ Perioden	t_0	t_1	t_2	t_3	t_4	t_5
Bruttocashflow		35	35	35	35	35
Periodenwerte der						
– Kapitalbindung		100	80	60	40	20
– Abschreibungen		20	20	20	20	20
– Kapitalkosten		10	8	6	4	2
– Economic Value Added (EVA)		5	7	9	11	13
Barwerte der						
– Abschreibungen und Kapitalkosten	100,0	27,3	23,1	19,5	16,4	13,7
– EVA-Werte (MVA)	(32,7)	4,5	5,8	6,8	7,5	8,1

Zu dieser Rechnung gibt es noch **Varianten**:

► Die Abschreibungen und Kapitalkosten können als Annuität behandelt werden, was bei konstanten Bruttocashflows dazu führt, dass im Zeitablauf die Kapitalkosten fallen, die Abschreibungen steigen (= progressiver Abschreibungsverlauf) und die Übergewinne konstant bleiben.

► Wird die Annahme konstanter Bruttocashflows aufgegeben, variieren unter sonst gleichen Bedingungen auch die Übergewinne.

Die gegenüber der EVA-Methode geäußerte **Kritik** betrifft den bislang nicht festgestellten Zusammenhang zwischen MVA und den Aktienkursen am Kapitalmarkt. Des Weiteren können sich Probleme durch finanzielle Anreizsysteme ergeben, indem die Abschreibungen von Investitionsvorhaben so behandelt (= manipuliert) werden, dass die periodischen EVA-Werte, die als Bemessungsgrundlage für variable Entgelte dienen können, steigen werden.

7.3.5 Realoptionsansatz

Bezogen auf herkömmliche dynamische Investitionsrechnungen, die den Wert unternehmerischer **Handlungsflexibilität** vernachlässigen, wird in der Literatur zunehmend empfohlen, die Bewertung von Investitionen entsprechend der Optionspreistheorie vorzunehmen, denn: Handlungsflexibilität ist ein strategischer Wert, der sich auf der Grundlage von **Realoptionen** ermitteln lässt. In der Wirtschaftspraxis ist das Denken in Realoptionen und deren Bewertung allerdings nicht weit verbreitet (*Copeland/Tufano, 2004; Hommel u. a., 2003; Koch, 2000*).

Sofern der Kapitalwert einer Investition negativ ist, wurde oben empfohlen, die Investition zu unterlassen. Diese Empfehlung muss nicht zutreffen, wenn die Option besteht, die **Investition später zu tätigen**, da in der Zwischenzeit zusätzlich gewonnene Informationen die Unsicherheit reduzieren und die Umstände sich dann vielleicht als vorteilhaft erweisen.

„Der Sichtweise des Realoptionsansatzes entsprechend stellt [...] das Kapitalwertkalkül einen Spezialfall der Investitionsrechnung dar, in dem keine Handlungsmöglichkeiten zu berücksichtigen sind oder im weiteren Verlauf keine neuen Informationen einbezogen werden können. Insofern nimmt der Realoptionsansatz [...] die Position des allgemeineren Falls ein" (*Rams, 1999*).

Zusammen bilden der Kapital- und Flexibilitätswert den **Wert einer Investition** (*Crasselt/Tomaszewski, 1999*). Dazu die folgende Abbildung:

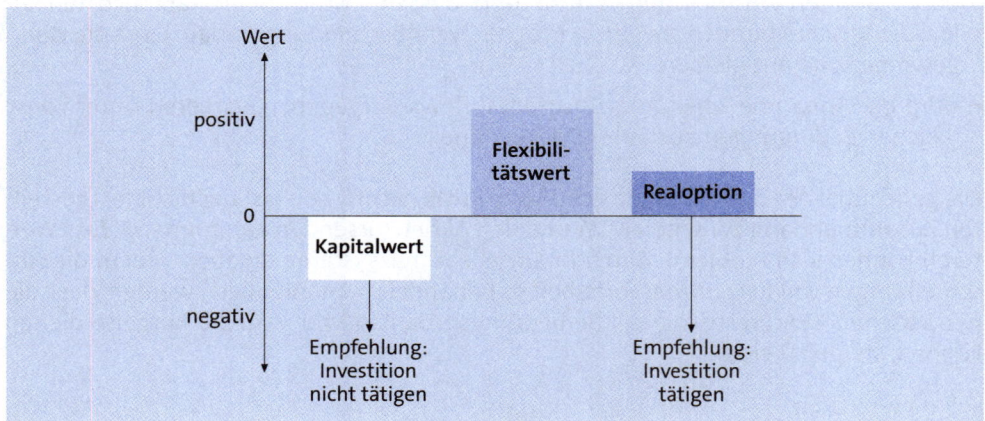

Die realoptionsbasierte Investitionsrechnung soll für den Fall der Warte- oder Aufschuboption am **Fall einer Plattformentscheidung** mit verschiedenen Entwicklungspfaden gezeigt werden (*Völker/Voit, 2000*):

► Die **Ausgangslage** ist, dass das Unternehmen eine Produktplattform besitzt, mit der heute (t_0) oder erst in einem Jahr (t_1) eine Produktvariante auf den Markt gebracht werden könnte.

► Aus **aktueller Sicht** kann sich die Marktlage günstig oder ungünstig entwickeln. Bei günstigem Marktverlauf wird ein Cashflow von 100 GE und bei ungünstigem Marktverlauf ein Cashflow von 50 GE erwartet. Die Investitionsausgabe in t_0 beträgt 80 GE.

► Würde man die Entscheidung um **ein Jahr hinausschieben**, könnte sich die bestehende Unsicherheit bis zum Fälligkeitstermin der Option auflösen und investieren würde man nur im Falle des günstigen Marktverlaufs.

Der Sachverhalt lässt sich durch einen **Entscheidungsbaum** (=Binomialmodell) visualisieren, in dem die **Entscheidungsknoten** durch Kästchen und die **Zustandsknoten** durch Kreise dargestellt werden.

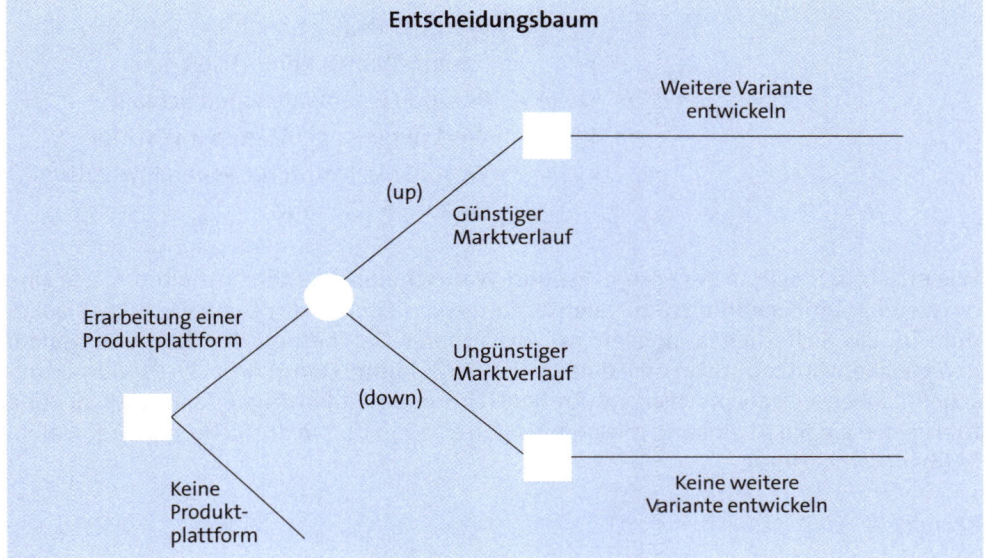

Entscheidungsbaum

Beispiel

Werden die Cashflows in t_0 als gleich wahrscheinlich angesehen, ist deren Erwartungswert $(100 \cdot 0,5) + (50 \cdot 0,5) = 75$ GE. Der angenommene risikofreie Zinsfuß liegt bei 10 %, der wegen der Unsicherheit der Zukunft und bei traditioneller Vorgehensweise aber noch um eine **Risikoprämie** von 5 % erhöht wird, sodass der „risikoadjustierte" Kapitalkostensatz bei 15 % liegt. Mit diesen Angaben wird ein Kapitalwert (C_0) von $(75 / 1,15) - 80 = -14,8$ GE ermittelt. Da der Kapitalwert negativ ist, wird die Investition nach dieser Rechnung (zunächst) nicht getätigt.

Als Nachteil für den Aufschub der Investitionsentscheidung wird angenommen, dass die Investitionsausgabe im nächsten Jahr um 5 % höher (also bei 84 GE) liegt, was einer Steigerung in der Größenordnung der Risikoprämie entspricht. Zeigt sich nach einem Jahr, dass die **optimistische Schätzung** (= Best Case) zutrifft, ist der Wert der Investition $(100 - 84 =)$ 16 GE, sodass die Investition getätigt werden könnte. Trifft demgegenüber die **pessimistische Schätzung** (= Worst Case) zu, wäre die Investition zu unterlassen, weil ihr Wert $(50 - 84 =)$ -34 GE, also negativ ist.

Näherungsweise lässt sich der **Realoptionswert** nach einer sich auf dem Ergebnisbaum beziehenden Formel von *Cox/Ross/Rubinstein* (*1979*) berechnen:

$$R_0 = (p \cdot R_u + (1 - p) \cdot R_d) / (1 + r_f)$$

mit

R_0	=	Wert der Realoption in t_0
p	=	Pseudo-Wahrscheinlichkeit
$(1 - p)$	=	Pseudo-Gegenwahrscheinlichkeit
R_u	=	Wert der in t_1 getätigten Investition
R_d	=	Wert der in t_1 unterlassenen Investition
r_f	=	Risikofreier Zinsfuß

Wie ersichtlich, sind in der Formel **Pseudo-Wahrscheinlichkeiten** enthalten. Diese sind notwendig, um **Sicherheitsäquivalente** für die unsicheren künftigen Cashflows zu ermitteln. Ein Sicherheitsäquivalent ist ein sicherer Geldbetrag, der dem Entscheider den gleichen Nutzen stiftet, wie eine unsichere Zahlung. Damit drücken Pseudo-Wahrscheinlichkeiten („als ob" risikoneutral) die Unsicherheit künftiger Cashflows aus und führen diese nach Abzinsung mit dem risikofreien Zinsfuß in die Sicherheitsäquivalente über (*Rams, 1999*).

Beispiel

Die Wertveränderung der infrage stehenden Cashflows von heute (75 / 1,15 =) 65,2 GE auf später 100 GE (= optimistisch) bzw. 50 GE (= pessimistisch), lässt sich durch die Faktoren u für „upside potential" (= 100 / 65,2 = 1,5) und d für „downside risk" (= 50 / 65,2 = 0,8) ausdrücken.

Definiert man

$$p = (1 + r_f - d) / (u - d),$$

ergibt sich eine risikoneutrale **Pseudo-Wahrscheinlichkeit** von p (1 + 0,1 - 0,8) / (1,5 - 0,8) = 0,43 mit einer ebenfalls risikoneutralen Pseudo-Gegenwahrscheinlichkeit von (1 - p) = 0,57.

Eingesetzt in die Näherungsformel ergibt sich der **Wert der Realoption** R_0 in Höhe von ((0,43 · 16) + (0,57 · 0) / 1,1) = 6,2 GE. Da der Wert positiv ist, sollte das Investitionsvorhaben jetzt nicht endgültig abgelehnt, sondern auf einen späteren Termin verschoben werden. Der **Flexibilitätswert der Investition** beträgt (6,2 - (-14,8)) = 21 GE.

Der Realoptionsansatz liefert einen erweiterten Kapitalwert, der Handlungs-spielräume explizit in die Bewertung aufnimmt. Die Möglichkeit, Unsicherheit als Chance und Risiko getrennt bewerten zu können, macht den **wertsteigern-den Effekt der Realoption** aus.

Die am Realoptionsansatz geäußerte **Kritik** besteht in der Nichtberücksichtigung der im Zeitablauf möglicherweise neu entstehenden Optionen, und zwar nicht nur wäh-rend des Wartens, sondern auch nach der Investitionsentscheidung. Dieser Proble-matik versucht man durch eine Dynamisierung der Rechnung zu begegnen, indem die Periode von einem Jahr in mehrere, gleich lange Teilperioden (z. B. Quartale) un-terteilt wird. Das bedeutet, dass den beiden Umweltzuständen am Ende jeder Teil-periode wieder zwei Optionen mit entsprechenden Ereignissen folgen, was so lan-ge fortgesetzt werden kann, bis der vorgesehene **Optionshorizont** erreicht ist. Für den Fall, dass die Anzahl der immer kleiner werdenden Teilperioden gegen unend-lich gesteigert wird, nähert sich der hier verwendete Ereignisbaum dem klassischen (= stetigen) Optionspreismodell von *Black/Scholes, 1973*.

Aufgabe 21 > 633, Aufgabe 22 > 633, Aufgabe 23 > 633

7.4 Desinvestitionen

Wie mehrfach erwähnt, geht es bei der Desinvestition (im engeren Sinne) um die **Wie-dergeldwerdung** der in einem Objekt (oder einer Gruppe von Objekten) des Anlagever-mögens gebundenen Kapitals. Die Wiedergeldwerdung kann stattfinden

- ▸ **regelmäßig** während der Nutzungsphase des Sachanlageobjekts in Höhe der peri-odischen Abschreibungen (als Ausnahme davon werden Grundstücke in der Regel nicht abgeschrieben) und/oder

- ▸ **einmalig** durch Verkauf oder Stilllegung (einschließlich Entsorgung) des Sachanlage-objekts, da dieses bereits auf den Erinnerungswert von 1 € abgeschrieben ist, nicht die geforderte Mindestrendite bringt oder wegen des Outsourcings von Randleis-tungen bzw. nach der Übernahme eines anderen Unternehmens nicht mehr benö-tigt wird.

Die durch die „sprunghafte" Wiedergeldwerdung **frei gesetzten Finanzmittel** lassen sich dort einsetzen, wo sie einen Wert erzeugen (z. B. in Wachstumsbe-reichen des Unternehmens). Die Mittel können aber auch als Sonderdividende an die Eigentümer ausgeschüttet, zum Rückkauf eigener Aktien eingesetzt oder zur Entschuldung (= Tilgung von Fremdkapital) verwendet werden.

In jeweils einem strukturierten Prozess hat das **Desinvestitionscontrolling** dafür zu sorgen, dass die für eine Außerbetriebnahme infrage kommenden Investitionsobjekte (z. B. eine maschinelle Anlage) frühzeitig identifiziert und bestmöglich verwertet werden. Dabei ist bezüglich der auf den symbolischen **Erinnerungswert** abgeschriebenen Objekte von Bedeutung, dass in der Produktkalkulation kalkulatorische Abschreibungen verrechnet werden, die in ihrer Höhe denen neuer, d. h. wieder zu beschaffender Objekte gleichen, ohne jedoch deren Rationalisierungspotenzial zu besitzen. Um eben dieses Rationalisierungspotenzial auszuschöpfen, sind die Objekte spätestens nach Erreichen der Abschreibungsfrist auszusondern und gegebenenfalls in technisch verbesserter Weise zu ersetzen. Für alle zum Verkauf vorgesehenen Objekte ist der am Markt erzielbare Preis zu ermitteln, bevor entschieden wird, an wen verkauft werden soll.

8. Unternehmensübernahme

Von einer Unternehmensübernahme (engl. Takeover) oder „Mergers&Acquisitions"-Transaktion (M&A) wird gesprochen, wenn ein (Ziel-) Unternehmen durch **Direktinvestition** ein anderes Unternehmen bzw. Teile desselben erwirbt (*Müller-Stewens u. a., 2010*).

Bei der **Akquisition** (= Beteiligungserwerb) wird das übernommene Unternehmen rechtlich selbstständig fortgeführt (engl. Going Concern). Demgegenüber wird von einer **Fusion** (= Verschmelzung) gesprochen, wenn sich zwei zuvor rechtlich und wirtschaftlich unabhängige Firmen zu einem Unternehmen zusammenschließen. Das kann wahlweise erfolgen durch **Aufnahme** (dabei bleibt ein Unternehmen bestehen und das Kapital des anderen Unternehmens wird auf das fortzuführende Unternehmen übertragen) oder **Neubildung** (die fusionierenden Firmen übertragen ihr Kapital auf ein neu zugründendes Unternehmen).

Die **Motive für M&A-Transaktionen** sind ein angestrebtes und über das organische Wachstum hinausgehendes externes Wachstum, um Lücken in der Wertschöpfungskette des Unternehmens schnellstmöglich, d. h. sprunghaft zu schließen. Gelingt die Ausschöpfung gemeinsamer **Synergien**, erhöht das den Unternehmenswert. Wurde eingangs festgestellt, dass die Natur es eigentlich nicht mag, wenn etwas zu groß wird, kann das mit ein Grund für die Vielzahl gescheiterter Übernahmen sein. Die Gefahr des Scheiterns einer Übernahme steigt grundsätzlich mit der relativen Höhe des derivativen **Goodwills** als Differenz zwischen dem Kaufpreis und dem übernommenen, d. h. zum Fair Value bewerteten materiellem (aktiviertem) Vermögen.

Bevor es zur M&A-Transaktion kommt, müssen Verkäufer und Käufer ersteinmal zusammenfinden. Das kann, sofern nicht schon im Rahmen bewährter Partnerschaften geschehen, über eine spezielle **Onlineplattform** erfolgen, wie etwa die „Deutsche Unternehmerbörse" (DUB). Bezüglich der potenziellen Firmenverkäufer kann danach unterschieden werden, aus welcher **Richtung des Beteiligungsmarkts** diese kommen, d. h. aus dem **Frühphasensegment** der jungen (Technologie-)Unternehmen oder aus dem **Spätphasensegment** der eher etablierten Unternehmen.

Scheitert ein **Joint Venture** oder wird ein auslaufender Joint Venture-Vertrag nicht verlängert, verkauft häufig ein Partner, der Aussteiger, seine Anteile an den anderen Partner oder einen Dritten. Gibt es mehrere Übernahmekandidaten, sind unter **Mitwirkung des Beteiligungscontrollings** gewisse Mindestkriterien festzulegen, wie etwa Richtlinien über die Vorgehensweise und/oder eine Prioritätenliste. Zweckmäßig sind auch Angaben darüber, wie das Vorhaben zu finanzieren ist und wann Verhandlungen bezüglich der Übernahme abzubrechen sind. Weiterhin ist im Vorfeld der Übernahmeverhandlungen zu prüfen, ob eine beabsichtigte Übernahme nicht gegen die „Verordnung über die Kontrolle von Unternehmenszusammenschlüssen" verstößt, mit der die EU-Kommission solche M&A-Vorhaben ablehnt, die zu einer erheblichen „Behinderung eines wirksamen Wettbewerbs" führen und den Verbrauchern die Vorteile des intensiven Wettbewerbs durch eine hohe Marktmacht vorenthalten.

In alle Phasen des Übernahmeprozesses ist das wert- und prozessorientierte M&A-Controlling einzubinden, um die gemeinsamen Synergien zu quantifizieren, auszuschöpfen und Gefahren des Fehlschlags zu mindern (*Burger/Ulbrich, 2005; Meckl/Horzella, 2010*).

8.1 Arten der Übernahme

Die Übernahme eines Zielunternehmens kann in freundlicher oder feindlicher Absicht gesehen. Bei großen Beträgen ist es üblich, dass sich Vorstand und Aufsichtsrat getrennt voneinander externen Beistand (= Berater, Consultants) holen.

Zweck einer **freundlichen Übernahme** (engl. Friendly Takeover) kann es sein, die eigene Wertschöpfungskette horizontal zu erweitern und in gesättigten Märkten schnell ein externes Umsatzwachstum zu realisieren. Dabei kann auch daran gedacht werden, unterentwickelte oder gar existenzgefährdete Konkurrenzunternehmen zu erwerben, um sie durch Restrukturierung, Auswechslung des Spitzenmanagements und Bereitstellung von Ressourcen wieder flott zu machen (engl. Turnaround). Demgegenüber bietet die freundliche Übernahme solcher Unternehmen, die in vor- oder nachgelagerten Wertschöpfungsstufen arbeiten, vertikale Economies of Scope durch Sicherung der Versorgungs- oder Absatzbasis, Verbesserung der Kostenstruktur und/oder schnellen Zugangs zu neuen Geschäftsfeldern. Voraussetzung dafür ist allerdings, dass die Neuerwerbungen attraktiv und gesund sind und gegebenenfalls vom bisherigen Management weitergeführt werden können.Erfahrungsgemäß sind die Risiken der Integration bei einer freundlichen Übernahme geringer und einfacher kalkulierbar als bei einer feindlichen Übernahme.

Von einer **feindlichen Übernahme** (engl. Hostile Takeover) wird gesprochen, wenn ein Zielunternehmen gegen den Willen und unter Widerstand dessen Managements von einem Angreifer mit folgender Absicht übernommen werden soll: Freisetzung stiller

Reserven durch den baldigen Verkauf renditeschwacher Geschäftssparten, Kreditaufnahme der verbliebenen Geschäftssparten bis zur Verschuldungsobergrenze, schnelle Gewinnrealisierung durch Verlängerung der Maschinenlaufzeiten und Abschreibungsdauern, üppige Dividendenausschüttungen, Besetzung von Aufsichtsratsposten und/oder Ablösung unbequemer Vorstandsmitglieder. Während feindliche Übernahmen in angelsächsischen Ländern ein fester Bestandteil der Aktienmarktkultur sind, sind diese in Deutschland eher die Ausnahme. Nach deutschem Recht gibt es allerdings kaum einen vorbeugenden Schutz gegen die Erlangung des herrschenden Einflusses durch ein anderes Unternehmen. So muss nach § 20 Abs. 1 AktG eine Beteiligung ab 25 % (= Sperrminderheitsbeteiligung) dem Zielunternehmen nur mitgeteilt werden. Deutlich schärfere Bestimmungen sieht das Wertpapierhandelsgesetz vor, demzufolge ein Erwerb, ab 3 % der Anteile an einer börsennotierten Gesellschaft erreicht oder überschreitet, der von der Übernahme betroffenen Gesellschaft und dem Bundesaufsichtsamt für den Wertpapierhandel zu melden ist (§ 21 Abs. 1 WpHG).

Nach dem **Gesetz zur Begrenzung der mit Finanzinvestitionen verbundenen Risiken**, auch „Risikobegrenzungsgesetz" genannt, das Unternehmen vor dem heimlichen Anschleichen feindlicher Finanzinvestoren schützen soll, müssen Shareholder, sobald sie 10 % oder mehr eines Unternehmens erworben haben, die Herkunft der Mittel und die mit der Beteiligung verfolgten Ziele offenlegen.

Maßnahmen zur **Abwehr feindlicher Übernahmen**, für die im Unternehmen der Finanzvorstand (CFO) verantwortlich ist, sind u. a. die folgenden Giftpillen (engl. Poison Pills):

▶ überzeugende Geschäftsstrategien, die den Börsenwert bzw. die Marktkapitalisierung nach oben treiben, der aggressive Finanzinvestoren fern hält

▶ Abspaltung und Verkauf von Rand- bzw. Verlustgeschäften, um die darin schlummernden immateriellen Vermögenswerte und stillen Reserven zu heben und den Gegenwert in profitablen Kernbereichen zu investieren, was den Aktienkurs steigen lässt.

▶ Hoher Streubesitz (engl. Free Float) an Aktien, der eine Übernahme für den Finanzinvestor verteuert. Ein Gründer oder Investor mit einer Sperrminorität von mehr als 25 % der Aktien kann wichtige Beschlüsse innerhalb der AG/SE blockieren. Ab einer Beteiligung von 30 % ist den freien Aktionären ein öffentliches Übernahmeangebot zu unterbreiten, wobei davon ausgegangen wird, dass bei einem breit gestreuten Aktienkapital auf der Hauptversammlung weniger als 70 % der stimmberechtigten Aktien anwesend sind.

▶ Umwandlung von Stamm- in Namensaktien, da danach die Shareholder namentlich bekannt sind und die Aktionäre bei der Business Communication mittels Newsletter oder anderer Print-Medien persönlich angeschrieben werden können

▶ Ausgabe neuer Aktien (Voraussetzung dafür ist ein zuvor genehmigtes Kapital) oder Rückkauf eigener Aktien, die bei willkommenen Investoren (= White Knights) als Tauschwährung eingesetzt werden können

▶ aktive Kommunikation mit Marktanalysten und anderen Marktbeobachtern.

Die Feststellung, durch einen hohen Eigenkapitalanteil an der Kapitalstruktur feindliche Übernahmen unattraktiv zu machen oder gar zu verhindern, ist nicht unproblematisch. Wie bereits ausgeführt, interessieren sich vor allem **Finanzinvestoren** für Unternehmen mit hoher Eigenkapitalquote, da sie durch Substitution (engl. Leveraged Finance) von Eigenkapital durch steuerlich günstigeres Fremdkapital (sog. Akquisitionskredite) die Eigenkapitalrendite zu steigern versuchen. Während einer Halteperiode von etwa vier bis sieben Jahren versuchen die Finanzinvestoren einen möglichst hohen Cashflow zu erwirtschaften, mit dem dann die Akquisitionskredite getilgt werden. Um den Cashflow nach oben zu hebeln, drängen Finanzinvestoren darauf, die Investitionsintensität und damit auch das Working Capital zu senken.

Nach dem deutschen **Außenwirtschaftsgesetz** (AWG) hat auch die Bundesregierung ein Prüf- und Vetorecht für den Fall, dass ein ausländischer Finanzinvestor einen maßgeblichen Anteil an einem inländischen Unternehmen erwerben will und dadurch die übergeordneten nationalen Interessen verletzt werden könnten.

8.2 Pre-Merger-Phase

Voraussetzung jeder Unternehmensübernahme ist eine **Strategie**, in die das Geschäftsmodell Akquisition integriert werden kann und soll. Dabei wird in Abhängigkeit von der jeweiligen **Akquisitionsrichtung** zwischen horizontalen, vertikalen oder lateralen (diagonalen) Übernahmen gesprochen. Der Übernahmeprozess selbst beginnt mit der Suche nach attraktiven **Übernahmekandidaten**.

8.2.1 Übernahmekandidaten

Ein fremdes Unternehmen kann zu einem Übernahmekandidaten werden, wenn nach dem Zusammenschluss eine **Wertkombination** geschaffen werden kann, die den zu zahlenden Kaufpreis rechtfertigt.

Vielfach interessieren sich Investoren im Frühphasensegment für **Minderheitsbeteiligungen an Start-ups**. Die Gründer junger Unternehmen brauchen für das Wagniskapital (engl. Venture Capital, Private Equity) keine Sicherheiten zu stellen, müssen das Eigenkapital (zunächst) nicht bedienen, erhalten auf Wunsch eine intensive Betreuung beim Aufbau von Marketing bzw. Controlling und profitieren im Bedarfsfall von der Infrastruktur des Investors. Bekannte Namen auf der Investorenliste, vor allem die Reputation des Leadinvestors, wirken als Gütesiegel und erleichtern die Beschaffung weiteren Eigenkapitals in späteren Phasen. Im Erfolgsfall gehen die Gründer irgendwann an die Börse (engl. Going Public) und zahlen aus dem realisierten Erlös nicht nur das Risikokapital, sondern auch den damit in Verbindung stehenden Gewinnentgang (= Opportunitätskosten) an die Investoren zurück. Bei Misserfolgen muss das verlorene Eigenkapital nicht zurückgezahlt werden.

Um die **Transaktionssicherheit** (engl. Deal Protection) zu erhöhen, kann das Zielunternehmen im Vorfeld der Übernahme dazu verpflichtet werden, während der Übernahmeverhandlungen keine Dritten zu veranlassen, konkurrierende Angebote abzugeben (= No-Shop-Klausel) oder im Falle des Scheiterns der M&A-Transaktion eine Ausgleichszahlung (engl. Break Fee) zu leisten. Sofern die M&A-Transaktion in der breiten Öffentlichkeit diskutiert wird, ist anzunehmen, dass im Falle des Scheiterns auf beiden Seiten ein hoher Reputationsschaden entsteht.

Eine Alternative zu bilateralen Übernahmeverhandlungen ist die (offene) **Auktion**, bei der die Verkaufsabsichten öffentlich gemacht und ein Bietungsverfahren in Gang gesetzt wird.

8.2.2 Due Diligence

Schwerpunkt innerhalb der nach internationalen Standards durchzuführenden Transaktionsphase ist die auf die Überwindung von Informationsasymmetrien zwischen Käufer und Verkäufer ausgerichtete **Due Diligence**. Dabei handelt es sich um einen Sachverhalt der Analyse und Bewertung, der sich übersetzen lässt mit „sorgsame Erfüllung" oder „im Verkehr erforderliche Sorgfalt" bezüglich des Wertgutachtens für ein Übernahmeobjekt (*Berens, 2011*; *Merkt/Göthel, 2011*).

Eine Due Diligence ist notwendig, weil die Unternehmensanalyse und -bewertung interessengeleitet ist und daher unterschiedliche Schwerpunkte setzt. So ist beispielsweise davon auszugehen, dass auf der Käuferseite die **Schwächenanalyse** und auf der Verkäuferseite die **Stärkenanalyse** dominiert.

Auch bei börsennotierten Zielunternehmen ist eine Due Diligence zweckmäßig, da nach der sog. **Random Walk-Theorie** der jeweils aktuelle Börsenkurs vom Zufall abhängt.

Nachfolgend wird die von der **Käuferseite** durchgeführte Due Diligence beschrieben, und zwar für den Fall, dass der potenzielle Erwerber der alleinige oder vom Verkäufer präferierte Interessent ist. Dabei wird die angestrebte Übernahme zweckmäßigerweise als vertrauliches **Projekt** behandelt, für das ein spezielles Team zu bestimmen ist, das für die Due Diligence zuständig ist. Ein solches **Projektteam** sollte nach Möglichkeit interdisziplinär besetzt werden, d. h. ihm sollten außer den Vertretern der Unternehmensspitze noch weitere Fach- und Führungskräfte (darunter auch Vertreter des **Beteiligungscontrollings**) aus den von der Akquisition betroffenen Unternehmensbereichen und -ebenen angehören. Der Vorteil der Berufung externer Spezialisten (wie etwa M&A-Berater, Wirtschaftsprüfer oder Investmentbanker) in das Projektteam ist, dass von diesen auch solche Sachverhalte angesprochen werden können, die sich Käufer und Verkäufer nicht zu sagen trauen, ohne den Verhandlungsablauf empfindlich zu stören (*Littkemann, 2009*).

Die Aufgabe des Projektteams besteht darin, im Frühstadium der Übernahme und mit großer Geschwindigkeit möglichst viele **Fakten über das Zielobjekt** und sein Management zusammenzutragen, zu ordnen, zu dokumentieren und in Statusberichten (engl. Fact Books) dem eigenen Topmanagement zu präsentieren. Zu durchleuchten sind u. a. das Geschäftsmodell, die Vermögens-, Finanz- und Ertragslage, die Kostenstruktur und -lage, der Kundenstamm (insbesondere die profitablen Kunden) sowie das technologische, soziale und ökologische Umfeld. Von Bedeutung sind weiterhin die das Zielobjekt betreffenden Garantien und ähnliche Verpflichtungen, steuerliche und andere gesetzliche Rahmenbedingungen, Betriebsvereinbarungen (z. B. betriebliche Altersversorgung, einschließlich ungedeckte Pensionsverpflichtungen), Verlustaufträge, anhängige bzw. drohende Rechtsstreitigkeiten und sonstige „Leichen im Keller". Schließlich sind auch noch die Wirksamkeit des Internen Kontrollsystems (IKS) zu prüfen, immaterielle Vermögenswerte offenzulegen, Impairment Tests vorzunehmen und die beim Zusammenschluss realisierbaren Cross-Business-Synergien fair zu bewerten.

Die vom Verkäufer bereitzustellenden **Unterlagen** sind üblicherweise Jahresabschlüsse, Geschäftspläne, Organigramme, Vertragsdokumente, Kalkulationen und gegebenenfalls Gutachten. Zur Offenlegung vertraulicher Informationen kommt es meistens erst nach Unterzeichnung einer Vertraulichkeitserklärung und der Abgabe einer **Absichtserklärung** (engl. Letter of Intent) durch den potenziellen Käufer.

Das Prüfen der das jeweilige Zielobjekt betreffenden Unterlagen erfolgt zunehmend Online im **virtuellen Datenraum**. Ein solcher entsteht, wenn der Verkäufer entscheidungsrelevante Informationen ins Extranet stellt, in das sich der potenzielle Käufer leicht einloggen und dort schnell recherchieren kann.

Nach Ansicht von Experten gibt es viele Möglichkeiten, **Warnsignale in Jahresabschlüssen** zu erkennen. Beispielsweise bedarf es einer zusätzlichen Analyse, wenn der Gewinn schneller wächst als der Umsatz oder wenn sich bei steigendem Gewinn und Umsatz der Cashflow nicht erhöht. Plötzliche Gewinnsprünge, die nicht zur bisherigen Entwicklung des Zielunternehmens passen, können sich dadurch ergeben, dass Einmalposten oder Sonderausgaben herausgerechnet Marktwerte von Vermögenspositionen in wirtschaflich guten Jahren übertrieben hoch angesetzt und/oder Kosten als Investitionen verbucht wurden. Ebenso kann die Nutzungsdauer von Anlagen bewusst erhöht worden sein, um die jährlichen Abschreibungen niedrig zu halten. Ein weiteres Verdachtsmoment sind steigende Kundenforderungen, da möglicherweise auch Kunden mit schlechter Bonität zinslose Absatzkredite gewährt wurden.

Ergänzend zur Due Diligence kann noch ein Wertgutachten von einer Beratungs- oder Wirtschaftsprüfungsgesellschaft eingeholt werden, ein Vorgang, der als Fairness Opinion bezeichnet wird.

8.2.3 Wertermittlung

Hintergrund der Bewertung ist die Tatsache, dass ein Firmenkauf nur dann zu Stande kommt, wenn sich Käufer und Verkäufer auf einen Preis einigen, und zwar trotz unterschiedlicher Wertverständnisse, für die gelten kann:

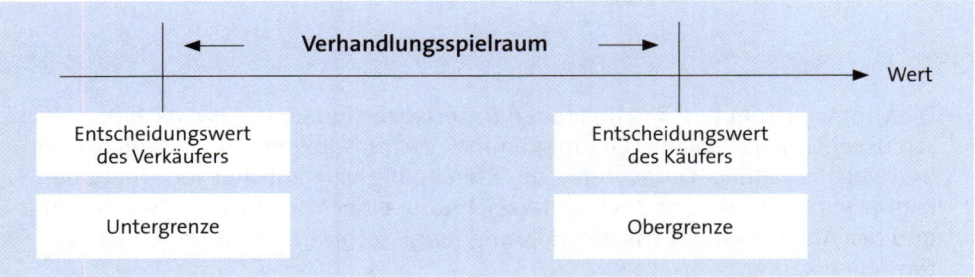

Ein Sprichwort sagt: *„Der Preis ist, was du zahlst, der Wert ist, was du dafür bekommst."*

Die **Ermittlung des Unternehmenswerts** erfolgt vorzugsweise mithilfe dynamischer Investionsrechnungsverfahren auf der Basis von Cashflows. Im Unterschied zu den herkömmlichen Verfahren der dynamischen Investitionsrechnung entfällt zunächst die Anschaffungsausgabe, denn diese soll ja erst ermittelt werden. Aus der Differenz zwischen dem zu ermittelnden Kaufpreis und dem Substanz- oder Buchwert des zu erwerbenden Unternehmens wird der **derivative Firmenwert** ermittelt, der im Falle der Übernahme vom Käufer bilanziert werden kann.

Die **Standesorganisation der Wirtschaftsprüfer IDW** empfiehlt in ihren Grundsätzen zur Durchführung von Unternehmensbewertungen die Anwendung zwei dynamisierter Methoden, die bei übereinstimmenden Prämissen zu identischen Unternehmenswerten führen (*IDW Standard 1, 2005*):

► **Ertragswertmethode**, bei der nach dem **Nettoansatz** (= Equity Approach), unter Verwendung der den Eigentümern zufließenden Gewinne vor Steuern (EBT) und mit einem risikoangepassten Diskontierungsfaktor der Wert des Eigenkapitals (= Shareholder Value) ermittelt wird. Die Risikoanpassung beim Diskontierungsfaktor erfolgt entweder durch einen subjektiven Risikozuschlag zum risikofreien Basiszinssatz oder durch Sicherheitsabschläge auf die unsicheren Gewinne. Berücksichtigt werden außerdem die Ausschüttungserwartungen der Anteilseigner.

► **Discounted Cashflow-Methode**, bei der nach dem **Bruttoansatz** (= Entity Approach) zunächst alle künftig erwarteten Free Cashflows mit einem Diskontierungsfaktor kapitalisiert werden. Danach wird vom Gesamtwert des Unternehmens das Fremdkapital abgezogen, sodass als Restwert der Shareholder Value übrig bleibt. Der Vorteil dieser Methode ist, dass sie weit verbreitet und international anerkannt ist.

Bezüglich von **Multiplikatoren** (engl. Multiples), bei denen zur Ermittlung oder Bestätigung des fairen Unternehmenswerts jeweils zwei monetäre Größen in Beziehung zueinander gesetzt und die daraus resultierenden Quotienten mit denen anderer börsennotierter Unternehmen verglichen werden, gilt:

► Dominierte früher der Vergleich des **KGV** als Verhältnis von Aktienkurs zu Gewinn pro Aktie (EPS), interessiert heute mehr der Vergleich des **KCV** als Verhältnis von Aktienkurs zu Cashflow je Aktie, da der Cashflow, wie eingangs begründet, weniger anfällig gegen bilanzpolitische Manipulationen ist als der Bilanzgewinn.

► Von Interesse ist auch die substanzorientierte Kennzahl **KBV** (= Aktienkurs multipliziert mit der Aktienanzahl, d. h. die Marktkapitalisierung, im Verhältnis zum bilanziell ausgewiesenen Buchwert), die ausdrückt, dass die Aktie umso preiswerter ist, je niedriger ihr KBV.

► Zunehmende Beachtung findet auch das **KGV-Wachstum** (= Verhältnis von KGV zum erwarteten prozentualen Gewinnwachstum der nächsten drei bis fünf Jahre), das auch unter der Bezeichnung **PEG** (Price Earning to Growth Ratio) verwendet wird, wobei die Aktie beim PEG < 1 als unterbewertet und beim PEG > 1 als überbewertet gilt.

Für eine Übernahmeentscheidung sind wegen der grundsätzlichen Zukunftsorientierung an der Börse weniger die Multiplikatoren auf Basis des periodischen Jahresgewinns, Cashflows oder Buchwerts maßgebend, als vielmehr die Multiplikatoren auf Basis der künftig zu erwartenden **Kennzahlen**. Muss das Unternehmen diese Kennzahlen, insbesondere die Gewinnprognosen, häufig revidieren, hat das einen negativen Einfluss auf die Höhe des Übernahmepreises (*Peemöller u. a., 2002*).

8.2.4 Übernahmevertrag

Die Partner einer M&A-Transaktion werden das Zielobjekt zunächst unter dem **Gesichtspunkt der unveränderten Fortführung** als eigenständige Wirtschaftseinheit (engl. Stand alone) beurteilen, dessen Wert sich durch **Vorholeffekte**, wie etwa Restrukturierungspotenziale durch Verlängerung der Wertschöpfungskette oder Synergien, noch steigern lässt. Einigen sich Käufer und Verkäufer auf einen dazwischen liegenden Kaufpreis, ergibt sich für beide Parteien die folgende **Win-Win-Situation**:

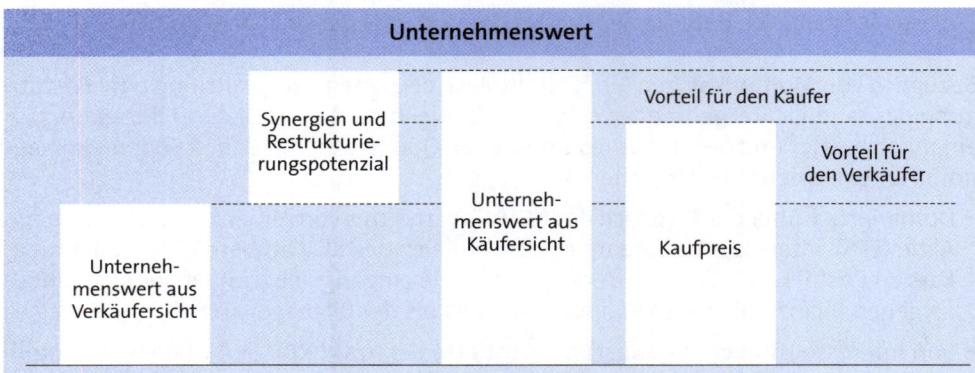

Gelegentlich wird beim Erwerb jeweils einer höheren Beteiligung noch ein Aufpreis (= Paketzuschlag, Kontrollprämie) auf den inneren Wert des Zielobjekts fällig, die sogenannte **Kontrollprämie**, da es wertvoller ist, die relative oder zumindest absolute Mehrheit am Unternehmen zu besitzen, anstatt nur einen kleinen Anteil mit entsprechend eingeschränkten Einflussmöglichkeiten zu haben.

Kommt es zum **Vertragsabschluss** (engl. Signing), sind am Stichtag der Vertragserfüllung Zug um Zug der Kaufpreis zu zahlen und das Eigentum an den Käufer zu übertragen (engl. Closing). Danach sind auch die am Übernahmeprozess extern Mitwirkenden zu entlohnen.

Finanziert werden der Kaufpreis und die Nebenkosten oft aus verschiedenen Quellen. Da das mehrere Monate dauern kann, sollte mit der **Finanzplanung** frühzeitig begonnen worden sein, etwa zeitgleich zur Due Diligence. In Einzelfällen werden auch eigene Aktien, Tracking Stocks oder Aktien des neuen Gemeinschaftsunternehmens als **Tauschmittel** eingesetzt. Empirische Untersuchungen haben allerdings ergeben, dass die Aktionäre des Übernehmers beim Aktientausch durchweg schlechter gefahren sind als bei Bargeldtransaktionen (*Rappaport/Sirower, 2000*).

Möglich ist auch eine erfolgsabhängig gestaltete Preisvariante, bei der sog. **Earn-out-Regelungen** vereinbart werden. Danach zahlt der Käufer bei Vertragsabschluss nur einen Teil des Kaufpreises, während der restliche Teil, dessen Höhe von künftigen Ereignissen abhängt, erst zu einem späteren Zeitpunkt fällig wird. Earn-out-Regelungen bewirken damit einen variablen Kaufpreis.

Im Unterschied zu den Earn-out-Regelungen, die eine mehr oder weniger automatische Anpassung an veränderte Umweltbedingungen vorsehen, kann späteres aktives Handeln bereits bei Vertragsabschluss durch die Vereinbarung einseitiger und zeitlich befristeter **Optionsrechte** vorgesehen werden. Das kann in der Weise geschehen, dass zunächst nur über die erste Tranche einer Beteiligung fest verhandelt wird, während über weitere Tranchen bzw. den gesamten Rest der Beteiligung erst zu einem späteren Zeitpunkt, jedoch innerhalb der Optionsfrist, entschieden wird (*Leithner/Liebler, 2001; Rams, 1999*).

Mit einer **MAC-Klausel** (**M**aterial **A**dverse **C**hange) kann sich der Investor in der Zeit zwischen dem Signing und Closing vor unvorhersehbaren negativen Entwicklungen des Unternehmens, das er zu übernehmen bereit ist, schützen. Negative Entwicklungen müssen nachvollziehbar begründet werden und erheblich sein, wie z. B. Umsatzeinbruch um mehr als 15 % oder Abwanderung mehrerer Großkunden. Tritt eine über die MAC-Klausel definierte erheblich negative Veränderung ein, hat der Käufer das Recht zu Nachverhandlungen bis hin zum Rücktritt vom Kaufvertrag. Nicht durch eine MAC-Klausel absichern lässt sich das Risiko von Wertminderungen nach dem Closing.

8.3 Post-Merger-Phase

Nach Entrichtung des Kaufpreises hat das **Post-Merger-Management**, und zwar unter Mitwirkung des Beteiligungscontrollings, verschiedene Aufgaben zu erledigen (*Littkemann, 2009*):

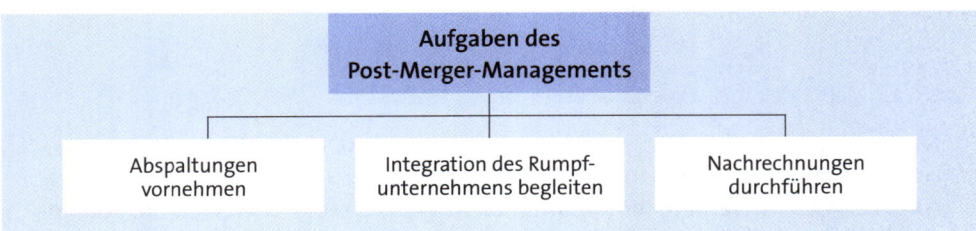

Bei der **Abspaltung**, auch als Ausgliederung, Ausgründung oder engl. Carve Out bezeichnet, geht es darum, das erworbene Unternehmen zu entflechten und jene Teile herauszulösen, die nicht in die strategische Ausrichtung, also zum Kerngeschäft passen. Die herausgelösten Betriebsteile (engl. Demerger) können in eigener Verantwortung als Tracking Unit bzw. im Rahmen eines Joint Venture weitergeführt oder im

Rahmen einer Desinvestition an externe Interessenten verkauft bzw. stillgelegt (= liquidiert) werden. In Abhängigkeit von der jeweils gewählten **Demergervariante** erhält die Konzernzentrale frisches Kapital, das Spielraum für weitere Neugeschäfte schafft und/oder sich zur Schuldentilgung verwenden lässt, wodurch sich die Kapitalstruktur verbessert und der Unternehmenswert steigt.

Die im Konzern verbleibenden Teile der erworbenen Firma, also das **Rumpfunternehmen**, sind in die eigene Aufbau- und Ablauforganisation des aufnehmenden Unternehmens einzugliedern. Dazu sind unter großem Zeitdruck und mehr oder weniger hohen Einmalkosten (engl. Merger Integration Cost) verschiedene Maßnahmen notwendig, wie z. B.:

▶ Geschäftsbereiche entsprechend der neuen Verantwortlichkeiten umstrukturieren und miteinander verknüpfen

▶ Portfolios bereinigen und Synergiefallen bei den Produkten und/oder Kannibalisierungen bei den Marken verhindern

▶ Harmonisierung der IT-Systemlandschaften und des Workflows, indem entweder ein Computer- bzw. IT-System ausgewählt wird, an das das jeweils andere System angepasst wird, oder es wird ein neues System projektiert und implementiert; ferner sind IT-Auslagerungen in die Cloud zu überlegen

▶ Impairmenttests und Konsolidierungen vornehmen sowie nicht gedeckte Pensionsverpflichtungen ausgleichen

▶ monetäre Anreizsysteme vereinheitlichen.

Während der **Übergangsphase** (engl. Transition Period) ist im Regelfall mit einem Performance-Knick zu rechnen, hervorgerufen durch Einmalkosten und Sondereffekte, zu denen auch Abfindungen (sog. „goldener Handschlag") gehören. Wie tief dieser Knick sein wird, wie lange er dauert und wie stark er die gemeinsamen Ergebnisse belastet, ist unterschiedlich. Empirische Untersuchungen haben jedoch ergeben, dass Geschwindigkeit ein zentrales Element für den MBA-Integrationserfolg ist. Zur Erreichung von Dynamik wird eine Konzentration auf das Wesentliche mit pragmatischen, wertsteigernden Maßnahmen empfohlen, d. h. übertriebener Perfektionismus mit endlosen Aktionslisten ist möglichst zu vermeiden.

Nach erfolgter Integration des Rumpfunternehmens in die Konzernorganisation kann durch **Nachrechnungen** (engl. Post Merger Audit) der Akquisitionserfolg festgestellt werden, indem untersucht wird, ob und inwieweit sich die Investition in das Übernahmeobjekt gelohnt hat. Durch Gegenüberstellung der um Liquidationserlöse sowie Übernahme- und Folgekosten modifizierten Investitionsausgabe einerseits, und des auf der Grundlage neuester Daten ermittelten Barwerts der in Zukunft erwarteten gemeinsamen Cashflows andererseits, werden Wertsteigerungen oder -vernichtungen sichtbar.

Hinzu kommt, dass auch am **Kapitalmarkt** eine Bewertung des Akquisitionserfolgs stattfindet. Im Allgemeinen honoriert die Börse sinnvolle und gut durchgeführte Übernahmen mit Kursgewinnen. Allerdings wird es für das Beteiligungscontrolling schwierig sein, aus der Entwicklung des Börsenkurses die auf den Firmenkauf entfallenden Wertveränderungen zu isolieren.

8.4 Risiken einer Übernahme

Kein anderes strategisches Instrument erlaubt dem Unternehmen mit einer einzigen Transaktion einen so schnellen und grundlegenden Wandel der strategischen Ausrichtung bzw. Struktur eines Unternehmens wie die Unternehmensübernahme. Den damit verbundenen Chancen (wie Verbund- und Erfahrungskurveneffekte) steht allerdings ein mindest gleich hohes **Risiko des Fehlschlags** gegenüber.

Hauptgründe für das **Scheitern von Zusammenschlüssen** sind:

▶ **Streben nach schneller Steigerung des Börsenwerts**, da die von Finanzanalysten und -beratern entworfenen Szenarien vorsehen, dass nur die ganz Großen (in jeder Branche beispielsweise drei Unternehmen) auf Dauer überleben können und werden.

▶ **Komplexität**, denn besonders durch Fusionen können unbewegliche und nur noch schlecht steuerbare Gebilde entstehen, was der Forderung nach schnellen und marktorientierten Entscheidungen sowie kleinen und flexiblen Strukturen widerspricht.

▶ **Selbstüberschätzung des Managements**, da etwa die Angst der Führungskräfte zu unrealistischen Versprechungen über Größen- und Verbundvorteile führt. Besteht Uneinigkeit über die Führung des neu geschaffenen Unternehmens, kommt es – vor allem bei Mergers of Equals – häufig zu einer Doppelspitze, die erst dann beendet wird, wenn einer der beiden Partner mehr oder weniger freiwillig aufgibt.

▶ **Betroffenheit der Mitarbeiter**, denn die Gefahr, durch den Zusammenschluss seinen Arbeitsplatz zu verlieren, bedeutet eine Ablenkung von der Arbeit. In der Zeit, in der man über mögliche oder angekündigte Entlassungen diskutiert, wird weniger gearbeitet. Die besten Mitarbeiter werden demotiviert und kündigen.

Aus den **Fehlern der Vergangenheit** haben M&A-Verantwortliche offensichtlich gelernt. So haben empirische Untersuchungen ergeben, dass die Übernahmeobjekte zielgerichteter ausgesucht werden, die Due Diligence verbessert worden ist und stärker als bisher auch die „kulturellen Synergien" Beachtung finden, um Mitarbeiter aus Unternehmen in verschiedenen Ländern zu integrieren. Hinzu kommt, dass die Manager aufgrund des inzwischen größeren Einflusses der Finanzinvestoren sowie strengerer aufsichtsrechtlicher Bestimmungen immer noch zu sehr auf die Interessen und Forderungen der Shareholder eingehen.

Aufgabe 24 > 634, Aufgabe 25 > 634

9. Bausteine der Geschäftsstrategie

In Bezug auf die eingangs genannten **Grundstrategien** (= Absatz und FuE) und **abgeleiteten Strategien** (= Produktion/Fertigung, Beschaffung, Personal und Finanzen) werden aus Controllersicht solche Themenbereiche angesprochen, die den Kern der jeweiligen Strategie betreffen.

Zwecks Festlegung der Unternehmensstrategie global aufgestellter Unternehmen sind die generischen Wettbewerbsstrategien und die Geschäftsstrategien aller Konzerngesellschaften länderübergreifend abzustimmen. Die dazu geeigneten **Koordinationsformen** sind nach dem sog. **Lead-Country-Konzept** (*Perlitz, 2004*):

► **Ethnozentrische Koordination** mit starker Heimatbasis, wobei die Zentrale im Stammland die Steuerung der Landesgesellschaften im Ausland übernimmt.

► **Polyzentrische Koordination**, bei der in Anbetracht der Vielzahl landesspezifischer Besonderheiten (nach dem Motto „all Business is local") die Landesgesellschaften die für sie notwendige Koordination selbst übernehmen. Kennzeichen dieser Kooperationsform ist der förderative Verbund der weltweit verstreuten Organisationseinheiten.

► **Geozentrische Koordination** eines oder mehrerer Headquarter und den auf gleicher Stufe stehenden Landesgesellschaften. Dabei kann jede Gesellschaft – abgesehen von der lokalen Präsenz – die Verantwortung über FuE, die Fertigung und den Absatz jeweils einer bestimmten Produktgruppe für den ganzen Konzern übernehmen. Das Motto dabei lautet: Aufgaben werden dort erledigt, wo das am besten und effizientesten geschehen kann (= Subsidaritätsprinzip).

9.1 Absatz

Strategische Vorgehens- und Verhaltensweisen im Absatz- und Vertriebsbereich sind darauf gerichtet, auf dem **bedienten Markt** (engl. Served Market) eine möglichst günstige Position zu erreichen. Da ein Unternehmen mit der Wahl seiner SGF zugleich auch seine Konkurrenten bestimmt, müssen Absatzstrategien geeignet sein, sowohl eine Linie zu verfolgen, die sich von der Konkurrenz unterscheidet, als auch Handlungen vorzunehmen, die Konkurrenten nicht interessieren bzw. deren Auswirkungen für die Konkurrenten ungünstiger sind als für das eigene Unternehmen.

Sind die Absatzstrategien von geringer Komplexität, werden sie dann zu einer Gefahr für das Unternehmen, wenn die Konkurrenz von ihrer Anwendung weiß. Umgekehrt werden Absatzstrategien leicht unüberschaubar und dadurch schlecht handhabbar, wenn in ihnen zu viele Einzelaspekte berücksichtigt sind. Unter Beteiligung des **Marketingcontrollings** ist hier ein Kompromiss zu suchen.

Für eine realitätsnahe Formulierung von Absatzstrategien erscheinen u. a. zwei **Planungsmethoden** besonders geeignet zu sein: Ansatz der strategischen Lücke und Portfolio-Ansatz.

9.1.1 Ansatz der strategischen Lücke

Eine strategische Lücke (engl. Strategic Gap) liegt vor, wenn die durch eine **Entwicklungslinie** ausgedrückten Soll-Vorgaben das derzeit realisierbare **Basisgeschäft** übersteigen.

Sind Produkte die Gegenstände der Lückenanalyse, werden die Umsätze zum steuerungstelevanten Zielwert. Der Absatz zwischen der oberen Entwicklungslinie und der darunterliegenden Linie des Basisgeschäfts wäre danach eine **Umsatzlücke**.

Die Lücken- oder Gap-Analyse ist wegen ihres mehr extrapolativen Charakters ein relativ **globales Instrument** der wachstumsorientierten Absatzplanung, bei dem weitgehend unberücksichtigt bleiben: Qualitative Gesichtspunkte, interne Stärken und Schwächen, Konkurrenzverhalten, Synergien und Erfahrungskurveneffekte sowie Möglichkeiten der Desinvestition (= Rückzug).

Eine solche am Wachstum ausgerichtete Betrachtungsweise ist insbesondere bei der heutzutage vorherrschenden **Marktsättigung** allerdings nicht unproblematisch.

9.1.1.1 Basisgeschäft

Bezüglich des Basisgeschäfts, auch **Momentum** genannt, wird unterstellt, dass der Umsatzverlauf eines Produkttyps durch seinen PLZ beschrieben werden kann.

Ist in etwa bekannt, wie lange die im bestehenden Erzeugnisprogramm enthaltenen Produkte verbleiben, kann der Gesamtumsatz pro Jahr bestimmt werden. Hilfreich können hier die Ergebnisse einer **ABC-Analyse** sein. Wird das Sortiment nach dem z. B. in den letzten zwei Jahren erzielten Umsatz pro Produkt sortiert, kann sich die in nachstehender Abbildung gezeigte Verteilung ergeben:

Produkte	Anteil am Umsatz	Anteil am Absatz
A-Produkte	70 % vom Umsatz	10 % der Produkte
B-Produkte	20 % vom Umsatz	30 % der Produkte
C-Produkte	10 % vom Umsatz	60 % der Produkte
D-Produkte	kein Umsatz, da noch in Entwicklung befindlich	

Durch die **Kennzahl** „Marktalter eines Produkts im Verhältnis zum Alter des Sortimentsdurchschnitts" kann festgestellt werden, welche Produkte in absehbarer Zeit ausscheiden und gegebenenfalls ersetzt werden müssen.

Das Momentum kann sich auch durch die **Abwanderung von Kunden** verringern. Messen lassen sich, bezogen auf einen Betrachtungszeitraum, die

► **Kundenfluktuation** durch das Verhältnis der Anzahl der neu gewonnenen Kunden (· 100) zu der Anzahl der verlorenen Kunden

► **Kundenverlustintensität** durch das Verhältnis der Anzahl der verlorenen Kunden (· 100) zur Gesamtheit aller Kunden.

9.1.1.2 Entwicklungslinie

Die im Top-down-Vorgehen abgeleitete Entwicklungs- oder Potenziallinie beruht auf Vorstellungen der Führung über die pro Jahr bis zum Planungshorizont angestrebten **Wachstumsraten des Umsatzes**.

Zur Berechnung von Umsatzsteigerungen werden vornehmlich die in der **Entwicklung befindlichen Produkte** mit ihrem Zeitprofil des Absatzes (= PLZ neu eingeführter und zwischenzeitlich variierter Produkte) berücksichtigt.

Darüber hinaus sollte auch die **Kundenakquisition** erhöht werden, die sich wie folgt messen lässt:

$$\text{Kundenakquisition (in \%)} = \frac{\text{Umsatz mit neu gewonnenen Kunden im lfd. Jahr t}}{\text{Gesamtumsatz im lfd. Jahr t}} \cdot 100$$

Liegt die Entwicklungslinie über der Kurve des Basisgeschäfts, entsteht eine **strategische Umsatzlücke**, die es durch geeignete Maßnahmen zu schließen gilt.

9.1.1.3 Handlungsoptionen

Aus der Gegenüberstellung von derzeitigen und neuen Produkten bzw. Märkten ergeben sich vier **Normstrategien**, wie sie in der folgenden Übersicht enthalten sind (*Ansoff, 1976*):

Märkte / Produkte	Bestehende Märkte	Neue Märkte
Derzeitige Produkte	Marktdurchdringung	Marktentwicklung
Neue Produkte	Produktentwicklung	Diversifikation

Die Strategie der Marktdurchdringung (engl. Deepening) im angestammten Kerngeschäft ist nach *Becker, J. (2009)*die **Minimumstrategie** des Unternehmens und damit auch Ausgangspunkt für die übrigen Strategien. So können Wachstumsgrenzen des bedienten Markts das Unternehmen zu einer **Arrondierungsstrategie** in anderen lokalen bzw. nationalen Märkten des In- und Auslands oder zu einer Innovationsstrategie mittels entsprechender Produktneuentwicklungen führen. Die Diversifikation ist wegen der Möglichkeit des Risikoausgleichs durch Streuung eine **Absicherungsstrategie**.

Über das Ausmaß der Produktentwicklung und der Diversifikation im Unternehmen informiert u. a. die **Innovationsrate** pro Periode:

$$\text{Innovationsrate (in \%)} = \frac{\text{Umsatz mit in den letzten n-Jahren neu eingeführten Produkten}}{\text{Gesamtumsatz}} \cdot 100$$

Bei der **Beurteilung der Innovationsrate** ist zu beachten, dass

- durch Verlängerung des Betrachtungszeitraums die Innovationsrate steigt,
- das Umsatzverhältnis nicht allein durch neue Produkte, sondern auch durch den Umsatzrückgang bisheriger Produkte positiv beeinflusst wird, was sowohl eine scharfe Produktabgrenzung als auch eine kritische Beurteilung der substitutiven und komplementären Beziehungen zwischen den Produkten erforderlich macht.

Grundsätzlich kann eine hohe Innovationsrate als Ausdruck dafür angesehen werden, dass sich das Unternehmen aktiv am technischen Fortschritt beteiligt. Auf den Erfolg wirkt sich die Innovationsrate allerdings nur dann aus, wenn der Gewinnbeitrag (= Marge) neuer Produkte größer ist als der ausscheidender Produkte. Nach Ergebnissen der **PIMS-Forschung** beeinträchtigt eine hohe Innovationsrate kurzfristig den ROI, und zwar nicht nur weil Umstellungskosten anfallen, sondern weil auch eine rasche Abfolge in der Einführung neuer Produkte erhebliche Unruhe in das Unternehmen trägt.

Die **Reihenfolge**, in der die genannten Normstrategien zur Schließung einer strategischen Lücke gewählt werden sollten, kann nach dem „Prinzip der abnehmenden Synergien" erfolgen, was besagt, dass der Zusammenhang zwischen dem Basisgeschäft und der Marktdurchdringung am höchsten und der Diversifikation am geringsten ist.

Kann die strategische Umsatzlücke mit den vorgesehenen Maßnahmen nicht geschlossen werden, wird es wohl zwangsläufig zu einer **Senkung der Entwicklungslinie** kommen, es sei denn, man kann das noch durch die Teilnahme an Strategischen Allianzen oder durch Unternehmensakquisitionen verhindern.

9.1.2 Absatzportfolios

Die für die strategische Absatzplanung entwickelten **Portfolios** können Produkte, Kunden, Marken oder Regionen betreffen.

Dargestellt werden beispielhaft zwei **Produktportfolios**, und zwar je ein

► **eindimensionales Portfolio** (= Marktanteil-/Marktwachstum-Matrix)

► **mehrdimensionales Portfolio** (= Wettbewerbsvorteil-/Marktattraktivität-Matrix).

Danach wird ein mehrdimensionales **Kundenportfolio** visualisiert, das die Einschätzung der Wertigkeit von Kundenbeziehungen erlaubt.

9.1.2.1 Eindimensionales Produktportfolio

Nach der PIMS-Studie gelten – wie bereits ausgeführt – die beiden Faktoren „Relativer Marktanteil" (= vom Unternehmen beeinflussbar) und „Marktwachstum" (= vom Unternehmen nicht beeinflussbar) als die **Haupterfolgsfaktoren** einer SGE.

Durch die Unterscheidung der beiden Faktoren in den Ausprägungen „niedrig" und „hoch" entsteht folgende **Vier-Felder-Matrix**:

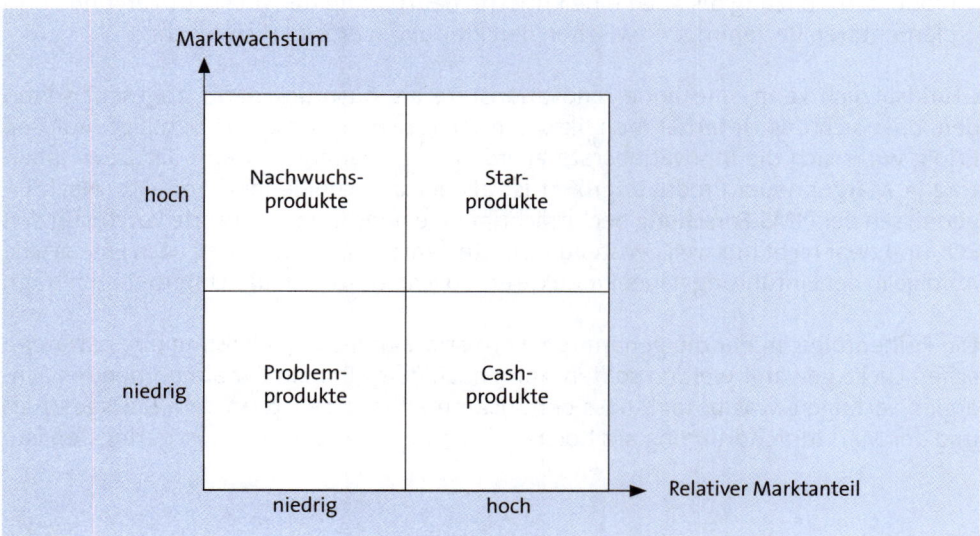

Die in den Matrixfeldern genannten Produkte lassen sich entsprechend ihrer Lage im PLZ kennzeichnen:

► **Nachwuchsprodukte**, als in der Regel neu eingeführte Produkte, bei denen noch unklar ist, ob sie auf- oder absteigen werden

► **Starprodukte**, die in der Wachstumsphase ihres Marktlebenszyklus liegen

► **Cashprodukte**, die sich in der Reifephase des Marktlebenszyklus befinden und den größten Teil des Umsatzes (etwa 50 % - 60 %) ausmachen sollten

► **Problemprodukte** mit ambivalentem Verhalten: Einerseits besteht für sie die Chance, in eines der anderen Felder vorzustoßen (= Cinderellas), andererseits sind es hoffnungslose Kandidaten (= Schrott), da sie sich beispielsweise am Ende der Sättigungsphase befinden.

Für jedes Produkt bzw. jede Produktgruppe werden die Ausprägungen der beiden Faktoren „Relativer Marktanteil" und „Marktwachstum" von Befragten nach den ihnen jeweils zugänglichen Informationen subjektiv beurteilt.

Die zur **Positionierung** der verschiedenen Produkt-/Markt-Kombinationen verwendeten **Kreise** sind umso größer, je höher der Umsatz bzw. Absatz ist.

Beispiel

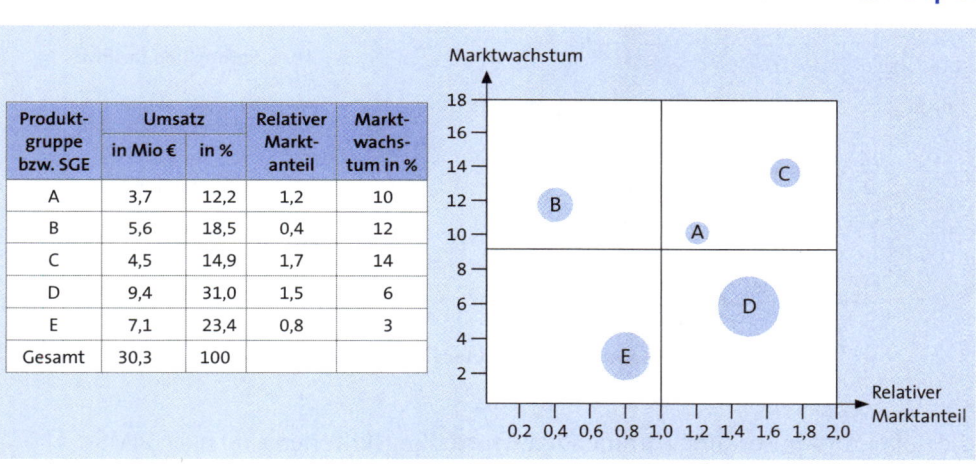

Produkt-gruppe bzw. SGE	Umsatz		Relativer Markt-anteil	Markt-wachs-tum in %
	in Mio €	in %		
A	3,7	12,2	1,2	10
B	5,6	18,5	0,4	12
C	4,5	14,9	1,7	14
D	9,4	31,0	1,5	6
E	7,1	23,4	0,8	3
Gesamt	30,3	100		

Sofern die Übersichtlichkeit nicht darunter leidet, können durch **Kreisausschnitte** etwa Marktanteile oder Deckungsbeiträge visualisiert werden.

Als mögliche **strategische Optionen** für jeweils eine Produkt-/Markt-Kombination kommen infrage:

► **Wachstumsstrategien** für Nachwuchs- und Starprodukte sowie Cinderellas,

► **Abschöpfungsstrategien** für Cashprodukte (auch Cash-Cows genannt)

► **Schrumpfungsstrategien** für Problemprodukte und Schrott.

9.1.2.2 Mehrdimensionales Produktportfolio

Als **Achsenrichtungen** können der vom Unternehmen beeinflussbare „Relative Wettbewerbsvorteil" und die durch das Umfeld determinierte „Marktattraktivität" gewählt werden.

Wegen der durch die Vielzahl möglicher Kriterien verursachten Komplexität, findet eine Dreiteilung der Ausprägungen in „niedrig", „mittel" und „hoch" statt, wodurch man zu einer **Neun-Felder-Matrix** mit folgendem Aussehen gelangt:

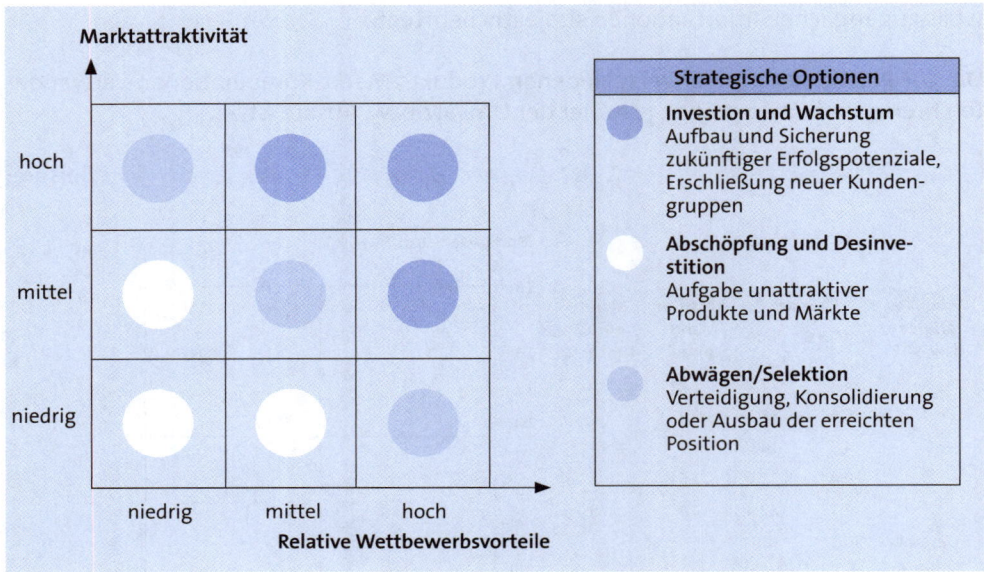

Die dabei zur Anwendung kommenden **Beurteilungskriterien** sind nach PIMS:

Beurteilungskriterien	
Marktattraktivität	**Relative Wettbewerbsvorteile**
► Marktvolumen und Marktwachstum	► Relative Marktposition
► Marktqualität	► Relativer Kundennutzen
► Kundenkonzentration und -verhandlungsmacht	► Relative Innovationsrate
► Marketingintensität	► Relative Kostensituation

9.1.2.3 Mehrdimensionales Kundenportfolio

Mithilfe des Kundenportfolios kann eine periodenbezogene Einschätzung der **Wertigkeit von Kundenbeziehungen** erfolgen, indem durch verschieden große Kreise der Umsatz mit Einzelkunden (insbesondere der Key Accounts) bzw. Kundengruppen visualisiert wird.

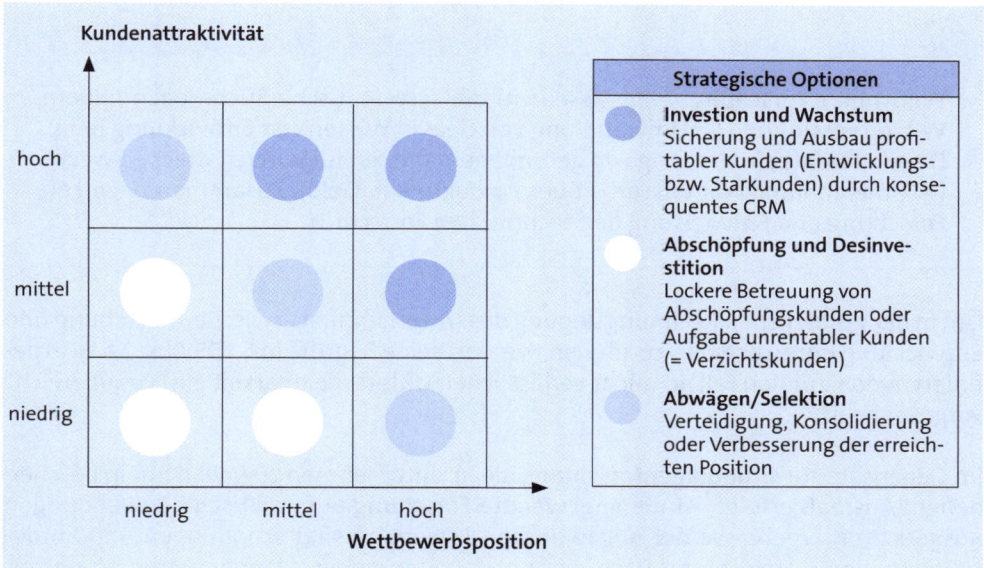

Die zur **Bewertung und Positionierung der Kunden** geeigneten Faktoren können sein:

Kriterien zur Beurteilung der	
Kundenattraktivität	**Wettbewerbsposition**
▶ Kundenpotenzial (Umsatz, Kaufkraft, Volumen)	▶ Unser Lieferanteil
▶ Potenzialentwicklung	▶ Ausstattungsgrad mit unseren Produkten
▶ Dauer der Kundenbeziehung	▶ Produkt-, Marken- und Firmenimage beim Kunden
▶ Abwanderungsgefahr	▶ Beziehungen des Vertriebs zum Kunden
▶ Bonität	▶ Konditionen
▶ Preissensibilität	
▶ Reklamationsverhalten	

Aufgabe 26 > 635, Aufgabe 27 > 635, Aufgabe 28 > 636

9.2 Forschung und Entwicklung

Von der **FuE** (Forschung und Entwicklung) sind im Industriebetrieb die zur künftigen Vermarktung vorgesehenen (= neue oder angepasste) Produkte zu gegebener Zeit bereitzustellen. Wegen ihrer engen Verbindung zum Marketing gehören FuE-Strategien zu den **Grundstrategien** des Unternehmens.

Wird unter **Forschung** (engl. Research) die systematische Suche nach neuem Wissen verstanden (= Umwandlung von Geld in Wissen), ist **Entwicklung** (engl. Development) die Nutzung von gefundenem Wissen für wirtschaftliche Zwecke (= Umwandlung von Wissen – über Produkte – in Geld). Zusammen bewirken Forschung und Entwicklung den technischen Fortschritt.

Um in der gesetzlichen **Rechnungslegung** des Unternehmens zwischen Forschung und Entwicklung unterscheiden zu können, werden beide Begriffe in § 255 Abs. 2 a HGB definiert, wobei für den Fall der nicht verlässlichen Unterscheidbarkeit ein „Graubereich" vorgesehen ist.

Im Gegensatz zur **Grundlagenforschung**, die in Unternehmen zuweilen nur in bescheidenem Ausmaß erfolgt, ist die **angewandte Forschung** auf praktische Anwendungen ausgerichtet. Ergebnisse der angewandten Forschung sind Erfindungen und Entdeckungen, deren Umsetzung nach einer mehr oder weniger langen Entwicklung mit entsprechenden Technologiefolgeabschätzungen zunächst zu technischen Innovationen (= Produkte, Verfahren), später dann vielfach zu Imitationen führen. Verdeutlichen soll das die folgende Abbildung:

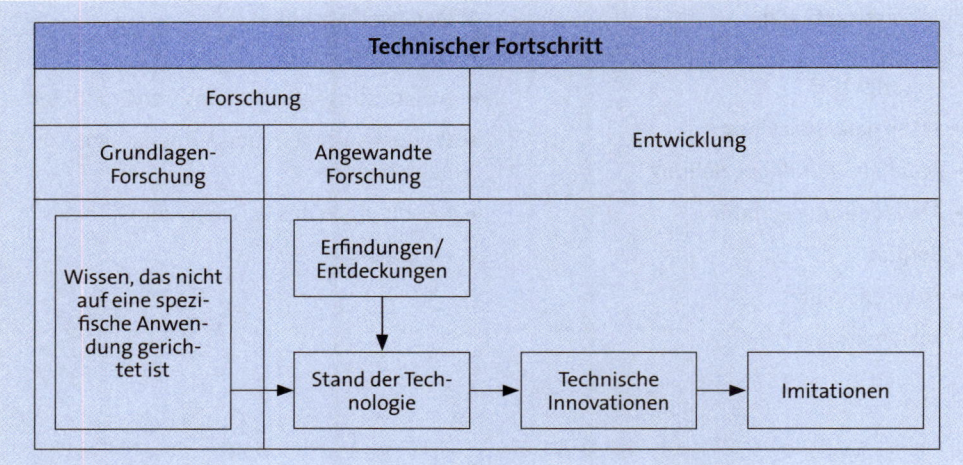

Als **Technologie** wird die Kenntnis oder Lehre von naturwissenschaftlichen oder technischen Wirkungszusammenhängen und deren Folgen bezeichnet. Technologien sind Bausteine für Innovationen, d. h. sie ermöglichen Innovationen. Dabei gilt, dass Technologien der ganzen Welt zur Verfügung stehen, oder – zumindest für eine begrenzte Zeit – denjenigen, die Patente darauf angemeldet haben. Demgegenüber ist **Technik** die Anwendung einer Technologie.

Kennzeichen erfolgreicher **Innovationen** sind Einfallsreichtum, Risikobereitschaft, Leistungswille und die Bereitschaft zu Veränderungen. Je mehr die Entwickler ihr Bestes geben, desto wettbewerbsfähiger kann das Unternehmen werden. Allerdings stellt die **Verkürzung der Innovationszyklen** entsprechend sinkender Halbwertzeiten das Unternehmen vor eine schwierige Aufgabe: Es muss sich immer früher und schneller für neue Produkte und Verfahren entscheiden, ohne Endgültiges darüber zu wissen. Mit steigender Taktzahl vergrößert sich in der Regel das **Risiko des Scheiterns**.

Gemessen wird die betriebliche **FuE-Quote** üblicherweise als Prozentsatz vom Umsatz, Cashflow oder der Wertschöpfung, wobei die Höhe der Quote je nach Branche variiert. Empirische Untersuchungen zeigen, dass einige Unternehmen ungeachtet des beachtlichen Kostendrucks in der Weltwirtschaftskrise ihre FuE-Ausgaben gesteigert haben, um sich im globalen Wettbewerb zu behaupten und nach der Krise mit neuen oder zumindest verbesserten Produkten und Verfahren durchstarten zu können (*Möller u. a., 2011*).

Vorteilhaft für innovationsfreudige Unternehmen wäre auch ein **FuE-Steuerbonus**, wie er bereits in den meisten OECD-Staaten üblich ist. Heimische Industrieunternehmen haben erklärt, dass sie keine Steuergeschenke im Sinne von Mitnahmeeffekten erwarten, und zugesichert, dass die Steuerersparnis zusätzlich in die Entwicklung neuer Produkte und Technologien fließen würde.

Die **Aufgaben des FuE-Controllings** bestehen neben der Anregung von Entwicklungstätigkeiten vor allem in der Planungsunterstützung und -koordination, um Geschehnisse transparent zu machen und zu halten, und sie über Zahlen bzw. deren Veränderungen zu steuern. Des Weiteren muss das FuE-Controlling prüfen, ob folgende **Schwachstellen** im Unternehmen vorkommen, die es zu überwinden gilt:

► Sicherheitsüberlegungen und Risikoscheu führen dazu, dass nur qualitativ beste Produkte und Verfahren entwickelt werden.

► Entwicklungsprozesse sind nicht flexibel genug, um Verbesserungen noch bis unmittelbar vor der Markteinführung vornehmen zu können.

► Geheimhaltungsphobien verhindern Interdisziplinarität in Forschungsnetzwerken- und Entwicklungskooperationen.

Vom **FuE-Controlling** sind auch das **Projektauswahlverhalten** kritisch zu begleiten und **Projektabbruchentscheidungen** zu analysieren, wenn nicht gar zu initiieren.

9.2.1 Technische Innovationen

Als neu werden **Verfahren** bezeichnet, die Geschäftsprozesse modernisieren, d. h. die dazu geeignet sind, die Effizienz, Flexibilität und Geschwindigkeit von Anwendungen und Abläufen zu steigern sowie Reserven durch Rationalisierung freizusetzen. In ähnlicher Weise werden für den Markt bestimmte **Produkte** als neu bezeichnet, die objektiv noch nicht im Absatzprogramm des Unternehmens enthalten waren und den Kunden einen höheren Nutzen bieten als bisherige Produkte.

Idealtypisch lässt sich ein **Technologiezyklus** – ähnlich wie der PLZ – durch vier Phasen kennzeichnen:

► **Schrittmachertechnologien in der Entstehungsphase**, die sich noch im frühen Stadium ihrer Entwicklung befinden, aber bereits Auswirkungen auf das Marktpotenzial und die Wettbewerbsdynamik erkennen lassen. Dabei handelt es sich um eine Querschnittstechnologie, wenn diese für mehrere SGFs von Bedeutung ist. Funktioniert die Technologie, werden die Märkte sich schnell entwickeln.

► **Schlüsseltechnologien in der Wachstumsphase**, die den Stand der Technik repräsentieren, aber noch wenig verbreitet sind. Dabei handelt es sich um Produkt- oder Prozessinnovationen, für die sich im Laufe der Zeit jeweils ein technischer Standard als Voraussetzung für große Stückzahlen auf Massenmärkten herausbilden kann. Schlüsseltechnologien gelten gemeinhin als Kern neuer Geschäftsmodelle.

► **Basistechnologien in der Reifephase**, die ausgereift sind und daher von den Wettbewerbern gleichermaßen beherrscht werden.

► **Verdrängte Technologien in der Sättigungsphase**, die durch verbesserte oder neue Technologien substituiert werden.

Ergänzen lässt sich der Technologiezyklus durch einen **Servicezyklus**, und zwar unter Mitwirkung der A-Kunden unter Berücksichtigung von deren Wertschöpfungsketten. Entsprechend sind die erforderlichen Serviceleistungen hinsichtlich ihrer strategischen Bedeutung zu gewichten und mit den vorhandenen bzw. fehlenden Serviceleistungen zu vergleichen. Festgestellte Lücken sind durch innovative Maßnahmen in der Weise zu schließen, dass ein in sich geschlossenes Servicepaket entsteht, das den Kunden unter Einsparung von Zeit und Kosten eine hohe Prozesssicherheit in Aussicht stellt.

Echte (Leit-) Innovationen werden von **Pionieren** mit hohem intellektuellem Kapital in Gang gesetzt. Pioniere zeichnen sich dadurch aus, dass sie lukrative Geschäftschancen früher erkennen als andere, dass sie genügend Mut haben, das Bestehende anzugreifen (= kreative Zerstörung), und dass sie von der Vorstellung getrieben werden, Maßstäbe zu setzen, an denen auch die Wettbewerber zu messen sind. Die Geschwindigkeit, mit der sich Märkte verändern, gibt Pionieren einen sog. „First-Mover-Advantage", erhöht aber auch deren Risiken, die von Natur aus mit Neuheiten verbunden sind.

Um bei der Umsetzung nicht durch bürokratische Hürden innerhalb der hierarchischen Organisation behindert zu werden, kann die Ausgründung eines **Start Up als Zweckgesellschaft** sinnvoll sein, das später – bei nachgewiesenen Erfolgen – unter Mitwirkung des **Beteiligungscontrollings** in den Konzern integriert wird.

Der zwischen **Produkt- und Verfahrenstechnik** bestehende Zusammenhang ist in folgender Übersicht enthalten:

Produkt- technik Verfahrens- technik	Bekannt	Prinzipiell neu
Bekannt	Weiter wie bisher (Nullstrategie)	Produkt- innovation
Prinzipiell neu	Verfahrens- innovation	Produkt-/Verfahrens- innovation

Häufig erfordert die Herstellung neuer bzw. neuartiger Erzeugnisse den **Einsatz neuer Verfahren** bzw. Produktionstechniken. Außerdem ist von Bedeutung, dass in der Investitionsgüterindustrie die Verfahren auch gleichzeitig deren Produkte sein können. Vielfach sind Innovationen komplementär in dem Sinne, dass sie erst zusammen mit anderen Innovationen ihren wirtschaftlichen Wert bekommen. Dabei ist darauf zu achten, dass sich die Lebenszyklen neuer Verfahren und Produkte nicht zu stark verkürzen, da dann nämlich die Gefahr besteht, dass potenzielle Kunden einfach eine **Innovation überspringen**, weil sie wissen oder vermuten, dass sich bereits die nächste Innovation in der Entwicklung befindet.

Besonders wirkungsvoll sind **kombinierte Produkt- und Verfahrensinnovationen**, da – abgesehen von Kostendegressionseffekten – ein neuer PLZ in Gang gesetzt wird, der vom Pionier zu einem uneinholbaren Erfahrungsvorsprung genutzt werden kann.

Weiterentwicklungen mit nur geringem Neuheitsgrad lassen **verbesserte Produkte** entstehen, die gegenüber bestehenden Produkten durch andersartige, in der Regel höherwertige oder zusätzliche Merkmale (= Eigenschaften) gekennzeichnet sind. Verbessern lassen sich Produkte auch durch die mit ihnen verbundenen Dienstleistungen (engl. Service-Engineering).

Als Folge von Nachentwicklungen verändern **Produktvarianten** die bestehenden Produkte nur in einzelnen Merkmalen. Bei Vorliegen einer Produktplattform können zusätzliche Produktvarianten im Bedarfsfall schnell realisiert werden. Bei zunehmender Spezifität und damit einer Erhöhung der Variantenvielzahl muss grundsätzlich mit dem umgekehrten Erfahrungskurveneffekt gerechnet werden, demzufolge mit jeder Verdopplung der Varianten die Stückkosten potenziell um etwa 20 % steigen.

Gegenüber vorhandenen Produkten werden Produktverbesserungen und -varianten aus Sicht der Kunden als neu angesehen, müssen es aber seitens des Unternehmens nicht unbedingt sein, weshalb man hier auch gelegentlich von **Schein- oder Pseudoinnovation** spricht.

Die vom Pionier (= Erstanbieter) auf den Markt gebrachten Produkte können die Wettbewerber veranlassen, nach Wegen zur **Imitation** (= Me-too- oder Follower-Strategie) zu suchen, um selbst gleiche oder zumindest ähnliche Produkte selbst herstellen und anbieten zu können, ohne dabei als Plagiate mit hohen FuE-Kosten belastet zu werden. Mögliche Wege zur Imitation eines Produkts sind: Übernahme technisch einfacher und ungeschützter Produkte, Lizenznahme geschützter Produkte oder Nachahmung technisch komplizierter Konkurrenzprodukte (engl. Reverse-Engineering), z. B. durch das vom Erstanbieter abgeworbene Personal.

Schwieriger als die Imitation von Produkten, Baugruppen oder Teilen, die jedermann auf dem Markt erwerben kann, ist die **Imitation von Verfahren**. Das liegt unter anderem daran, dass sich technische Informationen über neue Verfahren langsamer verbreiten als solche über neue Produkte. Ferner ist festzustellen, dass Unternehmen dann einen Wettbewerbsvorsprung durch Einzigartigkeit erreichen und nachhaltig sichern können, wenn sie benötigte Spezialmaschinen selbst entwickeln und auch herstellen (= Spezifität).

9.2.2 Entstehungszeit technischer Innovationen

Wird als Entstehungszeit einer Innovation (engl. Time-to-Market) die Zeit von der Entdeckung, über die Technologiefolgenabschätzung bis zur Anwendung (bei Verfahren) oder Markteinführung (bei Produkten) verstanden, ist grundsätzlich von einem **steigenden Innovationstempo** auszugehen. Dazu ein Beispiel: Werden Produktionsanlagen hergestellt, welche in der Halbleiterindustrie für die Fertigung von Prozessoren benötigt werden, die wiederum für den Einbau in Computer und Tablet-PCs notwendig sind, welche dann für vielfältige Anwendungen zum Einsatz kommen, erhöht sich das Innovationstempo von Stufe zu Stufe.

Daneben gibt es aber auch **weniger schnell verlaufende Entwicklungsprozesse**, und zwar dort, wo mehr und höhere Ansprüche an eine Innovation gestellt werden, sodass sich dort die möglichen Lösungswege stärker verzweigen, technologische Erkenntnisse nicht wirtschaftlich genutzt werden oder mit Marktwiderständen zu rechnen ist.

Eine **Verkürzung der Entwicklungsdauern** ist dadurch leicht möglich, dass Entwicklungsprozesse – wie in der Netzplantechnik gut darstellbar – nicht nacheinander, sondern parallel und zeitlich überlappend im Sinne eines **Simultaneous-Engineering** ablaufen. Arbeiten dabei Hersteller, Zulieferer und Endkunden zusammen, liegt der Fall des **Collaborative-Engineering** vor.

9.2.3 Verbreitungszeit technischer Innovationen

Der **Diffusionsprozess** im Sinne der Übernahme einer Neuerung durch Endkunden hat meistens einen logistischen Verlauf.

Aus der nachstehenden Abbildung wird ersichtlich, dass eine Technologie mit zunehmender Reife die **Grenze der Leistungsfähigkeit** erreicht, sodass ab einem bestimmten Zeitpunkt der Übergang zu einer neuen Technologie vorteilhafter ist als eine Weiterentwicklung der alten Technologie (= S-Kurvenkonzept).

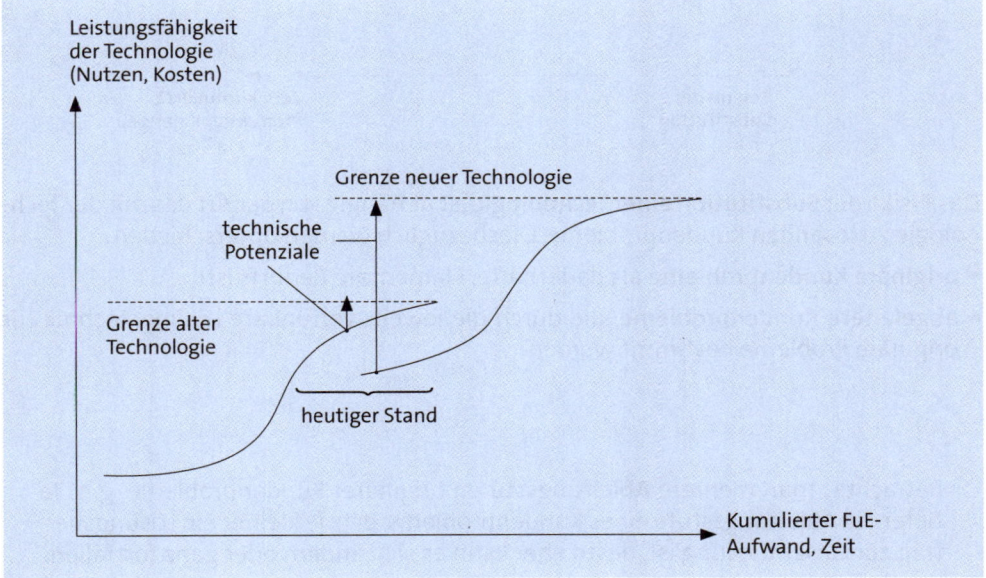

Die Abbildung zeigt außerdem, dass der Übergang auf eine neue Technologie (zunächst) einen Niveauverlust gegenüber der alten Technologie bewirkt. Dieser als **Innovationsfalle** bezeichnete Sachverhalt bedeutet, dass ein Unternehmen, das wegen dieses Niveauverlusts den Übergang unterlässt, einen kaum wieder gutzumachenden Schaden erleidet, und zwar gegenüber denjenigen Wettbewerbern, die den Übergang realisieren, um auf lange Sicht ein deutlich höheres Niveau erreichen zu können.

Hinzu kommt noch die aus der Abbildung nicht ersichtliche **Implementierungsfalle**, derzufolge innovative Technologien neue (oder zumindest veränderte) Abläufe erforderlich machen.

Je früher eine Technologie am Markt substituiert wird, desto schwieriger wird es sein, das mit der Erfahrungskurve begründete **Kostensenkungspotenzial** voll auszuschöpfen. Umgekehrt darf aber auch nicht übersehen werden, dass ein Technologiesprung auch größere Kostensenkungspotenziale bieten kann, was die folgende Abbildung verdeutlichen soll.

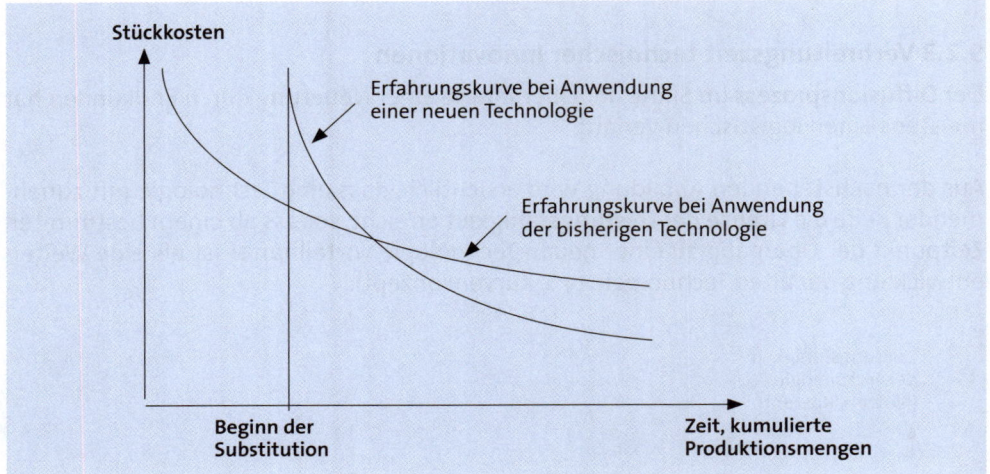

Das Risiko der **Substitution einer Technologie** ist abhängig von der Art des mit der Technologie zu lösenden Kundenproblems. Diesbezüglich werden unterschieden:

► **originäre Kundenprobleme** als dauerhafte, elementare Bedürfnisse

► **abgeleitete Kundenprobleme**, die durch die jeweils verfügbare Lösungstechnik für originäre Probleme bestimmt werden.

Betrachtet man mehrere **Ableitungsstufen** originärer Kundenprobleme, gilt: Je tiefer die Ableitungsstufe eines Kundenproblems, d. h. je kleiner ein Lösungsbeitrag zur Gesamtlösung ist, desto eher kann es sich ändern oder ganz fortfallen.

Daraus folgt: Um Technologien eine möglichst lange Lebensdauer zu geben, sollte das Unternehmen im Rahmen seiner Entwicklungstätigkeit möglichst **originäre Kundenprobleme** angehen und lösen.

9.2.4 Vorgänge der Produktfindung

Der aus Kommunikation und Informationsverarbeitung bestehende Prozess der Produktfindung lässt sich in Schritte unterteilen, die nicht nur nacheinander ablaufen, sondern auch nebeneinander auftreten und/oder sich im FuE-Verlauf durch Rückkopplungen wiederholen.

> Der Prozess der Produktfindung (engl. Trend Scouting) ist meistens **terminge-bunden**. Die dabei verarbeiteten Produktideen sind anfangs nur unscharfe Vorstellungen über Innovationen, die sich aber im Zeitablauf zunehmend konkretisieren. Nicht nur aufmerksame Kunden und weitsichtige Einkäufer sind Trend Scouts, sondern auch über Ausschreibungen auf Onlineplattformen oder virtuelle Spielbörsen erreichbare Forscher, private Tüftler und sonstige Experten.

Da die **Suche nach Ideen** für neue Produkte auf Zukunftsträchtigkeit und wirtschaftliche Ergiebigkeit ausgerichtet sein muss, erscheint es sinnvoll, zunächst die **Suchrichtung** festzulegen. Das geschieht durch Erarbeitung von Suchfeldern, indem durch das Denken vom Ende her, alle Merkmale (= Eigenschaften), die für ein neues Produkt zutreffen sollen, bestimmt und aufgezählt werden (z. B. frühe Phasen im PLZ, Größe des Marktvolumens und der Synergien, überwindbare Markteintrittsbarrieren).

Üblicherweise sind **Suchfelder** bedarfsorientiert entsprechend der SGEs und/oder angebotsorientiert gemäß des vorhandenen Wissens. Wenngleich die Suchfelder möglichst eng zu halten sind, da FuE-Bemühungen umso effizienter sind, je weniger Produkte sie betreffen, ist die Zahl der zu beschaffenden Produktideen dennoch hinreichend groß zu halten, da dann die Wahrscheinlichkeit umso größer ist, dass sich darunter außergewöhnliche Ideen befinden. Dabei muss sich auch mit dem **Innovationsdilemma** auseinandergesetzt werden, denn: Einerseits will man nahe genug an den Kernkompetenzen bleiben, andererseits aber auch zu neuen Ufern aufbrechen, in der Wirtschaftsliteratur auch als „Blaue Lagune" bezeichnet.

9.2.5 Entwicklungsprojekte

Erst die erfolgreiche **Umsetzung** macht aus einer Idee und Erfindung eine Innovation. Studien haben ergeben, dass statistisch nur jedes achte Innovationsprojekt die Marktreife erreicht. Jedes zweite davon erweist sich nach der Markteinführung als Flop und verschwindet bald wieder aus dem Produktportfolio. Entwickler, die nur nach genialen Neuerungen streben, sind oft denjenigen unterlegen, die simple Einfälle realisieren.

Ergänzend zu Produkten, ist, vor allem bei Konsumgütern, auch deren **Verpackung** zu entwickeln. Dabei spielen nicht nur die das Wirtschaftsgut schützenden und optischen Gesichtspunkte eine Rolle, sondern auch die „Convenience", wie etwa das leichte Öffnen, die Wiederverschließbarkeit, die Aufbewahrung und die unkomplizierte Entsorgung. Überdies ist zu beachten, dass die Verpackung auch Träger verschiedener Botschaften an den Kunden ist.

Wird nach Plausibilitätsüberlegungen sowie einer Prüfung möglicher Schutzrechtsverletzungen ein **Entwicklungsprojekt** von der Unternehmensleitung genehmigt, sollte dieses Teil des **Entwicklungsprogramms** im Unternehmen werden.

Ein **Entwicklungsprojekt**, das wie eine **Investition** zu behandeln ist, beginnt mit der ersten und endet mit der letzten finanziellen Belastung auf einem extra dazu eingerichteten Konto. Nach Möglichkeit ist eine dazugeeignete Planungssoftware zu verwenden, wie etwa Microsoft Project.

9.2.5.1 Projektbewertung

Unter Mitwirkung des **FuE-Controllings** erscheint es zweckmäßig, für jedes genehmigte Entwicklungsvorhaben ein eigenes **Team** zu bilden, das den Auftrag erhält, einen Projektstrukturplan mit folgendem Aussehen zu erstellen:

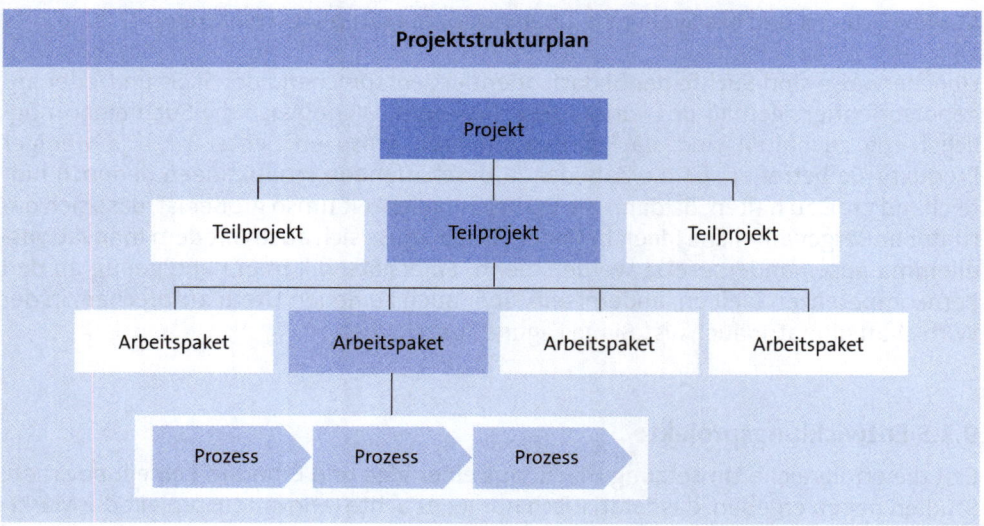

Die in der Abbildung enthaltenen Teilprojekte, Arbeitspakete und Prozesse sind jeweils mit technischen, zeitlichen und wertmäßigen Angaben zu versehen.

9.2.5.1.1 Technische Angaben

Die technischen Angaben im Projektantrag betreffen sowohl die **Funktionen** (= Leistungsmerkmale) als auch die **Qualität** des zu entwickelnden Objekts bzw. seiner Teile.

Sind zum Zeitpunkt der Projektbeantragung nur die potenziellen Funktionen des Produkts bekannt, ist in das **Pflichtenheft** eine Checkliste aufzunehmen, durch die umfangmäßig die Einzelschritte im Ablauf einer markt-, fertigungs- und durchlaufgerechten Produktgestaltung festgelegt werden. Des Weiteren ist anzugeben, wie durch eine umweltgerechte Produktgestaltung **ökologische Belastungen** reduziert oder vermieden werden können, die im Zusammenhang mit der Versorgungslogistik, der Leistungserstellung und der Entsorgungslogistik entstehen.

Bezüglich der **Qualität** verlangen beispielsweise die praxisbewährten **Taguchi-Methoden** die Fehlervermeidung statt aufwändiger Korrekturmaßnahmen, d. h. Qualität soll in das Produkt hineinkonstruiert und nicht nachträglich geprüft werden.

Antworten auf die Frage, welche der Entwicklungsleistungen selbst erledigt werden sollen und wem der Rest der Entwicklungsleistungen zu übertragen ist, bestimmen die **Entwicklungstiefe**. Auf keinen Fall dürfen Entwicklungsarbeiten fremd vergeben (= outgesourct) werden, wenn diese

► wegen des technologischen Vorsprungs und anderer Fähigkeiten zu den Stärken (= Kernkompetenzen) des Unternehmens gehören

► aus Gründen der Produktidentität und des Kundennutzens eine besondere Marktbedeutung haben

► die Produktintegrität im Sinne des Zusammenspiels der verschiedenen Produktbestandteile betreffen.

9.2.5.1.2 Zeitangaben

Die Zeitangaben im Projektantrag drücken aus, welche **Ressourcen** für das Entwicklungsprojekt wann benötigt werden, und zwar

► **Werkstoffe**, darunter Norm-, Gleich- und Spezialteile

► **Personal**, insbesondere Ingenieure, Konstrukteure, Techniker, Zeichner, Laborkräfte

► **Betriebsmittel**, wie technische Instrumente, Werkzeuge, Prüfeinrichtungen, DV-Anlagen für CAD (engl. Computer Aided Design) und Simulationen des Verhaltens von Werkstücken

► **Dienstleistungen** aus anderen Bereichen des Unternehmens oder von Dritten fremdbezogen.

Die zur **FuE-Zeitplanung** geeigneten Instrumente sind das GANTT-Diagramm und der Netzplan. Beide Instrumente zeigen den Zeitpunkt der Beendigung einer komplexen Gesamtaufgabe und regeln die Einhaltung der Zeitplanung aller vorherigen Unteraufgaben, d. h. der Arbeitspakete).

Beim **GANTT-Diagramm** werden die einzelnen Vorgänge aus Terminlisten entnommen und die jeweils benötigten Zeiten in Form von Balken in der Vertikalen abgetragen. Die Länge der Balken entspricht den geplanten Zeitdauern der Vorgänge. Kritische Ereignisse oder Zeitpunkte von besonderer Bedeutung werden als Meilensteine gekennzeichnet. Reihenfolge und Abhängigkeiten der Vorgänge lassen sich mit Balken nicht sichtbar machen. Hinzu kommt die Begrenzung der Anzahl von Vorgängen aus Gründen der Übersichtlichkeit.

In einem **Netzplan** werden die zwischen Vorgängen und Ereignissen eines Projekts bestehenden Abhängigkeiten berücksichtigt, und zwar durch **Knoten** (= Kreise, Rechtecke) und **Pfeile** (= gerichtete Kanten), wobei letztere die Knoten entsprechend der Ablaufstruktur (= Reihenfolge) miteinander verbinden. Die Länge der Pfeile entspricht hier nicht den geplanten Zeitdauern.

Durch die Gegenüberstellung der beiden **Techniken der Zeitplanung** lassen sich die genannten Unterschiede leicht erkennen:

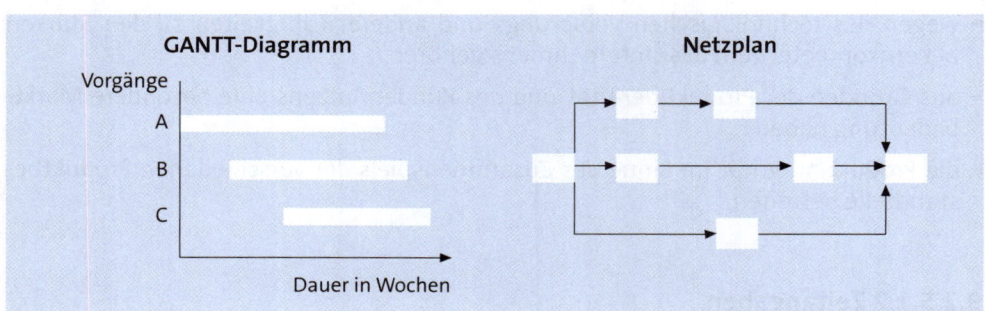

In Abhängigkeit von den Anordnungsbeziehungen der Vorgänge und Ereignisse werden in der **Netzplantechnik** unterschieden: Vorgangspfeilnetz, Vorgangsknotennetz und Ereignisknotennetz. Die jeweiligen **Anordnungsbeziehungen** soll die folgende Abbildung visualisieren (vgl. dazu ausführlicher *Schwarze, 2010*).

Methoden der Netzplantechnik		
Elemente	**Pfeile**	**Knoten**
Vorgänge	**Vorgangspfeilnetz** CPM (Critical Path Method) $i \xrightarrow{\text{Vorgang ij}} j$	**Vorgangsknotennetz** MFM (Metra Potenzial Methode) Vorgang i ⟶ Vorgang j
Ereignisse	gibt es nicht	**Ereignisknotennetz** PERT (Program Evaluation und Review Technique) Ereignis i ⟶ Ereignis j

Bei der Netzplantechnik wird eine **Folge von Pfeilen**, bei denen der Endknoten des einen Pfeils der Anfangsknoten des nächsten Pfeils ist, als „Weg" bezeichnet. Vorgänge ohne Zeitreserven (als Puffer) sind kritisch und eine Folge kritischer Vorgänge ist der **kritische Weg**. Die Dauer des Entwicklungsprojekts wird durch die summierten Zeitdauern aller auf dem kritischen Weg liegenden Vorgänge bestimmt.

9.2.5.1.3 Wertangaben

Die Wertangaben im Projektantrag umfassen den in Geldeinheiten bewerteten **Verbrauch an Ressourcen**, und zwar nach Kostenarten getrennt. Den weitaus größten Teil der Entwicklungskosten machen die Personalkosten aus, weshalb zur globalen Kennzeichnung von Entwicklungsprojekten auch Bezeichnungen wie Mann-„Monate" bzw. -„Jahre" üblich sind.

Mit den Wertangaben können **Simulationen** vorgenommen werden, deren Ergebnis eine als **Risikoprofil** zu verwendende Wahrscheinlichkeitsverteilung für den finanziellen Projekterfolg ist.

9.2.5.2 Projektsteuerung

Über die beantragten und vom Controlling geprüften Entwicklungsvorhaben hat die Unternehmensleitung anhand einer **Prioritätenliste** zu entscheiden. Grundsätzlich können nur so viele Entwicklungsvorhaben freigegeben werden, dass deren Anforderungen die zur Verfügung stehenden Ressourcen (insbesondere Kapazitäten) nicht übersteigen. Dabei ist die Ganzzahligkeitsbedingung zu beachten, derzufolge Entwicklungsprojekte entweder in das Programm aufgenommen werden oder nicht.

Eine **Verhaltenssteuerung vor der Projektfreigabe** kann erforderlich werden, um Manipulationen abzuwehren. Dabei verfügt das Controlling über folgende **Abwehrmaßnahmen**:

► **Gewährung finanzieller Anreize** als Belohnung für möglichst genaue Schätzungen

► **Zuweisung von Strafkosten** an Antragsteller mit in der Vergangenheit besonders hoher Finanzmittelüberschreitung. Dabei können die einem Antragsteller zugewiesenen Strafkosten so hoch sein, dass jedes Projekt ausgeschieden wird. Das könnte die Projektteams veranlassen, ihre Schätzungen noch weiter zu senken.

► **Tiefergehende Überprüfung** von Vorhaben, die nach einem Zufallsverfahren ausgewählt werden. Dabei sollte die Zufallsauswahl so gestaltet sein, dass sich eine umso höhere Auswahlwahrscheinlichkeit ergibt, je höher das Antragsvolumen ist.

Bezogen auf die freigegebenen Projekte hat das Controlling in der Phase der Produktentstehung die **Koordination** zu übernehmen, um die Zeit der Konstruktion, d. h. die Dauer vom Entwicklungsstart bis zum Serienbau, zu verkürzen und angemessene Produktstückkosten durch frühzeitige Kostenvorsteuerung zu gewährleisten.

Für bereits begonnene und in geplanter Weise fortgeführte Entwicklungsprojekte werden lediglich deren **Restkosten** (engl. Cost to Complete) angegeben, d. h.alle bereits **angefallenen Kosten** gelten – wie eingangs ausgeführt – als verloren (engl. Sunk Cost).

9.2.5.3 Projektabbruch

Bei Erreichung jeweils eines geplanten Meilensteins kann über die **Fortsetzung** oder den **Abbruch** des Entwicklungsvorhabens entschieden werden. Dabei befindet sich das Projektmanagement in folgendem Dilemma: Einerseits möchte es vermeiden, dass Projekte fortgesetzt werden, deren Erfolgsaussichten gering sind, wobei ein früher Projektabbruch Ressourcen schonen würde, die bei anderen Projekten eingesetzt werden könnten. Andererseits kann eine zu frühe oder falsche Abbruchentscheidung die Wettbewerbsfähigkeit des Unternehmens gefährden und einen Verlust an Marktanteilen zur Folge haben.

Die **Gründe für Abbruchentscheidungen** sog. „Pannenprojekte" können sein: Technische Probleme, einschränkende Vorgaben des Gesetzgebers, Mangel an Finanzmitteln und Fachkräften und/oder neues Wissen über den zu bedienenden Markt, wie etwa mangelnde Kundenakzeptanz.

Mit ein Grund dafür, dass Pannenprojekte oft zu spät gestoppt werden, sind die dem Entwicklungspersonal **falsch gesetzten Anreize**. Hier kann das FuE-Controlling durch Vorarbeiten mithelfen, damit die Unternehmensleitung die von der Entwicklung zur Verfügung gestellten Informationen besser beurteilen kann. Grundsätzlich dürfte gelten, dass je mehr Arbeit in die Umsetzung einer neuen Idee geflossen ist, desto geringer die Wahrscheinlichkeit sein wird, dass deren Schöpfer die Umsetzung dieser Idee stoppen. Wenig praktikabel dürfte sein, Entwicklern einen **Bonus** in Aussicht zu stellen, dessen Höhe sinkt, je später die Warnung vor einem Fehlschlag erfolgt. Besser geeignet ist wohl ein Modell, das nicht nur Erfolge prämiert, sondern auch Misserfolge durch jeweils einen **Malus** bestraft.

In den Projektphasen kann das FuE-Controlling verantwortlich sein für die **Dokumentation**. Diese betrifft u. a. Sitzungsprotokolle, Stellungnahmen, Statusberichte sowie wissenschaftliche Veröffentlichungen, und zwar angefangen von der Projektdefinition und Projektfreigabe, über Projektpläne bezüglich von Aktivitäten, Ressourcen und Meilensteinen, bis hin zu Zwischen- und Endkontrollen zwecks Feststellung von Abweichungen und/oder notwendiger Änderungen. Diese Dokumente sind nicht nur zu archivieren, sondern auch − mit Ausnahme vertraulicher Informationen − in die **Wissensbasis** des Unternehmens einzustellen, um sie von dort aus als Lessons Learned aufrufen zu können.

9.2.6 Prototypen

In allen Phasen des Entwicklungsprozesses wird an Prototypen gearbeitet. In der Technik ist der **Prototyp** ein physisches Versuchsmodell, das der Erprobung von Eigenschaften eines zu entwickelnden Produkts dient. Ausgangspunkt der Herstellung eines Prototyps sind die Konstruktionsdaten, die in Abhängigkeit von den zwischenzeitlich erreichten Testergebnissen (= Prüfdaten) nachgebessert werden können. Erfolgt die Konstruktion an verschiedenen Standorten innerhalb eines weltweiten Firmenverbunds (engl. Global Engineering Village), findet intern der gegenseitige Datenaustausch über das Intranet statt.

Von Bedeutung sind zwei **Verfahren des Prototyping**:

▶ **Virtuelles Prototyping**, bei dem in Abhängigkeit von den jeweils neuesten Prüfdaten die Bauteile und -gruppen am Computer zusammengestellt und hinsichtlich ihres gemeinsamen Verhaltens getestet werden. Da anfangs nicht immer ganz klar ist, was ein Produkt am Ende alles können muss und wie das Produkt dann aussehen wird, müssen Prototypen flexibler sein als das spätere Endprodukt.

▶ **Schnelles Prototyping**, bei dem Daten direkt an eine Maschine übermittelt werden, die dann jedes einzelne Bauteil für den realen Prototyp herstellt. Da bei der Herstellung von Prototypen die Möglichkeiten der späteren Fertigung noch nicht zur Verfügung stehen, sind diese meistens teurer anzufertigen als die späteren Bauteile.

Im **Endstadium der Entwicklung** wird häufig ein realer (= physischer) Prototyp hergestellt, der in Bezug auf das Erscheinungsbild, den Aufbau, die Funktionen und das Verhalten dem Endprodukt gleicht. Von der Entwicklung werden solche Prototypen auch für Crashtests genutzt, deren Prüfdaten dann zurück an das Versuchsmodell gemeldet werden, wo es zu Nachbesserungen kommen kann. Irgendwann liegt schließlich ein Prototyp vor, der anderen Stellen im Unternehmen als Vorlage, etwa für die Kalkulation, Materialbeschaffung und Fertigung, dient.

Auf der Grundlage des Prototyps, aber noch vor der Genehmigung der Unternehmensleitung zur Serienfertigung des Produkts wird oft noch die sog. **Nullserie** produziert. Darunter versteht man die Herstellung einer bestimmten Losgröße unter Serienbedingungen, um noch bestehende Produktfehler, die u. a. durch die Produktionstechnik auftreten, beseitigen zu können. Mit den Exemplaren der Nullserie lassen sich **Produkttests** unter realen Bedingungen vornehmen. Sobald die Nullserie die an sie gestellten Erwartungen erfüllt, wird das Produkt zur Fertigung freigegeben. In der Regel gelangen die Produkte einer Nullserie nicht in den Verkauf. Möglich ist aber, dass die in der Nullserie hergestellten Produkte auf Messen oder bei Händlern ausgestellt werden.

Bei Erfüllung bestimmter Voraussetzungen können der Prototyp und die ihm zugrunde liegenden Konstruktionsunterlagen als **Schutzrecht** (= Patent) bei den jeweils zuständigen Patentämtern angemeldet werden.

9.2.7 Patentierung von Wissen

Im globalen Wettbewerb um Kunden und Marktanteile spielt die **Wertschöpfung aus Patenten** eine strategisch wichtige Rolle, denn Patente spiegeln die Innovationskraft des Unternehmens wider, schaffen neue Anwendungen, schützen Produkte bzw. Verfahren vor Missbrauch und erlauben deshalb – zumindest vorübergehend – dem Unternehmen eine Alleinstellung am Markt.

Abgesehen von ihrer gewerblichen Schutzfunktion besitzen Patente auch eine **Reputationsfunktion**, wenn durch Business Communication das Unternehmen sich als innovativ nach außen hin präsentiert.

Patentrechte gelten immer nur für jene Länder, für die sie angemeldet sind. Dabei ist von Bedeutung, dass diese Länder auch über die Patentfähigkeit befinden, was unterschiedlich ausfallen kann. Das **Europäischen Patentamt** etwa legt großen Wert auf Qualität und prüft deshalb auf besonders strenge Weise. In anderen Ländern, darunter China und die USA, wird wesentlich großzügiger verfahren (*Koppel, 2011*).

Zunehmend verwässert wird die bisherige Vorgehensweise, Patente nur für **technische Objekte** im physischen Sinne zu genehmigen, nachdem vor kurzem in den USA der Patentschutz für Software gelockert wurde. Mittlerweile gilt auch hierzulande jedes Verfahren, das sich als Computerprogramm vermarkten lässt, als „technisch" und damit als patentierbar.

9.2.7.1 Patentanmeldung

Durch **Patente** lassen sich Erfindungen vor Imitationen schützen, was dem Patentinhaber die Möglichkeit bietet, Markteintrittsbarrieren im internationalen Wettbewerb zu errichten sowie eine Verhandlungsmasse für „Erlöse aus Lizenzvereinbarungen" zu bilden.

Ohne einen rechtlichen Schutz könnte jeder Wettbewerber ein woanders neu entwickeltes Produkt einfach nachahmen und, da er die FuE-Kosten nicht zu tragen hätte, es zu einem günstigeren Preis am Markt anbieten (*Harhoff/Reitzig, 2001*).

Schutzrechte sind **immaterielle Vermögenswerte**, die – sofern selbst erstellt – in der Bilanz bis auf wenige Ausnahmen nicht aktiviert werden dürfen, jedoch den Stakeholdern signalisieren, dass man auf dem betreffenden Gebiet erfolgreich tätig ist, werthaltige Vorarbeiten geleistet hat und über innovative Kraft verfügt.

Nach § 1 Abs. 1 PatG ist eine Erfindung **patentfähig**, wenn sie objektiv neu ist, auf einer erfinderischen Tätigkeit beruht und gewerblich anwendbar, d. h. nützlich und brauchbar ist sowie nicht gegen bestehende Gesetze oder gute Sitten verstößt.

Die **Neuheit einer Erfindung** verlangt, dass sie beachtlich ist und deshalb nicht zum Stand der Technik gehört, der alle Kenntnisse umfasst, die der Öffentlichkeit bislang zugänglich gemacht wurden (§ 3 PatG). Die gewerbliche Anwendbarkeit ist erfüllt, wenn der Gegenstand der Erfindung „*auf irgendeinem gewerblichen Gebiet [...] hergestellt oder benutzt werden kann*" (§ 5 Abs. 1 PatG).

Bei Erfüllung der gesetzlich fixierten Kriterien wird ein Patent nach einem erfolgreich abgeschlossenen **Patenterteilungsverfahren** vergeben. Nach der Erteilung des Patents durch eine in- oder ausländische Registrierungsbehörde verleiht dieses seinem Inhaber gegen Zahlung einer jährlichen Gebühr für einen Zeitraum von höchstens 20 Jahren die alleinige Befugnis, „*gewerbsmäßig den Gegenstand der Erfindung herzustellen, in Verkehr zu bringen, feilzuhalten oder zu gebrauchen*" (§ 6 PatG).

Die geordnete Gesamtheit aller dem Unternehmen erteilten Patente bildet das **Patentportfolio**. Darin enthalten sollten möglichst viele werthaltige **Basispatente** bzw. bedeutende Weiterentwicklungen bisheriger Erfindungen sein, die eine große erfinderische Höhe (= Qualität) besitzen und als Grundlage für die Durchdringung bekannter bzw. die Eröffnung neuer SGFs geeignet sind (*Lange/Zimmermann, 2004*).

Von der öffentlichen Bekanntmachung erteilter Patente gehen **Informationseffekte** aus, die Wettbewerber veranlassen können, durch Einsprüche ein erteiltes Patent zu Fall zu bringen, indem versucht wird nachzuweisen, dass das Patent bereits beschrieben worden ist, auch wenn dieses nur andeutungsweise oder in anderem Zusammenhang geschah. Alternativ könnten die Wettbewerber versuchen den Schutzgegenstand mit marginalen Änderungen nachzubauen.

Bezüglich der über die Nutzungsdauer abgezinster Cashflows zu messenden Werthaltigkeit von Patenten hat das DIN-Institut **Grundsätze ordnungsmäßiger Patentbewertung** formuliert. Diese beinhalten allgemein anerkannte und leicht nachvollziehbare Bewertungskriterien, die in Abhängigkeit vom Einzelfall gewichtet werden können. Verfügt das Unternehmen über ein umfangreiches **Patentsortiment bzw. -portfolio**, kann eine ABC-Analyse darlegen, dass auf etwa 10 % der Patente knapp 80 % des kapitalisierten Patentwerts entfallen.

Für technische Erfindungen, die neu und gewerblich anwendbar sind, können auch **Gebrauchsmuster** angemeldet werden. Damit lassen sich zwei- und dreidimensionale Gegenstände in der Gestaltung (= Design) ihrer Formen und Farben schützen (einschließlich Verpackungen). Voraussetzung dafür ist jedoch, dass sie neu und eigentümlich sind, also auf einer gewissen schöpferischen Leistung beruhen. Die Schutzdauer beträgt fünf Jahre und kann gegen Gebühr verlängert werden. Im Vergleich zum Patentschutz erfolgt die Anmeldung für ein Gebrauchsmuster leichter und schneller, denn die Behörde prüft die Schutzvoraussetzung nicht bei der Anmeldung, sondern erst, wenn ein Dritter gegen das Gebrauchsmuster Einspruch einlegt.

Inhaber von Patenten, Marken, Gebrauchsmustern und Copyrights haben nach dem **Gesetz zur Verbesserung der Durchsetzung von Rechten des geistigen Eigentums**, abgekürzt durch den Buchstabensalat GEigDuVeG, gegenüber Dritten, darunter auch Internetprovider und Betreiber von Onlineplattformen, einen Auskunftsanspruch, der es ihnen gestattet, Hintermänner von Plagiaten ausfindig zu machen und gegen diese rechtlich vorzugehen.

9.2.7.2 Patentverwertung

Ein Schutzrecht als immaterieller Vermögenswert kann wie folgt verwertet werden (*Burr, 2007; Gassmann/Bader, 2007*):

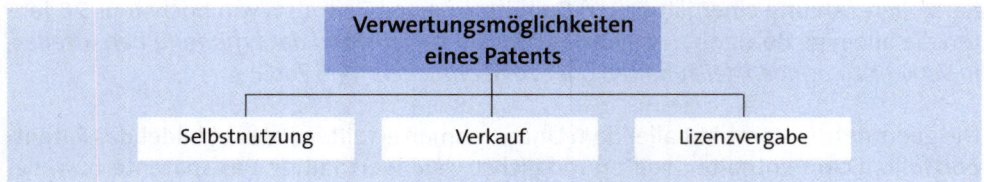

Die Verwertungsmöglichkeiten eigener Patente haben für das industrielle Unternehmen eine nicht zu unterschätzende **Finanzfunktion**. Bei der Selbstnutzung eines Patents wirkt diese Funktion indirekt, da die anteiligen Kosten in die Kalkulation der Verkaufspreise eingehen und über realisierte Umsatzerlöse dem Unternehmen zufließen. Durch den Verkauf bzw. die Lizenzierung von Patenten fließen dem Unternehmen Erlöse auf direkte Weise zu.

Um an fremde Patente zu gelangen und diese gewerblich zu nutzen, kann – nach entsprechender Prüfung durch das zuständige Kartellamt – die **Übernahme eines Konkurrenzunternehmens** vorgesehen werden.

9.2.7.2.1 Selbstnutzung

Wird ein Patent selbst genutzt, erlaubt das dem Unternehmen einen **schnellen Markteintritt**. Dabei geht es nicht nur darum, Markterfolge möglichst früh zu erreichen, sondern auch um die durch die Neuheit erreichbare – zumindest anfängliche – Monopolstellung in eine dauerhafte Marktführerschaft umzusetzen. Nach den Ergebnissen der PIMS-Studie erzielen Erstanbieter (= Pioniere) einen durchschnittlich höheren ROI als Folgeunternehmen (engl. Follower).

9.2.7.2.2 Verkauf

Durch den Verkauf eines Patents gehen das **Eigentum** und alle damit verbundenen Rechte und Pflichten auf den Käufer über. Als **Patenterwerber** kommen, abgesehen von Konkurrenten, auch Patentfonds oder Zweckgesellschaften infrage, die ihrerseits das immaterielle Vermögen (= Wissenskapital) durch verzinsliche Wertpapiere verbriefen, die von Investoren erworben werden können. Schließlich lassen sich Patente auch als Eigenkapitalersatz in Joint Ventures einbringen.

Die **Preisgestaltung** beim Verkauf eines Patents ist Verhandlungssache. Grundsätzlich dürfte gelten, dass sich der Preis nach der Höhe der unmittelbar zurechenbaren Entwicklungskosten richtet, sich aber umso mehr ermäßigt, je später das Patent verkauft wird.

9.2.7.2.3 Lizenzvergabe

Bei der **Lizenzvergabe** werden gegen Zahlung periodischer bzw. stückbezogener Gebühren (engl. Royalties) die Rechte zur gewerblichen Nutzung eines Produkts an Dritte übertragen. Handelt es sich dabei um ein geschütztes Objekt, spricht man von einer **Patentlizenz**. Demgegenüber liegt der Fall einer **Knowhow-Lizenz** vor, wenn das übertragene Nutzungsrecht eine Neuerung zum Inhalt hat, die durch Rechtstitel nicht geschützt ist.

Die **Vorteile für Lizenznehmer** sind: Fortfall eigener FuE-Kosten, schnelle Produkteinführung auf den Märkten des Lizenznehmers. Überschaubare Kalkulation der Absatzpreise, Partizipation am Image des Lizenzgebers und Ansatz für weitergehende Kooperationen mit dem Lizenzgeber.

Je nach Art der Lizenz können die **Nutzungsrechte eingeschränkt** werden:

► Eine **ausschließliche Lizenz** berechtigt den Lizenznehmer, ein Objekt in sachlichem, räumlichem und zeitlichem Umfang alleine zu nutzen.

► Bei **einfachen Lizenzen** bleibt der Lizenzgeber sowohl zur eigenen Nutzung als auch zur Vergabe weiterer Lizenzen im Marktgebiet des Lizenznehmers berechtigt.

Unabhängig von der Lizenzart sollten vertraglich die folgenden Lizenzerlöse bzw. -einnahmen durch den/die Lizenznehmer geregelt werden:

► Anzahlungen (engl. Down Payment) für anteilige Entwicklungs- und Patentkosten

► periodische Zahlungen nach der Stückzahl oder als fester Prozentsatz vom Verkaufspreis.

Besonders hoch und dauerhaft können Lizenzeinnahmen dann sein, wenn in der Branche die neue Technologie eines Hersteller, die – wie bereits festgestellt – nicht unbedingt die beste sein muss, zum **Standard** wird.

Häufig dienen Patente auch als **Tauschmittel** für den Zugriff auf externes Wissen (etwa von Kooperationspartnern). Außerdem kann es zum **Cross Licensing** mit Wettbewerbern kommen, um sicherzustellen, dass Unternehmen ihre Produkte ohne Einschränkungen vermarkten können.

9.2.8 Produkthaftung

Unter Produkthaftung versteht man die Haftung für **Folgeschäden** aus der Benutzung fehlerhafter Produkte. Nach dem **Produkthaftungsgesetz** (ProdukthaftG) gilt als Produkt jede bewegliche Sache, und zwar unabhängig davon, wie sie hergestellt, ob sie mit einer anderen Sache verbunden oder in eine unbewegliche Sache eingebaut wurde.

Grundsätzlich ist das **Risiko der Produkthaftung** umso größer, je höher der Innovationsgrad des Produkts ist.

Auch ohne Verschulden oder Fahrlässigkeit haftet der Hersteller für **Fehler**. Ein Produkt hat dann einen Fehler, wenn es nicht die Sicherheit bietet, die von Endkunden unter Berücksichtigung aller Umstände berechtigterweise erwartet werden kann. Maßgebend sind die Sicherheitserwartungen des Verbrauchers, wie sie durch Werbung und Gebrauchsanweisung geprägt wurden. Ersetzt werden muss daher auch jener Schaden, der auf einem vorhersehbaren oder üblichen Fehlgebrauch durch den Verbraucher beruht. Ein Produkt wird allerdings nicht dadurch fehlerhaft, dass die Sicherheitserwartungen des Verbrauchers gestiegen sind, weil der Hersteller zwischenzeitlich ein verbessertes Produkt auf den Markt gebracht hat.

Folgende **Fehlerarten** werden nach dem ProdukthaftG unterschieden:

▶ **Konstruktionsfehler**, die im Vorfeld der Produktion entstehen, etwa durch falsche Spezifikation oder falsche Einschätzung der Einsatzbedingungen.

▶ **Fertigungsfehler**, die während des Produktionsprozesses durch Be- und Verarbeitungsfehler entstehen, etwa durch den Einsatz fehlerhaften Materials oder unzureichender, fehlerhafter oder fehlender Fertigungskontrolle.

▶ **Instruktionsfehler**, die sich durch fehlende, unzutreffende oder unvollständige Betriebs- und Gebrauchsanweisungen (= Packungsbeilagen) eines erklärungsbedürftigen Guts ergeben können.

Nach der Inverkehrsetzung eines Produkts hat der Hersteller noch die **Produktbeobachtungspflicht**, d. h. er muss

▶ alle Informationen sammeln, aufbereiten und analysieren, die geeignet sind, über die Bewährung des jeweiligen Produkts beim Endverbraucher Aufschluss zu geben

▶ die sich aus der Beobachtung ergebenden Konsequenzen ziehen bzw. geeignete und ausreichende Gefahrenabwehrmaßnahmen ergreifen (etwa Rückrufaktionen).

Der **Zusammenhang** zwischen den genannten Fehlerarten und dem Grad des Verschuldens lässt sich grafisch wie folgt darstellen (*Borer, 1986*):

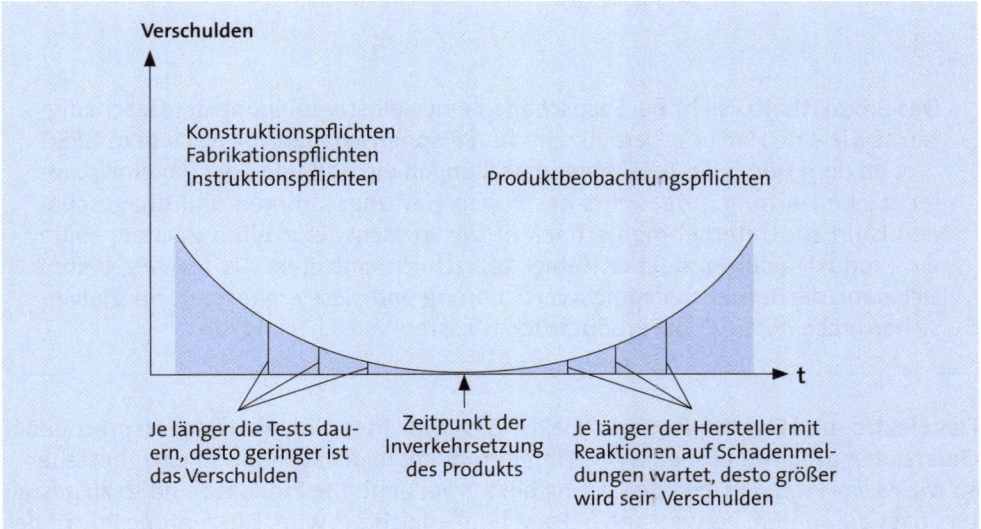

Nach dem **Prinzip der Gefährdungshaftung** haften auch Importeure, Händler, Vermieter, Leasinggeber und andere in den Vertriebsweg eingeschaltete Organe, sofern der Käufer den Hersteller des Produkts oder sonstige am Fertigungsprozess Beteiligte (z. B. Zulieferer) nicht feststellen kann.

Während die Produkthaftung die zivilrechtlichen Ausgleichsansprüche geschädigter Nutzer regelt, enthält das **Geräte- und Produktsicherheitsgesetz** (GPSG) sicherheits-technische Beschaffenheitsanforderungen für Verbraucherprodukte. Nach GPSG haben Hersteller, Importeure und Vertreiber nicht nur (wie beim ProdukthaftG) eine Pflicht zur Produktbeobachtung, sondern sie müssen von sich aus sofort die Presse und die für sie zuständige Aufsichtsbehörde informieren, wenn sie wissen oder auch nur vermuten, dass vom Produkt für den Nutzer eine Gefahr ausgeht oder ausgehen kann. Die Aufsichtsbehörde kann dann eine Gefahrenmeldung an ein europaweites **Schnell-warnsystem** vornehmen, das das Produkt auf die schwarze Liste der EU-Kommission setzen kann, die im Internet für jedermann frei zugänglich ist. Darüber hinaus kann die Aufsichtsbehörde bei hohen Gefahren solche Verfahren einleiten, wie etwa den Pro-duktionsstopp, den Produktrückruf und/oder die Vernichtung gefährlicher Ware.

Die **Gewährleistungspflicht** ist bei beiden Gesetzen gleich. Vom Kaufdatum an gerech-net kann der Kunde zwei Jahre lang Mängel reklamieren. Bei Mängeln, die innerhalb der ersten sechs Monate festgestellt werden, wird vermutet, dass der Fehler bereits beim Kauf vorlag. Nach Ablauf der Halbjahresfrist muss der Käufer beweisen, dass der Mangel von Anfang an vorlag. Folgen der Gewährleistung sind die kostenlose Repara-tur oder der Austausch des Produkts. Gelingt es dem Verkäufer nicht, den Fehler zu be-seitigen, kann der Kunde den Kaufpreis zurückverlangen oder einen Preisnachlass for-dern.

Das ProdukthaftG sieht bei **Sachschäden** eine Selbstbeteiligung der Geschädig-ten sowie eine Haftungsbegrenzung für **Personenschäden** vor. Nach dem GPSG drohen dem Hersteller bei Zuwiderhandlungen ein **Bußgeld** oder gar eine straf-rechtliche Haftung. Angesichts der hohen Haftungssummen und Imageschä-den kann ein Unternehmen schnell in Existenzschwierigkeiten geraten, sollte ein Produkt- oder Produktionsfehler tatsächlich eintreten. Als Ausweg bieten sich dann die **Betriebshaftpflichtversicherung** und diese ergänzende Spezialver-sicherungen (wie z. B. die Produktrückrufkosten-Versicherung) an.

Das **Elektro- und Elektronikgesetz** (ElektroG) verpflichtet die Hersteller entsprechender Geräte, den gesamten Lebenszyklus ihrer Produkte in die Kalkulation einzubeziehen – so wie es das Product Lifecycle Costing bereits vorsieht. Die Produkte sind so zu gestal-ten, dass die spätere Verwertung (= Recycling) erleichtert wird. Die zentrale Pflicht des Herstellers ist die Rücknahme der Altgeräte. Gesammelt, getrennt und vorübergehend in unterschiedlichen Behältnissen aufbewahrt werden die Altgeräte von den Kommu-nen oder von ihnen beauftragte Dienstleister. Ist eine bestimmte Menge an Elektro-schrott erreicht, müssen die Hersteller die Behältnisse abholen, die Verwertung der Altgeräte vornehmen und darüber Nachweise führen.

Aufgabe 29 > 636, Aufgabe 30 > 636, Aufgabe 31 > 637

9.3 Produktion

Hierbei geht es zunächst um das bereits genannte **Produktionsprogramm**. Die an den vorgesehenen Standorten des Unternehmens herzustellenden Produkte sind das Ergebnis eigener Entwicklung oder stammen aus dem Zukauf von Wissen, d. h. der Lizenznahme.

Bezüglich der Umsetzung des Produktionsprogramms auf Werksebene und Sicherstellung einer „Lean Production" analysiert, bewertet und überwacht das **Produktions- und Anlagencontrolling** solche Sachverhalte wie kritische Mengen und energiesparende Prozesse, Produktionsflexibilität, Instandhaltungsintensität, Auslastung der maschinellen Anlagen sowie Durchlaufzeiten durch die Fabrik (engl. Plant) bzw. die Werkstatt.

9.3.1 Fertigung im Industriebetrieb

Miteinander verbunden werden Fertigungsprozesse durch **Materialflüsse**:

► Beim **stetigen Materialfluss** wird einer Fertigungsanlage kontinuierlich Material zugeführt, wobei das Material die Anlage in der Regel mit einer konstanten Durchsatzrate durchläuft, und am Ende die Anlage in verändertem (= höherwertigem) Zustand wieder verlässt.

► Beim **diskreten Materialfluss** erfolgen Zu- und Abflüsse diskontinuierlich (Just-in-Sequence) im Takt der Fertigung. In Abhängigkeit vom Auslöser (= Trigger) des Materialflusses lassen sich dabei unterscheiden: Das Push-Prinzip (= Bringpflicht), wenn die Fertigung vorwärts gerichtet ist und nach einem zuvor erstellten Fertigungs- bzw. Arbeitsplan geschieht, und das Pull-Prinzip (= Holpflicht), wenn rückwärts gerichtet der einzelne Kundenauftrag den Materialfluss über alle Fertigungs- und Lagerstufen hinweg bestimmt.

Eine Methode der sich selbst steuernden Just-in-time-Fertigung nach dem **Pull-Prinzip** ist das **Kanban-Verfahren**. Innerhalb der Fertigungslinie signalisiert eine verbrauchende Stelle (= Senke) der produzierenden Stelle (= Quelle), wann bestimmte Bauteile bzw. -gruppen in welcher Menge benötigt werden. Dieses Signal wird durch einen Kanban (= japanisch für Karte) als Medium der Informationsübertragung ausgelöst. Trifft ein Kanban als aktuelle Bedarfsmeldung bei einer produzierenden Stelle ein, werden von dieser die angeforderten Teile bereit- bzw. hergestellt und in festgelegten Behältern zur verbrauchenden Stelle geschickt. Dieses Vorgehen hat gegenüber dem **Push-Prinzip** den Vorteil, dass dadurch die Bestände, die Fehlerquote und der Steuerungsaufwand reduziert bzw. die Lieferfähigkeit bzw. Termintreue verbessert werden können. Nachteilig ist jedoch die hohe Empfindlichkeit des Verfahrens gegenüber Störungen in den jeweiligen Fertigungsstufen.

Integriert in Fertigungsabläufe wird üblicherweise die **Messtechnik**, deren Einsatz meistens nur einen Bruchteil dessen kostet, was Produktionsausfälle oder Qualitätsmängel kosten würden. Als **MES** (**M**anufacturing **E**xecution **S**ystem) wird eine Softwarelösung bezeichnet, deren Echtzeitfähigkeit (= Onlineverbindung mit der Fertigung) zu effektiveren Fertigungsabläufen führen soll. Konkret geht es um die Bereitstellung von

Stamm- und Fertigungsauftragsdaten aus dem übergeordneten ERP-System, die Erfassung und Aufbereitung der Daten von Potenzialfaktoren, wie Maschinen und Personal sowie Verbrauchsfaktoren (insbesondere Material). Hinzu kommen die Überwachung des Auftragsfortschritts sowie das Feedback (Rückkopplung), das über die jeweiligen Prozesszustände informiert und Auswertungen (= Leistungsanalysen) bzw. eine lückenlose Dokumentation erlaubt. Die mitlaufenden Leistungsanalysen betreffen u. a.: Durchlaufzeiten der Aufträge, Maschinenverfügbarkeit und -auslastung, Warte- und Pufferzeiten, Produktausbeute, Instandhaltung und realisierte Qualitäten. Die MES-Ebene meldet den Status der Abarbeitung der einzelnen Fertigungsaufträge an die ERP-Ebene zurück. Die Dokumentation sowohl der Prüfaufträge und -planung als auch der Prüfdatenerfassung und -auswertung erlauben eine Rückverfolgung von Fehlern, ein wesentliches Element der Vorschriften zur Produkthaftung (*Thiel u. a., 2010*).

9.3.1.1 Massen- und Einzelfertigung

Wird die Vielfalt der Produkttypen inputseitig durch technische Standards oder outputseitig durch Produktkataloge eingeschränkt, ist eine auftragsunabhängige **Massenfertigung** (engl. Mass Production) möglich. Überlässt man den Kunden aber die Wahl zwischen allen möglichen Formen und Qualitäten eines Produkts, liegt der Fall der auftragsabhängigen **Einzelfertigung** (engl. Customization) vor.

Der Vorteil der **Massenfertigung** ist die Ausnutzung der Economies of Scale, indem der kapazitätsbedingte Fixkostenblock auf eine hohe Produktionsmenge verteilt wird. Durch die Bildung jeweils größerer Lose (einschließlich Sorten und Chargen) lässt sich zwar eine bessere Kapazitätsauslastung erreichen, dafür steigt aber auch die Durchlaufzeit durch die Fabrik bzw. Werkstatt.

Unterscheiden sich die zu fertigenden Erzeugnisse nur in wenigen Einzelheiten (= Spezifikationen) von einem Basis- oder Standardprodukt, wird von der **Varianten- oder Kleinserienfertigung** gesprochen. Durch eine große Zahl von Varianten lassen sich zwar unterschiedliche Kundenwünsche erfüllen, durch das unproduktive Hin- und Herrüsten der Montagesysteme auf eine Vielzahl dieser Varianten verringern sich allerdings die verplanbare Anlagenkapazität und die Fertigungsproduktivität.

Als Kennzeichen der Variantenfertigung gelten die Modularisierung der Produkt- und Prozessstrukturen, das Baukastenprinzip, Produktplattformen mit entsprechenden Erfahrungskurveneffekten sowie Imageeffekte durch die Bindung der Varianten an jeweils eine starke Marke. Voraussetzung der Variantenfertigung sind Stücklisten (als mengenmäßige Aufstellung der in ein Zwischen- bzw. Enderzeugnis eingehenden Teile), Teileverwendungsnachweise, die angeben, in welchen Erzeugnissen die Teilearten in welcher Anzahl enthalten sind, und Arbeitspläne (als Unterlagen über geplante Arbeitsgänge, -plätze und -hilfsmittel), die in die entsprechenden Prozessketten integriert werden.

Die höchste Stufe der Variantenfertigung ist **Mass Customization**, eine hybride Strategie im Sinne einer maßgeschneiderten Massenfertigung, die sowohl Kostenvorteile als auch Kundennähe durch individuelle Konfiguration der Komponenten ermöglicht.

Ähnlich wird als **hybride Fertigung** das Zusammenspiel automatisierter und manueller Fertigung bezeichnet. Handhabungsautomaten (engl. Robots), die für Menschen anstrengende, belastende, eintönige und ermüdende Arbeiten übernehmen, erreichen gegenüber der Handarbeit eine mehrfach höhere Leistung. Sensoren und Bildverarbeitungssysteme verleihen Industrierobotern nicht nur die Fähigkeit zum Sehen, sondern auch zur zeitnahen Wahrnehmung solcher für Menschen gewöhnlich verborgenen Schwierigkeiten. In Anbetracht der hohen und weiter steigenden Lohnkosten haben heimische Industriebetriebe ihre Fertigung mittlerweile stark automatisiert und, um auch künftig wettbewerbsfähig zu bleiben, der Trend zu weiterer Montageautomatisierung hält an. Nach Ansicht von Experten werden durch Industrieroboter und andere Montageautomaten langfristig keine industriellen Arbeitsplätze vernichtet, da sich die von intelligenten Maschinen entlasteten Mitarbeiter verstärkt höherwertigen Aufgaben – vor allem im Qualitätswesen – zuwenden können.

Zu fertigen sind außer den Erzeugnissen noch **Ersatzteile** (engl. Service Parts), sofern diese nicht von spezialisierten Lieferanten als Handelsware zugekauft werden. Ersatzteile werden benötigt, um abgenutzte oder defekte Bauteile bzw. -gruppen von Erzeugnissen im Rahmen der vorbeugenden Wartung und Instandsetzung zu ersetzen. Bei Markenartikeln geben Hersteller oft die Garantie, „Original-Ersatzteile" über einen Zeitraum von bis zu zehn Jahren zu liefern. Diese Garantie bewirkt häufig einen höheren Absatzpreis des Produkts, verbessert dafür aber auch die Bindung der Kunden an den Hersteller.

Bei **langfristigen Fertigungsaufträgen**, die sich über mehrere Jahre hinziehen können (wie etwa beim Bau von Gebäuden, Flugzeugen und -häfen, Schiffen oder Kraftwerken), sind erwartete Verluste nach der IFRS-Norm in der Bilanz- und Erfolgsrechnung sofort auszuweisen, hingegen sind der Umsatz und Gewinn entsprechend in Abhängigkeit vom jeweiligen **Fertigstellungsgrad** (engl. Percentage-of-Completion-Method) auf die einzelnen Perioden der Herstellung und fakturierten Erlöse zu verteilen. Indikator des Fertigungsstellungsgrads zum jeweiligen Bilanzstichtag ist das Verhältnis der bis dahin angefallenen zu den gesamten erwarteten Auftragskosten. Bei der Bilanzierung nach HGB spielt der Fertigstellungsgrad grundsätzlich keine Rolle, d. h. der Umsatzausweis mit entsprechender Gewinnrealisation ist erst dann möglich, wenn das Gesamtwerk fertig ist und dem Auftraggeber übergeben wird.

9.3.1.2 Anlagenwirtschaft

Die Planung und Überwachung von Maßnahmen, die im Zusammenhang mit dem Einsatz von Produktionsanlagen oder Fertigungseinrichtungen getroffen werden, lassen sich unter der Bezeichnung **Anlagenwirtschaft** (engl. Plant Management) zusammenfassen. Dazu gehören:

► Planung technischer und energieeffizienter Eigenschaften von Anlagen, Maschinen, Montagerobotern u. ä.

► Wirtschaftlichkeitsbeurteilung von Produktionsanlagen mittels dynamischer Investitionsrechnungen

► Planung der innerbetrieblichen Standorte von Betriebsmitteln und Lager

► Planung und Überwachung der Instandhaltung

► Überwachung der Anlagennutzung (z. B. Maschinenlaufzeiten, Auslastungsgrade, Ausbeute)

► Bestimmung der auszumusternden und zu entsorgenden Anlagen (einschließlich die Ausbuchung aus dem physischen Vermögensbestand).

Da die genannten Aufgaben der Anlagenwirtschaft üblicherweise zu verschiedenen Zeitpunkten und von unterschiedlichen Personen durchzuführen sind, werden wechselseitige Abhängigkeiten zwischen den Anlagen häufig vernachlässigt. Die entsprechende Koordination kann in diesen Fällen das **Anlagencontrolling** übernehmen.

Geht man davon aus, dass für jede Produktionsanlage ein Lebenszyklus existiert, ergeben sich als **Aufgaben des Anlagencontrollings** in den Phasen der

► **Projektierung**: Festlegung der technischen Anlageneigenschaften und damit die quantitative und qualitative Kapazität der Anlage. Hinzu kommt die Ermittlung der Wirtschaftlichkeit aller selbst erstellten, gekauften oder geleasten Anlagen auf der Grundlage dynamischer Investitionsrechnungen.

► **Bereitstellung**: Auftragsvergabe und Überwachung des Zeitraums bis zur Fertigstellung einer Anlage, wobei letzteres am besten mithilfe der Netzplantechnik geschieht.

► **Installation**: Herbeiführung sowohl der Nutzungsfähigkeit der Anlage am vorgesehenen innerbetrieblichen Standort als auch des Verbunds mit vorhandenen Anlagen.

► **Nutzung**: Überwachung nicht nur der Kapazitätsauslastung (= Beschäftigung), sondern auch der möglichen Verlustquellen, wie z. B. nicht genutzte Betriebszeiten, Anlaufverluste nach Fertigungsunterbrechungen, Umrüstverluste bei wechselnden Fertigungsaufgaben, Verfügbarkeitsverluste bei Anlagenausfällen, Intensitätsverluste bei zu geringer Geschwindigkeit sowie Qualitätsverluste mit erforderlicher Nacharbeit (= Minderqualität) bzw. bei Ausschuss (= Nichtqualität).

▶ **Überwachung** des Energieverbrauchs, der Energiekosten und der Energieeffizienz

▶ **Entsorgung**: Physische Beseitigung von Ausschuss (einschließlich Recycling) und später auch der Anlage.

Die **Produktionskapazität**, also das mengenmäßige Leistungsvermögen einer Organisationseinheit (etwa Maschine, Maschinengruppe, Werkstatt, Betrieb) wird durch folgende Größen bestimmt:

▶ Der **Produktionsquerschnitt** bezeichnet das Durchsatzvermögen, das bestimmt wird sowohl durch die sachlichen und personellen Kräfte und die Art ihres Zusammenwirkens, als auch durch die Art der zu erstellenden Leistung.

▶ Die **Produktionsdauer** legt den Zeitraum des Produktionsquerschnitts fest.

▶ Die **Produktionsgeschwindigkeit** gibt an, wie stark der Produktionsquerschnitt während seiner Nutzungszeit höchstens beansprucht werden kann.

Durch **Investitionen** und **Desinvestitionen** lässt sich die Produktionskapazität des Unternehmens vergrößern bzw. verkleinern.

9.3.1.3 Kapazitätserweiterung

Zur Erhöhung der eigenen Produktionskapazität geeignete **Erweiterungsinvestitionen** werden dann vorgenommen, wenn

▶ das Marktwachstum größer ist als das aktuelle Unternehmenswachstum

▶ Marktanteilsverluste bei gegebenem Marktwachstum vermieden werden sollen

▶ keine anderen Möglichkeiten bestehen, einem Nachfragesog zu begegnen, da vorhandene Kapazitäten bereits langfristig verplant sind.

Wird unter Beibehaltung des Fertigungsverfahrens die Zahl der bisher eingesetzten Potenzialfaktoren in den jeweiligen Engpasssektoren allmählich erhöht, liegt eine **multiple Betriebsgrößenerweiterung** vor. Demgegenüber spricht man von einer **mutativen Betriebsgrößenerweiterung**, wenn das Fertigungsverfahren mehr stoßartig geändert wird, was beispielsweise durch den Übergang von Universal- auf Spezialanlagen (oder umgekehrt) geschehen kann.

Da in beiden Fällen der Betriebsgrößenerweiterung nach dem **Ausgleichsgesetz der Planung** meistens nur schrittweise der jeweils nächste Engpass beseitigt wird, während die übrigen Betriebsteile weitgehend unverändert bleiben – solange sie nicht selbst einen sog. Minimumsektor bilden – kann sich eine Kostendegression infolge verbesserter Fixkostendeckung nicht in voller Höhe auf die Ausbringungsmenge beziehen, sondern immer nur auf einen prozentualen Anteil, dessen Höhe sich nach dem gewogenen Verhältnis zwischen Nutz- und Leerkosten sämtlicher Betriebsteile richtet. Diese als **Kostendegressionsrate** bezeichnete Größe, deren Schätzung unter Bezugnahme auf die in nachstehender Abbildung gezeigten Sachverhalte geschieht, hat später im Zusammenhang mit der Budgetierung eine große Bedeutung.

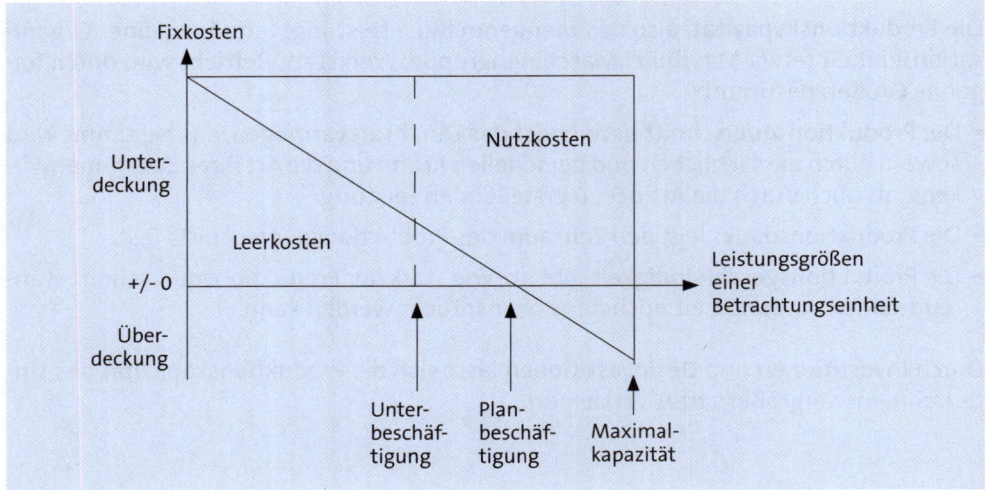

In der gezeigten Abbildung ist die **maximale Kapazität** eine theoretische Größe, die in keinem Fall überschritten werden kann. Alternativ dazu arbeitet man in der Praxis lieber mit der **realen Kapazität**, die verplant werden kann und deshalb als Planbeschäftigung bezeichnet wird. Dazu ein Beispiel: Liegt die Planbeschäftigung eines Mitarbeiters, einer Maschine oder einer Mensch-/Maschinekombination bei 80 % der Maximalkapazität und wird diese Planbeschäftigung gleich 100 % gesetzt, bedeutet jede geringere Kapazitätsauslastung als die Planbeschäftigung eine **Unterbeschäftigung** und jede höhere Kapazitätsauslastung eine Überbeschäftigung. Unter Verwendung der genannten Zahlen ist somit die höchstmögliche **Überbeschäftigung** (100/80 =) 125 %. Die Differenz zwischen der maximalen und realen Kapazität jeweils einer Ressourcengruppe wird begründet mit Pausen- und Wartezeiten des Mitarbeiters und/oder Ausfall- bzw. Stillstandszeiten der Maschine.

Kapazitätserweiterungen müssen nicht unbedingt an vorhandenen **Standorten** erfolgen, sondern es kann auch die Neuerrichtung bzw. die Akquisition von Betriebsstätten im In- und Ausland vorgesehen werden. Schließlich kann die eigene Fertigungskapazität – wie bereits dargestellt – auch durch **Produktionsverbunde** mit Wertschöpfungspartnern temporär in virtuellen Unternehmen bzw. dauerhaft in Strategischen Allianzen vergrößert werden.

9.3.1.4 Kapazitätserhalt

Je nach **Alter eines Betriebsmittels** kann dessen Leistungsvermögen allmählich oder plötzlich abnehmen. Aufgabe des **Maintenance Managements** ist es, wertvernichtende Ausfallzeiten der Fertigungsanlagen – auf der Grundlage von Erfahrungswerten und unter Zuhilfenahme geeigneter Softwaretools – unter Kontrolle zu halten.

Zu einer **allmählichen Leistungsabnahme** kann es kommen, da der Gebrauchs- und Zeitverschleiß den Produktionsquerschnitt oder die -geschwindigkeit herabsetzen, die abnehmende Präzision zu einer Erhöhung der Ausschussquoten führt und der Verbrauch an Werkstoffen ansteigt.

Mit einer **plötzlichen Leistungsabnahme** ist zu rechnen, wenn das „kritische" Verschleißstadium einer Anlage erreicht oder überschritten wird. Die Folgen davon sind Produktionsunterbrechungen (= Stillstände) und Unfälle.

Durch **Instandhaltung** lässt sich die Funktionstüchtigkeit und Leistungsfähigkeit von Betriebsmitteln erhalten bzw. wiederherstellen. Um die Betriebsmittel wegen der meist hohen Ausfallkosten ohne Stillstände betreiben zu können, sind folgende, nur mittelbar Wert schöpfende Maßnahmen möglich:

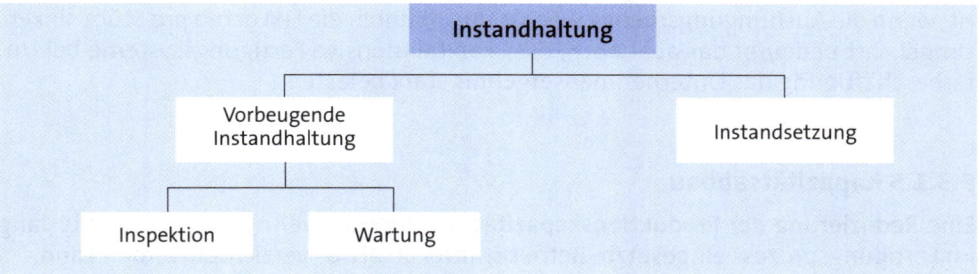

Als vorbeugende Instandhaltung werden alle Maßnahmen der fallweisen oder periodischen **Inspektion** (= Feststellung und Beurteilung des Istzustands) und der verschleißhemmenden **Wartung** (= Bewahrung des Sollzustands) von Betriebsmitteln bezeichnet. Demgegenüber geht es bei der **Instandsetzung** (= Reparatur) um die Wiederherstellung des Sollzustands ausgefallener Betriebsmittel. Die dazu erforderlichen Ersatzteile sind dem Lager zu entnehmen oder, sofern das nicht möglich ist, umgehend selbst zu fertigen bzw. über das Internet bei Lieferanten zu bestellen.

Beurteilen lässt sich die **Instandhaltungsintensität** der Betriebsmittel durch folgende Kennzahl:

$$\text{Instandhaltungsintensität} = \frac{\text{Summe der laufenden Instandhaltungskosten pro Zeiteinheit}}{\text{Tageswert der instandgehaltenen Betriebsmittel}} \cdot 100$$

Ist die Verfügbarkeit von Betriebsmitteln durch Instandhaltung nicht mehr wirtschaftlich zu gewährleisten, müssen ausscheidende Betriebsmittel erneuert werden. Handelt es sich dabei um gleiche oder ähnliche Betriebsmittel, spricht man von **Ersatzin-**

vestitionen. Da jedoch in Industrieländern die Lohnstückkosten üblicherweise höher sind als die vergleichbaren Kapitalstückkosten, werden ausscheidende Betriebsmittel nicht einfach nur ersetzt, sondern es erfolgt zugleich auch eine **Substitution von menschlicher Arbeit durch Kapital**, wodurch die Arbeitsproduktivität steigt.

> Beim derzeitigen Stand der Technik, der Arbeitsorganisation sowie der Mobilität des internationalen Kapitals, kann Arbeit jederzeit und im großen Stil durch Kapital ersetzt werden. Dabei handelt es sich um einen Sachverhalt, der allgemein auch mit **Rationalisierung** umschrieben wird.

Durch Rationalisierung verändert sich die Kostenstruktur in der Fertigung, d. h. wegen zusätzlicher Abschreibungen und Zinsen steigen die Fixkosten, während die variablen Kosten (insbesondere die Lohneinzelkosten) sinken. Dadurch ergibt sich der **Operating Leverage-Effekt** (OLE), der allerdings nur dann von Vorteil für das Unternehmen ist, wenn die Ausbringungsmenge wächst und dadurch die Fixkosten pro Stück sinken. Umgekehrt bedeutet das aber auch, dass kapitalintensive Fertigungssysteme bei Unterbeschäftigung das Unternehmensergebnis stark belasten.

9.3.1.5 Kapazitätsabbau

Eine **Reduzierung der Produktionskapazität** ist möglich, wenn dauerhaft auf bislang im Fertigungsprozess eingesetzte Betriebsmittel ersatzlos verzichtet werden kann.

In der Fertigung sind **Desinvestitionen** häufig die Folge sinkender Produktnachfrage, verbunden mit einer Verschlankung der Fertigung (engl. Lean Production). Sie können sich aber auch dadurch ergeben, dass beispielsweise die **Fertigungstiefe** durch Outsourcing verringert wird, was sich wie folgt messen lässt:

$$\text{Fertigungstiefe} = \frac{\text{Anteil Eigenfertigung}}{\text{Anteil Eigenfertigung} + \text{Anteil Fremdbezug}}$$

Ein Kapazitätsabbau kann zweckmäßig sein, wenn die Fertigung bestimmter Komponenten außerhalb der eigenen Kernkompetenzen liegt, also strategisch von geringer Bedeutung ist, einen hohen Standardisierungsgrad aufweist und deshalb kein besonderes Knowhow erfordert sowie nur selten anfällt, sodass keine besonderen Größenvorteile (also Economies of Scale) bestehen.

Da mittlerweile viele Industriebetriebe Teile ihrer Fertigung auslagern, hat sich ein neuer Industriezweig gebildet, der als **Contract Manufacturing Industry** bezeichnet wird. Die Vorteile der Contract Manufacturer bestehen darin, dass sie über hohe Kapazitäten verfügen, großes Fabrikations-Knowhow besitzen und wegen der insgesamt

großen Ausbringungsmengen kostengünstiger produzieren können als ihre Auftraggeber. Bezogen auf die Erfahrungskurve ergeben sich folgende Bilder:

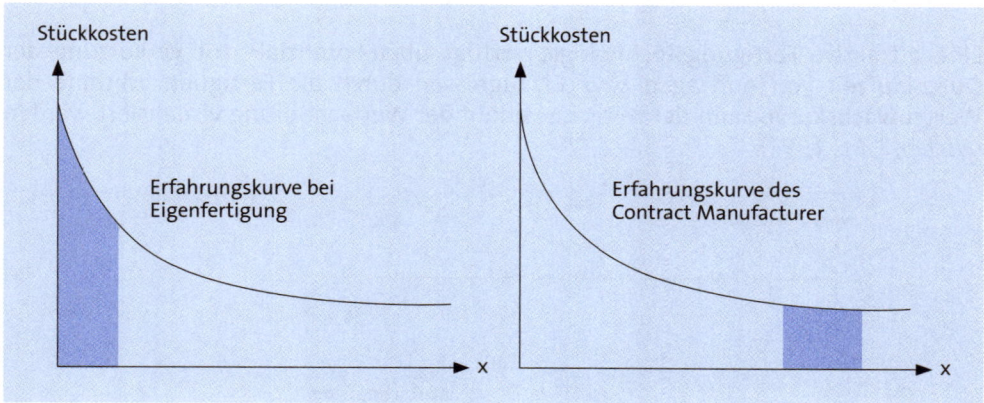

Grenzen einer Verringerung der Fertigungstiefe können sich dadurch ergeben, dass
die angewandte Verfahrenstechnik eine Fertigung von **Mindestmengen** erfordert, da
zwischen der Ausbringung von Teilprozessen ein limitationaler Zusammenhang besteht, oder eine externe Weiterverarbeitung selbst gefertigter Zwischenprodukte deshalb nicht möglich ist, da diese nicht lager- bzw. transportfähig sind. Darüber hinaus
können die Contract Manufacturer bestimmte Mindestabnahmemengen verlangen
oder **Local Content-Regelungen** fordern, dass Fertigungsanteile aus lokaler Produktion
stammen müssen. Abgesehen von Problemen der Abhängigkeit, Qualitätssicherung
und Geheimhaltung darf auch nicht übersehen werden, dass ein durch die Verringerung der Fertigungstiefe verursachter Kapazitätsabbau nicht nur Stilllegungskosten
mit entsprechenden Remanenzwirkungen, sondern meistens auch Folgekosten für Abfindungen freigesetzter Mitarbeiter verursacht.

9.3.1.6 Fertigungstechnologien

Nach der Erfahrungsökonomie lassen sich bei steigenden Ausbringungsmengen durch
den **Einsatz immer leistungsfähigerer und flexiblerer Betriebsmittel** und der damit
verbundenen Substitution von teuren Produktionsfaktoren die Stückkosten senken.

Bevor jedoch im Unternehmen in neue Fertigungsverfahren investiert wird, sind
die infrage kommenden **Technologien** zu identifizieren und zu beurteilen. Danach können strategische Stoßrichtungen (= Optionen) mithilfe eines **Technologieportfolios** festgelegt werden.

Für jede der eingesetzten Fertigungstechnologien ist in gewissen Zeitabständen immer wieder deren **Attraktivität** festzustellen, die umso stärker abnimmt, je weiter fortgeschritten das erreichte Stadium im Technologielebenszyklus ist.

Eine attraktive Fertigungstechnologie verfügt über Potenziale zur Verkürzung der Durchlaufzeit von Aufträgen bzw. Erzeugnissen durch die Fertigung. Mithilfe der **Wertzuwachskurve** kann der zeitliche Verlauf der Wertschöpfung visualisiert werden (*Fischer, T. M., 1993*):

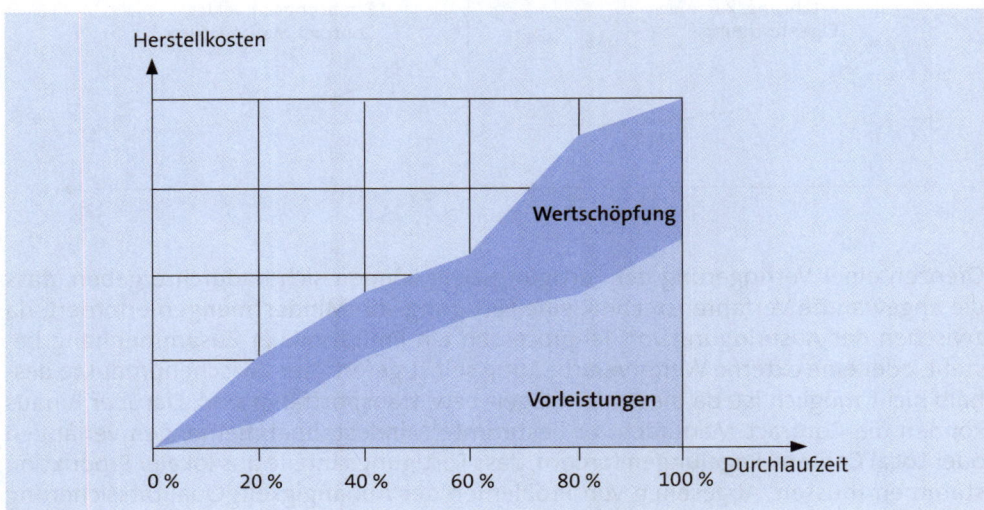

Eine **Kompression der Wertzuwachskurve**, dargestellt in den drei folgenden Abbildungen, lässt sich in der Fertigung erreichen durch

► **Verkürzung der Durchlaufzeit** (Fall a): Überlappung von Arbeitsschritten und/oder Reduzierung von Verteil-, Liege-, Transport-, Rüst-, Prüf- und Nacharbeitszeiten

► **Senkung der Herstellkosten** (Fall b): Montagerechtere Konstruktion, gezielte Automatisierung von kritischen Montageprozessen und Just-in-time-Beschaffung zur Senkung der Lagerbestände im Vorfeld der eigentlichen Fertigung

► **Veränderung des Steigungsverhaltens** (Fall c): Teure Veredelungsleistungen bzw. Zukaufteile werden an das Ende der Herstellung verlagert (engl. Backloading).

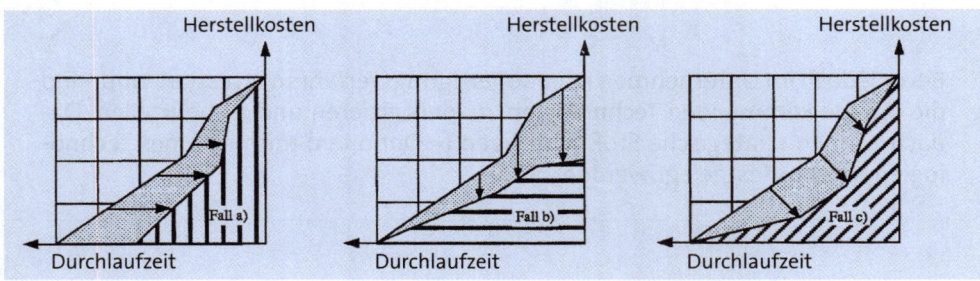

Die Darstellung von Fertigungstechnologien und die damit zusammenhängende Ableitung strategisch relevanter Optionen kann unter Zuhilfenahme eines Technologieportfolios erfolgen, dessen eine Hauptachse die vom Unternehmen kaum zu beeinflussende **Technologieattraktivität** und deren andere Hauptachse die **Ressourcenstärke** des Unternehmens ist, worunter die Fähigkeit zur Entwicklung und Anwendung von Technologien sowie die Möglichkeit der Realisierung des Technologiepotenzials (etwa Vorhandensein von Finanzmitteln und Fachkräften, Zeitbedarf) zu verstehen ist.

Das **Aussehen eines Technologieportfolios,** mit den entsprechenden Handlungsmöglichkeiten, ist wie folgt:

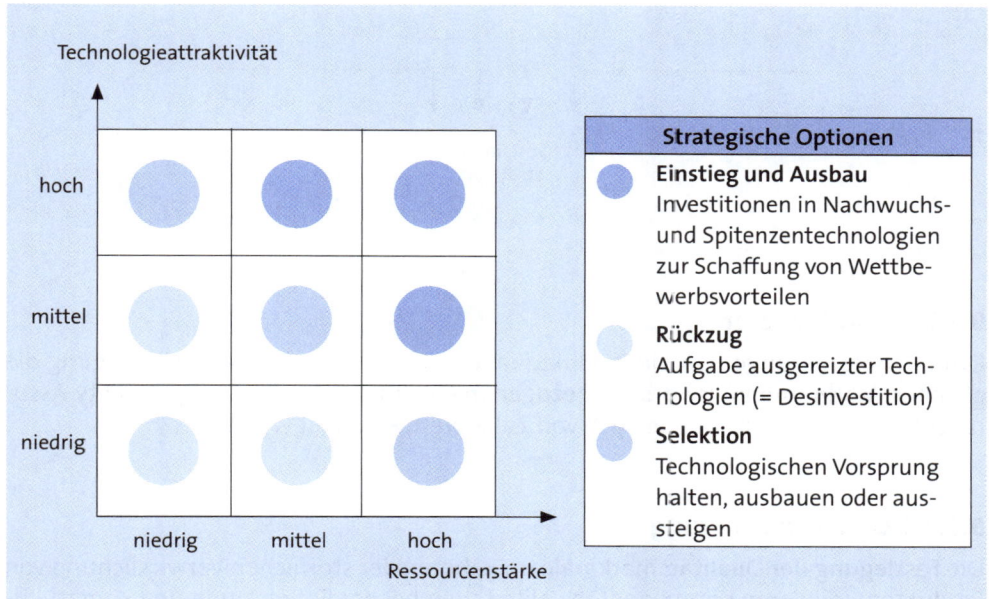

Der **Erkenntniswert des Technologieportfolios** lässt sich noch dadurch steigern, dass dieses mit dem Produkt-/Markt-Portfolio verbunden wird, sodass Fertigungstechnologien, die allein aus Marktsicht nur wenig Beachtung finden würden, rechtzeitig erkannt und vorausschauend aufgebaut werden können (*Mertens/Griese, 2002*).

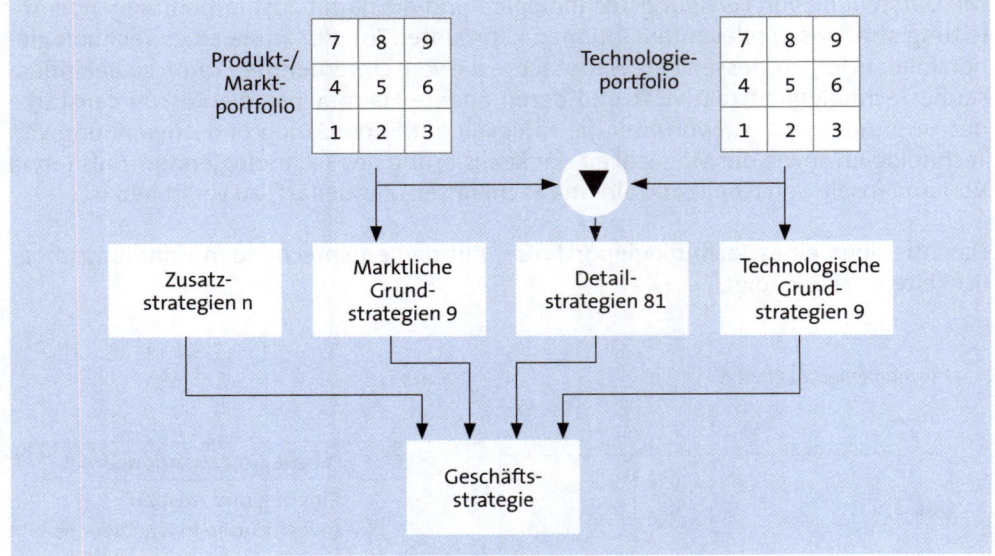

9.3.2 Qualitätswesen

Um die Anforderungen an die Produktqualität zu erfüllen, sind bei der Fertigung die gleichen **Maßnahmen der prozessbezogenen Qualitätssicherung** (engl. Quality Assurance) durchzuführen, wie sie auch von Zulieferern erwartet werden.

9.3.2.1 Qualitätssicherung

Die **Festlegung der Qualitätsmerkmale** im Rahmen der stofflichen Verwirklichung von Produkten und deren Komponenten sollte schon bei der Entwicklung und Konstruktion erfolgt sein. Die Anforderungen an die Entwicklung und Konstruktion dürften dabei umso größer sein, je mehr den Besonderheiten der späteren Be- und Verarbeitung Rechnung zu tragen ist.

Als Maßnahmen zur **Realisierung der geplanten Qualität** lassen sich solche Aktivitäten bezeichnen, die geeignet sind, die auf die Periode bezogenen Ausschussquoten und Nacharbeiten zu senken, wenn nicht gar auszuschalten. Eine dieser Maßnahmen ist Six Sigma.

Die Einhaltung der **Richtlinien zur Qualitätssicherung** in der Fertigung ist zu überwachen. Dadurch sollen Abweichungen zwischen dem Soll und Ist der Ausprägungen von Qualitätsmerkmalen frühzeitig erkannt, analysiert und beseitigt werden. Qualitätskontrollen sollten möglichst automatisch erfolgen, um Mitarbeiter von zeitlich wiederkehrenden, d. h. monotonen Arbeiten zu entlasten. Die Integration der Prüfplätze mit ihren Messgeräten und Prüfeinrichtungen in ein **Computer Aided Quality-System** (CAQ) bietet darüber hinaus noch **Zeit- und Kostenvorteile**: Fehleingaben und Ablesefehler werden ausgeschaltet, der Qualitätsstandard wird auch bei höheren Prüfmengen gehalten, Image schädigende Rückrufaktionen werden reduziert und die Produkthaftungsrisiken lassen sich klein halten.

9.3.2.2 Qualitätskosten

Bezüglich der **Qualitätskosten** werden traditionell die folgenden Kostengruppen unterschieden (*Kern, 1999*):

► **Fehlerverhütungskosten**, die durch vorbeugende Maßnahmen zur Vermeidung von Fehlern entstehen und den Produktentwurf, die Prüfplanung in der Fertigung, die Auditierung von Lieferanten sowie Mitarbeiterschulungen betreffen.

► **Prüfkosten**, die durch planmäßige Qualitätsprüfungen anfallen und die Produkterprobung sowie Wareneingangs-, Prozess- und Endkontrollen betreffen.

► **Interne Fehlerkosten**, die sich vor der Auslieferung von Produkten bzw. der Erbringung von Dienstleistungen ergeben und Nacharbeiten sowie den Ausschuss betreffen.

► **Externe Fehlerkosten**, die erst nach der Auslieferung der Produkte an den Kunden bzw. nach Erbringung von Dienstleistungen anfallen und Reklamationen, Retouren, Garantie- und Kulanzleistungen sowie Imageverluste betreffen.

Die traditionelle Gruppierung der Qualitätskosten wird zunehmend kritisiert. Schwerpunkt der Kritik ist die Behandlung gegenläufiger Kosten, denn mit zunehmenden Qualitätsanforderungen entsprechend des Six Sigma-Ansatzes steigen die Fehlerverhütungs- und Prüfkosten, während die Fehlerkosten sinken. Daraus ergibt sich ein angestrebtes Qualitätsniveau, das jenseits der **Nullfehlergrenze** liegt und damit keine Fehlerfreiheit gewährleistet.

Die **Kritik** an der traditionellen Einteilung der Qualitätskosten hat unter Steuerungsaspekten zu einer **anderen Einteilung der Qualitätskosten** geführt:

► **Kosten der Übereinstimmung**, die auf die Erfüllung der Kundenerwartungen ausgerichtet sind und sich zusammensetzen aus den Fehlerverhütungskosten sowie dem werterhaltenden Teil der Prüfkosten. Durch die stärkere Beachtung der Prävention wird dem investiven Charakter der Qualitätskosten besser Rechnung getragen als bei der traditionellen Gruppierung.

► **Kosten der Abweichung**, die aufgrund einer nicht den Kundenanforderungen entsprechenden Leistung entstehen und damit eine Verschwendung von Ressourcen darstellen. Es handelt sich hierbei um den wertvernichtenden Teil der Prüfkosten und die Fehlerkosten, um Fehlleistungen auszugleichen. Während eine Untererfüllung der Bedürfnisse externer Kunden die Kosten aufgrund von Garantie- und Kulanzleistungen erhöht, kann für eine Übererfüllung der Leistungen meistens kein höherer Preis erzielt werden, sodass die hierdurch entstehenden Opportunitätskosten ebenfalls den Abweichungskosten zuzurechnen sind. Der Block der Abweichungskosten lässt sich auf Dauer senken, wenn der prozessuale Charakter der anforderungsgerechten Qualitätsleistung entlang der Wertschöpfungskette stärker beachtet wird.

Die angesprochenen Sachverhalte soll die folgende Abbildung verdeutlichen:

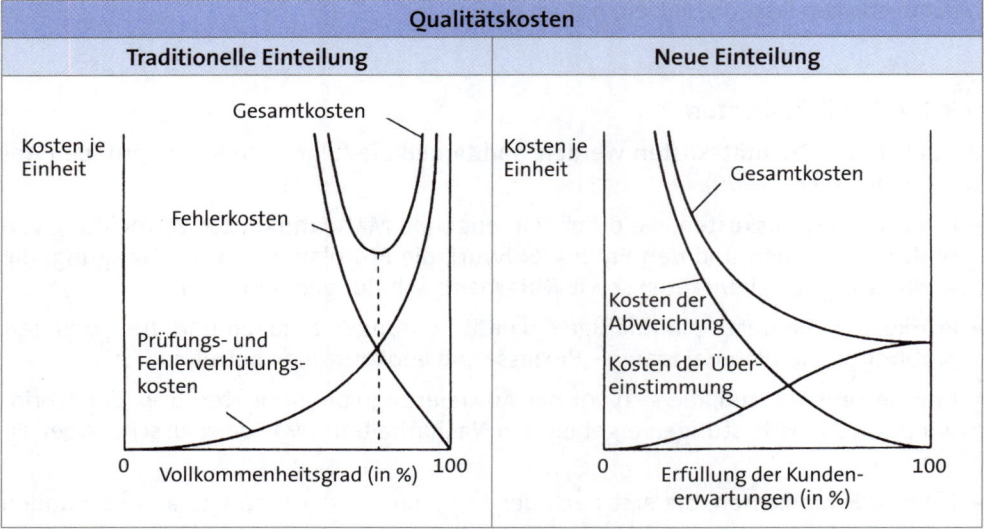

9.3.2.3 Liefertreue

Empirische Untersuchungen lassen erkennen, dass Unternehmen, die ihre Fertigung beherrschen, über eine **hohe Liefertreue** verfügen. Außerdem sind liefertreue Unternehmen auch bei anderen Messgrößen besser als ihre weniger liefertreuen Wettbewerber, denn: Enge Beziehungen (= positive Korrelationen) bestehen zwischen hoher Liefertreue und weniger Qualitätsproblemen einerseits bzw. niedrigen Beständen (insbesondere bei Fertigwaren), kurzen Durchlaufzeiten und weniger Auslagerungen andererseits.

9.3.3 Produktionsstandorte

Die Produktion eines internationalen Unternehmens kann an **verschiedenen Standorten** erfolgen, und zwar in der Form der

▶ **reinen Produktionsstätte:** Gefertigt wird ausschließlich für den Unternehmensverbund, gegebenenfalls in Niedriglohnländern, um Lohnkosten- und/oder Beschaffungsvorteile zu realisieren.

▶ **Produktions- und Vertriebsstätte:** Dort wird nur gefertigt, dies aber kann zur Erreichung einer größeren Marktnähe eine Vertriebsgesellschaft angegliedert werden. Zusammen versorgen beide Einrichtungen entweder den lokalen Markt aus Eigenfertigung (einschließlich der von verbundenen Unternehmen bezogenen Leistungen) oder beliefern sämtliche verbundene Unternehmen weltweit mit eigengefertigten Produkten und Komponenten (einschließlich Ersatzteilen).

Hinsichtlich der Standortwahl sind situativ **Standortfaktoren** festzulegen, darunter die Produktionskosten, die Verfügbarkeit und Qualifikation von Arbeitskräften und/oder die Nähe zu Kunden und Lieferanten.

Für international tätige Unternehmen sind außerdem die **Attraktivität der Länder** kennzeichnende Faktoren von Bedeutung, wie z. B. die politische und soziale Stabilität, Steuern und sonstige Abgaben, Subventionen, Stand der Technologie, Marktpotenzial und -wachstum, Arbeitszeiten, Subcontracting oder Wechselkurse.

Bei einer **Vielzahl möglicher Standorte** (= Standortdiversifikation) werden anhand genereller Faktoren diejenigen Standorte vorselektiert, die anschließend einer spezielleren Betrachtung unterzogen werden sollen. Empirischen Untersuchungen zufolge ist die Endauswahl von Produktionstandorten überwiegend kostenorientiert, d. h. gesucht ist der kostengünstigste Standort-Mix.

Bezüglich der an jedem Standort zum **Umweltschutz in der Produktion** einzusetzenden Technologien und Dienstleistungen lassen sich unterscheiden:

► **integrierte Umweltschutztechnologien:** Steuerungs- und Überwachungsverfahren zur Einsparung von Stoffen, zur Verbesserung der Materialausbeute oder zur Verringerung von Emissionen und Abfällen

► **nachsorgende Umweltschutztechnologien:** End-of-pipe-Technologien, wie z. B. Filter-, Reinigungs-, und Verbrennungsanlagen, Deponietechniken, Boden- und Gebäudesanierungen

► **Umweltschutzdienstleistungen:** Nicht zum Kern gehörende Serviceleistungen, für die es immer mehr Fremdanbieter gibt, wie z. B. Umweltschutzberatungen, Labor-, Informations- und Ausbildungsdienste sowie Maßnahmen der Entsorgung von Abfällen, der Rückgewinnung und der Verwertung bereits genutzter Rohstoffe bzw. Energien.

An den Fertigungsstandorten industrieller Unternehmen kommt es vielfach zu hohen Kapitalbindungen durch **Immobilienbestände**. Für das **Gebäudemanagement CREM** (**C**orporate **R**eal **E**state **M**anagement) ist jede Immobilie zugleich Vermögenswert und Kostenfaktor. Diesbezüglich hat das Controlling steuerungsrelevante Kennzahlen zu entwickeln und für deren Einhaltung im Zeitablauf zu sorgen. Im Rahmen der **SAP ERP Corporate Sevices** gibt es ein Modul für das Management der Immobilien und Liegenschaften des Unternehmens.

Für jeden Standort kann ein eigenes **Facility-Management** (FM) vorgesehen werden, das die verschiedenen Aufgaben rund um die betrieblich genutzten Immobilien, einschließlich aller technischen Einrichtungen (engl. Facilities), bündelt.

Das **FM-Aufgabenspektrum** betrifft gemäß der **DIN EN 15221** alle technischen, infrastrukturellen und kaufmännischen Aufgaben, die nicht zum Kerngeschäft des Unternehmens gehören. Das sind: Flächen- und Gebäudenutzung (einschließlich Leerstandsquoten), Gebäudetechnik und deren Vernetzung (z. B. Automatisierung, CO_2-Emissionen, Heizungs- und Klimaanlagen) sowie Unterhaltungskosten (darunter Pförtner- und Hausmeisterdienste, Garten- und Winterarbeiten, Kantine und Catering). Einige dieser Aufgaben fallen bereits in der Bauphase an, andere erst nach der Inbetriebnahme. Im Trend liegt das Outsourcing von FM an externe Dienstleister, die als Nischen- oder Komplettanbieter die meisten dieser Aufgaben kostengünstiger erledigen als das eigene SSC (*Krimmling, 2010*).

Ein unerschöpfliches Thema ist der **Energieverbrauch** der betrieblich genutzten Gebäude und technischen Anlagen. Die Norm **DIN EN 16001** beschreibt die Anforderungen an ein **Energiemanagementsystem**, das das Unternehmen in die Lage versetzen soll, unter Einhaltung gesetzlicher Rahmenbedingungen den Energieverbrauch kontinuierlich zu reduzieren. Wichtige Bausteine dafür sind die Definition der betrieblichen Energiepolitik, die Einführung eines **Energiecontrollings** und die Durchführung entsprechender Effizienzprojekte. Neben der Zertifizierung als energiesparendes Unternehmen wird angestrebt, die im langjährigen Industriedurchschnitt verbesserte Energienutzung von jährlich 2 % Prozent zu übertreffen.

Aufgabe 32 > 638, Aufgabe 33 > 638, Aufgabe 34 > 638

9.4 Beschaffung

Darunter versteht man die **Gestaltung der Materialwirtschaft** im Sinne des wirtschaftlichen Umgangs mit Waren, insbesondere der anforderungsgerechten Materialbereitstellung (= Versorgung) in der Fertigung. Dazu gehören der Einkauf und die Logistik.

Wenn in den Zwischen- und Fertigerzeugnissen die fremden, d. h. von außen bezogenen Materialanteile zulasten der eigenen Wertschöpfung steigen, ist in Zukunft damit zu rechnen, dass die **Bedeutung der Beschaffung** (engl. Procurement) im Unternehmen zunehmen wird.

Um Beschaffungsvorgänge zu rationalisieren, Lagerbestände entlang der Wertschöpfungskette zu senken, Fehler bei Ein- und Auslagerungen zu vermeiden sowie die bestmögliche Belegung der Lagerflächen und -regale zu gewährleisten, ist ein **Warenwirtschaftssystem** (engl. Merchandise Planning and Control System) erforderlich. Darunter versteht man ein computergestütztes System zur Steuerung aller physischen Warenbewegungen nach Menge und Wert sowie aller auf die Durchführung dieser Warenbewegungen ausgerichteten personalen und finanziellen Prozesse, einschließlich der erforderlichen Sachmittel. Voraussetzung dafür ist die informationstechnische Abbildung des Warenflusses und die durchgängige Verarbeitung sämtlicher warenbegleitender Daten. Hilfreich kann dabei die Unterstützung durch die Software **SAP SRM** (**S**upplier **R**elationship **M**anagement) sein, die zur **SAP Business Suite** gehört, und hilft, die Beschaffungsaktivitäten für Material, Waren und Dienstleistungen zuverlässig abzuwickeln.

Naturkatastrophen machen bewusst, wie anfällig die **Versorgungssicherheit** industrieller Unternehmen weltweit geworden ist, wenn plötzlich Zulieferfirmen ausfallen und die eigene Fertigung gefährden. Das sollte Unternehmen nachdenklich stimmen, um bezüglich der Lieferanten und/oder Lagerbestände vielleicht wieder mehr **Redundanzen** zuzulassen, die zwar höhere Kosten verursachen, im Ereignisfall aber **Stock-outs** verhindern. Ergänzend dazu wäre aber auch herauszufinden, ob Kunden – entgegen anders lautender Ansichten – nicht doch bereit sind, vorübergehend einen begründeten Lieferverzug zu akzeptieren, sodass auch ein zeitlich befristeter Fertigungsausfall möglich sein dürfte.

9.4.1 Materialbedarf

Die Beschaffungsplanung und Disposition des Materialbedarfs im Vorfeld des Einkaufs geschieht wie folgt:

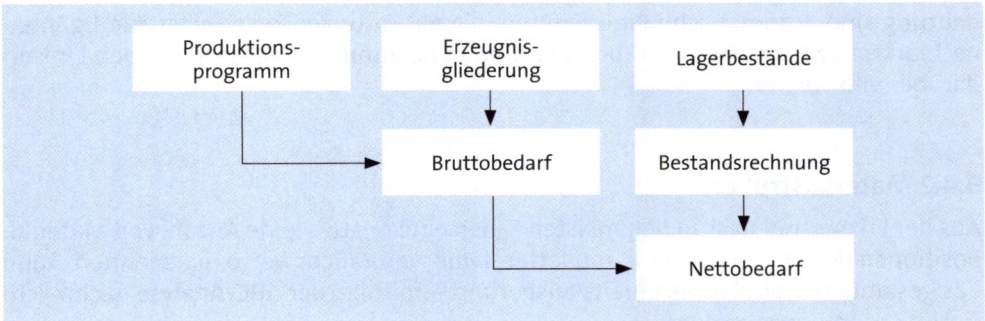

Zum **Material als Verbrauchsgüter bzw. -faktoren** zählen

► **Rohstoffe**, die – nach vorheriger Verarbeitung – als wesentliche Bestandteile unmittelbar in die Fertigerzeugnisse eingehen und in diesen leicht nachgewiesen werden können (z. B. Bleche bei Autos oder Holz bei Möbeln). Aus Gründen des Verursachungsprinzips werden Rohstoffe in der Kostenrechnung als Einzelkosten behandelt.

► **Hilfsstoffe**, die auch unmittelbar in die Fertigerzeugnisse eingehen, dort aber lediglich eine Verbindungs-, Veredelungs- oder Sicherungsaufgabe erfüllen (z. B. Schrauben). Auch hier ist deren Nachweis im Produkt möglich, jedoch wird darauf verzichtet, sodass in der Kostenrechnung nur Gemeinkosten angesetzt werden.

► **Betriebsstoffe**, die nicht in die Fertigerzeugnisse eingehen, aber zu deren Herstellung erforderlich sind (z. B. Strom oder Öl). Ob es sich hierbei um Einzel- oder Gemeinkosten handelt ist situativ zu beurteilen.

▶ **Zukaufteile**, die von anderen Unternehmen bezogen werden, unmittelbar in die Fertigerzeugnisse eingehen und in der Kostenrechnung üblicherweise als Einzelkosten behandelt werden.

In Abhängigkeit von der **Branche** ist von Bedeutung:

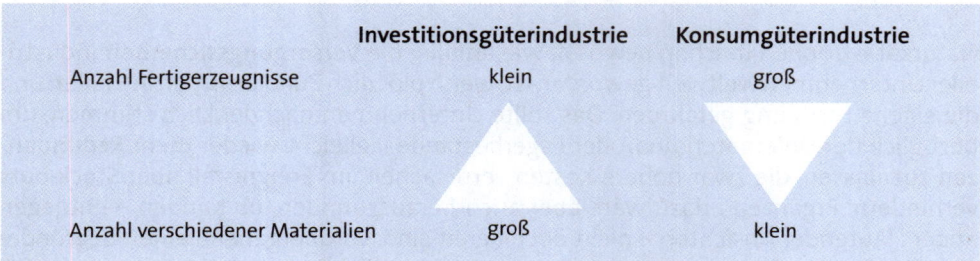

	Investitionsgüterindustrie	Konsumgüterindustrie
Anzahl Fertigerzeugnisse	klein	groß
Anzahl verschiedener Materialien	groß	klein

Bezüglich der Beschaffung standardisierter Güter, wie an Terminbörsen notierte Rohstoffe oder Energie, kann der Einkauf mit spezialisierten Händlern eine **Preissicherung** über externe Instrumente (darunter Derivate) vornehmen. Außerdem bietet das Internet mit seinen Marktplätzen und Suchdiensten dem Einkauf eine Fülle von Informationsquellen. Dabei kann es zur **Automatisierung von Beschaffungsaufgaben** kommen, wie z. B. Wahl der Transaktionspartner, Austausch von Katalogen oder Verfolgung des jeweiligen Status von Bestellvorgängen (= Lieferanten-Tracking). Von zunehmender Bedeutung sind automatische Preisagenten, die als Software-Tools selbstständig Internetmarktplätze besuchen und beim Vorfinden bestimmter Sachverhalte den Einkauf darüber informieren.

9.4.2 Materialstruktur

Aus der Erkenntnis, dass in den meisten Fällen eine relativ kleine Anzahl von Materialpositionen den Hauptteil der kumulierten Jahresverbrauchswerte repräsentiert, kann das gesamte Material – wie bereits ausgeführt – mithilfe der **ABC-Analyse** nach Wichtigkeit strukturiert werden.

Ergänzt werden kann die ABC-Analyse des Materials durch die entsprechende XYZ-Analyse, die Aufschluss über die **Verbrauchsschwankungen** und damit die Prognosegenauigkeit des Materialbedarfs gibt.

Material-gruppe	Verbrauchs-schwankung	Vorhersage-genauigkeit	Reichweite der Bestände
X		Hoch, d. h. Verbrauch ist konstant bei nur gelegentlichen und dann auch nur schwachen Schwankungen	Gering, wenn ferti-gungssynchrone Be-schaffung
Y		Mittel, d. h. Verbrauch unterliegt stärkeren Schwankungen (Sai-son, Trend)	Hoch, wenn Vorratsbe-schaffung
Z		Niedrig, d. h. Ver-brauch verläuft unre-gelmäßig	Gering, wenn Beschaf-fung im Bedarfsfall

Ein im Bedarfsfall nicht vorhandenes Material verursacht **Fehlmengenkosten** der nachstehenden Art:

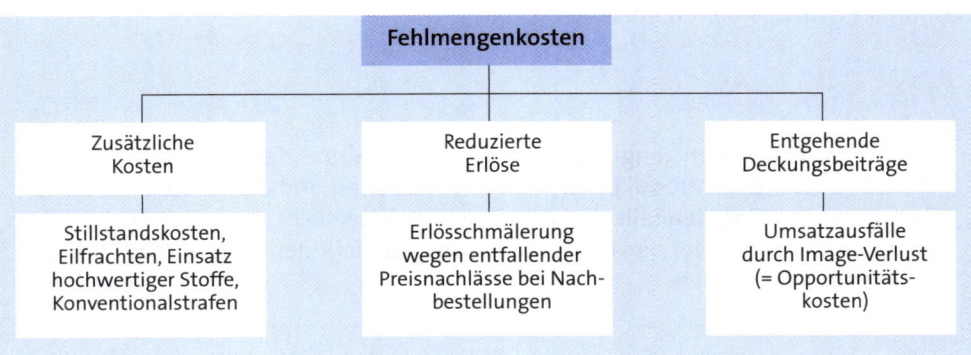

Den Fehlmengenkosten kann durch Erhöhung der Lieferbereitschaft – ausgedrückt durch den **Lieferbereitschaftsgrad** – entgegengewirkt werden:

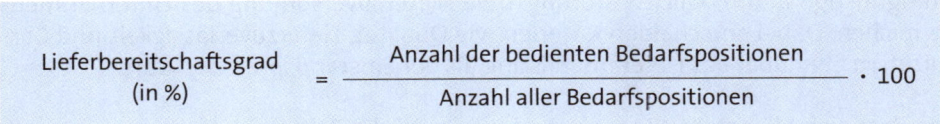

$$\text{Lieferbereitschaftsgrad (in \%)} = \frac{\text{Anzahl der bedienten Bedarfspositionen}}{\text{Anzahl aller Bedarfspositionen}} \cdot 100$$

Eine hundertprozentige **Lieferbereitschaft** wird normalerweise nicht gefordert werden können, da jenseits einer bestimmten Grenze die Lagerhaltungskosten, insbesondere durch die Finanzierung höherer Sicherheitsbestände, überproportional steigen.

Um bei gegebener Lieferbereitschaft die Lagerbestände gering zu halten, ist unter Absenkung sowohl der Bestellmenge als auch des Sicherheitsbestands die **Bestellhäufigkeit** zu erhöhen, die sich berechnen lässt aus der Relation „Jahresbedarf/Bestellmenge". Wegen ihres hohen Wertanteils kann für die relativ kleine Gruppe der A-Güter eine Just-in-time-Beschaffung vorgesehen werden.

Die **strategische Bedeutung von A-Gütern** kann ferner bewirken, die Komponenten bezogen auf ein internes Plattformkonzept stärker zu standardisieren, durch Wertanalysen festzustellen, welche und wie viele Komponenten des Produkts geändert werden oder sogar wegfallen können, ohne dass sich die Produkteigenschaften wesentlich verändern und nach anderen Werkstoffen zu suchen, die bei gleichen Eigenschaften billiger, leichter und/oder umweltschonender zu verarbeiten sind als die zurzeit eingesetzten Werkstoffe.

Durch **Standardisierung** wird eine Vereinheitlichung (= Normung) der Beschaffenheit und/oder Abmessungen von Produktkomponenten angestrebt, um beim Einkauf und in der Fertigung zu hohen Stückzahlen zu gelangen. Die Folge einer übertriebenen Standardisierung des Materials wären Typenbeschränkungen bei den Endprodukten, die es unmöglich machen, die Wünsche der Kunden zu erfüllen (engl. auch Customization) und damit deren Probleme zu lösen. Die Nachfrage ist es schließlich, die darüber entscheidet, ob ein Unternehmen eine hinreichend große **Typenvielfalt** im Rahmen der Economies of Scope bieten muss.

Mittels **Wertanalysen** (engl. Value Analysis) im Sinne der Wertverbesserung werden bestehende Produkte nach ihren Funktionen und den Kosten der diese Funktionen erfüllenden Teile und Arbeitsgänge untersucht, um unnötige Kosten zu beseitigen und/oder den Produktwert aus der Sicht der Kunden (engl. Value-for-Money) zu erhöhen.

9.4.3 Lieferantenstruktur

Durch **Sourcingstrategien** sind die Bezugsquellen zu bestimmen, um dauerhaft eine kostengünstige und möglichst störungsfreie Materialversorgung des Unternehmens zu erreichen. Dabei entscheiden Kriterien wie Qualität, Lieferzuverlässigkeit und Customization eher über das Lieferantenlisting als der Einstandspreis der Waren.

Ohne dass sich allgemein angeben lässt, wie groß die **Zahl der Lieferanten** sein sollte, müssen die Kostendegressionseffekte eines **Single Sourcing** (= Einquellenversorgung) den Vorteilen des **Multiple Sourcing** (= Mehrquellenversorgung) gegenübergestellt werden, wie z. B. Versorgungssicherheit, geringeres Risiko von Serienfehlern oder Preiswettbewerb. Der Fall eines **Sole Sourcing** ist gegeben, wenn für eine patentrechtlich geschützte Materialposition nur ein Hersteller existiert. Liefert ein Anbieter bereits vormontierte Produktkomponenten, liegt der Fall des **Modular Sourcing** vor. Und dehnt das Unternehmen seine Beschaffungspolitik auf internationale Quellen aus, ist **Global Sourcing** möglich. Das Internet schließlich erlaubt ein **Consortium Sourcing** in Bezug auf Ausschreibungen, Versteigerungen (= Auktionen) und Biete-Systeme (= umgekehrte Auktionen).

Häufig vorzufinden ist in der Praxis die **Zweiquellenversorgung** (engl. Double Sourcing) mit jeweils unterschiedlichen Lieferumfängen (z. B. 80 % : 20 % oder 70 % : 30 %) und die Einbeziehung nur der Haupt- oder Systemlieferanten in die frühe Wertgestaltung bzw. nachlaufenden Wertanalysen. Im Gegenzug können die wichtigsten Zulieferer, die an den daraus erwirtschafteten Vorteilen beteiligt werden, mit produktionsrelevanten Daten termin- und mediengerecht versorgt sowie durch Abschluss mehrjähriger Liefer- und Abnahmeverträge (z. B. Lifetime-Verträge über den gesamten Marktzyklus eines Produkts) abgesichert und dadurch motiviert werden..

Damit die **Wertkette des Unternehmens** durch Aufteilung des Beschaffungsvolumens nicht zu komplex wird, können kleine Lieferanten zu Unterlieferanten der großen Zulieferer gemacht und durch diese betreut bzw. von diesen auditiert werden.

Bezüglich der in komplexen Wertketten möglichen **Zusammenarbeit** (engl. Collaboration) erscheint es zweckmäßig, den jeweiligen Zulieferern eine Stufe oder Rang (engl. Tier) zuzuweisen, was die folgende Abbildung visualisiert:

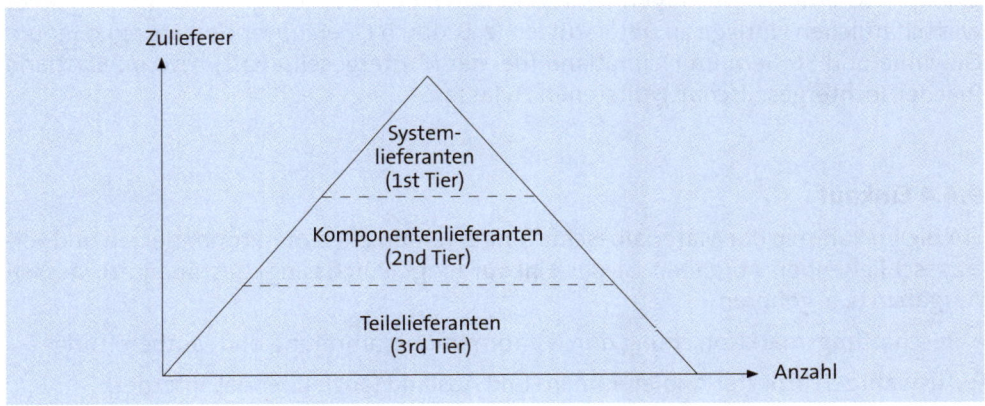

Durch **Komplettlieferungen** von Systemanbietern können interne Prozesse (z. B. bei der Vormontage) im eigenen Haus entfallen.

Die **Kontinuität der Belieferung** ist umso weniger gefährdet, je besser die Existenz der Zulieferer abgesichert ist. Gefährdet sind eher kleine und mittlere Unternehmen, die nur eine geringe Eigenkapitalbasis haben, Liefertreue nicht garantieren können und keine großen Volumen zu liefern in der Lage sind.

Bezüglich der **Kostensenkungspotenziale** dürften große Lieferanten die mit der Erfahrungsökonomie begründeten höheren Produktivitätszuwächse haben, die im Zeitablauf zu unterproportional steigenden, gleichbleibenden oder gar sinkenden Produktionskosten führen, was sich günstig auf die Einstandspreise auswirken kann.

Die Beurteilung der **Leistungsfähigkeit eines Lieferanten** kann bezüglich seines technischen Knowhow zur Übernahme kompletter Systemaufgaben, seiner internen Flexibilität (z. B. schnelle Fertigungsumstellung) sowie seiner freien Kapazitäten erfolgen. In Abhängigkeit vom FuE-Potenzial eines Lieferanten kann damit gerechnet werden, mit Materialien der gewünschten Art und Qualität versorgt zu werden. Demgegenüber steigt die Gefahr von Lieferunterbrechungen, wenn die Produktionsanlagen eines Lieferanten ausgelastet sind und die Konjunktur anzieht. Schließlich sollte ein Lieferant auch danach beurteilt werden, ob er in der Lage ist, die Folgekosten von Rückrufaktionen wegen fehlerhafter Teile oder Baugruppen zu tragen.

Sind Beschaffungsgüter durch **Patente** geschützt oder sollten diese aus Gründen von **Gegengeschäften** von bestimmten Lieferanten bezogen werden, muss damit gerechnet werden, dass die Einstandspreise kaum sinken werden. Des Weiteren können Lieferanten an sich mögliche Kostensenkungen durch **Neben- oder Service-Leistungen** (z. B. Übernahme der Lagerhaltung durch Einrichtung von Konsignationslagern) auszugleichen versuchen. Schwierig wird eine Beurteilung der Preissenkungspotenziale vor allem dann sein, wenn es sich bei Zulieferern um **Schwestergesellschaften** handelt. So könnte die Konzernleitung einen Liefer- und Abnahmezwang zwischen Konzerngesellschaften einführen und Verrechnungspreise abweichend von Marktpreisen in sog. „Sweetheart"-Verträgen festlegen, um andere Konzerngesellschaften in einer wirtschaftlichen Notlage zu unterstützen (z. B. durch Quersubventionierung) oder um Gewinne und Steuern im Heimatland (bei der Muttergesellschaft) bzw. im Gastland (bei der Tochtergesellschaft) entstehen zu lassen.

9.4.4 Einkauf

Für die im Rahmen der Materialbeschaffung erforderlichen marktorientierten und vertragsschließenden Aufgaben ist der **Einkauf** (engl. Purchasing) zuständig, zu dessen Aufgaben u. a. gehören:

▶ Beschaffungsmarktforschung durch Informationssammlung und -aufbereitung

▶ Auswahl zertifizierter Anbieter im In- und Ausland (auch über das Internet)

▶ Beschaffungsanfragen bei Anbietern auf der Grundlage von Prototypen, Konstruktionszeichnungen, Stücklisten und/oder Vorkalkulationen

▶ Verhandlungen bezüglich von Vergleichsfaktoren wie Qualitäten, Termine, Preise, Mindestmengen, Verpackung und Transport

► Angebotsvergleiche durch Umrechnung der Vergleichsfaktoren in messbare Werte (= Indizes), anhand derer Abschlüsse von Einzel- oder Rahmenverträgen getroffen werden

► Zentrale Bestellungen, einschließlich Führung eines Bestellobligos, um die zur Bezahlung der Lieferantenrechnungen erforderlichen Geldmittel disponieren zu können. Im Bestellobligo werden auch die dezentralen Bestellungen der Bedarfsträger am Arbeitsplatz erfasst. Für dezentrale Bestellungen ist standardisiertes Material geeignet, das unter Verwendung aktueller Kataloge direkt vom Arbeitsplatz aus beschafft werden kann.

► Pflege und Überwachung der Lieferantenbeziehungen anhand klar definierter Kriterien. Soll als Folge von Sparprogrammen die Anzahl der Lieferanten reduziert werden, sind Bestellungen künftig auf die übrig gebliebenen Lieferanten zu verteilen.

► Suche nach Trends (engl. Trend Scouting) und deren Beurteilung hinsichtlich der Konsequenzen für das eigene Unternehmen

► Beschaffungsmarketing als einkaufsstrategische Maßnahme, die der gezielten Beeinflussung des Beschaffungsmarkts im Interesse des zu beliefernden Unternehmens dient. Die Absicherung stark schwankender, insbesondere steigender Rohstoffpreise über Termingeschäfte sollte in Abstimmung mit dem Risikomanagement des Unternehmens erfolgen.

Die **Bedeutung des Einkaufs in der Unternehmensstrategie** steigt beständig. Ein Grund dafür ist die Verringerung der Fertigungstiefe, verbunden mit der Zunahme des Fremdbezugs infolge von Outsourcing. Hinzu kommen immer strenger werdende Haftungspflichten, wodurch die Risiken der Materialwirtschaft steigen. Eine dem Einkauf beigeordnete Qualitätsstelle beschäftigt sich operativ mit der Wareneingangskontrolle, um Fehler von Lieferanten frühzeitig aufzudecken. Darüber hinaus kann die Qualitätsstelle auch strategisch relevante Aufgaben übernehmen, wie z. B.:

► Benchmarks der weltbesten Einkaufsagenturen und -plattformen, um von deren Wissen zu lernen

► Zertifizierung von Zulieferern, gegebenenfalls unter der Voraussetzung, dass diese statistische Prozessregelungen (etwa nach der Six Sigma-Methode) einführen oder verbessern, um die Qualität und Fehlerfreiheit der Bauteile und -gruppen zu gewährleisten

► Einbindung der Haupt- und Systemlieferanten in Prozesse der Ideenfindung, Entwicklung und Weiterentwicklung von neuen oder verbesserten Komponenten bzw. Produkten.

Durch **globale Einkaufstouren** lassen sich die Versorgungsrisiken des Unternehmens zwar senken, hinzu kommen allerdings andere Sachverhalte, wie: Größere (auch grenzüberschreitende) Distanzen, weitere zu beachtende Regelwerke und Vorschriften, Währungsschwankungen, Zoll- und Local-Content-Bestimmungen sowie zeitliche, sprachliche und kulturelle Unterschiede.

9.4.5 Logistik

Wachsende Waren- und Verkehrsströme vergrößern nicht nur das globale **Logistikaufkommen**, sondern es steigt auch die Nachfrage speziell nach umweltverträglicher Logistik (engl. Green Logistics).

Als **Logistik** wird jener Teilbereich der Materialwirtschaft bezeichnet, der für die Lagerung, den Umschlag und den Transport von RHB-Stoffen, Zukaufteilen sowie unfertigen und fertigen Erzeugnisse zuständig ist (= physische Logistik) sowie für einen schnellen Informationsfluss sorgt, der zwischen den Logistikknoten stattfindet und vorauseilender bzw. begleitender Art ist (= dispositive Logistik).

Werden diese und andere damit zusammenhängende Aufgaben selbst wahrgenommen, spricht man von **Intralogistik**. Da die Intralogistik nicht unbedingt zu den Kernaufgaben bzw. -kompetenzen des Unternehmens gehört, ergibt sich durch Auslagerung der physischen Logistik an externe Dienstleister die **Kontraktlogistik**. Deren Bedeutung entlang der Wertschöpfungskette wächst, da mit der Globalisierung der Wirtschaft die Transportdistanzen steigen und mehr Güter an kostengünstigen Standorten zwischengelagert werden müssen. Vorzugsweise sollte die Kontraktlogistik durch zertifizierte Dienstleister erfolgen, die einem weltumspannenden Logistiknetzwerk angehören und sich an der Normenreihe EN ISO 9000 ff. ausrichten müssen.

Das **Logistikmanagement und -controlling** im Unternehmen haben für Zuverlässigkeit, Flexibilität und angemessene Kostenstrukturen innerhalb der logistischen Prozesse zu sorgen. Gibt es nur fragmentierte Informationssysteme an der Quelle, auf der Strecke, an der Senke und zurück zur Quelle, muss das logistische Informationssystem als Teil der betrieblichen Infrastruktur durchgängig, d. h. ohne Medienbrüche gestaltet werden.

Das **Kennzeichen logistischer Prozesse** ist, dass sie nur mittelbar wertschöpfend sind. Gerade deshalb kommt es hier zu einem verstärkten Outsourcing logistischer Aufgaben, wodurch die eigene Wertschöpfungstiefe sinkt. Gleichzeitig steigt die Zahl der Onlineanbindungen aller an der Wertschöpfungskette Beteiligten, was den Umfang der zu koordinierenden Schnittstellen im Unternehmen erhöht. Die Vernetzung eines verteilten Order- und Datenmanagements mit dem physischen Warenfluss ist ein Baustein dafür, dass individuell gefertigte Massenprodukte auch tatsächlich zu einem Mittel der Kundenbindung werden.

Logistik braucht eine funktionierende **Prozesskostenrechnung**. Da diese auch das Controlling betrifft, sind Höhe, Zusammensetzung und Beeinflussbarkeit der gesamten Logistikleistung und -kosten regelmäßig zu überwachen.

9.4.5.1 Lagerhaltung

Unter **Aufrechterhaltung der Lieferbereitschaft** sind die mit der nicht wertschöpfenden Lagerhaltung verbundenen Kosten möglichst gering zu halten. Auch sind wegen der sich immer schneller ändernden Produktsortimente auf jeweils „maximale" Bestandsmengen ausgelegte **Lagerkapazitäten** nicht zu empfehlen.

Idealtypisch lassen sich folgende **Stufen der eigenen Lagerhaltung** unterscheiden:

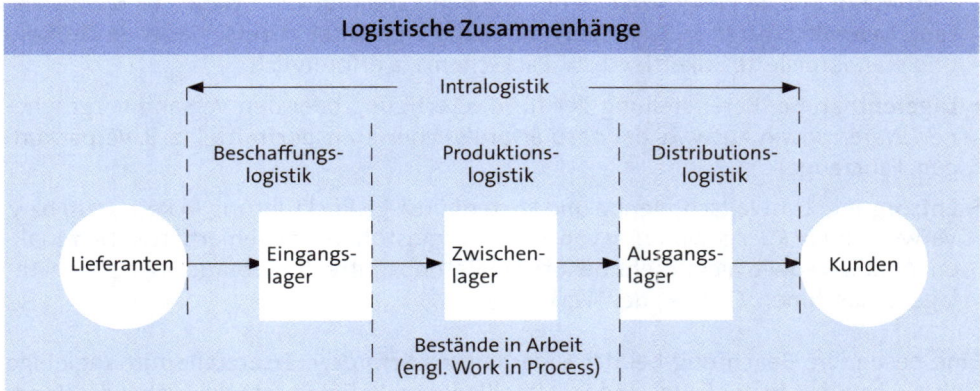

Dabei gilt (*Schulte, 2009*):

► Die **erste Lagerstufe** bilden die Beschaffungs- oder Eingangslager, die – abgesehen vom Verbrauchsmaterial – auch Sicherheitsbestände im Sinne geplanter Redundanz aufzunehmen haben, wenn auf Beschaffungsmärkten mit unvorhersehbaren Störungen (etwa durch Naturkatastrophen, Streiks und/oder Transportunterbrechungen) gerechnet werden muss die eine Just-in-Time-Belieferung gefährden.

► Die **zweite Lagerstufe** dient als Zwischenlager innerhalb der Fertigungspipeline, wenn die Losgrößen, produktspezifischen Bearbeitungszeiten und maschinenbezogenen Umrüstzeiten unterschiedlich sowie die Produktionsquerschnitte nicht vollkommen aufeinander abgestimmt sind.

► Der **dritten Lagerstufe**, d. h. den Ausgangs- oder Distributionslagern, kommt die Aufgabe zu, sowohl einen Ausgleich zwischen der Produktion und dem Absatz herzustellen, als auch Handelswaren (einschließlich fremd bezogener Ersatzteile) aufzunehmen.

Aus **Sicht des Controllings** sollten die Bestände in allen Lagerstufen möglichst klein gehalten werden, da die entsprechenden Positionen – als **Teil des Working Capital** – nicht unmittelbar wertschöpfend sind und entsprechend wenig zur Rendite des Unternehmens beitragen.

Für die Verwaltung der Bestände in den Stufen der (eigenen) Lagerhaltung ist das **Warehouse Management** zuständig. Die dazu erforderlichen Prozesse sind

► **Wareneingang:** Annahme, Prüfung (etwa durch Stichproben) und Kennzeichnung der angelieferten Waren (soweit nicht schon geschehen)

► **Einlagerung:** Bestimmung der Ziellager, Belegung der Lagerplätze entsprechend der Lagerplatzcodes und Umlagerung (einschließlich der damit verbundenen Innentransporte)

► **Kommissionierung** (engl. Picking) nach den Prinzipien „Mann-zur-Ware" oder „Ware-zum-Mann". Beide Prinzipien machen die Bereitstellung von Belegen (z. B. Stücklisten), Ladehilfsmitteln (z. B. wiederverwendbare Behälter in verschiedenen Größen) und standardisierte Etikettier- bzw. Packschemata erforderlich.

► **Lagerentnahme:** Bereitstellung der für die Fertigung oder den Versand vorgesehenen Waren sowie Auswahl der dazu erforderlichen Transportmittel (z. B. Verpackungen, Fahrzeuge)

► **Entsorgung:** Umweltschonende und kostengünstige Rückführung (= Retouren) bzw. Verwertung (= Rückgewinnung von Sekundärrohstoffen) von fehlerhaften Materialien, Abfällen sowie nicht mehr benötigter Betriebsmittel (= Gebrauchsgüter wie Anlagen, Maschinen, Geräte oder Werkzeuge).

Eine besondere Beachtung bei der Lagerhaltung erfordern **Ersatzteile** für langlebige Gebrauchsgüter. In der Regel sind Ersatzteillager großzügig bestückt, wobei die Bandbreite von Klein- und Kleinstteilen, über sperrige Teile bis hin zu Gefahrenstoffen geht. Überdies sind Ersatzteillager so organisiert, dass **Schnelldreher** (wie z. B. Verschleißteile aktueller Produktvarianten) möglichst vorne in den Lagerräumen und Langsamdreher, darunter C-Teile, eher hinten bzw. weit oben eingelagert werden.

Die **Standortfestlegung** der Lager kann unter Gesichtspunkten der zentralen und dezentralen Lagerung erfolgen. Die Entscheidungen sind grundsätzlich situativ zu treffen, wobei den Transportkosten eine große Bedeutung zukommt. Die Lagerverwaltung an jedem Standort betrifft die Erfassung von ein- und ausgehenden Waren sowie die Weiterleitung der Informationen, welche Waren nachbestellt oder nachgeliefert werden müssen.

9.4.5.2 Transport

Hierbei geht es um die **Beförderung von Waren** zwecks Überwindung räumlicher Distanzen von der Quelle bis zur Senke.

Viele Waren lassen sich ohne **Verpackung** weder schützen noch transportieren. Dabei sieht die Verpackungsverordnung (VerpackV) vor, dass für jede Transport-, Um- und Verkaufsverpackung so wenig Material wie möglich aufgewendet werden soll. Um Transportverpackungen stabiler, leichter, mehrfach verwendbarer und vor allem preiswerter zu machen, werden immer wieder neue Materialien entwickelt, kombiniert und ausprobiert. Zunehmende Bedeutung als logistische Hilfsmittel haben Packmittel (sog. Trays), die sich sowohl zum Transport als auch zur verkaufsfördernden Darbietung der Produkte am Point of Sale (insbesondere bei Discountern) verwenden lassen.

Zur Steuerung von Warenflüssen werden Verpackungen immer mehr mit berührungs-losen **RFID-Funketiketten** (**R**adio **F**requency **I**dentification **C**hips) versehen. Bei dieser Technik werden wiederverwendbare und mit gedruckten (unsichtbaren) Antennen ausgestattete Mikrochips, sog. Transponder, verwendet, die die von Scannern lesba-ren Bar- oder Strichcodes (darunter auch der offizielle Bar- oder Strichcode der Europä-ischen Artikelnummerierung/EAN) ersetzen sollen. Sobald mit RFID-Chips versehene Objekte (z. B. Kisten, Kartons, Paletten oder andere Transportbehälter) bei der Ein- bzw. Auslagerung eine mit RFID-Lesegerät versehene Station passieren, kommt es zur au-tomatischen Datenerfassung und Funkübertragung der auf dem Funkchip gespeicher-ten Daten (engl. Data on Tag), mittels derer dann im ERP-System die Warenbestände in Echtzeit aktualisiert werden. In den meisten Fällen werden passive Chips verwendet, die keine eigene Energie besitzen und von einem elektromagnetischen Feld, das vom Lesegerät ausgeht, gespeist werden. Passive Chips haben eine unbegrenzte Lebens-dauer und sind billiger als die aktiven Chips, die mit Batterien ausgestattet sind, um auch von weiter entfernt stehenden Lesegeräten erfasst werden zu können.

Mit zunehmendem Outsourcing der Beschaffungs- und Distributionslogistik steigen die **Anforderungen an die Kontraktlogistik**:

► Von Bedeutung für das **Business-to-Business** (B2B) sind Speditionen und die Cargo-Dienste der Bahn-, Luft- und Seegesellschaften. Bezüglich der Just-in-Time-Beschaf-fung ist damit zu rechnen, dass geringere Bestandsreichweiten zu häufigeren Liefe-rungen nur jeweils kleiner Mengen führen.

► Beim **Business-to-Consumer** (B2C) sind dies vor allem die KEP-Dienstleister (Kurier-, Express- und Paketdienste), da ihr Leistungsspektrum auf den schnellen Transport von kleinvolumigen Sendungen spezialisiert ist. Um maßgeschneiderte Dienstleis-tungen zu erreichen, wird häufig ein 24-Stunden-Service angeboten.

► Ein Spezialgebiet für Spediteure ist die **Messelogistik**. Die Messetermine stehen meistens lange im Voraus fest, jedoch sind unter hohem Zeitdruck die Messestände anzuliefern, an den vorgesehenen Stellen aufzubauen, rechtzeitig mit darzubieten-den Exponaten und mit zu verkaufenden Gütern zu füllen, nach der Messe wieder zu entfernen und zu verpacken sowie bis zur nächsten Messe in geeigneten Lagerräu-men aufzubewahren.

► Empfehlenswert ist ein durchgängiger, automatisierter **Datenaustausch** zwischen den Partnern.

Um ein attraktives Angebot machen zu können, müssen die **Anbieter von Kon-traktlogistik** den Spagat zwischen kostengünstiger Standardlösung und auf-wändiger Speziallösung schaffen. Deshalb kombiniert der externe Logistiker sei-ne Aufträge möglichst so, dass er die Lager und Transportfahrzeuge gleichzeitig für mehrere Kunden nutzen kann.

Zur mobilen Steuerung von Fahrzeugen ist das **Global Positioning System** (GPS) geeignet, das ab dem Jahr 2014 durch das europäische Satellitennavigationssystem GALILEO ergänzt bzw. ersetzt werden soll. Über Satelliten gestützte Ortungsgeräte hat dabei nicht nur der Disponent (z. B. der Flottenmanager eines Transportdienstleisters) jederzeit Kenntnis über den aktuellen Aufenthaltsort (= Lieferstatus) z. B. der LKWs, sondern auch der Kunde kann diese Informationen passwortgeschützt über das Internet abrufen. Die Optimierung der Fahrzeugrouten, eine pünktlichere Anlieferung der Waren durch Umgehung von Staus bzw. Unwetter sowie die bessere Auslastung der LKWs durch die Zusammenlegung von ursprünglich getrennten Fahrten, sind weitere positive Effekte der Navigationssysteme von Transportdienstleistern.

Tätigkeiten, die vor oder nach einem Transportvorgang liegen, werden als **Umschlagsvorgänge** bezeichnet und betreffen die physischen Ein- und Auslagerungen. Dazu zählen auch solche nicht wertschöpfenden Tätigkeiten wie Kommissionierung, Umverpackung, Labeln der Transportobjekte mit Barcodes oder Funkchips sowie Bearbeitung von Retouren.

Mit Softwareunterstützung lässt sich umständliches und zeitaufwändiges Herumprobieren vermeiden. Als Beispiel dafür sei ein digitaler Packassistent genannt, der bereits während der Konstruktion von Teilen, Komponenten oder fertigen Produkten die geometrischen Daten speichert, anhand derer eine bebilderte Packanleitung erstellt werden kann, nach der sich die Güter platzsparend, stabil und sicher für den Transport oder das Lager verpacken lassen.

Die Beurteilung der Kontraktlogistik erfordert ein Benchmarking der Partner, bei dem **Kennzahlen** abgefragt werden, wie Lieferfähigkeit (= Grad der Übereinstimmung zwischen Kundenwunschtermin und zugesagtem/bestätigtem Termin), Lieferqualität (= Anteil an ausgeführten Aufträgen ohne qualitative und quantitative Mängel), Liefertreue (= Grad der Übereinstimmung zwischen bestätigtem/zugesagtem und tatsächlichem Auftragserfüllungstermin) oder durchschnittliche Anzahl von Artikelnummern je Mio Euro Transportvolumen.

9.4.5.3 Lieferkette

Mit Zunahme der weltweiten (globalen) Arbeitsteilung werden ERP-Systeme kooperierender Unternehmen miteinander verknüpft. Dadurch entsteht jeweils ein Netzwerk, das vereinfachend als lineare Kette dargestellt und als **Lieferkette** (engl. Supply Chain/SC) bezeichnet wird.

Kennzeichen von Lieferketten ist, dass bei Erweiterungen der Logistik über die Unternehmensgrenzen hinweg, Waren über mehrere Wertschöpfungsstufen stromabwärts zu den Endkunden fließen. Als Hauptgründe für die Entstehung von Lieferketten gelten die Nutzung gemeinsamer Ressourcen, Synchronisation von Angebot und Nachfrage, die Senkung verteilter Lagerbestände mit den daraus resultierenden Kosteneinsparungen sowie die Erhöhung des Lieferservicegrads.

> Zu den Aufgaben des **Supply Chain Managements** (SCM) gehört es, Logistikpartner für eine längerfristige Zusammenarbeit zu gewinnen, Logistikprozesse entlang der integrierten, digitalisierten Lieferketten mit zu gestalten sowie verbindliche Regelungen über den Waren- und Datenfluss zu vereinbaren (*Fandel, 2009; Krüger/Steven, 2000; Werner, 2010*).

Um Supply Chains krisenfest zu machen, können Hersteller die Globalisierung ein Stück zurückdrehen, die Wertschöpfungstiefe vergrößern und bestimmte Aufgaben künftig wieder selbst erledigen (= Backsourcing), oder mehr Waren von nahe gelegenen Lieferanten beziehen. Ferner sollten Supply Chains ökologisch verträglich organisiert werden, indem die Transportdienstleister bezüglich der nach Straße, Schiene, Wasser und Luft unterschiedenen **Verkehrswege** veranlasst werden, sich untereinander besser abzustimmen, die geografische Lage ihrer Logistikzentren neu zu überdenken, den Einsatz emissionseffizienterer Fahrzeuge voranzutreiben und Touren zu bündeln, um Leerfahrten zu verringern.

Wenn etwas aus dem Ruder läuft, sind die Partner der Lieferantenkette zu alamieren. Diesbezüglich kann im Unternehmen ein **Supply Chain Event Management** (SCEM) eingerichtet werden. Dabei handelt es sich um ein softwarebasiertes Kontroll- und Warnsystem, das Alarm schlägt, wenn innerhalb der Waren- und Produktionsströme an den vom jeweiligen Anwender vorgegebenen Messpunkten ereignisbedingte **Planabweichungen** auftauchen. Beispielsweise erhält der zuständige Materialdisponent oder Fertigungssteuerer ein Signal, wenn zu einem bestimmten Zeitpunkt eine erwartete Liefermenge nicht verfügbar ist.

Bezüglich der **Gestaltung einer Supply Chain** werden folgende Arten von Systemelementen unterschieden:

► **Strukturelemente**, die aufbauorganisatorisch die Leistungsbereiche an den jeweiligen Standorten betreffen. Die Standorte beschreiben die geografische Lage des jeweiligen Partners, sei es als Vorlieferant, Lieferant, Produzent, Dienstleister, Dispositionszentrum oder Kunde bzw. Endkunde. Jeder Standort enthält Leistungsbereiche, die für aktive Prozesse (darunter ein- und auslagern, verändern, transportieren) oder passiv Prozesse, wie etwa lagern, verantwortlich sind. Die Materialflussplanung und -koordination über die jeweiligen Wertschöpfungsstufen hinweg betrifft **stromabwärts** die Versorgung und **stromaufwärts** die Entsorgung.

► **Flusselemente** als diejenigen Objekte, die im Rahmen des Warenflusses von einem Strukturelement zum anderen bewegt bzw. bearbeitet oder gelagert werden. Dazu gehören in Abhängigkeit von ihrem jeweiligen Grad der Fertigstellung: Die von Lieferanten bezogenen RHB-Stoffe, Zukaufteile und Handelswaren, die selbst gefertigten Teile, Baugruppen und Halbfabrikate und Fertigerzeugnisse, die an Zwischenkunden (= Handel) und Endkunden verkauft werden.

► **Prozessketten**, die Struktur- und Flusselemente ablauforganisatorisch verbinden. Die dazu erforderlichen Teilprozesse sind:

- **Planung** (= Plan) bzw. Abstimmung (Koordination) zwischen Angebot und Nachfrage

- **Beschaffung** (= Source) mit den inputseitigen Aufgaben der Bestellung, Anlieferung, Einlagerung, Lagerung und Lagerentnahme

- **Herstellung** (= Make) und Montieren der Liefermengen, einschließlich der Fertigungssteuerung, also der Belegung der Fertigungsanlagen nach genauen Prioritätsregeln

- **Lieferung** (= Deliver) mit den outputseitigen Aufgaben der Ausgangslagerung, Verpackung, Fakturierung und Distribution der Waren.

Als eine Art **Metamodell** verknüpft **SCOR** (**S**upply **C**hain **O**perations **R**eference-Model) die vorgenannten Prozesse miteinander (*Poluha, 2008*).

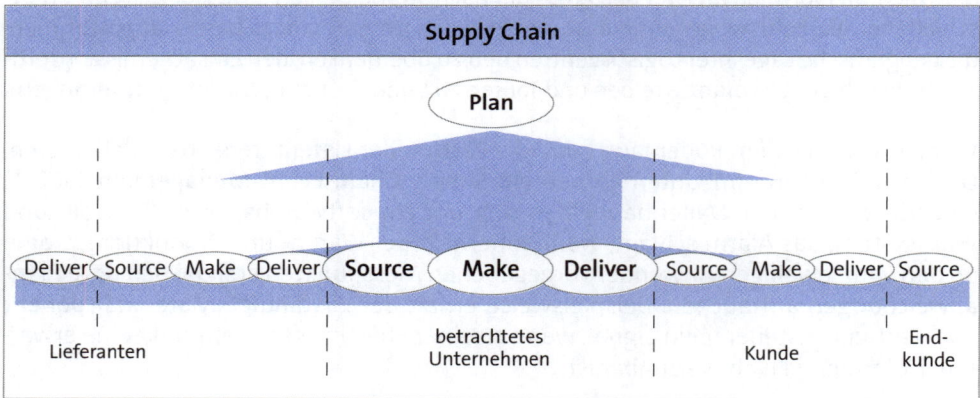

Entgegengesetzt zur Lieferkette kann stromaufwärts noch eine **Retourenkette** geschaltet werden. Gründe für Retouren, d. h. Rücksendungen an Lieferanten sind Falsch- oder Schlechtlieferungen.

Als Bestandteil der SAP Business Suite hilft das Softwareprogramm **SAP Supply Chain Management** (SCM), Prozesse zu verbessern, Synergien aufzudecken, den unternehmensübergreifenden Informationsfluss der Lieferkette zu straffen und die Kosten zu senken. Bestandteil dieser SCM-Software ist das Modul **APO** (**A**dvanced **P**lanner & **O**ptimizer), in dem keine abrechnungsrelevanten, sondern nur planungsbezogene Daten bezüglich des gesamten Fertigungs- und Zuliefernetzwerks verarbeitet werden (*Tuma u. a., 2009*).

Eine mit nicht effizienten Lieferketten verbundene Gefahr ist der sog. **Peitscheneffekt** (engl. Bullwhip Effect), demzufolge es schon bei geringer Volatilität der Nachfrage nach Endprodukten zu immer größer werdenden Schwankungen auf vorgelagerten Stufen der Lieferkette kommt. Oder anders ausgedrückt: Der Abbau von Beständen einer Stufe lässt stromaufwärts, also in Richtung der Lieferanten die Bestände steigen, was die folgende Abbildung deutlich machen soll:

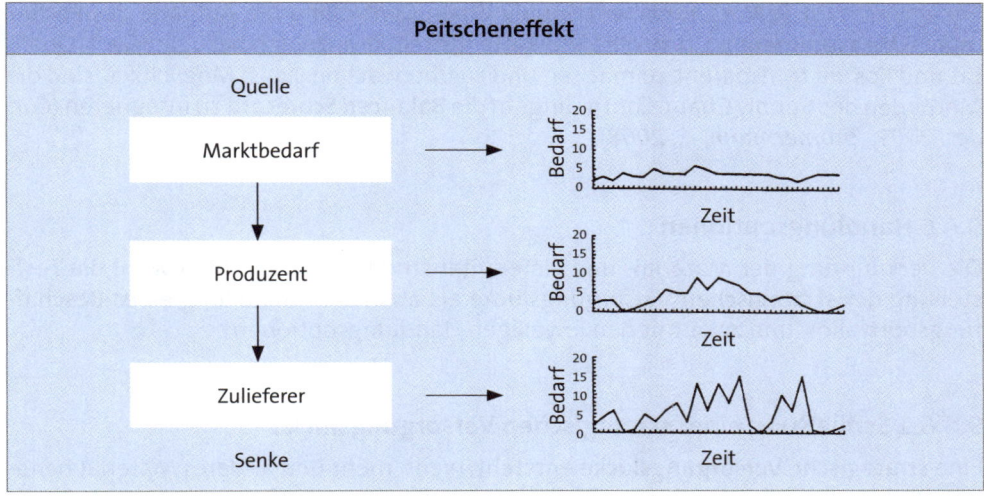

Ein **Grund für den Peitscheneffekt** kann darin bestehen, dass jeder Partner in der Lieferkette nur seinen Dispositionsbereich sieht und die optimale Bestellmenge bzw. Losgröße durch Abwägen der eigenen Bestell-, Umrüst- und Lagerkosten ermittelt. Weitere Gründe sind Fehlprognosen, Überreaktionen, Staus und Kapazitätsengpässe, wie die Resultate von Simulationen im Rahmen der Lieferkettenphysik zeigen.

Für eine **Glättung der Nachfrageschwankungen** und damit eine Reduzierung von Überbeständen und Lagerkosten innerhalb der Supply Chain sind u. a. folgende Maßnahmen geeignet:

▶ **Modularer Produktaufbau,** da die für eine Vielzahl von Endprodukten zu verwendenden Gleichteile und Baugruppen leichter zu disponieren sind als fertige Produktvarianten

▶ **Weniger Lagerstufen,** um Mehrfachlagerungen zu verhindern

▶ **Zerlegung großer Aufträge** in mehrere Teilaufträge mit verschiedenen Lieferterminen

▶ **Implementierung einer Dauerniedrigpreisstrategie,** um solche Nachfrageschwankungen zu vermeiden, die sich durch Preisnachlässe (z. B. Mengenrabatte) ergeben könnten

▶ **Verringerung der Nachfrageunsicherheit** durch schnelle Verfügbarkeit der Daten (engl. Quick Response) über Lagerentnahmen oder Abverkäufe, zeitnahes Auswerten der Bedarfsstatistiken sowie Beschleunigung und qualitative Verbesserung von Bedarfsprognosen

▶ **Konsequente Anwendung des Pull-Prinzips,** d. h. eine Ware darf erst dann produziert und geliefert werden, wenn ein Kundenauftrag vorliegt

▶ **Gemeinsamer Datenbestand** mit Extranetplattform und Bereitschaft zum gegenseitigen Datenaustausch.

Ergänzend zum SCM kommt dem **Supply Chain-Controlling** die Aufgabe des **Performance Measurement** zu, d. h. die Lieferkette mittels Kennzahlen bezüglich Zeit, Qualität und Kosten transparent zu machen und zu überwachen. Nach Möglichkeit sind die Methoden des Supply Chain-Controllings in die **Balanced Scorecard** zu integrieren (*Cordes, 2009; Zimmermann, K., 2008*).

9.4.6 Handlungsoptionen

Die Verknüpfung der Material- und Lieferantenstruktur ermöglicht sowohl die Feststellung der **strategischen Versorgungslücke** als auch die Aufstellung eines **Beschaffungsportfolios**, und zwar mit den jeweiligen Handlungsoptionen.

9.4.6.1 Schließung einer strategischen Versorgungslücke

Eine **strategische Versorgungslücke** entsteht, wenn mehr und anderes Material benötigt wird als verfügbar ist. Die zur Schließung einer solchen Lücke geeigneten **Maßnahmen** sind:

Produkt- und Verfahrenstechniken / Lieferanten	Vorhandene Techniken	Neue Techniken
Vorhandene Lieferanten	Effizientere Gestaltung von Materialbeschaffung und -einsatz (= Wertanalyse)	Suche nach neuen (z. B. synthetischen oder umweltverträglicheren) Werkstoffen (= Substitutionsgüter)
Neue Lieferanten	Suche nach neuen Lieferanten im In- und Ausland	Produkt- und Verfahrensinnovationen erfordern neue Werkstoffe, für die es nur wenige Lieferanten gibt (= Diversifikation)

Die **Reihenfolge**, in der die genannten Maßnahmen zur Schließung einer strategischen Versorgungslücke gewählt werden, ist idealtypisch wie folgt:

9.4.6.2 Beschaffungsportfolio

Ein Beschaffungsportfolio kann aus den mehrdimensionalen **Hauptachsen** „Stärke des Unternehmens auf dem Beschaffungsmarkt" (= Einkäufermacht) und „Stärke des Lieferantenmarkts" (= Lieferantenmacht) bestehen. Dabei sind:

Kennzeichen der	
Einkäufermacht	**Lieferantenmacht**
Kenntnis der Angebotsseite bezüglich Preis, Qualität und weltweiter Liefermöglichkeiten	Keine Substitutionsmöglichkeit, da Alleinanbieter
Einkaufsvolumen hat einen hohen Anteil am Lieferantenumsatz	Wegen des geringen Einkaufvolumens gilt das Unternehmen als C-Kunde
Kaufteile haben Vielfachverwendung	Kaufteile sind wichtige Bestandteile des gefertigten Endprodukts
Geringe Kosten bei Lieferantenwechsel	Hohe Kosten (z. B. neue Werkzeuge oder Maschinen) bei Lieferantenwechsel
Freie Kapazitäten und Kostensenkungspotenziale erlauben die Rückführung von Kaufteilen in die Eigenfertigung (= Backsourcing)	Kapazitätsauslastung beim Lieferanten und/ oder Vorlieferanten

Die als **Marktmachtportfolio** bezeichnete Neun-Felder-Matrix bietet dem Unternehmen folgende strategischen Optionen (*Schulte, 2009*):

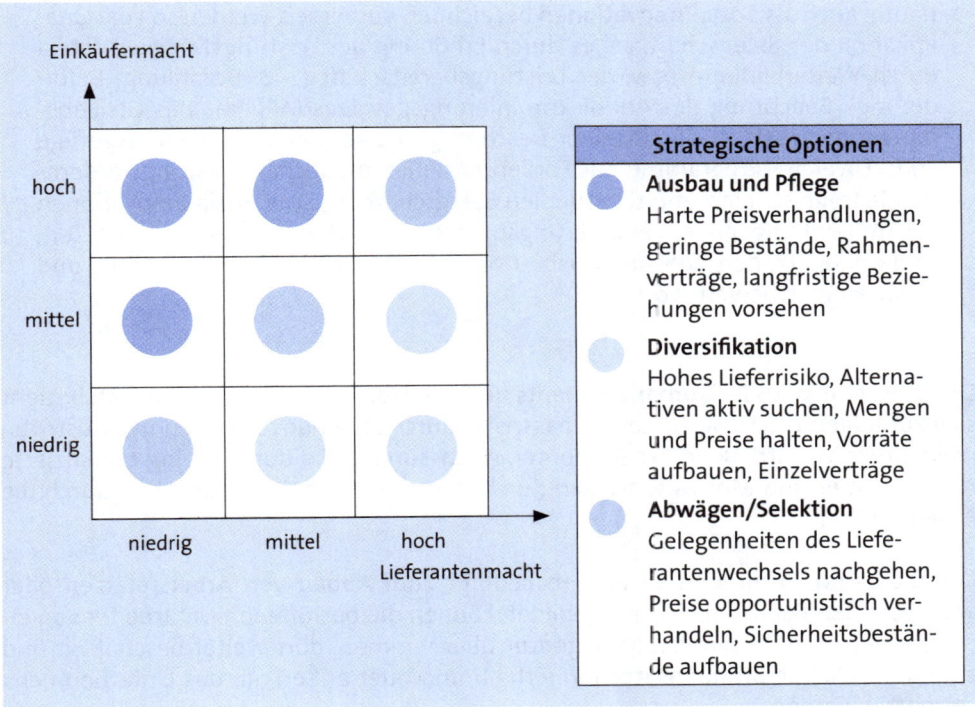

Wird im Beschaffungsportfolio anstelle der Lieferantenmacht die „Macht der Logistikdienstleister" betrachtet, ergibt sich mit geringfügigen Änderungen ein **Logistikportfolio**.

Aufgabe 35 > 639, Aufgabe 36 > 639

9.5 Personal

Zur Bewältigung des im Unternehmen vorhandenen Arbeitsvolumens ist zu jedem Zeitpunkt eine Deckungsgleichheit zwischen dem nach Menge, Qualität und Einsatzbereichen differenzierten **Personalbedarf** und dem **Personalbestand** herzustellen.

Die Rolle des **Human Capital Managements** (HCM) auf der operativen Ebene betrifft die gesamte Prozesskette, und zwar von der Personalbeschaffung, über die Personalentwicklung, bis hin zur Personalfreisetzung. Aus strategischer Sicht geht es darum, die Beschäftigten nicht nur als Kostenfaktor anzusehen, sondern vielmehr deren Beiträge zur Wertschöpfung des Unternehmens langfristig zu erhöhen. Dazu bedarf es der intensiven Pflege und Förderung des Humankapitals, dessen Veränderungen im Zeitablauf durch das **Personalcontrolling** auf der Grundlage des genannten Tobin's Q zu messen versucht werden kann.

Planmäßige Verbesserungen im Personalbereich von Unternehmen werden häufig auch als **Sozialinnovationen** bezeichnet. Verbessert werden soll die Qualifikation der Belegschaft, sei es durch Erhöhung der Leistungsfähigkeit (etwa durch Weiterbildung) bzw. der Leistungsbereitschaft (z. B. Bezahlung, Beförderung), Beachtung des Antidiskriminierungsgesetzes (Allgemeines Gleichbehandlungsgesetz AGG) einzelner Beschäftigter oder deren Beziehungsgefüge (z. B. Diversity Programme zur Förderung eines friedlichen, leistungsfördernden Teamgeists einer multikulturellen Belegschaft). Die mit Sozialinnovationen zusammenhängenden Veränderungsprozesse benötigen allerdings viel Zeit, fördern jedoch den Auf- und Ausbau von schwer imitierbarem Knowhow und schaffen Wettbewerbsvorteile.

Die Umsetzung des **Risikomanagements und -controllings** im **Personalbereich** bezieht sich auf folgende Sachverhalte: Engpassrisiko durch fehlende Arbeitnehmer, Austrittsrisiko durch unzufriedene Arbeitnehmer, Anpassungsrisiko durch gering qualifizierte Arbeitnehmer und Motivationsrisiko durch Zurückhaltung von Leistungen durch die Arbeitnehmer.

Kommt es im Unternehmen betriebsbedingt zum **Abbau von Arbeitsplätzen** oder wird über den Bedarf hinaus ausgebildet, können die betroffenen Mitarbeiter von einer als SSC betriebenen **Personalagentur** übernommen, dort weiter beschäftigt und zu marktüblichen Stundensätzen innerhalb und/oder außerhalb des Unternehmens vermittelt werden.

9.5.1 Einflussgrößen auf der Arbeitsplatzseite

Der **Arbeitsplatz** (= Stelle) ist die kleinste organisatorische Einheit des Unternehmens. Der Bedarf an Arbeitsplätzen ist abhängig von der (Betriebs-)Größe des Unternehmens, der Arbeitsdauer der Beschäftigten sowie den eingesetzten Verfahrenstechnologien (z. B. Automatisierung).

9.5.1.1 Betriebsgröße

Die physische Betriebsgröße, d. h. das sowohl aus dem Erzeugnisprogramm und Arbeitsvolumen als auch den Leistungserstellungs- und -verwertungsprozessen intern abgeleitete Aufgabenvolumen, bestimmt den **quantitativen Personalbedarf** und damit die Zahl der Arbeitsplätze innerhalb verschiedener Tätigkeitskategorien. Zieht man vom Bruttobedarf den aktuellen Personalbestand sowie die in der Periode erwarteten Personalabgänge ab und addiert die in der Periode feststehenden Personalzugänge, ergibt sich der zu deckende Personelnettobedarf.

Während ein Teil der Arbeitsplätze abhängig davon ist, wann und wie viel von welchen Erzeugnissen produziert und abgesetzt wird, gibt es andere Arbeitsplätze, deren Zahl und Qualität von der anfallenden Art und Menge der Arbeit unabhängig ist. Ein Hilfsmittel zur langfristigen Bestimmung der aufgrund gewollter organisatorischer Gegebenheiten nachhaltig erforderlichen Arbeitsplätze sind die im Rahmen der **Arbeitsplatzmethode** durchzuführenden Arbeitsablaufstudien, wonach die das sog. „Mindestanfallprinzip" erfüllenden Tätigkeiten in der Weise zusammengefasst werden, dass für jede Stelle die durchschnittliche Verrichtungszeit der Soll-Arbeitszeit entspricht.

In ähnlicher Weise arbeitet die **Aggregatmethode**, wonach mit jedem Betriebsmittel bzw. jeder Gruppe derselben eine bestimmte Anzahl von Arbeitsplätzen verbunden ist.

Nach der **Kennzahlenmethode** wird der arbeitsmengenabhängige Stellenbedarf in der Weise ermittelt, dass der Zeitbedarf des mengenmäßigen Anfalls einzelner Verrichtungen i (i = 1, 2, ..., n) durch die Soll-Arbeitszeit dividiert wird, d. h. es gilt:

$$\text{Arbeitsmengen-abhängiger Stellenbedarf} = \frac{\sum_{i=1}^{n} \left(\substack{\text{Menge} \\ \text{der Arbeitseinheit i}} \cdot \substack{\text{Zeitbedarf für eine} \\ \text{Arbeitseinheit i}} \right)}{\text{Soll-Arbeitszeit}}$$

Diese Grundformel kann erweitert werden durch **Korrekturfaktoren** wie

► **Anzahl der Schichten** pro Arbeitstag

► **Verteilzeiten**, die unregelmäßig und mit unterschiedlichen Dauern zusätzlich zur planmäßigen Arbeitsausführung anfallen und nicht wertschöpfend sind. Dazu gehören Wartezeiten sachlicher Art und persönliche Verteilzeiten zur Erledigung persönlicher Bedürfnisse.

► **Störzeiten** entsprechend der Stillstandsdauern von Anlagen, Maschinen oder Fahrzeugen

- **Fehlzeiten**, die wegen gesetzlicher Feiertage, Urlaub, Krankheit, Schutzzeiten oder Freistellungen vergütet werden, oder bei Streik, Aussperrung und unentschuldigtem Fernbleiben von der Arbeit nicht vergütet werden

- **Zeitgrade** als Quotienten der Vorgabe- und Istzeiten der Beschäftigten pro Periode.

Der **qualitative Personalbedarf** ergibt sich nach Ermittlung der Art und Höhe der Arbeitsanforderungen, die als Leistungsvoraussetzungen jeweils einer Person für die Tätigkeiten einer Stelle verstanden werden.

Durch das **Outsourcing von Prozessen** gehen im Unternehmen – zumindest vorübergehend – Arbeitsplätze verloren, wodurch die Betriebsgröße schrumpft. Während einige der Arbeitnehmer zum Outsourcingpartner wechseln, sind für die übrigen von der Freisetzung betroffenen Arbeitnehmer andere Lösungen zu finden, wie etwa Umbesetzungen, die vorstehend genannte Poollösung oder betriebsbedingte Kündigungen. Beim **Offshoring ganzer Werke** in Niedriglohnländer verlieren vornehmlich gering qualifizierte Arbeitnehmer im Inland ihren Arbeitsplatz. Sofern die ausländischen Werke profitabel arbeiten, kann die Zentrale mit diesem Gewinn neue Investitionen im Inland tätigen, die dort wieder Arbeitsplätze schaffen, in der Regel aber höherwertige (= wissensintensive) Arbeitsplätze. Schließlich können auch deshalb Arbeitsplätze auf Dauer vernichtet werden, wenn nach erfolgter **Fusion** vorhandene Doppelfunktionen beseitigt werden.

9.5.1.2 Flexible Arbeitszeit

Als **flexible Arbeitszeit** werden Arbeitszeitlösungen bezeichnet, die hinsichtlich Lage und Dauer der Arbeitszeit von der Normalarbeitszeit abweichen. Dazu gehören:

- **Gleitzeit**, bei der die Tagesarbeitszeit außerhalb der betrieblich angeordneten Kernzeit in gewissem Umfang flexibel genutzt werden kann

- **Teilzeit**, bei der im Vergleich zur Normalarbeitszeit entweder in reduziertem Umfang an allen Arbeitstagen in der Woche oder in vollem Umfang an reduzierten Arbeitstagen in der Woche gearbeitet wird

- **Mehrarbeit** durch Anordnung von Überstunden zwecks Abarbeitung von Auftragsspitzen, die entweder vergütet oder durch Freizeit ausgeglichen werden

- **Kurzarbeit**, um einen Personalabbau während einer vorübergehend schlechten Auftragslage zu vermeiden. Während der zeitlich befristeten Kurzarbeit arbeiten die davon betroffenen Mitarbeiter weniger oder gar nicht, wobei den damit verbundenen Verdienstausfall zum größeren Teil die „Bundesagentur für Arbeit" übernimmt (= Kurzarbeitergeld als Entgeltersatzleistung), und etwas weniger als den Rest der Arbeitgeber zahlt, der aber seinen Anteil an der Sozialversicherung in voller Höhe leistet. Nach Beendigung der Kurzarbeit können die Mitarbeiter an ihren bisherigen Arbeitsplätzen wieder voll beschäftigt arbeiten.

- **Zeitarbeit**, auch als Leiharbeit bezeichnet, die durch das Arbeitnehmerüberlassungsgesetz (AÜG) geregelt wird und dem Entleiher u. a. folgende Vorteile bietet: Bezahlt wird nicht der Tariflohn, sondern der mit dem Personaldienstleister vereinbarte

Lohn. Es gibt keine Kündigungsfristen, nach Beendigung werden keine Abfindungen fällig und der Personaldienstleister bietet Ersatz, wenn ein Zeitarbeiter z. B. wegen Krankheit nicht erscheint. Wird ein Zeitarbeiter nach Ablauf einer Art bestandener Probezeit vom Entleiher übernommen, muss dieser dem Personaldienstleister eine auf den Bruttolohn bezogene Vermittlungsgebühr zahlen. Die Gewerkschaften machen Druck, damit Zeitarbeiter nach dem Prinzip des „Equal Pay" gemäß der Tarife des Entleihers entlohnt werden sowie nach einer Beschäftigungsdauer von maximal zwei Jahren automatisch in die Stammbelegschaft des Entleihers wechseln können.

Ein Instrument flexibler Arbeitszeit sind **Arbeitszeitkonten**. Sofern das Unternehmen Arbeitszeitkorridore eingerichtet hat, kann die wöchentliche Arbeitszeit variieren. Entsprechend wird ein Arbeitzeitkonto geführt, das bis zu einer bestimmten Stundenzahl ein Plus oder Minus aufweisen darf, aber innerhalb einer bestimmten Frist, d. h. Monat, Quartal oder Jahr, ausgeglichen werden muss. Für den Fall, dass Obergrenzen vereinbart wurden, sind Zeitguthaben für Qualifizierungsaktivitäten (etwa Weiterbildung) zu nutzen, den Beschäftigten zu vergüten (mit oder ohne Überstundenzuschlägen), durch Freizeit auszugleichen oder sie verfallen ersatzlos.

Ein unbegrenzter Ausgleichszeitraum erfordert ein im Zusammenhang mit der Lebensarbeitszeit erforderliches Zeitkontenmodell, wobei unter **Lebensarbeitszeit** diejenige Zeitspanne verstanden wird, die mit dem Eintritt in das Erwerbsleben beginnt und mit dem Austreten aus dem Erwerbsleben endet.

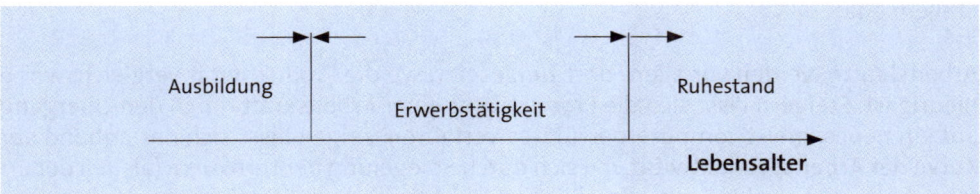

Zu einer **Verlängerung der Lebensarbeitszeit** kann es kommen, wenn Schul-, Ausbildungs- und Studienzeiten verkürzt und/oder das Renteneintrittsalter hinausgeschoben wird. Umgekehrt ist eine **Verkürzung der Lebensarbeitszeit** möglich durch häufigeren Bildungsurlaub, erwerbsfreie Phasen (= Auszeiten, wie etwa Sabbaticals) und/oder den geordneten Übergang in den Ruhestand. Nimmt ein Arbeitnehmer die ihm vom Unternehmen gebotene Möglichkeit eines Langzeiturlaubs in Anspruch, können sich Probleme bei der vertretungsweisen Besetzung des Arbeitsplatzes ergeben. Außerdem kann es nach Beendigung des Langzeiturlaubs zu Schwierigkeiten bei der Wiedereingliederung des Beschäftigten kommen, da sich in der Zwischenzeit technologische oder organisatorische Veränderung ergeben haben.

Zwischen dem Eintritt in und dem Ausscheiden aus dem Berufsleben liegt für jeden Erwerbstätigen ein **beruflicher Lebenszyklus**, für dessen Verlauf von Bedeutung sind (*Graf, 2001*):

► Job Rotation im alten bzw. zu einem anderen Unternehmen, um Abwechslung in die eigene Laufbahn zu bringen und einen Burnout zu vermeiden

► Veränderungen der Arbeitsanforderungen und -bedingungen und die damit verbundenen Herausforderungen bezüglich Kreativität, Geschwindigkeit, Eigenverantwortung oder lebenslanges Lernen (= 3L)

► Wandel in der Bedeutung der Arbeit, bezogen auf Faktoren wie höhere Lebenserwartung, mehr Freude am Job, Achtung auf die Gesundheit (durch mehr Fitness) und das soziale Umfeld (z. B. Unternehmenskultur, familiäre Lebensformen).

Die genannten Sachverhalte bringt ein Ausspruch des amerikanischen Industriellen *Henry Ford I* auf den Punkt: *„Wer immer nur tut, was er schon kann, bleibt immer nur das, was er schon ist".*

9.5.1.3 Beschäftigungseffekte

Die **Beschäftigungswirkungen neuer Verfahrenstechnologien** hängen davon ab, ob die damit hergestellten Produkte dem Unternehmenswachstum dienen oder ob Rationalisierungsinstrumente erzeugt werden, mit denen sich die Beschäftigtenzahl bei konstanter Ausbringungsmenge verringern lässt. Investitionen in neue Verfahrenstechnologien verändern nicht nur den quantitativen, sondern auch den qualitativen Stellenbedarf.

Arbeitskräfte werden vor allem dort freigesetzt, wo die Produktivität vergleichsweise niedrig ist. Steigern lässt sich die Produktivität einer Arbeitskraft durch den Übergang auf ein neues, meist computergestütztes Verfahren. Zeigen lässt sich das anhand der **Kurve der Arbeitsproduktivität**, die sich durch Spiegelung der Lernkurve (als Teil der Erfahrungskurve) ergibt, denn schließlich ist die Arbeitsproduktivität nichts anderes als der reziproke Wert der Stückzeit.

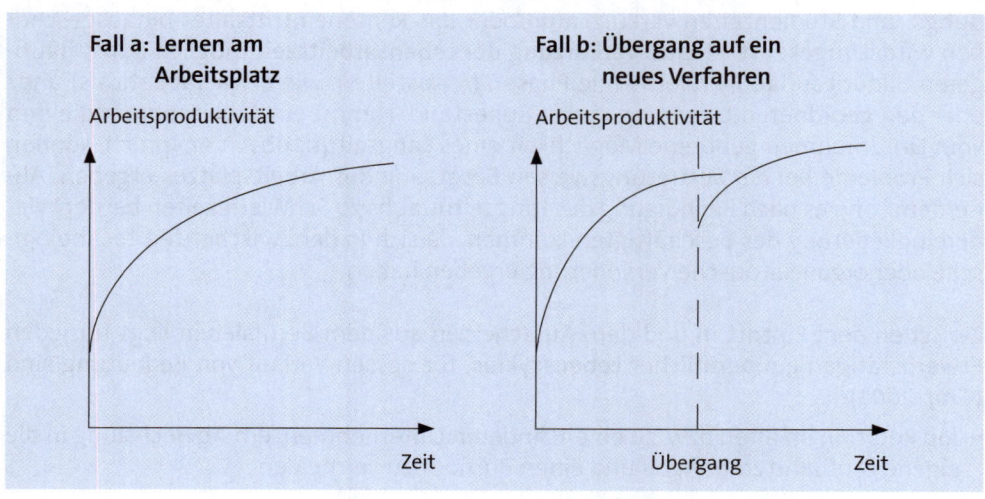

9.5.2 Einflussgrößen auf der Personalseite

Im globalen Umfeld verlieren Arbeitnehmer schnell ihren Arbeitsplatz, sie bekommen aber auch – vielleicht nicht ganz so schnell – wieder einen neuen. Deshalb ist es heutzutage nicht ungewöhnlich, den Arbeitsplatz im Erwerbsleben mehrmals zu wechseln. Entsprechend gehen Arbeitsmarktexperten davon aus, dass sich künftig sog. **Patchwork-Karrieren** häufen werden, wobei gilt: Je höher das Bildungsniveau, desto eher kommt ein freiwilliger Berufswechsel infrage.

Die Gesamtheit aller betrieblichen Maßnahmen zum Erwerb, der Erhaltung und messbaren Verbesserung der persönlichen Qualifikationen der Arbeitnehmer wird als **Personalentwicklung** bezeichnet. Dabei handelt es sich um ein Führungsmittel, mit dem folgendes erreicht werden soll: Vermittlung von Kenntnissen, Fertigkeiten und Verhaltensweisen, Förderung der Flexibilität und Mobilität bzw. der Verantwortungs-, Handlungs-, Wandel-, Kommunikations- und Integrationskompetenz der Beschäftigten sowie Schaffung von Aufstiegsmöglichkeiten (= Karriereoptionen) mit der Chance einer besseren Entlohnung (*Holtbrügge/Berg, 2005*; *Olfert, 2010*)

Neuere Untersuchungen machen deutlich, das nahezu jeder zweite Mitarbeiter unzufrieden ist mit seinem Arbeitsplatz, was die **Arbeitsproduktivität** der betroffenen Unternehmen deutlich einschränkt. Um Beschäftigte dazu zu bringen, ihr Verhalten mehr an den Interessen des Unternehmens auszurichten, werden zusätzlich zu den monetären Belohnungen auch **nicht monetäre Anreizsysteme** eingesetzt, wie Verbesserungen der Arbeitsplätze, -inhalte und -zeiten sowie des Betriebsklimas. Angeboten werden auch Maßnahmen der Weiterbildung sowie Statussymbole und/oder Privilegien in Aussicht gestellt.

Wegen der im Unternehmen flacher werdenden Hierarchie verändern sich auch die **Karrieremöglichkeiten** der Beschäftigten. Da die Chancen des Weiterkommens im Sinne eines Aufstiegs tendenziell sinken, sollten intern, um qualifizierte Arbeitnehmer im Unternehmen zu halten, verstärkt seitwärts gerichtete Karrierepfade geschaffen werden.

Die Feststellung der Beschäftigungs- und Kooperationsfähigkeit, der Bindungsintensität zur Arbeit und der persönlichen Leistung jeweils eines Arbeitnehmers geschieht – wie bereits ausgeführt – im Rahmen der **Personalbeurteilung**. Diese wird u. a. dazu verwendet, einen angemessenen Lohn für die geleistete Arbeit zu ermitteln.

9.5.2.1 Qualifikation des Personals

Arbeitnehmer, die in Qualifizierungsprogramme und Wissensplattformen des Unternehmens eingebunden werden, fühlen sich geehrt und gebraucht. Außerdem entsteht über folgende Kette ein **Zugehörigkeitsgefühl**: Wer qualifiziert und gut informiert ist, denkt mit. Wer mitdenkt kann Verantwortung übernehmen und eigene Lösungsvorschläge erarbeiten. Wer den Erfolg seiner Lösungsvorschläge sieht, identifiziert sich mit dem Unternehmen. Dem steht allerdings entgegen, dass mit steigender Zahl an Auslagerungen, zwischenbetrieblichen Kooperationen und betriebsbedingten Entlassungen die Identifikation des Personals mit dem Unternehmen und seinen Produkten sinkt.

9.5.2.1.1 Weiterbildung

Durch Weiterbildung sollen Beschäftigte in die Lage versetzt werden, die im globalen Umfeld **steigenden Leistungsanforderungen** ihres derzeitigen, eines vergleichbaren oder höherwertigen Arbeitsplatzes zu erfüllen. Außerdem lassen sich durch Weiterbildung die **Zufriedenheit, Motivation** und **Bereitschaft zum Verbleib** des Personals steigern.

Aufbauend auf dem bei Eintritt in das Unternehmen vorhandenen Bildungs- und Wissensstand sollten Beschäftigte solche Schlüsselqualifikationen erreichen, wie die genannten **Fach-, Methoden-, Sozial- und Wandelkompetenzen**. Hinzu kommt in Übereinstimmung mit der Corporate Governance, dass Beschäftigte dahingehend geschult und sensibilisiert werden, Verstöße gegen die ethischen Leitlinien des Unternehmens zu erkennen, zu verhindern und gegebenenfalls den dafür vorgesehenen Stellen zu melden.

Die wohl bekanntesten Formen der Weiterbildung sind **Qualifizierungsprozesse am Arbeitplatz** (engl. Training On-the-Job), wobei sich unterscheiden lassen:

► **Job Enlargement** (= Arbeitsverdichtung) durch horizontale Ausweitung gleichartiger Arbeitsinhalte. Dazu kann es kommen, wenn das Unternehmen wächst oder Beschäftigte das Unternehmen verlassen und deren bisherige Aufgaben auf deren Kollegen verteilt werden. Der Nachteil der Arbeitsverdichtung ist die große Monotonie der Tätigkeiten und damit verbunden das Risiko eines hohen Krankheitsstandes.

► **Job Enrichment** (= Arbeitsanreicherung) durch meist vertikale Ausweitung der Arbeitsinhalte, indem ähnliche, meist vor- bzw. nachgelagerte Teilaufgaben, zu einer umfassenderen, sinnvollen Arbeitseinheit zusammengefasst werden. Die Arbeitsanreicherung schließt einen erweiterten Handlungsspielraum mit ein, der die Arbeitsmonotonie reduziert und dem Arbeitnehmer Zufriedenheit verschafft.

► **Job Rotation** (= Arbeitsplatzwechsel) durch systematische und regelmäßige Veränderungen lateraler Aufgabenstellungen. Durch die Vielfalt der vom Arbeitnehmer erlernten Fertigkeiten steigen dessen berufliche Einsatzmöglichkeiten, und die Vielzahl wechselnder Kollegen ist eine gute Voraussetzung für die Schaffung einer Vertrauensbasis und Möglichkeiten der Beteiligung an Beziehungsnetzwerken. Bei Unternehmen mit weltweit verteilten Standorten kann es auch zum **Country Rota-**

tion kommen, das die Möglichkeit bietet, auch Kollegen anderer Kulturen kennen zu lernen und Fremdsprachenkenntnisse zu vertiefen.

Eine Verbesserung der persönlichen Qualifikation erlaubt auch das **Training Off-the-Job**, sei es durch Schulung in Präsenzveranstaltungen (= Seminare, Kurse, Vortragsreihen, Workshops), Fallstudien oder E-Learning am PC (engl. Computer based Training / CBT mit CD-ROMs) bzw. über das Internet (engl. Web based Training/WBT). Um durch Abwechslung die Akzeptanz zu steigern, werden im Rahmen des **Blended Learnings** sowohl herkömmliche als auch elektronische Weiterbildungsmaßnahmen miteinander kombiniert.

Anzunehmen ist, dass **E-Learning**, auch als Online- oder Distance-Learning bezeichnet, bei dem elektronische Medien für die Präsentation von Lernmaterialien zum Einsatz kommen, vornehmlich von Digital Natives nachgefragt wird.

Die **Kosten der Weiterbildung** umfassen die Personalkosten (= Entgeltfortzahlung während der Freistellung für Schulungsmaßnahmen), Teilnehmergebühren (= Beiträge) und Sachkosten (= Lehr- und Lernmittel, Raummieten, Internetkosten sowie Reise-, Übernachtungs- und Verpflegungskosten). Beabsichtigt das Unternehmen, seine Mitarbeiter an diesen und sonstigen Kosten zu beteiligen, bietet sich das partnerschaftliche **Konzept der Zukunftskonten** an, das wie folgt funktioniert: Der Mitarbeiter überträgt einen Teil seiner Leistungsprämien und/oder des Zeitwerts seiner Überstunden sowie Resturlaubstage auf ein (Geld-)Konto, das der Arbeitgeber verdoppelt oder auf ähnliche Weise aufstockt. Das vom Arbeitgeber verzinslich geführte Zukunftskonto gehört dem jeweiligen Mitarbeiter, der damit seine Weiterbildung finanziert, und zwar unabhängig von der jeweiligen Wirtschaftslage des Unternehmens. In Höhe des für das in einem Geschäftsjahr gebildete, aber nicht verbrauchten Guthabens, bildet das Unternehmen eine Rückstellung, die zweckgebunden ist, solange der Mitarbeiter im Unternehmen tätig ist. Wechselt der Mitarbeiter den Arbeitgeber, nimmt er sein Guthaben (oder nur den Eigenanteil) entweder mit oder dieses wird ihm ausgezahlt.

Der wohl wichtigste Beitrag des **Weiterbildungscontrollings** sind die Ermittlung und Bewertung des Qualifizierungserfolgs. Gängige Praxis ist, diesen durch Prüfungen, Tests oder Beurteilungen durch den Veranstalter bzw. seine Referenten im Anschluss an jeweils eine Schulung festzustellen (*Meier, 2008*).

Schwieriger dürfte es aber sein, die Umsetzung erworbenen Wissens und der trainierten Verhaltensweisen zu bewerten. Gegebenenfalls sind Blockaden von Kollegen und/oder Vorgesetzten bezüglich vorgeschlagener Veränderungen zu beseitigen, um die in der nächsten Abbildung gezeigte **Transferlücke** zu schließen (*Czichos, 2002*).

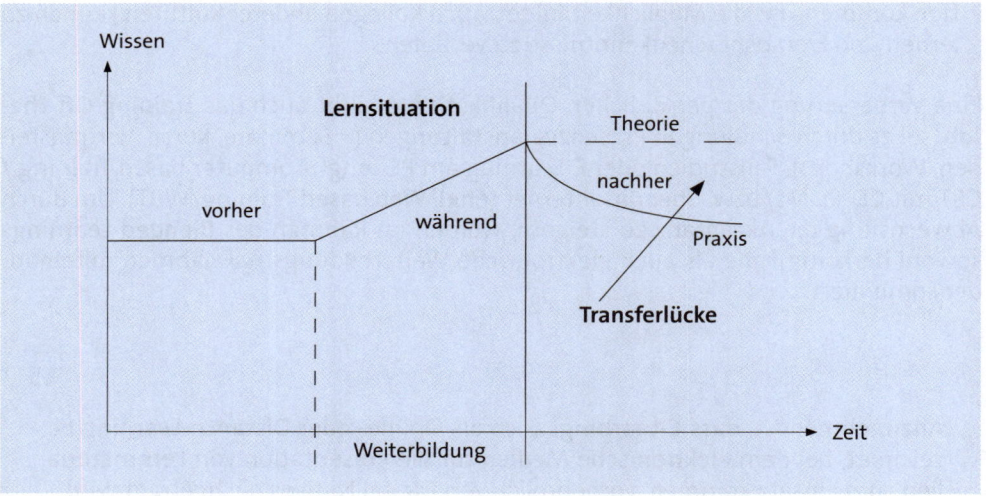

Selbst wenn Transferlücken geschlossen werden, ist der Zusammenhang zwischen der (nunmehr produktiveren) Tätigkeit des jeweils Beschäftigten und dem Erfolg seines Arbeitsbereichs zu ermitteln und zu vergüten. Wo das nur bedingt möglich ist, können **Indikatoren** helfen, wie z. B. höhere Leistung, geringerer Absentismus, weniger Fluktuation oder Rückgang von Fehler- bzw. Ausschussraten in der jeweiligen Organisationseinheit (*Phillips/Schirmer, 2008*).

Eine **Bildungsrendite** lässt sich ermitteln, wenn der Nutzwert der kumulierten Leistungsdifferenzen vor und nach der Teilnahme an Qualifizierungsaktivitäten den Gesamtkosten der Weiterbildung gegenübergestellt werden. Diese **Kennzahl**, die durch Übertragung des Investitionsgedankens auf das Humankapital gekennzeichnet ist und mithilfe von Schätzungen versucht, die Personalentwicklung zu quantifizieren, kann vom Controlling sowohl zur Zielvorgabe als auch für Zeitvergleiche und Vergleiche mit anderen Unternehmen im Rahmen des Benchmarkings genutzt werden.

Um Mitarbeiter und den Führungsnachwuchs (engl. High Potentials) nach Inanspruchnahme einer allein vom Unternehmen als Arbeitgeber bezahlten Weiterbildungsmaßnahme am vorzeitigen Verlassen des Unternehmens zu hindern, sind – sofern es keine anderen internen Regelungen gibt – **Rückzahlungsklauseln** in Arbeitsverträge aufzunehmen.

9.5.2.1.2 Gruppenarbeit

Von **Gruppenarbeit** wird gesprochen, wenn eine Arbeitsgruppe von mindestens drei Personen im arbeitsteiligen Prozess für ein bestimmtes Arbeitsgebiet die Aufgabenverteilung eigenverantwortlich, d. h. teilautonom vornimmt. Um der Monotonie der Arbeit entgegenzuwirken, wechseln die Gruppenmitglieder in gewissen Zeitabständen ihre Tätigkeiten (engl. Job Rotation). Davon zu unterscheiden ist die Teamarbeit, deren Aufgaben in der Regel zeitlich begrenzt sind, deren Mitglieder überwiegend projektbezogen, fachübergreifend (= interdisziplinär/multikulti) und real bzw. virtuell zusammenarbeiten, wobei Querdenken und kontroverse Diskussionen ausdrücklich erwünscht sind.

Arbeitsgruppen und Teams lassen sich in der Realität nur schwer voneinander unterscheiden, denn beides sind **soziale Gruppen**, deren **Vorteile** u. a. davon abhängen, wie gut die Mitglieder sich kennen und einander vertrauen. Vorteilhaft ist, wenn die Mitglieder sozialer Gruppen länger eingearbeitet werden, ihren Weiterbildungsbedarf selbst bestimmen können, untereinander Erfahrungen austauschen, ein größeres Qualitätsbewusstsein entwickeln und wegen der in der Regel höheren Arbeitsmotivation bzw. -zufriedenheit weniger abwesend bzw. zur Kündigung bereit sind. Nach einer Studie des „Zentrums für Europäische Wirtschaftsforschung" (ZEW) verbessert auch das Miteinander von Alt und Jung die Arbeitsproduktivität beider Altersgruppen.

Die **Nachteile sozialer Gruppen** sind die Angst ihrer Mitglieder, bei Fehlern das Gesicht zu verlieren, und Misstrauen gegenüber Kollegen, die neu eingewechselt werden. Anders kann das bei **Projektteams** sein, deren Mitglieder mitunter überhaupt keine festen Aufgaben mehr haben, sondern nur noch in wechselnden Projekten tätig sind.

9.5.2.1.3 Nachwuchsförderung

Zu den **Aufgaben der Nachwuchsförderung** gehören das Aufspüren und die Förderung von Talenten, insbesondere auf den oberen Unternehmensebenen. Speziell bezogen auf den Führungsnachwuchs haben Forscher festgestellt, dass Vorgesetzte, die aus dem eigenen Hause kommen, das Unternehmen besser führen können als Externe. Überdies wurde festgestellt, dass die Eigenkapitalrendite der von Insidern geführten Unternehmen um Prozentpunkte höher war als in Unternehmen mit von außen kommenden Chefs, denn ein Insider ist vertraut mit dem Unternehmen, kennt dessen Kultur und hat bereits persönliche Netzwerke, um Dinge zu bewegen und Veränderungen durchzusetzen. Nicht zu unterschätzen ist auch das motivierende Signal an die Belegschaft, dass sich Leistung lohnt und Leistungsträger auch im eigenen Haus Karriere machen können.

Das gilt auch für ambitionierte **Controller**, die vorhaben, zu gegebener Zeit vom Stab in die Linie des Unternehmens zu wechseln.

9.5.2.2 Vergütungsstruktur

Üblicherweise wird davon ausgegangen, dass der **Lohn**, als Oberbegriff sämtlicher Formen des fixen und variablen Entgelts für geleistete Arbeit, in einer gleichgewichtigen Beziehung zur **Arbeitsleistung** steht. Wird diese Gleichwertigkeit durch wiederholte **Schlecht- oder Minderleistungen** seitens des Arbeitnehmers gestört, ist – nach mehrmaligen schriftlichen Abmahnungen – eine Entlassung dieses Arbeitnehmers durch das Unternehmen möglich und sinnvoll.

Gestört werden kann die Gleichwertigkeit auch durch staatlich festgelegte **Lohnuntergrenzen**, d. h. Mindestlöhne, mit denen unter Eingriff in die Tarifautonomie die Arbeit von Geringqualifizierten aufgewertet wird, um ihnen einen Lohn zu ermöglichen, von dem sie leben können. Gelingt es dem Unternehmen aber nicht, die relativ höheren Löhne über die Produkt-Verkaufspreise zurückzubekommen, sind Arbeitsplätze im sog. Niedriglohnsektor gefährdet. Dem versucht man mit **Kombilöhnen** entgegenzuwirken, bei denen Geringverdiener durch staatliche Transferleistungen, d. h. Umverteilungen über das Steuersystem, auf ein den Mindestlöhnen ähnliches Vergütungsniveau anzuheben.

Auch steigt die Gefahr, dass **demografische Gründe** die Gleichwertigkeit zwischen jungen und älteren Arbeitnehmern stören. Nach dem **Senioritätsprinzip** zahlen Unternehmen oft älteren Beschäftigten freiwillig einen Lohnzuschlag, der als Anreiz dafür gelten soll, aktiv zu bleiben und die Arbeitsproduktivität zu steigern. Damit verbunden ist zusätzlich die Gefahr, dass sich das Unternehmen mit alternder Belegschaft solche Überbezahlung irgendwann nicht mehr leisten kann und das Senioritätsprinzip aufgeben muss. Neueren Forschungen zufolge ist das nicht besonders schlimm, denn Menschen sind, nur weil sie altern, nicht weniger leistungswillig und -fähig. Vielleicht unterlaufen den Älteren häufiger Fehler, allerdings sind diese dann weniger folgenschwer als die Fehler der Jüngeren. Ferner wurde empirisch ermittelt, dass Ältere im Vergleich zu ihren jüngeren Kollegen seltener kündigen, eine höhere Sozialkompetenz besitzen und gesünder leben. Hinzu kommt, dass Ältere sich heutzutage jünger fühlen als ihre Vorgängergenerationen. Auch darf nicht übersehen werden, dass in wirtschaftlich schwierigen Zeiten die Kurzarbeit nur für einen Teil der Belegschaft gilt, während von einem Personalabbau insbesondere die zuletzt in das Unternehmen eingetretenen (jungen) Mitarbeiter betroffen sind.

Überholt ist auch die unter Ökonomen weit verbreitete Ansicht, dass **Angst** vor dem Arbeitsplatzverlust als **Produktivitätspeitsche** wirke und insbesondere jüngere Arbeitnehmer zu höherer Leistung antreiben solle. Die Sorge der Beschäftigten, ihren Arbeitsplatz zu verlieren, kann sich negativ auf ihre Gesundheit auswirken und darüber hinaus familiäre Probleme verursachen. Dabei gilt: Die Zunahme von Krankenstand und Fluktuation erhöht nicht nur die Personalkosten des Unternehmens, sondern gefährdet auch die Arbeitsproduktivität .

Mit einem Sinken der Arbeitsproduktivität ist auch bei den Empfängern von Akkordlohn in der Fertigung zu rechnen, da deren **Arbeitsmotivation** aussetzt, sobald die Leistungsvorgaben erfüllt sind. Ähnliches gilt eingeschränkt auch bei den Empfängern von

Zeitlohn, die produktivitätsfördernde Maßnahmen bei Erreichung des monetären Anreizniveaus einschränken oder auf später verschieben.

Die meisten der unbefristet im Unternehmen in Voll- und Teilarbeitszeit beschäftigten Mitarbeiter werden nach **Tarif** entlohnt, wobei an die verschiedenen Tarife unterschiedlich hohe Leistungserwartungen geknüpft sind. Hinzu können funktions-, qualitäts- bzw. terminbezogene sowie risikoausgleichende **Zulagen** oder **Prämien** gezahlt werden. Ferner können arbeitszeitbezogene **Zuschläge** für Überstunden (= Mehrarbeit) sowie Nacht-, Sonn- bzw. Feiertagsarbeit fällig werden. Gelegentlich nehmen Unternehmen Ausgründungen (engl. Spin-offs) von Aufgaben oder Prozessen in andere (Tarif-)Bereiche vor, die den betroffenen Mitarbeitern in der Regel weniger Lohn bieten als zuvor.

Eine feste und variable Lohnbestandteile umfassende Gesamtvergütung, die nicht nur der persönlichen Leistung „angemessen", sondern auch im Branchenvergleich „üblich" ist, erhalten **Vorstandsmitglieder**. Nach dem **Gesetz zur Angemessenheit der Vorstandsvergütung** (VorstAG) legt der Aufsichtsrat die Vorstandsgehälter fest. Das VorstAG verlangt aber auch, dass Diskussionen über die Vorstandsgehälter im gesamten AR, d. h. einschließlich der Arbeitnehmervertreter, erfolgen müssen, und dass die Vergütungspläne von den Shareholdern dann auf der Hauptversammlung zu genehmigen sind. Im Anhang zum Jahresabschluss ist die Vergütung jedes einzelnen Vorstandsmitglieds anzugeben. Ferner lassen sich im **Vergütungsregister**, einem elektronischen Verzeichnis im Internet, die Vergütungsberichte der börsennotierten AGs im Prime Standard der Frankfurter Börse einsehen.

Die mit den **leitenden Angestellten** und den **außertariflich (AT) Angestellten** individuell ausgehandelten Arbeitsverträge sehen eine **Entlohnung** vor, die in der Regel über der höchsten Tarifgruppe des für das Unternehmen geltenden Tarifvertrags liegt.

Auch **Aufsichtsratsmitglieder** erhalten eine drei Teile umfassende Vergütung: Eine für alle AR-Mitglieder gleich hohe Festvergütung und zwei erfolgsbezogene (= variable) Vergütungsanteile, die sich zum einen nach dem kurzfristigen Erfolg des Unternehmens, ausgedrückt durch die Kennzahl „Earnings per Share" (EPS), und zum anderen nach dem langfristigen Erfolg richten, ausgedrückt durch die über mehrere Jahre realisierte EPS-Wachstumsrate. Zusätzlich vergütet werden noch bestimmte AR-Funktionen, wie etwa der Vorsitz, der stellvertretende Vorsitz und die Mitgliedschaft in Ausschüssen, wobei die Teilnahme an jeder tatsächlich besuchten Aufsichtsrats- bzw. Ausschusssitzung durch ein Sitzungsgeld vergütet wird. Alle variablen AR-Entgelte können nach oben hin gedeckelt werden.

Ein immer wichtiger werdendes personalwirtschaftliches Instrument im Rahmen der Entlohnung innerhalb des Unternehmens ist die **betriebliche Altersversorgung**. Aus sozialer Verantwortung, um die Attraktivität des Unternehmens als Arbeitgeber zu erhöhen (z. B. im Wettbewerb um qualifiziertes Personal) oder um das Wissen und die Erfahrung der Beschäftigten über eine lang andauernde Betriebszugehörigkeit zu erhalten, kann das Unternehmen allen Beschäftigten zusagen, auch über das Arbeitsleben hinaus versorgt zu werden. Anders ist das, wenn Pensionszusagen als monetäre Anreize nur denjenigen Beschäftigten in Aussicht gestellt werden, die ihre Jahresziele nachweislich erfüllen.

Voraussetzung eines effizienten Entlohnungssystems ist eine **transparente Vergütungsstruktur**, die auch die Gruppenleistung und die Leistung des einzelnen innerhalb der Gruppe honoriert. Die Vergütungsstruktur muss außerdem **wettbewerbsfähig** sein, um leistungsstarke und hochmotivierte Fach- und Führungskräfte anwerben zu können bzw. ungewollte Kündigungen zu verhindern.

9.5.2.2.1 Feste Entgelte

Die **Grund- oder Basisvergütung** ist eine die Existenz sichernde, die Inflation wenigstens teilweise ausgleichende und gegebenenfalls den Lebensstandard des Arbeitnehmers erhaltende Festvergütung, bestehend aus in der Regel zwölf monatlichen Überweisungen.

Das **Direktentgelt** für tatsächlich geleistete Arbeit wird wie folgt ermittelt:

	Löhne und Gehälter, Zulagen und Zuschläge
-	Aufwand für bezahlte Ausfallzeiten
-	Sonderzahlungen ohne Leistungsabzug
=	**Direktentgelt für geleistete Arbeit (= Personalbasiskosten)**

Das Direktentgelt ist die Grundlage zur Berechnung der **Personalzusatzkosten**, deren Höhe und Zusammensetzung im „Produzierenden Gewerbe" (mit zehn und mehr Voll- bzw. Teilzeitkräften) die vom Statistischen Bundesamt alle vier Jahre erstellte und vom Institut der deutschen Wirtschaft (IW) zwischenzeitlich fortgeschriebene Tabelle enthält.

Personalzusatzkosten 2011 im Produzierenden Gewerbe Deutschlands (je 100 € Direktentgelt)			
Soziale Sicherung (32,80 €)	Verdienstbestandteile (33,30 €)		Sonstiges (5,60 €)
	Vergütung für arbeitsfreie Tage (23,20 €)	Sonderzahlungen (10,10 €)	
Sozialversicherungsbeiträge der Arbeitgeber, einschließlich Unfallversicherung (25,70 €) Betriebliche Altersversorgung (7,10 €)	Urlaub (13,30 €) Bezahlte Feiertage (5,20 €) Entgeltfortzahlung im Krankheitsfall (4,70 €)	Weihnachstgeld, zusätzliches Urlaubsgeld usw. (9,60 €) Vermögensbildung (0,50 €)	Sonstige Personalzusatzkosten (z. B. Ausbildungskosten, Abfindungen)

Der jährliche Personalaufwand für die **betriebliche Altersversorgung** (= bAV) wird wie folgt ermittelt:

► Auf der Grundlage eines jährlich in Auftrag gegebenen versicherungsmathematischen Gutachtens wird der auf den nächsten Bilanzstichtag bezogene **Barwert der erwarten Pensionsverpflichtungen** (PV) berechnet. Dabei sind nicht nur die bisher erworbenen Leistungen (engl. Defined Benefit Obligations), sondern auch innerhalb des nächsten Jahres erwarteten Steigerungen der Bezüge und Renten zu berücksichtigen.

► Der zur Barwertberechung erforderliche **Diskontierungsfaktor** hat sich am Zinssatz für Unternehmensanleihen hoher Bonität zu orientieren. Der nach § 253 Abs. 2 HGB zu verwendende Diskontierungsfaktor wird von der Deutschen Bundesbank festgelegt bzw. angepasst und in deren Internetportal veröffentlicht.

► Der für das nächste Geschäftsjahr geplante Pensionsaufwand kann sich durch Zu- und/oder Abschläge noch ändern. Existiert zur Sicherung der PV ein verzinsliches Deckungskapital, bewirken dessen Zinserträge einen **Abschlag** auf den Pensionsaufwand. Ein **Zuschlag** kann sich durch Zahlungen von Pflichtbeiträgen an den **Pensionssicherungsverein** (PSV) ergeben, der als Selbsthilfeeinrichtung der Wirtschaft die Aufgabe hat, den gesetzlichen Insolvenzschutz für die bAV zu organisieren. Der PSV unterliegt der staatlichen Finanzaufsicht BaFin und finanziert sich durch die Beiträge seiner Mitgliedsfirmen, die einen PSV-geschützten Durchführungsweg gewählt haben. Der PSV-Beitragssatz liegt im langjährigen Durchschnitt bei ungefähr 3 ‰, in Krisenjahren allerdings stark darüber.

► Wird der für das nächste Geschäftsjahr angepasste Pensionsaufwand durch zwölf (Monate) geteilt, ergibt sich der **Pensionsaufwand pro Monat**, der in GuV-Rechnung getrennt als Zins- und Personalaufwand auszuweisen ist.

Bezüglich der bAV kann das Unternehmen als Arbeitgeber unter folgenden **Durchführungswegen** wählen:

► **Direktzusage**, bei der das Unternehmen seinen Arbeitnehmern Versorgungsleistungen zur bAV unmittelbar und unwiderruflich zusagt und im Versorgungsfall, d. h. bei Tod, Invalidität oder Erreichen der vorbestimmten Altersgrenze, auch auszahlt. Zur Finanzierung der PV kann das Unternehmen eine **Pensionsrückstellung** (PR) bilden, die in ihrer Höhe dem oben genannten Barwert aller künftigen Versorgungsleistungen gleichen, auf der Passivseite der Bilanz ausgewiesen werden und sich in ihrer Höhe verändern, entsprechend der Differenz monatlichen Zuführungen aus laufendem Aufwand und der monatlichen Auflösungen gemäß der Versorgungszahlungen. Steigt unter sonst gleichen Bedingungen der zur Berechnung der PR erforderliche Diskontierungsfaktor, sinken die PV (umgekehrt gilt entsprechendes). Die Ansprüche der Arbeitnehmer aus Direktzusagen werden durch den PSV gesichert.

► **Unterstützungskasse**, die als rechtlich selbstständige Versorgungseinrichtung die bAV ohne Rechtsanspruch auf ihre Leistungen gewährt. Das Unternehmen bleibt gegenüber seinem Arbeitnehmer zur Leistung verpflichtet, und zwar auch dann, wenn dieser den Arbeitgeber wechselt. Für den Fall der Insolvenz des Unternehmens sichert der PSV die Versorgungsansprüche der Arbeitnehmer. Die Unterstützungskasse, die keiner Finanzaufsicht unterliegt, kann frei über das angesammelte Kapital verfügen und es z. B. dem Unternehmen als Darlehen zur Verfügung stellen. Ein Mindestzinssatz der angesammelten Finanzmittel kann nicht garantiert werden.

► **Direktversicherung**, bei der das Unternehmen eine Versicherung auf das Leben des Arbeitnehmers abschließt. Für die angesammelten Finanzmittel gibt es Anlagebeschränkungen und ein Mindestzinssatz wird garantiert. Scheidet der Arbeitnehmer aus dem Unternehmen aus, kann er in der Regel die Direktversicherung mit eigenen Beiträgen fortführen. Die Versicherungsgesellschaft unterliegt der Finanzaufsicht.

► **Pensionskasse**, die als rechtsfähige Versorgungseinrichtung von einem oder mehreren Unternehmen getragen wird und der Finanzaufsicht unterliegt. Für die angesammelten Finanzmittel gibt es Anlagebeschränkungen und ein Mindestzinssatz wird garantiert.

► **Pensionsfonds**, bei dem es sich meistens um einen Treuhänder (engl. Contractual Trust Arrangement/CTA) handelt. Im Rahmen einer Ausfinanzierung des Arbeitgebers an das CTA, für die keine Zustimmung der Versorgungsberechtigten erforderlich ist, wird ein extra aus diesem Anlass gebildetes Plan- oder Deckungskapital (= Zweckvermögen/ZV) ausgelagert, wobei dieses mit den korrespondieren PR saldiert werden muss, sodass nur noch die verbleibende PR in der Bilanz zu passivieren ist. Wirtschaftlicher Eigentümer des ZV bleibt der Arbeitgeber, denn er trägt die Risiken und Chancen des ZV und trifft deshalb auch entsprechende Anlageentscheidungen. Aufgabe des Treuhänders für die ihm zufließenden liquiden Mittel sind die Verwaltung des ZV auf Rechnung des Arbeitgebers sowie die Sicherstellung der Zweckbindung des Deckungskapitals. Für den Insolvenzschutz sind nur 20 % der sonst für die PR erforderlichen Pflichtbeiträge an den PSV zu zahlen. Wird durch Impairmenttests ein Wertverfall des ZV festgestellt, besteht für das Unternehmen eine **Nachschusspflicht** in Höhe der Unterdeckung.

Der Effekt einer **Entkopplung von Pensions- und Kerngeschäft** verbessert unter sonst gleichen Bedingungen die Eigenkapitalquote und damit die Bonität des Unternehmens. Im übrigen gibt es neben Konzern-CTAs, die jeweils nur für die Gesellschaften jeweils eines Firmenverbunds zuständig sind, auch Gruppen-CTAs für eine Vielzahl von Unternehmen. Des Weiteren gilt, dass betriebliche Pensionszusagen an Vorstände und Geschäftsführer, die nicht vom PSV gedeckt werden, sich über ein CTA vor der Insolvenz des Unternehmens kostenpflichtig absichern lassen (*Nguyen, 2001*).

9.5.2.2.2 Variable Entgelte

Zur Verhaltenssteuerung der Beschäftigten können monetäre Anreizsysteme eine variable Vergütung vorsehen. Für die Beschäftigten hat eine von der Leistung abhängige, also eine relative Entlohnung zur Folge, dass innerhalb der durch Betriebsvereinbarungen festgelegter Bandbreiten von **Kennzahlen** die Entgelte in guten Zeiten höher und in schlechten Zeiten niedriger sind. Dem Unternehmen verschafft das in Krisenzeiten mehr Handlungsspielraum.

Die **Berechnung variabler Vergütungen** kann eine Mischung aus „harten" Kriterien (wertorientierte Bezugsgrößen) wie Gewinn bzw. Übergewinn, Rendite, Cashflow, Steigerung des Unternehmenswerts oder einfach die Erreichung persönlicher Zielvereinbarungen, und „weichen" Kriterien wie Erhöhung der Kundenzufriedenheit, Förderung von Nachwuchskräften oder Beiträge zur Verbesserung der organisationalen Wissensbasis sein. Mit Abzügen müssen Beschäftigte des Unternehmens rechnen, die gegen Standards, Codes und andere Regelwerke verstoßen sowie auf Weiterbildung verzichten.

Zu den monetären **Anreizsystemen für Mitarbeiter** gehören solche, die jährlich die persönliche Leistung des Mitarbeiters, d. h. die Erreichung bzw. Überschreitung der im Rahmen des MbO für die einzelnen Arbeitsplätze und -gruppen vereinbarten Jahresziele finanziell honorieren. Beispiele dafür sind:

► **Gratifikationen** in Form von Gutschriften auf Zeitkonten oder Sonderzahlungen entsprechend der Zielerfüllung einer Abteilung, eines Bereichs oder des Unternehmens

► **Vergütungen für Verbesserungsvorschläge**, die sich in den meisten Fällen aus der täglichen Beobachtung von Vorgängen ergeben. Um das Ideenpotenzial der Mitarbeiter zu mobilisieren, gibt es verschiedene Programme, die in den USA als CIP (= Continuous Improvement Process), in Japan als Kaizen (Kai = Veränderung, Zen = zum Besseren) und in Deutschland als KVP (= Kontinuierlicher Verbesserungsprozess) bezeichnet werden.

► **Freiwillige Vergünstigungen** als motivierende Zugaben. Beispiele aus der Nebenleistungspalette sind u. a. **Gutscheine** für Mahlzeiten, Besuche im Fitnesscenter, Kinderbetreuung, freies Aufladen von Elektroautos an den firmeneigenen Stromtankstellen sowie **Rabatte** auf Firmenprodukte. Solche Vergünstigungen, vor allem wenn sie nach außen hin bekannt werden, verbessern die **Reputation als Arbeitgeber**.

► **Gruppenprämien**, deren Verteilung die jeweilige Arbeitsgruppe übernimmt. Das kann in der Weise geschehen, dass für jedes Gruppenmitglied anhand bestimmter

Kriterien, wie z. B. Initiative, kooperatives Verhalten, Flexibilität und Sorgfalt, je ein Punktwert ermittelt wird. Dividiert man dann die im Abrechnungsmonat gewährte Gruppenprämie durch die Summe aller Punktwerte der Gruppe, erhält man den „Wert pro Punkt". Wird dieser mit den Punkten des einzelnen Gruppenmitglieds multipliziert, ergibt sich dessen Prämie. Von Bedeutung dabei ist, dass die Prämienunterschiede innerhalb der Gruppe nicht zu groß sind, da das die Harmonie innerhalb der Arbeitsgruppe beeinträchtigen würde, also kontraproduktiv wäre.

► **Mitarbeiteraktien**, die das Unternehmen durch den Rückkauf eigener Aktien (häufig Vorzugsaktien) oder eine bedingte Kapitalerhöhung beschaffen und zu ermäßigten Kursen, wenn nicht gar unentgeltlich (als sog. Investivlohn), an die Mitarbeiter ausgibt. Die dahinterstehende Absicht ist, Mitarbeiter durch Beteiligung am Eigenkapital des Unternehmens zu Shareholdern zu machen. Branchenbezogene Untersuchungen zeigen, dass Unternehmen mit einer Kapitalbeteiligung ihrer Mitarbeiter produktiver sind als ohne. In der Praxis verhalten sich Arbeitgeber und -nehmer allerdings zurückhaltend, d. h. der „Mitarbeiterkapitalismus" ist in deutschen Unternehmen kaum verbreitet, denn: Die Arbeitgeber fürchten zu hohe Mitspracherechte der Arbeitnehmer und die Mitarbeiter fürchten, dass sie bei einer Schieflage des Unternehmens nicht nur ihr Erwerbseinkommen verlieren könnten (= Arbeitsplatzrisiko), sondern auch Teile ihres angesparten Vermögens (= Kapitalrisiko). Einen Ausweg bietet hier die **stille Beteiligung**, die Kontrollrechte der Mitarbeiter ausschließt und im Gegenzug die Mitarbeiter nur an Gewinnen, nicht aber an Verlusten des Unternehmens beteiligt.

Die für die Modellierung eines monetären **Anreizsystems für Führungskräfte** geeigneten Instrumente sind:

► **Bonuszahlungen** bei Erreichung ökonomischer, sozialer und ökologischer Ziele. Häufig verwendete, allerdings nur schwer miteinander kombinierbare Größen zur Berechnung des Jahresbonus sind der Gewinn nach Steuern (= Jahresüberschuss/JÜ), der Übergewinn EVA, ein Motivationsindex bezüglich der Mitarbeiterzufriedenheit und Beiträge zur Verbesserung der Arbeitssicherheit, der Energieeffizienz oder des Klimaschutzes. Um auszuschließen, dass die Bonuszahlung eine bestimmte Höhe übersteigt, ist zur Deckelung ein oberer Schwellenwert (engl. Cap) festzulegen. Außerdem sind **Fehlanreize** zu vermeiden, damit Manager keine extremen Risiken eingehen, die vielleicht kurzfristige Erfolge versprechen, langfristig aber sicher zu Verlusten führen. Deshalb sollte in Managerverträgen auch die Möglichkeit eines nachträglichen **Malus** vorgesehen sein.

Durch die Einrichtung einer **Bonusbank** lässt sich im Unternehmen sowohl eine Glättung der im Zeitablauf schwankenden Bonuszahlungen als auch deren Streckung über Jahre hinweg erreichen. Dazu wird für jede Führungskraft ein verzinsliches Konto angelegt, auf das der jeweilige Jahresbonus bzw. -malus gebucht wird. Von dem Guthaben dieses Kontos erhält die Führungskraft pro Jahr nur einen Teil ausbezahlt, während der Rest fortgeschrieben wird. Solange die Bonusbank eines Begünstigten ein Guthaben aufweist, ist dieses für das Unternehmen eine Schuld, die als **stille Beteiligung** behandelt werden kann, durch die sich wegen des Eigenkapitalcharakters die Kapitalstruktur des Unternehmens verbessern lässt.

Gefahren von Bonussystemen ergeben sich dadurch, dass Führungskräfte versuchen können, durch **Manipulation** die Bemessungsgrundlage zu ihren Gunsten zu verbessern. Dazu zwei Beispiele, die das Controlling auf jeden Fall verhindern sollte:

- Zeitliche Verschiebungen von Umsätzen, sei es, dass bei Nichterreichung des Targets ein späterer Umsatz vorgezogen oder (bei Überschreitung eines gedeckelten Betrags) ein in der Periode möglicher Umsatz in die nächste Periode verlagert wird.
- Manipulationen von Abschreibungen, sei es, dass außerplanmäßige Abschreibungen dann vorgenommen werden, wenn ohnehin kein Bonus zu erwarten ist, oder Abschreibungen auf möglichst viele Perioden verteilt werden, um die daraus resultierenden Belastungen zeitlich zu strecken.

▶ **Vergütungen mit Langzeitwirkung** (engl. Long Term Incentives/LTI), um zu erreichen, dass Führungskräfte sich dauerhaft bemühen, den Wert des Unternehmens zu steigern. Deshalb sollte die Bemessungsgrundlage für die variable Vergütung „mehrjährig" sein. **Aktienzusagen** erhalten Topmanager und andere Leistungsträger, wenn sie Aktien des Unternehmens von ihrem Geld erwerben und mehrjährig im Depot halten. Gewährte **Aktienoptionen** können erst nach einer gesetzlichen Sperrfrist von mindestens vier Jahren ausgeübt werden.

▶ **Abfindungen** (einschließlich Übergangsbezügen) bei einer vom Unternehmen vorzeitig veranlassten Kündigung. Ein Rechtsanspruch auf Abfindungen besteht nicht, es sei denn, das Unternehmen stellt im Rahmen des Arbeitsplatzabbaus einen **Sozialplan** auf, der Abfindungen vorsieht. Grundsätzlich gelten hohe Abfindungen als Ausdruck einer schlechten Corporate Governance. Daher empfiehlt der Deutsche Corporate Governance Kodex eine Deckelung von Abfindungen auf zwei Jahresgehälter. Für den Fall, dass sich nach einer Firmenübernahme oder Fusion die Eigentümerverhältnisse ändern, werden **Change-of-Control-Klauseln** vereinbart, wonach Abfindungen dann gezahlt werden, wenn Vorstands- oder Geschäftsführungsmitglieder das Unternehmen durch eigenen Entschluss verlassen.

Nicht immer bewirken monetäre **Anreizsysteme mit variabler Vergütung** höhere Leistungen. Empirische Untersuchungen über psychologische **Aspekte menschlichen Verhaltens** zeigen, dass verhaltenswissenschaftlich orientierte Arbeitnehmer auf allen Ebenen des Unternehmens nicht nur auf die von ihnen erbrachten Leistungen achten, sondern auch darauf, wie diese im Verhältnis zu den Leistungen ihrer Kollegen behandelt werden. Wenn also das Unternehmen individuelle Leistungsanreize bieten möchte, sollte es sich sicher ein, dass es den Beitrag des Einzelnen zum Erfolg der Gruppe, der Abteilung, des Bereichs oder des Unternehmens direkt messen kann.

Zu gegebener Zeit kann vom **Controlling** untersucht werden, ob und in welcher Höhe sich der Erfolg des Unternehmens durch monetäre Anreizsysteme tatsächlich verbessert hat. Dabei dürfte es allerdings sehr schwierig sein, den auf jeweils ein Anreizsystem entfallenden Anteil am realisierten **Zuwachs am Erfolg** zu messen.

9.5.3 Lohnstückkosten

Die auf jeweils eine Leistungseinheit bezogenen Lohn- oder Arbeitskosten werden als **Lohnstückkosten** bezeichnet, die in der Regel mit der **Arbeitsproduktivität** des Unternehmens korrelieren und als Kennzahl zur Beurteilung der (internationalen) Wettbewerbsfähigkeit dienen.

Als **volkswirtschaftlicher Indikator** gibt der Quotient aus Arbeitnehmerentgelt und Bruttoinlandsprodukt (BIP) an, welchen Druck die Lohnkosten auf das Preisniveau ausüben bzw. welchen Anteil einer Lohnsteigerung das Unternehmen nicht durch eine Erhöhung des Verkaufspreises ausgleichen kann. Aus **betriebswirtschaftlicher Sicht** beziehen sich die Lohnstückkosten entweder auf das einzelne Produkt oder das Gesamtunternehmen. Zur Berechnung eines entsprechenden Quotienten für das Unternehmen werden die Größen **Arbeitskosten** (= Stundenzahl · Stundenlohn), **Wertschöpfung** und **Arbeitsproduktivität** benötigt.

In Zeiten des **Wirtschaftsaufschwungs** steigen erst die Arbeitskosten und dann Absatzpreise, wenn es dem Unternehmen gelingt, die Arbeitskosten voll am Markt durchzusetzen. Sofern das nicht klappt, bieten sich dem Unternehmen zwei Möglichkeiten für den Erhalt seiner Wettbewerbsfähigkeit: **Rationalisierungsinvestitionen** vornehmlich in der Fertigung, um die Arbeitsproduktivität zu steigern, oder **Outsourcing** durch die Verlagerung von Fertigungsstandorten in Niedriglohnländer, um das Lohnniveau des Unternehmens zu senken.

Anders ist das beim **Wirtschaftsabschwung**, wo die Arbeitsproduktivität sinkt, die die reale Wertschöpfung stärker sinkt als die von den Beschäftigten geleistete Zahl an Arbeitsstunden. Dadurch wird die Arbeit je Einheit teurer, die Lohnstückkosten steigen und die Gefahr einer abnehmenden Wettbewerbsfähigkeit nimmt zu. Ein Sinken der Arbeitsproduktivität bewirken auch der Abbau bezahlter Überstunden und bei länger andauernder Wirtschaftsflaute die staatlich geförderte Kurzarbeit. Auf eine Lohnsenkung wird das Unternehmen allerdings verzichten, wenn mit Kündigungen seitens der leistungsstärksten Mitarbeiter zu rechnen ist, und gerade diese Beschäftigtengruppe beim nächsten Wirtschaftsaufschwung wieder rekrutiert werden müsste.

Untersuchungen des Instituts der deutschen Wirtschaft (IW) lassen erkennen, dass das Verhalten von Unternehmen im Umgang mit Lohnstückkosten auch abhängt von den institutionellen **Rahmenbedingungen der Staaten**, in denen die Unternehmen tätig sind. In Krisenzeiten verfolgen die Unternehmen vieler europäischer Länder eine **sanfte Variante**, d. h. sie nehmen höhere Lohnstückkosten vorübergehend in Kauf, auch wenn das die eigene Wettbewerbsfähigkeit vorübergehend schwächt und den Gewinn schmälert. Anders ist das in den USA, wo nach der **harten Variante** mit drastischen Beschäftigungsanpassungen nach dem Hire-and-Fire-Prinzip vorgegangen wird, da ein Personalabbau dort leichter durchsetzbar und mit geringeren Kosten verbunden ist.

9.5.4 Wert der Humanressourcen

Üblicherweise wird das Humanvermögen bzw. -kapital des Unternehmens unter Berücksichtigung der vom Personal verursachten **Arbeitskosten** und solche dem Personal direkt zurechenbaren **Rückflüsse** aus dem Cashflow, Übergewinn EVA oder Aktienkurs ermittelt. Bezogen auf die zur Berechnung des Unternehmenswerts verwendeten Rückflüsse werden diese in zwei Erfolgswerte aufgeteilt, und zwar in einen Mehrwert für den nachweislich vom Personal geschaffenen und einen den übrigen Ressourcen zurechenbaren Mehrwert (*Pietsch, 2008*).

Ein Ansatz, der bei der monetären Bewertung des Personals auf die Verteilung von Rückflüssen verzichtet und stattdessen das Human Capital (HC) als Wettbewerbsfaktor bzw. Werttreiber direkt zu bestimmen versucht, wird als **Saarbrücker Formel** diskutiert. Dabei werden die Beschäftigten jeweils einer von ursprünglich neun Gruppen zugeordnet, die je nach individueller (Höchst-)Ausbildung die traditionellen **Bildungsabschlüsse** betrifft: (1) Hauptschule, (2) Realschule, (3) Gymnasium (= Abitur), (4) Berufsausbildung (= Lehre), (5) Duale Hochschule (früher Berufsakademie), (6) Fachhochschule, (7) Universität, (8) MBA (engl. Master of Business Administration) oder (9) Promotion (= Doktorgrad/PhD). Neuerdings muss analog zur Berufsausbildung noch zwischen Bachelor, als erstem akademischen Grad, und Master, als zweitem akademischen Grad, eines gestuften Hochschulstudiums unterschieden werden.

In der Saarbrücker Formel werden folgende **Komponenten zur Steuerung der Humanressourcen** berücksichtigt (*Becker, 2009; Scholz, 2007*):

► **Wertbasis** (= $FTE_i \cdot l_i$) als monetäres Wirkungspotenzial aller Beschäftigten im Unternehmen, berechnet aus der Beschäftigtenzahl als Mengenkomponente und dem Marktgehalt als Preiskomponente

► **Wertverlust** (= w_i / b_i) für den Fall, dass das Wissen der Beschäftigten veraltet ist und ein entsprechender Abschlag vorgenommen werden muss, dessen Höhe sich an der Dauer der Einsetzbarkeit des Fachwissens im Verhältnis zur Dauer der Betriebszugehörigkeit ergibt

► **Wertkompensation** (= PE_i) als Ausgleich des Wertverlusts durch Personalentwicklungskosten

► **Wertveränderung** (= M_i) als Mehrung oder Minderung des HC-Werts entsprechend der persönlichen Motivation, und zwar in Abhängigkeit von der Bereitschaft zur Leistungserbringung (engl. Commitment), der Angemessenheit des Arbeitsumfelds (engl. Context) sowie der Neigung, das Unternehmen nicht zu verlassen (engl. Retention).

Die Verbindung der genannten Komponenten und ihrer Bestandteile geschieht in der **Saarbrücker Formel** wie folgt:

$$HC = \sum_{i=1}^{g} \left[\left(FTE_i \cdot I_i \cdot \frac{w_i}{b_i} + PE_i \right) \cdot M_i \right]$$

Darin sind:
FTE_i = In Vollzeit umgerechnete Beschäftigte (= Full-Time-Equivalent) der Gruppe i (i = 1, 2, ..., g)
  i = Zählvariable
  I_i = ∅ Jahreseinkommen der Gruppe i
  w_i = ∅ Wissensrelevanzzeit als Dauer (in Jahren) der Gruppe i
  b_i = ∅ Betriebszugehörigkeit (= Verweildauer in Jahren)
PE_i = Personalentwicklungskosten für die Gruppe i im letzten Jahr
M_i = Motivationsindex der Gruppe i

9.5.5 Personalstruktur

Der **Personalbestand** des Unternehmens oder seiner Geschäftsbereiche lässt sich vom Controlling nach verschiedenen Kriterien klassifizieren, wie z. B. nach Lebens- und Dienstalter, Geschlecht, Lohn- und Gehaltsgruppen, Ausbildungsstand, Kompetenz und/oder regionaler Herkunft. Dabei ist zu beachten, dass mit steigender **Anzahl der Kriterien** zur Gruppenbildung auch die zahlenmäßige Besetzung jeder Gruppe abnimmt.

Die mit dem Personalbestand verbundenen **Risiken** sind:

▶ Risiken aus zu geringem Personalbestand, die zu Leistungs- und Lieferverzögerungen führen können und damit die Reputation des Unternehmens und die Kundenloyalität beeinträchtigen

▶ Risiken aus sich schleichend aufbauenden Personalüberhängen, die ebenfalls die Reputation des Unternehmens gefährden, wenn es irgendwann betriebsbedingt zu Entlassungen kommt

▶ Risiken bezüglich der Überalterung des Personals durch einen ungesunden Aufbau der Alterspyramide der Belegschaft als Ganzes oder einzelner Personenkreise.

Ein Instrument zur Beurteilung der genannten Risiken ist das **Bestands-Fluss-Modell**. Dabei wird das Personal in gleichartige Bestände (= Job Familien) unterteilt, die mit der Zeit durch personalverändernde Zu- und Abgänge verstärkt oder vermindert werden:

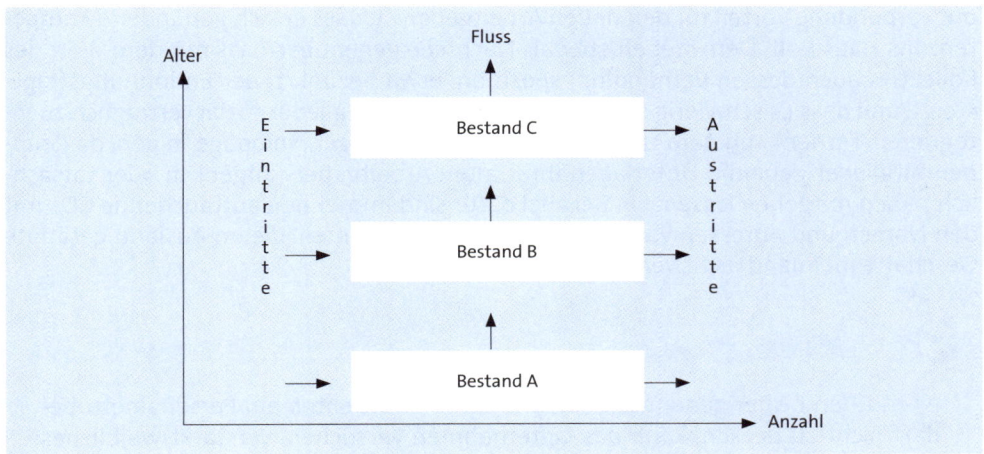

Vom Unternehmen kann nur ein Teil der **Strömungsraten** durch eine „altersgerechte Personalpolitik" (engl. Age Management) gesteuert werden, wie etwa die planmäßigen Ein- und Austritte. Andere Größen, wie die Fluktuation oder die natürlichen Austritte (= Ruhestand oder Tod), sind wahrscheinlichkeitsverteilt.

9.5.5.1 Personaleintritte

Können offene Stellen nicht aus eigenen Reihen besetzt werden, müssen Kandidaten von außen, d. h. rekrutiert (= angeworben) werden. Vorteilhaft für die **Rekrutierung** (engl. Recruitment) qualifizierten Personals ist eine hohe Reputation des Unternehmens als Arbeitgeber (engl. Employer Brand). Weniger günstig entwickelt sich die Demografie, die dazu führt, dass es künftig immer länger dauern wird, offene Stellen zügig zu besetzen.

Um den Bedarf an Berufseinsteigern bzw. Nachwuchskräften zu decken, kann das Unternehmen **Kooperationen** mit Schulen, Kammern, Hochschulen oder sonstigen Bildungseinrichtungen eingehen und pflegen. Viele der auf diesem Weg rekrutierten Mitarbeiter gehören der **Generation Praktikum** an, wenn sie vor dem eigentlichen Eintritt in den Beruf als „Brückenfunktion" ein Praktikum absolviert haben.

Bei nur schwer zu schließenden Personallücken wird sich das Unternehmen unverändert an **Print-Stellenausschreibungen und -börsen** beteiligen oder die Dienste von **Personalberatern** in Anspruch nehmen. Anzunehmen ist jedoch, dass immer mehr Nachwuchskräfte über soziale Online-Netzwerke (engl. Net) gesucht werden, da Digital Natives als Angehörige der **Net-Generation** ihre eigenen Kompetenzprofile gerne über das Internet verbreiten. Dabei soll nicht unerwähnt bleiben, dass auf diesem Weg in Zukunft auch der **Controllernachwuchs** zu rekrutieren ist.

Von Konkurrenten abwerben lassen sich nicht nur einzelne Fach- und Führungskräfte, sondern vielmehr auch ganze **Arbeitsgruppen** oder **Teams**. Der mit einem solchen **Lift-**

out verbundene Vorteil für den neuen Arbeitgeber ist, dass er sich gebündelte Kompetenz ins Haus holt. Dem stehen aber als Nachteile gegenüber, dass mit dem Wert des Kollektivs auch dessen Verhandlungsposition, etwa bezüglich der Entlohnungsfrage, steigt, und dass es schwierig sein wird, alle Gruppenmitglieder sozial verträglich zu integrieren. Ferner kann dem Lift-out ein Rechtsstreit wegen Spionage folgen, da Gruppenmitglieder geheime Unterlagen ihres alten Arbeitgebers angeblich oder tatsächlich haben mitgehen lassen. Ein Beispiel dafür sind immer neu auftauchende CDs mit den Namen und Adressen von Personen und Unternehmen, die im Ausland getätigte Geschäfte im Inland nicht versteuern.

Ist mit den bisher genannten Recruitment-Instrumenten ein Personalnettobedarf nicht zu decken, kann das Unternehmen versuchen, verstärkt **weibliches** und **ausländisches Personal** zum Eintritt in das Unternehmen zu bewegen.

Wichtig in Bezug auf alle Neueintritte in das Unternehmen ist, dass diese möglichst schnell die an sie gestellten Erwartungen erfüllen. Um das zu erreichen, können **Förderprogramme** ein gezieltes Andocken (engl. Onboarding) an die neuen Aufgaben und Prozesse innerhalb des Unternehmens vorsehen. Zu den Maßnahmen solcher Programme gehören das **Coaching** (= Personalförderung), **Mentoring** (= Personalentwicklung) und **Shadowing** (= Begleitung mit zeitlicher Befristung). Dabei werden Neueinsteiger eingeweiht, wie das Unternehmen entstanden, historisch gewachsen und aktuell aufgestellt ist, welche Arbeitsvorstellungen existieren, wie Prozesse ablaufen und auf die Erreichung welcher Kennzahlen zur Unternehmensteuerung besonderer Wert gelegt wird. Vom Controlling kann überprüft werden, ob sich diese Förderprogramme tatsächlich rechnen (*Breitsohl u. a., 2011*).

Mit dem Eintritt in das Unternehmen sind verschiedene **Merkmale** (= Eigenschaften) der jeweiligen Arbeitnehmer zu erfassen, um die **Zuordnung zu den Personalbestandsklassen** vornehmen zu können. Das gilt auch für Arbeitnehmer, die nach einer M&A-Transaktion in den konzernweiten Personalbestand zu integrieren sind.

9.5.5.2 Personalaustritte

Von **freiwilligen Personalaustritten** wird gesprochen, wenn Arbeitnehmer aus persönlichen Gründen kündigen. Umgekehrt kommt es zu **betriebsbedingten Personalaustritten**, wenn Arbeitnehmer vom Unternehmen entlassen werden. Mit **sprunghaften Personalaustritten** ist zu rechnen, wenn ganze Teams zur Konkurrenz wechseln oder Arbeitnehmer das Unternehmen deshalb verlassen, weil sie nach erfolgtem Outsourcing bzw. nach einer Betriebsabspaltung im Unternehmen nicht mehr gebraucht werden.

Früher wurden Angehörige der **Generation 50 Plus** in den vorzeitigen Ruhestand abgeschoben. Heute praktizieren Unternehmen eher das **Modell Zwiebel**, die Schicht für Schicht geschält wird, weshalb erst die Leiharbeiter und Befristeten gehen müssen, bevor es innerhalb der Stammbelegschaft zu Entlassungen kommt.

Um die Anzahl der aus Sicht des Unternehmens **unerwünschten Austritte** zu begrenzen, ist herauszufinden, wie groß die Zufriedenheit und Identifikation der aktuell Beschäftigten mit dem Unternehmen als Arbeitgeber ist, denn: Wer stolz ist auf sein Unternehmen, wechselt nicht so bald den Arbeitsplatz. Fällt der **Motivationsindex**, eine Kennzahl des Benchmarking im Bereich der betrieblichen Humanressourcen, entsteht oder vergrößert sich der Personalnettobedarf.

9.5.5.3 Personalbestandsklassen

Die im Jahresverlauf neu in das Unternehmen eingetretenen und alle bis zum Jahresende nicht ausgetretenen Arbeitnehmer finden sich im jeweils folgenden Geschäftsjahr in der nächst höheren (Alters-) **Bestandsklasse** wieder. Dabei können verschiedene der für die Beschäftigen erfassten Merkmale einfach fortgeschrieben werden, wie z. B. die Dauer der Betriebszugehörigkeit. Andere Merkmale werden je nach Sachlage hinzugefügt, darunter interne Jobwechsel, die vorübergehende Mitarbeit bei Projekten oder die erfolgreiche Teilnahme an Weiterbildungsmaßnahmen.

Nach Altersklassen getrennt können **Veränderungen des Personalbestands** über mehrere Jahre hinweg (= rollierend) analysiert und geplant werden. Zu Steuerungszwecken lassen sich ab einer bestimmten Betriebsgröße auch **Personalkegel** durch paarweise Vergleiche bestimmter Beschäftigtenmerkmale in den verschiedenen Bestandsklassen visualisieren, z. B. Anzahl männlicher und weiblicher Fachkräfte mit und ohne Studium. Entsprechend der Demografie werden sich die Personalkegel verändern und mit der Verlängerung des Pensionierungsalters wird sich die **Anzahl der Bestandsklassen** erhöhen.

9.5.6 Workonomics

Ausgangspunkt dieses von der Boston Consulting Group (BCG) stammenden Steuerungsansatzes ist der bereits erwähnte Cash Value Added (CVA), der erweitert wird um die Ressource **Personal als Werthebel für profitables Wachstum.** In Veröffentlichungen wird diesbezüglich bereits von einer „nächsten Generation" im Shareholder Value Management gesprochen (*Pietsch*, 2008; *Scholz*, 2007; *Strack/Villis, 2001*).

Der Steuerungsansatz der Workonomics geht von folgenden **drei Wertgrößen** aus:

► **Value Added pro Person** (VAP), verstanden als Effizienzmaß für die Beschäftigten (= Arbeitsproduktivität) und ausgedrückt als durchschnittliche Wertschöpfung pro Arbeitnehmer. Allerdings wird die Wertschöpfung anders definiert als eingangs geschehen, da die Beschäftigen auch die Kosten auf das investierte Kapital erwirtschaften müssen. Das ist insofern von Bedeutung, da andernfalls VAP durch die Substitution von Personal durch Kapital (= Rationalisierung) gesteigert werden könnte.

► **Average Cost pro Person** (ACP), was den durchschnittlichen Personalkosten eines Beschäftigten entspricht

► **Personalbestand** (P), verteilt auf die Klassen des vorstehend beschriebenen Bestands-Fluss-Modells.

Mit diesen Wertgrößen wird CVA nach folgender **Formel** berechnet:

$$CVA = (VAP - ACP) \cdot P$$

Eine Wertsteigerung kann durch die Aktivierung von **drei Stellhebeln**, die sich auch miteinander kombinieren lassen, erreicht werden:

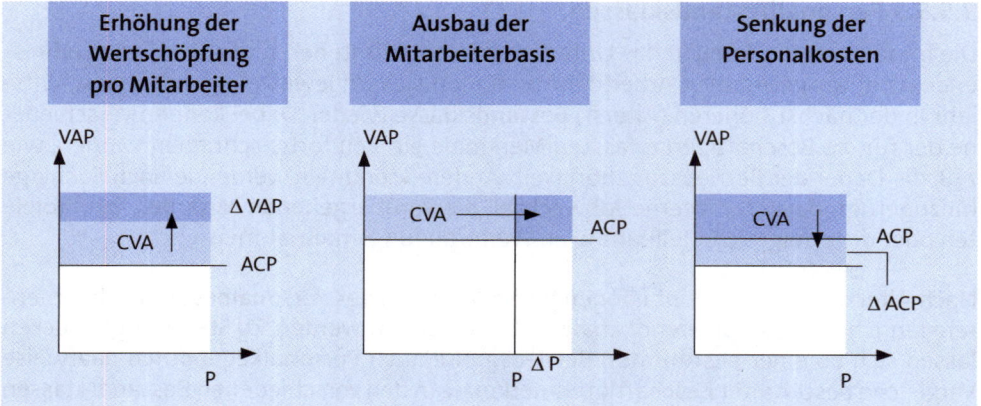

Die Kenngrößen für das **personalorientierte Werttreibermanagement** lassen sich für ganze Unternehmen oder einzelne Geschäftsbereiche berechnen. Bedeutung haben diese Kenngrößen auch für junge Internetunternehmen mit nur wenig Anlagevermögen, dafür aber einer Vielzahl hochmotivierter und ideenreicher Spezialisten.

Die Verknüpfung von ACP und VAP ermöglicht den Einsatz alternativer **Vergütungs- und Anreizsysteme**. Die Kennzahl Personalbestand (P) erlaubt eine Beurteilung der Rekrutierung und Fluktuation im Unternehmen. Ferner ist ein Benchmarking mit Wettbewerbern möglich.

9.5.7 Handlungsoptionen

Für die strategische Planung geeignet sind u. a. das **Mitarbeiterportfolio** und das **Humanressourcen-Portfolio**, die beide mehrdimensional sind und ähnliche Handlungsempfehlungen geben, sich aber in den Achsenbezeichnungen und der Anzahl der Matrixfelder unterscheiden.

9.5.7.1 Mitarbeiterportfolio

Im **Mitarbeiterportfolio** werden die Beschäftigten von eher kleinen Organisationseinheiten so positioniert, wie das in der Abbildung gezeigt wird (*Fopp, 1982; Graf, 2001; Odiorne, 1984*):

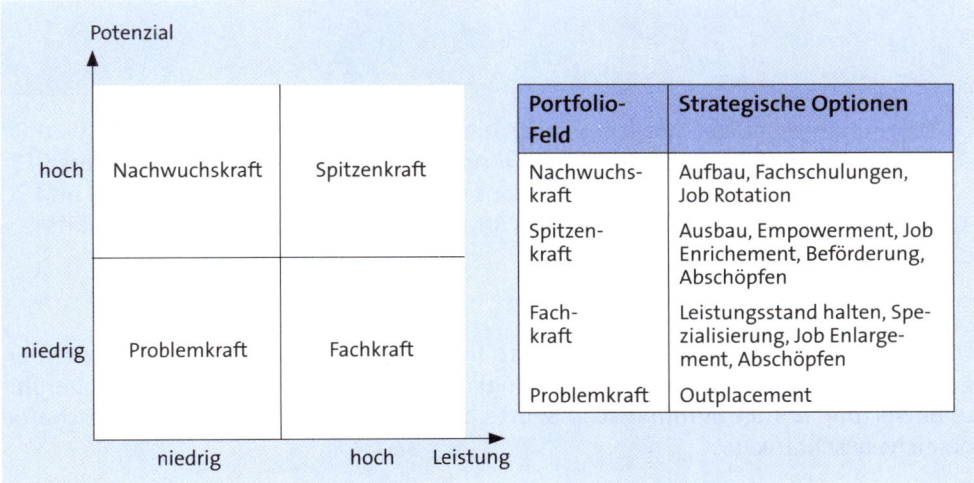

Die dabei verwendeten und gegebenenfalls unter Zuhilfenahme von Ratingskalen verwendeten **Kriterien** der beiden Hauptachsen sind:

▶ **Potenzial** als Fähigkeiten zur Beherrschung von Aufgabenvielfalt, Bereitschaft zur Übernahme von Verantwortung und Risiko, Lern- und Teamfähigkeit, Wandelkompetenz, Kreativität und Konflikttoleranz sowie fundierte Methoden- und Fremdsprachenkenntnisse

▶ **Leistung** bezogen auf die Lösung der im Zusammenhang mit den bei der Tagesarbeit aufgetauchten Problemen, den Beitrag zu den Wertschöpfungsaktivitäten, die Mitwirkung an Projekten und die Erfüllung vereinbarter Jahresziele.

Nicht nur der globale Wettbewerb, Absatzschwierigkeiten und schleichende Rationalisierungen, sondern auch die Streichung ganzer Hierarchieebenen bzw. Restrukturierungen nach erfolgten Firmenübernahmen und im Zusammenhang mit Sanierungen, sind Gründe für den betriebsbedingten **Abbau von Arbeitsplätzen**. Dieser soll dazu beitragen, die Arbeitsproduktivität des Unternehmens und die Wettbewerbsfähigkeit der jeweiligen Standorte zu sichern bzw. zu steigern. Flankiert wird der Personalabbau durch Sozialpläne und Abfindungsvereinbarungen für freiwillig ausscheidende Arbeitnehmer.

9.5.7.2 Humanressourcen-Portfolio

Für das Unternehmen bzw. einzelne SGEs kann ein **Humanressourcen-Portfolio** mit folgenden Hauptachsen gebildet werden:

▶ **Relative Position in den Humanressourcen** entsprechend der Fach- und Methodenkompetenz (= Ausbildungsstand und berufliche Erfahrungen im Umgang mit relevanten Instrumenten), der sozial-kommunikativen Kompetenz (= Verantwortung, Vertrauen), der personalen Kompetenz (= Team- und Lernfähigkeit, Wandelkompetenz im Sinne der Anpassungsfähigkeit an den erforderlichen Wandel) und der Handlungskompetenz (= Umgang mit Kunden, Anwendung von Wissen) der einzelnen Personen bzw. Personengruppen

▶ **Relative Wettbewerbsposition** als angestrebte Stellung des Unternehmens oder der SGE im Markt entsprechend der Geschäftsfeldstrategien.

Da Humanressourcen branchenüblich eingesetzt, behandelt und entlohnt werden, ergeben sich nur schwer lösbare Probleme, wenn die übergeordnete **Personalpolitik** des Unternehmens (z. B. konzernweite Gehalts-, Beförderungs- und Anreizrichtlinien) eine differenzierte Vorgehensweise der einzelnen Geschäftsbereiche nicht zulässt.

Um für einen Geschäftsbereich oder eine Tracking Unit zu strategisch relevanten Ergebnissen zu gelangen, kann sich die bezüglich kritischer Erfolgsfaktoren durchgeführte Bewertung auf die **summarische Beurteilung einzelner Funktionen** des Geschäftsbereichs beschränken.

Die Bewertungsergebnisse, die in Sonderfällen (z. B. für Personen in Schlüsselpositionen) tiefer analysiert werden können, lassen sich als **Kreise** in das Human-Ressourcen-Portfolio übertragen, wobei die Größe der Kreise die jeweilige Anzahl der Mitarbeiter gleicher oder ähnlicher Qualifikation bzw. Kompetenz ausdrückt. Dabei bestehen auch hier **strategische Optionen** (*Jacobs u. a., 1987*):

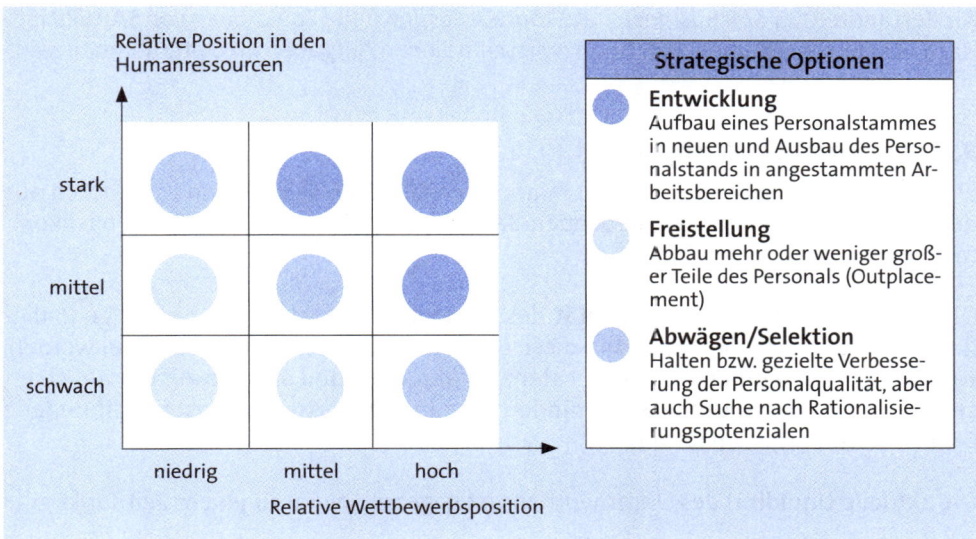

Aufgabe 37 > Seite 639, Aufgabe 38 > Seite 640, Aufgabe 39 > Seite 641

9.6 Finanzen

Die Höhe des durch eine angemessene Finanzierung zu deckenden **Kapitalbedarfs** des Unternehmens bestimmen folgende Größen: Betriebsgröße, Produktionsprogramm, Beschäftigungsgrad, Prozessanordnung und -geschwindigkeit sowie Preisniveau. Zum Beispiel kann der Kapitalbedarf durch **finanzersetzende Maßnahmen**, darunter Leasing und Anzahlungen von Kunden, reduziert werden.

Seit der letzten Weltwirtschaftskrise haben Unternehmen der Realwirtschaft **weniger Fremdkapital** aufgenommen, da die Banken mit Kreditvergaben sehr restriktiv verfahren. Dafür betreiben Unternehmen mehr **Innenfinanzierung** zwecks Verbesserung ihrer Kapitalstruktur.

Zu den Aufgaben des **Finanzcontrollings** im Sinne der Mitwirkung im Treasuring sowie der Unterstützung des Finanzvorstands (CFO), gehören u. a.: Bereitstellung verlässlicher Informationen als Grundlage für Finanzanalysen und -planungen, Koordination innerhalb des Finanzbereichs sowie zwischen dem Finanzbereich und den Leistungsbereichen bzw. der Unternehmensleitung, Sicherung der Liquidität, regelmäßige Neuberechnung der Kapitalkosten und Steigerung des Shareholder Value. Einige dieser Aufgaben wurden bereits beschrieben, sodass eine Wiederholung an dieser Stelle entfallen kann.

Als Bestandteil der SAP Business Suite können ausgewählte Funktionen von **SAP ERP** hilfreich bei der Bewältigung aller finanzwirtschaftlichen Aufgaben im Unternehmen sein.

9.6.1 Finanzielles Gleichgewicht

Ein Unternehmen befindet sich im finanziellen Gleichgewicht, wenn es den sich aus der betrieblichen Tätigkeit ergebenden **Zahlungsverpflichtungen** jederzeit nachkommen kann.

Die **Aufrechterhaltung der Liquidität** des Unternehmens ist eine notwendige Bedingung und kein Ziel. Allenfalls kann diese Bedingung vorübergehend zum Ziel werden, wenn das Unternehmen in seiner Existenz gefährdet ist und deshalb auf Gewinnchancen verzichten muss. Umgekehrt mindert jede mit **Opportunitätskosten** verbundene Liquiditätsvorsorge den Gewinn.

Die **aktuelle Liquidität** des Unternehmens ist gegeben, wenn zu jedem Zeitpunkt gilt:

Bestand an flüssigen Mitteln	+	Zugang an flüssigen Mitteln	−	Abgang an flüssigen Mitteln	≥	0

Kann ein Unternehmen zu irgendeiner Zeit diese Bedingung nicht erfüllen, und ist auch kein Geldgeber bereit, einen Fehlbetrag auszugleichen, liegt **Illiquidität** vor.

Die **strukturelle Liquidität** bezieht sich auf die Geldnähe der Vermögenspositionen. Dabei wird ein Vermögensobjekt als umso liquider angesehen, je

► kürzer seine **Wiedergeldwerdungsdauer** (= Selbstliquidationsperiode) im Leistungsprozess ist oder

► kleiner der **Abschlag** (= Disagio) ist, der bei der sofortigen Umwandlung in Geld (z. B. Verkauf von Maschinen oder Wertpapieren) vor Ablauf der Selbstliquidationsperiode hingenommen werden muss.

Die **Selbstliquidationsperiode** von Objekten des Sachanlagevermögens ist abhängig von der Abschreibungsdauer. Da Grundstücke grundsätzlich nicht abgeschrieben werden, ist deren Wiedergeldwerdungsdauer unendlich. Bei Objekten des Umlaufvermögens richtet sich die Selbstliquidationsperiode nach der Geschwindigkeit der Produktionsprozesse (etwa Umwandlung von Werkstoffen in Fertigerzeugnisse), der Absatzgeschwindigkeit (durch den Verkauf von Fertigerzeugnissen entstehen Forderungen) und der Zahlungsgeschwindigkeit der Kunden (Forderungen werden in Abhängigkeit vom Zahlungsziel erst später zu Geld).

9.6.2 Produkte als Erzeuger und Verbraucher von Cashflow

Bevor ein Produkt zum Casherzeuger wird, ergibt sich ein mehr oder weniger großer **Mittelbedarf**, den es zu finanzieren gilt. Der Mittelbedarf in der Entstehungsphase eines Produkts ergibt sich aus dessen **Vor- und Anlaufkosten**. Erst später, wenn keine weiteren Investitionen mehr notwendig sind, bringt ein solches Produkt mehr ein als es kostet, d. h. es erzeugt einen **positiven Cashflow**.

Sieht man zunächst von Maßnahmen der Außenfinanzierung (wie Kapitalerhöhung, Kreditaufnahme) ab, kommen als Finanzierungsquellen für den Cashbedarf vorwiegend andere Erzeugnisse infrage. Gesucht ist somit ein **Mix von Produkten**, die heute Cash verbrauchen, aber später Cash liefern, und solchen, die heute Cash erzeugen.

Die meisten Finanzmittel verbrauchen **Nachwuchsprodukte** in der Einführungungs- bzw. Wachstumsphase. Befindet sich zu viel Nachwuchs im Produktportfolio, ist der Investitionsbedarf des Unternehmens möglicherweise nicht mehr finanzierbar.

Finanzmittel, die benötigt werden, um Nachwuchs und Stars aufzubauen, liefern die **Cashprodukte** in der Reifephase. Verfügt das Unternehmen über Cashprodukte, ohne aber Nachwuchs zu haben, kann es sinnvoll sein, Nachwuchs zu kaufen (etwa Patenterwerb bzw. Lizenznahme) oder mit anderen Unternehmen zu kooperieren, die über viel Nachwuchs verfügen.

Grundsätzlich sollte das auf S. 348 gezeigte Produktportfolio des Unternehmens bzw. einzelner SGEs einen **Kreislauf** (= Lebenszyklus) in Gang setzen, der kontinuierlich Finanzmittel aus den Cashprodukten in Nachwuchs fließen lässt, diese zu Stars aufbaut, die ihrerseits dann später zu Cashprodukten werden. Cashprodukte, die in der Sättigungsphase stark abzusinken drohen, sollten rechtzeitig aus dem Portfolio entfernt werden.

9.6.3 Hebelwirkung der Verschuldung

Die **Schließung einer Finanzierungslücke** durch Fremdkapital (FK) lässt die Eigenkapitalrentabilität (r_{EK}) steigen, wenn bei gegebenem Eigenkapital (EK) der Zinssatz (i) für das Fremdkapital kleiner ist als die durch die Gesamtkapitalrentabilität (r_{GK}) ausgedrückte Investitionsrendite:

$$r_{EK} = r_{GK} + (r_{GK} - i) \cdot FK/EK$$

mit

r_{EK} = Gewinn · 100 / EK

r_{GK} = EBIT · 100 / GK

FK/EK = Verschuldungsgrad

Nach diesem Modell ist der **optimale Verschuldungsgrad** dann erreicht, wenn durch zunehmende Verschuldung eine Steigerung der Eigenkapitalrentabilität nicht mehr möglich ist. Diese steigt, solange eine positive Differenz zwischen der Gesamtkapitalrentabilität und dem Zinssatz für Fremdkapital besteht.

Die Möglichkeit einer Rentabilitätserhöhung des (konstanten) Eigenkapitals durch immer mehr Fremdkapital, auch **Finanzwirtschaftlicher Leverage-Effekt** (engl. Financial Leverage Effect/FLE) genannt, birgt allerdings das **Risiko** in sich, dass bei rückläufigen Investitionsrenditen (also sinkender r_{GK}) die Fremdkapitalzinsen nicht nur zu einer Abnahme der Eigenkapitalrentabilität führen, sondern auch das Insolvenzrisiko aus Illiquidität und Überschuldung steigen lassen.

9.6.4 Finanzierungsregeln

Die Aufstellung eines Soll-Profils der betrieblichen Risiko-/Ertragsposition sollte nicht allein nach der (subjektiven) Risikopräferenz des Managements geschehen, sondern es sind vielmehr auch vertikale bzw. horizontale **Finanzierungsregeln** zu beachten. Dieses sind Empfehlungen sowohl für das Verhältnis von Eigen- und Fremdkapital in der Bilanz als auch die Finanzierung bestimmter Vermögenspositionen mit Eigen- und/oder Fremdkapital, gestützt auf ökonomische Theorien und empirische Untersuchungen. Oft sind Finanzierungsregeln als **Heuristiken** und **Normen** stark abstrahierend und vereinfachend, weshalb sie auch nicht kritiklos akzeptiert und angewendet werden sollten.

Anzunehmen ist, dass Finanzierungsregeln auch **kulturellen Einflüssen** unterliegen, denn die Eigenkapitalquote (= Verhältnis von Eigenkapital zu Gesamtkapital) japanischer und deutscher Unternehmen ist deutlich geringer als die US-amerikanischer Unternehmen.

Häufig bleiben in den Finanzierungsregeln die eingangs genannten **Off-Balance-Sheet-Effekte** unberücksichtigt, da selbstgeschaffene immaterielle Vermögenswerte kaum bilanziert werden können oder weil ein **Bilanzlifting** die Auslagerung von Vermögenswerten (insbesondere Immobilien an Leasinggesellschaften und Forderungen an Factorbanken) bzw. Schulden (z. B. Pensionsverpflichtungen an Pensionsfonds) vorsieht.

Gelegentlich wird Finanzinvestoren als Miteigentümern nachgesagt, dass sie auf eine gewollte **Verletzung der Finanzierungsregeln** hinarbeiten, indem sie in ihrem Portfolio befindliche Unternehmen mit geringem Verschuldungsgrad drängen, mehr Fremdkapital aufzunehmen und möglichst hohe Dividenden auszuschütten. Hohe Dividendenzahlungen verringern die Innenfinanzierungskraft des Unternehmens, und wozu hohe Schulden führen, das lässt sich täglich der Wirtschaftspresse entnehmen.

9.6.5 Rückkauf eigener Aktien

Ein Instrument der Kapitalsteuerung in Zeiten hoher Geldbestände und mäßiger Investitionsgelegenheiten ist der **Erwerb eigener Aktien**. Da eigene Aktien nicht gewinnberechtigt sind, steigt durch die Verringerung der frei handelbaren Aktien die Kennzahl des Gewinns pro Aktie (EPS), was sich in der Regel vorteilhaft auf den Aktienkurs auswirkt.

Voraussetzung für einen Aktienrückkauf ist nach § 71 Abs. 1 Nr. 8 AktG eine dem Vorstand von der **Hauptversammlung** erteilte Ermächtigung für eine Dauer von höchstens fünf Jahren, die nur für den Erwerb, nicht aber für das Halten der eigenen Aktien gilt. Weiterhin sieht das Wertpapierhandelsgesetz (WpHG) verschiedene **Publizitätspflichten** zur Wahrung der Kapitalmarkttransparenz vor.

An **Erwerbsformen** für eigene Aktien werden der Kauf über die Börse oder im Rahmen eines öffentlichen Rückkaufangebots (z. B. im Festpreis- oder Auktionsverfahren) unterschieden, wobei die Auktionsverfahren (engl. Tender Offer) geeignet sind, größeren bzw. institutionellen Investoren die Möglichkeit zu geben, sich marktschonend von Aktienpaketen zu trennen.

Ergänzend zum konventionellen Aktienrückkauf ist der Erwerb eigener Aktien auch unter **Einsatz von Derivaten** möglich. So kann die Hauptversammlung den Vorstand dazu ermächtigen, Put Optionen zu veräußern, die die Gesellschaft bei Ausübung der Optionen zum Erwerb eigener Aktien verpflichten, Call Optionen zu erwerben, die der Gesellschaft das Recht bieten, bei Ausübung der Optionen eigene Aktien zurückzukaufen oder unter Einsatz einer Kombination aus Put- und Call-Optionen eigene Aktien zu erwerben.

Die **Höhe des Erwerbs eigener Aktien** ist nach § 71 Abs. 2 AktG auf maximal 10 % des voll eingezahlten Grundkapitals begrenzt. In der Bilanz müssen eigene Aktien mit ihren Anschaffungskosten auf der Aktivseite – wegen ihres meist kurzfristigen Charakters – in der Position „Wertpapiere des Umlaufvermögens", und auf der Passivseite in einer gleich hohen Gegenposition „Rücklage für eigene Anteile" ausgewiesen werden.

Die **Motive für Aktienrückkäufe** können sein:

► **Steigerung der Eigenkapitalrendite**, da das gewinnberechtigte Eigenkapital absolut kleiner wird und sich eine zunehmende Verschuldung lohnt, solange der Kostensatz des Fremdkapitals unter der Gesamtrentabilität liegt

► **Wiederveräußerung**, wenn sich zu gegebener Zeit wieder attraktive Investitionsgelegenheiten ergeben und der Aktienkurs in der Zwischenzeit gestiegen ist. Häufig lässt bereits die Ankündigung eines Rückkaufs den Aktienkurs steigen, weil der Kapitalmarkt eine solche Transaktion üblicherweise als Zeichen des Managements für eine baldige Steigerung des Unternehmenswerts ansieht. Der Aktienkurs dürfte auch deshalb steigen, da sich nach der Transaktion der Gewinn auf eine verringerte Eigenkapitalbasis verteilt und deshalb die Kennzahlen „Ergebnis je Aktie" (EPS) und „Eigenkapitalrentabilität" (r_{EK}) steigen. Hinzu kommt, dass die von der Anzahl der umlaufenden Aktien abhängigen Shareholder-Servicing-Costs (wie etwa Bereitstellung gedruckter Geschäftsberichte oder Bankgebühren für die Abwicklung der Dividendenzahlungen) sinken, wenn viele Kleinaktionäre ihre Aktien an das Unternehmen verkaufen.

► **Ausgabe von Mitarbeiteraktien, Aktienzusagen oder Gewährung von Aktienoptionen**, um sowohl die Bindung der Beschäftigten zum Unternehmen als auch die Motivation zur Leistungssteigerung zu erhöhen

► **Schaffung einer Akquisitionswährung**, die im Falle eines Unternehmenserwerbs eingesetzt werden kann

► **Erschwerung bzw. Verhinderung feindlicher Übernahmen**, denn durch den gestiegen Aktienkurs vergrößert sich der Unternehmenswert.

Aktienrückkäufe, die nur den Zweck haben, den Aktienkurs nach oben zu treiben, sind nicht erlaubt. Dadurch sollen **Manipulationen** verhindert werden, die Manager vornehmen können, um ihre eigenen, an den Aktienbesitz bzw. -kurs gekoppelten Bezüge und den Wert der sich in ihrem Besitz befindenden Aktienoptionen zu erhöhen. Demgegenüber gelten langfristig angelegte und subjektiv nachprüfbare Rückkaufprogramme zum Vorteil der Shareholder nicht als Manipulation.

Ein im Zusammenhang mit dem Erwerb eigener Aktien stehendes **Risiko** ist, dass der Aktienrückkauf von Shareholdern und Finanzanalysten als Ideenlosigkeit des Managements, mangelnde Innovationsfähigkeit oder fehlende Investitionsgelegenheiten angesehen wird, was die Marktkapitalisierung des Unternehmens und damit den Shareholder Value reduziert.

9.6.6 Kapitalkosten

Zur Berechnung der Kapitalkosten wird üblicherweise der **gewichtete durchschnittliche Kapitalkostensatz WACC** (**W**eighted **A**verage **C**ost of **C**apital) verwendet, der sich aus der Summe der – nach ihrem jeweiligen Anteil am gesamten Nominalkapital gewichteten – Eigen- und Fremdkapitalkosten ergibt. Oder anders ausgedrückt: Der WACC ist ein in dynamischen Investitionsrechnungen zu verwendender **Diskontierungsfaktor**, der aus Größen des Kapitalmarkts abgeleitet wird. Der aus den Erwartungen und Verhaltensweisen der Kapitalgeber errechnete WACC wird als **Mindestrendite für Investitionsvorhaben** angesehen.

9.6.6.1 Kapitalkostensatz

Die Formel zur Berrechnung des WACC lautet:

$$\text{WAAC} = \left(k_{FK} \cdot (1 - s) \cdot \frac{FK}{EK + FK}\right) + k_{EK} \cdot \frac{EK}{EK + FK}$$

mit

GK = Gesamtkapital = Eigenkapital (EK) + Fremdkapital (FK)

k = Kapitalkostensätze für das EK (k_{EK}) und das FK (k_{FK})

s = Steuerqoute des Unternehmens (in Dezimalform)

Hat das Unternehmen **Tracking Stocks** emittiert, kann die Ermittlung des WACC für denjenigen Geschäftsbereich erfolgen, der die Investition zu tätigen beabsichtigt (*Hahn, 2002*).

9.6.6.2 Kapitalstruktur

Die **Kapitalstruktur** drückt – wie bereits mehrfach dargelegt – die finanziellen Beziehungen des Unternehmens zu seinen aktuellen und potenziellen Kapitalgebern aus. Der reziproke Wert der Kapitalstruktur ist dann der **Verschuldungsgrad**.

Von dem Punkt an, ab dem das passiert, steigt das **Insolvenzrisiko**, und zwar wegen der Verpflichtungen, die Zinsen für die Überlassung von Fremdkapital zahlen und das Fremdkapital tilgen zu müssen. Zur Kompensation verlangen die Eigen- und Fremdkapitalgeber jeweils eine **Risikoprämie**, wodurch die durchschnittlichen Gesamtkapitalkosten überproportional steigen.

Wie die nachstehende Abbildung deutlich machen soll, erreicht das Unternehmen die **optimale Kapitalstruktur** und damit seinen höchsten Marktwert, wenn sich die durchschnittlichen Gesamtkapitalkosten im Minimum befinden. Die Kurve des Unternehmenswerts ergibt sich durch Spiegelung der Kurve der Gesamtkapitalkosten.

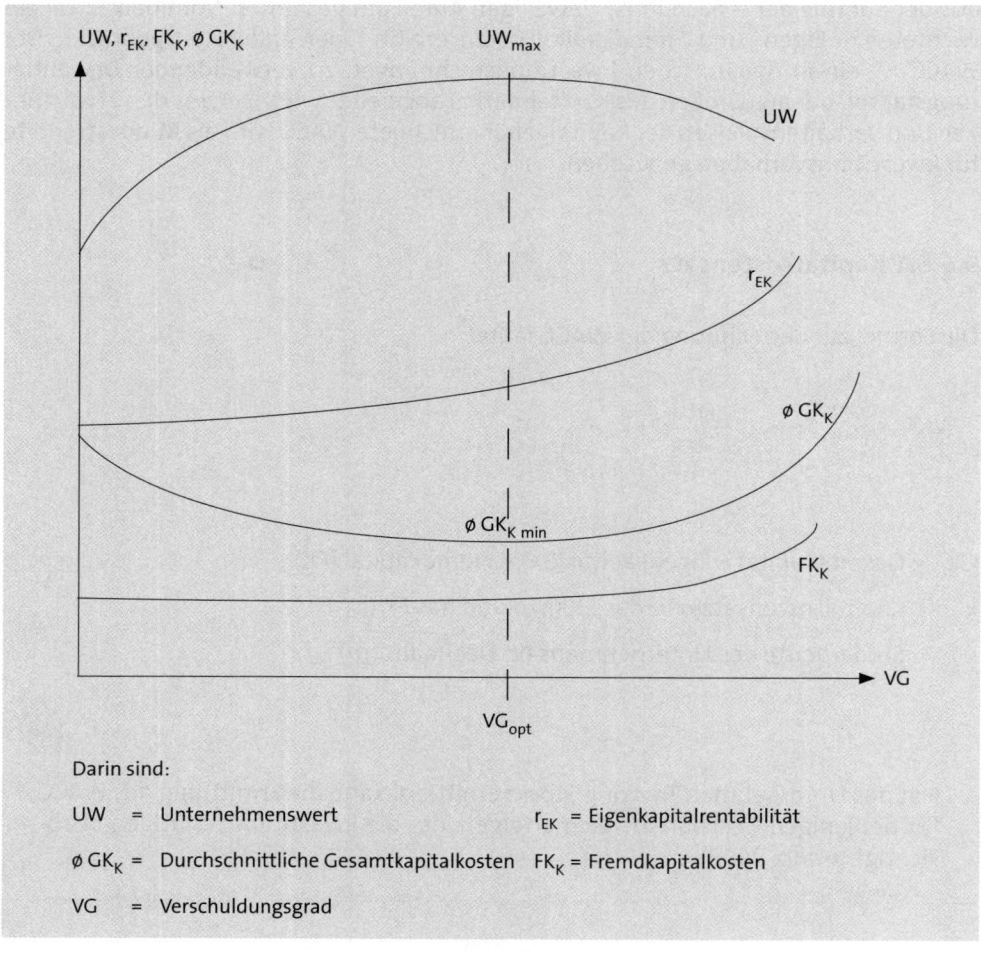

Darin sind:

UW = Unternehmenswert r_{EK} = Eigenkapitalrentabilität

$\emptyset\,GK_K$ = Durchschnittliche Gesamtkapitalkosten FK_K = Fremdkapitalkosten

VG = Verschuldungsgrad

Die gezeigten Kurvenverläufe entsprechen der sog. **traditionellen These**, die wegen der realistischen Annahme eines unvollkommenen Kapitalmarkts davon ausgeht, dass es eine optimale Kapitalstruktur gibt. Dabei wird unterstellt, dass ein steigender Verschuldungsgrad – allerdings erst ab einer nicht genau zu bestimmenden Größenordnung – die Wahrscheinlichkeit dafür erhöht, dass eine Situation der finanziellen Anspannung oder sogar der Insolvenz droht. Die dahinterstehenden **Effekte** sind: Bei zunehmender Verschuldung wird teures Eigenkapital durch billiges Fremdkapital substituiert (FLE), was die Gesamtkapitalkosten (zunächst) sinken lässt. Ab einem bestimmten (optimalen) Verschuldungsgrad steigen die Gesamtkapitalkosten, da die Gläubiger den Kapitaldienst (= Zins- und Tilgungsleistungen) und die Anteilseigner das haftende Eigenkapital als gefährdet ansehen und zusätzlich zu den Kapitalkosten jeweils eine **Risikoprämie** fordern.

Die Eigen- und Fremdkapitalanteile können mit ihren **Markt- oder Buchwerten** angesetzt werden. Wie eingangs bereits ausgeführt, sollte beim Eigenkapital (EK) mit Marktwerten gearbeitet werden, sofern das Marktwert-/Buchwertverhältnis deutlich größer ist als eins. Da das beim Fremdkapital (FK) üblicherweise nicht der Fall ist, werden – wie im folgenden Beispiel mit Wertangaben in Mio Euro geschehen – deren Buchwerte verwendet. Im Übrigen korrespondiert diese Tabelle mit derjenigen auf S. 130.

Kapitalherkunft		Buchwert	Kapitalstruktur	Marktwert	Kapitalstruktur
EK	Grundkapital	150	33 %	600	40 %
	Offene Rücklagen	250			
FK	Bilanziertes Fremdkapital	800	67 %	800	60 %
	Leasingkapital	0		100	
Gesamt		1.200	100 %	1.500	100 %

Entsprechend dieser Relation der Anteile an der Kapitalstruktur wird die **Gewichtung** der nachstehend beschrieben Kapitalkosten vorgenommen.

9.6.6.3 Fremdkapitalkosten

Beim Fremdkapital entspricht dem **Basiskostensatz** der vertraglich fixierte Nominalzins der jeweiligen Finanzierungsform (einschließlich Leasing) oder ersatzweise der Rendite risikofreier Staatsanleihen.

Haben Fremdkapitalformen, wie z. B. Pensionsrückstellungen oder Zero Bonds keinen Nominalzins, oder ist der Zinssatz variabel, etwa bei Floating Rate Notes, lassen sich die Basiszinssätze durch Nebenrechnungen näherungsweise ermitteln oder es werden pauschal **Opportunitätskosten** in angemessener Höhe angesetzt.

In der Regel erhält der Basiskostensatz für das FK einen **Zuschlag** in Höhe der einmaligen Kapitalbeschaffungskosten, darunter auch Disagios, sowie der jährlich wiederkehrenden Nebenkosten. Außerdem wird dort, wo ein Ausfallrisiko des tilgungspflichtigen Fremdkapitals besteht, ein **Risikozuschlag** angesetzt, dessen Höhe sich nach der auf die Bonität bzw. Kreditwürdigkeit bezogenen Risikoklasse des Schuldners richtet.

Ein Abschlag für das Fremdkapital ergibt sich noch in Höhe der Steuerquote, wobei der Kostensatz für das Fremdkapital k_{FK} mit dem Faktor (1 - s) multipliziert wird und „s" die Steuerquote des Unternehmens in Dezimalform ist.

9.6.6.4 Eigenkapitalkosten

Die Eigenkapitalrendite r_{EK} ist der relevante **Kostensatz des Eigenkapitals**. Da es aber keine festen Vereinbarungen mit den Anteilseignern über die **Eigenkapitalrendite** gibt, muss diese hoch genug sein, damit Investoren sowohl Anteile des Unternehmens erwerben als diese auch in ihrem Bestand halten.

Die **Berechnung des Eigenkapitalkostensatzes** kann kapitalmarktorientiert nach dem vom Nobelpreisträger *William F. Sharpe* stammenden **CAPM** (Capital Asset Pricing Model) wie folgt geschehen (*Copeland u. a., 2002*):

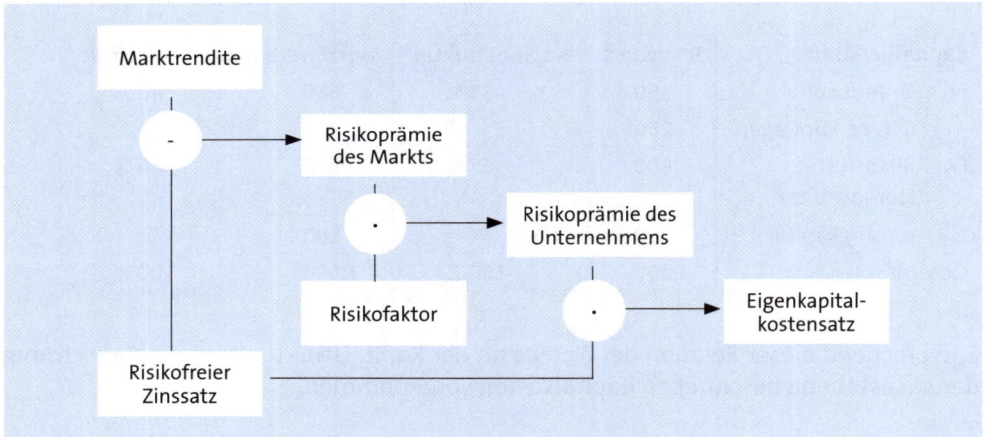

Die Erwartungen E der Shareholder bezüglich der Rendite r einer Aktie a sind $E(r_a)$, wobei formelmäßig gilt:

$$E(r_a) = r_f + [E(r_m) - r_f] \cdot \beta_a$$

mit
r_a = Risikoadjustierte Rendite der Aktie a
r_f = Zinssatz risikofreier Anlagen
r_m = Marktrendite (bezogen auf einen Aktienindex)
β_a = Risikofaktor als Maß für das systematische
     Risiko der Aktie a

Zur Darstellung der Beziehungen, die zwischen den in der Formel genannten Größen bestehen, verwendet **CAPM** eine aus einer empirisch festzustellenden Punktwolke und mithilfe der linearen Regression zu berechnende **Wertpapierlinie** (engl. Security Market Line):

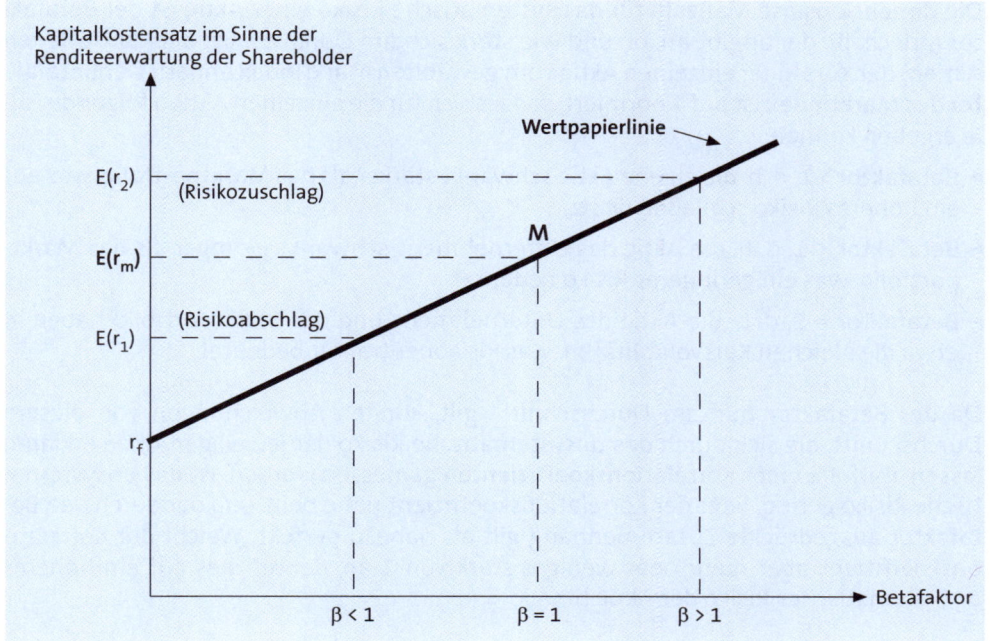

Die Wertpapierlinie ist der geometrische Ort aller Gleichgewichtspunkte zwischen der erwarteten Eigenkapitalrendite und deren marktbezogenem Risiko. Die **Steigung dieser Geraden** entspricht der Risikoprämie, die die Shareholder als Eigenkapitalgeber für eine Erhöhung des Risikos fordern.

Umfasst ein Konzern **mehrere SGEs** mit unterschiedlich hohen Risiken, ist die Anwendung eines einheitlichen gewichteten Kostensatzes für das Eigenkapital kaum ratsam. Empfehlenswert in einem solchen Fall ist ein differenzierter Ansatz der Eigenkapitalkostensätze entsprechend der jeweiligen Risikolage (vgl. dazu ausführlicher *Hahn, 2002*).

Bezüglich der **Rendite des Marktportfolio** r_m als Benchmark wird vereinfachend davon ausgegangen, dass diese einem marktrepräsentativen Aktienindex, wie etwa dem DAX (= Deutscher Aktienindex) oder einem seiner Unterformen (darunter MDAX, SDAX, TECDAX) entspricht. Bei Auslandsinvestitionen können die Marktrisikoprämien auch aus den Indizes der nationalen Aktienmärkte oder dem STOXX-Gesamtindex abgeleitet werden, der die 600 größten europäischen Aktiengesellschaften nach der Marktkapitalisierung und dem „Freefloat" (= Anteil frei handelbarer Aktien) umfasst.

Die **Marktrendite** wird auf der Grundlage von Vergangenheitsdaten geschätzt. Das gilt auch für die Marktrisikoprämie, die im Zeitablauf relativ starken Schwankungen unterworfen ist, was die Schätzung durchaus erschwert.

Die dimensionslose Maßzahl für das systematische **Risiko einer Aktie** ist der Betafaktor (griech. β), der angibt an, ob und wie stark sich (im Durchschnitt aller betroffenen Aktien) der Kurs einer einzelnen Aktie vom gewählten Marktindex ändert. Der **Betafaktor des Marktindex** ist auf 1 normiert, sodass sich für die einzelnen Aktien folgende Fälle ergeben können:

► **Betafaktor > 1**, d. h. die eigene Aktie schwankt stärker als das Marktportfolio, was auf ein höheres Risiko schließen lässt.

► **Betafaktor < 1**, d. h. die Aktie des Unternehmens schwankt geringer als das Marktportfolio, was ein geringeres Risiko bedeutet.

► **Betafaktor = 1**, d. h. die Aktie des Unternehmens und das Marktportfolio haben in etwa die gleichen Kursvolatilitäten, was Risikoneutralität bedeutet.

Da der Betafaktor nur „im Durchschnitt" gilt, können Abweichungen von diesem Durchschnitt, die sich durch das unsystematische Risiko der jeweiligen Aktie erklären lassen, mithilfe eines **Korrelationskoeffizienten** gemessen werden. Ist das unsystematische Risiko gering, liegt der Korrelationskoeffizient nahe bei 1 und der durch den Betafaktor ausgedrückte Zusammenhang gilt als nahezu perfekt. Weicht der Korrelationskoeffizient aber mehr oder weniger stark von 1 ab, deutet dies auf ein höheres unsystematisches Risiko der Aktie hin.

Zusammen ergeben das systematische und unsystematische Risiko das Gesamtrisiko einer Aktie, das durch die **Volatilität** gemessen und ausgedrückt werden kann. Dazu ein Beispiel: Wird festgestellt, dass die Standardabweichung (als Maß für die Volatilität) einer Aktie 9 % und des Marktindex 6 % betragen, dann hat die Aktie bei einem Korrelationskoeffizienten von + 0,8 einen Betafaktor von (9 · 0,8 / 6 =) 1,2.

Für die Schätzung der **Betafaktoren börsennotierter Unternehmen** auf der Grundlage historischer Daten eignet sich die aus der Regressionsanalyse bekannte „Methode der kleinsten Quadrate". Wichtig für das jeweilige Ergebnis sind das zu wählende Renditemaß (= Kursveränderungen zuzüglich gezahlter Dividenden) und der Stichprobenumfang (= Betrachtung eines längeren Zeitraums der Vergangenheit oder nur des letzten Jahres). Weisen die von Datenanbietern (wie „Bloomberg", „Reuters" oder „Data Stream") für das börsennotierte Unternehmen unterschiedliche Betafaktoren aus, sollte ein Durchschnittswert oder ein Branchen-Beta verwendet werden (*Copeland u. a.,* *2002*).

Für **nicht börsennotierte Gesellschaften** oder junge Start-up- bzw. Spin-off-Unternehmen lassen sich Betafaktoren durch Befragung der Gesellschafter, nach Benchmarks mit einem börsennotierten Vergleichsunternehmen (engl. Pure Play Beta) bzw. mehreren solcher Vergleichsunternehmen (engl. Peer Group Beta) oder auf der Grundlage branchenspezifischer Durchschnittsgrößen (engl. Industry Beta) näherungsweise bestimmen. Letztendlich lassen sich Betafaktoren aus fundamentalen Daten, wie z. B. der Verschuldungspolitik des Unternehmens oder gemäß der Abhängigkeit von der Konjunktur der Branche bzw. Gesamtwirtschaft ableiten.

9.6.6.5 Gewichtung der Kapitalkosten

Werden die Kapitalkostensätze mit ihren Kapitalanteilen gewogen und dann addiert, ergibt sich der **durchschnittliche gewogene Kapitalkostensatz WACC** des Unternehmens:

Beispiel

Kapitalstruktur (Eigen- zu Fremdkapital in %) 40 : 60	
Eigenkapitalkosten	
Risikofreie Anleihe	5,9 %
Marktrisikoprämie	7,0 %
Unternehmensspezifische Risikoprämie (β = 1,3)	2,1 %
Kostensatz	15,0 %
Fremdkapitalkosten	
Zinssatz der Risikoklasse	7,3 %
Steuerquote = 30 % (angenommen)	
Kostensatz nach Steuern	5,1 %
Kapitalkostensatz WACC	
aus Eigen- und Fremdkapitalkosten	
$(15 \cdot 0,4) + (5,1 \cdot 0,6)$ =	9,1 %

Dieser Kapitalkostensatz WACC ist nicht aber nur ein Diskontierungsfaktor, sondern er kennzeichnet auch den **Schnittpunkt**, ab dem das Unternehmen seinen Wert steigert (siehe dazu auch die Abbildung auf S. 154).

Ändern sich im Zeitablauf die zur Berechnung des Kapitalkostensatzes als Diskontierungsfaktor erforderlichen Daten nur unwesentlich, dürfte eine **Überprüfung** des WACC **in längeren Zeitabständen** ausreichen. Kommt es hingegen im Zeitablauf zu stärkeren Veränderungen der Unternehmens- und/oder Marktsituation, sind häufigere Neuberechnungen des WACC unerlässlich.

9.6.6.6 Anwendung des gewichteten Kapitalkostensatzes zur Berechnung des Unternehmenswerts

Zentrale Rechengröße zur Bestimmung des Unternehmenswerts nach dem **Entity Approach** sind die erwarteten **Free Cashflows** (FCFs), die entweder aus der strategischen Planung oder einer Due Diligence entstammen.

Im Gegensatz zu den bereits genannten Verfahren der dynamischen Investitionsrechnung entfällt hier üblicherweise die **Anschaffungsausgabe**. Dafür erhält der Fortführungs- oder Restwert (engl. Terminal Value) eine größere Bedeutung.

Die **Berechnung des Unternehmenswerts** (oder des Werts einer Tracking Unit) unter Verwendung des WACC geschieht folgendermaßen:

► Die für die Jahre t (= 1, 2, ..., T) bis zum Planungshorizont T erwarteten FCFs werden mit (1 + WACC) - t auf die Gegenwart diskontiert, wobei der WACC in seiner Dezimalform verwendet wird.

► Für die Zeit nach dem Planungshorizont T werden langfristig erzielbare FCFs unterstellt, wobei vereinfachend mit nur einer Repräsentativgröße der **Fortführungs- oder Restwert** berechnet wird. Als Repräsentativgröße kann beispielsweise der für das letzte Planjahr geschätzte Free Cashflow verwendet werden. Diese Größe wird mit WACC (1 + WACC) $^{-T}$ auf die Gegenwart diskontiert, wobei der WACC vor der Klammer als Prozentsatz verwendet wird. Ökonomisch entspricht diese Vorgehensweise dem Ansatz einer ewigen Rente.

► Berücksichtigung findet auch, sofern vorhanden, das **nicht betriebsnotwendige Vermögen** des Unternehmens, bewertet zu aktuellen Marktwerten. Ob und in welchem Umfang die aus der Bilanz nicht ersichtlichen immateriellen Vermögenswerte dazugerechnet werden sollen, muss nach Lage der Dinge entschieden werden.

Damit lautet die zur **Berechnung** des Unternehmenswerts (UW) verwendbare Formel:

$$UW = \frac{FCF_1}{(1 + WACC)^1} + \frac{FCF_2}{(1 + WACC)^2} + \ldots + \frac{FCF_T}{(1 + WACC)^T} + \frac{FCF_T \cdot WACC\,(\%)}{(1 + WACC)^T} + \text{Nicht betriebsnotwendiges Vermögen}$$

Die nachstehende Abbildung soll das Vorgehen verdeutlichen:

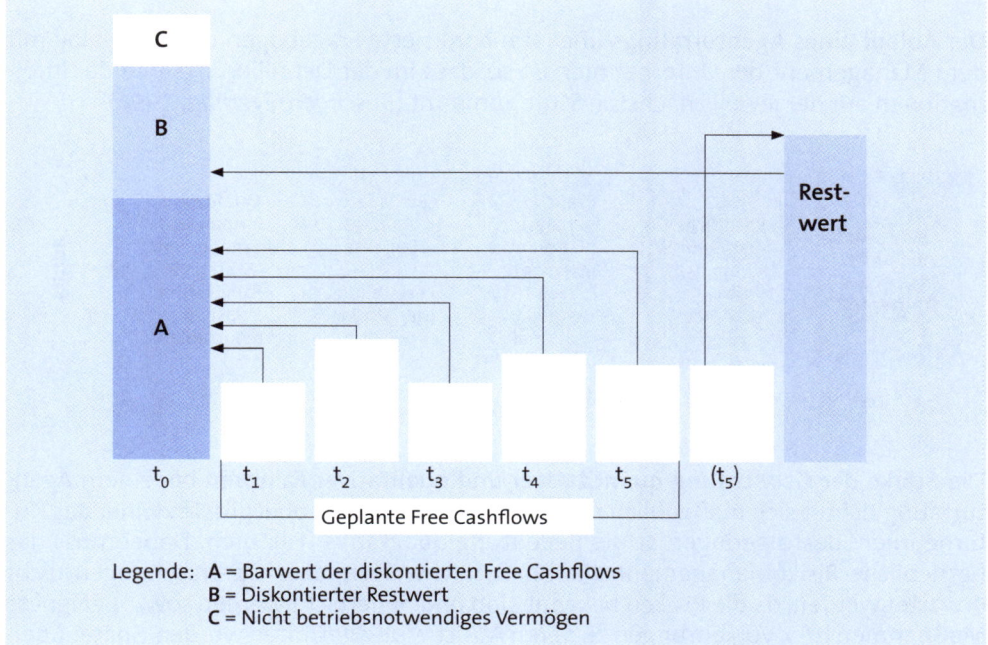

Legende: **A** = Barwert der diskontierten Free Cashflows
B = Diskontierter Restwert
C = Nicht betriebsnotwendiges Vermögen

9.6.6.7 Bonitätsrating

Die **Bonität** ist ein Urteil über die Kreditwürdigkeit eines Schuldners. Erfolgt die Beurteilung der Bonität durch Dritte, und zwar auf der Grundlage von Scoringmodellen, wird vom **Bonitätsrating** (kurz Rating), gesprochen.

Erstellt werden Ratings üblicherweise von **Ratingagenturen** und kreditgewährenden **Banken**.

9.6.6.7.1 Agenturrating

Unternehmen, Banken und Staaten, die festverzinsliche Schuldtitel (= Bonds als Anleihen bzw. Obligationen) oder andere (darunter auch toxische) Finanzprodukte am Kapitalmarkt emittieren, beauftragen mindestestens eine Ratingagentur (engl. Credit Rating Agency/CRA) mit der **Messung und Bewertung ihrer Bonität**, d. h. der Fähigkeit für pünktliche und vollständige Zins- und Tilgungszahlungen (= Kapitaldienst).

Gegenwärtig teilen sich die US-amerikanischen Ratingagenturen **Standard & Poor's** (S&P), eine Tochter von McGraw-Hill Markets, **Moody's Investors Service** und **Fitch Ratings** so ziemlich den gesamten Weltmarkt. Diese CRAs veröffentlichen ihre Ergebnisse, sodass Aufsichtsbehörden, Investoren, Banken und sonstige Einrichtungen das nicht selbst tun müssen. Für ihre Dienste werden CRAs in der Regel von ihren Auftraggebern bezahlt, also von den Emittenten der zu prüfenden Schuldtitel.

Der **Ablauf eines Agenturratings** über standardisierte Fragebögen und im Dialog mit dem Management der Unternehmen ist so, dass im der Detaillierungsgrad der Informationen auf der jeweils nächsten Stufe zunimmt (*Büschgen/Everling, 1996*):

Die Stärke der **Gewichtung quantitativer und qualitativer Faktoren** bei einem Agenturrating richtet sich maßgeblich nach der Betriebsgröße, wobei gilt: Je kleiner das Unternehmen, desto geringer ist die Bedeutung qualitativer Faktoren. Dabei muss das betriebliche Risikomanagement glaubhaft nachweisen, dass Überraschungen nicht erwartet werden, da die Risiken bekannt sind und beherrscht werden sowie geeignete Maßnahmen bzw. Vorkehrungen zu deren Absicherung getroffen wurden. Später überprüfen Finanzanalysten diese Angaben auf Plausibilität.

Veröffentlicht werden Agenturratings unter Angabe der jeweiligen **Güteklasse** (= Bonitätsrate), und zwar entsprechend der in den USA üblichen Schulnoten. Die gebräuchlichsten Ratingsymbole sind in vier Kategorien (A, B, C und D) und verschiedene Feineinstellungen (bei S&P sind es + und -, bei Moody's die Zahlen 1 bis 3) eingeteilt. Mit einem Triple A (= AAA) werden nur Schuldtitel von bester Qualität bzw. mit dem geringstem Ausfallrisiko bewertet, d. h. sie stehen quasi auf einer Stufe mit risikofreien Staatsanleihen. Schuldtitel mit einem Rating bis einschließlich Triple B (= BBB) haben **Investmentqualität**, während solche mit einem Rating von Double B (= BB) und schlechter auch als Junk Bonds bezeichnet werden, die vornehmlich für Spekulanten interessant sind und deshalb von den meisten institutionellen Investoren gemieden werden.

Neben den gängigen Bonitätseinstufungen bewertet beispielsweise S&P auf Antrag ihrer Kunden auch die Einhaltung der Regeln des Kontrollmodells **COSO ERM** (Enterprise **R**isk **M**anagement), d. h. den Grad der Einbeziehung des Risikomanagements und -controllings in die täglichen Arbeitsabläufe, die Qualität und Geschwindigkeit der Risikokommunikation (engl. Risk Reporting) sowie den Umfang der Risikodokumentation (*Brünger, 2009*).

Die **Folgen eines Agenturratings** sind als Spread bezeichnete Zinszuschläge für den Schuldner in Abhängigkeit von seiner Bonität, die die Kosten der Fremdfinanzierung erhöhen.

Da ein Agenturrating über die gesamte Laufzeit der jeweiligen Schuldtitel gültig ist, werden die Voraussetzungen für das Bonitätsurteil seitens der Agenturen laufend überwacht. Die mit einem Agenturrating versehenen Unternehmen sind vertraglich verpflichtet, den Prüfern alle wichtigen Veränderungen unaufgefordert zu melden. Ergeben sich dabei Hinweise für eine notwendig werdende Anpassung des Ratings, wird das Unternehmen in eine Watch List aufgenommen, die in regelmäßigen Zeitabständen veröffentlicht wird. Immer auf die **Watch List** gesetzt werden Firmen nach einer M&A-Transaktion. Nach jeder neuen Beurteilung durch die Agentur wird das bisherige Rating entweder bestätigt oder es erfolgt eine Korrektur mit entsprechendem Up- oder Downgrading, mitunter über mehrere Stufen hinweg.

Kommen Ratings zu spät und/oder erweisen sie sich als falsch und verursachen Schäden, wird die **Macht des Oligopols** öffentlich kritisiert. So wird allgemein argumentiert, dass der Wettbewerb der Ratingagenturen untereinander eingeschränkt sei und die Bonitätsurteile der CRAs eine prozyklische Wirkung hätten, d. h. sie würden den sichtbaren Ereignissen lediglich folgen, statt sie vorherzusagen. Die Agenturen verteidigen sich damit, dass sie nur Einschätzungen und Meinungen kommunizierten und es jedem Investor selbst überlassen bliebe, diesen zu folgen oder auch nicht.

Bereits vor einiger Zeit hat die US-amerikanische **Börsenaufsicht SEC** (Securities and Exchange Commission) den CRAs untersagt, Auftraggebern, deren Bonität sie zu bewerten hätten – wegen der Gefahr von Interessenkonflikten – auch zu beraten. Ferner hat die SEC erst kürzlich die größten CRAs genauer unter die Lupe genommen und gravierende Mängel in ihrer Arbeit beanstandet: Diese arbeiteten nicht zeitgemäß und präzise genug, befolgten nicht einmal die von ihnen selbst aufgestellten Regeln, bescheinigten innovativen, d. h. riskanten Finanzprodukten eine hohe Sicherheit und kontrollierten die Interessenkonflikte ihrer eigenen Mitarbeiter nur mäßig, weshalb den CRAs eine Mitschuld an der Entstehung der weltweiten Finanzmarktkrise vorzuwerfen sei. Bei welchen CRAs die schwerwiegendsten Probleme ausgemacht wurden, teilte die SEC nicht mit.

Von der EU-Kommission wird gefordert, die **Wertpier- und Marktaufsichtsbehörde ESMA** (European Securities and Markets Authority) solle künftige europäische CRAs lizensieren, und von der deutschen BaFin wird erwartet, Bonitätsbewertungen aller CRAs unter den Aspekten der Transparenz und Sicherheit genau zu überprüfen.

9.6.6.7.2 Bankenrating

Bevor dem Unternehmen von seiner Bank ein Kredit gewährt wird, wird es – sofern nicht schon durch eine Ratingagentur geschehen – von dieser bezüglich des zu erwartenden Kreditausfallrisikos geratet. Aktuell erfolgt das Bankenrating nach den Eigenkapital- und Liquiditätsanforderungen gemäß **Basel II**, ab dem Jahr 2013 dann nach den verschärften Vorschriften von **Basel III** oder anderer standardisierter bzw. selbst entwickelter und von der BaFin geprüfter Bewertungsmodelle.

Das internationale **Regelwerk Basel II** (die Bezeichnung stammt von der Bank für internationalen Zahlungsausgleich, abgekürzt BIZ, mit Sitz in Basel, als dem wichtigsten Treffpunkt von Bankaufsehern aus aller Welt) sieht vor, dass von Geschäftsbanken gewährte Kredite nicht mehr pauschal mit 8 % Eigenkapital unterlegt werden müssen (= Basel I), sondern dass die Banken die Risiken ihrer Schuldner differenzierter betrachten und entsprechend der analysierten und bewerteten Kreditausfallrisiken mehr oder weniger viel Eigenkapital vorhalten müssen (= Basel II). Auf die Besonderheiten zur Berechnung des haftenden Eigenkapitals von Banken, als Grundlage zur Berechnung der **Basel III-Anforderungen** sei ausdrücklich hingewiesen!

Die Basel II- und III-Eigenkapitalrichtlinien unterscheiden folgende **Risikogruppen**:

▶ **Marktrisiken**, die durch nicht abgesicherte Zins-, Währungs- oder Wertpapierpositionen entstehen

▶ **Operationelle Risiken**, verstanden als mögliche Verluste infolge der Unangemessenheit oder des Versagens interner Verfahren und Abläufe, Menschen und Systeme bzw. des unerwarteten Eintretens externer Ereignisse

▶ **Kreditrisiken** durch Ausfälle, wobei ein „Kreditausfall" bereits dann als eingetreten gilt, wenn es unwahrscheinlich ist, dass der Kreditnehmer seinem Kapitaldienst, also seinen Zins- bzw. Tilgungsverpflichtungen, nachkommen kann, der Kreditnehmer bereits seit einiger Zeit mit seinen Zahlungsverpflichtungen im Verzug ist oder Insolvenz angemeldet hat. In diesen Fällen kann die Bank gewährte Kredite fristlos kündigen. Ansonsten gelten die „Mindestanforderungen für das Kreditgeschäft" (MaK), die organisatorische Vorgaben enthalten und den Kreditbeurteilungsprozess für den Kunden transparent machen sollen.

Für die Bonitätsprüfung durch die kreditgewährende Bank ist – abgesehen von Planungsunterlagen – immer ein **vollständiger Jahresabschluss** erforderlich, da auf diesem bis zu 70 % des Bonitätsurteils ruhen. Deshalb sollte ein Kreditnehmer seinen Jahresabschluss möglichst schnell erstellen und vom Abschlussprüfer testieren lassen (engl. Fast Close), um ihn dann der Bank zur Beurteilung vorzulegen. Wird der Jahresabschluss der Bank erst (zu) spät überlassen, kann sich diese kein genaues Bild über das Kreditausfallrisiko machen, d. h. sie kann den Firmenkunden herunterstufen oder die Kreditgewährung verweigern.

Ergänzend zum Jahresabschluss und anderen Zahlenwerken kann das Unternehmen **weiche Faktoren** der Bank gegenüber offenlegen, um die Bonitätsbewertung zu verbessern und dadurch eine insgesamt kostengünstigere Finanzierung zu erreichen. Verfügt das Unternehmen über eine **Wissensbilanz**, kann es die immateriellen Vermögenswerte in die Bewertung einfließen lassen.

Bezogen auf das Bonitätsrating werden die von Banken gewährten Kredite entsprechend ihrer Risikoklasse mit **Gewichten** versehen, wobei zu berücksichtigen ist, ob der Kreditnehmer einem Unternehmensverbund angehört, der bei Ausfällen die Haftung übernimmt, oder ob eine sog. „Granularität des Kreditbestands" vorliegt, der zufolge viele Kleinkredite weniger Ausfallrisiken erwarten lassen als wenige Großkredite. Wie Banken die Risikogewichte im Firmenkundengeschäft festlegen, ist ihnen mehr oder weniger freigestellt:

► Beim **Standardansatz** (engl. External Approach) hängen die jeweiligen Risikogewichte von den Bonitätsbeurteilungen externer Ratingagenturen ab, wobei die Bankenaufsicht bestimmt, welche CRAs zugelassen werden. Für Nichtbanken — darunter auch industrielle Unternehmen — sind — sofern nicht zwischenzeitlich geändert — die folgenden Risikogewichte vorgesehen (die entsprechenden S&P-Ratingklassen in Klammern): 20 % (AAA bis AA-), 50 % (A+ bis A), 100 % (BBB+ bis BB- sowie alle nicht gerateten Unternehmen) und 150 % (B+ und schlechter). Erleichterungen gibt es für kleine und mittelständische Unternehmen dadurch, dass Kredite unter einer Mio Euro dem sog. „Retailportfolio" der Bank zugeordnet werden können, dessen Risikogewicht nach dem Standardansatz bei 75 % liegt.

► Beim **IRB-Ansatz** (engl. Internal Rating Based Approach) beschränken sich die Messmethoden der Bank auf die Schätzung der Ausfallwahrscheinlichkeiten gewährter Kredite. Die übrigen Risikokomponenten werden aufsichtsrechtlich vorgegeben. Erleichterungen gibt es auch hier für den Mittelstand.

► Beim **Fortgeschrittenen IRB-Ansatz** (engl. Advanced Approach) werden alle Risikokomponenten von der Bank geschätzt, und zwar auf der Grundlage ihres eigenen Ratingsystems, das allerdings von der Bankenaufsicht genehmigt werden muss. Im bankeigenen Ratingsystem spielen Kriterien und Indikatoren, die „gute" und „weniger gute" Unternehmen voneinander trennen, eine ebenso große Rolle wie die zur Bewertung der Risikokomponenten verwendeten mathematisch-statistischen Modelle. Ergänzend können Bilanzen und Pläne der Firmenkunden dazu dienen, Wahrscheinlichkeiten der Insolvenz zu bestimmen. Für langlaufende Kredite sind grundsätzlich Zuschläge auf den berechneten Zinssatz vorgesehen, die allerdings bei solchen Krediten entfallen, die zum Retailportfolio der Bank gehören.

Nach dem auf dem VaR-Konzept aufbauenden „Credit at Risk" unterscheidet Basel II derzeit an **Kreditrisiken**:

► **Ausfallwahrscheinlichkeit PD** (**P**robability of **D**efault), die angibt, wie viele Kredite jeweils einer Klasse gleichartiger Risiken voraussichtlich innerhalb eines Jahres ausfallen werden. PD wird auf der Basis historischer Ausfalldaten jährlich geschätzt, und zwar für jede von den Ratingagenturen gebildete Risikoklasse.

- **Laufzeitkomponente M** (**M**aturity), die zum Ausdruck bringt, dass mit abnehmender Restlaufzeit des Kredits auch die Kreditausfallwahrscheinlichkeit sinkt.

- **Verlustquote bei Ausfall LGD** (**L**oss **G**iven **D**efault), die angibt, wie viel Prozent einer Kreditforderung bei einem Ausfall verloren gehen. Diese Komponente wird auf der Basis mehrjähriger Zeitreihen geschätzt und ist im Einzelfall umso höher, je geringer die Risikoentlastung der Kreditforderung durch banküblichen Realsicherheiten (z. B. Sicherungsübereignung von Waren oder Pfandrechte) sowie Personalsicherheiten (etwa Bürgschaften oder Garantien).

- **Kreditvolumen bei Ausfall EAD** (**E**xposure **a**t **D**efault), das der Kreditinanspruchnahme zum Zeitpunkt des Ausfalls in Geldeinheiten entspricht.

Durch die multiplikative Verknüpfung dieser Kreditrisiken ergibt sich als **Risikoprämie** der erwartete Verlust EL (engl. Expected Loss). Für das folgende Beispiel zur Berechnung der Risikoprämie, bei dem vereinfachend M bereits in der Ausfallwahrscheinlichkeit enthalten ist, soll folgendes gelten:

Beispiel

Die Ausfallwahrscheinlichkeit (PD · M) für den mit dem Gütesiegel BB gerateten Firmenkundenkredit liegt bei 0,91 %. Die maximale Verlustquote des ungesicherten Kredit ist 100 %. Das Kreditvolumen beträgt 400.000,00 € und die vom Agenturrating für die Bank abhängigen Refinanzierungskosten 5,2 %. Danach ergibt sich eine **absolute Risikoprämie** von (0,91/100 · 100/100 · 400.000 · (1 + 0.052) = 3.829,00 € bzw. eine **relative Risikoprämie** von 3.829,00/400.000,00) = 0,9572 %.

Hinzu kommen noch die

- **Refinanzierungskosten der Bank**, die vorstehend mit 5,2 % angegeben wurden. Ansonsten richtet sich der Refinanzierungssatz der Bank sowohl nach der am Markt vorhandenen Geldmenge, als auch dem externen Rating der Bank durch CRAs.

- **Betriebskosten der Bank**, die vom Bankcontrolling berechnet werden und hier 0,5 % betragen sollen.

- **Eigenkapitalkosten der Bank**, die abhängig sind vom Ausmaß der nach dem VaR-Verfahren ermittelten unerwarteten Verluste (engl. Unexpected Loss/UL). Ohne an dieser Stelle nochmals auf die VaR-Berechnung eingehen zu müssen, wird UL einfach mit 25.000,00 € angenommen. Die Berechnung der entsprechenden Eigenkapitalkosten erfolgt mit dem CAPM-Ansatz, wobei angenommen wird, dass das von der Bank vorgehaltene Eigenkapital zum risikofreien Zins am Finanzmarkt angelegt werden könnte, weshalb die CAPM-Formel wie folgt zu ändern ist: Eigenkapitalkosten = ([Renditeerwartungen der Eigenkapitalgeber abzüglich risikofreier Zinssatz] · UL). Bei Renditeerwartungen der Shareholder der Bank von 15 %, ist das vorzuhaltende Eigenkapital **absolut** ([15/100 - 5,2/100] · 25.000,00) = 2.450,00 € oder **relativ** (2.450,00/400.000,00 · 100 =) 0,6125 %.

Der von der Bank **kalkulierte Kreditzins** beträgt mithin 0,9572 % für den erwarteten Verlust (EL), + 5,2 % für die Refinanzierungskosten, + 0,5 % für die anteiligen Betriebskosten, + 0,6125 % für den unerwarteten Verlust (UL), also insgesamt 7,27 %. Hinzu kommt schließlich noch die dem Kreditnehmer unbekannte **Gewinnmarge** der Bank.

Die Kenntnis der risikoorientierten Kreditvergabe nach den Vorschriften von Basel II bzw. Basel III ist von Vorteil für das **Controlling** des kreditnehmenden Unternehmens, um etwa durch betriebliche Steuerungsmaßnahmen zu erreichen, dass der mit der Bank zu verhandelnde Kreditzins möglichst niedrig ausfällt. Darüber hinaus hat das Treasuring des Firmenkunden die Aufgabe, den Kreditmanager der jeweiligen Bank, der die Kundenbeziehung längerfristig begleitet, im Rahmen der **Creditor Relations** über strategische Pläne des Unternehmens zu informieren sowie den dahinterstehenden Geschäftsplan zu kommunizieren. Vielfach stellen Banken ihren Firmenkunden auch Checklisten zur Verfügung, mit denen sich diese im Selbststudium vertraut machen können für die jeweils anstehenden Kreditgespräche. Schließlich gibt es auch Softwareprodukte (z. B. von der Wirtschaftsauskunftei „Creditreform"), die das Bankenrating nicht überflüssig machen, wohl aber im Vorfeld der Kreditverhandlungen hilfreich sein können.

Sofern es für das Unternehmen schwierig ist, von der Bank einen Kredit zu erhalten, da die eigene Bonität nicht besonders gut ist, kann das Operating Leasing eine **Alternative zum Kredit** sein. Für die Leasinggesellschaft ist die Kundenbonität in der Regel weniger wichtig als für Banken, da sich Leasingverträge auf die zu finanzierenden Vermögensobjekte beziehen, d. h. sollten die Ratenzahlungen irgendwann einmal ausbleiben, muss der Leasingnehmer die Objekte umgehend zurückgeben, über die der Vertrag geschlossen wurde. Das Argument, man könne die Bilanz mit Leasing verschönern, da es den Verschuldungsgrad des Unternehmens senke, ist allerdings nur bei oberflächlicher Betrachtung zutreffend. Vielmehr ist davon auszugehen, dass Leasing von Banken und CRAs als fremdfinanzierter Kauf und der Barwert der noch ausstehenden Leasingraten als Schuld angesehen werden. Außerdem sollte jeder Leasingnehmer die Leasingbranche aufmerksam beobachten und vergleichen, denn auch kreditnachfragende Leasinggesellschaften unterliegen den Vorschriften von Basel II und später auch denen von Basel III.

Aufgabe 40 > Seite 641, Aufgabe 41 > Seite 642, Aufgabe 42 > Seite 642, Aufgabe 43 > Seite 642, Aufgabe 44 > Seite 643

10. Zusammenhänge strategischer Plangrößen

Zur **Darstellung** der Stärken und Schwächen des Unternehmens sowie von Zusammenhängen und Abhängigkeiten kann das Controlling die nachstehend beschriebenen Instrumente verwenden. Kennzeichen dieser Instrumente ist, dass die Ergebnisse anderer (analytischer) Instrumente hier einfließen können.

Werden einige oder alle gefundenen und visualisierten Zusammenhänge von der Unternehmensleitung als nicht zufriedenstellend angesehen, kann es zu einer **Strategieänderung** kommen.

10.1 Strategische Bilanz

Die **Bewertung** der Strategiebereiche des Unternehmens kann mittels einer Skalierung erfolgen, die – getrennt nach Stärken und Schwächen – zwischen den beiden Extremwerten 100 % (= vollkommen wirksam) und 0 % (= vollkommen unwirksam) eine Skala von jeweils zehn Markierungsmöglichkeiten offen lässt (*Mann, 1989*).

	100 %	Stärken/Schwächen	0 %
Strategiebereich					X		

Werden die Skalen auf beiden Seiten einer Bilanz verteilt, ergibt sich optisch als **Strategische Bilanz** eine Profildarstellung der nachstehenden Art:

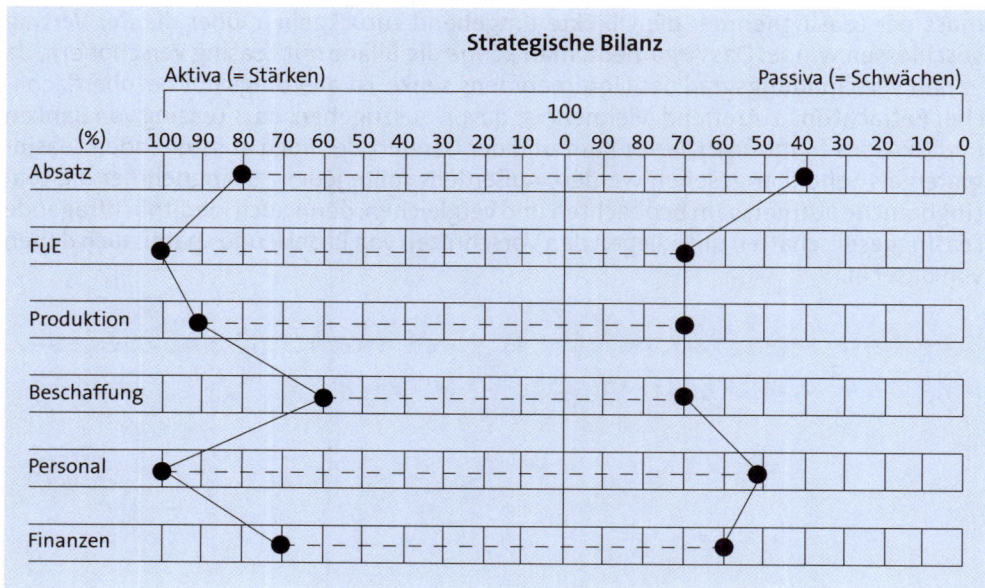

Die Abstände zwischen den Skalenmarkierungen der Aktiva und Passiva jeweils eines Strategiebereichs erlaubt die Suche nach strategischen Engpässen.

Ein **kritischer Engpass** liegt vor, wenn die Entfernungspunkte zwischen jeweils einem Aktiv- und Passivwert unter 100 liegen.

Strategiebereich	Abstand	Rangfolge der Engpässe
Absatz	140	5
FuE	130	4
Produktion	120	3
Beschaffung	90	1 (kritisch)
Personal	150	6
Finanzen	110	2
Summe	740	

Die **Summe aller Abstände** kann als Indikator für die Existenzfähigkeit des Unternehmens angesehen werden, d. h. im vorliegenden Fall (mit sechs Strategiebereichen) ist ein Gesamtwert unter 600 negativ zu beurteilen. Da hier der aktuelle Gesamtwert darüber liegt, ist die weitere Entwicklung durch einen Zeitvergleich zu verfolgen.

Im vorliegenden Fall wäre – wie aus der Tabelle ersichtlich – nur der Beschaffungsbereich kritisch.

10.2 Balanced Scorecard

Die **Balanced Scorecard** (BSC) ist ein **Ordnungssystem** für Formal- und Sachziele sowie der dazu passenden Messgrößen (= Kennzahlen als Performancemaße). Dabei beziehen sich die Messgrößen sowohl auf Ursachen (= Treiber) als auch auf Wirkungen (= Ergebnisse). Die für die interne Steuerung infrage kommenden Ziel- und Messgrößen sind so zu formulieren, dass sie die Vision und Strategie des Topmanagements operationalisierbar machen. Ausgewogen („balanced") ist eine Scorecard dann, wenn sie eine überschaubare Anzahl von Kennzahlen enthält (Motto: „Twenty is plenty") und diese ganzheitlich in ihrem Zusammenhang betrachtet (*Kaplan/Norton, 2007*).

Zu den **Vorarbeiten des Scorecarding** gehören: Ziele auswählen und Zielbeziehungen ermitteln, Messgrößen finden und Zielwerte festlegen, SWOT-Analysen durchführen sowie die zu deren Realisierung erforderlichen Maßnahmen bestimmen. Trotz der wenigen auszuwählenden Ziele verlangen die Vorarbeiten dennoch ein hohes Maß an Disziplin, Sorgfalt und sprachlicher Präzision.

Nach ihrer Fertigstellung untergliedert sich die BSC wie folgt: Tabellarisch als **Matrix**, grafisch als **Strategy Map** und verbal als **Story**. Bis dahin sind die damit verbundenen Arbeiten komplett und nachvollziehbar zu dokumentieren. Nach Fertigstellung der BSC ist außerdem noch von Bedeutung, dass nach jeder vom Management vorgenommenen Strategieänderung oder nach einer M&A-Transaktion auch die Scorecards des Unternehmens an die jeweils neue Situation angepasst werden müssen.

Vom **Controlling** kann Scorecarding als Instrument zur Verknüpfung der strategischen und der operativen Planung verwendet werden. Allerdings darf die überwiegend quantitative Ausrichtung der BSC nicht dazu führen, dass „weiche" Faktoren, also qualitative Bewertungsgrößen, ausgeklammert werden. Dementsprechend hat das Controlling geeignete Messpunkte einzurichten, die es den Fach- und Führungskräften ermöglichen, ihre Beiträge zur Strategieumsetzung zu überprüfen. Danach sind vom Controlling die finanziellen und nicht finanziellen Kennzahlen der BSC-Größen in das interne Berichtswesen des Unternehmens zu integrieren. Dort werden die Kennzahlen durch die Ergebnisse laufender **Erfolgskontrollen** ergänzt, um Abweichungen sichtbar zu machen (*Barthélemy u. a., 2011*).

10.2.1 Aufbau

Traditionell gibt es beim Scorecarding vier **Standardperspektiven** (= Sichten) mit jeweils einer Scorecord, von denen eine das finanzielle **Formalziel** und die übrigen drei die der Wertschaffung dienenden **Sachziele** des Unternehmens betreffen:

▶ Die **finanzielle Perspektive** beinhaltet Messgrößen, die den absoluten Erfolg (= Gewinn), den relativen Erfolg (= Rentabilität), den Cashflow, die immateriellen Vermögenswerte oder den Unternehmenswert sowie deren Veränderungen betreffen. Diese das Formalziel bildenden Größen sind nachlaufend, d. h. ihre Realisation lässt sich erst quantifizieren, wenn die Erreichungsgrade der vorlaufenden Größen in den übrigen Perspektiven bekannt sind.

▶ Bei der **Kundenperspektive** geht es, wie der Name bereits zum Ausdruck bringt, vornehmlich um die Wünsche und Bedürfnisse der Kunden sowie darum, wie Kunden gewonnen und an das Unternehmen gebunden werden können. Von Bedeutung sind auch die Marktsegmente der SGFs, auf denen das Unternehmen seinen mengenmäßigen Absatz bzw. wertmäßigen Umsatz zu tätigen beabsichtigt.

▶ Zur **internen Prozessperspektive** gehören vor allem kritische Abläufe entlang der Wertschöpfungskette, die zu verbessern und zu beschleunigen sind. Nicht wertschöpfende Tätigkeiten sind zu reduzieren bzw. zu beseitigen und die Fehler- bzw. Ausschussquoten sind zu minimieren.

▶ In der **Lern- und Wachstumsperspektive** geht es um die Beschäftigten, d. h. deren Fähigkeiten, Arbeitsproduktivität, Entwicklung durch Weiterbildung sowie Zufriedenheit und Motivation. Von Bedeutung sind auch Entwicklungs- und Beziehungspotenziale, Informationsaustausch und Kommunikation sowie Fluktuationsraten und Beiträge zur Wissensbasis.

Zu jeder Perspektive wird eine überschaubare Anzahl von **Zielen** formuliert und jedes dieser Ziele mit einem Sollwert unterlegt. Außerdem werden **Maßnahmen** und **Termine** festgelegt, mit denen die Sollwerte bis zu welchen Zeitpunkten erreicht sein sollen.

Wie die Perspektiven im Messkonzept der BSC verknüpft und als **Scorecard Cockpit** dargestellt werden können, zeigt die nachstehende Abbildung (*Kaplan/Norton, 2007*):

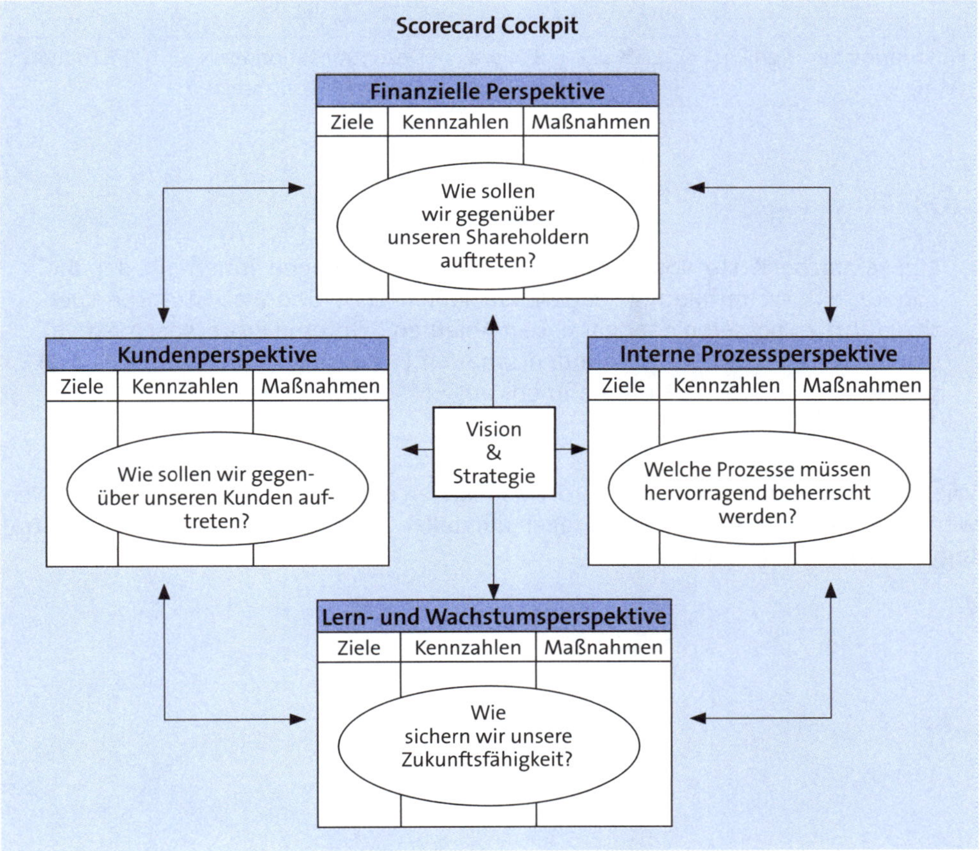

Scorecard Cockpit

Finanzielle Perspektive

Ziele	Kennzahlen	Maßnahmen

Wie sollen wir gegenüber unseren Shareholdern auftreten?

Kundenperspektive

Ziele	Kennzahlen	Maßnahmen

Wie sollen wir gegenüber unseren Kunden auftreten?

Vision & Strategie

Interne Prozessperspektive

Ziele	Kennzahlen	Maßnahmen

Welche Prozesse müssen hervorragend beherrscht werden?

Lern- und Wachstumsperspektive

Ziele	Kennzahlen	Maßnahmen

Wie sichern wir unsere Zukunftsfähigkeit?

Die jeweils verglichenen **Ziel- und Istgrößen** sind absolute oder relative Kennzahlen, die sich beispielsweise mithilfe der Anwendungssoftware SAP SEM verwalten lassen. Überdies können Ursache-Wirkungs-Beziehungen angegeben werden, um die Kennzahlen in einen gemeinsamen Kontext zu bringen und dadurch ein Navigieren innerhalb der BSC zu ermöglichen (*Raps/Schmitz, 2004*).

Der nachstehende tabellarische **Ausschnitt einer BSC-Matrix**, in der strategische Ziele unverbunden aufgelistet werden, enthält je ein Beispiel für die vier genannten Standardperspektiven:

Messgröße	Ist	Ziel	Maßnahme	Termin
Gewinn	12 Mio €	15 Mio €	Kostenstruktur verbessern	1 Jahr
Beantwortungszeit von Kundenreklamationen	Ø 3 Tage	Ø 2 Tage	Workflow-Konzept anpassen	3 Monate
Fehlerfreiheit der Produkte	4 σ	3 σ	Six Sigma-Projekt in der Fertigung	8 Monate
Fluktuation der High Potentials	12 % p. a.	8 % p. a.	Dezentralisation von Verantwortung steigern	6 Monate

Eine einfache **Kette von Ursache-Wirkungs-Beziehungen** innerhalb der **BSC** könnte sein: Weiterbildung der Beschäftigten (= Lern- und Wachstumsperspektive) führt zu besseren oder gar neuen Abläufen (= Interne Prozessperspektive), die wiederum zufriedenere Kunden schaffen (= Kundenperspektive), was sich positiv auf den ROI des Unternehmens auswirkt (= Finanzperspektive).

Wie sich die Rangfolge der Scorecard-Perspektiven eines Geschäftsbereichs unter Verwendung von Ursache-Wirkungs-Pfeilen darstellen lässt, zeigt die nachstehende **Strategy Map** (*Fischer, O., 1999*):

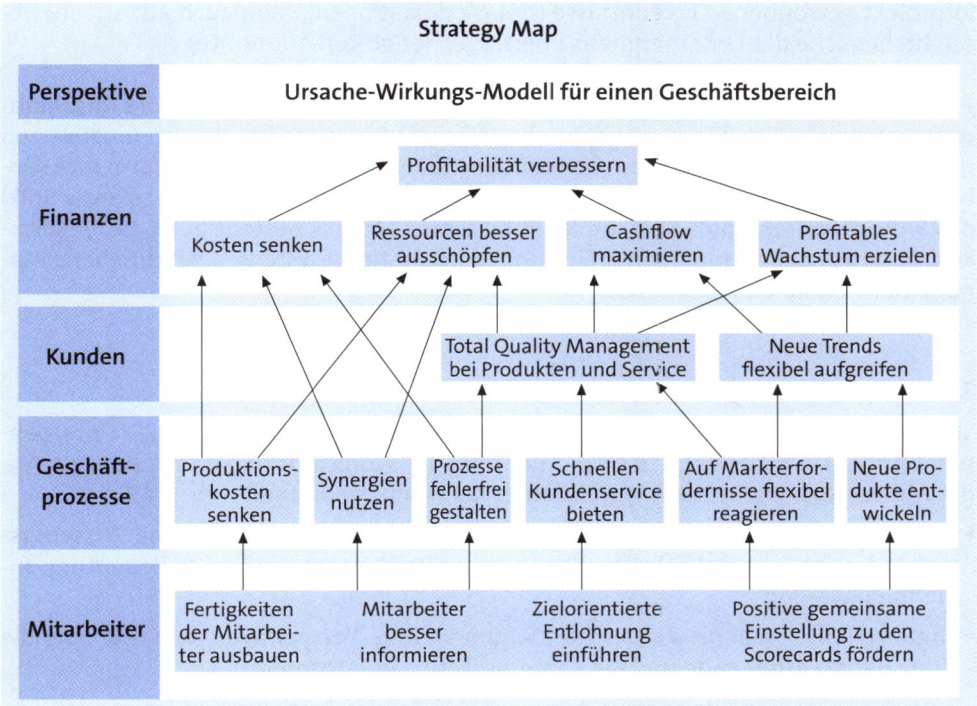

Der Vorteil einer solchen **Strategy Map** besteht in der Darstellung von Zusammenhängen zwischen den Zielen in grafischer Form. Da aber die grafische Repräsentation leicht unübersichtlich werden kann, vor allem für diejenigen, die nicht direkt an der Erstellung beteiligt waren, besteht die Gefahr, dass das Endergebnis nur schwer nachzuvollziehen und damit zu akzeptieren ist. Um diese Gefahr einzuschränken, sollte eine **BSC-Story** (engl. Story of the Strategy) verfasst werden, in der die Ziele überzeugend begründet und erläutert sowie die Zusammenhänge und Abhängigkeiten zwischen den Zielen erklärt werden (*Kaplan/Norton, 2004*).

10.2.2 Umsetzung

Die **Umsetzung** der BSC und Strategy Map ist schwierig und braucht – wegen der zu erwartenden Widerstände aus den Reihen der Betroffenen – viel Zeit. Deshalb kann es sinnvoll sein, zunächst mit einem **Pilotprojekt** in einem abgegrenzten Geschäftsbereich (engl. Tracking Unit) bzw. einer rechtlich selbstständigen Tochtergesellschaft zu beginnen. Werden die dabei verwendeten und miteinander verknüpften Ziel- und Messgrößen im Zeitablauf überwacht, kann ein **Lernprozess** stattfinden, demzufolge die in der Anfangsphase mitunter nur vage und vielfach mechanistisch als Wenn-Dann-Aussagen definierten Sachverhalte immer präziser formuliert werden können. Insbesondere sollte es gelingen, die zwischen den Steuerungsgrößen bestehenden Wirkungsbeziehungen zu bestimmen, auch wenn diese multidimensional, nicht linear, zyklisch oder sogar gegenläufig sind. Zu gegebener Zeit lassen sich dann die im Pilotprojekt gewonnenen Erkenntnisse (mit Modifikationen) dann auch auf andere Geschäftsbereiche des Unternehmens übertragen (engl. Roll-out-Strategy).

Jede erfolgreiche Umsetzung einer BSC braucht Unterstützung durch die **Informationstechnologie**. Eine Möglichkeit, das Konzept der BSC systemtechnisch umzusetzen und grafisch zu veranschaulichen bietet das **Modul CPM** (Corporate Performance Monitor, nicht zu verwechseln mit der gleichnamigen Abkürzung in der Netzplantechnik) des **SAP-Softwaremoduls SEM**. Im Rahmen dieses Moduls besteht auch die Möglichkeit, das im Zusammenhang mit Führungs-Informations-Systemen beschriebene **Management Cockpit** zu realisieren.

10.2.3 Erweiterungen

Sofern sich im Zeitablauf die Vision, Strategien, Aktionen und Abläufe des Unternehmens ändern, wird es auch zu einer **Änderung der Scorecards** und damit auch zur Änderung des Katalogs steuerungsrelevanter Kennzahlen kommen:

▸ Anzunehmen ist, dass bezüglich der Kunden und Prozesse die **Lern- und Wissensaspekte** der das Personal betreffenden Perspektive überproportional an Bedeutung zunehmen werden.

▸ Ergänzen lässt sich die klassische BSC um **weitere Perspektiven**, wie z. B. eine die Transparenz erhöhende und die Kommunikation erleichternde

- Vertrauensperspektive, etwa bezüglich der Bereitschaft von Kunden zur Weiterempfehlung eines Produkts bzw. seines Herstellers

- Nachhaltigkeitsperspektive, um ökonomische Überlegungen auch auf soziale Belange und den Umweltschutz zu übertragen

- Lieferantenperspektive bei hohem Outsourcing und der damit verbundenen Abnahme der Wertschöpfungstiefe bzw. der dadurch bedingten Zunahme des Fremdbezugs

- Wettbewerberperspektive bei starker Konkurrenz

- Markenperspektive, um den Einfluss der Marke (= Bekanntheit, Image, Sympathie, Akzeptanz, Zufriedenheit) bzw. des Markenbilds (= Klarheit, Logo, Farbcodes, Erinnerung) zu berücksichtigen.

▸ Zweckmäßig kann auch die **Dynamisierung** durch eine sich an Lebenszyklen orientierende BSC sein, derzufolge in den verschiedenen Zyklusphasen auch unterschiedliche Ziel- und Messgrößen verwendet werden. Außerdem kann festgelegt werden, ab welchem Wert einer Kennzahl geeignete Maßnahmen zur Nachsteuerung ergriffen werden müssen.

Das **Risiko zusätzlicher Scorecards** besteht in der Verwässerung der BSC. Grundsätzlich zu empfehlen ist aber die Erweiterung aller Perspektiven um **Risikoaspekte**. Dadurch würde sich eine „risikoadjustierte" BSC ergeben, die vom Risikomanagement und -controlling des Unternehmens verwendet werden könnte (*Burger/Buchhart, 2002; Homburg/Stephan, 2005*).

Mit den Steuerungsgrößen der BSC lässt sich auch ein **Anreiz- und Entgeltsystem** schaffen, das die Mitarbeiter motiviert, ihre Beiträge zur Ergebnisverbesserung zu erhöhen. Voraussetzung dafür ist, dass die Maßnahmen zur Verbesserung operativer Leistungen mit den strategischen Zielen in Einklang stehen, um zu vermeiden, dass das Unternehmensergebnis kurzfristig verbessert wird, sich langfristig aber negativ auf die Strategieumsetzung auswirkt. Erreichbar ist das durch die Verwendung verschiedener Kriterien zur Messung der Strategieverfolgung, die nach spezifischen Besonderheiten zu gewichten sind.

Aufgabe 45 > Seite 643

11. Krisenmanagement

Vom Unternehmen selbst verursachte Krisen entstehen nur selten aus dem Nichts heraus, d. h. ihnen geht meistens eine mehr oder weniger klare **Frühwarnung** voraus. Zu spät erkannt, verdrängt oder falsch behandelt, können solche Krisen das Aus für das Unternehmen bedeuten. Deshalb sollte sich jedes Management und Controlling beizeiten mit den **Grundlagen des Insolvenzrechts** beschäftigen. Lehrreich ist auch die Auseinandersetzung mit dem vom Bund der Steuerzahler jährlich herausgegebenen „Schwarzbuch", in dem die Verschwendung öffentlicher Investitionen untersucht und angeprangert werden. Die meisten der verantwortlichen Verschwender reagieren mit Unverständnis auf die Kritik, bezeichnen die Vorwürfe als „stark überzogen" bzw. „plakativ", und geben damit indirekt zu, dass die aufgedeckten Fälle dem Grunde nach sehr wohl existieren. Schließlich dürfte es von Vorteil sein, aus den zahlreichen **Fällen erfolgreicher Krisenbewältigung** anderer Unternehmen lernen zu wollen, die veröffentlicht werden und sich als Lessons Learned bei Inhouse-Schulungen verwenden lassen (*Krystek/Moldenbauer, 2007*).

11.1 Selbstverursachte Unternehmenskrisen

Eine von Unternehmen selbst verursachte **Krise** oder **Schieflage** kann sich aus der Unterbrechung der planmäßigen Entwicklung des Unternehmens durch einen in der Regel längeren Erosionsprozess bzw. nach einer Phase der Erschöpfung ergeben. Da eine Krise immer eintreten kann, sollte das Unternehmen darauf vorbereitet sein und Pläne für eine schnelle Unterrichtung der Stakeholder und der Öffentlichkeit in der Schublade haben. Die auf der Grundlage verschiedener Szenarien erstellten **Notfallpläne** legen fest, welche Stakeholder wie zu erreichen sind und auf welche Weise die Kommunikation in der Öffentlichkeit zu geschehen hat. Helfen können auch vorbereitete Internetseiten (sog. Dark Sites), die eine zeitnahe Krisenbekanntgabe erlauben.

Geht man davon aus, dass ähnlich den Produkten und Technologien auch das Unternehmen einen **Lebenszyklus** durchläuft, lassen sich zwei Ausprägungen der „Logik des Niedergangs" unterscheiden (*Probst/Raisch, 2004*):

► Das **Ermüdungssyndrom** (engl. Burn out) besteht darin, dass ein zu ehrgeiziger oder von Investoren getriebener Vorstandchef die Organisation auf Dauer durch überzogene Wachstumsforderungen, immer mehr Schulden, nicht in den Griff zu bekommende Komplexität und sich abwechselnde Restrukturierungen so sehr belastet, dass die Beschäftigten sprichwörtlich ausbrennen. Die Spannungen steigen, jedermann im Unternehmen grenzt sich ab, hält Informationen zurück, täuscht Unwissenheit vor und gegenseitige Schuldzuweisungen werden zum Normalfall.

► Das **Vorzeitige Alterungssyndrom** (engl. Premature Aging) resultiert aus dem Versuch, die kontraproduktiven Eigenschaften des Ermüdungssyndroms zu vermeiden. Die Folgen eines zu langen Festhaltens an bisherigen Geschäftsmodellen – trotz deutlicher Veränderungen im Wettbewerbsumfeld – sind Stillstand und gefährliche Schieflagen.

Die sich daraus ergebenden **Krisenarten** können sein (*Hauschildt u. a., 2006*):

► **Strategien** versagen und die Erfolgspotenziale schrumpfen (= Strategiekrise)

► **Erfolge sinken** und bleiben irgendwann ganz aus (= Ergebniskrise). Der EBIT reicht nicht mehr für eine angemessene Entlohnung des investierten Kapitals aus, d. h. die Rendite sinkt unter den Kapitalkostensatz.

► **Überschuldung und Zahlungsunfähigkeit drohen**, d. h. Bedrohungen sind nicht mehr beherrschbar und es folgt die Insolvenz (= Existenzkrise).

Den **Zusammenhang** dieser in der Regel zeitlich aufeinander folgenden Krisenarten visualisiert die nachstehende Abbildung (*Kall, 1999*):

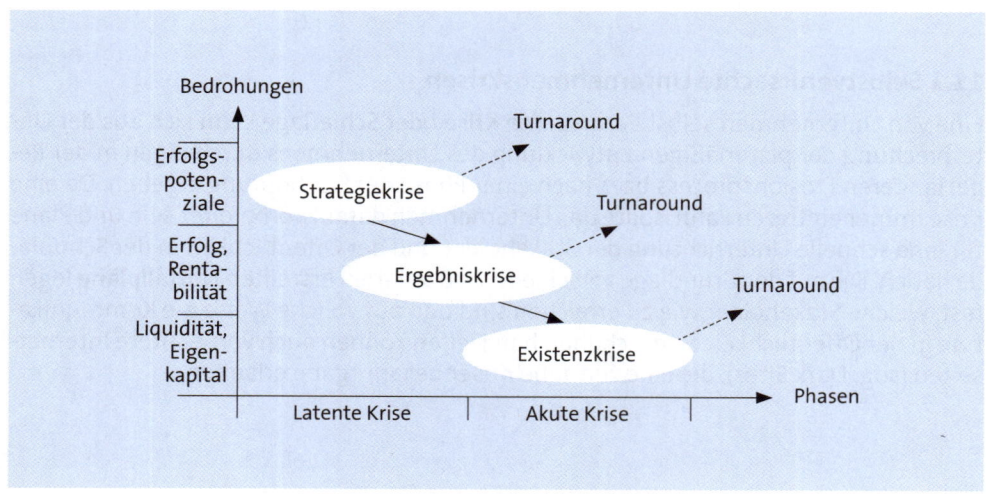

Bevor eine dieser Krisen die jeweils nächste Stufe auf dem Weg ins „Tal der Tränen" erreicht, kann ein Turnaround mit jeweils einer Neustartphase versucht werden. Unter einem **Turnaround** versteht man den Umschwung zur Wiederherstellung der ursprünglich vorgesehen Ausrichtung des Unternehmens durch Einleitung mehr oder weniger radikaler Gegensteuerungsmaßnahmen.

Ein **Turnaroundcontrolling** kann mitwirken bei der Feststellung und Analyse selbstverschuldeter Schieflagen, der Darstellung notwendiger Prozess- und Ressourcenanpassungen, der Bewertung strategischer Restrukturierungsmaßnahmen und der Überprüfung erreichter Zwischen- und Endergebnisse (= Fortschrittskontrolle). Je weiter das Krisenstadium fortgeschritten ist, desto größer sind die Dynamik und der Zeitdruck, denen zufolge sich die Handlungsalternativen reduzieren, eine schnelle Akzeptanz der Veränderungen unabdingbarer wird und die Handlungskonsequenzen ihre ökonomische Wirkung der Erholung immer kurzfristiger erweisen müssen (*Kolb/Heinemann, 2004*).

Die höchsten Anorderungen an einen Turnaround stellt die **Existenzkrise**.

11.2 Feststellung einer Existenzkrise

Eine den Vermögensbestand bzw. die Existenz des Unternehmens gefährdende Krise liegt vor, wenn **Insolvenz** droht oder bereits vorliegt und die Notwendigkeit einer „Stay-or-Exit"-Entscheidung gegeben ist. Bei der Exit-Entscheidung gilt der Grundsatz der gleichmäßigen Befriedigung aller Gläubiger (§ 1 InsO).

Selten ist es eine **Ursache** allein, die zur Insolvenz führt, sondern es ist vielmehr ein Zusammenspiel mehrerer unglücklicher Umstände. Forschungen haben ergeben, dass unzureichende Managementqualitäten (z. B. eingeschränktes Risikobewusstsein) und Managementfehler durch Versäumnisse (etwa in der rechtzeitigen Krisenwahrnehmung oder -abwehr), Fehleinschätzungen (z. B. der Auswirkungen von Investitions- bzw. Diversifikationsprogrammen oder von Quersubventionierungen), extreme Verschuldung, illegale Machenschaften, Versagen des Internen Kontrollsystems (IKS)in der Rechnungslegung, ungenügende Transparenz bzw. Kommunikation und/oder ein schwaches bzw. fehlendes Controlling, die Hauptursachen von Existenzkrisen sind. Weitere Ursachen können auch Seilschaften bzw. Rivalitäten in den Führungsetagen sowie Versagen oder unzureichende Kontrollen der Aufsichtsräte sein.

Die **Gefahr der Insolvenz** kann grundsätzlich mit den gleichen Methoden gemessen werden, wie sie für die Berechnung eines Kreditausfalls gezeigt wurden. Allerdings sind diese Methoden meistens aufwändiger gestaltet, da nicht der potenzielle Ausfall (engl. Default) eines einzelnen Kredits betrachtet wird, sondern der teilweise oder gesamte Vermögensausfall des Unternehmens.

Eine andere Methode ist die **Diskriminanzanalyse**, bei der bestimmte Einzelkennzahlen ausgewählt und gewichtet werden, um aus der Gesamtheit – einem Index – erkennen zu können, ob das Unternehmen in seiner Existenz gefährdet ist. Die Auswahl der in den Index eingehenden Kennzahlen kann nach dem subjektiven Ermessen der beteiligten Personen oder unter Verwendung mathematisch-statistischer Verfahren geschehen.

11.3 Bewältigung der Existenzkrise

Um eine Existenzkrise erfolgreich zu überstehen, sieht die Insolvenzordnung eine **Insolvenzplanung** vor, deren anspruchsvollster Fall der Sanierungsplan mit gesetzlich definierten Rettungsmaßnahmen ist, denn: Anzustreben ist immer die Existenzerhaltung und nicht die Liquidierung des Unternehmens!

Ein **Insolvenzplanverfahren** (§§ 217 ff. InsO), in dem die Verteilung und Verwertung der Insolvenzmasse abweichend von der InsO geregelt werden kann, ist gleichermaßen für die Sanierung (= Planinsolvenz) und Liquidation anwendbar. Wird mit der Abwicklung des Insolvenzverfahrens ein **Insolvenzverwalter** beauftragt, kann sich diesen der Schuldner selbst aussuchen.

Die Krisenbewältigung erfordert eine glaubwürdige **Kommunikation**, die auf mindestens drei Säulen beruhen sollte:

▶ **Echtheit**, da schnell auf jedes aufkommende Gerücht und jeden Vorwurf reagiert werden muss. Für alle wesentlichen Krisenfälle kann ein entsprechendes Kommunikationsverhalten der Unternehmensleitung vorbereitet werden, um die Belegschaft und Öffentlichkeit schnell und eingehend über alle zur Verfügung stehenden Medien zu informieren.

▶ **Offenheit**, da in Krisenzeiten sofort meinungsbildende Diskussionsgruppen entstehen, in denen es leicht zu Spekulationen kommen kann.

▶ **Wahrheit**, da Dementis die Krise weiter schüren und unglaubwürdige bzw. missverstandene Gegendarstellungen leicht zum Bumerang werden.

Je früher auf eine krisenhafte Situation reagiert wird, desto größer sind die Handlungsspielräume des **Sanierungsmanagements** und damit die Möglichkeiten der Schadenbegrenzung. Da jeder Fall anders gelagert ist, gibt es kein Patentrezept für die Sanierung.

Für die Zeit während der Sanierung befindet sich das Unternehmen in einer Art **Ausnahmezustand**, der das bislang verfolgte strategische Konzept außer Kraft setzen kann und die Ausarbeitung neuer strategischer Optionen erfordert. Während dieser Zeit beginnen Wettbewerber die Kunden des Unternehmens zu bearbeiten und Gerüchte in die Welt zu setzen. Die Lieferfähigkeit des Unternehmens wird angezweifelt, Leistungsträger werden abgeworben und feindliche Übernahmeangebote gemacht. Um das alles in Grenzen zu halten, ist die Dauer des Ausnahmezustands möglichst kurz zu halten, was eine hohe Geschwindigkeit bei der Erneuerung notwendig macht.

Um den Turnaround einzuleiten, ist wegen der Einmaligkeit der Situation und der besonderen Schwere des Sachverhalts die **Bildung eines Projektteams** zweckmäßig, in das kompetente Führungskräfte, darunter auch der oder die Controller, einzubinden sind. Geleitet wird das Projektteam von einem **Turnaroundmanager**, der als Interimsmanager nach Möglichkeit von außen kommen sollte, denn jede aus dem Unternehmen stammende Führungskraft hat ihre Geschichte, und diese wird oft als Hypothek verstanden.

Ein zur Sanierung des Unternehmens eingesetztes **Projektteam** hat sich in Anbetracht des zeitlichen Drucks auf das Wesentliche zu beschränken, wobei zunächst herausgefunden werden muss, was „wesentlich" ist. Danach werden Prioritäten festgelegt, die dazu führen können, dass

▶ in einem Gutachten die **Sanierungsfähigkeit** des Unternehmens festgestellt wird, wobei auch hier das oben beschriebene Verfahren der Due Diligence zur Anwendung kommen sollte, um festzustellen, ob noch genügend Substanz und Reserven sowie Vertrauen seitens der Stakeholder vorhanden sind, um den Turnaround herbeiführen zu können. Ist das nicht der Fall, und wird ein Ertragswert des Unternehmens ermittelt. Liegt dieser unter dem erwarteten Liquidationserlös, ist **Sanierungsbedürftigkeit** gegeben und der Konkurs muss eingeleitet werden, mit der Gefahr, dass das Unternehmen zerfällt.

▶ im positiven Fall ein **Sanierungsplan** für die Fortführung des Unternehmens auszuarbeiten ist, in dem Ablauf und Maßnahmen getrennt danach aufgezeigt werden, ob sie der kurzfristigen Sicherung der Überlebensfähigkeit oder der langfristigen Wiederherstellung der verloren gegangenen Gleichgewichte dienen (= Schutzschirmverfahren). Wird der Sanierungsplan unter Mitwirkung von Wirtschaftsprüfern oder externen Beratern erstellt, besteht die Möglichkeit, auf deren Datenbanken zurückgreifen zu können, in denen zahlreiche Maßnahmenpakete sowohl zur erfolgreichen Abwehr existenzgefährdender Bedrohungen, als auch zur anschließenden Neuausrichtung des Unternehmens gespeichert sind. Ein Gericht muss die Ablehnung eines bei ihr eingereichten Sanierungsplans begründen (*Crone/Werner, 2010*).

Grundlage für einen Sanierungsplan kann eine **Gläubigerbeteiligung** (engl. Debt Equity Swap) sein, bei der der Tausch Not leidender Kredite in Eigenkapital erfolgt. Ziel ist es, durch den Passivtausch in der Bilanz die Kapitalstruktur zu verbessern, um sowohl den Kapitaldienst (also die Zins- und Tilgungslasten) zu senken, als auch durch das bessere Rating für die übrigen Verbindlichkeiten günstigere Zinskonditionen zu erhalten. Der Vorteil für einen Investor, der die „bad debts" übernimmt und im Gegenzug dem Unternehmen frisches Kapital zuführt, besteht darin, bei erfolgreichem Turnaround die Kontrolle über das Unternehmen günstig zu erwerben. Die Nachteile für den Investor bestehen in möglichen Haftungsfallen durch den Kapitalschnitt, Blockaden der Altgesellschafter des Unternehmens sowie Steuern auf Sanierungsgewinne.

Die **Umsetzung des Sanierungsplans** macht in der Regel eine Reihe von Sofortmaßnahmen erforderlich, für die jeweils anzugeben ist, wie viel bis wann gespart werden muss. Um das **Vertrauen** der Stakeholder wieder zu gewinnen, sind Restrukturierungen unvermeidlich, darunter auch der Verkauf defizitärer Unternehmensteile und die vorübergehende Aussetzung von Investitionen. Des Weiteren sind **Altlasten** zu beseitigen, wie etwa Kürzung bzw. Streichung freiwilliger Lohnbestandteile oder Kündigung von Mietverträgen. Schließlich kann auch ein **Backsourcing** vorgesehen werden, um die eigenen Kapazitäten wieder besser auszulasten. Flankierend dazu kann mit einer aggressiven Preisgestaltung ein Umsatzschub zu erreichen versucht werden. Stimmen die Gläubiger diesen und anderen Sofortmaßnahmen nicht zu, kann deren Zustimmung durch das Gericht ersetzt werden, sofern die Gläubiger mindestens das erhalten, was sie bei einer Liquidation des Unternehmens bekommen würden.

Das **Sanierungscontrolling** unterstützt das Sanierungsmanagement bei der Erarbeitung von Maßnahmen, überwacht zeitnah deren Realisierung, dokumentiert und kommuniziert den Sanierungsfortschritt und regt zur Überarbeitung des Sanierungskonzepts an, sofern sich die Bedingungen zwischenzeitlich ändern. Grundsätzlich gilt: *„Ein straffes Berichtswesen fördert nicht nur das Vertrauen der Beteiligten, sondern baut auch einen positiven Handlungsdruck im Krisenunternehmen selbst auf"* (*Steffan/Anders, 2010*).

Wird die Sanierung erfolgreich abgeschlossen, ist die vorgesehene **Neuausrichtung des Unternehmens** (engl. Relaunch) im Tagesgeschäft zu verankern, was bedeutet: *„Jetzt, nachdem die Krise vorbei ist, ist die Stunde des Geschäftsmodells gekommen und kluge Unternehmen werden sie jetzt nutzen"* (*Oetinger, 2004*).

Da es immer wieder gravierende, hausgemachte Schieflagen geben wird, ist ein gut funktionierendes internes Frühwarnsystem unbedingt notwendig!

Lösung

1.	Welche Aufgabe hat die strategische Planung im Unternehmen?	S. 257
2.	Nach welchen Überlegungen gestalten Unternehmen den Zeithorizont der strategischen Planung?	S. 257
3.	Beschreiben Sie die Vorgehensweise der rollenden (oder rollierenden) Planung!	S. 257
4.	Was versteht man bezüglich der Außensegmentierung des Unternehmens unter einem Strategischen Geschäftsfeld (SGF)?	S. 258
5.	In welcher idealtypischen Phasenfolge entwickeln Unternehmen ihr Auslandsgeschäft?	S. 259
6.	Anhand welcher Kriterien lassen sich Strategische Geschäftseinheiten (SGEs) eines diversifizierten Konzerns voneinander abgrenzen (= Innensegmentierung)?	S. 259 f.
7.	Beschreiben Sie den sich ergebenden Konflikt, wenn zwei oder mehr operative Einheiten verschiedener Sparten eine SGE bilden? Zeigen Sie Lösungsansätze!	S. 260
8.	Wie ändern sich die Primär- und Sekundärorganisation eines diversifizierten Konzerns, wenn dieser ein Unternehmen erwirbt (= Buy In) oder eine Tochtergesellschaft verkauft (= Buy Out)?	S. 262
9.	Zeichnen Sie eine Wert(schöpfungs)kette nach *Michael Porter* und erläutern Sie Begriffe und Beziehungen der primären und sekundären Wertaktivitäten!	S. 263
10.	Welche Überlegungen sind maßgeblich für den Übergang vom Vier-Felder- auf ein Neun-Felder-Portfolio?	S. 264 f.
11.	Aus welchen Gründen sollte man ein Soll-Portfolio zeitlich vor dem Ist-Portfolio erstellen?	S. 265
12.	Was versteht man unter einem strategischen Erfolgsfaktor und wann wird ein solcher als kritisch angesehen?	S. 265
13.	Erläutern Sie was passiert, wenn nicht-finanzielle Erfolgsfaktoren zu Hygienefaktoren werden!	S. 267
14.	Nennen und beurteilen Sie die Erfolgsfaktoren der Exzellenzstudie!	S. 268 ff.
15.	Was versteht man unter dem absoluten Marktanteil? Nennen Sie Möglichkeiten der Ermittlung, einschließlich der Notarstatistik!	S. 269

Lösung

16.	Wie lässt sich ein relativer Marktanteil bestimmen, wenn die absoluten Marktanteile aller Produktanbieter annähernd bekannt sind?	S. 269
17.	Was versteht man unter Marktwachstum und wie lässt sich dieses messen?	S. 270 f.
18.	Wodurch unterscheiden sich das interne und externe Wachstum eines Unternehmens?	S. 270 f.
19.	Beschreiben Sie was geschieht, wenn das Marktwachstum größer als das Unternehmenswachstum ist!	S. 271
20.	Welche Überlegungen sprechen dafür, die Produktqualität aus Sicht sowohl des Herstellers als auch der Abnehmer (= Kunden) zu beurteilen?	S. 271 ff.
21.	Wodurch unterscheiden sich der Grund- und der Zusatznutzen eines Produkts?	S. 272
22.	Begründen Sie die Vorteile der Zertifizierung des Unternehmens bezüglich seiner Maßnahmen der Qualitätssicherung!	S. 272
23.	Was versteht man unter der Kano-Methode zur Bestimmung und Messung der Kundenzufriedenheit?	S. 274
24.	Erläutern Sie die Möglichkeiten und Grenzen der Berechnung des Werts eines Kunden!	S. 275
25.	Was versteht man unter der Kundenlebenszeit und wie lässt sich diese vom Unternehmen beeinflussen?	S. 276
26.	Welche Bedeutung hat die Geschwindigkeit zur Steigerung der Zeitproduktivität?	S. 276 f.
27.	Erläutern Sie Maßnahmen zur Verbesserung der betrieblichen Ökoeffizienz!	S. 279
28.	Was ist und welche Bedeutung hat das KISS-Prinzip im Rahmen der Business Communications?	S. 280
29.	Wodurch unterscheiden sich Public und Investors Relations?	S. 280
30.	Nennen und erläutern Sie mindestens drei Objekte der Pflichtkommunikation des Unternehmens!	S. 280 f.

Lösung

31.	Wie lassen sich kommunikative Leistungen und deren Kosten im Unternehmen messen?	S. 281 f.
32.	Was versteht man unter Synergien und welche Bedeutung haben diese für die Sortimentspolitik und das Customization des Unternehmens?	S. 282
33.	Ist Produktvielfalt ein geeignetes Instrument zur Verstetigung der Nachfrage? Begründen Sie Ihre Antwort unter Berücksichtigung der Streuung von Risiken!	S. 282 f.
34.	Erläutern Sie den Zusammenhang zwischen dem Produktions- und Absatzprogramm eines Industriebetriebs!	S. 283 f.
35.	Wodurch unterscheiden sich das systematische und unsystematische Marktrisiko?	S. 285
36.	Beschreiben Sie die Aufgabe und Vorgehensweise des Customer Relationship Managements (CRM)!	S. 286
37.	Sofern Sie im Webcontrolling eines Unternehmens tätig sind oder tätig werden wollen, müssen Sie sich mit welchen Aufgaben beschäftigen?	S. 287
38.	Womit befasst sich der Steuerungsansatz "Custonomics"?	S. 288 f.
39.	Welche Bedeutung für das Unternehmen haben Marken als immaterielle Vermögenswerte?	S. 289 ff.
40.	Beschreiben Sie mindestens drei Faktoren, die den Wert einer Produktmarke bestimmen!	S. 290 f.
41.	Empfohlen wird die Bewertung von Produktmarken durch Agenturen. Welche Vorteile ergeben sich dadurch für das Unternehmen?	S. 291
42.	Skizzieren Sie die Gemeinsamkeiten, Unterschiede und Kannibalisierungseffekte eines offline bzw. online betriebenen Vertriebswegs!	S. 292
43.	Beschreiben und beurteilen Sie Messen als möglichen Vertriebsweg?	S. 293
44.	Nennen und erläutern Sie die Besonderheiten der internetbasierten Geschäftsmodelle B2B und B2C!	S. 293 f.
45.	Nehmen Sie Stellung zu der Aussage, dass die einzigartige Bündelung von Ressourcen eine Kernkompetenz des Unternehmens ist!	S. 294

Lösung

46.	Skizzieren Sie das Konzept der Erfahrungskurve und machen Sie deutlich, wie sich Erfahrungskurveneffekte quantifizieren lassen!	S. 295 ff.
47.	In welcher Weise beeinflussen Erfahrungskurveneffekte die Strategie der Kostenführerschaft?	S. 295 ff.
48.	Erläutern Sie die Erfahrungskurveneffekte in Bezug auf eine Produktinnovation, -imitation oder -variante?	S. 296 f.
49.	Begründen Sie, warum das mit der Erfahrungskurve begründete Kostensenkungspotenzial einer hochautomatisierten Fertigung geringer ist als das der arbeitsintensiven Einzelfertigung!	S. 297
50.	Was versteht man unter einer Produktplattform und welche Bedeutung hat diese aus der Sicht der Erfahrungskurve?	S. 298
51.	Geben Sie an, was Halbwertzeiten sind und wie diese im Konzept der Erfahrungskurve berücksichtigt werden können!	S. 298 f.
52.	Erläutern Sie das mit der Erfahrungskurve in Verbindung stehende Penetration Pricing! Machen Sie Unterschiede zum Skimming Pricing deutlich!	S. 300
53.	Nennen und erläutern Sie die für das Zustandekommen von Erfahrungskurveneffekten maßgeblichen Ursachen!	S. 301
54.	Beschreiben Sie den Zusammenhang zwischen Unternehmenswachstum, Verdopplungszeit der Ausbringung und Kostensenkungspotenzial!	S. 302
55.	Mit welchen Folgen muss ein Unternehmen rechnen, wenn es im Gegensatz zur Konkurrenz vorhandene Kostensenkungspotenziale nicht ausschöpft?	S. 302 f.
56.	Was versteht man unter dem Strategischen Kostenmanagement? Zeigen Sie Unterschiede zur traditionellen Kostenrechnung auf!	S. 303 ff.
57.	Ist es richtig zu behaupten, das Strategische Kostenmanagement befinde sich wegen des globalen Wettbewerbs in ständigem Wechsel zwischen Kostensenkung und Wachstum?	S. 303
58.	Worin liegt das Kostenstrukturrisiko und wie lässt sich dieses steuern?	S. 304
59.	Beschreiben Sie strategisch relevante Möglichkeiten zur Verbesserung der Kostenflexibilität des Unternehmens!	S. 305

Lösung

60.	Erläutern Sie den Sachverhalt der Kostenremanenz am Beispiel eines vom Unternehmen gekündigten Mitarbeiters!	S. 305
61.	Skizzieren Sie die Schritte des Target Costing (= Zielkostenrechnung) zur frühzeitigen Erkennung der Vorteilhaftigkeit zu entwickelnder Produkte und Bauteile mit hohem Neuheitsgrad!	S. 307 ff.
62.	Was sind und wodurch unterscheiden sich in der Zielkontenrechnung „Allowable Cost" und „Drifting Cost"?	S. 308
63.	Zeigen Sie an einem selbst gewählten Beispiel, wie sich aus Nutzen und Kosten gebildete Zielkostenindizes im Wertsteuerungsdiagramm darstellen lassen!	S. 309 f.
64.	Zeichnen Sie mit genauen Achsenangaben ein Wertsteuerungsdiagramm (= Value Control Chart) und begründen Sie dessen Aussehen!	S. 310
65.	Nennen und skizzieren Sie diejenigen Kosten und Erlöse, die in vor- und nachgelagerten Phasen des Produktlebenszyklus (PLZ) anfallen!	S. 313 f.
66.	Was versteht man unter „internen" Lizenzen im Rahmen einer Projektdeckungsrechnung?	S. 315
67.	Nennen und beschreiben Sie die Aufgaben des Investitionscontrollings!	S. 316 ff
68.	Gemäß welcher Kriterien unterscheiden sich Ersatz-, Erweiterungs- und Rationalisierungsinvestitionen?	S. 316 f.
69.	Skizzieren sie die Vorgehensweise der Discounted Cashflow-Methode?	S. 318
70.	Wie lassen sich Risiken in den mit einer werthaltigenden Investition verbundenen Cashflows berücksichtigen, und zwar bei unterschiedlich langen Betrachtungszeiträumen!	S. 319
71.	Was drückt der Kapitalwert einer Investition aus?	S. 319
72.	Auf welchen Überlegungen beruht bei der Kapitalwertmethode die Festlegung des Kalkulationszinsfußes?	S. 319
73.	Wie ändert sich der Kapitalwert einer vorgesehenen Investition in Abhängigkeit vom gewählten Kalkulationszinsfuß?	S. 320
74.	Wie wird zur Bestimmung des internen Zinsfußes weitergerechnet, wenn der Kapitalwert einer Investition positiv ist?	S. 320 f.

Lösung

75.	Skizzieren Sie die Vorteile, wenn anstatt des buchmäßigen Return on Investment (ROI) eine auf dem Cashflow basierende Kapitalrendite (CFROI) ermittelt wird!	S. 323 f.
76.	Beschreiben Sie die Rolle von EVA als Steuerungsgröße für den Shareholder Value!	S. 325 f.
77.	Wie und wodurch ändert sich der Wert einer beabsichtigen Investition bei Anwendung des Realoptionsansatzes?	S. 327 ff.
78.	Zeichnen Sie einen Entscheidungsbaum und erläutern Sie sein Aussehen!	S. 329
79.	Wie erfolgt die Wiedergeldwerdung einer Sachinvestition und unter welchen Bedingungen empfiehlt der Shareholder Value-Ansatz eine Desinvestion?	S. 331 f.
80.	Welche strategischen Überlegungen sprechen für eine Unternehmensübernahme?	S. 332 ff.
81.	Beschreiben Sie mögliche Aufgaben des Beteiligungscontrollings in einem Industriekonzern!	S. 333
82.	Wodurch unterscheiden sich freundliche und feindliche Übernahmen? Nennen Sie Maßnahmen zur Abwehr eines feindlichen Übernahmenversuchs!	S. 333 f.
83.	Was ist ein Start-up-Unternehmen und warum sollte ein solches sich möglichst außerhalb der Unternehmenshierarchie befinden?	S. 335
84.	Was ist eine Due Diligence und wie ist deren Ablauf?	S. 336 f.
85.	Skizzieren Sie den Spielraum bei Preisverhandlungen zwischen dem potenziellen Käufer und Verkäufer eines Unternehmens! Machen Sie außerdem die Unterschiede zwischen dem Stand-Alone- und Going-Concern-Ansatz deutlich!	S. 338 f.
86.	Nehmen Sie kritisch Stellung zu den sog. Earn-out-Regelungen und MAC-Klauseln im Rahmen freundlicher M&A-Transaktionen!	S. 341
87.	Was kennzeichnet ein sog. Rumpfunternehmen?	S. 342
88.	Aus welchen Überlegungen sollte eine beschlossene Fusion möglichst schnell realisiert werden?	S. 342
89.	Nennen und erläutern Sie Gründe für das Scheitern von Unternehmensübernahmen!	S. 343

Lösung

90.	Erläutern Sie die mit dem Lead-Country-Konzept verbundenen Koordinationsformen in einem weltweiten Konzernverbund!	S. 344
91.	Skizzieren Sie den Ansatz der strategischen Lücke!	S. 345 ff.
92.	Wodurch unterscheiden sich das Basisgeschäft und die Entwicklungslinie eines industriellen Untrnehmens?	S. 345
93.	Welche Handlungsoptionen bestehen nach dem Geschäftsmodell zur Schließung strategischer Lücken?	S. 346
94.	Zeichnen Sie ein Vier-Felder-Produktportfolio! Benennen Sie die Achsen und Matrixfelder! Machen Sie im Portfolio den Produktlebenszyklus deutlich und nennen Sie strategische Handlungsoptionen!	S. 348 f.
95.	Welche vom Unternehmen zu beeinflussenden Faktoren bestimmen in einem Neun-Felder-Produktportfolio die mehrdimensionale Achsenrichtung „Relative Wettbewerbsvorteile"?	S. 350
96.	Skizzieren Sie die im Rahmen eines Kundenportfolio verwendeten mehrdimensionalen Achsenrichtungen „Kundenattraktivität" und „Wettbewerbsposition". Welches dieser beiden Faktorenbündel kann das Unternehmen beeinflussen?	S. 351
97.	Grenzen Sie voneinander ab: Forschung und Entwicklung sowie Technologie und Technik!	S. 352 f.
98.	Unter welchen Voraussetzungen lassen sich Produkte bzw. Verfahren als neu bezeichnen?	S. 354
99.	Skizzieren Sie die Phasen eines idealtypischen Technologiezyklus!	S. 354
100.	Mit welchen Chancen und Risiken muss das Unternehmen rechnen, wenn es mit einer neuen Produkt- oder Verfahrenstechnologie als Erstanbieter auf den Markt kommt?	S. 356
101.	Nennen und beschreiben Sie die Vorgehensweise beim Collaborative-Engineering!	S. 357
102.	Zeichnen Sie die idealtypische Verbreitungskurve einer technischen Innovation! Gehen Sie dabei auch auf die bestehenden Probleme ein, die sich ergeben, wenn das Unternehmen den Übergang auf eine neue Technologie plant!	S. 357
103.	Wodurch unterscheiden sich originäre und abgeleitete Kundenbedürfnisse? Begründen Sie, warum sich Unternehmen vorzugsweise mit originären Kundenbedürfnissen befassen sollten!	S. 358

Lösung

104.	Welchen Einfluss haben Synergie- und Erfahrungskurveneffekte auf den Umfang der Suchfelder neuer Produktideen?	S. 358
105.	Was ist und aus welchen Einheiten ergibt sich ein Projektstruktur-plan?	S. 360
106.	Welche Überlegungen bestimmen die Entwicklungstiefe eines inno-vativen Unternehmens?	S. 361
107.	Die ein Projekt betreffenden Zeitangaben lassen sich in einem GANTT-Diagramm oder Netzplan darstellen. Was ist darunter zu ver-stehen und wodurch unterscheiden sich beide Techniken?	S. 362 f.
108.	Nennen und erläutern Sie die Möglichkeiten einer Verhaltenssteue-rung hinsichtlich unerwünschter Manipulationen bezüglich der An-gaben geplanter Entwicklungsprojekte!	S. 363 f.
109.	Was versteht man unter „Sunk Cost" eines vorzeitigen Projektab-bruchs und wie lassen sich diese intern weiter verrechnen?	S. 364
110.	Was sind Prototypen bzw. Nullserien und wozu werden diese benö-tigt?	S. 365 f.
111.	Welche Voraussetzungen muss ein Produkt erfüllen, damit für dieses ein Schutzrecht (Patent) angemeldet werden kann?	S. 367
112.	Welchen Einfluss haben Patente auf die Geschwindigkeit des techni-schen Fortschritts und die Diffusion innovativer Produkte?	S. 367
113.	Beschreiben Sie die Möglichkeiten potenzieller Nachahmer, auf be-reits erteilte Patente zu reagieren!	S. 368
114.	Welche Überlegung für und wider den Verkauf werthaltiger Patente an eine Zweckgesellschaft bzw. einen Patentfonds gibt es?	S. 369
115.	Welche Vor- und Nachteile hat eine Lizenzvergabe an Dritte für das Unternehmen?	S. 369 f.
116.	Wer haftet nach dem auf dem Prinzip der Gefährdungshaftung beru-henden Produkthaftungsgesetz für welche Fehlerarten?	S. 370 f.
117.	Erläutern Sie den zwischen dem Innovationsgrad eines Produkts und dem Risiko der Produkthaftung bestehenden Zusammenhang!	S. 370
118.	Wann gilt ein Produkt nach dem Produkthaftungsgesetz als fehler-haft?	S. 370

Lösung

119.	Was versteht man unter der Beobachtungspflicht, bezogen auf ein im Absatzsortiment bzw. -portfolio befindliches Produkt?	S. 371
120.	Welche typischen Aufgaben lassen sich dem Produktions- bzw. Anlagencontrolling übertragen?	S. 373
121.	Nennen und begründen Sie die Vor- und Nachteile des Push- und Pull-Prinzips in der Fertigung!	S. 373
122.	Arbeiten Sie unter Verwendung geeigneter Kriterien die zwischen der Einzel- und Massenfertigung bestehenden Unterschiede heraus!	S. 374
123.	Was kennzeichet die Hybridfertigung?	S. 375
124.	Erklären Sie den zwischen der maximalen Kapazität, der realen Kapazität und der Planbeschäftigung bestehenden Zusammenhang!	S. 378
125.	Was ist und welche Bedeutung hat das „Ausgleichsgesetz der Planung" in der Fertigung?	S. 377
126.	Erläutern Sie für den Fall einer kapitalintensiven Fertigung die Bedeutung der vorbeugenden Instandhaltung!	S. 379
127.	Wie wird die Instandhaltungsintensität berechnet und welchen Einfluss hat diese auf die Altersstruktur des Sachanlgevermögens!	S. 379
128.	Zeichnen Sie (mit genauen Achsenangaben) eine Wertzuwachskurve und erläutern Sie geeignete Maßnahmen zu deren Verbesserung!	S. 382
129.	Wann gilt eine Fertigungstechnologie aus Sicht der Erfahrungsökonomie attraktiv?	S. 383
130.	Wie sind die Qualitätskosten zu gruppieren, wenn das Unternehmen eine fehlerfreie Produktion anstrebt?	S. 385 f.
131.	Nennen und begründen Sie beim vorgesehenem Offshoring mindestens fünf Gründe für die Wahl ausländischer Fertigungsstandorte!	S. 387
132.	Welche Überlegungen sprechen dafür, die Gebäude an einem Produktionsstandort auszugliedern und die Verantwortung dafür einem Facilitymanagement zu übertragen?	S. 387 f.
133.	Beschreiben sie den Weg von der Auflösung der Produktionsprogramms bis hin zur Feststellung des noch zu beschaffenden Materials!	S. 389 f.

Lösung

134.	Welcher Zusammenhang besteht zwischen der Vorhersagegenauigkeit des Materialbedarfs und der Reichweite von Materialbeständen?	S. 390 f.
135.	Aus welchen Größen lassen sich Fehlmengenkosten ermitteln?	S. 391
136.	Welche Bedeutung hat die Standardisierung bzw. Normung des Materials aus der Sicht der Erfahrungsökonomie?	S. 392
137.	Beschreiben Sie die Aufgaben der Wertanalyse im Sinne einer Wertverbesserung vorhandener Produkte!	S. 392
138.	Begründen Sie mit der Erfahrungskurve die Vorteile der Materialversorgung durch jeweils einen Lieferanten (= Single Source)! Welche Gefahren sind damit verbunden und wie lassen sich diese begrenzen?	S. 392 f.
139.	Mit welchen Schwierigkeiten ist zu rechnen, wenn Materialpositionen von anderen Konzerngesellschaften (sog. Schwestergesellschaften) bezogen werden müssen?	S. 394
140.	Welche Auswirkungen haben der globale Wettbewerb und das Outsourcing auf den industriellen Einkauf?	S. 395
141.	Was drücken Local-Content-Bestimmungen aus und welche Bedeutung haben diese für den industriellen Einkauf?	S. 395
142.	Was versteht man allgemein unter Logistik und wodurch unterscheiden sich die Intra- und Kontraktlogistik? Begründen Sie, warum logistische Maßnahmen nur mittelbar wertschöpfend sind!	S. 396
143.	Nennen und begründen Sie verschiedene Arten von Lagerstufen und deren Notwendigkeit!	S. 397
144.	Mit welchen Auswirkungen auf den weltweiten das Transport ist zu rechnen, wenn die Globalisierung der Wirtschaft weiter zunimmt?	S. 399
145.	Was versteht man unter „Umschlagsvorgängen" und warum sind diese bezüglich des Transports und der Lagerhaltung nach Möglichkeit zu vermeiden?	S. 400
146.	Beschreiben Sie eine Lieferkette (= Supply Chain)! Nehmen Sie Bezug auf die damit zusammenhängenden Teilprozesse und die organisatorischen Voraussetzungen zu deren Realisierung!	S. 400 ff.
147.	Wie verändert zunehmendes Outsourcing bisherige Lieferketten?	S. 401 f.
148.	Beschreiben Sie die Ursachen und Wirkungen des „Peitscheneffekts" innerhalb der Lieferkette!	S. 402 f.

Lösung

149.	Welche mindestens drei Sachverhalte schaffen Lieferantenmacht?	S. 405
150.	Was ist eine Sozialinnovation? Nennen Sie Beispiele!	S. 406
151.	Inwieweit beeinflussen Verteilzeiten die Arbeitsproduktivität?	S. 407
152.	Zeigen Sie die Vorteile flexibler Arbeitszeit und nennen Sie die entsprechenden organisatorischen Voraussetzungen!	S. 408 f.
153.	Was sind und welche Rolle spielen Arbeitszeitkonten im Rahmen einer Flexibilisierung der Arbeitszeit?	S. 409
154.	Wie verändern neue Fertigungstechnologien den quantitativen und qualitativen Stellenbedarf?	S. 410
155.	Beschreiben Sie den Zusammenhang zwischen der Verschlankung von Hierarchien und sog. Patchwork-Karrieren!	S. 411
156.	Über welches Bündel an Kompetenzen sollte jeder Arbeitnehmer nach Möglichkeit verfügen?	S. 412
157.	Skizzieren Sie die Unterschiede zwischen Job Enlargemant und Job Enrichement! Verdeutlichen Sie Ihre Aussagen an selbst gewählten Beispielen!	S. 412
158.	Was ist und welche Bedeutung hat Job Rotation in einer immer flacher und schlanker werdenden Hierarchie?	S. 412 f.
159.	Welche Sachverhalte können nach Abschluss einer Weiterbildungsmaßnahme zu einer „Transferlücke" führen?	S. 413 f.
160.	Was versteht man unter einer Bildungsrendite und wie lässt sich diese näherungsweise berechnen?	S. 414
161.	Nennen und begründen Sie die Vorteile teilautonomer Arbeitsgruppen in der Fertigung!	S. 415
162.	Beurteilen Sie Mindest- und Kombilöhne als Instrumente zur Herstellung des Gleichgewichts zwischen Arbeit und Lohn!	S. 416
163.	Was versteht man in der Arbeitspraxis unter einer „Produktivitätspeitsche"?	S. 416
164.	Wann ist die Entlohnung von Vorstandsmitgliedern „angemessen"?	S. 417

Lösung

165.	Beschreiben Sie die Vor- und Nachteile einer betrieblichen Altersversorgung, die „allen" oder nur „ausgewählten" Beschäftigten des Unternehmens in Aussicht gestellt wird!	S. 418
166.	Welche Vor- und Nachteile sind mit einer Festentlohnung verbunden?	S. 418 ff.
167.	Aus welchen Einzelpositionen wird das Direktentgelt für geleistete Arbeit ermittelt?	S. 418
168.	Welche im Gesetz, Tarifvertrag und in der Betriebsvereinbarung enthaltenen Größen bestimmen die Personalzusatzkosten?	S. 419
169.	Wie wird der Personalaufwand des Unternehmens zur betrieblichen Altersversorgung berechnet? Skizzieren sie die Vorgehensweise!	S. 419
170.	Bezüglich der betrieblichen Altersversorgung kann das Unternehmen Rückstellungen bilden oder die Mittel an einem Pensionsfonds auslagern. Welche Überlegungen aus der Sicht des Unternehmens sprechen für die eine oder andere Variante?	S. 420
171.	Welche Vorteile ergeben sich für das wirtschaftende Unternehmen durch die Entkopplung von Pensions- und Kerngeschäft?	S. 421
172.	Unter welchen Bedingungen ist es zweckmäßig, Arbeitnehmern variable Bezüge in Aussicht zu stellen?	S. 421 ff.
173.	Wie lassen sich pauschal gewährte Gruppenprämien auf die einzelnen Gruppenmitglieder verteilen?	S. 421 f.
174.	Nehmen Sie kritisch Stellung zur variablen Entlohnung mittels Mitarbeiteraktien!	S. 422
175.	Was ist und wie funktioniert eine für die Führungskräfte des Unternehmens eingerichtete Bonusbank?	S. 422
176.	Aus welchen Überlegungen heraus sollte die Gewährung von Abfindungen äußerst restriktiv erfolgen?	S. 423
177.	Erläutern Sie die sog. „Saarbrücker Formel" und deren Komponenten zur Bewertung von Humanressourcen!	S. 425 f.
178.	Warum ist die Kenntnis der betrieblichen Personalstruktur von Bedeutung für die Arbeit des Controllings?	S. 426 ff.

Lösung

179.	Inwieweit erschwert der demografische Wandel die Schließung einer betrieblichen „Personallücke" von außen?	S. 428
180.	Womit befasst sich der Steuerungsansatz „Workonomics"?	S. 429 f.
181.	Zeichnen Sie ein Vier-Felder-Mitarbeiterportfolio, benennen Sie die Achsen bzw. Matrixfelder und formulieren geeignete Handlungsempfehlungen!	S. 431
182.	Wann befindet sich ein Unternehmen auf kurze bzw. lange Sicht im finanziellen Gleichgewicht?	S. 434
183.	Zeichnen Sie ein eindimensionales Vier-Felder-Produktportfolio (mit genauen Achsen- und Produktangaben) und kennzeichnen Sie die darin enthaltenen Erzeugnisse nach ihrem Finanzbedarf und -überschuss!	S. 435
184.	Was versteht man unter dem Finanzwirtschaftlichen Leverage-Effekt und wie lässt sich dieser formelmäßig ausdrücken?	S. 436
185.	Nennen und erläutern Sie Motive für den Rückkauf eigener Aktien!	S. 438
186.	Beschreiben Sie die Vorgehensweise zur Berechnung des Kapital-Ratensatzes und Diskontierungsfaktors WACC! Gehen Sie dabei auch auf die Vorteile und Schwierigkeiten ein, die sich dadurch ergeben, dass der WACC aus Größen des Kapitalmarkts abgeleitet werden soll!	S. 439 ff.
187.	Zeigen Sie, nachdem Sie beide Begriffe definiert haben, den Zusammenhang zwischen Kapitalstruktur und Verschuldungsgrad!	S. 439
188.	Ermitteln Sie unter Verwendung einer Zeichnung und unter der Annahme eines unvollkommenen Kapitalmarkts den „optimalen" Verschuldungsgrad!	S. 440
189.	Begründen Sie, warum Kostenkurven jenseits des optimalen Verschuldungsgrads stark ansteigen!	S. 440
190.	Inwieweit beeinflussen Ertragsteuern im Fremdkapitalkostensatz den Verschuldungsgrad?	S. 442
191.	Beschreiben Sie das Capital Asset Pricing Model (CAPM) zur Berechnung der Eigenkapitalkosten!	S. 442 f.
192.	Zeichnen Sie in ein Koordinatenkreuz (mit genauen Achsenangaben) eine Wertpapierlinie und begründen Sie deren typischen Verlauf!	S. 443

Lösung

193.	Welche Rolle spielt im CAPM-Modell der Beta-Faktor? Machen Sie deutlich, was der Beta-Faktor jeweils einer Aktie ausdrückt und geben Sie an, wie sich dieser aktuell und auf lange Sicht ermitteln lässt!	S. 444
194.	Ermitteln Sie anhand eines Beispiels mit aktuellen Marktdaten die Kostensätze des Eigen- und Fremdkapitals eines wirtschaftenden Unternehmens!	S. 445
195.	Beschreiben Sie den Ablauf des Ratingverfahrens spezialisierter Agenturen zur Beurteilung der Bonität eines Unternehmens!	S. 448
196.	Erläutern Sie den Zusammenhang zwischen dem Agenturrating des Unternehmens und dem Zinssatz für das Fremdkapital!	S. 449
197.	Welche Ansätze für ein Bankenrating gibt es?	S. 451
198.	Beschreiben Sie den Aufbau einer Strategischen Bilanz!	S. 454
199.	Skizzieren Sie den Aufbau der Balanced Scorecard als weit verbreitetes Ordnungssystem für finanzielle Spitzenkennzahlen und nicht finanzielle Kennzahlen als Objekte des Performance Measurement!	S. 456 f.
200.	Was ist und welche Bedeutung für das Unternehmen hat ein Turnaround?	S. 462 f.

C. Frühwarnung

Damit wirtschaftende Unternehmen sich anbahnende Veränderungen solcher Tatbestände, die vornehmlich die Erfolgspotenziale des Unternehmens beeinflussen, auch außerhalb terminierter Planungsprozesse feststellen können, bedarf es laufend der **strategischen Kontrolle** im Sinne einer Überwachung der Planungsgrundlagen (= Prämissenkontrolle), der Entscheidungs-, Durchsetzungs- und Ausführungsvorgänge (= Verfahrens- und Verhaltenskontrolle) sowie der Planerfüllung (= Fortschritts- und Endergebniskontrolle).

Die strategische Kontrolle ist sowohl das **Komplement** zur strategischen Planung, als auch ein **Instrument** des Risikomanagements und -controllings.

Erlaubt die mit den Methoden der operativen Kontrolle durchgeführte Überwachung der Planerfüllung oft nicht mehr als eine *„Heckwasserbetrachtung"* oder bei ungünstiger Entwicklung die *„Feststellung, dass das Kind bereits im Brunnen liegt"* (*Coenenberg/Baum, 2006*), ermöglichen strategische Kontrollen die Einrichtung eines **strategischen Frühwarnsystems**. Ähnlich formuliert *Lück (1998)*: *„Die strategische Frühwarnung als Controlling-System übt die Funktion eines Prämissen-Controllings aus"*.

Da in strategischen Frühwarnsystemen aber nicht nur auf latente Risiken, sondern auch auf Chancen und positiv verlaufende Trends aufmerksam gemacht werden soll, sind in der Literatur auch Bezeichnungen wie Früherkennungs- bzw. Frühaufklärungssystem oder Strategisches Radar zu finden. Gemeinsam ist diesen Systemen, für die in Anbetracht der weiten Verbreitung als **Sammelbegriff für ein spezielles Informationssystem** die Bezeichnung „Frühwarnsystem" verwendet wird, die zum Ausdruck bringen soll, dass bei entsprechender Alarmierung die Planvorgaben rechtzeitig revidiert werden können (*Krystek, 2007*).

Frühwarnsysteme können sowohl auf quantitativen als auch auf qualitativen Methoden beruhen. Quantitative Methoden nutzen mathematisch-statistische und ökonometrische Verfahren, wie etwa **Zeitreihenanalysen**. Qualitative Methoden eignen sich besonders für **Prophezeiungen** (= Weissagungen), um Technologieentwicklungen, Modetrends und Strategiewechsel von Wettbewerbern zu erkennen. Außerdem weisen Frühwarnsysteme einen hohen Verwandtschaftsgrad zu Balanced Scorecards auf, da sie teilweise identische Sachverhalte (z. B. Ursache-Wirkungs-Beziehungen und nicht nur finanzielle Größen) betreffen (*Baum u. a., 2007*).

Die meisten Module eines integrierten Frühwarnsystems sind freiwilliger Art, d. h. sie werden beibehalten, solange sie sich bewährt haben und Besseres nicht in Sicht ist.

Es gibt aber auch Module, die gesetzlich vorgeschrieben sind. Dazu gehört das **Überwachungssystem** nach § 91 Abs. 2 AktG, das *„den Fortbestand der Gesellschaft gefährdende Entwicklungen früh [erkennt]"*.

Die Aussage, dass strategische Kontrollen **laufend** erfolgen sollten, bedeutet allerdings nicht die Aufforderung zu endlosen Beobachtungen des betrieblichen Umfelds mit umfangreichen Analysen und Prognosen. Vielmehr wird das Gegenteil angestrebt, und zwar in dem Sinne, dass ad hoc, und dann auch nur selektiv, nach Störfaktoren Ausschau zu halten ist, die unvorhergesehen (und daher ungeplant) auftreten und mit Auswirkungen auf das Unternehmen oder dessen Geschäftsbereich verbunden sind. *„Frühe Informationen eröffnen dem Management mehr Handlungsoptionen und ermöglichen größere strategische Umsteuerungspotenziale"* (Becker/Piser, 2004).

1. Gestaltung der Frühwarnung

Die Frühwarnung im Unternehmen als Teil des Risikomanagements und -controllings sollte so gestaltet werden, dass sie einem „Aufwirbel-Ansaug-Filter-System" entspricht. Das bedeutet, dass nach **strategisch bedeutsamen Signalen** Ausschau gehalten wird, und zwar mit der Aufgabe, diese Signale wahrzunehmen, zu selektieren und auszuwerten, um bisher vernachlässigte oder unvorhergesehene Auffälligkeiten sowie kritische Veränderungen (z. B. bei den Risiken) bereits im Frühstadium zu entdecken und damit Überraschungen (engl. Mid-Year Surprises) bzw. strukturelle Fehlentwicklungen soweit wie möglich zu verhindern.

Das eingangs genannte **Web 2.0** kann die Frühwarnung erleichtern und beschleunigen. Hilfsreich kann auch das **PESTEL-Schema** (**P**olitical, **E**conomical, **S**ocial, **T**echnological, **E**cological and **L**egal) sein, das in verkürzter Fassung auch unter der Bezeichnung **STEP** bekanntgeworden ist, dessen Inhalt die Ausprägungen und Veränderungen nur externer Einflussfaktoren sind. Nach erfolgter Identifizierung, Strukturierung und Übertragung der als relevant angesehenen Einflussfaktoren in eine selbst erstellte Arbeitsliste, kann diese der Ausgang für weiterführende Analysen sein. So lassen sich beispielsweise die ökonomischen Folgen technologischer bzw. politischer Veränderungen oder der Einfluss sozio-kultureller Entwicklungen auf den Konsum bzw. die Arbeitswelt untersuchen. Für viele Anwender gelten PESTEL/STEP als Weiterentwicklung der SWOT-Analyse und des externen Benchmarking.

1.1 Informationsbedarf

Die im Rahmen der Frühwarnung empfangenen Signale (= Frühinformationen) sollen mit zeitlichem Vorlauf möglichst zuverlässige Angaben über **Richtung und Ausmaß erwarteter Veränderungen** (Wandel) technologischer, ökonomischer, sozialer, ökologischer und politischer Art machen.

Frühinformationen im Sinne weicher und unscharfer Signale haben die Eigenschaft, sich im **Frühstadium** nur schwach und leicht überhörbar anzukündigen. Sie werden vielfach nur unbewusst aufgenommen und sind zunächst nur schwer zu strukturieren. Erst im Zeitablauf werden sie gemäß der abnehmenden Ungewissheit immer konkreter (im sinne von härter), wenn man erkennt, aus welchen Quellen oder Ursachenkomplexen potenzielle Chancen und Risiken resultieren.

Die für die strategische Frühwarnung benötigten Informationen sind **Wahr-scheinlichkeitsaussagen**, d. h. mit der Zeit wird das Risiko weiterer Entscheidungen immer kleiner.

Welche Frühinformationen „aufgewirbelt" werden sollen, richtet sich nach der **Sichtweise**, wie sie im Planungssystem mit seinen Problemen und Instrumenten ihren Ausdruck findet. Darüber hinaus sollen aber auch neuartige Probleme bzw. Methoden entdeckt und „angesaugt" werden, selbst wenn zu deren Lösung bzw. Anwendung noch verschiedene Daten und Informationen fehlen.

Am besten wäre es, wenn vom Controlling das gesamte Umfeld (einschließlich virtueller Räume des Internets), systematisch beobachtet werden könnte. In Anbetracht der knappen Zeit, der Höhe der Transaktionskosten und der begrenzten Auswertungskapazität dürfte ein geschlossenes 360-Grad-Radar aber eher unmöglich sein. Deshalb sollte man möglichst vielen Beobachtern mit kognitiven Kompetenzen als **Sensoren** (= Horchposten) das Rastern und die Observierung des relevanten Umfelds (engl. Environment Audit) überlassen, die zusammen ein **Umweltbeobachtungsnetzwerk** der nachstehenden Art bilden können:

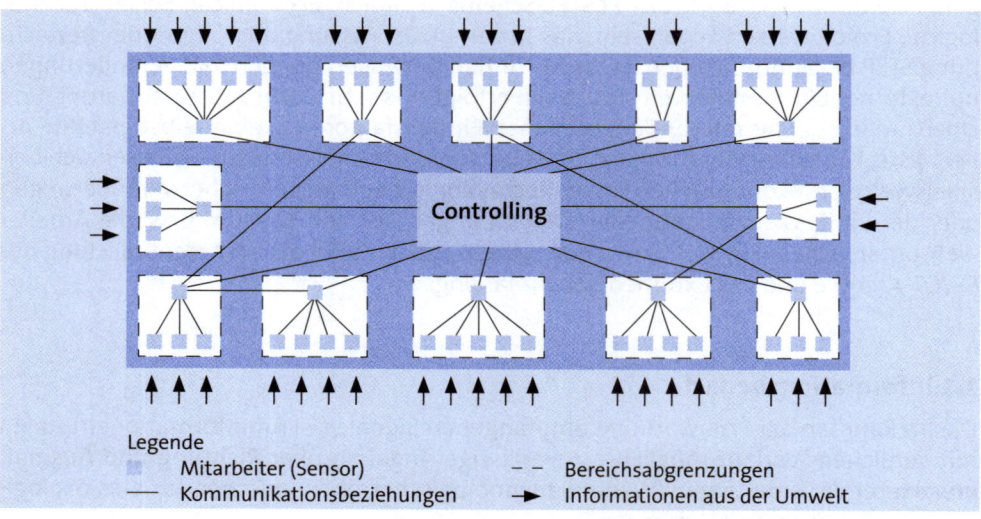

Legende
- Mitarbeiter (Sensor)
- Kommunikationsbeziehungen
- - Bereichsabgrenzungen
- ➔ Informationen aus der Umwelt

Ein solches Vorgehen wird als **Scanning** bezeichnet, wenn es „ungerichtet" die Erfassung schwacher Signale in den Bereichen der Wertkette erlaubt und dabei offen, also möglichst breit und nicht auf feste Beobachtungsfelder bzw. -objekte ausgerichtet ist.

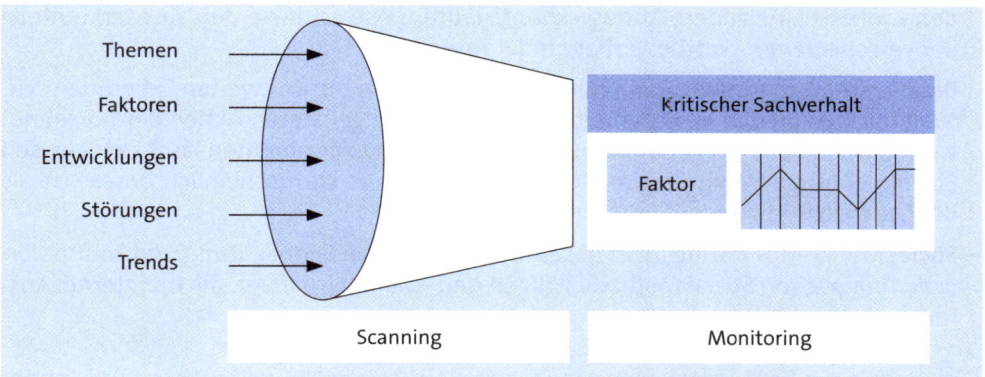

Ergeben sich nach der Analyse gescannter Signale erkennbare Hinweise auf einen möglicherweise für das Unternehmen kritischen Sachverhalt, oder ergibt sich ein solcher durch andere Untersuchungen (z. B. die Fehlerbaumanalyse), kann dem Scanning das **Monitoring** folgen, worunter man ein „gerichtetes" (bzw. fokussiertes) Untersuchen eines identifizierten kritischen Sachverhalts versteht, um vertiefende Informationen zu dessen Bestätigung oder Widerlegung zu erhalten. Dazu kann auch auf sog. **Drittvariablen**, d. h. bei der Betrachtung bisher nicht berücksichtigter Einflussgrößen und Zusammenhänge, zurückgegriffen werden. *„Je größer [...] der Fokus des Monitorings gezogen wird, desto größer ist der Informationsfluss und somit die Wahrscheinlichkeit, die Strömungen der Evolution in der Umwelt rechtzeitig zu erkennen und das Unternehmen auf die kommende Instabilität einzustellen"* (*Piontek, 2005*).

Wegen ihrer im Vergleich zu professionellen Frühwarnsystemen deutlich geringeren Kosten, sind folgende virtuellen **Informationsquellen** von Bedeutung, die mehr das Bauchgefühl von Laien als das Wissen von Experten abfragen, und bei denen jeder, der mitmacht, einen von Management ausgelobten Preis gewinnen kann:

► **Prognosebörsen**, an der registrierte Teilnehmer persönliche Tipps über die künftige Entwicklung wichtiger Wirtschaftsindikatoren abgeben können (*Surowiecki, 2006*).

An der Informationsbörse **EIX** (**E**conomic **I**ndicators e**X**change), die vom Handelsblatt, dem Institut der deutschen Wirtschaft Köln (IW) und weiteren Kooperationspartnern betrieben wird, kann kostenlos teilnehmen, wer Interesse am Konjunkturverlauf der Wirtschaft hat und seine Kenntnisse mit denen anderer Teilnehmer zu messen bereit ist. Bezüglich der makroökonomischen Indikatoren, werden **Erwartungen**, wie etwa das Bruttoinlandsprodukt (BIP), die Inflationsrate oder die Beschäftigtenentwicklung gehandelt, wobei jeder Indikator eine virtuelle Aktie darstellt, die ein Teilnehmer mit Spielgeld kaufen oder verkaufen kann, sobald sich seine Erwartungen positiv oder negativ ändern.

Mittlerweile gibt es auch Unternehmen, die virtuelle **Prognosemärkte** nicht nur zur Marktforschung oder Konkurrenzbeobachtung eingerichtet haben, sondern auch zur Bindung der Mitarbeiter an das Unternehmen. Eine dabei mögliche Abfrage etwa an die Gruppe der Händler könnte lauten: Welche Menge wird von einem neu auf den Markt kommenden Produkt voraussichtlich im nächsten Halbjahr verkauft werden können? Eine andere Abfrage könnte lauten: Wie hoch werden die Marktanteile der verschiedenen Wettbewerber am Jahresende sein?

Beim ersten Experiment, kann mit einer virtuellen Aktie, im zweiten Experiment virtuell mit den an den Wertpapierbörsen tatsächlich gelisteten Aktien der börsennotierten Unternehmen gehandelt werden. In beiden Experimenten lässt sich aus den Einzelmeinungen eine Gesamtsicht aggregieren, die wahrscheinlich besser ist als der Durchschnitt aller geäußerten Meinungen.

► **Social Media-Monitoring**, über die eine systematische Beobachtung und kontinuierliche Analyse von Social Media-Beiträgen und -Dialogen erfolgt, die im Internet kostenlos zur Verfügung stehen.

Ob und wie ein Beobachter schwache Signale aus seiner Umwelt wahrnimmt, ist abhängig von seiner persönlichen **Sichtweise** (= Perspektive, Paradigma), die ihrerseits geprägt ist durch sein(e) Herkunft, Ausbildung, kulturellen Werte, Wissen, Kompetenz, Interesse sowie persönlichen Erfahrungen.

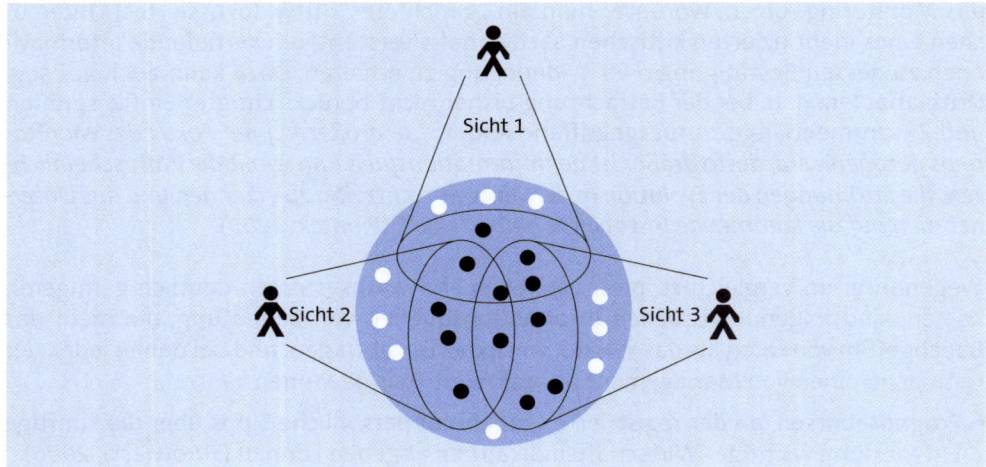

Deshalb haben verschiedene Beobachter auch unterschiedliche Sichtweisen bezogen auf denselben Sachverhalt. Das ist einerseits von Vorteil, da mögliche Ansichten vervielfältigt werden können bzw. neue Ideen oder Visionen entstehen, die die Wahlmöglichkeiten erweitern. Andererseits dürfen aber auch gewisse Nachteile nicht übersehen werden, die bei bestehenden „Sichtbehinderungen" (z. B. durch Gewohnheiten) zu Verzerrungen im Aussagegehalt einer Information führen können, und zwar durch Zusammenfassung, Übertreibung oder Filterung.

1.2 Frühindikatoren

Um die **Suche** nach solchen auf die jeweilige Zielerreichung positiv oder negativ wirkenden Erscheinungen und Entwicklungen innerhalb und außerhalb des Unternehmens nicht völlig ungerichtet ablaufen zu lassen bzw. um das Ausmaß möglicher

Verzerrungen von vornherein zu begrenzen, kann daran gedacht werden, den Mitarbeitern die Suche nach Informationen mithilfe bestimmter **Frühindikatoren** (engl. Leading Indicators) zu erleichtern.

> Umgangssprachlich weist ein **Indikator** (lat. indicare = anzeigen) auf einen bestimmten Sachverhalt oder ein konkretes Ereignis hin. In der Ökonomie entspricht dem Indikator die Information einer **Kennzahl**, die auf irgendetwas hindeutet.

Wird ein Indikator mit **Prämissen** unterlegt, die sich auf die Zukunft beziehen, wandelt sich die Information der Kennzahl zu einem **Frühindikator** (engl. Leading Indicator, auch vorlaufender oder vorauseilender Indikator genannt). Die Güte eines Frühindikators ist u. a. davon abhängig, ob die Prämissen auf eigenen Erfahrungen, fremden Empfehlungen oder theoretischen Ableitungen beruhen. Unabhängig davon dürfte gelten, dass sich Märkte gegenüber zu optimistischen Prämissen sehr wohl zu wehren wissen. Für neue, d. h. bis dato unbekannte Ereignisse, darunter auch **Krisen** bzw. Schieflagen sind Prämissen noch nicht erkennbar oder sie sind überholt. Nach *Schmidt/Vieregge (2011) „bringt jede Krise auch viele Ungleichgewichte, Versäumnisse und Ungereimtheiten ans Tageslicht, die vorher durch gute Geschäfte kaschiert wurden. Hier wirkt die Krise nur als Auslöser [Trigger] und nicht als Ursache der Probleme. Und genau hier können geeignete Frühindikatoren ausgesprochen hilfreich sein".*

Für bestimmte Frühindikatoren kann es sinnvoll sein, **Schwellenwerte** (= Warngrenzen) festzulegen, bei deren Überschreiten nach oben oder unten es zu Reaktionen seitens des Managements und/oder Controllings kommen sollte.

Grundsätzlich lassen sich zwei, nicht immer klar voneinander abgrenzbarer Typen von Frühindikatoren unterscheiden, die sowohl makroökonomische (= volkswirtschaftliche) oder mikroökonomische (= betriebswirtschaftliche) Größen betreffen:

► **Globalindikatoren**, die jeweils mehrere Ursachen haben können, sind hochaggregierte Größen, die Veränderungen und Entwicklungen erkennen lassen, und zwar für eine Volkswirtschaft, wie etwa das BIP, eine Branche, darunter der Geschäftsklimaindex des Ifo-Instituts, der GfK-Konsumklimaindex, der ZEW-Index oder als Rating bzw. Aktienkurs das einzelne Unternehmen betreffen. Viele dieser makroökonomischen Indikatoren werden von Wirtschaftsforschungsinstituten in Fachzeitungen und -zeitschriften veröffentlicht. Der **Vorteil** globaler Indikatoren ist deren geringe Zahl. Von **Nachteil** ist, dass sie relativ träge reagieren und sich in ihnen gegenläufige Entwicklungen kompensieren können.

► **Einzelindikatoren**, die Aussagen zu Sachverhalten mit zumeist nur einer Ursache erlauben. Beispiele dafür sind: Wechselkurse, Zinssätze, Rohstoffpreise sowie Ausschuss- bzw. Fluktuationsraten. Dem **Vorteil** solcher Indikatoren, Veränderungen bereits früh erkennen zu lassen, steht als **Nachteil** deren nur schwer handhabbare Vielzahl gegenüber.

Von den Frühindikatoren abzugrenzen sind **Präsenzindikatoren** (als mitlaufende Indikatoren) über die aktuelle Lage sowie **Spätindikatoren** (als nachlaufende Indikatoren) über die Vergangenheit.

Ein häufig verwendeter **Einzelindikator** der Frühwarnung in Industrieunternehmen ist der **Auftragseingang** jeweils einer Periode t. Kombiniert man diese Kennzahl mit der Kennzahl „Umsatz", lässt sich aus der Gleichung

$$\text{Auftraganfangsbestand } t_0 + \text{Auftragseingang } t_1 - \text{Umsatz } t_1 = \text{Auftragsendbestand } t_1$$

ableiten, wie voll die Auftragsbücher sind, d. h. wie sich der Auftragsbestand in der Periode verändert und welche künftigen Auswirkungen das für eine gesicherte **Kapazitätsauslastung** und **Beschäftigungsdauer** bis zur Periode t_n haben.

Eine Volksweisheit sagt: *„Erstens kommt es anders, und zweitens als man denkt".* Darin kommt zum Ausdruck, dass viele überraschende Störereignisse auf **Zufällen**, also nicht auszuschließenden Unwägbarkeiten beruhen. Deren Wahrscheinlichkeiten sind zwar relativ gering, besitzen dafür aber potenziell weitreichende Wirkungen. Unerwartete Diskontinuitäten (z. B. Trendbrüche) und Nichtlinearitäten bezeichnen Zukunftsforscher als **Wildcards**, die den hierzulande bekannten Jokern bei Kartenspielen ähneln und bei deren zufälligem (plötzlichem) Auftauchen das Spiel eine andere als die erwartete Richtung erhält. *„Wildcards sind die Querschläger, die die stabilsten Trends torpedieren und die am besten durchdachten Pläne vom Tisch wischen, sie lauern hinter dem Rücken der Zukunftsplaner und Zukunftsforscher, sie brechen hervor, wenn kaum einer an sie denkt" (Steinmüller/Steinmüller, 2004).* Wildcards bewirken also Reaktionen auf erscheidende Gelegenheiten und Bedrohungen.

Mit Wildcards beschäftigen sich auch *Weick/Sutcliffe (2003)*, wenn sie die Steuerung von HROs (engl. High-Reliability Organizations), wie z. B. Überwachungsleitstände in Kernkraftwerken oder Intensivstationen in Krankenhäusern, untersuchen. Dabei wurde festgestellt, dass in Organisationen, die sowohl höchsten Anforderungen an ihre Zuverlässigkeit ausgesetzt sind als auch ständig unter schwierigsten Bedingungen arbeiten, wesentlich weniger Störungen und Unfälle auftreten, als statistisch erwartet wurde. Als Ursache konnte herausgefunden werden, dass HROs versuchen, potenzielle Störungen durch extrem hohe **Achtsamkeit** in den Griff zu bekommen, was in der Weise geschieht, dass ein System so lange als gefährdet gilt, bis ein schlüssiger Beweis für das Gegenteil vorliegt. Nach Auffassung der Autoren beruhen vage und unzutreffende Visionen, Prognosen oder Pläne größtenteils auf der **Vermeidung von Gegenbeweisen**, was „tote Winkel" entstehen lässt, die die Aufmerksamkeit und Wahrnehmung der Betroffenen trüben.

Auch Psychologen raten zur **Vorsicht beim Umgang mit Frühindikatoren**, denn mithilfe von Experimenten über das „Zufallsverständnis des menschlichen Gehirns" konnte u. a. festgestellt werden, dass

► sozio-technische Systeme eine natürliche Tendenz zum unvorsehbaren Kollaps haben (bezogen auf das Unternehmen wäre das vergleichbar mit einer Existenzkrise), da die Zustände vieler Faktoren und Indikatoren, die für sich alleine unkritisch sind, dazu führen können, was von Experten als „normale Katastrophe" bezeichnet wird

► bestimmte Menschen nicht wegen ihrer Intelligenz das Richtige getan (oder vorhergesagt) haben, sondern es waren der reine Zufall oder einfach nur Glück

► nur das als wirklich zufällig erscheint, was außerhalb des alltäglichen Erfahrungshorizonts liegt (z. B. außergewöhnliche und seltene Ereignisse, wie etwa der schwarze Schwan)

► spektakuläre Gefahren eher überschätzt und schleichende Gefahren leicht unterschätzt werden, vermutlich auch deshalb, da extreme Ereignisse von den Medien in ihrer Berichterstattung gerne überbetont werden, was zu einer Verzerrung der individuellen Fähigkeit zur Situationseinschätzung führen könnte

► Entwicklungen oder Ereignisse in der Vergangenheit oft erst im Nachhinein als logisch erscheinen und richtig verstanden werden, nachdem sie passiert sind

► der Zuwachs menschlichen Wissens generell nicht vorhersehbar ist, da man sonst bereits wüsste, was man erst wissen wird

Auf die Frage, wie man mit diesen Erkenntnissen umgehen sollte, gibt es keine einfachen Antworten. Deshalb raten Forscher zum **Lernen**, um die Welt mit Vernunft erfassen und mit der nicht zu vermeidenden Ungewissheit kritisch umgehen zu können.

Bezüglich der **Vorlaufzeiten**, mit denen Frühwarnindikatoren sowohl Gelegenheiten als auch Bedrohungen ankündigen, können keine allgemeingültigen Angaben gemacht werden. Anzunehmen ist aber, dass wissenschaftlich-technologische und rechtliche Entwicklungen einen relativ langen Zeithorizont haben, während politische Veränderungen kurzfristiger vorhersehbar sind. Die kürzesten Vorlaufzeiten dürften Indikatoren haben, die sich auf Verhaltensänderungen der Marktteilnehmer beziehen.

Hinsichtlich der vorlaufenden Indikatoren bestehen häufig **Asymmetrien** der Art, dass Risiken genauer identifiziert und analysiert sowie kritischer bewertet werden als Gelegenheiten, obwohl die Zukunft des Unternehmens gerade darin liegt, sich bietende Chancen zu ergreifen.

Aufgabe 46 > Seite 643, Aufgabe 47 > Seite 644

1.3 Erfassung und Auswertung von Frühinformationen

Glaubt ein interner Beobachter aufgrund von Frühinformationen einen kritischen Problemindikator entdeckt zu haben, der die in der strategischen Planung getroffenen Annahmen verändern könnte, weist er in einer kurzen schriftlichen Meldung auf dessen Einfluss hin. Eine solche Meldung, einschließlich der subjektiven Diagnose, kann in einem **Formular**, dem Scanning Report, festgehalten werden:

Scanning Report	
Beobachtete Umweltbereiche:	Betroffene Unternehmensbereiche:
Thema: Quelle: Autor/Gesprächspartner: Zeit:	
Beobachteter Sachverhalt:	
Beurteilung des Sachverhalts:	
Bedeutung für das Unternehmen: ○————————○————————○ gering mittel stark	Eintrittswahrscheinlichkeit: ○————————○————————○ 0 % 50 % 100 %
Name des Beobachters, Datum:	

Alle Meldungen werden zentral vom Controlling gesammelt, gefiltert, sortiert, ausgewertet, beurteilt und schließlich zu **Fragebögen** der nachstehenden Art verarbeitet:

Berichtsteil des Controllings			Fragenteil			
Spot Nr.	Erfasst am	Beschreibung	Eintrittswahrscheinlichkeit in %	Vorgeschlagene Maßnahmen	Erwartete Auswirkungen	
					Lfd. Jahr	Folgejahr(e)

Solche und ähnliche **Fragebögen** können vom Controlling ins Intranet gestellt werden mit der Aufforderung einer jeweils individuellen Einschätzung (= Stellungnahme) zu den identifizierten Sachverhalten:

▶ Sind Vor- und Nachteile für das Unternehmen aus technologischen, ökonomischen, sozialen, ökologischen und/oder politischen Entwicklungen zu erwarten?

▶ Berühren die Entwicklungen und Ereignisse (wie etwa Patentanmeldungen oder Lizenzvergaben, Fusionsabsichten von Wettbewerbern, Berichte über Strategische Allianzen) die eine oder andere SGE des Unternehmens?

▶ Muss mit Reaktionen auf zu ändernde Strategien oder Aktionen gerechnet werden?

▶ Besteht die Notwendigkeit zusätzlicher Informationssuche (auch über die Vergangenheit), um die Genauigkeit von Prognosen und Szenarien zu verbessern?

Um diese und weitere Fragen beantworten zu können, sind im Rahmen des **Monitorings** möglich:

▶ vertiefende Informationsbeschaffung durch persönliche Kommunikation mit ausgewählten und leicht erreichbaren Stakeholdern

▶ Eine gerichtete Überwachung der Printmedien liegt vor, wenn Mitarbeiter regelmäßig und systematisch bestimmte Fach- und Tageszeitungen, Zeitschriften, Magazine, Marktforschungsberichte, Nachschlagewerke und Informationsbriefe aus dem In- und Ausland daraufhin durchsehen, ob sie verlässliche Antworten auf gestellte Frage enthalten.

▶ Recherchieren im Internet. Bezüglich der **Recherchen im Internet** gilt:

- Während **Volltextdatenbanken** den ganzen Text eines Dokuments (z. B. Buch, Tagungsband, Zeitschrift, Zeitung, Patentschrift) enthalten, geben **Referenzdatenbanken** nur Hinweise darauf, wo die eigentlichen Dokumente zu finden sind (sog. bibliografische Angaben) und welchen Inhalt diese haben (z. B. als Abstracts bezeichnete Kurzfassungen).

- Von **Faktendatenbanken** wird gesprochen, wenn diese Tabellen mit einer Vielzahl numerischer Daten (wie z. B. Statistiken, Versuchsreihen, Börsenkurse, aktuelle Wirtschaftsdaten) enthalten. Für das Aufspüren (engl. Retrieval) kontextrelevanter Informationen innerhalb elektronisch gespeicherter Dokumente gibt es mittlerweile leistungsstarke **Suchmaschinen**, die nicht nur einen Suchbegriff verwenden, sondern vielmehr auch Textstellen mit semantisch mehr oder weniger starker Beziehung zur Abfrage finden.

- Über das Internet vermarkten **Online-Informationsbroker** sowohl allgemeine Wirtschafts- und Finanzdaten als auch spezielles Fachwissen.

- Mithilfe **intelligenter Agenten** im Sinne kleiner Softwarepakete lässt sich das Internet nach benutzerdefinierten Kriterien und Umschreibungen durchsuchen. Aus der Reaktion des Benutzers auf Anfragen an den Computer kann der Agent lernen, Veränderungen zu erkennen, interessante Inhalte gezielter zu erfassen und die Suchergebnisse besser thematisch gruppiert in einer Datenbank abzulegen. Da aber leistungsfähige Agenten viel Rechnerkapazität benötigen, sind die entsprechenden Softwareanbieter damit beschäftigt, die Suchergebnisse (= Treffer) noch genauer an die Erwartungen der Benutzer heranzuführen.

Die **Antworten auf gestellte Fragen** können mehr oder weniger begründete Aussagen über Chancen, Gefahren, Systemzusammenhänge oder Trends sein, sie können sich aber auch nur auf vorgegebene Antwort-Alternativen beziehen, wie sie für die Gestaltung von **Ratingskalen** benötigt werden.

Ebenso kann daran gedacht werden, **Eintrittswahrscheinlichkeiten** zuvor definierter Ereignisse zu erfragen. Als Bewertung ist dann jede reelle Zahl zwischen 0 und 100 (%)

zulässig. Hilfreich können hierbei die Verwendung der aus der Monte-Carlo-Simulation und der Netzplantechnik PERT bekannten **Dreipunktverteilungen** sein, bei denen Wahrscheinlichkeiten für das Eintreten eines Ereignisses in den Ausprägungen „optimistisch", „erwartet" und „pessimistisch" geschätzt und mit Gewichtungsfaktoren multipliziert werden. Addiert man diese drei gewichteten Werte und dividiert sie durch die Summe der Gewichtungsfaktoren, erhält man den Erwartungswert der Eintrittswahrscheinlichkeit.

Neben der Fragebogenmethode gibt es noch eine Reihe weiterer Möglichkeiten, um strategisch relevante Informationen systematisch aufzuwirbeln und anzusaugen. So kann daran gedacht werden, auf internen **Seminaren** (engl. Workshops) oder **Klausurtagungen** die vom Controlling ausgewerteten Fragebögen zu bestimmten Problemen oder Themenbereichen zu diskutieren und Empfehlungen zu erarbeiten, welche Entwicklungen weiter zu verfolgen sind. Um die Teilnehmer solcher Veranstaltungen zur Artikulation ihrer Meinungen zu veranlassen, sind gezielte Fragestellungen unerlässlich, auf die aber meistens unterschiedlich geantwortet werden wird.

Wenn auch nicht unbedingt gewünscht, so doch aber erwartet, wird eine möglichst gleichlautende Beurteilung der jeweils behandelten Sachverhalte. Sollte es dennoch zu **Ausreißern** innerhalb der geäußerten Meinungen kommen, sind diese weiter zu analysieren, um Hinweise auf mögliche Diskontinuitäten zu erhalten. Ebenso müssen selbst gleichlautende Meinungsäußerungen tiefer untersucht werden, wenn die Gefahr besteht, dass sich befragte Personen kritiklos am Urteil eines Meinungsführers (z. B. Vorgesetzter oder Controller) orientieren.

Um **Ursachen von Problemen** zu identifizieren, kann das eingangs genannte Ursache-Wirkungs-Diagramm zur Anwendung kommen.

Schließlich besteht im Rahmen des Monitorings immer die Möglichkeit, Aufträge an **externe Forschungsinstitute** (wie etwa das Batelle-Institut oder die Prognos AG) zu vergeben, um identifizierte Sachverhalte durch Experten-Befragungen und/oder Szenarien überprüfen zu lassen.

2. Reaktionen auf Frühinformationen

In Abhängigkeit von der **Dringlichkeit der Problemlösung** bestehen folgende Verhaltensformen:

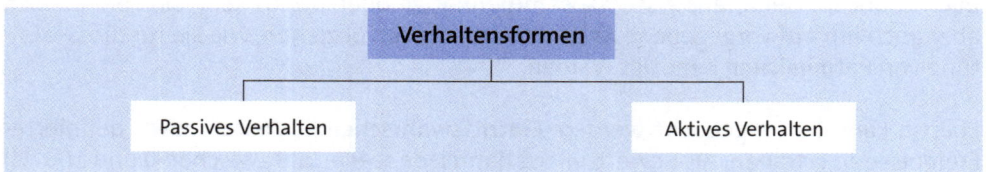

Bei **passivem Verhalten** wird die Lösung eines identifizierten und analysierten Problems bis zur nächsten Planungsrunde aufgeschoben. Bis dahin können neue Daten vorliegen bzw. Informationen beschafft werden, die die Erwartungen besser fundieren, für möglich gehaltene Situationen völlig wegfallen und bisher nicht für möglich gehaltene Situationen auftauchen. (vgl. dazu auch die Vorgehensweise bei der Ableitung einer Warteoption)

Im Gegensatz dazu führen **aktive Verhaltensformen** zu Reaktionsstrategien außerhalb des formalen Planungsprozesses:

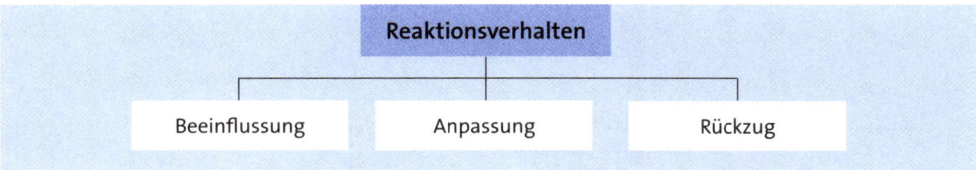

Von **Beeinflussung** wird gesprochen, wenn das Unternehmen identifizierte Entwicklungen nicht als gegeben hinnimmt, sondern darauf aktiv Einfluss zu nehmen versucht.

Werden die aus dem Wandel resultierenden Veränderungen als gegeben hingenommen, muss sich das Unternehmen **anpassen**. Anpassungsstrategien werden erleichtert, wenn aus Gründen der Krisenprophylaxe bewusst brachliegende Leistungspotenziale (= Mobilitätsreserven, darunter auch Redundanzen) bereitgehalten werden.

Fehlen sowohl Beeinflussungs- als auch Anpassungsmöglichkeiten, bleibt dem Unternehmen kaum was anderes übrig, als den **Rückzug** anzutreten.

Bei der Verhaltenswahl dürfen **Opportunitätskosten** nicht übersehen werden, sodass stets abzuwägen ist zwischen dem entgangenen Gewinn, der durch das Unterlassen einer an sich notwendigen Reaktion entsteht, und der Gewinnminderung, die sich aus einer Reaktion ergibt, die besser unterblieben wäre.

Unter Verwendung des auf S. 116 dargestellten **Szenariotrichters** für alternative Zukunftsbilder kann eine störungsfreie Entwicklung durch eine gestrichelte Linie verdeutlicht werden, die sich jedoch bei Eintritt eines Störereignisses in eine andere, nicht vorgesehene Richtung entwickelt. Die folgende Darstellung soll zeigen, dass **Reaktionsstrategien**, die ein Störereignis in seinen Auswirkungen abfangen sollen, relativ spät zum Tragen kommen, was ein anderes als das zunächst anvisierte Zukunftsbild entstehen lässt:

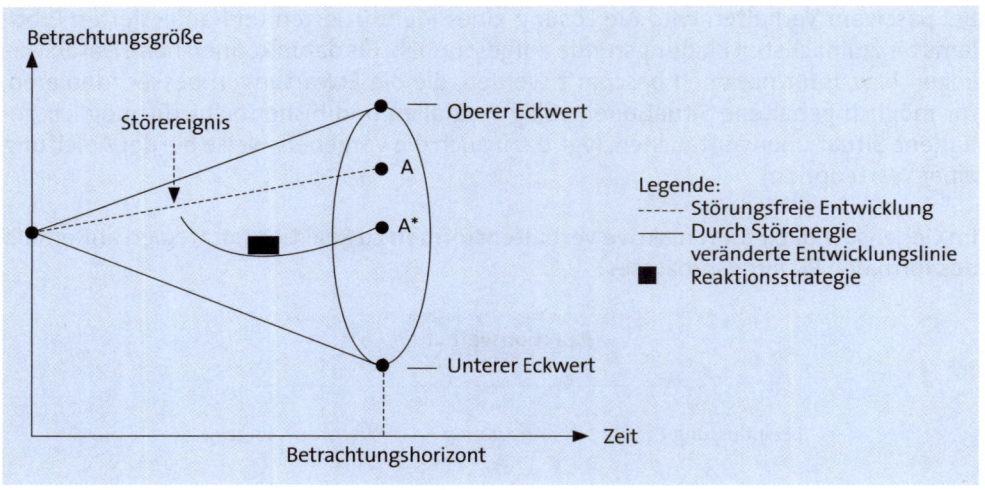

3. Mustererkennung

Die frühzeitige Erkennung eines globalen Wandels bis hin zu einer kleinen Veränderung gehört zum eingangs beschriebenen Thema **Business Intelligence**. Schwerpunktmäßig werden bei der Suche nach Mustern vor allem **weiche Daten** bzw. **schwache Signale** die das Unternehmen in seinem Umfeld betreffen, gesammelt, aufbereitet, ausgewertet und interpretiert (*Bange, 2006; Gehra, 2005; Kemper u. a., 2010*).

Unter **Mustererkennung** (engl. Pattern Recognition) als eine Form des Lernens bzw. der Wissensentwicklung versteht man ein Aufgabengebiet, das sich mit der Identifikation und Interpretation bestimmter Konstellationen und verborgener Auffälligkeiten, wie Ausreißer, Konzentrationen, zeitverzögernde Wirkungen oder Verdachtsmomente, in ungeordnet (vielfach chaotisch) erscheinenden Entwicklungen beschäftigt.

Dazu bedarf es besonderer kognitiver Fähigkeiten, um bei Vielfalt und Komplexität sinnvoll zu abstrahieren und die wahrgenommene Realität auf wenige, überschaubare Faktoren zu reduzieren, denn: *„Muster lassen irrelevante Informationen außer Acht, reduzieren die Komplexität und kristallisieren das Wesentliche heraus"* (*Istvan*). Ähnlich äußert sich *Gigerenzer (2007)*, wenn er von **Faustregeln** spricht, die sich als Heuristik auf einfaches beschränken und deshalb viele der im Überfluss vorhandenen Daten und Informationen ignorieren.

Ein Muster ist die **Aussage** über korrelierte Elemente innerhalb eines Datenbestands. Allerdings ist es schwierig zu bestimmen, wann jemand genug Informationen gesammelt hat, um neue Muster einigermaßen zuverlässig isolieren zu können, da es schließlich auch Widersprüche gegenüber bisherigen Mustern geben kann. Deshalb sollte man sich bei der Durchsuchung der Daten nicht zu sehr auf bewährte Merkmale oder Ähnlichkeiten konzentrieren, sondern vielmehr nach **Unterschieden** suchen.

Ein gängiges **Verhaltensmuster** ergibt sich dadurch, dass Menschen dazu neigen, neuen Informationen besondere **Aufmerksamkeit** zukommen zu lassen und deshalb zu überbewerten. Das gilt insbesondere für **Gerüchte** als üble Form der Beeinflussung. Meistens beziehen sich Gerüchte auf bestimmte Personen, Vorgesetzte oder ungeliebte Kollegen. Gelegentlich betreffen Gerüchte aber auch ganze Unternehmen, darunter Wunderstorys über tolle Zukunftsaussichten oder unbewiesene Behauptungen, das Unternehmen stehe einer Sekte nahe oder sei von einer feindlichen Übernahme bedroht.

Von Experten wurde festgestellt, dass in unserer hochtechnisierten Welt extreme Ereignisse, die eine enorme Wirkung entfalten können, häufiger eintreten als von Statistiken herkömmlich erfasst. Daraus folgt, dass Unternehmen immer mehr auf **unberechenbare Muster**, wie etwa die eingangs genannten Blasen, vorbereitet sein sollten. Katastrophen schicken häufig Signale voraus, bevor sie offensichtlich werden. Nicht der Fall war das bei der weltweiten Finanzmarktkrise, von der selbst mehrere Notenbankchefs und andere Sachverständige total überrascht wurden. Der Grund: Vor dem Platzen der Blase oder dem eigentlichen Ausbruch einer Katastrophe entwickeln Signale ein Eigenleben, d. h. beobachte Werte beginnen zu schwanken und folgen vorübergehend eigenen Regeln. Deshalb wird es auch in Zukunft weiterhin schwierig sein, zufällige Muster und echte Anzeichen sich anbahnender Krisen bzw. Schieflagen sauber zu trennen.

Mit eingefahrenen Denk- und Handlungsmustern zu brechen bedeutet aber nicht, einfach das Gegenteil zu tun, was bisher gängige Praxis war. Gefragt sind vielmehr die **Fähigkeit** zu erkennen, mit geänderten Verhaltensweisen auf von außen kommende Veränderungen zu reagieren, und der **Mut**, quer und musterbrechend zu denken, ausgetretene Pfade zu verlassen und sich auch auf Unvorhersehbares einzulassen (*Wütherich u. a. 2006*). Ähnliches drückt auch ein Zitat von *Hermann Hesse* aus: „*Damit das Mögliche entsteht, muss immer wieder das Unmögliche versucht werden*". Psychologen nennen das die „Überwindung der Veränderungsresistenz". Von Vorteil ist dabei die bereits mehrfach genannte **Wandelkompetenz**.

Irgendwo war zu lesen: Wenn Menschen sich gegen Veränderungen sträuben, hat man ihnen entweder die Vorteile noch nicht klar genug gemacht, oder sie haben persönliche Gründe, Wandel abzulehnen und ausgetretene Pfade beizubehalten. Je nachdem, welche Aspekte der Zukunft analysiert werden sollen, gibt es verschiedene **Denkmuster** (engl. Mindsets), die als Filter wirken, um Wichtiges von Unwichtigem zu unterscheiden (*Eberl, 2010*).

Kommen Softwareverfahren zum Einsatz, die verborgene Muster aus großen und verschiedenen Datenbeständen (z. B. in Data Warehouses und OLAP-Datenbanken) bei unscharfen Fragestellungen automatisch herauszufiltern in der Lage sind, wird von **Data Mining** gesprochen. Der Zweck des Data Minings besteht darin, in unstrukturierten Datenmeeren implizites Wissen zu finden, das mit herkömmlichen Analyseinstrumenten (etwa statistischen Methoden) nicht, allenfalls zufällig oder nur mit hohem Suchaufwand entdeckt werden könnte. Üblicherweise werden Stichworte unter Verwendung der Operatoren „And, Or, Not, Near und Within" zu einer Suchanfrage kombiniert (*Bensberg/Schultz, 2001; Gentsch, 2003; Seufert/Oehler, 2011*).

Das Data Mining soll an drei Beispielen erläutert werden:

► Durch **Zeitreihenanalysen**, mit denen Volatilitätsmuster entdeckt werden sollen, können etwa zur Prognose des Betafaktors der Unternehmensaktie (mit Auswirkungen auf die risikoadjustierten Kapitalkosten) oder die Wiedergeldwerdung von Forderungen (mit Auswirkungen auf das Liquiditätsspektrum) verwendet werden.

► Durch **Sortimentsanalysen** werden Warenkörbe dahingehend untersucht, welche Produkte gemeinsam gekauft werden, um aus den gewonnenen Erkenntnissen z. B. Maßnahmen zur Sortimentsbereinigung oder Cross-Selling-Aktionen abzuleiten.

► Durch **Churnanalysen** lässt sich unter Aufdeckung typischer demografischer und psychografischer Merkmale abwanderungsbereiter Kunden ein „Wechselprofil" bestimmen, mit dem der gesamte Kundenbestand durchsucht wird, um Kunden zu identifizieren, die mit hoher Wahrscheinlichkeit kurz vor der Abwanderung stehen. Durch gezielte Maßnahmen sollte versucht werden diese Kunden zum Bleiben zu bewegen.

Auch in großen Textdatenbeständen kann nach Auffälligkeiten geforscht werden. Das dazu geeignete Vorgehen wird als **Text Mining** bezeichnet, das eine Menge von Dokumenten nach vorab festgelegten Themen (= Domänen) gruppieren oder Gruppen ähnlicher Nachrichten ohne fest vorgegebene Schemata klassifizieren kann, die dann auf verborgene Signale wie etwa Fakten, Attribute und Gemeinsamkeiten hin untersucht werden. Beim Text Mining erfolgt die Identifikation einer Menge von Dokumenten in der Weise, dass die Ähnlichkeiten innerhalb der Teilkollektionen minimiert und zwischen den Gruppen maximiert werden. Aufgrund der qualitativen Natur von Textdaten sind hier allerdings wesentlich komplexere mathematische Algorithmen erforderlich als beim Data Mining (*Behme/Multhaupt, 1999; Buch, 2008*).

Ein **Anwendungsfall des Text Mining** ist die Analyse und Kategorisierung der von Werbemüll (engl. Spam) befreiten elektronischen Post. Dabei durchsucht ein Softwareprogramm den Text eines Dokuments nach Schlüsselwörtern (= Deskriptoren) und leitet das Dokument nach einem Muster an die richtigen Ansprechpartner weiter. Zur Verbesserung der Mustererkennung können regelbasierte linguistische Verfahren mit selbst lernenden Methoden der **Künstlichen Intelligenz** kombiniert werden.

Eine zunehmende Bedeutung als Mining Base zur Mustererkennung kommt dem Internet zu. Bei der durch intelligente Agenten unterstützten Mustersuche im **Web Mining** lassen sich die aus dem Internet stammenden und im Rahmen von **SAP SEM** gefilterten Informationen mit internen Daten inhaltlich kombinieren und in visualisierter Form an die zuständigen Handlungsträger weiterleiten.

Von zunehmender Bedeutung sind auch künstliche **Neuronale Netze**, die mit Redundanzen umgehen und viele unterschiedliche Eingabewerte verarbeiten können sowie die **Semantische Suche**, bei der es um inhaltliche Zusammenhänge geht, womit sich auch Ursache-Wirkungs-Beziehungen ermitteln lassen (*Mayer/Steinecke, 2011*).

Aufgabe der Mustererkennung für das **Controlling** ist das Auffinden neuer Erkenntnisse, indem Unterschiede zwischen Gruppen von Datensätzen aufgedeckt, ihre charakteristischen Eigenschaften bestimmt, Abweichungen von der Norm deutlich gemacht, repräsentative Beispiele herausgefunden oder Gleichungen für numerische Variablen abgeleitet und in einer verständlichen Form den potenziellen Anwendern als interessantes Wissen präsentiert werden.

Mehrfach erfolgreich getestete **Einsatzgebiete** sind beispielsweise clusternde Systeme zur Suche nach auffälligen Objekten in Betriebsdaten oder Datenanalysen zur Generierung von Aussagen über Kennzahlenabweichungen.

Nachdem ein Muster entdeckt wurde, erfolgt noch die **Präsentation der Ergebnisse** durch das Controlling, d. h. die Resultate werden in verständlicher Form (z. B. als Text, Tabelle oder Grafik) den potenziellen Anwendern (und Beobachtern) für eigene Interpretationen zur Verfügung gestellt.

Die **Gefahr von Mustern** ist darin zu sehen, dass Gewohnheit und Denk- bzw. Bewältigungsmuster dazu führen, wahrgenommene Unterschiede (wie z. B. Mehrdeutigkeiten, Widersprüche, Paradoxien) zunächst einfach hinzunehmen. Erst wenn die Unterschiede zu bestehenden Mustern einen bestimmten **Schwellenwert** überschreiten, wird ein Perspektivenwechsel mit entsprechenden Musteränderungen in Erwägung gezogen. Diese neuen Muster bestimmen dann bis zur nächsten Änderung die jeweilige Sichtweise, darunter auch die der Manager und Controller.

Lösung

1.	Welche Aufgaben hat die strategische Kontrolle im Unternehmen zu erfüllen?	S. 482
2.	Was sind und welche Bedeutung haben Prämissenkontrollen innerhalb betrieblicher Früherkennung?	S. 482
3.	Was kennzeichnet ein strategisch relevantes Frühwarnsystem?	S. 482
4.	Wodurch unterscheiden sich Früherkennung, -aufklärung und -warnung?	S. 482
5.	Ist es zweckmäßig, das Frühwarnsystem dem betrieblichen Risikomanagement bzw. -controlling zuzuordnen? Begründen Sie Ihre Antwort!	S. 482
6.	Weshalb sollten Informationen (= Signale) aus der unternehmensrelevanten Umwelt möglichst frühzeitig empfangen und analysiert werden?	S. 483
7.	Was versteht man unter dem PESTEL-Schema!	S. 483
8.	Warum werden Frühinformationen zunächst nur „schwach", „unscharf" bzw. „unbewusst" wahrgenommen?	S. 483
9.	Welche Überlegungen sprechen dafür und dagegen, an der Umweltbeobachtung (= Scanning) möglichst viele Personen innerhalb des Unternehmens zu beteiligen?	S. 484
10.	Was sind und wodurch unterscheiden sich Scanning und Monitoring von Frühinformationen?	S. 484 ff.
11.	Inwieweit eignen sich Prognosebörsen und -märkte als Lernstätten?	S. 485 f.
12.	Welche Bedeutung hat die eigene Sichtweise zur Beurteilung eines neuen Sachverhalts?	S. 486
13.	Was kennzeichnet einen Frühindikator?	S. 487
14.	Was sind Globalindikatoren und was spricht für und gegen deren Verwendung?	S. 487
15.	Nennen und erläutern Sie drei externe (makroökonomische) Globalindikatoren!	S. 487
16.	Warum sollte in betrieblichen Frühwarnsystemen vorzugsweise auf Daten mit niedrigem Aggregationsgrad zurückgegriffen werden?	S. 487
17.	Nennen Sie einige bedeutsame Einzelindikatoren!	S. 487 f.

D. Budgetierung

Die **operative Planung** knüpft unmittelbar an die Ergebnisse der strategischen Planung an, d. h. der Output der strategischen Planung wird zum Input der operativen Planung. Das bedeutet, dass mithilfe der operativen Planung – oder Budgetierung – bestehende Erfolgspotenziale der SGEs des Unternehmens auszuschöpfen und in Form von **Erfolg** (= Gewinn, Rentabilität) zu realisieren sind (*Rieg, 2008; Stark, 2008*).

An **Verfahren der Budgetierung** werden überlicherweise unterschieden:

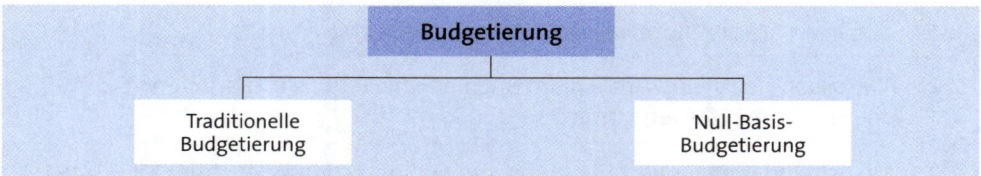

Der Hauptunterschied zwischen beiden Verfahren besteht in der **Durchführungsfrequenz**: Während die traditionelle Budgetierung periodisch erfolgt, wird die Null-Basis-Budgetierung, bezogen auf einzelne Organisationseinheiten, aperiodisch durchgeführt, und zwar in zeitlichen Abständen von jeweils mehreren Jahren.

Wer im Unternehmen nachweislich zur Steigerung des Unternehmenswerts beiträgt, bekommt die dazu erforderlichen Budgetmittel zugewiesen. Dabei ist es Aufgabe des Controllings, die **Allokation des Budgets**, d. h. die Zuteilung der Sach- und Personalkosten so über die Bereiche zu steuern, dass ein höchst möglicher effizienter Kapitaleinsatz quer durchs Unternehmen gewährleistet ist.

Ein zur Budgetierung geeignetes und in Unternehmen weit verbreitetes Tool ist die computerbasierte **Tabellenkalkulation** mit in der Regel deterministischen (= einwertigen) Ein- und Ausgabewerten. Ungleich komplizierter ist die stochastische **Simulation**, die zur Berechnung wahrscheinlichkeitsverteilter (= mehrwertiger) Ausgabewerte ein spezielles Softwaretool benötigt, wie z. B. das eingangs bereits erwähnte Crystall Ball von Oracle. Da es in diesem Abschnitt vornehmlich darum geht, die **Vorgehensweise und Technik der Budgetierung** auf nachvollziehbare Weise zu erläutern, wird auf komplizierte Simulationen verzichtet.

1. Traditionelle Budgetierung

Die traditionelle **Budgetierung**, kurz Budgetierung genannt, ist ein Prozess, der vor Beginn des nächsten Geschäftsjahres abgeschlossen sein sollte und aus dem sich das aus mehreren Teilen (= Modulen) bestehende Budget ergibt.

Das **Budget** (engl. Corporate Budget) ist eine auf nachprüfbaren Vereinbarungen (= Prämissen) beruhende und im Hinblick auf das nächstjährige Erfolgsziel abgestimmte Anzahl zusammenhängender, periodisierter Sollgrößen, d. h. es ist ein **Fahrplan**, der Auskunft über die planmäßige Geschäftsentwicklung gibt. Bezüglich der zu treffenden Vereinbarungen spielen eine große Rolle: Transparenz (erreichbar durch Vereinfachungen), aus früheren Entscheidungen verbliebene Vermögensobjekte, Finanzmittel und Personal (einschließlich Benchmarks mit den besten Wettbewerbern) sowie den auf die Zukunft bezogenen Gestaltungsparametern.

Die traditionelle **Budgetierung** arbeitet vornehmlich mit Schätzungen, Prognosen, Fortschreibungen, Hochrechnungen u. dgl. Damit ähnelt sie der **Projektarbeit** und den den ihr zugrunde liegenden **SMART**-Regeln: **S**pezifisch, **M**essbar, **A**kzeptiert, **R**ealistisch und **T**erminiert.

Anders als die Budgetierung ist die **Aktionsplanung**, deren Aufgabe die Bestimmung der realen Handlungen in den Funktionsbereichen des Unternehmens ist.

Bezüglich der Reihenfolge von Budgetierung und Aktionsplanung gibt es die in nachstehender Abbildung angegebenen Gestaltungsvarianten:

Budgetierung	Aktionsplanung	Planungsrichtung
1. ⟶ 2.		Top down
2. ⟵ 1.		Bottom up
1. ⟷ 1.		Gegenstrom

Ein **Top-down-Vorgehen** lässt sich zwar relativ einfach koordinieren, ist aber aus Sicht der betroffenen Mitarbeiter nur wenig motivationsfördernd. Beim **Bottom-up-Vorgehen** ist es, bezogen auf das Spannungsverhältnis zwischen Motivation und Koordination, genau umgekehrt.

Deshalb ist in der Praxis wohl am häufigsten die **Budgetierung nach dem Gegenstromverfahren** vorzufinden, bei dem die Teilbudgets der Abteilungen und Bereiche untereinander und mit den Zielvorgaben der Unternehmensleitung abgestimmt werden, und zwar unter Berücksichtigung von Koordinationsphasen bzw. Verhandlungsschleifen (*Schentler u. a., 2010*).

1.1 Aufgaben

Aus **zeitlicher Sicht** erstreckt sich die Budgetierung auf das jeweils nächste Geschäftsjahr, das als **Budgetjahr** dem ersten Planjahr der strategischen Planung entspricht.

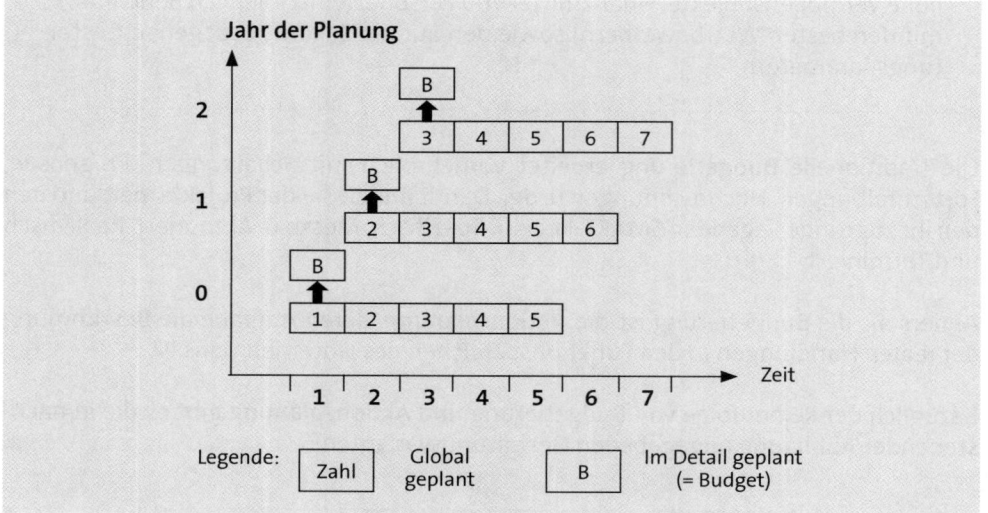

Geplant und in das Budget übernommen werden auch die in das Budgetjahr fallenden **Abschnitte mehrjähriger Projekte**:

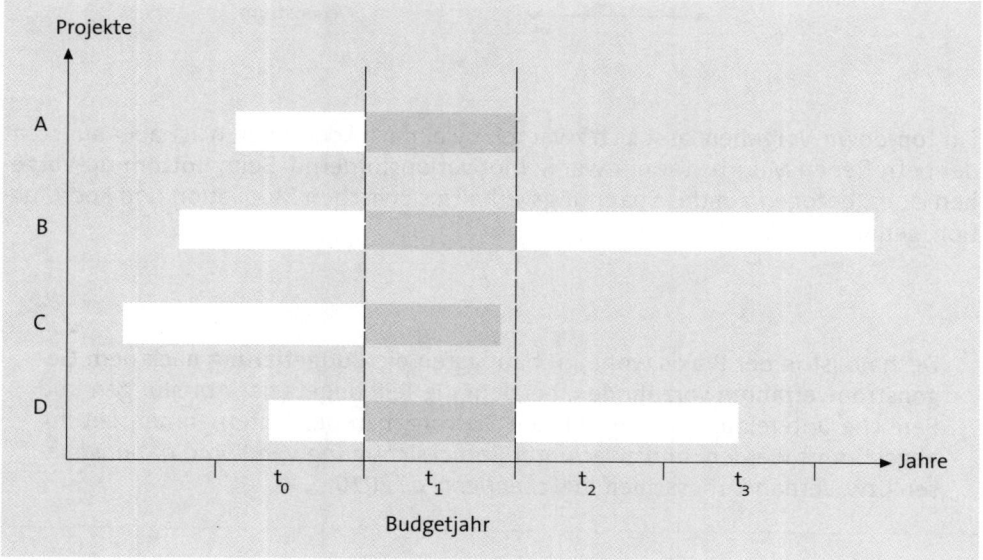

Aus **sachlicher Sicht** ist die Budgetierung das mengen- und wertmäßige Durchrechnen der in den Monaten bzw. Quartalen des Budgetjahres erwarteten Leistungs- und

Kostengrößen, einschließlich der damit zusammenhängenden Vermögens-, Gewinn- bzw. Rentabilitätsziffern. Um dabei auf bewusst eingebaute Reserven (engl. Budgetary Slacks) verzichten zu können, sind die budgetierten Einzelgrößen so flexibel zu halten, damit unterjährig auf neue Geschäftsmöglichkeiten bzw. Krisen schnell reagiert werden kann.

Die Zahlen des genehmigten Budgets stellen **Vorgaben** dar, die von den Verantwortlichen der Organisationseinheiten erfüllt werden. Ein Budget wird umso eher erfüllt werden, je realistischer die geplanten Input- und Outputgrößen sind und je mehr sich die Fach- und Führungskräfte mit diesen identifizieren.

Typisch für die bereits auf die Aufbauorganisation bezogene Budgetierung ist, dass neben dem Controlling verstärkt die Fach- und Führungskräfte der jeweiligen Geschäftsbereiche und -abteilungen einbezogen werden, was bedeutet, dass die Zahl der an der Budgeterstellung beteiligten Personen meistens größer ist als die Zahl der Träger der strategischen Planung. Daraus folgt, dass die **Budgeterstellung** in Anbetracht ihres hohen Detaillierungsgrads zwar lange dauert, im Gegenzug aber die Motivation der Budgetverantwortlichen für die Umsetzung der Budgetvorgaben steigt (*Zyder, 2007*).

Für Unternehmen, die bereits mit dem **Softwaresystem SAP ERP** arbeiten, kann die Budgetierung auf dessen Grundlage erfolgen. Das nach betriebswirtschaftlichen Grundfunktionen gegliederte und die betrieblichen Leistungsbereiche koordinierende DV-System umfasst die folgenden Bausteine, die wiederum mehrere Komponenten und Teilkomponenten enthalten:

Module des Softwaresystems SAP ERP			
AA	Anlagenwirtschaft	PM	Instandhaltung
CO	Controlling	PP	Produktionsplanung
FI	Finanzwesen	PS	Projektsystem
HR	Personalwirtschaft	QM	Qualitätsmanagement
IS	Branchenlösungen	SD	Vertrieb
MM	Materialwirtschaft	WF	Workflow

Das Modul **Controlling** (CO) soll wegen seiner großen Bedeutung für die Budgetplanung genauer betrachtet werden. Es umfasst die folgenden Komponenten (*Brück, 2011*):

► **Gemeinkostenrechnung** (= CO-Overhead Cost Management/OM) mit den Teilkomponenten Kosten- und Erlösartenrechnung, Kostenstellen- und Prozesskostenrechnung (einschließlich innerbetriebliche Leistungsverrechnung), Gemeinkostenaufträge und -projekte sowie Berichtswesen (mit Auswertungen über Soll-/Ist-Abweichungen bezüglich der Kostenentwicklung und Wirtschaftlichkeit). Über diese Komponente erfolgt auch die Abstimmung zwischen der Kostenrechnung und Finanzbuchhaltung.

► **Kostenträgerrechnung** (= CO-Product Costing/PC) mit den Teilkomponenten Produkt-kalkulation (auftragsneutral, d. h. das Ergebnis der Kalkulation wird im Erzeugnis-stammsatz des Endprodukts als Standardpreis eingetragen), Kostenträgerrechnung (= auftragsbezogen, d. h. der Standardpreis wird dem Erzeugnisstammsatz entnom-men) und Berichtswesen (= mit Auswertungen von Preisuntergrenzen, Transferprei-sen, Fremdbezug bzw. Eigenfertigung von Bauteilen, Bewertungen an unfertigen und fertigen Erzeugnissen usw.).

► **Ergebnis- und Marktsegmentrechnung** (= CO-Profitability Analysis/PA) auf der Grund-lage von Produkt- und Kundengruppen, Aufträgen, Regionen oder Ländern. Möglich sind eine buchhalterische und kalkulatorische Ergebnisrechnung auf der Grundlage des Umsatzkostenverfahrens. Für die Auswertung der relevanten Daten steht ein In-formationssystem zur Verfügung, mit dem Abweichungen ermittelt, Kennzahlen ge-bildet und Standardberichte automatisch erstellt werden können.

Die Zusammenhänge zwischen den Teilkomponenten des Moduls CO, das so genann-te **CO-Integrationsmodell**, veranschaulicht die folgende Abbildung (*Friedl u. a., 2008*):

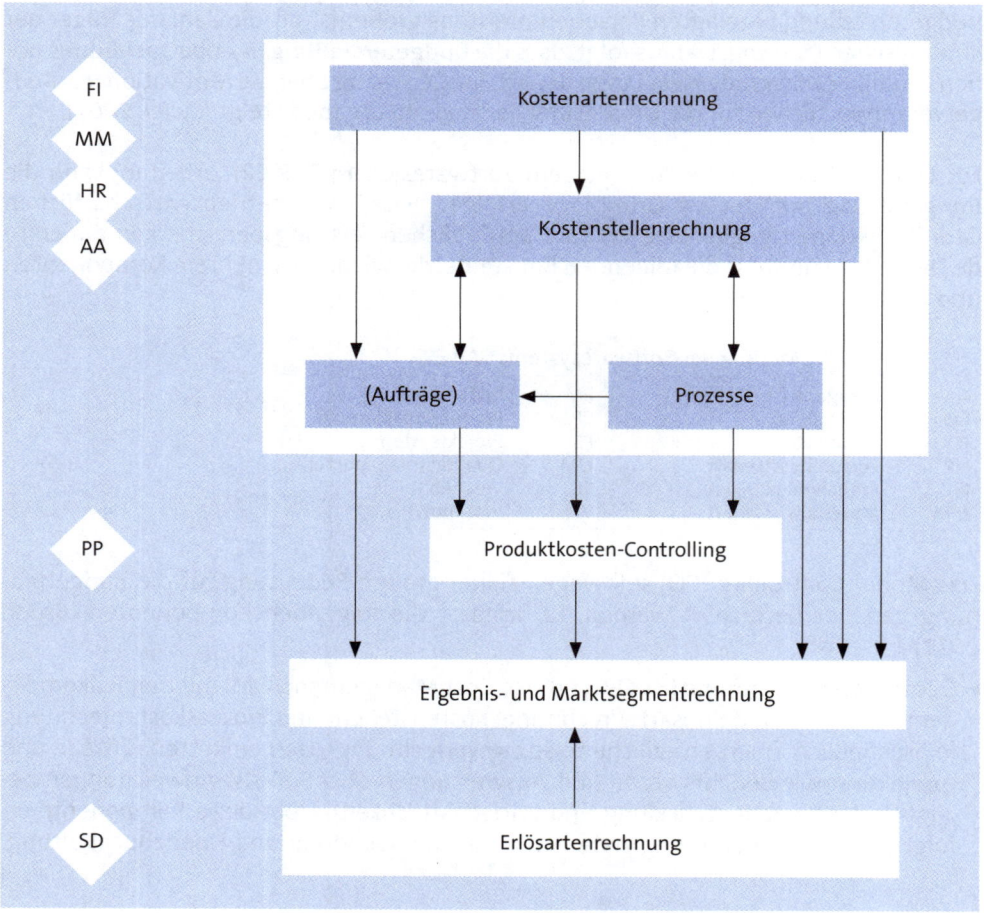

504

Wie aus der Abbildung ersichtlich, wird ein Teil der Daten für die Kostenarten- bzw. -stellenrechnung vom Modul Finanzwesen (FI) bereitgestellt. Das Modul MM liefert die Materialgemeinkosten, das Modul HR die Personalkosten und das Modul AA die Abschreibungen (die risikoadäquaten Zinssätze und -kosten müssen gesondert berechnet werden). Das Modul PP (= Production Planning and Control) stellt die für Kalkulationen erforderlichen Stücklisten (zur Berechnung der Materialeinzelkosten) und Arbeitspläne (zur Berechnung der Fertigungseinzelkosten) bereit. Die Erlöse werden schließlich dem Vertriebsmodul SD (Sales and Distribution) entnommen.

Für die Ergebnis- und Marktsegmentrechnung werden folgende **Organisationseinheiten der Kostenrechnung** unterschieden:

► **Kostenrechnungskreis**, innerhalb dessen eine in sich geschlossene Kostenrechnung durchgeführt werden kann. Jede Kostenstelle des Unternehmens ist einem Kostenrechnungskreis zuzuordnen und mehrere Kostenrechnungskreise werden zu einem **Ergebnisbereich** zusammengefasst. Für die innerbetriebliche Leistungsverrechnung zwischen den Kostenstellen gibt es eine Reihe von Verfahren, darunter auch das Treppen- und Gleichungsverfahren. Um eine Datenübernahme aus der Finanzbuchhaltung zu gewährleisten, muss jedem Kostenrechnungskreis mindestens ein Buchungskreis zugeordnet werden, wobei der **Buchungskreis** die kleinste organisatorische Einheit des externen Rechnungswesens mit jeweils einem Kontenplan ist.

► **Ergebnisbereich** als systemtechnische Organisationseinheit, bei der durch Gegenüberstellung von Erlösen (aus dem Modul SD) und Kosten (getrennt nach variablen und fixen Kosten) das Ergebnis ermittelt wird. Falls Ergebnisdarstellungen nach unterschiedlichen Merkmalen vorgenommen werden sollen, lassen sich auch mehrere Ergebnisbereiche einrichten. Durch Kombination einzelner Merkmalswerte ergeben sich Segmente (von SAP als Ergebnisobjekte bezeichnet), wobei als Merkmale zur Bildung eines Marktsegments zur Verfügung stehen: Produkt (= Einzelprodukt, Produktgruppe, Sortiment), Kunden (= Einzelkunde oder Key Account, Kundengruppe, Branche), Auftrag (= Auftragsart und -größe) sowie Organisation (= Vertriebsweg, Profit Center). Einem Ergebnisbereich können mehrere Kostenrechnungskreise zugeordnet werden.

Neben dem CO-Modul gibt es in SAP noch das **EC-Modul** (**E**nterprise **C**ontrolling) mit folgenden Funktionen:

► **EIS** (**E**xecutive **I**nformation **S**ystem) als benutzerspezifische Data Warehouse-Anwendung

► **Unternehmensplanung**, die kurzfristig angelegt ist, der Budgetierung dient und mit vordefinierten Tabellenkalkulationen zur Berechnung von Absatz/Umsatz, Produktion und Kosten arbeitet

► **Konsolidierung** durch Verrechnung interner Lieferungen und Leistungen, Zwischenergebnissen, Schulden und Kapital (gegebenenfalls nach vorherigen Währungsumrechnungen)

► **Profit Center-Rechnung** der realisierten Erlöse und angefallenen Kosten eines ergebnisverantwortlichen Teilbereichs des Unternehmens.

Der Beitrag von SAP ERP speziell für die **Budgetierung** besteht in der

- **Integration der operativen Informationssysteme** durch Schaffung und Nutzung einer gemeinsamen Datenbasis (engl. Business Information Warehouse), die – wie bereits ausgeführt – eine Abstimmung des Leistungsspektrums durch Angleichung des internen und externen Rechnungswesens ermöglicht

- **Ausrichtung des integrierten Informationssystems auf wertorientierte Stromgrößen**, wie Gewinn, Kapitalkosten, Deckungsbeiträge, Cashflow oder Wertschöpfung, die als Kennzahlen der operativen Planung und Kontrolle dienen

- **Zuteilung der Ressourcen** Material, Personal und Betriebsmittel bzw. Festlegung von Erlös- und Kostenbudgets in den Leistungs- und Kostenbereichen bzw. Profit Centern des Unternehmens. Entsprechend ihrer kurzfristigen Orientierung beziehen sich diese auf gut strukturierte Probleme, arbeiten schrittweise über hierarchische Verdichtungsebenen von unten nach oben, verwenden einfache Rechenformeln und greifen auf die mengen- und wertbezogenen Daten des Rechnungswesens zurück.

- **Kontrolle** (als Komplement zur Budgetierung), um die Einhaltung von Vorgaben zu überwachen, indem Abweichungen von zeitlichen und/oder mengen- bzw. wertmäßigen Soll-Größen transparent gemacht und in vordefinierten Standardberichten dargestellt werden.

1.2 Formalisierungsgrad

Hinsichtlich der formalen Gestaltung kann sich die Budgetierung am Einzelanschluss des Unternehmens und damit an der Bilanz (§§ 266 ff. HGB) und GuV-Rechnung (§§ 275 ff. HGB) orientieren.

Da aber die gesetzlich vorgeschriebenen Gliederungen dieser Ermittlungsmodelle (engl. Financial Accounting) die **Besonderheiten des einzelnen Unternehmens** nicht hinreichend berücksichtigen, sind Positionen in beiden Ermittlungsmodellen für Zwecke der Budgetierung (engl. Management Accounting) in geeigneter Weise umzustellen und zu ergänzen sowie anders zu gruppieren bzw. zu bewerten.

1.2.1 Planbilanz

Werden auf der **Aktivseite der Bilanz** die Vermögensobjekte danach gruppiert, ob sie dem eigentlichen, absichtsvollen Betriebszweck dienen oder nicht, und bleiben die nicht planbaren Rechnungsabgrenzungsposten außer Ansatz, ergibt sich folgendes Bild:

Bilanzaktiva		
Zeile	Position	Gruppierung
1 2 3 4	Grundstücke (unbebaut) + Gebäude + Maschinen, Werkzeuge, Vorrichtungen und dgl. + Betriebs- und Geschäftsausstattung	soweit betrieblich genutzt
5 6	+ Geleistete Anzahlungen für zu errichtende Anlagen und Anlagen im Bau + Finanzanlagen und immaterielle Vermögensgegenstände	Betriebsnotwendiges Anlagevermögen
7 8 9	+ Vorräte + Forderungen aus Lieferungen und Leistungen gegenüber verbundenen und sonstigen Unternehmen (= Dritten) + Flüssige Mittel	soweit betrieblich notwendig Betriebsnotwendiges Umlaufvermögen
10 11	+ Sonstiges Anlagevermögen + Sonstiges Umlaufvermögen	Nicht betriebsnotwendiges Anlage- und Umlaufvermögen
12	= Summe Realkapital	

Die **Wertansätze des abnutzbaren Anlagevermögens** – als Basis für die Berechnung von Abschreibungen – sind nach der IFRS-Norm solche Neubewertungsbeträge, die sich aus dem beizulegenden Teilwert jeweils einer ganzen Vermögensgruppe am Tage der Neubewertung ergeben, abzüglich der darauf angepassten kumulierten Abschreibungen. Durch die Neubewertung wird bei einer Aufwertung der Buchwerte in Höhe der Differenzbeträge eine Neubewertungsrücklage erfolgsneutral im Eigenkapital ausgewiesen, während umgekehrt bei einer Abwertung der Buchwerte die Differenzbeträge erfolgswirksam auszuweisen sind. Die Vorgehensweise der Neubewertung entspricht der im internen Rechnungswesen häufig verwendeten Ermittlung der Tages- bzw. Wiederbeschaffungswerte (*Ditges/Arendt, 2006*).

Aus den Positionen der Planbilanz wird das **betriebsnotwendige Kapital** ermittelt. Dabei werden die nicht abnutzbaren Objekte des Anlagevermögens mit dem vollen Tageswert und die abnutzbaren (= abschreibungspflichtigen) Objekte des Anlagevermögens nur mit dem halben Tageswert angesetzt. Der halbe Tageswert entspricht dem Mittel aus Tageswert (am Anfang der Nutzungsdauer) und Null (am Ende der Nutzungsdauer). Sofern noch Anlagerestwerte am Ende der geplanten Nutzungsdauer erwartet werden, ist dieses in voller Höhe als gebundenes Kapital anzusetzen. Positionen des Umlaufvermögens werden wegen ihres mehrmaligen Umschlags pro Jahr mit ihren durchschnittlichen Buchwerten (etwa pro Monat) berücksichtigt.

Auf der **Passivseite der Planbilanz** werden das Eigen- und Fremdkapital ausgewiesen. Bleiben auch hier die Rechnungsabgrenzungsposten unberücksichtigt, lässt sich die Bilanzpassiva für interne Zwecke wie folgt gliedern:

Bilanzpassiva		
Zeile	**Position**	**Gruppierung**
1	Nennkapital (soweit eingezahlt)	Eigenkapital
2	+ Kapitalrücklage	
3	+ Gewinnrücklage	
4	+/- Gewinn/Verlust (EBT)	
5	+ Rückstellungen	Verzinsliches
6	+ Lang-, mittel-, kurzfristige Verbindlichkeiten gegenüber Banken, verbundenen Unternehmen usw.	Femdkapital
7	+ Erhaltene Anzahlungen von Kunden	Unverzinsliches
8	+ Verbindlichkeiten aus Lieferungen und Leistungen	Femdkapital
9	+ Noch zu zahlende Steuern, Personalkosten und dgl.	
10	= Summe Nominalkapital	

1.2.2 Plan-GuV

Auch bei der Gewinn- und Verlustrechnung wird danach unterschieden, ob die Positionen im Zusammenhang mit der betrieblichen **Leistungserstellung und -verwertung** stehen oder nicht. Daraus ergibt sich gegebenenfalls die Notwendigkeit einer Erfolgsspaltung.

Entsprechen sich – wie angenommen – die erzeugten und abgesetzten Produktmengen, kann vereinfachend das **Umsatzkostenverfahren** zur Anwendung kommen, da keine Bestandsveränderungen zu berücksichtigen sind. Unberücksichtigt bleiben auch „andere aktivierte Eigenleistungen", wie z. B. selbst erstellte und zu Herstellungskosten zu bewertende Anlagen, und „sonstige betriebliche Erträge". Bezüglich des geplanten Finanzerfolgs werden in der Neutralen Ergebnisrechnung nur die für die Nutzung des Fremdkapitals erwarteten effektiven Zinsaufwendungen berücksichtigt.

1.2.2.1 Betriebsrechnung

Nach dem **Umsatzkostenverfahren** ergibt sich aus der Differenz der Umsatzerlöse und -kosten das **Betriebsergebnis**. Wie nachstehend gezeigt, entspricht das als **Betriebsrechnung** bezeichnete Verfahren formal der produktbezogenen Zuschlagskalkulation, jedoch mit dem großen Unterschied, dass die Betriebsrechnung mit **Kostenarten** und nicht mit Funktionskosten der organisatorischen Bereiche (in Abschnitt B zum Teil auch als „Strategiebereiche" bezeichnet) Material, Produktion (= Fertigung), Vertrieb/Absatz, FuE und Verwaltung arbeitet.

Betriebsrechnung		
Zeile	Position	Gruppierung
1 2 3	Brutto-Umsatz aus Eigenfertigung + Brutto-Umsatz mit Handelswaren - Erlösschmälerungen (= Netto-Umsatz gesamt)	Auftragsbestimmte Leistungen
4	+/- Bestandsveränderungen	Lagerbezogene Leistungen
5 6	+ Andere aktivierte Eigenleistungen + Sonstige Betriebserlöse (aus Nebengeschäften)	Interne Leistungen Übrige Leistungen
7	= Gesamtleistung	
8 9 10	- Fertigungsmaterial (= Einzelkosten) - Handelswareneinsatz (= Einzelkosten) - Gemeinkostenmaterial	Materialkosten
11 12 13 14	- Fertigungslöhne (= Einzelkosten) - Gemeinkostenlöhne - Gehälter - Personalzusatzkosten	Personalkosten
15 16 17	- Kalkulatorische Abschreibungen - Kalkulatorische Zinsen - Kalkulatorische Wagnisse	Kalkulatorische Kosten[1]

18
19
	- Werbe-, Reise-, Post- und sonstige Fremd-
	   leistungskosten (wie Mieten, Leasing- und
	   Versicherungsraten)
	- Kostensteuern, Abgaben, Gebühren, Zölle
		Sonstige Kosten[2]

20	= Betriebsergebnis	

[1] Bei Personengesellschaften gibt es außerdem noch die beiden Kostenarten „Kalkulatorischer Unternehmerlohn" und „Kalkulatorische Miete".

[2] Bei Konzerngesellschaften kann es auch noch Kostenumlagen der Zentrale geben, die sog. „Wegelagerergebühren".

Unabhängig davon, ob Unternehmen ihre Betriebsrechnung so wie beschrieben oder ähnlich gestalten, um etwa firmenspezifische Besonderheiten berücksichtigen zu können, gilt: Das **Betriebsergebnis** ist die zentrale Messziffer des operativen Periodenerfolgs!

Unter der hier in der Betriebsrechnung enthaltenen Kostenart **Kalkulatorische Wagnisse** wird im Sinne einer Selbstversicherung (im Gegensatz zur Fremdversicherung mit entsprechenden Prämien als ausgabewirksame Fremdleistungskosten) hier nur das **Gewährleistungswagnis** entsprechend der gesetzlichen Produkthaftung angesetzt. Die übrigen Einzelwagnisse sind, sofern sie auch selbstversichert werden sollen, aus Vereinfachungsgründen in den nachfolgend genannten Positionen des betrieblichen Rechnungswesens enthalten:

Einzelwagnis	Inhalt	Position
Beständewagnis	Güterverbrauch durch Schwund, Verderb	Materialkosten
Mehrkostenwagnis	Ausschuss Nacharbeit	Materialkosten Material- und Personalkosten
Arbeitswagnis	Ausgefallene Arbeitsstunden	Personalkosten
Vertriebswagnis	Ausfall von Forderungen gegenüber Kunden Währungsverluste	Sonstige betriebsgewöhnliche Aufwendungen im Neutralen Ergebnis
Entwicklungswagnis	Fehlgeschlagene Entwicklungsarbeiten	Im allgemeinen Unternehmerwagnis enthalten[1]
Betriebsmittelwagnis	Fehleinschätzung der Nutzungsdauern maschineller Anlagen	

[1] Das allgemeine Unternehmerwagnis ist prinzipiell nicht fremdversicherbar, da es als durch den Gewinn abgegolten gilt.

In Höhe der geschätzten Wagniskosten wird in der Planbilanz eine **Rückstellung** gebildet, die sich revolvierend entsprechend der Verrechnung tatsächlicher Wagnisse wieder auflöst. Unter der Annahme, dass sich die tatsächlichen und kalkulatorischen Wagnisse in etwa ausgeglichen, kann in Budgets die Bildung einer Gewährleistungsrückstellung entfallen.

1.2.2.2 Neutrale Ergebnisrechnung

Die betriebsfremden, periodenfremden und außerordentlichen Aufwendungen und Erträge einer Periode gehen in die **Neutrale Ergebnisrechnung** ein. Der nicht als Kosten verrechnete Zweckaufwand, d. h. die bilanziellen Abschreibungen, die tatsächlichen Zinsen für das Fremdkapital und die effektiven Wagnisse müssen dabei mit den kalkulatorischen Kosten verrechnet werden, da diese bereits in der Betriebsrechnung enthalten sind.

In den Positionen „Sonstige betriebs- und periodenfremde Erträge und Aufwendungen" sind diejenigen planbaren Veränderungen von Wertberichtigungen enthalten, wie etwa Pauschalwertberichtigungen auf Vorräte und zu Forderungen.

Neutrale Ergebnisrechnung			
Zeile		Position	Gruppierung
1		Kalkulatorische Abschreibungen	Kalkulatorisches Verrechnungsergebnis[1]
2	-	Bilanzielle Abschreibungen auf Sachanlagen	
3	+	Kalkulatorische Zinsen	
4	-	Effektive Fremdkapitalzinsen	
5	+	Kalkulatorische Wagnisse	
6	-	Effektive Wagnisse	
7	+	Erträge aus Beteiligungen, anderen Wertpapieren und Ausleihungen sowie sonstige Zinserträge	Finanzergebnis
8	-	Abschreibungen aus Finanzanlagen und auf Wertpapiere des Umlaufvermögens	
9	-	Effektive Fremdkapitalzinsen und zinsähnliche Aufwendungen	
10	+	Sonstige betriebs- und periodenfremde Erträge	Sonstiges Ergebnis der gewöhnlichen Geschäftstätigkeit
11	-	Sonstige betriebs- und periodenfremde Aufwendungen	
12	+	Außerordentliche Erträge	Außerordentliches Ergebnis
13	-	Außerordentliche Aufwendungen	
14	+	Effektive Fremdkapitalzinsen	Korrektur[2]
15	=	Neutrales Ergebnis	

[1] Sofern die beiden Kostenarten „Kalkulatorischer Unternehmerlohn" und „Kalkulatorische Miete" in der Betriebsrechnung enthalten sind, handelt es sich, da ihnen kein Aufwand gegenübersteht, in voller Höhe um Gewinn.

[2] Diese Korrektur ist erforderlich, weil die effektiven Fremdkapitalzinsen in den Zeilen 4 und 9 dieser Rechnung zweimal abgezogen wurden.

In den Positionen „Sonstige betriebs- und periodenfremde Erträge und Aufwendungen" sind u. a. die planbaren **Veränderungen von Wertberichtigungen** enthalten, wie etwa Pauschalwertberichtigungen auf Vorräte und zu Forderungen.

1.2.2.3 Gesamtergebnisrechnung

Gewinn- und Verlustrechnung		
Zeile	Position	Gruppierung
1	Gesamtleistung	Betriebsergebnis
2	- Gesamtkosten	
3	+ Neutraler Ertrag	Neutrales Ergebnis
4	- Neutraler Aufwand	
5	= Gesamtergebnis (vor Steuern), also EBT	

Ein **Übergewinn** findet erst dann statt, wenn der EVA des Budgetjahres positiv ist, wenn also das Geschäftsergebnis der operativen Bereiche über den Kapitalkosten liegt. Umgekehrt wird Wert vernichtet.

1.2.3 Kostencontrolling

Zu den Aufgaben des herkömmlichen Kostencontrollings gehört es, verschiedene **Kalkulationen** mit dem Zweck vorzunehmen, unter Verwendung vorhandener Planwerte andere Planwerte zu berechnen.

1.2.3.1 Konstruktionsbegleitende Kostenrechnung

Die Tatsache, dass bereits in der Konstruktionsphase etwa 70 % bis 80 % der späteren Herstellkosten eines Produkts festgelegt werden, macht die Bedeutung der **konstruktionsbegleitenden Kalkulation** deutlich.

Die konstruktionsbegleitende Kalkulation ist eine mitlaufende Wirtschaftlichkeits- und Investitionsrechnung, deren Vorteile darin bestehen, dass die monetäre Bewertung entsprechend der experimentellen Variationen der Gestaltungsparameter bereits bei der **Konstruktion von Produkten** erfolgt.

Unter Berücksichtigung der **Methode der Wertgestaltung** (engl. Value Engineering) werden die Komponenten des Produkts anhand von Skizzen und Entwürfen mithilfe von CAD-Techniken im Detail entwickelt, am Bildschirm zusammengebaut und im Rahmen des **virtuellen Prototypings** auf Passgenauigkeit hin getestet.

In Abhängigkeit von den Testergebnissen werden die Konstruktionsunterlagen weiter überarbeitet und komplettiert. Dabei kommt der **Methode der Wertanalyse** (engl. Value Analysis) die Aufgabe zu, die Produktkomponenten unter Beibehaltung ihrer Qualität und Funktionalität so zu vereinfachen, dass sie später in der Fertigung schneller, umweltverträglicher und kostengünstiger hergestellt bzw. montiert werden können.

Bei jeder Änderung einer Produktkomponente erhält der Konstrukteur neue **Kostenangaben** (engl. Cost Tables), die es ihm erlauben, bei alternativen Lösungen die jeweils kostengünstigste zu wählen. Die in einer Datenbank gespeicherten Cost Tables enthalten neben strategischen Kostenvorgaben und Best Practice-Informationen über Konkurrenzprodukte auch Angaben über die eigenen Kostentreiber nachgelagerter Kostenstellen sowie historische Kalkulationssätze und -kennziffern ähnlicher Produkte, Varianten oder Aufträge. Unterschiede zu Vorgängern lassen sich – analog zu Äquivalenzziffern – in Relativkosten-, Richtsatz- oder Kenngrößenkatalogen abbilden.

Anfangs werden Zeit- und Kostenangaben durch **synthetische (parametrische) Schätzungen** festgestellt, bei denen der Konstrukteur für die physikalischen Entwurfsparameter eines neuen Produkts mathematische Gleichungen verwendet, die mit den Verfahren der Regressionsanalyse aus den Daten ähnlicher Produkte (z. B. Vorgängertypen) oder abgeschlossener Projekte abgeleitet werden.

Mit zunehmender Fertigungsreife, d. h. nach Bekanntwerden von Geometriedaten (vornehmlich Zeichnungen), Materialdaten (Bezugsgröße ist beispielsweise das Gewicht) und/oder bei Vorliegen konkreter Fertigungsdaten (= Arbeits- und Ablaufpläne, Stücklisten) und Betriebsmitteldaten (= Maschinenkenngrößen), kann auf analytische (detaillierte) **Schätzverfahren** übergegangen werden.

Spätere **Konstruktionsänderungen** werden im Zeitablauf immer kostspieliger, da die zur Herstellung vorgesehenen Betriebsmittel den neuen Vorgaben angepasst werden müssen.

1.2.3.2 Funktionskostenrechnung

Wurde die Produktentwicklung erfolgreich abgeschlossen, kann für das zu vermarktende Produkt eine **Zuschlagskalkulation** (= Cost-Plus-Methode, Kostenträgerstückrechnung) vorgenommen werden, um Verkaufspreise (jeweils ohne Mehrwertsteuer) zu ermitteln.

Die Zuschlagskalkulation ist vor allem für jene Unternehmen von Bedeutung, die mit nur wenigen Standardprodukten als Kostenträger, aber großen Stückzahlen, eine generische **Strategie der Kostenführerschaft** verfolgen.

Bezüglich ihrer Gestaltung geht die individuelle **Zuschlagskalkulation** traditionell von den vier eingangs genannten Sachfunktionen aus: Material-, Fertigungs-, Verwaltungs- und Vertriebsbereiche. Der FuE- bzw. Logistik-Bereich kann optional gewählt werden.

Kostenträgerstückrechnung		
Zeile	**Position**	**Gruppierung**
1	Materialeinzelkosten	Materialkosten
2	+ Materialgemeinkosten (in %)	
3	+ Lohneinzelkosten	Fertigungskosten
4	+ Fertigungsgemeinkosten (in %)	
5	+ Sondereinzelkosten der Fertigung	
6	= Herstellkosten (HK) [1]	Eigenfertigung
7	+ Verwaltungsgemeinkosten (in % von HK)	Verwaltungs- und Vertriebs-kosten
8	+ Vertriebsgemeinkosten (in % von HK)	
9	+ Sondereinzelkosten des Vertriebs (soweit nicht Erlösschmälerungen)	
10	= Selbstkosten	
11	+ Gewinnspanne oder -marge (in % vom Netto-Verkaufspreis)	
12	= Netto-Verkaufspreis	

[1] Den Herstellkosten bei Eigenfertigung entspricht der Einstandswert bei Handelswaren.

In der Zuschlagskalkulation sind zwischenzeitliche **Veränderungen in der Kostenstruktur** des Unternehmens zu berücksichtigen. So muss mit einem hohen und tendenziell steigenden Anteil der Materialkosten gerechnet werden, wenn die Leistungstiefe durch Outsourcing verringert wird. Wie gezeigt wurde, geht die Tendenz in vielen Unternehmen dahin, sich auf die kundenspezifische Montage zugekaufter Bauteile und -gruppen zu konzentrieren und die Vorfertigung derselben den darauf spezialisierten Zulieferern zu überlassen. Werden auch die Lagerhaltung und der Zwang zur Null-Fehler-Quote bei der Anlieferung auf die Zulieferer übertragen, muss mit höheren Materialeinstandspreisen gerechnet werden.

Neben den reinen Materialkosten erhöhen sich auch die **Logistikkosten**, was bedeutet, dass die Kosten der Beschaffungs-, Produktions- und Distributionslogistik nicht einfach in anderen Funktionsgemeinkosten untergehen dürfen, sondern zu eigenen Elementen der Zuschlagskalkulation werden sollten.

Von herausragender Bedeutung sind auch die **Verschiebungen** der **Kostenstruktur im Fertigungsbereich**. Ferner sollten in forschungs- und entwicklungsintensiven Unternehmen auch die **FuE-Kosten** aus den Fertigungsgemeinkosten herausgelöst und zu eigenen Kalkulationselementen werden. Die anteiligen Kostenbeträge neuer Produkte, die vor der Serienreife anfallen, lassen sich im Rahmen des Product Lifecycle Costing erfassen und über interne Lizenzen auf das vorgesehene Produktionsvolumen verteilen.

Des Weiteren sind die **Qualitäts- und Servicekosten** auszusondern und funktionsspezifisch abzugrenzen, bevor sie aufgrund von Erfahrungswerten oder Kostenschlüsseln auf die Produkte verteilt werden.

Schließlich kann auch noch eine Abgrenzung der umweltinduzierten Kosten von den ökonomischen Kosten vorgesehen werden. Als verpflichtend oder freiwillig zu tragende **Ökologiekosten** werden die im Zusammenhang mit Umweltschutzinvestitionen, der Umweltauditierung, der Versicherung von Umweltrisiken und der Vermeidung, Verminderung bzw. Beseitigung von Umweltbelastungen anfallenden **Mehrkosten** angesehen. Diese ökologisch relevanten Kosten können sich noch dadurch **erhöhen**, dass vorsorglich Opportunitätskosten angesetzt werden für ein zwar nicht unbedingt erwartetes, aber der Möglichkeit nach vorhandenes und umweltbelastendes Verhalten, oder **verringern**, dass Kostenanteile an Lieferanten überwälzt oder staatliche Subventionen in Anspruch genommen werden können.

Die geplanten Ökologiekosten werden häufig gleichmäßig auf alle Produkte verteilt, wodurch umweltverschmutzende Kostenträger (engl. Dirty Products) zulasten sauberer Produkte quersubventioniert werden. Ein Ausweg wäre, im Rahmen eines **Environmental Accounting** die direkten Umweltkosten der Stoff- und Energieflüsse getrennt von den indirekten Umweltkosten zu erfassen und entsprechend der Ergebnisse einer **Schadschöpfungsrechnung** verursachungsgerecht auf die Kostenträger zu verteilen.

1.2.3.3 Maschinenstundensatzrechnung

Mit zunehmender Automatisierung in der Fertigung erhöhen sich deren Gemeinkosten, während die bereichsbezogenen Einzelkosten, insbesondere die Fertigungslöhne, sinken, wodurch sich **überproportional steigende Fertigungsgemeinkostenzuschläge** (in %) ergeben, die bei nicht genau zu quantifizierenden Fertigungslöhnen (als Zuschlagsbasis für die entsprechenden Gemeinkosten) auch die Fehlerwirkung überproportional verstärken. Einen Ausweg bietet hier die Maschinenstundensatzkalkulation, die Verrechnungssätze ermittelt, mit denen die Kostenträger je nach Inanspruchnahme der Produktionsanlage bzw. Maschine belastet werden.

Bei diesem Verfahren werden in Fertigungsstellen und fertigungsnahen Kostenstellen die maschinenabhängigen Gemeinkosten (das sind üblicherweise die kalkulatorischen Abschreibungen und Zinsen sowie die Energie-, Instandhaltungs-, Raum- und Versicherungskosten) von den gesamten Stellengemeinkosten abgezogen, sodass nur noch die **maschinenunabhängigen Restfertigungsgemeinkosten** übrig bleiben, für die gilt:

$$\text{Restfertigungsgemeinkosten in \%} = \frac{\text{Restgemeinkosten der Fertigungsstelle}}{\text{Fertigungslöhne}} \cdot 100$$

Dividiert man die maschinenabhängigen Fertigungsgemeinkosten durch die in der Periode geplante Maschinenlaufzeit in Stunden, ergibt sich der **Maschinenstundensatz**.

Mit diesem lassen sich die Fertigungskosten pro Kostenstelle und -träger wie folgt berechnen:

> Maschinenlaufstunden · Maschinenstundensatz (= Maschinenkosten)
> + Fertigungslohnstunden · Lohnstundensatz (= Fertigungslöhne)
> + Restfertigungsgemeinkosten in % der Fertigungslöhne
> + Sondereinzelkosten der Fertigung
> ___
> = Fertigungskosten

1.2.3.4 Prozesskostenrechnung

Eine Erweiterung der Maschinenstundensatzrechnung über den Fertigungsbereich hinaus ist die **Prozesskostenrechnung**, die der aus den USA stammenden Methode des Activity-Based-Costing (kurz ABC genannt, allerdings nicht zu verwechseln mit der an anderer Stelle genannten ABC-Analyse) ähnlich ist (*Remer, 2005*).

Von Bedeutung ist die Prozesskostenrechnung für Unternehmen mit einer Vielzahl von Produkten und Produktvarianten, die eine generische **Strategie der Segmentführerschaft** verfolgen.

Am Ende der Prozesskostenrechnung steht ein **Kalkulationsverfahren auf Vollkostenbasis**, das funktionsorientierte Gemeinkostenzuschläge ersetzt durch absolute Gemeinkostensätze entlang der Wertschöpfungskette ablaufender Prozesse.

Dabei berücksichtigt die Prozesskostenrechnung auch die nicht wertschöpfenden Kosten, wie solche die dadurch entstehen, dass auf Teile, Baugruppen oder Werkzeuge gewartet werden muss, für Stillstandzeiten von Maschinen sowie für die Überarbeitung bzw. Entsorgung defekter Teile.

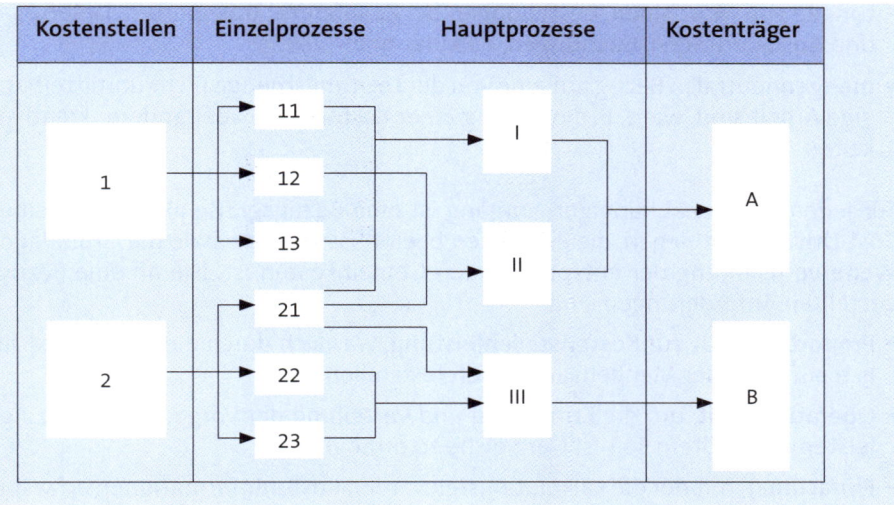

| Kostenstellen | Einzelprozesse | Hauptprozesse | Kostenträger |

Auf dieser Grundlage erlaubt die Prozesskostenrechnung, abgesehen von der Bereitstellung von Informationen zur Beurteilung der Nutzung der in der jeweiligen Periode verplanbaren Kapazitäten bzw. zur laufenden Verbesserung der jeweiligen Kostensituation im Rahmen des Activity-Based-Managements und auf der Grundlage des Verfahrens der ressourcenorientierten Produktbewertung VMEA (**V**ariant **M**ode and **E**ffects **A**nalysis), die kostenmäßige Bewertung nachstehender **Unterschiede der Bezugsobjekte**:

▶ viele oder wenige Materialarten (Bauteile und -gruppen)
▶ hohe oder geringe Fertigungstiefe (Fertigungsstufen)
▶ Produktvarianten oder Einzelprodukte ([Mass] Customization)
▶ große oder kleine Bestellmengen, Fertigungslose oder Kundenaufträge
▶ einfache oder komplexe Vertriebskanäle (einschließlich Internet)
▶ Eigenfertigung oder Fremdbezug (Make or Buy)
▶ Leistungsbündel (Hybride).

Die **Prozesskostenrechnung** läuft meistens schrittweise ab:

1. Schritt: Identifizierung von Vorgängen

Vorgänge oder Tätigkeiten, die durch einen hohen Grad an Wiederholbarkeit (= Routine) gekennzeichnet sind, werden getrennt nach Kostenstellen ermittelt. Für Kostenstellen, in denen vorwiegend kreative Tätigkeiten ausgeführt werden, die nicht direkt zur Erfüllung der operativen Aufgaben notwendig sind, werden keine Prozesse definiert, was zur Folge hat, dass die damit verbundenen Kosten nicht prozessorientiert verrechnet werden können.

Unterschieden werden **routinemäßig ablaufende Vorgänge** danach, ob sie

▶ **mengenabhängig** in Bezug auf die innerhalb der Kostenstelle zu erbringende Leistung sind, wie die **Anzahl** von Aufträgen, Einsteuerungen in die Fertigung, Umrüstungen von Maschinen, Bestellungen bei Zulieferern, Transporten, Lieferungen, Ein- und Auslagerungen, Buchungen, Kalkulationen

► **mengenneutral** in Bezug auf eine von der Leistungsmenge nicht unmittelbar abhängige Arbeit sind, wie z. B. die Leitung einer Kostenstelle oder andere „kreative" Tätigkeiten.

Für jeden mengenabhängigen Vorgang ist eine **Bezugsgröße als Kostentreiber** (engl. Cost Driver) festzulegen, die die Kosten beeinflusst und deshalb die Grundlage für die Weiterverrechnung der entsprechenden Gemeinkosten ist. Die an eine Bezugsgröße gestellten Anforderungen sind:

► **Proportionalität zur Kostenstellenleistung**, was sich durch die Reagibilität hinsichtlich auftretender Mengenvariationen feststellen lässt

► **Operationalität**, um die Ermittlung und Verteilung der Vorgangskosten zu gewährleisten und spätere Soll-Ist-Vergleiche zu ermöglichen

► **Einfachheit**, mit der die kalkulationsrelevanten Kosteninformationen erfasst und bereitgestellt werden können.

Um die Prozesskostenrechnung überschaubar zu machen, sollte die **Anzahl der Kostentreiber** möglichst klein gehalten werden, allerdings nicht so klein, dass keine aussagekräftigen Kosteninformationen über Prozessinanspruchnahmen mehr möglich sind.

2. Schritt: Ermittlung der Kosten eines Vorgangs

Allen Vorgängen sind **primäre Kosten** verursachungsgerecht zuzuordnen. Das kann erfolgen

► **direkt**, indem die Kosten für das Volumen (= Ausbringungsmenge, Beschäftigung) jeweils einer Periode geplant werden

► **indirekt**, indem Stellenkosten über Schlüssel (z. B. Zahl der Mitarbeiter) auf die Vorgangsarten verteilt werden.

Die Kosten der mengenneutralen Vorgänge sind dann **sekundär**, d. h. per Umlage auf die mengenabhängigen Vorgänge zu verteilen, was häufig proportional zu den primären Kosten geschieht. Alternativ dazu besteht auch die Möglichkeit, die im Zusammenhang mit mengenneutralen Vorgängen anfallenden Kosten stellenübergreifend in einer Sammelposition zusammenzufassen und erst später über prozentuale Zuschläge auf die Gesamtsumme der mengenabhängigen Einzel- und Prozesskosten des jeweils betrachteten Kostenträgers zu verteilen.

Zu **Vorgangskosten** gelangt man, indem – bezogen auf einen mengenabhängigen Vorgang – deren primäre und sekundäre Kosten addiert werden. Werden die Vorgangskosten dann durch die Vorgangsmenge dividiert, ergibt sich der **Vorgangskostensatz**.

Bezogen auf die **Kostenstelle Einkauf** (mit Wertangaben in €) soll gelten:

Vorgänge	Bezugs-größen	Anzahl der Vorgänge	Plan-kosten	Vorgangs-kostensatz (primär)	Umlage-satz (sekundär)	Vorgangs-kostensatz (gesamt)
Angebote ein-holen	Anzahl der Angebote	1.000	75.000	75	15,87	90,87
Bestellung auf-geben	Anzahl der Bestellungen	6.000	90.000	15	3,18	18,18
Reklamationen bearbeiten	Anzahl der Reklamati-onen	120	24.000	200	42,32	242,32
Abteilung leiten	Keine		40.000			

Für den Fall, dass ein Vorgang (im Sinne eines isolierten Einzelprozesses) nicht mit anderen Vorgängen zu einem Haupt- bzw. Geschäftsprozess verdichtet werden kann oder soll, ist der entsprechende Vorgangskostensatz direkt in die Produktkalkulation zu übernehmen.

Wird bei der Ermittlung der Kosten je Vorgang von der theoretischen (= maximalen) Kapazität einer Kostenstelle ausgegangen, sind die Vorgangskostensätze meistens zu hoch. Um zu realistischen Kostensätzen zu gelangen, schlagen *Kaplan/Anderson (2005)* die Anwendung einer **zeitgesteuerten Prozesskostenrechnung** (engl. Time-Driven Activity-Based-Costing/TD ABC) vor. Der Vorteil dieser Rechnung besteht darin, dass wenn es gelingt, Vorgänge im Unternehmen zu vereinfachen und zu standardisieren, die Plankosten und damit auch die Vorgangskosten gesenkt werden können. Darüber hinaus lassen sich auf Minuten bezogene Kostensätze einfach anpassen, wenn die Mitarbeiterentgelte erhöht oder Maschinen zusätzlich angeschafft werden. Voraussetzung für die Anwendung von TD ABC (auch als Instrument der bedarfsgerechten Kapazitätssteuerung) ist, dass für jede Ressourcengruppe zwei Parameter zu messen bzw. zu schätzen sind und zwar die

► **Kosten pro Zeiteinheit** für die Bereitstellung der Kapazität, die in verplanbarer Zeit (Arbeitsminuten) ausgedrückt wird

► **Zeiteinheiten** für die Dauer der Kapazitätsnutzung durch die jeweiligen Vorgänge.

In **Fortführung des vorstehenden Beispiels** kann sich dadurch Folgendes ergeben: Unter der Annahme, dass sich die mengenabhängigen Plankosten pro Quartal für das Einholen der Angebote von insgesamt 75.000 € auf die theoretische (maximale) Kapazität beziehen und nur aus Personalkosten bestehen, die Personalkosten pro Mitarbeiter und Quartal 12.500 € betragen, die (75.000/12.500 =) 6 Mitarbeiter etwa 8 Stunden pro Tag arbeiten, bei 21 Arbeitstagen pro Monat/Mitarbeiter bzw. (21 · 3 =) 63 Arbeitstagen pro Quartal/Mitarbeiter jeder Mitarbeiter (8 · 63 · 60 =) 30.240 Minuten im Quartal tätig ist und die reale Kapazität etwa 80 % der theoretischen Kapazität entspricht (die übrigen 20 % sind unproduktive Arbeits- und Wartezeiten), also (0,8 · 30.240 =) 24.192 Minuten/Mitarbeiter/Quartal oder insgesamt (6 · 24.192 =) 145.152 Minuten/Quartal, dann betragen die **Kosten pro Minute** für die Bereitstellung der Kapazität (75.000/145.152 =) 0,52 €. Bezogen auf den im Beispiel genannten primären Vorgangskostensatz von 75 € beträgt die durchschnittliche Bearbeitungszeit je Vorgang (75/60/0,52 =) 2,4 Stunden. Liegt die **Dauer** einer einfachen Angebotseinholung bei nur 2 Stunden, dann beträgt der Vorgangskostensatz auch nur (120 · 0,52 =) 62,40 €. Handelt es sich hingegen wegen umfangreicherer Vorarbeiten um eine ziemlich komplizierte Angebotseinholung mit einer Dauer von etwa 3 Stunden, dann erhöht sich der Vorgangskostensatz auf (180 · 0,52 =) 93,60 €.

Für die übrigen mengenabhängigen Ressourcengruppen kann in gleicher Weise verfahren werden.

3. Schritt: Ermittlung der Kosten einer Prozesskette

Werden die Kostensätze der sachlich zu einer Prozesskette gehörenden Vorgänge kostenstellenübergreifend summiert, ergibt sich der **Prozesskostensatz des Hauptprozesses**.

Würden (rein theoretisch) alle Vorgänge einer Prozesskette den gleichen Minutensatz aufweisen (im Beispiel waren es 0,52 €), müsste man zur Berechnung des Prozesskostensatzes einfach nur die Minuten entlang der Prozesskette addieren und die sich ergebende Summe mit dem Minutensatz multiplizieren. Unter Berücksichtigung dieses Gedankens könnte es bei bestimmten Prozessketten hilfreich sein, selbst unterschiedliche Minutensätze mit Äquivalenzziffern zu gewichten.

Für den Fall, dass sich für gewisse Stellengemeinkosten eine prozessorientierte Verrechnung nicht lohnt oder diese sich nicht eindeutig einem Hauptprozess zuordnen lassen, kann ein **Restgemeinkostensatz** gebildet und verrechnet werden.

4. Schritt: Produktkalkulation

Werden die in Bezug auf ein Produkt verrechneten Prozesskostensätze mit den stückbezogenen Einzelkosten addiert, sind die **Stückkosten** dieses Produkts bestimmt.

Aus Gründen der Arbeitsvereinfachung können auch **Differenzkalkulationen** zur Anwendung kommen, was am Beispiel von Produktvarianten erläutert werden soll: Während man die **Grundversion** (= Serienausstattung) eines Einheitsprodukts oder einer Rennervariante zunächst auf Basis der traditionellen Kostenträgerstückrechnung kalkuliert, werden die variantenspezifischen Kostensätze (= Varianzkosten) der **Son-**

derausstattungen mithilfe der Prozesskostenkalkulation ermittelt. Bezogen auf die Selbstkosten der Grundversion werden dann die durch die Sonderausstattung entfallenden bzw. hinzukommenden Varianzkosten subtrahiert bzw. addiert, wodurch sich die Stückkosten einer beliebigen Erzeugnisvariante ergeben. Auf die Tatsache hin, dass sich die Kosten variantenbedingter Prozesse und Ressourcen in allen Bereichen der Wertschöpfungskette mithilfe des Konzepts der Produktplattform begrenzen lassen, wurde bereits hingewiesen.

Ein **Vergleich der Zuschlags- und Prozesskostenkalkulation** zeigt in der folgenden Abbildung die „kritische Menge", ab der die Prozesskostenkalkulation zu niedrigeren Stückkosten führt als die Zuschlagskalkulation.

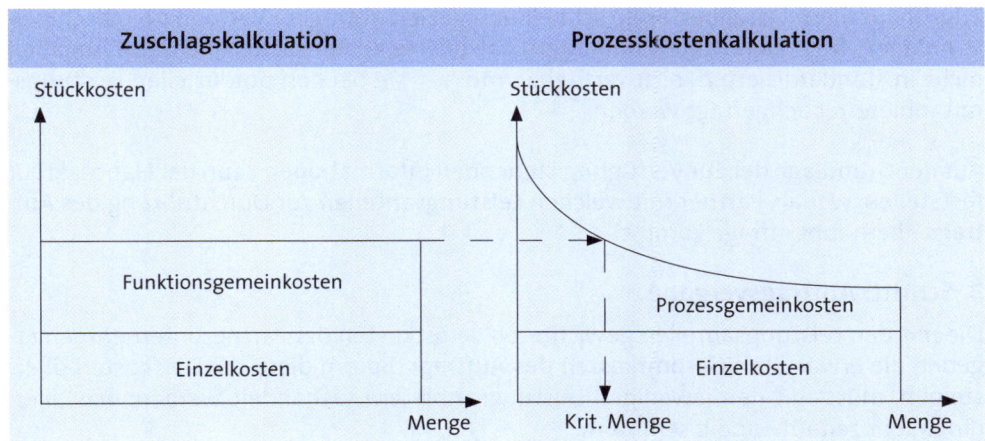

Die **Ergebnisunterschiede** (z. B. für einen Auftrag) kommen zustande, da bei der

▶ Zuschlagskalkulation die **Zuschläge relativ** (in Prozent) sind, d. h. unabhängig von der Menge führt das zu konstanten Stückkosten

▶ Prozesskostenkalkulation die **Zuschläge absolut** (in Euro) sind, d. h. mit zunehmender Menge ergeben sich degressiv fallende Stückkosten.

1.2.3.5 Kosten- und Leistungsrechnung im Wertschöpfungsnetzwerk

Kann ein Unternehmen einen **Auftrag** akquirieren (z. B. Anfrage, Ausschreibung oder Auktion), der sich nur zusammen mit anderen Unternehmen als Partner eines virtuellen Unternehmensnetzwerks abwickeln lässt, ist eine **Kalkulation für die Gesamtleistung** aus Sicht des Auftragsgebers vorzunehmen (*Schuh u. a., 1998*).

Zunächst ist festzulegen, wer als führendes (= fokales) Unternehmen, d. h. als **Hauptakteur** für die Auftragsannahme- und abwicklung und damit für die Kalkulation verantwortlich ist. Danach sind die **Schritte** festzulegen, in denen die Kalkulation erfolgt sowie die Teilaufgaben und Gewinne an die Netzwerkpartner zu verteilen.

1. Schritt: Bestimmung der Darfkosten

In Anlehnung an das Target Costing kann der Hauptakteur vom marktadäquaten Preis die gewünschte Gewinnspanne abziehen, sodass als Rest die **Darfkosten** (engl. Allowable Cost) übrig bleiben.

2. Schritt: Ermittlung der Leistungsanteile der Partnerunternehmen

Sind die zur Auftragskalkulation erforderlichen Daten der vorgesehenen Netzwerkpartner in einer gemeinsamen **Datenbank** gespeichert, kann der Hauptakteur durch Zugriff auf diese Datenbestände schnell und gezielt abfragen: Verfügbare maschinelle Anlagen, freie Kapazitäten und intern kalkulierte Kostensätze. Sind diese Angaben nicht in standardisierter Form verfügbar, müssen sie bei den potenziellen Leistungsmitanbietern nachgefragt werden.

Auf der Grundlage der zur Verfügung stehenden Informationen kann der Hauptakteur feststellen, wer als Partner mit welchen **Leistungsanteilen** zur Durchführung des Auftrags überhaupt infrage kommt.

3. Schritt: Auftragsvergabe

Die mit den Leistungsanteilen gewichteten Selbstkosten der Partnerunternehmen ergeben die erwarteten **Gesamtkosten des Auftrags**. Sofern diese die Darfkosten übersteigen, muss mit den jeweiligen Leistungsanbietern verhandelt werden, was allerdings sehr zeitaufwändig sein kann.

Zeigt sich, dass sich die modifizierten Gesamtkosten den Darfkosten anpassen lassen, kann es zur **Auftragsannahme** kommen, sofern Gewinnhöhe und -verteilung einvernehmlich geregelt werden.

4. Schritt: Auftragserledigung

Der Auftrag wird wie vorgesehen abgewickelt. Bei einzelnen Akteuren eventuell auftretende Störungen (z. B. Verzögerungen) werden unter Einbeziehung des jeweiligen Controllings gesteuert.

5. Schritt: Gewinnverteilung

Der **Gewinn** als Differenz zwischen dem Auftragswert und den gesamten Selbstkosten wird nach erfolgter Auftragserledigung an die Beteiligten, also den Hauptakteur (als Makler und Leistungsanbieter) und die übrigen Produzenten aufgeteilt. Der am Gewinn beteiligte Hauptakteur kann selbstverständlich auch Produzent sein.

Alle Produzenten erhalten grundsätzlich eine gleich hohe kalkulatorische **Gewinnspanne** (in Prozent), und zwar bezogen auf die Selbstkosten ihrer Leistung. Zusätzlich wird der Hauptakteur für die Aktivierung des Netzwerks, die Koordination der Auftragsabwicklung und die Übernahme der auftragsbezogenen Wagnisse einen bestimmten

Kostenbetrag geltend machen, der sich als **Zusatzgewinn** (= kalkulatorischer Unternehmerlohn) bezeichnen lässt.

Ist der Anteil des Hauptakteurs an der Gesamtleistung relativ klein, ist auch sein leistungsabhängiger Gewinnanteil klein. Werden jedoch der leistungsabhängige Gewinn und der Unternehmerlohn auf den Leistungsanteil des Hauptakteurs bezogen, kann sich ein beachtlicher **Leverage-Effekt** ergeben, der – wie aus nachstehender Abbildung ersichtlich – den relativen Gewinn (= Umsatzrendite) nach oben hebelt (*Schuh u. a., 1998*):

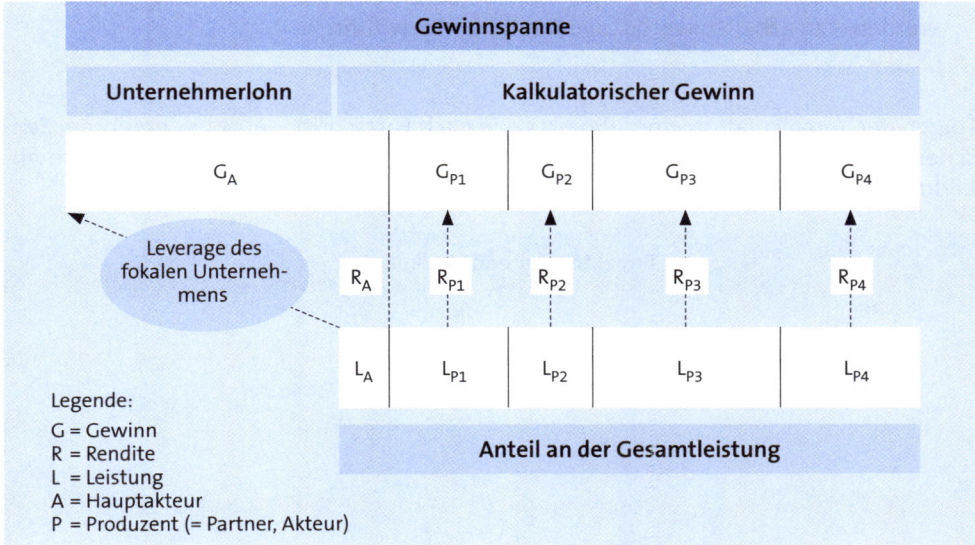

Daraus ergeben sich für den Hauptakteur innerhalb einer Kooperation zwei **Aspekte**, die es interessant erscheinen lassen, überhaupt ein Netzwerk zu aktivieren:

► Bereits eine kleine Verringerung der Umsatzrendite der übrigen Akteure bewirkt eine deutliche Renditesteigerung für den Hauptakteur.

► Mit sinkendem Leistungsanteil des Hauptakteurs erhöht sich dessen Rendite unter sonst gleichen Bedingungen überproportional.

1.2.3.6 Projektkostenrechnung

Vom Ansatz her lässt sich die Zuschlagskalkulation auch auf **Projekte** anwenden.

Nachdem die mit der Kostenplanung verbundenen Schätzungen der Projektkostenarten („Welche Kosten fallen an?") in den Projektkostenstellen („Wo fallen im Projekt die Kosten an?") vorliegen, werden bewertet:

► **externe Projekte** als Erlösbringer mit ihren Selbstkosten, zuzüglich einer Gewinnspanne

► **interne Projekte** als nicht für den Markt bestimmte Leistungen mit ihren Herstellkosten (der Kostenrechnung) und/oder der Herstellungskosten (der Finanzbuchhaltung).

Das Ergebnis einer **Projektvorkalkulation** sind spezifische Plan- oder Budgetkosten, die – sofern sie auf die einzelnen Projektarbeitspakete heruntergebrochen werden – zu arbeitspaketbezogenen Teilbudgets führen.

Folgen der Vorkalkulation eines Projekts – je nach Fortschritt – eine oder mehrere **Zwischenkalkulationen**, kann sich im Zeitverlauf das ergeben, was die nachstehende Abbildung visualisiert.

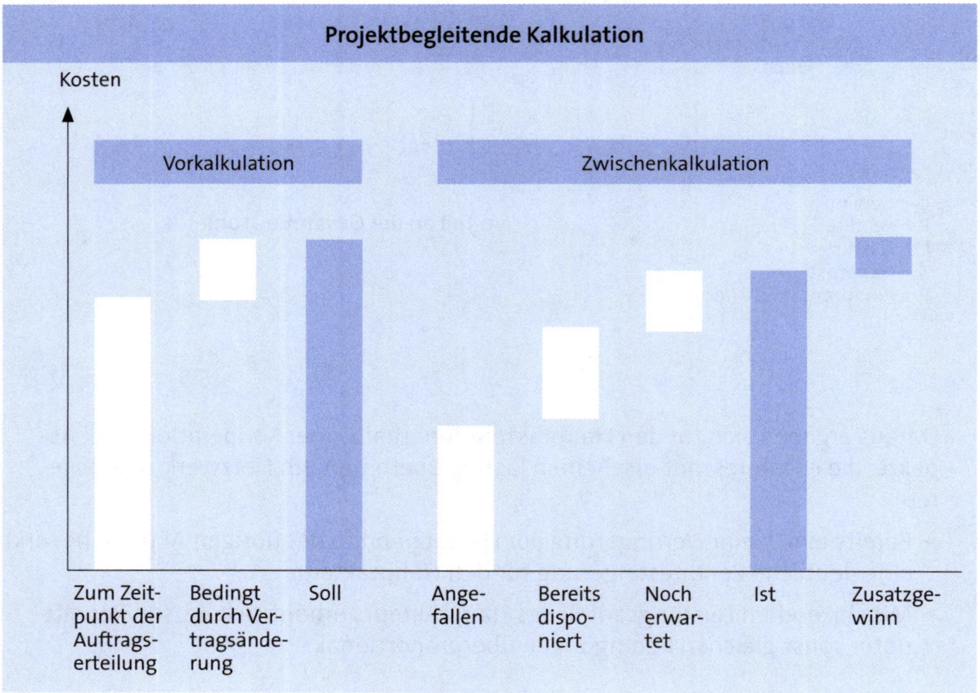

Projektbegleitende Kalkulation

Kosten

| Vorkalkulation | Zwischenkalkulation |

Zum Zeitpunkt der Auftragserteilung — Bedingt durch Vertragsänderung — Soll — Angefallen — Bereits disponiert — Noch erwartet — Ist — Zusatzgewinn

1.2.3.7 Statische Investitionsrechnung

Auch für wertmäßig **kleinere Investitionsvorhaben** sonstiger Art kann eine Kostenkalkulation erfolgen. Hierzu geeignet sind Verfahren der statischen Investitionsrechnung, deren Angaben sich auf eine als repräsentativ angesehene künftige Periode, d. h. auf das Budgetjahr oder auf ein Durchschnitts- bzw. Normaljahr beziehen (*Olfert/Reichel, 2009*).

Das in der Praxis wohl am häufigsten angewandte Verfahren der statischen Investitionsrechnung ist die **Kostenvergleichsrechnung**. Bei diesem Verfahren werden sowohl die Betriebs- als auch die kalkulatorischen Kosten alternativer Investitionsvorhaben verglichen, sodass die für dieses Verfahren relevante **Entscheidungsregel** lautet: Wähle dasjenige Investitionsvorhaben mit den geringsten Gesamtkosten!

Unterscheiden sich die alternativen Investitionsvorhaben in ihrem Leistungspotenzial, ist ein **erweiterter Kostenvergleich** erforderlich. Dann nämlich stellt sich die Frage nach der Kapazitätsauslastung und in Anbetracht der besonderen Schwierigkeit der Ermittlung häufig die Notwendigkeit der Orientierung an der **kritischen Menge**, die dort liegt, wo der Fixkostenvorteil des Vorhabens A ausgeglichen wird durch den Nachteil der variablen Kosten pro Stück gegenüber dem alternativen **Vorhaben** B. Verdeutlichen soll das die folgende Abbildung:

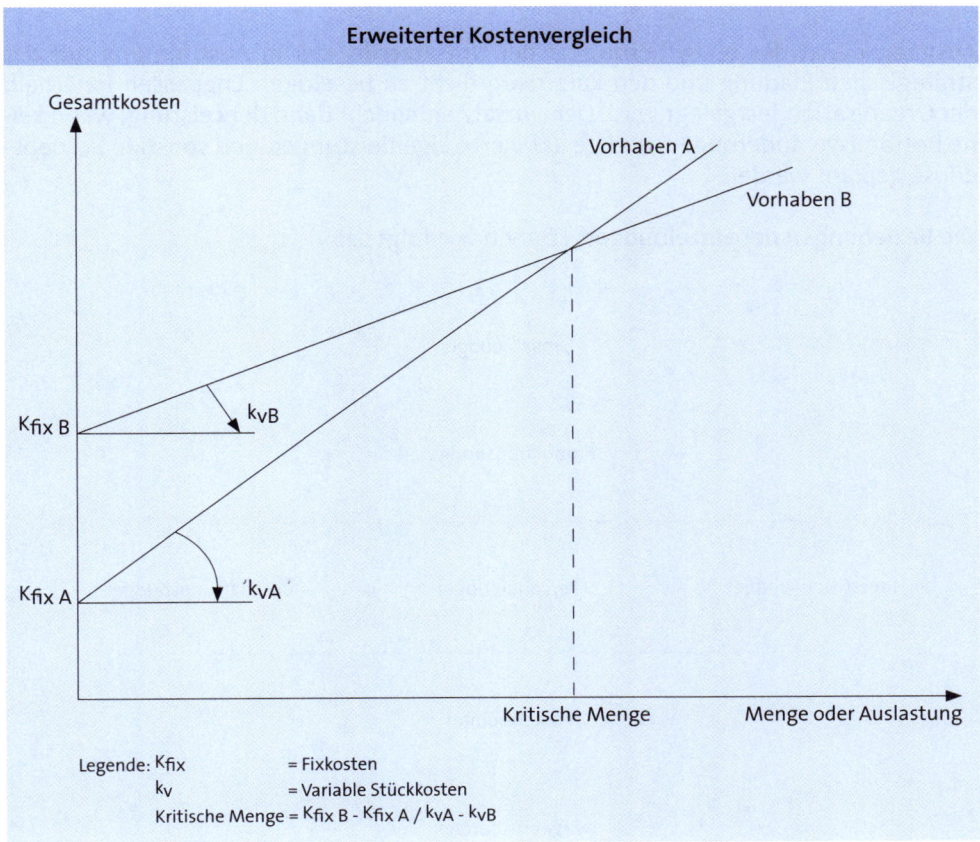

Die **Gewinn- und Rentabilitätsvergleichsrechnung** als weitere in der Fachliteratur genannte statische Investitionsrechnungen spielen aus praktischer Sicht eine eher untergeordnete Rolle, da Investitionsvorhaben, die den Gewinn oder die Rentabilität des Unternehmens beeinflussen, vorzugsweise anhand dynamischer Investitionsrechnungen im Rahmen des strategischen Kostenmanagements beurteilt werden sollten.

Auch auf die **Amortisationsvergleichsrechnung** kann im Zweifelsfall verzichtet werden, da diese Liquiditäts- und Sicherheitsaspekte überbetont und eine Berechnung der Wirtschaftlichkeit nicht gestattet.

Aufgabe 48 > Seite 644 , Aufgabe 49 > Seite 645

1.3 Budgetablauf

Der **Prozess der Budgetierung** ist so zu gestalten, dass Einzelbudgets nach dem **Baukastenprinzip** in einer sachlich zweckmäßigen Reihenfolge erstellt werden. Die Einzelbudgets sind dabei so voneinander abzugrenzen, dass sie verhaltensbeeinflussend wirken, was dann der Fall ist, wenn sie herausfordernd sind, von den Verantwortlichen aber erreicht werden können.

Ausgangspunkt der Budgetierung ist der **Umsatzerlös,** der in Abstimmung mit der strategischen Planung und den kurzfristig nicht zu beseitigen Engpässen innerhalb der Organisation festgelegt wird. Der Umsatz entspricht dann der **Leistung**, wenn keine Bestandsveränderungen, andere aktivierte Eigenleistungen und sonstige Betriebserlöse geplant werden.

Die **Beziehungen der Einzelbudgets** können wie folgt sein:

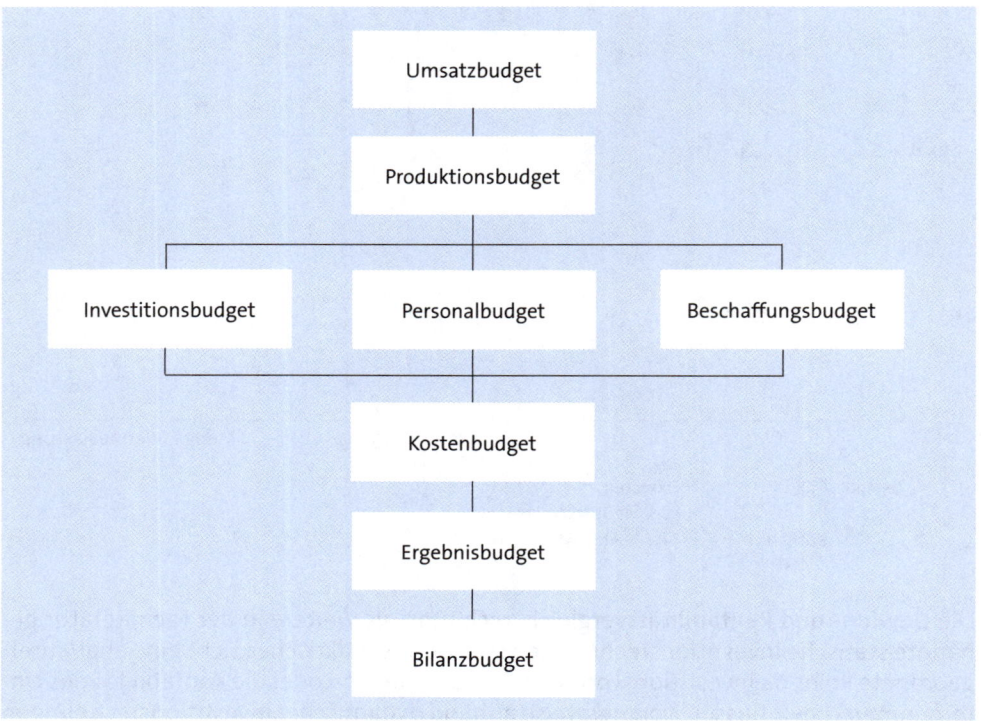

Anders als bei der strategischen Planung kann bei der Budgetierung mit **Rechenmodellen** gearbeitet werden, denen Gleichungen zu Grunde liegen, wie etwa:

► **Definitionsgleichungen** (z. B. Gesamtvermögen = Anlage- und Umlaufvermögen oder Umlaufvermögen = Vorräte, Forderungen und flüssige Mittel)

► **Verhaltensgleichungen** (z. B. Wiedergeldwerdung von Vermögensteilen durch Abschreibungen oder Verkäufe)

► **technologische Gleichungen** (z. B. Stücklisten, Arbeitspläne oder Kapazitätsbedarfe)

► **institutionelle Gleichungen** (z. B. Berechnung der Ertragsteuern aus dem geplanten Gewinn vor Steuern)

► **logische Beziehungen** (z. B. Fortschreibung von Vorräten oder Forderungen).

Die nachstehende Abbildung zeigt den **Ausschnitt eines Gleichungssystems** (*Mertens/ Griese, 2002*):

Gleichungssystem

BILANZPOSITIONEN

Anlagenwert (n)
= **Anlagenwert (n - 1)** + Anlagenzugänge (n) - Anlagenabgänge (n) - Abschreibungen auf Anlagen (n)

Lagerbestand (n)
= **Lagerbestand (n - 1)**+ Lagerzugänge (n) - Lagerabgänge (n) - Abschreibungen auf Lagerbestand (n)

Debitorenbestand (n)
= a_0 Umsatz (n) + a_1 **Umsatz (n - 1)** + a_2 **Umsatz (n - 2)** + ... - a_m **Umsatz (n - m)**

a_j = $1 - \sum_{i=0}^{j} c_i$ für alle j von 0 bis m

Kreditorenbestand (n)
= b_0 Einkäufe (n) + b_1 **Einkäufe (n - 1)** + b_2 **Einkäufe (n - 2)** + ... - b_p **Einkäufe (n - p)**

b_j = $1 - \sum_{i=0}^{j} d_i$ für alle j von 0 bis p

Kredite (n)
= **Kredite (n - 1)** + Neuaufnahme Kredite (n) - Rückzahlung Kredite (n)

Kassen-/Bankenbestand (n)
= **Kassen-/Bankenbestand (n - 1)** + Kassen-/Bank-Einzahlungen (n) - Kassen-/Bank-Einzahlungen (n)

Rücklagen (n)
= **Rücklagen (n - 1)** + Rücklagenzuführung (n) - Rücklagenauflösung (n)

Kassen-/Bank- Einzahlungen
= c_0 Umsatz (n) + c_1 **Umsatz (n - 1)** + c_2 **Umsatz (n - 2)** + ... + c_m **Umsatz (n - m)** + Neuaufnahme Kredite (n)

•
•

Legende:
Errechnete Planposition
Eingabewert
Gespeicherter Wert
Vom System überwachter und fortgeschriebener Parameter

527

Die **Budgets ausländischer Tochtergesellschaften** werden zunächst in der Landeswährung erstellt und dann später in die Konzernwährung umgerechnet. Notwendige Korrekturen erfolgen umgekehrt erst in Konzernwährung und werden danach abschließend in die Landeswährung zurück übertragen. Die Umrechnung von Budgetwerten erfolgt zu Kursen, die vom zentralen Controlling ermittelt werden können. Unabhängig davon, ob es sich um historische, aktuelle oder abgesicherte Umrechnungskurse handelt, lassen sich **Währungsdifferenzen**, die den Standorterfolg ausländischer Konzerngesellschaften beeinflussen, wohl nicht ganz vermeiden. Wichtig ist aber, dass solche Währungsdifferenzen nicht die Identifikation der Linienverantwortlichen mit dem Budget beeinträchtigen dürfen.

1.4 Fallbeispiel

Die relevanten Einzelbudgets und deren Schnittstellen werden für einen **industriellen Beispielsbetrieb** beschrieben. Um den Zusammenhang zwischen den Einzelbudgets herstellen zu können, sind explizit begründete **Vereinfachungen** unerlässlich.

1.4.1 Eck- und Strukturwerte

Als **Eckwerte** werden diejenigen Wertgrößen (in Euro) bzw. Prozentangaben bezeichnet, die vorher verbindlich festgelegt wurden und den Planungsträgern bekannt sein müssen, um Teilbudgets berechnen zu können.

Eine in der Praxis gängige Vereinfachung ist die Konzentration auf die **Fortschreibungsbudgetierung**, bei der nur die im Budgetjahr fortgeführten Geschäfte (engl. Discontinued Operations, kurz auch Discos genannt) in Zahlen gefasst werden. Parallel dazu können Geschäfte, die während des Budgetjahr hinzukommen oder nicht weitergeführt werden sollen, parallel geplant und mittels Überleitungsrechnungen in andere Budgets integriert werden.

Für den Beispielsbetrieb soll nach Analysen der Fach- und Führungskräfte im Budgetjahr t_1 mit folgenden **Volumens- und Verteuerungseinflüssen** auf den Beschaffungs- und Absatzmärkten gerechnet werden:

Volumen- und Verteuerungseinflüsse		
Beschaffungsmärkte Ø Preissteigerungen p. a.	**Absatzmärkte** Ø Mengensteigerungen p. a.	Ø Preissteigerungen p. a.

Materialpreise
• Werkstoffe (einschl. Zukaufteile)   3 %
• Handelswaren   5 %
 	
Mitarbeiterentgelte
• Löhne   5 %
• Gehälter
  − tariflich   5 %
  − außertariflich   6 %
Sonstiges   5 %
	Branchenwachstum
	• Inland 7 %
	• Ausland 10 %
		Konkurrenzunternehmen:
		• Inland 5 %
		• Ausland 3 %
		
		Eigenes Unternehmen: [1]
		• Inland 4 %
		• Ausland 2 %

[1] Das Zurückbleiben eigener Preiserhöhungen hinter denen der Konkurrenz wird mit Erfahrungskurveneffekten begründet.

Der Einfachheit halber sei angenommen, dass die genannten **Prozentsätze** über das ganze Budgetjahr Gültigkeit haben.

Außerdem hat die Geschäftsleitung in einem **Protokoll** folgendes niedergelegt: *„Das im Budgetjahr t_1 angestrebte und mit Produktinnovationen begründete Umsatzwachstum soll über dem in- und ausländischen Branchenwachstum liegen, und zwar bei der Eigenfertigung um 4 % und bei den Handelswaren um 3 %".*

Aus der Vergangenheit lassen sich vom Controlling bestimmte **Strukturwerte als Prämissen der Budgetierung** ableiten. Durch strategische Maßnahmen können sich diese Strukturwerte (= Standards) allerdings im Zeitablauf verändern. Sind solche Veränderungen und deren Folgen für das Budgetjahr in etwa bekannt, müssen sie berücksichtigt werden. Des Weiteren ist darauf zu achten, dass alle wertmäßigen Ausgangsgrößen in Preisen des laufenden Jahres t_0 angegeben werden, um den differenzierten Einfluss der im folgenden Budgetjahr t_1 zu erwartenden Preisentwicklungen nicht vorwegzunehmen. Die geplanten Preise selbst sind gewichtete Durchschnittspreise.

Für den betrachteten Industriebetrieb sollen folgende **Strukturwerte** gelten:

Strukturwerte	Material-, Personal- und kalkulatorische Kosten		
Kostenart	**Position**	**Faktor**	**Bezugsbasis**
Materialeinzel-kosten	Materialanteil – Eigenfertigung – Handelswaren	20 % 60 %	Produktionsleistung (real) zu Verkaufspreisen Netto-Umsatz (real)
	Lieferantenskonti und -boni	2 %	(Brutto-)Materialeinsatz (nominal)
Lohneinzel-kosten	Fertigungslöhne	12 %	Produktionsleistung (real) zu Verkaufspreisen
Material-gemeinkosten	Hilfs- und Betriebsstoffe, Kleinwerkzeuge, Büro-material usw.	4 %	Gesamtleistung
Personal-zusatzkosten	Gewerbliche Arbeitnehmer Angestellte	75 % 45 %	Löhne Gehälter
Herstell-kosten	Material- und Fertigungskosten	65 %	Leistung zu Verkaufspreisen
Kalkulatorische Kosten	Kalkulatorische Abschreibungen	20 %	Abschreibungspflichtiges Anlagevermögen
	Kalkulatorische Zinsen	10 %	Betriebsnotwendiges Kapital
	Kalkulatorische Wagnisse	1 %	Netto-Umsatz

Weitere Strukturwerte sind in der folgenden Tabelle enthalten. Vereinfachend werden dort die bilanziellen **Abschreibungen** und **Kapitalkosten** als Prozentsätze der entsprechenden kalkulatorischen Kosten angegeben. Wenngleich auch ein solches Vorgehen in der Praxis unüblich ist, da dort aus dem Rechnungswesen die Sachverhalte genauestens bekannt sind, lassen sich dennoch folgende **Tendenzaussagen** machen:

► Mit zunehmendem **Alter des Sachanlagevermögens** nehmen die bilanziellen Abschreibungen ab. Aus der positiven Differenz zwischen kalkulatorischen und bilanziellen Abschreibungen ergeben sich – wie bereits mehrfach betont – Scheingewinne, die im Falle ihrer Versteuerung zu einer realen Substanzvernichtung führen. Einen ungefähren Überblick über die Anlagenaltersstruktur gibt Außenstehenden der Anlagenspiegel (oder Anlagengitter) im Anhang zur Jahresbilanz.

► Mit steigendem **Verschuldungsgrad** erhöhen sich die effektiven Fremdkapitalzinsen.

Strukturwerte	Ergebnis-, Vermögens- und Kapitalrechnung		
Rechnungsart	**Position**	**Faktor**	**Bezugsbasis**
Leistungs-rechnung	Erlösschmälerungen	2 %	Brutto-Umsatz
Neutrale Ergebnis-rechnung	Bilanzielle Abscheibungen	80 %	Kalk. Abschreibungen
	Effektive Fremdkapitalzinsen	70 %	Kalk. Zinsen
	Effektive Wagnisse (= Garantie- und Kulanzaufwendungen)	100 %	Kalk. Wagnisse
	Pauschalwertberichtigungen – zu Forderungen – auf Vorräte	12 % 35 %	Forderungsmehrbestand Vorratsmehrbestand
	Währungsverluste	3 %	Auslandsumsatz
Vermögens-rechnung	Forderungen aus Lieferungen und Leistungen	15 %	Netto-Umsatz
	Vorräte	25 %	Netto-Umsatz
Kapital-rechnung	Verbindlichkeiten aus Liefe-rungen und Leistungen	15 %	Materialeinsatz

In einer dynamischen Umwelt verändern sich verschiedene dieser Struktur- und Rahmenbedingungen der Budgetierung häufig und beträchtlich, was spätere **Nachsteuerungen** erfordert.

1.4.2 Einzelbudgets

Für den Beispielbetrieb bestehen folgende **Umsatzerwartungen für das laufende Geschäftsjahr** t_0:

Umsatzerwartungen im laufenden Jahr						
Produktgruppe	Netto-Umsatz (in Tsd €)					
	Realisiert bis zum Betrachtungsstichtag		Noch erwartet bis Jahresende		Insgesamt erwartet	
	Inland	Ausland	Inland	Ausland	Inland	Ausland
Eigenfertigung	11.724	3.815	3.638	1.483	15.362	5.298
Handelswaren	3.384	826	1.069	261	4.453	1.087
Gesamt	15.108	4.641	4.707	1.744	19.815	6.385

Sofern diese und andere monetäre Anfangswerte nur geschätzt, fortgeschrieben oder hochgerechnet werden, sollen sie aus Gründen der Übersichtlichkeit ganzzahlig sein. Bezüglich der ebenfalls ganzzahligen Zwischen- oder Endergebnisse kann bei jeweils einer Nachkommastelle von genau 5 entweder auf- oder abgerundet werden.

1.4.2.1 Umsatz-/Leistungsbudget

Die Umsatzerwartungen im Budget lassen sich ermitteln, indem die Umsätze des laufenden Jahres in den Produktgruppen „Eigenfertigung" (EF) und „Handelswaren" (HW) mit den relevanten Eckwerten fortgeschrieben werden.

Umsatzerwartungen im Budgetjahr							
Produkt-gruppe	Gebiete	Netto-Umsatz in t_0 (Tsd €)	Mengenwachstum		Netto-Umsatz (real) (Tsd €)	Preis-steige-rungs-rate	Netto-Umsatz (nominal) (Tsd €)
			Branchen-wachstum	Mehr-wachstum			
EF	Inland	15.362	7 %	+ 4 %	17.052	4 %	17.734
	Ausland	5.298	10 %	+ 4 %	6.040	2 %	6.161
HW	Inland	4.453	7 %	+ 3 %	4.898	4 %	5.094
	Ausland	1.087	10 %	+ 3 %	1.228	2 %	1.253
Gesamtumsatz		26.200			29.218		30.242

Da keine Bestandsveränderungen, andere aktivierte Eigenleistungen (wie etwa selbst hergestellte Maschinen) und sonstige Betriebserlöse (z. B. aus der Verwertung von Abfällen oder Mehrwert aus Maschinenneuverkäufen). vorgesehen sind, ergeben die nominalen Brutto-Umsätze, nach Abzug der Erlösschmälerungen (insbesondere Skonti als Barzahlungsrabatte), die **ergebniswirksame Gesamtleistung**:

Gesamtleistung im Budgetjahr			
Zeile		Position	Tsd €
1		Brutto-Umsatz	30.859
2	-	Erlösschmälerungen (2 %)	617
3	=	Netto-Umsatz (zu Verkaufspreisen)	30.242
	=	Ergebniswirksame Leistung	

1.4.2.2 Produktionsbudget

Zur Bestimmung der **Produktionsleistung** im Budgetjahr sind die vorgesehenen Leistungsmengen in realen (= aktuellen) Herstellkosten auszudrücken:

Produktionsleistung im Budgetjahr			
Zeile		Position	Tsd €
1		Netto-Umsatz (real) aus Eigenfertigung in t_1 = 23.092 Tsd €	
2		davon: Herstellkosten (= 65 %)	15.010
3	-	Netto-Umsatz aus Eigenfertigung in t_0 = 20.660 Tsd €	
4		davon: Herstellkosten (= 65 %)	13.429
	=	Mehrleistung (real) zu Herstellkosten	
5		− absolut	1.581
6		− relativ (in % von Zeile 4) = 11,8 % (= Reales Wachstum)	

Bezogen auf die **Mehrleistung** von 11,8 % ergibt sich bei einer angenommenen Erfahrungsrate von 80 % eine **Rationalisierungsrate** von etwa 3,3 % (siehe dazu S. 302).

Im Produktionsbudget müssen vorgesehene **Veränderungen des Outsourcings** mengen- und wertmäßig berücksichtigt werden. Erhöht sich im Budgetjahr der Umfang der Auslagerungen, werden Kapazitäten freigesetzt und die Einkaufsmengen im Beschaffungsbudget steigen.

Ist die **Produktionskapazität** des Unternehmens ungleich der vorgesehenen Auslastung (= Beschäftigung), ergeben sich folgende **Optionen der Kapazitätsanpassung**:

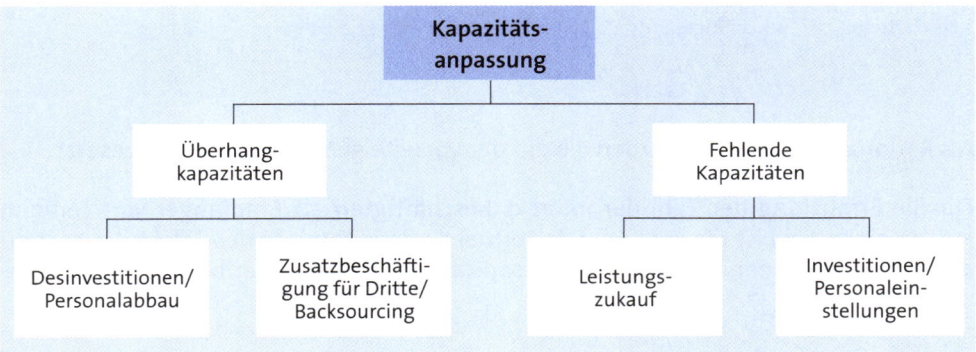

Sofern von der Möglichkeit der **Zusatzbeschäftigung für Dritte** oder des **Backsourcing** Gebrauch gemacht werden sollte, hat das Auswirkungen auf das dem Produktionsbudget vorgelagerte Umsatz-/Produktionsbudget. Die übrigen Anpassungsmöglichkeiten beeinflussen nur die nachgelagerten Budgets.

1.4.2.3 Investitionsbudget

Die für das Investitionsbudget erforderlichen Angaben lassen sich den getrennt von der Budgetierung vorgenommenen **Investitionsrechnungen** für die von der Geschäftsleitung genehmigten Investitionsvorhaben entnehmen.

Aus Gründen der **realen Substanzerhaltung** ist pro Jahr mindestens so viel zu investieren, wie kalkulatorisch im Jahr abgeschrieben wird (inklusive der in den Leasingraten enthaltenen (= fiktiven) Abschreibungen).

Die im Budgetjahr vorgesehenen Investitionen sind nicht nur zu finanzieren (= Berücksichtigung im Finanzbudget, sofern nicht Leasing), sondern sie haben beim Kauf auch **Auswirkungen** auf die Höhe der kalkulatorischen Abschreibungen und Zinsen (= Berücksichtigung im Kostenbudget), deren Berechnung im Zusammenhang mit dem betriebsnotwendigen Kapital erfolgt.

1.4.2.4 Personalbudget

An der Leistungserstellung sind die **Beschäftigten** entweder direkt oder indirekt beteiligt. Das kann pauschal oder getrennt nach Bestandsklassen (entsprechend dem ausführlich beschriebenen Bestand-Fluss-Modell) erfolgen.

Die Zahl der **direkt Beschäftigten** als Empfänger von Fertigungslohn (= Akkord- und Prämienlohn als Einzelkosten) wird mithilfe der folgenden Formel ermittelt:

$$\text{Direkt Beschäftigte in } t_1 = \text{Direkt Beschäftigte in } t_0 \cdot \left(1 + \frac{\text{Reale Leistungserhöhung gegenüber } t_0 \text{ in \%} - \text{Rationalisierungsrate in \%}}{100} \right)$$

Als **Rationalisierungsrate** werden die auf der Vorseite genannten 3,3 % angesetzt.

Für die Ermittlung der Zahl der **indirekt Beschäftigten** als Empfänger von Zeitlohn (= Gemeinkosten) ist die vorstehende Formel zu erweitern um den Effekt der Kostendegression bei zunehmender Kapazitätsauslastung, der zu einer besseren Fixkostendeckung führt.

$$\text{Indirekte Beschäftigte in } t_1 = \text{Indirekte Beschäftigte in } t_0 \cdot \left(1 + \frac{\text{Reale Leistungserhöhung gegenüber } t_0 \text{ in \%} - \text{Rationalisierungsrate in \%}}{100} \right) \cdot \left(1 - \frac{\text{Kostendegressionsrate in \%}}{100} \right)$$

Da die indirekt Beschäftigten die Geschwindigkeit ihrer Arbeit in der Regel nicht selbst bestimmen können, sondern abhängig sind vom Grad der kapazitätsmäßigen Harmonisierung des ganzen Unternehmens, die an einzelnen Arbeitsplätzen zu Minderauslastungen führen kann, ist das Kostensenkungspotenzial geringer als bei den direkt Beschäftigten.

Wird angenommen, dass die **Kostendegressionsrate** bei 80 % liegt, ergibt sich eine zulässige Personalsteigerungsrate im Gemeinkostenbereich von durchschnittlich nur ([11,8 - 3,3 %] · [1 - 80/100]) = 1,7 %.

1.4.2.5 Beschaffungsbudget

Der **Bedarf an Einzelkostenmaterial** (= Fertigungsmaterial) lässt sich am besten über Stücklisten der im Produktionsbudget enthaltenen Erzeugnisse errechnen. Da hier das Produktionsbudget nur pauschal ermittelt wurde, gilt folgende vereinfachte Formel:

$$
\begin{array}{l}
\text{Einsatz an} \\
\text{Fertigungsmaterial} \\
\text{in } t_1 \text{ (real)}
\end{array}
=
\begin{array}{l}
\text{Einsatz an} \\
\text{Fertigungsmaterial} \\
\text{in } t_0
\end{array}
+
\left(
\begin{array}{l}
\text{Leistungsver-} \\
\text{änderung in Tsd €} \\
\text{gegenüber } t_0
\end{array}
\cdot
\begin{array}{l}
\text{Material} \\
\text{anteil in \% von} \\
\text{der Leistung}
\end{array}
\right)
$$

In gleicher Weise wird der zu Einstandspreisen bewertete **Bedarf an Handelswaren** aus den im Umsatzbudget vorgesehenen Handelsgeschäften abgeleitet.

Anders als in diesen beiden Fällen, in denen kurzfristig realisierbare Kostensenkungspotenziale mehr in den Beschaffungspreisen als in den Verbrauchsmengen liegen, können zur Berechnung des **Bedarfs an Gemeinkostenmaterial** die mit der Erfahrungskurve begründeten Mengeneffekte in der Größenordnung der vorstehend errechneten 1,7 % wirksam werden.

Da der Materialbedarf zum Zeitpunkt der Budgetierung nicht genau vorhersehbar ist, die vereinbarten Lieferfristen von den Zulieferern nicht immer eingehalten werden (können) und der Materialzugang entsprechend der georderten Bestellmengen mehr stoßartig erfolgt, ist zur Sicherstellung der Lieferbereitschaft eine gewisse (möglichst geringe) **Lagerhaltung** unerlässlich. Im vorliegenden Fall der globalen Betrachtungsweise wird die Vorratshaltung am Umsatzbudget ausgerichtet.

1.4.2.6 Kostenbudget

Die **Werte der Kostenarten** werden mit den Ausgangs- und Eckwerten für das Budgetjahr hochgerechnet. Dabei werden Einzel- und Gemeinkosten getrennt voneinander budgetiert.

1.4.2.6.1 Einzelkosten

Die Hochrechnung der **Material- und Fertigungseinzelkosten** geschieht wie folgt:

		Materialeinzelkosten				
Produkt-gruppe	Eigenferti-gung bzw. HW-Umsatz (real) in t_1 (Tsd €)	Material-anteil	Preis-verände-rungsrate in t_1	(Brutto-) Materialein-satz (nominal) in t_1 (Tsd €)	Ø Liefe-ranten-skonti und -boni	(Netto-) Materialein-satz (nominal) in t_1 (Tsd €)
EF	23.092	20 %	+ 3 %	4.757	2 %	4.662
HW	6.126	60 %	+ 5 %	3.859	2 %	3.782
Materialeinzelkosten (nominal) in t_1						8.444

	Fertigungseinzelkosten	
Zeile	Position	Tsd €
1	Eigenfertigung (zu Verkaufspreisen von t_0) in t_1 = 23.092 Tsd €	
2	davon: Fertigungslöhne 12 %	2.771
3	- Rationalisierung 3,3 %	91
4	= Fertigungslöhne (real) in t_1	2.680
5	+ Tariferhöhung 5 %	134
6	= Fertigungslöhne (nominal) in t_1	2.814

1.4.2.6.2 Gemeinkosten

Der Einsatz von **Gemeinkostenmaterial** wird – da nicht unmittelbar leistungsbezogen – mit der durch die Erfahrungskurve und Kostendegressionsrate begründeten Mengensteigerungsrate fortgeschrieben:

	Gemeinkostenmaterial				
Leistungen t_0 (Tsd €)	davon 4 % Gemein-kosten-material (Tsd €)	Zulässige Mengen-steigerungs-rate	Gemein-kosten-material (real) (Tsd €)	Ø Preis-steige-rungsrate	Gemein-kosten-material (nominal) (Tsd €)
26.200	1.048	1,7 %	1.066	5 %	1.119

In gleicher Weise erfolgt die Berechnung der **Gemeinkostenlöhne und Gehälter**:

Gemeinkostenlöhne und Gehälter					
Entgelt	Personal-kosten in t_0[1] (Tsd €)	Zulässige Mengen-steigerungs-rate	Personalko-sten (real) in t_1 (Tsd €)	Preis-steige-rungsrate	Personalko-sten (nominal) (Tsd €)
Gemeinkostenlöhne	1.240	1,7 %	1.261	5 %	1.324
Tarifgehälter	2.250	1,7 %	2.288	5 %	2.403
Frei vereinbarte Gehälter	1.200	1,7 %	1.220	6 %	1.294
Gehaltskosten gesamt					3.697

[1] Angenommene Werte

Da die für die Beschäftigten budgetierten Personalbasiskosten lediglich das Entgelt für die geleistete Arbeit enthalten, werden auf deren Grundlage noch die **Personalzusatzkosten** zu berechnen sein:

Personalzusatzkosten			
Entgelt	Personalkosten-(nominal) in t_1 (Tsd €)	Faktor für Personal-zusatzkosten (angenommen)	Personalzusatz-kosten (Tsd €)
Fertigungslöhne	2.814	75 %	2.110
Gemeinkostenlöhne	1.324	75 %	993
Gehälter	3.697	45 %	1.664
Personalzusatzkosten gesamt			4.767

Ferner ist die **Gruppe der kalkulatorischen Kosten** zu budgetieren. Zur Bestimmung der

► **kalkulatorischen Abschreibungen** sind nur diejenigen abnutzbaren Sachanlageobjekte auf Tageswerte hochzurechnen, die in Vorperioden gekauft wurden, denn die im Budgetjahr erwarteten Sachanlagenzugänge sind im Investitionsbudget bereits zu Tageswerten enthalten

► **kalkulatorischen Zinsen** wird der in Investitionsrechnungen verwendete Kalkulationszinsfuß (als Abzinsungsfaktor, wie z. B. der WACC) auf den Gesamtwert des betriebsnotwendigen Kapitals bezogen

► **kalkulatorischen Wagnisse** wird das Gewährleistungsrisiko aus dem Netto-Umsatz des Budgetjahres abgeleitet.

Bevor aber die kalkulatorischen Abschreibungen und Zinsen berechnet werden können, ist das **betriebsnotwendige Kapital** zu berechnen:

Betriebsnotwendiges Kapital		
Zeile	Position	Tsd €
1	Abschreibungspflichtiges Anlagevermögen zu Tageswerten (angenommen, einschl. Investitionen im Budgetjahr) 19.240 Tsd €	
2	davon: 50 %	9.620
3	Nicht-abschreibungspflichtiges Anlagevermögen zu Einstandswerten (angenommen, einschl. Investitionen im Budgetjahr)	1.548
4	Vorräte (= 25 % vom Netto-Umsatz 30.242 Tsd €)	7.560
5	Forderungen (= 15 % vom Netto-Umsatz 30.242 Tsd €)	4.536
6	Sonstiges Umlaufvermögen (angenommene ø Buchwerte)	1.110
7	Verbindlichkeiten aus Lieferungen und Leistungen (= 15 % vom eingesetzten Einzelkostenmaterial 8.444 Tsd € und Gemeinkostenmaterial 1.119 Tsd €)	- 1.434
8	Betriebsnotwendiges Kapital	22.940

Kalkulatorische Kosten		
Zeile	Position	Tsd €
1	Kalkulatorische Abschreibungen 20 % vom abschreibungspflichtigen Anlagevermögen (= 19.240 Tsd €)	3.848
2	Kalkulatorische Zinsen 10 % vom betriebsnotwendigen Kapital (= 22.940 Tsd €)	2.294
3	Kalkulatorische Wagnisse 1 % vom Netto-Umsatz (= 30.242 Tsd €)	302
4	Kalkulatorische Kosten gesamt	6.444

Im Budget der **Werbekosten** (einschließlich Verkaufsförderung) wird unterschieden zwischen **Normal- und Sonderaktionen**, wobei letztere zum Zwecke der Marktanteilssteigerung, zur Unterstützung beim Auf- und Ausbau neuer Erfolgspotenziale (z. B. Kampagnen im Internet) oder zur Anpassung an Marktveränderungen vorgenommen werden. Mit dieser Trennung wird erreicht, dass in späteren Budgetrunden lediglich die Normalaktionen fortgeschrieben werden, während die budgetierten Sonderaktionen in jedem Jahr neu zu begründen sind.

Werbekosten					
Maßnahmen	Werbekosten (angenommen) in t_0 (Tsd €)	Zulässige Mengensteigerungsrate	Werbekosten (real) in t_1 (Tsd €)	Preissteigerungsrate	Werbekosten (nominal) (Tsd €)
Normalaktionen	680	1,7 %	692	5 %	726
Sonderaktionen	–	–	–	–	150
Werbekosten gesamt					876

Schließlich sind noch die **Dienst- und Fremdleistungskosten** (einschließlich Kostensteuern und öffentliche Abgaben) zu ermitteln, deren Höhe durch Verträge (z. B. Mieten, Leasing, Fremdversicherungen, freie Mitarbeiter, Abschlussprüfer) bestimmt werden oder sich aus dem laufenden Geschäftsbetrieb ergeben (z. B. Post-, Telefon- und Reisekosten). Das entsprechende hier nicht nachzuvollziehende Teilbudget soll sein:

Übrige Kosten				
Übrige Kosten (angenommen) in t_0 (Tsd €)	Zulässige Mengensteigerungsrate	Übrige Kosten (real) in t_1 (Tsd €)	Preissteigerungsrate	Übrige Kosten (nominal) (Tsd €)
622	1,7 %	633	5 %	664

1.4.2.6.3 Gesamtkosten

Das **Kostenbudget** ergibt sich aus der Zusammenfassung aller budgetierten Kostenarten:

Kostenbudget		
Zeile	**Position**	**Tsd €**
1	Fertigungsmaterial und Handelswareneinsatz 8.444 Tsd €	
2	Gemeinkostenmaterial 1.119 Tsd €	
3	Materialkosten gesamt	9.563
4	Fertigungslöhne 2.814 Tsd €	
5	Gemeinkostenlöhne 1.324 Tsd €	
6	Gehälter 3.697 Tsd €	
7	Personalzusatzkosten 4.767 Tsd €	
8	Personalkosten gesamt	12.602
9	Kalkulatorische Kosten gesamt	6.444
10	Werbekosten 876 Tsd €	
11	Übrige Kosten 664 Tsd €	
12	Sonstige Kosten gesamt	1.540
13	Gesamtkosten davon:	30.149
14	Einzelkosten 11.258 Tsd €	
15	Gemeinkosten 18.891 Tsd €	

1.4.2.7 Ergebnisbudget

Zusammen ergeben das budgetierte Betriebsergebnis und Neutrale Ergebnis das **Gesamtergebnis**. Auch bei diesen Modulen wird aus Gründen der Übersichtlichkeit mit ganzzahligen Schätzungen, Fortschreibungen und Hochrechnungen gearbeitet.

1.4.2.7.1 Betriebsergebnis

Das **Betriebsergebnis** ist die Differenz zwischen der ergebniswirksamen Leistung und den Gesamtkosten:

Betriebsergebnis		
Zeile	**Position**	**Tsd €**
1	Gesamtleistung (ergebniswirksam)	30.242
2	- Gesamtkosten	30.149
3	= Betriebsergebnis	+ 93

1.4.2.7.2 Deckungsbeitrags-Ergebnis

Um das Betriebsergebnis auf der Grundlage von **Deckungsbeiträgen** bestimmen zu können, wird auf die **Grenzkostenrechnung** (engl. Direct Costing) übergegangen. Bekanntlich werden bei diesem Verfahren die Fixkosten nicht geschlüsselt, sondern über die stufenweise Fixkostendeckungsrechnung auf die Kostenträger verteilt.

Bezüglich der Spaltung der Einzel- und Gemeinkosten des Umsatzes in fixe und variable Bestandteile, ist folgender **Zusammenhang** von Bedeutung:

Zurechenbarkeit auf die Produkt-einheit	Einzelkosten		Gemeinkosten	
Verhalten bei Beschäftigungs-änderungen	Variable Kosten			Fixe Kosten
Beispiele	Fertigungsmaterial Fertigungslohn	Personalzusatz-kosten auf Fertigungslohn	Gehälter Abschreibungen Zinsen	

Werden vereinfachend nur die in Verbindung mit den Fertigungslöhnen anfallenden Personalzusatzkosten als „variable" Gemeinkosten bezeichnet, ergeben sich die beiden Gruppen der variablen und fixen Kosten:

Zeile		Kostengruppen		Tsd €
1		Einzelkosten	11.258 Tsd €	
2	+	Personalzusatzkosten (75 %) auf die Fertigungslöhne	2.110 Tsd €	
3	=	Variable Kosten		13.368
4		Gemeinkosten	18.891 Tsd €	
5	-	Personalzusatzkosten auf die Fertigungslöhne	2.110 Tsd €	
6	=	Fixkosten		16.781
7		Umsatzkosten (gesamt)		30.149

Zur **Ermittlung von Deckungsbeiträgen** (DB) sind diese Werte in eine Übersicht der nachstehenden Art zu übernehmen:

Zeile	Deckungsbeitragsrechnung			
	Gruppe	Netto-Umsatz (Tsd €)	Variable Kosten (Tsd €)	Deckungsbeiträge (Tsd €)
1	EF	23.895	- 9.586	14.309
2	HW	6.347	- 3.782	2.565
3	DB Gesamt	30.242	- 13.368	16.874

Werden vom DB Gesamt die **Fixkosten** in Höhe von 16.781 Tsd € abgezogen, ergibt sich das bereits genannte **Betriebsergebnis** in Höhe von 93 Tsd €.

Derjenige Umsatz, bei dem unter Abzug der Gesamtkosten das Betriebsergebnis genau Null ist, wird als **Break-Even-Umsatz** (= Gewinnschwelle) bezeichnet. Sofern der budgetierte Umsatz größer ist als der Break-Even-Umsatz, ergibt sich eine **Sicherheitsspanne**, die dazu verwandt werden kann, unerwartet auftretende Kostensteigerungen und/oder Absatzrückgänge aufzufangen, bevor das Unternehmen in die Verlustzone gerät. Umgekehrt lässt sich die Sicherheitsspanne vergrößern, wenn es möglich ist, die Preise bzw. Absatzmengen zu erhöhen und/oder die fixen bzw. variablen Kosten zu senken.

Berechnen lässt sich die **Sicherheitsspanne** (in %) nach folgender Formel:

Sicherheitsspanne = Betriebsergebnis · 100 / Deckungsbeitrag

Im vorliegenden Fall ist die Sicherheitsspanne sehr gering, und zwar nur (93 · 100 / 16.874 =) 0,5 %. Der **Sicherheitsgrad** ist entsprechend (16.874 · 100 / 16.781 =) 100,6 %.

1.4.2.7.3 Neutrales Ergebnis

Zur Bestimmung des **Neutralen Ergebnisses** werden hier – abgesehen von dem in einer Brückenrechnung ermittelten Saldo zwischen kalkulatorischen Kosten und dem nicht als Kosten verrechneten Zweckaufwand – die Währungsverluste und die Wertberichtigungen auf Vermögensgegenstände des Umlaufvermögens berechnet.

Verrechnung der kalkulatorischen Kosten		
Zeile	Position	Tsd €
1 2	**Abschreibungen** Kalkulatorische Abschreibungen 3.848 Tsd € abzüglich: 80 % bilanzielle Abschreibungen - 3.078 Tsd €	
3	Abschreibungsverrechnung	+ 770
4 5	**Zinsen** Kalkulatorische Zinsen 2.294 Tsd € abzüglich: 70 % effektive Zinsen - 1.606 Tsd €	
6	Zinsverrechnung	+ 688
7 8	**Wagnisse** Kalkulatorische Wagnisse 302 Tsd € abzüglich: 100 % effektive Wagnisse - 302 Tsd €	
9	Wagnisverrechnung	+/- 0
10	Verrechnungssaldo in der Neutralen Ergebnisrechnung	+ 1.458

\multicolumn{3}{c}{**Währungsverluste**}		
Zeile	**Position**	**Tsd €**
1 2	Auslandsumsatz - aus Eigenfertigung 6.161 Tsd € - mit Handelswaren 1.253 Tsd €	
3 4	Auslandsumsatz gesamt 7.414 Tsd € davon: 3 % ungedeckte Währungsverluste	 222

\multicolumn{3}{c}{**Wertberichtigungen auf Vorräte**}		
Zeile	**Position**	**Tsd €**
1	Netto-Umsatz in t_0 26.200 Tsd €	
2	davon 25 % Vorräte 6.550 Tsd €	
3	Vorräte in t_1 (enthalten im betriebsnotwendigen Kapital) 7.560 Tsd €	
4	Vorratsmehrbestand in t_1 1.010 Tsd €	
5	davon: 35 % Pauschalwertberichtigungen	353

\multicolumn{3}{c}{**Wertberichtigungen zu Forderungen**}		
Zeile	**Position**	**Tsd €**
1	Netto-Umsatz in t_1 30.242 Tsd €	
2	- Netto-Umsatz in t_0 26.200 Tsd €	
3	= Mehrumsatz in t_1 4.042 Tsd €	
4	davon: 15 % Forderungsmehrbestand 606 Tsd €	
5	davon: 12 % Pauschalwertberichtigungen	73

\multicolumn{3}{c}{**Neutrales Ergebnis**}		
Zeile	**Position**	**Tsd €**
1	Verrechnungssaldo kalkulatorische Kosten	+ 1.458
2	Sonstige betriebsgewöhnliche Aufwendungen:	
3	• Währungsverluste	- 222
4	• Wertberichtigungen auf Vorräte	- 353
5	• Wertberichtigungen zu Forderungen	- 73
6	Neutrales Ergebnis	+ 810

1.4.2.7.4 Gesamtergebnis

Das budgetierte **Gesamtergebnis** ist damit:

	Gesamtergebnis		
Zeile	Position	Tsd €	
1	Betriebsergebnis	+	93
2	Neutrales Ergebnis	+	810
3	Gesamtergebnis (vor Steuern)	+	903

Wie aus der Tabelle ersichtlich, besteht ein **Ungleichgewicht** zwischen dem operativen und dem neutralen Ergebnis. Das ist in der Praxis nicht ungewöhnlich, wenn die kalkulatorischen Kosten – wie hier geschehen – „verrechnet" werden. Würde das Gesamtergebnis (vor Steuern) **direkt** auf Basis der bilanziellen Abschreibungen und effektiven Zinsen berechnet werden, wäre das Betriebsergebnis mit (90 + 1.458 =) + 1.548 Tsd € positiv und das Neutrale Ergebnis mit (809 - 1.458 =) - 649 Tsd € negativ.

Möglich ist in der Praxis auch folgende **Überleitungsrechnung**:

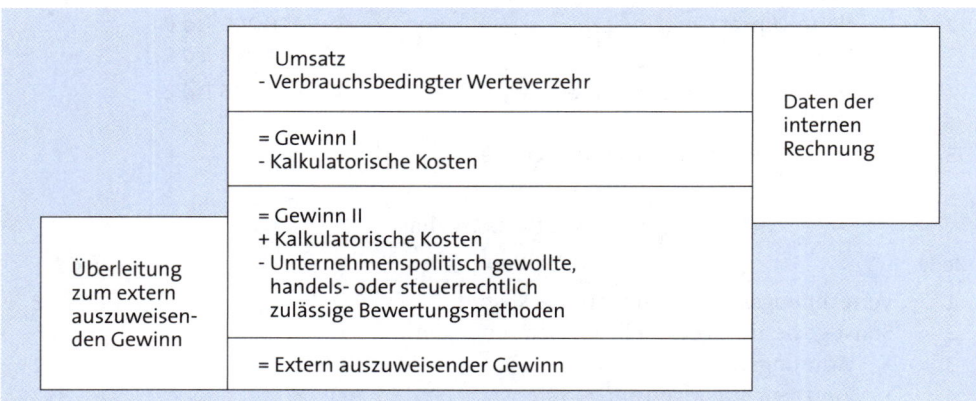

Nach erfolgter Überleitungsrechnung lässt sich auch der **budgetierte Cashflow** berechnen (siehe dazu auch die Ausführungen auf S. 150 ff.).

1.4.2.8 Bilanzbudget und Finanzrechnung

Das **Bilanzbudget** (= Planbilanz) ergibt sich aus der Zusammenfassung von Ausgangs-bilanz (= erwartete Schlussbilanz des laufenden Geschäftsjahres t_0) und Bewegungs-bilanz in t_1.

Die Anforderungen an eine Planbilanz sind deutlich geringer als die an die gesetzlich vorgeschriebene (= offizielle) Bilanz, die offenzulegen ist. Um die **Kompatibilität zwischen beiden Rechenwerken** zu gewährleisten, sind auch hier – worauf bereits mehr-fach hingewiesen wurde – gewisse Überleitungsrechnungen erforderlich.

Ein mit der Bilanzerstellung nach HGB verbundenes Problem sind die aus dem Vor-sichtsprinzip abgeleiteten und dem Gläubigerschutz dienenden **stillen Reserven**, die durch Unterbewertung von Aktiva (einschließlich Unterlassung der Bilanzierung von an sich aktivierungsfähigen immateriellen Vermögensgegenständen) und/oder durch Überbewertung von Passiva (z. B. Rückstellungen) erfolgen. Im Zeitpunkt der Bildung stiller Reserven werden Steuerzahlungen vermieden, jedoch lösen sich stille Reserven später wieder auf, wenn z. B. der Vermögensgegenstand, der die stillen Reserven trägt, wieder zu Geld geworden ist. Daraus ergibt sich für die Zeit von der Bildung bis zur Auf-lösung stiller Reserven lediglich ein **Steuerstundungseffekt**. Werden stille Reserven in der Planbilanz offen ausgewiesen, erhöhen diese – wie dargelegt – das Eigenkapital des Unternehmens.

Ähnlich den stillen Reserven können auch die selbst geschaffenen immateriel-len Vermögenswerte in der Planbilanz offen ausgewiesen werden.

Eine Beurteilung des zum Ende des Budgetjahres erwarteten Bilanzbudgets kann an-hand von **Kennzahlen** erfolgen, die auf verschiedene Weise gebildet werden:

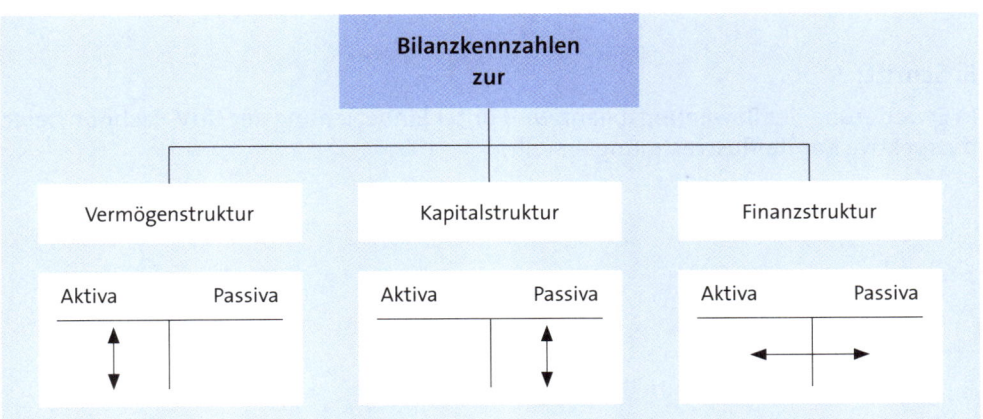

Gelegentlich werden auf der Grundlage von Bilanzgrößen auch sog. **Liquiditätsgrade** ermittelt, die zur Berechnung möglicher Disagios erforderlich sind. Diese haben hier allerdings keine praktische Bedeutung, da zum einen die Bilanz kein Instrument ist, um die Liquidität des Unternehmens zu beurteilen (da hierfür andere Instrumente besser geeignet sind), und zum anderen die verwendete Bilanzgröße „Zahlungsmittel" eine im Rahmen der Bilanzpolitik (engl. Window Dressing) leicht zu manipulierende Größe ist.

In der **Finanzrechnung** wird der Mittelbedarf für die im Budgetjahr vorgesehenen Maßnahmen (= Mittelverwendung) den verfügbaren bzw. noch benötigten Mitteln (= Mittelherkunft) gegenübergestellt. Das geschieht in den folgenden Schritten:

1. Schritt:

Aus der Anfangs- und Schlussbilanz ergibt sich durch Bildung von Bestandsdifferenzen die **Veränderungsbilanz**. Die darin enthaltenen Positionswerte werden durch Finanzstrategien vorbestimmt (= Aufnahme und Tilgung von Eigen- und Fremdkapital), durch Verträge (= Kreditrückzahlungen) oder andere Vereinbarungen festgelegt, aus Teilbudgets übernommen (= Investitionen aus dem Investitionsbudget, Veränderungen der unfertigen und fertigen Eigenerzeugnisse aus dem Produktionsbudget, der aus verschiedenen Positionen gebildete Gesamtgewinn aus dem Ergebnisbudget) oder durch Nebenrechnungen (= Desinvestitionen oder Zuführung zu den Pensionsrückstellungen) ermittelt.

2. Schritt:

Nach einer Ordnung der Beständedifferenzen entsteht die **Bewegungsbilanz** mit folgendem Aussehen:

Bewegungsbilanz			
Mittelverwendung		Mittelherkunft	
Aktivzugänge	A +	Aktivabgänge	A -
Passivabgänge	P -	Passivzugänge	P +

3. Schritt:

In Erweiterung der Bewegungsbilanz wird unter Einbeziehung der GuV-Rechnung eine prospektive **Kapitalflussrechnung** erstellt.

Der visualisierte **Zusammenhang** ist somit:

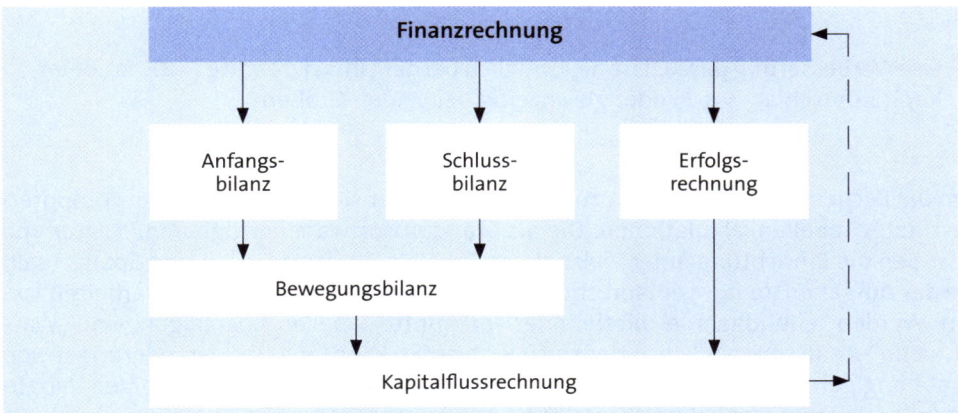

Die zahlungsorientierte **Kapitalflussrechnung** wurde bereits vorgestellt. Durch die Zusammenfassung der Salden der laufenden Geschäftstätigkeit sowie der Investitions- und Finanzierungstätigkeit ergibt sich der **Finanzmittelfonds** für das Budgetjahr. Dieser umfasst alle Bilanzpositionen, die jederzeit ohne Kündigungsfrist und Zusatzkosten verfügbar sind. Die sich aus der Währungsumrechnung ergebenden Auswirkungen auf den Cashflow des Unternehmens sind gesondert auszuweisen.

1.4.2.9 Geplante Kapitalrentabilität

Mit den Planwerten der Budgets lässt sich nunmehr der **Return on Investment** (ROI) berechnen. Dieser ist für den Beispielsbetrieb:

$$\text{Return on Investment (in \%)} = \frac{2.509 \cdot 100}{30.242} \cdot \frac{30.242}{22.940} = 8,3 \ (\%) \cdot 1,3 \ (\text{p. a.}) = 10,8 \ \%$$

Die in der Formel ausgewiesene Größe EBIT in Höhe von 2.509 Tsd € setzt sich zusammen aus dem Gesamtergebnis (= 903 Tsd €) und den Effektivzinsen (= 1.606 Tsd €).

Aufgabe 50 > Seite 645, Aufgabe 51 > Seite 646, Aufgabe 52 > Seite 646
Aufgabe 53 > Seite 647, Aufgabe 54 > Seite 648, Aufgabe 55 > Seite 649

1.4.3 Variation von Teilbudgets

Werden im ersten Budgetdurchlauf sowohl die geplante Rentabilität des betriebsnotwendigen Kapitals (hier der ROI = 10,8 %), als auch sonstige Benchmarks von den Budgetverantwortlichen als nicht zufriedenstellend angesehen, können **Teilbudgets neu berechnet** werden.

Eine **Verbesserung des ROI** ist hier möglich bei der Umsatzrendite (= 8,3 %), beim Kapitalumschlag (= 1,3) oder gleichzeitig bei beiden Größen.

Um die Rechenarbeit in Grenzen zu halten, empfiehlt sich die Anwendung computergestützter **Tabellenkalkulationen**. Die als Standardsoftware verfügbaren Programme erlauben die Einrichtung einer Vielzahl von Tabellen, in deren Zeilen und Spalten sich die der Aufgabenstellung entsprechenden Daten zusammenhängend verarbeiten lassen. Werden Teilbudgets in miteinander verknüpfte Tabellen übertragen, sind „Was-ist-wenn"-Analysen möglich, indem gezeigt werden kann, wie sich Veränderungen von unabhängigen Variablen (etwa Preise und/oder Mengen) auf die abhängigen Variablen (wie Gewinne und/oder Rentabilitäten) auswirken. Auf diese Weise kann man mit veränderten Prämissen verschiedene Budgetkombinationen durchspielen, von denen dann eine zu wählen ist.

1.4.4 Vorgabecharakter des Gesamtbudgets

Die vom Topmanagement des Unternehmens verabschiedeten Teilbudgets bilden die **Vorgaben** für das nächste Geschäftsjahr, die sich weiter untergliedern lassen.

1.4.4.1 Zeitliche Untergliederung

Üblich ist, das Budget auf unterjährige **Teilperioden** zu verteilen. Im einfachsten Fall werden die **Monatsvorgaben** der Stromgrößen als Zwölftel der Jahreswerte ermittelt, und zwar bezogen auf die einzelnen Stichtage zum jeweiligen Periodenende. Die Monatsberechnungen werden allerdings umso komplizierter, je mehr **diskontinuierliche Entwicklungen** zu berücksichtigen sind.

Im Fallbeispiel wurde von **Strukturwerten** ausgegangen, die Gültigkeit für das ganze Budgetjahr haben. Diese Prämisse kann nunmehr aufgehoben werden. Relativ einfach sind dann **saisonale Schwankungen** zu berücksichtigen, was an einem auf den nächsten beiden Seiten wiedergegebenen Modell gezeigt wird, das mit einem Tabellenprogramm gerechnet wurde und dem folgende Bedingungen zugrunde liegen:

▶ Es werden je eine Selektiv-Rechnung und eine Kumulativ-Rechnung durchgeführt. Während die Selektiv-Rechnung die einzelnen Monatswerte des Budgetjahres enthält, werden in der Kumulativ-Rechnung die Monatswerte addiert.

▶ Die kumulierten Umsatz-, Kosten- und Ergebniswerte werden aus den Jahresbudgets des Fallbeispiels übernommen.

▶ Festgelegt wird ein Saisonfaktor des Umsatzes, der im Monatsdurchschnitt 100 Punkte beträgt. Insgesamt werden also 1.200 Punkte auf die Monate verteilt, und zwar in Abhängigkeit von der jeweiligen Monatsstärke.

► Auf die Monate verteilt werden auch die Werte für den Netto-Umsatz bzw. die variablen Kosten entsprechend der Saisonfaktoren. Die Fixkosten und das Neutrale Ergebnis werden gezwölftelt.

Die nachfolgenden Tabellen (mit Wertangaben in Tsd €) machen deutlich, dass das monatliche Gesamtergebnis bereits in der Planung mehr oder weniger **diskontinuierlich** verläuft!

Durch Zusammenfassung von jeweils drei aufeinander folgenden Monatsbudgets ergibt sich ein **Quartalsbudget**.

Monats-Budgets in Tsd € für das 1. Halbjahr t_1 berechnet nach einem Tabellenkalkulationsprogramm						
	Jan.	Feb.	März	April	Mai	Juni
Selektiv-Rechnung						
Saisonfaktor des Umsatzes	110,0	95,0	90,0	95,0	105,0	110,0
Netto-Umsatz	2.772,2	2.394,2	2.268,1	2.394,2	2.646,2	2.772,2
Einzelkosten	1.032,0	891,3	844,3	891,3	985,1	1.032,0
Variable Gemeinkosten	193,4	167,0	158,3	167,0	184,7	193,4
Variable Kosten gesamt	1.225,4	1.058,3	1.002,6	1.058,3	1.169,8	1.225,4
Deckungsbeitrag	1.546,8	1.335,9	1.265,5	1.335,9	1.476,4	1.546,8
Fixkosten	1.398,5	1.398,4	1.398,4	1.398,4	1.398,4	1.398,4
Betriebsergebnis	148,3	-62,5	-132,9	-62,5	78,0	148,4
Neutrales Ergebnis	67,5	67,5	67,5	67,5	67,5	67,5
Gesamtergebnis	215,8	5,0	-65,4	5,0	145,5	215,9
Kumulativ-Rechnung						
Saisonfaktor des Umsatzes	110,0	205,0	295,0	390,0	495,0	605,0
Netto-Umsatz	2.772,2	5.166,4	7.434,5	9.828,7	12.474,9	15.247,1
Einzelkosten	1.032,0	1.923,3	2.767,6	3.658,9	4.644,0	5.676,0
Variable Gemeinkosten	193,4	360,4	518,7	685,7	870,4	1.063,8
Variable Kosten gesamt	1.225,4	2.283,7	3.286,3	4.344,6	5.514,4	6.739,9
Deckungsbeitrag	1.546,8	2.882,7	4.148,2	5.484,1	6.960,5	8.507,3
Fixkosten	1.398,5	2.796,9	4.195,3	5.593,7	6.992,1	8.390,5
Betriebsergebnis	148,3	85,8	-47,1	-109,6	-31,6	116,8
Neutrales Ergebnis	67,5	135,0	202,5	270,0	337,5	405,0
Gesamtergebnis	215,8	220,8	155,4	160,4	305,9	521,8

Monats-Budgets in Tsd € für das 2. Halbjahr t_1 berechnet nach einem Tabellenkalkulationsprogramm	Juli	Aug.	Sept.	Okt.	Nov.	Dez.
Selektiv-Rechnung						
Saisonfaktor des Umsatzes	85,0	85,0	95,0	100,0	110,0	120,0
Netto-Umsatz	2.142,1	2.142,1	2.394,2	2.520,1	2.772,2	3.024,2
Einzelkosten	797,4	797,4	891,3	938,1	1.032,0	1.125,8
Variable Gemeinkosten	149,5	149,5	167,0	175,8	193,4	211,0
Variable Kosten gesamt	946,9	946,9	1.058,3	1.113,9	1.225,4	1.336,8
Deckungsbeitrag	1.195,2	1.195,2	1.335,9	1.406,2	1.546,8	1.687,4
Fixkosten	1.398,4	1.398,4	1.398,4	1.398,4	1.398,4	1.398,5
Betriebsergebnis	-203,2	-203,2	-62,5	7,8	148,4	288,9
Neutrales Ergebnis	67,5	67,5	67,5	67,5	67,5	67,5
Gesamtergebnis	-135,7	-135,7	5,0	75,3	215,9	356,4
Kumulativ-Rechnung						
Saisonfaktor des Umsatzes	690,0	775,0	870,0	970,0	1.080,0	1.200,0
Netto-Umsatz	17.389,2	19.531,3	21.925,5	24.445,6	27.217,8	30.242,0
Einzelkosten	6.473,4	7.270,8	8.162,1	9.100,2	10.132,2	11.258,0
Variable Gemeinkosten	1.213,3	1.362,8	1.529,8	1.705,6	1.899,0	2.110,0
Variable Kosten gesamt	7.686,7	8.633,6	9.691,9	10.805,8	12.031,2	13.368,0
Deckungsbeitrag	9.702,5	10.897,7	12.233,6	13.639,8	15.186,6	16.874,0
Fixkosten	9.788,9	11.187,3	12.585,7	13.984,1	15.382,5	16.781,0
Betriebsergebnis	-86,4	-289,6	-352,1	-344,3	-195,9	93,0
Neutrales Ergebnis	472,5	540,0	607,5	675,0	742,5	810,0
Gesamtergebnis	386,1	250,4	255,4	330,7	546,6	903,0

1.4.4.2 Sachliche Untergliederung

Aus den periodisierten Teilbudgets sind die gegebenenfalls zu verfeinernden **Budget-pakete** für die jeweils Verantwortlichen abzuleiten. Das Ausmaß der Differenzierung ist abhängig von der **Hierarchieebene**, für die das jeweilige Budget zu bestimmen ist. Für das Umsatzbudget ist der Absatzbereich verantwortlich und für das Investitions-budget übernimmt das Controlling die Koordination.

Für die Funktionsbereiche (einschließlich der Center) des Unternehmens sind die **Kos-tenbudgets** aus den Kostenarten abzuleiten.

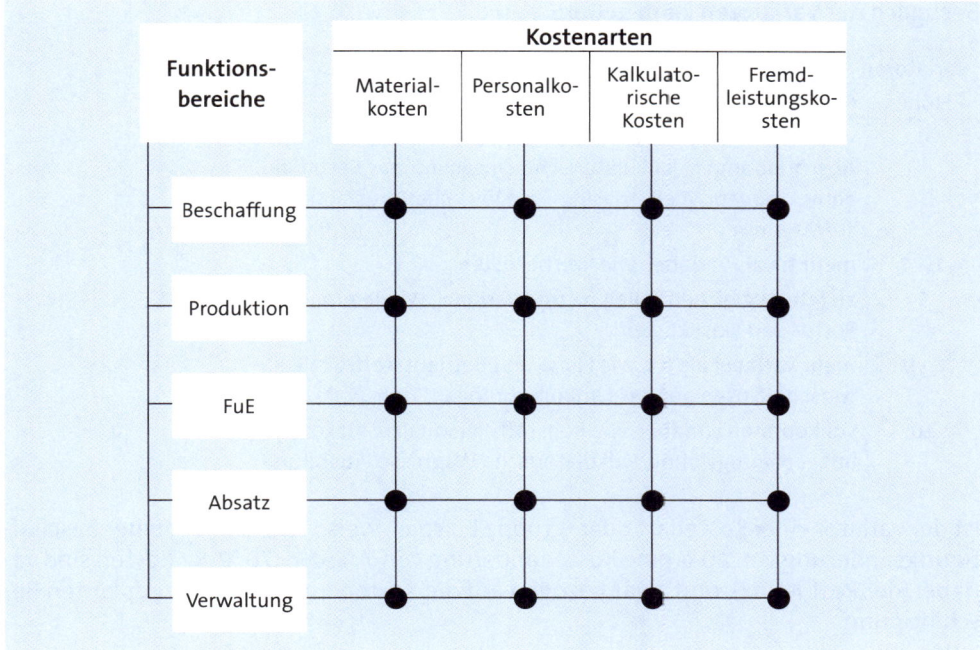

Funktions- bereiche	Kostenarten			
	Material- kosten	Personalko- sten	Kalkulato- rische Kosten	Fremd- leistungsko- sten
Beschaffung	●	●	●	●
Produktion	●	●	●	●
FuE	●	●	●	●
Absatz	●	●	●	●
Verwaltung	●	●	●	●

Außerdem lassen sich Kostenbudgets **funtionsübergreifend** erstellen, etwa für Projekte, Aus- und Weiterbildung oder Geschäftsreisen und Messebeteiligungen.

Auf der Ebene der Kostenstellen lassen sich die Gemeinkosten mithilfe der **flexiblen Plankostenrechnung** (engl. Standard Costing) verproben, sofern sie den Verantwortlichen bekannt sind.

▶ Die **Bezugsgrößen** (= Kostentreiber), von denen die Höhe der Kostenarten abhängig sind (z. B. Mengen, Preise und Qualitäten). Lassen sich Leistungen auf eine Bezugsgröße zurückführen, zu der sich alle variablen Kosten proportional verhalten, liegt der Fall einer homogenen Kostenverursachung vor. Artähnliche Leistungen lassen sich mithilfe von Äquivalenzziffern auf eine Einheitsleistung (als Bezugsgröße) zurückführen. Sind die variablen Kosten allerdings von mehr als einer Bezugsgröße abhängig, wird von heterogener Kostenverursachung gesprochen. Durch Kostenspaltung innerhalb einer Kostenstelle kann versucht werden, Gruppen homogener Kostenverursachung zu bilden.

▶ Die **Planbeschäftigung**, definiert als 100%-Beschäftigung mit entsprechendem Kostenniveau.

▶ Die meist ganzzahligen **Variatoren**, geben jeweils an, um wie viel Prozent sich die Kosten einer Kostenart ändern, wenn die Beschäftigung um 10 % variiert. Außer Ansatz bleiben dabei Remanenzwirkungen und deren Kosten

Bezüglich der **Variatoren** kann gelten:

Variatoren	
Höhe	Gemeinkosten sind…
0	**vollkommen fix,** wie Zeitlöhne, Gehälter, kalkulatorische Abschreibungen, kalkulatorische Zinsen auf das Sachanlagenvermögen, Miet-, Leasing- und Versicherungsraten, Kostensteuern
1 - 4	**mehr fix als variabel,** wie Werbekosten
5	**zu (etwa) gleichen Teilen fix und variabel,** wie Telefon-, Fax-, Porto- und Reisekosten
6 - 9	**mehr variabel als fix,** wie Hilfs- und Betriebsstoffe, kalkulatorische Zinsen auf das Umlaufvermögen, Transportkosten
10	**vollkommen variabel,** wie Rohstoff, Personalzusatzkosten auf Fertigungslöhne, kalkulatorische Wagnisse, Ausschuss

Ist der Variator einer Kostenart oder -gruppe beispielsweise 7, entspricht einer Beschäftigungsänderung von 10 % eine Kostenänderung von 7 %, d. h. 70 % der Kosten sind variabel (der Rest ist fix), und zwar bezogen auf die Kosten im Bereich der geplanten Beschäftigung.

Daraus ergibt sich folgende **Kritik**, die einen vorsichtigen Umgang mit Variatoren empfehlenswert erscheinen lässt, was durch die nachstehende Abbildung deutlich gemacht werden soll: Während die fixen Kosten (= konstante Strecke b) vom Beschäftigungsgrad unabhängig sind, steigen mit zunehmendem Beschäftigungsgrad die variablen Kosten (jeweils Strecke a) sowohl absolut als auch relativ mit den linear verlaufenden Gesamtkosten (jeweils Strecken a_i und b):

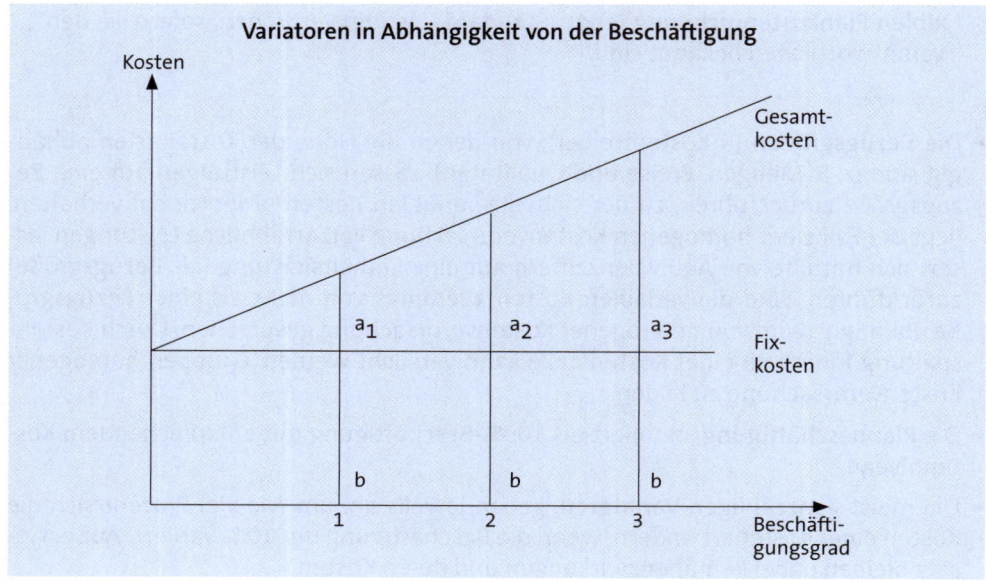

Mit diesen Angaben können für jede Kostenstelle die **Plankosten** ermittelt werden, was sich wie folgt visualisieren lässt:

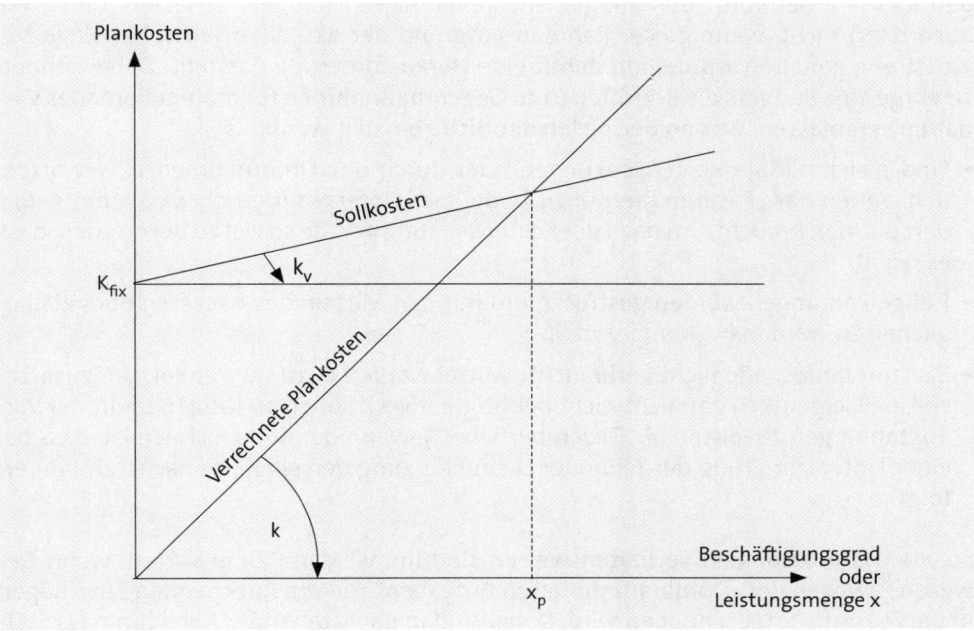

Darin sind:

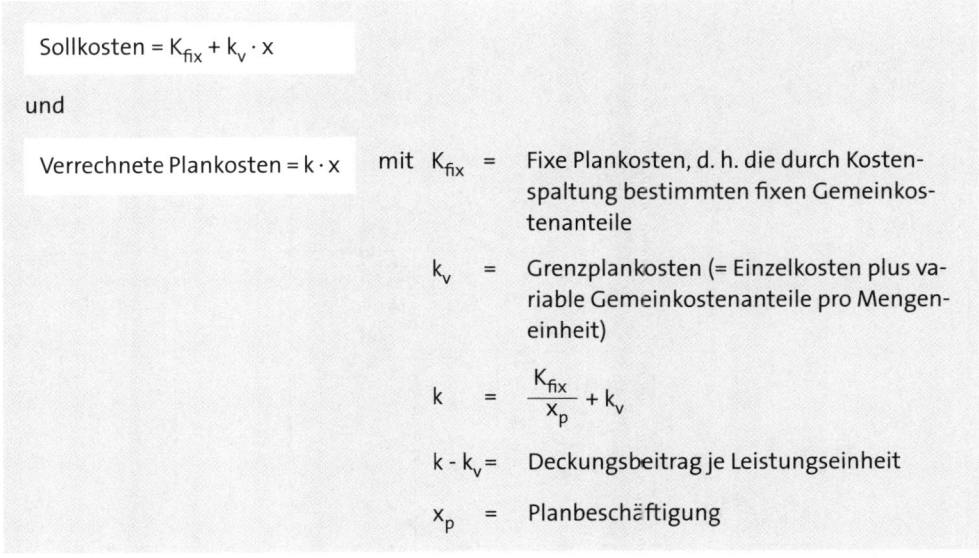

Sollkosten = $K_{fix} + k_v \cdot x$

und

Verrechnete Plankosten = $k \cdot x$

mit	K_{fix}	=	Fixe Plankosten, d. h. die durch Kosten-spaltung bestimmten fixen Gemeinkos-tenanteile
	k_v	=	Grenzplankosten (= Einzelkosten plus variable Gemeinkostenanteile pro Mengen-einheit)
	k	=	$\dfrac{K_{fix}}{x_p} + k_v$
	$k - k_v$	=	Deckungsbeitrag je Leistungseinheit
	x_p	=	Planbeschäftigung

2. Null-Basis-Budgetierung

Die auf traditionelle Weise ermittelten Teilbudgets dürfen in ihrer Gesamtheit nicht den Rahmen der vom Topmanagement genehmigten Budgets verletzen, und zwar auch dann nicht, wenn dieser Rahmen aufgrund der aktuellen Wirtschaftslage bewusst eng gehalten wurde und damit eine Herausforderung darstellt. Dabei können zu ehrgeizige Budgets die Betroffenen zu **Gegenmaßnahmen für manipulierendes Verhalten** veranlassen, was an Beispielen deutlich gemacht werden soll:

▶ Sind gleichmäßige Kostensenkungen quer durch das Unternehmen zu erwarten, d. h. gelten das „Rasenmäherprinzip" oder die „Opfersymmetrie", wird mehr gefordert als man braucht, um nach der Kostensenkung gerade so viel zu bekommen, dass es reicht.

▶ Fällige Zahlungen werden gestreckt, um mit den Mitteln des nächsten Budgets beglichen zu werden (= „Januarwut").

▶ Bis zum Jahresende nicht verbrauchte Mittel werden dazu verwendet, um zusätzliche, d. h. eigentlich gar nicht nicht benötigte Investitionen zu tätigen und/oder Vorauszahlungen zu leisten (= „Dezemberfieber"), wenn damit zu rechnen ist, dass bei einer Unterschreitung der Teilbudgets eine Kürzung derselben im nächsten Jahr erfolgt.

Solche **dysfunktionalen Verhaltensweisen** sind immer dann zu erwarten, wenn Gewesenes wegen der „Dominanz der alten Aufgaben" mit entsprechenden Zuschlägen in die Zukunft fortgeschrieben wird. Dabei sind in nachstehender Abbildung: (1) Fortschreibung, (2) Periodischer Zuschlag für Wachstum (d. h. Mengen) und (3) Periodischer Zuschlag für Preissteigerungen. Die Folgen solcher Fortschreibungen und Zuschläge ist eine progressiv verlaufende Mittelbedarfskurve.

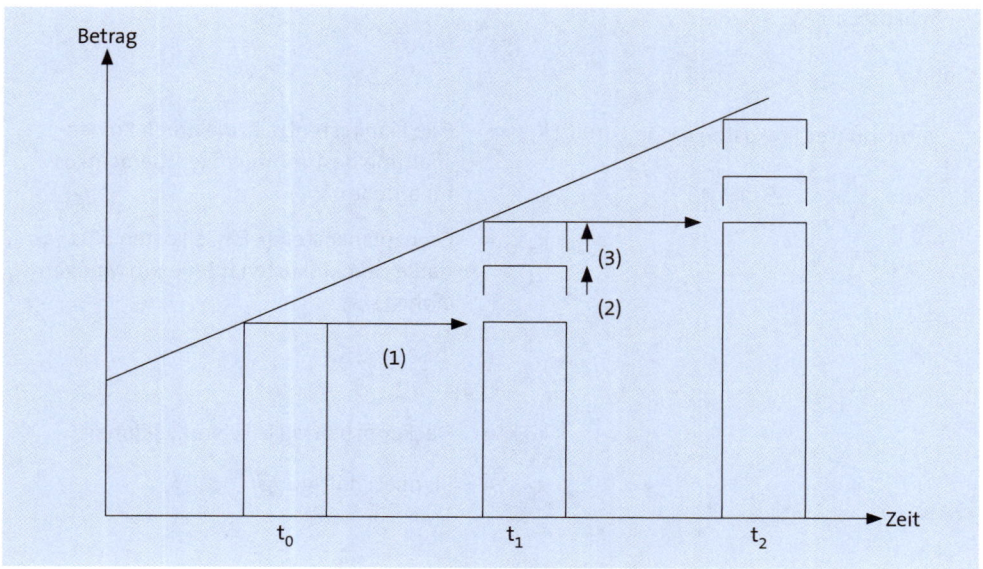

Hier setzt die Null-Basis-Budgetierung (engl. Planning from Base Zero oder Zero-Base-Budgeting) als „Barriere gegen das Ausufern von Budgets" bzw. als „destabilisierender Prozess" an, die Gewesenes infrage stellt und eine **Budgetierung von Anfang an** empfiehlt, indem vorhandene Funktionen und Prozesse zu rechtfertigen sind, und zwar noch bevor Ressourcen verteilt werden (*Arnold, 2005*).

2.1 Einsatzbereiche

Bei der Null-Basis-Budgetierung (kurz NBB) geht es, ähnlich wie bei der Gemeinkostenwertanalyse (*Huber, 1986; Lorson, 1993*), weniger um die Einzelkosten der direkten Bereiche, die schon immer durch Wertanalysen auf ihre Notwendigkeit und Berechtigung hin durchleuchtet werden, als vielmehr um die **Rationalisierungspotenziale in Gemeinkostenbereichen** (= Gemeinkostencontrolling).

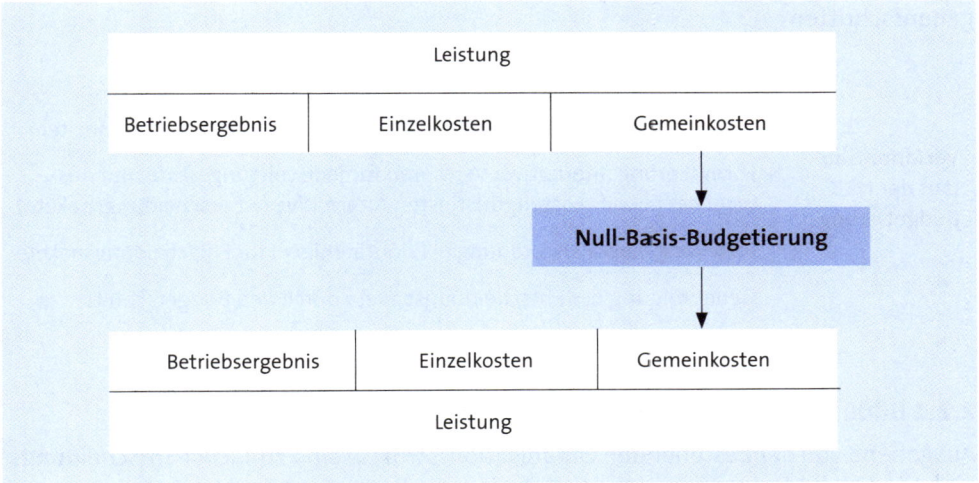

Da die Betrachtung bis hinunter in den kleinsten Gemeinkostenbereich (= Basis) reicht, ohne dass auf Rahmenbedingungen (= Prämissen) oder frühere Entscheidungen Rücksicht genommen werden muss (= Situation „Null"), ist NBB zeit- und kostenaufwändiger als die traditionelle Budgetierung, weshalb die Gemeinkostenbereiche vom Controlling auch nur im **Mehrjahresrhythmus** (etwa alle drei bis fünf Jahre) bezüglich ihrer Aufgaben, Strukturen, Prozesse, Leistungsreserven und Kosten (unter Mitwirkung des Controllings) analysiert werden. Der aktuelle Budgetansatz wird jeweils infrage gestellt, neu formuliert und dann routinemäßig im Rahmen der traditionellen Budgetierung wieder fortgeschrieben. Dadurch, dass im Rahmen von NBB revolvierend „Budget-Oasen" analysiert werden, lässt sich das traditionelle Budgetierungssystem auch nur sukzessive verbessern.

Die notwendigen Restrukturierungen historisch gewachsener Organisationsstrukturen mit ihren routinemäßigen Abläufen lassen **Widerstände der Betroffenen** erwarten, denen nach *Volz (1987)* am besten dadurch begegnet werden kann, dass man diese Betroffenen zu Beteiligten macht, indem man sie darüber aufklärt

▶ was auf sie zukommt (etwa Aufdeckung von Schwachstellen und Lücken)

▶ wie ihre Mitwirkung an zu ändernden Leistungsprozessen aussehen sollte (etwa Erkennen von Zusammenhängen, Lösung komplexer Aufgaben, Abbau von Bürokratie)

▶ welche Konsequenzen NBB mit sich bringt (etwa gesteigertes Kostenbewusstsein, Aufgabenneuverteilung, personelle Umbesetzungen).

2.2 Ablauf

Die Durchführung von NBB erfolgt in mehreren, aufeinander folgenden **Top-down-Vorgehensschritten**:

Verfahrensablauf der NBB-Budgetierung	Bildung von Entscheidungseinheiten
	Festlegung von Leistungsstufen (Intensitäten der Entscheidungseinheiten)
	Formulierung alternativer Verfahren für jede Leistungsstufe und Auswahl der jeweils kostengünstigsten Alternative (= Entscheidungspakete)
	Erstellung einer Rangordnung (= Prioritätenliste) für Entscheidungspakete
	Genehmigung der Entscheidungspakete durch den Budgetschnitt

2.2.1 Bildung von Entscheidungseinheiten

Ausgehend von der bestehenden Organisationsstruktur sind zunächst **Entscheidungseinheiten** zu bilden, wobei folgende **Kriterien** von Bedeutung sind:

▶ Die Entscheidungseinheit muss überhaupt notwendig sein.

▶ Eine Entscheidungseinheit sollte mindestens ein Ein-Person-Jahres-Arbeitsvolumen umfassen, aber kleiner sein als ein Zehn-Personen-Jahres-Arbeitsvolumina.

▶ Jede Entscheidungseinheit muss hinsichtlich der Leistungen und Kosten gegenüber benachbarten Entscheidungseinheiten klar abgegrenzt werden können, um Quersubventionierungen auszuschließen.

▶ Die Aufgabenstellung für die Entscheidungseinheiten muss untereinander widerspruchsfrei sein.

Vielfach stimmen Entscheidungseinheiten mit Abteilungen, Unterabteilungen oder Kostenstellen überein, aber auch Center-, Prozess-, Projekt- oder sonstige Gruppenbildungen sind möglich:

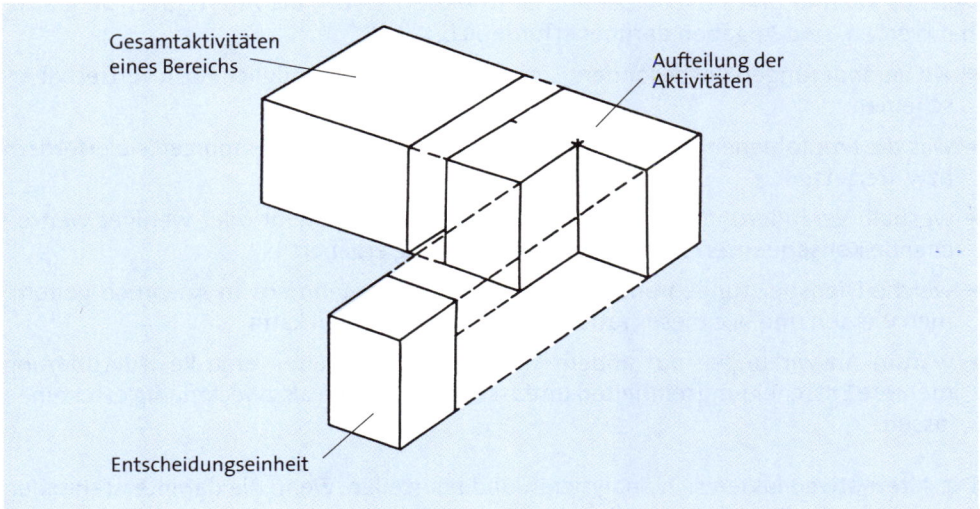

Eine dieser Entscheidungseinheiten ist auch der **Controllingbereich** des Unternehmens.

2.2.2 Festlegung der Leistungsstufen

Für jede Entscheidungseinheit sind Zeit, Menge und Qualität der gewünschten Arbeitsergebnisse (= Leistungen) festzulegen. Bezogen auf das mit bisherigen Ressourcen erreichte Leistungsniveau einer Entscheidungseinheit sind sowohl darunter als auch darüber liegende **Intensitätsstufen** denkbar:

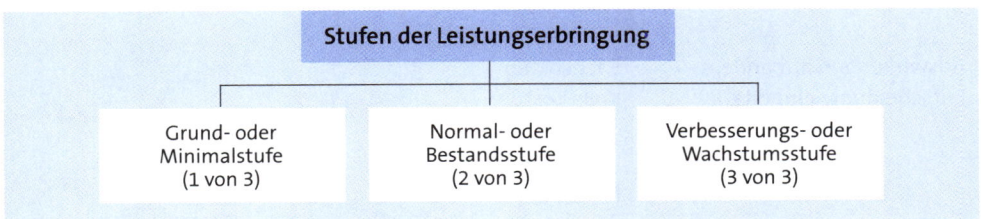

Es sind **Kennzeichen** der

► **Grundstufe**, dass bestimmte Arbeitsabläufe überflüssig sind (etwa nicht wertschöpfende Blindleistungen) und deshalb ganz fortfallen können

► **Normalstufe**, dass Arbeitsabläufe notwendig sind, aber rationeller abgewickelt werden können als bisher

► **Verbesserungsstufe**, dass Arbeitsabläufe (= Prozesse) höher angereichert werden können.

2.2.3 Formulierung von Alternativen

Für jede Leistungsstufe einer Entscheidungseinheit sind mindestens zwei **Alternativen** (= Aktivitätenbündel) zu formulieren und bezüglich der Kosten, Qualität und Zeit sowie des Kapital- und Personalbedarfs zu bewerten. Damit die Alternativen vergleichbar werden, sind Angaben darüber erforderlich,

► wo Veränderungen (insbesondere Einsparungen) weder möglich noch vertretbar erscheinen

► was die empfohlenen Veränderungen bringen und welche Ressourcen sie erfordern bzw. freisetzen

► weshalb Veränderungen abzulehnen sind und welche mehr oder weniger weitreichende Konsequenzen sich aus dieser Ablehnung ergeben

► welche Dienstleistungen anderer Stellen des Unternehmens in Anspruch genommen werden und wie dieses rationeller gestaltet werden kann

► warum Auswirkungen auf andere Entscheidungseinheiten eine Restrukturierung mehrere Entscheidungseinheiten umfassender Bereiche als zweckmäßig erscheinen lassen.

Die **Alternativen** lassen sich analysieren und beurteilen, wenn die dahinterstehenden Angaben in eine **Tabelle** der nachstehenden Art übernommen werden:

Angaben zur Entscheidungseinheit			
Beschreibung der Alternative (in Stichworten)	Leistungsstufe (bitte ankreuzen)	☐ Grundstufe ☐ Normalstufe ☐ Verbesserungsstufe	
	Ressourcen	Laufendes Jahr t_0	Budgetjahr t_1
	Personalstand		
Auswirkungen auf andere Entscheidungseinheiten	Personalkosten Fremdleistungen Sachkosten Kalk. Kosten		
	Summe Kosten		
	Investitionen		
Leistungskennzahlen			
Chancen und Risiken bei Realisierung der angekreuzten Leistungsstufe			
Konsequenzen bei Ablehnung der angekreuzten Leistungsstufe			

Die jeweils kostengünstigste Alternative der Leistungsstufe einer Entscheidungseinheit wird als **Entscheidungspaket** bezeichnet. Während das Entscheidungspaket der niedrigsten Leistungsstufe eine Art „Mindestausstattung" der Entscheidungseinheit wiedergibt, enthalten die Entscheidungspakete höherer Leistungsstufen lediglich den **Mehrbetrag** gegenüber der vorgelagerten Leistungsstufe, was ein Beispiel (mit Beträgen in Tsd €) verdeutlichen soll:

Leistungsstufe Ent- scheidungs- einheit	Grundstufe 1 von 3	Normalstufe 2 von 3	Verbesserungsstufe 3 von 3
A	50	15	20
B	70	10	10
C	90	20	15

2.2.4 Rangordnung von Entscheidungspaketen

Sind die Entscheidungspakete der betrachteten Entscheidungseinheiten bestimmt, erfolgt der **Bottom-up-Rücklauf** über alle Ebenen der Organisation.

Die unterste der mit der Auswahl von Entscheidungspaketen betrauten Ebene listet die Entscheidungspakete aus ihrer Sicht und gibt die getroffene Rangordnung zusammen mit den verworfenen Alternativen an die darüber liegende Ebene weiter, die aus ihrer Sicht eine geänderte Rangordnung erstellen kann. Nach mehrfacher **Filterung und Verdichtung** erfolgt – entsprechend der nachfolgenden Abbildung – die endgültige Festlegung durch den Vorstand oder die Geschäftsleitung des Unternehmens:

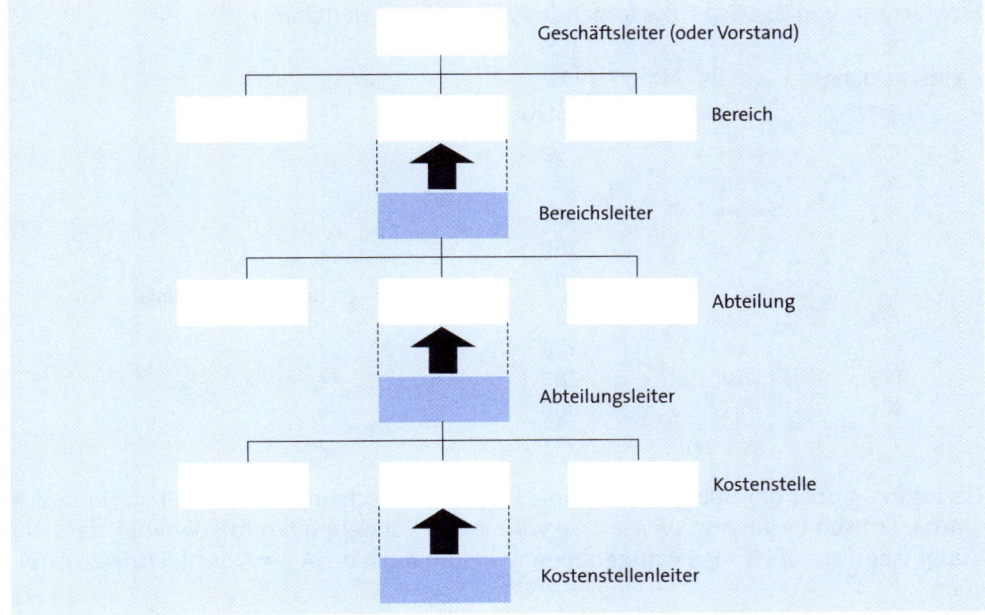

Für den **Rangordnungsprozess** gilt, dass die Grundstufe einer Entscheidungseinheit nachgefragt sein muss, bevor ein höheres Leistungsniveau die Möglichkeit auf Durchführung erhält. Daraus folgt, dass die Entscheidungspakete der niedrigsten Leistungsstufen um die ersten Plätze der Rangordnung konkurrieren. Bei einer großen Zahl auszuwählender Entscheidungspakete kann der Rangordnungsprozess dadurch vereinfacht werden, dass die untere Konsolidierungsebene die Vollmacht erhält, etwa über 80 % der bisherigen Ressourcen zu entscheiden, sodass die „unter allen Umständen" zu genehmigenden Entscheidungspakete nicht weiter den Rangordnungsprozess belasten.

Bei Fortfall oder Verringerung von (Teil-)Aufgaben in Gemeinkostenbereichen können sich die **Leitungsspannen der Führungskräfte** verringern. Werden über mehrere NBB-Runden hinweg die Leitungsspannen durch Verringerung der Zahl der Führungsebenen wieder vergrößert, führt das – wie im Zusammenhang mit Personalstrategien ausgeführt – zu einer insgesamt flacheren Hierarchie.

2.2.5 Budgetschnitt

Von der Unternehmensleitung wird eine **Budgetschnittlinie** festgelegt, die für Gemeinkosten und Investitionen sämtlicher Entscheidungseinheiten verwendet werden kann. Jenseits dieser Linie liegende Entscheidungspakete gelten als nicht mehr realisierbar, d. h. sie müssen bis zur nächsten NBB-Runde verschoben werden, wenn nicht gar ganz aufgegeben werden. Bezogen auf das vorstehende Beispiel ist bei gegebener Budgetschnittlinie von 250 Tsd € die folgende **Rangordnung** denkbar:

Entscheidungs-paket	Beträge (in Tsd €)	
	selektiv	kumulativ
C 1	90	90
A 1	50	140
C 2	20	160
B 1	70	230
B 2	10	240
A 2	15	255
C 3	15	270
B 3	10	280
A 3	20	300

Budgetschnittlinie

Geringfügig über der Budgetschnittlinie liegende Entscheidungspakete könnten noch einmal kritisch betrachtet werden. So wäre es im vorstehenden Fall denkbar, dass der Budgetschnitt auf 255 Tsd € angehoben wird, um auch bei A die Normalstufe zu erreichen.

Bezogen auf die **Sekundärorganisation** mit ihren SGEs könnte eine Zuteilung der Ressourcen aus der Sicht des Gesamtunternehmens auch wie folgt aussehen:

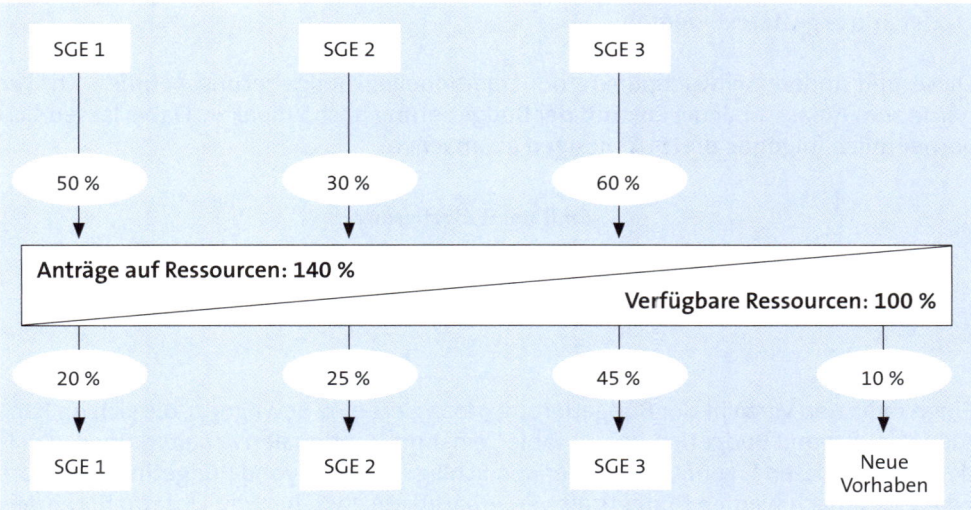

3. Kritische Würdigung

3.1 Traditionelle Budgetierung

Die traditionelle Budgetierung wurde schon immer kritisiert. Wesentliche Kritikpunkte sind und waren dabei:

▶ Das Budget als Instrument der Führung deckt aus strategischer Sicht einen zu kurzen **Zeitraum** (nur ein Jahr) ab, der für die operative Steuerung aber schon zu lang ist.

▶ Die **Dominanz des finanziellen Ergebnisses** (sog. finanzielle Monokultur) hat zur Folge, dass Fehlentwicklungen in den Budgets erst mit Zeitverzögerungen festgestellt werden können, da die Ursachen in den dahinterstehenden Prozessen liegen.

▶ Die **Hochrechnung von Budgetwerten** entspricht eher einer Vergangenheitsbewältigung als einer echten Zukunftsbetrachtung und -gestaltung.

▶ Die mit dem Rechnungswesen des Unternehmens verbundene Budgetierung schafft **Begrenzungen**, die die Freiräume der Fach- und Führungskräfte einschränken. Die Begrenzungen wiederum fördern ein Sicherheitsdenken, verführen zur Sorglosigkeit und lassen die eine oder andere Chance entgehen.

▶ Die **Kosten der Budgetierung** sind in Anbetracht der Komplexität (vor allem in den Gemeinkostenbereichen) sowie der Vielzahl der Planungsträger und controllingrelevanter Koordinierungsschleifen beträchtlich. Dadurch gehen Zeit und Personalressourcen verloren, die an anderen Stellen im Unternehmen besser eingesetzt werden könnten.

▶ Werden **finanzielle Anreize** an die Budgeterfüllung geknüpft, ist zu erwarten, dass von den Planungsträgern bewusst niedrige Ziele angesetzt werden. Gilt ein Ziel dabei als leicht realisierbar, besteht die Gefahr, dass Aufwendungen vorgezogen und/ oder Erlöse gestreckt werden.

Diese und andere Schwachpunkte der traditionellen Budgetierung nehmen Kritiker gerne zum Anlass, über die **Zukunft der Budgetierung** nachzudenken. Dabei lassen sich vornehmlich folgende drei Strömungen ausmachen:

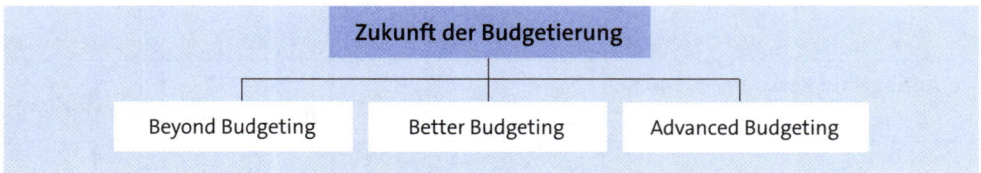

Einen radikalen Verzicht der Budgetierung propagiert eine Bewegung, die sich im Rahmen des „Beyond Budgeting Round Table", einer internationalen Arbeitsgruppe, gebildet hat, und deren Erkenntnisse unter den Schlagworten **Beyond Budgeting** diskutiert werden. Danach werden Budgets als Vereinbarungen zwischen der Unternehmensleitung und den Bereichsverantwortlichen angesehen, wobei jede Vereinbarung auf die Erfüllung fixierter Zielvorgaben gerichtet ist, und zwar unabhängig vom Wandel im Umfeld des Unternehmens. Vor allem in volatilen Zeiten fördert das ein starres Festhalten an überholten Maßnahmen und lässt **Manipulationen** der Führungskräfte erwarten, um die Budgetziele unter allen Umständen zu erreichen.

Um Managern und Controllern den Druck der Budgetierung zu nehmen, sollte das Streben nach Erhalt oder Verbesserung der Wettbewerbsfähigkeit generell stärker betont werden („Beat the Competition") und Abstimmungen der Bereiche bzw. Center untereinander haben im Zeitalter des Wissens dezentral und vor allem spontan zu erfolgen, weil vieles nicht mehr planbar ist. Noch gibt es dazu aber kein überzeugendes Konzept und es bleibt abzuwarten, ob es ein solches jemals geben wird. Die Diskussionen zu dieser Thematik beziehen sich bislang nur auf einige wenige Pionierunternehmen, von denen Budgets in den markt- und kundennahen Bereichen weitgehend durch andere Inhalte und Instrumente der Planung und Koordination ersetzt wurden: Die **Inhalte** der Planung sind mehr strategischer Art und betreffen auch immaterielle Vermögenswerte bzw. vorlaufende Performance-Ergebnisse. Empfohlene **Instrumente** der Planung bzw. Koordination sind die Balanced Scorecard, rollierende Prognosen sowie Benchmarks als relative Vergleiche zum Vorjahr und zur Markt- bzw. Branchenentwicklung. So gesehen handelt es sich mehr um eine selektive Zusammenstellung verschiedener Managementmethoden als um ein ganzheitliches Steuerungskonzept.

Nach Ansicht der Befürworter macht die Implementierung von Beyond Budgeting einen dezentralen **Selbststeuerungsrahmen** notwendig, demzufolge die Verantwortlichen der kleiner und zahlreicher werdenden bzw. unternehmerischer agierenden Geschäftsbereiche jeweils nur so viele Ressourcen fordern, wie sie nach Lage der Dinge benötigen. *„Um auf Budgets verzichten zu können, sind eine flexible Planung, eine kompromisslose Dezentralisation sowie ein höchst effizientes Informationssystem und eine neue Form der Leistungsbewertung erforderlich"* (Hope/Fraser, 2003).

Selbstverständlich könnten Unternehmen auf feste Jahresbudgets verzichten. Wer das aber zu tun beabsichtigt, muss sich darüber im Klaren sein, dass das mit einem **Verzicht von Gelegenheiten** verbunden ist:

▶ Die **Verpflichtung** bzw. Disziplinierung, mindestens einmal jährlich in Teams über Zukunftsperspektiven bis zum Budgethorizont im Detail nachzudenken, in Zahlen umzusetzen und diese in Bezug auf ihre Risiken diskutieren zu müssen, ist eine gute Voraussetzung dafür, dass dieses auch tatsächlich geschieht. Den Teammitgliedern sind die Planungstermine lange im Voraus bekannt, sodass sich jeder rechtzeitig darauf einstellen und entsprechend vorbereiten kann.

▶ Mittels **Budgetkontrollen** soll später die Zielerfüllung überwacht werden. Wird jedoch auf Budgets verzichtet, kann es auch keine durch Budgetkontrollen festzustellenden Abweichungen geben, die gemeinhin als „Futter des Controllers" gelten.

▶ Ebenso entfallen die an späterer Stelle beschriebenen Möglichkeiten flexibler **Vorschaurechnungen** (= Forecasts) und die damit in Verbindung stehenden **Nachsteuerungen**.

Um diese Gelegenheiten auch weiterhin nutzen zu können, empfehlen Vertreter eines evolutionären Budgetierungsansatzes, der mit den Schlagworten **Better Budgeting** umschrieben wird:

▶ Das bisherige **Konzept der Budgetierung** als stabilisierender Faktor der zentralen Steuerung wird grundsätzlich beibehalten, wobei die Besonderheiten der Branche, die strategischen Erfolgsfaktoren und die Unternehmenskultur in ihren vielschichtigen Ausprägungen angemessen zu berücksichtigen sind.

▶ Die **Komplexität der Budgetierung** ist zu reduzieren, d. h. es werden nur noch die wichtigsten Plangrößen und deren Zusammenhänge berücksichtigt, und zwar gemäß der ABC-Analyse nur jene 20 % der Variablen (engl. Key Value Driver), die 80 % des Ergebnisses ausmachen. Eine solche Verschlankung der Budgetierung hat allerdings zur Folge, dass sich verschiedene Planabweichungen von selbst ausgleichen und sich die dafür Verantwortlichen nur noch mit wenigen Ausnahmen (= Ausreißern) beschäftigen müssen. Das steigert zwar die Flexibilität und erhöht die Geschwindigkeit, jedoch dürfen die „Entfeinerungen" nicht so weit gehen, dass alles so hingenommen wird wie es kommt und deshalb weitere transparenzschaffende Analysen unterbleiben.

▶ Die Bedeutung nicht finanzieller **Vorlaufgrößen** steigt.

▶ Von der **Software** her gesehen, vereinfacht das auch zur Budgetierung konzipierte SAP ERP die Planarbeit erheblich.

Ein zwischen Beyond Budgeting und Better Budgeting angestrebter **Kompromiss** lässt sich durch die Schlagworte **Advanced Budgeting** kennzeichnen. Um den Bezug zur strategischen Planung herzustellen, kann man – wie im obigen Fallbeispiel geschehen – die auch in der BSC enthaltenen und vornehmlich die strategischen Sachziele des Unternehmens betreffenden Strukturwerte als **Prämissen der Budgetierung** ansehen. Kombiniert man diese Strukturwerte mit bestimmten Eckwerten, werden die strategische und operative Planung nahtlos miteinander verbunden (*Gleich, 2003*).

3.2 Null-Basis-Budgetierung

Von den im NBB-Prozess festgestellten **Kostensenkungspotenzialen** lässt sich kurzfristig nur ein kleiner Teil realisieren, d. h. der weitaus größere Rest wird erst später fällig.

Von Bedeutung für den Erfolg des Unternehmens sind auch die kostenverursachenden Wirkungen der NBB-Prozesse. So kann es sein, dass die **Folgekosten** (z. B. durch dysfunktionales Verhalten der verbliebenen Belegschaft) die reinen **Durchführungs- und Umsetzungskosten** übersteigen. Ferner besteht die Gefahr, dass freigesetzte Ressourcen nicht wirklich eingespart werden, sondern in andere – nicht unbedingt profitable – Vorhaben fließen.

Ungeachtet aller berechtigter Kritik sollten Controller das NBB-Verfahren nicht aus den Augen verlieren.

Aufgabe 56 > Seite 649

Lösung

1.	Was versteht man unter operativer Planung (= Budgetierung) und wodurch unterscheidet sich diese von der strategischen Planung?	S. 500
2.	Erläutern Sie, was ein Budget ist und wozu es verwendet werden kann!	S. 500 f.
3.	Verdeutlichen Sie den Unterschied zwischen traditioneller Budgetierung und der Planung von Aktionen!	S. 501
4.	Wie sind die Aktiv- und Passivseite der Planbilanz des Unternehmens für Budgetierungszwecke sachlich zu verändern?	S. 507 f.
5.	Welche Wertansätze werden zur Berechnung des „Betriebsnotwendigen Vermögens" benötigt und wodurch unterscheidet sich dieses vom „Betriebsnotwendigen Kapital"?	S. 507 f.
6.	Skizzieren Sie den Aufbau einer Betriebsrechnung!	S. 509
7.	Machen Sie deutlich, warum es bei Unternehmen in der Rechtsform einer Kapitalgesellschaft einen kalkulatorischen Unternehmerlohn und eine kalkulatorische Miete nicht geben kann!	S. 509
8.	Unter welchen Kostenarten werden versicherungsfähige Risiken budgetiert, die fremdversichert, und solche, die selbstversichert werden?	S. 509 f.
9.	Wie und warum werden kalkulatorische Kosten im Neutralen Ergebnis „verrechnet"?	S. 511
10.	Nehmen Sie kritisch dazu Stellung, die betriebs- und periodenfremden sowie außerordentlichen Positionen der Neutralen Ergebnisrechnung planen zu wollen!	S. 511
11.	Erläutern Sie die Vorteile und Vorgehensweise der konstruktionsbegleitenden Kostenrechnung!	S. 512 f.
12.	Beschreiben Sie den Aufbau der Funktionskostenrechnung!	S. 513 f.
13.	Wie verändert sich die Kostenstruktur im Fertigungsbereich, wenn dort automatisiert bzw. Outsourcing betrieben wird?	S. 514
14.	Welche Überlegungen sprechen dafür, die Funktionskostenrechnung im Bereich der Fertigung stärker zu differenzieren und die FuE-, Logistik-, Qualitäts-, Service- und Umweltkosten zu eigenen Kalkulationselementen werden zu lassen?	S. 514

Lösung

15.	Beschreiben Sie den Ablauf der Maschinenstundensatzrechnung im Fertigungsbereich des Unternehmens und machen Sie deutlich, welche Probleme der Funktionskostenrechnung sich dadurch einschränken lassen!	S. 515 f.
16.	Erläutern Sie die Besonderheiten der Prozesskostenrechnung und machen Sie deutlich, was bezüglich der Zuschlags- und Prozesskostensätze in den Kostenstellen des Unternehmens passiert!	S. 516 ff.
17.	Welche betrieblichen Sachverhalte lassen sich besonders gut mit der Prozesskostenrechnung lösen?	S. 517
18.	Zeigen Sie anhand selbst gewählter Beispiele den Unterschied mengenabhängiger und mengenneutraler Vorgänge.	S. 517 f.
19.	Was versteht man unter einem Kostentreiber? Nennen Sie je einen solchen für folgende Kostenstellen: Einkauf, Lackiererei, Debitorenbuchhaltung, Fuhrpark, Callcenter?	S. 518
20.	Wie werden bei gegebener Prozesshierarchie die zur Kalkulation erforderlichen Prozesskostensätze ermittelt?	S. 520
21.	Stellen Sie in einer Grafik die mit der Zuschlags- und Prozesskostenkalkulation ermittelten Stückkosten gegenüber und nehmen Sie kritisch Stellung zu den Ergebnissen!	S. 521
22.	Welche Überlegungen in Bezug auf die Gewinnerzielung sprechen dafür, fokales Unternehmen in einer Wertschöpfungspartnerschaft zu werden?	S. 521 ff.
23.	Warum sind Zwischenkalkulationen für externe Projekte in zeitlichen Abständen sinnvoll?	S. 524
24.	Welche Erkenntnis bietet ein erweiterter Kostenvergleich im Rahmen einer statischen Investitionsrechnung?	S. 525
25.	Aus welchen Überlegungen sind Vergleichsrechnungen bezüglich des Gewinns, der Rentabilität und der Amortisation unter Verwendung statischer Investitionsrechnungen wenig hilfreich?	S.525
26.	Aus welchen Bausteinen (= Modulen) besteht üblicherweise ein Budget im Industriebetrieb? Zeigen und begründen Sie den sachlichen Zusammenhang zwischen den genannten Bausteinen!	S. 526
27.	Was sind Eck- bzw. Strukturwerte der Budgetierung und wie werden diese ermittelt? Geben Sie Beispiele!	S. 528 ff.

Lösung

28.	Wie verändern sich (tendenziell) die bilanziellen und kalkulatorischen Abschreibungen mit zunehmender Alterung des Sachanlagevermögens?	S. 530
29.	Welchen Einfluss hat der Verschuldungsgrad des Unternehmens auf die Höhe der effektiven und kalkulatorischen Zinsen?	S. 530 f.
30.	Nehmen Sie Stellung zu der Behauptung, dass bei Hochrechnungen budgetierter Größen die Wachstumsrate stets vor der Preissteigerungsrate berücksichtig werden muss! Verdeutlichen Sie Ihre Aussagen anhand eines Rechenbeispiels!	S. 532
31.	Stellen Sie dar, wie auf der Grundlage des Produktionsbudgets die mit der Erfahrungskurve begründete Rationalisierungsrate ermittelt werden kann!	S. 533
32.	Welche kurzfristigen Möglichkeiten bestehen, eventuell fehlende bzw. überschüssige Produktionskapazitäten abzugleichen?	S. 533
33.	Unter welcher Bedingung ist im Unternehmen eine reale Substanzerhaltung möglich? Begründen Sie Ihre Antwort!	S. 533
34.	Was versteht man unter der Kostendegressionsrate der Organisation? Verdeutlichen Sie Ihre Aussagen anhand einer Grafik der Nutz- und Leerkosten!	S. 534
35.	Wie und warum werden das Einzel- und Gemeinkostenmaterial sowie die Personaleinzel- und -gemeinkosten unterschiedlich budgetiert?	S. 536 f.
36.	Warum sollte bei bestimmten Kostenarten, z. B. den Werbekosten, zwischen Normal- und Sonderaktionen unterschieden werden?	S. 539
37.	Erläutern Sie die Vorgehensweise der Kostenspaltung im Rahmen der Deckungsbeitragsrechnung! Geben Sie je ein Beispiel für fixe und variable Gemeinkosten!	S. 541
38.	Was versteht man unter dem Break-Even-Umsatz?	S. 542
39.	Wie wird die Sicherheitsspanne ermittelt und welche Bedeutung hat diese in Anbetracht der Ungewissheit der Zukunft?	S. 542
40.	Was sind stille Reserven, wie werden sie gebildet bzw. aufgelöst und welche Rolle spielen diese in der Planbilanz?	S. 545
41.	Nennen und erläutern Sie mindestens drei aus der Planbilanz abzuleitende Kennzahlen von praktischer Relevanz!	S. 545

Lösung

42.	Wodurch unterscheiden sich Bewegungsbilanz und Kapitalflussrechnung?	S. 546 f.
43.	Warum macht es nur wenig Sinn, aus einer Planbilanz die Liquidität des Unternehmens auf der Grundlage sog. Liquiditätsgrade beurteilen zu wollen?	S. 547
44.	Zeigen Sie an einem selbst gewählten Beispiel, wie sich ein budgetierter Return on Investment verändert, wenn Güter des Sachanlagevermögens nicht gekauft, sondern geleast werden!	S. 548
45.	Nennen Sie Möglichkeiten der Ergebnisverbesserung durch Erhöhung der Umschlagsgeschwindigkeit des Kapitals!	S. 548
46.	Welche Planungsfehler sind zu erwarten, wenn budgetierte Jahreswerte einfach gezwölftelt und gleichmäßig auf die Monate des Budgetjahres verteilt werden?	S. 548 ff.
47.	Erläutern Sie die Möglichkeit, mithilfe eines „Saisonfaktors des Umsatzes" das Gesamtergebnis des Unternehmens über die zwölf Monate bzw. vier Quartale des Budgetjahres variieren zu können!	S. 549 f.
48.	Geben Sie an, wie hoch (näherungsweise) die Variatoren für folgende Kostenarten sind: Büromaterial, Leasingraten, kalkulatorische Zinsen auf das Umlauf- / Anlagevermögen, Kraftstrom!	S. 551
49.	Zeigen Sie an einem selbst gewählten Beispiel, wie aus den Plankosten die Sollkosten einer Kostenstelle berechnet werden!	S. 552 f.
50.	Mit welchen Verhaltensweisen seitens der Betroffenen ist zu rechnen, wenn vor Jahresende festgestellt wird, dass z. B. Gemeinkosten- oder Investitionsbudgets zu knapp oder zu großzügig bemessen waren?	S. 554
51.	Welcher Zusammenhang besteht zwischen traditioneller Budgetierung und Null-Basis-Budgetierung (NBB)?	S. 554 f.
52.	Beschreiben Sie die „Situation Null" im Rahmen von NBB!	S. 555
53.	Skizzieren Sie den Ablauf von NBB!	S. 556 ff.
54.	Nach welchen Kriterien werden Entscheidungseinheiten gebildet?	S. 556 f.
55.	Wodurch unterscheiden sich die drei typischen Leistungsstufen einer Entscheidungseinheit?	S. 557
56.	Was ist ein Entscheidungspaket?	S. 559

Lösung

57.	Welche Vor- und Nachteile ergeben sich dadurch, dass Prioritäten von Entscheidungspaketen auf der jeweils nächst höheren Hierarchieebene neu festgelegt werden können?	S. 560 f.
58.	Was versteht man unter dem Budgetschnitt?	S. 560 f.
59.	Die Befürworter des „Beyond Budgeting" machen radikale Aussagen über die Zukunft der Budgetierung! Wie lauten diese?	S. 562
60.	Beurteilen Sie, ob „Advanced Budgeting" eine sinnvolle oder gar die bessere Alternative zum „Beyond Budgeting" darstellt!	S. 564

E. Budget- und Projektkontrolle

Der Budgetierung und Projektierung erfolgt irgendwann die **Realisierung**. Bis dahin in den Phasen, in die Budgets (nach Monaten und Quartalen) und Projekte (nach Quartalen und Jahren) unterteilt sind, entsprechende Kontrollen statt.

Die **Gestaltung der Budget- und Projektkontrolle** sollte in der Weise geschehen, dass den Trägern der Budgetierung und Projektierung hinreichend viele aus Kontrollprozessen stammende Informationen zurückgemeldet werden, damit zum einen künftige Planungen realistischer werden, um Planvorgaben besser erreichen zu können, und zum anderen bei frühzeitigem Erkennen der Nichterreichbarkeit keine unnötigen Ressourcen zu verschwenden. Dabei ist von Interesse, dass empirische Untersuchungen ergaben, dass ein zu hoher Detaillierungsgrad der Kontrollinformation dysfunktional wirkt (*Künkele, 2007; Posselt, 1986*).

1. Feststellung von Abweichungen

Die **Kontrollobjekte** (= Strom- und Bestandsgrößen) und deren Ausprägungen (= Mengen, Werte und Qualitäten) werden den Teilbudgets (= Soll) bzw. dem offiziellen Rechnungswesen (= Ist) entnommen. Durch Soll-Ist-Vergleiche lassen sich **Abweichungen** feststellen.

> Die Budgetkontrolle kann als **Voll- oder Teilkontrolle** erfolgen. Um die Zahl der zu kontrollierenden Objekte einzuschränken, kann man sog. „kritische Eliten", darunter ABC-Verteilungen oder Hitlisten, bilden.

Je schneller auf Abweichungen reagiert werden soll, desto kürzer muss der **Kontrollrhythmus** gewählt werden. Der in vielen Unternehmen vorherrschende Rhythmus der Budgetkontrolle von einem Monat kann in Zeiten zunehmender Komplexität und Dynamik der Unternehmensumwelt zu lang sein. In solchen Fällen kann es zweckmäßig sein, bestimmte Kontrollen in kürzeren Zeitspannen oder flexibel in Abhängigkeit von besonderen Ereignissen vorzunehmen. Umgekehrt können aber auch längere Kontrollintervalle (etwa Quartale, Halbjahre) vorgesehen werden, wie z. B. beim Anlagevermögen und/oder bei den kalkulatorischen Kosten.

2. Analyse und Prognose von Abweichungen

Wie eingangs festgestellt, bieten Abweichungen die Chance zu lernen. Die Frage nach dem „Warum" ist so lange zu stellen, bis man zu den **Wurzeln der Abweichungen** vorgedrungen ist. Werden die Ursachen der z. B. in einer Abteilung festgestellten Abweichung in einem vor- oder nachgelagerten Bereich vermutet, sind sämtliche Kontrollobjekte entlang der **Abweichungsverursachungskette** zu analysieren.

Ist es wegen begrenzter Kontrollkapazitäten nicht möglich oder sinnvoll, bei jeder festgestellten Abweichung eine Analyse durchzuführen, ist damit zu rechnen, dass Abweichungen auch ohne Kenntnis ihrer Ursachen zu **Zwängen** führen, noch nicht abgeschlossene Vorgänge in Richtung der Budgetvorgaben zu korrigieren. Ferner ist davon auszugehen, dass Abweichungen oft mehrere Ursachen haben (etwa Trend-, Konjunktur-, Saison- oder Sondereinflüsse), jedoch die Zeit zu deren Untersuchung nicht zur Verfügung steht. Daraus ergibt sich, dass nur **Abweichungen bestimmter Größenordnungen** zu analysieren sind.

2.1 Analyse von ex-post-Abweichungen

Eine Abweichungsanalyse ist immer dann durchzuführen, wenn – unter Verwendung von Zeitreihen – für eine einzelne (= selektive) oder über die Zeit kumulierte Größe ein vorgegebener **Toleranzwert** über- oder unterschritten wurde.

In Abhängigkeit vom Ergebnis der Abweichungsanalyse können **Maßnahmen** zur Beseitigung unerwünschter (erfolgsverschlechternder) Abweichungen bzw. zur Verstärkung erwünschter (erfolgsverbessernder) Abweichungen notwendig werden. Es wäre also falsch, bei jeder Abweichung von **Gegensteuerung** zu sprechen. Besser ist dazu die Bezeichnung **Nachsteuerung** geeignet.

2.1.1 Toleranzgrenzen

Werden für eine Kontrollgröße je eine obere und untere Toleranzgrenze festgelegt, ergibt sich ein **Korridor**. Abweichungen innerhalb dieses Korridors sind als unkritisch anzusehen, d. h. sie erfordern (zunächst) keine Eingriffe durch den zuständigen Verantwortlichen. Sollte das anders sein, müssten die Toleranzgrenzen enger gefasst werden.

Im Zusammenhang mit der Darstellung selektiver Abweichungen (wie nebenstehend nach Monaten) verwendet man üblicherweise lineare Toleranzgrenzen. Demgegenüber benutzt man bei kumulierten Abweichungen meistens nichtlineare Toleranzgrenzen, die sich trichterförmig zum Jahresende hin verengen, da

► der für einen Monat festgestellte Wert einer Beobachtungsgröße stärker schwankt als ein über mehrere Monate kumulierter Wert

► eine am Jahresanfang festgestellte Abweichung leichter nachgesteuert werden kann als eine erst gegen Jahresende identifizierte Abweichung.

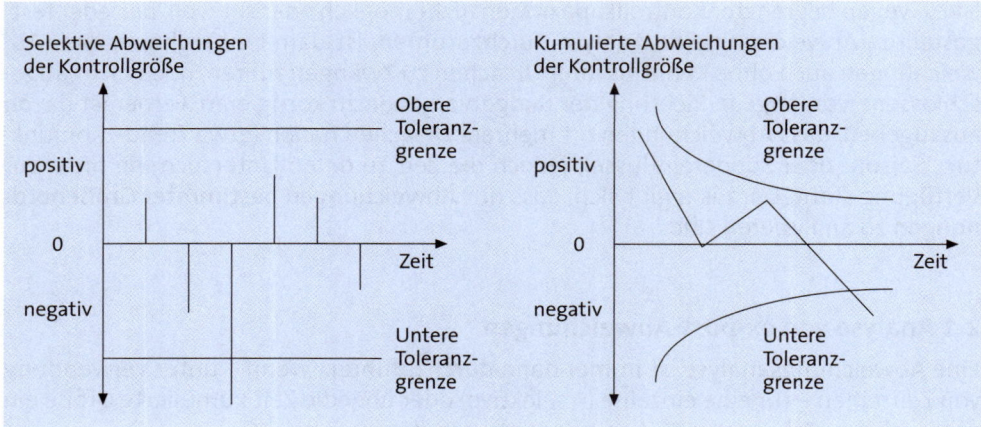

Bezüglich der Festlegung von **Toleranzgrenzen bei prozessbegleitenden Kontrollen** lassen sich stochastische Verfahren einsetzen, die unter mathematisch-statistischen Gesichtpunkten formuliert werden. Diese Verfahren trennen Abweichungen in solche, die sich langfristig von alleine ausgleichen (= Zufallsschwankungen um den Erwartungswert kommen in ihrer Standardabweichung als Streuungsmaß zum Ausdruck), und solche, die auf bestimmbare Ursachen zurückgehen, da zwischenzeitlich neue Einflussgrößen hinzugekommen oder bisher vorhandene Einflussgrößen weggefallen sind (= Veränderungen des Ursachensystems führen zu einer Verschiebung des Erwartungswerts).

Bezüglich der Anwendbarkeit stochastischer Verfahren lässt sich feststellen, dass die laufende Datenbeschaffung unter gleichbleibenden Prozessbedingungen den Einsatz auf betriebliche Bereiche mit repetitiver Leistungserstellung sowie auf solche Ressourcen begrenzt, deren Verbräuche ständig und im Umfang der benötigten Stichprobengröße messbar sind. Tätigkeiten in Gemeinkostenbereichen, die unterschiedlichen Einflussgrößen unterliegen, erfüllen allerdings nur selten die Voraussetzung für den Einsatz stochastischer Verfahren, sodass es in solchen Fällen zu einer **kalenderzeitgesteuerten Fixierung von Toleranzgrenzen** kommen kann, deren Spannweite von der „durchschnittlichen" Abweichungshäufigkeit und -stärke, der relativen Bedeutung für das Ergebnis sowie der Planungsgüte abhängig ist. Solcherart ermittelte Toleranzgrenzen sind nicht starr, sondern lassen sich entsprechend der zunehmenden Vertrautheit mit dem jeweiligen Problem verändern.

Ferner besteht die Möglichkeit, **doppelte (parallele) Toleranzgrenzen** zu verwenden, sofern verschiedene Stellen im Unternehmen, darunter auch das Controlling, für die Abweichungsanalyse zuständig sein sollen:

Über- oder Unterschreitung von ...	Zuständig für die Abweichungsanalyse
... inneren Linien (= Vorkontrollspannen)	Handlungsträger
... äußeren Linien (= Warnkorridore)	Controlling

Beispiel

Abweichung	Handlungsträger	Controlling	Unternehmensleitung
< 3 %	X		
≥ 3 % < 5 %	X	X	
≥ 5 %		X	X

Abweichungen lassen sich – wie bereits festgestellt – auf **zwei Ursachen** zurückführen:

► Abweichungen mit **zufälligen**, d. h. nicht beeinflussbaren Ursachen können sich durch Veränderungen in den erwarteten Umweltbedingungen (z. B. Marktverschiebungen, unplanmäßiger Tarifabschluss) oder unvorhersehbaren Störungen in Prozessen (wie Betriebsstillstände, Verwendung anderer Werkstoffe) ergeben.

► Demgegenüber gelten Abweichungsursachen als **systematisch** und damit vom Handlungsträger beeinflussbar, wenn der Budgetansatz falsch war (etwa Fehler beim Formelaufbau durch Vernachlässigung von Einflussgrößen, bei der Kostenspaltung, bei der Datenermittlung oder bei der Rechnung), Unstimmigkeiten bei den Durchführungsanweisungen bestehen (= Verfahrensfehler, fehlende Abstimmungen), bei menschlichem Versagen im Vollzug (= Ausführungsfehler) oder durch Fehler bei der Ermittlung bzw. Interpretation von Istgrößen (= Auswertungsfehler).

Die zur **Ermittlung von Abweichungsursachen** geeigneten statistischen Verfahren sind die:

► **Varianzanalyse**, bei der Abhängigkeiten durch Betrachtung des Streuverhaltens von einer bzw. mehreren Variablen in Abhängigkeit von Einflussgrößen untersucht werden. Mithilfe von Hypothesentests lässt sich die Signifikanz der Beeinflussung ermitteln.

► **Regressionsanalyse**, bei der funktionale Abhängigkeiten zwischen zwei oder mehreren Variablen (nur näherungsweise) festgestellt werden

► **Korrelationsanalyse**, die den Grad oder die Stärke von Abhängigkeiten zwischen Zufallsvariablen bestimmt

► **Faktorenanalyse**, indem für Gruppen von Variablen herauszufinden versucht wird, inwieweit sich Abhängigkeiten durch einen gemeinsamen Faktor ergeben

► **Clusteranalyse**, die Objekte nach bestimmten Merkmalswerten so in Gruppen einteilt, dass jedes Objekt den übrigen Objekten in seiner Gruppe ähnlicher ist als den Objekten anderer Gruppen. Das Problem, welcher Gruppe jeweils ein Objekt zugeordnet werden kann, lässt sich mit dem multivariaten Verfahren der **Diskriminanzanalyse** lösen.

Bei der **Ursachenermittlung** sämtliche Einflussgrößen berücksichtigen zu wollen, ist kaum möglich, sodass sich auf die wesentlichsten beschränkt werden sollte. Damit enthält die zuletzt ermittelte Abweichung (= Restabweichung) alle nicht weiter berücksichtigten Faktoren. Als solche kommt die Zeit infrage, wenn beispielsweise Jahreswerte vereinfachend auf die Monate linear verteilt wurden.

Sind **Abweichungsursachen nicht erklärbar**, d. h. liegen pathologische Fehler vor, lassen sich anwenden:

► **heuristische Verfahren**, wie etwa die Methode des Rückwärtsschreitens, bei der aufgrund einer vermuteten Abweichungsursache ein Sachverhalt zu bestimmen versucht wird, der bei richtiger Annahme der Ursachen mit den Beobachtungsergebnissen übereinstimmt

► **zufallsbedingte Verfahren**, wie Intuition oder Probiertechniken auf der Grundlage von Versuch und Irrtum (engl. Trial an Error).

Die Vorteile dieser beiden Kontrollverfahren liegen in der einfachen und flexiblen Handhabung, jedoch ist die **Manipulationsgefahr** dabei sehr hoch.

2.1.2 Kostenkontrolle

Weit verbreitet ist die Ermittlung der **Abweichungen von Kostenstellenkosten** (= innerhalb des Betriebsabrechnungsbogens/BAB) und deren Interpretation. Unter der Annahme, dass die Ist-Kosten periodenrichtig erfasst und verursachungsgerecht auf die Kostenstellen verteilt wurden, kann sich bei angenommener **Unterbeschäftigung** ($x_i < x_p$) für eine Kostenstelle das folgende Bild ergeben (bei Überbeschäftigung wäre $x_i > x_p$):

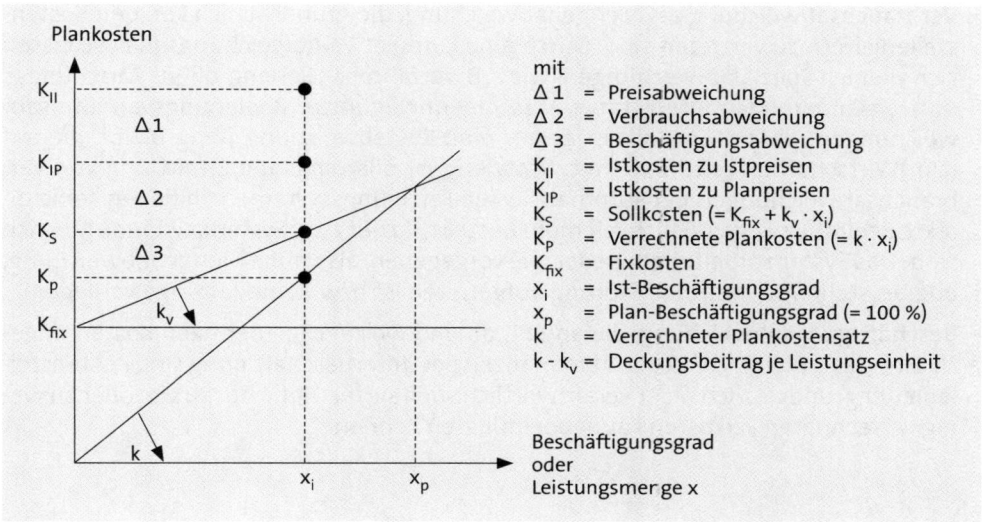

Unabhängig davon, ob eine Unter- oder Überbeschäftigung vorliegt, lassen sich **Kostenabweichungen** nach folgendem Schema berechnen.

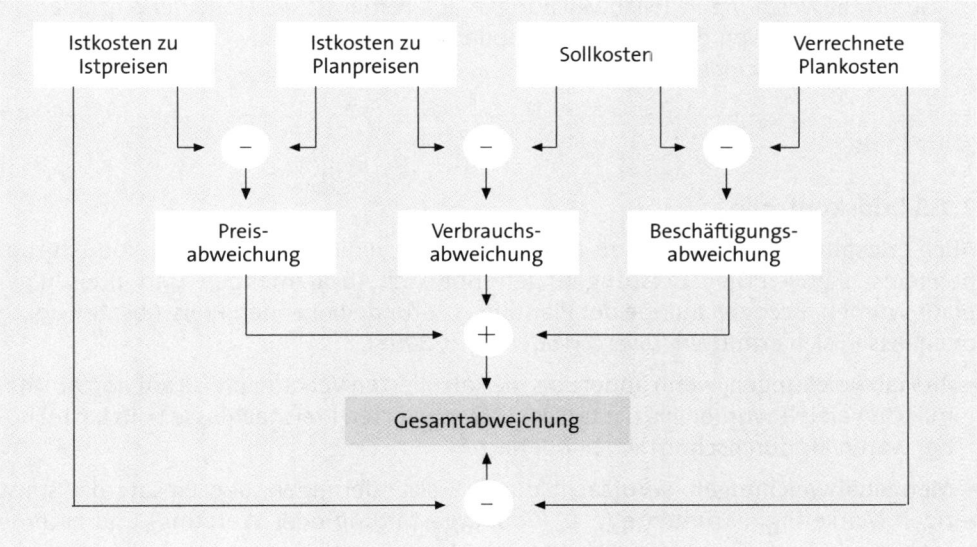

Dabei sind:

► **Preisabweichung**, die sich nur für solche Kostenarten feststellen lässt, die ein geplantes Mengen- und Preisgerüst haben, wie beispielsweise das Fertigungsmaterial oder die Löhne bzw. Gehälter. Für Preisabweichungen sind die Kostenstellenleiter nur dann verantwortlich, wenn sie Einfluss auf die Preise (z. B. Tarife) haben, was in den meisten Fällen in Wirtschaftsunternehmen nicht gegeben sein dürfte.

▶ **Verbrauchsabweichung** als Mengenabweichung, die grundsätzlich von den Kostenstellenleitern zu vertreten sind. Durch eine kumulative Abweichungsanalyse lassen sich vielfach Spezialabweichungen (wie z. B. Verfahrens-, Seriengrößen-, Mischungs-, Auftragsänderungs-, Intensitäts-, Maschinenbelegungs-, Bedienungsverhältnisabweichungen) abspalten, sodass jeweils eine Restabweichung übrig bleibt, die auf (Un-)Wirtschaftlichkeit hindeutet. Schwierig ist allerdings die Ermittlung von Verbrauchsabweichungen bei automatisierten Fertigungssystemen, in denen keine direkte Beeinflussungsmöglichkeit mehr besteht, da nur zwei Systemzustände möglich sind: Das System arbeitet entweder wie vorgegeben, also ohne Mengenabweichung, oder es steht still, weil eine Störung aufgetreten ist bzw. keine Aufträge vorliegen.

▶ **Beschäftigungsabweichung**, die angibt, ob und welcher Teil der fixen Kosten ungenutzt (= leer) bleibt. Für Kostenremanenzen bei Unterbeschäftigung sind Kostenstellenleiter grundsätzlich nicht verantwortlich, weil sie die Höhe der zu viel oder zu wenig verrechneten Fixkosten kaum beeinflussen können.

Bei der Analyse von Kostenabweichungen ist von Bedeutung, ob zwischen den Einflussgrößen **multiplikative Beziehungen** etwa der Art „Kosten = Menge · Preis" bestehen. Dann nämlich treten Zurechnungsprobleme bei der Aufspaltung einer Gesamtabweichung in Teilabweichungen auf. Ferner ist die Höhe der einzelnen Abweichungen von der **Reihenfolge** abhängig, in der die Abweichungen analysiert werden (*Schröder, 2008*).

2.1.3 Erlöskontrolle

Auch **Erlösabweichungen** sind zu analysieren, sofern die Produkte oder Produktgruppen (einschließlich Dienstleistungen) getrennt nach Absatzmengen- und -preisen geplant wurden. Bezogen auf die der Planung zu Grunde liegenden Preis-Absatz-Funktionen lassen sich ermitteln (*Ewert/Wagenhofer, 2008*):

▶ **Preisabweichungen**, wenn andere als die kalkulierten Verkaufspreise auf den Absatzmärkten erzielt wurden, da die tatsächlich gewährten Preisnachlässe (= Rabatte) höher waren als durchschnittlich budgetiert

▶ **Mengenabweichungen**, verursacht durch Preisänderungen, den Einsatz der sonstigen Marketinginstrumente (z. B. Produktgestaltung oder Werbung) und externe Faktoren (z. B. Veränderungen des Marktvolumens). Wird hinsichtlich der Mengenabweichungen auch nach Vertriebskanälen unterschieden, erhöhen neue Vertriebskanäle – wie etwa das Internet – die Gefahr einer Kannibalisierung der Mengen bisheriger Absatzwege.

▶ **Strukturabweichungen** durch Veränderung des Produktmixes, wobei davon ausgegangen wird, dass zwischen den Produkten innerhalb des Sortiments substitutionale bzw. komplementäre Beziehungen bestehen. Während bei Substitutionalität ein Produkt zulasten eines anderen Produkts mehr verkauft werden kann, erhöht sich bei Komplementarität der Absatz von beiden Produkten (z. B. DVD-Player und die dazu geeigneten DVDs).

Diese Abweichungen (hier nur mit negativen Auswirkungen) lassen sich auch als **Erlöstreppe** darstellen:

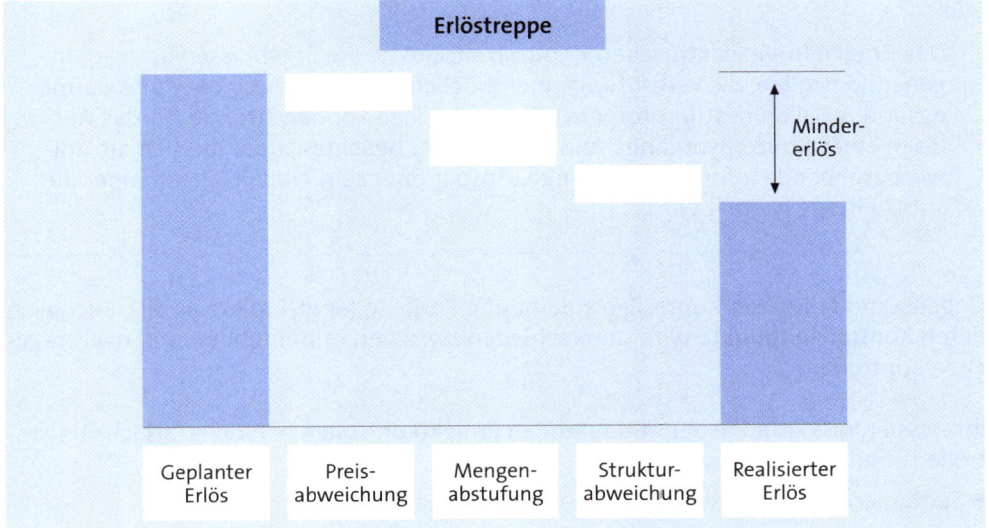

Erlöstreppe

Mindererlös

| Geplanter Erlös | Preis-abweichung | Mengen-abstufung | Struktur-abweichung | Realisierter Erlös |

Die **Ursachen von Erlösabweichungen** liegen in den Veränderungen beeinflussbarer Größen, wie etwa dem wertmäßigen Marktanteil, und/oder in den nicht beeinflussbaren Größen, wie z. B. dem allgemeinen Preisniveau oder dem wertmäßigen Marktvolumen.

Erfahrungsgemäß ist die **Erlöskontrolle** ungleich komplizierter als die Kostenkontrolle, da die Produktverantwortlichen über die Verläufe der Preis-Absatz-Funktionen, die Wirkungen der sonstigen Marketinginstrumente auf die Absatzmengen und die gegenseitigen Produktabhängigkeiten nur ungefähre Vorstellungen haben, was zu Schwierigkeiten bezüglich der Abgrenzung und Interpretation der genannten Abweichungen führt. Um diese Schwierigkeiten einzuschränken, kann es im Rahmen der **Deckungsbeitragsanalyse** zu einer kombinierten Betrachtung von Erlös- und Kostenabweichungen kommen. So lassen sich beispielsweise Komplementärgüter zu Produktgruppen zusammenfassen und gemeinsam analysieren. Außerdem besteht die Möglichkeit, die Auswirkungen des Marketingeinsatzes auf die Erlöse und die Kosten hin zu untersuchen. Schließlich lässt sich feststellen, welchen Einfluss eine Steigerung der Absatzmengen auf die Produktionskosten hat (= Erfahrungskurveneffekt).

Aufgabe 57 > Seite 650, Aufgabe 58 > Seite 651

2.1.4 Fallweise Kontrollen

Wo Kontrollvorgänge im Unternehmen nicht kalendarisch erfolgen sollen, können **fallweise Kontrollen** zweckmäßig sein.

Das Erreichen eines kritischen Kontrollzeitpunkts, die Ergebnisse vorangegangener Kontrollen, die Vermutung einer möglichen Abweichung oder überhaupt das Interesse an bestimmten Ausführungsweisen können Gründe für das **Auslösen eines Kontrollvorgangs** sein. Dabei ist zu beachten, dass die sich als Antwort ergebende Informationsmenge umso größer sein wird, je allgemeiner die Kontrollfrage gestellt wird.

Gegenstand fallweiser Kontrollen sind häufig Projekte (engl. Project Audit). Bezüglich deren **Kontrollzeitpunkte** wird unterschieden zwischen mitlaufenden und nachträglichen Kontrollen:

Interessierende Aspekte der **mitlaufenden Projektkontrollen** (= Projektfortschrittskontrollen) sind nach *Madauss (2009)*:

► Zeitdauern (= Bearbeitungs-, Liege- und Wartezeiten)

► Kosten (= angefallen, disponiert, noch erwartet)

► Leistungen (= Quantität, Qualität)

► Kapazitäten (= Potentialfaktoren).

Die Anzahl der **Zeitpunkte** (= Meilensteine) mitlaufender Projektkontrollen steigt mit der Komplexität, dem Innovationsgrad und/oder der Zeitdauer des Projekts. Dabei festgestellte Abweichungen sind zu analysieren. Bei der Abweichungsanalyse sind einmalige Ursachen von strukturellen Ursachen zu trennen. Vielfach lassen sich festgestellte Terminverzögerungen nur über kostensteigernde Maßnahmen ausgleichen. Eine hohe Aufmerksamkeit sollte — auch ohne aktuelle Abweichungen — jenen Arbeitspaketen zukommen, die die größten Zeitsenkungspotenziale (= Teilprozesse mit langen Durchlaufzeiten) und Kostensenkungspotenziale (= Teilprozesse mit hohen Kosten) haben.

Um Entwicklungen im Projektablauf zu erfassen und zu bewerten, empfehlen *Nevries/ Strauß (2008)*, während der Projektdurchführung eine **Risikosimulation** in regelmäßigen Abständen durchzuführen. Dabei ist zu erwarten, dass bei einer zu einem fortgeschrittenen Projektzeitpunkt durchgeführten Risikosimulation das verbleibende **Restrisiko** sprunghaft sinkt, da bereits einige der zuvor unsicheren Zeitdauern eingetreten und deren hinterbliebene Abweichungen aktuell bekannt sind.

Wenn ein internes Projekt zu keinen unmittelbaren Erlösen führt, ist im Mindestfall eine **Projektergebnisrechnung** im Sinne einer Kostenabweichungsanalyse vorzunehmen. Bezeichnet man den jeweiligen Projektstand, z. B. gemessen an der Anzahl der fertig gestellten Arbeitspakete oder der verbrauchten Personenmonate, als Realisierungsgrad, können die projektbezogenen Sollkosten als Produkt aus Budgetkosten und Realisierungsgrad ermittelt werden. Der Realisierungsgrad wiederum lässt sich als Verhältnis der Istdauer zur geplanten Gesamtdauer ausdrücken, wobei sich die Istdauer aus der Differenz zwischen der Gesamt- und Restdauer ergibt. Mit diesen Angaben und unter Kenntnis der Istkosten kann jederzeit die Kostenabweichung eines Projekts nicht nur ermittelt, sondern auch in je eine wert- und mengenbezogene Abweichung gesplittet werden.

Sofern begleitend zum Fortschritt eines externen Projekts auch Erlöse anfallen, ist eine periodenübergreifende **Lebenszyklusrechnung** möglich, bei der den kumulierten Projekt-Isterlösen und bis zum Projektende noch erwarteten Projekt-Planerlösen den in gleicher Weise aufgeteilten Projektkosten gegenübergestellt werden. Gegebenenfalls sind auch die sich in Bezug auf andere Projekte (darunter auch Vorgänger- und Folgeprojekte) be- und entlastenden Verrechnungen auf der Kosten- und Erlösseite zu berücksichtigen. Das Ergebnis einer solchen Rechnung wäre dann der **Projektüberschuss**.

Bei den Leistungen (= Output) sind deren **Effektivität** und bei den Kapazitäten (= Input) deren **Effizienz** zu beurteilen. So wird ein Arbeitspaket nur dann als produktiv angesehen, wenn – wie eingangs gezeigt – das Verhältnis von Output zu Input größer/gleich eins ist. Ist eine direkte Messung des Leistungsfortschritts nicht möglich, kann eine Schätzung des Fertigstellungsgrads mithilfe von Inputgrößen erfolgen. Deshalb kann in begründeten Fällen angenommen werden, dass die noch nicht verbrauchten Reststunden umgekehrt proportional zum Leistungsfortschritt stehen, d. h. werden noch 20 % der geplanten Stunden gebraucht, gilt die Leistung als zu 80 % erbracht.

Für wertmäßig **kleine Projekte** oder voneinander abgrenzbare Projektabschnitte reichen oft kurze Darstellungen über den aktuellen Stand aus (*Rinza, 1998*):

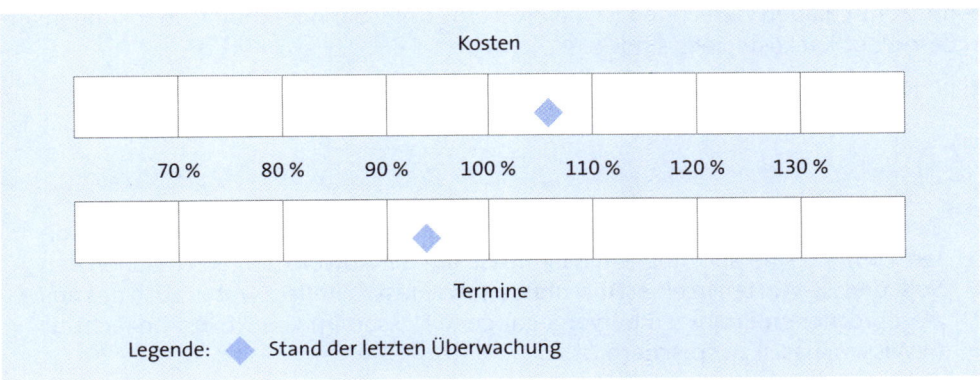

Aus der Abbildung ist zu entnehmen, dass der **Realisierungsgrad** in terminlicher Sicht zwischen 90 % und 100 % liegt, während sich die Kosten bereits zwischen 100 % und 110 % befinden, was zur Folge hat, dass der geplante Kostenwert, und zwar bezogen auf das baldige Projektende, nicht mehr zu erreichen ist.

Ergänzt werden kann diese Darstellung, die nur den Fertigungsstellungsgrad in terminlicher Sicht wiedergibt, durch eine **Restkostenrechnung**, die – abgesehen von aktuellen Kostenabweichungen – auch die Notwendigkeiten zur Reduzierung des Kostenwerts enthält.

Für wertmäßig **größere Projekte** sind komplexere Übersichten oder Kurven angebracht, die, gegebenenfalls nach Veranlassung korrigierender Maßnahmen, die voraussichtliche Projektentwicklung und -fertigstellung mit berücksichtigen (*Fiedler, 2010*).

Eine höhere Aufmerksamkeit ist bei **Großvorhaben** schon allein deshalb notwendig, da empirische Untersuchungen gezeigt haben, dass gerade Planer von Großprojekten regelmäßig dieselben **Fehler** machen. Sie unterschätzen die Kosten und die nötige Zeit, gleichzeitig überschätzen sie den Nutzen und den Gewinn. Die **Suche nach Erklärungen** für das ständige Versagen war leider wenig ergiebig. Schlechte Prognoseverfahren und der Mangel an Erfahrung scheiden als Gründe schonmal von vornherein aus, denn wäre das tatsächlich der Fall, dann müsste man erwarten, dass die Schätzungen mit der Zeit besser würden. Wenig hilfreich ist auch die Erklärung, dass der menschliche Hang zum überzogenen Optimismus immer dann besonders ausgeprägt sei, wenn in einem Projekt – gemeint sind damit „Prestigeprojekte" und persönliche „Denkmäler" – viel Herzblut vor allem von Machtmenschen steckt. Schon plausibler sind Erklärungen, dass Menschen unbewusst dazu neigen Risiken konsequent zu ignorieren und sich zu große Hoffnungen machen, oder Anreize seien ungeeignet, weshalb Projekte mit den größten Untertreibungen bei den Kosten vorzugsweise die Genehmigung zur Realisierung erhalten. Ein überzeugender Grund ist der Blick von außen und jedes Großprojekt mit ähnlichen Vorhaben aus der Vergangenheit zu vergleichen und eine genaue Vergleichsanalyse bei der Projektplanung gleich mitzuliefern.

Noch nicht abgeschlossenen Projekten droht der **Abbruch**, wenn

► mit Fehlschlägen zu rechnen ist, da Probleme unlösbar oder mögliche Lösungen außerordentlich kostspielig sind

► neue Projekte mit größerer Erfolgsaussicht auftauchen.

Der Verbesserung künftiger Schätzungen dienen **nachträgliche Projektkontrollen**. Deshalb sind alle möglichen Einflüsse auf die Abweichungen zwischen den Soll- und Ist-Werten in einer **Abschlussanalyse** festzustellen, wobei auch das aus abgebrochenen Projekten hervorgegangene Wissen im kollektiven Gedächtnis (= Wissensbasis) zu speichern ist.

Hinsichtlich der **Kontrollen abgeschlossener Investitionsvorhaben** wurde bereits vor vielen Jahren empirisch festgestellt:

▶ Jedes Investitionsobjekt wird mindestens einmal während seiner Lebensdauer kontrolliert, und zwar ein Jahr nach Inbetriebnahme des Investitionsobjekts.

▶ Wertmäßig große Investitionsobjekte werden strenger überwacht, wobei sich die Anzahl der Kontrollen nach der Höhe der jeweils festgestellten Abweichungen richtet.

Die Ergebnisse von Projektkontrollen können in **Projektberichten**, die Informationen über Stand und Trend der Projektrealisation enthalten, zusammengefasst werden. Diese Projektberichte lassen sich dann in das interne Berichtswesen des Unternehmens übernommen.

2.2 Prognose von ex-ante-Abweichungen

Unter Berücksichtigung sowohl der bisherigen Budgetabweichungen als auch der ihnen zu Grunde liegenden Störfaktoren und Fehlerquellen kann **quartalsweise** – bei hoher Volatilität auch monatlich – eine **Vorschau** (engl. Forecast) erfolgen, in der die bis Jahresende insgesamt erwarteten (= geschätzten) Abweichungen enthalten sind.

Auch wenn bis zum letzten Kontrollzeitpunkt keine Abweichungen festgestellt werden konnten, muss grundsätzlich mit deren Eintritt in der Zukunft gerechnet werden.

Aus **zeitlicher Sicht** sieht das wie folgt aus:

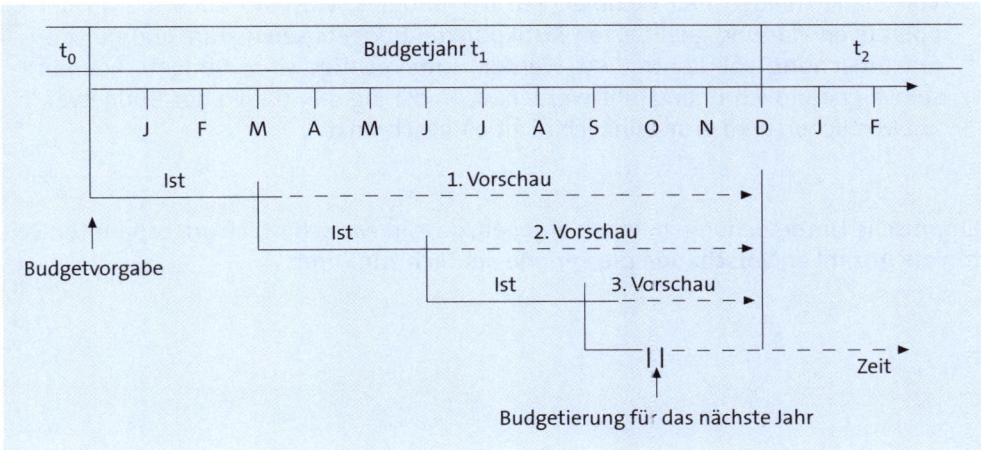

Das lässt sich auch in einem **Formular** darstellen:

Budgetkontrolle													
	Monat				Kumuliert seit Jahresanfang				Kumuliert restliche Zeit bis 31.12.		Gesamtjahr		
Posi-tion	Bud-get	Ist	Abweichung		Bud-get	Ist	Abweichung		Bud-get	Vor-schau	Budget	Vorschau	Abweichung	
			abso-lut	%			abso-lut	%					abso-lut	%
1	2	3	4	5	6	7	8	9	10	11	12=6+10	13=7+11	14	15
	In den Zeilen dieses Formulars sind die Werte (in Tsd € oder Mio €) der relevanten Strom- und Bestandsgrößen enthalten.													

Aus all dem folgt, dass **Year End-Vorschauen** das Jahresbudget ergänzen, ohne es aller-dings zu ersetzen. Würde man den jeweiligen Vorschauänderungen das Budget anpas-sen, wäre dieses seiner Hauptfunktion entledigt, nämlich **Wegweiser zum Jahreserfolg** zu sein. Ein flexibles Budget hätte damit die unverständliche Eigenschaft, seine eigene Erfüllung zu garantieren, wodurch allzu leicht die motivierende Wirkung auf die Hand-lungsträger verloren gehen würde.

> Vorschauen bilden den **flexiblen Teil** der Budgets, weshalb auch die an der operativen Planung geäußerten Kritikpunkte, Budgets seien starr und nur de-ren Erreichung soll kontrolliert werden, unberechtigt sind. Budgets können selbstverständlich übererfüllt werden, d. h. die Eigeninitiative der Budgetver-antwortlichen wird grundsätzlich nicht eingeschränkt.

Empirische Untersuchungen haben ergeben, dass in wirtschaftlich angespannten Zei-ten die **Anzahl an Vorschauen** pro Periode deutlich zunimmt.

Eine tiefergehende Analyse und Prognose der zwischen Budget und Vorschau beste-henden **Ergebnisveränderung** lässt sich in nachfolgend beschriebener Art durchführen:

Zeile	Ergebniseinflüsse		Ergebnisver-schlechterung	Ergebnisver-besserung
1	Gesamtergebnis Budget			
2	Preisveränderung bei den Kosten	Material		
3		Personal		
4		Sonstiges		
5	Preisveränderung im Gesamtumsatz			
6	Veränderung des Beschäftigungsergebnisses			
7	Rationalisierungsergebnis			
8	Sonstige Ursachen			
9	Veränderung beim Betriebsergebnis (Zeilen 2 bis 8)			
10	Veränderung im Neutralen Ergebnis		-	+
11	Summen (Zeilen 9 und 10 = Gesamtergebnis)			
12	Saldo = Veränderung des Gesamtergebnisses		-	+
13	Gesamtergebnis Vorschau			

Problematisch sind Vorschauen in **Ausnahmefällen**, wenn sich etwa die Rahmenbedin-gungen der Budgetierung schlagartig und grundlegend geändert haben, wie z. B nach einer M&A-Transaktion. In solchen Fällen muss – wie schon festgestellt – schnell ge-handelt werden, was bedeuten kann, dass Budgets auf Basis der geänderten Gege-benheiten als sog. „Plan B" neu zu erstellen und durch Year End-Vorschauen zu ergän-zen sind.

3. Nachsteuerung

Für den Fall bereits eingetretener und/oder noch erwarteter Abweichungen können **Korrekturhandlungen** notwendig werden. Dieses sind Maßnahmen zur Verstärkung ergebnis-positiver Abweichungen und Gegensteuerung zur Beseitigung ergebnis-ne-gativer Abweichungen.

Der Gefahr einer verzögerten Reaktion (etwa wegen Arbeitsüberlastung) steht die Gefahr eines zu schnellen Reagierens gegenüber, die sich in einer **Übersteu-erung** in den korrigierenden Maßnahmen äußert.

Da sich die **Wirkung einer Nachsteuerung** im Unternehmen nur selten auf eine einzelne Betrachtungsgröße beschränken wird, sondern vielmehr Einfluss auf mehrere Größen hat, erscheint es zweckmäßig – sofern im Einzelfall keine anderen Gründe dagegen sprechen – Einzelkorrekturen nicht nacheinander, sondern **Maßnahmenbündel** parallel oder zumindest zeitlich überlappend zu veranlassen.

Die vorgesehenen Korrekturmaßnahmen lassen sich in einer **Aktionenübersicht** darstellen:

Aktionenübersicht						
Bezeichnung der operativen Maßnahme	Zweck der operativen Maßnahme	Verantwortlich für die Duchführung	Termin	Ergebnisverbesserung in Tsd €		Mittelbedarf in Tsd €
				lfd. Jahr	Folgejahr	
1	2	3	4	5	6	7

Nur in Ausnahmefällen wird das Controlling allein für die **Durchführung der Nachsteuerungsmaßnahmen** zuständig sein. Sofern die dokumentierten Aktionen operational formuliert sind, lassen sich aber regelmäßig oder fallweise durch das Controlling sowohl deren Umsetzung als auch die dadurch erreichten Effekte überwachen.

Aufgabe 59 > Seite 651, Aufgabe 60 > Seite 652

Lösung

1.	Warum sind Kontrollen bezüglich der Realisation von Budget- bzw. Projektvorgaben unerlässlich?	S. 570
2.	Nennen Sie je zwei Budgetgrößen, die in kürzeren Intervallen (etwa monatlich) oder längeren Intervallen (etwa quartalsweise) zu kontrollieren sind! Begründen Sie Ihre Antwort!	S. 570
3.	Weshalb ist nicht unbedingt jede festgestellte Budgetabweichung auch zu analysieren?	S. 571
4.	Welche Bedeutung haben Toleranzgrenzen bei der Budgetkontrolle?	S. 571 f.
5.	Was sind selektive bzw. kumulierte Abweichungen? Nennen Sie je ein Beispiel und begründen Sie die Zweckmäßigkeit dieser Unterscheidung!	S. 571
6.	Aus welchen Gründen verwendet man lineare Toleranzgrenzen zur Darstellung selektiver Abweichungen und nicht lineare Toleranzgrenzen zur Darstellung kumulierter Abweichungen?	S. 572
7.	Welche Überlegungen bestimmen die Breite von Toleranzgrenzen? Machen Sie deutlich, wie sich die Informationsmenge für das Controlling ändert, wenn bestehende Toleranzgrenzen für Fremdkontrollen variiert werden?	S. 572
8.	Beschreiben Sie die Vorteile doppelter (paralleler) Toleranzgrenzen!	S. 573
9.	Durch operative Kontrollen ermittelte Abweichungen können zufällige oder systematische Ursachen haben. Erläutern Sie den Unterschied und nennen Sie je zwei Beispiele! Lassen Sie erkennen, welche Bedeutung diese Unterscheidung für das Controlling hat!	S. 573 f.
10.	Beurteilen Sie kritisch die Methode des Rückwärtsschreitens und die Methode von Versuch und Irrtum!	S. 574
11.	Wie werden üblicherweise die Abweichungen von Kostenstellkosten ermittelt? Verdeutlichen Sie Ihre Aussagen für den Fall der Überbeschäftigung!	S. 574 f.
12.	Nennen und begründen Sie mögliche Ursachen für Preis-, Verbrauchs- und Beschäftigungsabweichungen innerhalb der Plankostenrechnung!	S. 575 f.
13.	Erläutern Sie am Beispiel des Einzelkostenmaterials die Bedeutung der Reihenfolge, in der Abweichungen festgestellt und beurteilt werden!	S. 576
14.	Welche Rolle für die Erlöskontrolle spielt die Unterscheidung der substitutionalen und komplementären Beziehungen von Produkten?	S. 576 f.

F. Internes Berichtswesen

Ein **Bericht** oder **Report** ist die geordnete Zusammenstellung ausgewählter Informationen wie (Kenn-)Zahlen und aussagekräftiger Grafiken zu jeweils einem Sachverhalt (= Thema) oder Ereignis. Das erklärte Ziel eines Berichts ist, Berichtsempfängern (= Adressaten)die Möglichkeit zu bieten, etwas kennenlernen und nachzuvollziehen zu können, von dem sie sonst nichts oder nur kaum etwas erfahren hätten. Da ein Bericht so objektiv wie möglich sein sollte, sind darin enthaltene Meinungen (einschließlich Kommentare) als sog. Sekundärinformationen zu kennzeichnen.

Die eingangs verwendete Bezeichnung **Informationsversorgung** bedeutet nicht, dass die vom Controlling jeweils zusammengestellten Informationen immer einen Bericht ergeben, der nach dem **Push-Prinzip** den Adressaten ohne deren Zutun als physischer Ausdruck (in Printform) oder in elektronischer Form (über ein Display) übermittelt wird. Vielmehr soll die Bezeichnung auch bedeuten, dass ein Bericht im gesicherten Intranet des Unternehmens gespeichert wird, auf das berechtigte Adressaten nach dem **Pull-Prinzip** darauf zugreifen können.

Die Erstellung und Verfügung von Berichten wird als **Berichtswesen** (engl. Reporting) bezeichnet. Wie bereits erwähnt, lassen sich Berichte, die sich vornehmlich an Adressaten außerhalb des Unternehmens (einschließlich der Öffentlichkeit) beziehen, als **externes Berichtswesen** (engl. Financial oder Legal Reporting) bezeichnen, während beim **internen Berichtswesen** (engl. Inhouse oder Management Reporting) die in Berichten enthaltenen, steuerungsrelevanten Inhalte vornehmlich für den Vorstand, die Geschäftsleitung und andere Führungskräfte im Unternehmen bestimmt sind.

In das interne Berichtswesen werden mittlerweile nicht nur Daten der buchhalterischen Vorsysteme (insbesondere des offiziellen Rechnungswesens) aufgenommen, sondern auch Daten über das wirtschaftliche und politische Umfeld des Unternehmens. Außerdem benötigen Führungskräfte immer mehr finanzbezogene Daten, sei es für die eigene Entscheidungsfindung oder für die externe **Finanzberichterstattung**. Daraus folgt, dass sich die Bereiche des Management- und Finanzreportings immer mehr angleichen und ein unerwünschtes Nebeneinander unterschiedlicher Informationen zu gleichen Sachverhalten vermieden werden kann. Das ist auch von Bedeutung für die **Abschlussprüfer** des Unternehmens, für die Controllingwissen immer wichtiger wird (*Beyhs, 2006; Fülbier u. a., 2006*).

Teil des internen Berichtswesens ist auch das **Risikoreporting**. Im Zusammenhang mit der Begründung des Internen Kontrollsystems (IKS) wurde eingangs festgestellt, dass bei den Handlungsträgern auf allen Ebenen des Unternehmens ein hinreichendes Risikobewusstsein vorhanden sein sollte, um risikorelevante Informationen nicht nur bei eigenen Entscheidungen zu berücksichtigen, sondern diese auch eigenverantwortlich und in geeigneter Weise an andere Betroffene weiterzuleiten.

Da die Strukturen von Organisationen und das interne Berichtswesen übereinstimmen müssen, beeinflusst die **Art der Organisation** die Gestaltung der Berichtswege und -systeme. Darüber hinaus erleichtern ein gemeinsames Verständnis für die relevanten Steuerungsgrößen und eine einheitliche Fachsprache die Koordination im Unternehmen.

Der **Aufsichtsrat** ist vom Vorstand der Gesellschaft nach § 90 Abs. 1 AktG über die beabsichtigte Geschäftspolitik und andere grundsätzliche Fragen der Unternehmensplanung (insbesondere der Finanz-, Investitions- und Personalplanung), über die Rentabilität der Gesellschaft (insbesondere über die Rentabilität des Eigenkapitals), über den Gang der Geschäfte und über Geschäfte, die für die Rentabilität oder Liquidität des Unternehmens von erheblicher Bedeutung sein können, zu unterrichten. Wie oft und in welchen zeitlichen Abständen das durch entsprechende Berichte zu geschehen hat, ist in § 90 Abs. 2 AktG geregelt. Und nach § 90 Abs. 3 AktG kann der Aufsichtsrat vom **Vorstand** *„jederzeit einen Bericht verlangen über Angelegenheiten der Gesellschaft, über ihre rechtlichen und geschäftlichen Beziehungen zu verbundenen Unternehmen sowie über geschäftliche Vorgänge bei diesen Unternehmen, die auf die Lage der Gesellschaft von erheblichem Einfluss sein können".* Diese aktienrechtlichen Regelungen wurden inzwischen vom Deutschen Corporate Governance Kodex wie folgt erweitert: Der Vorstand hat den Aufsichtsrat *„regelmäßig, zeitnah und umfassend über alle für das Unternehmen relevanten Fragen der Planung, der Geschäftsentwicklung, der Risikolage, des Risikomanagements und der Compliance"* zu unterrichten. Dabei kann der Vorstand aus den ihm vom Controlling zufließenden Berichten überwachungsrelevante Einzelinformationen herausfiltern und zu einem Bericht für den Aufsichtsrat verdichten.

Bei verteilter Datenhaltung ist über das **Intranet** ein weltweiter Datenaustausch zwischen beliebig vielen dezentralen Organisationseinheiten möglich. Der zwischen dem Server in der Zentrale, den lokalen Servern in den jeweiligen Gesellschaften, den verteilten Rechnern am Arbeitsplatz und in der Cloud, stattfindende Datenaustausch wird durch die Anwendungen und die Aktualität der Daten bestimmt. Übertragen in den zentralen Server werden nur solche lokale Daten, die für die Zentrale von Nutzen sind. Die in der Zentrale und/oder den Landesgesellschaften gesammelten Daten können vom Konzern-Controlling in beliebiger Detaillierungsstufe aufbereitet, ausgewertet und in präsentationsreifer Form zu internen Berichten verarbeitet werden. Sofern das durch die Verantwortlichen vor Ort geschieht, lässt sich — wie bereits mehrfach erwähnt — die Bringschuld des Controllings bezüglich der Informationsversorgung des Managements senken.

Bezüglich der Erstellung, Übermittlung, Verwaltung und Dokumentation interner Berichte werden immer mehr und bessere **Softwaretools** am Markt angeboten, die auf der Grundlage einfacher Benutzeroberflächen eine strukturierte, redundanzarme und empfängergerechte Zusammenstellung harter und weicher Daten unterstützen. Der

Nutzen **automatischer Berichtsgeneratoren** für das Controlling besteht darin, dass Informationen in Bezug auf Menge, Verdichtungsgrad, Übersichtlichkeit und Häufigkeit an den individuellen (= personalisierten) Bedarf der Empfänger angepasst werden können, was die Qualität und Akzeptanz des internen Berichtswesens erhöht. Anzustreben ist außerdem eine Verkürzung der Prozesszeit im Reporting.

Moderne Berichtssysteme erfordern **Sicherheitsmaßnahmen**, die gewährleisten, dass sich jeder Teilnehmer im System nur durch diejenige Informationsflut navigieren kann, die für ihn vorgesehen sind.

1. Aufbau

Das interne Berichtswesen hat die in einem „Reportinghandbuch" dokumentierten **Mindestanforderungen** zu erfüllen, wie sie sich beispielsweise aus den Antworten auf die fünf W-Fragen nachstehender Abbildung ergeben (*Blohm, 1974*):

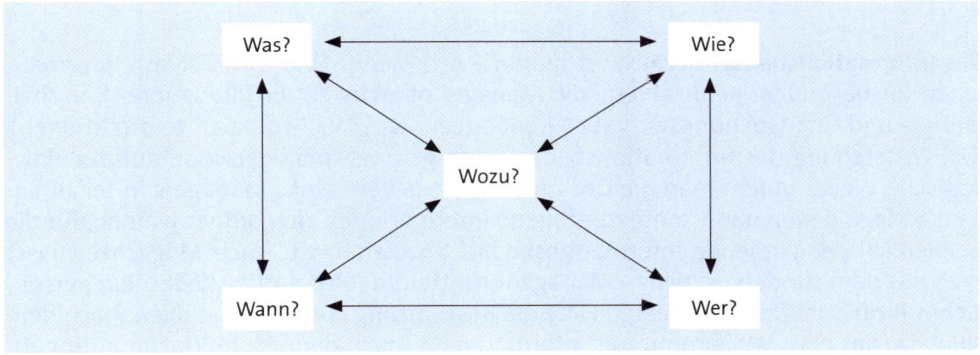

Die Erstellung, Implementierung und Pflege des nach dem Top-down-Ansatz gestalteten Berichtswesens ist in Abhängigkeit sowohl vom Umfang und Detaillierungsgrad als auch von der Effektivität, Geschwindigkeit und Entscheidungsnützlichkeit mit einem mehr oder weniger hohen Aufwand verbunden. Deshalb muss bezüglich einer Beurteilung der **Wirtschaftlichkeit** abgewogen werden, inwieweit der Nutzen des Berichtswesens (engl. Value of Reporting) diesen Aufwand rechtfertigt.

Ein Sprichwort sagt: „*Ein unklarer Bericht ist wie ein blinder Spiegel*".

Die **Qualität des internen Berichtswesens** richtet sich vornehmlich nach den Reaktionen, die es bei den Berichtsempfänger hervorruft. Sofern der Controller weder Sprache noch Verständnis der Zielgruppen trifft, muss er stets nachfragen, ob und was an Informationen angekommen ist, wahrgenommen wurde und was als Konsequenz beabsichtigt wird. Ist die Informationsflut von den Empfängern nur schwer zu bewältigen, werden selbst Schreckensmeldungen gelassen hingenommen, es wird nur zur Kenntnis genommen, was vertraut ist oder mit Berichten passiert das, was man bösartig externen Gutachten nachsagt: Gelesen, gelacht, gelocht (*Kuhlmann, 2001*).

2. Berichtszwecke

Mit der zentralen Frage nach dem „Wozu" der Informationsbereitstellung ist der **Berichtszweck** angesprochen.

Die verschiedenen Managementaufgaben bedingen eine **Vielzahl von Berichtszwecken**, die wiederum den Umfang von Informationsbedarf und -angebot bestimmen.

Als **Informationsbedarf** bezeichnet man die Art, Menge und Qualität von Informationen (insbesondere Kennzahlen), die Manager **objektiv** zur Erfüllung ihrer Entscheidungs- und Überwachungsaufgaben benötigen (sog. „Must-to-have"-Informationen). Die Feststellung des Informationsbedarfs erfolgt zweckmäßigerweise auf deduktiv-logische Weise, indem man die Gesamtaufgabe jeweils eines Managers in Teilaufgaben zerlegt, denen dann kontextbezogene Informationen zugeordnet werden, für die schließlich der passende Informationsbedarf abzuleiten ist. Nach Möglichkeit lässt sich aus dem für den einzelnen Manager ermittelten Informationsbedarf ein persönliches **Profil** schaffen, mit dessen Hilfe die Beschaffung von Informationen (nach dem Pull-Prinzip) bzw. Versorgung mit Informationen (nach dem Push-Prinzip) automatisiert werden kann (*Becker u. a., 2008*).

Die vom Management geäußerte **Informationsnachfrage** ist in der Regel stark subjektiv geprägt, da

► die Kenntnis einer objektiven Informationsbeschaffung unvollkommen ist

► ein hoher Innovationsdruck den Informationsbedarf immer wieder verändert

► die Orientierung mehr intellektueller oder pragmatischer Art ist

► durch selektive Aufmerksamkeit, Vorurteile oder Spezialisierung ein Zuviel an Informationen bewusst ferngehalten wird

► der Besitz nicht unbedingt notwendiger Informationen (= „Nice-to-have"-Informationen) Prestige und Sicherheit vermittelt.

Die Art, Menge und Qualität der zu einem Zeitpunkt verfügbaren Informationen bilden das **Informationsangebot**. Die Fülle der in den Administrations- und Dispositionssystemen des Unternehmens verfügbaren Daten und erst recht deren Kombinationen ist bereits sehr hoch. Vergrößert wird die Fülle außerdem noch durch Printmedien sowie elektronische Datenquellen innerhalb und außerhalb des Unternehmens. Allein das Internet bietet eine unübersehbare Fülle quantitativer und qualitativer Informationen. Ein möglicher Überfluss an Informationen ist zwar teuer, kann aber für die Beurteilung der Innovations- bzw. Ertragskraft des Unternehmens von Vorteil sein.

Während das **Informationsangebot** im Unternehmen ständig zunimmt, verändert sich die Informationsnachfrage meistens nur langsam. Das kann vorteilhaft sein, wenn sich jemand bei hohem Wissensstand nur auf wenige Schlüsselinformationen beschränkt. Das kann aber auch zu einem **Mangel im Überfluss** führen, da Menschen den Kontakt mit dem Informationsangebot erfahrungsgemäß frühzeitig beenden, wodurch **Informationslücken** entstehen, die eine laufende Überprüfung und Anpassung des internen Berichtswesens durch das Controlling notwendig machen.

Der Controller sollte sich immer wieder bewusst machen, dass die eigentlichen **Engpässe bei der Informationsversorgung** weniger im Fehlen von Informationen liegen als vielmehr in der knappen Zeit zum Lesen der empfangenen Berichte.

Ansatzpunkte für die **Gestaltung und Verbesserung des internen Berichtswesens** bieten die übrigen vier **W-Fragen**, also

► Inhalt und Detaillierungsgrad („Was")
► Gestaltung, Abläufe und Präsentation („Wie")
► Empfänger („Wer")
► Termine und Bearbeitungszeiten („Wann").

3. Berichtsinhalte

Der Problembezug (= Relevanz) von Informationen hat zu verschiedenen **Berichtsarten** mit entsprechend dazugehörigen **Informationssystemen** geführt wobei letztere am Produkt der Empfängerorientierung auszurichten sind:

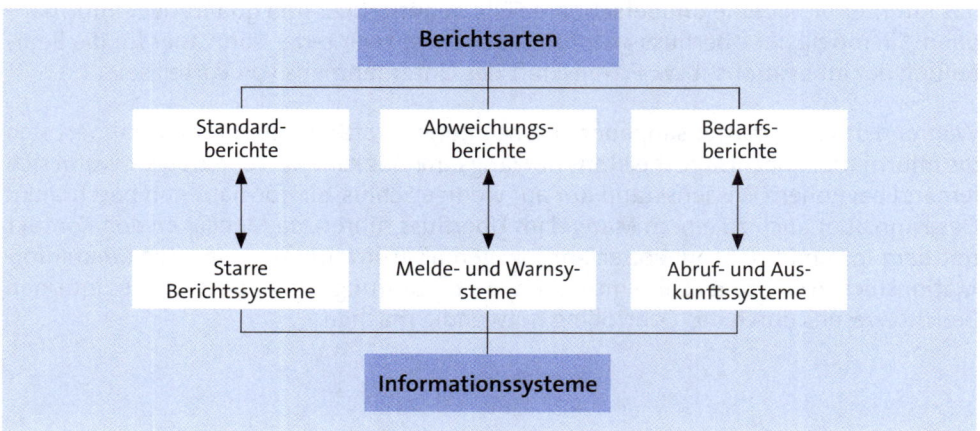

Berichte sind Instrumente der **operativen Berichterstattung**, wenn sie die für die laufende Geschäftsverfolgung relevanten Wertgrößen wie Auftragslage, Umsatz, Kosten, Deckungsbeiträge, Wertschöpfung, Bestände, Gewinn und Rentabilität zum Inhalt haben, oder der **strategischen Berichterstattung**, wenn sie über Sachverhalte informieren, die dem Auffinden, Aufbau und Bewahren von Erfolgspotenzialen dienen und damit die Generierung und Umsetzung von Strategien unterstützen.

Für jede Berichtsart ist die **Berichtsqualität** zu bestimmen. Große Bedeutung hat dabei die Zuverlässigkeit der bereitzustellenden Informationen, d. h. deren Genauigkeit (= formale Richtigkeit verdichteter Daten), Umfang (= Vollständigkeit) und Rhythmus (= Aktualität). Bezüglich der Frequenz ist davon auszugehen, das in wirtschaftlich schwierigen Zeiten die Häufigkeit aller Berichtsarten deutlich ansteigen wird. Durch Prüfroutinen und Feedbacks der Berichtsempfänger lassen sich fehlerhafte, unvollständige oder falsche Informationen nahe an der Quelle (engl. Quality at Source) aufdecken und beseitigen. Ferner ist das Bewusstseins der Berichtsempfänger für das „richtige" Zahlenmaterial zu schärfen, um die Gefahr wiederkehrender Fehler einzuschränken oder auszuschalten. Für die Steuerung des gesamten internen Berichtswesens ist die Qualität wichtiger als Zeit und Kosten (*Panitz u. a., 1987*).

Im Rahmen von **Business Intelligence** kann die Automatisierung benutzeradäquater Berichte als Medien der zu transportierenden Informationen mithilfe eines **elektronischen Reportgenerators** erfolgen. Darunter versteht man ein Softwareprogramm zur Erstellung von Reports aus Daten in der Regel mehrerer weltweit verteilter Datenbanken. Dabei wird der Nutzer von elektronischen Assistenten im Dialog (= interaktiv)durch Masken mit Auswahloptionen geführt. Eine Möglichkeit, innerhalb vordefinierter Datensichten (engl. Queries) zu selektieren und schnell bereitzustellen, bieten

querybasierte Reportgeneratoren, die meistens einfach zu bedienen sind. Bei der Vordefinition der Queries kann das Controlling mitwirken. Eine komplexere und weniger schnelle Möglichkeit sind **tabellenbasierte Reportgeneratoren**, die es dem Nutzer erlauben, sich seine Datensichten selbst zusammenzustellen. Im Verlauf werden die notwendigen Daten, Gruppierungen, Zwischensummen und anderes abgefragt bzw. berechnet. Am Ende wird aus allen Eingaben der gewünschte Bericht erstellt, der sich manuell noch ändern lässt. Die modernsten und zugleich komplexesten Reportgeneratoren sind **webbasierte Tools**, die so ziemlich alle für das Berichtswesen im Unternehmen erforderlichen Funktionen bieten.

Nachdem der Berichtsempfänger einen Bericht erhalten und ausgewertet hat, kann er die Berichtsinhalte mit anderen sachverständigen Personen (darunter Kollegen und Vorgesetzte) **diskutieren**, gegebenenfalls im Rahmen der Groupware, in Diskussionsforen oder Videokonferenzen. Daran schließt sich die eigentliche Nutzung und Verwertung der Information des Berichts an, was zu konkreten Entscheidungen und/oder Handlungen führen kann. Das Gleiche gilt auch für die bei Sitzungen verteilten **Tischvorlagen**.

3.1 Standardberichte

Innerhalb der vorstehenden Aufteilung des Berichtswesens trägt das regelmäßig wiederkehrende Standardreporting die **Hauptlast der Informationsübermittlung**. Dabei müssen Auswertungsobjekte, auf die sich die Standardberichte beziehen, klar und deutlich voneinander abgegrenzt sein. Außerdem müssen sowohl die zur Auswertung herangezogenen Daten, als auch die Ausprägungen der Mess- bzw. Kennzahlen, eindeutig sein.

Ein **Standardbericht** liegt vor, wenn zyklisch, d. h. täglich, wöchentlich oder monatlich, routinemäßig und nach einem festgelegten Schema einem meist gleich bleibenden Empfängerkreis bestimmte Sets von Kennzahlen verfügbar gemacht werden. Typische Beispiele für zeitgesteuerte Standardberichte sind die kurzfristig (meist monatlich) und auf der Basis des Transaktionsdatenbestands erstellten **Grundrechnungen** wie die Kosten-, Leistungs-, Projektstatus-, Erlös- und Bestandsrechnungen, Kostenstellenübersichten (= Betriebsabrechnungsbogen/BAB) sowie Berichte über Größen der Performance Measurements oder Statusberichte verschiedener Art.

Ein Standardbericht von besonderer Bedeutung ist die **kurzfristige Erfolgsrechnung**, die bei Einsatz des Softwareprodukts SAP ERP automatisch vom Modul CO bereitgestellt werden kann. Dabei werden in der Form einer (mehrstufigen) Deckungsbeitragsrechnung die Ergebnisse der budgetierenden Bereiche auf Monatsbasis unterjährig kumuliert und auf Quartals-, Halbjahres- oder Jahresbasis für interne Zwecke zur Verfügung gestellt. Ausgehend von diesen Informationen gestatten **Überleitungsrechnungen** auch eine Erfolgsermittlung nach den offiziellen Gesamtkosten- bzw. Umsatzkostenverfahren. Bekanntlich besteht der Unterschied zwischen beiden Verfahren darin, dass beim Gesamtkostenverfahren sämtliche Kosten der Periode der Gesamtleistung des Unternehmens gegenübergestellt werden, während beim Umsatzkostenverfahren vom Umsatz erst die hierfür entstandenen variablen Kosten, danach stufenweise der Fixkostenblock in Abzug gebracht werden. Jeweils kritische Bereiche können durch eine mehrdimensionale Betrachtung tiefer gehend analysiert werden (*Forsthuber u. a., 2011*).

> Da in Standardberichten als Kern des internen Reportings meistens keine **Vorauswahl** der Informationen getroffen wird, erlauben diese eine generelle Berichterstattung, wobei jeder Berichtsempfänger die ihn interessierenden Informationen als seinen Berichtsteil selbst erkennen und auswählen kann.

Monatliche Standardberichte der Organisationseinheiten (insbesondere Tochtergesellschaften und deren Niederlassungen) sollten möglichst früh vorliegen (etwa zwischen dem 3. bis 5. Arbeitstag des jeweiligen Folgemonats), da sie für das Gesamtunternehmen (oder den Konzern) noch auf Plausibilitäten hin überprüft und dann konsolidiert werden müssen. Insgesamt sollte die Erstellung von Standardberichten auch bei verschiedenartiger Geschäftstätigkeit des Unternehmens nicht länger als eine Woche dauern. Über die genauen Abgabetermine (engl. Reporting Time Table) dezentral erstellter und zentral verdichteter Berichte sollte das Reportinghandbuch genaue Auskunft geben.

Letzteres mit dieser Berichtsart verbundenen **Vorteile** bestehen darin, dass – abgesehen von der einheitlichen und immer wiederkehrenden Aufmachung – das Management in festen Zeitintervallen und ungefiltert über alle relevanten Gegebenheiten informiert wird.

Umgekehrt dürfen aber die **Nachteile** dieser Berichtsart nicht übersehen werden, die darin bestehen, dass für das obere und oberste Management ein Überangebot von Informationen (= Information Overload oder Zahlenfriedhof) vorliegt, während beim mittleren und unteren Management ein Berichtsmissbrauch (= Informationspiraterie) nicht ausgeschlossen werden kann. Einschränken lassen sich die Nachteile u. a. dadurch, dass über die Steuerung von Metadaten das jeweilige Management nur den seinen Arbeitsbereich betreffenden Berichtsteil erhält.

Letzteres erfordert eine **Reporting-Pyramide**, deren unterste Ebene das Arbeitsreporting ist, das detaillierte Zahlen u. a. aus den Kostenstellen (= Betriebsabrechnungsbogen/BAB) oder anderen Quellen ausweist. Für das Reporting der darüber liegenden Ebenen der Abteilungen und Bereiche verdichtet, d. h. wie in der nebenstehenden Abbildung gezeigt, werden Summeninformationen jeweils einer Berichtsebene zu verdichteten Einzelinformationen der nächst höheren Ebene.

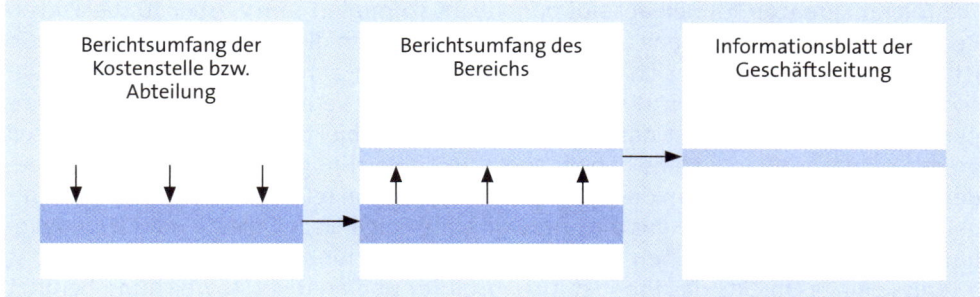

| Berichtsumfang der Kostenstelle bzw. Abteilung | Berichtsumfang des Bereichs | Informationsblatt der Geschäftsleitung |

Sofern nichts dagegen spricht, besteht nach dem Konzept des **One-Page-Reportings** ein Bericht an die Unternehmensleitung nur aus einer Seite, auf der die Berichtsinhalte komprimiert und tabellenartig dargestellt sind.

Bei großen und sich im Zeitablauf verändernden Datenbeständen beinhalten Standardberichte den weiteren **Nachteil**, dass an sich wichtige Informationen deshalb verborgen bleiben, da bei der Festlegung der Berichte nicht daran gedacht wurde bzw. gedacht werden konnte. Oft werden Standardberichte routinemäßig auch dann weiter erstellt und verteilt, wenn sie nur einmal nachgefragt wurden. Um dieses Informationsangebot zu begrenzen, könnte das Controlling die Weiterleitung exotischer Berichte vorübergehend „vergessen" bzw. auf deren Erstellung ganz verzichten, wenn diese Berichte nicht innerhalb einer bestimmten Frist von den bisherigen Empfängern angemahnt werden.

Zur Gruppe der Standberichte gehören auch **Rundschreiben** (engl. Newsletter), die in kurzer Form Informationen zu speziellen Themen enthalten. Für das Management bestimmte Rundschreiben können über das Intranet des Unternehmens entsprechende Nachrichten und Ratschläge transportieren.

3.2 Abweichungsberichte

Von einem **Abweichungsbericht** (engl. Exception Report) wird gesprochen, wenn das Management ereignisgetrieben mit Informationen versorgt wird, weil das aktuelle Geschehen von Vorgaben abweicht, und zwar über die vereinbarten bzw. vorgegebenen Toleranzgrenzen hinaus. Zu den Abweichungsberichten gehören szenarienbasierte Krisen-Reports.

Die **Toleranzgrenzen** können absolut oder relativ formuliert sein werden. Dabei ist von Bedeutung, auf welche Ebene (= Verdichtungsstufe) sich diese Vorgaben beziehen. So ist damit zu rechnen, dass sich auf den unteren Ebenen zahlreiche positive und negative Abweichungen ergeben, die sich mit zunehmender Verdichtung weitgehend kompensieren. Des Weiteren ist damit zu rechnen, dass Objekte mit einem hohen Anteil an der Bezugsgröße meistens höhere absolute Abweichungen haben als weniger bedeutende. Dem könnte man durch Berücksichtigung von relativen Abweichungen entgegenwirken, jedoch hätte das die unerwünschte Folge, dass Objekte mit kleinem Volumen im Vordergrund stehen würden. Um das zu verhindern, kann als Maß für das Interesse eines Objekts das Produkt aus absoluter und relativer Abweichung benutzt werden.

In Abweichungsberichten lassen sich kritische Situationen und außergewöhnliche Sachverhalte entsprechend ihrer Höhe und Bedeutung durch **Ampelfarben** (engl. Traffic Lightning) kennzeichnen.

Dem **Vorteil**, Berichtsempfänger von einer Informationsüberflutung zu befreien, steht als **Nachteil** die Gefahr einer Überselektion von Informationen gegenüber. Diese Gefahr kann aber dadurch abgeschwächt werden, dass bedeutsam erscheinende Routinefälle und Frühinformationen vorsorglich in Abweichungsberichte aufgenommen werden, sodass es dem Berichtsempfänger überlassen bleibt, zusätzliche Bedarfsberichte anzufordern (nach dem Pull-Prinzip), um Unwägbarkeiten und kritische Ausnahmefälle (darunter auch Ausreißer) bewerten zu können.

3.3 Bedarfsberichte

Diese werden als **Sonderberichte** fallweise erstellt, wenn das in Form der Standard- und Abweichungsberichte zur Verfügung stehende Informationsmaterial für eine Beurteilung und Lösung aufgetretener Probleme nicht ausreicht.

Entdeckungs- und fragegetriebene Bedarfsberichte, die nur für einen oder wenige Empfänger erstellt werden, sind dadurch gekennzeichnet, dass sie jeweils auf dem **neuesten Stand** sind, denn sie sind nicht an feste Termine gebunden. Dazu gehören in börsennotierten Unternehmen auch solche, die dem Vorstandsvorsitzenden (CEO) und dem Finanzvorstand (CFO) zur Vorbereitung von **Pressekonferenzen** dienen.

Dem **Vorteil**, sich auch mit schlecht strukturierten Problemen zu beschäftigen, steht als **Nachteil** die Fülle der zu strukturierenden Daten und für den Einzelfall zu bewertenden Informationen gegenüber, was bei lang dauernden Recherchen sehr aufwändig sein kann.

Zur Lösung geeignet ist das **OLAP-Datenmodell,** über das – wie eingangs beschrieben – mehrere Benutzer mit profilspezifischen Zugangsrechten gleichzeitig und systemgesteuert die vorhandenen Bestände einer Datenbasis in verschiedenen Perspektiven und Detaillierungsgraden auswerten können. Die Erwartungen hinsichtlich der möglichen Sonderabfragen und -auswertungen dürfen allerdings nicht zu hoch gesetzt werden, denn es wird sich immer wieder ergeben, dass viele der subjektiven Ad-hoc-Informationsbedarfe in Anbetracht möglicher Lücken in den Datenbeständen nicht gedeckt werden können.

Sind die für die Erstellung eines Bedarfberichts benötigten Daten in Relationen (= Tabellen) gespeichert, lassen sich diese für spezifische Fragestellungen wie folgt manipulieren:

- ▶ Durch **Selektion** mit logischen Verknüpfungen gelangt man zu flacheren Tabellen.
- ▶ Durch **Projektion**, d. h. das Streichen oder die Zusammenfassung von Spalten, werden Tabellen schmaler.
- ▶ Durch **Verbund**, d. h. Verknüpfung von Relationen bezüglich eines gemeinsamen Attributs oder mehrerer Attribute, lassen sich Tabellen in beliebiger Komplexität erstellen.

Die gefilterten bzw. verdichteten Datenmengen lassen sich mit standardisierten **Softwarepaketen** (z. B. denen der Statistik, Kalkulation, Simulation) weiter be- und/oder -verarbeiten, um aktuell als Führungsinformation dem Verwender in lesbarer Form bereitgestellt werden zu können.

In die Kategorie der Bedarfsberichte fallen auch Berichte, die das **Sanierungscontrolling** an die von der Unternehmenskrise betroffenen Personen sendet. Dabei sollten die Berichtsempfänger über den Stand der Umsetzung und eventuelle Störungen oder veränderte Risiken informiert werden. Eine knappe und eindeutige Darstellung der Berichtsinhalte hilft auf Sender- und Empfängerseite Ressourcen zu sparen. *„Da Sanierungsbeiträge i. d. R. von allen beteiligten Gruppen erbracht werden, ist im Sinne einer vertrauensvollen Zusammenarbeit von einer asymmetrischen Informationspolitik bei der Berichterstattung abzusehen"* (Steffan/Anders, 2010).

4. Berichtsgestaltung

Ein interner Bericht sollte so knapp wie möglich, und nur so lang wie nötig sein, d. h. der Empfänger muss den Eindruck bekommen, dass er den Bericht „schafft", da er sonst vielleicht gar nicht erst zu lesen anfängt.

Widerstände gegen Berichte lassen sich auch vermeiden, dass sie den **Eindruck des Vertrauten** vermitteln, was durch ein mehr oder weniger gleich bleibendes Aussehen der Berichte ermöglicht wird. Durch eine ansprechende Aufmachung (engl. Reporting Design) soll der Berichtsempfänger schließlich den Eindruck bekommen, dass es sich lohnt, den Bericht zu lesen.

4.1 Format und Gliederung

Als Format kann die für Schriftstücke übliche Größe DIN A4 gewählt werden. Größerformatige Vorlagen lassen sich auf fotomechanischem Weg auf dieses Format verkleinern, sofern darunter nicht die Lesbarkeit leidet.

Durch ein dem Bericht vorangestelltes **Inhaltsverzeichnis** (engl. Table of Contents) sollten die Schwerpunkte auf einen Blick überschaubar sein. Jeder Berichtsteil beginnt mit einer knappen **Zusammenfassung** (engl. Summary) der jeweiligen Gliederungspunkte. Die weitere Orientierung innerhalb des Berichts erleichtern Ampelfarben bzw. thematische **Kennfarben** (engl. Colour Coding).

4.2 Darstellung

Damit ein Bericht nicht nur gelesen, sondern auch verstanden wird, bedient man sich zur Darstellung verschiedener **Tabellen** und **Grafiken**, die sich sinnvoll ergänzen.

4.2.1 Tabellen

Diese ermöglichen die konsistente Darstellung einer größeren Menge von Daten (einschließlich Kennzahlen) und bilden meistens die **quantitative Basis** eines Berichts.

Eine matrixartige **Tabelle** besteht aus je einem Textteil (= Überschrift, Kopf, Vorspalte) und dem Zahlenteil (= Zellen):

Überschrift der Tabelle							
Zeile	Kopf zur Vorspalte	Tabellenkopf					
	0	1	2	3	...	n	
1						...	
2	Vorspalte	m · n-Fächer (Zellen)			...		
...						...	
m						...	

Für die **Anordnung** der Zeilen und Spalten ist Folgendes zu beachten:

► Für **Zeilen** gilt das Prinzip der Gleichartigkeit. Danach sollten Übersichtsinformationen, also Informationen mit höherem Verdichtungsgrad, und Detailinformationen in voneinander getrennten Zeilenblöcken enthalten sein.

► Für **Spalten** gilt das Prinzip der Nähe, was besagt, dass nahe beieinander befindliche Elemente im Sinne des kleinsten Abstands als zusammengehörend dargestellt werden. Demzufolge empfiehlt sich die Bildung getrennter Spaltenblöcke für Berichts- und Vergleichsinformationen mit zusätzlichen Angaben über absolute und relative Abweichungen (gegebenenfalls für unterschiedliche Zeiträume).

Ist eine Tabelle so aufgebaut, dass sie eine **Vielzahl nicht ausgefüllter Zahlenfelder** enthält, besteht die Gefahr, dass beim Empfänger leicht der Eindruck der Unvollständigkeit entsteht.

Handelt es sich bei einer Tabelle um das **Arbeitsblatt einer Tabellenkalkulation**, kann eine darin enthaltene Zelle entweder ein Datenelement oder eine Formel zur Berechnung eines Wertes enthalten. Ein durch Formeln und Zellenverknüpfungen vorprogrammiertes Rechenblatt (engl. Template) für Kumulationen, Prozentrechnungen, Extremwertbestimmungen, Abweichungs- und Sensitivitätsanalysen, Prognosen, Simulationen, Ermittlung von Kennzahlen und Ähnliches, bildet ein Element des eingangs beschriebenen Methodenbestands (*Helles, 2001*).

Um die **Übersichtlichkeit von Tabellen** zu gewährleisten, können

► große Datenmengen in Teilmengen zerlegt werden, die dann in Nebentabellen zu erfassen sind

► verschiedene Schriftarten und -größen gewählt werden

► Werte in Einheiten von Tsd Euro oder Mio Euro ausgewiesen werden

▶ Nachkommastellen durch Auf- und/oder Abrunden entfallen

▶ kritische Werte (engl. Red Flag Items), bei denen Handlungsbedarf besteht, durch Farb- oder Fettdruck hervorgehoben werden.

Ein Softwareverfahren für die interaktive Eingabe und geordnete Verarbeitung von Daten ist die **Tabellenkalkulation** (engl. Spreadsheet). In jeder Zelle der Tabelle kann eine Konstante (= Zahl, Text, Datum usw.) oder eine Formel enthalten sein. In einfachen Fällen beschränken sich Berechnungen auf die Summenbildung über Spalten und Zeilen hinweg. In komplizierteren Fällen können Formeln die Werte aus anderen Zellen benutzen, d. h. wird autonom in einer Zelle etwas geändert, werden die Auswirkungen in den abhängigen Zellen automatisch berechnet und angezeigt. Auf diese Weise können selbst die kompliziertesten Rechengänge mit vielen zu verknüpfenden Teilergebnissen übersichtlich dargestellt werden. Gängige Softwareprodukte in dieser Kategorie stammen überwiegend aus Office-Paketen, wie etwa: Excel (aus Microsoft Office), Numbers (aus Apple iWork), Lotus 1-2-3 (aus IBM Lotus Symphony), StarCalc (aus Sun Microsystems StarOffice) oder Calc (aus dem kostenlosen Paket OpenOffice).

4.2.2 Grafiken

Als Grafiken bezeichnete **Schaubilder**, **Charts** oder **Diagramme** ermöglichen dem Empfänger eine Informationsverarbeitung mit nur geringen gedanklichen Anstrengungen.

Im Vergleich zu tabellarischen Darstellungen werden **Grafiken**, die die Größenverhältnisse untereinander veranschaulichen und Trends auf der Basis von Zahlenreihen erkennen lassen, für interessanter gehalten, eher wahrgenommen und besser in Erinnerung behalten. Umgekehrt werden grafisch aufbereitete Informationen weniger intensiv überprüft und hinterfragt, was die Gefahr von **Manipulationen** durch die Ersteller und die Gefahr von **Fehlinterpretationen** durch die Empfänger erhöht.

Diesem Anspruch kommt die webbasierte **Software PREZI** sehr nahe. Sie ist schnell und das, was die angelsächsische Welt als „Mind Blowing", d. h. atemberaubend, irre oder umwerfend bezeichnet. Statt einer linearen Abfolge von Folien, arbeitet man bei PREZI auf einer unbegrenzten Präsentationsfläche, einem interaktiven Whiteboard, auf der man Textfelder, Grafiken, Bilder und Videos platzieren und miteinander verbinden kann (*Kürsteiner/Schlieszeit, 2011*).

Da im Rahmen der Berichterstattung häufig eine Reihe unterschiedlicher Grafiken verwendet wird, sollte der Controller darauf achten, dass sich die gezeigten Bilder im Zeitablauf wiederholen, denn der **Gewöhnungseffekt** spielt beim Betrachter eine nicht zu unterschätzende Verständnishilfe.

Bezüglich der **Visualisierung von Geschäftsgrafiken** lassen sich folgende Gestaltungsprinzipien angeben:

► **Minimalprinzip**, d. h. zu visualisieren sind nur solche Daten, die unbedingt benötigt werden

► **Authentizitätsprinzip**, demzufolge durch die Visualisierung die Daten weder verfälscht noch verzerrt wiedergegeben werden

► **Konsistenzprinzip**, wonach eine Übereinstimmung der visuellen Darstellung mit mentalen Modellen und kognitiven Stilen erzeugt werden soll. Sofern jedoch die Aufmerksamkeit auf bestimmte Sachverhalte zu lenken ist (wie etwa bei extremen Abweichungen von Kennzahlen), kann von diesem Prinzip bewusst abgewichen werden.

Abgesehen von speziellen Formen (wie z. B. die an verschiedenen Stellen dieses Buchs verwendeten Baum-, Netz-, Profil-, Portfolio-, Fischgräten- und Zeitplanungscharts) sind folgende **Geschäftsgrafiken**, die Zahlenwerte und deren Beziehungen mithilfe von Landkarten und geometrischen Diagrammen sichtbar sowie vergleichbar machen, von großer praktischer Bedeutung. Kombinationen zwischen den dargestellten Grundformen werden auch als **Verbunddiagramme** bezeichnet (*Helles, 2011; Zelazny, 2009*).

4.2.2.1 Landkarten

Grundlage eines geografischen Informationssystems sind **Landkarten** (=Kartogramme) mit unternehmensspezifischer Gebietsstruktur und Zugriffsmöglichkeit auf entsprechende Daten (u. a. Gebietsflächen, getätigte Umsätze, regionale Marktanteile, Absatzpotenziale, Kundendichte, Kaufkraft, sowie Standorte der Produktion, Auslieferungslager, Messen, Konkurrenten sowie Außendienstmitarbeiter).

Dazu müssen über elektronische **Mapping-Programme** alle relevanten Datensätze codiert, d. h. der untersten Betrachtungsebene (z. B. Postleitzahlengebiete) zugeordnet werden, um später bei Datenbankabfragen zu jeweils höheren Betrachtungsebenen (etwa Städte, Landkreise, Bundesländer oder sog. Nielsen-Gebiete) nach vorhandenen Verknüpfungsinformationen verdichtet werden zu können.

Dem Anwender bleibt die Aufgabe, das **Kartenfenster** der gewünschten Detailebene zu öffnen, die frei definierbaren Regionen mit der Maus zu markieren und die gesuchten Sachverhalte auszuwählen, um das gefundene Zahlenmaterial übersichtlich in Tabellen und/oder geometrischen Diagrammen dargestellt zu bekommen. Werden die visualisierten Sachverhalte mit Ampelfarben versehen, lassen sich Problemzonen bzw. regional begrenzte Auffälligkeiten schnell erkennen.

4.2.2.2 Geometrische Charts

Bei dieser Art der Darstellung wird ein nach sachlichen und zeitlichen Gesichtspunkten abgegrenztes Datenmaterial durch **geometrische Figuren** abgebildet (*Voß/Schöneck, 2003*).

Nach dem **Zweck der Darstellung** lassen sich – mit entsprechender Software generierte – geometrische Diagramme wie folgt verwenden:

Chart-Typ / Zweck der Darstellung	Kreise	Säulen/ Balken	Kurven/ Punkte	Flächen	Netze
Anteil/Struktur	◯	▤		◺	
Vergleich		▥			✦
Zusammenhang/ Verbund		▤	⤢		
Entwicklung/Trend		▮▮	⟋	◺	✧

Rechteck-, Flächen-, Kreis- und Netzdiagramme sollten möglichst nicht mehr als fünf Segmente enthalten, da andernfalls der Betrachter die **Unterschiede der Segmente** nicht mehr deutlich wahrnehmen kann, wodurch die Merkfähigkeit leidet. Die Segmente sind durch Schraffuren, Punktierung, Graustufungen oder Farben kenntlich zu machen. Bei mehr als fünf Segmenten empfiehlt es sich, Punkt- bzw. Liniendiagramme zu verwenden oder weniger wichtige Aussagen verbal zu erläutern.

Die Belegung von **Achsen** ist in zweidimensionalen Diagrammen genau geregelt. In Diagrammen mit senkrechter Anordnung werden die Rubriken, wie z. B. Merkmalsausprägungen, auf der horizontalen Achse (= X-Achse oder Abszisse) dargestellt, während die Werte auf der vertikalen Achse (= Y-Achse oder Ordinate) abgetragen sind. Diagramme mit waagerechter Anordnung kehren die Belegung der horizontalen und vertikalen Achsen um, d. h. die Werte sind auf der horizontalen und Rubriken auf der vertikalen Achse dargestellt. Punktdiagramme (sog. XY-Diagramme) enthalten Werte sowohl auf der horizontalen als auch auf der vertikalen Achse. Bei Netzdiagrammen wird für jede Rubrik eine Achse gebildet, auf der die jeweiligen Werte abgetragen werden. Kreisdiagramme haben keine Achsen.

Um das Betrachten von Zahlenreihen zu erleichtern, können in Rechteck- und Linien-diagrammen **Gitterlinien** verwendet werden, die sich – gestrichelt, durchzogen oder gepunktet – von den Teilstrichen einer oder beider Achsen über die Diagrammfläche erstrecken, wobei ein Teilstrich auf der Achse einen Skalenabschnitt markiert. Von der Breite der Skalenabschnitte hängt es ab, wie viele Werte auf einer Achse abgetragen werden können und wie nahe Gitterlinien zueinander zu stehen kommen.

Bei Punkt- und Liniendiagrammen gibt es außer der arithmetischen Teilung (d. h. die Achse wird in gleich große Abstände unterteilt) noch die Möglichkeit der **logarithmi-schen Skalierung**, wenn große absolute Unterschiede bestehen und die Daten im un-teren Wertebereich stärker hervorgehoben werden sollen.

Durch **Pfeile** kann auf besondere Tatbestände in der Grafik hingewiesen werden. Eine **Legende** dient der Erläuterung jener Zeichen, Symbole oder Farben, die zur Markierung von Zahlenreihen verwendet werden.

Bezüglich der **Beschriftung** von Diagrammen gilt: Je weniger Text, desto bes-ser. Überschriften sind hervorzuheben. In der ganzen Grafik ist stets die gleiche Schriftart zu benutzen. Die Schrift sollte so angeordnet sein, dass sie sich mög-lichst nahe an den zugehörigen Grafikelementen befindet. Skalenbeschriftun-gen sollten nicht zu groß, aber dennoch lesbar sein.

4.2.2.2.1 Rechteckdiagramme

In solchen Charts verwendete Figuren sind **Rechtecke** mit variabler oder konstanter Länge, und zwar in senkrechter Anordnung (= Säulen) oder waagerechter Anordnung (= Balken). Jede **Säule** bzw. jeder **Balken** repräsentiert einen Posten in einer Zahlenrei-he. Für alle Rechtecke ist die gleiche Breite zu wählen und zwar unabhängig davon, ob Werte einzeln dargestellt oder durch Aneinanderreihung bzw. leichte Überlappung zu Gruppen zusammengefasst sind. Ein aus zwei Rechtecken bestehendes Diagramm ist geeignet, um Zu- und Abnahmen einer Größe oder Abweichungen von einem Vorga-bewert zu verdeutlichen.

Rechtecke als **Säulendiagramme** (engl. Column Charts) zeigen Veränderungen über ei-nen bestimmten Zeitraum oder ziehen Vergleiche zwischen zwei oder mehr zusam-men in Beziehung zueinander stehenden Größen. Die Y-Achse sollte grundsätzlich bei Null beginnen. Eine dreidimensionale (= perspektivische) Ansicht bietet den Vorteil, eine zusätzliche Dimension darstellen zu können. Der Gefahr, die sich aus dem Ver-gleich von Rauminhalten ergibt, kann dadurch begegnet werden, dass die dahinterste-henden Werte mit in die Grafik übernommen werden.

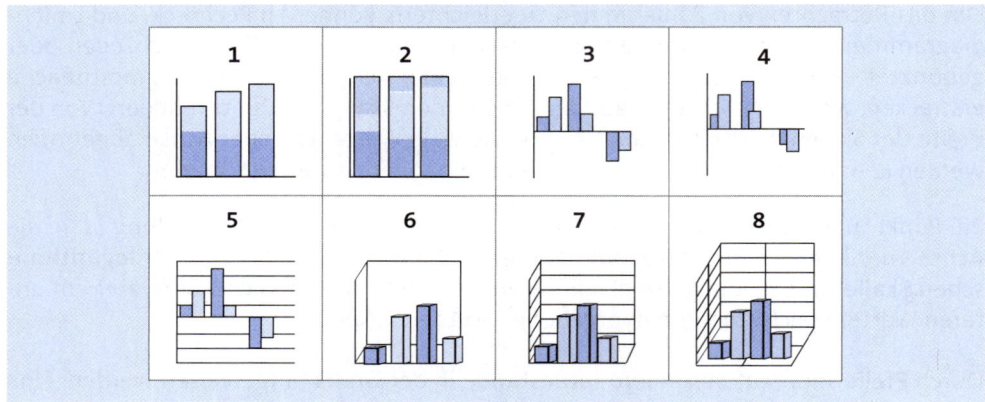

Rechtecke als **Balkendiagramme** (engl. Bar Charts) zeigen Werte zu einem Zeitpunkt oder ziehen Vergleiche zwischen zwei oder mehr zusammen in Beziehung stehenden Größen, wobei – wie bereits gesagt – die Merkmalsausprägungen vertikal angeordnet sind.

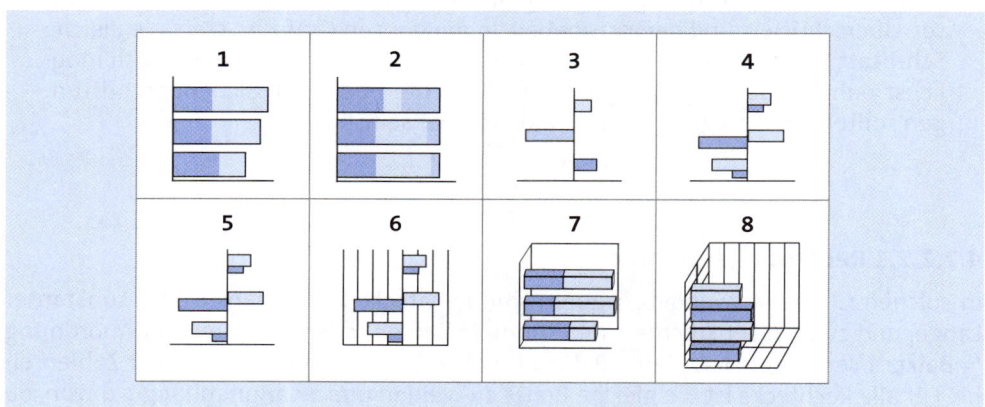

Dieser Grafiktyp ist besonders gut geeignet für umfangreiche **Gegenüberstellungen** (wie z. B. Rangfolge-Vergleiche). Hervorzuheben ist auch die bessere Beschriftbarkeit.

4.2.2.2.2 Punktdiagramme

Solche auch als **Streudiagramme** bezeichneten Charts zeigen die Beziehung oder den Grad der Beziehung zwischen zwei oder mehr Datenreihen. Verschiedenartige Markierungen unterscheiden die Datenpunkte der einzelnen Posten. Unterstützt wird damit die Suche nach Mustern und das Auffinden von ein- oder wechselseitig abhängigen Variablen. Die Skala für die Y-Achse kann linear oder logarithmisch sein.

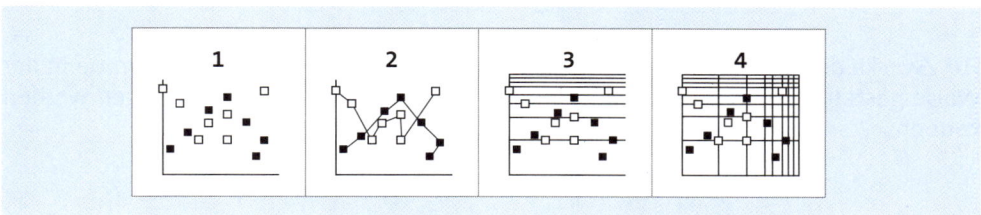

Werden kleine grafische Elemente in Punktdiagrammen miteinander verbunden, entstehen Kurvendiagramme.

4.2.2.2.3 Kurvendiagramme

Diese mitunter auch als **Liniendiagramme** (engl. Line Charts) bezeichneten Grafiken, bei denen Punkte durch Kurvenzüge miteinander verbunden werden, kommen vorzugsweise dann zur Anwendung, wenn viele zeitabhängige Daten dargestellt bzw. zwei oder mehr Zahlenreihen verglichen werden sollen.

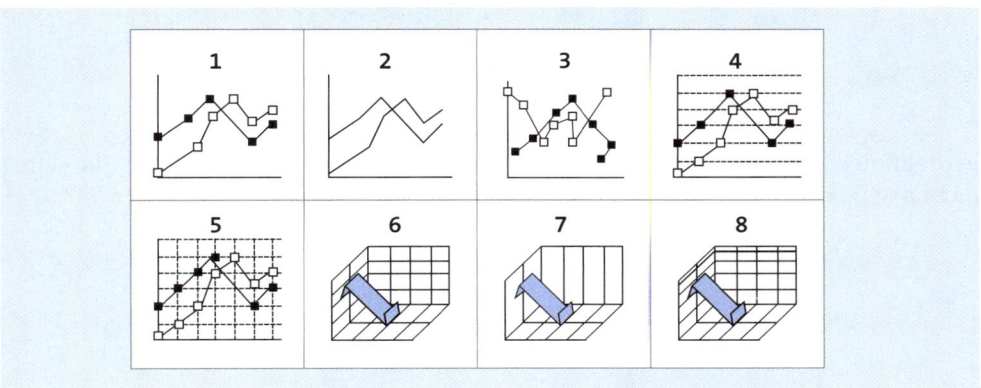

Jede dieser Kurven repräsentiert eine Zahlenreihe. Bei mehreren Zahlenreihen ist es wichtig, dass die Linien klar zu unterscheiden sind. Das kann mithilfe von miteinander zu verbindenden **Sonderzeichen** geschehen.

Besonders gut lassen sich **Trends** aus den Zeitreihen bisheriger Entwicklungen extrapolieren (= verlängern, fortschreiben), die bei der Prognose oder Projektion über zukünftige Entwicklungen eine große Rolle spielen. Voraussetzung für die **Anwendung einer Indexskala** ist die Angabe eines gemeinsamen Basisjahres.

Für Zwecke der regelmäßigen Berichterstattung lassen sich Kurvendiagramme in der Weise gestalten, dass im Zeitablauf immer die **neuesten Daten** eingetragen werden können.

4.2.2.2.4 Flächendiagramme

Als Ergänzung zu den Kurvendiagrammen sind **Flächendiagramme** (engl. Area Charts) geeignet, um eine Gesamtgröße und deren Zusammensetzung (im Sinne ihrer Struktur) über einen Zeitraum hinweg sichtbar zu machen. Beispiele dafür sind Fortschrittszahlendiagramme bzw. die damit in Zusammenhang stehenden Wertzuwachskurven.

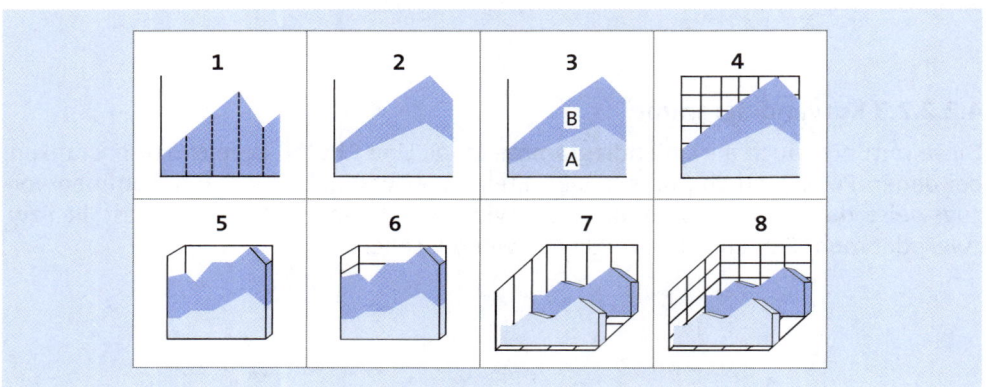

In dreidimensionaler Darstellung werden Zahlenreihen einer Gesamtgröße (die selbst nicht erscheint) in voneinander getrennten Schichten sichtbar gemacht.

4.2.2.2.5 Kreisdiagramme

Diese auch als **Tortendiagramme** (engl. Pie Charts) bezeichneten Grafiken machen Anteile von Gesamtheiten – gegebenenfalls unter Angabe von Absolutbeträgen oder Prozentzahlen – sichtbar.

Jedes Kreisstück repräsentiert einen Posten in einer Zahlenserie.

In dreidimensionaler Sicht wirken im Vordergrund stehende Sektoren nach dem **Prinzip der Nähe** stärker auf das Bewusstsein des Betrachters, als solche, die relativ weit weg sind vom Betrachter. Dies verleitet zur Manipulation.

Von der Möglichkeit des **Heraushebens eines Kreisstücks** wird häufig Gebrauch gemacht.

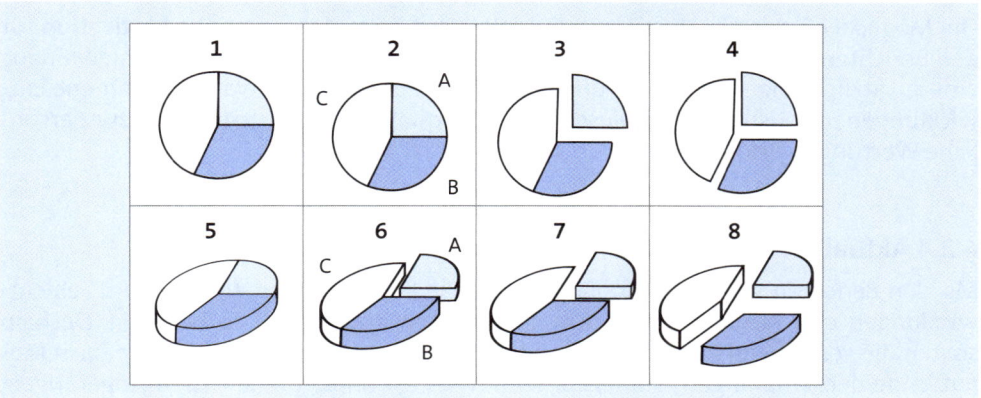

4.2.2.2.6 Netzdiagramme

Als **Netzdiagramme** (= Radar- oder Polardiagramme) werden Grafiken bezeichnet, bei denen die Entwicklung von Werten verschiedener Zahlenreihen zueinander in Relation gesetzt werden. Jede Datenreihe erhält eine Wertachse, wobei jedoch für alle Achsen, die vom Mittelpunkt des Diagramms ausgehen, dieselbe Skalierung gewählt wird. Die einzelnen Punkte einer Zahlenreihe werden auf den Achsen gekennzeichnet und durch Geraden miteinander verbunden. Dadurch entsteht in Abhängigkeit von der Anzahl der Kategorien ein **Vieleck**.

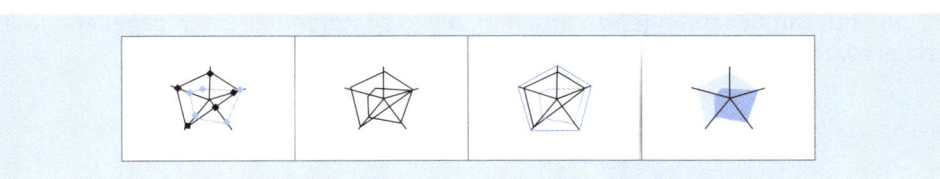

4.2.3 Kommentierung

Aus tabellarischen und/oder bildlichen Darstellungen nicht eindeutig erkennbare **Sachverhalte** müssen verbal erläutert (= kommentiert) werden. Dabei gilt: Wer gute Zahlen hat, braucht wenig Worte. Die Kommentierungen sollten einfach, verständlich und präzise sein, d. h. kurze und wenig verschachtelte Sätze enthalten, da andernfalls den Berichten gegenüber Widerstand erwachsen kann, da die Leser den Inhalt nicht verstehen, dieses aber nicht zugeben wollen. Monotonie durch häufige Wortwiederholung ist zu vermeiden.

Die **Erhöhung der Redundanz** ist ein mögliches Mittel, um einen Kommentar vor Missverständnissen zu bewahren. Das kann in der Weise geschehen, dass Nachrichten ausgiebiger formuliert sind, als es zur Übermittlung der in ihnen enthaltenen Informationen an sich notwendig wäre.

Die Möglichkeit der Abgabe von Stellungnahmen bedeutet eine hohe **Motivation** für den Berichtersteller, da er über die Aufnahme und Darstellung von Kennzahlen hinaus eine zusätzliche Eigenleistung erbringen kann, indem etwa auf wahrgenommene Entwicklungen und Risiken hingewiesen wird oder qualitative Beurteilungen bzw. persönliche Wertungen erfolgen.

4.2.4 Aktualität der Berichte

Mit den Berichten sollen die Empfänger aktuelle Informationen erhalten, um Fehlentwicklungen und Krisengefahren früh zu erkennen und schnell zu beheben. Deshalb sollten die vorstehend genannten Grundrechnungen spätestens eine Woche nach Monatsende den Empfängern vorliegen. Kommt es unvorhergesehen zu Verzögerungen, verlieren die Berichte an Relevanz.

Stehen die Berichtstermine fest, lässt sich durch **Erhöhung der Prozessgeschwindigkeit** für die Erstellung der Berichte die Aktualität steigern, denn man kann damit später mehr anfangen.

Zwischen der **Aktualität** (= Zeitnähe) und **Genauigkeit** eines Berichts besteht oft ein Konflikt, da mit zunehmender Anforderung an die Genauigkeit auch der Zeitbedarf für die wahre und faire, d. h. den Tatsachen entsprechende Berichterstattung steigt. Gelöst werden kann dieser Konflikt in der Weise, dass Informationen verdichtet und/oder unwichtige Informationen herausgefiltert werden. Weiterhin besteht die Möglichkeit, zunächst nur mit Schätzungen zu arbeiten, die in späteren Berichten gegebenenfalls korrigiert werden können.

5. Berichtspräsentation

Bei Konferenzen, Besprechungen oder Meetings kann der Controller ausgewählte Berichtsinhalte mithilfe einer **Präsentationssoftware**, wie beispielsweise Microsoft PowerPoint oder Keynote von Apple, über einen an das Laptop bzw. Tablet-PC angeschlossenen Beamer an die Wand projizieren und dort den Teilnehmern näher erläutern (*Duarte, 2009; Graebig u. a., 2011; Garten, 2011; Kuhlmann, 2001*).

Die mit der Bildprojektion verbundenen **Gefahren** bestehen darin, dass die verwendeten Vorlagen überladen sind oder zu viele Vorlagen den Blick für das Wesentliche bzw. Ganze stören. Um diesen Gefahren entgegenzuwirken, ist – unter Verzicht auf optische Spielereien und ablenkende bzw. vernebelnde Showeffekte – ein unaufdringliches Layout zu wählen, das Zahlen in möglichst wenigen, aber klar aufeinander abgestimmten Tabellen und Grafiken darstellt. Dabei sollten nach Möglichkeit querformatige Vorlagen verwendet werden, in denen Überschriften auf die jeweils wichtigsten Inhalte hinweisen, Textzeilen in nur einer Schriftart zugleich kurz und hinreichend groß sind und Farben sparsam eingesetzt werden.

Grundsätzlich ist die Visualisierung von Präsentationsinhalten mittels geeigneter Hilfsmittel kein **Selbstzweck**, sondern sie dient der strukturierten Unterstützung und der leicht nachvollziehbaren Veranschaulichung der zu berichtenden Aussagen.

Sollen die Berichtsinhalte innerhalb eines **Vortrags** präsentiert werden, kann in Anlehnung an den Ausspruch des früheren britischen Premierministers *Winston Churchhill* gelten: *„Eine gute Rede besteht aus einem interessanten Anfang und einem wirkungsvollen Schluss. Der Abstand dazwischen sollte möglichst gering gehalten werden"*.

Eine von Kommunikationsexperten empfohlene Aussage, die in angepasster Form für wohl jeden Vortrag gilt, lautet: *„Ich weiß, dass noch nicht alles perfekt läuft"*. Solches Understatement kommt bei den Zuhörern immer gut an, denn es schafft Nähe.

Lösung

16.	Wann sollten Punkt- und Kurvendiagramme zur Anwendung kommen?	S. 605
17.	Warum sollte ein Flächen- und Kreisdiagramm möglichst wenig Segmente enthalten?	S. 606 f.
18.	Was spricht für und gegen die Verwendung von Kreisdiagrammen?	S. 607
19.	Beschreiben Sie den Aufbau eines Netzdiagramms!	S. 607
20.	Welche Sachverhalte sind in internen Berichten verbal zu kommentieren?	S. 608

A. Grundlagen

Ahlrichs, F. und Knuppertz, T.: Controlling von Geschäftsprozessen, 2. Auflage, Stuttgart 2010

Albrecht, T.: Interne Revision & Controlling – Instrumente moderner Unternehmensführung in Kooperation, in ZfCM 2007, S. 326 - 332

Arnold, U.: Basisstrategien des Outsourcing aus Sicht des Beschaffungsmanagement, in Controlling 1999, S. 309 - 316

Arnsfeld, T. und Siglbaur, M.: Corporate Governance Ratings, in wisu 2001, S. 354 - 359

Aschfalk-Evertz, A.: Bilanzierung und Bewertung von Rückstellungen nach IFRS, in wisu 2011, S. 939 - 945

Baetge, J. u. a.: Anforderungen und Praxis der Prognoseberichterstattung, in Der Betrieb 2011, S. 365 - 372

Ballwieser, W.: IFRS für nicht kapitalmarktorientierte Unternehmen, in Zeitschrift für Internationale Rechnungslegung 2006, S. 23 - 30

Bartram, S. M.: Finanzwirtschaftliches Risikomanagement von Nichtbanken, in Die Unternehmung 2000, S. 107 - 121

Bassen, A. u. a.: Deutscher Corporate Governance Kodex und Unternehmenserfolg, in Die Betriebswirtschaft 2006, S. 375 - 401

Bay, K. C. (Hrsg.): ISO 26000 in der Praxis – Der Ratgeber zum Leitfaden für soziale Verantwortung und Nachhaltigkeit, München 2010

Bea, F. X. und Jägle, E.: Virtuelle Unternehmen und Telekooperation, in WiSt 2002, S. 362 - 367

Becker, W. u. a.: Business Intelligence und Business Intelligence-Tools, in Journal of Management Control – Zeitschrift für Planung und Unternehmenssteuerung 2011, S. 223 - 232

Bleuel, H.-H.: Monte-Carlo-Analysen im Risikomanagement mittels Software-Erweiterungen zu MS-Excel – dargestellt am Fallbeispiel der Unternehmensplanung, in Controlling 2006, S. 371 - 378

Blüm, N.: Ehrliche Arbeit – Ein Angriff auf den Finanzkapitalismus, Gütersloh 2011

BMWi (Bundesministerium für Wirtschaft und Technologie, Hrsg.): Wissensbilanz – Made in Germany: Leitfaden 2.0 zur Erstellung einer Wissensbilanz, Berlin 2008

Böcking, H. J. und Nowak, K.: Das Konzept des Economic Value Added, in Finanz-Betrieb 1999, S. 281 - 288

Bornemann, M. und Reinhardt, R.: Handbuch Wissensbilanz – Umsetzung und Fallstudien, Berlin 2008

Brassard. M. u. a.: The Six Sigma Memory Jogger II – A Pocket Guide of Tools for Six Sigma Improvement Teams, Salem/USA 2002

Brühl, R.: Internationales Controlling – Umrechnungsrisiken und Erfolgsbeurteilung ausländischer Tochterunternehmen, in WiSt 2006, S. 493 - 504

Brünger, C.: Erfolgreiches Risikomanagement mit COSO ERM – Empfehlungen für die Gestaltung und Umsetzung in der Praxis, Berlin 2009

Buhse, M.: Abschied vom Gleichgewicht, in Handelsblatt Nr. 156 vom 16.08.2010, S. 18

Bungartz, O.: Handbuch Interne Kontrollsysteme (IKS) – Steuerung und Überwachung von Unternehmen, 2. Auflage, Berlin 2010

Burger, A. und Buchhart, A.: Risiko-Controlling, München 2002

Burr, W.: Koordination durch Regeln in selbstorganisierenden Unternehmensnetzwerken, in ZfB 1999, S. 1159 - 1178

Chamoni, P. und Linden, M.: Business Intelligence – Entscheidungsunterstützung auf Basis analytischer Informationssysteme, in WiSt 2011, S. 276 - 281

Corsten, H.: Von generischen zu hybriden Wettbewerbsstrategien, in wisu 1998, S. 1434 - 1440

Cox, J., Ross, S. und Rubinstein, M.: Option Pricing: A Simplified Approach, in Journal of Financial Economics 1979, H. September, S. 229 - 263

Crasselt, N. und Tomaszewski, C.: Realoptionen – Eine neue Methode der Investitionsrechnung, in WiSt 1999, S. 556 - 559

Czichowsky, A.: Netzeffekte, in Controlling 2003, S. 57 - 58

Dahm, M. H. und Haindl, C.: Lean Management Six Sigma – Qualität und Wirtschaftlichkeit in der Wettbewerbsstrategie, Berlin 2009

Daum, J. H.: Intangible Asset Management: Wettbewerbskraft stärken und den Unternehmenswert nachhaltig steigern – Ansätze für das Controlling, in ZfCM 2005, Sonderheft 3, S. 4 - 18

Diederichs, M.: Risikomanagement und Risikocontrolling, 2. Auflage, München 2010

Dievernich, F.: Pfadabhängigkeit im Management, Stuttgart u. a. 2007

Ditges, J. und Arendt, U.: Internationale Rechnungslegung nach IFRS, 3. Auflage, Ludwigshafen 2008

Dueck, G.: Abschied vom Homo oeconomicus – Warum wir eine neue ökonomische Vernunft brauchen, Frankfurt/Main 2008

Eberl, S. und Hachmeister, D.: Veränderungen des Aufgabengebiets der Internen Revision und die Abgrenzung zum Controlling, in ZfCM 2007, S. 317 - 325

Farkisch, K.: Data-Warehouse-Systeme kompakt – Aufbau, Architektur, Grundfunktionen, Berlin/Heidelberg 2011

Federmann, R. u. a. (Hrsg.): IAS/IFRS-stud., 4. Auflage, Berlin 2010

Ferlic, F. u. a.: Wie ihr Unternehmen gesund wächst, in Harvard Business Manager 2009, H. 10, S. 105 - 115

Fink, D. und Wamser, C.: Outgrowing – Wachsen mit den Ressourcen starker Partner, München 2006

Fischer, J.: Einsatzmöglichkeiten zeitorientierter Vertragsdatenbanken im Controlling, in Wirtschaftsinformatik 1997, S. 55 - 63

Fischer, T. u. a.: Benchmarking, in Die Betriebswirtschaft 2003, S. 684 - 701

Frank, U. und Schauer H.: Software für das Wissensmanagement, in wisu 2001, S. 718 - 726

Friedl, B.: Controlling, Stuttgart 2003

Funke, J.: Wie schaffen diversifizierte Unternehmen Wert?, in ZfbF 1999, S. 759 - 772

Gälweiler, A.: Unternehmensplanung, 2. Auflage, Frankfurt/New York 1986

Gausemeier, J. u. a.: Szenario-Management, 2. Auflage, München/Wien 1996

Gaydoul, R. und Daxböck, C.: Prozessmanagement von End-to-End Prozessen, in ZfCM 2011, Sonderheft 2, S. 40 - 46

Gerboth, T.: Prozesscontrolling – Der nächste Schritt in einem prozessorientierten Controlling, in Controlling 2000, S. 535 - 542

Gerhards, R.: ERP-Systeme, in wisu 2010, S. 1499 - 1503

Gigerenzer, G.: Bauchentscheidungen – Die Intelligenz des Unbewussten und die Macht der Intuition, 2. Auflage, München 2007

Gómez, J. u. a.: Einführung in Business Intelligence mit SAP NetWeaver 7.0, Heidelberg 2008

Günther, T. W.: Unternehmenssteuerung mit Wissensbilanzen – Möglichkeiten und Grenzen, in ZfCM 2005, Sonderheft 3, S. 66 - 75

Habisch, A. (Hrsg.): Handbuch Corporate Citizenship – Corporate Social Responsibility für Manager, Heidelberg 2007

Hackman, R.: Warum Teams nicht funktionieren, in Harvard Business Manager 2009, H. 7, S. 92 - 98

Hall, J. M. und Johnson, M. E.: Wie standardisiert müssen Prozesse sein, in Harvard Business Manager 2009, H. 5, S. 79 - 87

Hansen, M. T. und Oetinger, B. v.: Ein besonderer Typ von Wissensmanager, in Harvard Business Manager 2001, H. 5, S. 82 - 93

Hartung, W.: Leistungsmessung und Leistungssteigerung des Controllings, in Controlling 2002, S. 501 - 506

Hauff, M. und Kleine, A.: Nachhaltige Entwicklung, in wisu 2010, S. 560 - 566

Hauschildt, J.: Managementrolle: Innovator, in Handbuch Management, Hrsg. W. H. Staehle, Wiesbaden 1991, S. 225 - 239

Heesen, B. u. a.: Shareholder Value – Controlling Systeme, Landsberg/Lech 1998

Heimrath, H.: Excel-Tools für das Controlling, Unterschleißheim 2011

Hertz, D. B.: Analysis in Capital Investment, in Harvard Business Review 1964, S. 95 - 106

Hess, T.: Controlling eines virtuellen Unternehmens – ein Zwischenbericht, in kostenrechnungspraxis 2001, Sonderheft 2, S. 92 - 100

Hoffjan, A. u. a.: Controllingeffizienz in der Praxis – Effizienzverständnis, Einflussfaktoren, Maßnahmen, in ZfCM 2010, S. 96 - 101

Hoitsch, H.-J. und Winter, P.: Die Cashflow at Risk-Methode als Instrument eines integriert-holistischen Risikomanagement, in ZfCM 2004, S. 235 - 246

Homburg, C. und Stephan, J.: Kennzahlenbasiertes Risikocontrolling in Industrie- und Handelsunternehmen, in ZfCM 2004, S. 313 - 325

Hommel, U. u. a.: Reale Optionen, Berlin 2003

Hostettler, S.: Economic Value Added (EVA), 5. Auflage, Bern u. a. 2002

Howard, P. K.: Life without Lawyers – Liberating Americans from Too Much Law, New York 2009

Ihlas, H.: D&O – Directors & Officers Liability, 2. Auflage, Berlin 2009

International Group of Controlling (IGC) Hrsg.: Controlling-Prozessmodell – Ein Leitfaden für die Beschreibung und Gestaltung von Controlling-Prozessen, Freiburg 2011

Jenner, T.: Communities of Practice, in Zeitschrift für Planung & Unternehmenssteuerung 2003, S. 297 - 302

Jenner, T.: Hybride Wettbewerbsstrategien in der deutschen Industrie – Bedeutung, Determinanten und Konsequenzen für die Marktbearbeitung, in Die Betriebswirtschaft 2000, S. 7 - 22

Jorion, P.: Value at Risk, 3. Auflage, Chicago u. a. 2007

Jost, P.-J. (Hrsg.): Die Prinzipal-Agenten-Theorie in der Betriebswirtschaftslehre, Stuttgart 2001

Kahle, H.: Unternehmenssteuerung auf Basis internationaler Rechnungslegungsstandards, in ZfbF 2003, S. 769 - 773

Kaib, M.: Enterprise Application Integration, Wiesbaden 2002

Kemper, H. G. u. a.: Business Intelligence – Grundlagen und praktische Anwendungen: Eine Einführung in die IT-basierte Managementunterstützung, 3. Auflage, Wiesbaden 2010

Kempf, S. u. a.: Benchmarking – Leitfaden für die Praxis, 3. Auflage, München 2008

Knight, F. H.: Risk, Uncertainty and Profit, Cambridge 1921

Krieger, G. und Schneider, U. H. (Hrsg.): Handbuch Managerhaftung, 2. Auflage, Köln 2010

Krüger, W. und Danner, M.: Bündelung von Controllingfunktionen in Shared Service Center, in ZfCM 2004, Sonderheft 2, S. 110 - 118

Kruse, P.: Gezielte Instabilität als Motor der Zukunftssicherung, in absatzwirtschaft 2004, H. 3, S. 34 - 38

Küpers, W.: „Communities-of-Practice" (Praxisgemeinschaften), in WiSt 2003, S. 610 - 612

Küpper, H. U.: Controlling, 6. Auflage, Stuttgart 2008

Kusterer, F.: Online Analytical Processing, in WiSt 1998, S. 207 - 209

Küting, K.: Grundsatzfragen von Kennzahlen als Instrumente der Unternehmensführung, in WiSt 1983, S. 237 - 241

Langner, S.: Tracking Stocks, in ZfbF 2004, S. 666 - 684

Lev, B.: Das Unsichtbare managen, in Harvard Business Manager 2004, H. 12, S. 41 - 54

Lubin, D. A. und Esty, D. C.: Megatrend Nachhaltigkeit, in Harvard Business Manager 2010, H. 7, S. 75 - 83

Luhmann, N.: Vertrauen – Ein Mechanismus der Reduktion sozialer Komplexität, 4. Auflage, Stuttgart 2000

Middelmann, U.: Corporate Governance – Wertmanagement und Controlling, in Die Betriebswirtschaft 2004, S. 101 - 116

Möller, K.: Controlling in Unternehmensnetzwerken, in Controlling 2008, S. 671 - 679

Möller, K. u. a.: Wirkungsorientiertes Performance Management, in Controlling 2011, S. 372 - 378

Moser, U.: Bewertung immaterieller Vermögenswerte, Stuttgart 2011

Nicolai, C.: Prozessorganisation, in wisu 2011, S. 665 - 674

North, K.: Wissensorientierte Unternehmensführung, 5. Auflage, Wiesbaden 2010

Nothhelfer, R.: Lernen in der Organisation: Individueller Wissenserwerb und soziale Wissensverbreitung, in zfo 1999, S. 207 - 213

Nowak, E. und Heuser, M.: Economic Value Added bei deutschen Unternehmen, in wisu 2005, S. 649 - 654 und S. 783 - 787

Oelsnitz, D. v. d.: Wissensmanagement in Organisationen – Ein strategischer Ansatz, Stuttgart 2003

Oetinger, B. v.: Wir brechen auf – aber wohin?, in zfo 2004, H. 1, S. 33 - 36

Otto, B.: Datenqualitätsmanagement, in wisu 2011, S. 923 - 926

Palfrey, J. und Gasser, U.: Born Digital: Understanding the First Generation of Digital Natives, New York 2008

Peemöller, V. H.: Controlling – Grundlagen und Einsatzgebiete, 5. Auflage, Herne/Berlin 2005

Pfau, W. und Bräuer, B.: Eine systemtheoretische Wissenstypologie zur zielorientierten Problemstrukturierung, in WiSt 2003, S. 521 - 527

Pfohl, H-C. u. a.: Cluster und Netzwerke, in wisu 2010, S. 87 - 91

Picot, A. und Neuburger, R.: Controlling von Wissen, in ZfCM 2005, Sonderheft 3, S. 76 - 84

Porter, M. E.: Wettbewerbsvorteile – Spitzenleistungen erreichen und behaupten, 7. Auflage, Frankfurt/M. 2010

Porter, M. E. und Kramer, M. R.: Die Neuerfindung des Kapitalismus, in Harvard Business Manager 2011, H. 2, S. 58 - 75

Probst, G. und Raub, S.: Kompetenzorientiertes Wissensmanagement, in zfo 1998, S. 132 - 138

Rams, A.: Die Bewertung von Kraftwerksinvestitionen als Realoption, in Realoptionen in der Unternehmenspraxis, Hrsg. U. Hommel u. a., Berlin u. a. 2001, S. 155 - 178

Rank, O. N.: Strategieentwicklung als politischer Prozess, in Die Betriebswirtschaft 2008, S. 597 - 619

Raps, A. und Schmitz, U.: Strategiespezifische Planung, Steuerung und Implementierung mit integrierter Anwendungssoftware, in Controlling 2004, S. 413 - 423

Rehäuser, J. und Krcmar, H.: Wissensmanagement im Unternehmen, in Wissensmanagement, Hrsg. G. Schreyögg und P. Conrad, Berlin 1996, S. 1 - 40

Reiss, M. und Günther, A.: Hybridprodukte, in wisu 2010, S. 81 - 86

Riggert, W.: ECM – Enterprise Content Management: Konzepte und Techniken rund um Dokumente, Wiesbaden 2009

Ruckriegel, K.: Behavioral Economics – Erkenntnisse und Konsequenzen, in wisu 2011, S. 832 - 842

Rupp, R.: Working Capital Management – Controlling mit eindrucksvollen Bildern oder mit belastbaren Zahlen?, in Controlling 2011, S. 379 - 386

Schäfer, H.: Corporate Social Responsibility im Kontext der wertorientierten Unternehmensführung, in Controlling 2007, S. 15 - 20

Schelle. H.: Projekte zum Erfolg führen – Projektmanagement systematisch und kompakt, 6. Auflage, München 2010

Schels, I. und Seidel, U. M.: Das große Excel-Handbuch für Controller – Professionelle Lösungen, München 2010

Scheufele, B.: Frames – Framing – Framing-Effekte: Theoretische und methodische Grundlegung des Framing-Ansatzes sowie empirische Befunde zur Nachrichtenproduktion, Opladen 2003

Schierenbeck, H. und Lister,M.: Value Controlling, 2. Auflage, München/Wien 2002

Schirrmacher, F.: Payback - Warum wir im Informationszeitalter gezwungen sind zu tun, was wir nicht tun wollen, und wie wir die Kontrolle über unser Denken zurückgewinnen, München 2009

Schnaars, S. P.: Managing Imitation Strategies, Detroit 2002

Schöpke, G.: Realoptionen als Bindeglied zwischen strategischer und operativer Planung, dargestellt am Beispiel von Leasingoptionen, in Controlling 2010, S. 113 - 119

Schreiber, R. (Hrsg.): Verrechnungspreise, 3. Auflage, Herne 2011

Schulz, O.: Der SAP-Grundkurs für Einsteiger und Anwender, Bonn 2011

Schütz, P.: Knowledge Networking – Wie Top-Unternehmen ihre Wissensträger vernetzen, in absatzwirtschaft 2001, H. 4, S. 56 - 60

Schwaninger, M.: Integrale Unternehmensplanung, Frankfurt / New York 1989

Seufert, A. und Oehler, K.: Business Intelligence & Controlling Competence – Band 1 – Grundlagen Business Intelligence, 2. Auflage, Stuttgart 2011

Seufert, S. und Diesner, I.: Wie Lernen im Unternehmen funktioniert, in Harvard Business Manager 2010, H. 8, S. 8 - 45

Stahl, H. K.: Die Vertrauensorganisation: Wie sie entsteht – Welche Vorteile sie schafft – Wo ihre Grenzen liegen, in io management 1996, H. 9, S. 29 - 32

Steffan, B. und Anders, H.: Sanierungscontrolling als Erfolgsfaktor für die Umsetzung des Sanierungskonzepts, in BFuP 2010, S. 291 - 30

Steingart, G.: Die Ankunft des Schwarzen Schwans, in Handelsblatt Nr. 55 vom 18./19.03.2011, S. 13

Steinle, C. u. a.: Vertrauensorientiertes Management, in zfo 2000, S. 208 - 217

Sterzenbach, S.: Shared Service Center-Controlling, Frankfurt/M. 2010

Steven, M.: Die Koordination im Unternehmen, in wisu 2001, S. 965 - 970

Stewart, G. B.: The Quest for value – The EVA Management Guide, New York 1999

Stöger, R.: Prozessmanagement, 3. Auflage, Stuttgart 2011

Sybon, E.: IKS/BilMoG/COSO/SOX, in Zeitschrift für interne Revision 2011, H. 2, S. 93 - 99

Sydow, J.: Erfolg als Vertrauensorganisation, in Office Management 1996, H. 7/8, S. 10 - 13

Taleb, N. N.: Der Schwarze Schwan – Die Macht höchst unwahrscheinlicher Ereignisse, 3. Auflage, München 2011

Teichmann, K. u. a.: Typen und Koordination virtueller Unternehmen, in zfo 2004, H. 2, S. 88 - 96

Thiel, M.: Soziale Netzwerkanalyse, in OrganisationsEntwicklung 2010, H. 3, S. 78 - 85

Thomas, O.: Grundlagen der Entity-Relationship-Modellierung, in wisu 2007, S. 480 - 488

Töpfer, A. (Hrsg.): Six Sigma – Konzeption und Erfolgsbeispiele für praktizierte Null-Fehler-Qualität, 4. Auflage, Berlin 2007

Toutenburg, H. u. a.: Six Sigma – Methoden und Statistik für die Praxis, 2. Auflage, Berlin/Heidelberg 2008

Triller, C. u. a.: Sarbanes-Oxley Act (SOA), Controlling, Strategiemanagement: Unterschiedliche Baustellen oder integrierter Ansatz?, in controller magazin 2006, S. 456 - 461

Vermeulen, F. u. a.: Fitnessprogramm für Unternehmen, in Harvard Business Manager 2010, H. 8, S. 35 - 41

Wagner, E.: Wie erfolgreiche Veränderungskommunikation wirklich funktioniert, Berlin 2010

Wahren, H.-K. E.: Das lernende Unternehmen – Theorie und Praxis des organisationalen Lernens, Berlin/New York 1996

Weiser, C. u. a.: Controlling von Shared Services Centern, in ZfCM 2009, S. 187 - 192

Weissinger, S.: Realoptionen als Bewertungsansatz für Wachstumsunternehmen, Aachen 2004

Weizsäcker, E. U. v. u. a.: Faktor Fünf – Die Formel für nachhaltiges Wachstum, München 2010

Wild, J.: Zur Problematik der Nutzenbewertung von Informationen, in ZfB 1971, S. 315 - 334

Wildemann, H.: Koordination von Unternehmensnetzwerken, in ZfB 1997, S. 417 - 439

Wirtz, B. W.: Business Model Management: Design – Instrumente – Erfolgsfaktoren von Geschäftsmodellen, Wiesbaden 2010

Wullenkord, A. u. a.: Business Process Outsourcing, München 2005

B. Strategische Planung

Aaker, D. A.: Strategic Market Management, 9. Auflage, Chichester 2010

Aaker, D. A.: Strategisches Markt-Management, Wiesbaden 2002

Albach, H.: Strategische Allianzen, strategische Gruppen und strategische Familien, in ZfB 1992, S. 663 - 670

Ansoff, H. I.: Managing Surprise an Discontinuity – Strategische Response to Weak Signals, in ZfbF 1976, S. 129 - 152

Arnaout, A.: Target Costing in der deutschen Unternehmenspraxis, München 2001

Assfalg, H. und Zehbold, C.: Frühzeitiges Kostenmanagement, in Controlling, Hrsg. A. Müller u. a., 2. Auflage, Leipzig 2006, S. 240 - 262

Bamberger, I. und Delic, J.: Rückzugsstrategien – Motive, Formen, Einflussgrößen, in WiSt 2010, S. 16 - 22

Barthélemy, H. u. a.: Balanced Scorecard, Wiesbaden 2011

Baum, H. G. u. a.: Strategisches Controlling, 4. Auflage, Stuttgart 2007

Becker, J.: Marketing-Konzeption, 9. Auflage, München 2009

Becker, M.: Messung und Bewertung von Humanressourcen – Konzepte und Instrumente für die betriebliche Praxis, Stuttgart 2008

Bentele, G. u. a.: Markenwert und Markenwertermittlung, Wiesbaden 2003

Berens, W. u. a. (Hrsg.): Due Diligence bei Unternehmensakquisitionen, 6. Auflage, Stuttgart 2011

Biberacher, J.: Synergiemanagement und Synergiecontrolling, München 2004

Black, F. und Scholes, M.: The Pricing of Options and Corporate Liabilities, in Journal of Political Economy 1973, S. 637 - 659

Borer, P.: Produktehaftung: Der Fehlerbegriff nach deutschem, amerikanischem und europäischem Recht, Bern 1986

Breitsohl, H. u. a.: Mentoring, in wisu 2011, S. 527 - 531

Brokemper, A.: Strategieorientiertes Kostenmanagement, München 1998

Brünger, C.: Erfolgreiches Risikomanagement mit COSO ERM – Empfehlungen für die Gestaltung und Umsetzung in der Praxis, Berlin 2009

Burger, A. u. a.: Beteiligungscontrolling, 2. Auflage, München 2010

Burger, A. und Buchhart, A.: Zur Berücksichtigung von Risiko in der strategischen Unternehmensführung, in Der Betrieb 2002, S. 593 - 599

Burger, A. und Ulbrich, P. R.: Beteiligungscontrolling, München 2005

Burr, W. u. a.: Patentmanagement, Stuttgart 2007

Büschgen , H. E. und Everling, O. (Hrsg.): Handbuch Rating, Wiesbaden 1996

Büttgen, M.: Recovery Management – systematische Kundenrückgewinnung und Abwanderungsprävention zur Sicherung des Unternehmenserfolges, in Die Betriebswirtschaft 2003, S. 60 - 76

Copeland, T. u. a.: Unternehmenswert – Methoden und Strategien für eine wertorientierte Unternehmensführung, 3. Auflage, Frankfurt/M. 2002

Copeland, T. und Tufano, P.: Komplexe Entscheidungen leicht gemacht, in Harvard Business Manager 2004, H. 6, S. 75 - 87

Cordes, O.: Ausgestaltung des Supply Chain Controlling – Instrumente des Supply Chain Controlling, Saarbrücken 2009

Cox, J., Ross, S. und Rubinstein, M.: Option Pricing: A Simplified Approach, in Journal of Financial Economics 1979, September, S. 229 - 263

Crasselt, N. und Tomaszewski, C.: Realoptionen – Eine neue Methode der Investitionsrechnung, in WiSt 1999, S. 556 - 559

Crone, A. und Werner, H. (Hrsg.): Modernes Sanierungsmanagement, München 2010

Czichos, R.: Change-Management, 4. Auflage, München/Basel 2002

Daske, H. und Gebhardt, G.: Zukunftsorientierte Bestimmung von Risikoprämien und Eigenkapitalkosten für die Unternehmensbewertung, in ZfbF 2006, S. 530 - 551

Daum, J. H.: Wertreiber Intangible Assets: Brauchen wir ein neues Rechnungswesen und Controlling?, in Controlling 2002, S. 16 - 24

Esch, F.-R. u. a.: Brand Performance Measurement zur wirksamen Markennavigation, in Controlling 2002, S. 473 - 481

Fandel, G. u. a.: Supply Chain Management: Strategien – Planungsansätze – Controlling, Berlin/Heidelberg 2009

FAS (Fachausschuss Sanierung und Insolvenz) des IDW: Sanierungen erfolgreich konzipieren, in Der Betrieb 2010, S. 1413 - 1418

Fischer, O.: Alles auf eine Karte, in manager magazin 1999, H. 10, S. 257 - 265

Fischer, T. M.: Die Wertzuwachskurve als Instrument der Produktkostenplanung, in WiSt 1993, S. 367 - 370

Fischer, T. M. und Schmitz, J.: Messung von Prozeßverbesserungen mit dem Half-Life-Konzept – Empirische Ergebnisse aus der Elektronikindustrie, in ZfbF 1997, S. 384 - 406

Fopp, L.: Mitarbeiter-Portfolio: Mehr als nur eine Gedankenspielerei, in Personal 1982, S. 333 - 335

Gälweiler, A.: Unternehmensplanung, 2. Auflage, Frankfurt/New York 1986

Gassmann, O. und Bader, M.: Patentmanagement, 2. Auflage, Berlin u. a. 2007

Gerpott, T. J. und Thomas, S. E.: Markenbewertungsverfahren, in WiSt 2004, S. 394 - 400

Gleißner, W.: Wertorientierte Analyse der Unternehmensplanung auf Basis des Risikomanagements, in Finanz-Betrieb 2002, S. 417 - 427

Grabner-Kräuter, S.: Diskussionsansätze zur Erforschung von Erfolgfaktoren, in Journal für Betriebswirtschaft 1993, S. 278 - 300

Graf, A.: Lebenszyklusorientierte Personalentwicklung, in io management 2001, H. 3, S. 24 - 31

Grüning, M.: Unternehmenspublizität – Grundlagen und Optimierungsansätze, in Controlling 2010, S. 523 – 529

Hagenloch, T. und Schneider, U.: Produktgestaltung mit Conjoint Measurement, in wisu 2005, S. 1220 - 1229

Hahn, D.: Kardinale Führungsgrößen des wertorientierten Controlling in Industrieunternehmungen, in Controlling 2002, S. 129 - 141

Harhoff, D. und Reitzig, M.: Strategien zur Gewinnmaximierung bei der Anmeldung von Patenten, in ZfB 2001, S. 509 - 529

Harms, R. und Dummer, R.: Die Kano-Methode zur Messung der Kundenzufriedenheit, in wisu 2007, S. 929 – 934

Hassler, M.: Web Analytics – Metriken auswerten, Besucherverhalten verstehen, Website optimieren, 2. Auflage, Frechen 2010

Hauschildt, J. u. a.: Typologien von Unternehmenskrisen im Wandel, in Die Betriebswirtschaft 2006, S. 7 - 25

Henderson, B. D.: Die Erfahrungskurve in der Unternehmensstrategie, Frankfurt/New York 1974

Herrmanns, A. und Huber, F.: Unternehmenserfolg durch das Plattformkonzept, in Zeitschrift für Planung 2000, S. 245 - 268

Holtbrügge, D. und Berg, N.: Personalentwicklung, in WiSt 2005, S. 133 - 137

Homburg, C. und Daum, D.: Marktorientiertes Kostenmanagement: Gedanken zur Präzisierung eines modernen Kostenmanagementkonzepts, in kostenrechnungspraxis 1997, S. 185 - 191

Homburg, C. und Stephan, J.: Risikomanagement unter Nutzung der Balanced Scorecard, in Der Betrieb 2005, S. 1069 - 1075

Hommel, U. u. a.: Reale Optionen, Berlin 2003

IDW Standard 1: Grundsätze zur Durchführung von Unternehmensbewertungen, in Die Wirtschaftsprüfung 2005, S. 1303 - 1321

Jacobs, S. u. a.: Human-Resourcen-Po rtfolio, Die Unternehmung 1987, S. 205 - 218

Kall, F.: Controlling im Turnaround-Prozeß, Franfurt/M. 1999

Kaplan, R. S. und Norton, D. P.: Balanced Scorecard, Stuttgart 1997

Kaplan, R. S. und Norton, D. P.: Strategy Maps – Der Weg von immateriellen Werten zum materiellen Erfolg, Stuttgart 2004

Kaplan, R. S. und Norton, D. P.: Using the Balanced Scorecard as a Strategic Management System, in Harvard Business Review 2007, H. July/August, S. 150 - 161

Kern, W.: Qualitätskosten, in WiSt 1999, S. 114 - 118

Klein-Bölting, U. und Maskus, M.: Value Brands – Markenwert als zentraler Treiber des Unternehmenswertes, Stuttgart 2003

Knust, P.: Realoptionsbasiertes Target Costing, in Controlling 2002, S. 153 - 159

Koch, C.: Optionsbasierte Unternehmensbewertung: Realoptionen im Rahmen von Akquisitionen, Wiesbaden 2000

Kolb, S. und Heinemann, D.: Turnaround-Balanced Scorecard, in Controlling 2004, S. 683 - 688

Koppel, O.: Patente – Unsichtbarer Schutz des geistigen Eigentums in der globalisierten Wirtschaft, Köln 2011

Krapp, M. und Wotschofsky, S.: Stochastisches Target Costing, in Zeitschrift für Planung 2000, H. 11, S. 23 - 40

Kremin-Buch, B.: Strategisches Kostenmanagement – Grundlagen und moderne Instrumente, 4. Auflage, Wiesbaden 2007

Krimmling, J.: Facility Management – Strukturen und methodische Instrumente, 3. Auflage, Stuttgart 2010

Krüger, R. und Steven, M.: Supply Chain Management im Spannungsfeld von Logistik und Management, in WiSt 2000, S. 501 - 507

Krystek, U. und Moldenbauer, R.: Handbuch Krisen- und Restrukturierungsmanagement – Generelle Konzepte, Spezialprobleme, Praxisberichte, Stuttgart 2007

Küpper, H. U.: Controlling, 5. Auflage, Stuttgart 2008

Lange, M. und Zimmermann, M.: Patent-Chart – Das Monitoring von Patentportfolios auf der Basis von Zitatbeziehungen, in Zeitschrift für Planung & Unternehmenssteuerung 2004, S. 405 - 426.

Leithner, S. und Liebler, H.: Die Bedeutung von Realoptionen im M&A-Geschäft, in Realoptionen in der Unternehmenspraxis, Hrsg. U. Hommel u. a., Berlin u. a. 2001, S. 131 - 153

Leitl, M. und Sackmann, S.: Unternehmenskultur als Erfolgsfaktor, in Harvard Business Manager 2010, H. 1, S. 36 - 45

Lingnau, V.: Fallstudie zur „Zielkostenrechnung anhand des analytischen Hierarchieprozesses", in wisu 2010, S. 694 - 697

Littkemann, J. (Hrsg.): Beteiligungscontrolling, Bände I und II, 2. Auflage, Herne 2009

Mann, R.: Praxis Strategisches Controlling, 5. Auflage, Landsberg 1989

Meckl, R. und Horzella, A.: Wertorientiertes Controlling im M&A-Prozess: Erfolgsfaktoren – Instrumente – Kennzahlen, in Controlling 2010, S. 314 - 321

Meier, R.: Praxis Bildungscontrolling – Was Sie wirklich tun können, um Ihre Aus- und Weiterbildung qualitätsbewusst zu steuern, Offenbach 2008

Mengen, A.: Mit Kundenwert-Controlling zu mehr Erfolg in Marketing und Vertrieb, in Controlling 2011, S. 55 - 63

Mengen, A. und Simon, H.: Produkt- und Preisgestaltung mit Conjoint-Measurement, in WiSt 1996, S. 229 - 236

Merkt, H. und Göthel, S. R.: Internationaler Unternehmenskauf. 3. Auflage, Köln 2011

Mertens, P. und Griese J.: Integrierte Informationsverarbeitung 2: Planungs- und Kontrollsysteme in der Industrie, 9. Auflage, Wiesbaden 2002

Meyer, B. H.: Stochastische Unternehmensbewertung – Der Wertbeitrag von Realoptionen, Wiesbaden 2006

Möller, K. u. a.: Innovationscontrolling – Erfolgreiche Steuerung und Bewertung von Innovationen, Stuttgart 2011

Müller-Stewens G. u. a.: Mergers & Acquisitions: Analysen, Trends und Best Practices, Stuttgart 2010

Müller-Stewens, G. und Lechner, G.: Strategisches Management – Wie strategische Initiativen zu Wandel führen,3. Auflage, Stuttgart 2005

Nguyen, T.: Bilanzielle Auslagerung der betrieblichen Altersversorgung nach HGB und IFRS, in WiSt 2001, S. 123 - 129

Nicolai, A. und Kieser, A.: Trotz eklatanter Erfolgslosigkeit: Die Erfolgsfaktorenforschung weiter auf Erfolgskurs, in Die Betriebswirtschaft 2002, S. 579 - 596

Nölte, U. und Guttmeier, M.: Earnings Guidance, in Die Betriebswirtschaft 2010, S. 259 - 262

Odiorne, G. S.: Führungshandbuch zur Steigerung von Umsatz und Gewinn, Landsberg 1984

Oelsnitz, D. v. d. und Nirsberger, I.: Marktaustritt – Gründe und Barrieren, in wisu 2007, S. 1268 - 1296

Oetinger, B. v.: Wir brechen auf – aber wohin?, in zfo 2004, H. 1, S. 33 - 36

Olfert, K.: Personalwirtschaft, 14. Auflage, Herne 2010

Olfert, K. und Reichel C.: Investition, 11. Auflage, Ludwigshafen/Rhein 2009

Pawellek, G.: Produktionslogistik: Planung – Steuerung– Contolling, München 2007

Peemöller, V. H. u. a.: Der Multiplikatoransatz als eigenständiges Verfahren in der Unternehmensbewertung, in Finanz-Betrieb 2002, S. 197 - 209

Perlitz, M.: Internationales Management, 5. Auflage, Stuttgart 2004

Peters, T. J. und Waterman, R. J.: Auf der Suche nach Spitzenleistungen, Heidelberg 2007

Pfannenberg, J. und Zerfaß, A.: Wertschöpfung durch Kommunikation – Kommunikations- Controlling in der Unternehmenspraxis, Frankfurt/M. 2009

Phillips, J. und Schirmer, F.: Return on Investment in der Personalentwicklung, 2. Auflage, Berlin/Heidelberg 2008

Pietsch, G.: Humankapitalbewertung im Personalcontrolling – Jenseits der Verantwortlichkeitserosion, in ZfCM 2008, S. 178 - 189

Piller, F. T.: Mass Customization – Ein wettbewerbsstrategisches Konzept im Informationszeitalter, 4. Auflage, Wiesbaden 2006

Poluha, R. G.: Anwendung des SCOR-Modells zur Analyse der Supply Chain, 4. Auflage, Lohmar/Köln 2008

Porter, M. E.: Wettbewerbsvorteile – Spitzenleistungen erreichen und behaupten, 13. Auflage, Frankfurt/M. 2010

Probst, G. und Raisch, S.: Die Logik des Niedergangs, in Harvard Business Manager 2004, H. 3, S. 37 - 45

Pümpin, C. und Amann, W.: SEP – Strategische Erfolgspositionen – Kernkompetenzen aufbauen und umsetzen, Bern/Stuttgart 2005

Quick, R. u. a.: Kennzahlengestütztes Value Added Reporting in der Geschäftspublizität der Eurostoxx-50-Unternehmen, in Die Wirtschaftsprüfung 2008, S. 156 - 163

Rams, A.: Realoptionsbasierte Unternehmensbewertung, in Finanz-Betrieb 1999, S. 349 - 364

Rappaport, A.: Shareholder Value – Ein Handbuch für Manager und Investoren, 2. Auflage, Stuttgart 1999

Rappaport, A. und Sirower, M. L.: Unternehmenskauf – mit Aktien oder in bar bezahlen?, in Harvard Business Manager 2000, H. 3, S. 32 - 46

Raps, A. und Schmitz, U.: Strategiespezifische Planung, Steuerung und Implementierung mit integrierter Anwendungssoftware, in Controlling 2004, S. 413 - 423

Reinecke, S. und Keller, J.: Strategisches Kundencontrolling – Eine konzeptionell und empirische Studie zum Kundenwertmanagement, in ZfCM 2007, Sonderheft 2, S. 83 - 88

Schimansky, A.: Der Wert der Marke: Markenbewertungsverfahren für ein erfolgreiches Markenmanagement, München 2004

Scholz, C.: Ökonomische Humankapitalbewertung – Eine betriebswirtschaftliche Annäherung an das Konstrukt Humankapital, in BFuP 2007, H. 1, S. 20 - 37

Schulte, C.: Logistik – Wege zur Optimierung der Supply Chain, München 2009

Schwarze, J.: Projektmanagement mit Netzplantechnik, 10. Auflage, Herne 2010

Seidenschwarz, W.: Target Costing – Marktorientiertes Zielkostenmanagement, 2. Auflage, München 2011

Steffan, B. und Anders, H.: Sanierungscontrolling als Erfolgsfaktor für die Umsetzung des Sanierungskonzepts, in BFuP 2010, S. 291 - 307

Steinle, C. u. a.: Dynamische Promotorenkonstellationen in Veränderungsprozessen, in Die Unternehmung 2003, S. 407 - 430

Steinle, C. u. a.: Erfolgsfaktorenkonzepte und ihre Relevanz für Planungssysteme, in wisu 1995, S. 311 - 323

Steven, M. und Laarmann, A.: Lernkurven in der Gutenberg-Produktionstheorie, in wisu 2005, S. 903 - 908

Stewart, G. B.: The Quest for value – The EVA Management Guide, New York 1991

Stoi, R.: Controlling von Intangibles, in Controlling 2003, S. 175 - 183

Strack, R. u. a.: Workonomics: Der Faktor Mensch im Wertmanagement, in io management 2000, S. 283 - 288

Strack, R. und Villis, U.: RAVE: Die nächste Generation im Shareholder Value Management, in ZfB 2001, S. 67 - 84

Taguchi, G. und Clausing, D.: Radikale Ideen zur Qualitätssicherung, in Harvard Manager 1990, H. 4, S. 35 - 48

Thiel, K. u. a.: MES – Grundlage der Produktion von morgen, 2. Auflage, München 2010

Tomaszewski, C.: Bewertung strategischer Flexibilität beim Unternehmenserwerb, Frankfurt/M. 2000

Tropp, J.: Markenmanagement – Der Brand Management Navigator – Markenführung im Kommunikationszeitalter, Wiesbaden 2004

Tuma, A. u. a.: Master Planning mit SAP APO, in wisu 2009, S. 1477 - 1484

Völker, R. und Voit, E.: Planung und Bewertung von Produktplattformen, in kostenrechnungspraxis 2000, S. 137 - 143

Werner, H.: Supply Chain Management – Grundlagen, Strategien, Instrumente und Controlling, 4. Auflage, Wiesbaden 2010

Wilken, C. und Menze, S.: Dynamisierung des Target Costing, in ZfCM 2011. S. 45 - 50

Zerfaß, A.: Unternehmensführung und Öffentlichkeitsarbeit: Grundlegung einer Theorie der Unternehmenskommunikation und Public Relations, 3. Auflage, Wiesbaden 2010

Zimmermann, G.: Texte schreiben - einfach, klar, verständlich: Berichte, Präsentationen, Referate, Anleitungen, Mailings [...], 2. Auflage, Braunschweig 2010

Zimmermann, K.: Supply Chain Balanced Scorecard, Wiesbaden 2008

C. Frühwarnung

Bange, C.: Werkzeuge für Business Intelligence, in Handbuch der modernen Datenverarbeitung 2006, H. 247, S. 63 - 73

Baum, H. G. u. a.: Strategisches Controlling, 4. Auflage, Stuttgart 2007

Becker, W. und Piser, M.: Strategische Kontrolle in der Unternehmenspraxis, in Controlling 2004, S. 445 - 450

Behme, W. und Multhaupt, M.: Text Mining im strategischen Controlling, in Handbuch der modernen Datenverarbeitung 1999, H. 207, S. 103 - 114

Bensberg, F. und Schultz, M. B.: Data Mining, in wisu 2001, S. 679 - 681

Buch, B.: Text Mining – Zur automatischen Wissensextraktion aus unstrukturierten Textdokumenten, Saarbrücken 2008

Coenenberg, A. G. und Baum, H. G.: Strategisches Controlling, 4. Auflage, Stuttgart 2006

Eberl, M.: Ausgetretene Pfade verlassen, in Zfo 2010, S. 156 - 163

Gehra, B.: Früherkennung mit Business-Intelligence Technologien, Wiesbaden 2005

Gentsch, P.: Data Mining im Controlling – Methoden, Anwendungsfelder und Entwicklungsperspektiven, in ZfCM 2003, Sonderheft 2, S. 14 - 23

Gigerenzer, G.: Bauchentscheidungen – Die Intelligenz des Unbewussten und die Macht der Intuition, 2. Auflage, München 2007

Istvan, R. L.: Schachspiel und Geschäftsleben, in Das Boston Consulting Group Strategie-Buch, Hrsg. B. v. Oetinger, Düsseldorf u. a., o. J., S. 210 - 217

Kemper, H. G. u. a.: Business Intelligence – Grundlagen und praktische Anwendungen: Eine Einführung in die IT-basierte Managementunterstützung, 3. Auflage, Wiesbaden 2010

Krystek, U.: Strategische Früherkennung, in ZfCM 2007, Sonderheft 2, S. 50 - 58

Mayer, J. H. und Steinecke, N.: IS-gestützte Früherkennungssysteme, in wisu 2011, S. 504 - 511

Lück, W.: Der Umgang mit unternehmerischen Risiken durch ein Risikomanagement und durch ein Überwachungssystem, in Der Betrieb 1998, S. 1925 - 1930

Müller, G.: Strategische Frühaufklärung, München 1981

Piontek, J.: Controlling, 3. Auflage, München/Wien 2005

Schmidt, W. und Vieregge, R.: Früher Vogel fängt den Wurm, in Qualität und Zuverlässigkeit 2011, H. 2, S. 2 - 3

Seufert, A. und Oehler, K.: Business Intelligence & Controlling Competence – Band 1 – Grundlagen Business Intelligence, 2. Auflage, Stuttgart 2011

Steinmüller, A. und Steinmüller, K.: Ungezähmte Zukunft: Wildcards und die Grenzen der Berechenbarkeit, 3. Auflage, München 2004

Steinmüller A. und Steinmüller K.: Wild Cards – Wenn das Unwahrscheinliche eintritt, 2. Auflage, Hamburg 2004

Surowiecki, J.: Die Weisheit der Vielen – Warum Gruppen klüger sind als Einzelne, München 2007

Vermeulen, F. u. a.: Fitnessprogramm für Unternehmen, in Harvard Business Manager 2010, H. 8, S. 35 - 41

Weick, K. E. und Sutcliffe, K. M.: Das Unerwartete managen, Stuttgart 2003

Wütherich, H. A u. a.: Musterbrecher – Führung neu leben, Wiesbaden 2006

D. Budgetierung

Arnold, M.: Zero-Base Budgeting, 2. Auflage, Lohmar 2005

Brück, U.: Praxishandbuch SAP-Controlling, 4. Auflage, Bonn 2011

Ditges, J. und Arendt, U.: Internationale Rechnungslegung nach IFRS, 2. Auflage, Ludwigshafen 2006

Fischer, J. O.: Kostenbewusstes Konstruieren – Praxisbewährte Methoden und Informationssysteme für den Konstruktionsprozess, Berlin/Heidelberg 2008

Friedl, G. u. a.: Controlling mit SAP – Eine praxisorientierte Einführung – Umfassende Fallstudie – Beispielhafte Anwendungen, 5. Auflage, Wiesbaden 2008

Gleich, R. u. a.: Ansätze zur Neugestaltung der Unternehmensplanung – Advanced Budgeting, in Finanz-Betrieb 2003, S. 461 - 464

Hope, J. und Fraser, R.: Mehr Erfolg ohne Budgets, in Harvard Business Manager, Mai 2003, S. 73 - 83

Huber, R.: Gemeinkosten- und Wertanalyse, Bern/Stuttgart 1986

Kaplan, R. S. und Anderson, S. R.: Schneller und besser kalkulieren, in Harvard Business Manager 2005, H. 5, S. 87 - 98

Lorson, P.: Straffes Kostenmanagement und neue Technologien, Herne/Berlin 1993

Mertens, P. und Griese J.: Integrierte Informationsverarbeitung 2: Planungs- und Kontrollsysteme in der Industrie, 9. Auflage, Wiesbaden 2002

Olfert, K. und Reichel C.: Investition, 11. Auflage, Ludwigshafen/Rhein 2009

Remer, D. : Einführen der Prozesskostenrechnung – Grundlagen, Methodik, Einführung und Anwendung der verursachungsgerechten Gemeinkostenzurechnung, 2. Auflage, Stuttgart 2005

Rieg, R.: Planung und Budgetierung, Wiesbaden 2008

Schentler, P. u. a.: Budgetierung im Spannungsverhältnis zwischen Motivation und Koordination, in Controlling 2010, S. 6 - 11

Schuh, G. u. a.: Controlling in der Virtuellen Fabrik, in kostenrechnungspraxis 1998, Sonderheft 2, S. 23 - 26

Stark, P.: Das 1x1 des Budgetierens – Budgets richtig planen, umsetzen und kontrollieren, Weinheim 2008

Stauss, B.: Servicekosten, in Kosten-Controlling, Hrsg. T. M. Fischer, Stuttgart 2000, S. 429 - 452

Volz, J.: Praktische Probleme des Zero-Base-Budgeting, in ZfB 1987, S. 870 - 881

Zyder, M.: Die Gestaltung der Budgetierung – Eine empirische Untersuchung in deutschen Unternehmen, Wiesbaden 2007

E. Budget- und Projektkontrolle

Ewert, R. und Wagenhofer, A.: Interne Unternehmensrechnung, 7. Auflage, Berlin u. a. 2008

Fiedler, R.: Controlling von Projekten – Mit konkreten Beispielen aus der Unternehmenspraxis – Alle Aspekte der Projektplanung, Projektsteuerung und Projektkontrolle, 5. Auflage, Wiesbaden 2010

Künkele, J.: Die Gestaltung der Budgetkontrolle, Wiesbaden 2007

Madauss, B. J.: Handbuch Projektmanagement, 7. Auflage, Stuttgart 2009

Nevries, P. und Strauß, E.: Aufgaben des Controllings im Rahmen des Risikomanagementprozesses, in ZfCM 2008, S. 106 - 111

Posselt, S. G.: Budgetkontrolle als Instrument zur Unternehmenssteuerung, Stuttgart 1986

Rinza, P.: Projektmanagement, 4. Auflage, Düsseldorf 1998

Schelle. H.: Projekte zum Erfolg führen – Projektmanagement systematisch und kompakt, 6. Auflage, München 2010

Schröder, R. W.: Ermittlung und Darstellung von Abweichungsinterdependenzen mithilfe der differenziert-kumulativen Abweichungsanalyse, in WiSt 2008, S. 178 - 183

F. Internes Berichtswesen

Becker, J. u. a.: Analyse und Konzeption des Berichtswesens, in wisu 2008, S. 229 - 233

Beyhs, O.: „Controlling-Wissen wird für Wirtschaftsprüfer aufgrund der IFRS immer wichtiger, in ZfCM 2006, S. 208 - 210

Blohm, H.: Die Gestaltung des betrieblichen Berichtswesens als Problem der Leitungsorganisation, 2. Auflage, Herne u. a. 1974

Duarte, N.: slide:ology: Oder die Kunst, brillante Präsentationenzu entwickeln, Köln 2009

Forsthuber, H. u. a.: Praxishandbuch Reporting im SAP-Finanzwesen, Bonn 2011

Fülbier, R. U. u. a.: Wirtschaftsprüfung und Controlling – Verstärkte Zusammenarbeit zwischen zwei zentralen Institutionen des Rechnungswesens, in ZfCM 2006, S. 234 - 241

Garten, M.: PowerPoint – Der Ratgeber für bessere Präsentationen, Bonn 2011

Graebig, M. u. a.: Wie aus Ideen Präsentationen werden: Planung, Plot und Technik für professionelles Chart-Design mit PowerPoint, Wiesbaden 2011

Helles, S.: Excel 2010 im Controlling Das umfassende Handbuch, Bonn 2011

Kuhlmann, M.: Visualisierung und Präsentation von Informationen – Wie Controller ihre Informationen an den Mann bringen, in ZfC&M 2001, S. 293 - 300

Kürsteiner, P. und Schlieszeit, J.: Interaktive Whiteboards – Das Methodenbuch für Trainer, Dozenten und Führungskräfte, Weinheim/Basel 2011

Panitz, K. u. a.: Qualitätsmanagement im Reporting, in Controlling 2010, S. 531 - 537

Riedwyl, H.: Graphische Gestaltung von Zahlenmaterial, 3. Auflage, Bern/Stuttgart 1987

Steffan, B. und Anders, H.: Sanierungscontrolling als Erfolgsfaktor für die Umsetzung des Sanierungskonzepts, in BFuP 2010, S. 291 - 307

Voß, W. und Schöneck, N. M.: Statistische Grafiken mit Excel – Eine Rezeptsammlung, München 2003

Zelazny, G.: Das Präsentationsbuch, 3. Auflage, Frankfurt/New York 2009

Aufgabe 1: Risikopräferenz

Bezogen auf zwei **alternative Projekte** mit dem Gewinn als unsicherer Zielgröße sind folgende Aufgaben bekannt:

Umwelt-zustand	Eintritts-wahrschein-lichkeit	Gewinn-schätzung in Tsd €		Gewichtung in Tsd	Varianz	Standard-abweichung
Projekt A						
Rezession	0,2 ·	300	=	60	$0,2 (300 - 400)^2$ = 2.000	
Normal	0,6 ·	400	=	240	$0,6 (400 - 400)^2$ = 0	
Boom	0,2 ·	500	=	100	$0,2 (500 - 400)^2$ = 2.000	
	1,0	Erwartungswert		400	$\sqrt{\text{daraus}}$ = 63,25	4.000
Projekt B						
Rezession	0,2 ·	300	=	60	$0,2 (200 - 400)^2$ = 8.000	
Normal	0,6 ·	400	=	240	$0,6 (400 - 400)^2$ = 0	
Boom	0,2 ·	500	=	100	$0,2 (600 - 400)^2$ = 8.000	
	1,0	Erwartungswert		400	$\sqrt{\text{daraus}}$ = 126,49	16.000

Wie würde jemand entscheiden, der in seinem individuellen Verhalten eher risikoneutral, risikoscheu oder risikofreudig ist? Begründen Sie Ihre Antworten.

Lösung s. Seite 653

Aufgabe 2: Ursache-Wirkungs-Diagramm

Die Produktivität im Unternehmen wird wegen zu hoher Risiken als zu gering angesehen. Die Haupteinflussgrößen sind Menschen, Maschinen, Material und Methoden. Als Risikoursachen dieser Haupteinflussgrößen wurden identifiziert:

1 Fertigungsplanung und -steuerung
2 Kapazitätsquerschnitt
3 Lagerhaltung
4 Arbeitsvorbereitung
5 Ausbildung

6 Qualitätsbewusstsein
7 Kundenindividuelle Produktmontage
8 Motivation
9 Instandhaltung
10 Zulieferer

Tragen Sie in das in Abschnitt A 7. 4. 4. 2 dargestellte **Fischgrätendiagramm** die Haupteinflussgrößen und deren Risikoursachen ein!

Lösung s. Seite 653

Aufgabe 3: Six Sigma-Kennzahlen

Vom Controlling werden durchschnittlich 68 Führungskräfte/Monat mit Standardberichten versorgt. Bezüglich der Erstellung und Weitergabe dieser Berichte gibt es acht mögliche Fehlerquellen.

Wie hoch ist die **Prozessqualität** des Controllings (in % und σ) über das Jahr gerechnet, wenn es 42 Beschwerden seitens der Führungskräfte bezüglich der Berichterstattung gab?

Lösung s. Seite 653

Aufgabe 4: Management by Objectives

Erstellen Sie eine Übersicht mit den vier Hierarchieebenen „Unternehmen", „Sparte", „Bereich" und „Abteilung" und stellen Sie die zwischen diesen Ebenen bestehenden **Ziel-Mittel-Beziehungen** dar.

Lösung s. Seite 654

Aufgabe 5: Führungsprinzipien

Kann behauptet werden, dass Controlling mit so unterschiedlichen Führungsprinzipien wie Management by Results (MbR), Management by Exceptions (MbE) und Management by Objectives (MbO) verträglich ist?

Skizzieren Sie die drei genannten Führungsprinzipien und verdeutlichen Sie deren **Beziehungen** untereinander sowie zum Controlling!

Lösung s. Seite 654

Aufgabe 6: EBIT

Ein bislang nur mit Eigenkapital in Höhe von 200 Tsd € arbeitendes Unternehmen erwartet im Betrachtungszeitraum einen Gewinn von 24 Tsd €.

Wegen sich unerwartet bietender Geschäftsmöglichkeiten könnte durch zusätzliche Fremdkapitalaufnahme von 75 Tsd € ein EBIT von nunmehr 36 Tsd € erzielt werden.

Wie hoch darf der **Zinssatz für das Fremdkapital** sein, damit sich die Lage der Eigentümer gegenüber der Ausgangssituation nicht verschlechtert?

Lösung s. Seite 655

Aufgabe 7: Steuerungsgrößen

Für ein Ein-Produkt-Unternehmen sind folgende Periodenangaben bekannt:

Hergestellte und abgesetzte Produktmenge	=	9.000 Stück
Faktoreinsatzmenge (einer Faktorart)	=	4.000 Stück
Verkaufspreis je Stück	=	6,00 €
Wert je Faktoreinsatzart	=	3,00 €
Vermögen (investiertes Kapital)	=	90.000,00 €
Eigenkapital (nominal)	=	30.000,00 €
Fremdkapital (nominal)	=	70.000,00 €
Zinssatz für das Fremdkapital	=	10 % p. a.
Gewinn	=	4.800,00 €

Aufgaben:

Errechnen Sie für den Betrachtungszeitraum

(1) die Produktivität
(2) die Wirtschaftlichkeit
(3) die Eigenkapitalrentabilität
(4) die Gesamtkapitalrentabilität
(5) den Return on Investment.

Lösung s. Seite 655

Aufgabe 8: Veränderung der Wertschöpfung bei Unternehmenskonzentration

Wie verändert sich die Wertschöpfung absolut und relativ, wenn sich Unternehmen zusammenschließen?

Bearbeitungshinweis: Berechnen Sie mit den nachfolgenden Zahlenangaben (alle Werte sind in Tsd €) die Wertschöpfung bei

(1) **vertikaler Konzentration** (= Vorwärtsintegration, Rückwärtsintegration und vollkommene Integration, und zwar aus der Sicht von Unternehmen B), wobei anzunehmen ist, dass die zusammenschließenden Unternehmen der erzeugenden Industrie (A), der verarbeitenden Industrie (B) oder dem Handel (C) angehören

(2) **horizontaler Konzentration**, wobei anzunehmen ist, dass alle drei Unternehmen derselben Branche angehören.

Ausgangssituation:

	Unternehmen		
	A	B	C
Umsatz	400	800	1.000
- Vorleistungen	100	400	800
= Wertschöpfung			
• absolut	300	400	200
• relativ (vom Umsatz)	75 %	50 %	20 %

Lösung s. Seite 656

Aufgabe 9: Planungskalender

Ergänzen Sie den Planungskalender um die genannten Tätigkeiten, indem Sie den zutreffenden Buchstaben in das entsprechende Kästchen der führenden Spalte eintragen!

Tätigkeiten:	▼	Jan.	Febr.	März	April	Mai	Juni	Juli	Aug.	Sept.	Okt.	Nov.	Dez.
A Budgeterstellung													
B Festlegung der Zielwerte													
C Auswertung des (alten) Jahresabschlusses													
D Besprechung, Überarbeitung und Verabschiedung des strategischen Plans für die nächsten fünf Jahre													
E Vorarbeiten für den (neuen) Jahresabschluss													
F Detaillierung des 1. Planjahres und Ableitung von Eckdaten für die Budgetierung													
G Ausarbeitung von Strategien, Erstellung des strategischen Plans													

Lösung s. Seite 656

Aufgabe 10: Prognose

Die erwartete Absatzmenge x für ein neu zu entwickelndes Produkt P soll prognostiziert werden. Diesbezüglich werden sechs Experten gebeten, jeweils einen optimistischen (o), einen wahrscheinlichen (w) und einen pessimistischen (p) Schätzwert für den späteren Absatz abzugeben.

Vor Abgabe der Prognosen wird vereinbart, den wahrscheinlichen Schätzwert viermal so stark zu gewichten wie den optimistischen und pessimistischen Schätzwert.

Die **Schätzwerte der Experten** sind in nachstehender Tabelle enthalten. Vervollständigen Sie die Tabelle so, dass die Ergebnisse in einem Modell der Monte-Carlo-Simulation weiter verarbeitet werden könnten.

Schätzer Nr.	Absatzmenge x von Produkt P in 1.000 Stück p. a.							
	6	7	8	9	10	11	12	
1	p		w			o		
2		p	w	o				
3		p		w	o			
4			p	w		o		
5	p	w	o					
6			p		w		o	Gesamt
Punktzahlen	2	6	11	9	5	2	1	36
Selektive Wahrscheinlichkeiten in %								
Kumulative Wahrscheinlichkeiten in %								
Zweistellige **Zufallszahlen**								

Lösung s. Seite 629

Aufgabe 11: Simulation

(1) Zeichnen Sie zu den im Abschnitt „Simulationsmodelle" dargestellten vier **Dichtefunktionen** f(x) die entsprechenden **Verteilungsfunktionen** F(x)!

(2) Zeigen Sie am Beispiel der Verteilungsfunktion einer **Zweipunktverteilung**, wie mit einer zweistelligen Zufallszahl z (00 ≤ z ≤ 99) die entsprechende Ausprägung der Zufallsvariablen X gefunden werden kann!

Lösung s. Seite 657

Aufgabe 12: Konsolidierung

Die **Geschäftskonten** von zwei sich gegenseitig beliefernden Tochtergesellschaften eines Konzerns enthalten folgende Angaben (Zahlen jeweils in Tsd €):

Geschäftskonten von zwei Tochtergesellschaften Ausganglage							
Tochtergesellschaft A				Tochtergesellschaft B			
Vorleistungs-verbrauch	80	Verkäufe an B	100	Vorleistungs-verbrauch	40	Verkäufe an A	80
Wert-schöpfung	90	Verkäufe an Dritte	70	Wert-schöpfung	70	Verkäufe an Dritte	30
Gesamt	170	Gesamt	170	Gesamt	110	Gesamt	110

Konsolidieren Sie die beiden Geschäftskonten (mit Wertangaben in Tsd €)!

Lösung s. Seite 658

Aufgabe 13: Einzelkennzahlen

Ermitteln Sie anhand nachfolgender Daten

(1) **Gliederungszahlen**
(2) **Mess- und Indexzahlen.**

Rechnen Sie mit jeweils einer Nachkommastelle!

Angaben in Tsd €	t_0	t_1
Umsatz aus Eigenfertigung	22.736	24.785
Umsatz mit Handelswaren	8.592	9.022
Umsatz gesamt	31.328	33.807

Lösung s. Seite 658

Aufgabe 14: Führungsinformationssystem

Ein computergestütztes Führungsinformationssystem (FIS) sollte mit Drilling-Funktionen ausgestattet sein, die es der Führungskraft erlauben, Fragen nach einem Sachverhalt zu stellen und Antworten darauf zu erhalten.

Erläutern Sie die **Drilling-Funktionen** anhand eines grafischen Beispiels, bei dem Sie zwei Produkte zu einer Produktgruppe und zwei Produktgruppen zur Position „Umsatz" nach oben verdichten (engl. Drill Up) bzw. nach unten zerlegen (engl. Drill Down).

Lösung s. Seite 659

Aufgabe 15: JOHARI-Fenster

Die Zusammenfassung der persönlichkeitsbedingten Eigenschaften eines Aufgabenträgers lässt sich auch als „Fähigkeit zur Integration widersprüchlicher Komponenten" bezeichnen. Wie weit diese vom Controller erwartete Fähigkeit im Unternehmen zur Geltung kommt, lässt sich mithilfe eines **Prüfmodells** feststellen, das als JOHARI-Fenster (benannt nach seinen Entdeckern Josef Luft und Harry Ingham) bekannt geworden ist. Es handelt sich dabei um eine Matrix zur Abgrenzung von Informationen (Wissen), die dem Aufgabenträger und anderen bekannt bzw. unbekannt sind. Für den Fall, dass der Aufgabenträger ein Controller ist und die anderen seine Klienten, werden – wie aus folgender Abbildung ersichtlich – in Abhängigkeit vom Wissensstand aller Beteiligten **vier Fensterflügel** unterschieden.

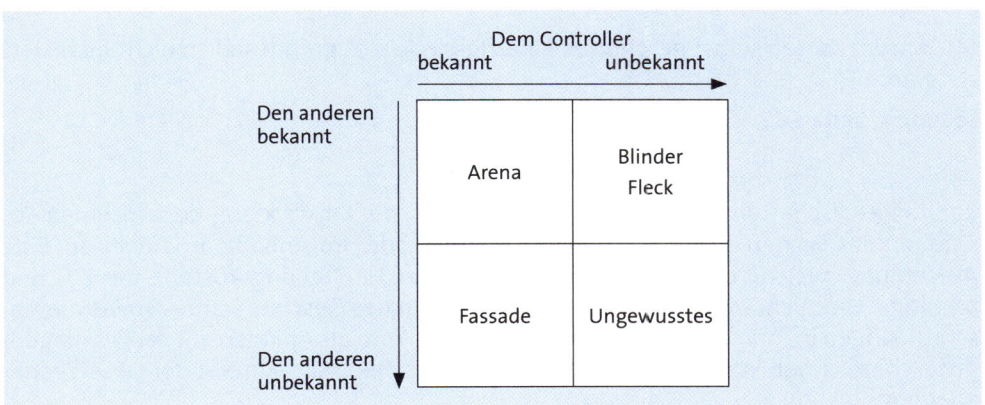

Skizzieren Sie die Fensterflügel und verändern Sie diese zum Vorteil des Controllers! Begründen Sie Ihr Vorgehen.

Lösung s. Seite 659

Aufgabe 16: Marktanteile

Für ein Produkt, das von drei Hauptherstellern (A, B, C) und mehreren (hier nicht weiter interessierenden) kleinen Herstellern am Markt angeboten wird, gilt die **80 %-Erfahrungskurve**.

(1) Ermitteln Sie die relativen Stückkosten der Haupthersteller, wenn deren absolute Marktanteile 50 % (A), 25 % (B) und 12,5 % (C) betragen und die Relationen der Marktanteile mit den Relationen der kumulierten Produktionsmengen näherungsweise übereinstimmen!

(2) Ermitteln Sie rechnerisch und grafisch die Gewinnspannen sowie rechnerisch die Umsatzrenditen der drei Anbieter bei einem Marktpreis von 120,00 € und absoluten Stückkosten von 6400,00 € für den Anbieter A!

(3) Demonstrieren Sie die Richtigkeit der Aussage, dass Anbieter umso empfindlicher von Preisrückgängen betroffen sind, je kleiner ihr relativer Marktanteil ist.

Lösung s. Seite 660

Aufgabe 17: Erfahrungskurve

In Kapitel B wird die mit der Erfahrungskurve begründete Kurve der **Marktdurchdringungspreise** (engl. Penetration Pricing) dargestellt.

Beschreiben und begründen Sie die vier (idealtypischen) Phasen dieser Kurve!

Lösung s. Seite 661

Aufgabe 18: Intangible Assets

(1) Was versteht man unter **Intangible Assets**?

(2) Welche **Arten** an Intangible Assets lassen sich unterscheiden?

(3) Ist es richtig zu behaupten, dass Unternehmen und ihre Aktionäre nicht alleinige **Eigentümer** der Intangible Assets sind?

(4) Warum dürfen selbst geschaffene Intangible Assets grundsätzlich **nicht bilanziert** werden?

Lösung s. Seite 662

Aufgabe 19: Anlagenspiegel

Kapitalgesellschaften sind gesetzlich verpflichtet, die Entwicklung der einzelnen Positionen des Sachanlagevermögens in der Bilanz oder im Anhang auszuweisen. Eine Aufstellung, welche die Anschaffungswerte (oder Herstellungskosten), die Zu- und Abgänge, Umbuchungen, Zu- und Abschreibungen des Geschäftsjahres sowie die Abschreibungen in ihrer gesamten Höhe beinhalten, wird als Anlagenspiegel (= Anlagengitter) bezeichnet. Wie ein Anlagenspiegel auszusehen hat, schreibt der Gesetzgeber allerdings nicht vor.

(1) Entwerfen Sie einen (mehrere Spalten umfassenden) aussagekräftigen **Anlagenspiegel**!

(2) Geben Sie an, welche Informationen aus dem Anlagenspiegel in Bezug auf das **Alter des Sachanlagevermögens** gewonnen werden können! Machen Sie außerdem deutlich, welche betriebswirtschaftlich gehaltvollen Aussagen sich aus der Kenntnis des Anlagenalters ziehen lassen!

Lösung s. Seite 663

Aufgabe 20: Scheingewinne

Ein Unternehmen beabsichtigt den Kauf einer Maschine mit einer betriebsgewöhnlichen Nutzungsdauer von sechs Jahren, für die folgende Daten gelten:

► Anschaffungswert (ohne MwSt): 68.000,00 €

► erwartete Preissteigerungsraten der Maschine während der betriebsgewöhnlichen Nutzungs- und Abschreibungsdauer: 5 % p. a.

Aufgaben:

(1) Errechnen Sie für die einzelnen Jahre der Nutzung die kalkulatorischen Abschreibungen (ohne Nachkommastelle)!

(2) Errechnen Sie für die einzelnen Jahre der Nutzung die bilanziellen Abschreibungen (ohne Nachkommastelle)!

(3) Wie hoch ist der sich durch Verrechnung der kalkulatorischen und bilanziellen Abschreibungen ergebende Scheingewinn (nach Jahren getrennt)?

(4) Erläutern Sie anhand der Beträge aus (3) die Gefahr einer Substanzvernichtung durch Besteuerung von (Schein-) Gewinnen! Nennen Sie Möglichkeiten, solchen Substanzvernichtungen entgegenzuwirken!

Bearbeitungshinweise: Rechnen Sie bitte mit ganzzahligen Euro-Werten! Für das erste Jahr ist bereits die volle Preissteigerungsrate zu berücksichtigen! Bei der Berechnung der bilanziellen Abschreibungen ist dann auf die lineare Methode überzugehen (= Methodenwechsel), wenn diese höher ist als die entsprechende degressive Abschreibung.

Lösung s. Seite 664

Aufgabe 21: Kalkulationszinsfuß

Wie wird der in der Investitions- und Kostenrechnung verwendete **Kalkulationszinsfuß** üblicherweise ermittelt?

Beschreiben Sie außerdem, wie sich die Ermittlung des Kalkulationszinsfußes verändern würde, wollte man im konkreten Einzelfall (etwa bei einer Großinvestition, wie z. B. beim Kauf eines Unternehmens) die **Überlegungen des Shareholder Value-Ansatzes** berücksichtigen!

Lösung s. Seite 664

Aufgabe 22: Investitionsrisiken

Mit welcher **Sicherheit** und **Genauigkeit** lassen sich die durch Buchstaben ersetzten Werte der folgenden Zahlungsreihe eines Investitionsvorhabens ermitteln?

Periode	t_0	t_1	t_2	t_3	t_4	t_5
Ausgaben	$- A_0$	$+ A_1$	$+ A_2$	$+ A_3$	$+ A_4$	$+ A_5$
Einnahmen		$+ E_1$	$+ E_2$	$+ E_3$	$+ E_4$	$+ E_5$
Restwert						$+ RW$

Lösung s. Seite 665

Aufgabe 23: Wert einer Warteoption

Das Unternehmen plant eine Firmenübernahme entweder sofort (= Periode t_0) oder erst in einem Jahr (= Periode t_1). Das eine Jahr soll genutzt werden um herauszufinden, wie hoch die Rückflüsse später, d. h. ab dem Jahr t_2 sein werden.

Ausgangslage:
Der sichere Übernahmepreis in t_0 beträgt 1.920 GE. Zur Berechnung des Kapitalwerts C_0 der sofortigen Übernahme ist ein risikoadjustierter Zinsfuß von 12 % p. a. zu verwenden.

Im Fall der Übernahme mit Warteoption muss analysiert werden, ob die Investition in t_1 getätigt werden soll, wenn die unsicheren Rückflüsse ab t_2 in der Variante „Best Case") mit 280 GE bei 60 % Eintrittswahrscheinlichkeitund in der Variante „Worst Case" mit 150 GE bei 40 % Eintrittswahrscheinlichkeit geschätzt werden. Dabei sind die Rückflüsse mit dem risikoadjustierten Zinsfuß von 12 % p. a. und der Übernahmepreis mit einem risikofreien Zinsfuß von 6 % p. a. abzuzinsen.

Aufgaben: Wie hoch sind

(1) der Kapitalwert C_0 der sofortigen Investition,

(2) die Kapitalwerte der Rückflüsse beider Varianten sowie

(3) der Wert der Warteoption?

(4) Beurteilen Sie die Ergebnisse aus ökonomischer Sicht!

Lösung s. Seite 665

Aufgabe 24: Squeeze Out

Nach dem Übernahmegesetz können die letzten 5 % der sich im Streubesitz befindlichen Aktien durch Abfindung „herausgekauft" werden, ein Sachverhalt, der bekanntlich auch als **Squeeze Out** bezeichnet wird. Dabei orientiert sich der Abfindungsbetrag üblicherweise am Aktienkurs der letzten drei Monate. Sofern den freien Aktionären eine „gerechte" Abfindung verweigert wird, können sie den Rechtsweg beschreiten, der aber lange dauern kann.

Geben Sie an, welche **Vorteile** sich durch ein baldiges Squeeze Out für das übernehmende Unternehmen ergeben!

Lösung s. Seite 665

Aufgabe 25: Unternehmenswert

Ein Unternehmen prognostiziert bis zum Planungshorizont seine **Free Cashflows** (in Tsd €) wie folgt:

Periode	1	2	3	4	5
Erwartungswert	200	240	320	280	360
Standardabweichung	25	30	35	40	45

Für die Zeit nach dem Planungshorizont wird ein ewiger Free Cashflow (FCF) von 300 Tsd € bei einer Standardabweichung von 45 erwartet.

Der risikoneutrale Diskontierungsfaktor beträgt 10 %.

Aufgaben:

Ermitteln Sie den **Wert des Unternehmens**, und zwar unter

(1) Außerachtlassung der Standardabweichungen

(2) Berücksichtigung der Standardabweichungen, wobei Sie zur Berechnung der periodisierten Werte für den Value at Risk von einer Standardnormalverteilung der FCFs und einem Konfidenzniveau von 5 % ausgehen.

Bearbeitungshinweis: Den für die VaR-Werte anzusetzenden Multiplikator finden Sie in Abschnitt A 7.4.1.

Lösung s. Seite 665

Aufgabe 26: Produktportfolio

Beurteilen Sie die aktuellen und zukünftigen **Umsatzerwartungen** eines Unternehmens mit nachfolgendem Produktportfolio!

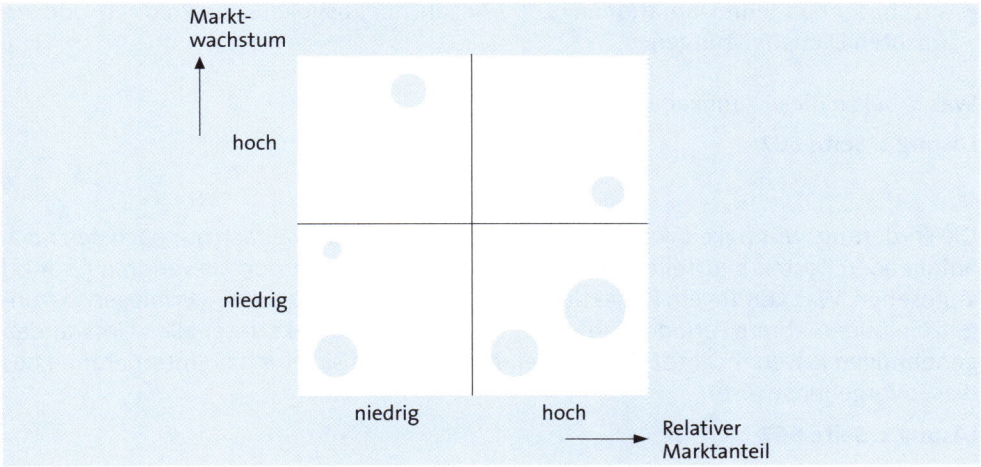

Lösung s. Seite 666

Aufgabe 27: Wertschöpfungsportfolio

Stellen Sie in einer Neun-Felder-Matrix die **Wertschöpfung des Unternehmens** aus Sicht der Kunden dar.

Verwenden Sie dazu die beiden **Dimensionen**:

► **Kundennutzen**, verstanden als Wert sämtlicher Bereiche der unternehmenseigenen Wertkette, für den die Kunden auch zu zahlen bereit sind

► **Relative Stärke in der Wertschöpfung** in Bezug auf die Schaffung von Differenzierungs- bzw. Verbundvorteilen (engl. Economies of Scope) und Kosten- bzw. Preisvorteilen (engl. Economies of Scale) in den Bereichen.

Nennen Sie außerdem die damit im Zusammenhang stehenden **strategischen Handlungsmöglichkeiten**!

Lösung s. Seite 667

Aufgabe 28: Absatzkennzahlen

In der Absatzplanung lassen sich **Messgrößen** (Kennzahlen) berücksichtigen, wie z. B.

▶ Umsatz des Unternehmens · 100 / Umsatz der Branche

▶ Umsatz einer Produktgruppe · 100 / Gesamtumsatz des Unternehmens

▶ Umsatz mit Stammkunden · 100 / Gesamtumsatz des Unternehmens

▶ Umsatz /Anzahl der Aufträge

▶ Preiserhöhungen · 100 / Kostensteigerung

▶ Fixkosten / 1 - (Variable Stückkosten / Preis), und zwar jeweils bezogen auf ein Produkt

▶ Anzahl der Kundenreklamationen · 100 / Anzahl der ausgelieferten Produkte oder erbrachten Dienstleistungen

Was drücken diese Kennzahlen jeweils aus?

Lösung s. Seite 667

Aufgabe 29: Entwicklungsprojekte

Die Förderungswürdigkeit von Entwicklungsprojekten wird vielfach nur nach den noch anfallenden Kosten beurteilt, d. h. die bisherigen Kosten werden als verloren („sunk") angesehen. Was könnte ein Projektleiter tun, der sich bei gegebenen Erfolgserwartungen ein über mehrere Perioden laufendes Entwicklungsprojekt unter allen Umständen **genehmigen** lassen möchte? Welche **Gefahren** ergeben sich für das Unternehmen aus dieser Vorgehensweise?

Lösung s. Seite 667

Aufgabe 30: Patente

Bei einer hohen Anzahl von Patenten können diese im Unternehmen zu **Patentfeldern** zusammengefasst werden, die jeweils solche Patente betreffen, die sich

▶ nur auf eine bestimmte Erfindung beziehen

▶ auf Erfindungen beziehen, die für ein Produkt oder Verfahren von Bedeutung sind.

Die Patente (oder Patentfelder) lassen sich in einem **Patentportfolio** darstellen, dem – ähnlich wie beim Produktportfolio – auch ein Lebenszyklusmodell zu Grunde liegt:

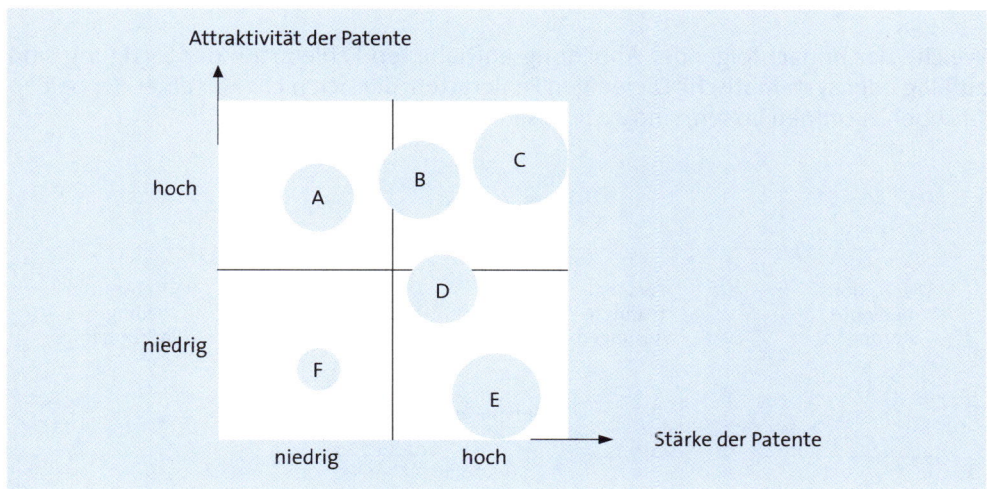

Aufgaben:

(1) Erläutern Sie die Hauptkriterien der beiden mehrdimensionalen Achsen des Patentportfolios!

(2) Welche patentstrategischen Optionen lassen sich für die mit den Buchstaben A bis F gekennzeichneten Patentfelder ableiten?

Lösung s. Seite 668

Aufgabe 31: FuE-Kennzahlen

In der Forschungs- und Entwicklungsplanung lassen sich **Messgrößen** (Kennzahlen) berücksichtigen, wie z. B.

► Entwicklungsaufwand · 100 / Umsatz

► Durch Entwicklungsaufwand möglicher technischer Fortschritt / Entwicklungsaufwand

► Planaufwand zum Zeitpunkt t · 100 / Planaufwand zu Projektende

► (Benötigte Entwicklungszeit - geplante Entwicklungszeit) · 100 / Geplante Entwicklungszeit

► (Geplante Entwicklungszeit - verbrauchte Entwicklungszeit) · 100 / Geplante Tätigkeitszeit

► Plan-Aufwand zum Zeitpunkt t · 100 / Ist-Aufwand zum Zeitpunkt t.

Was drücken diese Kennzahlen jeweils aus?

Lösung s. Seite 669

Aufgabe 32: Fehlerarten in der Fertigung

Welche der in nachfolgender Abbildung enthaltenen Fehlerarten der Fertigung sind **zufällig** oder **systematisch**? Diejenigen Fehlerarten, die sich nicht klar einer der beiden Gruppen zuordnen lassen, sind zu präzisieren!

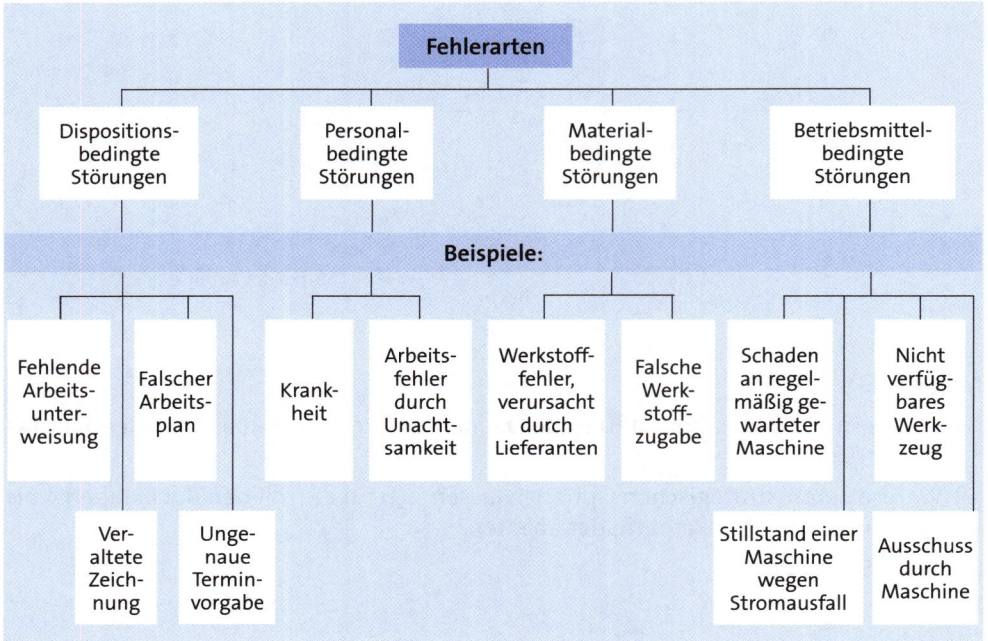

Lösung s. Seite 669

Aufgabe 33: Rationalisierung

Warum **müssen** Unternehmen rationalisieren, wenn sie überleben wollen? Wie lassen sich die **Rationalisierungspotenziale** bestimmen und was muss zu deren Realisierung getan werden?

Lösung s. Seite 670

Aufgabe 34: Fertigungskennzahlen

In der Fertigungsplanung lassen sich **Messgrößen** (Kennzahlen) berücksichtigen, wie z. B.

► Sachanlagevermögen / Bilanzsumme

► Tageswert der Maschinen und maschinellen Anlagen in der Fertigung / Fertigungslöhne

► Fertigungsstunden · 100 / Kapazität in Stunden

► Ist-Leistung · 100 / Soll-Leistung

► Fehlerhafte Menge · 100 / Gesamtproduktionsmenge

► Retourenmenge · 100 / Gesamte Fertigungsmenge.

Was drücken diese Kennzahlen jeweils aus?

Lösung s. Seite 671

Aufgabe 35: Lagerbestände

Fehler in der Abstimmung der betrieblichen Funktionsbereiche untereinander lassen die Lagerbestände steigen.

Aufgaben:

(1) Welche **Einzelinteressen** im Entwicklungs-, Einkaufs-, Fertigungs- und Vertriebsbereich führen zu einer Bestandserhöhung?

(2) Welche **Probleme** (= Störquellen) werden durch höhere Lagerbestände verdeckt und wie lassen sich diese Probleme erkennen und beseitigen?

Lösung s. Seite 671

Aufgabe 36: Beschaffungs- und Logistikkennzahlen

In der Beschaffungs- und Logistikplanung lassen sich **Messgrößen** (Kennzahlen) berücksichtigen, wie z. B.:

► Materialaufwand · 100 / Gesamtaufwand

► Materialverbrauch / Ø Materialbestand

► Materialbestand / Ø Materialbedarf pro Periode

► Materialbedarf pro Periode / Ø Bestellmenge

► Anzahl termingerechter Lieferungen / Anzahl aller Lieferungen

► Gefahrene Tonnenkilometer / Anzahl der Lastkraftwagen.

Was drücken diese Kennzahlen jeweils aus?

Lösung s. Seite 672

Aufgabe 37: Leitungsspanne

In lernenden Unternehmen ändert sich im Zeitablauf, dass dort, wo gearbeitet wird, auch zunehmend geplant, entschieden und kontrolliert wird.

Mit der **Aufgabenumverteilung** ändern sich auch die Leitungsspannen (engl. Span of Control), und zwar in Abhängigkeit vom

► Zeitkontingent, das die Führungskraft pro Periode (hier Stunden je Woche) dem Unternehmen insgesamt zur Verfügung stellt (Funktion A)

► Zeitbedarf pro Periode für die Erfüllung von solchen Aufgaben, die von der Mitarbeiterführung unabhängig sind (Funktion B)

► Zeitbedarf pro Periode für die Mitarbeiterführung (Funktion C).

Zusammengestellt ergibt sich folgendes Bild:

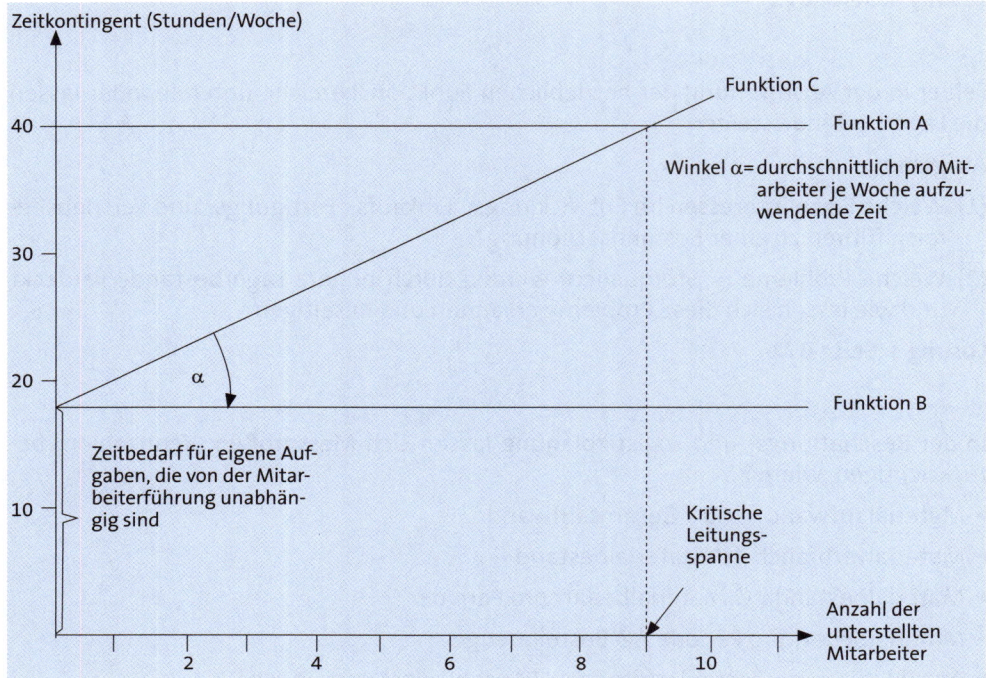

Erläutern Sie unter Zuhilfenahme der Abbildung, wenn sich unter sonst gleichen Bedingungen (1) die Qualifikation des Vorgesetzten erhöht oder (2) die Qualifikation der Mitarbeiter steigt!

Lösung s. Seite 672

Aufgabe 38: Personalstruktur
Die Belegschaft eines Unternehmens hat folgenden stichtagsbezogenen **Altersaufbau**:

Lebensaltersklasse		Anzahl der Beschäftigten
Nr.	nach Jahren	
1	bis 20	90
2	21 - 25	106
3	26 - 30	117
4	31 - 35	132
5	36 - 40	151
6	41 - 45	178
7	46 - 50	225
8	51 - 55	204
9	56 - 60	123
10	über 60	22
Summe		1.348

Beurteilen Sie (1) die Belegschaftsstruktur, (2) deren Folgen für das Unternehmen sowie (3) mögliche Verbesserungsmaßnahmen.

Lösung s. Seite 673

Aufgabe 39: Personalkennzahlen

In der Personalplanung lassen sich **Messgrößen** (Kennzahlen) berücksichtigen, wie z. B.:

► Umsatz / Ø Zahl der Beschäftigten
► Personalaufwand · 100 / Gesamtaufwand
► Arbeitsstunden / Beschäftigtenzahl
► Ausscheidende Arbeitnehmer · 100 / Ø Anzahl aller Arbeitnehmer
► Aufwand für Weiterbildung · 100 / Gesamtpersonalaufwand
► Anzahl zufriedener Mitarbeiter · 100 / Anzahl befragter Mitarbeiter.

Was drücken diese Kennzahlen jeweils aus?

Lösung s. Seite 674

Aufgabe 40: Liquiditätsspektrum

Ein Unternehmen hat Auszahlungsverpflichtungen in Höhe der Erlöse aus Umsatztätigkeit, und zwar jeweils bezogen auf eine Periode. Da sich der Umsatz in Höhe von 90 Tsd € aber erst im Zeitablauf verflüssigt, entsteht ein Kapitalbedarf.

(1) Ermitteln Sie den **Kapitalbedarf**, um die jeweils aktuelle Liquidität des Unternehmens in den nächsten sechs Perioden sicherzustellen, wenn das Liquiditätsspektrum das nachstehende Aussehen hat:

Periode	1	2	3	4
Einnahmen in % des Umsatzes	30	40	20	10

(2) Nennen Sie **Maßnahmen**, um das Liquiditätsspektrum zu verbessern und den Kapitalbedarf zu senken!

Lösung s. Seite 675

Aufgabe 41: Überschuldung

Stellen Sie unter Verwendung nachstehender Angaben fest, ob das Unternehmen überschuldet ist!

Feststellung der Überschuldung					
Bilanzaktiva				Bilanzpassiva	
Position	Betrag in Tsd €	Liquiditäts-grad (%)	Disagios in Tsd €	Position	Betrag in Tsd €
Grundstücke	300	0,1		Eigen-kapital	2.580
Gebäude	900	0,3			
Maschinen	2.100	0,5		Fremd-kapital	2.370
Werkstoffe	750	0,6			
Halbfabrikate	300	0,7			
Fertigfabrikate	450	0,8			
Forderungen	100	0,9			
Flüssige Mittel	50	1,0			
Gesamt	4.950				4.950

Lösung s. Seite 675

Aufgabe 42: Kapitalkostensatz WACC

Ordnen und verbinden Sie die nachstehenden Bausteine in der Weise, dass am Ende der gewichtete durchschnittliche Kapitalkostensatz WAAC steht!

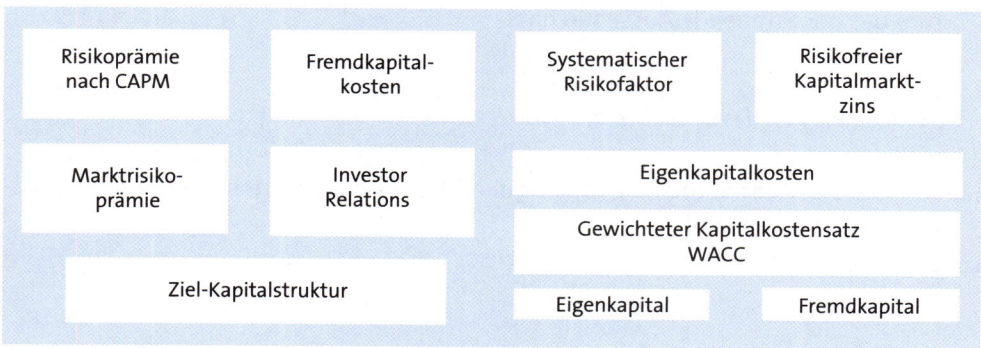

Lösung s. Seite 676

Aufgabe 43: Finanzwirtschaftlicher Leverage-Effekt

Für ein Projekt mit einem Kapitaleinsatz von 600 Tsd € erwartet eine SGE einen EBIT von 120 Tsd €.

Ermitteln Sie die **Eigenkapitalrentabilität**, wenn die SGE zu einem Marktzinssatz von 10 % alternativ 0 (Null), 200, 400 bzw. 500 Tsd € Fremdkapital aufnimmt!

Lösung s. Seite 676

Aufgabe 44: Bilanz- und Finanzkennzahlen

In der Bilanz- und Finanzplanung lassen sich **Messgrößen** (Kennzahlen) berücksichtigen, wie z. B.

► Eigenkapital · 100 / Gesamtkapital
► Fremdkapital · 100 / Eigenkapital
► Fremdkapital - liquide Mittel / Cashflow
► Sachanlagevermögen / Eigen- und langfristiges Fremdkapital
► Cashflow / Anlageinvestitionen
► Marktwert des Eigenkapitals - Wert der immateriellen Vermögenswerte.

Was drücken diese Kennzahlen jeweils aus?

Lösung s. Seite 677

Aufgabe 45: Balanced Scorecard

Ordnen Sie die nachstehend gezeigten **Ziel- und Messgrößen** in einer Weise an, dass als Ergebnis eine Balanced Scorecard entsteht!

Fachwissen der Mitarbeiter	Pünktliche Lieferung	Kundenzufriedenheit
Qualität	Marktanteil	Fehlerlose Prozesse
Kundentreue	ROI	Durchlaufzeit
Zufriedenheit der Mitarbeiter	Neue Produkte entwickeln	Zugang der Mitarbeiter zu Informationen
Schnelle Prozesse		

Lösung s. Seite 678

Aufgabe 46: Globalindikator

Es wird empfohlen, in betrieblichen **Frühwarnsystemen** nach Möglichkeit auf hochaggregierte Zahlen zu verzichten, da sich hier Abweichungen erst dann zeigen, wenn niedriger aggregierte Daten bereits erhebliche Abweichungen aufweisen.

Zeigen Sie die Richtigkeit dieser Forderung am Beispiel des Kennzahlensystems „Return on Investment", indem Sie nachfolgende Daten verwenden:

Einzelindikatoren (in Tsd €)	t_0	t_1	t_2
Gesamtumsatz	10.000	11.000	12.100
Erlösschmälerungen	200	220	242
Bestandsveränderungen	+ 600	+ 100	- 200
Andere aktivierte Eigenleistungen	50	55	60
Einzelkosten	5.180	4.900	4.500
Gemeinkosten	5.170	5.960	7.134
Sachanlagevermögen	1.000	1.500	2.490
Werkstoff	400	450	1.750
Halbfabrikate	600	650	500
Fertigfabrikate	200	150	100
Forderungen	400	710	1.000
Flüssige Mittel	200	150	100
Erhaltene Anzahlungen	100	100	100
Sonstige zinslose Verbindlichkeiten	700	760	1.000
Neutrales Ergebnis + Fremdkapitalzinsen	+ 100	+ 200	+ 400

Lösung s. Seite 678

Aufgabe 47: Länderrisiko

Ein Unternehmen beabsichtigt die Errichtung einer Fabrik im Land C. Eine internationale Beratergruppe hat für dieses Land einen **Risikoindex** von 90 (bezogen auf ein Maximum von 100) ermittelt.

Um das Länderrisiko zu kompensieren, werden Sie von Ihrem Chef gebeten, den gegenüber einer sicheren Kapitalanlage erforderlichen Risikozuschlag auf den risikoneutralen Zinsfuss von 10 % zu ermitteln.

Wie hoch ist der **Risikozuschlag**?

Lösung s. Seite 679

Aufgabe 48: Verteilung von Prozesskosten

Die **Umwandlung von Ressourcen in Leistungen** geschieht in Kostenstellen (als Ressourcenzentren), was die nachstehende Abbildung deutlich machen soll:

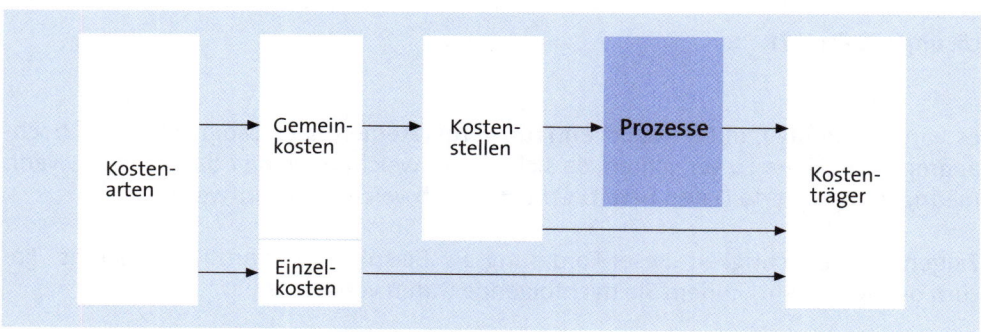

Aufgaben:

(1) Was versteht man unter einer Bezugsgröße bezüglich der beabsichtigten Weiter-verrechnung von Gemeinkosten einer Kostenstelle?

(2) Beschreiben Sie was zu geschehen hat, wenn in einer Kostenstelle mehr als ein Leis-tungstyp erbracht wird!

(3) Wie werden die Prozesskosten einer Kostenstelle auf die Kostenträger verteilt? Wel-che Vereinfachungen sind bei der Kostenverteilung möglich, wenn die Leistungsty-pen ähnlich sind?

Lösung s. Seite 679

Aufgabe 49: Kalkulationsvergleich

Führen Sie mit den nachstehenden Angaben die **Prozesskostenkalkulation** für einen In- und Auslandsauftrag durch und vergleichen Sie die Ergebnisse mit denen der **Zu-schlagskalkulation**!

Ausgangslage:

Auftragsmenge: Inlandsauftrag 300 Stück, Auslandsauftrag 20 Stück
Material-Einzelkosten je Stück: 25,00 €
Prozesskostensätze: Inlandsauftrag 85,00 €, Auslandsauftrag 235,00 €
Material-Gemeinkostenzuschlag: 5 %

Lösung s. Seite 680

Aufgabe 50: Gewinnbeitrag einer Materialkostensenkung

Ein Unternehmen mit einem 50%igen Materialkostenanteil vom Umsatz kalkuliert mit einer Umsatzrendite von 5 %.

Um wie viel Prozent müsste der Umsatz dieses Unternehmens gesteigert werden, um ein **Gewinnplus** zu erreichen, das einer 3%igen Materialkosteneinsparung (durch Sen-kung der Einstandspreise bzw. der Lager-, Transport- und/oder Kapitalbindungskosten) entspricht?

Lösung s. Seite 681

Aufgabe 51: Kalkulatorische Kosten

Zur Berechnung der (1) kalkulatorischen Abschreibungen und (2) kalkulatorischen Zinsen des Budgetjahres stehen folgende **Plandaten** zur Verfügung (Wertangaben in €):

	Anschaffungswert	Kalkulatorischer Restwert	Buchwert	Tageswert	Wirtschaftliche Nutzungsdauer
Bebaute Grundstücke	420.000	360.000	300.000	640.000	20 Jahre
darin Grundstücksanteil	120.000	120.000	120.000	180.000	
Maschinen	540.000	480.000	290.000	760.000	10 Jahre
Betriebs- und Geschäftsausstattung	240.000	170.000	160.000	310.000	5 Jahre
Vorräte			450.000	(= Jahresdurchschnitt)	
darin spekulative Überbestände			60.000		
Forderungen und Flüssige Mittel (Jahresdurchschnitt: 280.000 €)			220.000		
Verbindlichkeiten aus Lieferungen und Leistungen (Jahresdurchschnitt: 210.000 €)			260.000		
Verbindlichkeiten gegenüber Banken			520.000	(= Jahresdurchschnitt)	

Der Kalkulationszinsfuß beträgt 10 % p. a.; der Marktzinssatz für das Fremdkapital liegt bei durchschnittlich 12 % p. a.

(3) Begründen Sie kurz, warum Sie welche Wertansätze gewählt haben!

Lösung s. Seite 682

Aufgabe 52: Break-Even-Mengen

Gegeben sind die produktbezogenen Fixkosten von 90 Tsd € und die variablen Stückkosten von 4,00 €.

Aufgaben:

(1) Bestimmen Sie rechnerisch und grafisch die Break-Even-Mengen für folgende Alternativpreise: 5,00, 6,00, 7,00, 8,00 und 9,00 €!

(2) Zeigen Sie grafisch die Abhängigkeit der Break-Even-Mengen vom Preis!

(3) Beurteilen Sie kritisch den Einsatz der Break-Even-Analyse bei Preisentscheidungen!

Lösung s. Seite 684

Aufgabe 53: Ergebnis-, Finanz- und Bilanzbudget

Für die Budgeterstellung des Jahres t_1 stehen folgende Angaben zur Verfügung:

	Mio €
Umsatz	60
Effektive Wagnisse	2
Erhöhung der Forderungen	2
Fertigungsmaterialeinkauf	16
Kalkulatorische Abschreibungen	7
Zuführung zu den Pensionsrückstellungen	1
Investitionen	5
Tilgung langfristiger Darlehen	3
Kalkulatorische Zinsen	3
Kalkulatorische Wagnisse	2
Fertigungsmaterialverbrauch	18
Effektive Fremdkapitalzinsen	2
Fertigungslöhne	9
Bilanzielle Abschreibungen	4
Sonstige Gemeinkosten	14

Ertragsteuern = 30 % vom Gesamtgewinn.

Die **voraussichtliche Schlussbilanz** für das laufende Geschäftsjahr t_0 hat folgendes Aussehen:

AKTIVA	- Angaben in Mio € -		PASSIVA
Sachanlagen	20	Nennkapital	10
Vorräte	12	Rücklagen	5
Forderungen	15	Gewinn	0
Flüssige Mittel	8	Pensionrückstellungen	8
		Langfristige Darlehen	12
		Kurzfristige Darlehen	8
		Sonstige Verbindlichkeiten	12
Bilanzsumme	55	Bilanzsumme	55

Aufgaben:

Ermitteln Sie das **Ergebnisbudget** (Betriebsrechnung und Neutrale Ergebnisrechnung) sowie das **Finanzbudget** und leiten Sie daraus die **Bilanz** für das Budgetjahr ab!

Ein eventueller Finanzmittelbedarf oder -überschuss soll über die Position „Kurzfristige Darlehen" ausgeglichen werden. Für die Steuerschuld ist eine Rückstellung zu bilden!

Lösung s. Seite 686

Aufgabe 54: Bewegungsbilanz

In einem Geschäftsjahr veränderte sich die **Bilanz** (mit Zahlenangaben in Tsd €) eines Unternehmens wie folgt:

Bilanzen zum					
Aktiva	1.1.	31.12.	Passiva	1.1.	31.12.
Sachanlagen	7.400	9.200	Nennkapital	5.000	5.000
Vorräte	4.400	5.600	Rücklagen	800	800
Forderungen	6.000	5.800	Gewinnvortrag/Jahresüberschuss[1]	–	400
Flüssige Mittel	2.000	2.100	Pensionrückstellungen	5.700	6.300
			Langfristige Darlehen	1.800	1.400
			Kurzfristige Darlehen	2.300	4.100
			Sonstige Verbindlichkeiten	4.200	4.700
Bilanzsumme	19.800	22.700	Bilanzsumme	19.800	22.700

[1] Annahmen: Die Ertragsteuern sind in den sonstigen Verbindlichkeiten enthalten.

Das **Sachanlagevermögen** (in Tsd €) entwickelte sich im Zeitraum gemäß nachstehender Übersicht:

Anfangsbestand	Investitionen	Anlagenabgänge	Abschreibungen (bilanziell)	Endbestand
7.400	+ 3.500	- 200	- 1.500	= 9.200

Aufgaben:

(1) Wie hoch sind (a) der gesamte Finanzbedarf, (b) der Cashflows und (c) der von außen zu deckende Finanzbedarf?

(2) Begründen Sie, warum zur Berechnung des Cashflows aus Bilanzpositionen die bilanziellen und nicht die kalkulatorischen Abschreibungen verwendet werden sollten!

(3) Wie würde sich die Schlussbilanz verändern, wenn 200 Tsd € als Dividende an die Eigentümer ausgeschüttet werden?

Lösung s. Seite 687

Aufgabe 55: Return on Investment

Ein Unternehmen rechnet für das kommende Geschäftsjahr für seine Spartenbereiche (engl. Units) A, B und C mit folgenden Daten (Wertangaben in Mio €):

Sparte	Investiertes Kapital (Input)	EBIT (Output)	ROI	Relative Effizienz
A	20,0	2,0		
B	40,0	6,0		
C	50,0	10,0		

Aufgaben:

(1) Wie hoch ist der ROI jeder Sparte? Übertragen Sie die ermittelten Werte (mit genauen Dimensionsangaben) in die oben stehende Tabelle!

Außerdem interessiert die Unternehmensleitung die Effizienz der Units, verstanden als Output pro Inputeinheit. Dazu sollen Sie als Controller ein Koordinatenkreuz mit den Achsenbezeichnungen „EBIT" und „Investiertes Kapital" erstellen, in das für jede Sparte als Gerade die genannten Input-/Output-Werte einzutragen sind.

(2) Welche Größe bestimmt die Steigung der Geraden?

Bearbeitungshinweis: Diejenige Sparte mit der besten Relation wird als Best-Practice-Sparte bezeichnet, die das relative Effizienzmaß 100 % erhält. Die übrigen Sparten haben gegenüber der Best-Practice-Sparte einen Effizienzrückstand.

(3) Kennzeichnen Sie die Best-Practice-Gerade!

(4) Ermitteln Sie die relativen Effizienzmaße der übrigen Sparten und übertragen Sie diese in die obige Tabelle!

Lösung s. Seite 688

Aufgabe 56: NBB-Methodik

Warum ist es zweckmäßig, das Methodenpaket des NBB als **destabilisierenden Prozess** innerhalb der Gemeinkostenbereiche des Unternehmens zu betreiben?

Lösung s. Seite 689

Aufgabe 57: Kostenabweichungen

Vervollständigen Sie nachfolgendes **Abrechnungsschema der Plankostenrechnung** (mit Wertangaben in Tsd €):

> Ist-Beschäftigung   24.000 Arbeitsstunden
> Plan-Beschäftigung: 30.000 Arbeitsstunden
>
> Beschäftigungsgrad ....%

Kostenart	Variator	Plankosten			Sollkosten gesamt	Istkosten zu Istpreisen
		fix	var.	gesamt		
Material	10			2.000		1.700
Lohn		400		500		500
Sonstiges			500	1.000		920
Summen	✕					

Kostenart (Forts.)	Istkosten zu Planpreisen	Preis-abweichungen	Verbrauchs-abweichung	Beschäftigungsab-weichung
Material	1.650			
Lohn	500			✕
Sonstiges		- 10		
Summen				

Die verrechneten Plankosten betragen............................ Tsd €.

Die Gesamtabweichung beträgt.......................... Tsd €.

Bearbeitungshinweis: Geben Sie die genauen Vorzeichen der Abweichungen gegenüber Plan an, d.h. Minus = Ergebnisverbesserung bzw. Plus = Ergebnisverschlechterung (gegenüber Plan)!

Lösung s. Seite 690

Aufgabe 58: Analyse von Kostenabweichungen

In der nachstehenden Abbildung entspricht die Fläche 1 den geplanten Kosten (= Planmenge · Planpreis). Die Flächen 2 und 3 geben die Teilabweichungen ersten Grades wieder. Die Fläche 4 ist eine Abweichung zweiten Grades.

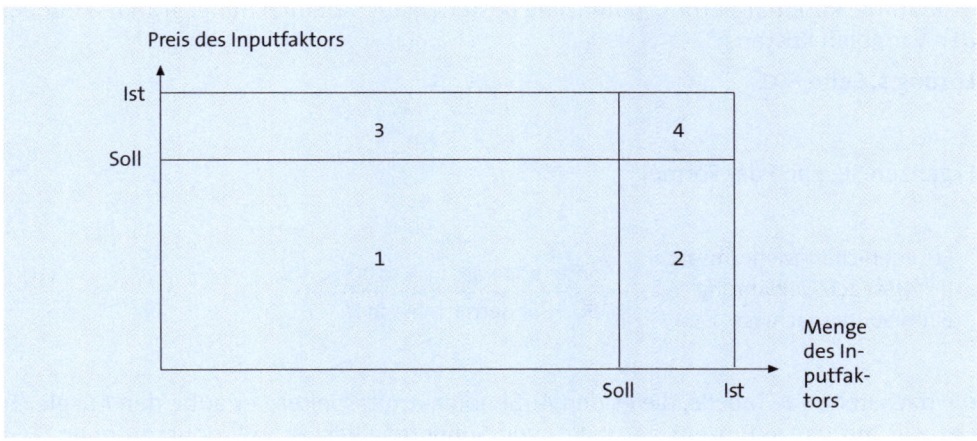

Machen Sie deutlich, wie sich die Abweichung 4 aufspalten lässt! Gehen Sie außerdem kurz auf den Fall ein, der sich ergeben würde, wenn mehr als nur die beiden Einflussgrößen „Menge" und „Preis" zu beachten wären!

Lösung s. Seite 690

Aufgabe 59: Prognostische Abweichungsanalyse

Ein Ein-Produkt-Unternehmen mit einer 70 %-Erfahrungskurve stellt unmittelbar zu Beginn des neuen Geschäftsjahres fest, dass die Umsatzaussichten besser sein werden als im Budget vorgesehen. Die daraufhin erstellte Vorschau zeigt folgendes Bild:

		Budget		Vorschau
1. Absatz		5.000 Stück		6.000 Stück
2. Verkaufspreis/Stück		2.000,00 €		2.050,00 €
3. Umsatz (Zeile 1 · 2)		10.000 Tsd €		12.300 Tsd €
4. Fertigungsmaterial	-	2.000 Tsd €	-	2.300 Tsd €
(davon Preisveränderung)			(+	16 Tsd €)
5. Fertigungslohn	-	3.000 Tsd €	-	3.400 Tsd €
(davon Preisveränderung)			(+	24 Tsd €)
6. Variable Gemeinkosten	-	2.000 Tsd €	-	2.300 Tsd €
(davon Preisveränderung)	-	2.000 Tsd €	(+	16 Tsd €)
7. Fixe Gemeinkosten			-	2.100 Tsd €
(davon Werbesonderaktion)			(+	100 Tsd €)
8. Betriebsergebnis	+	1.000 Tsd €	+	2.200 Tsd €
9. Neutrales Ergebnis	+	100 Tsd €	+	200 Tsd €
10. Gesamtergebnis	+	1.100 Tsd €	+	2.400 Tsd €

Aufgaben:

Analysieren Sie die **Ergebnisveränderung** zwischen Budget und Vorschau und prüfen Sie dabei, ob das Unternehmen die mit den verbesserten Umsatzaussichten zusammenhängenden Rationalisierungspotenziale ausschöpft!

(Annahme: Rationalisierungspotenziale bestehen aus Vereinfachungsgründen nur bei den variablen Kosten.)

Lösung s. Seite 691

Aufgabe 60: Nachsteuerung

Ergänzen Sie nach der Formel

$$\text{Erforderlicher Mehrumsatz (in \%) wegen Gewährung eines Sondernachlasses} = \frac{\text{Sondernachlass in \%} \cdot 100}{\text{DBU - Sondernachlass in \%}}$$

die nachstehende Tabelle, die es den Außendienstmitarbeitern erlaubt, den Ausgleich (jeweils auf ganze Prozent gerundet) von **Sondernachlässen** in Produktgruppen (PG) mit unterschiedlichen Deckungsbeiträgen über Umsatz (DBU) vorzunehmen.

PG	DBU	Erforderlicher Mehrumsatz in % zum Ausgleich eines Sondernachlasses von			
		3 %	5 %	8 %	10 %
I	50 %				
II	45 %				
III	40 %				
IV	35 %				
V	30 %				
VI	25 %				

Erläutern und beurteilen Sie das Ergebnis.

Lösung s. Seite 692

Lösungen zu 1: Risikopräferenz

Unter Berücksichtigung der individuellen Risikopräferenz sind/ist bei

▶ **Risikoneutralität** beide Projekte als gleichwertig anzusehen, da bei der Entscheidung nur der Erwartungswert eine Rolle spielt, und der ist für beide Projekte gleich

▶ **Risikoscheu** das Projekt A zu bevorzugen, da bei gleichen Erwartungswerten die Standardabweichung kleiner ist und deshalb weniger Risiken verursacht, dafür aber auch weniger Chancen bietet

▶ **Risikofreude** das Projekt B zu wählen, da bei gleichen Erwartungswerten die Standardabweichung größer ist und deshalb höhere Risiken verursacht, dafür aber auch mehr Chancen bietet.

Lösungen zu 2: Ursache-Wirkungs-Diagramm

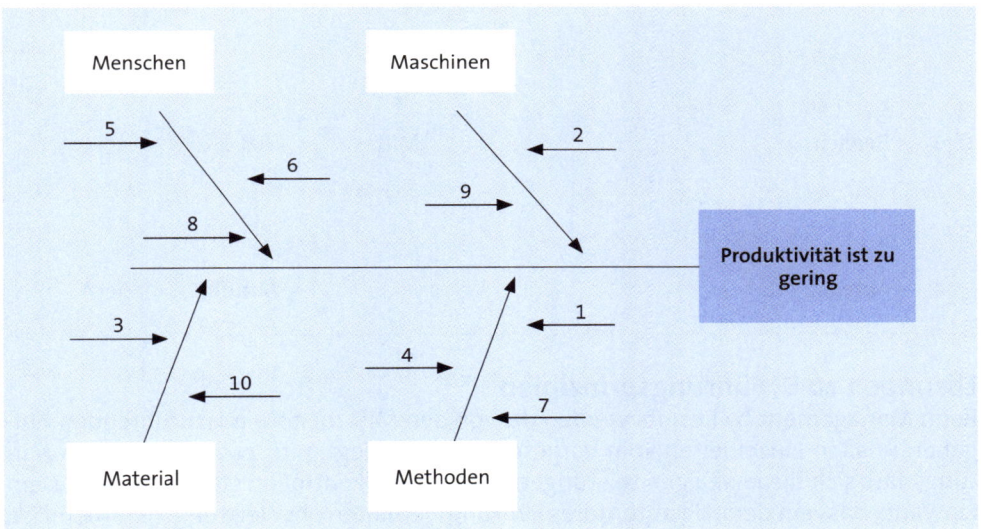

Lösungen zu 3: Six Sigma-Kennzahlen

Die **Prozessqualität des Controllings** bezüglich der Berichterstattung wird wie folgt berechnet:

Fehlermöglichkeiten: Fehlerquellen · Anzahl der Berichtsempfänger · Monate = OFD

$$8 \quad \cdot \quad 68 \quad \cdot \quad 12 \quad = 6.528$$

Berichtsqualität: $(1 - \text{Fehler/Fehlermöglichkeiten}) \cdot 100 = (1 - 42/6.528) \cdot 100$
$$= 99{,}36\,\% \text{ oder } 4\,\sigma.$$

Lösungen zu 4: Management by Objectives

Aus den Abteilungszielen lassen sich nachfolgend die Mittel für die einzelnen Arbeit-nehmer (oder Teams) ableiten, die in den Kostenstellen jeweils bestimmte Aufgaben zu erfüllen haben.

Organisatorische Einheit		Ziel-Mittel-Beziehungen			
Nr.	**Bezeichnung**				
1	Unternehmen	Ziel 1			
		↕			
2	Sparte	Mittel 1 =	Ziel 2		
			↕		
3	Bereich		Mittel 2 =	Ziel 3	
				↕	
4	Abteilung			Mittel 3 =	Ziel 4

Lösungen zu 5: Führungsprinzipien

Beim **Management by Results** werden die von den Mitarbeitern auszuführenden Auf-gaben in allen Einzelheiten vom Vorgesetzten festgelegt, und zwar unter der Erwar-tung, dass sich die jeweiligen Leistungen durch Fremdkontrollen steigern lassen. Dem Einwand, dass ein derartig autoritäres Führungsverhalten eher leistungshemmend ist, wird in der Literatur mit dem Hinweis begegnet, dass Mitarbeiter zum Ausgleich durch monetäre Anreize motiviert werden können.

Beim **Management by Exceptions** werden an die Mitarbeiter jene Aufgaben delegiert, die sie selbstverantwortlich auszuführen haben. Nach erfolgter Delegation greift der Vorgesetzte nur dann in den Ausführungsprozess eines Mitarbeiters ein, wenn Aus-nahmesituationen eingetreten oder voraussehbar sind, die nicht innerhalb eines vor-ab definierten Entscheidungsspielraums liegen.

Beim **Management by Objectives** wird ein System von Führungsgrößen (etwa das Kennzahlensystem des „Return on Investment") aufgestellt, die in einer Periode er-reicht werden sollen. Aus den jeweiligen Oberzielen leiten die nachgeordneten Füh-rungsebenen ihre Aufgaben ab. Nach Ablauf der Periode werden Einzelanalysen durch-geführt, sowohl um die Mitarbeiter zu beurteilen als auch um das gesamte System zu verbessern. Die Festlegung und Überwachung der Aufgabenerfüllung einerseits so-wie die Zielüberprüfung und -anpassung andererseits geschieht gemäß eines kooperativen Führungsstils unter Beteiligung der Mitarbeiter, was zu deren Identifikation mit den Aufgaben führen und das Interesse bzw. Verantwortungsbewusstsein für die Zielerreichung fördern soll.

Dort, wo sich die genannten Führungsprinzipien überschneiden, liegt der **Wirkungsbereich des Controllings** (Management by Control).

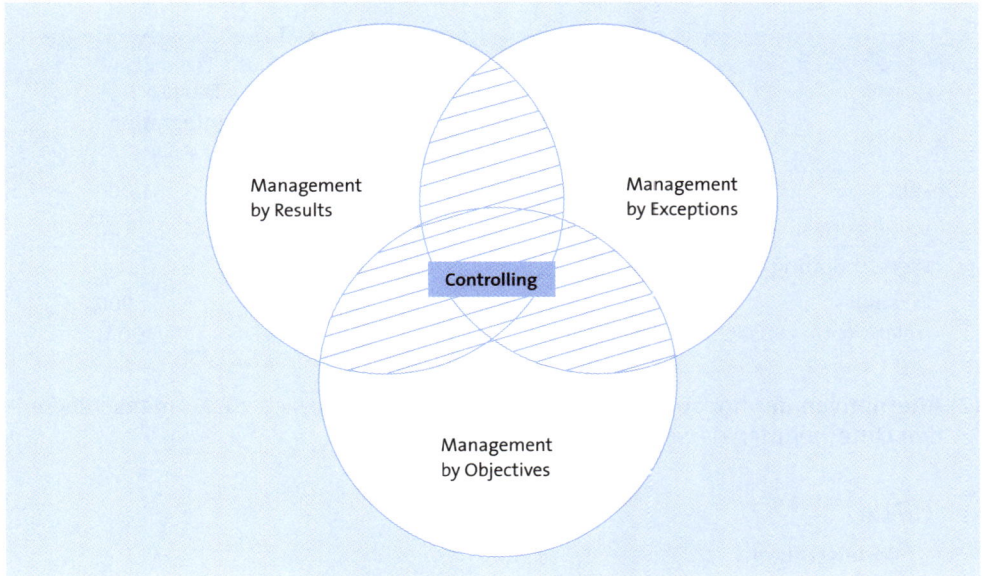

Ein **institutionalisiertes Controlling** im Unternehmen entbindet keinen Vorgesetzten von der Pflicht, Planungs- und Kontrollaufgaben selbst durchzuführen. Wohl aber kann Controlling aufgrund seiner Schlüsselstellung im Informationsmanagement helfen, die Führungsfunktionen effizienter zu gestalten, d. h. gesamtunternehmerisch durchzuführen und zu koordinieren.

Lösungen zu 6: EBIT
Ausgangslage: (24 / 200) · 100 = 12 % Eigenkapitalrendite

Fremdkapitalaufnahme: ([36 - 24] / 75) · 100 = 16 % Zinssatz.

Ergebnis: Der Zinssatz für das Fremdkapital darf nicht höher sein als 16 %. Ist der Zinssatz kleiner, fällt die betragsmäßige Differenz den Eigentümern zu d. h. die Eigenkapitalrendite steigt.

Lösungen zu 7: Steuerungsgrößen
Es sind:

(1) die **Produktivität**: 9.000 / 4.000 = 2,25 Stück/Stück

(2) die **Wirtschaftlichkeit**: (9.000 · 6,00) / (4.000 · 3,00) = 4,5 (dimensionslos)

(3) die **Eigenkapitalrentabilität**: (4.800,00 · 100) / 30.000,00 = 16 %

(4) die **Gesamtkapitalrentabilität**: ([4.800,00 + 7.000,00] · 100) / 100.000,00 = 11,8 %

(5) der **Return on Investment**: ([11.800,00 · 100] / 54.000,00) · (54.000,00 / 90.000,00) =13,1 %

Lösungen zu 8: Veränderung der Wertschöpfung bei Unternehmenskonzentration

(1) **Alternativen der vertikalen Konzentration**, ausgehend von Unternehmen B:

	Unternehmen		
	Rückwärts-integration (B + A)	Vorwärts-integration (B + C)	Totale Integration (B + A + C)
Umsatz	800	1.000	1.000
- Vorleistungen	100	400	100
= Wertschöpfung			
· absolut	700	600	900
· relativ (vom Umsatz)	87,5 %	60 %	90 %

(2) **Alternativen der horizontalen Konzentration**, wenn die sich zusammenschließenden Unternehmen derselben Branche angehören:

	Gesamt
Umsatz	2.200
- Vorleistungen	1.300
= Wertschöpfung	
· absolut	900
· relativ (vom Umsatz)	40,9 %

Wertangaben in Tsd €

Lösungen zu 9: Planungskalender

Tätigkeiten:		Jan.	Febr.	März	April	Mai	Juni	Juli	Aug.	Sept.	Okt.	Nov.	Dez.
A Budgeterstellung													
B Festlegung der Zielwerte	C												
C Auswertung des (alten) Jahresabschlusses	B												
D Besprechung, Überarbeitung und Verabschiedung des strategischen Plans für die nächsten fünf Jahre	G												
	D												
E Vorarbeiten für den (neuen) Jahresabschluss	F												
F Detaillierung des 1. Planjahres und Ableitung von Eckdaten für die Budgetierung	A												
G Ausarbeitung von Strategien, Erstellung des strategischen Plans	E												

Lösungen zu 10: Prognose

Die vollständige **Tabelle der Expertenschätzungen** bezüglich der Absatzmenge x für das neu zu entwickelnde Produkt P hat folgendes Aussehen:

Schätzer Nr.	Absatzmenge x von Produkt P in 1.000 Stück p. a.							
	6	7	8	9	10	11	12	
1	p		w			o		
2		p	w	o				
3		p		w	o			
4			p	w		o		
5	p	w	o					
6			p		w		o	Gesamt
Punktzahlen	2	6	11	9	5	2	1	36
Selektive Wahrscheinlich-keiten in %	5	17	31	25	14	5	3	100
Kumulative Wahrschein-lichkeiten in %	5	22	53	78	92	97	100	✕
Zweistellige **Zufallszahlen**	00 - 04	05 - 21	22 - 52	53 - 77	78 - 91	92 - 96	97 - 99	✕

Das Ergebnis ist eine **Vielpunktschätzung**, die sich in einem Modell der Monte-Carlo-Simulation weiter verarbeiten lässt.

Lösungen zu 11: Simulation

(1) Die **Verteilungsfunktionen** F(x) haben folgendes Aussehen:

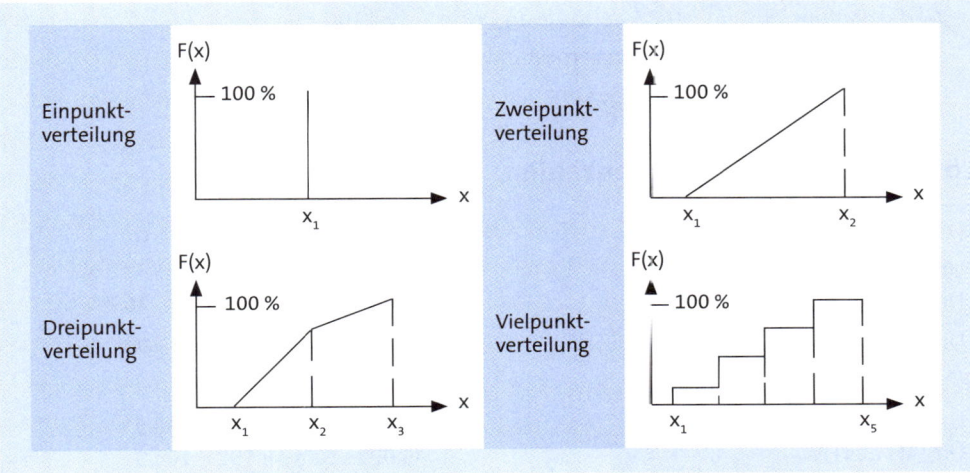

(2) Mit einer **zweistelligen Zufallszahl** z (00 ≤ z ≤ 99) wird in einer Zweipunktverteilung die entsprechende Ausprägung der Variablen X wie folgt ermittelt:

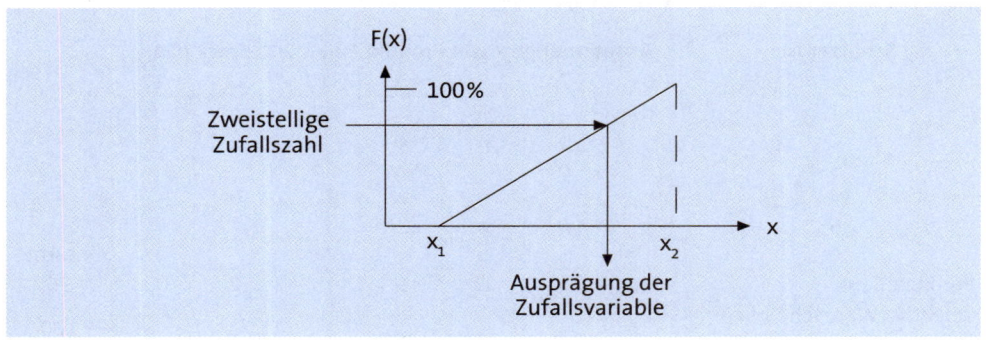

Lösungen zu 12: Konsolidierung

Werden beide **Tochtergesellschaften konsolidiert**, ergibt sich folgendes Bild: Da Tochter B nur 40 Geldeinheiten der von A bezogenen Vorleistungen verbraucht hat, wird der Rest in Höhe von 60 Geldeinheiten als Lagerbestand behandelt. Die Verkäufe beider Tochtergesellschaften an Dritte verlassen den Konsolidierungskreis.

Konsolidierung der Tochtergesellschaften A und B			
Konzernebene			
Wertschöpfung	160	Verkäufe an Dritte	100
		Lagerbestand	60
Gesamt	160	Gesamt	160

Lösungen zu 13: Einzelkennzahlen

(1) Gliederungszahlen	t_0	t_1
Umsatz aus EF	72,6 %	73,3 %
Umsatz mit HW	27,4 %	26,7 %
Umsatz gesamt	100,0 %	100,0 %
(2) Messzahlen		
Umsatz aus EF	$(24.785 \cdot 100) / 22.736 = 109,0$	
Umsatz aus HW	$(9.022 \cdot 100) / 8.592 = 105,0$	
(3) Indexzahlen gewichtet		
Umsatz gesamt	$(33.807 \cdot 100) : 31.328 = 107,9$	
(4) Indexzahl ungewichtet	$\dfrac{109 + 105}{2} = 107,0$	

Legende: EF = Eigenfertigung, HW = Handelswaren

Lösungen zu 14: Führungsinformationssystem

Neben der **Drill Up**-Funktion, bei der Daten von unten nach oben verdichtet werden, gibt es noch die **Drill Down**-Funktion (= Zerlegung der Daten nach unten) und die **Drill Across**-Funktion (= Datenvergleich innerhalb derselben Ebene). Visualisieren lässt sich das wie folgt:

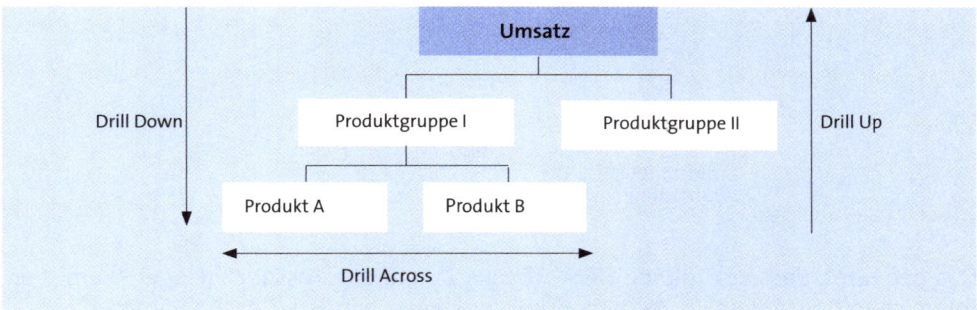

Beispielsweise erlaubt die Drill Down-Funktion einer Führungskraft, Fragen nach dem „Warum" eines Sachverhalts zu stellen. Die Vorgehensweise ist dabei wie folgt: Eine Statistik oder Grafik wird auf dem Bildschirm der Workstation mit der Maus angeklickt und die Information solange über die Verdichtungsstufen und quer durch alle verteilten Datenbanken zurückverfolgt, bis man zu den **Ursachen** kommt, die sich hinter der Statistik oder Grafik verbergen.

Lösungen zu 15: JOHARI-Fenster

Die vier **Fensterflügel des Prüfmodells** lassen sich wie folgt beschreiben:

▶ Durch Informationsaustausch werden gemeinsam Informationen erzeugt, die durch das von allen Beteiligten einsehbare Feld der Arena symbolisiert wird.

▶ Informationen, die der Controller nicht von anderen einholt oder von diesen auch erhält, sind aus seiner Sicht ein Blinder Fleck.

▶ Informationen, die der Controller sammelt, für sich behält und alleine nutzt, sind hinter seiner Fassade verborgen.

▶ Was alle nicht wissen oder nicht wissen können, muss dem Ungewussten zugerechnet werden.

Die **Größe der Fensterflügel** kann vom Controller mehr oder weniger aktiv beeinflusst werden. Erfolgreich betriebenes Controlling lässt sich besonders kennzeichnen durch eine große Arena (Flügel 1).

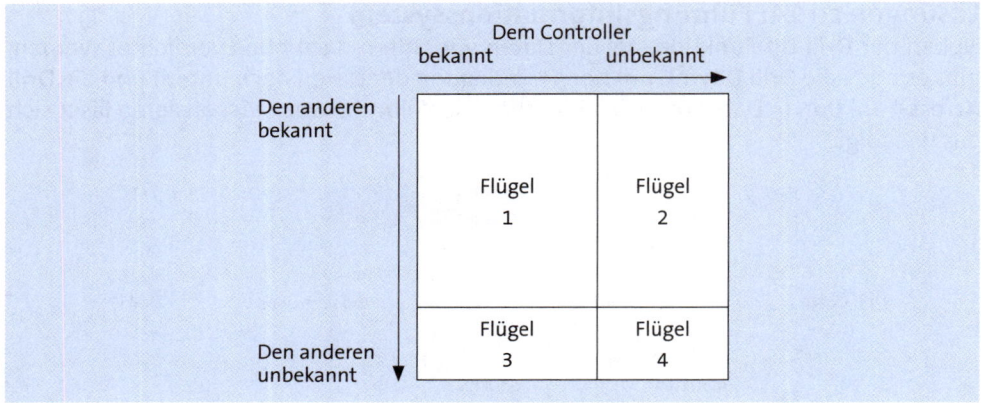

Das bedeutet, dass der „Blinde Fleck" (Flügel 2) und die „Fassade" (Flügel 3) eines erfolgreichen Controllers im Zeitablauf immer kleiner werden. Der wohl immer auftretende Flügel 4 muss realistischerweise in Kauf genommen werden.

Lösungen zu 16: Marktanteile

(1) Die Annahme, dass die Relationen zwischen den kumulierten Produktionsmengen näherungsweise mit den Relationen der Marktanteile übereinstimmen, lässt die **Erfahrungskurve** auf die Marktanteile anwenden. Das heißt, doppelt so hohe Marktanteile bedeuten bei einer 80 %-Erfahrungskurve potenziell um 20 % niedrigere Stückkosten.

Werden die relativen Stückkosten des Anbieters mit dem kleinsten Marktanteil, also C, gleich 100 (%) gesetzt, sind die relativen Stückkosten der beiden übrigen Anbieter wie folgt:

Anbieter	Absoluter Marktanteil (in %)	Relative Stückkosten (in %)	
C	12,5	100	
B	25,0	80	(100 - 20 %)
A	50,0	64	(80 - 20 %)

Die (potenziellen) Stückkosten verhalten sich somit umgekehrt wie ihre Marktanteile!

(2) Die **Gewinnspannen** und **Umsatzrenditen** sind:

Anbieter	Stückkosten	Gewinnspanne bei einem Marktpreis von 120,00 €	Umsatzrendite
A	64,00 €	56,00 €	46,7 %
B	80,00 €	40,00 €	33,3 %
C	100,00 €	20,00 €	16,7 %

(3) Wird angenommen, dass der Marktführer den Verkaufspreis um 20 % auf 96,00 € senkt, verändern sich die Umsatzrenditen wie folgt:

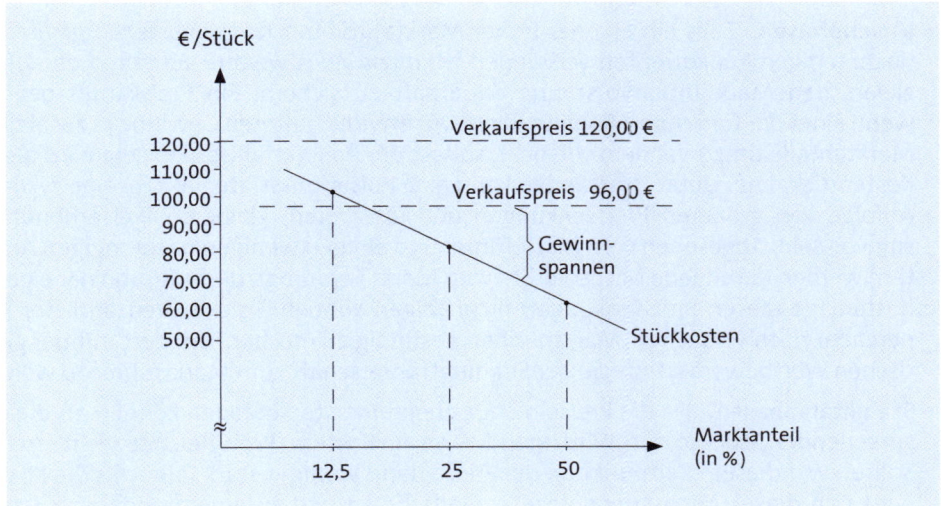

Dadurch ändern sich die **Umsatzrenditen** wie folgt:

Anbieter	Gewinnspanne bei einem Marktpreis von 96,00 €	Umsatzrendite	Veränderung der Umsatzrendite bei einer Preissenkung von 20 %
A	32,00 €	33,3 %	- 28,6 %
B	16,00 €	16,7 %	- 50,0 %
C	- 4,00 €	- 4,2 %	- 125,0 %

Lösungen zu 17: Erfahrungskurve

Unter Preisaspekten lassen sich die vier (idealtypischen) **Phasen** wie folgt beschreiben und begründen:

► **Einführungsphase A**: Die Preise liegen anfangs unter den Stückkosten, d. h. es entstehen **Verluste**. Diese sind als Optionen zu verstehen, um Kunden für ein neues Produkt überhaupt oder leichter zu gewinnen sowie die Wettbewerber am Markteintritt, d. h. dem Erwerb von Marktanteilen und Produkterfahrung, zu hindern. Des Weiteren reduziert sich das Fehlschlagrisiko, da niedrige Einführungspreise mit geringeren Flopwahrscheinlichkeiten verbunden sind. Die Produkte werden so lange zu Durchdringungspreisen verkauft, bis eine bestimmte kumulierte Produktionsmenge mit entsprechenden Erfahrungskurveneffekten erreicht ist.

► **Wachstumsphase B**: Im Verhältnis zur Stückkostendegression liegen die Preise noch relativ hoch, um kurzfristig Gewinne zu realisieren, mit denen möglichst die Vorlaufkosten der Entwicklung, Fertigung und des Markteintritts ausgeglichen werden sollen. Ein solcher **Preisschirm** kann allerdings Wettbewerber anlocken. Für die jeweils im Markt befindlichen Anbieter bedeutet der Markteintritt eines neuen Anbieters einen Marktanteilsverlust. Andererseits hat nach der Erfahrungsökonomie immer nur derjenige Anbieter die niedrigsten Stückkosten, der im Vergleich zu allen Mitbewerbern über den höchsten Marktanteil verfügt.

► **Krisenphase C**: Falls ein eigener hoher Marktanteil mit Kostenvorteilen gegenüber nachrangigen Konkurrenten verbunden ist, muss jedes weitere Verhalten darauf abzielen, den Marktanteilsvorsprung dauerhaft zu sichern. Ein Preiskampf beginnt, wenn einer der führenden Anbieter die zuvor erwirtschafteten Gewinne in zusätzliche Marktanteile umzuwandeln versucht, sodass der Preisverfall stärker sein wird als der Kostenrückgang. Unter Umständen kann eine **Pulsationsstrategie**, d. h. eine zyklische Abfolge von größeren Preissenkungen und (mehreren) kleineren Preiserhöhungen sinnvoll sein. Abgesehen vom Marktführer und einigen wenigen nachrangigen Anbietern werden damit jene Mitbewerber vom Markt verdrängt, die aufgrund der eigenen Kostenlage diesen Preissenkungen nicht folgen können. Solche Grenzanbieter können aber noch versuchen, Marktnischen ausfindig zu machen, um dort mit der generischen Wettbewerbsstrategie der Segmentführerschaft zum Marktführer zu werden.

► **Stabilitätsphase D**: Da die Preise nicht unbegrenzt stärker fallen können als die entsprechenden Stückkosten, wird irgendwann ein **Kosten-/Preisgleichgewicht** erreicht. Sollten von diesem Zeitpunkt an die Preise dann weniger stark fallen als die Kosten, wird sich dieser Anpassungsprozess wiederholen und zu einem anderen Kosten-/Preisgleichgewicht führen usw... Dieser Vorgang setzt sich dann so lange fort, bis ein dauerhaftes Gleichgewicht zwischen Preisen und Stückkosten entsteht.

Lösungen zu 18: Intangible Assets

(1) **Begriff**: Intangible Assets sind alle immateriellen Vermögenswerte (= Wissenskapital), die für das Unternehmen von Wert sind. Es handelt sich in der Regel um längerfristige Werte, die beim Verkauf des Unternehmens unter der Bezeichnung „Goodwill" (= Geschäfts- oder Firmenwert) zusammengefasst werden, der sich als Differenz von Kaufpreis (= Marktwert) und Buchwert (= Substanz- oder Liquidationswert) ergibt.

(2) **Arten**:
   ► Management- und Unternehmenskultur
   ► Infrastrukturen (= Informationstechnologien, Netzwerke)
   ► Innovationen (= Forschung und Produkt-, Verfahrens- bzw. Softwareentwicklung)
   ► Arbeitsabläufe (= Prozessstruktur)
   ► Markennamen und -werte
   ► Kunden- und Lieferantenbasis
   ► Humankapital.

(3) **Behauptung**: Die Behauptung ist zutreffend, soweit es sich um das **Humankapital** handelt, denn dieses gehört den Arbeitnehmern. Beim Eintritt in das Unternehmen verfügt der Arbeitnehmer über ein bestimmtes Wissen (= Grundwissen, Erfahrungen). Während seiner Tätigkeit im Unternehmen vermehrt er dieses Wissen durch weitere Erfahrungen, die Schaffung von Beziehungen innerhalb persönlicher Netzwerke sowie das Wissen seiner Kollegen, Geschäftspartner und Kunden. Verlässt der Arbeitnehmer irgendwann die Firma, nimmt er dieses vermehrte Wissen mit, sofern es nicht im organisationalen Gedächtnis des Unternehmens gespeichert ist.

(4) **Gründe** dafür, warum selbst geschaffene Intangible Assets bis jetzt nicht oder allenfalls ansatzweise bilanziert werden dürfen:

  ▶ Schwierigkeiten ihrer Bewertung (= Preisberechnung), denn objektive Messungen sind hier nicht möglich

  ▶ Risiko der Flüchtigkeit (da z. B. ein Brain Drain stattfindet, wenn Wissensarbeiter das Unternehmen verlassen, ein Key Account abwandert oder ein Markenwert vernichtet werden kann).

Lösungen zu 19: Anlagenspiegel

(1) Eine **mögliche Darstellung des Anlagenspiegels** sieht wie folgt aus:

Anlagenspiegel								
Anschaffungswert/ Herstellungskosten	Zugänge des Geschäftsjahres	Abgänge des Geschäftsjahres	Umbuchungen des Geschäftsjahres	Zuschreibungen des Geschäftsjahres	Abschreibungen des Geschäftsjahres	Abschreibungen kumuliert	Restbuchwert des Vorjahres	Restbuchwert des Geschäftsjahres

(2) Das **Alter des Sachanlagevermögens** lässt sich für einzelne Anlagen und insgesamt aus dem Verhältnis von Anschaffungswert (bzw. Herstellungskosten bei Eigenfertigung) und Restbuchwert ermitteln. Auskunft über das Alter geben auch die Abschreibungen im Verhältnis zum Anschaffungswert.

Mit zunehmendem Alter des Sachanlagevermögens werden die bilanziellen Abschreibungen tendenziell sinken. Ist ein Positionswert nur noch mit dem Erinnerungswert von 1,00 € bilanziert, fallen im Zeitablauf keine bilanziellen Abschreibungen mehr an (abgesehen vom Erinnerungswert).

Demgegenüber werden für alle Positionen des Sachanlagevermögens, egal wie alt diese sind, in der Kostenrechnung kalkulatorische Abschreibungen – bezogen auf die Tageswerte – verrechnet. Sofern diese über den Verkaufspreis wieder in das Unternehmen zurückfließen (man spricht hier auch von „verdienten Abschreibungen"), ergeben sich Einnahmen. Werden von diesen Einnahmen die bilanziellen Abschreibungen abgezogen, ergeben sich **Scheingewinne**. In Höhe der Steuern auf diese Scheingewinne findet im Unternehmen eine **reale Substanzvernichtung** statt.

Lösungen zu 20: Scheingewinne

Jahr	Abschreibungen in €		Scheingewinn in €
	Kalkulatorisch	Bilanziell	
1	11.333	11.333	0
2	11.900	11.333	567
3	12.495	11.333	1.162
4	13.120	11.333	1.787
5	13.776	11.333	2.443
6	14.465	11.333	3.130
	(1)	(2)	(3)

(4)   Eine reale Substanzvernichtung ergibt sich durch die Steuern auf Scheingewinne. Um das zu verhindern, ist – abgesehen von der Bildung stiller Reserven – kontinuierlich zu investieren!

Lösungen zu 21: Kalkulationszinsfuß

Der autonom festzulegende Kalkulationszinsfuß ist definiert als landesüblicher durchschnittlicher Sollzins einer Kapitalanlage in risikofreien Staatsanleihen mit einer Laufzeit von mindestens fünf Jahren. Er liegt in der Größenordnung von etwa 8 % bis 10 %. Dieser Zinsfuß kann benutzt werden in der **Investitionsrechnung** als Diskontierungsfaktor zur Berechnung des Kapitalwerts und in der **Kostenrechnung** zur Berechnung der kalkulatorischen Zinsen auf der Grundlage des betriebsnotwendigen Kapitals.

Im Hinblick auf den Shareholder Value-Ansatz (SVA) würden sich **Modifikationen** des Kalkulationszinsfußes ergeben, wollte man Folgendes berücksichtigen:

▶ **Kapitalstruktur**: Das Verhältnis von Eigen- zu Fremdkapital bestimmt die Gewichtung der jeweiligen Zinssätze. Für das Eigenkapital ist der Marktwert zu ermitteln.

▶ **Finanzwirtschaftlicher Leverage-Effekt**: Möglichkeiten zur Steigerung der Eigenkapitalrentabilität durch zunehmende Verschuldung, sofern der Fremdkapitalzins kleiner/gleich ist als die Gesamtkapitalrendite bzw. der interne Zinsfuß der Investition

▶ **Fremdkapitalzins**: Risikofreier Basiszins, steigender Zuschlag mit abnehmender Bonität, Steuerabschlag

▶ **Eigenkapitalzins**: Risikofreier Basiszins, Zuschlag durch Risikoprämie des Markts (gemessen durch die Volatilität des entsprechenden Aktienindex) und des Unternehmens (gemessen durch den Beta-Faktor).

Überschlagsrechnungen machen deutlich, dass der vom SVA empfohlene Diskontierungsfaktor meistens in der Größenordnung des Kalkulationszinsfußes liegt. Deshalb empfiehlt es sich, für Berechnungen im Rahmen der üblichen Geschäftstätigkeit den einfacher zu handhabenden Kalkulationszinsfuß zu verwenden. Lediglich in begründeten **Einzelfällen**, wie etwa bei Großinvestitionen (z. B. Bau einer neuen Fabrik oder Kauf eines Unternehmens), sollten die genannten Modifikationen bei der Entscheidung berücksichtigt werden.

Lösungen zu 22: Investitionsrisiken

Die **Anschaffungsausgabe** ist aus Angebotsunterlagen bekannt und daher ohne Risiko!

Werden die **Einnahmen und Ausgaben** der jeweils gleichen Periode saldiert, ergeben sich **Einnahmeüberschüsse**. Mit zunehmender Zeitferne nimmt deren Genauigkeit ab bzw. das Risiko steigt.

Der **Restwert** hat die größte Ungenauigkeit und damit das größte Risiko!

Lösungen zu 23: Wert einer Warteoption

(1) Kapitalwert = - 1.920 + ((0,6 · 280) + (0,4 · 150)) / 0,12 = - 20 GE.

(2) Rückfluss

Variante	ab t_2	Erwartungswerte
Best Case (B)	280	(280 / 0,12) / 1,12 - (1.920 / 1,06) = 272,01 GE
Worst Case (W)	150	(150 / 0,12) / 1,12 - (1.920 / 1,06) = - 695,25 GE

Da Variante B mit 60 %iger Wahrscheinlichkeit erwartet wird und bei Variante W nicht investiert wird, ist der Erwartungswert
(272,01 · 0,6) + (0 · 0,4) = 163,21 GE.

(3) Der Wert der Warteoption ergibt sich als Differenz der Kapitalwerte mit und ohne Warteposition, also 163,21 - (- 20) = 183,21 GE.

(4) Aus heutiger Sicht ist die Übernahme zu unterlassen, da der Kapitalwert ohne Warteoption negativ ist.

Kann die Entscheidung aufgeschoben werden und verringert sich dadurch die Unsicherheit, erhöht das den Kapitalwert der Übernahme um den Wert der Warteoption.

Lösungen zu 24: Squeeze Out

Nach erfolgtem Squeeze Out kann das Unternehmen die Aktiennotierung des übernommenen Unternehmens an der Börse einstellen, Restrukturierungen beschleunigen und vor allem Kosteneinsparungen realisieren, da sowohl die Hauptversammlung als auch die Pflichtberichterstattungen (z. B. die Publikation des Geschäftsberichts) entfallen.

Lösungen zu 25: Unternehmenswert

Die Barwerte der bis zum Planungshorizont prognostizierten Free Cashflows (FCFs) sind (alle Wertangaben in Tsd €):

Periode	1	2	3	4	5	Σ
Erwartungswerte	200	240	320	280	360	
Barwertfaktoren	1,1	1,21	1,331	1,4641	1,61051	
Barwerte	182	198	240	191	224	1.035

Dazu addiert werden muss noch der Barwert der ewigen FCFs nach dem Planungshorizont, der wie folgt ermittelt wird: $(10 \cdot 300) / 1{,}61051 = 1.863$ Tsd. €.

(1) Der risikoneutrale Unternehmenswert beträgt $1.035 + 1.863 = 2.898$ Tsd €.

(2) Wegen der angenommenen Standardnormalverteilung sind bei einem Konfidenzniveau von 5 % die Standardabweichungen zunächst mit dem Faktor 1,645 (vgl. dazu Abschnitt A. 7.4.1) zu multiplizieren. Danach sind die periodischen Werte für den Value at Risk zu diskontieren.

Periode	1	2	3	4	5	Σ
Standardabweichungen	25	30	35	40	45	
Value at Risk (VaR)	41,1	49,4	57,6	65,8	74,0	
Barwertfaktoren	1,1	1,21	1,331	1,4641	1,61051	
Barwerte VaR	37	41	43	45	46	212

Hinzu addiert werden muss noch der **Barwert der VaRs** nach dem Planungshorizont, der wie folgt ermittelt wird: $(10 \cdot 45) / 1{,}61051 = 279$ Tsd €.

Der gesamte **Discounted Risk Value** ist demnach $212 + 279 = 491$ Tsd €.

Die Differenz zwischen dem **Unternehmenswert** auf Basis der Erwartungswerte der FCFs und dem Discounted Risk Value gibt bei gegebenem Konfidenzniveau den mindestens erzielbaren Unternehmenswert an. Er beträgt $2.898 - 491 = 2.407$ Tsd €.

Lösungen zu 26: Produktportfolio

Die **gegenwärtigen Umsatzerwartungen** dürften in Anbetracht der starken Cashprodukte ausgesprochen gut sein.

Für die **Zukunft** ist von Bedeutung, dass die im Portfolio enthaltenen Produkte dem in nachstehender Abbildung eingezeichneten **Produktlebenszyklus** folgen:

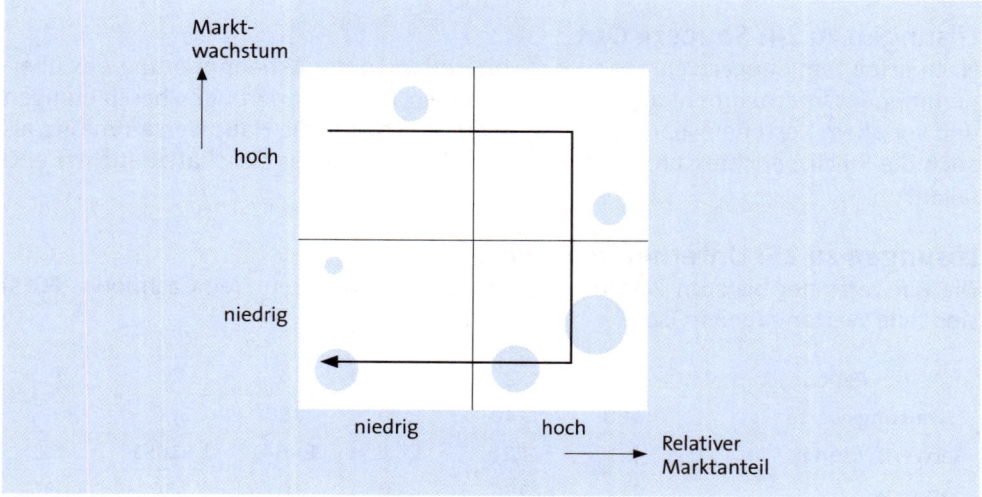

Somit muss in absehbarer Zeit mit starken **Umsatzeinbußen** gerechnet werden, da die Cashprodukte auslaufen und kaum Nachwuchsprodukte oder Stars an deren Stelle treten können. Das Unternehmen muss sich unverzüglich um Nachwuchsprodukte kümmern, die relativ schnell zu Stars werden können.

Lösungen zu 27: Wertschöpfungsportfolio

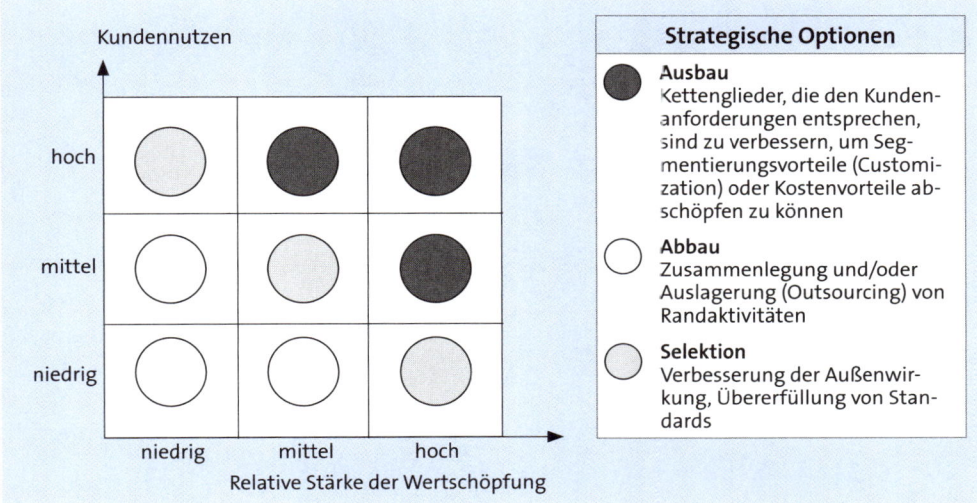

Lösungen zu 28: Absatzkennzahlen

Die **Kennzahlen der Absatzplanung**, die später dann mit dem tatsächlichen Ist verglichen werden können, drücken folgendes aus:

► Umsatz des Unternehmens · 100 / Umsatz der Branche = Marktanteil

► Umsatz einer Produktgruppe · 100 / Gesamtumsatz des Unternehmens = Umsatzstruktur

► Umsatz mit Stammkunden · 100 / Gesamtumsatz des Unternehmens = Kundenzufriedenheit

► Umsatz / Anzahl der Aufträge = Auftragsgröße

► Preiserhöhungen · 100 / Kostensteigerung = Kostenausgleich

► Fixkosten / 1 - (Variable Stückkosten / Preis), und zwar jeweils bezogen auf ein Produkt = Mindestabsatz

► Anzahl der Kundenreklamationen · 100 / Anzahl der ausgelieferten Produkte und/oder erbrachten Dienstleistungen = Schadenhäufigkeit

Lösungen zu 29: Entwicklungsprojekte

Um bei gegebenen Erfolgserwartungen ein Entwicklungsprojekt unter allen Umständen **genehmigt** zu bekommen, könnte der Projektleiter den geplanten Entwicklungsaufwand „bewusst" niedrig ansetzen, damit das Projekt wegen seiner Erfolgsträchtigkeit praktisch nicht abgelehnt werden kann. Die genehmigten Finanzmittel müssen möglichst bis zur nächsten Genehmigungsrunde verbraucht worden sein, um dann neue Mittel fordern zu können. Jetzt besteht die Möglichkeit, das Projekt abzubrechen oder fortzusetzen. Gegen einen Projektabbruch spricht allerdings die Tatsache, dass den zusätzlich geforderten Mitteln wiederum der „gesamte" Erfolg des Projekts gegenüber steht, sodass es sich empfiehlt, weiterzumachen. Dieser Vorgang der Manipulation kann sich über mehrere Perioden erstrecken, bis das Projekt irgendwann abgeschlossen ist.

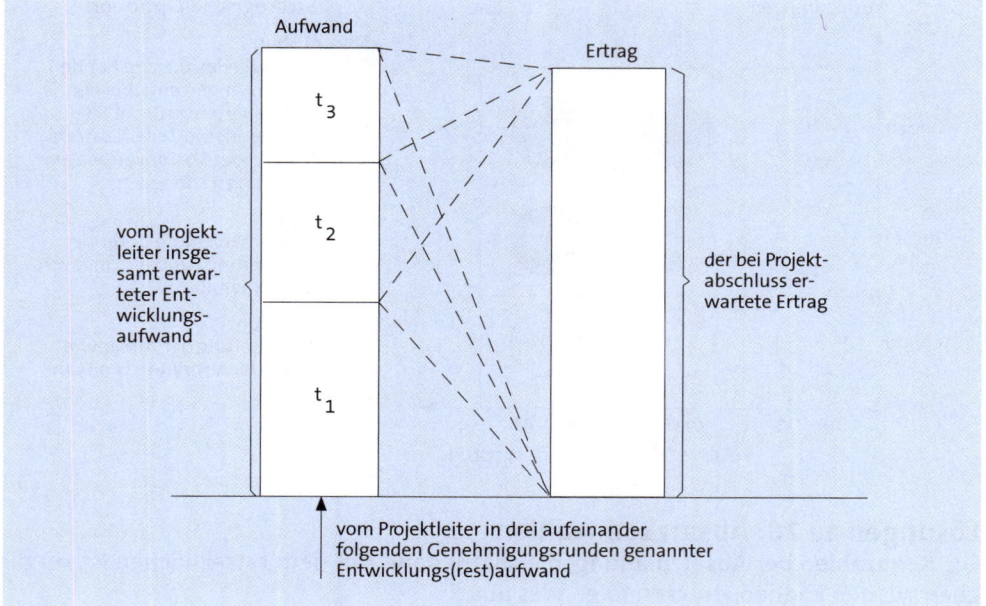

Die sich für das Unternehmen aus einem solch **manipulierenden Verhalten** ergebenden **Risiken** bestehen darin, dass der aus einem abgeschlossenen Projekt resultierende Ertrag kleiner ist als der „gesamte" Projektaufwand. Außerdem besteht die Gefahr, dass andere Entwicklungsprojekte abgelehnt werden, deren Ertrag höher ist als der Gesamtaufwand.

Lösungen zu 30: Patente

(1) Die **Hauptkriterien** der mehrdimensionalen Portfolioachsen sind:

► Die **Attraktivität der Patente** wird danach beurteilt, ob von den dahinterstehenden Erfindungen wesentliche Impulse für die weitere technologische Entwicklung ausgehen, die Erfolg versprechende Neuheiten erwarten lassen. Messgrößen der Bewertung können die technische und ökonomische Bedeutung der jeweiligen Erfindung sein, gemessen durch den FuE-Aufwand, den FuE-Personaleinsatz oder die Anzahl von Zitaten, mit denen ein Patent im Schrifttum erwähnt wird. Des Weiteren ist die strategische Rolle des Patents für das Unternehmen zu bewerten.

► Die **Stärke der Patente** betrifft die Rechtsposition von Patenten in der Zeit bis zur Erteilung sowie Möglichkeiten des Patentinhabers zu dessen Durchsetzung (z. B. Abwehr von Einsprüchen). Hinzu kommt die Ressourcenlage des Unternehmens, d. h. die Bereitstellung finanzieller Mittel zur patentanwaltlichen Unterstützung bei eventuellen Patentstreitigkeiten.

(2) Als **patentstrategische Optionen** lassen sich ableiten:

▶ **Ausbaustrategie** durch Verstärkung der Patentaktivitäten, Schaffung von Vorratspatenten, Beschleunigung der Patenverfahren, aber auch flankierende Maßnahmen wie Anmeldung von Sperrpatenten, Kooperationen mit Angreifern (Fall A) oder aktiver Widerstand bei Einsprüchen bzw. Verletzungen der Patente (Fälle B und C)

▶ **Haltestrategie** durch Begrenzung weiterer Patentaktivitäten (Fall D) und Lizenzvergaben auf bestehende Patente (Fall E)

▶ **Rückzugsstrategie** durch Verkauf (Fall F).

Die in den Fällen E und F zurückfließenden Mittel können dann in die oberen Matrixfelder mit hoher Attraktivität gelenkt werden.

Lösungen zu 31: FuE-Kennzahlen

Die **Kennzahlen der Forschungs- und Entwicklungsplanung**, die später dann mit dem tatsächlichen Ist verglichen werden können, drücken folgendes aus:

▶ Entwicklungsaufwand · 100 / Umsatz = Entwicklungsintensität

▶ Durch Entwicklungsaufwand möglicher technischer Fortschritt / Entwicklungsaufwand = Entwicklungsproduktivität

▶ Planaufwand zum Zeitpunkt t · 100 / Planaufwand zum Projektende = Fertigstellungsgrad des Projekts zum Zeitpunkt t

▶ (Benötigte Entwicklungszeit - geplante Entwicklungszeit) · 100 / Geplante Entwicklungszeit = Terminabweichung

▶ (Geplante Entwicklungszeit - verbrauchte Entwicklungszeit) · 100 / Geplante Tätigkeitszeit = Grad der Termineinhaltung

▶ Plan-Aufwand zum Zeitpunkt t · 100 / Ist-Aufwand zum Zeitpunkt t = Reduzierungsfaktor. Dieser prozentuale Wert — bezogen auf den Ist-Aufwand zum Zeitpunkt t — stellt die Einsparnotwendigkeit für den restlichen Plan-Aufwand dar.

Lösungen zu 32: Fehlerarten in der Fertigung

Folgende Fehler sind

▶ **zufällig**
  - Krankheit
  - Arbeitsfehler durch Unachtsamkeit
  - Werkstofffehler, verursacht durch Lieferanten
  - Schaden an regelmäßig gewarteter Maschine
  - Stillstand einer Maschine wegen Stromausfall

► **systematisch**
- fehlende Arbeitsunterweisung
- veraltete Zeichnung
- falscher Arbeitsplan
- ungenaue Terminangabe

► **nicht eindeutig zuzuordnen**
- falsche Werkstoffzugabe (= zufälliger Fehler bei Versehen; = systematischer Fehler bei falscher Stückliste)
- nicht verfügbare Werkzeuge (= zufälliger Fehler, wenn ein Werkzeug plötzlich unbrauchbar wird; = systematischer Fehler, wenn ein Werkzeug für viele Zwecke verwendet wird)
- Ausschuss durch Maschine (= zufälliger Fehler, wenn die Maschine falsch eingestellt war; = systematischer Fehler, wenn die Maschine prinzipiell für den Betriebsprozess ungeeignet ist).

Lösungen zu 33: Rationalisierung

Rationalisierung sollte möglichst nicht erst dann erfolgen, wenn die unmittelbare Notwendigkeit dazu auftaucht bzw. entsprechende Möglichkeiten aktuell werden, sondern sie sollte stets langfristig angelegt sein, da **Rationalisierungspotenziale** nicht kontinuierlich anfallen. Die aus Wettbewerbsgründen im Durchschnitt vom Unternehmen zu realisierende Mindestrationalisierungsrate richtet sich nach den Gesetzmäßigkeiten der Erfahrungskurve, d. h. nach den Erfahrungsraten der im Zeitablauf kumulierten Produktionsmengen.

Die **Ausschöpfung** vorhandener Kostensenkungspotenziale erfordert geeignete Rationalisierungsprogramme. So können Produkt- und Verfahrensinnovationen schrittweise und stetig ablaufen, sie können aber auch mehr oder weniger radikal erfolgen. Letzteres setzt voraus, dass nach neuesten Gesichtspunkten eine Fabrik „auf der grünen Wiese" konzipiert wird, und zwar weniger um sie zu errichten, als vielmehr aus Vergleichen mit der vorhandenen Maschinen- und sonstigen Betriebsausstattung produktivitätssteigernde Veränderungsmaßnahmen ableiten zu können. Ein Weg dazu besteht im **verstärkten Maschinen- und Computereinsatz**, wodurch die relative Bedeutung der Personalkosten zurückgeht, während die Kapitalkosten an Bedeutung gewinnen. So ist es nicht überraschend, dass Unternehmen wachsen und gleichzeitig Personal abbauen.

Verdeutlichen soll das die folgende Abbildung:

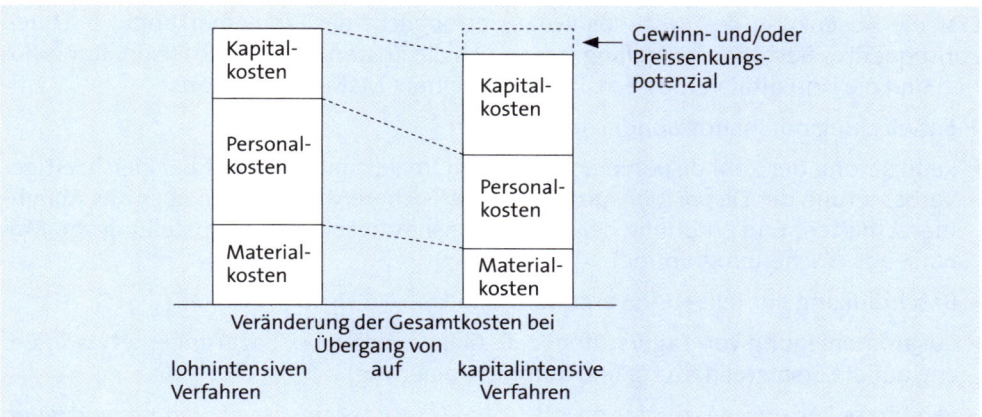

Variante: Durch Outsourcing würden die Materialkosten steigen und die Kapital- und Personalkosten stärker sinken.

Lösungen zu 34: Fertigungskennzahlen

Die **Kennzahlen der Fertigungsplanung**, die später dann mit dem tatsächlichen Ist verglichen werden können, drücken folgendes aus:

► Sachanlagevermögen / Bilanzsumme = Anlageintensität

► Tageswert der Maschinen und maschinellen Anlagen in der Fertigung / Fertigungslöhne = Automatisierungsgrad

► Fertigungsstunden · 100 / Kapazität in Stunden = Auslastungsgrad

► Ist-Leistung · 100 / Soll-Leistung = Beschäftigungsgrad

► Fehlerhafte Menge · 100 / Gesamtproduktionsmenge = Ausschussquote

► Retourmenge · 100 / Gesamte Fertigungsmenge = Fertigungsqualität.

Lösungen zu 35: Lagerbestände

(1) ► Die **Entwicklung** verhindert durch die Verwendung spezifischer Teile (im Gegensatz zu Norm- oder Gleichteilen) bei Produktinnovationen und mehrmaliges Ändern ausgereifter Produkte eine Erhöhung der Lagerumschlagsgeschwindigkeit.

► Der **Einkauf** versucht die Einstandspreise des Rohmaterials und der Zukaufteile bzw. -baugruppen zu drücken und bläht – entsprechend der realisierten Mengenrabatte – die Bestände auf.

► Die **Fertigung** will die Anlagenkapazität auslasten, was zu hohen Halbfabrikaten zwischen den Fertigungsstufen führt.

► Der **Vertrieb** strebt bei großer Modellvielfalt nach einem hohen Lieferbereitschaftsgrad, was die Fertigwarenbestände steigen lässt.

(2) Hohe Lagerbestände verdecken

► unabgestimmte Kapazitäten

► mangelnde Flexibilität (= Liefertreue)

► Engpässe und Stauungen

► Ausschuss.

Erst die Absenkung des Bestandsniveaus ermöglicht die Problemerkennung. Durch konsequentes **Beständecontrolling** lassen sich die Kosten senken, die Flexibilität erhöhen und die Liquidität verbessern. Hierzu geeignete Maßnahmen sind:

► Entwicklung durchlauffreundlicher Produkte

► Reduzierung der Zahl disponierender Stellen im Fertigungsablauf bei gleichzeitiger Verbesserung der Dispositionsqualität (= treffsichere Voraussagen über das Abnehmerverhalten) und Erhöhung der Dispositionshäufigkeit (etwa Umstellung von Monats- auf Wochenprogramme)

► Beschränkung der Teile- und Variantenvielfalt

► Zusammenlegung von Lagerstufen (z. B. Abbau von Doppellagerungen etwa in Bezug auf die Ersatzteilhaltung und Kommissionierung)

► verstärkte Zusammenarbeit mit Lieferanten (etwa Abschluss von Rahmenverträgen mit sukzessiven Abrufen).

Lösungen zu 36: Beschaffungs- und Logistikkennzahlen

Die **Kennzahlen der Beschaffungs- und Logistikplanung,** die später dann mit dem tatsächlichen Ist verglichen werden können, drücken folgendes aus:

► Materialaufwand · 100 / Gesamtaufwand = Materialintensität

► Materialverbrauch / Ø Materialbestand = Lagerumschlag

► Materialbestand / Ø Materialbedarf pro Periode = Lagerreichweite

► Materialbedarf pro Periode / Ø Bestellmenge = Bestellhäufigkeit

► Anzahl termingerechter Lieferungen / Anzahl aller Lieferungen = Lieferzuverlässigkeit

► Gefahrene Tonnenkilometer / Anzahl der Fahrzeuge = Ø Transportleistung pro Fahrzeug.

Lösungen zu 37: Leitungsspanne

Die **Leitungsspanne eines Vorgesetzten** ändert sich, wenn

(1) dessen Qualifikation steigt:

   (a) Der Zeitbedarf für Planungs-, Entscheidungs- und Verwaltungsaufgaben, die von der Mitarbeiterführung unabhängig sind, kann sinken, sodass die Leitungsspanne steigt.

   (b) Nutzt der Vorgesetzte das durch in (a) entstandene Zeitkontingent zur Erarbeitung genereller Regelungen, führt deren Anwendung zu einer reduzierten Inanspruchnahme durch Mitarbeiter, wodurch die Leitungsspanne auf (lange Sicht) steigt.

   (c) Erhöht sich der Schwierigkeitsgrad der künftigen Führungsaufgaben des Vorgesetzten und/oder wird die Arbeitszeit verkürzt, wird sich die Leitungsspanne insgesamt nicht ändern.

(2) die Qualifikation der Mitarbeiter steigt:

    (a) Handeln ausführende Mitarbeiter entsprechend klarer und widerspruchsfreier Anweisungen zunehmend eigenverantwortlich, kann die Leitungsspanne steigen.

    (b) Kritische Mitarbeiter (darunter auch Nörgler und Querdenker) können bei Erhöhung der Interaktionsdauer und -häufigkeit im Rahmen der Mitarbeiterführung zu einer reduzierten Leitungsspanne führen.

Die Frage, ob und wie eine durch verstärkte Fort- und Weiterbildung erreichbare Höherqualifizierung von Beschäftigten die Leitungsspannen in Unternehmen verändert, ist, wie die genannten Beispiele zeigen, ambivalent. Unbestritten ist, dass in nahezu sämtlichen Unternehmen vor allem dort ungenutzte Reserven (= Puffer) vorhanden sind, wo Führungsaufgaben von Managern für eine wachsende Zahl von Mitarbeitern künstlich geschaffen wurden. Kann sich ein Unternehmen eine derartig aufgeblähte Organisation nicht mehr leisten, sind verschlankte, weniger personalintensive Strukturen vorzubereiten. Das allerdings setzt voraus, dass Führungsaufgaben nicht nur definiert, sondern vielmehr auch objektiv gemessen und bewertet werden. Erst wenn das möglich ist, lässt sich das Management im Unternehmen, gegebenenfalls unter Fortfall ganzer Führungsebenen, effizienter strukturieren.

Lösungen zu 38: Personalstruktur

(1) Anhand der verfügbaren Personaldaten lässt sich die relative Anzahl der Beschäftigten pro Lebensaltersklasse („Altersquote") bestimmen:

$$\text{Altersquote der Klasse i} = \frac{\text{Zahl der Beschäftigten der Altersklasse i}}{\text{Zahl der Beschäftigten insgesamt}} \cdot 100 \quad \text{mit i} = 1, 2, ..., 10.$$

Danach ergibt sich folgendes Bild:

Lebensaltersklasse		Anzahl der Beschäftigten	Anteil in %
Nr.	nach Jahren		
1	bis 20	90	6,7
2	21 - 25	106	7,9
3	26 - 30	117	8,7
4	31 - 35	132	9,8
5	36 - 40	151	11,2
6	41 - 45	178	13,2
7	46 - 50	225	16,7
8	51 - 55	204	15,1
9	56 - 60	123	9,1
10	über 60	22	1,6
Summe		1.348	100,0

Beurteilung: Die **Altersschichtung der Belegschaft** zeigt eine deutliche Ungleichverteilung zulasten der jüngeren Jahrgänge.

(2) Die **Folgen** für das Unternehmen können sein:

▶ Hoher Personalaufwand (etwa Zulagen mit Ewigkeitscharakter oder mit dem Dienstalter steigende Sozialleistungen)

▶ Widerstände gegen Produkt- oder Verfahrensinnovationen

▶ geringe Möglichkeiten systematischer Arbeitsplatzwechsel (= Job Rotation)

▶ großer Ersatzbedarf bei plötzlichem Ausscheiden älterer Mitarbeiter (etwa durch neugeschaffene Vorruhestandsregelungen).

▶ Eine genaue Analyse ermöglicht allerdings nur ein Betriebsvergleich innerhalb der Branche.

(3) An Maßnahmen zur Verbesserung einer alterslastigen Belegschaftsstruktur kommen u. a. infrage:

▶ Vorruhestandsregelungen
▶ Aufhebung eventueller Einstellungsbeschränkungen
▶ Neubesetzung frei werdender Stellen mit Nachwuchskräften
▶ Schaffung von Karrieremöglichkeiten.

Lösungen zu 39: Personalkennzahlen

Die **Kennzahlen der Personalplanung**, die später dann mit dem tatsächlichen Ist verglichen werden können, drücken folgendes aus:

▶ Umsatz / Ø Zahl der Beschäftigten = Personalproduktivität

▶ Personalaufwand · 100 / Gesamtaufwand = Personalintensität

▶ Arbeitsstunden / Beschäftigtenzahl = Ø Arbeitszeit

▶ Ausscheidende Arbeitnehmer · 100 / Ø Anzahl aller Arbeitnehmer = Fluktuationsquote

▶ Aufwand für Weiterbildung · 100 / Gesamtpersonalaufwand = Weiterbildungsquote

▶ Anzahl zufriedener Mitarbeiter · 100 / Anzahl befragter Mitarbeiter = Zufriedenheitsquote.

Lösungen zu 40: Liquiditätsspektrum

(1)

Periode	1	2	3	4	5	6
Ausgaben	90	90	90	90	90	90
Einzahlungen aus						
Periode 1	27	36	18	9		
Periode 2		27	36	18	9	
Periode 3			27	36	18	9
Periode 4				27	36	18
Periode 5					27	36
Periode 6						27
Einnahmen	27	63	81	90	90	90
Finanzbedarf (selektiv)	63	27	9	0	0	0
Kapitalbedarf (kumuliert)	63	90	99	99	99	99

(2) Geeignete Maßnahmen sind:

► Verkürzung der Zahlungsfrist
► Erhöhung des Skontosatzes
► Verkauf von Forderungen.

Lösungen zu 41: Überschuldung

Die Analyse ergibt, dass das Unternehmen **nicht überschuldet** ist, da die Summe der Disagios kleiner ist als das Eigenkapital!

Feststellung der Überschuldung					
Bilanzaktiva				Bilanzpassiva	
Position	Betrag in Tsd €	Liquiditäts-grad (%)	Disagios in Tsd €	Position	Betrag in Tsd €
Grundstücke	300	0,1	270	Eigen-	
Gebäude	900	0,3	630	kapital	2.580
Maschinen	2.100	0,5	1.050	Fremd-	
Werkstoffe	750	0,6	300	kapital	
Halbfabrikate	300	0,7	90		2.370
Fertigfabrikate	450	0,8	90		
Forderungen	100	0,9	10		
Flüssige Mittel	50	1,0	0		
Gesamt	4.950		2.440		4.950

Lösungen zu 42: Kapitalkosten WACC

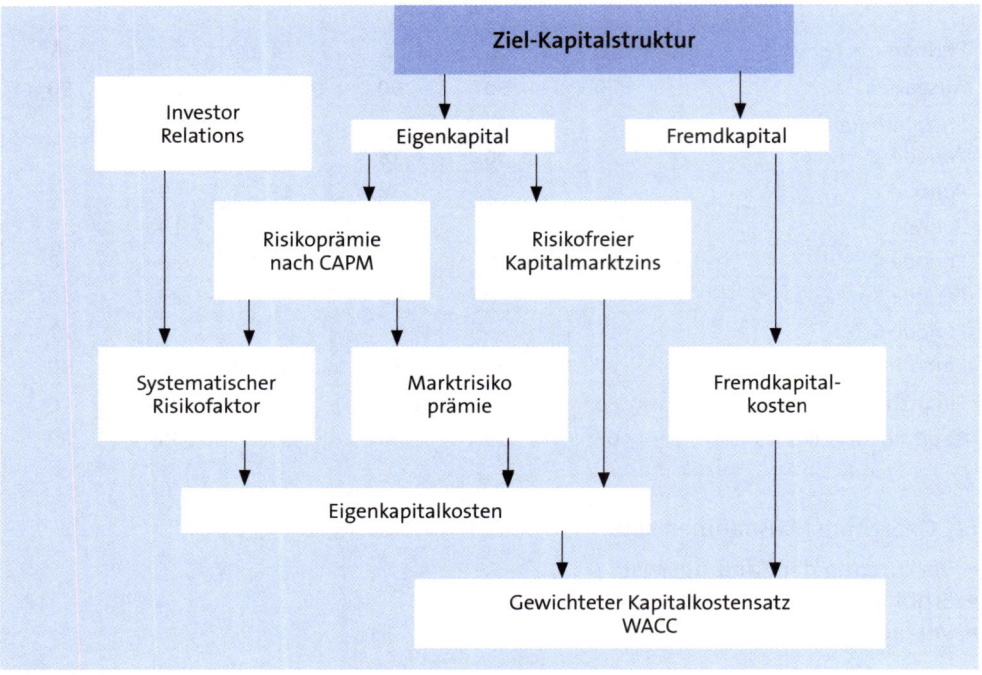

Lösungen zu 43: Finanzwirtschaftlicher Leverage-Effekt

Gesamtkapital = 600 Tsd €, davon		Fremdkapital-zinsen in Tsd €	Eigenkapitalrentabilität	
Eigenkapital	Fremdkapital		Ansatz	Ergebnis
600	0	0	$\dfrac{120 - 0}{600} \cdot 100$	20 %
400	200	20	$\dfrac{120 - 20}{400} \cdot 100$	25 %
200	400	40	$\dfrac{120 - 40}{200} \cdot 100$	40 %
100	500	50	$\dfrac{120 - 50}{100} \cdot 100$	70 %

Vorteil:

Die Eigenkapitalrentabilität steigt mit zunehmender Verschuldung, wenn der Zinssatz für das Fremdkapital kleiner ist als die interne Rendite (Gesamtkapitalrentabilität).

Nachteil:
Wenn die interne Rendite unter den Zinssatz für das Fremdkapital sinkt und/oder der Zinssatz für das Fremdkapital über die interne Rendite steigt, sinkt die Eigenkapital-rentabilität.

Lösungen zu 44: Bilanz- und Finanzkennzahlen

Die **Kennzahlen der Bilanz- und Finanzplanung,** die später mit dem tatsächlichen Ist verglichen werden können, drücken folgendes aus:

► Eigenkapital · 100 / Gesamtkapital = Eigenkapitalquote

► Fremdkapital · 100 / Eigenkapital = Verschuldungsgrad

► Fremdkapital - liquide Mittel / Cashflow = Entschuldungsdauer (in Jahren)

► Sachanlagevermögen / Eigen- und langfristiges Fremdkapital = Anlagendeckungs-grad

► Cashflow / Anlageinvestitionen = Innenfinanzierungskraft

► Marktwert des Eigenkapitals - Wert der immateriellen Vermögenswerte = Buchwert des Eigenkapitals (engl. Tangible Net Worth).

Lösungen zu 45: Balanced Scorecard

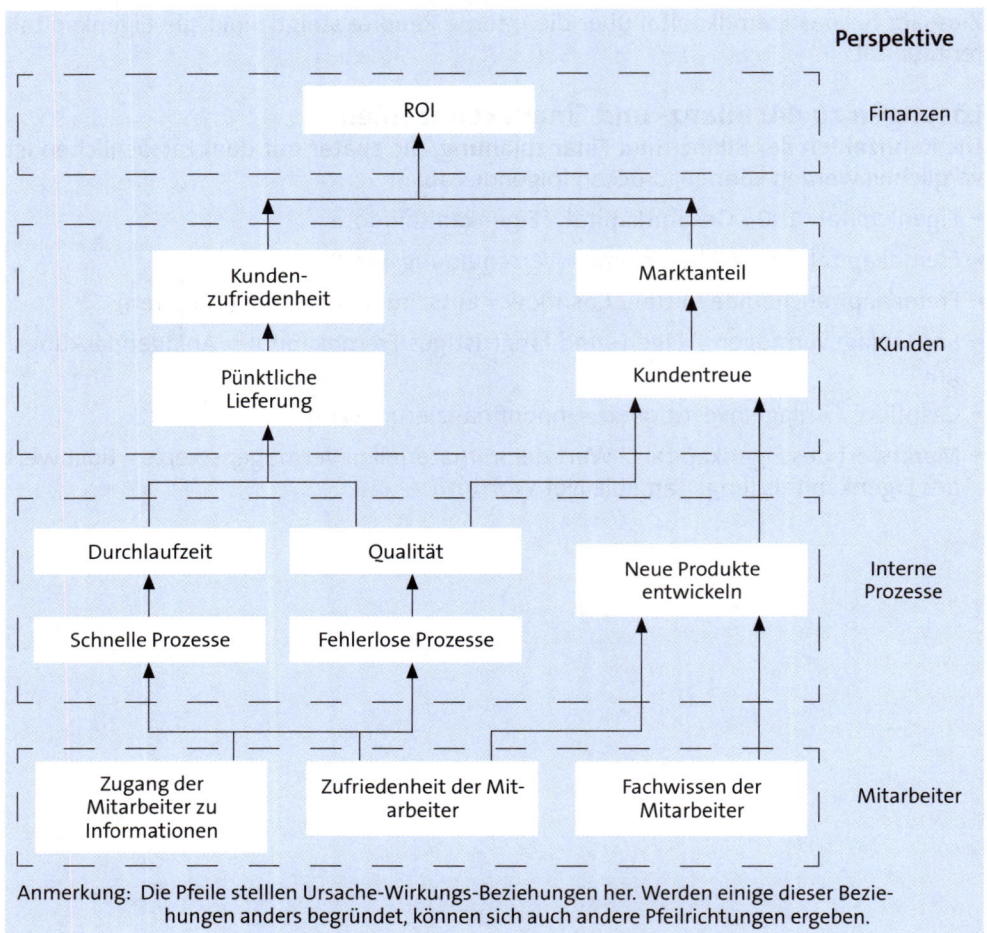

Anmerkung: Die Pfeile stellen Ursache-Wirkungs-Beziehungen her. Werden einige dieser Beziehungen anders begründet, können sich auch andere Pfeilrichtungen ergeben.

Lösungen zu 46: Globalindikator

Zwischenergebnisse (in Tsd €)	t_0	t_1	t_2
Leistung	10.450	10.935	11.718
- Kosten	10.350	10.860	11.634
= Betriebsergebnis	+ 100	+ 75	+ 84
+ Neutrales Ergebnis plus			
Fremdkapitalzinsen	+ 100	+ 200	+ 400
= Gesamtergebnis (EBIT)	+ 200	+ 275	+ 484

Zwischenergebnisse (in Tsd €)	t_0	t_1	t_2
Working Capital	1.000	1.250	2.350
+ Anlagevermögen	1.000	1.500	2.490
= Investiertes Kapital	2.000	2.750	4.840

Komponenten des ROI	t_0	t_1	t_2
Umsatzrendite (in %)	$\dfrac{200 \cdot 100}{10.000} = 2,0$	$\dfrac{275 \cdot 100}{11.000} = 2,5$	$\dfrac{484 \cdot 100}{12.100} = 4,0$
Kapitalumschlag des investierten Kapitals	$\dfrac{10.000}{2.000} = 5,0$	$\dfrac{11.000}{2.750} = 4,0$	$\dfrac{12.100}{4.840} = 2,5$

Ergebnis:
Der ROI als Spitzenkennzahl bleibt mit jeweils 10 % gleich, da sich die Umsatzrendite und der Kapitalumschlag des investierten Kapitals genau entgegengesetzt entwickeln. Wie zu sehen ist, verändern sich aber einige der anderen Kennzahlen zum Teil erheblich.

Lösungen zu 47: Länderrisiko
Die Wahrscheinlichkeit für den Ausfall des investierten Kapitals beträgt 10 %. Im Vergleich dazu verspricht ein sicheres Geschäft einen Rückfluss von (100 + i =) 110.

Die Berechnung des Risikozuschlags geschieht wie folgt:

$$0,9 \, (100 + i) + 0,1 \cdot 0 = 110$$
$$90 + 0,9 \, i + 0,1 \cdot 0 = 110$$
$$0,9 \, i = 110 - 90$$
$$i = 22,2 \, \%.$$

Der **Risikozuschlag** beträgt damit 22,2 % - 10 % = 12,2 %.

Lösungen zu 48: Verteilung von Prozesskosten
(1) Eine Bezugsgröße gibt an, wovon die Kosten eines Prozesses abhängen, welches also die prozessbezogenen Kostentreiber sind. Üblicherweise ist es der Prozessumfang, ausgedrückt durch deren „Anzahl". Danach werden beispielsweise die Materialgemeinkosten nach der „Anzahl" der beurteilten Lieferanten, bearbeiteten Angebote, aufgegebenen Bestellungen, erledigten Ein- und Auslagerungen sowie durchgeführten Transporte auf die Materialeinzelkosten verrechnet. Für die übrigen Gemeinkosten der Fertigung, Verwaltung und des Vertriebs gilt entsprechendes.

(2) Werden in einer Kostenstelle heterogene Leistungen erbracht, ist für jeden Leistungstyp ein durch ein Verb gekennzeichneter Prozess zu formulieren, wie z. B. Angebot einholen, Bestellung aufgeben, Rechnung schreiben, Buchung erledigen, Inventur durchführen, Beratung vornehmen, Ablauf überwachen oder Reklamation bearbeiten.

(3) Die Prozesskosten einer Kostenstelle werden unter Verwendung repräsentativer Bezugsgrößen auf die Leistungstypen so verteilt, dass in sich homogene Kostenpools entstehen, die dann verursachungsgerecht, also entsprechend der in Anspruch genommenen Prozesse, auf die Kostenträger weiter verrechnet werden können. Alternativ dazu kann mit nur einem Kostenpool pro Kostenstelle gearbeitet werden, wenn die Leistungstypen so ähnlich sind, dass sie über Äquivalenzziffern auf eine Einheitsleistung umrechenbar sind.

Lösungen zu 49: Kalkulationsvergleich

Kosten für den Inlandsauftrag:

Position	Prozesskostenkalkulation	Zuschlagskalkulation
Auftragsmenge	300 Stück	300 Stück
Einzelkosten je Stück	25,00 €	25,00 €
Summe Einzelkosten	7.500,00 €	7.500,00 €
Prozesskosten/Zuschlag	85,00 €	375,00 €
Summe Materialkosten (Inland)	7.585,00 €	7.875,00 €
Kostenabweichung des Inlandauftrags	- 290,00 €	

Kosten für den Auslandsauftrag:

Position	Prozesskostenkalkulation	Zuschlagskalkulation
Auftragsmenge	20 Stück	20 Stück
Einzelkosten je Stück	25,00 €	25,00 €
Summe Einzelkosten	500,00 €	500,00 €
Prozesskosten/Zuschlag	235,00 €	25,00 €
Summe Materialkosten (Ausland)	735,00 €	525,00 €
Kostenabweichung des Auslandsauftrags	+ 210,00 €	

Die Vergleichsrechnung kann auch **stückbezogen** erfolgen:

	Inlandsauftrag		Auslandsauftrag	
Prozesskostenkalkulation:				
Material-Einzelkosten pro Stück		25,00 €		25,00 €
Anteilige Prozess-GMK	(85,00 : 300 =)	0,28 €	(235,00 : 20 =)	11,75 €
Unterschiedliche Materialkosten/Stück		25,28 €		36,75 €
Zuschlagskalkulation:				
Material-Einzelkosten pro Stück		25,00 €		25,00 €
Anteilige Material-GMK 5 %		1,25 €		1,25 €
Gleiche Materialkosten/Stück		26,25 €		26,25 €

Ergebnis:
Je größer die Einzelkosten eines Kundenauftrags sind, desto höher wird nach der Zuschlagskalkulation der Aufschlag, desto größer wird aber auch der Fehler gegenüber der Prozesskostenkalkulation, da die Kosten der Auftragsabwicklung keine relative, sondern eine absolute Größe sind.

Lösungen zu 50: Gewinnbeitrag einer Materialkostensenkung

Die nachfolgende Abbildung zeigt den **notwendigen Umsatzzuwachs** bei unterschiedlichen Materialkostenanteilen und -senkungsraten:

	Angaben in Geldeinheiten	Gewinn	
		vor Material- kostensenkung	nach Material- kostensenkung
1	Umsatz	100	100,0
2	- Gewinn	5	6,5
3	= Selbstkosten	95	93,5
4	- Materialkosten	50	48,5
5	= Restkosten	45	45,0

Allgemein gilt:

$$\text{Notwendiger Umsatzzuwachs (in \%)} = \left(\frac{\text{Umsatzrendite nach Materialkostensenkung}}{\text{Umsatzrendite vor Materialkostensenkung}} - 1 \right) \cdot 100$$

Bezogen auf den **Fall**:

$$\text{Notwendiger Umsatzzuwachs (in \%)} = \left(\frac{6,5}{5} - 1 \right) \cdot 100 = 30\ \%$$

Die nachstehende Abbildung zeigt den notwendigen Umsatzzuwachs bei unterschiedlichen Materialkostenanteilen und -senkungsraten:

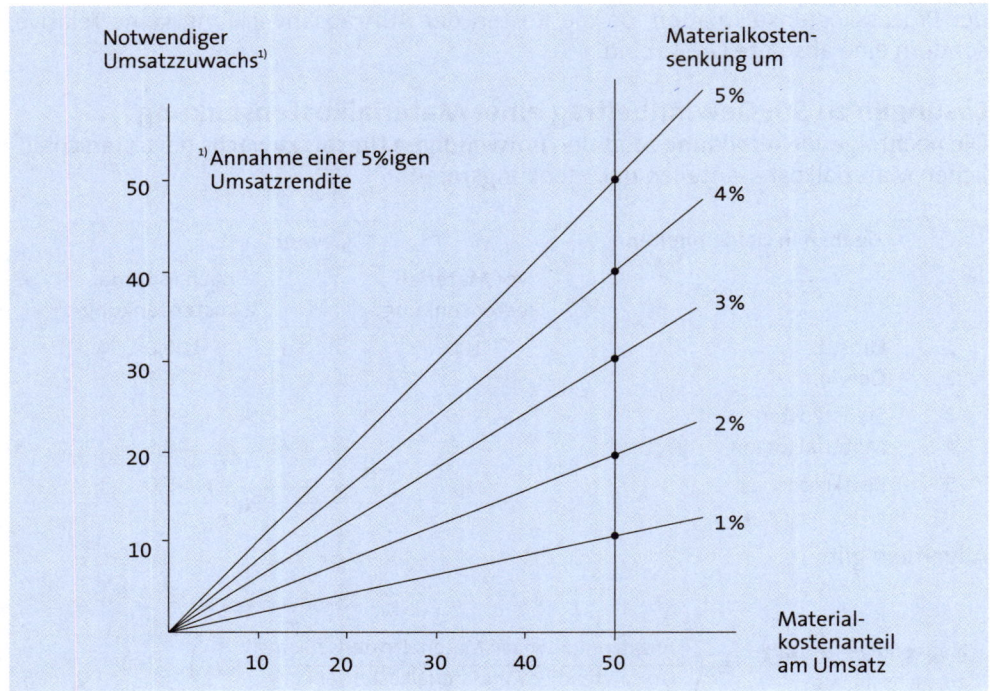

Lösungen zu 51: Kalkulatorische Kosten
(1) Budgetierung der kalkulatorischen Abschreibungen

Position	Wertansatz	€	€
Bebaute Grundstücke	Tageswert	640.000,00	
- abzüglich Grundstück	Tageswert	180.000,00	
= Gebäudeanteil	Tageswert	460.000,00	
davon Abschreibungsbetrag	460.000,00 / 20 =		23.000,00
Maschinen	Tageswert	760.000,00	
davon Abschreibungsbetrag	760.000,00 / 10 =		76.000,00
Büro- und Geschäfts-ausstattung	Tageswert	310.000,00	
davon Abschreibungsbetrag	310.000,00 / 5 =		62.000,00
Kalkulatorische Abschreibungen gesamt			161.000,00

(2) **Budgetierung der kalkulatorischen Zinsen**

Position	Wertansatz	€	Durchschnittlich gebundenes Kapital in €
Gebäudeanteil (wie oben) **davon** 50 %	Tageswert	460.000,00	230.000,00
Grundstücksanteil	Anschaffungswert	120.000,00	120.000,00
Maschinen **davon** 50 %	Tageswert	760.000,00	380.000,00
Betriebs- und Geschäftsausstattung **davon** 50 %	Tageswert	310.000,00	155.000,00
Vorräte (ohne spekulative Überbestände)	Buchwert Ø	390.000,00	390.000,00
Forderungen und Flüssige Mittel	Buchwert Ø	280.000,00	280.000,00
Verbindlichkeiten aus Lieferungen und Leistungen	Buchwert Ø	210.000,00	- 210.000,00
Betriebsnotwendiges Kapital			1.345.000,00
davon 10 % p. a., d. h. Kalkulatorische Zinsen gesamt			134.500,00

(3) Begründung der gewählten Wertansätze
Für die Berechnung der **kalkulatorischen Abschreibungen** sind aus Gründen der realen Substanz- bzw. Kapitalerhaltung die Wiederbeschaffungswerte gut geeignet. Da diese Werte aber nur selten bekannt sind, wird ersatzweise auf Tageswerte übergegangen, da sich dafür Faktorenreihen bilden lassen, deren Werte aus Verbandstabellen und/oder veröffentlichten Jahrbüchern des Statistischen Bundesamts entnommen werden können.

Die Wertbasis zur Berechnung der **kalkulatorischen Zinsen** ist das betriebsnotwendige Kapital, also auch das Eigenkapital, wenngleich dieses keinen Zinsaufwand verursacht, wohl aber einen Nutzenentgang (= Opportunitätskosten) in Form von Zinsen anderer Kapitalverwendungen darstellt. Die Angaben sowohl der Bankschulden als auch des durchschnittlichen Fremdkapitalzinsfußes waren überflüssig. Ebenso bleiben alle nicht betriebsnotwendigen Vermögensteile außer Ansatz, die nicht dem eigentlichen Betriebszweck dienen (wie hier die spekulativen Überbestände an Vorräten). Die nicht abnutzbaren Gegenstände des Sachanlagevermögens werden mit ihrem Einstands- oder Anschaffungswert angesetzt. Bei den abnutzbaren Gegenständen des Sachanlagevermögens wird vereinfachend nur die Hälfte der Tageswerte angesetzt, um im Zeitablauf zu einer gleichmäßigen Verrechnung zu gelangen. Würde man, wie verschiedentlich in der Literatur gefordert, von kalkulatorischen Restwerten ausgehen, hätte dieses zur Folge, dass bei sonst gleichen Bedingungen die kalkulatorischen Zinsen von Jahr zu Jahr sinken würden. Um das zu verhindern, d. h. die Zufälligkeit in den Zeitpunkten der Anlagenzugänge auszuschalten, ist die Restwertmethode abzulehnen, weshalb auch hier die kalkulatorischen Restwerte keine Verwendung finden sollten. Mit der Begründung gleichmäßiger Belastungen sollten auch für die Positionen des betriebsnotwendigen Umlaufvermögens vorzugsweise deren Jahresdurchschnittswerte und nicht einzelne Stichtagswerte (z. B. Zeitpunkt der Budgetierung oder Bilanzierung) berücksichtigt werden.

Lösungen zu 52: Break-Even-Mengen

(1) Bestimmung alternativer Break-Even-Mengen

► **Rechnerische Ermittlung**

Die Berechnung der Break-Even-Menge ist nach folgender Formel möglich:

$$\text{Break-Even-Menge} = \frac{\text{Fixkosten}}{\text{Deckungsbeitrag/Stück}}$$

Die Break-Even-Mengen für alternative Preise sind somit:

Preis (€)	Deckungsbeitrag/Stück (€)	Break-Even-Menge (Stück)
5,00	1,00	90.000
6,00	2,00	45.000
7,00	3,00	30.000
8,00	4,00	22.500
9,00	5,00	18.000

► Grafische Ermittlung

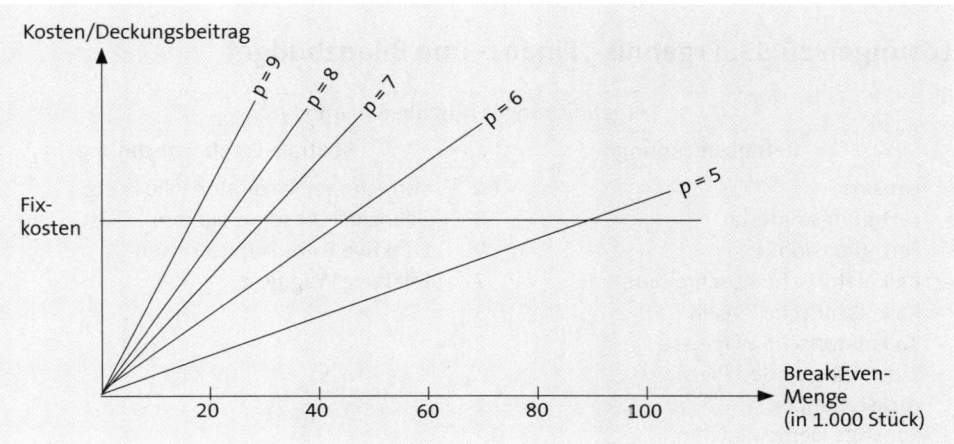

(2) Abhängigkeit der Break-Even-Menge vom Preis

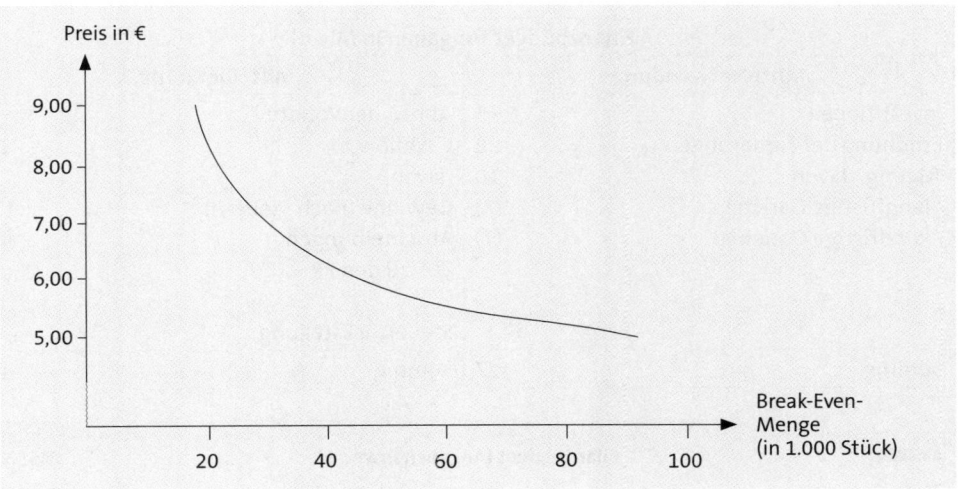

Ergebnis:
Die Break-Even-Menge steigt exponenziell mit sinkendem Preis und damit geringerem Deckungsbeitrag/Stück.

(3) Beurteilung der Break-Even-Analyse bei Preisentscheidungen

Der Einsatz der Break-Even-Analyse als Preisentscheidungshilfe ist nur dann sinnvoll, wenn sich die Eintrittswahrscheinlichkeiten alternativer Break-Even-Mengen deutlich unterscheiden. Da dieses in der Praxis meistens nicht der Fall ist, und auch nur selten das berücksichtigt wird, was nach dem Break-Even-Punkt kommt, erscheint diese Methode für Preisentscheidungen wenig geeignet zu sein. Nicht geschmälert wird dadurch die Bedeutung der Break-Even-Analyse für Ja/Nein-Entscheidungen bezüglich der Entwicklung, Einführung, Förderung und Elimination von Produkten.

Lösungen zu 53: Ergebnis-, Finanz- und Bilanzbudget

Ergebnisbudget (Angaben in Mio €)			
Betriebsrechnung		**Neutrale Ergebnisrechnung**	
Umsatz	60	Verrechnete kalkulatorische Kosten	12
- Fertigungsmaterial	18	- Bilanzielle Abschreibungen	4
- Fertigungslöhne	9	- Effektive Fremdkapitalzinsen	2
- Kalkulatorische Abschreibungen	7	- Effektive Wagnisse	2
- Kalkulatorische Zinsen	3		
- Kalkulatorische Wagnisse	2		
- Zuführung zu den Pensions-rückstellungen	1		
- Sonstige Gemeinkosten	14		
= Betriebsgewinn	+ 6	= Neutraler Gewinn	+ 4
Gesamtgewinn + 10			

Finanzbudget (Angaben in Mio €)			
Mittelverwendung		**Mittelherkunft**	
Investitionen	5	Abbau der Vorräte	2
Erhöhung der Forderungen	2	Cashflow,	12
Tilgung, davon	10	davon	
- langfristige Darlehen	(3)	Gewinne (nach Steuern)	(7)
- kurzfristige Darlehen	(7)	Abschreibungen	(4)
		Zuf. zu den PR	(1)
		Steuerrückstellung	3
Summe	17	Summe	17

AKTIVA	Bilanzbudget (Angaben in Mio €)		PASSIVA
Sachanlagen	21	Nennkapital	10
Vorräte	10	Offene Rücklagen	5
Forderungen	17	Gewinn (nach Steuern)	7
Flüssige Mittel	8	Pensionrückstellungen	9
		Steuerrückstellungen	3
		Langfristige Darlehen	9
		Kurzfristige Darlehen	1
		Sonstige Verbindlichkeiten	12
Bilanzsumme	56	Bilanzsumme	56

Lösungen zu 54: Bewegungsbilanz
(1) Finanzbedarf und seine Deckung

	Tsd €	Tsd €
Investitionen	3.500	
Desinvestitionen	- 200	
Veränderung der		
· Vorräte	+ 1.200	
· Forderungen	- 200	
· flüssigen Mittel	+ 100	
· langfristigen Darlehen	+ 400	
(a) Finanzbedarf gesamt =		4.800
Gewinn (nach Steuern)	400	
Abschreibungen	+ 1.500	
Zuführung zu den Pensions-rückstellungen	+ 600	
(b) Cashflow =		2.500
Kurzfristige Darlehen	1.800	
Sonstige Verbindlichkeiten (einschl. Ertragsteuern)	+ 500	
(c) Außenfinanzierungsbedarf		2.300

(2) Abschreibungen haben die Aufgabe, den **Werteverzehr**, der durch die im Produktionsprozess über mehrere Jahre hinweg eingesetzten abnutzbaren Anlagegüter entsteht, verursachungsgerecht zu erfassen. Für die **Unterscheidung** zwischen bilanziellen und kalkulatorischen Abschreibungen gelten u. a. folgende Kriterien:

Unterscheidungs-kriterien	Bilanzielle Abschreibungen	Kalkulatorische Abschreibungen
Abrechnungsbereich im Unternehmen	Finanzbuchhaltung	Betriebsbuchhaltung
Berechnungsgrundlage	Anschaffungswerte (bei Fremdbezug) Herstellungskosten (bei Eigenfertigung)	Wenn möglich: Wiederbeschaffungswerte, sonst üblich: Tageswerte Herstellkosten (bei Eigenfertigung)
Abschreibungsdauer	Durch handels- und steuerrechtliche Vorschriften festgelegt (amtliche Abschreibungstabellen)	So lange wie das Anlagegut im Betrieb physisch vorhanden ist
Bevorzugtes Verfahren	Degressive Abschreibung	Lineare Abschreibung
Prinzip der Substanz-erhaltung	Nominale Substanz-erhaltung	Reale Substanz-erhaltung

Sind die im Umsatz enthaltenen „verdienten" kalkulatorischen Abschreibungen (= Einnahme, Ertrag) eines Jahres höher als die entsprechenden bilanziellen Abschreibungen (= Aufwand), ist der als „Scheingewinn" bezeichnete Differenzbetrag in der Position „Jahresüberschuss" der GuV-Rechnung enthalten.

(3) Wird ein Teil des Jahresüberschusses an die Eigentümer ausgeschüttet, verringert sich die Vermögensposition „Flüssige Mittel", was zu einer **Bilanzverkürzung** führt.

Lösungen zu 55: Return on Investment

(1) und (4): Die vervollständigte **Tabelle** hat folgendes Aussehen (mit Wertangaben in Mio €):

Sparten	Investiertes Kapital (Input)	EBIT (Output)	ROI	Relative Effizienz
A	20,0	2,0	10 %	50 %
B	40,0	6,0	15 %	75 %
C	50,0	10,0	20 %	100 %

Erläuterung zur relativen Effizienz: Zur Erwirtschaftung von einer Einheit EBIT braucht die Best-Practice-Sparte C fünf Einheiten Kapital, die Sparte A aber genau das Doppelte.

(2) Die **Steigung der Geraden** entspricht dem jeweiligen ROI der Sparte.

(3) Die Verwendung der gegebenen und ermittelten Werte führt zu folgender Abbildung:

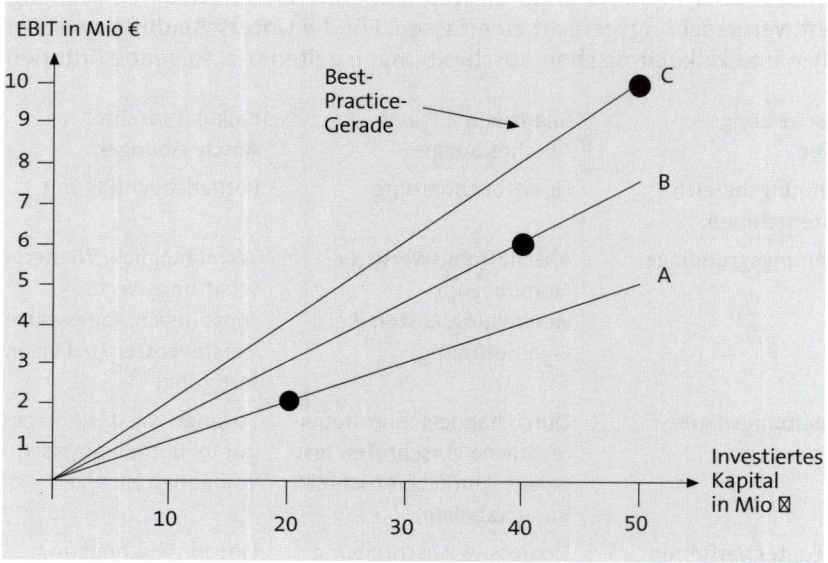

Lösungen zu 56: NBB-Methodik

Während von der traditionellen Budgetierung die bisherigen Gemeinkosten in Abhängigkeit von der geplanten Leistung mehr oder weniger einfach in die Zukunft extrapoliert werden, will **NBB als Mittel der Kostensenkung** solch geregelte Fortschreibungen geradezu verhindern.

NBB arbeitet nicht mit Sparbefehlen (z. B. „Zehn-Prozent-Syndrom"), sondern ist, um in den Gemeinkostenbereichen einen **steuerbaren Arbeitsfluss** ähnlich wie in der Fertigung zu erzeugen, aufgabenorientiert. Notwendige Aufgaben werden fortgesetzt, überflüssige Aufgaben (etwa nicht wertschöpfende Doppelarbeiten und Überlappungen) dagegen werden ausgeschaltet, sodass insgesamt ein Arbeitsdruck entsteht, der den Arbeitsfluss beschleunigt.

Um **Widerstände gegen Kostensenkungsmaßnahmen** in den Gemeinkostenbereichen des Unternehmens zu vermeiden, sind Akzeptanz und Identifikation der Betroffenen unerlässlich. Durch Beteiligung und positive Mitarbeit ist die Motivation zu verbessern, durch Schulungsmaßnahmen (etwa um rationeller zu telefonieren, störungsfreie Zeiten zu organisieren, klare Anweisungen zu erteilen bzw. auf klaren Anweisungen zu bestehen) die Effizienz der persönlichen Arbeit zu steigern und durch Einsatz neuester Bürokommunikationsmittel die zeit- und kostengerechte Aufgabenerledigung sicherzustellen. Da NBB aus Kostengründen nur in mehr oder weniger langen Zeitabständen erfolgen kann, besteht die Gefahr, dass ein momentan befriedigendes Kostenniveau zwischenzeitlich wieder verlassen wird, wie nachfolgende (bewusst überzeichnete) Abbildung verdeutlichen soll.

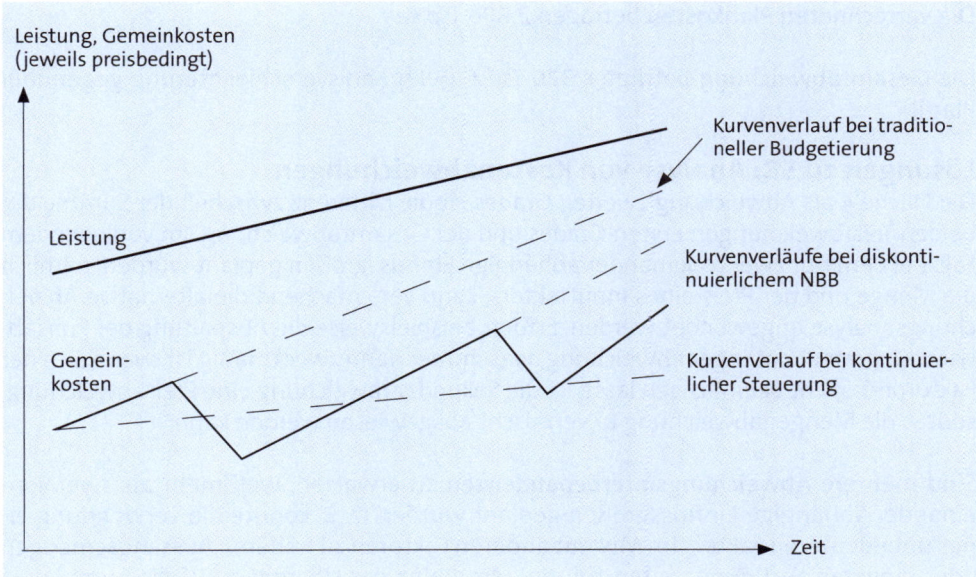

Damit der **Trend der Gemeinkostenentwicklung** nicht nur momentan, sondern dauerhaft durchbrochen wird, ist unter Anwendung des Controlling-Instrumentariums das

Volumen der beeinflussbaren Kosten kontinuierlich zu steuern und im nachhinein zu kontrollieren.

Lösungen zu 57: Kostenabweichungen

Ansonsten gilt:

Ist-Beschäftigung	24.000 Arbeitsstunden
Plan-Beschäftigung:	30.000 Arbeitsstunden

Beschäftigungsgrad 80 %

Kostenart	Variator	Plankosten			Sollkosten gesamt	Istkosten zu Istpreisen
		fix	var.	gesamt		
Material	10	0	2.000	2.000	1.600	1.700
Lohn	2	400	100	500	480	500
Sonstiges	5	500	500	1.000	900	920
Summen		900	2.600	3.500	2.980	3.120

Kostenart (Forts.)	Istkosten zu Planpreisen	Preis-abweichungen	Verbrauchs-abweichung	Beschäftigungsab-weichung
Material	1.650	+ 50	+ 50	
Lohn	500	0	+ 20	
Sonstiges	930	- 10	+ 30	
Summen	3.080	+ 40	+ 100	+ 180

Die **verrechneten Plankosten** betragen 2.800 Tsd €.

Die **Gesamtabweichung** beträgt + 320 Tsd € (= Ergebnisverschlechterung gegenüber Plan)!

Lösungen zu 58: Analyse von Kostenabweichungen

Die Fläche 4 als **Abweichung zweiten Grades** ist die Differenz zwischen der Summe der beiden Teilabweichungen ersten Grades und der Gesamtabweichung. Im vorliegendem Fall, bei dem nur zwei voneinander abhängige Einflussgrößen geplant wurden, nämlich die Menge und der Preis eines Inputfaktors, kann vereinfachend die alternative Abweichungsanalyse angewendet werden. Erfolgt beispielsweise die Abspaltung der Preisabweichung vor der Mengenabweichung, was immer dann zweckmäßig ist, wenn sich der Faktorpreis nicht beeinflussen lässt, ist die Sekundärabweichung eine Preisabweichung, sodass die Mengenabweichung unverfälscht ausgewiesen werden kann.

Sind **mehrere Abweichungsinterdependenzen** zu erwarten, weil mehr als zwei voneinander abhängige Einflussgrößen geplant wurden (z. B. könnte die Verwendung eines unbedeuteren Faktors im Mix mit anderen Faktoren zu höheren Ausschussmengen oder längeren Fertigungszeiten führen), erscheint der Übergang auf die kumulative Abweichungsanalyse zweckmäßig, derzufolge man zuerst die weniger bedeutsamen Einflussgrößen und zuletzt die wichtigsten Einflussgrößen abspaltet, die damit am wenigsten durch Überschneidungen gestört werden.

Lösungen zu 59: Prognostische Abweichungsanalyse

Für die Analyse der Ergebnisveränderung sind folgende Nebenrechnungen erforderlich:

(1) **Preisveränderung im Gesamtumsatz**

6.000 Stück · 50,00 € =	+	300 Tsd €

(2) **Veränderung des Beschäftigungsergebnisses**

Fixe Gemeinkosten (lt. Budget)		2.000 Tsd €
+ Betriebsergebnis		1.000 Tsd €
=		3.000 Tsd €
davon 20 % (= Steigerungsrate des Absatzes)	+	600 Tsd €

(3) **Rationalisierungsergebnis**

Variable Kosten (lt. Budget)	7.000 Tsd €
zuzüglich 20 % (= Steigerungsrate des Absatzes)	1.400 Tsd €
Basis für Rationalisierungsergebnis	8.400 Tsd €
abzüglich variable Kosten (lt. Vorschau)	8.000 Tsd €
zuzüglich Preisveränderung bei den Kosten	56 Tsd €
Rationalisierungsergebnis	+ **456 Tsd €**

Die **Zusammenstellung der Ergebniseinflüsse** in dem in Abschnitt E. 2.2 enthaltenen Schema ergibt folgendes Bild:

Zeile	Ergebniseinflüsse		Ergebnis- verschlechterung	Ergebnis- verbesserung
1	Gesamtergebnis Budget		+ 1.100	
2	Preisverände- rung bei den Kosten	Material	16	
3		Personal	24	
4		Sonstiges (GMK)	16	
5	Preisveränderung im Gesamtumsatz			300
6	Veränderung des Beschäftigungsergebnisses			600
7	Rationalisierungsergebnis			456
8	Sonstige Ursachen (Werbung)		100	
9	Veränderung beim Betriebsergebnis (Zeilen 2 bis 8)		156	1.356
10	Veränderung im Neutralen Ergebnis			100
11	Summen (Zeilen 9 und 10)		- 156	+ 1.456
12	Saldo = Veränderung des Gesamtergebnisses			+ 1.300
13	Gesamtergebnis Vorschau		+ 2.400	

Das entsprechend der 70 %-Erfahrungsrate vorhandene **Rationalisierungspotenzial** lässt sich folgendermaßen ermitteln:

Basis für das Rationalisierungsergebnis	8.400 Tsd €
davon 9 % bei 20 % Mengenwachstum[1]	756 Tsd €
abzüglich tatsächliches Rationalisierungsergebnis	456 Tsd €
Nicht ausgeschöpftes Rationalisierungspotenzial	300 Tsd €

[1]Vgl. dazu die Tabelle der Kostensenkungspotenziale in Abschnitt B. 5.5.

Lösungen zu 60: Nachsteuerung

Die Tabelle hat folgendes Aussehen:

PG	DBU	Erforderlicher Mehrumsatz in % zum Ausgleich eines Sondernachlasses von			
		3 %	5 %	8 %	10 %
I	50 %	6	11	19	25
II	45 %	7	13	22	29
III	40 %	8	14	25	33
IV	35 %	9	17	30	40
V	30 %	11	20	36	50
VI	25 %	14	25	47	67

Aus der Tabelle ist beispielsweise ersichtlich, dass ein Außendienstmitarbeiter einen 5 %igen Sondernachlass mit einer 13 %igen Umsatzsteigerung bei der Produktgruppe II oder einen Mehrumsatz von 25 % bei der Produktgruppe VI kompensieren kann.

STICHWORTVERZEICHNIS

S